HANDBUCH DER
EIERKUNDE

VON

DR. J. GROSSFELD

PROFESSOR UND WISSENSCHAFTLICHES MITGLIED
DER PREUSS. LANDESANSTALT FÜR LEBENSMITTEL-, ARZNEI-
MITTEL- UND GERICHTLICHE CHEMIE IN BERLIN

MIT 45 ABBILDUNGEN

BERLIN

VERLAG VON JULIUS SPRINGER

1938

ISBN-13: 978-3-642-89776-4   e-ISBN-13: 978-3-642-91633-5
DOI: 10.1007/978-3-642-91633-5

Vorwort.

Vogeleier, insbesondere Hühnereier, gehören zu den wertvolleren menschlichen Lebensmitteln und sind von nicht geringer volkswirtschaftlicher Bedeutung. In ihrer Entstehung und Gewinnung, in ihrem Aufbau und ihrer Zusammensetzung, in ihrem Nähr- und Genußwert, in ihrem Verhalten beim Aufbewahren unter verschiedenen biologischen und physiologischen Einflüssen, schließlich in ihrer Untersuchung und im Nachweis von Verfälschungen und irreführenden Angaben bieten sie für den Chemiker und Biologen, für den Erzeuger und Verbraucher eine solche Fülle des Anziehenden und Wissenswerten, daß es lohnend erschien, einmal alles, was heute beim Ei als Lebensmittel von Bedeutung sein kann, zu sammeln, zu ordnen und unter einen einheitlichen Gesichtspunkt zu bringen.

Bei dieser Sammelarbeit, die sich über mehrere Jahre hin erstreckt hat, zeigte sich, daß eine eingehendere wissenschaftliche Bearbeitung der modernen Eierkunde bisher in keiner Sprache erschienen ist, obwohl sie eigentlich jedem, der sich mit diesem Gebiet, sei es als Forscher, sei es als Erzeuger oder Verbraucher befassen will, von großem Nutzen sein müßte. Dann ergab sich, daß das Schrifttum über dieses Fachgebiet in den verschiedensten, oft schwer zugänglichen wissenschaftlichen Zeitschriften und Büchern vorlag, so daß es einer eingehenden Durcharbeitung vieler deutscher und fremdsprachiger Zeitschriften bedurfte, um ein Bild von dem heutigen Stande der Eierkunde zu erhalten.

Neuerdings findet man, wie auf anderen Gebieten, auch in der Eierkunde, daß primitive Verfahren der Gewinnung, Haltbarmachung, Bewertung und Untersuchung immer mehr einer auf wissenschaftlicher Grundlage aufgebauten Behandlung weichen. Forscher aus den verschiedensten Wissensgebieten sind bemüht, den Wert des Eies und seiner Zubereitungen nach ihrer chemischen, ernährungsphysiologischen und küchentechnischen Richtung hin zu erkennen und auszuwerten. Wissenschaftler verschiedenster Länder und Sprachen haben sich dieser Aufgabe gewidmet. Sehr viele und wertvolle Arbeiten über Eier sind außer in deutscher vor allem in englischer und in französischer Sprache, dann aber auch in weniger verbreiteten Sprachen erschienen.

In dem vorliegenden Handbuch sind die wichtigsten Ergebnisse dieser Arbeiten aus der Weltliteratur bis in die neueste Zeit hinein auch in Einzelheiten und Zahlen wiedergegeben, soweit es für unsere Aufgabe nützlich erschien. In manchen Einzelheiten war mir mein unvergeßlicher Lehrer, JOSEPH KÖNIG, der Altmeister der Lebensmittelchemie, in seiner ,,Chemie der menschlichen Nahrungs- und Genußmittel'' Vorbild, so in der Sammlung und Berechnung von Angaben über die Zusammensetzung von Eiern und Eiprodukten. Für das Zustandekommen des Buches bin ich Herrn Präsident i. R., Geh. Reg.-Rat Prof. Dr. Dr. h. c. A. JUCKENACK für Rat und Hilfe zu großem Dank verpflichtet. Beim Lesen der Korrekturbögen, besonders des bakteriologischen Teiles, hat mich Herr Dr. H. DAMM in wertvoller Weise unterstützt. Schließlich gilt mein Dank allen Fachgenossen im In- und Auslande, die durch Überlassung von Sonderabdrucken ihrer Arbeiten und sonstige Mitteilungen zu dem Zustandekommen des vorliegenden Buches beigetragen haben.

Möge das Buch jedem Fachgenossen, der sich eingehender mit der Chemie und Physiologie dieses allbekannten, aber dadurch nicht weniger anziehenden Lebensmittels beschäftigen will, die Arbeit erleichtern helfen und gleichzeitig ein Bild von dem gegenwärtigen Stande der Forschung auf diesem theoretisch und praktisch interessanten Gebiet geben.

Berlin-Schmargendorf, im Dezember 1937.

J. GROSSFELD.

Abkürzungen.

C. = Chemisches Zentralblatt.

Z. = Zeitschrift für Untersuchung der Nahrungs- und Genußmittel bzw. der Lebensmittel.

Inhaltsverzeichnis.

A. Physiologie und morphologischer Bau der Eier.

Unter Eiern versteht man verschiedene Entwicklungsstufen der tierischen Eizelle, so zunächst die noch am Eierstock befindlichen *Eizellen*, die sich z. B. im Hühnerei später zum Dotter ausbilden oder bei Fischen für die menschliche Ernährung zu Fischrogen und Kaviar verarbeitet werden, weiter aber die mit Schale umgebenen *abgelegten Eier*, wie sie im abgelegten Vogelei vorliegen und dann entweder bereits einen Entwicklungsvorgang nach eingetretener Befruchtung zurückgelegt haben oder auch — in selteneren Fällen — unbefruchtet geblieben sind. — In der Entwicklungsgeschichte unterscheidet man ferner noch das „fertige Ei" als die Eizelle unmittelbar vor der Reifung, also beim Huhn den Oocyten kurz vor seiner Ablösung vom Eierstock.

Als Nahrungsmittel für den Menschen kommen, abgesehen von den hier nicht zu besprechenden Kaltblütereiern, fast nur die abgelegten Vogeleier in Frage. Zwar wird auch der Eierstock der Vögel als Schlachtabfall vielfach mit verzehrt, doch ist dessen Gehalt an den größtenteils noch unausgereiften Eizellen im Verhältnis zu den von den Vögeln, insbesondere vom Huhn, erzeugten Eimengen verschwindend gering.

I. Eiererzeugung durch Wildvögel und Hausgeflügel.

Um eine Erklärung dafür zu finden, warum gerade bestimmte Vogelarten für den Menschen zum eierspendenden Hausgeflügel geworden sind, erscheint es zweckmäßig, zunächst ein Bild von der Legeleistung der Wildvögel zu gewinnen.

1. Legeleistung von heimischen Wildvögeln.

Für die Beurteilung dieser Legeleistung ist die Größe der Eier, ihre Anzahl in einem Gelege und die Zahl dieser Gelege von Wichtigkeit.

Für unsere einheimischen Wildvögel stößt die Feststellung dieser Werte zunächst noch auf gewisse Schwierigkeiten, da sich die vorliegenden zahlreichen, vor allem zur systematischen Ableitung der verwandtschaftlichen Beziehungen der Vogelgruppen untereinander aus den Eiformen vorgenommenen Beobachtungen in der sog. oologischen Literatur [1] zwar auf die *Anzahl der Eier im Gelege*, einige auch auf die *Zahl der Gelege*, dann aber im überwiegenden Maße nur auf die *Eischale*, ihre Größe, Gestalt, Korn, Glanz und Färbung, auch Strukturverhältnisse, beziehen und nur ausnahmsweise über das Gewicht der Eier und die Zusammensetzung des Inhalts Auskunft geben [2].

Um auf indirektem Wege angenäherte Werte für das Gewicht der Eier der einzelnen Vogelarten zu erhalten, kann man zwei Wege einschlagen:

O. Heinroth [3] füllt die ausgeblasene Eischale, z. B. aus einer Eierschalensammlung, mit

---

[1] Vgl. F. W. Baedeker: Die Eier der europäischen Vögel. Mit vielen naturfarbigen Abbildungen. Leipzig und Iserlohn 1863. Rey, E.: Die Eier der Vögel Mitteleuropas. Gera-Untermhaus 1905 und Lobenstein-Reuß 1912. Graessner, F.: Die Vögel von Mitteleuropa und ihre Eier. Dresden.

[2] In der chemischen Literatur finden sich einige Angaben über direkt bestimmte Eigewichte einiger Vögel, worüber später im Zusammenhange mit der Verteilung der Eibestandteile (S. 68) berichtet werden soll.

[3] Heinroth, O.: J. Ornithol. 1922, **70**, 172.

Physiologie und morphologischer Bau der Eier.

Legeleistung von einheimischen Wildvögeln.

Lfd. Nr.	Deutscher Name	Zoologische Bezeichnung	Mittlere Eigröße		Gewicht der Eischale	Ei-gewicht berech-net	Ei-gewicht nach HEIN-ROTH	Verhältnis von Eigewicht zu Vogelgewicht nach HEINROTH	Zahl der Eier im Gelege	Verhältnis von Gelegegewicht zu Körper-gewicht nach HEINROTH	Zahl der Bruten im Jahre	Brutdauer Tage
			Länge cm	Dicke cm	g	g	g	%		%		
1.	Höckerschwan	Cygnus olor	11,40	7,37	38,8	353	350	4	5—8	25	1	etwa 35
2.	Graugans	Anser anser	8,49	5,79	21,1	162	175	5,25	5—13	36	1	18—29
3.	Steinadler	Aquila chrysaetus	7,41	5,77	14,4	141	140	3	1—2	6	—	44 (Vökle)
4.	Weißer Storch	Ciconia ciconia	7,28	5,21	10,6	113	118	3,1	3—5	13	1	30
5.	Brand-Ente	Tadorna tadorna	6,56	4,70	7,37	83	87	8	7—12	75	—	(30)
6.	Uhu	Bubo bubo	5,81	4,87	7,66	78	—	—	2—4	—	—	—
7.	Sturmmöwe	Larus canus	5,84	4,51	3,33	68	52	12,5	2—3	37	—	—
8.	Habicht	Astur palumbarius	5,70	4,47	6,11	65	59	5,5	2—6	16	—	21
9.	Fischreiher	Ardea cinerea	6,14	4,23	4,73	63	60	4	4—6	20	1	25—26
10.	Mäusebussard	Buteo buteo	5,48	4 39	4,76	60	60	7,75	2—4	25	1	28
11.	Lachmöwe	Larus ridibundus	5,26	3,68	2,27	41	38	15,5	3	46	—	24
12.	Waldkauz	Syrnium aluco	4,72	3,87	2,84	40	40	7,75	3—5	30	—	28½
13.	Birkhuhn	Tetrao (Lyrurus) tetrix	5,03	3,63	2,34	38	34	4,25	7—12	42	—	26
14.	Kolkrabe	Corvus corax	4,76	3,51	1,96	33	—	—	4—6	—	—	—
15.	Fasan	Phasianus colchicus	4,52	3,55	2,87	32	30	3,5	8—20	50	—	24
16.	Waldschnepfe	Scopolax rusticula	4,42	3,38	1,45	29	26	9,5	4	38	—	20
17.	Kiebitz	Vanellus vanellus	4,53	3,28	1,51	28	25	12,5	4	50	—	25—26
18.	Krickente	Anas (Nettium) crecca	4,48	3,28	1,97	27	26	7,25	8—12	77	1	22
19.	Sperber	Accipiter nisus	3,98	3,24	1,78	24	19	7	3—6	31	—	31 (Jourdain)
20.	Krähe	Corvus corone	4,35	3,01	1,28	22	17	3,3	3—6	14	—	17—18
21.	Schleiereule	Strix flammea	3,92	3,08	1,76	21	19	5,5	4—7	25	—	30
22.	Ringeltaube	Columba palumbus	4,01	2,87	1,28	19	18	3,5	2	7	2—3	15½
23.	Sumpfschnepfe	Gallinago gallinago	3,98	2,81	0,80	18	—	—	4	—	1	—
24.	Felsentaube	Columba livia	3,78	2,83	1,13	17	—	—	2	—	2—3	—
25.	Hohltaube	Columba oenas	3,71	2,83	1,15	17	—	—	2	—	mehrere	—
26.	Rebhuhn	Perdix perdix	3,49	2,63	1,44	14	13	3,3	12—22	50	—	23½
27.	Wiesenralle	Rallus crex	3,63	2,60	0,92	14	—	—	7—9	—	2	—
28.	Dohle	Lycos (Coloeus) monedula	3,77	2,37	0,76	12	12	5	4—6	25	—	—
29.	Elster	Pica pica	3,29	2,30	0,56	10	10	5	5—8	33	—	18
30.	Eichelhäher	Garrulus glandarius	3,16	2,30	0,57	10	8	4,7	5—8	28	—	—

31.	Turteltaube	Columba (Turtur) turtur	3,01	2,23	0,53	8,5	9	5,5	2	11	1	14½
32.	Wachtel	Coturnix coturnix	2,91	2,24	0,70	8,3	7	7	8—16	75	—	18
33.	Amsel	Turdus merula	2,86	2,10	0,38	7,2	6—9	8	4—6	35	2—3	(15)
34.	Wacholderdrossel	Turdus pilaris	2,84	2,10	0,38	7,1	—	—	5—6	—	—	—
35.	Star	Sturnus vulgaris	2,88	2,08	0,43	71	6,5	8,1	5—7	50	1—2	14
36.	Buntspecht	Picus (Dendrocopus) maior	2,57	1,93	0,38	5,4	5,2	6,5	4—7	30	—	—
37.	Feldlerche	Alauda arvensis	2,41	1,68	0,18	38	—	—	3—5	—	—	—
38.	Mauersegler	Cypselus apus	2,47	1,60	0,22	3,6	3,6	8,3	2—3	17	—	18—20
39.	Haussperling	Passer domesticus	2,20	1 56	0,21	3,1	3	10	3—6	50	3—4	12—13
40.	Nachtigall	Lusciola luscinia	2,09	1,56	0,15	2,8	2,75	12,5	4—5	63	—	13
41.	Grünfink	Ligurinus (Chloris) chloris	2,02	1,45	0,12	2,4	2,2	8,3	4—7	42	2	14
42.	Rotkehlchen	Erythaeus rubecula	1,94	1,48	0,13	2,4	—	—	5—7	—	2	13—14
43.	Buchfink	Fringilla coelebs	1,93	1,46	0,13	2,3	2,4	11	3—6	55	2	12—13
44.	Hausrotschwanz	Ruticilla tithys	1,93	1,46	0,17	2,3	2,4	14	5—6	70	bis 3	etwa 14
45.	Gartenrotschwanz	Ruticilla phoenicurus	1,87	1,38	0,11	2,0	—	—	6—7	—	—	—
46.	Rauchschwalbe	Hirundo rustica	1,93	1,35	0,10	2,0	1,7	9	4—6	45	2	15
47.	Bachstelze	Budytes flavus (Motacilla alba)	1,87	1,38	0,11	2,0	2,8	14	5—7	84	mehrere	etwa 13
48.	Kohlmeise	Parus maior	1,73	1,35	0,10	1,8	1,65	9	8—13	100	2	14
49.	Blaumeise	Parus coeruleus	1,54	1,19	0,07	1,2	—	—	7—12	—	—	—
50.	Zaunkönig	Troglodytes troglodytes	1,64	1,24	0,07	1,4	1,3	14	6—7	90	1	—

Wasser, verschließt und wiegt das so mit Wasser gefüllte Ei. — Gegen diese Methode könnte man einwenden, daß das spezifische Gewicht des Eiinhaltes nicht mit dem des Wassers übereinstimmt, sondern, soweit bisher festgestellt, höher ist. Außerdem sind für den ziemliche Geschicklichkeit erfordernden Versuch die betreffenden Eierschalen einer Gefahr des Zerbrechens ausgesetzt.

Der andere Weg kann von den zahlreichen Literaturangaben für den höchsten Längs- und Querdurchmesser der Eier ausgehen. Da das Vogelei, wie wir noch sehen werden (S. 43) ein mathematisch scharf definierter Körper ist, dessen Rauminhalt vorwiegend durch die genannten Durchmesser gegeben ist, muß sich hieraus in guter Annäherung der Inhalt und damit, da die Dichte der Vogeleiinhalte nur geringen Schwankungen unterliegen wird, auch das Eigewicht nachträglich ermitteln lassen.

Durch Versuche an Hühnereiern fand ich in gemeinsamen Versuchen mit H. Seiwert[1], daß sich das Volumen V eines Eies bei Hühnereiern aus dem größten Längendurchmesser L und dem größten Dickendurchmesser B nach der Gleichung

$$V = 0,519\, L\, B^2$$

mit einem mittleren Fehler von nur $\pm 0,52\ \mathrm{cm^3}$ oder etwa $\pm 1\%$ berechnen läßt. Da das spezifische Gewicht bei frischgelegten Hühnereiern im Mittel etwa 1,09 ist, kann man durch Malnehmung vorstehender Gleichung mit diesem Faktor das Gewicht des ganz frischen Eies berechnen:

$$\begin{aligned} G &= 1,09 \cdot 0,519\, L\, B^2 \\ &= 0,566\, L \cdot B^2,\ \text{abgekürzt:} \\ &= 0,57\, L\, B^2. \end{aligned}$$

Wenn nun auch die Eier anderer Vögel auf ihr spezifisches Gewicht hin erst sehr wenig untersucht worden sind, so erscheint es doch wohl zulässig bei diesen ähnliche Verhältnisse wie beim Hühnerei vorauszusetzen und mit der gleichen Gleichung wenigstens die ungefähre Größenordnung zu berechnen.

Die nebenstehende Übersicht zeigt, daß diese Berechnung des Eigewichtes durchweg die gleiche Größenanordnung ergibt wie die Meßmethode von Heinroth. Die Verhältniszahlen für Eigewicht und Vogelgewicht sind wie die Brutdauer ebenfalls von Heinroth an-

---

[1] Grossfeld, J. und H. Seiwert: Z. 1934, **67**, 241. — Vgl. S. 313.

gegeben, die Zahl der Eier im Gelege und die Zahl der Bruten nach der angeführten Literatur eingesetzt.

Von den in der Tabelle zum Vergleiche angeführten Eiern von Wildvögeln
können für die menschliche Ernährung zunächst alle die Eier außer Betracht
bleiben, die wegen ihrer geringen Größe, etwa unter 10 g, ein Einsammeln nicht
lohnen, dann alle diejenigen, die wegen ihrer Seltenheit oder aus Gründen des
Wild- und Vogelschutzes im allgemeinen für Ernährungszwecke nicht in Frage
kommen. Nur einige wenige, so die wegen ihres Wohlgeschmackes geschätzten
Kiebitzeier und die *Möweneier*, deren Einsammlung durch das herdenweise Nisten der
Möwen erleichtert ist, haben eine gewisse Bedeutung als Speise für den Menschen.
Daß die an sich verhältnismäßig vielen Eier einiger Wildvögel, wie Wildgans,
Wildenten, Rebhühner und Wachteln wenig zur Ernährung verwendet werden,
hängt mit der Schwierigkeit der Einsammlung dieser Eier zusammen, bedingt
durch die besondere Lebensweise der Vögel und ihre Kunst ihre Nester bzw. Gelege
gut zu verstecken, so daß diese Eier dem Menschen nur selten in die Hände fallen.

Von besonderem Interesse an der Zusammenstellung ist, daß große Vögel
meistens verhältnismäßig kleinere Eier und geringeres Gelegegewicht liefern als
kleine, wenn auch meistens ein kleines Eigewicht wenigstens in etwa durch eine
größere Zahl der Eier ausgeglichen wird. Nach HEINROTH steigt mit zunehmender
Kleinheit der Vogelarten innerhalb einer Gruppe die relative Eigröße zunächst
langsam, dann aber bei den kleinsten Formen sehr rasch.

Im Vergleich mit unserem Hausgeflügel ist die *kurze Legedauer* der Wildvögel
von wenigen Wochen zu beachten, während sich im Gegensatz dazu z.B. von
unserem Haushuhn fast das ganze Jahr hindurch Eier erhalten lassen. Wenn
dieser Umstand auch wohl in erster Linie als eine Folge der Hochzüchtung des
Huhnes auf Eierproduktion anzusehen und vielleicht auch bei einigen weiteren
Wildvögeln wie Birkhuhn, Fasan, Rebhuhn an sich möglich erscheint, so bereitet
doch die Zähmung dieser Tiere so große Schwierigkeiten, daß ihre Umwandlung in
Haustiere nicht in Frage kommen kann.

Mit der langen Legezeit des Haushuhns hängt aber sicher auch die verhältnismäßig geringe Größe des Hühnereis zusammen. Nehmen wir nach GRZIMEK [1] an,
daß eine Henne im Gewichte von 2 kg in 11 Tagen 11 Eier von je 50 g legt, so
entspricht dies erst 550 g = 27,5% des Hennengewichtes. Von einer Brautente
im Gewichte von 630 g hat man in der gleichen Zeit 500 g Eier = 79,4% des
Muttergewichtes, bei manchen Sumpfhühnern für ein Gelege 125% des eigenen
Gewichtes gefunden.

2. Eiererzeugung durch das Haushuhn.

Daß das Haushuhn in so bevorzugtem Maße als Eierspenderin für den Menschen gehalten wird, hängt außer mit seiner hohen *Legeleistung* und dem *Wohlgeschmack der Eier* vor allem auch mit seiner *Eignung als Haustier* zusammen.
Denn erst diese ermöglichte auf genügend einfache Weise die Heranzüchtung
der Hühnerrassen. Im Hinblick hierauf ist die Abstammung unseres Haushuhnes
von besonderem Interesse.

a) Abstammung des Haushuhns.

Als Stamm-Mutter unseres Haushuhns wird seit DARWIN, der vorwiegend auf
Schädelstudien fußte, gewöhnlich das wilde *Bankivahuhn*, Phasianus gallus oder
Gallus bankiva, angesehen, das rahmfarbige Eier legt und über ganz Ostindien
verbreitet ist. Nach A. L. HAGEDOORN [2] ist es jedoch wegen der schweren Zähm-

---

[1] GRZIMEK, B.: Das Eierbuch. Berlin 1934. — [2] HAGEDOORN, A. L.: Arch. Geflügelk.
1931, 5, 273.

barkeit dieser Hühnerrasse ganz unwahrscheinlich, daß aus ihr allein unser Haushuhn hervorgegangen ist. Das gleiche gilt von dem sog. *Gabelschwanzhuhn*, Gallus varius, auf Java. Beide Arten lassen sich zwar in Vogelbauern halten und auch zur Ablage befruchteter Eier bringen, die Aufzucht der Kücken ist aber dann so mühsam, daß wenig Wahrscheinlichkeit für die Annahme besteht, daß die Eingeborenen mit ihren primitiven Mitteln es verstanden haben könnten aus Gallus bankiva oder Gallus varius Haustiere zu erhalten.

HAGEDOORN hält nur eine polyphyletische Abstammung des Huhnes mit Einschlag des leicht zähmbaren *Sonneratshuhns*, G. sonneratii, für möglich. Jung aufgezogene Kücken dieser Huhnrasse sind bereits so zahm, daß man sie frei um das Haus herumlaufen lassen kann. HAGEDOORN nimmt nun an, daß man ursprünglich diese gezähmten Sonneratshühner nach Gegenden mitgenommen hat, wo auch G. varius und G. bankiva vorkommen, und daß dann Bastarde mit wilden Hähnen entstanden sind, wie auch heute noch eine Paarung wildlebender Variushähne mit zahmen Hennen nicht selten ist.

W. BEEBE[1], beschreibt solche Kreuzungsbestrebungen der Eingeborenen auf den kleinen Kangean-Inseln von gefangenen Varius-Hähnen mit Haushennen, die seit etwa 200 Jahren üblich sind. Die Kreuzungen (Bekisars) kommen von dort nach Java und Madura. Sie zeigen wenig Ähnlichkeit mit dem Variustier. Die Mischlinge werden bald zahm und laufen frei mit den Haushühnern herum. Diese Bastarde liefern eine außerordentlich variable Nachkommenschaft.

Auch GRZIMEK[2] rechnet Gallus varius zu den Ahnen des Haushuhns. Er führt den Beweis, daß Gallus varius sowohl mit dem Haushuhn fruchtbare Kreuzungen ergibt, als auch, daß die Variusmerkmale deutliche Tendenz zum Verschwinden zeigen. Das Haushuhn ist derart reich an Variationen in Form, Farbe, Größe wie kein anderes Haustier außer dem Hund, bei dem man ebenfalls Abstammung von verschiedensten Wolf-Schakalarten annimmt. Dabei ist aber das Huhn das jüngste, der Hund das älteste Haustier.

B. RENSCH[3] hält die teilweise Abstammung des Haushuhns von Gallus varius nicht für wahrscheinlich. Vielmehr soll es sich bei den Wildhühnern auf den Philippinen, Celebes, auf den östlich von Java gelegenen Inseln Timor und Wetar um durch den Menschen verschleppte, sekundär verwilderte Haushühner handeln, was dafür spricht, daß G. Gallus die ursprünglich domestizierte Hausrasse darstellt. G. varius findet sich lediglich auf Java und den kleinen Sundainseln ostwärts bei Alor und Sumba, also außerhalb des Verbreitungsgebietes von G. gallus. Daher wird nach RENSCH in den ursprünglichen indischen Haushühnern kein Variusblut stecken. Die ursprüngliche Rassenmannigfaltigkeit dürfte nach ihm nicht auf eine solche Artbastardierung zurückzuführen sein.

Die *Eierproduktion* des Bankiva-Sonneratshuhns ist wesentlich kleiner als die des Haushuhns und in etwa mit der unserer einheimischen Wildhühner vergleichbar. Auch die *Eigröße* beträgt nur etwa die Hälfte der unseres Haushuhns. HEINROTH teilt folgende Zahlen mit:

Wildhuhn	Eigewicht g	Verhältnis von Eigewicht zu Körpergewicht %	Zahl der Eier im Gelege	Verhältnis von Gelegegewicht zu Körpergewicht %	Brutdauer Tage
Bankivahuhn	28	5	7—12	50	18
Sonnerathuhn	27	5	7—10	43	19—20
Haushuhn (zum Vergleich)	55	3—4	—	—	20—21

[1] BEEBE, W.: A. Monograph of the Pheasants. London 1921, Bd. II, 249. — [2] GRZIMEK, B.: Arch. Geflügelk. 1932, **6**, 272. — [3] RENSCH, B.: Arch. Geflügelk. 1932, **6**, 316.

b) Hühnerrassen und ihre Legeleistungen.

Das Haushuhn (Gallus domesticus) bildet *zahlreiche Rassen*, die vorwiegend auf eine möglichst hohe *Eiererzeugung* (Eierzahl und Eiergewicht) hin, einige aber auch auf Verwendung als Schlachthuhn, Zierhuhn und selbst als Kämpfer (Kampfhähne) hochgezüchtet sind.

Die Höhe der *normalen Eierzeugung* einiger Rassen bei sachgemäßer Haltung und Pflege der Hühner möge in etwa folgende Übersicht[1] veranschaulichen:

Hühnerrasse	Gewicht der Eier von einjährigen Hennen — Mittleres Gewicht (g)	(g)	mehrjährigen Hennen — Mittleres Gewicht (g)	Ungefähre jährliche Eierzahl	Farbe der Eier
A. *Deutsche Rassen:*					
1. Brakel	—	55—65	—	180—200	—
2. Ramelsloher	60—65	—	65—75	110—115	gelblich
3. Elsässische Landhühner	—	60—65	—	180	—
4. Deutsches Reichshuhn	—	60—65	—	150—160	—
5. Sandheimer oder Hanauer Fleischhuhn	—	60—70	—	120	braun
6. Augsburger Huhn	—	60—70	—	bis 200	weiß
7. Sulmtaler Huhn	—	70—80	—	120—150	hellrahmgelb bis hellbraun
B. *Englische Rassen:*					
1. Dorking	—	65	—	bis 200	elfenbeinfarbig
2. Hamburger	50	—	50—60	bis 220	—
C. *Mittelmeerrassen:*					
1. Italiener	55—60	—	60—70	Mittel 150	weiß
2. Weiße amerikanische Leghorn	—	53—70 (meist 53—59)		160—240	weiß
3. Sizilische Buttercups	—	60—65	—	120—130	weiß
4. Blaue Andalusier	—	65—75	—	150—180	weiß
D. *Asiatische Rassen:*					
1. Cochin	—	55—65	—	bis 100	hellgelb bis dunkelgelb m. feinen roten Punkten
2. Brahma	—	60—65	—	120	rötlichgelb
3. Orpingtons	—	60—70	—	140—160	gelb bis gelbbraun
4. Wyandotten	—	55—60	—	170—250	—
5. Plymouth Rocks	—	60—70	—	150	braun
6. Barnevelder	—	65—75	—	160—180	braun, bisweilen ziegelrot

Ferner sind noch die Eigewichte folgender weiteren Rassen mitgeteilt:

Deutsche Rassen:

Westfälische Totleger 50—60, Lakenfelder 55—60 (junge Tiere 45—50), Vorwerkshühner 60—70, Thüringer Barthühnchen 50—65, Bergische Kräher 60—70, Deutsche Sperber 60 bis 70, Wolfersdorfer Huhn 60, Westfälische Krüper 60 g.

Englische Rassen:

Graue Schotten 60—70, Sussex 55—60 g.

---

[1] Nach Angaben in B. BLANKE und W. KLEFFNER: Unser Hausgeflügel I. 1. Rassenkunde, Berlin, zusammengestellt. Hier werden auch weitere Einzelheiten über die Züchtung der genannten Hühnerrassen mitgeteilt.

Mittelmeerrasse:
Minorka 70—80 g.
Asiatische Rassen:
Mechelner 60—70, Nackthälse 67—80 g.
Kampfhühner und Verwandte:
Belgische Kämpfer 65—75, Holländer Weißhauben 55—60, Paduaner 55—60, Houdan 65—70, Crève coeur 65—70, Breda 60—75 g.·
Zwerghühner: 35—40 g.

Über eine *Riesenhuhnart* mit besonders großen Eiern, die in der Mandschurei entdeckt worden ist, berichtet E. Feige[1]. Bei Hennen dieser Art werden durchschnittliche Eigewichte von 94—98 g beobachtet. Dabei handelt es sich aber noch um eine nicht durchgezüchtete Rasse mit erst geringer jährlicher Eierproduktion. Dagegen sind Eier der auf den Philippinen verbreiteten *Los Baños Cantonese-Hühnern* bedeutend kleiner als bei unseren, F. M. Fronda und D. D. Clemente[2] fanden für 100 frisch gelegte Eier das mittlere Gewicht zu 43,2 g, das mittlere Volumen zu 41,1 cm³.

Das mit feinem Federkleid gezierte *Japanische Seidenhuhn* legt nur 9—10 Eier im Jahre im Gewichte von je 35—40 g und kommt somit für die praktische Eiererzeugung nicht in Frage.

Innerhalb eines Geleges nimmt nach Bennion[3] das Eigewicht allmählich etwas ab. Bei großen Gelegen ist der Unterschied zwischen dem ersten und letzten Ei am größten, zwischen zwei aufeinanderfolgenden aber am kleinsten. Nach einer Legepause von 7 Tagen und mehr liegt das Gewicht des ersten Eies 2,3—4,1 g niedriger als am Anfang anderer Gelege, bis mit dem zweiten oder dritten Ei das normale Gewicht wieder erreicht ist.

Die *Farbe* der Eier ist bei allen *asiatischen* Rassen gelb bis braun, bei *Mittelmeerrassen* weiß. Die dunkle Färbung der Eier einiger deutscher Hühnerrassen scheint auf Kreuzungseinschläge seitens asiatischer Rassen hinzuweisen.

Besonders von Barneveldern und Welsumerhühnern werden große, braune, im Eierhandel (besonders in England) bevorzugte Eier gelegt. Bei diesen befindet sich die Farbstoffauflage auf der Oberfläche im Gegensatz zu Eiern von Brahma, Cochin, Rhodeländern, Plymouth, Langshan u. a., die eine durchgefärbte Schale von gelblichem Ton besitzen; diese erscheint beim Durchleuchten bisweilen gelbrötlich und kann dann blutiges Weißei vortäuschen (Grzimek).

H. Bierry und B. Gouzon[4] halten die Färbung der Eier für die Folge einer Photosensibilisation, da sie bei rein weißen Hennen verschiedener Rassen meist gefärbte, bei Hennen mit farbigem, namentlich schwarzem Gefieder, weiße Eier feststellten. Bei ganz weißen Hennen besteht nach ihnen ein gewisser Grad von Porphyrinismus.

In Chile kommen nach Wilder, Bethke und Record[3] Hühner vor, die Eier mit blauer Schale legen und diese Fähigkeit dominant über die weiße Schale vererben. Bei gleichzeitigem Vorliegen der Erbanlagen für blaue und braune Schalen entstehen Schattierungen von Grün und Oliv.

Nach K. Schulz[5] lassen sich die Hühnerrassen ferner einteilen in:

Leichte Rassen, z. B. Leghorn und Italiener. Diese stehen im *Eiertrag* an der Spitze, brüten aber ungern, fliegen gut und sind mangelhaft in der Fleischnutzung.

Schwere Rassen, z. B. Orpington, liefern *gute Braten*, gute Glucken und lassen sich durch niedrige Zäune im Gehege halten; ihr Eiertrag ist aber geringer als bei den leichten Rassen.

Eine *Mittelstellung* nehmen Wyandotten, Rhodeländer, Reichshühner, Sussex u. a. ein.

P. Sweers[6] hat für Huhngewicht und Eierablage bei einer Herde folgende Beziehung gefunden:

---

[1] Feige, E.: Umschau 1933, **37**, 202. — [2] Fronda, F. M. und D. D. Clemente: Philippine Agriculturist 1934, **23**. 187. — [3] Nach Grzimek: Das Eierbuch. — [4] Bierry, H. und B. Gouzon: Compt. rend. 1932, **194**, 653. — [5] Schulz, K.: Z. Volksernähr. 1932, **7**, 252. — [6] Sweers, P.: Dtsch. landw. Geflügelztg. 1925, **29**, 22.

Zahl der geprüften Hennen	Huhngewicht g	Jährliche Anzahl der Eier (Mittel)	Zahl der geprüften Hennen	Huhngewicht bis zu g	Jährliche Anzahl Eier (Mittel
14	bis 1500	147,2	4	2200—2300	117,2
13	1500—1600	117,8	10	2300—2400	157,1
16	1600—1700	146,5	6	2400—2500	114,6
19	1700—1800	141,2	8	2500—2600	133,1
16	1800—1900	141,8	2	2600—2700	133,5
20	1900—2000	137,1	2	2700—2800	67
12	2000—2100	139,6	2	2800—3000	92,5
11	2100—2200	137,2	1	3000—3100	65

Hiernach scheint besonders bei einem Hennengewicht über 2700 g die Eiablage beträchtlich abzunehmen, während darunter bei zunehmenden Gewichten zwar ein gewisser Rückgang erkennbar ist, dessen Gesetzmäßigkeit aber durch Ausnahmen unterbrochen wird.

In der praktischen Geflügelzucht sind nach A. L. HAGEDOORN[1] verschiedene Zuchtziele zu unterscheiden: Der *eigentliche Züchter* arbeitet auf eine möglichst hohe Eierproduktion hin um für Bruteier günstige Preise zu halten. Der *Geflügelhof*, bei dem Hennen zu 500 und mehr in großen Ställen gehalten werden[2] und alles Futter durch Ankauf zugeführt werden muß, sucht eine bestmöglichste wirtschaftliche Ausnutzung seines Hennenbestandes ebenfalls in einer möglichst hohen Eierablage und Futterausnutzung, kann aber auch nur solche Rassen gebrauchen, die ein Zusammengesperrtsein auf engen Raum vertragen. Der kleine *Landwirt*, der meist nur einige Dutzend Hühner hält, die sich in seiner Wirtschaft bei freiem Umlauf großenteils von Insekten, Maden, Getreideabfällen und Unkrautsamen bei nur geringem Zufutter ernähren sollen, kann aus den meisten hochgezüchteten Rassen, die zur Aufrechterhaltung hoher Eierproduktion Zukauf von Eiweißkraftfutter erfordern würden, nicht den vollen Nutzen ziehen. Als sog. *Bauernhühner* haben sich gewisse Bastarde erster Generation zwischen Hochzuchtrassen als besonders geeignet erwiesen.

Während man den jährlichen Durchschnitts-Eierertrag je Henne in Deutschland früher zu etwa 80, heute zu 90—100 Eiern schätzt, lassen sich durch intensive Züchtungsmaßnahmen weit höhere Eiererträge erzielen. Dies zeigen einige in verschiedenen Ländern vorgenommene sog. *Wettlegen*, die natürlich nur mit hochrassigen Hennen beschickt werden. Eine Zusammenstellung von O. BARTSCH[3] bringt

Ergebnisse einiger Wettlegen.

Land	Durchschnittsleistung je Henne in 365 Tagen Eier	Die beste Henne legte Eier	Der beste Stamm legte je Henne Eier
England	187,3	280	171,5
Holland.	183,7	292	233,5
Dänemark	177,3	273	227,0
Deutschland . . .	172,3	289	237,6
Österreich	159,4	249	209,0
Frankreich	127,7	236	175,2

u. a. für verschiedene Länder Europas folgende Mittelwerte, die wir nach der Durchschnittsleistung ordnen.

Nach P. SWEERS[4] betrug gemäß Berichten von 44 Geflügelzuchtanstalten dem-

---

[1] HAGEDOORN, A. L.: Arch. Geflügelk. 1930, **4**, 308. — [2] Als größte Geflügelfarm gilt die der Buttercup-Gesellschaft in Clermiston Maids bei Edinburgh, sie beherbergt 200000 Hühner. Vgl. Dtsch. landw. Geflügelztg. 1930, **34**, 247. — [3] BARTSCH, O.: Arch. Geflügelk. 1929, **3**, 169. — [4] SWEERS, P.: Dtsch. landw. Geflügelztg. 1926, **30**, 26.

gegenüber die Durchschnittslegeleistung 164,6 Eier bei folgender Eierdurchschnittszahl:

Eierdurchschnittszahl . .	100—120	120—140	140—160	160—180	180—200
Zahl der Anstalten . . .	3	10	12	10	7

Die Durchschnittsleistung bei dieser gewerblichen Eiererzeugung liegt also etwa zwischen 120—180 Eiern.

Durch weitere Verbesserungen in Haltung, Pflege und Zucht der Tiere kann ein Anwachsen des Eierertrages erreicht werden. So erzielte nach F. PFENNINGSTORFF[1] die Garather Geflügelfarm folgenden jährlichen Anstieg:

Jahr . . .	1923/24	1924/25	1925/26	1926/27
Zahl der Hühner . . .	218	220	588	1537
Eierdurchschnitt . . .	114	125,2	150,2	166,8

Über die Einzelheiten einer solchen *Zucht auf hohe Legeleistung* machen F. A. HAYS und R. SANBORN[2] folgende Angaben:

Im Laufe der 20 Jahre dauernden Versuche mit Rhode Island wurde die Legeleistung von 114 auf 235 Eier im Durchschnitt gebracht. Gezüchtet wurde auf folgende Zuchtziele:

1. *Frühe Geschlechtsreife,* die in der 4. Generation zu einem ziemlich konstanten Merkmal wurde. Wegen der engen Beziehung zwischen Eigröße und Größe der Tiere wurde die Zucht auf frühe Geschlechtsreife nicht allzuweit getrieben und den Tieren den Vorzug gegeben, die im Alter von 200—210 Tagen zu legen begannen.

2. *Ausmerzung der Brütigkeit.* Der Prozentsatz der Tiere, die im ersten Jahre brütig wurden, konnte durch Zuchtwahl von 90 auf 11% gesenkt werden.

3. *Hohe Legeintensität.* Da diese von dominanten Genen bestimmt wird, ließ sich die Zucht für dieses Merkmal ohne enge Inzucht durchführen. Zur Weiterzucht wurden Hennen verwendet, die vor dem 1. März eine möglichst große Zahl von Eiern gelegt hatten oder die während eines Wintermonats, wie Dezember, 26 oder mehr Eier gelegt hatten. Später wurde die Intensität der Legeleistung gemessen auf Grund der während der Wintermonate von den einzelnen Tieren aufgewiesenen ununterbrochenen Legecyclen. Die durchschnittliche Länge dieser Cyclen wurde von weniger als zwei Tagen auf durchschnittlich $3\frac{1}{2}$ Tage gehoben. Unterbrechung der Legeleistung im Winter kann durch entsprechende Auswahl der Zuchttiere stark gesenkt werden.

4. *Langes Durchhalten der Legeleistung.* Dazu wurden für die Zucht Hennen verwendet, die spät im Herbst legten, und solche Tiere, die für eine Dauer von 13—14 Monaten gelegt hatten. So ließ sich die Legeleistung (Persistenz) von 250 auf durchschnittlich 340 Tage steigern. Es empfiehlt sich frühzeitig Tiere mit früher Geschlechtsreife und hoher Persistenz auszuwählen. Dazu diente folgender Standard:

Alter beim Legen des ersten Eies 215 Tage oder weniger,
Körpergewicht beim Legen des ersten Eies 2540 g oder mehr.
Intensität (Länge der Wintercyclen): 3 oder mehr Eier,
keine Winterpause von mehr als 3 Tagen,
keine Brütigkeit,
Persistenz 315 Tage oder mehr,
Eiergröße für 1 Dutzend für Junghennen nicht unter 693 g (1 Ei = 50,88 g), für Hennen nicht unter 736 g (1 Ei = 61,38 g),
Sterblichkeit während des Legejahres nicht mehr als 15%.

Eine hohe Legeleistung braucht nicht die *Lebensfähigkeit* der aus den Eiern ausschlüpfenden Kücken herabzusetzen. Nach Versuchen von M. A. HULL[3] mit Rhode Islands, die 200 oder mehr, sowie an Weißen Leghorn, die 225 oder mehr Eier in ihrem ersten Legejahr gelegt hatten, bestand zwischen Legeleistung dieser Tiere und der Sterblichkeit unter ihren Nachkommen während der ersten vier Wochen nach dem Schlüpfen keine Beziehung. Dagegen war die Sterblichkeit unter den Töchtern der Tiere, die eine über den Gruppendurchschnitt liegende Legeleistung aufwiesen, während des ersten Legejahres relativ erhöht. Zwischen Intensität der Legetätigkeit und Lebensdauer wurde kein Zusammenhang gefunden.

Als bevorzugte Hühnerrasse für Geflügelhöfe hat sich, vorwiegend auf Grund von in Nordamerika erreichten Züchtungserfolgen, heute meistens das *Weiße*

---

[1] PFENNINGSDORF, F.: Dtsch. landw. Geflügelztg. 1928, **31**, 375. — [2] HAYS, F. A. und R. SANBORN: Massachusetts Agricult. Experiment Station. Bull. **307**, 1934; Arch. Geflügelk. 1934, **8**, 362. — [3] HULL, M. A.: Poultry Science 1934, **13**; Arch. Geflügelk. 1934, **8**, 152.

Leghornhuhn, seiner Abstammung nach aus der italienischen Rasse hervorge-gangen[1], durchgesetzt. So waren bei einem amerikanischen Wettlegen nach R. Römer[2] 10 Hennen von Leghorn mit 301—335, eine Rhodeländer mit 334 und 2 Plymouth-Hennen mit 308—311 Eiern an den Siegen beteiligt.

In einem staatlichen Wettlegen des Deutschen Reiches im Jahre 1930—1931 wurden Weiße Leghorn noch von Schwarzen Rheinländern übertroffen, zeigten aber dafür bessere Legetätigkeit im Winter. Die von O. Bartsch[3] berichteten Legezahlen für verschiedene Hühnerrassen (Eliten, einjährig) zeigt folgende Tabelle:

Rasse	In der ganzen Prüfungszeit (334 Tage)		In den Wintermonaten (120 Tage)	
	Durchschn. Eigewicht g	Durchschnittl. Eierzahl	Durchschn. Eigewicht g	Durchschn. Eierzahl
Rheinländer, schwarz . .	58,5	194,7	57,1	45,2
Leghorn, weiß	58,9	187,7	57,1	55,7
Italiener, gestreift	57,3	185,0	56,2	53,6
Rhodeländer.	61,3	165,7	59,7	52,1
Wyandotten, weiß	59,3	165,3	56,8	53,5
Reichshuhn, weiß	61,6	158,0	59,1	53,6
Barnevelder	57,5	152,0	51,9	27,1
Italiener, braun	57,2	144,0	55,0	42,2
Orpington, gelb	57,3	143,3	54,9	53,6
Sussex, hell	57,3	133,9	53,6	52,4
Plym. Rocks, gestreift . .	55,9	132,9	55,4	38,6
Ramelsloher	58,1	115,6	61,7	34,5

3. Legeleistungen anderer Geflügelarten.

a) Die Legeleistung der Ente.

Von unserer Hausente gibt es eine Anzahl Zuchtrassen, die teils für Schlacht-zwecke (z. B. Peking-Enten, Rouen-Enten, Aylesbury-Enten u. a.), einige aber auch, vor allem die *Khaki-Campbell-* und die *Weiße Laufente* für die Eiererzeugung von Bedeutung sind.

Ihrer *Abstammung* nach hat sich die Hausente wohl aus der Stockente (Anas boschas) entwickelt, nicht nur weil diese nach Darwin der Hausente anatomisch am nächsten steht, sondern nach A. L. Hagedoorn[4] vor allem deshalb, weil diese Wildente unschwer zähmbar ist. Eine ausschließliche Abstammung von dieser Wildente hält Hagedoorn jedoch wegen der geringen Variabilität solcher Nachkommen für weniger wahrscheinlich als Kreuzungen etwa *mit der Spießente* (Dafila acuta) und der *Löffelente*, die nach Bonhote völlig fruchtbare Bastarde liefern. Für die *Eierproduktion der Stockente* gibt O. Heinroth[5] folgende Zahlen an:

Ei-gewicht	Eigewicht in % des Körpergewichts	Eierzahl in Gelege	Gelegegewicht in % des Körpergewichts	Brutdauer (Tage)
53	5,25	11	60	25—26

Die *Erzeugung von Enten-eiern* auch für Ernährungs-zwecke hat in den letzten Jahren erhebliche Fortschritte gemacht und kann sich zu einem ernsthaften Wettbewerb mit der Henne entwickeln. Die Ente legt im Durchschnitt mehr und größere Eier, ist nach H. Friese[6] anspruchsloser und in der Wartung widerstandsfähiger gegen Krankheiten und verwertet das Futter auch besser.

---

[1] Das Wort „Leghorn" geht auf den Namen der Stadt Livorno zurück. — [2] Römer, R.: Arch. Geflügelk. 1929, **32**, 395. — [3] Bartsch, O.: Arch. Geflügelk. 1932, **6**, 129. — [4] Hage-doorn, A. L.: Arch. Geflügelk. 1931, **5**, 273. — [5] Heinroth, O.: Z. Ornithologie 1922, **70**, 172. — [6] Friese, H.: Legeenten und Mastenten. Berlin 1931.

So betrugen Futterverbrauch und Eierproduktion:

Tiere	Jahresfutterverbrauch kg	Eierproduktion kg	Futterverbrauch für 1 kg Eigewicht kg
Hühner	37,5—42,5	9,5	4
Khaki-Campbell-Enten	45—50	14,0	3,7—3,8

Die Stallkosten berechnet FRIESE für ein Huhn zu 6,50 RM, für eine Ente zu 4 RM. Jungenten von 8—9 Wochen brauchen überhaupt keinen Stall.

Während man den Eierertrag für Landenten schlechthin auf etwa 60—120 Eier jährlich schätzt, gelingt es durch geeignete Züchtungsmaßnahmen diesen Ertrag auf das Doppelte und selbst höher zu bringen, als es bei der Henne der Fall ist. Dazu kommt noch, daß die Legeleistung bei der Ente viel länger anhält, so daß man mit einer Umtriebszeit von etwa 2—3 Jahren (bei der Henne 1—2 Jahre) rechnen kann. FRIESE hat mit der Weißen Laufente Durchschnittserträge von 190—210 Eiern gefunden.

Nach O. BARTSCH[1] wurden bei einem englischen Wettlegen von Enten in 365 Tagen im Mittel 239,3 Eier, von der besten Ente sogar 339 Eier erzielt. Selbst Legeleistungen von 414 Eiern sind beobachtet worden[2]. Es handelt sich hierbei allerdings um Spitzenleistungen. Immerhin war auch das Ergebnis für Enten bei der Wettlegeveranstaltung des Deutschen Reiches im Jahre 1930—1931 (nach BARTSCH[3]) ein günstiges:

Eliten von	In der ganzen Prüfungszeit (334 Tage)		In den Wintermonaten (120 Tage)	
	Eigewicht	Eierzahl (Mittel)	Eigewicht	Eierzahl
Verschiedene Hühnerrassen	57,2—61,6 g	115,6—194,7	51,9—61,7	27,1—55,7
Khaki-Campbellenten . . .	61,9	177,2	63,3	47,3
Ind. Laufenten	60,1	165,4	71,1	51,4

Ein anderes Wettlegen für Enten fand in Hämeenlinna statt und lief vom 1. November 1930 bis 15. Oktober 1931, wie von NOBEL-OLEINIKOFF[4] berichtet wird. Von den 63 Enten waren: Khaki-Campbell 35 = 55%, Weißbunte Khaki 7 = 11%, Weiße Indische Laufente 14 = 22%, Rehfarbige Laufente 7 = 11%.

Insgesamt betrachtet, legten die Enten in 350 Tagen im Mittel je 204,5 Eier je Tier. (Hühner im Vergleich 171,4 in 329 Tagen.)

Die Eimasse je Ente betrug im Durchschnitt 14,165 kg (je Huhn 9,561 kg), das mittlere Eigewicht 76,6 bzw. 66,0 bzw. 73,6 bzw. 72,5 g.

Die Eimasse je Tier war am höchsten im April, als 2,013 kg erreicht wurden (Hühner im Mai: 1,240 kg).

Es lieferten an

Eierzahl:	301	281—300	161—280	241—260	201—240
% der Enten . .	3,5	14	8,7	7	10,4
Eierzahl:	181—200	161—180	107—160	94	
% der Enten . .	15,7	19,3	17,5	2	

Nach SHALLER[5] ergaben die Wettlegen von 1929 im Harper Adams College bei 132 Enten in 336 Tagen durchschnittlich 238,2 Eier, bei Khaki Campbellenten im Jahre 1928/29 in der gleichen Zeitdauer 274,5 Eier, während die Hennen es nur auf 186,7 Eier brachten. Bei diesen Versuchen war die Sterblichkeit bei den Enten mit 2,8% bemerkenswert geringer als beim Huhn mit 7,3%.

Die Überlegenheit der Ente im Eiertrag kommt nach MEYER[6] allerdings nur zur Geltung, wenn man hochwertige Legeenten verwendet. Im andern Falle

---

[1] BARTSCH, O.: Arch. Geflügelk. 1929, **3**, 169. — [2] Vgl. Dtsch. landw. Geflügelztg. 1929, **32**, 678. — [3] BARTSCH, O.: Arch. Geflügelk. 1932, **6**, 129. — [4] NOBEL-OLEINIKOFF, Dtsch. landw. Geflügelztg. 1932, **35**, 905. — [5] SHALLER: Dtsch. landw. Geflügelztg. 1930, **34**, 159. — [6] MEYER: Dtsch. landw. Geflügelztg. 1932, **35**, 579.

kann natürlich auch bei Enten der Eierertrag geringer und der Futterverbrauch höher werden. So fand er z. B. an 11 Monate laufenden Legeleistungsprüfungen:

Geflügel	Futterverbrauch je Tier in kg.	Eierertrag je Tier in Stück	Eiergewicht je Tier in kg	Futterverbrauch je 1 kg Ei- masse in kg
95 Leghorn	36,1	205,1	11,5	3,1
64 Enten	54,8	166,1	11,3	4,8
(40 Khaki-, 24 Laufenten)				

FRIESE gibt über die als Legeenten besonders geeigneten beiden Rassen noch folgende Einzelheiten an:

1. *Khaki-Campbellenten:* Ihre Eier wiegen gewöhnlich etwa 70 g und besitzen in guten Stämmen bis zu 95—98% reinweiße Schalen. Die Legereife der Tiere tritt in etwa 5½—6½ Monaten ein.

2. *Weiße Laufenten:* Bei diesen ist der Prozentsatz der grünschaligen Eier höher, die Legereife aber 2—3 Wochen früher als bei der vorigen Rasse; schon im November ist der Ertrag bei dieser Ente 60—70%, bei der vorigen erst 20%. — Rehfarbige Laufenten legen Eier von 80—90 g, aber mit einem sehr hohen Prozentsatz an grünschaligen (vgl. auch S. 74).

Das vielfach gegen den Genuß von Enteneiern bestehende Vorurteil ist auf verschiedene Umstände zurückzuführen. Vielfach wird das Entenei gegenüber dem Hühnerei als weniger wohlschmeckend angesehen; dies dürfte besonders nach ungeeigneter Fütterung der Tiere der Fall sein. Wichtiger ist, daß die Gefahr einer Ruhrübertragung bei Enteneiern vielfach größer ist als bei Hühnereiern (vgl. S. 205), weshalb Enteneier nur gekocht oder in Zubereitungen genossen werden sollen, die gekocht oder gebacken werden. Nach H. ILSHÖFER und CH. MÜLLER[1] sind für eine Eiinfektion besonders die Khaki-Campbell-Enten als überzüchtete Rasse anfällig. — Eine weitere Ursache der geringeren Nachfrage nach Enteneiern bei uns wird aber auch in der auf das Hühnerei eingestellten Handelstechnik liegen.

b) Die Legeleistung des übrigen Hausgeflügels.

Gute Eierleger sind die *Perlhühner* (Numida meleagris), die jährlich bis etwa 120 Eier im mittleren Gewichte von 40 g legen; die Eier zeichnen sich durch einen besonders feinen Geschmack aus. Von der *Truthenne* (Meleagris gallopavo) erhält man jährlich etwa 15—50, meist 20—30, bei eiweißreichem Futter nach A. WULF[2] oft auch über 100 Eier im Gewichte von 60—90 g, vom *Pfau* (Pavo cristatus) in einem Gelege etwa 5—6, bei Fortnahme der Eier 12—15 Stück im Gewichte von 85—100 g.

Im Verhältnis zum Vogelgewicht sind, worauf O. HEINROTH[3] hinweist, die Eier dieser großen Hühnervögel auffallend klein, sie betragen beim Perlhuhn nur etwa 2,5, beim Truthuhn 1,75, beim Pfau 2,75% des Körpergewichts. Ähnliches gilt auch für die Eier von Auerhuhn, Fasan und Rebhuhn (vgl. S. 2).

Hausgänse (Emdener Gänse) legen im Jahre meist etwa 15—20, doch sind auch 40—50 Eier keine Seltenheit, die das stattliche Gewicht von 160—200 g aufweisen (vgl. S. 74). Die *Gans* ist eines der ältesten Haustiere, das schon in Homers Odyssee erwähnt wird.

Sehr klein ist die Eierproduktion der Haustaube, die nach HAGEDOORN ebenfalls polyphyletischer Abstammung ist und durch Kreuzungen der Felsentaube (Columba livia) mit andern Taubenarten entstanden sein dürfte. Die Haustaube legt im Durchschnitt alle 8 Tage ein Ei (vgl. auch F. J. McCLURE und R. H. CARR[4]).

Zum Vergleich sei noch angeführt, daß der größte Vogel, der *afrikanische Strauß* (Struthio

---

[1] ILSHÖFER, H. und CH. MÜLLER: Arch. Hygiene 1395, **114**, 341; Z. Fleisch- u. Milchhyg. 1926, **46**, 345. — [2] Privatmitteilung. — [3] HEINROTH, O.: J. Ornithologie 1922, **70**, 246. — [4] McCLURE F. J. und R. H. CARR: Amer. J. Physiol. 1925, **74**, 70.

camelus), jährlich etwa 15 Eier, von dem jedes rund 1,5 kg wiegt, ablegt. Auch beim Strauß ist das Eigewicht im Verhältnis zum Körpergewicht nur klein, es beträgt etwa 1,5—2% desselben.

4. Einfluß der Fütterung auf die Legeleistung des Geflügels.

a) Futtermenge und Futterzusammensetzung.

Daß die Fütterung auf die Legeleistung der Legehennen und des anderen eierspendenden Geflügels von ausschlaggebendem Einfluß sein muß, lehrt schon die einfache Überlegung, daß die dem mütterlichen Organismus der Henne durch das abgelegte Ei entzogenen Nährstoffe in geeigneter Weise völlig ersetzt werden müssen. Wenn z.B. eine Leghornhenne im Gewichte von 1,8 kg in zwei Monaten 30—35 Eier legt, so entspricht allein schon diese Eiermenge dem gesamten Gewichte der Henne, die außerdem noch den Verbrauch für den Stoffwechsel des eigenen Organismus an Kraft- und Baustoffen aus dem Futter zu ergänzen hat (vgl. S. 62). Außer von der Höhe der Eierzahl hängt der Nährstoffverbrauch der Henne aber von Gewicht und Rasse der Tiere und von der Jahreszeit insofern ab, als im Winter zur Wärmeproduktion mehr Calorien verbraucht werden.

Nur bei Zunahme des Körpergewichts legt das Geflügel (vgl J. S. WILLCOX [1]).

N. HANSSON [2] fand je Tier und Tag an Legehühnern 0,10—0,12, für je 1 kg Eier 2,99 Futtereinheiten, wenn keine Hähne zur Gruppe gehörten, im anderen Falle 3,4 Futtereinheiten ohne das Futter der Hähne. Erzeugung unbefruchteter Eier beeinträchtigt also die Erzeugung von Eimasse nicht, sondern wirkt eher förderlich darauf. Für je eine Futtereinheit wurden in der Hauptlegezeit (Mitte Januar bis Anfang Mai) durchschnittlich 5,4 Eier erzeugt.

Bei einem Wettlegen in New Jersey[3] wurden von verschiedenen Rassentieren folgende Futtermengen aufgenommen:

Rasse:	Leghorn	Plymouth Rocks	Rhodeländer	Wyandotten
Futtermenge . . .	34,5	40,8	39,5	36,3 kg

Praktische Geflügelzüchter verbrauchten nach gleicher Quelle:

Rasse:	Weiße Leghorn	Plymouth Rocks	Rhodeländer	Wyandotten	Helle Brahmas
Trockenfutter, kg .	16,1	22,2	22,5	17,7	17,8
Getreide, kg . . .	19,3	19,8	20,1	19,8	19,6
Gesamtfutter, kg .	35,4	42,0	42,6	37,5	37,4

Viele der schweren Tiere verbrauchten mehr als 45 kg Futter.

Nach praktischen Erfahrungen benötigt eine Legehenne insgesamt täglich etwa 15 bis 20 g Protein, 4—6 g Fett und 50—60 g Kohlehydrate. Da Körnerfutter, z.B. Weizen, verhältnismäßig eiweißarm ist, bedarf es einer Ergänzung durch andere Eiweißstoffe, worauf im folgenden Abschnitt näher eingegangen werden soll.

FANGAUF hat die Anzahl Gramm Gesamtnährstoffe für die Erzeugung von 100 g Eisubstanz *Verwertungszahl* genannt.

Beispiel:

Mischfutter 1883,8 g Verzehr mit 65,04% Gesamtnährstoff = 1215,20 g Gesamtnährst.
Körnerfutter 3660,0 g „ „ 71,10% „ = 2602,26 g „

Summe: 3817,46 g Gesamtnährst.

Legeleistung 1883,8 g Verwertungszahl 203.

---

[1] WILLCOX, J. S.: Biedermanns Zbl. 2. Die Tierernährung 1937, 9, 121. — [2] HANSSON, N.: Arch. Geflügelk. 1929, 3, 50. — [3] Nach Dtsch. landw. Geflügelztg. 1930, 34, 35. — Die Angaben in Pfund (= 453,6 g) wurden von uns in kg umgerechnet.

Roggen wird vom Huhn nicht gern gefressen. Doch kann ohne Beeinträchtigung der Legeleistung in einer Futtermischung ein Teil des Weizens durch Roggenschrot ersetzt werden. Nicht bewährt hat sich eine Behandlung von Roggen mit einer aus Melasse und Milchsäure bestehenden Zubereitung der Deutschen Roggin-Gesellschaft in Frankfurt a. M. Versuche mit so vorbehandelten Roggen von R. FANGAUF, R. DEDTIUS, VON JAEGER, sowie von WEINMILLER und VOIGT[1] ergaben, daß man auf diese Weise die Abneigung der Henne gegen Roggen nicht zu brechen vermag.

Nach R. M. SMITH[2] bilden Reisnebenprodukte wie Reiskleie und Reispoliermehl guten Ersatz für Mais, Weizen und Hafer, wenn sie mit Gelbmais, Grünfutter und Lebertran ergänzt werden.

Daß *Eosinweizen*, ein zur Denaturierung für Futterzwecke mit Eosin gefärbter Weizen, für Fütterung von Legehennen durchaus sich eignet, wurde in mehreren deutschen Prüfungsanstalten festgestellt. In Erding unternahmen L. WEINMILLER und E. DIEM[3] Versuche mit vier Gruppen von je 15 Weißen amerikanischen Leghorn. Außer einem für alle Gruppen gleichbleibenden Grundfutter in Höhe von 60% der Ration erhielten zwei Gruppen Eosinweizenschrot, die beiden andern Schrot aus ungefärbtem Weizen. Der Versuch dauerte drei Monate und hatte folgendes Ergebnis:

Art der Fütterung	Durchschnittlicher Körnerfutterverbrauch g	Eierzahl	Eigewicht g	Eimasse g
Fütterung mit Eosinweizen . . .	50,2	41,9	60,0	2513
Fütterung mit ungefärbtem Weizen	50,0	44,7	58,9	2687

Ähnliche Ergebnisse erhielten R. ROEMER und J. JAEGER[4] in Halle-Cröllwitz. R. FANGAUF und R. DEDITIUS[5] fütterten vier Stämme von je 1,12 Leghorn zwei Monate mit täglich 60 g Weizen, der verschiedene Anteile Eosinweizen enthielt. Dabei war die monatliche Legeleistung folgende:

	1. Gruppe	2. Gruppe	3. Gruppe	4. Gruppe
Eosinweizenanteil	0%	33,3%	66,7%	100%
Durchschnittliche Zahl der Eier .	17,1	14,8	14,6	17,9
Mittleres Eigewicht	55,4	53,1	55,7	55,7 g

Eine Steigerung der Legeleistung trat nach einem Fütterungsversuch von WEINMILLER und MANTEL[6] durch Zulage von 5% *Trockenhefe* zum Futter ein; die besten Ergebnisse wurden dabei erhalten, wenn je Tier und Tag 150 g Milch als Eiweißfutter gereicht wurden.

b) Proteinbedarf.

Als Erhaltungsfutter braucht das Huhn täglich etwa 6—8 g Protein, die 1,5 fache Menge, also insgesamt etwa 15—20 g, zur Eierproduktion. Entsprechend dem Umstande, daß Eiweißstoffe den Hauptbestandteil des Hühnereis bilden, ist die Proteinzuführung durch das Futter somit von größtem Einfluß auf die Legeleistung der Henne. Dabei ist nicht allein die Menge des zugeführten Proteins, sondern fast mehr noch die Art desselben, seine biologische Wertigkeit, wichtig.

W. R. GRAHAM, J. S. SMITH und W. D. FARLANE[7] erhielten in dreijährigen Versuchen im Hinblick auf die Legeleistung folgende Reihe fallender Futterwerte:

Fischmehl, Trockenbuttermilch, Fleischkrissel, Fleischmehl (Tankage).

---

[1] WEINMILLER und VOIGT: Arch. Geflügelk. 1934, 8, 345. — [2] SMITH, R. M.: Agric. Exp. Stat. Fayetteville Arkansas. Bull. 1934, **304**. — [3] WEINMILLER, L. und E. DIEM: Biedermanns Zbl. B. Die Tierernährung 1933, 5, 103. — [4] ROEMER, R. und J. JAEGER: Biedermanns Zbl. B. Die Tierernährung 1933, 5, 108. — [5] FANGAUF, R. und R. DEDITIUS: Biedermanns Zbl. B. Die Tierernährung 1933, 5, 110. — [6] WEINMILLER und MANTEL: Arch. Geflügelk. 1937, **11**, 293. — [7] GRAHAM, W. S., J. B. SMITH und W. D. FARLANE: Ontario Agricult. Coll. Bull. **362**, 1931. Arch. Geflügelk. 1932, **6**, 38.

Die durchschnittliche Legeleistung betrug in 11 Monaten nach:

Fischmehl, Lebertran	177,8	10% Milch, Lebertran	153,5
Milch, Fischmehl, Lebertran	166,6	Milch, Tankage, Lebertran	151,0
Milch, Fleischmehl, Lebertran	165,6	Milch	143,6
Fischmehl	165,4	Milch, Fischkrissel	141,4
Fleischmehl, Lebertran	164,2	Milch, Ultraviolettbestrahlung	139,8
Tankage, Lebertran	157,2	Fleischkrissel	138,4
37% Milch, Lebertran	153,7	Tankage	126,6

Nach R. FANGAUF, K. MÜLLER und E. KALLMANN[1] kann Trockenbuttermilch ebensogut auch durch Trockenmagermilch und Trockenmolken ersetzt werden, ist aber für den praktischen Gebrauch zu teuer. Das gleiche gilt von Casein, mit dem FANGAUF und KALLMANN[2] allerdings noch bessere Fütterungsergebnisse erzielten als mit Dorschmehl.

Nach weiteren Versuchen von FANGAUF und R. DEDITIUS[3], JAEGER[4], L. WEINMILLER und K. VOIGT[5], BÜNGER, WERNER, SCHULTZ und KESELING[6] wird Magermilch in einer Tagesmenge bis zu ¼ Liter gut vertragen, so daß das gesamte erforderliche Eiweißfutter ersetzt und die Fütterung mit wirtschaftseigenem Futter bestritten werden kann.

G. WIEGNER und A. TSCHERNIAK[7] erhielten mit reiner Magermilchzulage etwa 8% geringere Legeleistung als mit Dorschmehlzulage, mit gemischter Zulage von Magermilch und Dorschmehl eine 16% höhere bei gleicher Futterverwertung.

Auch *Walmehl* ist nach FANGAUF und DEDITIUS[8] zur Verfütterung an Hennen geeignet. Nachteilige Folgen auf Futteraufnahme und Eibeschaffenheit wurden nicht gefunden.

Nach diesen Erkenntnissen, daß einseitige Ernährung der Hennen, z.B. durch nicht vollwertiges Pflanzenprotein, wie Maisprotein, die Tiere nicht zu Höchstleistung bringt, sondern erst durch Zulagen, z.B. von Fleischmehl oder Fischmehl, von dem die besten Sorten auch den Geschmack der Eier nicht beeinflussen (A. RAATZ[9]), sind in den letzten Jahren *Trockenfuttermischungen* für Legehennen wie „Nagut", „Original Holsatia", „Clubkraft" u.a. in den Handel gekommen. Es sind meist Mischungen von Mais, Getreidekeimen, Leguminosen wie Erbsen und Lupinen, proteinreichen Extraktionsabfällen von der Ölgewinnung aus Sojabohnen, Erdnüssen, ferner Weizenkleie, Kleeheumehl mit Fisch-Blut-Fleischmehl, Molkereiabfällen unter Zusatz von Holzkohle, Lebertran und Mineralstoffen. — L. MACRANDER[10] erhielt auch mit Sojaextraktionsschrot allein ein günstiges Legeergebnis.

J. SCHMIDT und M. GOLLING[11] brachten durch Zulage der Futtermischungen „Original Holsatia" und „Clubkraft" drei Gruppen von je 67—69 Hennen auf folgende durchschnittlichen Legeleistungen:

Gruppe	Eierzahl je Henne		Gesamteimasse		Durchschnittsgewicht eines Eies	
	Gesamteier	Wintereier	Gesamt kg	im Winter kg	Gesamtmittel g	Winterei g
A	190,1	59,3	10,71	3,29	56,3	55,5
B	204,3	56,4	11,39	3,12	55,8	55,2
C	170,4	—	9,53	—	56,0	—

Die Futterzusammensetzung betrug: Weizenkleie 30%, Maisschrot 20%, Gerstenschrot 10%, Roggenschrot 10%, Futtermischung 30%.

Bei Gruppe A und C wurde Holsatia-, bei B Clubkraftfutter gegeben. Der Versuch C dauerte nur 10 Monate ab Anfang Januar. — Neben 50 g Körnerfutter verbrauchte die Henne bei A, B und C an Trockenfutter 53,7 bzw. 56,5 bzw. 56,8 g.

---

[1] FANGAUF, R., K. MÜLLER und E. KALLMANN: Arch. Geflügelk. 1932, **6**, 289. — [2] FANGAUF, R. und E. KALLMANN: Arch. Geflügelk. 1933, **7**, 170. — [3] FANGAUF, R. und R. DEDITIUS: Arch. Geflügelk. 1934, **8**, 1. — [4] JAEGER: Arch. Geflügelk. 1934, **8**, 25. — [5] VOIGT, K.: Arch. Geflügelk. 1934, **8**, 32. — [6] BÜNGER, WERNER, SCHULTZ und KESELING: Arch. Geflügelk. 1934, **8**, 1 u. 39. — [7] WIEGNER, G. und A. TSCHERNIAK: Biedermanns Zbl. B. Tierernährung 1935, **7**, 344. — [8] FANGAUF und DEDITIUS: Arch. Geflügelk. 1934, **8**, 383. — [9] RAATZ, A.: Arch. Geflügelk. 1927, **1**, 325. — [10] MACRANDER, L.: Arch. Geflügelk. 1934, **8**, 161. — [11] SCHMIDT, J. und M. GOLLING: Biedermanns Zbl. B. Tierernährung 1932, **4**, 173.

Weitere Feststellungen ergaben noch:

Gruppe	Höchste Eierzahl	Niedrigste Eierzahl	Über 200 Eier legten von den Hennen %
A	265	135	37,7
B	275	136	50,0
C	265	149	43,3

Ein Fütterungsversuch an Legehennen *mit verschieden hohen Eiweißgaben* wurde auch von J. Zöllner[1] an Gruppen von je 37 Leghornhennen 7 Monate lang durchgeführt. Das Ergebnis war folgendes:

Gruppe	A	B	C
Eiweißgehalt des Futters	9,6	13,8	18,0%
Davon frisches Eiweiß	3,8	5,5	7,2%
Futterverbrauch für ein Tier . .	23,2	22,0	22,0 kg
Legeleistung an Eimasse	6,5	7,13	6,85 kg
Anzahl Eier je Henne	113,1	121,4	116,0

Hiernach hat die Gruppe mit der *mittleren* Eiweißmenge die besten Ergebnisse gebracht. Bei einer hohen Eiweißzulage wird das Eiweiß für die Legeleistung anscheinend schlechter ausgenutzt. — Im Eigewicht, Körpergewicht und Gesundheitszustand zeigten die drei Gruppen keine wesentlichen Unterschiede.

A. Albrecht[2] konnte an Versuchen mit zwei Hühnerstämmen zu je 5 Jung- und 5 Althennen zeigen, daß der Eiweißgehalt einer Eiweißfuttermischung tierischer und pflanzlicher Herkunft, des sog. „Normalfutters", mit einem *Eiweißverhältnis*[3] von 1:4,38 zu einer maximalen Eierproduktion ausreicht, wobei als Eiweißfutter Fischmehl, Sojaschrot und Erbsen verwendet wurden. Ein dieser Normalfuttergruppe gleiches Legeergebnis wurde mit einer Eiweißfuttermischung *rein pflanzlicher* (Sojakuchenschrot, Trockenhefe und Erbsen) oder *rein tierischer* (Fischmehl, Fleischmehl) Herkunft erst bei einem Eiweißverhältnis von 1:2,76 erzielt. Als völlig unzureichend erwies sich eine *proteinarme*, vorwiegend aus Getreideschroten und Kartoffelflocken bestehende Futtermischung mit dem Eiweißverhältnis 1:11,85.

Das Eigewicht in den Gruppen mit „Normalfutter" und pflanzlichem Eiweiß war praktisch das gleiche, in der Gruppe mit engem tierischen Eiweißverhältnis stieg es um rd. 2 g, bei eiweißarmer Ernährung sank es um 4 g.

E. W. Henderson[4] erhielt bei Erhöhung des Proteingehaltes im Futter eine Abnahme des mittleren jährlichen Eiergewichts.

Nach den erwähnten Fütterungsversuchen von N. Hansson[5] liegt das Eiweißminimum der Hühner bei 110—115 g für die Futtereinheit (0,7 Stärkewert). Das Optimum lag bei 120—130 g. Eine merkliche Steigerung des Eigewichts durch Erhöhung der Eiweißration beobachtete Hansson nicht.

c) Mineralstoffbedarf.

Groß ist auch der Bedarf der Legehennen an Mineralstoffen für das werdende Ei. Nach Hansson[5] sollen in 1 kg Gesamtfutter 50—60 g Mineralstoffe enthalten sein. Besonders Kalk wird in größeren Mengen für den Bau der Eischale

[1] Zöllner, J.: Biedermanns Zbl. Abt. B. Tierernährung 1932, 4, 369. — [2] Albrecht, A.: Arch. Geflügelk. 1931, 5, 1. — [3] Verhältnis von Reinprotein zur Summe aus stickstofffreien Extraktstoffen + 2,24mal Fett + Rohfaser. — [4] Henderson, E. W.: Poultry Science 1937, 16, 274. — [5] Hansson, N.: Arch. Geflügelk. 1929, 3, 50.

benötigt. Mineralstoff-Futtermischungen für Legehennen enthalten meistens entleimtes Knochenmehl (Calciumphosphat), Calciumcarbonat, Kochsalz und etwas Schwefel.

Die wichtigste Darreichungsform des Calciums für die Henne ist das *Calciumcarbonat*, das nach Versuchen von G. D. BUCKNER, J. H. MARTIN, W. C. PIERCE und A. M. PETER[1] an weißen Leghornhennen sowohl für die Bildung der Eischale als auch für den Knochenbau ausnutzbar ist, während Tricalciumphosphat nur für den Knochenaufbau verwertet wird. Nach MÜLLER-LENHARTZ und VON WENDT[2] wird dieses Salz, das die Henne bei freiem Umlauf wohl vorwiegend in den *Schneckenschalen* verzehren wird, schon in rein anorganischer Form als Kreide und Kalksteinmehl aufgenommen, doch nicht in so genügender Menge, daß bei ausschließlicher Kalkzufuhr in dieser Form die Eierproduktion sich vermindert. Merkwürdigerweise kann diese Mangelerscheinung durch Fütterung von Muschel- oder Austernschalen, die die Tiere dann gierig aufnehmen, ausgeglichen werden. Nach anderen Versuchen in Iowa[3] wirkten aber Venusmuschelschalen weniger günstig:

Nach Fütterung mit	Austernschalen	Kalkstein	Venusmuschelschalen
Mittlere Eierzahl	104,6	104,0	83,6

Der Versuch dauerte vom 1. April bis 15. September.

Auch BUCKNER, MARTIN und PETER[4] haben die günstige Wirkung der Austernschalen zahlenmäßig erwiesen.

Ihre Versuche erstreckten sich auf drei Gruppen von je 10 Weißen, 19 Monate alten Leghorn, von denen Gruppe I und II von November bis Mai als Calciumcarbonatquelle Austernschalen nach Belieben erhielten, Gruppe III keine, sondern erst ab 1. Mai. Gruppe I hatte freien Auslauf, Gruppe II und III wurden im Stall gehalten.

Fütterungsversuche mit Austernschalen (Mittelwerte für je 3 Monate in g).

Untersuchungsergebnis	Gruppe I		Gruppe II		Gruppe III	
	Mit Austernschalen Febr.—Apr.	Ohne Austernschalen Mai—Juli	Mit Austernschalen Febr.—Apr.	Ohne Austernschalen Mai—Juli	Mit Austernschalen	Ohne Austernschalen
Dotter	19,6	17,5	19,5	19,1	18,6	18,7
Eiklar	34,3	30,4	33,4	28,8	31,3	30,9
Eiinhalt	53,9	47,9	52,9	47,9	49,9	49,6
Zahl der Eier im Monat . .	18	18	18	9	6	18
Gesamtertrag je Henne im Monat in g	970	862	952	431	299	893

Die gleichen Forscher[5] ermittelten weiter, daß von verschiedenen Calciumverbindungen *Calciumcarbonat* die höchste Wirkung auf Zahl und Größe der Eier ausübt, *Calciumsulfat* ist weniger wirksam; *Calciumlactat* wirkt an sich gut, wird aber von den Hennen nicht so gern genommen, Calciumchlorid noch weniger, trotz seiner guten Wirkung auf die Eierzeugung (R. FANGAUF und E. KALLMANN[6]).

O. RIDDLE und M. C. E. HANKE[7] fanden nach Fütterung mit Calciumlactat und Calciumlactophosphat an Ringeltauben unter der Kalkfütterung geringe Abnahme des Trockensubstanzgehaltes der Eischale, keine Verdickung derselben und eine Herabsetzung der Eiweißausscheidung.

---

[1] G. D. BUCKNER, J. H. MARTIN, W. C. PIERCE und A. M. PETER: J. biol. Chem. 1921, **51**, 51. — [2] MÜLLER-LENHARTZ und VON WENDT: Z. Volksernähr. und Diätk. 1932, **7**, 348. Vgl. Z. Fleisch- und Milchhyg. 1932, **42**, 364. — [3] Iowa Sta. Rpt. 1927, 24; Arch. Geflügelk. 1929, **3**, 93. — [4] BUCKNER, MARTIN und PETER: Amer. J. Physiol. 1925, **72**, 458. — [5] BUCKNER, MARTIN und PETER: J. agricult. Res. 1928, **36**, 263. — [6] FANGAUF, R. und E. KALLMANN: Arch. Geflügelk. 1934, 8, 250. — [7] RIDDLE. O. und M. C. E. HANKE: Amer. J. Physol. 1921, **57**, 264.

Viele Mineralsalzmischungen für eierlegende Geflügel enthalten *Natriumphosphat* um den Aufbau des Lecithins im Körper zu begünstigen. Die für die Bildung des Eidotters erforderliche *Eisenmenge* wird am besten im *Grünfutter* zugeführt; fehlt dieses, so erscheint besondere Zufuhr von etwas Eisen als zweckmäßig. O. Schultze, C. A. Elvehjem, E. B. Hart und J. G. Halpin[1] geben an, daß tägliche Zufuhr von 14 mg Eisen und 0,5 mg Kupfer starke Eierproduktion ohne gleichzeitiges Sinken des Haemoglobins ermöglichen. An *Kochsalz* braucht das Huhn etwa 0,25% des Futters. J. G. Halpin, C. E. Holmes und E. B. Hart[2] fanden die Eierzahl am besten bei 0,5—1% Salz, 2% wirkten noch wenig, 5% stark schädlich. Zugabe von Chlornatrium zum Futter erhöht die Futter- und Stickstoffaufnahme, doch fand J. S. Willcox[3] keine den Stickstoffansatz begünstigende Wirkung. Weiter hat sich gezeigt, daß *Holzkohle* zu etwa 1% im Futter die Verdauungstätigkeit des Huhnes günstig beeinflußt.

Umstritten ist der Einfluß einer *Jodzufütterung* auf die Eierproduktion. Die Schilddrüse des Huhnes ist jodreicher als die der andern Haustiere, was vielleicht mit der stärkeren Eierproduktion zusammenhängt. Wie aus den bisherigen Versuchen aber hervorgeht, scheinen jedenfalls größere Jodgaben ungünstig zu wirken, bei sehr kleinen hat man Erhöhung des Eierertrages beobachtet.

M. Berthold[4] fand bei Jodgaben von 0,3—0,5 g Kaliumjodid eine Abnahme der Eigröße, bei noch größeren Gaben sogar eine Unterbrechung der Legetätigkeit. E. B. Forbes, G. M. Karns, S. I. Bechdel, P. S. Williams, T. B. Keith, E. W. Gallenbach und R. R. Murphy[5] stellten bei Jodfütterung in Form von jodiertem Leinsaatmehl[6] an jungen Weißen Leghornhühnern fest, daß kein Einfluß auf Wachstum, Sterblichkeit und Höhe der Eiererzeugung bestand. Ein ähnliches Ergebnis erhielt E. A. Johnson[7].

A. Z. Zeitschek[8] fand im Gegensatz hierzu bei Jodgaben eine Steigerung des Eiertrages und einen günstigen Einfluß auf die Befruchtung. Bei Zufütterung von täglich 3,125 mg Jod in Form von jodiertem Futterkalk wurden erhalten:

	Hühner mit Jodfütterung	Hühner ohne Jodfütterung
Eierertrag im Mittel	189,7 Stück	166,7 Stück
Mittleres Gewicht eines Eies . .	55,92 g	57,23 g

Der Ertrag war durch die stimulierende Jodwirkung besonders im 4. bis 8. Monat gesteigert. Das Schlüpfergebnis war, bezogen auf die eingelegten Eier, um 14,36%, bezogen auf die fruchtbaren Eier, um 13,13%, erhöht. K. Scharrer und W. Schropp[9] erhielten bei Zufütterung von 2 mg Jod je Henne und Tag einen Eiermehrertrag von 3,5%.

Versuche von W. Klein[10] mit 500 zweijährigen Hennen, denen täglich maximal 1,5 mg Jod in Lebertran verabreicht wurde, ergaben hierdurch einen um mindestens 25% erhöhten Eierertrag. Dabei litten weder Gesundheitszustand noch körperliche Beschaffenheit der Tiere durch die Jodzugabe. Im Gegenteil verlief bei den jodierten Tieren die Mauser besonders günstig.

Einen guten Einfluß der Beifütterung geringer Jodkaliummengen, nämlich je Huhn täglich 3,120 mg, oder auf 1 kg Lebendgewicht 1,726 mg Jod, auf die Eiablage beobachtete auch G. Bela[11] an 110 Leghornhühnern. Bei dem 365 Tage dauernden Versuche wurde erhalten:

	Gruppe A (mit Jodbeigabe)	Gruppe B (ohne Jodbeigabe)
Gesamteierzahl.	9133	8044
Durchschnittliche Eierzahl je Huhn	189,7	166,7
Gesamtgewicht der Eier	513,18 kg	462,46 kg
Durchschnittsgewicht eines Eies . .	55,92 g	57,23 g

[1] Schultze, O., C. A. Elvehjem, E. B. Hart und G. J. Halpin: Poultry Science 936, 15, 9; C. 1936, I 2764. — [3] Halpin, J. B. C. E. Holmes und E. B. Hart: Poultry Science 1936, 15, 154; C. 1936, I, 4319. — [3] Willcox: Biedermanns Zbl. 2. Die Tierernährung 1937, 9, 121. — [4] Nach Scharrer und Schropp: Biedermanns Zbl. 2. Die Tierernährung 1932, 4, 249. — [5] Forbes, E. B., G. M. Karns, S. I. Bechdel, P. S. Williams, T. B. Keith, E. W. Gallenbach und R. R. Murphy: J. agric. Res. 1932, 45, 111. — [6] Täglich 1,1 mg Jod auf 1 kg Huhngewicht (50 mg auf 100 lbs.). — [7] Johnson, E. A.: Poultry Science 1936, 15, 3. 55 — [8] Zeitschek, A. Z.: Biedermanns Zbl. 2. Die Tierernährung 1934, 6, 102. — [9] Karrer, K. und W. Schropp: Biedermanns Zbl. 2. Die Tierernährung 1932, 4, 249. — [10] Klein, W.: Arch. Geflügelk. 1933, 7, 65. — [11] Bela, G.: Z. Volksernähr. 1935, 10, 126.

E. G. Tiebe[1] stellte gleichfalls eine deutliche Erhöhung der Legeleistung durch Jodzulage fest. A. Wehner[2] fand überhaupt keinen Einfluß des Jods weder im positiven noch im negativen Sinne.

Bei Darreichung von Thyreoideasubstanz stellten V. S. Amundsen[3] eine Abnahme des Eigewichts, M. Parhon und Goldstein[3] sowie später B. M. Zawadowski, L. P. Liptschina und E. Radsiwon[3] eine Abnahme der Legetätigkeit, bei äußerst kleinen Gaben indes eine stimulierende Wirkung fest. Nach Oren[3] sollen sogar die senilen Eierstöcke alter Hennen durch Thyreoidisation neu angeregt werden.

Da *Fischmehle* oft Spuren von Jod enthalten, dürfte durch ihre Verfütterung dem Organismus der Legehenne an sich vielleicht schon genügend Jod zugeführt werden und eine Jodzufütterung nur dann am Platze sein, wenn man etwa für besondere diätetische oder Heilzwecke jodreichere Eier gewinnen will (vgl. S. 97).

d) Vitaminbedarf der Legehenne.

Ein Fehlen der Vitamine A, B und D im Futter wirkt ungünstig auf die Eierproduktion der Legehennen, während das antiskorbutische Vitamin C für Hühner anscheinend unnötig ist (J. F. Lyman[4]).

α) Über die Notwendigkeit des *Vitamins A* in der Nahrung des eierlegenden Vogels stellte bereits J. Hoet[5] an Tauben Versuche an.

Einen Einfluß der Vitamin A-Fütterung auf die Legeleistung fanden R. M. Sherwood und G. S. Fraps[6] in folgenden Versuchen:

Art der Gruppe	Tägliche Aufnahme an Vitamin A	Durchschnittliche Legeleistung
Gruppe mit gelbem Mais	270 Einheiten	80,6 Eier
,, ,, gelbem und weißem Mais .	120 ,,	66,6 ,,
,, ,, weißem Mais	Spuren	55,5 ,,

Bei allen Eiern sank der Gehalt an Vitamin A während der Versuchsdauer von 6½ Monaten von 20 Einheiten für 1 g Dottersubstanz auf 5—8 Einheiten gegen Ende des Versuches. Um eine Einheit Vitamin A im Dotter zu erhalten, müssen, wie Sherwood und Fraps berechnen, 6,3 Einheiten Vitamin A mehr aufgenommen werden, als zur Lebenserhaltung der Henne nötig sind. Diese Menge wird für eine 1,5 kg-Leghornhenne täglich auf 105 Einheiten geschätzt. Tiere mit durchschnittlicher Legeleistung von 10 Eiern im Monat würden eine tägliche Zufuhr von 630 Einheiten Vitamin A für die Legeleistung und 105 Einheiten für die Lebenserhaltung benötigen, entsprechend einem Gehalt der Eidotter von durchschnittlich 20 Einheiten Vitamin A. Eine Fütterung von gelbem Mais als Getreide und 20% gelbem Mais im Trockenfutter reichte nicht aus um Eier mit hohem Gehalt an Vitamin A zu liefern.

Weitere Versuche von Sherwood und Fraps[7] wurden mit künstlich getrocknetem Alfalfablattmehl vorgenommen. Hierdurch wurden größere Vitamin A-Mengen, nämlich 224, bzw. 336, bzw. 444 mittlere Ratteneinheiten zugeführt. Die Tiere, die 444 Einheiten erhielten, legten etwa 15% mehr Eier als in den andern Gruppen. Die Abnahme des Vitamins A-Gehalts der Eier mit dem Fortschreiten des Legens war am größten bei den kleineren Vitamin A-Gaben. Bei Beendigung der Versuche enthielten die Eier der drei Gruppen 6, bzw. 12 bzw. 15 Vitamin A-Einheiten, auch im letzten Falle also weniger als die erwünschte Menge von 20 Einheiten. Die Henne braucht anscheinend etwa vier Einheiten Vitamin A im Futter um daraus eine Einheit des Vitamins im Ei zu erzeugen, dazu die zur Erhaltung der Gesundheit nötigen Mengen.

Fütterungsversuche mit Matepulver von R. Fangauf, O. Brüninghaus und E. Kallmann[8] ergaben keinen Erfolg für Legeleistung und Dotterfarbe.

Die beste Zuführungsform für Vitamin A bei Legehennen ist Grünfutter, ersatzweise Lebertran. Die üblichen Futtermischungen für Legehennen liefern

---

[1] Tiebe, E. G.: Arch. Geflügelk. 1934, 8, 62. — [2] Wehner, A.: Arch. Geflügelk. 1934, 8, 143. — [3] Nach Scharrer und Schropp: Biedermanns Zbl. 2. Die Tierernährung 1932, 4, 249. — [4] Lyman, J.F.: Fertiliser Feed Stuffs Farm. Suppl. J. 1934, 19, 190; C. 1934 II 532. — [5] Hoet, J.: Biochem. Journ. 1924. 18, 412. — [6] Sherwood, R. M. u. G. S. Fraps: Texas Agricult. Experim. Station 1932, Bull. 468; Arch. Geflügelk. 1933, 7, 217. — [7] Sherwood und Fraps: Agric. Exp. Station Brozos County, Texas Bull. 493, 1934. — [8] Fangauf, R., O. Brüninghaus und E. Kollmann: Arch. Geflügelk. 1934, 8, 280.

meist nicht genügend Vitamin A, es sei denn, daß sie durch Grünfutter ergänzt werden.

Daß gelber Mais als Vitamin A-Quelle zur vollwertigen Ernährung nicht genügt, zeigen auch folgende Versuche der Kansas-Station[1], die gleichzeitig ein Bild von der Wirkung *verschiedener Vitamin A-Quellen* auf die Legetätigkeit geben. Verwendet wurden je 100 Leghornhennen.

Vitaminquelle	Zahl der Eier vom 1. Nov. bis 1. Aug. je Henne	Von den Tieren starben	Anteil der befruchteten Eier %	Anteil des Schlupfergebnisses bei den befruchteten Eiern %
Nur gelber Mais	90	22	81	73
Ähnliche Ration mit Zugabe von 5% Luzerneblättermehl	98	16	88	83
desgl. mit 10% Luzerneblättermehl	94	18	88	88
Weißer Mais mit 10% Luzerneblättermehl	93	18	88	86

MÜLLER-LENHARTZ und VON WENDT trafen unter den Lebertranpräparaten des Handels auch viele Proben, die sich als völlig oder fast vitaminfrei erwiesen. Dieser Umstand erklärt vielleicht die mit Lebertran öfters beobachteten Mißerfolge. A. D. HOLMES, M. G. PIGOTT und D. F. MENARD[2] erhielten mit 2% Dorschlebermehl in der Grundration etwa dieselbe Wirkung wie mit 0,5% Lebertran.

W. O. FROHRING und J. WYENO[3] halten das junge Huhn sogar als Versuchstier für Vitamin A geeignet. Verarmung an diesem Vitamin äußert sich in Beinschwäche und schließlich kurz vor dem Tode in Ataxie.

Über Vitamin A-Speicherung bei Hühnern vgl. HOLMES, F. TRIPP und P. A. CAMPBELL[4].

β) *Vitamin B* wird der Henne durch das Ei ebenfalls entzogen und zweckmäßig in Form von Hefe, z. B. Trockenhefe, zugeführt. Auch Körnerfrüchte und Grünfutter enthalten Vitamin B.

γ) Das antirachitische *Vitamin D* ist für Legehennen von außerordentlicher Bedeutung, doch weniger auf den Eiertrag als auf das Schlüpfergebnis beim Ausbrüten, ferner auf die Ausbildung einer kräftigen Schale (C. L. MORGAN, J. H. MITCHELL und D. G. RODERICK[5]).

Das Vitamin D kann neben dem Vitamin A in Form von *Lebertran* oder auch durch Aktivierung des in der Henne selbst enthaltenen Ergosterins *mit ultraviolettem Licht* oder als *Vigantol* (AXELSON[6]) zugeführt werden.

K. SUZUKI und T. HATANO[7] konnten durch eine solche Bestrahlung mit ultraviolettem Licht die Eierproduktion junger Hennen erhöhen, die von 3—5 Jahre alten aber nicht beeinflussen. R. RÖMER[8] fand eine Bestrahlung von Legehennen mit Hanauer Höhensonne auf den Eierertrag unwirksam. Bei Versuchen von E. B. HART, H. STEENBOCK, S. LEPKOVSKY, S. W. F. KLETZIEN, J. G. HALPIN und O. N. JOHNSON[9] war aber der Einfluß von ultravioletten Licht auf Produktion, Schlüpffähigkeit und Fruchtbarkeit der Eier bei Verfütterung einer an Vitamin-D armen Futtermischung sehr beträchtlich. So fanden sie für die Eierproduktion:

---

[1] Nach Biedermanns Zbl. 1932 N. F. **2**, 597. — [2] HOLMES, A. D., M. G. PIGOTT und D. F. MENARD: J. Nutrition 1931, **4**, 193; Arch. Geflügelk. 1934, **8**, 267. — [3] FROHRING, W. O. und J. WYENO: J. Nutrition 1934, 8, 463. — [4] HOLMES, A. D., F. TRIPP und P. A. CAMPBELL: Poultry Science 1936, **15**, 71; C. 1936 I 2766.

[5] MORGAN, C. L., J. H. MITCHELL und D. G. RODERICK: Proc. Twenty second. Annual Meeting Poultry Science Association. Macdonald College. Quebec. Canada 9.—11. Juli 1930. Nach Arch. Geflügelk. 1933, **6**, 40.

[6] Nach GRZIMEK. — [7] SUZUKI, K. und T. HATANO: Bull. agricult. chem. Soc. Japan 1931, **7**, 58; C. 1932, I, 2061. — [8] RÖMER, R.: Biedermanns Zbl. 1932 N. F. **2**, 600. — [9] HART, E. B., H. STEENBOCK, S. LEPKOVSKY, S. F. KLETZIEN, J. G. HALPIN und O. N. JOHNSON: J. biol. Chem. 1925, **66**, 595.

Ultraviolettbestrahlung und Legeleistung.

Gruppe	Art der Behandlung	Eierertrag in dem Monat					zu-sammen
		Februar	März	April	Mai	Juni	
1	Täglich 10 Minuten bestrahlt . .	173	178	211	189	151	902
2	Nicht bestrahlt	73	59	54	37	29	252
3	Nicht bestrahlt, aber Zulage von 5% getrockneter Schweineleber zum Futter	68	47	39	89	72	315
4	Nur der Hahn wurde täglich 10 Minuten bestrahlt	69	45	79	188	150	531

Der Erfolg der Bestrahlung scheint also vor allem bei vitaminarmem Futter einzutreten. Vielleicht spielt dabei aber auch die schon mit gewöhnlichem Licht eintretende *Reizwirkung* auf die Legeleistung (vgl. folgenden Abschnitt S. 22) mit.

J. S. HUGHES, L. F. PAYNE, R. W. TITUS und J. M. MOORE[1] fanden für die Beeinflussung des Schlüpfergebnisses von Hühnereiern durch Bestrahlung der Hennen folgende Zahlen:

Gruppe:	1	2	3	4
Art der Behandlung:	Unfiltrierter Sonnenschein und Quarzlampe 30 Minuten täglich	Durch Glas filtriertes Licht und 30 Minuten Quarzlampe	Direkter Sonnenschein	Nur glasfiltrierter Sonnenschein
Schlüpfergebnis in %:	67	72	75	53

Eine Zulage von täglich 5,0 cm³ Lebertran bewirkte ebenso schlüpffähige Eier, wie wenn die Hennen mit direkter Sonne bestrahlt wurden. Vergleichende zweijährige Versuche von R. B. NESTLER[2] einerseits mit 2% Lebertran im Futter, anderseits unter Bestrahlung mit einem Kohlelichtbogen, 15 Minuten täglich, lieferten hinsichtlich Eierzeugung, Gewicht der Hennen, Gesamteiergewicht je Henne, Gewicht der Schale und Schlüpffähigkeit bei Lebertran ein etwas besseres Ergebnis.

Genauere Zahlenangaben über den Vitamin D-Bedarf werden von J. S. CARVER, E. J. ROBERTSON, D. BRAZIE, H. R. JOHNSON und J. L. St. JOHN[3] gegeben.

Legende Junghühner vermochten Vitamin D während der Wachstumsperiode zu speichern; auch drei Monate nach der Eierproduktion war es noch nicht erschöpft. Mangel an Vitamin D verzögerte stark die Eiablage, verminderte das mittlere Eigewicht und schädigte die Schalenfestigkeit. Bei Hennen ohne Zugang zum Sonnenlicht waren zur Erzielung genügender Eierproduktion und Eiqualität 67 Einheiten Vitamin D als Lebertran auf 100 g Futter nötig.

Zur Erzielung von Eiern mit genügender Schlüpffähigkeit benötigten eingesperrte Bruthennen ohne Sonne 135 Vitamineinheiten auf 100 g Futter, bei Zugang zur Sonne vom 10. Dezember bis 4. März noch 34 Einheiten; für den übrigen Teil des Jahres genügte Sonnenlicht allein.

Auch neuere Versuche von R. M. BETHKE, P. R. RECORD, C. H. KICK und D. C. KENNARD[4] ergaben, daß bei Hennen mit D-armer Fütterung Legeleistung und Eiqualität verbessert werden, auch wenn die Tiere im Sonnenlicht leben. Von bestrahltem Ergosterin wurden für gleiche Wirkung etwa 10mal soviel Ratteneinheiten benötigt wie von Lebertran. Gute Wirkung lieferten 54 internationale D-Einheiten von Lebertran in 100 g Futter bei Stallhaltung. 5400 Einheiten wirkten ungünstig, 54 000 davon waren giftig. — R. R. MURPHY, J. E. HUNTER und H. C. KNANDEL[5] fanden bei Auslauf im Sommer ausreichende D-Versorgung. Ohne Sonnenlicht waren 58 Einheiten in 100 g Futter ungenügend, 78 Einheiten ausreichend.

Über Wirkung von Calcium- und Phosphorschwankungen und Herkunft von Versuchshühnern bei der Prüfung auf Vitamin D enthaltende Stoffe vgl. W. B. GRIEN, M. J. KILLIAN, L. E. CLIFCORN, W. S. THOMPSON und E. GUNDLACH[6].

[1] HUGHES, J. S., L. F. PAYNE, R. W. TITUS und J. M. MOORE: Science 1925, **62**, 492. — [2] NESTLER, R. B.: J. agric. Res. 1937, **54**, 571. — [3] CARVER, J. S., E. J. ROBERTSON, D. BRAZIE, H. R. JOHNSON und J. L. ST. JOHN: Agric. Exp. Station Pullman. Washington. Bull. **299**, 1934. — [4] BETHKE, R. M., P. R. RECORD, C. H. KICK und D. C. KENNARD: Poultry Science 1936, **15**, 326. C. 1936. III, 373. — [5] MURPHY, R. R., J. E. HUNTER und H. C. KNANDEL: Pennsylvania State Coll. School. Agric. Esp. Stat. Bull. **334**, 3. C. 1937, I, 4528. — [6] GRIEN, W. B., M. J. KILLIAN, L. E. CLIFCORN, W. S. THOMPSON und E. GUNDLACH: J. Agric. Chem. 1935, **18**, 471.

Nach H. P. MORRIS und H. H. MITCHELL[1] bedürfen Hühner zur Fortpflanzung auch des *Vitamins E.*

Von 6 männlichen und 12 weiblichen Kücken, die eine synthetische, an Vitamin E höchst arme Diät erhielten, überlebten 2 Hennen, die im Alter von 9 Monaten zu legen begannen. Eine davon legte 89 Eier, von denen sich 5 als befruchtet erwiesen. In 3 von diesen trat beim Bebrüten nur ganz geringe Entwicklung ein, in den anderen entwickelten sich Embryonen bis zu einer Länge von 9 bzw. 11 mm. — Nach Zugabe von Weizenkeimöl legte dieselbe Henne 19 Eier, davon 8 befruchtet, aus denen 4 normale Kücken ausgebrütet wurden. Auch F. ENDER[2] konnte durch tägliche Zulage von 0,174 g Weizenkeimöl die Anzahl der ausgebrüteten und lebensfähigen Kücken um etwa das Dreifache steigern.

L. E. CARD, H. H. MITCHELL und T. S. HAMILTON[3] haben gezeigt, daß im Alter von acht Wochen ab vitamin-E-frei ernährte Junghennen nach Paarung keine schlupffähigen Eier produzierten, während dies nach Verabreichung von vitamin-E-haltigem Weizenkeimöl gelang. Auch F. B. ADAMSTONE[4] hat die Notwendigkeit des Vitamins E für Hühner bestätigt.

Nach P. G. BUJATTI[5] wird Vitamin E während der Wintermonate am besten durch gekeimten Hafer zugeführt.

Abweichend von diesen Befunden ergaben Versuche von M. J. L. DOLS[6] keinen wesentlichen Einfluß des Vitamin E weder auf die Befruchtung der Eier noch auf das Brutergebnis.

Über den Vitamin E-Gehalt von Eiern in Beziehung zur Ausbrütbarkeit vgl. auch G. L. BARNUM[7], über die Bedeutung eines neuen, nicht mit Vitamin B_2 identischen Faktors, der reichlich im Schweinelebermehl, grünem Gras u. dgl. enthalten ist, für die Ausbrütbarkeit R. B. NESTLER, T. C. BYERLY, N. R. ELLIS und H. W. TITUS[8].

5. Einfluß von Licht und Jahreszeit auf den Eierertrag.

Die *Legetätigkeit des Huhnes* ist je nach der *Jahreszeit* oder richtiger je nach dem durch die Jahreszeit bedingten Klima großen Schwankungen unterworfen. Und zwar sind neben der *physiologischen Einstellung*, die die Henne gerade im zeitigen Frühjahr zu Beginn erhöhter Eierablage bringen und sie durch das Brutgeschäft und die Mauser unterbrechen läßt, vor allem Einflüsse des Tageslichtes hier richtunggebend.

E. REBSCHE[9] geht von der Voraussetzung aus, daß die Hühner im Winter wegen der kürzeren Tageszeit nicht genügend Zeit zur Nahrungsaufnahme haben, und daß durch künstliche Verlängerung des Tages diesem Mangel abgeholfen werde.

Da der Einfluß der Jahreszeit sich je nach Hühnerrasse, individuellen Einflüssen und Zufälligkeiten verschieden äußern kann, vergleicht man zweckmäßig die an einer größeren Anzahl Hühner gefundenen Erträge.

So gibt L. MOMSEN[10] die Erträgnisse einer Eierfarm mit 300—400 Hühnern, berechnet als durchschnittlichen Eiertrag für ein Huhn, wie folgt an. Zum Vergleich ist die entsprechende Menge des täglichen Futters in Gramm hinzugefügt und daraus von uns die auf je 1 Ei entfallende Futtermenge berechnet:

Monatliche Erträgnisse einer Eierfarm.

Monat:	Oktober	November	Dezember	Januar	Februar	März	April	Mai	Juni	Juli	August	September
Eiertrag je Huhn .	2,9	4,9	3,6	11,3	18,3	20,0	17,3	19,9	17,9	18,8	10,3	5,0
Futter je Huhn in g	98	88	87	90	98	98	92	101	97	87	87	86
Futter je Ei in g .	1047	538	750	247	150	152	160	157	163	147	261	516

[1] MORRIS, H. P. und H. H. MITCHELL: Illinois Sta. Rpt. **1928** 167; Arch. Geflügelk. 1929, **3**, 395. — [2] ENDER, F.: Z. Vitaminforschg. 1935, **4**, 106; C. 1935, II, 245. — [3] CARD, L. E., H. H. MITCHELL und T. S. HAMILTON: Ilinois Stat. Rep. 1931, 113. — [4] ADAMSTONE, F. B.: Ber Ges. Physiol. 1932, **65**, 586. — [5] BUJATTI, P. G.: Riv. Zootecnia 1933, X, **2**, 85; Arch. Geflügelk. 1934, **8**, 201. — [6] DOLS, M. J. R.: Landw. Tijdschr. 1937, **49**, 695. — [7] BARNUM, G. L.: J. Nutrition 1935. 9, 621; C. 1935, II. 2395. — [8] NESTLER, R. B., T. C. BYERLY, N. R. ELLIS und H. W. TITUS: Poultry Science 1936, **16**, 67; C. 1936, I. 2768. — [9] REBSCHE, E.: Umsch. 1934, **38**, 165. — [10] MOMSEN, L.: Dtsch. landw. Geflügelztg. 1929, **32**, 568.

Hiernach fließt der Eiertrag für die Hauptlegezeit Februar—Juli in ziemlich ausgeglichener Stärke, wobei rund ein Drittel der Futtermasse in Eimasse umgesetzt wird. Für die Herbst- und Wintermonate ist diese Umsetzung des Futters in Eisubstanz wesentlich schlechter.

Man pflegt auch für das monatliche Legen eines Huhnes die Zahl der Eier gegen die Monate graphisch abzutragen und erhält dann die *Legekurve* des Huhnes, die in ziemlich steilem Anstieg in den Frühjahrs-monaten ein Maximum erreicht, um dann im Sommer wieder steil abzufallen. Eine solche Legekurve für unser Klima zeigt die nebenstehende oder eine ähnliche Gestalt[1]. Da die Spitzen der Einzelkurven bei den verschiedenen Hennen in verschiedene Zeiten fallen können und auch durch die Brutlust verändert werden, erklärt es sich, wie bei einer größeren Hühnerherde für die Hauptlegezeit sich eine scheinbar gleichmäßige Eierproduktion herausbilden kann. Die Legekurve zeigt dann breites, oft sich über mehrere Monate hinziehendes Maximum.

R. BAETSLÉ[2] unterscheidet im Jahresverlauf der Eierproduktion folgende Perioden:

a) *März—April* und *Mai:* Guter Ertrag, gesunde Eier mit dünner Schale. Aufkaufzeit für Kühlhauseier. Hauptbrütezeit.

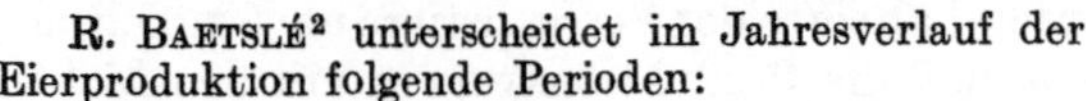

Abb. 1. Legekurve einer Henne.

b) *Juni—Juli—August:* Leichte Abnahme des Ertrages, warme Periode, noch Brütezeit.

c) *September—Oktober—November:* Bei Landwirten starke Ertragsabnahme bis zu 0. Bei Züchtern mit gesunden Hennen Zunahme der Produktion bis zu 60%.

d) *Dezember—Januar—Februar:* Im allgemeinen mittlerer Ertrag.

Hiernach gibt es für gute Züchter nach BAETSLÉ zwei Höhepunkte in der Produktion, nämlich im Mai und November, für Landwirte ohne besondere Pflege der Hühner nur einen im April. Die Hühner in den Züchtereien mausern bisweilen zweimal, die der Landwirte nur einmal.

Bei Einzelhennen leistet die Beobachtung der Legetätigkeit im Winter, wie J. EICKEL und H. KRÜGER[3] angeben, zur *Auslese guter Legerinnen* wertvolle Dienste. Nach Erfahrungen an rd. 1000 Tieren bei drei durchgeführten Leistungsprüfungen in den Jahren 1929—1932 hat sich nämlich ergeben, daß hohe Winterleistungen auch hohe Jahresleistungen, vor allem bei Hennen mit über 200 Eiern bringen, daß andererseits Hennen mit weniger als 30 Eiern in den Wintermonaten selten zu genügender Jahresleistung kommen. Dabei zeigte sich noch, daß Hennen mit hoher Winterleistung entgegen verbreiteter Annahme keineswegs höheren Verlusten ausgesetzt, sondern eher widerstandsfähiger sind als solche mit niedriger Eierzahl. Vgl. auch S. 9.

Die Verteilung der Eierproduktion in klimatisch verschiedenen Ländern kann natürlich ganz verschiedene Gestalt annehmen. Dies zeigt die folgende Übersicht von F. M. FRONDA[4] für die Philippinen, Australien und die Vereinigten Staaten von Amerika, wobei allerdings auch die Hühnerrassen verschiedene waren. Die Ergebnisse sind in prozentualer Legeleistung[5] angegeben und zum Vergleich der vorigen Tabelle von uns auch auf Eierzahl im Monat (von 30 Tagen) umgerechnet.

Die Tabelle zeigt nicht nur eine ganz verschiedene Lage der Kurve, wobei z.B. das Maximum in den Vereinigten Staaten fast mit dem Minimum in Australien zusammenfällt, sondern auch einen wesentlich *flacheren Verlauf* für die *klimatisch* mehr *ausgeglichenen* Philippinen und für Australien.

---

[1] Nach K. SCHULZ in Z. Volksernähr. u. Diätk. 1932, **7**, 254. —[2] BAETSLÉ, R.: Toezicht over Eieren, S. 40. — [3] EICKEL, J. und H. KRÜGER: Arch. Geflügelk. 1933, **7**, 51. — [4] FRONDA, F. M.: Philipp. Agric. 1928, **17**; Arch. Geflügelk. 1930, **4**, 130. — [5] = 100mal Zahl der Eier/Tage.

Monatlicher Eierertrag verschiedener Länder.

Monat	Land: Philippinen Hühnerrasse: Cantonhühner (5jähriger Durchschnitt)		Australien Schwarze Orpingtons (Viktoria 1924)		Vereinigte Staaten von Amerika Gesperberte Plymouth Rocks (Neu Jersey 1922)	
	Legeleistung %	Zahl der Eier in 30 Tagen	Legeleistung %	Zahl der Eier in 30 Tagen	Legeleistung %	Zahl der Eier in 30 Tagen
September . . .	24,0	7,2	56,1	16,8	27,6	8,3
Oktober	21,2	6,4	55,1	16,5	20,8	6,2
November. . . .	21,2	6,4	53,3	16,0	17,0	5,1
Dezember . . .	19,6	5,9	47,9	14,4	28,4	8,5
Januar	29,3	8,8	40,6	12,2	34,5	10,4
Februar.	34,2	10,3	38,9	11,7	51,7	15,5
März	33,0	9,9	35,4	10,6	67,1	20,1
April	31,3	9,3	26,9	8,1	66,3	19,9
Mai	28,5	8,6	39,5	11,9	61,2	18,4
Juni	26,9	8,1	50,7	15,2	53,6	16,1
Juli	22,8	6,8	51,2	15,4	43,8	13,4
August	19,2	5,8	50,2	15,1	32,3	9,7

Daß gerade die Lichtverhältnisse hier ausschlaggebend sind, wurde von E. O. WHETHAM[1] durch Variierung der Aufenthaltsorte der Versuchstiere um 5 zu 5 Breitengrade erwiesen. Dabei ergab sich, daß die Produktionskurven mit den Lichtkurven parallel liefen. Nach WHETHAM scheint das Licht auf die Tätigkeit des Hypophysenvorderlappens zu wirken, und zwar ist dieser gegen die Dauer des Lichtes empfindlicher als gegen seine Stärke. Schlechtere Legehennen waren empfänglicher für Lichtwirkung als gute.

Natürlich spielen bei der monatlichen Legeleistung neben Licht und Klima auch weitere Faktoren mit, so z. B. die Hühnerrasse, wie folgende mittleren Eierzahlen von L. E. CARD[2] für eine Henne anzeigen:

Art der Hennen	Insgesamt	September	Oktober	November	Dezember	Januar	Februar	März	April	Mai	Juni	Juli	August
Farmherden, Mittel von fünf Jahren (1925—1929)	120,4	8,8	6,6	3,8	4,0	5,6	8,8	15,4	16,6	15,8	13,0	11,6	10,4
Leghorn Junghennen (1925—1929)	163,1	11,8	6,5	6,4	8,2	11,0	14,0	16,9	17,9	19,5	18,1	17,3	15,5
Plymouth Rocks Junghennen (1925—1929) . .	140,1	10,3	6,5	3,2	6,5	10,6	13,1	15,9	16,0	17,0	15,0	13,4	12,6
Rhode Island rote Junghennen, gezüchtet auf Eierproduktion (1929—1930) .	195,2	9,8	3,6	12,5	20,5	21,4	20,9	21,5	19,0	19,5	18,4	15,1	13,4

Wenn nun vor allem die jährliche Verteilung der Lichtenergie, des Tageslichtes, den Verlauf der Legekurve beherrscht, so liegt der Gedanke nahe durch *künstliche Belichtung* die Eiablage auch für unser Klima in der Zeit zu fördern, wenn frische Eier knapp werden und daher sehr begehrt sind.

Nach einem Versuch von WM. F. KIRKPATRIK[3] wurde durch künstliche Beleuchtung nicht nur eine gewisse Verschiebung der Eiablage aus den Sommermonaten in die Wintermonate

[1] Nach H. C. GRAEVE. Dtsch. landw. Geflügelztg. 1923, **27**, 115. — [2] CARD, L. E.: Illinois Agric. Exp. Stat. Circ. **275**; nach H. H. MITCHELL und F. J. McCLURE: Bull. National Res. Counc. Nr. 99, Washington 1937. — [3] KIRKPATRIK, WM. F.: J. Agric. Science 1933, **3**, 383; Arch. Geflügelk. 1934, 8, 201.

hinein bewirkt, sondern auch der Gesamtertrag, für das volle Jahr berechnet, erhöht; für 1000 Hennen betrugen:

Gesamtertrag für das Jahr	Gewinn für September bis Februar	Minderertrag für März bis August	Überschuß durch die Belichtung
168 495	15 140	4853	10 287 Eier

Von A. E. TOMHAVE und C. M. MUMFORD[1] wurden zwei Versuche am 15. Oktober um 5 Uhr morgens begonnen und an jedem der folgenden Tage das Licht einer 40 Watt-Glühlampe 10 Minuten früher eingeschaltet. Die tägliche Belichtungszeit betrug so 13—14 Stunden. Bei einem dritten Versuch wurde 12,5 Stunden täglich durch eine 40 Wattlampe mit Reflektor belichtet. Das Ergebnis des 151 Tage dauernden Versuchs war:

Gegenstand	Versuch I		Versuch II		Versuch III	
	Belichtung	Kontrolle	Belichtung	Kontrolle	Belichtung	Kontrolle
Zahl der Tiere	100	100	104	101	100	100
Eierproduktion	6945	5541	5855	4964	6046	4097
Eier je Henne	69,5	55,4	56,3	49,1	60,5	41,0

Auch R. RÖMER und E. RÜHLE[2] fanden bei Verlängerung des kurzen Wintertages durch Einschalten einfacher Starklichtlampen erhöhte Futteraufnahme und höheren Eierertrag. RÖMER[3] hat auch über günstige Wirkung des Lichtes bei amerikanischen Wettlegen berichtet:

Ein ausführliches Bild von dem Einfluß künstlicher Beleuchtung auf den Eierertrag liefert folgender Versuch[4] mit Hennen verschiedenen Alters und verschiedener Zuchthöhe.

Gegenstand	Mit Belichtung	Ohne Belichtung
Zahl der Hennen	10 700	8825
Eier-Höchstleistung . . .	339	333
Eiertrag Gesamtmittel . .	187,7	179,8
Durchschnittsleistung der Stämme (je 10 Hennen) .	222,0—233,7	150,2—230,5

Die Versuche erstreckten sich auf vier Gruppen:
I. Junghennen aus Leistungszucht.
II. Junghennen aus Landhühnern.
III. u. IV. Parallelgruppen von Hennen, die in die zweite Legeperiode eintraten.

Einfluß künstlicher Beleuchtung auf den Eierertrag.

Monat	Gruppe I		Gruppe II		Gruppe III		Gruppe IV	
	ohne	mit	ohne	mit	ohne	mit	ohne	mit
	Beleuchtung		Beleuchtung		Beleuchtung		Beleuchtung	
Durchschnittliche monatliche Eierleistung								
Oktober . .	3,3	2,8	1,6	1,5	—	1,2	—	—
November. .	6,6	18,0	3,0	2,5	0,5	3,4	1,0	8,2
Dezember .	7,8	20,8	3,5	11,4	1,5	7,1	3,8	14,8
Januar . .	10,9	22,7	3,7	10,9	5,8	12,1	4,6	17,0
Februar. . .	14,0	15,7	6,6	8,5	8,6	12,2	9,0	15,0
März	20,2	20,7	11,4	12,8	16,9	18,0	14,5	13,4
April	21,0	20,4	13,8	12,6	17,6	15,6	14,6	10,6
Mai	22,5	21,7	14,5	11,2	16,9	14,9	16,5	8,6
Juni	20,1	18,4	11,3	10,5	13,5	11,1	8,0	6,8
Juli	17,3	19,6	8,7	10,2	13,3	11,1	4,7	17,1
August . .	13,5	15,9	6,3	7,6	10,2	7,5	8,3	12,3
September .	8,0	11,2	4,2	5,2	3,6	4,2	8,9	11,3
Oktober . .	—	—	—	—	—	—	7,4	6,3
Insgesamt .	164,6	207,7	88,6	104,6	108,5	118,4	101,4	142,3
Mehrertrag d. Beleuchtung:	43,1		16,1		9,9		40,8	

[1] TOMHAVE, A. E. und C. M. MUMFORD: Univ. Delaware Agric. exp. Stat. 1927, Bull. 151; Arch. Geflügelk. 1928, 2, 90. — [2] RÖMER, R. und E. RÜHLE: Biedermanns Zbl. 1932, N. F., 2, 600. — [3] RÖMER: Dtsch. landw. Geflügelztg. 1929, 32, 395. — [4] Nach der Zeitschrift Vie à la Champagne; vgl. Dtsch. landw. Geflügelztg. 1929, 32, 482.

Der durchschnittliche Mehrertrag berechnet sich zu 27,5 Stück.

Stallbeleuchtung während der ganzen Nacht ist nach K. Jordan[1] das beste Mittel um mausernde, spätreife und abgelegte mehrjährige Hennen in kurzer Zeit zum Legen zu bringen. Auch D. F. King und G. A. Trollope[2] erzielten durch nächtliche Dauerbeleuchtung bei Hennen in Verbindung mit geeigneter Fütterung Einfluß auf die Mauser und damit Legetätigkeit zu eierarmer Jahreszeit.

Die Behandlung der Hennen mit künstlichem Licht bedarf nach E. Rebske[3] zum Erfolg einer gewissen Technik in der Anbringung der Leuchtkörper zu den Niststangen, weil die Hennen diese sonst nicht verlassen. Das Licht darf nicht plötzlich ausgeschaltet, sondern es muß eine gewisse Dämmerung nachgeahmt werden, weil die Tiere sonst auf dem Boden bleiben und sich erkälten. Da die durch künstliche Beleuchtung erzielten Eier eine geringere Schlüpffähigkeit aufweisen, ist das Verfahren für Zuchttiere ungeeignet.

Die Jahreszeit hat auch insofern einen Einfluß auf die Legeleistung, als die im Frühjahr gelegten Eier das größte Gewicht zeigen.

6. Einfluß des Alters der Legehenne.

Die Legeleistung ist im ersten Jahre der erwachsenen Henne am größten und nimmt in den weiteren Lebensjahren fortschreitend ab. Der Ertrag des zweiten Jahres ist gegenüber dem ersten nicht nur an *der Zahl der Eier*, sondern auch am *Gesamtgewicht* der Eierproduktion gemessen deutlich geringer, obwohl die im zweiten Jahre gelegten Eier ein größeres Durchschnittsgewicht erreichen.

Nach Versuchen von F. A. Hays[4] an 526 Roten Rhode Island-Hennen legen Erstlegerinnen, die am 1. März ein mittleres Eigewicht von 56,7 g erreichen sollen, im November Eier mit dem Durchschnittsgewicht von 52, im Dezember von 55 g, und das höchste Eigewicht wurde erst im zweiten Legejahre erreicht.

Nach Benjamin, Schauburg[5] u. a. nimmt das Eigewicht im ersten Legejahre allmählich zu und bleibt im zweiten ziemlich gleich. Diese Gewichtszunahme ist nach Philskott[5] vor allem eine Folge der Dottergewichtszunahme.

H. Atwood[6] fand bei 178 Weißen Leghornhennen die Abnahme der Zahl der Eier im zweiten Jahr gegenüber dem ersten zu 20,1% die Abnahme des Gesamtgewichtes zu 14,4%. Das durchschnittliche Gewicht der Eier betrug nach Feststellungen an 54 483 Eiern und 4272 Hennen im zweiten Jahr 107,4% von dem des ersten, das Gewicht der Hennen dagegen 115,3%.

G. O. Hall und D. R. Marble[7] ermittelten für die Legeleistung des ersten und der späteren Jahre eine jährliche Abnahme von etwa 13%. Nach einer weiteren Zusammenstellung[8] waren die durchschnittlichen Herdenleistungen im Junghennenjahr und in drei Hennenjahren folgende:

Geschlüpft im Jahre	Junghennen		Einjährige Hennen		Zweijährige Hennen		Dreijährige Hennen	
	Zahl der Hennen	Zahl der Eier je Henne	Zahl der Hennen	Zahl der Eier je Henne	Zahl der Hennen	Zahl der Eier je Henne	Zahl der Hennen	Zahl der Eier je Henne
1917	103	183	103	122	—	—	—	—
1920	31	239	31	117	17	104	3	115
1921	41	233	41	135	6	160	5	93
1922	113	225	113	138	26	132	11	111
1923	43	221	43	145	9	131	—	—
1924	40	227	40	146	10	152	—	—
1925	79	241	79	166	—	—	—	—
Gesamtmittel	450	219 =100%	450	139 = 63%	68	130 = 59%	19	107 = 49%

[1] Jordan, K.: Arch. Geflügelk. 1934, **8**, 322. — [2] King, D. F. und G. A. Trollope: Alabama Agric. exp. Stat. Circular **64**, 1934; Arch. Geflügelk. 1934, **8**. 361. — [3] Rebske, E.: Umschau 1934, **38**, 165. — [4] Hays, F. A.: J. Agric. Res. 1929, **38**, 511 — [5] Nach Grzimek: Das Eierbuch. Berlin 1934. — [6] Atwood, H.: Poultry Science 1928, 8; Arch. Geflügelk. 1929, **3**, 89. — [7] Hall G. O. und D. R. Marble: Poultry Science 1931, **10**; Arch. Geflügelk. 1931, **5**, 397. — [8] Dtsch. landw. Geflügelztg. 1929, **32**, 487.

Nach diesen Versuchen ist die Abnahme vom Junghennenjahr zum folgenden Jahr am größten.

Ebenfalls für *Weiße Leghornhennen* ermittelte SCHMIDT[1] an 100 Hennen die folgenden Mittelzahlen. Er unterscheidet dabei die *natürliche Legeperiode* von dem willkürlich angesetzten *Zuchtjahr*, als einen zweckmäßigeren Maßstab für die Legeleistung und findet dann ein noch weniger günstiges Ergebnis für die zweite Periode.

Legeleistung, Eigewicht und Körpergewicht in den ersten Legejahren.

Zeit	Durchschnittliche Legeleistung		Durchschnittliches Gesamteiergewicht in Gramm	
	1. Abschnitt	2. Abschnitt	1. Abschnitt	2. Abschnitt
Zuchtjahr	165,0	152,2 = 92,2%	9 349	9016 = 96,4%
Legeperiode	182,6	153,6 = 84,1%	10 147	9093 = 89,6%

Zeit	Durchschnittliches Gewicht der Eier in Gramm		Durchschnittliches Körpergewicht der Hennen in kg	
	1. Abschnitt	2. Abschnitt	1. Abschnitt	2. Abschnitt
Zuchtjahr	56,7	59,2 = 104,4%	1,66	1,74 = 104,4%
Legeperiode	55,6	59,2 = 106,5%	—	—

Bei verschieden hoher Legeleistung:

Zeit		Zahl der Eier und Hennen im 1. Abschnitt		Durchschnittliche Anzahl Eier je Henne		
		Eier	Hennen	1. Abschnitt	2. Abschnitt	Entsprechend in %
Zuchtjahr {	unter	160	46	138,9	144,2	103,8
	über	160	54	187,2	159,1	85,0
Legeperiode {	unter	180	49	156,1	144,5	92,6
	über	180	51	208,1	162,3	78,0

Auch hiernach ist also eine Hühnerherde im zweiten Jahre erheblich weniger produktiv. Besonders bei Hennen mit hoher Legeleistung im ersten Jahre ist die Abnahme am auffälligsten.

Dies zeigen auch Beobachtungen von M. A. JULL[2] an verschiedenen Hühnerrassen anläßlich des Vineland-Legewettbewerbs:

Legeleistung im 1. Jahr	Legeleistung des 2. Jahres in % der beiden ersten Jahre Hühnerrasse			
Eier	Plymouth Rocks	Rhode Islands	Wyandotten	Leghorns
0—100	$54,61 \pm 2,62$	$45,68 \pm 4,92$	$55,34 \pm 2,88$	$58,62 \pm 2,39$
101—200	$42,40 \pm 0,68$	$42,83 \pm 1,08$	$41,83 \pm 0,76$	$44,60 \pm 0,25$
201—302	$35,13 \pm 1,02$	$38,64 \pm 1,45$	$37,87 \pm 1,26$	$40,78 \pm 0,43$

Außer bei Rhode Islands, von denen nur wenige Feststellungen vorlagen, wird bei Tieren mit geringer Legeleistung mehr als die Hälfte der Eier im 1. Jahr gelegt. Bei mittlerer absoluter Leistung entfallen auf das zweite Jahr 42—45%, bei hoher Leistung nur 35—41%.

Ganz ähnlich sind die Ergebnisse von H. HOFFA[3] nach Leistungsprüfungen an Hennen leichter Rassen (s. umstehende Tab.).

Weiter brachte nach R. RÖMER und W. HELLMERS[4] eine Leghornherde von 222 Hennen in der ersten Legeperiode (also einschließlich Junghenneneiern) 219,8 Eier. Dieselbe Herde

---

[1] SCHMIDT: Dtsch. landw. Geflügelztg. 1930, **34**, 233. — [2] JULL, M. A.: Poultry Science 1928, **7**; Arch. Geflügelk. 1929, **3**, 150. — [3] HOFFA, H.: Arch. Geflügelk. 1932, **6**, 225. — [4] RÖMER, R. und W. HELLMERS: Arch. Geflügelk. 1933, **7**, 132.

Jahr	Gesamteimasse Mittelwert in g je Henne			Durchschnittliches Eigewicht in g je Henne		
	Leistungsprüfung					
	I	II	III	I	II	III
1. Jahr	9637	10 697	11 378	57,5	58,0	57,0
2. Jahr	7556	3 706	8 347	60,1	60,4	62,3
Im 2. Jahr in % des 1. Jahres . .	78,4	68,4	73,3	104,2	103,8	109,4
Jahreseierzahl im 2. Jahr in % des 1. Jahres	75,5	66,1	67,2			

brachte im 2. Jahre durchschnittlich 152,9 Eier je Henne. Nur die Hennen, die im Oktober
(am Schluß des ersten Legejahres) noch legten, ergaben dadurch, daß sie über 165 Eier
kamen, keinen Verlust.

Daß bei *Einzeltieren* auch Ausnahmen dieser Regel vorkommen können, zeigt ein Bericht
von H. GMELIN[1] über die Legeleistung einer Mischlingshenne aus Orpington und Italiener-
rasse. Diese, im Herbst 1919 als Junghenne erworben, legte:

Jahr	1920	1921	1922	1923	1924	1925
Eier	156	196	185	206	202	182 Eier
Durchschnittsgewicht . . .	—	—	53,1	54,0	54,7	55,1 g

Aus dem Gewicht der ersten 10 Eier einer Junghenne läßt sich nach JULL und GODFREY[2]
das spätere Durchschnittsgewicht der Eier der gleichen Henne berechnen. Wenn dieser
Jahresdurchschnitt 56,7 g betragen soll, müssen nach ihnen die ersten 10 Eier im Mittel
48,9—50,0 g wiegen.

Auf das Gewicht des einzelnen Eies hat die Höhe der Legeleistung nur bei sehr hohen
Eiererträgen Einfluß. Nach vierjährigen Beobachtungen von H. ATWOOD und T. B. CLARK[3] an
200 nicht ausgewählten Tieren bestand nur für Tiere mit 170 und noch mehr Eiern im ersten
Legejahr eine negative Korrelation zwischen mittlerem Eigewicht und Legeleistung.

7. Sonstige Einflüsse.

Daß *Erkrankung* der Tiere die Eierzeugung in der Regel stark beeinträchtigt,
liegt auf der Hand.

Bei Infektionen scheint dies aber nicht immer der Fall zu sein. Nach P. R. TITTSLER,
B. W. HEYWANG und T. B. CHARLES[4] wiesen vereinzelte an weißer Ruhr (Salmonella pullorum)
erkrankte Hennen gute Legeleistung und gute Fruchtbarkeit der Eier auf.

Ruhe und Schlaf der Hennen scheinen der Entstehung größerer Eier deutlich förderlich
zu sein. S. SHIBATA[5] fand bei am Morgen gelegten Eiern im Durchschnitt Dotter, Weißei
und Schale größer:

Tageszeit	Dotter g	Weißei g	Schale g
7—8 Uhr	17,66	32,59	6,35
12—3½ Uhr	16,11	30,19	5 92

Ebenso wie Erkrankungen schädigen auch *Vergiftungen* den Eierertrag. SCHNEIDER[6] beobachtet bei
Kornradevergiftungen neben ande-
ren gesundheitlichen Schäden Rückgang der Legeleistung.

Über die Beziehung der natürlichen *Mauser* zur Legeleistung beim Huhn fanden W. TH.
LARIONOV und A. P. BERDYSCHEV[7], daß schlechte Legerinnen den Höhepunkt der Mauser
früher, gute Legerinnen ihn später als der Herdendurchschnitt erreichten. Vgl. auch oben
S. 18.

---

[1] GMELIN, H.: Dtsch. landw. Geflügelztg. 1926, **30**, 40. — [2] Nach GRZIMEK. —
[3] ATWOOD H. und T. B. CLARK: Proc. Twenty second. Annual Meeting, Poultry Science
Association. Macdonald College Quebec, Canada Juli 9. 1930; Arch. Geflügelk. 1932, **6**, 180.
— [4] TITTSLER, P. R., B. W. HEYWANG und T. B. CHARLES: Pennsylvania State Coll. 1928
Bull. **235**; Arch. Geflügelk. 1930, **4**, 49. — [5] SHIBATA, S.: Japan. Ztschr. 1932; Arch.
Geflügelk. 1933, **7**, 148. — [6] SCHNEIDER: Arch. Geflügelk. 1933, **7**, 121. — [7] LARIONOV,
W. TH. und A. P. BERDYSCHEV: Trudy NIIP. Narkomsnaba SSSR. 1933, I/3, 1; Arch.
Geflügelk. 1934, **8**, 265.

II. Biologischer Werdegang des Vogeleies.

1. Physiologische Vorgänge bei der Ausbildung des Eies.

Literatur. TIEDEMANN, D. F.: Zoologie. 2. Bd. Anatomie und Naturgeschichte der Vögel. Heidelberg 1810. — PURKINJE, J.: Observata nonnulla ad ovi avium historiam ante incubationem. Vratislaviae (Breslau) 1825. — BLASIUS, R.: Über die Bildung, Struktur und systematische Bedeutung der Eischale der Vögel. Diss. Leipzig 1867. — SEIDLITZ, G.: Die Bildungsgesetze der Vogeleier. Leipzig 1868. — Dort ältere Literatur von ARISTOTELES (Historia animalium, lib. VI. De generatione, lib. III) bis 1868. — WALDEYER, W.: Eierstock und Ei. Leipzig 1870. — BONNET: Das Vogelei. Dtsch. Z. Tiermed. 1883, **9**, 239. — Vortrag. — SEMON, R.: Die indifferente Anlage der Keimdrüsen beim Hühnchen und ihre Differenzierung zu Hoden. Jenaisch. Z. Naturwissensch. 1887, **21**, 46. — WICKMANN, H.: Die Entstehung der Färbung der Vogeleier. Münster i. W. 1893. — WEIDENFELD, J.: Über die Bildung der Kalkschale und Schalenhaut der Hühnereier. Zbl. Physiol. 1897, **11**, 583. — SZIELASKO, A.: Die Bildungsgesetze der Vogeleier bezüglich ihrer Gestalt. Gera-Untermhaus 1902. — Untersuchung über die Bildung und Gestalt der Vogeleier. Diss. Königsberg 1904. — ILLING: Bildung und Bau des Hühnereies. Dtsch. Fleischbesch.-Ztg. 1915, **12**, 163. — TRIEPEL, H.: Lehrbuch der Entwicklungsgeschichte. Leipzig 1922. — KÜHN, A.: Grundriß der allgemeinen Zoologie für Studierende. Leipzig 1922. — OTTE, W.: Die Krankheiten des Geflügels. Berlin 1928. — WEISSENBERG, R.: Grundzüge der Entwicklungsgeschichte des Menschen. Leipzig 1931. — WIENINGER, GG. in F. PFENNINGSTORFF: Unser Hausgeflügel I, **2**, 211. Berlin.

a) Die Ausbildung des Eidotters im Eierstock.

Die Entstehung des Vogeleies beginnt mit der Ausbildung des Eidotters im *Eierstock* (Ovarium). Dieser ist ein stark gelapptes, von einer Gefäß- und Rindenschicht gebildetes, drüsenartiges, durch Bänder an die Innenwand des Körpers und an die großen Blutgefäße am obersten Ende der linken Niere zwischen dieser und der linken Lunge angeheftetes, vom hinteren Leberlappen bedecktes Organ, das an den Drüsen- und Muskelmagen anstößt. Es ist bei der Henne von rötlich brauner Farbe.

Auf diesem Eierstock reifen die *Eidotterkugeln* nacheinander heran. Zunächst sind sie von der Größe eines Stecknadelkopfes und milchigweiß gefärbt; erst bei weiterem Wachstum, wenn sie etwa 0,5 cm erreicht haben, beginnen sie sich gelb zu färben, und bei der geschlechtsreifen Henne nimmt das ganze Gebilde eine traubenähnliche Gestalt an. Neben den wachsenden Eianlagen finden sich meistens auch haemorrhagische und abgestorbene vor.

Der *Hühnchenembryo* zeigt anfangs die Anlage von zwei Ovarien, einem rechten und einem linken, in Form außerordentlich kleiner Zellen, der sog. Ur-Eizellen mit je einem Zellkern. Beim Eintagsküken sieht man das Ovarium in Form einer halbmondförmigen Platte, auf der linken Seite größer als auf der rechten. Beim Heranwachsen des Hühnchens verkümmert das rechte Ovarium mitsamt Eileiter bis auf einen dünnen weißlichen, in die Kloake einmündenden Strang, während das linke sich voll ausbildet. Nur in ganz seltenen Fällen kommt es beim Huhn zur Ausbildung eines rechten Eierstockes. So hat man im Tierseucheninstitut in Leipzig[1] von 7500 Haushühnern nur einmal einen zweiten rechten Eierstock neben dem cystisch entarteten linken nachgewiesen, 6mal voll entwickelte rechte neben funktionstüchtigen linken, 9mal rudimentäre rechte Eileiter neben normal entwickelten linken, 22mal an Stelle des rechten Eileiters taubenei- bis kinderfaustgroße Cysten als Fehlbildungen. — Zwei tätige Eierstöcke hat nach GRZIMEK der Hühnerhabicht, deren Dotterkugeln aber nur vom linken Eierleiter aufgenommen werden.

Die *Grundmasse* (Stroma) des Ovariums der Legehenne enthält nach R. FANGAUF[2] etwa 1000—1500 Eizellen (Oozyten), von denen aber während der normalen Lebensdauer der Henne nur ein Teil (bis zu etwa 80%) zur Abstoßung gelangt. Nach GRZIMEK hat man bei jungen Hühnchen bis zu 4500, bei halbjährigen Dohlen sogar bis 26 000 Eianlagen gezählt.

Aus Wirtschaftlichkeitsgründen erstrebt der Hühnerzüchter diese Abstoßung,

---

[1] Nach Arch. Geflügelk. 1933, **7**, 374. — [2] FANGAUF, R.: Dtsch. landw. Geflügelztg. 1927, **30**, 699.

die in der *Eiablage* zum Ausdruck kommt, in möglichst hoher Zahl in kürzester
Zeit, was für die ersten drei Lebensjahre der im Alter von etwa 6—7 Monaten
mit der Legetätigkeit beginnenden Henne durch *Auswahl und Paarung* geeigneter
Rassen zu einem gewissen Grade erreicht werden kann (vgl. S. 6). Bei der
Taube und dem andern Hausgeflügel beginnt die Legetätigkeit erst nach etwa
einem Jahre, bei *Puten* und *Gänsen* erst in zwei Jahren. Die *Fütterung* der Tiere
(vgl. S. 13) kann die Entwicklungs*zeit* und Entwicklungs*größe* der Eier beeinflussen, nicht aber die Zahl der Eianlagen. Die Zufuhr der reichlichen zur Ausbildung des reifenden Eies nötigen Nährstoffe erfolgt über den Blutkreislauf.

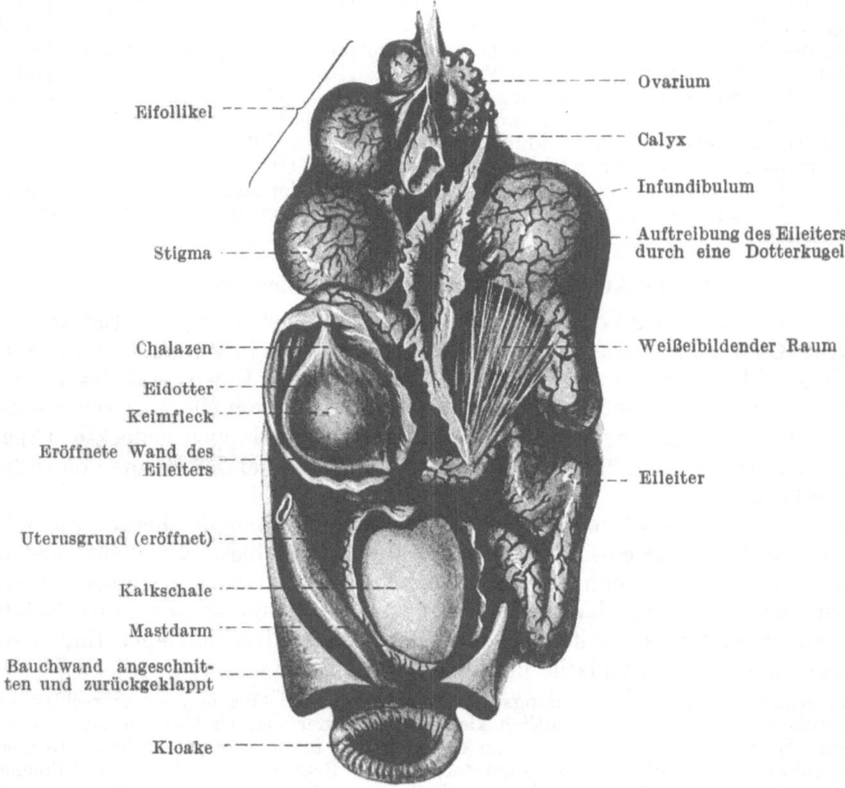

Abb. 2. Eierstock und Eileiter einer Legehenne nach Duval.
(Aus Handb. d. Lebensmittelchemie Bd. III.)

Dies zeigt sich auch darin, daß das zur Zeit der Legeruhe, etwa während der
Mauser ganz unscheinbare, fast blutleere Ovarium in der Legezeit wieder seine
volle Größe annimmt (Fangauf).

Beim Heranreifen befinden sich die Dotterkugeln rings eingehüllt in der
dehnbaren *Eihaut* oder *Follikelhaut*, einer mit einem Stiel am Stroma festsitzenden
derben, von zahlreichen Blutgefäßen durchgesetzten Haut (vgl. Abb. 2). Das
ganze Gebilde wird *Eifollikel* genannt. Die Follikelhaut hat die Aufgabe der
Dotterkugel die notwendigen Nährstoffe zuzuführen. In den unreifen Follikeln
befindet sich ferner als Zellkern ein protoplasmaartiges Gebilde, das *Keimbläschen*, beladen mit kleinen Körperchen, die zusammen den *Keimfleck* bilden.
Um diesen herum entsteht allmählich durch schichtenweise Ablagerung der
Nahrungsdotter (Deuteroplasma), der immer weiter anschwillt, an Gelbfärbung

zunimmt und schließlich mit dem ebenfalls voll auswachsenden aber klein bleibenden (vgl. S. 52) protoplasmaartigen Teil, dem *Bildungsdotter*, der die ganze Kugel wie ein Mantel umgibt, sich unter der Keimscheibe verdickt und flaschenhalsartig bis in den Kern der Dotterkugel vorstülpt, zu dem Gesamtgebilde führt, das wir als *reifen Dotter* (Vitellus) bezeichnen.

Die *Entwicklung der Eizelle* am Eierstock verläuft nach O. RIDDLE[1] in zwei deutlich unterschiedenen Phasen. Wenn das Eichen einen Durchmesser von 6 mm erreicht hat, nimmt die Wachstumsgeschwindigkeit auf etwa das 26fache zu. In der zweiten Stufe wird die langsame Ausbildung des weißen Bildungsdotters durch die nahezu stürmisch verlaufende Auflagerung des gelben Dotters abgelöst.

Nach S. SHIBATA[2] wächst das Follikelgewicht von 20—10 Tagen vor der Eiablage langsam von 0,12—0,21 g, steigt dann aber sehr schnell an; so beträgt das Gewicht in

Stunden vor dem Legen . .	204	170	136	102	68	34	0
Gramm	0,34	0,83	2,11	4,11	8,13	11,99	15,60

Die Corpora lutea fand SHIBATA schon nach vier Tagen entwickelt, nach 16 Tagen jedoch noch sehr klein.

Die aufgelagerte Dottermasse scheint während der Entwicklung der Dotterkugel von ziemlich gleichmäßiger Zusammensetzung zu sein. Wenigstens scheint dies gegen Ende der Entwicklung für den Wassergehalt zuzutreffen, den A. A. SPOHN und O. RIDDLE[3] für verschiedene Entwicklungsstufen von Ovarialeiern wie folgt fanden:

Gegenstand	Eidotter eines gelegten Eies	Ovarialeier verschiedener Entwicklungsstufen				
1. Reihe: Gewicht in g . . .	12,355	12,295	8,520	4,290	—	—
Wassergehalt in % .	47,97	—	47,17	47,72	—	—
2. Reihe: Gewicht in g . . .	14,945	15,405	12,499	8,684	5,076	1,514
Wassergehalt in % .	47,21	45,43	45,40	45,29	45,72	48,48

Eingehendere Versuche von A. L. ROMANOFF[4] haben aber gezeigt, daß die Konstanz des Wasser- bzw. Trockensubstanzgehaltes nur für die letzten Entwicklungsstufen des Dotters zutrifft. ROMANOFF verfolgte Gewicht und Form der Eianlagen bis herab zu 0,012 g und stellte fest, daß kleinere Eier am Ovar fast kugelrund, größere infolge Nachlassens der Spannung der Dotterhaut abgeflacht erscheinen. Die Trockensubstanz bzw. der Wassergehalt wurde wie folgt gefunden:

Wachstumsstufe	Mittleres Gewicht g	Trockensubstanz %	Wassergehalt %	Wachstumsstufe	Mittleres Gewicht g	Trockensubstanz %	Wassergehalt %
Nach dem Legen. .	17,650	52,36	47,64	10	0,144	14,25	85,75
Vor dem Legen (Ei im Uterus) . . .	17,076	52,76	47,24	11	0,128	14,12	85,88
Reifungsstufe 1 . .	15,029	54,54	45 46	12	0,122	13,47	86,53
,, 2 . .	10,782	53,20	46,80	13	0,115	11,90	88,10
,, 3 . .	5,572	51,05	48,95	14	0,095	14,83	85,17
,, 4 . .	2,287	48,15	51,85	15	0,089	15,58	86,42
,, 5 . .	0,608	39,30	60,70	16	0,083	11,32	88,68
,, 6 . .	0,250	18,57	81,43	17	0,071	15,31	84,69
,, 7 . .	0,199	17,60	82,40	18	0,065	13,31	86,69
Wachstumsstufe 8	0,169	15,18	84,82	19	0,063	12,80	87,20
,, 9	0,157	14,45	85,55				

Während auf den frühesten Stufen der Wassergehalt ein sehr hoher ist und nur sehr

[1] RIDDLE, O.: Amer. J. Physiol. 1916, **41**, 387. — [2] SHIBATA, S.: Japan. Ztschr. 1932; Arch. Geflügelk. 1933, **7**, 148. — [3] SPOHN, A. A. und O. RIDDLE: Amer. J. Physiol. 1916, **41**, 405. — [4] ROMANOFF, A. L.: Biochem. Journ. 1931, **25**, 994.

langsam abnimmt, finden wir beim reifenden Ei mittlerer Größe (Stufe 4—7) eine rasche Abnahme des Wassergehaltes, der dann wieder ziemlich konstant wird (Stufe 1—3) und schließlich im Eileiter noch etwas zunimmt (vgl. S. 34).

Weitere Versuche von ROMANOFF erstreckten sich auf einen Vergleich der sonstigen chemischen Zusammensetzung der heranreifenden Dotter.

Beim Reifungsvorgange des Dotters wandert das zunächst im Innern der Eianlage befindliche Keimbläschen an die Oberfläche der Dotterkugel, wo es sich verflacht und eine kleine Scheibe, die *Keimscheibe* (Cicatricula), bildet.

Nach völliger Ausreifung des Follikels springt die Follikelhaut, in der Regel an einer vorgezeichneten gefäßlosen Stelle, die man als *Stigma* bezeichnet, auf und entläßt die Dotterkugel. Wie man heute annimmt, legt sich dabei die Öffnung des Eileiters, das *Infundibulum* an das reife Follikel und bringt die gespannte Haut ihrerseits durch Saugwirkung zum Platzen, so daß die Dotterkugel dann sofort in den Eileiter gleitet.

Versagt aus irgendeinem Grunde dieser Mechanismus, so kann die Dotterkugel in die freie Bauchhöhle fallen, wo sie dann meist eingedickt und zu einem käsig-knorpeligen Gebilde wird.

Bisweilen kommt es beim Aufspringen der Follikelhaut an einer gefäßreichen Stelle statt am Stigma (oder im Eileiter) auch zu *Blutungen*, die sich im fertigen Ei noch als Blutgerinnsel (Blutstreifen) zu erkennen geben können.

Die *Follikelhaut* bleibt am Eierstock noch einige Zeit als gelbes kelchartiges Gebilde (Calix) zurück, dann schrumpft sie ein und verschwindet allmählich.

b) Der Durchgang des Eies durch den Eileiter und seine Vollendung darin.

Mit dem Eintritt der Dotterkugel in die obere Öffnung des Eileiters, auch *Trompete* oder *Eileiterampulle*[1] genannt, beginnt ihre Bewegung durch den *Eileiter* (Oviduct ,Tuba), der äußerlich betrachtet ein darmartiges Gebilde, eine beim jungen Huhn unscheinbare, nur etwa 20 cm, bei der Legehenne etwa 60—80 cm lange, vielfach gewundene blaßweißliche, sehr dehnbare Röhre darstellt. Auch die Wanddicke des Eileiters, die bei der Nichtlegerin 1,5 mm beträgt, nimmt bei der Legerin auf 1,3 cm zu. Der Eileiter, der auch *Legedarm* genannt wird, hängt an einem kurzen Gekröse und wird von drei Schichten, der glänzend durchsichtigen Serosa, der Muskelschicht mit längs- und ringförmig angeordneten Muskelfasern und der inneren dicken drüsenreichen Schleimhaut gebildet. Von TIEDEMANN[2], der nach BLASIUS zuerst eine genauere anatomische Beschreibung der Legeorgane der Vögel gegeben hat, werden als Hauptabschnitte das *Infundibulum* (Eitrichter), der *Uterus* und die *Vagina* unterschieden.

Um uns ein Bild von den im Eileiter stattfindenden Vorgängen machen zu können begleiten wir einmal in Gedanken die stetig rotierende, zunächst nur mit der zarten, 0,035 mm dicken (NATHUSIUS), aus zwei ziemlich festverbundenen Lamellen bestehenden (GEGENBAUR), sonst aber strukturlosen Dotterhaut (Membrana vitellina) umkleidete Dotterkugel nach ihrem Eintritt in das Ostium[3].

Die Befruchtung des Eies. Der etwa 10 cm lange oberste Teil des Eileiters dient nicht allein der Fortleitung der Dotterkugel sondern auch als Weg für die sich mit verhältnismäßig großer Geschwindigkeit aufwärts bewegenden, vom Begattungsakte des Hahnes stammenden *Spermatozoiden*. Es sind viele Millionen dieser Samenzellen[4], die der Eizelle begegnen, aber nur ein einziges Spermatozoon

---

[1] Auch Trichter des Eileiters (Ostium abdominale). — [2] TIEDEMANN: Zoologie. Heidelberg 1810, II, 712. — [3] Vgl. auch G. CHOMKOVIC: Contribution à la Connaissance de la Formation des Oeufs chez les Oisseaux. Recherches chez les Canards. Compt. rend. Soc. Biol. 1927, **97**, 1742. — [4] Beim Täuber hat man die bei einem einzigen Akt ausgestoßenen Samenfädchen auf 200 Millionen, beim Hahn nach 40stündiger Ruhe auf 4 Milliarden berechnet.

(O. Hertwig 1875) dringt in die Eizelle ein und führt die Befruchtung am Keimfleck (Area germinativa) aus.

Als Ort der Befruchtung nahm man früher den oberen Teil des Eileiters an, ähnlich wie beim Säugetier die Befruchtung im Eileiter stattfindet.

Eine andere Auffassung vertritt E. Iwanow[1]. Aus der Tatsache, daß die Henne noch lange Zeit nach der Begattung fruchtbare Eier legt, obwohl in dieser Zeit im Eileiter keine Spermatozoen mehr nachweisbar sind, schließt er, daß die Spermatozoen die Follikelmembran durchdringen und die Eier am Eierstock selbst — reife und unreife — befruchten. Nach Versuchen von Iwanoff wurden selbst nach Abtötung aller Spermatozoen vom Infundibulum bis zum Uterushals noch bis zu drei Wochen nachher befruchtete Eier gelegt. Nach natürlicher oder künstlicher Besamung legte das Huhn in den ersten beiden folgenden Tagen unbefruchtete, dann befruchtete Eier. Fünf Stunden nach dem Treten finden sich nach seinen Beobachtungen sehr bewegliche Spermatozoen in allen Teilen des Eileiters, auch wenn im Eileiter oder Uterus ein Ei vorhanden ist. Gegen Ende des zweiten Tages nehmen Zahl und Beweglichkeit der Spermatozoen ab, und am dritten Tage findet man im allgemeinen keine mehr.

Nach Chlebaroff[2] ist das erste Ei nach dem Treten unbefruchtet; erst am zweiten Tage kommt das befruchtete Ei. Das letzte befruchtete Ei erhielt er im Verlaufe der zweiten Woche nach dem Treten in 77,5% der Fälle, in der ersten Woche nur bei 4%, in der dritten Woche bei 18,4%, aber nicht nach dem 19. Tage.

V. Curtis und W. V. Lambert[3] fanden, daß Hennen noch 21 Tage, F. A. E. Crew[4] noch 23 Tage nach Isolierung vom Hahn befruchtete Eier legen können. Im Durchschnitt beträgt die Fruchtbarkeitsperiode nach einer Kopulation nach Curtis und Lambert aber nur $10,7 \pm 0,4$ Tage. Die Zeit, wann nach Zulassen des Hahnes zu den Hennen die ersten befruchteten Eier gelegt werden, geben Crew zu 34—69,5 Stunden, Curtis und Lambert auf 24 Stunden bis sieben Tage, im Mittel $57,1 \pm 2,6$ Stunden an. Die durchschnittliche Zahl fruchtbarer Eier nach einer einmaligen Kopulation war $5,6 \pm 0,3$ mit einem Maximum von 11 Eiern. Durch den Begattungsakt tritt aber keineswegs eine Befruchtung sämtlicher Eier der Henne ein, sondern während einer Zuchtperiode kann man mit nicht mehr als 70—90% befruchteten Eiern rechnen.

Die *Befruchtung* selbst vollzieht sich im wesentlichen so, daß Eikern und Samenkern aufeinander zuwandern und unter Verschmelzung miteinander den Kern des Embryonalkeimes, den *Furchungskern*, bilden. Diese Verschmelzung ist der Ausgang der nun folgenden Embryonalentwicklung. Die *mitotische Kernteilung* führt bald zur Ausbildung von 2, 4, 8 usw. Zellen, die schließlich einen ganzen Zellhaufen, die „*Morula*"[5], bilden. Bei dotterreichen Eiern, wie beim Vogelei verläuft diese Furchung *discoidal* und führt zur *befruchteten Keimscheibe*, die an der Oberfläche des gelegten Eies mit bloßem Auge als sog. „Hahnentritt" erkannt werden kann. Beim unbefruchten Ei ist der Durchmesser der Keimscheibe viel kleiner.

Nach Schiessler[6] soll auch das befruchtete Ei anders riechen und schmecken als das unbefruchtete. Auf den weiteren Verlauf der Ausbildung des Eies im Eileiter ist die Befruchtung ohne Einfluß.

Entstehung von Eiklar und Eischale. Aus dem Infundibulum, das sich unten auf etwa die Hälfte verengert, gelangt die Eidotterkugel in den 40 cm langen Hauptabschnitt des Eileiters, den *eiweißbildenden Raum*, bei dem sich drei Unterabschnitte unterscheiden lassen:

1. *Der obere*, mit einer längsgefalteten, nach hinten zu spiralig gedrehten Schleimhaut, die das Eiklar absondert, ausgekleidete Teil. Indem die Dotterkugel wie ein mechanischer Reiz auf die Schleimhautzellen einwirkt, schwitzt aus Tausenden von kleinen Drüsen das dickflüssige Eiklar aus und wird vom rotierenden Dotter gleichsam wie Schneeschichten von einer Lawine angeklebt. Mit

---

[1] Iwanow, E. Compt. rend. Biol. 1924, **41**, 54; Ztschr. Tierzüchtung. u. Züchtungsbiol. 1929, **14**, 315. — [2] Nach Grzimek. — [3] Curtis, V. und W. V. Lambert: Poultry Science 1929, **8**; Arch. Geflügelk. 1929, **3**, 214. — [4] Crew, F. A. E.: Proc. Royal Soc. of Edinbourgh 1926, **46**, II; Arch. Geflügelk. 1927, **1**, 315. — [5] Benannt nach der Ähnlichkeit mit einer Maulbeere. — [6] Schiessler · Arch. Geflügelk. 1928, **2**, 245.

der Reizwirkung der Dotterkugel hängt zusammen, daß ein kleiner Dotter mit einer kleineren, ein großer mit einer dickeren Weißeischicht umgeben wird. Das Rotieren des Dotters kommt durch die schraubenförmige Anordnung der Schleimhautfalten ähnlich wie bei einem Geschoß durch die Züge des Gewehrlaufes zustande.

Daß der Anlaß zur Eiweißabsonderung wie zu den späteren Funktionen des Eileiters mechanischer Art ist, wurde verschiedentlich durch Einführung von Fremdkörpern in den Eileiter erwiesen. So beobachtete z. B. J. Tarchanoff[1], wie von einem Huhn nach Einführung eines Bernsteinkügelchens in den oberen Eileiter ein völlig formiertes Ei normaler Größe, umgeben mit einer starken Schalenmembran entstanden war, in welchem das Bernsteinkügelchen die Stelle des Dotters einnahm und sogar die Chalazen entwickelt waren.

Die Eiklarabsonderung ist durch äußere Umstände beeinflußbar. Man kann durch günstige Fütterung der Hennen eine reichliche Absonderung von Eiklar und damit große Eier erzielen, während umgekehrt eine Verfettung der Drüsen eine Abnahme der Eiweißabsonderung und damit kleine Eier zur Folge hat. Nach Beobachtungen von O. Riddle und A. A. Spohn[2] an Tauben ist die Funktion der Eiweißdrüsen zu verschiedenen Jahreszeiten (Dezember bis Juni) nicht ganz die gleiche, das erste Eiklar ist etwas wasserreicher.

Im oberen Teil des Eileiters entstehen auch die infolge der Drehungsbewegung des Dotters spiralförmig aufgerollten *Hagelschnüre* oder *Chalazen*[3], die im Eiklar des fertigen Eis leicht zu erkennen sind. Die physiologische Aufgabe dieser, hier noch sehr dünnen, Stränge, von denen der der Kloake zugewendete meist etwas schwerer ist, ist noch nicht völlig aufgeklärt. Die verbreitete Annahme, daß sie später den Dotter mit dem Keim in der Mitte des fertigen Eis halten und durch ihre Elastizität äußere Stöße auf diesen abfangen sollen, widerspricht nach R. Fangauf[4] der Umstand, daß sie an der Eischale bzw. Schalenhaut nicht angewachsen sind.

Die Umkleidung der Dotterkugel im oberen Teil des Eileiters mit Eiklar nimmt etwa drei Stunden in Anspruch.

2. In dem nun folgenden kurzen, enger werdenden *Isthmus* nimmt die *Ausbildung* der *Eihäute* aus einem fadenziehenden, Calciumglykogenat enthaltenden Sekret ihren Anfang. Ähnlich wie der Faden der Spinne oder der Seidenraupe an der Luft hat dieses Sekret die Eigenschaft in Berührung mit Eiklar faserig zu erstarren (Weidenfeld). So kommt es zu einem dichten Gewebe mit ineinander verschlungenen Fäden, das das Eiklar in zwei Schichten rings umgibt. Die Schleimhaut des *Isthmus* ist für ihre Aufgabe mit ziemlich regelmäßigen schmalen, parallelen Längsleisten versehen, welche beim Übergang in den nun folgenden Uterus zottige Auflagerungen erhalten.

Inzwischen sind nun auch die *Hagelschnüre* soweit verdickt worden, daß man sie mit dem bloßen Auge erkennen kann.

Die Ausbildung der Häute im Isthmus vollzieht sich in etwa 1—2 Stunden.

3. In dem anschließenden Teil des Eileiters, der auch *Uterus* oder *Camera calcigera* genannt wird und an der Wandung mit lanzettförmigen rötlichen Zotten besetzt ist, geht die Ausbildung der Eierschale aus einer zähflüssigen, trüben, Kalkkörnchen enthaltenden Flüssigkeit vor sich.

Nach einer früheren Annahme soll bei der Ausbildung der Schale das sog. flüssige Eiklar durch die Eihäute hindurch wandern und diese prall spannen. H. M. Scott, J. S. Hughes und D. C. Warren[5] zeigen jedoch, daß ein solcher Vorgang physikalisch-chemisch nicht

---

[1] Tarchanoff, J.: Pflügers Arch. 1884, **34**, 375. — [2] Riddle, O, und A. A. Spohn: Amer. J. Physiol. 1916, **41**, 419. — [3] $\chi\alpha\lambda\alpha\zeta\alpha$ = Hagelkorn, wegen des einem schmelzenden Hagelkorn ähnlichen Aussehens. — [4] Fangauf, R.: Dtsch. landw. Geflügelztg. 1924, **27**, 485. — [5] Scott, H. M., J. S. Hughes und D. C. Warren: Poultry Science 1937, **16**, 53.

möglich ist, weil das Protein aus dem Uterussekret eine niedrigere Konzentration besitzt. Auch Ovoglobulin tritt nach Hughes und Scott[1] nicht durch die Schalenhaut in das Ei.

Aus somit noch nicht völlig aufgeklärten Gründen nimmt das anfangs nicht differenzierte Eiklar im Uterus mehrere Schichten[2] an, von denen Seidlitz drei unterscheidet:

A. Das *innerste* oder *dritte* Eiweiß (Albumen internum sive tertium *Baer*), das mit einer dünnen Schicht die Mitte des Dotters umgebend sich in kegelförmiger Gestalt zu jedem Ende des Eies hinzieht und viel dichter und zäher als die folgenden Schichten ist.

B. Das *mittlere Eiweiß* (Albumen medium *Baer*), das dem spitzen Ende der Schale so fest anhaftet, daß es sich beim Herausgießen lang auszieht.

C. Das *äußere Eiweiß* (*Albumen externum Baer*), das in dünner Schicht unmittelbar an die Schalenhaut grenzt.

Ein dünneres Eiweiß befindet sich aber auch noch in der Nähe des Dotters (vgl. S. 50). Das unter A und B genannte Eiweiß wird gewöhnlich als „dickes Eiklar" zusammengefaßt, so daß man heute *drei andere Schichten* unterscheidet: *das innere dünne, das mittlere dicke und das äußere dünne Eiklar* (vgl. S. 50).

Der ganze Durchgang des Eies durch den Uterus dauert etwa 5—6 Stunden. Diese lange Zeit dient also größtenteils der Ausbildung der Kalkschale, die die endgültige Form des Eies bestimmt.

Kurz vor der Auflagerung des Kalkes wird die Eihaut außen noch mit einer dünnen Schicht von Drüsenepithel überzogen und darüber das dickflüssige, bald erstarrende Kalksekret abgesetzt. Zuerst findet man nur wenige, teilweise auch in die Maschen der Eihäute eingefügte Kalkteilchen, die aber schließlich zur Schale erstarken, deren innerer Teil aus abgerundeten Säulchen mit Zwischenräumen, an der Spitze mit der Schalenhaut verklebt, besteht und allmählich in die äußere Schwammschicht aus zusammenhängenden netzartig verbundenen Faserzügen übergeht, aber von Tausenden von Poren durchlöchert bleibt (vgl. S. 47).

Während dieser Bildung der Eischale gelangen nach Wickmann auch die *Farbstoffe* zur Färbung des Eies aus dem oberen Eileiter in den Uterus und geben hier dem Ei seine charakteristische, nach Vogelart verschiedene, Färbung und Zeichnung.

Da im ganzen Eileiter farbstoffabsondernde Drüsen nicht auffindbar sind und die Farbstoffpartikelchen auch auf ihrem Wege im oberen Eileiter nachgewiesen werden konnten, verlegte Wickmann den *Entstehungsort der Farbstoffe* an die Rißwände des vom Ei bereits verlassenen Follikelkelches und betrachtete sie als Zerfall- und Zersetzungsprodukte fester und flüssiger Blutbestandteile, die der Dotterkugel in ihrem Laufe folgen; auch in den dem Auge ungefärbt erscheinenden Eierschalen stellte er solche Farbstoffteilchen von weißer Farbe (vgl. S. 174) fest.

Nach Giersberg[3] findet die eigentliche Pigmentbildung in besonderen Mesodermzellen (Lymphoblasten) statt. Diese sammeln sich anfänglich um die Capillaren der Tube und des Eiweißteils des Ovoduktes an, wandern bis unter das Epithel des Eileiters und durchtreten in großen Massen das Epithel des Tubenteils um dann im Lumen des Eileiters zu zerfallen, während gleichzeitig im Innern der Zellen eine starke Pigmentbildung einsetzt. Auf diese Weise zeigt sich der Tubenteil des Eileiters mit einer sehr großen Masse sich zersetzender und pigmentbildender Zellen erfüllt. Hiernach ist der Ort der eigentlichen Pigmentbildung das Lumen des Eileiters. Je weiter die Zellmasse nach unten sinkt, um so mehr wird sie umgewandelt, bis schließlich nur noch Farbstoff, in einer klebrigen Flüssigkeit suspendiert, vorhanden ist. Diese Masse wandert den Eileiter hinab und wird im Uterus mehr oder weniger oberflächlich auf die Kalkschale abgeklatscht.

Ablage des Eies. Während der insgesamt etwa 12—15 Stunden dauernde Durchgang des Eies durch den Eileiter als schraubenförmig-peristaltische Bewegung und von dem Wollen der Henne unabhängig aufzufassen ist, vermag diese

---

[1] Hughes, J. S. und H M Scott: Poultry Science 1936, **15**, 349; C. 1936, II, 1957. — [2] Vgl. auch S. 50. — [3] Giersberg: Biol. Zbl. 1921, **41**, 263; **43**, 167. Nach Fischer und Kögl: Z. physiol. Chem. 1923, **131**, 242.

das Ei im Uterus für einige Zeit zurückzuhalten. Der Legevorgang selbst vollzieht sich bei der Henne nach Beobachtungen von WICKMANN so, daß sich die Vagina und die Kloake nach außen umstülpen und die untere Uterusöffnung soweit bloß-legen, daß das Ei herausfallen kann[1]. Anschließend stülpen sich Vagina und Kloake wieder ein, und der Uterus tritt in seine normale Lage zurück. Das Ei kommt somit weder mit der Vagina noch mit der keimreichen Kloake in Be-rührung sondern wandert aus dem Uterus direkt ins Freie.

Die Gesamtdauer der Eiausbildung vom Aufspringen des Follikels an bis zum Legen dauert nach GRZIMEK beim Huhn 20—24 Stunden, bei der Taube fast doppelt so lange. Für die Ente hat CHOMKOVICH mindestens 24 Stunden an-gegeben, wovon 2—3 Stunden auf die Eihäuteausbildung und 13—14 Stunden auf den Aufenthalt im Eihalter entfallen.

Durch Röntgenaufnahmen ist nach A. EBER[2] festgestellt worden, daß das Ei meist mit dem spitzen Ende im Eileiter voran wandert. Erst wenn das Ei gelegt ist, beginnt normaler-weise in der Henne die Ausbildung eines weiteren. M. W. OLSEN und T. C. BYERLY[3] stellten dies durch Sektion und Auffangen des Eis in 70—90% der Fälle fest.

Auch an den Blutringen der Erstlingseier, die man nach R. FANGAUF[4] vorwiegend am spitzen Ende, nur vereinzelt am stumpfen Ende findet, läßt sich erkennen, daß das Ei mit dem spitzen Pol voran wandert.

Das frischgelegte Ei ist noch mit einer dünnen, aus dem Uterus stammenden Schleimschicht überzogen, die aber bald eintrocknet.

2. Chemische Vorgänge beim Werdegang des Eies.

a) Hormonale Einflüsse und Reizwirkungen.

Der Anstoß zum Wachstum des Eifollikels ist ohne Zweifel in hormonalen Einflüssen zu suchen, ebenso wie umgekehrt bei der brütenden Henne Hormone die Eiablage unterbrechen. Verschiedene Beobachtungen an Legehennen unter dem Einfluß von außen zugeführter Hormone deuten nach dieser Richtung.

R. PEARL und F. M. SURFACE[5] erzielten durch intraabdominale oder intravenöse Ein-spritzung einer Suspension von Corpusluteumsubstanz von der Kuh schon vor vielen Jahren bei eifrig legenden Hennen eine Unterbrechung im Eierlegen für wenige Tage bis zu drei Wochen, worauf das Legen dann wieder in gleicher Weise wie vorher fortgesetzt wurde. Entgegen Angaben von L. N. CLARK[6] gelang es PEARL[7] aber nicht die Legetätigkeit durch Fütterung mit getrockneter Substanz der Hypophyse von Kälbern und Lämmern zu steigern. W. KOCH[8] gab von 110 Hühnern der weißen Leghornrasse, bei denen infolge einer Betriebsstörung auf der Geflügelfarm eine Unterbrechung der Legetätigkeit eingetreten war, 57 Tieren am neunten Tage nach der Störung eine einmalige Dosis von 12,5 RE.-Prolan. Darauf setzte gegenüber den unbehandelten Tieren die Legetätigkeit rascher wieder ein, und in den ersten 34 Tagen nach der Einspritzung legten die 57 behandelten Tiere 1073, die 53 unbehandelten nur 847 Eier. Auch nach K. WODZICKI[9] bewirkte Prolan A bei nicht brütenden Hennen einen früheren Beginn der Legetätigkeit. Pituitrin hatte auch in großen Gaben überhaupt keine Wirkung auf Wohlbefinden, Brutlust und Legetätigkeit, Schilddrüsengaben rufen bei den nichtbrütenden Tieren Mauser hervor, bei den brütenden nicht. Auch nach P. NOETHER[10] hatte Zufuhr von thyreotropem Hormon durch Einspritzung bei der Legehenne Unterbrechung der Eilegetätigkeit zur Folge. Die Präparate aus Schwangerenharn, Prolan und Horpan zeigten diese Wirkung nicht.

J. B. MITCHELL[11] hat nach Injektion von Praehypophysen von Hühnern bei Legehennen Ausbleiben eines deutlichen Einflusses auf die Zahl der gelegten Eier festgestellt. Das Genital-system der Henne wird hiernach durch Praehypophysensubstanz nicht beeinflußt.

---

[1] Vgl. auch M. SCHÖNWETTER, Ormitholog. Monatsber. 1932, **40**, 73. — [2] EBER, A.: Dtsch. landw. Geflügelztg. 1930, **34**, 185. — [3] OLSEN, M. W. und T. C. BYERLY: Poultry Science 1932, — [4] FANGAUF, R.: Dtsch. landw. Geflügelztg. 1927, **30**, 699. — [5] PEARL, R. und F. M. SURFACE: Journ. biol. Chem. 1914, **19**, 263. — [6] CLARK, L. N.: J. biol. Chem. 1915, **22**, 485. — [7] PEARL: J. biol. Chem. 1916, **24**, 123. — [8] KOCH, W: Klin. Wochen-schr. 1934, **13**, 1647. — [9] WODZICKI, K.: Nature London 1935, **134**, 383. — [10] NOETHER, P.: Klin. Wochenschr. 1932, **11**, 1702. — [11] MITCHELL, J. B: Proc. Soc. Exp. Biol. Med. 1932, **29**, 645.

O. Riddle, R. W. Bates und E. L. Lahr[1] behandelten Hennen zu verschiedenen Jahreszeiten 1—20 Tage lang einmal oder zweimal täglich intramuskulär mit Prolaktin. Dadurch wurden die Hennen zum Brüten veranlaßt, besonders gutlegende Hennen. Bei verschiedenen Rassen traten gewisse Unterschiede in der Wirkung auf. Follikelstimulierendes thyreotropes Hormon, Prolan und Stutenserumzubereitungen waren unwirksam. Einstündiges Erhitzen des Prolaktins auf 100° zerstörte die Aktivität nicht. — Nach weiteren Versuchen an 84 Versuchshühnern und 21 Kontrolltieren wurden durch Prolaktin und follikelstimulierende Hormone entgegengesetzte Wirkungen am Ovar von legenden und nichtlegenden Hühnern hervorgerufen. Prolaktin verminderte das Gewicht des Ovarialgewebes und das der ganzen Ovarien um 20—50%. Dagegen wurde durch follikelstimulierendes Hormon das Ovarialgewebe um 125—150% vermehrt, und das Gewicht der Ovarien nahm um rd. 1000% zu. Die Größe von Ovidukt und Uterus nahm unter der Einwirkung von Prolaktin ab; durch follikelstimulierendes Hormon wurde das Gewicht des Oviductes erhöht. Kammgröße und Zwischenraum zwischen den Schambeinen wurden durch Prolaktin verkleinert, durch follikelstimulierendes Hormon vergrößert; im gleichen Sinne wird indirekt die Ausschüttung von Oestrin aus dem Ovar beeinflußt.

Nach M. Juhn und R. G. Gustavson[2] nahm bei Hennen nach einer täglichen Injektion von 30 Ratteneinheiten menschlichen Placentahormons für die Dauer von 10 Tagen das Gewicht des noch nicht geschlechtsreifen Eileiters um das zehnfache zu; dabei entwickelten sich Drüsen und Muskulatur, die bei den Kontrolltieren noch fehlten. P. Hertwig und E. Schwarz[3] vermochten durch 500 Mäuseeinheiten Menhormon die Brütigkeit von Hennen nicht zu unterbrechen und folgern, daß für das Einsetzen bzw. Aufhören der Brütigkeit nicht das Follikelhormon verantwortlich ist.

A. W. Greenwood und J. S. S. Blyth[4] stellten fest, daß Entfernung der Thymusdrüse ohne Einfluß auf den Kalkgehalt des Blutes und die Schalenbildung der Eier war.

Gute Legerinnen lassen sich auch serologisch durch die Präzipitinreaktion mit einem Antiserum erkennen[5], wobei es sich um ein spezifisches Präzipitin für die Eierlegetätigkeit, nicht für das Geschlecht handelt; denn mit dem Blute der Nichtlegerin oder des Hahnes bleibt die Reaktion aus.

Daß die Ovulation durch *starkwirkende chemische Stoffe* auch in kleinen Mengen beeinflußbar ist, geht bereits aus den Erfahrungen bei der Fütterung der Hennen mit Jod (vgl. S. 18) hervor. Auch die Bestrahlung mit ultraviolettem Licht, also die Entstehung bzw. Zufuhr von antirachitischem Vitamin, ist ja von Einfluß auf die Legetätigkeit (vgl. S. 20).

F. D. McKenney, H. E. Essex und F. C. Mann[6] gelang es, die Teile des Eileiters der Hennen in verschiedener Weise zu beeinflussen. Der Uterus wurde durch Acetylcholin, Ergotoxin, Klapperschlangengift (Crotalin) und Histamin zu Kontraktionen gereizt; nach Epinephrin dagegen erschlaffte der Uterus, während beim eiweißabsondernden Teil und beim Infundibulum starke Kontraktionen ausgelöst wurden. Umgekehrt lösten wiederholte Pituitringaben am Uterus tetanoide Kontraktionen aus ohne auf den eiweißabsondernden Teil oder das Infundibulum von merklichem Einfluß zu sein. — Yohimvetol hatte nach Versuchen von Weinmiller und Voigt[6] an 60 Tieren weder Einfluß auf die Legeleistung noch auf die Frühreife der Tiere.

b) Zufuhr der Nährstoffe zum Aufbau des Eies.

Die Erforschung der Fragen, in welcher Form und auf welchen Bahnen die im werdenden Ei abzulagernden und aufzuspeichernden großen Nährstoffmengen aus dem mütterlichen Organismus der Henne herangeführt werden, erscheint einer besonders eingehenden Prüfung wert, zumal sie nicht nur ein Bild von dem ungemein feinen und vielseitigen Mechanismus dabei gibt, sondern auch auf gewisse Besonderheiten und Feinheiten im Bau des Eies schließen läßt. Es ist natürlich, daß dieses recht schwierig am lebenden Tier zu erforschende Wissens-

---

[1] Riddle, O., R. W. Bates, und E. L. Lahr: Amer. Joun. Physiol. 1935, 111, 352, 361; C. 1935, I, 3681. — [2] Juhn, M. und R. G. Gustavson: J. of Experiment. Zoology 1930, 56; Arch. Geflügelk. 1934, 8, 259. — [3] Hertwig, P. und E. Schwarz: Arch. Geflügelk. 1934, 8, 73. — [4] Greenwood A. W. und J. S. S. Blyth: Proc. Soc. Experim. Biol. and Med. 1931, 29; Arch. Geflügelk. 1934, 8, 55. — [5] Vgl. Arch. Geflügelk. 1933, 7, 320. — [6] McKenney, F. D., H. E. Essex und F. C. Mann: J. Pharmacol exp. Therapeutics 1932, 45, 113. — [7] Weinmiller und Voigt: Arch. Geflügelk. 1934, 8, 138.

gebiet noch manche Lücken aufweist und noch manche Frage unbeantwortet läßt. Immerhin gewähren aber die bisherigen Feststellungen bereits einen gewissen Einblick in die in Frage kommenden Vorgänge, wie nun an Hand der wichtigsten Nährstoffe, der Eiweißstoffe, Fett, Lipoide und Mineralstoffe besprochen sei.

Eiweißstoffe. Durch das Eierlegen treten starke Schwankungen im Eiweißgehalt des Blutserums der Henne ein (M. ROCHLINA)[1]. E. G. SCHENK[2] verfolgte das Verhältnis von Albumin zu Globulin und fand es schon in den Eianlagen ähnlich wie im späteren Dotter wie 1:1, während es sich im Eiklar etwa wie 1:10, im Hühnerblut wie 1:2 oder 1:3 verhält. Im Eileiter von Hennen in der Legeperiode fanden sich 5,5% Albumin neben 1% Globulin und 1,27% Nukleoproteiden. Aus der Zusammensetzung der verschiedenen Proteine von Ovarien, reifenden Follikeln, Eidotter, Eileiter und Eiklar kann abgeleitet werden, daß der Auf- und Abbau der Proteine übereinander ähnliche Stufen und Wege geht. Eiproduktion senkte nach J. W. HARMON[3] im allgemeinen auch den Hämoglobingehalt des Blutes der Legehenne.

Nach TH. JUKES und H. D. KAY[4] ist das Livetin des Eidotters (vgl. S. 113) sehr ähnlich dem Blutserumglobulin der Henne, wenn nicht identisch damit, während das Vitellin ein typisches Produkt des Ovars darstellt.

Nach Immunisierung von Kaninchen mit dem Serum legender Hennen erhielten R. R. ROEPKE und L. D. BUSHNELL[5] Sera, die mit Vitellin eine Präzipitinreaktion geben, nicht wenn man zur Immunisierung das Serum von Hähnen benutzt hat, während durch Immunisierung mit Vitellin eine Reaktion mit dem Serum von männlichen Tieren und legenden Hennen erhalten wird. Das Serum legender Hennen enthält demnach ein Phosphorprotein, das mit dem Vitellin nahe verwandt oder identisch ist. Im Serum der Henne kann auch chemisch das Phosphorprotein isoliert werden, das im Serum von Hähnen nur in kleinsten Mengen nachweisbar ist.

Proteinzusammensetzung von Taubeneiern nach einseitiger Fütterung

Art des Futters	Stickstoffgehalt des Eies %	Verteilung der Stickstoffverbindungen in % des Gesamt-Stickstoffs						Gesamtsumme
		Ammoniak N %	Melanin-N %	Amino-N in Basen %	Nicht-amino-N in Basen %	Amino-N im Filtrat der Basen %	Nicht-amino-N im Filtrat der Basen %	
Roggen . . .	1,39	0	4,06	12,66	9,92	58,84	14,12	99,60
Roggen . . .	1,25	0	4,00	12,20	9,70	60,00	13,10	99,00
Kafferkorn . .	1,54	1,76	1,92	14,12	22,48	53,94	4,20	98,42
Kafferkorn . .	1,66	1,80	1,98	14,32	22,16	53,28	5,16	98,70
Weizen	1,42	0,71	3,90	19,16	13,00	60,44	0,72	97,93
Weizen	1,48	0,81	4,20	18,60	13,52	62,04	1,38	98,55
Hafer	1,28	0,18	3,22	12,06	9,80	71,40	2,00	98,66
Hafer	1,20	0,20	3,32	12,34	9,80	70,60	2,74	99,00
Hanf	1,43	2,11	1,00	11,74	9,45	67,40	7,10	97,78
Hanf	1,53	2,00	1,00	11,84	9,58	66,80	7,80	99,02
Canad. Felderbse . .	1,24	—	1,33	11,00	18,97	—	—	—
Canad. Felderbse . .	1,36	—	1,50	10,40	18,93	—	—	—
Gerste	1,39	2,07	0,66	14,74	17,57	50,00	1,94	98,—
Gerste	1,47	1,72	0,80	14,34	18,93	58,00	2,94	97,73
Mais	1,26	0,91	3,47	11,26	12,22	70,00	3,20	101,06
Mais	1,38	1,00	3,52	11,00	12,10	70,40	2,48	100,50

[1] ROCHLINA, P. M.: Privatmitteilung. Vgl. Bull. Soc. Chim. biol. 1934, **16**, 1645; C. 1935, II, 2389. — [2] SCHENK, E. G.: Z. physiol. Chem. 1932, **211**, 153. — [3] HARMON, J. W.: Poultry Science 1936, **15**, 53; C. 1936, I, 2769. — [4] JUKES, TH. und H. D. KAY: J. Nutrition 1932, **5**, 81. — [5] ROEPKE, R. R. und L. D. BUSHNELL: J. Immunology 1936, **30**, 109; C. 1936, I, 3857.

Bei *einseitiger Ernährung* des Vogels *mit* einem bestimmten *Eiweiß*, das nicht die Bausteine der Eierproteine vollständig enthält, sollte man eigentlich erwarten, daß dann Ovarien und Eileiter als hochorganisierte, von Natur zur Entwicklung des jungen Vogels berufene Systeme versagen müßten[1]. Nach Versuchen von C. B. Pollard und R. H. Carr[2] tritt dies jedoch nicht ein, sondern es kommt dann merkwürdigerweise zu einer anomalen, allerdings unfruchtbaren Eiweißstruktur. Diese Forscher fütterten Tauben mit einer Nahrung, welche *auf eine einzige Pflanze beschränkt* wurde, die sie durch Kleie, Austernschalen, gemahlene Knochen, Kohle und Leitungswasser ergänzten. Nach sechsmonatiger Fütterung wurden dann die Eier untersucht und vorstehende Ergebnisse erhalten, die den großen Unterschied in der prozentualen Zusammensetzung des Gesamtstickstoffs abhängig, von der Fütterung, zeigen.

Nur die Eier mit hohem Gehalt an Melaninstickstoff (Tryptophan) ließen sich ausbrüten.

Wenn man die Tauben frei auswählen ließ, wählten sie die *Körner in folgender Reihenfolge:* Weizen, Roggen, Hafer, Felderbsen, Hanf- und Sojabohnen, Ingwerkorn, Buchweizen, Sonnenblume.

Die drei letzten genügten nicht zur Erhaltung des Körpergewichtes; diese Gruppe legte keine Eier. Das Kaffernkorn ist in seiner eierzeugenden Wirkung dem Roggen ähnlich, aber die Eier waren in ihrer Zusammensetzung anomal und konnten nicht ausgebrütet werden. Wenn Kaffernkorn verfüttert wurde, wurden auch gewöhnlich vier statt zwei Eier gelegt.

Fett und Lipoide. Die Heranführung der Fettsäuren für den *Aufbau des Dotterfettes und der Phosphatide* bedingt eine erhöhte Beladung des Blutes der Henne mit Fett während dieses Vorganges[3]. Wenn auch der Fettgehalt des Blutes der Henne größeren zeitlichen und individuellen Schwankungen unterworfen ist, so lassen doch die nachstehenden Ergebnisse von D. E. Warner und H. D. Edmond[4] den Zusammenhang zwischen Blutfett und Eierproduktion erkennen:

Art und Zustand der Tiere	Zahl der Beobachtungen	Fettgehalt des Blutes Mittel %	Schwankungen %
Legehennen mit durchschnittl. jährlich 162,8 Eiern	16	1,109	0,246—1,953
Nichtlegende Hennen	54	0,199	0,083—0,541
Hennen mit gebleichten Schnabel, Beinen und After	18	0,816	0,131—1,953
Henne mit gelben Schnabel, Beinen und After . .	32	0,196	0,066—0,448
Hennen nach 16 Stunden Fasten.	13	0,405	—
Dieselben ohne Fasten		0,396	—
Hähne	12	0,176	0,097—0,249

Das für das Ei benötigte Fett scheint zunächst dem Fettvorrat des Organismus entnommen zu werden. Deswegen hat die Art der Fütterung auf die allgemeine Zusammensetzung des Eies, besonders des Eidotters, nur wenig Einfluß, wie folgende Versuche von E. F. Terroine und P. Belin[5] zeigen (s. Tab. S. 40).

Auch die nahe Korrelation zwischen Farbe von Schnabel, Beinen und After und Fettgehalt des Blutes erklärt sich daraus, daß nichtlegende Hennen in diesen Organen unter Gelbfärbung Fett ansammeln, während bei Legehennen das Fett aus den Körperdepots mobilisiert und zum Eierstock hingeführt wird. Einen noch klareren Überblick über den Zusammenhang zwischen Blutfett und Leg-

[1] Collum, E. V. Mc. und N. S. Simmonds: Neue Ernährungslehre. Herausgegeben von L. Ascher, Berlin 1928. S. 385. — [2] Pollard, C. B. und R. H. Carr: Amer. J. Physiol. 1924, **67**, 589. — [3] Über den Transport der Fettstoffe im tierischen Organismus vgl. auch Th. Cahn u. J. Houget: C. R. hebd. Sceances Acad Sci. 1935, **201**; C. 1936, I, 371. — [4] Warner, D. E. und H. D. Edmond: J. biol. Chem. 1917, **31**, 281. — [5] Terroine, E. F. und P. Belin: Bull. Soc. Chim. Biol. 1927, **9**, 12 u. 1074. — Nach Needham: Chem. Embryologie, S. 248.

Bestandteil	Bei gewöhnlicher gemischter Futterration	Bei fast fettfreier Mais- und Kartoffel-fütterung	Bei (fettreicher) Hanfsamen-fütterung
Weißei in % des Gesamtgewichtes	56,7	54,3	—
Dotter in % des Gesamtgewichtes	31,3	34,3	33,2
Schale in % des Gesamtgewichtes	11,4	10,9	—
Weißei:			
Wasser . . . .%	87,8	87,4	87,4
Asche . . . .%	0,49	—	—
Dotter:			
Wasser . . . .%	49,9	50,33	50,99
Asche . . . .%	1,48	—	—
Gesamtstickstoff . . . . . .%	2,67	—	—
Gesamtfettsäuren . . . . . .%	28,4	26,6	26,55
Unverseifbares . . . . . .%	1,85	—	2,08
Cholesterin . . . .%	1,18	1,58	1,11
Lecithin-P . . . .%	—	0,425	0,434

tätigkeit ergeben die von O. RIDDLE und A. HARRIS[1] aus den Ergebnissen von WARNER und EDMOND berechneten Korrelationsfaktoren zwischen Fettgehalt des Blutes und Eierertrag:

Hennen	Korrelationsfaktor
1 Jahr alte Hennen.	$r = + 0,247 \pm 0,076$
Hennen, die mit dem Legen aufgehört haben .	$= - 0,296 \pm 0,084$
Hennen während des Legens.	$= + 0,351 \pm 0,147$
Hennen mit gelben Schnabel, Beinen und After	$= + 0,411 \pm 0,117$
Hennen mit blassen Schnabel, Beinen und After	$= + 0,532 \pm 0,114$

Die Korrelation ist nur während des Legens positiv. Nach dem Legen ist der Fettgehalt des Blutes erschöpft, wodurch die Korrelation negativ wird.

Das Depotfett des Hennenkörpers wird jedoch nicht unmittelbar zur Bildung des Eifettes benutzt, wie H. J. ALMQUIST, F. W. LORENZ und B. R. BURMESTER[2] durch Verfütterung von Baumwollsamenmehl nachweisen konnten. Dieses Öl enthält einen Stoff, der eine typische Farbreaktion, die sog. HALPHENSche Reaktion liefert. Nach Fütterung des Baumwollsamenöls wird nun dieser Stoff im Depotfett des Körpers und im Dotterfett der Eianlagen eingelagert. Werden aber die zur Zeit der Fütterung mit Baumwollsamenöl vorhandenen Eier abgelegt oder operativ entfernt, so legt bei Unterbrechung der Ölzufuhr die Henne dann nur Eier mit negativer Reaktion des Fettes, obwohl das Körperfett noch stark positive Reaktion zeigt.

Von den *Phosphatiden* kann der weibliche Vogel den *Phosphoranteil* zunächst ganz aus anorganischen Phosphaten aufbauen. Wie die Versuche von G. FINGER-LING[3] an Enten gezeigt haben, ist es anscheinend gleichgültig, ob der Phosphor in organischer oder anorganischer Form zugeführt wird. Auch bei an organischen Phosphor sehr armer Diät legten die Tiere unentwegt Eier mit normalem Lecithin-gehalt, und zwar in solcher Menge, daß die Eier weit mehr Phosphatide enthielten, als in dem zugeführten Futter enthalten waren.

Ähnliche Versuche von E. V. McCOLLUM, J. G. HALPIN und A. H. DRESCHER[4] haben gezeigt, daß auch *die Henne* die Phosphatide aus fett- und lecithinfreien

[1] RIDDLE, O. und A. HARRIS: J. biol. Chem. 1918, **34**, 171. — [2] ALMQUIST, H. J., F. W. LORENZ und B. R. BURMESTER: J. biol. Chem. 1934, **106**, 365. — [3] FINGERLING, G.: Biochem. Zeitschr. 1922, **38**, 448. — [4] McCOLLUM, E. V., J. G. HALPIN und A. H. DRESCHER: J. biol. Chem. 1913, **13**, 219.

Gegenstand	Ente 1		Ente 2		Ente 3	
	P₂O₅ anorgan.	P₂O₅ organ.	P₂O₅ anorgan.	P₂O₅ organ.	P₂O₅ anorgan.	P₂O₅ organ.
Anzahl der Eier	138	117	115	97	102	107
In Tagen	173		160		153	
Mittleres Gewicht . . in g	67,8	68,1	65,8	67,5	65,2	66,0
Mittlerer Gehalt an Leci-thin-P₂O₅ . . . . . in g	0,2002	0,1976	0,1955	0,1943	0,1906	0,1917
dgl. an Nuclein-P₂O₅ . in g	0,1552	0,1496	0,1577	0,1548	0,1373	0,1365
Durch die Eier ausgeschied. Menge Lecithin-P₂O₅ in g	27,63	23,12	22,48	18,85	19,44	20,51
Entsprechend Lecithin in g	302,3	253,0	246,0	206,2	212,7	224,4
Durch die Eier ausgeschied. Menge Nuclein-P₂O₅ in g	21,41	17,50	18,13	15,01	14,00	14,60

Magermilchpulver und Reis bilden kann. Die Versuche mit drei Hennen dauerten vom 30. Januar bis zum 15. April und lieferten insgesamt 57 Eier und je Henne 294,5 g Eidotter neben 465,5 g Eiklar. Die Dottermasse der Eier enthielt

Gesamtphosphatide	Lecithin	Cephalin
9,39%	3,00%	6,39%

Jede Henne erzeugte in den Eiern 27,65 g Phosphatide.

Eigenartig bei diesen Versuchen war die niedrige Jodzahl des Eifettes und vor allem der durch Ausfällung des Alkohol-Ätherauszuges mit Aceton abgeschiedenen Phosphatide.

Futter	Jodzahlen					
	der Fette			der Phosphatide		
Henne Nr.	1	2	3	1	2	3
Fast lipoidfrei	50,0	54,4	51,1	35,2	34,1	34,0
Gewöhnliches Futter (einer anderen Henne)	63,2	65,5	—	63,7	63,1	—

Der niedrige Gehalt der Phosphatide an Lecithin gegenüber Cephalin (vgl. S. 120) deutet vielleicht an, daß bei beschränkter *Cholinzufuhr* das Lecithin in stärkerem Maße durch Cephalin ersetzt wird. Auch POLLARD und CARR vermuten, daß der Vogel das Cholin zum Aufbau des Dotterlecithins aus dem Futter entnimmt. G. ROSENFELD[1] erhielt an Lecithin im Hühnerkörper:

Im Hunger	Nach Grundfutter	Nach Grundfutter + Gelatine	Nach Grundfutter + Serin
2,83	6,26	9,02	4,88 g Lecithin

Er schließt daraus, daß Lecithin im Tierkörper aufgebaut werden kann, wenn die Paarlinge, insbesondere Fettsäuren und Phosphate gegeben sind, und daß die Bildung des Cholins aus verschiedenen Eiweißstoffen, besonders aber aus glykokollhaltigen möglich ist.

Wie der Transport der im Körper der Henne aufgebauten Lipoide zum Eifolikel im einzelnen vor sich geht, ist nicht bekannt. Nach J. V. LAWRENCE und O. RIDDLE[2] ist das Blutplasma von Hennen reicher an in Alkohol löslichen Stoffen als das der Hähne und zudem während der gesteigerten Funktion des Ovariums daran noch besonders erhöht.

So betrug der Phosphatidgehalt des Blutes von Legehennen, bezogen auf den bei Hähnen im Mittel 205% und das Verhältnis von alkoholunlöslichen zu alkohollöslichen Phosphor 1:4,5 gegenüber 1:2,5 bei Blutplasma von Hähnen. Auch einen erhöhten *Cholesteringehalt*

---

[1] ROSENFELD, G.: Biochem. Ztschr. 1930, **218**, 48. — [2] LAWRENCE, J. V. und O. RIDDLE: Amer. J. Physiol. 1916, **41**, 419 u. 430.

des Blutes, allerdings in geringerem Maße als beim Fettgehalt, konnten WARNER und EDMOND feststellen.

Art der Tiere	Zahl der Tiere	Fettgehalt des Blutes %	Cholesteringehalt des Blutes	
			Mittel %	Schwankungen %
Legehennen	11	1.175	0,114	0,019—0,214
Nichtlegende Hennen	7	0,294	0,086	0,023—0,121
Hähne	4	0,145	0,086	0,069—0,110

Der *gelbe Farbstoff* des Eidotters wird nach B. S. PALMER und H. L. KEMPSTER[1] (vgl. S. 134) bei den Hennen in verschiedenen Organen, so in Ohrlappen, Schnabel, Beinen und vor allen im Körperfett gespeichert und von dort bei Bedarf dem werdenden Eidotter zugeführt. Ähnlich können wir uns auch die Speicherung und Verwertung der fettlöslichen Vitamine vorstellen.

Mineralstoffe. Von den Mineralstoffen ist besonders der *Kalkgehalt* des Blutes in der Legeperiode stark erhöht.

So fanden J. S. HUGHES, R. W. TITUS und B. L. SMITS[2] für den Calciumgehalt des Blutplasmas:

Alter der Versuchstiere Monate	Zahl der Versuchstiere	Zustand	Calciumgehalt	
			Mittel mg %	Schwankungen mg %
1—4	6	Kücken	13	12—14
5	10	Noch nicht geschlechtsreife Hennen	13	12—15
5	10	Geschlechtsreif, noch nicht legend	20	15—25
5	10	Geschlechtsreif und legend . . .	**27**	25—34
7	3	Kapaune	13	13—13
7	10	Geschlechtsreife Hähne	14	13—15
18	10	Hennen in der Mauser, nicht legend	14	11—18
18	3	Hennen nach der Mauser, legend	**31**	29—35

Auch M. LASKOWSKI[3] findet während der Legetätigkeit ein Anwachsen des Calciumgehaltes im Blutsplasma der Hennen von im Mittel 0,135 auf 0,208 mg im cm³, ebenso ein Anwachsen des anorganischen Phosphors von 0,029 auf 0,045 mg. Bei nichtlegenden Hennen ist nach LASKOWSKI fast der ganze anorganische Phosphor ultrafiltrierbar, bei Legehennen nur zu 50%. Der ganze Calciumüberschuß ist nicht ultrafiltrierbar und bildet wahrscheinlich einen kolloiden Calcium-Phosphorkomplex. Dagegen hat sich die Konzentration des ultrafiltrierbaren Calciums im Blute der Henne als unabhängig von der Periode der Geschlechtstätigkeit erwiesen.

Bei einzelnen Legehennen fanden H. J. DEOBALD, E. J. LEASE, E. B. HART und J. G. HALPIN[4] den Calciumgehalt des Blutes ganz konstant. Der Calciumspiegel variierte nur in engen Grenzen im Verlaufe des 36 Stunden dauernden Eicyclus. Die Variationsgrenze betrug etwa 4 mg auf 100 g Blut, bei nichtlegenden Hennen 3 mg. — Wenn 14 Hennen plötzlich calciumfrei gefüttert wurden, trat Abnahme der kohlendioxydfreien Asche der Eischale ein. Am 12. Tage hörte die Eiproduktion auf. Ein Teil des Calciums im Skelett kann nach DEOBALD für die Eibildung verwendet werden.

Nach Untersuchen von J. WEIDENFELD[5] scheinen die kalkabsondernden Drüsen des unteren Eileiters zur Fertigstellung des Eies ihren Kalkvorrat in der Hauptsache aufzubrauchen. Denn ein in den oberen Eileiter der Henne eingeführter Eiersatzkörper aus Holz oder Hartgummi wurde nach 5 Stunden gelegt und zwar in der Regel in eine dichte Kalkschale eingehüllt; wenn aber sofort nach dem Legen ein solches künstliches Ei eingeführt wurde, war dasselbe nur mit einem dicken schleimigen Überzug aber ohne Schale versehen.

[1] PALMER, L. S. und H. L. KEMPSTER: J. biol. Chem. 1919, **39**, 299, 313 und 331. — [2] HUGHES, J. S., R. W. TITUS und B. L. SMITS: Zbl. Physiol. 1927, **11**, 582. — [3] LASKOWSKI: Biochem. Ztschr. 1933, **260**, 230; 1934, **273**, 284. — [4] DEOBALD, H. J., E. J. LEASE, E. B. HART und J. G. HALPIN: Poultry Science 1936, **15**, 179. — [5] WEIDENFELD, J.: Zbl. Physiol. 1 897, **11**, 582.

Nach J. P. Mc Gowan[1] tritt Alkalosis auf, wenn das Calcium als Carbonat oder Salz einer organischen Säure gegeben wird. Durch eine in den Epithelzellen der Nieren stattfindende Reaktion zwischen Calciumchlorid und Natriumbicarbonat wird dann die Alkalität des Blutes wieder ausgeglichen und das Calcium als Carbonat im Urin ausgeschieden. Wird Calcium als Salz einer starken Säure, z. B. als Calciumchlorid gegeben, so reagiert es im Blute mit den Alkaliphosphaten. Dabei gebildetes Tricalciumphosphat wird durch den Darm ausgeschieden und so der Calciumüberschuß entfernt; gleichzeitig wird durch Bildung von primärem Natriumphosphat und seine Ausscheidung im Urin eine entstehende Acidosis behoben. Bei der Bildung der Vogeleier wird nun das aus dem Futter aufgenommene Calciumcarbonat, statt in dem Urin ausgeschieden zu werden, durch die Zellen der Schalendrüsen auf der Eimembran abgelagert.

Die Phosphataseaktivität wird, wie D. W. Auchinachi und A. R. G. Emslie[2] gefunden haben, bei normalen Tieren durch das Eierlegen nicht beeinflußt. Bei Vitamin D- und Calciummangel sind jedoch starke Veränderungen zu erwarten.

Durch die Eiablage nicht beeinflußt werden nach M. L. Rocklina[3] Trockensubstanz- und Chloridgehalt des Blutes.

III. Morphologischer Aufbau des Eies.

1. Normales Ei.

Von C. H. Pérard[4] wurde folgende Definition des Eies angegeben:

Das frisch gelegte Ei ist eine lebende Zelle, die als solche wie jedes lebende Wesen über biologische Schutz- und Verteidigungsmittel verfügt, bestehend im vorliegenden Falle aus einer kalkartigen festen Schale mit doppelten Schalenhäuten bekleidet und einer dicken Eiklarschicht, die stark bakterientötende Fähigkeit besitzt und deren dichtes Gewebe der Fäserchen einen mechanischen Abschluß gegen Durchgang von Fremdkeimen bildet.

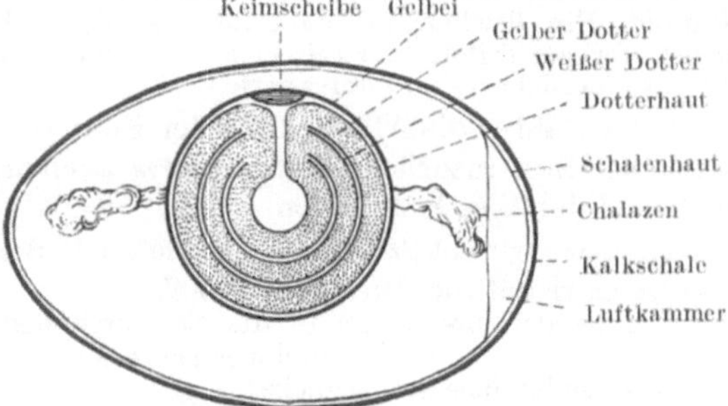

Abb. 3. Durchschnitt durch ein Hühnerei nach Triepel.

Hiernach lassen sich beim Vogelei, insbesondere beim Hühnerei von außen nach innen fortschreitend folgende wesentlich verschiedenen Schichten bzw. Teile unterscheiden, wie uns auch die Abb. 3 zeigt.

a) Kalkschale.

Diese dient in der Hauptsache dazu, die empfindlichen Teile des Eiinnern gewissermaßen wie ein Panzer gegen äußere Einflüsse zu schützen, dabei aber doch den Gasaustausch mit dem Eiinnern sowie die Wärmeübertragung beim Brutvorgang zu ermöglichen. Für diese Aufgaben braucht die Schale eine günstige Form, außerordentliche Festigkeit, Poren zur Ermöglichung des Gas- und Luftdurchtritts und gute Wärmedurchlässigkeit, die durch Dünnhaltung der Schale erreicht wird.

Die äußere Form der Kalkschale bedingt entsprechend ihrer Starrheit gleichzeitig auch die äußere Form des Eies selbst. Diese äußere Gestalt ist bekanntlich die eines ellipsoidartigen Körpers. Wie aber schon J. Steiner[5] vermutet und A. Szielasko[6] an etwa 700 Messungen an Vogeleiern verschiedener Arten erwiesen

---

[1] Gowan, J. P. Mc: Biochem. Z. 1934, **272**, 9. — [2] Auchinachi D. W. und A. R. G. Emslie: Biochemic. J. 1934, 28, 1993; C. 1935, I, 2832. — [3] Rochlina, M. L.: Privatmitteilung (Sonderdruck) 1933. — [4] Nach Baetslé. — [5] Steiner, J.: Vgl. Ber. über die Verhandl. d. Kgl. Sächs. G. d. Wissensch. zu Leipzig. Mathem. Phys. Klasse 1849, S. 57. — Nach Szielasko: vgl. Anm. 6 u. Anm. 3 auf folgender Seite. — [6] Szielasko, A.: J. Ornithol. 1905, **53**, 273.

hat, läßt sich die Eiform noch viel schärfer mathematisch formulieren. Legt man nämlich durch die Längsachse des Eies eine Ebene, so zeichnet sich auf dieser die Schnittfläche des Eies als eine von einer geschlossenen Kurve umgrenzte Fläche ab. Die Grenze dieser Fläche stellt bei den meisten Vögeln ein sog. *Oval von Cartesius*, seltener eine Ellipse und sehr selten (bei kugelförmigen Eiern) einen Kreis dar. Das Oval, wie wir es beim Querschnitt des Hühnereies vor uns sehen, wurde wohl zuerst von DESCARTES (Cartesius) beschrieben und nach ihm benannt.

G. LORIA[1] definiert diese Kurve wie folgt:
„Ein Cartessches Oval ist der Ort derjenigen Punkte, deren Abstände von zwei festen Punkten, multipliziert mit gegebenen Zahlen, eine konstante Summe ergeben[2]."

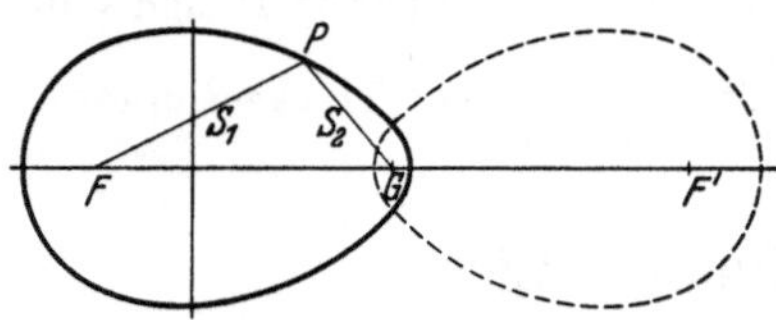
Abb. 4. Cartesisches Oval und Eikurve

In der vorstehenden Zeichnung seien die beiden festen Punkte (Brennpunkte F und G). Ein beliebiger Punkt der Eikurve sei P, den wir mit F und G verbinden. So entstehen die beiden Brennstrahlen.

$$S_1 = FP \quad \text{und} \quad S_2 = GP.$$

Nun gilt nach obiger Definition $nS_1 + n_1 S_2 = c$, eine Gleichung, die wir durch n dividieren, indem wir gleichzeitig für $\frac{n_1}{n}$ m sowie für $\frac{c}{n}$ C einführen.

So entsteht $S_1 + m\, S_2 = C$ worin m eine konstante, zwischen 0,5—1 liegende Zahl, C eine konstante Strecke bedeuten.

Für den Fall, daß $m = 1$ wird, entsteht aus der Eikurve eine Ellipse und aus dem Ei ein Ellipsoid. Die Gleichung gilt dann für jeden Punkt der Eikurve, außerdem aber auch noch für den übrigen Teil des Cartesischen Ovals, der in der Zeichnung punktiert angedeutet ist und uns hier nicht weiter interessiert.

Da die Zahl m die Abweichung der Eikurve von der Ellipse, also von der Symmetrie des Eies ausdrückt, kann man m auch als *Symmetriefaktor* oder *Symmetriekoeffizient* des Eies bezeichnen.

Nun führen wir mit SZIELASKO[3] noch folgende Bezeichnungen ein:
E = Exzentrizität oder Brennlinie = FG.
$g =$ ⎫ Teile der Brennlinie, in die sie durch den größten Querdurchmesser (Breiten-
$f =$ ⎭ durchmesser) zerlegt wird.
B = Breitendurchmesser (Eidicke).
p = kürzester Abstand des Brennpunktes von der Schale.
q = kürzester Abstand des Brennpunktes G von der Schale.
L = größter Längendurchmesser.
$a =$ ⎫ Teile des Längendurchmessers, in die er durch den Breitendurchmesser zerlegt wird.
$b =$ ⎭

Für diese Größen hat SZIELASKO folgende Gleichungen abgeleitet:

$$\text{I} \qquad L = \frac{2\,C}{1+m}$$

$$\text{II} \qquad p = \frac{C-mE}{1+m}$$

$$\text{III} \qquad q = \frac{C-E}{1+m}$$

$$\text{IV} \qquad \frac{mg-f}{1+m} = \frac{a-b}{2}$$

$$\text{V} \qquad \frac{B}{2} = f\sqrt{\frac{C^2}{(f+m^2 g)^2}-1}$$

$$\text{VI} \qquad C = (f+m^2 g)\sqrt{\frac{g^2-f^2}{m^2 g^2-f^2}}$$

[1] LORIA, G.: Spezielle algebraische und transzendente Kurven. Deutsch von F. SCHÜTTE, Leipzig und Berlin 1910, 1, 174. — [2] Oder ein Cartesisches Oval kann als Ort der Punkte betrachtet werden, deren Abstände von zwei festen Kreisen in einem gegebenen Verhältnis stehen. [3] SZIELASKO, A.: Die Gestalten der normalen und abnormen Vogeleier. Berlin 1920. W. JUNK.

VII
$$\frac{B}{2} = f\sqrt{\frac{g^2 - f^2}{m^2 g^2 - f^2} - 1}.$$

Aus diesen Gleichungen lassen sich grundsätzlich die vier Unbekannten m, g, f und C aus L, B und der Lage des Schnittpunktes beider berechnen. SZIELASKO hat für die Berechnung der Unbekannten aus den Verhältniszahlen für $L\!:\!B$ einerseits, für $a\!:\!b$ andererseits Tabellen aufgestellt, aus denen m, g, f, und C abgelesen werden können (vgl. S. 310).

Der Eikörper ist nun das Gebilde, das eingeschlossen wird, wenn die Eikurve um die Längsachse rotiert, also ein *Cartesisches Ovaloid*.

Neben dieser normalen Eiform gibt es nach SZIELASKO auch — wenn auch sehr selten — eine „abnorme“ Eiform, der statt der obigen Eikurve eine „zusammengesetzte“ Eikurve zugrunde liegt. Bei diesen Eiern[1] stellt der Längsschnitt des spitzeren Teils eine Hyperbel dar, die allmählich in die normale Eikurve übergeht. Bei solchen Eiern ist also der eine Teil durch

$$S_1 + m S_2 = C \quad \text{(Cartesisches Oval),}$$

der andere durch

$$S_1 - m S_2 = C_1 \quad \text{(Hyperbel)}$$

gekennzeichnet.

Über durch Zufälligkeiten oder pathologische Ursachen auch beim Hausgeflügel bisweilen vorkommende abweichende, nach von SZIELASKO „monströse“ genannte Eiformen vgl. S. 52.

Durch diese Arbeiten von SZIELASKO ist es nun auch möglich geworden die Gestalt eines Vogeleies auf Grund der Verhältniszahlen $L\!:\!B$ bzw. $a\!:\!b$ eindeutig zu bezeichnen[2]. So schlägt SZIELASKO folgende durch bestimmte Zahlenwerte voneinander abgegrenzte *Gruppen von Vogeleiformen* vor (s. Tab. S. 46).

Durch Vermessung von 113 *Hühnereiern* fanden J. GROSSFELD und H. SEIWERT[3] für das Verhältnis $L\!:\!B$ bzw. $a\!:\!b$ und die Zahl m sowie ihre mittleren quadratischen Streuungen:

L: B:	a: b	m
$1,37 \pm 0,07$	$1,16 \pm 0,07$	$0,78 \pm 0,09.$

Nur zwei der Eier waren Ellipsoide ($m = 0,99$ bis $1,00$). Hühnereier fallen also bei obiger Einteilung vorwiegend in Klasse 8, selten in Klasse 3, die nach SZIELASKO für Taubeneier kennzeichnend ist.

Von Wildvögeleiern habe ich vier Eier eines Geleges der Amsel (Turdus merula) vermessen und folgende Zahlen gefunden:

Ei	Länge (L) mm	Größte Breite (B) mm	Größter Abschnitt auf der Längsachse mm	$\dfrac{L}{B}$	$\dfrac{a}{b}$	m
1	2,67	2,07	1,48	1,29	1,24	0,55
2	2,72	2,16	1,50	1,26	1,23	0,50
3	2,60	2,26	1,42	1,20	1,20	0,41
4	2,69	2,18	1,48	1,23	1,23	0,43
Mittel	2,65	2,19	1,50	1,24	1,23	0,47

Die Amseleier gehören somit ebenfalls zur Klasse 8. Ihr Längsschnitt ist stumpf-kurzeiförmig. Ihr Volumen berechnet sich nach S. 3 im Mittel zu 6,60 cm³.

Physiologisch ist die Form der Eischale durch die Dehnbarkeit der Uteruswand des Vogels gegeben. Das Ei ist gleichsam ein Ausguß des Vogeluterus.

Es ist erstaunlich, mit welcher Sicherheit dabei der genannte Körper entsteht.

---

[1] Z. B. bei Eiern von Lummen, wie von Uria rhingvia, der Ringellumme.

[2] Schon FATIO (Bull de la Soc. ornithol. suisse 1865, **1**, 1) hat vorgeschlagen, die Eiform durch Angabe des Längendurchmessers, des größten Querdurchmessers und des Abstandes des Schnittpunktes dieser beiden von den Polen zu kennzeichnen.

[3] GROSSFELD, J. und H. SEIWERT: **Z.** 1934, **67**, 241.

Einteilung und Kennzeichnung von Eiformen.

Klasse	Kennzeichnung der Eiform		Eikurve	L:B	a:b
1	Kugelige Eier . .	Ovum globosum	kreisförmig bis kreis-elliptisch	1,00—1,11	1,00—1,15
2	Gestreckt-kugelige oder sphär. Eier	Ovum sphaeroideum	kreisellipsenähnlich	1,00—1 15	1 00—1,47
			spitzkreisähnlich	1,16—1,31	1,00—1,47
			kreis-hyperbelähnlich	1,32—1,47	1,00—1,47
3	Ellipsoidische Eier	Ovum ellipticum	stumpf-elliptisch	1,24—1,35	1,00—1,15
			bauchig-elliptisch	1,36—1,47	1,00—1,15
			spitz-elliptisch	1,48—1,59	1,00—1,15
4	Walzenförmige Eier	Ovum volutum	bauchig-gestreckt elliptisch	1,60—1,71	1,00—1,15
			schlank-gestreckt, elliptisch	1,72—1,83	1,00—1,15
5	Zylindrische Eier	Ovum cylindraceum	lineal-gleichhälftig	1,84—1,95	1,00—1,15
			lineal-ungleichhälftig	1,84—1,95	1,16—1,31
6	Ovaläre Eier	Ovum ovale	eiförmig-oval	1,48—1,59	1,16—1,31
			walzig-oval	1,60—1,71	1,16—1,31
			zylindrisch-oval	1,72—1,83	1,16—1,31
7	Spindelförmige Eier	Ovum fusiforme	breit-oval	1,48—1,59	1,32—1,47
			bauchig-oval	1,60—1,71	1,32—1,47
			schlank-oval	1,72—1,83	1,32—1,47
			spitz-oval	1,84—1,95	1,32—1,47
8	Eiförmige Eier	Ovum ovoideum	stumpf-kurzeiförmig	1,24—1,35	1,16—1,31
			spitz-kurzeiförmig	1,24—1,35	1,32—1,47
			stumpf-gestreckt, eiförmig	1,36—1,47	1,16—1,31
			spitz-gestreckt, eiförmig	1,36—1,47	1,32—1,47
9	Kreiselförmige Eier	Ovum turbinale	breit-hyperbolisch	1,24—1,35	1,48—1,63
			eiförmig-hyperbolisch	1,36—1,47	1,48—1,63
			gestreckt-hyperbolisch	1,36—1,47	1,64—1,79
10	Konische Eier	Ovum conicum	stumpfbauchig-hyperbolisch	1,48—1,59	1,48—1,63
			schlankbauchig-hyperbolisch	1,48—1,59	1,64—1,79
			spitzbauchig-hyperbolisch	1,80—1.59	1,80—1,95
11	Birnförmige Eier	Ovum piriforme	schlankhyperbelförmig, stumpf zugespitzt	1,60—1,71	1,48—1,63
			schlankhyperbelförmig, mäßig zugespitzt	1,60—1,71	1,64—1,79
			schlankhyperbelförmig, scharf zugespitzt	1,60—1,71	1,80—1,95
12	Pfeilförmige Eier	Ovum fastigatum	stumpf-lanzettlich, hyperbelförmig	1,72—1,83	1,48—1,63
			schlank-lanzettlich hyperbelförmig	1,72—1,83	1,64—1,79
			spitz-lanzettlich, hyperbelförmig	1,72—1,83	1,80—1,95

Szielasko fand bei seinen vielen Messungen alle Abweichungen innerhalb der Meßfehlergrenze.

Bau und Struktur. Die normale Kalkschale des Hühnereies ist, obwohl ihre Dicke nur etwa 0,2—0,4 mm beträgt[1], ein *außerordentlich festes Gebilde*. Unter hydraulichem Druck zerbricht sie erst bei über 30 at, bei seitlichem Druck in der Richtung der Achse noch nicht bei 20—30 kg. Andererseits ist die Schale aber wie allgemein bekannt trotz einer gewissen Elastizität sehr spröde und durch Aufschlagen auf eine harte Kante leicht zu knicken.

Nach Untersuchungen von H. Edin, T. Helleday und A. Andersson[2] wird die relative Festigkeit der Eischale weder durch den Eiinhalt noch durch die Eigröße, noch durch die Eiform ($a:b$ und $L:B$), aber stark durch den Mineralisierungsgrad ($=$ mg Schalenasche für 1 qcm Schalenfläche) beeinflußt. Der Korrelationsfaktor betrug nach Versuchen an 1032 Eiern $r = + 0,608 \pm 0,020$.

Dieser Korrelation entspricht für den Mineralisierungsgrad x die Bruchfestigkeit y in kg
$$X = 3,95 + 0,066\,(y - 68,6).$$

Auch G. F. Stewart[3] stellte fest, daß die Bruchfestigkeit nicht merklich von der Eiform abhing, wohl aber von der Schalendicke. Stewart erhielt hierfür den Korrelationsfaktor $r = + 0,509 \pm 0,028$.

Die Festigkeit der Eischale ist weiter durch ihren besonderen Bau, die *Textur* (Thienemann), insbesondere durch Häufigkeit, Stellung, Größe und Tiefe der Poren bedingt, die wieder eng mit der Tätigkeit der Uterindrüsenschicht in der Henne zusammenhängt. Die Textur tritt äußerlich an der Eioberfläche als sog. „Korn" in Erscheinung, das sich wieder nach Anzahl, Größe und Form der organischen Kerne jener Drüsenschicht richtet; liegen dieselben bei ziemlicher Größe weit voneinander, so erhält das Ei, wie beim Hühnerei, ein grobes Korn.

Eine ausgezeichnete Beschreibung der Textur der Eischale hat bereits Purkinje[4] angegeben. Durch Beobachtungen von Dünnschliffen aus der Eischale erhält man, wie auch H. Schoepf[5] zeigt, einen guten Einblick in den Bau der Hühnereischale.

Die Poren sind bei frischen Eiern durch die Oberflächenschleimschicht zunächst noch verschlossen. Bei der Lagerung nimmt aber nach H. J. Almquist und W. F. Holst[6] ihre Zahl zu und zwar bei höherer Temperatur rascher als bei niedriger. Im Laufe der Zeit wird ein Maximum erreicht. Bei ein und derselben Henne ist die Porosität der Eier nach Almquist und Holst sehr gleichmäßig, zeigt aber an den Eiern verschiedener Hennen erhebliche Variabilität. Bei frischen Eiern finden sie die Poren ziemlich gleichmäßig über die ganze Eischale verteilt. Nach anderen Angaben liegen die Poren besonders zahlreich an den Eipolen.

Durch diese Poren vollzieht sich der Zutritt der Luft zum Eiinnern und auch die Wasserverdunstung aus dem Eiinnern. Diese Wasserverdunstung hat infolge der starren Natur der Schale zur Folge, daß sich ein schon beim Abkühlen des Eies durch Kontraktion des Eiinhaltes entstandener kleiner Hohlraum, die Luftkammer, immer mehr vergrößert (vgl. S. 49).

Der Bau der Poren und die mikroskopische Struktur der Eischale geht aus nebenstehender, dem Buche von Needham: Chemical Embryologie entnommenen Zeichnung hervor. Hiernach sind die Calciumcarbonatkrystalle in der Schicht a mit ihren Achsen senkrecht zur oberen Grenzfläche angeordnet. Darunter liegen Schichten aus amorphem Calciumcarbonat (b—d). Unten sind die Porenausgänge (e) und die Membran (f) zu erkennen. Das Material der Schale ist Calcit, nicht Aragonit. Vgl. auch H. Landois[7]. Bisweilen findet man auch Nadelbüschel von Calciumtriphosphat in der Schale.

---

[1] Im allgemeinen legen Höhlenbrüter dünnschalige Eier, Arten, die die Eier direkt auf den Felsboden legen, dickschalige. Das afrikanische Frankolinhuhn legt nach Rey die dickschaligsten Eier. — [2] Edin, H., T. Helleday und A. Anderson: Z. 1937, **73**, 313; vgl. Med. Jord. Husdjursavdel 1937, Nr. 93, 3. — [3] Stewart, G. F.: Poultry Science 1936, **15**, 119. — [4] Purkinje: Symbolae ad ovi avium historiam 1825. — [5] Schoepf, H.: Dtsch. landw. Geflügelztg. 1929, **32**, 499. — [6] Almquist, H. J. und W. F. Holst: Hilgardia 1931, 6; Arch. Geflügelk. 1932, **6**, 122. — [7] Landois, H.: Ztschr. wiss. Zoolog. 1865, **15**, 1.

Äußerlich ist die Schale beim Legen noch mit einer dünnen Schleimhaut bedeckt, die aus der Schleimhaut des Uterus stammt und an der Luft bald eintrocknet. Anfangs bedeckt diese Schleimschicht auch die Poren der Schale. Die Stärke dieser Schleimschicht zeigt ein Versuch von FANGAUF[1], wonach frische Eierschalen durch Austrocknen 13,7% ihres Gewichtes, entsprechend also etwa 1,4 % des Hühnereies, verloren. Dieser Schleimschichtüberzug kann nach KÖNIG-WARTHAUSEN bei gewissen Entenarten auch gefärbt sein.

Abb. 5. Struktur der Ei-schale. (Nach NEEDHAM.)

Die Schleimschicht in Verbindung mit Feinheit des Korns und der Porigkeit bewirken nach LANDOIS den *Glanz* der Eieroberfläche, nach dem sich z. B. die Eier von Hühnern und Enten unterscheiden lassen.

Merkwürdigerweise verschwindet nach M. SCHÖNWETTER[2] der Glanz der Eieroberfläche im ultravioletten Licht unter Übergang in eine matte Fluoreszenz von verschiedener Färbung.

Die manche Vogeleier zierenden natürlichen Färbungen befinden sich hauptsächlich an der Eieroberfläche, teilweise sind die Farbstoffteilchen aber auch in der Kalkschicht abgelagert. Warum einige Hühnerrassen weißschalige, andere hellgelbe, dunkelgelbe und selbst fast rote Eier legen, ist noch nicht geklärt[3]. Zu Beginn der Legeperiode sind die Schalen gewöhnlich dunkler als später. Bisweilen findet man auch bei Hühnern Ablage braungetüpfelter Eier, in der Regel aber gleichmäßig gefärbte. — Enten sollen nach Verzehr vieler Frösche besonders dunkle, fast schwarze Eier legen.

Die Schale des Hühnereies ist ferner ziemlich *lichtdurchlässig*, etwa einer Milchglasschichtscheibe vergleichbar. Hierdurch wird die Prüfung der Eier mittels der Durchleuchtungslampe ermöglicht. Diese Lichtdurchlässigkeit wird nach J. W. GIVENS, H. J. ALMQUIST und E. L. R. STOKSTAD[4] in erster Linie durch den Wassergehalt der Schale beeinflußt. Die Schalenhäute haben wenig Einfluß darauf. Auch ultraviolettes Licht bis herab zur Wellenlänge von 300 mμ läßt die Eischale nach CH. SHEARD und G. M. HIGGINS[5] durch, die Eihaut sogar bis zu 270 mμ.

Das frischgelegte Ei ist gleichmäßig durchsichtig. Beim Aufbewahren tritt aber nach A. M. LEROY[6] bald, gleichmäßig bei Eiern von derselben Henne, in verschiedener Weise bei Eiern verschiedener Herkunft, ein System weißer Punkte und Flecken auf, was sich ebenfalls durch Wasserverdunstung erklären läßt.

Glasige Eierschalen. Bei gewissen Eiern erscheint die Schale beim Durchleuchten mit zahlreichen glasig durchscheinenden Stellen durchsetzt. Beim Anschlagen dieser Schale ertönt ein Klang ähnlich wie bei einem Glasgefäß, während normale Schalen nur einen dumpfen Ton liefern. Die Erscheinung der Glasigkeit beruht nach H. J. ALMQUIST und B. R. BURMESTER[7] auf höherem Proteingehalt der Schalen und Verschluß der Poren durch Protein. Außerdem ist die Schale meistens etwas dünner und leichter zerbrechlich, wenn auch der Proteingehalt selbst die Bruchfestigkeit nicht beeinflußt. ALMQUIST und BURMESTER geben folgende Kennzahlen für die Struktur solcher Schalen an.

---

[1] FANGAUF: Dtsch. landw. Geflügelztg. 1924, **27**, 487. — [2] SCHÖNWETTER, M.: J. Ornitholog. 1932, **80**, 521. — [3] Vgl. A. HASTERLIK: Z. Fleisch- u. Milchhyg. 1916, **27**, 84. — [4] GIVENS, J. W., H. J. ALMQUIST und E. L. R. STOKSTAD: Ind. and Engin. Chem. 1935, **27**, 972. — [5] SHEARD, CH. und G. M. HIGGINS: Proc. Sox. exp. med. Biol. 1929, **26**, 615. — [6] LEROY, A. M.: Annal. Falsific. 1924, **17**, 407. — [7] ALMQUIST, H. J. und B. R. BURMESTER: Poultry Science 1934, **13**, 116.

Art der Schalen	Porenanlage je qcm	Offene Poren je qcm	Dicke der eigentlichen Schale mm
Normale Schalen	129,1 ± 1,1	79,4 ± 0,8	0,315 ± 0,001
Glasige Schalen	73,3 ± 1,3	0	0,292 ± 0,001

Das gesprenkelte (marmorierte) Aussehen der Schalen, wie man es oft beim Durchleuchten der Eier findet, ist nach ALMQUIST[1] wieder durch eine verschiedene Verteilung des Wassergehaltes in der Schale bedingt und ändert sich auch mit der Aufbewahrung. Es ist nur ein Schönheitsfehler, steht in keiner Beziehung zur Fütterung und ist ohne Einfluß auf Bruchfestigkeit und Lagerungsfähigkeit der Eier (H. EDIN und A. ANDERSSON[2]).

Elektrische Potentialunterschiede von 0,5—6 V auf der Eioberfläche wurden von B. S. VORONTSOW und M. V. SERGUIYEVSKY[3] beobachtet, die offenbar mit der Embryoentwicklung zusammenhängen. Die Stelle der Schale, unterhalb der der Embryo liegt, wird elektronegativ.

b) Schalenhaut.

Die nach Abschluß der Eiweißabsonderung im Eileiter gebildete derbe Schalenhaut besteht bei mikroskopischer Betrachtung aus zwei Schichten eines filzartigen Gewebes organischer Fasern, die in den verschiedensten Richtungen durcheinandergewirkt sind und untereinander bisweilen netzartige Verkittungen zeigen. Die Dicke der Haut wird von BLASIUS je nach Vogelart zwischen 0,5 bis 0,6 μ (beim Ei des Goldhähnchens) und 2,4—4,8 μ (beim Straußenei) angegeben. Beim Huhn beträgt das Gewicht der Haut etwa 4—5% von dem der Schale. — Am deutlichsten erkennt man den Bau der Schalenhaut an der nicht vom Eiklar durchtränkten Stelle an der Luftblase; an anderen Stellen wird die Beobachtung durch Ausfüllung der Maschen, deren Durchmesser KOSSOWICZ bis zu 28 μ gefunden hat, mit Eiweiß und durch Überlagerung der beiden Schichten erschwert. Die äußere Schalenhaut ist gewöhnlich auch stark mit Kalkabscheidungen durchsetzt.

Eine genauere Untersuchung der Eischalenhaut zeigt weiter, daß die Fäserchen der *inneren* Haut sehr dünn, stark verwickelt und an der Oberfläche durch eine wenig anfärbbare Masse untereinander verkittet sind, die Fasern der äußeren Haut sind dagegen nach J. G. SZUMAN[4] grob, gerade, unverzweigt und liegen fast parallel zur Oberfläche. Auch in ihrem Verhalten gegen einige Farbstoffe zeigen die beiden Häute einige Unterschiede.

Beim Abkühlen des körperwarmen Eies nach dem Legen entsteht zunächst durch Zusammenziehung des Eiinhaltes die *Luftblase*. Nach Beobachtungen von N. MEHARLISCU[5] an 3863 Eiern besitzt das Ei sofort nach der Ablage noch keine Luftkammer. Diese entsteht sichtbar erst innerhalb 2 Minuten bis 10 Stunden, meist innerhalb 6—10 Minuten. Die Luftblase bildet zunächst eine Scheibe von 0,5—0,9 cm Durchmesser, erreicht dann in 2 Stunden etwa 1,3—1,5 cm und nimmt durch Wasserverdunstung aus dem Ei weiter zu.

F. M. FRONDA und D. D. CLEMENTE[6] geben für 100 24 Stunden alte Eier von Los Baños Cantonesehühnern folgende Mittelwerte für die Luftblase an:

Höhe cm	Durchmesser cm	Luftblasenhöhe in % der Eihöhe	Luftblasendurchmesser in % des Eidurchmessers	Luftblasenhöhe: Luftblasendurchmesser (= Luftblasenindex)
0,140	1,32	2,67	34,1	0,108

[1] ALMQUIST, H. J.: Agricult. Experim. Station Berkeley Bull **561**, 1933. — [2] EDIN, H. und A. ANDERSSON: Med. Jord. Husdjursavdel 1937, Nr. 93, 3. —[4] SZUMAN, J.G.: Rozprawy Biologiczne 1925, **3**; Arch. Geflügelk. 1927, **1**, 378. — [5] MEHARLISCU, N.: Arch. Geflügelk. 1933, **7**, 320.— [6] FRONDA, F. M. und D. D. CLEMENTE: Philippine Agriculturist 1934, **23**, 187. [3] VORONTSOW, B. S. und M. V. SERGUIYEVSKY: Probleme der Tierzucht, Nr. 6. Moskau 1933 (russisch); Arch. Geflügelk. 1934, **8**, 153. —

Nach FRONDA, CLEMENTE und BASIO[1] war ferner die Luftblase in den trockenen und heißen Monaten des Jahres niedriger als in den feuchten Monaten (Grenzwerte 0,125 bzw. 0,162 cm).

Die Luftblase hat normalerweise eine *Gestalt*, die von bekannten Körpern einer Kalotte am nächsten kommt, und befindet sich am stumpfen Ende des Eies zwischen den beiden Hautschichten. Bei Handelseiern, die Stößen und Erschütterungen ausgesetzt waren, findet man aber bisweilen auch andere Formen, selbst Auflösung der Blase in eine Anzahl Teilbläschen. Bildet sich die Luftblase auf der inneren Seite beider Schalenhäute, sei es durch anomale Entstehung oder Beschädigung der Innenhaut, so wird sie beweglich und das Ei erscheint beim Durchleuchten als „Läufer".

Die Zusammensetzung des Inhaltes der Luftblase kommt der der Außenluft ziemlich nahe. A. AGGAZOTTI[2] fand zwischen 20,7—31,3% Sauerstoff und daneben in den ersten Stunden nach der Eiablage 1,42—2,05% Kohlendioxyd darin. Beim Älterwerden des Eies nahm der Kohlendioxydgehalt bei gleichbleibendem Sauerstoffgehalt auf etwa 0,6% ab und blieb dann länger als einen Monat konstant (0,6—0,2%).

c) Eiklar (Weißei, Eiweiß).

Unterschieden nach der Konsistenz werden beim Eiklar mehrere Schichten. Auf die äußere, mehr flüssige, folgt eine festere, die schließlich in der Nähe des Dotters nach R. PEARL und M. R. CURTIS[3] wieder in eine dünnflüssigere übergeht (vgl. S. 35).

A. L. ROMANOFF und R. A. SULLIVAN[4] unterscheiden vier Schichten, nämlich die äußere flüssige, die mittlere dichte, die mittlere flüssige und die dotternahe (chalaziferous) Schicht.

Die Anordnung wird durch nebenstehende Zeichnung von H. J. ALMQUIST[5] wiedergegeben. Durch Scheidung mittels eines 14 Maschensiebes[6] stellten ALMQUIST und F. M. LORENZ[7] die mengenmäßige Verteilung der Schichten im Eiklar fest und fanden den Anteil der äußeren Schicht zwischen 20—55, der inneren Schicht zwischen 11—36%, der mittleren Schicht zwischen 27—57% des Weißeies, also recht schwankende Werte. Die Ursache dieser Schwankungen ist nach LORENZ, L. W. TAYLOR und ALMQUIST[8] in erster Linie in Vererbungseinflüssen zu suchen.

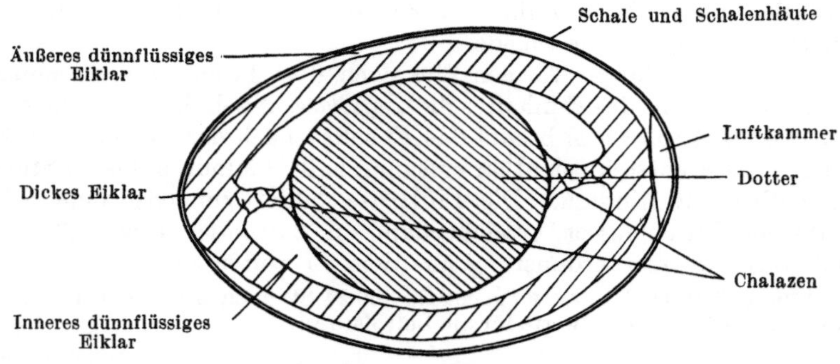

Abb. 6. Innerer Bau des Eiklars nach ALMQUIST.

[1] FRONDA, CLEMENTE und BASIO: Philippine Agriculturist 1935, **24**, 49. — [2] AGGAZOTTI, A.: Arch. Entwicklungsmechanik 1914, **40**, 65. — [3] PEARL, R. und M. R. CURTIS: V. Journ. Exp. Zool. **12**, 99. — Nach ALMQUIST und LORENZ: Poultry Science 1933, **12**, 83. — [4] ROMANOFF, A. L. und R. A. SULLIVAN: Ind. Enging. Chem. 1937, **29**, 117. — [5] ALMQUIST, H. J.: Agricult, Experim. Station Berkeley 1933, Bull. **561**. — [6] Entsprechend 5,51 Maschen auf 1 cm, mit einer lichten Maschenweite von 1168 μ. — [7] ALMQUIST und F. M. LORENZ: Poultry Science 1933, **12**, 83. — [8] LORENZ, L. W. TAYLOR und ALMQUIST: Poultry Science 1934, **13**, 14.

Keinen Einfluß hat nach den gleichen Forschern[1] die durch *Jahreszeit* bedingte Lufttemperatur beim Legen, wenn auch im abgelegten Ei bei warmer Witterung die Menge des festen Eiklar in den ersten Stunden schneller abnimmt. Untersuchungen von J. A. Hunter, A. van Wagenen und G. O. Hall[2] über den Einfluß der Jahreszeit auf die durch Gehalt an festem Eiklar bedingte Eiqualität ergaben, daß die Güte der Eier von März oder April an den Sommer hindurch abnimmt. Eier von höchster Qualität wurden zwischen November und März gelegt.

In einer weiteren Arbeit bestätigen van Wagenen und Hall das relative Konstantbleiben der inneren Eiqualität (Mengenanteil des festen Albumins) für die Einzelhenne. Mit Annahme einer Beziehung zwischen Höhe des Anteils und Beschaffenheit des festen Albumins wurden dabei aber keine biologischen Zusammenhänge, auch nicht mit der Höhe der Legetätigkeit, gefunden.

Daß zwischen *Proteinfütterung* und Gehalt der Eier an dickem Eiklar kein Zusammenhang besteht, zeigten D. F. Sowell und C. L. Morgan[3].

Die Dickflüssigkeit der mittleren Schicht ist nicht durch höhere Konzentration an gelösten Stoffen, sondern durch gequollenes Mucin (E. Mc. Nally[4]) in Form eines Systems von feineren und gröberen elastischen Fasern bedingt, die das Albumin in ihren Maschen festhalten. Durch Schlagen oder Rühren gelingt es dieses Maschensystem weniger oder mehr zu zerstören und die Fasern abzuscheiden, worauf dann das Eiklar dünnflüssig ausfließt.

Ob die *Hagelschnüre* ebenfalls zu diesen Fasern zu zählen sind, oder ob sie als Gebilde besonderer Art anzusehen sind, erscheint noch nicht völlig klargestellt; sie sind mit ihren einem Ende an der Dotterhaut mit einer kleinen Fläche angewachsen und verdicken sich dann stark im Eiklar, gehen aber nicht bis zur Eiwandung, so daß sie nach den Aufschlagen des Eis immer am Dotter hängen bleiben. Vielleicht dienen sie als besonderer Halt für die Netzstruktur des Eiklars.

Beim ganz frischen Ei ist das Eiklar oft wolkig getrübt, was sich auch an einer verminderten Durchsichtigkeit beim Durchleuchten äußert. Die Erscheinung beruht nach Grzimek auf einem Gehalt an überschüssiger Kohlensäure und verliert sich bald, außer bei geölten und eingekühlten Eiern, wo sie sich lange erhalten kann.

Das Eiklar ist auch für die Eigröße der wichtigste Faktor. Große Eier enthalten verhältnismäßig viel Eiklar, kleine Eier verhältnismäßig mehr Dotter. Daher fanden C. W. Knox und A. B. Godfrey[5] zwischen Eigewicht und Eiklargehalt eine hohe Korrelation, eine geringere zwischen Eigewicht und Gewicht des dicken Eiklars. Die Zahl der gelegten Eier hatte weder auf die Menge Gesamt-Eiklar noch auf das Gewicht oder den Prozentgehalt von dickem Eiklar einen Einfluß. Eier von Leghornhühnern hatten einen größeren Gehalt an dickem Eiklar als von Rhode Islands, allerdings bei mit sehr großer Variabilität der relativen Mengen beider Bestandteile.

Das spezifische Gewicht des Eiklars ist größer als das des Dotters und schwankt zwischen etwa 1,039—1,052. Die Folge ist, daß der Dotter dazu neigt, im Eiklar empor zu steigen und an die obere Wandung gelangt, wenn die Netzstruktur etwa durch Alter des Eies diesem Auftrieb nicht mehr genügend zu widerstehen vermag.

d) Dotter.

Den Übergang zum Dotter bildet die zarte, unter dem Mikroskop strukturlos erscheinende *Dotterhaut*, deren Aufgabe es ist, ein Ausfließen des Dotters in das Eiklar zu verhindern. Mit zunehmendem Alter des Eies nimmt die Festigkeit der Dotterhaut ab (vgl. S. 184). Sie reißt schließlich auf, so daß besonders beim Öffnen oder Schütteln des Eies Dotter und Eiklar durcheinander laufen.

---

[1] Lorenz, F. W. und H. J. Almquist: Poultry Science 1936, **15**, 14. — [2] Hunter, J. A., A. van Wagenen und G. O. Hall: Poultry Science 1936, **15**, 115. — [3] Sowell, D. F. und C. L. Morgan: Poultry Science 1936, **15**, 219. — [4] Nally, E. Mc.: Proc. Soc. Ex. Biol. Med. 1933, **30**, 254. — [5] Knox, C. W. und A. B. Godfrey: Poultry Science 1934, **13**; Arch. Geflügelk. 1934 8, 151.

Die Hauptmasse des Hühnereidotters bildet der sog. *Nahrungsdotter*, der aus zahlreichen kleinen Kügelchen von stark gelber Farbe besteht. Diese außerordentlich nährstoffreiche Dottermasse ist schichtenweise so angeordnet, daß man an den etwas helleren Zwischenschichten aus weißem Dotter fünf einzelne Schalen unterscheiden kann. Diese Schichtung wird nach O. RIDDLE[1] durch den täglichen Ernährungsrhythmus in den letzten Tagen vor der Eiablage wahrscheinlich im Zusammenhang mit rhythmischen Änderungen im Blutdruck der Henne hervorgerufen.

In diesem gelben Dotter liegt schichtenweise eingeschlossen und sich bis zum Zentrum hin erstreckend als keulen- oder urnenförmiges Gebilde (der PANDEKsche Kern), der sog. *Weiße Dotter* (Bildungsdotter). Der nach oben verlaufende Stiel (vgl. Abb. 3, S. 43) trägt die *Keimscheibe* und bildet weiter eine zwischen Dotter und Dotterhaut befindliche Schicht.

Nach A. A. SPOHN und O. RIDDLE[2] unterscheidet sich der weiße Dotter seiner Natur nach weitgehend vom gelben Dotter und ähnelt mehr dem embryonalen Gewebe. Nach W. WALDEYER[3] bleibt auch der weiße Dotter beim Kochen größtenteils flüssig. Die kugeligen Körnchen, die die Grundmasse des weißen Dotters bilden, sind viel kleiner (0,10—0,25 mm) als beim gelben Dotter.

Welchen Zweck die vom weißen Dotter ausgefüllte *urnenförmige Dotterhöhle* (Latebra) in der Physiologie des Eies und seiner Entwicklung besitzt, war lange Zeit unklar. Nach WALDEYER soll die Latebra auf Grund ihres höheren spezifischen Gewichtes den Dotter in die richtige Lage bringen und die Keimscheibe nach oben der brütenden Henne zu richten.

Das spezifische Gewicht des Gesamteigelbs, das von A. BAUDRIMONT und M. ST. ANGE[4] etwa zwischen 1,0288—1,0299, im Mittel zu 1,0293 gefunden wurde, betrug bei der Keimscheibe etwa 1,0266—1,0277, im Mittel 1,0271, an der entgegengesetzten Seite 1,0310—1,0321, im Mittel 1,0315 gegenüber einer mittleren Dichte des äußeren Eiklars von 1,0410 (1,0399—1,0421), des inneren von 1,0426 (1,0421 bis 1,0432). — Über den Gefrierpunkt des Eidotters vgl. S. 102.

Die *Keimscheibe* erscheint beim Hühnerei als ovaler weißlicher Fleck auf dem Dotter. Sie ist die durch Furchung entstandene Morula (vgl. S. 33), in der aber die Keimblasenhöhle oder das Blastocoel, wie es bei Fischeiern gefunden wird, fehlt.

2. Anomalitäten und Mißbildungen.

So wunderbar fein und exakt das normale Hühnerei als Ganzes und in seinen einzelnen Teilen gebaut ist, so kann es wie bei allen Gebilden der lebenden Natur nicht ausbleiben, daß durch äußere Zufälligkeiten oder pathologische Störungen vereinzelt abnorme Gestaltungen als Ausnahmen gefunden werden. Derartige Anomalitäten des äußeren und inneren Eies sind gewöhnlich auch von dem Nichtfachmann leicht erkennbar und deswegen oft beschrieben worden. Nur einige solcher Abnormitäten beeinträchtigen die Brauchbarkeit des Eies als Lebensmittel.

a) Abnorme (monströse) Formen der Eischale. Eier mit *Mißformen*, eingeschnürte nierenförmig verbogene Eier, Verschnörkelungen an der Spitze, wurmartige Fortsätze und andere Gebilde sind meist auf ungleichmäßige Bewegungen der Eileitermuskulatur oder äußeren Druck darauf zurückzuführen. Vereinzelt sind sogar Eier mit deutlichen Flächen und Kanten beobachtet worden. Die seltene Beobachtung kugelförmiger oder ellipsoidförmiger Eier berührt die Frage der Häufigkeit von Ausnahmen von der ovaloiden Eiform (vgl. S. 45), worüber beim Hühnerei zahlenmäßig erst wenig bekannt ist.

Wenn die Uterusdrüsen des Eileiters durch Funktionsstörungen, wie sie bei Hennen mit Veranlagung dazu, bei mastig ernährtem Geflügel aber auch bei Kalkmangel im Futter vorkommen, nicht genügend Calciumcarbonat absondern, kommt es zur Ausbildung abnorm

---

[1] RIDDLE, O.: J. Morph. 1911, **22**, 455. — Nach T. H. JUKES und H. D. KAY: J. Nutrit. 1932, **5**, 90. — [2] SPOHN, A. A. und O. RIDDLE: Anm. J. Physiol. 1916, **41**, 397. — [3] WALDEYER, W.: Eierstock und Ei. Leipzig 1870. — [4] BAUDRIMONT, A. und M. ST. ANGE: Ann. Chim. Phys. 1847 (3), **21**, 250.

dünnschaliger Eier oder selbst von nur mit einer Haut, der Schalenhaut, nicht mit einer Schale umkleideten *Windeiern.* Solche Windeier hat man außer beim Huhn auch bei Fasanen, Truthühnern, Tauben, Enten, Gänsen, Kanarienvögeln, Papageien, Straußen und anderen Vögeln beobachtet[1]. Die Erscheinung kann auch seuchenartig auftreten.

Bei *übermäßiger Kalkabsonderung* des Eileiters oder vielleicht auch bei zu langsamer Wanderung des Eies durch den unteren Teil desselben können Eier mit übermäßiger Kalkablagerung, mit abnorm dicker Schale entstehen.

Vereinzelt kommt es sogar vor, daß übermäßig abgesonderter Kalk sich von selbst im Eileiter zu Klumpen ballt, die dann weiter durch die Bewegung des Eileiters Eiform annehmen. Solche im Volksmund „Teufelseier" genannten Produkte sind meist kleiner als normale Eier, bestehen aber dann nahezu in ihrer ganzen Masse aus Calciumcarbonat.

Häufiger ist Einschließung eines dotterlosen Spureies durch eine weitere Kalkschale. Die seltene Mißbildung, daß ein *vollständig ausgebildetes Ei* sich *in einem anderen* Ei befindet, kommt dadurch zustande, daß ein fertiges Ei durch einen Zufall im Eileiter zurückgeblieben ist, oder sich rückwärts bewegt hat, dabei von einem anderen Ei getroffen wurde und nun durch die für dieses entstehende Schale mit eingeschlossen wird.

Auch sanduhrartig aneinanderhängende Doppeleier kommen vor.

b) Abnorme Beschaffenheit des Eiklars. Wenn die Eiweißdrüsen im Eileiter, etwa durch Entzündung, erkrankt sind, kann es zur Abscheidung fibrinöser Massen kommen, die sich meistens wie die Häute einer Zwiebel übereinander legen. So entstehen die sog. *Schichteier,* oft von außerordentlicher Größe. Ferner kann schlechte Ernährung und Haltung der Hühner zu Eiern mit abnorm wäßrigem Eiklar führen.

Eier, die nur Eiweiß, keinen Dotter enthalten, die *Spureier,* auch falsche Eier genannt, bilden sich durch spontane Eiweißabsonderungen des Eileiters infolge von Reizungen.

Verschiedentlich hat man im Eiklar *Fremdkörper* (Insekten, Maikäferbeine, Steinchen, Sandkörner, Federn, selbst Maden und Bandwürmer oder gar ganz *fremdartige Dinge* wie eine Kaffeebohne oder einen Fingerhut gefunden, die entweder beim Begattungsakt oder durch Zufälligkeiten[2] in den Eileiter gelangt und dann mit dem Eiweiß eines ankommenden Eies von der sich neubildenden Kalkschale umschlossen worden sind. — Nach KRABBE[3] kommen besonders in *Eiern von Hausenten,* die auf stagnierenden Teichen leben, nicht selten *Würmer* vor. Doch handelt es sich hierbei immer um zufällige Fremdkörper.

Bisweilen sind von Laien auch Eiweißgerinnsel mit Spulwürmern verwechselt worden. Eigentliche Parasiten hat man im Ei sehr selten gefunden, obwohl das Huhn nach H. LANDOIS 19 Arten Bandwürmer, 9 Arten Saugwürmer und 12 Arten Rundwürmer beherbergen kann. Wahrscheinlich sind es die desinfizierenden Bestandteile des Eiklars (vgl. S. 271), die solchen Schmarotzern den Aufenthalt im Eileiter verleiden, wie sie auch eine Entwicklung von Fäulniskeimen hemmen. Nach W. GRIMM[4] können jedoch gewisse, etwa 5—8 mm lange und 2—3 mm breite *Saugwürmer* (Prosthogonimus interculandus, Pr. pellucidus und Pr. longus morbificans) besonders bei älteren Hühnern schwere Eileitererkrankungen verursachen. Mit der gelegentlichen Auffindung derartiger Parasiten auch im Ei ist daher wohl zu rechnen.

H. KREIS[5] berichtete über ein Hühnerei *mit rotgefärbtem* Eiklar, das aus einem Hühnerstall stammte, in dessen Nähe feste Abfälle aus einer Farbenfabrik angesammelt wurden. Der Farbstoff ließ sich als Rhodamin identifizieren. Offenbar handelt es sich dabei um eine Überschwemmung des Hennenorganismus mit dem Farbstoff, von dem dann auch ein Teil durch die Eiweißdrüsen wieder mit abgeschieden wurde. Auch B. SZELINSKI[6] beobachtete Eier, deren Eiklar künstlichen Farbstoff enthielt.

c) Abweichungen beim Dotter. *Bluttropfen* am Eidotter, die nicht selten beobachtet werden, rühren gewöhnlich von Blutungen beim Zerreißen der Follikelhaut am Eierstock, bisweilen auch von Blutungen aus der Eileiterschleimhaut her.

Nach GRZIMEK kommen solche „Bluteier" besonders häufig bei Junghennen in den Frühjahrsmonaten Februar bis Mai vor, nach Beobachtungen an 1000 Junghennen zu 0,81 bis 1,52%, in andern Monaten nur zu 0,29—0,66%. Beim Durchleuchten von Handelseiern wird man also mit etwa 0,50—0,75% Bluteiern im Jahre rechnen müssen.

Hühnereier mit zwei Dottern sind verschiedentlich, mit drei Dottern sehr selten beobachtet worden. Sie entstehen, wenn mehrere Dotterkugeln zu nahe hintereinander den Eileiter durchwandern. Das Ei kann dabei eine solche Größe annehmen, daß es zur sog. *Legenot* der Henne

---

[1] Vgl. G. SEIDLITZ: Die Bildungsgesetze der Vogeleier, Leipzig 1869.

[2] Die bisweilen gegen das Weglegen oder Vertragen der Eier durch die Henne geübte Unsitte des „Eibefühlens" durch Einführung eines Fingers in die Kloake und den Eileiter der Henne gehört hierher. Durch Infektion mit Krankheitserregern kann es so zu schweren Eileiterentzündungen oder mechanisch zu Zerreißungen der Organe (Eileiter, Leber) des Tieres kommen. — [3] KRABBE: Arch. wiss. u. prakt. Tierheilk. 1876, **2,** 65.

[4] GRIMM, W.: Dtsch. landw. Geflügelztg. 1927, **31,** 154. — [5] KREIS, H.: Jber. Kanton Basel Stadt 1927, 12; Z. 1929, **57,** 251. — [6] SZELINSKI, B.: Z. 1931, **61,** 108.

kommt, die oft mit ihrem Tode endet. Aus Doppeleiern können unter Umständen zwei Kücken erbrütet werden.

d) Abweichungen durch Fütterungseinflüsse. Eine eigenartig *grüne Dotterfarbe* hat man beobachtet, wenn in maikäferreichen Jahren die Hühner eine große Menge Maikäfer verzehrten und dadurch mit Chorophyll überladen wurden. Nach Fütterung von Enten mit Eicheln beobachtet man beim Kochen der Eier bisweilen einen durch Einwirkung von Gerbstoff auf den Eisengehalt des Dotters sich erklärende Schwarzfärbung.

Sog. *Graseier* kommen im Frühjahr oft in größeren Mengen vor, häufiger allerdings bei Enten als bei Hühnern. Sie fallen dadurch auf, daß sie beim Durchleuchten mit der Klärlampe bräunlichgrau erscheinen. Wird bei solchen Eiern die Schale geöffnet, so findet man neben grünlich getöntem Eiklar den Eidotter grünlichbraun oder oliv gefärbt; dazu haftet den Graseiern ein scharfer, oft widerlicher Geschmack an, der in Verbindung mit der unnatürlichen Farbe ihre Verwendung im Haushalt beeinträchtigt. Nach L. F. PAYNE[1] entstehen solche Eier nach reichlicher Verfütterung von Cruciferen (Thlaspis arvense, Capsella bursa pastoris, u. a.).

V. WIDA[2] stellte nach Fütterung mit anisölhaltigem Futterkalk Eier mit widerlichem Anisgeruch fest.

H. O. CALVERY und H. W. TITUS[3] beobachteten nach Fütterung von Sojabohnen an Hennen rötliche Verfärbungen des Dotters und ein Zerbrechlichwerden der Dotterhaut.

Wie P. J. SCHAIBLE, A. L. MOORE und J. M. MOORE[4] mitteilen, geht der Eidotter von Hennen nach Fütterung mit *Baumwollsaatmehl* mit Ammoniak in kurzer Zeit über Oliv, Braun in Schokoladefarbe über. Als Ursache wurde Gossypol nachgewiesen. Die Verfärbung trat nicht ein, wenn den Futterrationen 1—2% kryst. Ferrosulfat zugemischt wurde. Gossypol allein erzeugte Dotterfleckigkeit und wirkte laxativ. — Ebenso wie mit Ammoniak tritt die Dotterfärbung auch beim Aufbewahren der Eier nach 30—60 Tagen bei 30° ein, anscheinend infolge der Entstehung von Ammoniak im Ei selbst.

Über den schlechten Einfluß von Baumwollsaatmehl als Futter auf die Eibeschaffenheit vgl. auch R. M. SHERWOOD[5] und L. N. BERRY[6].

Wirkung von Malvensamen. Eier mit rosa Eiklar (pink whites) bedingen im Eierhandel bisweilen Verluste. Kennzeichen dieses Fehlers sind nach F. W. LORENZ und H. J. ALMQUIST[7]:

a) Das Eiklar ist schwach rosa oder rötlich gefärbt, sonst aber normal.

b) Die Dotterfarbe variiert von normal bis lachsfarbig oder nach Rot hin.

c) Die Dotter sind deutlich größer als normal.

d) Die Dottermasse ist bei Zimmertemperatur wäßrig, bei Kühlhaustemperatur gewöhnlich von Tonkonsistenz.

e) Die gekochten Dotter sind von gummiartiger (rubbery) Konsistenz.

f) Beim Kochen der Eier neigt der Dotter dazu eine normale Farbe anzunehmen, das Eiklar dazu seine Rosafärbung zu verlieren.

g) Bakterien können im Eiklar völlig fehlen.

h) Der Geruch der Eier ist normal.

Durch Fütterungsversuche fanden LORENZ und ALMQUIST, daß der Fehler durch Verzehr von Samen aus der Familie der Malvaceen verursacht wird. Durch Verabreichung von Baumwollsamenöl in Menge von 2% des Futters ließ sich die Rosafärbung an nach dem Legen drei Monate aufbewahrten Eiern hervorrufen. Solche Eier zeigten indes nicht die olivenfarbige oder schwarze Dotterfärbung (vgl. oben), die nach Baumwollsaatmehlfütterung hervorgerufen wird. Hierbei muß ein anderer Faktor im Spiele sein.

Weiter ließ sich der Eifehler der Rosafärbung des Eiklars durch andere Pflanzen der Malvaceenfamilie hervorrufen, so durch Malva parviflora, Lavatera assurgentiflora (Unkräuter in Californien), Althaea rosea, Sida hederacea. Ebenso trat nach Fütterung von Kapoköl nach einigen Monaten der Eifehler auf. — Alle diese Samen enthalten ein Öl mit positiver Halphenscher Reaktion, die auch mit dem Dotterfett nach Fütterung der obigen Stoffe eintrat, nicht aber nach Fütterung mit Cocos-, Erdnuß, Sesam-, Lein- und Sojabohnenöl; diese Öle verursachen auch den Eifehler nicht.

---

[1] Nach M. v. SCHLEINITZ: Dtsch. landw. Geflügelztg. 1927, **30**, 320. — [2] WIDA, V.: Ztschr. Fleisch- u. Milchhygiene 1933, **44**, 21. — [3] CALVERY, H. O. und H. W. TITUS: J. biol. Chem. 1934, **105**, 683. — [4] SCHAIBLE, P. J., A. L. MOORE und J. M. MOORE: Science 1934, (N. S.), **79**, 372. — [5] SHERWOOD, R. M.: Texas State Bull. 1931, **429**; Arch. Geflügelk. 1932, **6**, 189. — [6] SHERWOOD, R. M. und L. N. BERRY: New Mexico State Bull. 1930, **183**; Arch. Geflügelk. 1932, **6**, 189. — [7] LORENZ, F. W. und ALMQUIST, H. J.: Ind. and. Engin. Chem. 1934, **26**, 1311.

IV. Die Entwicklung des Eies bei der Bebrütung.

Wohl kaum ein Teil der Entwicklungsgeschichte ist in morphologisch-anatomischer Hinsicht so eingehend durchforscht worden wie die *Entwicklung des abgelegten Vogeleies* zum ausschlüpfenden jungen Vogel. Und gerade auch das für die Ernährung wichtige *Hühnerei* hat sich dank seiner überaus leichten Zugänglichkeit und der Möglichkeit an ihm jede gewünschte Entwicklungsstufe herbeizuführen seit den ältesten und überlieferten Forschungen von ARISTOTELES bis in die heutige Zeit zu sorgfältigsten und eingehenden biologischen Prüfungen gedient. Von den Vorgängen im Vogelei ausgehend hat man versucht in die Entwicklung des Eies anderer Tiere, insbesondere der Säugetiere, allerdings auf wesentlich mühsamerem Wege einen Einblick zu erhalten. Auf Grund dieser Arbeiten können wir uns heute ein klares Bild des *Entwicklungsmechanismus* im Ei machen, wenn auch die Natur den eigentlichen Grund dieser Entwicklung, die *Ursache des Lebens*, nach wie vor in tiefstes Dunkel gehüllt läßt. Nur der Satz von W. HARVEY (1651):

Ex ovo omnia!

hat auch heute noch seine ausnahmslose Gültigkeit bewahrt [1].

Für das *Ei als Lebensmittel* hat indes der Bebrütungsvorgang eine mehr nebensächliche Bedeutung. Ein angebrütetes Ei gilt für uns Europäer als ungenießbar, selbst als ekelerregend und wird als verdorben beurteilt. Wenn nun auch diese Einschätzung bei einigen Völkern Asiens, die im Gegenteil das frische Ei als ungenießbar, das angebrütete als Leckerbissen ansehen (vgl. S. 251), nicht geteilt wird, so ist doch für uns die hierzulande geltende Auffassung maßgebend. Daraus ergibt sich für den Lebensmittelsachverständigen die Notwendigkeit, etwaige Unterschiebungen solcher angebrüteten Eier zu erkennen und für den Lebensmittelforscher die Anregung einmal der Frage nachzugehen, inwieweit sich das angebrütete Ei stofflich vom frischen Ei unterscheidet. Besonders wichtig sind in dieser Hinsicht, morphologisch und chemisch, die Anfangsstufen der Keimentwicklung und deren Einfluß auf die Eizusammensetzung.

Auch dieses Gebiet der *chemischen Embryologie* ist in den letzten Jahrzehnten, besonders auch mit den Hilfsmitteln der physikalischen Chemie, eingehend bearbeitet worden.

Im folgenden soll im Anschluß an eine Anzahl von Literaturhinweisen versucht werden ein kurzes Bild von der morphologischen Entwicklung des Eies und den chemischen Umsetzungen dabei, besonders in den ersten Bebrütungstagen, zu entwerfen.

Außer der S. 29 erwähnten wurde folgende *Literatur* benutzt:
BALFOUR, F. M.: Handbuch der vergleichenden Embryologie. Deutsch von B. VETTER. Jena 1880. DANSKY, J. und J. KOSTENITSCH: Über die Entwicklungsgeschichte der Keimblätter und des WOLFFschen Ganges im Hühnerei. Mem. de l'Acad. Imp. Petersb. 1880, **27**, Nr. 13. DUVAL, M.: Atlas d'Embryologie, Paris 1889. MINOT, CH. S.: A Laboratory Text-Book of Embryologie. 2. Aufl. Philadelphia 1910. KEIBEL, F. und K. ABRAHAM: Normentafel zur Entwicklungsgeschichte des Huhnes (Gallus domesticus). Jena 1900. — Sehr schöne Photogramme der Entwicklung des Primitivstreifens und dessen Übergang in den Embryo. Sehr ausgedehnte Literaturübersicht über die Entwicklungsgeschichte des Huhnes. ROUX, W.: Die Entwicklungsmechanik. Leipzig 1905. BONNET, R.: Lehrbuch der Entwicklungsgeschichte. Berlin 1907. HERTWIG, O.: Die Elemente der Entwicklungslehre des Menschen und der Wirbeltiere. 3. Aufl. Jena 1907. NEEDHAM, J.: Chemical Embryologie. London 1931.

1. Morphologische Entwicklung.

Das frischgelegte Hühnerei bildet wie alle Eier, die sich außerhalb des mütterlichen Organismus entwickeln, eine *Ansammlung hochwertigster Nährstoffe* in einer zum Aufbau des werdenden Hühnchens bis zum Ausschlüpfen ausreichenden

---

[1] Von HARVEY wurde auch der Satz geprägt, „that an egg is the common Original of all animals", nicht aber die epigrammatische Form: „Omne vivum ex ovo!" — Vgl. NEEDHAM: Chemical Embryologie, S. 138.

Menge und dabei auf den engsten Raum konzentriert. Da aber die im Eileiter bereits begonnene und bis zur Morula gediehene Entwicklung (vgl. S. 36) des befruchteten Eies durch die Abkühlung nach dem Legen unterbrochen worden ist, befinden sich diese Nährstoffe ebenso wie der Keim im *Ruhezustande* und, wenn aus dem Ei ein Kücken entstehen soll, muß die Entwicklung durch die im Ei schlummernden biologischen Kräfte und besondere äußere Einflüsse wieder in Bewegung gebracht werden.

Allerdings ist der Ruhezustand im abgelegten Ei kein vollkommener, denn als lebende Zelle atmet das Ei. Nach O. Štěpánek[1] entwickelt es bei der aeroben Atmung in der Stunde auf je 100 g Eitrockensubstanz 1,9—2,9 mg, also ein Hühnerei in 24 Stunden etwa —12 mg Kohlendioxyd und daneben Milchsäure. Bei der anaeroben Atmung wurde außer diesen Stoffen auch Alkohol als Atmungsprodukt gefunden.

a) Herbeiführung der Entwicklung durch äußere Einflüsse. Von größter Bedeutung hierbei ist die *Zuführung von Wärme*, richtiger gesagt, die Erhaltung des Eies während der Brutdauer auf einer bestimmten Temperatur, der *Bruttemperatur*, die beim Hühnerei 38,5—39,5° betragen und 40,5° nicht erheblich und nicht längere Zeit übersteigen soll. Erst bei dieser Brutwärme kommt es zur Ausentwicklung des jungen Vogels, wenn auch die Zellteilung an der Keimscheibe bereits bei Temperaturen oberhalb 20° einsetzen kann. Ob die zugeführte Wärme von dem brütenden Muttervogel stammt oder von einer künstlichen Wärmequelle aus gespendet wird, ist für die Entwicklung des Embryos an sich gleichgültig.

Dieser Umstand hat in der praktischen Geflügelzucht zu dem Bau von sog. *Brutmaschinen* oder *Brutöfen* Veranlassung gegeben, die einerseits eine vielfach größere Menge von Eiern auf einmal ausbrüten, als sie eine Glucke bedecken und warmhalten kann, und andererseits von Zufälligkeiten wie dem besonders bei den leichteren Hühnerrassen öfter vorkommenden Verlassen des Nestes seitens der Glucke unabhängig sind.

Wichtig bei dieser künstlichen Ausbrütung ist die *Zufuhr von Feuchtigkeit* in Form von mit Wasserdampf beladener Luft, damit ein Austrocknen des Eiinhaltes und ein Absterben des Keimes dadurch verhindert wird.

Die Zeitdauer, die eine Bebrütung bis zum Auskommen des jungen Vogels erfordert, richtet sich nach der Vogelart. Bei Wildvögeln (vgl. S. 2) kann man sie durch künstliche Ausbrütung der frischgelegten Eier ermitteln. Dabei findet man nach O. Heinroth[2] zwar manchmal eine um einige Stunden kürzere, fast nie aber längere Brutdauer als bei ungestörter Freibrut. Es ist also möglich durch zeitweise Abkühlung die Entwicklung des Keimes etwas zu verzögern, nie aber sie durch erhöhte Temperatur zu beschleunigen.

Für einige Hausgeflügel gibt Wieninger folgende Brutzeiten an:

Eier von	Brutzeit Tage	Eier von	Brutzeit Tage
Haushuhn . . .	20—21	Hausente . . .	26—28
Perlhuhn. . . .	25—27	Hausgans . . .	29—33
Truthuhn . . .	28—30	Pfau	28—30

Über die Brutdauer von einigen Wildvögeln vgl. S. 2.

Eine längere *Zeitspanne zwischen Ablage* des Eies und Beginn *der Bebrütung* führt zu einem Absterben des ruhenden Keimes. Im allgemeinen nimmt man an, daß das gelegte Ei etwa drei Wochen[3] lebensfähig bleiben kann.

Ein *Einfluß des Lichtes* auf die Bruteier scheint nicht zu bestehen. Nach K. Suzuki und T. Hatano[4] begünstigt eine Bestrahlung mit ultraviolettem Licht (vgl. S. 20) das Brutergebnis nur, wenn sie auf die eierlegende Henne, nicht wenn sie auf die Eier angewendet wird.

---

[1] Štěpánek, O.: Zbl. Physiol. 1904, **18**, 188. — [2] Heinroth, O.: J. Ornithol. 1922, **70**, 175. — [3] Vgl. H. Schoepf: Dtsch. landw. Geflügelztg. 1929, **32**, 608. — [4] Suzuki, K. und T. Hatano: Bull. agricult. chem. Soc. Japan 1931, **7**, 58.

Über den *Einfluß der Fütterung* vgl. auch S. 13. A. Albrecht[1] fand ihn auf die Schlüpffähigkeit am besten nach pflanzlichem, am schlechtesten nach tierischem Futter.

Die Bedeutung eines *Vitamingehaltes im Futter* für die Ausbrütbarkeit der Eier wurde bereits erwähnt (vgl. S. 19). Notwendig ist für die embryonale Entwicklung des jungen Huhnes nach R. M. Bethke, P. R. Record und D. C. Kennard[2] auch das Vitamin G (B_2).

K. Scharrer und W. Schropp[3] erhielten bei *Jodfütterung* der Hennen (vgl. S. 18) ein Schlüpfergebnis von 88—92%, bei der Kontrollgruppe nur 76—84%.

Nach einer Untersuchung von A. L. Romanoff und A. J. Romanoff[4] wird das Wachstum des Embryos in den ersten paar Bebrütungstagen durch Gegenwart wäßriger Mengen *Kohlendioxyd* gesteigert, durch große Mengen verzögert und zwar proportional zum Kohlendioxydgehalt. Die ersten embryonalen Wachstumsstufen sind gegen ungeeignete Luftzusammensetzung empfindlicher als die späteren. Die Sterblichkeit des Embryos wird durch niedrige und hohe Kohlendioxydkonzentrationen beträchtlich erhöht.

Die *Wasserstoffionenkonzentration* des Eiklars in der ersten Woche der Embryonalentwicklung steht in direktem Zusammenhang mit der Konzentration des Gases im Brutraum. Nennt man das p_H des Eiklars y, die Kohlendioxydkonzentration x und das Alter des Embryos in Tagen z, so gilt nach Romanoff und Romanoff folgende empirisch gefundene Beziehung:

$$y = 7{,}83 + \frac{(2{,}945 - 0{,}25\,x)}{(1{,}3\,x + 1{,}69)}\;(\sin 30\,z + 0{,}5 \sin 60\,z).$$

Diese Beziehung eignet sich zur Prüfung der Zuverlässigkeit des Brutapparates und der Schlüpffähigkeit.

Andere Gase wie Ammoniak, Chlorwasserstoff, Blausäure und Schwefeldioxyd können den Entwicklungsgang des Eies schädigen oder verhindern. Nach S. Ancel[5] ist aber *Kohlenoxyd* kein ausgesprochenes Gift für das Ei. Selbst ein achttägiger Aufenthalt des Eies in einer Kohlenoxydatmosphäre schadete ebensowenig wie in Wasserstoff oder Stickstoff. Ein bestimmter Vergiftungsgrad, bei dem die embryonale Entwicklung ausblieb und nur das Blastoderm sich bildete, wurde erreicht durch einen Aufenthalt in

Gas:	Schwefel- wasserstoff	Ammo- niak	Schwefel- dioxyd	Chlorwasser- stoff	Chlor	Acetylen (käufl.)	Kohlen- dioxyd	Leucht- gas
Dauer:	3 Min.	3 Min.	2 Std.	2 Std.	5 Std.	2 Tage	3 Tage	6 Tage

b) Morphologische Änderungen bei der Bebrütung. Das erste Ergebnis der Bebrütung beim befruchteten lebenden Ei äußert sich bereits nach wenigen Stunden in der schnellen Vergrößerung der *Keimscheibe*, deren Fläche von etwa 4—8 mm Durchmesser[6] am ersten Tage auf rund das Dreifache, am zweiten Tage auf rund das Sechsfache anwächst, wobei sie sich immer weiter über die Dotteroberfläche ausbreitet. Dabei ist die Keimscheibe von Dotter noch durch eine Zwischenschicht, das *Dottersyncytium* getrennt. Schon in den ersten Stunden findet man unter der Mitte der Keimscheibe einen mit Flüssigkeit gefüllten Hohlraum, die *subgerminale Höhle*, deren Ausbildung entwicklungsgeschichtlich dem *Gastrulationsstadium* entspricht und später zum Lumen des Darmes führt.

Die Überwachsung des Dotters durch die flächenförmig sich ausdehnende Keimscheibe ist mit gleichzeitiger Ausdehnung des Dottersyncytiums verbunden. Dabei geht die Keimscheibe allmählich in die *Keimhaut* über, die den Dotter in der weiteren Entwicklung sackartig, als *Dottersack* umhüllt.

Bei diesem Dottersack unterscheidet man das innere *Entoderm* von dem im Wachstum etwas vorauseilenden *Dottersackectoderm*, deren Ränder als äußerer bzw. innerer *Umwachsungsrand* bezeichnet werden. Das Dottersackectoderm bildet, von außen gesehen, einen ringförmigen, von durch das Syncytium aufgenommenen Dotterelementen getrübten Hof, den *dunklen Fruchthof* (Area opaca Wolff). Dieser umgibt ringförmig den *hellen Fruchthof*

---

[1] Albrecht, A.: Arch. Geflügelk. 1931, **5**, 1. — [2] Bethke, R. M., P. R. Record und D. C. Kennard: J. Nutrit. 1936, **12**, 297. — [3] Scharrer, K. und W. Schropp: Die Tierernährung 1932, **4**, 249. — [4] Romanoff, A. L. und A. J. Romanoff: Cornell University Agric. Exp. Stat. Memoirs **150**, 1933. — [5] Ancel, S.: Compt. rend. 1928, **186**, 1579.

[6] Fronda, F. M., D. D. Clemente und E. Basio (Philipp. Agricult. 1935, **24**, 49) fanden an Eiern von Los Baños Cantonesehühnern in der trockenen Jahreszeit größere Keimdurchmesser als in der nassen (Grenzwerte 0,347 bzw. 0,696 cm).

Area pellucida) über der subgerminalen Höhle. Dieser umschließt wieder eine rundliche, abermals dunkler erscheinende Platte, den *Embryonalschild*, wie obige Zeichnung in etwas schematisierter Weise andeutet.

Die anfangs runde Keimscheibe zeigt bald in der Längs- und vorn in der Breitenrichtung ein verstärktes Wachstum und nimmt dadurch eine Birnenform an. Dann tritt in der runden Platte des Embryoschildes nach dem einen Rande zu durch stärkere Zellvermehrung als Zeichen der beginnenden *Chordulation* ein Längsstreifen, der *Primitivstreifen*, auf, der oft die Gestalt einer *Primitivrinne* erkennen läßt. Das vordere Ende dieses Streifens heißt *Primitivknoten*, das andere *Caudalknoten* Die Richtung des Streifens deckt sich mit der Längsachse des Embryos.

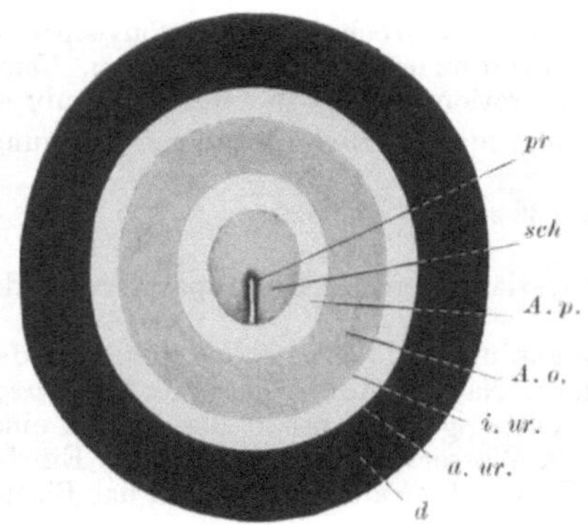

Abb. 7. Flächenbild einer Hühnerkeimscheibe von der zweiten Hälfte des ersten Bruttages. Halbschematisch. Von innen nach außen folgen aufeinander: Primitivrinne (*pr*), Embryonalschild (*sch*), heller Fruchthof (*A. p.*), dunkler Fruchthof (*A. o.*), innerer Umwachsungsrand (*i. ur.*), äußerer Umwachsungsrand (*a. ur.*), noch nicht von der Keimhaut überwachsener Dotter (*d.*), Vergrößerung etwa 10 : 1. (Nach WEISSENBERG).

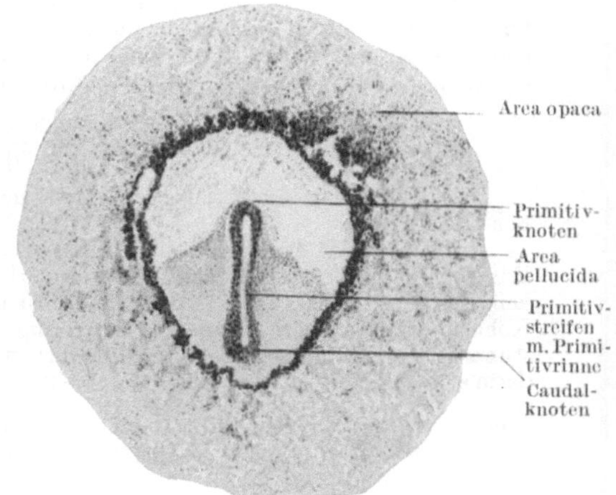

Abb. 8. Keimscheibe vom Huhn, 12 Stunden bebrütet. Oberflächenbild nach TRIEPEL.

In der weiteren Entwicklung wandelt sich der Primitivknoten zu den Achsenorganen des embryonalen *Rumpfes* um. Diese „*Wirbelsäule*" (Chorda dorsalis) ist schon nach 36 Stunden in eine Röhre übergegangen, die an dem einen Ende eine blasige, nicht aus dem Primitivstreifen, sondern aus dem Teil des Embryonalschildes vor dem Streifen hervorgegangene blasige Auftreibung, den werdenden *Kopf* zeigt, an dem auch schon bald die ersten Andeutungen des Gehirns erkennbar werden. Sehr bald folgen *Abschnürungen* (Ursegmente) für Flügel, Füße, Rückenwirbel. Das weitere Anwachsen des Embryos zum Kücken vollzieht sich ganz planmäßig. Am 5. bis 6. Tage findet man an dem noch unverhältnismäßig groß erscheinenden Kopfe (etwa ein Drittel des ganzen Embryos) die ersten Ansätze des Gehörs und der Geruchsorgane, die Ausbildung der Gedärme, des Magens, der Leber, der Nieren in der Leibeshöhle, ferner der Flügel und der Füße. Zapfenartige, schon nach drei Tagen erkennbare Gebilde in der Nähe der Nieren werden weiter zum weiblichen Eierstock (vgl. S. 29) oder männlichen Hoden. Am 10. bis 11 Tage erreicht der Embryo eine Länge von 4 cm, am 12. bis 13. Tage bereits von 5 cm.

Der *letzte Abschnitt der Entwicklung* wird durch die Ausbildung und die Entstehung der Flaumhülle eingeleitet. Die Spitze des Schnabels wird vom 13. Tage ab immer mehr gekräftigt, wobei als eigenartiges Gebilde auf dem Schnabel der sog. *Eierzahn* anwächst, mit dem das Kücken sich beim Schlüpfen durch Klopfen die Schale und damit den Weg ins Freie öffnet. Diese Öffnung der Schale dauert normalerweise wenige Stunden. Das frischgeschlüpfte Kücken ist zunächst noch ganz feucht, wird aber unter den warmen Flügeln der Henne bald getrocknet.

Damit dieser Mechanismus der Embryonalentwicklung, dessen Verwickeltsein aus vorstehenden, wenn auch nur in kurzen Zügen gehaltenen Ausführungen[1]

---

[1] Vgl. auch die farbige Tafel über Entwicklung des Kückens im Ei von FANGAUF: Dtsch. landw. Geflügelztg. 1929, **33**, 257, und ebendort (1930, **33**, 677) die Abbildungen über die Entwicklung des Embryos.

unschwer erkennbar sein wird, ordnungsmäßig vor sich gehen kann, damit an den Stellen des Bedarfs und genau zur rechten Zeit die morphologischen Bausteine herangeschafft sind, die Abfallstoffe beseitigt werden können, dabei doch bei den

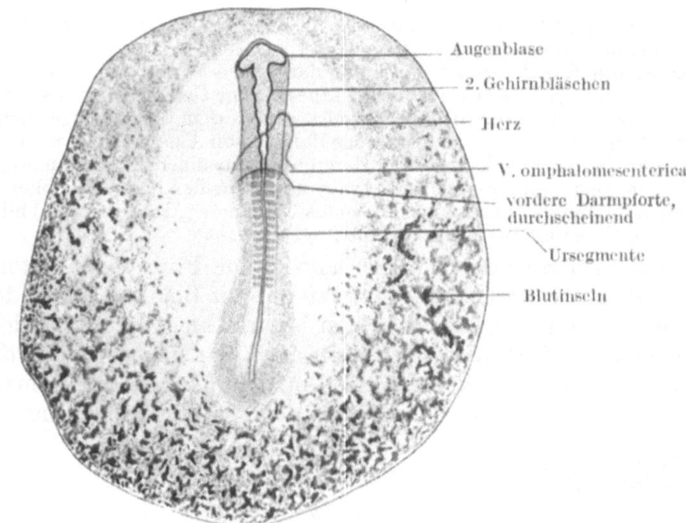

Abb. 9. Keimscheibe vom Huhn, 48 Stunden bebrütet. Ansicht von der Dorsalseite, mit 15 Ursegmenten. (Nach TRIEPEL.)

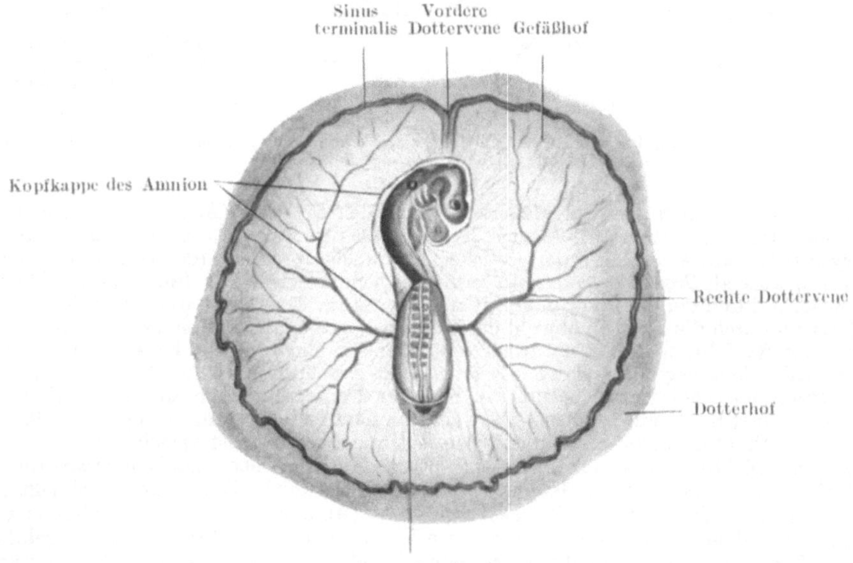

Abb. 10. Flächenbild vom Hühnchen mit sich erhebenden Amnionfalten. Die Eimembran ist entfernt, man sieht durch das amniogene Chorion den Gefäßhof. (Nach BONNET.)

begrenzten Vorratsmengen äußerste Sparsamkeit im Stoffverbrauch bei größter Enge des Raumes obwalten muß und überdies noch die treibende Kraft des Ganzen, das Leben im Ei, nicht zum Schaden kommt, bedarf es einer Hilfseinrichtung physikalischer und chemischer Natur, die wir im sich entwickelnden Ei wieder in vollendeter Zweckmäßigkeit vorfinden.

Das Mittel, mit dem im Ei die umzusetzende Stoffmenge, sobald die einfache Übertragung von Zelle zu Zelle in den ersten Tagen nicht mehr ausreicht, in Bewegung bringt, ist wie beim fertigen Tiere das *Blut*, dessen Bahnen, die *Blutadern*, aber zuerst geschaffen werden müssen.

Diese Blutgefäße entstehen aus den in einem Netzwerk von dünnwandigen Endothelröhren im dunklen Fruchthof eingelagerten Blutinseln. Am 2. Tage sind schon mit wäßrigem Inhalt gefüllte Kanälchen als Vorläufer der Adern vorhanden. Nach 30 Stunden beginnt das Herz zu schlagen. Am Ende des 3. Tages ist der Gefäßhof fertig ausgebildet und das zunächst einkammerige *Herz* als lebhaft pulsierender, dem bloßen Auge eben erkennbarer roter Punkt („Punctum saliens", „springender Punkt" von ARISTOTELES) zu erkennen. Am 4. Tage verwandelt sich der einkammerige Herzmuskel in einen zweikammerigen, und im Adernetz lassen sich nun *Arterien* und *Venen* unterscheiden, die den hellen Fruchthof durchsetzen und im dunklen Fruchthof ein dichtes Gefäßnetz (Area vasculosa) bilden; daran schließt sich weiter die gefäßfreie Area vitellina, der *Dotterhof*.

Für die Aufgabe des Blutkreislaufes, dem Embryo Nährstoffe zum weiteren Aufbau zuzuführen, senkt sich ein Teil der mit Blut gefüllten Adern unter starker Verzweigung in den Dottersack, und bewirkt hier eine allmähliche *Mobilisierung* der reichlichen *Dotternährstoffe*. In das Eiklar dagegen verlaufen keine Adern, so daß dieses nur indirekt, erst vom Dotter aufgesogen, als Nährstoff dienen kann. Vielleicht geht diese Umsetzung über den gefäßlos gebliebenen Dotterhof.

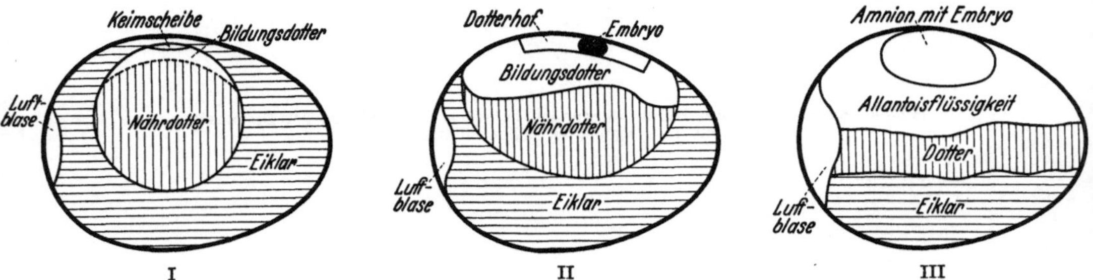

Abb. 11. Schichtenbildung im bebrüteten und dann abgekochten Brutei. I nach 12 stündiger, II nach 4 tägiger, III nach 7 tägiger Bebrütung.

Ein weiterer Stamm der Blutgefäße verläuft in den *Harnsack* (Allantois), der schon am Ende des zweiten Bruttages als blasige Erweiterung des Darmes sichtbar, außerhalb des Embryos zum *Aufnahmebehälter* der löslichen Stoffwechselprodukte (des Harns) auswächst, gleichzeitig aber als *Organ zur Sauerstoffübertragung* benutzt wird. Die *Atmung* geschieht nämlich zunächst durch den Aderhof, dann bis zum 16. bis 18. Tage durch die Allantois und erst von jetzt ab durch die *Lungen*, obwohl deren Anlage bereits am dritten Tage erkennbar ist. Die Sauerstoffzuführung erfolgt natürlich von außen her und zwar durch die Poren des Eies. Daher wird, wie außer den oben (S. 57) erwähnten Ergebnissen von A. L. ROMANOFF und A. J. ROMANOFF schon Versuche von TH. ROGALSKI[1] erwiesen haben, die Entwicklung des Embryos in einer Kohlendioxydatmosphäre gehemmt oder aufgehoben. — Am 16. bis 19. Tage hat sich die Allantois an die Schalenhaut angelegt und das Eiklar ist verschwunden.

Die durchsichtige aus spindelförmigen glattem Muskelgewebe bestehende *Glashaut*, die den Keim umgibt, nennt man *Amnion* oder auch Schafhaut[2]. Die Haut umschließt eine wässerige sauerstofffreie Flüssigkeit, das *Fruchtwasser* (Amnionwasser). Das Amnion ist nach H. SCHOEPF[3] schon am zweiten Bruttage zu erkennen und am 4. Tage soweit ausgebildet, daß der Keim in seinem durchsichtigen Schwimmbehälter eingeschlossen ist. Bei der Durchleuchtung des Eies erkennt man den im Amnion eingeschlossenen Keim auf der gehobenen Dotterkugel dicht unter der Eischale. Der Keim hängt mit dem Amnion nur am Nabel zusammen, wo auch die Blutgefäße in das Innere führen. Bei der weiteren Entwicklung des Embryos wird das Fruchtwasser mehr und mehr und schließlich ganz resorbiert. Nach dem Schlüpfen liegt das Amnion mit den andern embryonalen Hüllen an der Eischale und ist mit bloßem Auge nicht mehr zu erkennen.

---

[1] ROGALSKI, TH.: Compt. rend. Soc. de Biol. 1925, **93**, 706. — [2] Weil schon im Altertum bei geopferten Schafen beobachtet. — [3] SCHOEPF, H.: Dtsch. landw. Geflügelztg. 1923, **27**, 28.

Mit dem *Dottersack* ist der Embryo durch ein stielartiges Gebilde verbunden, das mit der Weiterentwicklung einschrumpft und vom 15. Tage ab durch die Bauchwand des Embryos eingezogen wird, worauf am 20. Tage die Nabelöffnung zuwächst.

FANGAUF[1] verfolgte die erste Weiterentwicklung und die dadurch eintretende *Schichtung* im abgekochten und dann durchgeschnittenem Ei. Dabei erhielt er die nebenstehenden Zeichnungen, die uns ein Bild von den Größenverhältnissen der genannten Bestandteile vermitteln. — Eine Methode, den lebenden Embryo im Ei zu beobachten, hat A. L. ROMANOFF[2] angegeben.

Das prozentuale Gewichtsverhältnis der Teile des Eies während der Entwicklung vom sechsten Tage ab wurde von R. FANGAUF[3] wie folgt festgestellt:

Änderung der Teile des Eies bei der Bebrütung nach FANGAUF. In % des Eies.

Brut-tag	Em-bryo	Ammion + Ammion-flüssigkeit	Allan-tois	Allan-tois-flüssig-keit	Dotter-hof	Dotter	Dotter-sack	Eiklar	Schale	Kopf	Leib
6	0,8	0,6	0,5	0,5	1,1	62,1	—	22,5	11,9	—	—
7	1,2	2,7	1,3	4,4	1,5	54,6	—	22,3	12,0	—	—
8	1,8	3,0	2,6	6,4	2,6	50,2	—	21,3	12,1	1,1	0,7
9	2,8	3,6	3,0	9,4	2,9	45,8	—	20,3	12,2	1,9	1,0
10	3,7	4,1	3,4	11,5	3,9	41,3	—	19,8	12,3	2,0	1,7
11	5,0	4,8	3,6	13,0	4,3	37,4	—	19,5	12,4	2,7	2,3
12	7,0	5,3	3,8	13,2	4,4	34,8	—	19,0	12,5	2,7	4,3
13	9,1	5,7	4,0	13,2	4,6	33,4	—	17,4	12,6	3,0	6,1
14	12,6	6,7	4,3	13,0	—	—	33,9	12,7	16,8	4,1	10,5
15	17,9	8,7	4,7	12,6	—	—	31,2	12,1	12,8	5,0	12,9
16	23,2	12,0	5,1	12,3	—	—	28,7	5,8	12,9	6,0	17,2
17	32,4	7,4	5,5	12,1	—	—	27,9	1,7	13,0	7,3	25,1
18	36,9	5,2	6,1	11,7	—	—	25,8	1,2	13,1	8,5	28,4
19	41,1	3,3	6,6	11,2	—	—	24,1	0,5	13,2	8,8	32,3
20	45,5	0,0	7,0	10,9	—	—	23,3	0,0	13,3	9,5	36,0

Weitere Angaben von FANGAUF beziehen sich auf das Gewicht von Herz, Leber, Muschelmagen, Vormagen, Darm, Augen, Gehirn.

Auch E. G. SCHENCK[4] stellte die Gewichte von Eiklar, Eigelb und embryonalem System sowie das Organwachstum im Embryo und Kücken zahlenmäßig fest.

Für das *Gewicht des Embryos* während der Bebrütung *und* seinen *Gehalt an Wasser* und Trockensubstanz fand M. D. ILJIN[5] folgende Zahlen:

Gewicht und Wassergehalt des Embryos bei der Entwicklung nach ILJIN.

Bruttag	Zahl der Ana-lysen	Frischgewicht des Embryos g	Trockengewicht des Embryos g	Gehalt des Embryos an Trockensubstanz %
5	6	0,47— 0,23	0,004—0,014	4,86— 6,48
6	7	0,17— 0,40	0,008—0,021	4,66— 6,86
7	6	0,27— 0,77	0,021—0,047	5,78— 6,92
8	7	0,78— 1,30	0,048—0,079	5,80— 6,19
9	6	1,03— 2,04	0,060—0,118	5,81— 6,35
10	7	1,47— 2,71	0,086—0,180	5,85— 6,67
11	7	2,02— 3,76	0,133—0,292	6,58— 8,05
12	7	3,52— 5,02	0,276—0,403	7,43— 8,09
13	6	5,26— 6,59	0,429—0,568	8,17— 8,96
14	8	6,70— 8,32	0,682—1,114	9,45—11,20
15	7	10,91—13,85	1,349—2,050	12,24—14,85
16	6	13,32—16,63	1,805—2,788	13,55—16,78
17	7	15,60—18,12	2,382—3,406	15,27—19,22
18	6	20,45—25,70	4,031—4,645	17,87—22,02
19	7	21,51—27,54	4,229—5,065	18,07—22,26
20	7	26,94—31,55	5,310—6,500	18,67—21,69
21	1	32,40	6,718	20,70
Nach Aus-schlüpfen	45	20,86—34,23	4,933—7,187	18,75—24,75

[1] FANGAUF: Dtsch. landw. Geflügelztg. 1924, **27**, 485. — [2] ROMANOFF, A. L.: Poultry Science 1933, **12**, 388. — [3] FANGAUF, R.: Arch. Geflügelk. 1928, **2**, 336. — [4] SCHENCK, E. G.: Z. physiol. Chem. 1932, **211**, 116. — [5] ILJIN, M. D.: Z. Tierzücht. u. Züchtungsbiol. 1929, **14**, 132.

2. Chemische Umsetzungen bei der Entwicklung.

Literatur: NEEDHAM, J.: Chemical Embryologie. London[1].

Die einschneidenden chemischen Vorgänge im befruchteten Ei können wir in zwei große Gruppen, den Abbau der Eivorräte und den Aufbau der Körpersubstanz des werdenden jungen Vogels unterscheiden.

a) Energieumsatz und allgemeine Änderungen. Wenn auch die treibende Kraft bei diesen Umsetzungen der lebende Keim ist, so gibt dieser doch nur den Anstoß und für die zu leistende Arbeit ist eine bestimmte *Entwicklungsenergie* erforderlich, die durch Verbrauch eines Teiles der Einährstoffe aufgebracht wird.

F. TANGL und A. VON MITUCH[2] ermittelten diesen Energieverbrauch:
Im Durchschnitt enthielt ein 54,2 g schweres Hühnerei vor der Bebrütung im Eiinhalte an

Wasser	Trockensubstanz	Fett	Stickstoff	chemischer Energie
36,8 g	12,14 g	5,68 g	0,929 g	86,85 Cal.

Es verlor bis zur Entwicklung eines reifen Kückens im Gewichte von 28,8 g (ohne unverbrauchten Dotter), der noch 6,9 g betrug, an

Wasser	Trockensubstanz	Fett	chemischer Energie
10,92 g	2,35 g	2,11 g	22,94 Cal.

Zur Entwicklung werden also etwa 23 Calorien als Entwicklungsarbeit in Wärme umgesetzt, 38 Calorien dienen zum Aufbau des Körpers, während die restlichen 26 Calorien im unverbrauchten Dotter verbleiben.

Dieser Energieverbrauch äußert sich auch in einem Gewichtsverlust des Eies während der Brutdauer. Dieser Gewichtsverlust hängt nach A. B. GODFREY und A. W. OLSEN[3] großenteils von der Individualität der Henne ab; sie fanden ihn bei Eiern von Roten Rhode Island bedeutend höher als bei Eiern von Weißen Leghorn. Nach O. HEINROTH[4] beträgt allgemein das Gewicht des frisch geschlüpften Vogels rund zwei Drittel des frischen Eies.

In der ersten Zeit führt *die Entwicklung des Embryos* zu sehr wasserreichen Geweben, die aber dann mehr und mehr an Trockensubstanz zunehmen (vgl. oben S. 61). O. RIDDLE[5] untersuchte die Geschwindigkeit, mit welcher die Bestandteile des Dotters vom Embryo aufgebraucht werden. Vor dem 12. Tage war keine unterschiedliche Ausnutzung zu bemerken. Nach dem 12. Tage wurden die Phosphatide schneller verbraucht als die Neutralfette, diese schneller als die Proteinstoffe.

Das *Eiklar* wird schon nach 12stündiger Bebrütung so dünnflüssig, daß der Dotter bis unter die Schale emporsteigt und der Embryo somit die Brutwärme in nächster Nähe der Schale empfängt. Bald verschwinden auch die Hagelschnüre. Eigenartig ist die starke *Zunahme* des Trockensubstanzgehaltes des Eiklars, also eine starke Austrocknung, für die G. E. WLADIMIROFF[6] im Vergleich zu dem weit geringerem Wasserverlust beim Dotter folgende Zahlen fand:

Brutdauer, Tage		2	3	4	5	6	7	8	9	10	11
Trockenmasse	Eiklar	13,1	14,3	16,0	20,2	27,8	28,8	33,0	35,5	36,8	37,7
in %	Dotter	50,1	50,3	45,3	41,4	42,4	35,0	44,3	46,3	42,2	—

Brutdauer, Tage		12	13	14	15	16	17	20	21
Trockenmasse	Eiklar	36,9	38,3	39,1	40,2	38,0	36,6	41,5	—
in %	Dotter	50,1	51,1	51,7	50,5	—	50,6	55,7	54,2

Der gleiche Untersucher fand, daß die *elektrische Leitfähigkeit* ($\varkappa_{18}$) des Eiklars von im Mittel $7,6 \cdot 10^{-3}$ beim Bebrüten auf etwa $3 \cdot 10^{-3}$ sinkt.

---

[1] Vgl. auch NEEDHAM: Physiol. Reviews 1925, **5**, 1. — [2] TANGL, F. und MITUCH, A. VON: Pflügers Arch. 1908, **121**, 437; C. 1908, I, 1301. — [3] GODFREY, A. B. und M. W. OLSEN: Poultry Science 1937, **16**, 216. — [4] HEINROTH, O.: J. Ornithol. 1922, **70**, 178. — [5] RIDDLE, O.: Amer. J. Physiol. 1922, **41**, 409. — [6] WLADIMIROFF, G. E.: Biochem. Zeitschr. 1926, **177**, 280.

Die anfangs verschiedene Reaktion von Dotter und Eiklar ändert sich im Laufe der Bebrütung so, daß beide in der Nähe des Neutralpunktes gleich werden. F. J. J. BUYTENDIJK und M. W. WOERDEMAN[1] haben mittels einer besonderen im Glasrohr eingeschmolzenen Antimonelektrode folgende pH-Werte gemessen:

Reaktion von Dotter und Eiklar bei der Bebrütung.

Nach Bebrütungstagen	0	2	3	4	5	6	7	8	9	10
pH von — Dotter . . .	5,4—5,9	5,6—6,1	6,5	6,9—7,0	7,1	7,4	7,3	7,6	7,3	7,4
Eiklar, verflüssigt . .	—	—	—	7,8	7,7	8,2	8,1	8,1	7,3—7,4	7,4
desgl. nicht verflüssigt .	9,0—9,4	9,8	9,8	8,3—8,5	8,4	8,4—8,6	8,5	8,5	7,4	7,3
Amnionflüssigkeit .	—	—	—	—	6,8	6,8	7,4	7,4	7,3—7,4	7,3

Ähnliche Werte hatten auch G. E. WLADIMIROFF und M. J. GALWIALO[2] beobachtet.

Über die Wirkung der Enzyme im Hühnerei während der Bebrütung vgl. R. AMMON und E. SCHÜTTE[3].

b) Das Verhalten des Zuckers. Auf der ersten Entwicklungsstufe mit ihren primitiven Umsetzungsmöglichkeiten wird zunächst der am leichtesten resorbierbare und oxydierbare Nährstoff des Eies, der Zucker, als Energiequelle ausgenutzt. So kommt es, daß der freie Zucker bei der Bebrütung rasch abnimmt und nach H.W. BYWATERS[4] am 6. Tage praktisch verschwunden ist. Weitere Beobachtungen bestätigten diesen Befund:

		Zuckergehalt im		
Brutdauer Tage		Eiklar %	Eidotter %	Beobachtet von
0		0,50	0,32	J. D. GADASKIN[5]
11		0,03	0,07	
17		0	0	
0		0,40—0,45	0,20	G. WLADIMIROFF und A. SCHMIDT[6]
10		nicht mehr bestimmbar	—	
14		—	0,05—0,07 (Kreatinin?)	

Der Reservedotter des ausschlüpfenden Kückens enthielt nach GADASKIN ebenfalls keinen Zucker mehr. Auch J. SAGARA[7] fand eine stetige Abnahme des freien Zuckers:

Zuckerabnahme bei der Bebrütung nach SAGARA.

Brutdauer Tage	Gewicht des Inhaltes g	Gehalt an gesamtem Zucker %	freiem Zucker %	gebundenem Zucker %
0	45,6	0,87	0,37	0,49
3	40,9	0,73	0,29	0,44
5	41,7	0,55	0,17	0,37
7	42,4	0,48	0,12	0,36
10	44,6	0,44	0,09	0,35
14	38,6	0,38	0,06	0,32
18	39,9	0,35	0,06	0,29
20	36,0	0,26	0,06	0,20

[1] BUYTENDIJK, F. J. J. und M. W. WOERDEMAN: Arch. Entwicklungsmechanik 1927, **112**, 387. — [2] WLADIMIROFF, G. E. und M. J. GALWIALO: Biochem. Zeitschr. 1925, **160**, 101. — [3] AMMON, R. und E. SCHÜTTE: Biochem. Zeitschr. 1935, **275**, 216. — [4] BYWATERS, H. W.: Biochem. Zeitschr. 1913, **55**, 245. — [5] GADASKIN, J. D.: Biochem Zeitschr. 1926, **172**, 447. — [6] WLADIMIROFF, G. und A. SCHMIDT: Biochem. Zeitschr. 1926, **177**. 298. — [7] SAGARA, J.: J. Biochem. 1930, **11**, 433. — Der neben Mucoid in Form von Glykogen, Kohlehydratphosphaten und Nucheoproteiden gebundene Zucker wurde nach Hydrolyse mit 4proz. Schwefelsäure bestimmt.

Brut-dauer Tage	Freier Zucker			Gebundener Zucker		
	Dotter	Eiklar	Embryo mit Adnexen	Dotter	Eiklar	Embryo mit Adnexen
	g	g	g	g	g	g
0	0,0312	0,1418	—	0,0584	0,1708	—
3	0,0400	0,0796	—	0,0575	0,1246	—
5	0,0533	0,0206	—	0,0519	0,1053	—
7	0,0399	0,0126	—	0,0294	0,1255	—
10	0,0246	0,0120	0,0038	0,0152	0,1393	0,0045
14	0,0159	0,0027	0,0049	0,0424	0,0507	0,0321
18	0,0145		0,0106	0,1083		0,0097
20	—	—	0,0215	—	—	0,0730

Bei nicht befruchteten Eiern tritt nach BYWATERS eine solche Zuckerabnahme nicht ein.

Der im Ovomucoid *gebundene Zucker* sinkt, wie NEEDHAM[1] fand, durch die Wirkung eines im Dotter vorhandenen, im Embryo und Eiklar fehlenden Fermentes von etwa 11,5%, am 6. bis 8. Tage auf etwa 6—7% und steigt dann gegen Ende der Bebrütung wieder auf etwa 14%. Auch SAGARA (S. 63) bestätigt eine solche Ab- und Zunahme des gebundenen Zuckers.

Im *Blute des Embryos* steigt nach Feststellungen von WLADIMIROFF und SCHMIDT[2] der Zuckergehalt nach Schwankungen gegen Ende der Brutdauer an; diese fanden:

Brutdauer, Tage	11	13	14	16	18	20	Kücken, 1 Tag nach dem Schlüpfen
Zuckergehalt des Blutes	0,151	0,153	0,164	0,144	0,145	0,175	0,216 %

Ein Ansteigen des Gehaltes an Pentosen, von dem frische Hühner- und Enteneier frei sind, beim Bebrüten wollen L. B. MENDNL und CH. S. LEAVENWORTH[3] nach dem Verfahren von TOLLENS gefunden haben. Sie erhielten für ein Hühnerei am 7. Tage 0, am 21. Tage 0,024, für ein Entenei am 9. Tage 0, am 27. Tage 0,037 g Furfurol-Phloroglucid. Hierbei ist aber zu beachten, daß dieses Verfahren nach neueren Untersuchungen auch bei Abwesenheit von Pentosen geringe Mengen Furfurol-Phloroglucid liefert.

Wohl als Stoffwechselprodukt aus den Kohlehydraten und dem aus der Luft durch die Schale zugeführten Sauerstoff tritt nach K. ANNO[4] noch nach drei Tagen eine reichliche Bildung von *d-Milchsäure* im Eiklar ein, während sich im Dotter sowie im frischen Ei nur wenig Milchsäure nachweisen läßt (vgl. S. 101). Das Endprodukt des Kohlehydratstoffwechsels bzw. der Verbrennung der Kohlenhydrate durch den Sauerstoff im bebrütetem Ei ist aber die *Kohlensäure*. Diese Kohlensäuregabe des Eies ist nach CHR. BOHR und K. A. HASSELBACH[5] in den ersten Tagen der Bebrütung sehr klein, sie steigt vom 4. Tage ab allmählich, nimmt vom 9. Tage ab in demselben Verhältnis wie das Gewicht des Embryos zu und hat dann, auf Zeit und Gewichtseinheit berechnet, etwa dieselbe Größe wie beim erwachsenen Huhn. — Merkwürdigerweise gibt das befruchtete Ei nach HASSELBACH in den ersten 5—6 Brütestunden parallel mit der Zellteilung auch etwas Sauerstoff ab, wobei aber nicht feststeht, ob es sich dabei um einen sog. vitalen oder fermentativen Vorgang handelt.

Über den Einfluß der Entwicklungskohlensäure auf die Gaszusammensetzung in der *Luftblase* des Eies vgl. A. AGGAZOTTI[6], S. 50.

Sehr merkwürdig ist das *Auftreten von Ascorbinsäure* (Vitamin C) bei der Bebrütung. S. N. RAY[7] fand in frischem Ei kein Vitamin C, beträchtliche Mengen jedoch schon nach viertägiger Bebrütung. Hiernach ist der Hühnerembryo imstande das zu seinem Wachstum nötige Vitamin C zu erzeugen, eine Fähigkeit, die soweit bekannt Säugetiere, auch der Mensch, nicht besitzen.

c) Verhalten der Stickstoffverbindungen. Damit das Reserveprotein des Hühnereies zum Aufbau des Embryos und des späteren Kückens verwendet werden

---

[1] NEEDHAM: Biochem. 1927, **21**, 733. — [2] WLADIMIROFF und SCHMIDT: Biochem. Zeitschr. 1926, **177**, 304. — [3] MENDEL, L. B. und CH. S. LEAVENWORTH: Amer. Physiol. 1908, **21**, 77. — [4] ANNO, K.: Z. physiol. Chem. 1912, **80**, 237. — [5] Nach HAMMARSTEN: Lehrbuch der physiol. Chemie 1922, S. 503. — [7] AGGAZOTTI, A.: Arch. Entwicklungsmechanik 1914, **40**, 65. — [7] RAY, S. N.: Biochem. 1934, **28**, 189; C. 1934, II, 1946.

kann, muß es zunächst durch Hydrolyse in seine löslichen Bausteine, die Aminosäuren, zerlegt werden. Das Vorkommen von *Aminosäuren* im Ei bei der Entwicklung findet dadurch eine natürliche Erklärung. Schon P. A. LEVENE[1] erhielt aus bebrüteten Eiern nach dem Verfahren von E. FISCHER Monoaminosäuren und zwar etwa gleiche Mengen in 24 Stunden und 7 Tage bebrüteten Eiern. Anscheinend werden die durch Hydrolyse der Reserveeiweißmoleküle freigewordenen Spaltstücke schnellstens unter Vermeidung höherer Konzentrationen dem Embryo zugeführt.

Nach H. TARGONSKI[2] werden die stickstoffhaltigen Dissimilationsprodukte, unter denen sich Ammoniak befindet, vom 8. bis zum 12. Tage in der *Amnionflüssigkeit* angesammelt. In der Endperiode kann man in der Amnionflüssigkeit die Ansammlung großer Mengen stickstoffhaltiger Stoffe beobachten. Am 16. Tage beträgt der Stickstoffgehalt der Amnionflüssigkeit das Hundertfache vom 14. Tage. Es handelt sich hier vorwiegend um das Freiwerden von Harnsäure, deren Gehalt zwischen dem 14.—16. Tage von vorher unbedeutenden Werten auf etwa 50—60% des verbrauchten Gesamtstickstoffes ansteigt. H. O. CALVERY[3] fand an verschiedenen Bruttagen an Harnsäure im Ei:

Tage	0	4	8	12	15	20	Geschlüpftes Kücken
Harnsäure	0	Spur	Spur	4,4	10,9	30,9	33,5 mg

In der Allantoisflüssigkeit findet man zwischen dem 14. und 18. Tage keine Änderung der Harnstoff- und Amnionsäuregehalte, die dann etwa 7,4 bzw. 8% betragen. Zwischen dem synthetisierten Purinstickstoff und dem Harnsäuregehalt der Allantoisflüssigkeit bestand kein konstantes Verhältnis.

Durch den *Abbau der Nucleoproteine* wächst bei der Bebrütung der Gehalt des Eies an freien Xanthinbasen, die allerdings auch im nichtbebrüteten Ei bereits vorhanden sind (WESERNITZKI[4]). J. SAGARA[5] wies auch eine Neubildung dieser Basen nach. L. B. MENDEL und CH. S. LEAVENWORTH[6] zeigten ein Überwiegen von Adenin und Guanin dabei.

T. KAMACHI[7] beobachtete bei der Bebrütung von Hühnereiern eine Umwandlung von Arginin in Histidin.

Glutathion. Während im reifen und befruchteten Hühnerei zunächst kein Glutathion gefunden wird, tritt es wie Vitamin C während der Bebrütung der Eier auf und nimmt mit dem Grade der Entwicklung des Embryos ständig zu (S. CASTAGNA und M. TALENTI[8]).

CALVERY[9] isolierte aus Hühnerembryonen ein *β-Nucleoprotein*, das dem von HAMMARSTEN aus Pankreas isolierten ähnlich war. Es lieferte auch alle vier Pentosenucleide, die man bei der Hydrolyse der Nucleinsäure aus Hefe gewinnt. Derselbe Untersucher[10] schied ferner eine der Hexosenucleinsäure ähnliche Substanz ab.

Über den *Harnsäuregehalt* und den allgemeinen Eiweißstoffwechsel sich entwickelnder Vogeleier vgl. auch NEEDHAM[11], über den Gehalt an Rest-Stickstoff WLADIMIROFF und SCHMIDT[12].

Über den Auf- und Abbau der Eiweißstoffe, die quantitative Umsetzung der Aminosäuregruppen dabei und die Stickstoffverteilung im sich entwickelnden Hühnerei wurden u. a. von CALVERY[13] sowie von E. G. SCHENCK[14] geprüft. Von diesen wurden den an den einzelnen Proteinstoffen außerordentlich eingehende Untersuchungen angestellt, auf deren Einzelheiten hier verwiesen sei. Die *Schalenhäute* scheinen bei diesem Umsatz nicht verwertet zu werden, wenigstens fand CALVERY keine Beeinflussung ihres Aminosäuregehaltes.

Der Gehalt der Eiklartrockenmasse an *Ovomucoid* bleibt nach H. W. BYWATERS[15] ziemlich konstant.

Im *Hühnerembryo* wächst nach L. LIEBERMANN[16] der Gehalt an löslichen Eiweißstoffen und Albuminoiden stetig und regelmäßig, aber nur der absoluten Menge nach, während der

---

[1] LEVENE, P. A.: Z. physiol. Chem. 1902, **35**, 80. — [2] TARGONSKI, H.: Bull. Acad. Polonaise des Sciences et Lettres, Classes des Sciences Mathematiques Naturelles, Ser. B. Sciences Naturelles 1927; Arch. Geflügelk. 1930, **4**, 48. — [3] CALVERY, H. O.: Journ. biol. Chem. 1930, **87**, 691. — [4] WESERNITZKI: Russki Wratsch 1903, Nr. 27; Biochem. Zbl. 1903, I, 738. — [5] SAGARA, J.: Z. physiol. Chem. 1928, **178**, 298. — [6] MENDEL, L. B. und CH. S. LEAVENWORTH: Amer. J. Physiol. 1908, **21**, 77. — [7] KAMACHI, T.: J. Biochem. 1937, **22**, 199; C. 1937, II, 3027. — [8] CASTAGNA, S. und M. TALENTI: Arch. Farmacol sperim. Sci. affini 1933, **55** (32), 28; C. 1933, II, 3869. — [9] CALVERY, H. O.: J. biol. Chem. 1928, **77**, 489. — [10] CALVERY, H. O.: J. biol. Chem. 1928, **77**, 497. — [11] NEEDHAM: Brit. J. experim. Biol. 1926, **4**; Arch. Geflügelk. 1928, **2**, 150. — [12] WLADIMIROFF und SCHMIDT: Biochem. Z. 1926, **177**, 304. — [13] CALVERY, H. O.: J. biol. Chem. 1929, **83**, 231 u. 649; 1930, **87**, 691. — [14] SCHENK, E. G.: Z. physiol. Chem. 1932, **211**, 111. — [15] BYWATERS, H. W.: Biochem. Z. 1913, **55**, 245. — [16] Nach HAMMARSTEN: Lehrbuch der physiol. Chem. 1922, S. 504.

prozentuale Gehalt fast unverändert bleibt. Er konnte weiter bis zum 10. Tage kein *Glutin* nachweisen. Erst vom 14. Tage ab trat ein Stoff auf, der beim Sieden mit Wasser eine chondrinähnliche Substanz lieferte. Bei sechs Tage alten Embryonen findet man auch einen *mucinähnlichen* Eiweißstoff, der aber dann wieder verschwindet.

Der *Hämoglobingehalt* steigt im Verhältnis zum Körpergewicht stetig an. LIEBERMANN fand das Verhältnis Hämoglobin : Körpergewicht am 11. Tage wie 1 : 728, am 21. Tage wie 1 : 421.

Ein Verlust an *Stickstoffsubstanz* scheint während des Bebrütungsvorganges nach TANGL überhaupt nicht, sondern eine praktisch restlose Umsetzung einzutreten.

d) Umsetzungen der Phosphorverbindungen. Die *Umsetzung des Phosphors* beim Brutvorgang wurde von R. H. A. PLIMMER und F. H. SCOTT[1] verfolgt. Hiernach bleibt der Gehalt an *ätherlöslichem Phosphor* (Phosphatiden) bis zum 16. bis 17. Tage fast unverändert und nimmt dann, wie die folgende Tabelle erkennen läßt, schnell ab. Bei diesem Zeitpunkt steigt das anorganische *Phosphat im Embryo*, was nur durch Heranziehung der Glycerinphosphorsäure zu der Kalkbildung in den Knochen erklärbar wird. Auch das Vitellin verschwindet und wird wahrscheinlich in Nucleinsäure umgewandelt. Noch bevor der Abbau des Lecithins begonnen hat, wird der Proteinphosphor in erheblichem Maße ausgenutzt.

Verteilung und Umsetzung des Phosphors bei der Bebrütung.
(Phosphor in % des Gesamtphosphors.)

Gegenstand	Gesamte wasserlösliche Phosphorsäure	An-organische Phosphate	In Ätherlöslichen Phosphor	Phosphor im Proteinrückstand	Phosphor im Vitellin
	%	%	%	%	%
Unbebrütetes Ei	6,2	Spur	64,8	29,0	27,1
Ei 8 Tage nach Brutbeginn	8,2	,,	64,1	27,1	23,6
Ei 13 ,, ,, ,, ...	10,2	vorhanden	66,0	24,0	23,0
Ei 16 ,, ,, ,, ...	10,2	,,	62,3	27,5	—
Ei 19 ,, ,, ,, ...	27,2	19,1	51,0	21,8	11,1
Ei 20 ,, ,, ,, ...	52,2	47,7	36,0	16,1	—
Ausgeschlüpftes Kücken	68,6	60,0	19,3	12,0	0
Eirest nach Entfernung des Kückens					
desgl. 14 Tage nach Brutbeginn . . .	13,8	Spur	61,7	24,4	18,5
desgl. 17 ,, ,, ,, . . .	10,4	,,	68,7	20,8	15,8
desgl. 19 ,, ,, ,, . . .	14,1	,,	60,2	25,7	16,2
Kücken 14 Tage nach Brutbeginn	56,0	13,2	22,5	21,5	0
desgl. 17 ,, ,, ,,	55,0	30,5	17,8	27,2	0
desgl. 19 ,, ,, ,,	67,4	50,3	14,6	18,0	0

U. MASAI und T. FUCUTOMI[2] beobachteten eine rasche Abnahme des *Phosphatidphosphors* bis zum 14. Tage unter gleichzeitiger Zunahme des Phosphatphosphors, sowie ebenfalls eine Abnahme des Vitellin- und Nucleinphosphors. Bei Vergleich dieser Ergebnisse mit denen von PLIMMER und SCOTT scheint es, daß anfangs vorwiegend die gebundenen, nicht die freien, Phosphatide resorbiert werden oder daß die gebundenen bis zum 14. Tage zunächst in freie umgewandelt werden.

e) Das Verhalten des Fettes und Cholesterins. Da das Fett während der Bebrütung als Energiequelle dient, nimmt seine Menge dabei ab[3]. Ein Teil des Dotterfettes wandert aber in den Embryo, dessen Fettgehalt dadurch nach

---

[1] PLIMMER, R. H. A. und F. H. SCOTT: J. physiol. Chem. 1909, **38**, 247. — [2] MASAI, U. und T. FUCUTOMI: J. Biochem. 1923, **2**, 271. — [3] Vgl. L. B. MENDEL und CH. S. LEAVENWORTH: Amer. J. Physiol. 1908, **21**, 77; C. 1908, I, 1474.

E. C. EAVES[1] eine gewisse Zunahme zeigt. Dabei wurden im Anfange der Entwicklung die ungesättigten Fettsäuren bevorzugt resorbiert, was sich in einer Abnahme der Jodzahl des Eigelbfettes von 70,0 auf 43,7 äußerte. Dann wurden aber die gesättigten und ungesättigten Fettsäuren gleichmäßig aufgenommen.

Der *Fettgehalt des Embryonalblutes* wurde von G. WLADIMIROFF und A. SCHMIDT[2] wie folgt gefunden:

Bebrütungstag ...	11	13	14	15	16	17	18	20	Im Kücken 1 Tag nach dem Schlüpfen
Fettgehalt des Blutes	0,292	0,351	0,313	0,391	0,311	0,447	0,359	0,285	0,284%

Der *Cholesteringehalt des Eies* soll nach C. W. ELLIS und J. A. GARDNER[3] entgegen MENDEL und LEAVENWORTH[4] (die eine Abnahme angeben) für das Ei und den jugendlichen Organismus gleich sein, jedenfalls aber im Organismus des jungen Tieres nicht synthetisiert werden. H. DAM[5] hält auch die Feststellung von K. KUSUI[6], daß der Gehalt der Hühnereier an freiem Cholesterin im Anfange des Ausbrütens abnehme, wegen der Schwierigkeiten des Versuches nicht für erwiesen, aber auch nicht, daß die Eier am Schluß des Ausbrütens cholesterinreicher sind. In Übereinstimmung mit J. H. MUELLER[7] findet DAM ein Steigen des Verhältnisses *Estercholesterin* zu Gesamtcholesterin von etwa 10% vor dem Ausbrüten auf etwa 40% am Schluß desselben. *Oxycholesterin* konnte DAM in 20 Tage alten Hühnerembryonen höchstens in Spuren nachweisen.

Östrin. Hierauf prüften C. SERONO und R. MONTEZEMOLO[8] nach dem ALLEN-DOISY-Test. Vor der Bebrütung ließ sich in den ganzen Eiern kein brunsterregender Stoff nachweisen; während der Bebrütung stieg der Gehalt an und erreichte um den 10. bis 12. Tag seinen Höchstwert. Mit ein Zehntel des einem Ei entsprechenden Extraktes ließ sich dann an der Ratte die Brunstreaktion auslösen.

f) Verhalten der Kalkschale. Die Kalkschale des Eies dient nicht nur als Schutzpanzer für die empfindlichen Entwicklungsvorgänge im keimenden Ei gegen schädliche äußere Einflüsse, sondern trägt auch durch Kalkabgabe zum Aufbau des Kückens bei. Nach F. TANGL[9] verschwinden bei der Bebrütung nachweisbare Mengen organischer und anorganischer Substanz aus der Eischale. Der größte Teil des Verlustes an letzterer entfällt auf Calcium. Bei einem 60 g schweren Hühnerei betrug die Abnahme der Eischalentrockensubstanz 0,40 g, davon 0,15 g an Calcium und 0,2 g an organischer Substanz.

Durch die Kalkaufnahme aus der Schale steigt der Calciumgehalt des Eiinhaltes nach R. H. A. PLIMMER und J. LOWNDES[10] von 0,04 auf 0,20—0,25 g. Der erste Anstieg erfolgt am 11. Bruttage, dann täglich bis zum Ausschlüpfen um 0,02 g. Den mittleren Verlust der Eischale beim Bebrüten fand H. A. MURRAY[11] an 35 Eiern nach 17 Tagen zu 0,202 g, nach 19 Tagen zu 0,260 g.

Auch die Schalenhaut enthält als Zeichen des Kalkdurchganges während der Brutzeit mehr Calcium. Der Mechanismus dieses Kalktransportes vollzieht sich anfangs über das Calciumbicarbonat. Nach G. D. BUCKNER, J. H. MARTIN und A. M. PETER[12] gibt der Embryo in den ersten neun Tagen kohlensäurehaltiges Wasser ab, das durch das Eiklar diffundiert, Calciumcarbonat aus der Schale aufnimmt und als Calciumbicarbonat an den Embryo abliefert. Nach neun Tagen, wenn die Allantois die Zellmembrane berührt, gibt die Schale direkt Calcium an das Blut ab, das hierbei die zur Lösung nötige Menge Kohlensäure abtritt.

---

[1] EAVES, E. C.: J. Physiol. 1910, **40**, 451. — [2] WLADIMIROFF, G. und A. SCHMIDT: Biochem. Z. 1926, **177**, 304. — [3] ELLIS, C. W. und J. A. GARDNER: Proc. Royal Soc. London 1909 (B), **81**, 129; C. 1909, I. 1774. — [4] MENDEL und LEAVENWORTH: Amer. J. Physiol. 1908, **21**, 77. — [5] DAM, H.: Biochem. Z. 1929, **215**, 475. — [6] KUSUI, K.: Z. physiol. Chem. 1929, **181**, 101. — [7] MUELLER, J. H.: J. biol. Chem. 1915, **21**, 23. — [8] SERONO, C. und R. MONTEZEMOLO: Boll. Atti R. Accad. med. Roma. 1936, **62**, Nr. 4; C. 1936, II, 2399. — [9] TANGL, F.: Pflügers Arch. Physiol. 1908, **121**, 433; C. 1908, I, 1301. — [10] PLIMMER, R. H. A. und J. LOWNDES: Biochem. J. 1924, **18**, 1163. — [11] MURRAY, A.: J. Gen. Physiol. 1926, 9, 6. — [12] BUCKNER, G. D., J. H. MARTIN und A. M. PETER: Amer. J. Physiol. 1925, **72**, 253.

B. Zusammensetzung der Vogeleier.

I. Allgemeine Zusammensetzung.

1. Gewichtsverhältnisse der Eibestandteile.

Das von vielen Bearbeitern festgestellte Gewichtsverhältnis von Dotter, Eiklar und Eischale zueinander ist oft so ermittelt worden, daß der Untersucher die Eibestandteile so gut wie möglich mechanisch voneinander trennte und dann wog. Ein solches Verfahren ist natürlich ungenau, weil eine scharfe Trennung auf diese Weise schwierig ist und bei längerer Dauer des Versuchs auch Konzentrationsänderungen durch Wasserverdunstung u. a. eintreten können. — Im allgemeinen wird das Gewicht des Dotters durch daran zurückbleibende Eiklarreste auf diese Weise wohl etwas zu hoch, die Menge des Eiklars entsprechend zu niedrig gefunden. Immerhin erhält man aber vergleichbare Werte, die uns ein Bild vom mittleren Gehalte an diesen hauptsächlichsten Bestandteilen und ihren Schwankungen liefern.

In den folgenden Tabellen (S. 70) sind im allgemeinen nur solche Ergebnisse enthalten, die sich auf das Eigewicht und alle drei Bestandteile beziehen. Weitere Ergebnisse, besonders auch Teilergebnisse finden sich in vielen Arbeiten über Vogeleier, so z. B. an folgenden Literaturstellen:

COMMAILLE: Zbl. Agric.-Chem. 1873, **4**, 419. — KÖNIG, J. und B. FARWICK, Z. Biol. 1876, **12**, 497. — J. KÖNIG und C. KRAUCH: in J. König, Chemie der menschl. Nahr.- u. Genußm. I, 98. — ROOS, HAMEL VAN: Rev. intern. fals. 1890, **3**, 214. — BAUER, R. W.: Biolog. Zbl. 1893, **13**, 511; 1894, **14**, 560; 1895, **15**, 488. — DRECHSLER, G.: Vjh. Nahr.- u. Genußm. 1896, **11**, 317. — LANGWORTHY, C. F.: U. S. Dep. Agric. Farmers Bull. 128, Washington 1901; Z. 1902, **5**, 1125. — WELMANNS, P.: Z. 1904, **7**, 141. — PAESSLER, J.: Dtsch. Gerberztg. 1907, Nr. 306; Z. 1909, **17**, 542. — SUDENDORF, TH. und O. PENNDORF: Z. 1924, **47**, 40. — FRONDA, F. M., D. D. CLEMENTE und E. BASIO: Philippine Agriculturist 1935, **24**, 49. — PHILIPPE, E. und M. HENZI: Mitt. Lebensmittelunters. u. Hyg. 1936, **27**, 262.

Vgl. auch die Zusammenstellung von J. NEEDHAM: Chemic. Embryolog. Cambridge 1931, 236.

J. S. HEPBURN[1] fand neuerdings für 11 Eier vom *Truthuhn*:

Gewicht	Für das Gesamtei	Für den eßbaren Anteil von 5 Eiern	
70,1—92,7, Mittel 80,5 g	Schalen 9,88%	Eiklar 64,26	Eidotter 35,74%

Ordnen wir die verschiedenen Vogeleier gemäß den Tabellen, S. 70—78, nach der Größe des Dotteranteils am Eiinhalt, so erhalten wir folgende abnehmende Reihe:

Vogelart	Dotteranteil %	Vogelart	Dotteranteil %	Vogelart	Dotteranteil %
Perlhuhn. . . .	44,1	Amsel	35,1	Gartenrotschwanz .	22,7
Fasan	42,5	Kanarienvogel . .	34,6	Feldsperling . . .	22,7
Rebhuhn. . . .	42,2	Drossel	31,0	Haussperling . . .	22,3
Hausente . . .	40,9	Möwe.	29,6	Schwalbe	21,9
Kiebitz	40,6	Eichelhäher	28,3	Taube	20,9
Hausgans . . .	40,6	Zaunkönig	25,3	Rabe	20,4
Wachtelkönig. .	38,7	Rotkehlchen. . . .	24,6	Kornkrähe	15,4
Truthuhn . . .	37,1	Nachtigall.	24,5	Star	15,3
Haushuhn . . .	35,4	Uferschwalbe . . .	23,1		

Man kann hiernach zwischen dotterreichen und dotterarmen Vogeleiern unterscheiden. Zu ersteren — etwa mit einem Dotteranteil über 30% des Eiinhaltes — zählen außer den Hühnervögeln Ente, Gans, Kiebitz, Kanarienvogel und Drossel. Das Möwenei liegt nicht weit von der Grenze. Besonders dotterarm sind Star, Krähe, Taube und eine Anzahl Singvögel. Bemerkenswert ist, daß die Eier, die

---

[1] HEPBURN, J. S.: J. Franklin Inst. 1937, **223**, 375.

der Mensch zu seiner Nahrung verwendet, dotterreich sind und daß das als besonders wohlschmeckend geltende Perlhuhnei den größten Dotteranteil aufweist. Auch das Kibitzei ist in der Dottergröße dem des Haushuhns noch überlegen. Auffällig ist auch der große Dotter im Ei der Hausente und Hausgans.

Weitere Tabellen von ILJIN beziehen sich auf Gewichtsunterschiede von Eiklar, Dotter und Schale bei Eiern von gleichem Gewicht und gleicher Rasse bzw. Gewicht von Schale, Eiklar, Dotter und Trockensubstanz von Eiern mit nahezu gleichem Gewicht, aber von verschiedenen Rassen bzw. von Eiern der gleichen Rasse mit verschiedenem Gewicht, zusammengestellt aus seinen obengenannten Analysen.

Bei anomal kleinen Eiern ist der Anteil des Dotters am Gesamtei wieder stark verringert. Wie folgende mittlere Ergebnisse von FANGAUF mit Eiern von verschiedenem Gewicht erkennen lassen, finden wir sowohl bei den kleinsten als auch bei den größten Eiern den höchsten Weißei- und den kleinsten Dottergehalt. Beim Ei mit Doppeldotter ist der Gehalt an Dottersubstanz wieder erhöht.

Eibestandteile bei Eiern verschiedener Größe nach FANGAUF.

Eier im Gewicht von	Anzahl	Durchschnittsgewicht	Gesamtinhalt		Dotter			Eiklar			Schale	
			g	%	g	% des Eies	% des Eiinhaltes	g	% des Eies	% des Eiinhaltes	g	% des Eies
20 g	7	17,7	14,6	80,3	0,6	3,8	5,2	14,0	76,5	94,8	3,10	19,7
21—30 g	11	25,7	21,4	83,4	3,9	15,2	18,2	17,5	68,2	81,8	4,30	16,6
31—40 g	17	37,3	32,6	87,4	11,4	30,7	35,1	21,2	56,7	64,9	4,69	12,6
41—45 g	20	43,6	39,0	89,4	13,6	31,2	34,8	25,4	58,2	65,2	4,63	10,6
46—50 g	25	48,9	43,6	89,2	15,4	31,4	35,8	28,2	57,8	64,8	5,30	10,8
51—55 g	27	53,7	47,6	88,8	16,7	31,1	35,0	30,9	57,7	65,0	6,06	11,2
56—60 g	29	58,2	51,6	88,7	17,4	29,9	33,7	34,2	58,8	66,3	6,58	11,3
61—65 g	8	62,5	55,6	89,0	18,4	29,5	33,2	37,2	59,5	66,8	6,91	11,0
über 65 g	2	74,1	65,6	88,5	19,1	25,8	29,2	46,5	62,7	70,8	8,54	11,5
Hühnereier mit Doppeldotter	12	90,7	81,7	90,1	36,0	39,6	48,5	45,7	50,5	51,5	8,98	9,9

J. KŘIŽENECKÝ[1] zieht aus der Korrelation zwischen Eigewicht und Anteil an Eiklar, Eidotter und Eischale von 487 Markteiern den Schluß, daß deren Zusammensetzung von der Eigröße unabhängig ist.

FANGAUF[2] fand bei schweren Hühnerrassen den Dotter für Eier gleicher Größe um 1% weniger schwer als bei leichten Rassen:

Rasse	Schwere (Wyandotten, Sussex, Cröllwitzer)		Leichte (Italiener, Leghorn, Silberbrakel)	
Eier im Gewicht von .	51—55 g	56—60 g	51—55 g	56—60 g
Zahl der Eier	11	20	16	9
Dotter in %	31,7	29,7	32,6	30,7

An Schwankungen des Eigewichtes und der Verteilung der Inhaltsbestandteile bei derselben Henne ermittelte FANGAUF folgende Zahlen:

Henne	Zahl der Versuche	Eigewicht g	Dotter %	Weißei %	Schale %
Wyandotten.	10	36,0—48,2	29,6—32,8	44,6—59,6	10,4—11,9
Cröllwitzer	6	57,5—61,5	26,6—28,1	60,9—62,3	10,5—12,4
dieselben, Doppeldotter . .	1	93,7	36,0	54,3	9,7
Wyandotten.	2	42,1—42,2	35,1—39,2	50,8—55,0	9,9—10,0
Sussex	3	47,2—49,5	31,9—32,9	56,2—57,8	10,3—10,7
Cröllwitzer	4	41,0—45,2	31,7—35,2	52,0—58,1	9,0—10,8

[1] KŘIŽENECKÝ, J.: Z. 1936, 71, 137. — [2] FANGAUF, R.: Dtsch. landw. Geflügelztg. 1924, 27, 487. — Dort auch weitere Angaben über Eier mit Doppeldotter.

Lfde. Nr.	Nähere Bezeichnung	Zeit der Untersuchung	Gewicht des Eies g	Gesamtinhalt		Dotter			Eiklar			Schale		Untersucht von
				g	% des Eies	g	% des Eies	% des Eiinhaltes	g	% des Eies	% des Eiinhaltes	g	% des Eies	
	a) Eier des Haushuhns.													
1.	Hühnerei	1863	45,2	40,6	89,7	11,4	25,2	28,1	29,2	64,5	71,9	4,6	10,1	J. Davy[1].
2.	Frische Eier, mittel	1883	49,3	46,2	93,7	15,1	30,6	32,7	31,1	63,1	67,3	3,1	6,3	J. Tarchanoff[2].
3.	desgl. größtes Ei	1883	61,9	55,5	89,6	18,2	29,4	32,8	37,3	60,2	67,2	6,4	10,4	
4.	desgl. kleinstes Ei	1883	43,6	37,9	86,9	14,4	33,0	38,0	23,5	53,9	62,0	5,7	13,1	
5.	Eier von Gallus domesticus	1893	48,0	42,3	88,0	15,8	33,0	37,5	26,4	55,0	62,5	5,7	12,0	R. W. Bauer[3]
6.	Mittel von 6 Eiern mittlerer Größe	1900	50,5	45,0	89,1	15,5	30,7	34,4	29,5	58,4	65,6	5,5	10,9	G. Lebbin[4].
7.	Mittel von 5 Eiern	1902	57,6	50,9	88,4	18,2	31,6	35,8	32,7	56,8	64,2	6,7	11,6	C. Hartung[5].
8.	5 Hühnereier, Mittel	1904	52,6	45,9	87,2	17,3	33,0	37,9	28,6	54,2	62,1	6,7	12,8	H. Lührig[6].
9.	desgl. größtes Ei	1904	60,0	52,0	86,7	20,0	33,3	38,5	32,0	53,3	61,5	8,0	13,3	
10.	desgl. kleinstes Ei	1904	47,7	41,3	86,6	17,1	35,9	41,0	24,2	50,7	58,6	6,4	13,4	
11.	Rote Amerikaner	1909	53,8	48,4	90,4	18,0	33,4	37,2	30,4	57,1	62,8	5,4	9,6	J. T. Willard,
12.	Plymouth Rocks	1909	52,3	47,0	89,9	17,2	33,0	36,6	29,8	56,9	63,4	5,3	10,1	R. H. Shaw,
13.	Weiße Leghorn	1909	51,8	46,3	89,5	16,9	32,6	35,0	29,4	57,0	65,0	5,5	10,5	S. Hartzell
14.	Weiße Wyandotten	1909	55,5	50,1	90,2	17,9	32,2	35,7	32,2	58,1	64,3	5,4	9,8	und H. Hole[7].
15.	Rasse von Sulmtaler	1916	56,7	50,5	89,1	17,6	30,9	34,7	33,0	58,1	65,3	6,2	10,9	
16.	desgl.	1916	58,6	52,9	90,2	17,8	30,4	33,7	35,1	59,9	66,3	5,7	9,8	
17.	Minorka	1916	75,1	68,6	91,3	20,7	27,6	30,2	47,9	63,7	69,8	6,6	8,7	
18.	desgl.	1916	74,0	67,7	91,5	20,6	27,8	30,5	47,1	63,6	69,5	6,3	8,5	
19.	Orpington	1916	43,4	38,3	88,0	18,0	41,3	46,9	20,3	46,7	53,1	5,2	12,0	
20.	desgl.	1916	58,5	53,0	90,5	18,6	31,7	35,0	34,4	58,8	65,0	5,5	9,5	
21.	Rhode Island	1916	45,5	40,6	89,3	14,7	32,3	36,2	25,9	57,0	63,8	4,9	10,7	
22.	desgl.	1916	51,9	47,4	91,3	18,4	35,5	38,9	29,0	55,8	61,1	4,5	8,7	O. v. Czadek[8].
23.	Faverrolles	1916	53,0	47,5	89,6	18,0	33,9	37,7	29,5	55,7	62,2	5,5	10,4	
24.	desgl.	1916	62,7	56,2	89,6	20,7	33,0	36,8	35,5	56,6	63,1	6,5	10,4	
25.	Italiener	1916	56,9	51,4	90,3	20,6	36,2	40,1	30,8	54,1	59,9	5,5	9,7	
26.	desgl.	1916	51,7	46,9	90,7	18,8	36,4	40,1	28,1	54,3	59,9	4,8	9,3	
27.	Rheinländer	1916	42,8	37,6	87,8	17,1	40,0	45,6	20,5	47,8	54,4	5,2	12,2	
28.	desgl.	1916	49,2	44,4	90,3	19,2	39,1	43,3	25,1	51,2	56,7	4,8	9,7	
29.	Wyandotten	1916	51,6	45,1	87,3	19,0	36,2	42,1	26,4	51,1	57,9	6,5	12,7	
30.	Ohne nähere Angaben	1917	45,4	40,6	89,4	13,0	28,6	32,0	27,6	60,8	68,0	4,8	10,6	
31.	desgl.	1917	45,5	40,3	88,5	11,1	24,4	27,6	29,2	64,1	72,4	5,2	11,5	M. D. Iljin[9]

32.	desgl.	1917	50,7	46,4	91,5	17,8	35,1	38,4	28,6	56,4	61,6	4,3	8,5
33.	desgl.	1917	50,8	46,2	91,1	14,9	29,4	32,3	31,3	61,8	67,7	4,5	8,9
34.	desgl.	1917	50,9	46,1	90,6	15,1	29,7	32,8	29,5	60,9	67,2	4,8	9,4
35.	Faverolle	1917	51,0	46,1	90,5	16,6	32,6	36,1	28,6	58,0	63,9	4,8	9,5
36.	Orpinton	1917	50,1	47,7	93,3	16,7	32,6	34,9	32,0	62,6	65,1	3,4	6,7
37.	Plymouth Rocks	1917	50,1	45,5	89,1	15,5	30,3	34,0	30,0	58,8	66,0	5,6	10,9
38.	Rhode Island	1917	51,1	46,7	91,4	17,2	33,6	36,7	29,6	57,8	63,3	4,4	8,6
39.	desgl.	1917	51,1	46,1	90,1	17,1	33,4	37,1	29,0	56,7	62,9	5,1	9,9
40.	Houdan	1917	51,2	46,8	91,4	15,4	30,1	33,0	31,4	61,6	67,0	4,4	8,6
41.	,,	1917	51,9	46,8	90,2	15,1	29,1	32,3	31,7	61,0	67,7	5,1	9,8
42.	,,	1917	51,9	47,3	91,1	13,8	26,5	29,1	33,5	64,6	70,9	4,6	8,9
43.	,,	1917	52,2	47,4	90,8	18,2	34,9	38,5	29,1	55,9	61,5	4,8	9,2
44.	,,	1917	52,2	47,5	91,1	15,8	30,3	33,3	31,7	61,0	66,7	4,6	8,9
45.	,,	1917	52,2	47,4	90,7	16,0	30,7	33,9	31,3	60,0	66,1	4,8	9,3
46.	Faverolle	1917	52,7	48,5	91,5	17,8	35,9	39,3	27,5	55,6	60,7	4,2	8,5
47.	,,	1917	52,9	47,3	89,2	16,8	33,0	37,0	28,7	56,2	63,0	5,5	10,8
48.	,,	1917	53,3	47,9	90,0	18,4	34,5	38,4	29,5	55,5	61,6	5,3	10,0
49.	Plymouth Rocks	1917	53,3	47,4	88,9	15,1	28,4	31,9	32,2	60,5	68,1	5,9	11,1
50.	Rhode Island	1917	53,3	47,5	89,2	15,0	28,1	31,5	32,6	61,1	68,5	5,8	10,8
51.	Orpington	1917	53,3	49,5	92,8	16,7	31,3	33,7	32,8	61,6	66,3	3,8	7,2
52.	Czar Faverolle	1917	53,4	49,5	92,7	15,5	29,0	31,3	34,0	63,7	68,7	3,9	7,3
53.	Houdan	1917	53,9	48,4	89,8	18,6	34,6	38,5	29,5	54,7	61,5	5,5	10,2
54.	,,	1917	54,5	49,5	90,7	16,6	30,5	33,6	32,9	60,3	66,4	5,1	9,3
55.	,,	1917	55,0	50,9	92,5	15,0	27,2	29,4	35,9	65,3	70,6	4,1	7,5
56.	,,	1917	55,1	50,8	92,2	16,5	31,0	33,6	34,3	58,8	66,4	4,3	7,8
57.	,,	1917	55,1	49,5	89,8	17,1	30,0	33,4	32,4	62,2	66,6	5,6	10,2
58.	,,	1917	55,1	49,3	89,4	16,7	30,3	33,9	32,6	59,2	66,1	5,8	10,6
59.	Faverolle	1917	55,2	50,6	91,4	17,0	31,8	34,8	32,9	61,5	65,2	4,6	8,6
60.	,,	1917	55,2	50,2	91,0	17,9	32,5	35,7	31,9	57,9	64,3	4,9	9,0
61.	Orpington	1917	55,5	50,8	91,6	17,4	32,0	34,9	33,1	59,6	65,1	4,7	8,4
62.	Houdan	1917	55,7	49,7	89,3	16,1	28,9	32,4	33,7	60,5	67,6	5,9	10,7
63.	,,	1917	55,7	50,8	91,2	18,7	33,6	36,8	32,1	57,6	63,2	4,9	8,8
64.	Plymouth Rocks	1917	56,0	50,3	89,8	16,1	28,7	32,0	34,3	61,2	68,0	5,7	10,2
65.	,, ,,	1917	56,2	50,7	90,2	16,1	28,6	31,7	34,6	61,6	68,3	5,5	9,8
66.	Faverolle	1917	56,3	51,2	90,6	18,9	34,5	38,1	30,7	56,1	61,9	5,1	9,4
67.	Plymouth Rocks	1917	56,6	50,7	89,4	16,0	28,3	31,7	34,8	61,4	68,3	6,0	10,6
68.	,, ,,	1917	57,0	52,7	92,3	17,2	30,1	32,6	35,2	62,0	67,4	4,4	7,7
69.	,, ,,	1917	57,1	53,2	93,1	19,4	34,0	36,6	33,8	59,2	63,4	3,9	6,9
70.	Houdan	1917	57,5	52,4	91,1	17,1	29,7	32,6	35,1	61,4	67,4	5,1	8,9
71.	Czar Faverolle	1917	57,6	52,7	91,5	18,2	31,4	34,3	34,2	59,4	65,7	4,9	8,5

} M. D. ILJIN [9].

Lfde. Nr.	Nähere Bezeichnung	Zeit der Untersuchung	Gewicht des Eies	Gesamtinhalt g	Gesamtinhalt % des Eies	Dotter g	Dotter % des Eies	Dotter % des Ei-inhaltes	Eiklar g	Eiklar % des Eies	Eiklar % des Ei-inhaltes	Schale g	Schale % des Eies	Untersucht von
72.	Czar Faverolle	1917	57,6	52,5	91,1	17,5	30,3	33,3	35,0	60,8	66,7	5,1	8,9	M. D. Iljin[9]
73.	desgl.	1917	57,6	52,9	91,9	19,0	32,8	35,7	34,0	58,9	64,3	4,7	8,1	
74.	desgl.	1917	57,7	52,5	91,0	15,5	26,9	29,6	37,0	64,0	60,4	5,2	9,0	
75.	Plymouth Rocks	1917	57,7	51,2	89,9	17,0	30,3	33,7	35,0	58,8	66,3	5,8	10,1	
76.	Ohne nähere Angabe	1917	58,0	52,7	91,0	16,5	28,5	31,3	35,8	61,8	68,7	5,2	9,0	
77.	Faverolle	1917	58,2	53,1	91,3	18,4	31,7	34,7	34,7	59,6	65,3	5,1	8,7	
78.	Czar Faverolle*	1917	59,5	54,4	91,3	20,3	34,1	37,3	34,1	57,3	62,7	5,1	8,7	
79.	Ohne nähere Angabe	1917	59,7	54,6	91,5	19,3	32,3	35,3	35,3	59,2	64,7	5,1	8,5	
80.	Czar Faverolle*	1917	59,7	53,7	90,0	19,6	32,8	36,5	34,0	57,0	63,5	5,9	10,0	
81.	Faverolle	1917	60,1	55,5	92,5	20,7	34,5	37,3	34,8	57,8	62,7	4,5	7,5	
82.	,,	1917	60,1	53,3	92,0	19,1	31,9	34,7	36,1	60,2	65,3	4,8	8,0	
83.	,,	1917	62,1	56,6	91,1	19,8	26,9	29,5	36,8	59,2	70,5	5,5	8,9	
84.	,,	1917	62,2	55,4	89,0	20,6	33,3	37,4	34,5	55,7	62,6	6,8	11,0	
85.	Ohne nähere Angabe	1917	63,3	58,4	92,3	20,2	31,9	34,6	38,2	60,4	65,4	4,9	7,7	
86.	desgl.	1917	63,6	58,1	91,8	19,9	31,5	34,3	38,2	60,3	65,7	5,2	8,2	
87.	Faverolle	1917	64,5	58,5	90,6	19,4	30,4	33,6	38,6	60,2	66,4	6,0	9,4	
88.	,,	1917	64,7	59,6	91,1	21,3	33,0	35,8	38,3	59,1	64,2	5,2	7,9	
89.	,,	1917	64,9	58,9	90,8	18,1	28,0	30,8	40,8	62,9	69,2	5,9	9,2	
90.	,,	1917	64,8	59,5	91,7	18,6	28,7	31,3	40,9	63,0	68,7	5,4	8,3	
91.	,,	1917	65,3	60,2	92,1	20,1	31,0	33,7	39,6	61,0	66,3	5,1	7,9	
92.	,,	1917	69,0	52,8	91,2	22,9	33,2	36,4	39,6	57,5	63,6	6,2	8,8	
93.	,,	1917	69,3	63,6	91,5	23,0	34,2	37,4	38,5	57,3	62,6	5,7	8,5	
94.	,,	1917	70,0	65,2	90,3	22,0	31,5	34,9	41,0	58,7	65,1	6,8	9,7	
95.	,,	1917	72,8	66,3	90,9	22,0	31,0	34,1	42,4	59,9	65,9	6,5	9,1	
96.	Rebhuhnfarbige Zwerg-Italiener	1923	30,0	26,0	86,7	10,4	34,7	40,7	15,6	52,1	60,0	4,0	13,3	
97.		1923	30,9	26,7	86,2	11,0	35,5	41,2	15,7	50,7	58,8	4,3	13,8	
98.	Hamburger Silbersprenkel	1923	39,8	34,9	87,8	14,8	37,3	42,4	20,1	50,6	57,6	4,9	12,2	
99.		1923	39,8	36,0	90,4	12,4	31,0	34,3	23,7	59,4	65,7	3,7	9,6	
100.		1923	39,9	35,3	88,6	12,9	32,4	36,5	22,4	56,3	63,5	4,5	11,4	
	4 Hühnereier ohne nähere Bezeichnung:	1923												W. Friese[10]
101.	Mittelwert	1923	46,5	40,5	87,0	14,8	31,8	36,6	25,7	55,2	63,4	6,0	13,0	
102.	desgl. größtes Ei	1923	52,3	45,6	87,2	14,9	28,5	32,7	30,7	58,7	67,3	6,7	12,8	
103.	desgl. kleinstes Ei	1923	42,6	37,7	88,4	15,3	35,8	40,5	22,4	52,6	59,5	5,0	11,6	
104.	Ei von Orpinton-Huhn	1923	53,4	47,4	88,7	18,1	33,9	38,3	29,3	54,8	61,7	6,1	11,3	

Nr.	Bezeichnung	Jahr												Autor
102.	Ei von Minorka-Huhn	1923	58,0	51,2	88,4	19,5	33,7	38,1	31,7	54,7	61,9	6,7	11,6	
103.	Hühnerei, ohne nähere Bezeichnung	1923	58,9	51,0	86,6	14,0	23,7	27,4	37,0	62,9	72,6	7,9	13,4	W. Friese[10]
104.	desgl.	1923	61,3	53,7	87,6	22,9	37,3	42,7	30,8	50,2	57,3	7,6	12,4	
105.	Ei von Cochinchina-Huhn	1923	63,9	56,1	87,7	21,5	33,7	38,5	34,5	53,0	61,5	7,9	12,3	
106.	desgl.	1923	65,9	57,2	86,8	21,2	32,2	37,2	36,0	54,6	62,8	8,7	13,2	
107.	Eier von Minorka-Huhn Mittel	1923	89,4	79,2	88,7	26,6	29,8	33,6	52,6	58,9	66,4	10,2	11,3	
108.	desgl. größtes Ei.	1923	118,3	101,9	86,1	32,4	27,4	31,8	69,5	58,7	68,2	16,4	13,9	
109.	desgl. kleinstes Ei	1923	67,9	61,0	89,0	21,1	31,1	34,6	39,9	58,8	65,4	6,9	10,1	
110.	Eier von Leghorn-Huhn Mittel	1931	55,5	49,3	88,8	19,0	34,2	38,5	30,3	54,6	61,5	6,2	11,2	K. Scharrer und W. Schropp[11]
111.	desgl. größtes Ei.	1931	64,1	57,4	98,5	21,2	33,1	36,9	36,2	56,4	63,1	6,7	10,5	
112.	desgl. kleinstes Ei	1931	50,5	45,1	89,3	15,3	30,3	33,9	29,8	59,0	66,1	5,4	10,7	
113.	18 Eier von Leghorn bei Zufütterung von täglich 2 mg Jod	1931	58,2	51,4	88,3	19,4	33,3	37,8	32,0	55,0	62,2	6,7	11,7	
114.	desgl. größtes Ei.	1931	62,0	55,0	88,7	20,0	32,3	36,4	35,0	56,4	63,6	7,0	11,3	
115.	desgl. kleinstes Ei	1931	52,5	46,0	87,6	20,0	38,1	43,5	26,0	49,6	56,5	6,5	12,4	
116.	12 unbefruchtete Eier von Plymouth Rocks Mittel, 2 Tage alt	1931	55,3	48,7	88,1	16,0	28,9	32,9	32,7	59,2	67,1	6,6	11,9	L. C. Mitchell[12]
117.	desgl. von schwarzen Wyandotten, 20 Eier mittel	1931	56,3	49,9	88,6	18,3	32,6	36,9	31,6	56,0	63,1	6,4	11,4	
118.	desgl. von Weißen Leghorn 24 Eier Mittel	1931	57,1	51,0	89,3	16,9	29,7	33,6	34,1	59,6	66,5	6,1	10,7	
119.	desgl. befruchtet Mittel	1931	58,5	51,8	88,5	18,8	32,2	36,6	33,0	56,3	63,4	7,7	11,5	
120.	Mittel von 42 Proben amerikanischer Handelseier (insgesamt 970 Stück)	1931	57,6	51,3	89,1	18,5	32,0	36,2	32,8	57,0	63,8	6,3	10,9	
121.	Weiße Leghorn	1932	56,0	48,2	86,1	16,2	28,4	33,6	32,0	57,1	66,4	7,8	14,0	E. G. Schenk[13]
122.	Mittel von je 10 Eiern	1932	63,7	55,6	87,3	18,5	29,1	33,3	37,1	58,3	66,7	8,1	12,7	
		1932	56,5	48,7	86,3	17,1	30,7	35,2	31,6	56,0	64,8	7,8	13,7	
123.	Mittel- 11 frische Hühnereier.	1935	58,4	51,6	88,4	19,7	33,7	38,1	32,0	54,8	61,9	6,8	11,6	G. Mézaros und F. Münchberg[14]
124.	werte 6 frische Hühnereier.	1935	52,7	46,6	88,4	16,0	30,3	34,3	30,6	58,1	65,8	6,1	11,6	
125.	25 Landeier	1937	58,1	51,2	88,1	18,5	31,8	36,1	32,7	56,3	63,9	6,9	11,9	R. Viollier[15]
126.	25 Landeier	1937	58,6	52,3	89,2	18,8	32,1	36,0	33,5	57,2	64,0	6,3	10,8	
127.	25 jugoslawische Eier	1937	54,2	47,4	87,4	16,8	31,0	35,5	30,6	56,5	64,5	6,8	12,6	

* Kreuzung von Faverolle und roten Rhode Island.

Lfde. Nr.	Nähere Bezeichnung	Rasse	Jahreszeit	Legetätigkeit	Zeit der Untersuchung	Gewicht des Eies g	Gesamtinhalt g	Gesamtinhalt % des Eies	Dotter g	Dotter % des Eies	Dotter % des Ei-inhaltes	Eiklar g	Eiklar % des Eies	Eiklar % des Ei-inhaltes	Schale g	Schale % des Eies	Untersucht von
	Enteneier:																
128.	Entenei, ganz frisch				1883	56,7	50,4	88,9	20,6	36,3	40,8	29,8	52,6	59,2	6,3	11,1	J. Tarchanoff[2]
129.	Enteneier, Mittel von 5 Stück				1903	56,9	51,4	90,3	23,2	40,8	45,2	28,1	49,5	54,8	5,5	9,7	Landw. Versuchsstation i. Münster[16]
130.	Enteneier, 19 Stück, Mittel				1904	67,7	60,0	88,7	24,0	35,5	40,0	36,0	53,2	60,0	7,7	11,3	H. Lührig[6]
131.	größtes Ei				1904	74,0	66,0	89,2	32,0	43,2	48,5	34,0	46,0	51,5	8,0	10,8	
132.	kleinstes Ei				1904	56,5	50,0	88,5	19,5	34,5	39,0	30,5	54,0	61,0	6,5	11,5	
133.	Eier von indischer Laufente				1923	66,6	59,2	88,9	31,2	46,8	52,6	28,1	42,1	47,4	7,4	11,1	W. Friese[10]
134.	desgl.				1923	73,2	64,2	87,7	31,6	43,4	49,2	32,6	44,5	50,8	9,0	12,3	
135.	desgl.				1923	74,2	65,6	88,4	32,6	43,9	49,7	33,1	44,6	50,3	8,6	11,6	
136.	Weiße Ente				1923	68,0	60,1	88,3	26,0	38,2	44,3	34,1	50,1	55,7	8,0	11,7	
137.	desgl.				1923	76,3	66,6	87,3	28,1	36,9	42,3	38,5	50,4	57,7	9,7	12,7	
138.	desgl.				1923	77,4	68,6	88,7	29,4	38,1	42,9	39,2	50,6	57,1	8,8	11,3	
139.	Weiße Pekingente				1923	94,6	82,5	87,3	29,4	31,1	35,6	53,2	56,2	64,4	12,0	12,7	
140.	desgl.				1923	94,7	83,4	88,1	29,3	31,0	35,2	54,1	57,1	64,8	11,3	11,9	
141.	Entenei				1927	80,3	71,8	89,4	27,4	34,1	38,1	44,4	55,3	61,9	8,5	10,6	J. S. Hepburn und A. B. Katz[17]
142.		Laufenten	April	mittel	1935	65,3	59,5	91,0	22,9	35,0	38,5	36,6	56,0	61,5	5,7	9,0	A. K. Danilowa und W. A. Nefedjowa[21]
143.		desgl.	Mai	hoch	1935	65,2	58,0	88,9	23,0	35,3	39,7	35,0	53,6	60,3	6,0	11,1	
144.		desgl.	Mai	mittel	1935	66,9	59,7	89,1	25,7	38,3	43,0	34,0	50,8	57,0	6,1	10,9	
145.		desgl.	Mai	niedrig	1935	64,7	59,0	92,8	21,6	33,9	36,6	37,4	58,9	63,4	5,8	7,2	
146.		desgl.	Juni	mittel	1935	75,1	68,5	91,0	27,1	36,1	39,6	41,4	54,9	60,4	6,8	9,0	
147.		desgl.	Juli	mittel	1935	61,6	55,3	89,7	21,0	34,1	38,1	34,2	55,6	61,9	5,4	10,3	
148.		Pekingenten	April	mittel	1935	79,1	71,2	91,4	27,3	34,5	38,4	43,9	56,9	61,6	7,2	8,6	
149.		desgl.	Mai	hoch	1935	89,1	79,8	89,5	29,7	33,3	37,2	50,1	56,2	62,8	8,6	10,5	
150.		desgl.	Mai	mittel	1935	85,8	76,9	89,5	28,9	33,7	37,6	48,0	55,8	62,4	8,2	10,5	
151.		desgl.	Mai	niedrig	1935	83,0	74,6	89,9	26,9	32,4	36,4	47,7	57,5	63,9	7,1	10,1	
152.		desgl.	Mai	große Eier	1935	106,3	95,0	89,3	37,5	35,2	39,5	57,6	54,1	60,5	9,2	10,7	
153.		desgl.	Mai	kleine Eier	1935	69,8	62,7	91,2	21,7	31,1	34,1	41,0	60,1	65,9	6,5	8,8	
154.		desgl.	Juni	mittel	1935	83,7	75,3	90,0	28,0	33,4	37,2	47,3	56,6	62,8	7,4	10,0	
	Gänseeier:																
155.	Ei der Gans				1883	172,0	151,0	87,8	76,5	44,5	50,7	74,5	43,3	49,3	21,0	12,2	J. Tarchanoff[2]
156.	Gänseei ohne nähere Bezeichnung				1906	153,3	134,7	87,8	53,8	35,0	39,9	80,9	52,8	60,1	18,6	12,2	A. Segin[18]
157.	desgl.				1906	161,8	144,1	89,1	49,0	30,3	24,0	95,1	58,8	66,0	17,7	10,9	
158.	desgl.				1906	156,5	137,7	88,0	66,7	42,6	48,4	71,0	45,4	51,2	18,8	12,0	
159.	desgl.				1906	166,8	148,2	88,9	57,8	34,7	39,0	90,4	54,2	61,0	18,6	11,1	
160.	desgl.				1906	156,4	140,1	89,6	53,0	33,9	37,8	87,1	55,7	62,2	16,3	10,4	

161.	Eier der wendischen Gans	1923	112,1	95,3	85,0	37,2	33,2	43,6	58,1	51,8	56,4	16,8	15,0	W. Friese[10]
162.	desgl.	1923	150,0	129,8	86,6	49,6	33,1	38,2	80,2	53,5	61,8	20,2	13,4	
163.	desgl.	1923	150,0	129,2	86,1	48,1	32,1	37,2	81,1	54,0	62,8	20,8	13,9	
164.	Gänseei	1927	133,0	116,1	87,3	42,8	32,2	36,9	73,3	55,1	63,1	16,9	12,7	J. S. Hepburn und A. B. Katz[17]
165.	Gänseei ohne nähere Bezeichnung	1936	202,5	178,0	87,8	72,0	35,6	40,5	106,0	54,2	59,5	24,5	12,2	Chem. Unters.-Amt Stuttgart[19]
166.	desgl.	1936	194,0	173,0	89,2	72,3	37,3	41,8	100,7	51,9	58,2	21,0	10,8	
167.	desgl.	1936	160,6	135,4	84,9	54,3	33,8	39,8	82,0	51,1	60,2	24,2	15,1	
168.	desgl.	1936	176,3	150,9	85,6	66,4	37,7	44,1	84,5	47,9	55,9	25,4	14,4	
169.	desgl.	1936	166,4	139,8	84,0	64,3	38,6	47,4	75,5	45,4	52,6	26,6	16,0	
170.	desgl.	1936	164,3	155,6	86,8	53,7	33,9	39,1	86,9	52,9	60,9	21,7	13,2	
	Eier des Truthuhns:													
171.	Ohne nähere Bezeichnung.	1883	57,9	50,6	87,4	20,4	35,2	40,1	30,2	52,2	59,9	7,3	12,6	J. Tarchanoff[2]
172.	Ei der Trute, weiß	1923	82,5	71,5	86,7	21,6	26,2	30,2	49,9	60,5	69,8	11,0	13,3	W. Friese[10]
173.	desgl. bunt	1923	93,9	84,5	90,0	33,0	35,2	39,1	51,5	54,9	60,9	9,4	10,0	
174.	desgl. „	1923	96,2	86,7	90,2	33,7	35,1	38,9	53,0	55,1	61,1	9,4	9,8	
175.	desgl. „	1923	99,2	88,9	89,7	32,5	32,8	36,6	56,4	56,9	63,4	10,3	10,4	
	Eier des Perlhuhns:													
176.	Ohne nähere Bezeichnung, ganz frisch	1883	40,5	34,5	85,2	15,2	37,6	44,0	19,3	47,6	56,0	6,0	14,8	J. Tarchanoff[2]
177.	Perlhuhn	1893	48,0	42,2	88,0	16,0	33,3	37,8	26,2	54,7	62,2	5,8	12,0	R. W. Bauer[3]
178.	desgl.	1923	40,4	34,5	85,3	16,5	40,7	47,7	18,0	44,6	52,3	6,0	14,7	W. Friese[10]
179.	desgl.	1923	41,9	34,2	81,6	16,0	38,1	46,8	18,2	43,5	53,2	7,7	18,4	
	Eier der Taube:													
180.	Taubenei	1863	16,4	15,1	92,0	2,9	17,9	19,5	12,2	74,0	80,5	1,3	8,1	J. Davy[1]
181.	Ganz frisches Ei	1883	15,8	13,7	86,7	3,3	20,9	24,1	10,4	65,8	75,9	2,1	13,3	J. Tarchanoff[2]
182.	desgl.	1883	18,4	15,9	86,4	3,4	18,5	21,1	12,5	67,9	78,7	2,5	13,6	
183.	desgl.	1883	16,1	14,1	87,6	2,6	16,2	18,4	11,5	71,4	81,6	2,0	12,4	
184.	Taube	1908	17,8	16,6	93,3	3,9	22,2	23,8	12,6	71,1	76,2	1,2	6,8	W. Glikin[20]
185.	Ohne nähere Bezeichnung	1923	14,4	12,8	88,9	3,0	20,9	23,5	9,8	67,9	76,5	1,6	11,1	W. Friese[10]
186.	Ei von Roten Strassern	1923	18,3	16,3	89,3	3,4	18,7	20,9	12,9	70,6	79,1	2,0	10,7	
187.	Ohne nähere Bezeichnung.	1923	19,7	17,8	90,1	3,7	18,8	20,8	14,1	71,3	79,2	2,0	9,9	
188.	Ei von Roten Strassern.	1923	28,5	25,9	90,8	4,7	16,5	18,2	21,2	74,3	81,8	2,6	9,2	
189.	desgl.	1923	28,5	26,1	91,7	4,9	17,3	18,8	21,2	74,4	81,2	2,4	8,3	
	Eier des Kiebitz.													
190.	Frisches Ei	1883	27,4	24,5	89,4	8,9	32,5	36,3	15,6	56,9	63,7	2,9	10,6	J. Tarchanoff[2]
191.	desgl.	1883	24,8	22,1	89,1	8,1	32,6	36,6	14,0	56,5	63,4	2,7	10,9	
192.	desgl.	1883	24,2	21,0	86,8	8,6	35,6	41,0	12,4	51,2	59,0	3,2	13,2	
193.	Ohne nähere Bezeichnung.	1923	24,5	22,5	91,6	10,2	41,7	45,5	12,2	50,0	54,5	2,0	8,4	W. Friese[10]
194.	desgl.	1923	26,3	24,0	91,5	10,5	40,0	43,8	13,5	51,4	56,2	2,3	8,6	

Lfde. Nr.	Nähere Bezeichnung	Zeit der Untersuchung	Gewicht des Eies g	Gesamtinhalt g	Gesamtinhalt %	Dotter g	Dotter % des Eies	Dotter % des Ei-inhaltes	Eiklar g	Eiklar % des Eies	Eiklar % des Ei-inhaltes	Schale g	Schale % des Eies	Untersucht von
	Eier der Möwe:													
195.	Ohne nähere Bezeichnung.	1923	34,8	31,4	90,2	9,4	27,0	29,9	22,0	63,2	70,1	3,4	9,8	W. Friese[10]
196.	desgl.	1923	38,2	34,3	89,9	11,5	30,0	33,5	22,9	59,9	66,5	3,9	10,1	
197.	desgl.	1923	38,8	35,6	91,8	10,5	27,0	29,4	25,2	64,9	70,6	3,2	8,2	
198.	desgl.	1923	40,6	37,4	92,1	11,0	27,0	29,3	26,4	65,1	70,7	3,2	8,0	
199.	Ohne nähere Bezeichnung	1923	45,0	41,4	91,4	10,8	23,9	26,2	30,4	67,5	73,8	3,9	8,6	
200.	desgl.	1923	43,1	41,2	91,3	12,2	27,0	29,5	29,0	64,3	70,5	3,9	8,7	
	Eier sonstiger größerer Vögel. Vogelart:													
201.	Rabe, frische Eier	1883	20,0	17,9	89,5	3,6	18,0	20,2	14,3	71,5	79,8	2,1	10,5	J. Tarchanoff[2]
202.	desgl.	1883	17,8	16,0	89,9	3,3	18,6	20,6	12,7	71,3	79,4	1,8	10,1	
203.	desgl.	1883	21,2	19,0	89,6	3,7	17,5	19,5	15,3	72,1	80,5	2,2	10,4	
204.	desgl.	1883	20,5	17,8	86,8	3,5	17,1	19,7	14,3	69,7	80,3	2,7	13,2	
205.	desgl.	1833	19,4	16,7	86,1	3,6	18,6	21,5	13,1	67,5	78,5	2,7	13,9	
206.	Kornkrähe, anscheinend frisches Ei	1883	15,4	13,2	85,7	2,7	17,5	20,4	10,5	68,2	79,6	2,2	14,3	
207.	desgl.	1883	19,3	17,2	89,1	2,1	10,9	12,2	15,1	78,2	87,8	2,1	10,9	
208.	desgl.	1883	18,7	17,1	91,4	3,1	15,9	12,3	15,0	80,2	87,7	1,6	8,6	
209.	desgl.	1883	19,5	18,0	92,3	2,1	11,2	17,2	14,9	76,4	82,8	1,5	7,7	
210.	desgl.	1883	16,8	14,3	85,1	2,2	13,1	15,4	12,1	72,0	84,6	2,5	14,9	
211.	Wachtelkönig, ganz frisch. Ei.	1883	12,9	11,0	85,3	4,4	34,1	40,0	6,6	51,2	60,0	1,9	14,7	W. Friese[10]
212.	desgl.	1883	13,6	11,8	86,8	4,7	34,6	39,9	7,1	52,2	60,1	1,8	13,2	
213.	desgl.	1883	13,0	11,8	90,8	4,3	33,1	36,5	7,5	57,7	63,5	1,2	9,2	
214.	Fasan	1923	25,4	23,2	92,0	9,8	38,7	42,0	13,5	53,3	58,0	2,0	8,1	
215.	„	1923	27,1	24,2	89,4	9,8	36,3	40,6	14,4	53,1	59,4	2,9	10,6	
216.	„	1923	28,7	25,6	89,2	10,6	37,1	41,6	14,9	52,1	58,3	3,1	10,8	
217.	Rebhuhn (Perdrix cinerea)	1893	13,1	11,8	87,8	4,9	37,0	42,2	6,9	50,8	57,8	1,3	12,2	R. W. Bauer[3]
218.	Eichelhäher	1863	7,5	7,1	9,5	2,2	26,9	28,3	5,1	68,1	71,7	0,4	5,0	J. Davy[1]
	Eier kleinerer Vögel. Vogelart:													
219.	Amsel	1923	4,50	4,05	90,0	1,52	33,8	29,8	2,53	56,2	70,2	0,45	10,0	W. Friese[10]
220.	„	1923	6,80	6,25	91,9	1,98	29,1	31,7	4,27	26,8	68,3	0,55	8,1	
221.	„	1923	7,50	6,91	92,0	2,24	29,9	32,4	4,66	62,1	67,6	0,60	8,0	
222.	„	1923	7,97	7,30	91,6	2,61	32,7	35,7	4,69	58,9	64,3	0,57	8,4	
223.	„	1923	8,13	7,50	92,3	2,88	35,4	38,4	4,62	56,8	61,6	0,63	7,8	

No.		Jahr												Autor
224.	Drossel	1883	6,13	5,67	92,5	1,47	24,0	25,9	4,20	68,5	74,1	0,46	7,5	J. Tarchanoff[2]
225.	„	1883	5,82	5,13	88,3	1,25	21,6	24,3	3,88	66,7	75,7	0,68	11,7	
226.	„	1893	6,4	5,5	85,6	2,4	37,0	43,2	3,1	48,6	56,8	0,9	14,4	R. W. Bauer[3]
227.	Star	1893	6,79	6,31	92,9	0,97	14,3	15,3	5,34	78,7	84,7	0,48	7,1	J. Davy[1]
228.	Sperling	1883	2,72	2,21	81,3	0,46	16,9	20,8	1,75	64,4	79,3	0,51	18,8	
229.	„	1883	3,54	3,10	87,5	0,68	19,1	22,0	2,42	68,4	78,0	0,44	12,5	J. Tarchanoff[1]
230.	„	1883	2,29	2,00	87,3	0,40	17,5	20,0	1,60	69,8	80,0	0,29	12,7	
231.	„	1923	2,93	2,65	90,4	—	—	—	—	—	—	0,28	9,6	W. Friese[10]
232.	„	1923	3,02	2,72	90,1	—	—	—	—	—	—	1,30	9,9	
233.	Feldsperling (Hedge sparrow)	1863	2,04	1,92	94,3	0,44	21,5	22,7	1,48	72,5	77,3	0,12	5,8	J. Davy[1]
234.	Rotkehlchen	1863	2,29	2,17	94,6	0,55	24,3	24,6	1,62	70,4	74,4	0,12	5,4	
235.	„	1863	3,88	3,77	97,3	0,85	22,8	22,7	2,92	75,2	77,3	0,11	2,7	
236.	Gartenrotschwanz	1883	2,01	1,84	91,5	0,43	21,3	23,4	1,41	70,2	76,6	0,17	8,5	
237.	„	1883	2,06	1,90	92,2	0,42	20,4	22,1	1,48	71,8	77,9	0,16	7,8	
238.	Nachtigall	1883	2,02	1,80	89,1	0,45	22,3	25,0	1,35	66,8	75,0	0,22	10,9	
239.	„	1883	2,09	1,88	89,9	0,45	21,5	24,0	1,43	68,4	76,0	0,21	10,1	J. Tarchanoff[2]
240.	Uferschwalbe	1883	1,63	1,48	90,8	0,37	22,7	25,0	1,11	68,1	75,0	0,15	9,2	
241.	„	1883	1,52	1,38	90,8	0,30	19,7	21,8	1,08	71,1	78,2	0,14	9,2	
242.	„	1883	1,42	1,31	92,3	0,31	21,6	23,7	1,00	70,5	76,3	0,11	7,7	
243.	„	1883	1,54	1,43	92,7	0,32	20,6	22,4	1,11	72,1	77,6	0,11	7,3	
244.	Schwalbe (Hirundo rustica)	1893	1,36	1,20	88,2	0,26	19,3	21,9	0,94	68,9	78,1	0,16	11,8	R. W. Bauer[3]
245.	Zaunkönig (Golden crested wren)	1863	0,85	0,81	95,1	0,20	24,1	25,3	0,61	71,1	74,7	0,04	4,9	J. Davy[2]
246.	Kanarienvogel	1883	1,48	1,35	92,9	0,35	25,3	25,9	1,00	67,6	74,1	0,13	7,1	J. Tarchanoff[2]
247.	Harzer Edelroller	1883	1,81	1,72	95,0	0,66	36,5	38,4	1,06	58,6	61,6	0,09	5,0	W. Friese[10]
248.	desgl.	1883	1,83	1,74	95,1	0,66	36,1	37,9	1,08	59,0	62,1	0,09	4,9	

[1] Davy, J.: Edinburgh New Philos. J. 1863, 18, 249. Nach Needham. — [2] Tarchanoff, J.: Pflügers Arch. 1883, 31, 359. — [3] Bauer, R. W.: Biolog. Zbl. 1893, 13, 511; 1894, 14, 560; 1895, 15, 448. — Lebbin, G.: Z. öff. Chem. 1900, 6, 148. — [5] Hartung, C.: Z. Biol. 1902, 43, 195. — [6] Lührig, H.: Z. 1904, 7, 141. — [7] Willard, J. T., R. H. Shaw, S. Hartzell und H. Hole: Kansas Agric. Experim. Stat. 1909, Bull. 159. Nach Needham. — [8] Czadek, O. v.: Z. landw. Versuchswesen Österreich 1916, 19, 440; Z. 1918, 36, 169. — [9] Iljin, M. D.: Z. Tierzücht. u. Züchtungsbiol. 1929, 14, 112. — [10] Friese, W.: Z. 1923, 46, 35. — [11] Scharrer, K. und W. Schropp: Biedermanns Zbl. B. Tierernährung 1932, 4, 249. — [12] Mitchell, L. C.: J. Assoc. Offic. Agricult. Chem. 1932, 15, 310. Der im Original als „Verlust" angegebene Anteil (0,29—0,36—0,80—0,57—0,52%) wurde in obiger Tabelle zum Eiklar hinzugerechnet. — [13] Schenk, E. G.: Z. physiol. Chem. 1932, 211, 116. — [14] Mészáros, G. und F. Münchberg: Z. 1935, 70, 156. — [15] Viollier, R.: Mitt. Lebensmittelunters. u. Hygiene 1937, 28, 23. — [16] Landwirtschaftliche Versuchsstation Münster. Nach J. König: Chemie I S. 99. — [17] Hepburn, J. S.: und A. B. Katz: J. Franklin Inst. Philadelphia 1927, 203, 835. Nach Needham. — [18] Segin, A.: Z. 1906, 12, 165. — [19] Chem. Unters. Amt Stuttgart, Jber. 1936, 16. — [20] Glikin, W.: Biochem. Z. 1908, 7, 286. — [21] Danilowa, A. K. und W. A. Nefedjowa: Biedermanns Zbl., Abt. B. Tierernährung 1935, 7, 532.

Zusammensetzung der Vogeleier.

Zusammenstellung der Mittelwerte.

Vogelart	Zahl der Ana- lysen	Gewicht des Eies g	Gesamtinhalt		Dotter			Eiklar			Schale		Bemerkungen
			g	% des Eies	g	% des Eies	% des Ei- inhaltes	g	% des Eies	% des Ei- inhaltes	g	% des Eies	
Haushuhn	127	58,1[1]	52,7	89,9	18,6	31,8	35,4	34,1	58,1	64,6	5,9	10,1	
Hausente	27	70,4	63,2	89,7	25,3	35,8	40,9	37,9	53,9	59,1	7,2	10,3	
Hausgans	16	161,0	148,1	87,2	57,3	35,6	40,6	90,8	56,4	64,3	20,6	12,8	Nestflüchter
Truthuhn	5	85,9	76,3	88,8	28,3	32,9	37,1	48,0	55,9	62,9	9,6	11,2	
Perlhuhn	4	42,7	36,3	85,0	16,0	37,4	44,1	20,3	47,6	55,9	6,4	15,0	
Taube	10	19,4	17,4	89,7	3,6	18,8	20,9	13,8	70,9	79,1	2,0	10,3	Nesthocker
Kiebitz	5	25,4	22,8	89,7	9,3	36,5	40,6	13,3	53,2	59,4	2,6	10,3	Nestflüchter
Möwe	6	40,1	6,5	91,1	10,8	27,0	29,6	25,7	64,1	70,4	3,6	8,9	Nesthocker
Rabe	5	19,8	17,5	88,4	3,6	18,0	20,4	13,9	70,4	79,6	2,3	11,6	
Kornkrähe	5	17,9	15,9	88,7	2,5	13,7	15,4	19,4	75,0	84,6	2,0	11,3	
Wachtelkönig (Wiesenralle)	3	13,2	11,6	87,6	4,5	33,9	38,7	7,1	53,7	61,3	1,6	12,4	Nestflüchter
Fasan	3	27,1	24,4	90,2	10,1	37,4	42,5	14,3	52,8	57,5	2,7	9,8	
Amsel	5	6,98	6,39	91,5	2,24	32,1	35,1	4,15	59,4	64,9	0,59	8,5	
Drossel	3	6,12	5,43	88,8	1,68	27,5	31,0	3,75	61,3	69,0	0,69	11,2	
Sperling	5	2,90	2,53	87,3	0,57	1,95	22,3	1,96	67,5	77,7	0,37	12,7	
Rotkehlchen	2	3,09	2,96	95,9	0,73	23,6	24,6	2,23	72,3	75,4	0,13	4,1	Nesthocker
Gartenrotschwanz	2	2,04	1,87	91,9	0,43	20,9	22,7	1,44	71,0	77,3	0,17	8,1	
Nachtigall	2	2,06	1,84	89,5	0,45	21,9	24,5	1,39	67,6	75,5	0,22	10,5	
Uferschwalbe	4	1,53	1,40	91,6	0,32	21,2	23,1	1,08	70,4	76,9	0,13	8,4	
Kanarienvogel	3	1,71	1,61	94,3	0,56	32,6	34,6	1,05	61,7	65,4	0,10	5,7	

Für *Eier verschiedener Hühnerrassen* hat ILJIN aus seinen Angaben Mittelwerte berechnet, die wir um die prozentuale Zusammensetzung ergänzen. Wir erhalten dann:

Rasse	Gewicht des Eies	Gesamtinhalt		Dotter			Eiklar			Schale	
		g	% des Eies	g	% des Eies	% des Ei- inhaltes	g	% des Eies	% des Ei- inhaltes	g	% des Ei- inhaltes
Houdan	56,3	50,8	90,2	16,4	29,1	32,3	34,4	61,1	67,7	5,5	9,8
Orpington	55,5	50,8	91,5	17,7	31,9	34,2	33,1	59,7	65,8	4,7	8,4
Plymouth-Rocks	56,6	50,9	89,8	16,3	28,7	32,0	34,6	61,1	68,0	5,8	10,2
Rhode Island	58,7	54,6	93,1	16,1	27,4	29,4	35,6	65,7	70,6	4,0	6,9

[1] Mittel von 295 Bestimmungen.

Auch G. Méczaros[1] befaßte sich mit dem Einfluß der Hühnerrasse auf die Gewichtsverhältnisse bei Eiern. Nach Prüfung von etwa 100 Eiern erhielt er folgende Mittelwerte für Eier von Leghorn-, Rhode-Island- und Bauernhühnern (Ungarische Markteier):

| Art der Eier | Gewicht von | | Eiklar | Schale |
	Eiinhalt %	Dotter %	%	%
Eier von Leghorn	89,2	31,5	57,7	10,8
desgl. von Rhode-Island .	89,4	30,9	58,5	10,6
desgl. Markteier	88,5	32,1	56,4	11,5
Gewichtsgruppe unter 50 g	88,4	32,6	55,8	11,6
desgl. 50—55 g	89,2	32,6	56,6	10,8
desgl. 50—60 g	89,0	30,4	58,6	11,0
desgl. über 60 g	89,6	30,2	59,4	10,4

Die Unterschiede sind hier also recht gering.

102 bulgarische Eier aus dem Markt in Sofia wogen nach Feststellungen von T. Radeff[2] 43,05—67,80, im Mittel 54,81 ± 0,57 g, die Dotter 12,18—22,80 g, im Mittel 17,65 ± 0,24 g. Die Korrelation zwischen Eigewicht und Dottergewicht ergab sich zu $r = +0,70 \pm 0,05$.

Über die *Variation im Verhältnis von Eiklar zu Eidotter* bei frischen Eiern bringen H. P. Morris, F. B. King und R. B. Nestler[3] folgende Angaben. Bei den Versuchen wurden je 12 Eier gemeinsam geprüft.

Variation im Verhältnis Eiklar : Dotter bei frischen Eiern.

| Gegenstand | Zahl der Eier | Mittleres Gewicht | | Eiinhalt (eßbarer Teil) g | Verhältnis Eiklar / Dotter |
		Eiklar g	Dotter g		
A. Frischeier des Handels .	252	31,4 ± 0,19	18,1 ± 0,10	49,5 ± 0,22	1,73 ± 0,01
B. Frische Farmeier (Beltsville) von reifen Hennen	288	32,2 ± 0,17	16,8 ± 0,11	49,0 ± 0,24	1,92 ± 0,004
C. Frischeier von Junghennen (pullets)	72	30,0 ± 0,42	12,6 ± 0,2	42,9 ± 0,62	2,40 ± 0,2
Mittel der Literaturangaben	—	30	18	48	1,67

Das Eigewicht beim Huhn ist nach E. M. Funk und H. L. Kempster[4] von einer Reihe von Faktoren abhängig.

Die Jahreszeit spielt eine Rolle. Je jünger die Tiere bei der Legetätigkeit sind, um so geringer ist das Eigewicht. Diese Beziehung gilt auch noch, wenn das Eigewicht auf die Einheit des Körpergewichts bezogen wird. Je größer das Körpergewicht bei Beginn der Legetätigkeit, um so größer ist das durchschnittliche Eigewicht. Das Eigewicht nimmt vor einer Pause in der Legetätigkeit allmählich ab und nach ihr wieder zu. Eier, die morgens gelegt wurden, waren schwerer als am Nachmittag gelegte. Die Mutter-Tochterkorrelation für das durchschnittliche Eigewicht während der ersten 10 Monate der Legetätigkeit belief sich auf 0,288 ± 0,06. Die Fütterung hat ebenfalls Einfluß auf das Ergebnis.

Ein Vergleich der Mittelwerte der Eier verschiedener Vogelarten bestätigt die Angabe von Tarchanoff, daß der Anteil des Eidotters am Eiinhalt bei den Nesthockern (Ausnahme des Kiebitz mit 40,6%) erheblich kleiner ist als bei den Nestflüchtern. Offenbar ist der biologische Grund hierfür darin zu suchen, daß die Nestflüchter für ihre höhere Entwicklungsstufe beim Ausschlüpfen größere Mengen der Dotternährstoffe verbrauchten, während den Nesthockern diese zum großen Teil durch die Fütterung der Alten zugetragen werden.

---

[1] Méczaros, G.: Z. 1934, **68**, 548. — [2] Radeff, T.: Arch. Geflügelk. 1934, **8**, 47. — [3] Morris, H. P., F. B. King und R. B. Nestler: J. Home Economics 1935, **27**, 33. — [4] Funk, E. M. und H. L. Kempter: Missouri Agric. Experiment. Stat. 1934, Bull. **332**; Arch. Geflügelk. 1934, **8**, 258.

2. Allgemeine chemische Zusammensetzung des gesamten Eiinhalts.

Lfde. Nr.	Nähere Bezeichnung	Zeit der Unter-suchung	In der natürlichen Substanz					In der Trocken-substanz		Untersucht von
			Wasser %	Stick-stoff-substanz %	Fett (Äther-extrakt) %	Stick-stoff-freie Ex-trakt-stoffe %	Asche %	Stick-stoff-substanz %	Fett %	
					a) Eier des Haushuhns.					
1.	Hühnereier, ohne weitere Angaben .	1863	74,6	13,6	10,4	—	1,3	53,8	41,1	A. Payen[1]
2.	desgl.	1873	74,0	13,7	11,3	—	1,0	53,7	43,3	Commaille[2]
3.	Mittel	1876	72,5	11,4	13,4	1,4	1,1	41,3	48,7	J. König und B. Farwick[3]
4.	desgl. von je 5 Eiern	1878	73,6	11,5	13,4	0,5	1,1	43,5	50,6	J. König und C. Krauch[4]
5.	Ganzes Ei	1900	73,2	13,2	11,6	1,0	1,1	46,5	40,6	G. Lebbin[5]
6.	Frische Eier, Mittel von vier mittel-großen frischen Eiern	1901	72,4	12,6	11,4	2,6	1,0	45,7	41,2	M. Mansfeld[6]
7.	Ganzes Ei, roh	1902	73,7	13,4	10,5	1,4	1,0	50,9	39,9	
8.	desgl. gekocht	1902	73,7	13,3	12,0	0,2	0,8	50,6	45,6	C. F. Langworthy[7]
9.	Rohes weißschaliges Ei	1902	73,5	13,2	12,1	0,5	0,7	49,8	45,7	
10.	Rohes braunschaliges Ei	1902	72,8	13,4	12,6	0,4	0,8	49,3	46,3	
11.	Hühnereier, indische	1903	74,8	10,8	10,5	3,0	0,9	42,9	41,7	M. Greshoff, J. Sack und J. J. van Eck[8]
12.	Hühnereier, große	1903	73,7	13,3	11,2	0,8	1,0	50,7	42,6	P. Welmans[9]
13.	desgl. kleine	1903	73,7	13,5	10,7	1,1	1,0	51,4	40,7	
	Hühner-Rasse: Eigewicht g:									
14.	Sulmtaler . 56,71	1916	72,1	13,9	11,2	0,7	1,1	49,8	40,2	
15.	desgl. 58,61	1916	72,6	13,8	11,2	1,3	1,1	50,4	40,7	
16.	Minorka . 74,01	1916	72,7	14,1	10,4	1,8	1,0	51,5	33,0	
17.	Orpington . 43,48	1916	67,1	15,6	14,4	1,6	1,3	47,3	43,8	
18.	desgl. 58,52	1916	72,5	14,1	11,5	0,9	1,1	51,2	41,7	
19.	Rhode Island 45,49	1916	74,1	12,2	11,2	1,3	1,2	47,2	43,2	
20.	desgl. 51,90	1916	73,3	12,5	11,6	1,4	1,2	46,8	43,6	O. W. Czadek[10]
21.	Faverolles 53,04	1916	73,2	13,4	11,6	0,7	1,1	50,0	43,3	
22.	desgl. 62,72	1916	73,8	12,6	11,2	1,3	1,1	48,0	42,9	
23.	Italiener 56,88	1916	72,4	12,8	12,1	1,5	1,2	46,3	43,9	
24.	desgl. 51,73	1916	71,4	13,3	12,3	1,8	1,2	46,6	42,8	
25.	Rheinländer 42,80	1916	68,0	15,0	14,1	1,6	1,4	46,9	44,0	
26.	desgl. 49,16	1916	67,9	15,9	14,0	0,9	1,3	49,7	43,5	
27.	Wyandotten 51,59	1916	69,0	14,8	12,9	1,4	1,0	49,2	43,0	
28.	Mittel von 10 Hühnereiern . —	1923	74,0	12,9	11,2	—	—	49,7	43,1	G. van Meurs[11]
29.	desgl. von 6 Eiern . —	1923	73,5	13,3	11,4	0,9	0,9	50,2	43,1	

Nr.		Jahr								
30.	Große rundliche Form, Schale gelbl.	1924	73,7	13,2	10,5	0,9	1,0	50,2	40,8	
31.	Mittelgroß, längl. Form, Schale weiß	1924	73,7	12,7	10,2	1,6	1,0	48,3	38,8	
32.	Kleine rundliche Form, Schale weiß.	1924	73,7	12,0	10,4	2,4	1,1	45,6	39,5	Th. SUDENDORF und
33.	Kleine spitze Form, Schale rötlich-gelb von kleinem Landhuhn.	1924	73,7	12,7	11,0	2,8	1,0	48,3	41,8	O. PENNDORF[12]
34.	Ausgesucht klein von einem Zwerghuhn rundliche Form, Schale weiß	1924	73,7	—	10,3	1,6	—	—	39,2	
	Mittelwerte für Hühnereier	—	**72,5**	**13,3**	**11,6**	**1,5**	**1,1**	**48,2**	**42,3**	

b) Sonstige Vogeleier.

Nr.		Jahr								
	Enteneier:									
35.	Durchschnitt von 5 Eiern	1873	71,1	12,2	15,5	—	1,2	42,4	53,6	COMMAILLE[2]
36.	Entenei, roh	1901	70,5	13,3	14,5	0,7	1,0	45,1	49,2	C. F. LANGWORTHY[7]
37.	Enteneier, indische	1910	70,0	13,4	13,7	1,8	1,1	44,8	45,7	J. J. VAN ECK und J. E. Q. BOSZ[13]
38.	Enteneier von Anas erythrorhynchos, Mittel von 3 Eiern	1927	68,6	13,6	14,4	2,7	0,8	43,5	45,8	J. S. HEPBURN und A. B. KATZ[14]
	Mittelwerte für Enteneier	—	**70,1**	**13,0**	**14,5**	**1,4**	**1,0**	**43,5**	**48,5**	
	Kiebitzeier:									
39.	Kiebitzeier, Mittel von 5 Stück	1878	74,4	10,8	11,7	2,2	1,0	42,0	45,8	J. KÖNIG und C. KRAUCH[4]
40.	desgl. roh, ohne Schale 9,6%	1901	74,4	10,7	11,7	2,2	1,0	41,8	45,7	C. F. LANGWORTHY[7]
41.	Kiebitzeier ohne nähere Bezeichnung	1903	75,3	11,0	10,3	2,6	0,8	44,5	41,5	GRESHOFF, SACK u. VAN ECK[8]
	Mittelwerte für Kiebitzeier	—	**74,7**	**10,8**	**11,2**	**2,4**	**0,9**	**42,7**	**44,3**	
	Gänseeier:									
42.	Gänseei (156—159 g) roh, ohne Schale (14,2%)	1901	69,5	13,8	14,4	1,3	1,0	45,2	47,2	C. F. LANGWORTHY[7]
43.	Gänseeier (anser anser), Mittel von 3 Stück	1927	71.3	14,1	12,2	1,3	1,2	49,1	42,4	J. S. HEPBURN[14]
	Mittelwerte für Gänseeier	—	**70,4**	**13,9**	**13,3**	**1,3**	**1,1**	**47,1**	**45,8**	
	Truthuhneier:									
44.	Ei roh, ohne Schale (= 13,8%)	1901	73,7	13,4	11,2	0,8	0,9	50,9	42,6	C. F. LANGWORTHY[7]
45.	Mittel von 6 Eiern	1937	71,4	⌊13,0	12,3	2,7 (Glucose 0,36)	0,7	45,3	42,9	J. S. HEPBURN und P. R. MIRAGLIA[15]
	Mittelwerte für Truthuhneier	—	**72,6**	**13,2**	**11,7**	**1,7**	**0,8**	**48,1**	**⌊42,8**	
	Perlhuhnei:									
46.	Ei roh, ohne Schale (= 9,6%)	1901	72,8	13,5	12,0	0,8	0,9	49,6	44,1	C. F. LANGWORTHY[7]

[1] PAYEN, A.: J. Pharm. 1863, 16, 279. — [2] COMMAILLE: Zbl. Agrik.-Chem. 1873, 4, 419. — [3] KÖNIG, J. und B. FARWICK: Z. Biologie 1876, 12, 497. — [4] KÖNIG, J. und C. KRAUCH: J. KÖNIG: Chem. menschl. Nahrungs- u. Genußm. Bd. I, 1903, 98. — [5] LEBBIN, G.: Z. öff. Chem. 1900, 6; 148. — Im Original sind die Ergebnisse auf das ganze Ei mit Schale berechnet. — [6] MANSFELD, M.: Österr. Chem.-Ztg. 1901, 4, 442. — [7] LANGWORTHY, C. F.: U. S. Dep. Agric. Farmers Bull. 128, Washington 1901; Z. 1902, 5, 1125. — Die beiden letzten Analysen wurden vom Bearbeiter auf Eiinhalt umgerechnet. — [8] GRESHOFF, M., J. SACK und J. J. VAN ECK: Nach Analysen des Kolonialmuseums in Haarlem. Chem.-Ztg. 1903, 27, 499.; Z. 1910, 19, 754. — [9] WELMANS, P.: Pharm. Ztg. 1903, 48, 665. — Die Originalangaben beziehen sich auf Trockensubstanz und wurden vom Bearbeiter unter Zugrundelegung eines Wassergehaltes von 73,7% (nach KÖNIG) umgerechnet. — [10] CZADEK, O. W.: Z. landw. Versuchsw. Österreich 1916, 19, 440; Z. 1918, 36, 169. Die Zahl für Wasser und Asche sind aus den Angaben für Eiweiß und Eigelb vom Bearbeiter auf Gesamteiinhalt umgerechnet. — [11] MEURS, G. VAN: Rec. Trav. Chim. Pays-Bas 1923, 42, 800; Z. 1924, 48, 456. Umgerechnet aus den Angaben des Verf. für Eiweiß und Eigelb. — [12] PENNDORF, O.: Z. 1924, 47, 47. — Umgerechnet auf den Wassergehalt von 73,7% (nach KÖNIG). — [13] ECK, J. J. VAN und J. E. Q. BOSZ: Z. 1909, 18, 483, und Z. 1910, 19, 754. — [14] HEPBURN, J. S. und A. B. KATZ: J. Franklin-Inst. 1927, 203, 835. — [15] HEPBURN, J. S. und P. R. MIRAGLIA: J. Franklin-Inst. 1937, 223, 375.

Von Heinroth über Beziehungen zwischen Vogelgewicht, Eigewicht, Gelegegewicht und Brutdauer an 160 Vogeleiern verschiedener Arten vorgenommene Wägungen haben ergeben, daß prozentual die mittelgroßen Eier von 46—50 g die größten Dotter aufwiesen. Mit zunehmendem Eigewicht über diese Größe hinaus nimmt das prozentuale Dottergewicht wieder ab.

Der *Anteil der Schale* am Ei unterliegt nach obigen Angaben nicht unbeträchtlichen Schwankungen. Die Dicke der Eischale von Hühnern wird außer durch die Art des Futters, durch Bestrahlung mit Sonnenlicht und durch die Rasse beeinflußt.

Hughes, Payne und Latschaw[1] fanden bei Stallhaltung (ohne direktes Sonnenlicht) nach künstlicher Bestrahlung der Tiere (vgl. S. 20) eine Zunahme des Schalengewichts um 44%. Nach Versuchen von L. W. Taylor und J. H. Martin[2] war ebenfalls eine solche Zunahme zu beobachten, allerdings im geringeren Grade. Bei verschiedenen Rassen fanden Taylor und Martin folgende Unterschiede:

Rasse . . . . . . Plymouths Rocks Weiße Leghorn
Schalenanteil . . . 8,66 ± 0,0603 9,13 ± 0,0453

Sog. *glasige Eierschalen* (vgl. S. 48) sind nach H. J. Almquist und R. B. Burmester[3] durchweg leichter und dünner als gewöhnliche, auch die zugehörige *Schalenhaut* hat bei diesen weniger Ausdehnung. So fanden Almquist und Burmester folgende Mittelwerte:

Eierschale	Gesamte Schale in % des Eies	Kalkschale in % des Eies	Schalenhaut	
			in % des Eies	in % der Gesamtschale
Normale	9,204 ± 0,027	8,779 ± 0,027	0,424 ± 0,002	4,650 ± 0,031
Glasige	7,911 ± 0,032	7,625 ± 0,031	0,286 ± 0,002	3,597 ± 0,022

Aus den Mittelwerten der vorstehenden Tabelle erhalten wir die wahrscheinlichsten Mittelwerte für verschiedene Vogeleier in der folgenden Tabelle.

Mittlere Zusammensetzung verschiedener Eier.

Vogelei	In der natürlichsten Substanz						In der Trockensubstanz	
	Wasser %	Trocken-substanz %	Stickstoff-substanz %	Fett (Äther-extrakt) %	Stickstoff-freie Ex-traktstoffe %	Asche %	Stickstoff-substanz %	Fett %
Hühnerei . .	72,5	27,5	13,3	11,6	1,5	1,1	48,2	42,3
Entenei . .	70,1	29,9	13,0	14,5	1,4	1,0	43,5	48,5
Gänseei . .	70,4	29,6	13,9	13,3	1,3	1,1	46,0	46,0
Kiebitzei . .	74,7	25,3	10,8	11,2	2,4	0,9	42,7	44,3
Truthuhnei .	72,6	26,3	13,2	11,7	1,7	0,8	48,1	42,8
Perlhuhnei .	72,8	27,2	13,5	12,0	0,8	0,9	49,6	44,1

Mittlere Zusammensetzung eines Eies mittlerer Größe.

Vogelei	Mittleres Gewicht		In einem Einhalt sind enthalten						
	des Eies g	des Eiinhaltes g	Wasser g	Trocken-substanz g	Stickstoff-substanz g	Fett (Äther-extrakt) g	Stickstoff-freie Ex-traktstoffe g	Asche g	Calorien[4] (rohe) cal.
Hühnerei .	58,1	52,7	38,2	14,5	7,1	6,0	0,5	0,6	91
Entenei .	72,6	64,2	44,9	19,3	8,3	9,5	0,9	0,6	131
Gänseei .	161,0	148,1	104,1	44,0	20,6	19,7	1,9	1,6	286
Kiebitzei .	25,4	22,8	16,9	5,9	2,5	2,6	0,6	0,2	38
Truthuhnei	83,2	74,4	54,0	20,4	9,8	8,7	1,3	0,6	131
Perlhuhnei	42,7	36,3	26,4	9,9	4,9	4,4	0,3	0,3	65

[1] Nach Taylor und Martin, vgl. Anm. 2. — [2] Taylor, L. W. und J. H. Martin: Poultry Science 1928, **8**; Arch. Geflügelk. 1929, **3**, 92. — [3] Almquist, H. J. und R. B. Burmester: Poultry Science 1934, **13**, 116. — [4] Berechnet aus 4,6 × Stickstoffsubstanz + 9,3 × Fett + 4 × Stickstoffreie Extraktstoffe. — Vgl. J. König: Chemie der Nahrungs- und Genußmittel. II. 5. Aufl. Berlin 1920, S. 152. —

In ihrer Zusammensetzung zeigen also die Eier verschiedener Vögel zwar nicht sehr große, aber immerhin einige merkbare Unterschiede:

A. Das *Hühnerei* hat einen gleichhohen Proteingehalt wie das Enten-, Truthuhn- und Perlhuhnei. Dagegen ist sein Fettgehalt niedriger als beim Enten- und Gänseei, dafür sein Wassergehalt etwas höher. Dementsprechend besteht die Trockensubstanz des Eiinhaltes zu rund 50% aus Stickstoffsubstanz und nur zu rund 43% aus Fett.

B. Das *Entenei* ist durch den höheren Fett- und den niedrigen Wassergehalt gekennzeichnet. Die Trockensubstanz des Eiinhaltes enthält rund 49% Fett und nur 43% Stickstoffsubstanz.

C. Das *Gänseei* steht in der Zusammensetzung zwischen dem Hühnerei und Gänseei. Die Trockensubstanz enthält etwa gleiche Mengen Protein und Fett.

D. Beim *Kiebitzei* ist der Proteingehalt niedriger als bei den andern Eiern, sein Fettgehalt aber wie beim Hühnerei.

E. *Truthuhnei* und *Perlhuhnei* zeigen fast die gleiche allgemeine Zusammensetzung wie das Hühnerei.

Wie der Eiertrag und die Eigröße ist auch die allgemeine Eizusammensetzung durch das Futter zu beeinflussen, wie W. TITUS, T. C. BYERLY und N. R. ELLIS[1] durch statistische Feststellungen noch besonders bestätigt haben. Dabei war die Dotter leichter zu beeinflussen als das Eiklar.

3. Gehalt an Einzelbestandteilen.

Eidotter und *Eiklar* sind stofflich weitgehend voneinander verschieden. Während die Hauptbestandteile der Eidottertrockenmasse, die nach S. 110 rd. die Hälfte des gesamten Dotters ausmacht, *Fett, Lecithin, Cholesterin* und *Vitellin* sind, ist der Hauptbestandteil des Eiklars neben rd. 86—87% Wasser (vgl. S. 146) das wasserlösliche *Albumin*.

Auf Grund dieser Überlegungen erscheint es gerechtfertigt in der vorliegenden Bearbeitung Eidotter und Eiklar in getrennten Abschnitten zu behandeln. Anschließend sollen zunächst neben dem Wassergehalt und den Mineralstoffen des Eies nur einige Bestandteile besprochen werden, die in beiden Hauptteilen des Eiinhaltes vorhanden sind.

a) Wasser.

Daß der Wassergehalt des Eiinhaltes und seiner Teile Eidotter und Eiklar fast unabhängig vom Eigewicht ist, geht aus folgenden Befunden von M. D. ILJIN[2] an 66 Eiern hervor (s. Tab. S. 84).

Ähnlich fand auch G. MÉSZÁROS[3] keine merkliche Abhängigkeit des prozentualen Trockensubstanzgehaltes des Eies von der Eigröße, außer daß bei größeren Eiern der Dotter relativ etwas kleiner und dadurch der Trockensubstanzgehalt etwas vermindert ist.

So betrug dieser für

Eigewicht	unter 50 g %	50—55 g %	55—60 g %	über 60 g %
Trockensubstanz im Dotter	16,5	16,6	15,5	15,3
desgl. im Eiklar	7,4	7,5	8,0	7,7
desgl. insgesamt	23,9	24,1	23,5	23,0

---

[1] TITUS, H. W., T. C. BYERLY und N. R. ELLIS: J. Nutrit. 1933, **6**, 127; Z. 1937, **74**, 82. — [2] ILJIN, M. D.: Z. Tierzüchtung u. Züchtungsbiol. 1929, **14**, 112. — [3] MÉSZÁROS, G.: Z. 1934, **68**, 548.

Wassergehalt des Eiinhaltes in Beziehung zur Eigröße nach M. D. ILJIN[1].

Ei-gewicht g	Wassergehalt von			Ei-gewicht g	Wassergehalt von			Ei-gewicht g	Wassergehalt von		
	Eiinhalt %	Dotter %	Eiklar %		Eiinhalt %	Dotter %	Eiklar %		Eiinhalt %	Dotter %	Eiklar %
45,4	73,9	49,5	85,4	55,0	74,4	47,6	86,5	59,7	73,3	47,4	87,9
45,5	75,7	48,3	86,1	55,1	71,4	49,1	86,1	60,1	72,5	48,4	86,1
50,7	71,6	49,0	86,2	55,1	75,1	48,1	85,1	60,1	71,5	47,8	86,0
50,8	74,4	49,4	86,2	55,1	74,4	49,9	86,9	62,1	72,8	47,2	86,3
50,9	74,0	46,8	85,3	55,2	74,1	50,0	86,0	62,2	72,4	48,2	86,7
51,0	73,8	49,9	87,2	55,2	72,7	47,3	86,7	63,3	73,2	49,1	85,8
51,1	71,9	47,3	85,6	55,5	73,3	49,4	86,1	63,3	73,0	47,4	86,2
51,1	74,4	52,4	85,7	55,7	75,1	50,1	86,9	64,5	73,7	48,5	85,3
51,1	72,8	48,3	87,1	55,7	72,8	47,0	87,8	64,7	72,6	49,0	85,9
51,1	72,8	47,4	87,7	56,0	74,3	49,0	86,2	64,9	74,2	47,8	85,1
51,2	74,2	48,1	87,0	56,2	74,5	48,6	86,5	64,8	74,8	46,4	87,5
51,9	72,2	48,3	86,0	56,2	73,3	49,5	86,6	65,3	72,8	46,3	86,0
51,9	76,1	50,0	86,8	56,6	74,4	48,9	86,2	69,3	73,8	50,1	85,5
52,2	73,5	48,4	86,2	57,0	73,7	48,4	85,9	72,0	75,0	49,8	85,8
52,2	72,8	47,6	85,3	57,1	73,1	49,0	86,4	72,8	74,8	50,6	86,1
52,2	72,9	47,9	85,7	57,5	75,6	49,5	88,3				
52,7	73,6	50,0	85,7	57,6	73,5	48,0	86,9				
52,9	73,3	48,7	86,1	57,6	74,3	47,0	87,9	Mittelwerte (65 Proben):			
53,3	71,8	47,5	86,9	57,6	72,5	47,9	86,2				
53,3	75,2	49,6	87,2	57,7	75,0	47,6	86,2	**56,5**	**73,7**	**48,6**	**86,4**
53,3	74,7	49,3	86,3	57,7	77,7	51,7	86,4				
53,3	74,2	50,7	86,2	58,0	74,4	48,0	86,6				
53,3	73,8	48,6	85,2	58,2	73,4	49,1	86,6				
53,9	72,5	47,3	87,3	59,5	72,6	48,1	87,7				
54,5	74,9	49,9	87,6	59,7	72,2	46,1	86,4				

Nach Rassen geordnet war die Trockensubstanz der Eier bei Markteiern am größten, bei Eiern von Rassenhühnern am kleinsten:

Art der Eier	Ungar. Markteier %	Rhode-Island %	Leghorn %
Trockensubstanz im Dotter	16,1	16,0	15,8
desgl. im Eiklar	7,4	7,2	8,3
desgl. insgesamt	23,5	23,2	24,1

Hiernach würde man für kleine Eier und Markteier auf die gleiche Gewichtsmenge ein größeres Gewicht Eitrockenmasse, im besonderen Dottertrockenmasse, erhalten als bei großen und Rassenhuhneiern.

b) Mineralstoffe.

An Mineralstoffen muß das normale Ei die zur Entwicklung des jungen Vogels erforderlichen Mengen enthalten. In den älteren Untersuchungen pflegte man den Mineralstoffgehalt aus Aschenanalysen abzuleiten, weshalb auch hier von diesen ausgegangen sei:

Aschenzusammensetzung und Mineralstoffgehalt. Für die prozentische Aschenzusammensetzung des Inhaltes von Hühnereiern werden in der Literatur u. a. folgende Zahlen angegeben (s. Tab. S. 85).

Aus Angaben von G. D. BUCKNER und J. H. MARTIN[2] berechnet sich im Mittel der Gehalt der Eiasche an Phosphaten zu

$$P_2O_5 = 41,9\% \text{ bzw. } PO_4''' = 56,02\%.$$

[1] ILJIN, M. D.: Z. Tierzüchtung u. Züchtungsbiol. 1929, **14**, 112. — [2] BUCKNER, G. D. und J. H. MARTIN: J. biol. Chem. 1920, **41**, 195.

Laufende Nr.	Gegenstand	Gesamtasche		K %	Na %	Mg %	Ca %	Fe %	SO₄ %	PO₄ %	Cl %	Untersucht von
		in der natürlichen Substanz %	in der Trockensubstanz %									
1.	Gesamteiinhalt .	1 20	—	14,4	17,0	0,7	7,8	—	0,3	50,3	9,0	J. König[1]
2.	Eidotter	1,53	—	7,4	3,8	1,2	8,7	1,0	—	92,0	4,3	T. Polek[2]
3.	,, ...	—	2,91	7,7	4,4	1,3	9,3	1,2	—	87,6	2,0	J. König[1]
4.	,, ...	1,10	—	7,0	4,3	1,2	9,3	—	—	87,4	—	M. D. Iljin[3]
5.	Eiklar	0,59	—	23,6	20,7	1,0	1,3	0,3	3,2	5,8	25,2	T. Polek[2]
6.	,, ...	—	4,61	26,1	23,4	1,7	2,0	0,4	2,5	5,9	28,8	J. König[1]
7.	,, ...	0,60	—	22,1	20,6	1,4	1,6	—	1,9	5,2	26,1	M. D. Iljin[3]

Darüber, daß diese Aschenbestandteile auch im Ei selbst als *wirkliche anorganische* Verbindungen vorkommen, sagt die Aschenanalyse natürlich nichts aus. Von der *Schwefelsäure* und der *Phosphorsäure* wissen wir, daß sie, wenn nicht ausschließlich, so doch zum weitaus größten Teil in den Eiweißstoffen und Phos-

Mineralstoffgehalt von Hühnereiern.

Lfd. Nr.	Gegenstand	K %	Na %	Mg %	Ca %	Fe %	SO₄ %	PO₄ %	Cl %	Untersucht von
1.	Gesamteiinhalt	0,173	0,204	0,008	0,093	—	(0,004)	0,604	0,108	J. König[1]
2.		0,154	0,147	0,013	0,069	0,002	0,718	0,688	0,094	R. Berg[4]
3.		0,183	0,128	—	—	—	0,645	0,704	—	J. Grossfeld und G. Walter[5]
	Mittelwerte .	**0,155**	**0,156**	**0,011**	**0,081**	**0,002**	**0,681**	**0,665**	**0,101**	
4.	Eidotter . .	0,113	0,058	0,019	0,133	0,015	—	(1,408)	0,065	T. Polek[2]
5.		0,110	0,062	0,018	0,133	0,018	—	(1,248)	0,027	J. König[1]
6.		(0,077)	0,048	0,014	0,102	—	—	(0,961)	—	M. D. Iljin[3]
7.		0,136	(0,101)	0,014	0,137	0,004	0,527	1,74	(0,072)	R. Berg[4]
8.		0,124	0,039	—	—	—	0,766	1,87	—	J. Grossfeld und G. Walter[5]
9.		0,111	0,040	—	—	—	0,585	1,84	—	
10.		0,131	0,054	—	—	—	0,650	1,89	—	
11.		0,104	0,043	—	—	—	0,716	1,91	—	
12.		0,103	0,046	—	—	—	0,565	1,95	—	
13.		0,097	0,047	—	—	—	0,706	1,96	—	
14.		0,117	0,052	0,022	0,151	—	—	1,75	0,178	J. Straub[6]
	Mittelwerte .	**0,115**	**0,049**	**0,017**	**0,131**	**—**	**0,645**	**1,86**	**0,178**	
15.	Eiklar	0,139	0,122	0,006	0,007	—	(0,019)	0,034	0,149	T. Polek[2]
16.		0,174	0,157	0,011	0,014	0,003	(0,017)	0,040	0,193	J. König[1]
17.		0,133	0,124	0,009	0,010	—	(0,011)	0,031	0,157	M. D. Jljin[3]
18.		0,163	0,174	0,012	0,028	(0,003)	(0,803)	0,068	(0,107)	R. Berg[4]
19.		0,144	0,172	0,016	0,014	—	—	0,032	0,156	J. Straub[6]
20.		0,138	0,177	—	—	—	0,653	0,053	—	J. Grossfeld und G. Walter[5]
21.		0,144	0,172	—	—	—	0,611	0,047	—	
22.		0,157	0,154	—	—	—	0,605	0,047	—	
23.		0,178	0,191	—	—	—	0,647	0,050	—	
24.		0,150	0,198	—	—	—	0,653	0,043	—	
25.		0,151	0,184	—	—	—	0,641	—	—	
	Mittelwerte:	**0,152**	**0,163**	**0,011**	**0,014**	**—**	**0,635**	**0,045**	**0,169**	

[1] König, J.: Chem. menschl. Nahrungs- u. Genußm. 1904, II, 576. — [2] Polek, T.: Liebigs Ann. 1850, **76**, 385. — [3] Iljin, M. D.: Z. Tierzüchtg. u. Züchtungsbiol. 1929, **14**, 111. — [4] Berg, R.: Nahr.- u. Genußm. Dresden 1929. — [5] Grossfeld, J. und G. Walter: Z. Unters. Lebensmittel 1934, **67**, 510. — [6] Straub, J.: Chem. Weekbl. 1934, **31**, 461.

phatiden organisch gebunden vorliegen und erst beim Verbrennungsvorgange mineralisiert werden.

Da ferner beim Veraschen nur ein Teil der Mineralstoffe in der Asche zurückbleibt, ein anderer durch chemische Umsetzungen in der Hitze frei und verflüchtigt wird, schließlich auch bei stärkerem Glühen eine Verdampfung von Mineralstoffen eintreten kann, gibt die Asche *nur einen Teil* der wirklich vorhandenen Mineralstoffe wieder.

Für die Gesamtmineralstoffe macht R. BERG einige Angaben. In besonders sorgfältigen Untersuchungen fanden jedoch J. STRAUB und M. J. J. HOOGERDUYN wesentlich andere Gehalte an Kalium, Natrium und Chlor für Eiweiß und Eigelb, so daß zur Feststellung der wirklichen Mineralstoffzusammensetzung des Hühnereies besondere Versuche nützlich erschienen, die ich in Gemeinschaft mit G. WALTER ausgeführt habe.

Die vorstehende Tabelle S. 85 erhält die genannten Angaben auf Prozente für die natürliche Substanz berechnet. Von den eigenen Befunden stark abweichende Ergebnisse sind dabei eingeklammert und nicht berücksichtigt worden.

Calcium und Magnesium. Den Gehalt der Asche des Eiinhaltes an Calciumoxyd, Magnesiumoxyd und Phosphorsäure geben G. D. BUCKNER und J. H. MARTIN[1] für verschiedene Fütterung von Weißen Leghornhühnern an.

Die Art der Fütterung war folgende:
1. Normalfutter,
2. Schrotmehl ohne Zusatz,
3. Schrotmehl mit Austernschalen,
4. Schrotmehl mit Kalkstein.

Die Ergebnisse von BUCKNER und MARTIN, von uns auch umgerechnet auf Calcium- und Magnesiumionen in der Asche sowie auf den Eiinhalt ergeben folgendes Bild:

| Datum | Art der Fütterung | Ergebnisse von BUCKNER und MARTIN | | | Nach Umrechnung | | | | | |
| | | Asche % | In der Asche | | In der Asche | | Im Eiinhalt | | Milliäquivalente an | |
			CaO %	MgO %	Ca %	Mg %	Ca %	Mg %	Ca	Mg
1. Dezember .	1	0,95	8,12	1,46	5,80	0,88	0,056	0,008	2,75	0,69
12. ,,	1	0,96	8,05	1,38	5,75	0,83	0,055	0,008	2,73	0,65
	2	0,85	8,31	1,58	5,94	0,95	0,050	0,008	2,52	0,67
	3	0,97	8,50	1,57	6,08	0,95	0,059	0,009	3,01	0,76
	4	0,96	8,55	1,33	6,11	0,80	0,059	0,008	2,93	0,63
8. März	1	0,83	7,44	1,45	5,32	0,87	0,044	0,007	2,20	0,60
	2	0,84	8,04	1,78	5,75	1,07	0,048	0,009	2,41	0,74
	3	0,95	7,93	1,13	5,67	0,68	0,054	0,006	2,69	0,53
	4	0,87	7,51	1,34	5,37	0,81	0,047	0,007	2,33	0,58
22. März	1	1,00	7,98	1,12	5,70	0,68	0,057	0,007	2,26	0,56
	2	0,90	6,45	0,81	4,61	0,49	0,042	0,004	2,07	0,36
	3	0,92	8,34	1,22	5,96	0,74	0,055	0,007	2,74	0,56
	4	0,93	8,05	0,87	5,75	0,52	0,054	0,005	2,12	0,40
20. Mai	2	0,85	6,86	1,52	4,90	0,92	0,042	0,008	2,08	0,64
	3	0,95	8,32	1,37	5,95	0,83	0,056	0,008	2,82	0,65
	4	0,97	8,31	1,12	5,94	0,68	0,058	0,007	2,88	0,54
1. Juni	1	0,83	6,50	1,14	4,65	0,69	0,039	0,006	1,92	0,47
	2	0,82	8,10	1,06	5,79	0,64	0,048	0,005	2,37	0,43
	3	0,94	10,80	1,40	7,72	0,86	0,073	0,008	3,62	0,65
	4	0,93	7,19	1,09	5,13	0,66	0,048	0,006	2,38	0,50
Mittelwerte. . .		**0,91**	**7,97**	**1,29**	**5,70**	**0,78**	**0,052**	**0,007**	**2,59**	**0,58**

---

[1] BUCKNER, G. D. und J. H. MARTIN: J. biol. Chem. 1920, **41**, 195.

Ein merklicher Einfluß der Fütterung auf den Calcium- und Magnesiumgehalt des Eiinhaltes ist hiernach nicht erkennbar.

Der *Kalkgehalt* des Eiinhaltes wurde weiter von R. H. A. PLIMMER und J. LOWNDES[1] an einer Anzahl von Hühnereiern und wie folgt gefunden:

Gewicht des Eies g	Gewicht des Inhaltes g	Darin Ca mg	%	Entsprechend Ca %	Milli-äquivalente
51,2	47,6	36,7	0,082	0,059	2,94
49,2	43,4	37,4	0,086	0,062	3,08
51,1	45,1	37,7	0,084	0,060	2,98
52,2	45,9	37,0	0,081	0,058	2,88
55,3	49,4	41,2	0,084	0,060	2,98
55,2	50,0	36,0	0,072	0,051	2,57
56,1	50,6	36,4	0,072	0,051	2,57
56,2	50,4	40,0	0,079	0,057	2,83
	Mittelwerte:		0,080	0,057	2,83

Nach weiteren Versuchen von PLIMMER und LOWNDES befand sich der Kalkgehalt in überwiegender Menge im Eidotter nämlich

							Mittel
Anteil des Dotters:	97,7	97,1	89,7	84,7	93,7	98,9	**93,7 %**
Anteil des Eiklars:	2,3	2,9	10,3	15,3	6,3	1,1	**6,4 %**

Der Eisengehalt des Eies, besonders des Dotters, ist von großer Bedeutung für die Bildung des Hämoglobins bei der Entwicklung des Vogelembryos (vgl. S. 60 und 268).

Der Eisengehalt der Hühnereier scheint nach den bisherigen Untersuchungen gewissen Schwankungen zu unterliegen, aber von der *Fütterung* der Tiere mit eisenhaltigem Futter wenig oder nicht abhängig zu sein. Folgende Eisengehalte wurden für den Eiinhalt gefunden (s. Tab. S. 88 oben):

ERIKSON, BOYLEN[2] und Mitarbeiter konnten den Eisen- und Kupfergehalt des Dotters durch Lebertran und unmittelbares Sonnenlicht, mehr aber noch durch freien Auslauf (Blaugras), erhöhen.

Art der Fütterung und Haltung	Eisengehalt der Dotter mg-%	Kupfergehalt der Dotter mg-%
Stallhaltung, kein Lebertran	6,82 ± 0,154	0,772 ± 0,047
„ 2% Lebertran	7,85 ± 0,108	1,096 ± 0,075
Direktes Sonnenlicht, kein Lebertran .	7,16 ± 0,111	1,097 ± 0,079
„ „ 2% Lebertran .	7,45 ± 0,111	1,142 ± 0,063
Blaugrasweise, kein Lebertran	7,21 ± 0,084	1,326 ± 0,082
„ 2% Lebertran.	7,37 ± 0,033	1,927 ± 0,097

Von den Anionen stammt der Betrag für **Sulfationen** fast ausschließlich aus dem Schwefelgehalt der im Ei enthaltenen Proteinstoffe. Nach den mittleren Angaben S. 114 und S. 156 läßt sich dieser Proteinschwefel des Eies wie folgt auf Sulfatgehalt des Eies umrechnen (s. Tab. S. 88 unten):

Der erhaltene Zahlenwert stimmt der Größenordnung nach nahezu mit dem in obiger Tabelle angegebenen, aus eigenen Versuchen abgeleiteten überein[3].

---

[1] PLIMMER, R. H. A. und J. LOWNDES: Biochem. J. 1924, **18**, 1163. — [2] ERIKSON, S. E., R. E. BOYDEN, J. H. MARTIN und W. M. JESKO jr.: Kentucky Agricultural Experiment Station 1933. Bull. **342**; Arch. Geflügelk. 1934, **8**, 151.

[3] Neuerdings von K. S. KEMMERER und P. W. BOUTWELL: Ind. and. engin. Chem. analyt. Ed. 1933, **4**, 423 angegebene Werte für Gesamtei 0,167, Eidotter 0,108, Eiklar 0,169% sind sicher zu niedrig.

Eisengehalt des Hühnereies.

Lfde. Nr.	Nähere Angaben	Zeit der Untersuchung	Gehalt an Fe_2O_3 in			Gehalt an Fe in			Untersucht von
			Gesamtei %	Eidotter %	Eiklar %	Gesamtei %	Eidotter %	Eiklar %	
1.	Ohne nähere Bezeichnung . . .	1850	0,0081	—	—	0,0057	—	—	} J. Bous-
2.	desgl.	1867	—	0,0299	—	—	(0,021)	—	} singnault[1]
3.	desgl.	1877	—	0,0213	—	—	(0,015)	—	Voit[2]
4.	desgl.	1877	—	0,0172	—	—	0,0119	—	Polek[3]
5.	Ei vom Februar . .	1888	—	0,0167	—	—	0,0117	—	}
6.	„ „ Mai	1888	—	0,0143	—	—	0,0100	—	
7.	„ „ Juni . . .	1888	—	0,0096	—	—	0,0067	—	
8.	„ „ Juli . . .	1888	—	0,0103	—	—	0,0072	—	C. A.
9.	„ „ September .	1888	—	0,0073	—	—	0,0051	—	} Socin[4]
10.	„ „ September .	1888	—	0,0074	—	—	0,0052	—	
11.	„ „ Februar . .	1889	—	0,0077	—	—	0,0064	—	
12.	„ „ März . . .	1889	—	0,0144	—	—	0,0080	—	}
13.	Ohne nähere Bezeichnung	1892	—	0,0108	—	—	0,0076	—	G. Bunge[5]
14.	Ohne Eisenfütterung	1900	0,0046	—	—	0,0032	—	—	H. Kreis[6]
15.	Mit Eisenfütterung .	1900	0,0040	—	—	0,0028	—	—	} G. Loges
16.	Ohne Eisenfütterung	1900	0,0047	0,0088	0,0024	0,0034	0,0062	0,0017	} und
17.	Mit Eisenfütterung .	1900	0,0059	0,0095	0,0040	0,0041	0,0066	0,0028	} T. Pingel[7]
18.	Ohne Eisenfütterung	1901	0,0018	0,0121	—	0,0012	0,0085	—	\P. Hoff-
19.	Mit Eisenfütterung .	1901	0,0032	0,0175	—	0,0022	0,0122	—	} mann[8]
20.	Ohne Eisenfütterung	1912	0,0043	0,0100	0,0011	0,0030	0,0070	0,0008	}
21.	desgl.	1912	0,0045	0,0111	0,0009	0,0032	0,0077	0,0006	C. Har-
22.	Mit Eisenfütterung .	1912	0,0046	0,0097	0,0018	0,0032	0,0068	0,0012	} tung[9]
23.	desgl.	1912	0,0074	0,0165	0,0023	0,0052	0,0116	0,0016	
24.	desgl.	1912	0,0073	0,0162	0,0021	0,0051	0,0116	0,0015	}
25.	Mittelwert	1929	—	0,0204	—	—	0,0143	0,0000	C. A. Elvehjem, A. R. Kemmerer, E. B. Hart und J. G. Halpin[10]
26.	Hühnerei	1929	0,0022	0,0054	0,0003	0,0015	(0,038)	0,0002	R. Berg[11]
	Mittelwerte						**0,0084**	**0,0011**	

Schwefelgehalt der Eiproteine.

Bezeichnung des Proteins	Gehalt daran im		Gesamteiinhalt %	Schwefelgehalt des Proteins %	Entsprechend SO_4'' in		
	Dotter %	Eiklar %			Dotter %	Eiklar %	Gesamteiinhalt %
Ovo-Vitellin	13,0	—	4,6	1,03	0,401	—	0,142
Ovo-Livetin	3,7	—	1,3	1,80	0,200	—	0,070
Ovalbumin	—	5,9	3,8	1,65	—	0,292	0,188
Conalbumin	—	3,2	2,1	1,73	—	0,166	0,107
Unlösliches Ovoglobulin	—	0,8	0,5	2,60	—	0,062	0,040
Lösliches Globulin .	—	0,4	0,3	1,70	—	0,020	0,013
Ovomucoid	—	1,6	1,0	2,26	—	0,108	0,070
Insgesamt					0,601	0,648	0,630
Entsprechend S					0,201	0,216	0,211

[1] Boussignault, J.: Compt. rend. 1872, **74**, 1353. — [2] Maly's Tierchem. 1877, **7**, 321; vgl. Anm. 8. — [3] Aus Gorup-Besanez: Lehrbuch der Physiol. Chem., 2. Aufl., 1867. — Nach Hoffmann, vgl. Anm. 8. — [4] Socin, C. A.: Z. physiol. Chem. 1891, **15**, 112. — [5] Nach Hoffmann, vgl. Anm. 8. — [6] Kreis, H.: Jahresber. Kanton chem. Lab. Basel 1900, **15**; Z. 1902, **5**, 213. — [7] Loges, G. und T. Pingel: Sächs. landw. Zeitschr. 1900, **22**, 409; Z. 1902, **5**, 212. — [8] Hoffmann, P.: Z. analyt. Chem. 1901, **40**, 450. — [9] Hartung, C.: Zeitschr. f.

H. O. Calvery und H. W. Titus[1] haben den *Schwefelgehalt des Gesamtproteins* im Eidotter und Eiklar auch direkt nach verschiedener Fütterung bestimmt und, bezogen auf die aschefreie Trockensubstanz, gefunden:

Genauere Angaben über die Art der Bindung des Schwefels im Ei wurden von H. W. Marlow und H. H. King[2] gegeben. Hiernach ist nahezu der ganze Schwefel in Eiklar und Dotter organisch als Cystin und Methioninschwefel gebunden. In den beiden Anteilen des Eiklars ist der Gehalt an Schwefel, Cystin und Methionin derselbe.

Art des Schwefels		Eidotter-protein	Eiklar-protein
Gesamtschwefel in % nach Fütterung mit	Weizen	1,22	1,66
	Mais.	1,18	1,68
	Sojabohnen . .	1,15	1,59
	Mittelwert:	**1.18**	**1,64**
Labiler Schwefel in % nach Fütterung mit	Weizen	0,46	0,72
	Mais.	0,45	0,71
	Sojabohnen . .	0,44	0,73
	Mittelwert:	**0,45**	**0,72**

Die *Verteilung des Phosphors im Gesamtei* wurde in Prozenten des Gesamtphosphors gefunden:

Gegenstand	Phosphatid-P %	Phosphorprotein-P %	Gesamter wasserlöslicher P %	Organischer wasserlöslicher P %	Anorganischer wasserlöslicher P %	Nuclein P %	Untersucht von
Hühnerei, Gesamtinhalt . .	64,8	27,1	—	6,2	Spur	1,9	R. H. A. Plimmer und F. H. Scott[3]
desgl.	63,2	28,0	8,8	4,8	4,0	0	G. Masai und T. Fukutomi[4]

In % des Eiklars: Phosphor, löslich in:

Gegenstand	Äther		Alkohol		Wasser				Insgesamt		Untersucht von
					organisch		anorganisch				
	P %	P_2O_5 %	P %	P_2O_5 %	P %	P_2O_5 %	P %	P_2O_5 %	P %	P_2O_5 %	
Eiklar, von Hühnereiern (natürliche Substanz)	0,003	0,007	0	0	0,003	0,007	0,009	0,021	0,015	0,035	W. Heubner und M. Reeb[5]
desgl. Trockensubstanz .	0,02	0,05	0	0	0,02	0,05	0,07	0,16	0,11	0,25	

R. M. Chapin und W. C. Powick[6] fanden in frischen Eiern folgende Verteilung des Phosphors:

Eier	Wasser %	Anorganischer Phosphor		
		im natürlichen Eiinhalt %	in der Trockensubstanz %	in % des Gesamtphosphors %
2 frische, 24 Stdn. alte Eier. .	73,98	0,0181	0,0697	3,670
2 frische, 24 Stdn. alte Eier. .	74,34	0,0180	0,0701	3,555
5 frische Markteier	73,69	0,0156	0,0592	3,064

Biol. 1902, **43**, 195. — [10] Elvehjem, C. A., A. R. Kemmerer, E. B. Hart und J. G. Halpin: Journ. biol. Chem. 1929/30, **85**, 89. — [11] Berg, R.: Die Nahr.- u. Genußm., Dresden 1929.

[1] Calvery, H. O. und H. W. Titus: J. biol. Chem. 1934, **105**, 685. — [2] Marlow, H. W. und H. H. King: Poultry Science 1936, **15**, 377. — [3] Plimmer, R. H. A. und F. H. Scott: J. Physiol. 1909, **38**, 247, vgl, S. 66. — [4] Masai, G. und T. Fukutomi: Jap. J. Biochem. 1923, **2**, 271. Nach Needham. — [5] Heuber, W. und M. Reeb: Arch. experim. Therapie 1908; Supp. Bd., S. 265; Z. 1910, **20**, 652. — [6] Chapin, R. M. und W. C. Powick: J. biol. Chem. 1915, **20**, 112.

Phosphorgehalt*.

Lfde. Nr.	Bezeichnung der Eier	Zeit der Unter-suchung	Natürliche Substanz Phosphor, berechnet als			Trockensubstanz Phosphor, berechnet als			Untersucht von
			P_2O_5 %	PO_4 %	P %	P_2O_5 %	PO_4 %	P %	
				I. Gesamter Eiinhalt.					
1.	Ohne nähere Angaben	1846	0,503	0,661	0,219	1,85	2,43	0,805	M. Gobley[1]
2.	desgl.	1899	0,443	0,593	0,194	1,63	2,18	0,713	A. Juckenack[2]
3.	desgl.	1901	0,375	0,478	0,156	1,38	1,76	0,574	M. Mansfeld[3]
4.	desgl.	1909	0,536	0,717	0,234	1,97	2,64	0,860	R. H. A. Plimmer u. F. H. Scott[4]
5.	5 frische Eier, 24 Stunden alt . . .	1915	0,494	0,661	0,216	1,90	2,54	0,830	R. M. Chapin und W. C. Powick[5]
6.	2 frische Eier, 24 Stunden alt . . .	1915	0,495	0,662	0,216	1,93	2,58	0,843	
7.	2 frische Eier	1915	0,509	0,681	0,222	1,93	2,59	0,845	
8.		1918	0,480	0,642	0,210	1,77	2,36	0,772	C. Delezenne und E. Fourneau[6]
9.	Ohne nähere Angaben . . . , . . .	1923	0,520	0,695	0,227	1,91	2,56	0,835	Y. Masai und T. Fukutomi[7]
	Mittel für Hühnereier		**0,484**	**0,647**	**0,211**	**1,81**	**2,42**	**0,791**	
10.	Enteneier bei anorganischer Phosphor-fütterung	1912	0,355	0,475	0,155	1,20	1,61	0,525	G. Fingerling[8]
11.		1912	0,353	0,472	0,154	1,20	1,60	0,522	
12.		1912	0,328	0,439	0,143	1,11	1,49	0,485	
13.	Desgleichen bei Fütterung mit or-ganischem Phosphor	1912	0,347	0,464	0,152	1,18	1,57	0,515	
14.		1912	0,349	0,467	0,152	1,18	1,58	0,515	
15.		1912	0,328	0,439	0,143	1,11	1,49	0,485	
	Mittel für Enteneier		**0,343**	**0,459**	**0,150**	**1,16**	**1,55**	**0,507**	
16.	Pfauenei	1918	0,478	0,640	0,209	1,76	2,3$_5$	0,768	C. Delezenne und E. Fourneau[6]
				II. Eidotter.					
17.	Ohne nähere Angaben	1882	1,21	1,62	0,529	2,37	3,18	1,04	J. Stutzer[9]
18.	Dotter von 1 Ei.	1899	1,28	1,71	0,559	2,51	3,35	1,10	A. Juckenack[2]
19.	Dotter von 6 Eiern	1900	1,43	1,91	0,625	2,80	3,75	1,23	G. Lebbin[10]
20.	Eier von Hühnern unbekannter Rasse	1902	1,49	1,99	0,651	2,92	3,90	1,28	J. Malcolm[11]
21.	Eier von Italienern, gefüttert mit Mais und Gerste	1902	1,51	2,02	0,659	2,96	3,96	1,29	
22.	3 Eier einer Henne	1902	1,42	1,90	0,620	2,78	2,73	1,22	
23.	2 Eier einer Henne	1902	1,50	1,96	0,655	2,94	3,84	1,28	
24.	Eigelb aus frischen Eiern.	1904	1,44	1,93	0,629	2,82	3,78	1,23	A. Juckenack u. R. Pasternack[13]

25.		Andalusier	1913	1,48	1,98	0,648	2,91	3,89	1,27	
26.		Ber ichone	1913	1,55	1,65	0,678	3,04	3,23	1,33	
27.		Bressane	1913	1,47	1,97	0,643	2,88	3,86	1,26	
28.		Coucou de Rennes	1913	1,54	2,06	0,673	3,02	4,04	1,32	
29.		Crève coeur	1913	1,49	2,00	0,653	2,93	3,92	1,28	
30.	Eier der Rasse	Dorking	1913	1,52	2,04	0,668	2,99	4,00	1,31	P. F. Leveque und L. J. Pons-carme[13]
31.		Faverolles	1913	1,48	1,98	0,648	2,90	3,88	1,27	
32.		Houdan	1913	1,52	2,04	0,668	2,99	4,00	1,31	
33.		La Flêche	1913	1,54	2,06	0,673	3,02	4,04	1,32	
34.		Minorka	1913	1,51	2,02	0,658	2,96	3.96	1,29	
35.		Orpington	1913	1,46	1,95	0,638	2,86	3,83	1,25	
36.	Mittel von 10 Eiern		1923	1,35	1,81	0,589	2,67	3,57	1,17	G. J. van Meurs[14]
37.	Mittel von 6 Eiern		1923	1,32	1,77	0,577	2,62	3,51	1,15	
38.	12 Eier von Plymouth Rocks, 2 Tage alt, unbefruchtet		1932	1,41	1,89	0,616	2,73	3,66	1,19	
39.	20 Eier von schwarzen Wyandottes, unbefruchtet		1932	1,40	1,87	0,612	2,71	3,62	1,18	L. C. Mitchell[15]
40.	Desgleichen von weißem Leghorn		1932	1,41	1,89	0,615	2,74	3,66	1,20	
41.	Desgleichen, aber befruchtet		1932	1,42	1,90	0,620	2,76	3,69	1,21	
42.	Mittel von 42 Proben, umfassend 970 Stück frische Eier des Handels		1932	1,38	1,85	0,603	2,74	3,66	1,20	
43.	Eier von Hühnern gleichen Alters der Rasse	Houdan	1917	1,32	1,72	0,576	2,59	3,38	1,13	
44.		Orpington	1917	1,28	1,68	0,561	2,52	3,29	1,10	M. D. Iljin[16]
45.		Plymouth Rocks	1917	1,32	1,72	0,576	2,59	3,38	1,13	
46.		Rhode Island	1917	1,28	1,68	0,561	2,52	3,29	1,10	
47.			1933	1,39	1,86	0,608	2,73	3,66	1,19	
48.			1933	1,40	1,87	0,610	2,74	3,66	1,20	
49.			1933	1,38	1,84	0,602	2,65	3,62	1,18	
50.	Eidotter von frischen Eiern		1933	1,42	1,89	0,618	2,78	3,72	1,22	J. Grossfeld und G. Walter[17]
51.			1933	1,43	1,91	0,624	2,80	3,75	1,22	
52.			1933	1,46	1,95	0,638	2,87	3,84	1,25	
53.			1933	1,47	1,96	0,641	2,88	3,86	1,26	
	Mittelwerte für Hühnereier			**1,38**	**1,85**	—	**2,82**	**3,78**		
54.	Dotter von Enteneiern		1904	1,26	1,69	0,551	2,34	3,14	1,02	H. Lührig[18]

---

* Teilweise nach Umrechnung der Originalangaben. Vgl. J. Grossfeld und G. Walter: Z. 1934, **67**, 510.

Lfd. Nr.	Bezeichnung der Eier	Zeit der Untersuchung	Natürliche Substanz Phosphor, berechnet als			Trockensubstanz Phosphor, berechnet als			Untersucht von
			P_2O_5 %	PO_4 %	P %	P_2O_5 %	PO_4 %	P %	
					Weißei.				
55.	Ohne nähere Angaben	1882	0,035	0,047	0,015	0,26	0,34	0,11	J. Stutzer[9]
56.		1899	0,031	0,041	0,014	0,23	0,30	0,10	A. Juckenack[2]
57.		1910	0,035	0,047	0,015	0,25	0,33	0,11	W. Heubner und M. Reeb[19]
	Unbefruchtete Eier von:								
58.	Plymouth Rocks	1932	0,03	0,04	0,013	0,24	0,32	0 10	
59.	Wyandottes	1932	0,04	0,05	0,017	0,34	0,46	0,15	
60.	Weißen Leghorn	1932	0,03	0,04	0,013	0,24	0,32	0,10	
61.	Befruchtete Eier von Weißen Leghorn	1932	0,04	0,05	0,017	0,34	0,46	0,15	L. C. Mitchell[15]
62.	Mittel von 42 Proben, entsprechend 970 frischen Eiern des Handels . .	1932	0,04	0,05	0,017	0,34	0,46	0,15	
63.		1933	0,040	0,053	0,017	0,31	0,41	0,13	
64.		1933	0,036	0,048	0,016	0,28	0,37	0,12	
65.	Weißei von frischen Eiern	1933	0,034	0,046	0,015	0,26	0,35	0,11	
66.		1933	0,038	0,049	0,016	0,30	0,40	0,13	J. Grossfeld und G. Walter[17]
67.		1933	0,033	0,044	0,014	0,27	0,36	0,12	
68.		1933	0,037	0,050	0,016	0,29	0,39	0,13	
			0,032	0,043	0,014	0,25	0,34	0,11	
	Mittelwerte.		**0,037**	**0,050**	—	**0,28**	**0,37**	—	

[1] Gobley, M.: Nach J. Needham: Chemical Embryology, London. — [2] Juckenack, A.: Z. 1899, 2, 905. — [3] Mansfeld, M.: Österr. Chem.-Ztg. 1901, 4, 442. — [4] Plimmer, R. H. A. und F. H. Scott: J. physiol. 1909, 38, 247. — [5] Chapin, R. M. und W. C. Powick: J. biol. Chem. 1915, 20, 112. — [6] Delezenne und E. Fourneau: Ann. Inst. Pasteur 1918, 32, 413. — [7] Masai, Y. und T. Fukutomi: Japan. J. Biochem. 1923, 2, 271. — [8] Fingerling, G.: Biochem. Z. 1912, 38, 448. — [9] Stutzer, J.: Rep. analyt. Chem. 1862, 166. — [10] Lebbin, G.: Z. öff. Chem. 1900, 6, 448. — [11] Malcolm, J.: J. physiol. 1912, 27, 356. — [12] Juckenack, A. und R. Pasternack: Z. 1904, 8, 94. — [13] Leveque, P. F. und L. J. Ponscarme: Ann. de l'École Nat. Agric. Grignon 1913, 4, 38 (nach Needham). — [14] Meurs, G. J. van: Rec. trav. chim. Pays-Bas 1923, 42, 800. — [15] Mitchell, L. C.: J. Assoc. official. agricult. Chemists 1932, 15, 310. — [16] Iljin, M. D.: Z. Tierzüchtg. u. Züehtungsbiol. 1929, 14, 111. — [17] Grossfeld, J. und G. Walter: Z. 1934, 67, 510. — [18] Lührig, H.: Z. 1904, 8, 181. — [19] Heubner, W. und M. Reeb: Z. 1910, 20, 652.

Bei Enteneiern war nach G. FINGERLING[1] die Verteilung von Lecithin- und Nuclein-phosphorsäure fast unabhängig von der Fütterung (Mittelwerte):

Art der Fütterung	Lecithin-P_2O_5			Nuclein-P_2O_5		
	Ente 1 %	Ente 2 %	Ente 3 %	Ente 1 %	Ente 2 %	Ente 3 %
Fütterung von anorganischem Phosphor	0,200	0,196	0,191	0,155	0,158	0,137
Fütterung von organischem Phosphor	0,198	0,194	0,192	0,150	0,155	0,137

Vom Gesamtphosphor entfielen im Gesamtmittel 56,8% auf Lecithinphosphor und 43,2% auf Nichtlecithin bzw. Nucleinphosphor.

Das Weißei enthält im frischen Zustande nur außerordentlich geringe Mengen an organischen Phosphaten, die aber beim Altern zunehmen und dadurch von K. EBLE zur Erkennung alter Eier und von Kühlhauseiern benutzt werden (vgl. S. 191). So fand EBLE durch Bestimmung des anorganischen Phosphors im Dialysat von frischen Eiern 0,9—1,1, von Kühlhauseiern nach fünfmonatiger Lagerung 4,03 mg-% PO_4'''.

A. JANKE und L. JIRAK[2] fanden bei 5 einen Tag alten Trinkeiern im Eiklar 0,05—0,10 mg-% Phosphor entsprechend 0,15—0,30 mg-% PO_4'', bedeutend erhöhte Mengen bei alten und konservierten Eiern.

Für den **Chloridgehalt** ermittelte L. C. MITCHELL[3] an einem umfangreichen Material folgende Mittelwerte:

Nähere Bezeichnung	Zahl der Proben	Chlorid berechnet als					
		Cl		Na Cl		Milliäquivalente	
		in der natürl. Substanz %	in der Trockensubstanz %	in der natürl. Substanz %	in der Trockensubstanz %	in der natürl. Substanz %	in der Trockensubstanz %
Gesamtei:							
Plymouths Rocks unbefruchtet .	12	0,18	0,69	0,29	1,14	5,0	18,8
Schwarze Wyandotten unbefruchtet	20	0,17	0,64	0,28	1,05	4,8	17,3
Weiße Leghorn unbefruchtet . .	24	0,17	0,67	0,28	1,10	4,8	18,1
desgl. Leghorn befruchtet . . .	24	0,18	0,67	0,19	1,10	5,0	18,1
Frische Eier des Handels . . .	970	0,18	0,68	0,29	1,12	5,0	18,9
Mittel		**0,18**	**0,67**	**0,29**	**1,10**	**5,0**	**18,1**
Eidotter:							
Plymouth Rocks, unbefruchtet .	12	0,18	0,35	0,30	0,58	5,1	9,6
Schwarze Wyandotten, unbefruchtet	20	0,18	0,35	0,30	0,58	5,1	9,6
Weiße Leghorn, unbefruchtet . .	24	0,19	0,36	0,31	0,60	5,3	9,9
desgl. befruchtet	24	0,18	0,35	0,30	0,58	5,1	9,6
Frische Eier des Handels . . .	970	0,18	0,36	0,30	0,59	5,1	9,7
Mittel		**0,18**	**0,35**	**0,30**	**0,59**	**5,1**	**9,7**
Eiklar:							
Plymouth Rocks, unbefruchtet .	12	0,17	1,34	0,28	2,21	4,8	36,4
Schwarze Wyandotten, unbefruchtet	20	0,16	1,38	0,27	2,28	4,6	37,6
Weiße Leghorn unbefruchtet . .	24	0,16	1,34	0,27	2,20	4,6	36,3
desgl. befruchtet	24	0,18	1,49	0,29	2,46	5,0	40,6
Frische Eier des Handels . . .	970	0,18	1,44	0,29	2,37	5,0	39,1
Mittel		**0,17**	**1,39**	**0,28**	**2,30**	**4,8**	**37,9**

[1] FINGERLING, G.: Biochem. Z. 1912, **38**, 348. — [2] JANKE, A. und L. JIRAK: Biochem. Z. 1934, **271**, 309. — [3] MITCHELL, L. C.: J. Assoc offic. agric. Chem. 1932, **15**, 310. — Die Zahlen der Tabelle für Cl und Milliäquivalente sind von uns berechnet.

Daß die älteren Analysen viel weniger oder keine Chloride anzeigen, beruht auf der Verflüchtigung des Chlors bei der Veraschung des Eiinhaltes.

Aus diesen Angaben berechnen sich für den Gehalt des Hühnereiinhaltes an den wichtigsten Mineralbestandteilen, bezogen auf Oxyde, Ionen und Milliäquivalente folgende wahrscheinlichsten Werte bzw. Mittelwerte.

Gehalt des Hühnereis an Mineralbestandteilen.

Mineralbestandteil bezogen auf 100 g Substanz	Berechnet für			Trockenmasse von			1 Ei-inhalt = 52,7 g
	Gesamt-inhalt	Eidotter	Eiklar	Gesamt-inhalt	Eidotter	Eiklar	g
K_2O %	0,167	0,139	0,183	0,63	0,27	1,37	0,088
Na_2O %	0,162	0,066	0,220	0,61	0,13	1,64	0,085
MgO %	0,019	0,028	0,018	0,07	0,05	0,14	0,010
CaO %	0,077	0,138	0,020	0,29	0,36	0,15	0,041
Fe_2O_3 %	0,004	0,012	0,001	0,02	0,02	0,01	0,002
SO_3 %	0,538	0,555	0,530	2,01	1,09	4,17	0,284
P_2O_5 %	0,512	1,382	0,037	1,91	2,82	0,28	0,270
Cl %	0,172	0,178	0,169	0,64	0,35	1,26	0,091
Insgesamt %	**1,651**	**2,543**	**1,178**	**6,18**	**5,09**	**9,02**	**0,871**
K %	0,139	0,115	0,152	0,52	0,225	1,135	0,073
Na %	0,121	0,049	0,163	0,45	0,094	1,216	0,063
Mg %	0,012	0,017	0,011	0,05	0,033	0,082	0,006
Ca %	0,055	0,131	0,014	0,21	0,257	0,105	0,029
Fe %	0,003	0,008	0,001	0,01	0,017	0,008	0,002
Kationen %	**0,330**	**0,320**	**0,341**	**1,24**	**0,626**	**2,546**	**0,174**
SO_4 %	0,645	0,665	0,635	2,41	1,31	5,00	0,340
PO_4 %	0,685	1,850	0,050	2,56	3,78	0;37	0,361
Cl %	0,172	0,178	0,169	0,64	0,35	1,26	0,091
Anionen %	**1,502**	**2 693**	**0 854**	**5 61**	**5,44**	**6,63**	**0,792**
							Milli-äqui-valente
K· Milliäquivalente	3,56	2,94	3,89	13,3	5,8	29,0	1,88
Na· ,, ...	5,26	2,13	7,09	19,6	4,1	52,9	2,77
Mg·· ,, ...	0,99	1,40	0,91	3,7	2,7	6,7	0,52
Ca·· ,, ...	2,75	6,54	0,70	10,2	12,8	5,2	1,45
Fe··· ,, ...	0,16	0,43	0,05	0,6	0,9	0,4	0,08
Kationen ,, ...	**12,72**	**13,44**	**12,64**	**47,4**	**26,3**	**94,2**	**6,70**
SO_4'' ,, ...	13,43	13,85	13,22	50,2	27,2	104,1	7,08
PO_4''' ,, ...	21,62	58,39	1,58	80,7	119,4	11,7	11,40
Cl′ ,, ...	4,85	5,02	4,76	18,1	10,0	35,6	2,56
Anionen ,, ...	**39,90**	**77,26**	**19,56**	**149,0**	**156,6**	**151,4**	**21,04**
Anionen-überschuß ,, ...	**27,18**	**63,82**	**6,92**	**101,6**	**130,3**	**57,2**	**14,32**

Bei dieser Berechnung des Anionenüberschusses ist zu beachten, daß das Phosphation als dreiwertig eingesetzt worden ist. Da die Phosphorsäure aber bereits nach Absättigung der zweiten Stufe ein neutral reagierendes Salz liefert, wäre es richtiger das Phosphation zweiwertig einzusetzen. Man findet so: (s. Tab. S. 95 oben)

Von diesen Anionen- bzw. Säureüberschüssen entfällt nun ohne Zweifel ein großer Teil auf *Schwefelverbindungen*, die im Stoffwechsel nicht als Schwefelsäure in Erscheinung treten. Wie groß dieser Anteil ist, ist bisher noch unbekannt. Jedenfalls wird man aber wohl wenigstens den Eidotter zu den physiologisch sauren Nahrungsmitteln rechnen müssen.

| Milliäquivalente für 100 g | Natürliche Substanz von | | | Trockensubstanz von | | | 1 Ei-inhalt = 52,7 g Milli-äqui-valente |
	Gesamt-inhalt %	Eidotter %	Eiklar %	Gesamt-eiinhalt %	Eidotter %	Eiklar %	
HPO_4''	14,41	38,93	1,05	53,8	79,6	7,8	7,60
Anionen	32,69	57,80	19,03	122,1	116,8	147,5	17,24
Kationen	12,72	13,44	12,64	47,4	26,3	94,2	6,70
Anionenüberschuß	19,97	44,36	6,39	77,7	90,5	53,3	10,54

Kohlensäure und Nitrate. Über den Kohlensäuregehalt des Eiinhaltes stellten J. STRAUB und C. M. DONCK[1] eingehendere Versuche an. Im Eidotter von pH = 6 fanden sie keine Kohlensäure, im Eiklar im Mittel von 4 Eiern 145 mg CO_2 für 100 g Eiklar, in Kühlhauseiern etwas weniger, nämlich 110 mg.

In Gemeinschaft mit KLOPPERT prüfte STRAUB[2] auch Eier auf natürlichen Nitratgehalt. Sie fanden colorimetrisch (als Nitrosalicylsäure nach KALSHOVEN[3] auf 100 g Dotter etwa 15, auf 100 g Eiklar 2 mg Nitrat.

c) Sonstige nur in kleiner Menge im Ei vorkommende Mineralstoffe.

Kationen. *Lithium* wurde von T. COOKSEY[4] in der Eischale in Spuren beobachtet.

Aluminium. F. P. UNDERHILL, F. J. PETERMAN, E. G. GROSS und A. C. KRAUSE[5] fanden im frischen Ei ohne Schale 0,017 mg-%, L. K. WOLFF, N. J. M. VOORSTRAM und P. SCHOENMAKER[6] für einen Eidotter 0,02—0,06 mg, im Eiklar kein Aluminium. E. E. SMITH[7] gibt für Eidotter 0,47, für Eiklar 0,03, R. BERG[8] für Eiinhalt 0,1, Eidotter 0,3 mg-% Aluminium, für Eiklar nur eine Spur an.

Mangan wurde schon von E. PECHARD[9] im Ei gefunden, mehr im Dotter als im Eiklar. G. BERTRAND und F. MEDIGRECEANU[10] geben für Eidotter vom Huhn 0,063, von der Ente 0,054, für das Eiklar nicht über 0,002, wahrscheinlich 0 mg-% an. BERG[8] fand auffallend höhere Mangangehalte, nämlich für den Eiinhalt 17,7, den Dotter 30,0, das Eiklar 10,5 mg-% Mn_2O_3.

Zink. Nach V. BIRCKNER[11] befinden sich von dem im Eiinhalt vorhandenen Zink im Eiklar nur Spuren, im Dotter 5 mg-%. Die Schale enthielt kein Zink. E. ROST[12] gibt für ein Ei 0,5 mg, im kg 9,8 mg Zink an. G. BERTRAND und R. VLADESCO[13] finden für den Inhalt des Eies 1,4 für den Dotter 4,9 (Trockenmasse 9,9) mg-% Zink, in Schale und Eiklar kein Zink.

Kupfer. Für den Kupfergehalt liegen folgende Angaben vor: E. FLEURENT und L. LÉVI[14] für Dotter und Trockenmasse 2,0, J. S. MCHARGUE[15] für dieselbe 0,6, C. W. LINDOW C. A. ELVEHJEM, W. H. PETERSON und H. E. HOWE[16] für die Trockenmasse von Ganzei 0,82, von Dotter 0,80 mg-%. C. A. ELVEHJEM, A. R. KEMMERER, E. B. HART und J. G. HALPIN[17] fanden den Kupfergehalt (Cu) für

Eine tägliche *Zufütterung* von 0,5 mg Kupfer (neben 50 mg Eisen) war auf den Kupfergehalt des Eies ohne Einfluß.

ERIKSON, BOYDEN[18] und Mitarbeiter fanden im Eidotter 0,772 bis 1,927 mg Kupfer, erhöhte Werte bei Zufütterung von Lebertran (vgl. S. 87).

	Zahl der Proben	Mittel	Schwankungen mg %
Eidotter	27	0,76	0,62—0,98
Eiklar	28	0,56	0,38—0,72

[1] STRAUB, J. und C. M. DONCK: Chem. Weekbl. 1934, **31**, 461. — [2] STRAUB: Chem. Weekbl. 1935, **32**, Nr. 12. Sept. — [3] KALSHOVEN: Jahrsverlag Keuringsdienst Zutphen 1932, S. 32; nach STRAUB. — [4] BISKOP, W. B. S. und T. COOKSEY: Med. J. Austral. 1929, **2**, 660. — Nach NEEDHAM. — [5] UNDERHILL, F. P., F. J. PETERMAN, E. G. GROSS und A. C. KRAUSE: Amer. J. Physiol. 1929, **90**, 72. — [6] WOLFF, L. K., N. J. M. VOORSTRAM und P. SCHOENMAKER: Chem. Weekbl. 1923, **20**, 193. — [7] SMITH, E. E.: Aluminium Compounds in Food. New York 1928. — Nach NEEDHAM. — [8] BERG, R.: Nahr.- u. Genußm. Dresden 1929. — [9] PECHARD, E.: Compt. rend. 1898, **126**, 1882. — [10] BERTRAND, G. und F. MEDIGRECEANU: Ann. Inst. Pasteur 1913, **27**, 1. — [11] BIRCKNER, V.: J. biol. Chem. 1919, **38**, 191. — [12] ROST, E.: Umschau 1920, **24**, 201. — Nach NEEDHAM. — [13] BERTRAND, G. und R. VLADESCO: Bull. Soc. Chim. France 1922 (4), **31**, 268. — [14] FLEURENT, E. und L. LÉVI: Bull. Soc. Chim. 1920 (4), **27**, 441. — [15] MCHARGUE, J. S.: Amer. J. Physiol. 1925, **72**, 583. — [16] LINDOW, C. W., C. A. ELVEHJEM, W. H. PETERSON und H. E. HOWE: J. biol. Chem. 1929, **82**, 465. — [17] ELVEHJEM, C. A., A. R. KEMMERER, E. B. HART und J. G. HALPIN: J. biol. Chem. 1929/30, **85**, 89. — [18] ERIKSON, S. E., R. E. BOYDEN, J. H. MARTIN und W. M. INSKO jr.: Kentucky Agricultural Experiment Station 1933, Bull. **342**; Arch. Geflügelk. 1934, **8**, 151.

Blei. Der Bleigehalt des Eies wurde von W. B. S. Bishop[1]

für	Eidotter	Eiklar	Eischale
zu	0,2—1,0	0,12—0,48	0,1—1,6 mg-%.

gefunden. Bishop ist der Ansicht, daß das Blei im Ei als Bleioleat oder an Lecithin gebunden vorliegt. Aus frischem Eidotter konnten 0,001% Bleioleat und 0,00004% Bleilecithin isoliert werden.

Bei mit Bleiorthophosphat gefütterten Hennen stieg der Bleigehalt der Eier. Die Legetätigkeit blieb unbeeinflußt. Die Eier von den mit Blei gefütterten Tieren zeigten einen höheren Unfruchtbarkeitsgrad. Bei der Bebrütung ging das Blei in den Embryo.

Uran wurde von T. Cooksey[2] im Ei in Spuren festgestellt.

Durch Spektralanalyse verfolgte W. F. Drea[3] den Übergang einer Anzahl Elemente aus dem Futter in den Hennenorganismus und dann in das Ei. Die Ergebnisse waren folgende:

	Trinkwasser	Futter	Hennenblut	Dotter	Eiklar	Schalen
Al. . . .	+++	+++	++	+++	++	+
Ba . . .	+++	+++	++	++++	++++	++++
B	+	+	—	+	—	—
Cr. . . .	+	+	+	3 von 5 +	2 von 5 +	1 von 5 +
Cu . . .	+++	++++	+++	+++	+++	+++
F	++++	—	—	—+	—+	—+
Fe . . .	++	+++	++++	++++	+	+
Pb . . .	+	++	+	4 von 5 +	2 von 5 +	+
Mn . . .	++	++++	+	+++	—	—
Mo . . .	+	+	+	1 von 5 +	+	4 von 5 +
Rb . . .	—	++	++	+	1 von 5 +	—
Si . . .	++++	+	+	+++	++	++
Ag . . .	+	—	—	—	3 von 5 +	2 von 5 +
Sr. . . .	+++	+++	++++	++++	++++	++++
Ti . . .	+	+	++	++	+	+
V	++	+++	++++	+++	+++	+++
Zn . . .	—	+	+	++	—	3 von 5 +

Anionen. Das Vorkommen von *Fluor* im Eiklar von Truthuhn, Ente, Gans und Huhn wurde schon 1856 von J. Nicklès[4] nachgewiesen. G. Tammann[5] fand im Dotter 1,13 mg-%, im Eiklar nicht bestimmbare Spuren, in der Schale praktisch kein Fluor. Der Gehalt des Eidotters an Fluoriden läßt sich nach der Lanthanreaktion leicht nachweisen[6].

B. Purjesz, L. Berkessy, Kl. Gönczi und M. Kovács-Oskolás[7] spritzten Hühnern mehrmals je 0,3 g Natriumfluorid ein. In den Eiern, in denen vorher Fluor nicht nachzuweisen war, trat es dann in Höhe von durchschnittlich 20—40 γ-% auf.

Die im Ei enthaltenen Spuren von *Bor* sind nach G. Bertrand und H. Agulhon[8] in der Hauptsache im Eiklar enthalten. Diese finden darin 0,014, im Dotter 0,0008, bezogen auf Trockenmasse 0,1 bzw. 0,0016 mg-%. Auch das Eiklar von Gänse- und Truthuhneiern enthielt etwa gleiche Mengen Bor.

Kieselsäure. Der Kieselsäuregehalt (SiO_2) der Gesamtasche wurde wie folgt ermittelt:

	Eiklar		Eidotter	
untersucht von	T. Polek[9]	H. Rose[10]	T. Polek[9]	H. Rose[10]
	0,49	0,28	0,55	0,62 mg-%

An *Arsen* fand A. Gautier[11] im Ei nur Spuren, G. Bertrand[12] folgende Mengen:

---

[1] Bishop, W. B. S.: Med. J. Austral. 1928, **1**, 480 u. 792; Med. J. Australia 1928—1931; Arch. Geflügelk. 1934, **8**, 262. — [2] Cooksey, T.: Med. J. Austral. 1929, **2**, 660; vgl. Anm. 4 vorige Seite. — [3] Drea, W. F.: J. Nutrition 1935, **10**, 351. — [4] Nicklès, J.: Compt. rend. 1856, **43**, 885. — [5] Tammann, G.: Z. physiol. Chem. 1888, **12**, 322. — [6] Vgl. Chem. Ztg. 1925, **49**, 845. — [7] Purjesz, B., L. Berkessy, Kl. Gönczi und M. Kovács-Oskolás: Arch. exp. Pathol. Pharmacol. 1934, **176**, 578; C. 1935, I, 1892. — [8] Bertrand, G. und H. Agulhon: Bull. Soc. Chim. France 1913 (4), **13**, 824. — [9] Polek, T.: Liebigs Ann. 1850, **76**, 385. — [10] Rose, H.: Ann. Physik (Poggendorffs) 1850, **79**, 398. — [11] Gautier, A.: Compt. rend. 1900, **130**, 289. — [12] Bertrand, G.: Bull. Soc. Chim. Paris 1903 (3), **29**, 790.

Hiernach findet eine *Arsenspeicherung* besonders in den allerdings nur in kleinen Mengen vorhandenen aus Keratin bestehenden Eihäuten statt. Bezogen auf natürliche und Trockensubstanz fand TH. VON FELLENBERG[1] im Eiinhalt folgende Mengen arsenige Säure:

Arsengehalt von Eiern nach BERTRAND.

Art der Eier	Eigelb As$_2$O$_3$	Eiklar	Eihäute in mg-%	Eischalen
Hühnereier:				
Markteier	0,016	0,001	0,055	0,009
Wintereier . . .	0,004	0,002	0,008	0,021
Frühlingseier . .	0,013	0,003	0,312	0,023
Gänseeier	0,005	0,002	—	0,005
Enteneier	0,003	0,002	—	0,004

Jod. Der Jodgehalt *gewöhnlicher Eier* wurde von verschiedenen Untersuchern wie folgt gefunden (s. Tab. S. 98).

Gegenstand	Gesamtinhalt mg %	Dotter mg %	Eiklar mg %
Natürliche Substanz	0,013	0,024	0,007
Trockensubstanz .	0,050	0,048	0,055

Der Jodgehalt der Eier wird durch den Jodgehalt des Futters beeinflußt, scheint aber auch noch von anderen Faktoren abhängig zu sein. So fanden H. J. ALMQUIST und J. W. GIVENS[2].

Gegenstand	Gruppe:	I	II	III	IV	V	VI
Zahl der Hennen in der Gruppe		30	30	36	12	12	12
Jodgehalt des Futters, γ in 100 g		50	250	300	335	184	210
Mittlerer Jodgehalt von 12 Eiern, drei Wochen nach Fütterung, γ		3	42	60	41	50	51

R. BALKS[3] erhielt für den Jodgehalt von westfälischen Eiern in Beziehung zum Jodgehalt des Bodens:

Gegenstand	Ort:	Sprakel	Dreiborn	Hoheleye	Deuz
Jodgehalt des Bodens γ/kg		3760	8478	18 190	2230
Jodgehalt von 1 Ei γ . .		6,2	(15,8)[4]	8,3	20

JASCHIK und KIESELBACH fanden das Jod fast ausschließlich im Eidotter, nur spurenweise im Eiklar.

SCHARRER und SCHROPP stellten an 16 Eiern im Mittel folgende prozentuale Verteilung fest:

Eidotter	Eiklar	Eischale
61 (36—72)%	15 (8—25)%	24 (15—48)%

Durch *Fütterung mit jodhaltigem Futter* gelingt es den Jodgehalt der Eier auf einen vielfachen Betrag zu steigern. Bereits nach dreiwöchiger Jodzufuhr von 2 mg Jod je Tier und Tag erreichten SCHARRER und SCHROPP Höchstwerte von 300—400 γ für das Ei. Nach Beendigung dieser Jodzufuhr sank der Jodgehalt der Eier wieder, zuerst langsam, dann schnell auf die Normalwerte.

STRAUB stellte nach Fütterung von täglich 3 g Rukotafutter[5], einem jodhaltigen Geflügelfutterersatz, folgende Jodgehalte in den Eiern fest:

Tag nach der Jodfuttergabe:	0	2	4	7	10
Jodgehalt eines Eies in mg	0,006[6]	0,195	0,540	1,507	2,500
Tage nach Einstellung der Jodfütterung	—	—	3	4	5
Jodgehalt eines Eies in mg	—	—	2,000	1,374	1,083

---

[1] FELLENBERG, TH. VON: Biochem. Z. 1930, **218**, 300. — [2] ALMQUIST, H. J. und J. W. GIVENS: Poultry Science 1935, **14**, 182. — [3] BALKS, R.: Z. 1936, **71**, 90. — [4] Nach Fischmehlfütterung. — [5] Von Rukotawerk in Mannheim-Käfertal. — [6] Mittelwert.

Jodgehalt gewöhnlicher Hühnereier.

Lfde. Nr.	Bezeichnung und Herkunft der Eier	Zeit der Untersuchung	Jodgehalt des Eiinhaltes			Untersucht von
			Natürliche Substanz mg-%	Trockensubstanz mg-%	für 1 Ei mg	
1.	Hühnerei	1912	0,04	0,14	0,02	A. Bonnani[1]
2.	Hühnereier, Wengi Seeland	1923	0,0022	0,008	0,0010	Th. von Fellenberg[2]
3.	desgl. Italiener	1923	0,0063	0,023	0,0025	
4.	„ aus Steiermark	1923	0,0012	0,004	0,0017	
5.	„ aus Bulgarien	1923	0,0027	0,010	0,0015	
6.	Frischeier von verschiedenen Märkten	1926	0,0054—0,041	0,019—0,153	0,0028—0,0216	P. Bleyer[3]
7.	desgl.	1927	0,017—0,025	0,063—0,094	0,009—0,013	M. Hercus und O. Roberts[4]
8.	desgl.	1929	0,009—0,038	0,035—0,141	0,005—0,020	Rowett Research Inst.[5]
9.	Eier von Leghornhühnern	1931	0,0024	0,009	0,0014	A. Jaschik und J. Kieselbach[6]
10.	67 Eier von Leghornhühnern	1932	0,0096	0,036—0,0055	0,003—0,013	K. Scharrer u. W. Schropp[7]
11.	Eier von Hühnern	1932	0,0085—0,0128	0,031—0,048	0,0045—0,0068	J. Straub[8]
12.	Eier nach gewöhnlichen Futter	1935	0,0024—0,0068	0,0090—0,0254	0,0012—0,0038	R. Viollier und E. Iselin[9]

[1] Bonnani, A.: Boll. Accad. med. di Roma 1912, **38**, 22. Nach Needham. — [2] Fellenberg, Th. von: Biochem. Z. 1923, **139**, 371. — [3] Bleyer, P.: Biochem. Z. 1926, **170**, 265. — [4] Hercus, M. und O. Roberts: J. Hyg. 1927, **26**, 48. Nach Needham. — [5] Nach Needham: Rowett Research Inst. — [6] Jaschik, A. und J. Kieselbach: Z. 1931, **62**, 572. — [7] Scharrer, K. und W. Schropp: Die Tierernährung 1932, **4**, 249. — [8] Straub, J.: Z. 1933, **65**, 97. — [9] Viollier, R. und E. Iselin: Mitt. Lebensmittelunters. u. Hyg. 1935, **26**, 62.

Die Verteilung zwischen Eiweiß und Dotter bei diesen Eiern mit hohem Jodgehalt war folgende

	Gewicht g
Eidotter . .	13,7; 17,8
Eiklar . . .	26,0; 25,3

Jodgehalt mg	%
1,262; 1,529	0,0092; 0,0086
0,703; 0,400	0,0003; 0,0002

Der Jodgehalt des Dotters solcher „Jodeier" ist hiernach etwa viermal so groß wie der des Weißeis.

Nach Versuch von Scharrer und Schropp war die Aufspeicherung des Jods im Dotter noch weit ausgeprägter als bei gewöhnlichen Eiern, dabei aber auch im Eiklar größer als in der Schale, die nur wenig Jod enthielt. So betrug die prozentuale Verteilung des Jods bei 15 Eiern im Mittel (Schwankungen) für

Jodverteilung in %

Eidotter	Eiklar
94,0 (85,5—97,0)	4,4 (1,7—9,9)

Eischale
1,6 (0,8—4,6)

Anscheinend ist hier die Art der Jodbindung im Futter von Einfluß, da Scharrer und Schropp mit Jodkalium (2 mg je Tier und Tag) fütterten. Darauf dürfte auch beruhen, daß der Jodgehalt der erzielten Eier niedriger war und bei 70 Eiinhalten im Mittel 0,183 mg, höchstens 0,386 mg betrug.

Jaschik und Kieselbach stellten ähnliche Jodverteilung bei Jodeiern fest, nämlich für

1 kg Gesamtinhalt	Eidotter (323,8 g)
2,98	2,70
Eiklar (550,4 g)	1 Jodei
0,28	0,169
1 Dotter (18,3 g)	1 Eiklar (31,1 g)
0,153	0,016 mg Jod

Nach Versuchen von O. H. M. Wilder, R. M. Bethke und P. R. Record[1] war der Jodgehalt der Eier bei Jodzufütterung direkt vom Jodgehalt des Futters abhängig, unabhängig

[1] Wilder, O. H. M., R. M. Bethke und P. R. Record: J. Nutrit. 1933, **6**, 407; C. 1933, II, 1706.

von der Darreichungsform des Jods. Fütterung von 2 und 5 mg Jod täglich in Gestalt von getrocknetem Kelp, jodiertem Leinsaatmehl und Kaliumjodid steigerte den Jodgehalt der Eier auf das 75- bis 150fache. Bei Fortfall der Jodgaben nahm der Jodgehalt der Eier sofort ab.

A. D'AMBROSIO[1] gelang es, Jodeier mit einem Jodgehalt von 700 γ, S.T. LEONE[2] durch Beifütterung von Natriumjodid und Kaliumjodid von 1680 γ zu gewinnen. T. CHRZASZCZ[3] erhielt Eier mit einem Jodgehalt bis zu 2800 γ.

Nach L. BERKESY und KL. GÖNCZI[4] steigt bei Hühnern nach intravenöser Einspritzung von Kaliumjodid der Jodgehalt der Eier von 5—18 γ auf 400 γ und mehr an um dann eine Woche nach Aufhören der Einspritzung wieder zur Norm zu sinken. Unter den Organen des Tieres speichert das Gehirn das Jod am stärksten.

Jodeier sollen als Arzneimittel gegen verschiedene Krankheiten wie Kropf, Arteriosklerose, Blutarmut, bestimmte Fälle von Tuberkulose, Katarrhe u. a. wirken. Nach G. ZICKGRAF[5] wirken aber nur Eier mit Jod in *organischer Bindung* bei einem Jodgehalt von 0,06 mg günstig, während größere Jodgehalte zwecklos sind. STRAUB fand in den Jodeiern nach Rukotafutter mit hohem Jodgehalt:

	Im Ei	Im Dotter	Im Weißei
Anorganisches Jod . .	1,192	0,522	0,670
Organisches Jod . . .	0,482	0,442	0,040

Nach organischer Jodzufuhr enthalten die Eier wesentlich größere Mengen organisch gebundenes Jod.

R. VIOLLIER und E. ISELIN[6] fütterten Hühner mit täglich je 0,1 g Jodomin, einem Jodlebertran mit 0,17—0,18% organisch gebundenem Jod. Dadurch stieg der Jodgehalt von 1,2—3,8 auf 28,2—87,7 γ Jod für ein Ei oder auf 645—1642 γ Jod für 1 kg Eiinhalt. Demnach deckt ein so gewonnenes Ei den täglichen Jodbedarf (30—80 γ) des Menschen.

T. S. LEONE[7] berichtet über günstige Erfahrungen mit der Verwendung von Jodeiern in einer Kinderklinik.

Brom. Ebenso wie Jod läßt sich auch *Brom* in Eiern durch äußere Zuführung zur Henne anreichern. Bei Versuchen von B. PURJESZ, BERKESY und K. GÖNCZI[8] waren nach längere Zeit durchgeführten Einspritzungen von Natriumbromid (sechsmal je 25 mg) in die Henne erhebliche Mengen Brom im Ei, besonders im Dotter, nachzuweisen. So enthielt im Höchstfalle Eidotter 5,2, Eiklar 1,0 mg-% Brom. Ein anderer Teil des Broms wurde in der Leber und besonders im Gehirn (22 mg-%) gespeichert. A. D'AMBROSIO[9] berichtet über Jodbromeier, die neben 698—762 γ Jod etwa 48,0—51,5 mg Brom enthielten.

Über Gewinnung weiterer „*Arzneieier*" durch Fütterung der Hennen mit Arzneistoffen vgl. A. D'AMBROSIO[2].

d) Kohlenhydrate.

Von verschiedenen Untersuchern wurden folgende Gehalte[10] für den *freien Zucker* im Eiinhalt ermittelt (s. Tab. S. 100):

Über das Vorkommen von Zucker im Eiklar, den man damals als Lactose ansah, wird bereits 1846 von F. L. WINCKLER[11] berichtet. C. G. LEHMANN[12] beobachtete um 1850 Kohlensäureabgabe bei der Gärung. Weitere Angaben werden von B. MEISSNER (1867), J. MÜLLER und M. MASAYAMA (1900), A. GAUTIER (1904), H. ROGER (1908) und V. DIAMARE (1909) gemacht, deren zahlenmäßige Ergebnisse aber von denen der obigen Tabelle teilweise in der Größenordnung abweichen.

Die vollständige Vergärbarkeit des freien Zuckers im Eiklar hat zuerst E. SALKOWSKI[13] festgestellt. MÖRNER prüfte mit negativem Ergebnis auf Pentosen, Fructose und invertierbarem

---

[1] D'AMBROSIO, A.: G. Chim. Ind. appl. 1933, **15**, 231 u. 439. — [2] LEÓNE, S. T.: Boll. chim. farmac. 1936, **75**, 303; C. 1936, II, 2252. — [3] CHRZASZCZ: Wiadomósci farmac. 1935, **62**, 481; C. 1936, I, 805. — [4] BERKESY, L. und KL. GÖNCZI: Naunyn-Schmiedebergs Arch. 1933, **171**, 260. — [5] ZICKGRAF, G.: Z. Ernährung 1932, **2**, 338. — [6] VIOLLIER, R. und E. ISELIN: Mitt. Lebensmittelunters. u. Hygiene 1935, **26**, 62. — [7] LEONE, T. S.: Boll. chim. farmac. 1936, **75**, 667; C. 1937, I, 4876. — [8] PURJESZ, B., L. BERKESY und K. GÖNCZI: Naunyn-Schmiedebergs Arch. 1934, **173**, 553. — [9] D'AMBROSIO, A.: G. Chim. Ind. appl. 1933, **15**, 231. C. 1933, II. 1445. — [10] Unter eigener Umrechnung für ein Ei mittlerer Größe. — [11] WINKLER, F. L.: Buchners Rep. Pharm. 1846, **42**, 46. — [12] LEHMANN, C. G.: Physiolgical Chem. 1853, **2**, 353. London, Harrison. Nach NEEDHAM. — [13] SALKOWSKI, E.: Zbl. med. Wiss. 1893, **31**, 513.

Zuckergehalt des Eies.

Lfde. Nr.	Zeit der Untersuchung	Untersuchungsmethode	Gehalt an freiem Zucker als Glucose						Nach Untersuchung von
			Gesamtinhalt		Eiklar		Eidotter		
			%	für 1 Ei g	%	für 1 Ei g	%	für 1 Ei g	
1.	1894	Eigene	—	—	0,33	0,11	—	—	J. Pavy[1]
2.	1911	Nach Fehling und Gärung	—	0,23	0,55	0,19	0,27	0,05	K. Kojo[2]
3.	1912	Nach Fehling	—	—	0,40	0,13	—	—	C. T. Mörner[3]
4.	1913	Nach Pavy	—	—	0,32	0,11	—	—	H. W. Bywaters[4]
5.	1915	Nicht angegeben	0,31	0,16	0,44	0,15	0,18	0,03	M. E. Pennington, N. Hendrickson, E. L. Conolly und B. M. Hendrix[5]
6.	1916	Schenk-Bertrand	0,39	0,19	0,47	0,16	0,22	0,04	G. Sato[6]
7.	1917	Momose-Pavy	0,41	0,22	—	—	—	—	K. Sakuragi[7]
8.	1921	Schenk-Bertrand	0,35	0,18	0,47	0,16	0,24	0,05	M. Tomita[8]
9.	1921	Folin-Wu	0,45	0,23	0,47	0,16	0,14	0,03	J. S. Hepburn und E. Q. St. John[9]
10.	1924	Momose-Pavy	0,35	0,18	—	—	—	—	S. Idzumi[10]
11.	1926	Hagedorn-Jensen	0,33	0,17	0,42	—	0,20	—	G. E. Wladimirov u. A. A. Schmidt[11]
12.	1926	Galwialo	0,43	0,23	0,50	0,17	0,32	0,06	J. D. Gadaskin[12]
13.	1928	Folin	0,39	0,21	0,46 (99,2 % vergärbar)	0,16	0,25	0,05	G. W. Pucher[13]
14.	1932	Frische, 2 Tage alte Eier von Plymouth Rocks, unbefruchtet	0,33	0,17	0,41	0,14	0,17	0,03	L. C. Mitchell[14]
15.	1932	Schwarze Wyandotten unbefruchtet	0,31	0,16	0,38	0,13	0,18	0,03	
16.	1932	Weiße Leghorn unbefruchtet	0,27	0,14	0,32	0,11	0,17	0,03	
17.	1932	desgl. befruchtet	0,31	0,17	0,40	0,14	0,16	0,03	
18.	1932	Frische Handelseier	0,32	0,17	0,40	0,14	0,17	0,03	
		Mittelwerte	**0,34**	**0,18**	**0,41**	**0,14**	**0,21**	**0,04**	
	1927	Gänseei	0,36	0,46	0,52	0,40	0,12	0,06	J. S. Hepburn und A. B. Katz[15]
	1927	Entenei	0,41	0,26	0,55	0,20	0,23	0,06	

(Für Nr. 14–18: A.O.A.C-Verfahren.)

Zucker und schloß dann aus dem erhaltenen Phenylosazon und der Rechtsdrehung des Zuckers auf *Glucose*, die er auch im Eiklar sämtlicher untersuchten Eier anderer Vögel nachweisen konnte. M. Soerensen[16] stellte mit der Orcinmethode fest, daß Hühnereiklar 0,45% freien Zucker und zwar ausschließlich Glucose enthält.

Mörner fand den Zuckergehalt des Eiklars *bei verschiedenen Vogelarten* wie folgt (s. Tab. S. 101).

Hiernach scheint der Zuckergehalt des Eiklars bedeutenden Schwankungen zu unterliegen und von der Vogelart unabhängig zu sein.

J. Straub[17] glaubt auf Grund theoretischer Erwägungen und praktischer Versuche an-

[1] Nach Needham. — [2] Kojo, K.: Z. physiol. Chem. 1911, **75**, 1. — [3] Mörner, C. T.: Z. physiol. Chem. 1912, **80**, 430. — [4] Bywaters, H. W.: Biochem. Z. 1913, **55**, 245. — [5] Pennington, M. E., N. Hendrickson, E. L. Conolly und B. M. Hendrix: J. biol. Chem. 1915, **20**, XXI. — [6] Sato, G.: Acta Schol. Med. Univ. Kyoto 1916, **1**, 375. Nach Needham. — [7] Sakuragi, K.: J. Tokio Med. Soc. 1917, **31**, 1. Nach Needham. — [8] Tomita, M.: Biochem. Z. 1921, **116**, 22. — [9] Hepburn. J. S. und E. Q. St. John: J. biol. Chem. 1921, **46**, — [10] Idzumi, S.: Mitt. med. Fakultät Univ. Tokio 1924, **32**, 197. Nach Needham. — [11] Wladimirov, G. E. und A. A. Schmidt: Biochem. Z. 1926, **177**, 298. — [12] Gadaskin, J. D.: Biochem. Z. 1926, **172**, 447. — [13] Pucher, G. W.: Proc. Soc. Exp. Biol. and Med. 1928, **25**, 72. Nach Needham. — [14] Mitchell, L. C.: J. Ass. Off. agric. Chem. 1932, **15**, 310. — [15] Hepburn, J. S. und A. B. Katz: J. Franklin-Inst. 1927, **203**, 835. — [16] Soerensen, M.: Biochem. Z. 1934, **269**, 271. — [17] Straub, J.: Rec. trav. chim. Pays-Bas 1929, **48**, 53.

Vogelarten	Freie Glucose %	Vogelarten	Freie Glucose %
7 Singvögel, Passeres . . .	0,270—0,230	10 Sumpfvögel, Grallae . .	0,120—0,230
Schwarzspecht, Dryocopus Martius	0,230	7 Entenvögel, Lamelli- rostres	0,150—0,290
8 Raubvögel, Accipitres .	0,160—0,260	2 Pelikane, Steganopodes .	0,150—0,240
Taube, Columba livia . .	0,320	4 Möwenvögel, Longipennes	0,130—0,200
Truthuhn, Meleagris gallo- pavo	0,180	2 Taucher, Pygopodes . .	0,130—0,240

nehmen zu müssen, daß der lebende *Eidotter zuckerfrei* sei. Im Vergleich zu den obigen Ergebnissen der anderen Forscher müßte dann der von diesen gefundene Zuckergehalt durch eine andere reduzierende Substanz vorgetäuscht sein. Ob dies der Fall ist, und ob diese Substanz das von SALKOWSKI[1] als Chlorzinkdoppelsalz aus dem Eiklar isolierte und von KOJO auch im Dotter nachgewiesene *Kreatinin* sein kann, bedarf noch einer endgültigen Klarstellung. Über den Kreatiningehalt des frischen und bebrüteten Eies vgl. auch Y. SENDJU[2].

Der weiteren Ansicht von STRAUB, daß umgekehrt nur der Dotter, nicht das Eiklar *Milch-säure* enthalte, steht der Befund von A. BONANNI[3] entgegen, der in beiden, schwankend nach Zeit und Herkunft, an Milchsäure fand:

<table>
<tr><td align="center">Eiklar
%</td><td align="center">Eidotter
%</td></tr>
<tr><td align="center">0,0123—0,0122</td><td align="center">0,0053—0,0117</td></tr>
</table>

Der *gebundene Zucker*, d. h. der in Form von Glykogen, Kohlehydratphosphaten oder Nucleoproteiden vorhandene, erst nach Hydrolyse, z. B. mit 4proz. Salzsäure, bestimmbare Zucker, wird in verschiedener Höhe angegeben und kommt auch als Anteil der sog. Gesamtglucose des Eies zum Ausdruck:

Lfde. Nr.	Zeit der Unter-suchung	Untersuchungsmethode	Gesamtglucose für 1 Ei %	g	Gebundene Glucose für 1 Ei %	g	Untersucht von
			Gesamtinhalt				
1.	1927	Hagedorn-Jensen. . .	0,67	0,34	—	—	J. NEEDHAM[4]
2.	1930	Ohne nähere Angaben.	0,87	0,40	0,49	0,23	J. SAGARA [5]
			Eiklar.				
3.	1928	Folin	0,69	0,23	0,22	0,08	} G. W. PUCHER[6]
4.	1928	Benedict	—	—	0,4	0,14	
5.	1930	Nicht angegeben . . .	0,92	0,31	0,50	0,17	J. SAGARA[5]
			Eidotter.				
6.	1909	—	0,31	0,06	—	—	V. DIOMARE[7]
7.	1928	Folin	0,36	0,07	0,18	0,022	} G. W. PUCHER[6]
8.	1928	Benedict	—	—	0,30	0,031	
9.	1930	—	0,47	0,09	—	0,058	J. SAGARA [5]

Nach H. F. HOLDEN[8] wird die Zuckerbestimmung im Proteinhydrolysaten nach den Kupferreduktionsmethoden erheblich durch sonstige reduzierende Stoffe gestört. NEEDHAM hält daher die Ergebnisse nach HAGEDORN-JENSEN für die zuverlässigeren. Hiermit läßt sich der Befund von PUCHER im Einklang bringen, nach dem nur 50% des gebundenen Zuckers vergärbar waren. Unter Berücksichtigung dieser Verhältnisse kann aus den gefundenen Zahlen die wahrscheinliche bzw. mittlere Verteilung des Zuckers im Hühnerei etwa wie folgt angegeben werden:

[1] SALKOWSKI: Arch. Farmacol. sperim. 1914, **17**, 374. — [2] SENDJU, Y.: J. Biochem. 1927, **7**, 181; C. 1927, II, 280. — [3] BONANNI, A.: Arch. Farmacol. sperim. 1914, **17**, 374. — [4] NEEDHAM, J.: Brit. J. Exp. Biol. 1927, **5**, 6; Chem. Embryologie S. 278. — [5] SAGARA, J.: J. Biochem. 1930, **11**, 433. — [6] PUCHER, G. W.: Proc. Soc. Exp. Biol. and Med. 1928, **25**, 72. Nach NEEDHAM. — [7] DIOMARE, V.: Rend. d'Accad. sci. fis. e mat. Napoli (3) 1909, **15**, 319; 1910, **16**, 242. Nach NEEDHAM. — [8] HOLDEN, H. F.: Biochem. J. 1926, **20**, 263. —

Zucker als Glucose	Gesamtinhalt			Eiklar			Eidotter		
	Ge-samte	Freie	Ge-bundene	Ge-samte	Freie	Ge-bundene	Ge-samte	Freie	Ge-bundene
In % der Substanz .	0,74	0,34	0,40	0,91	0,41	0,50	0,38	0,21	0,17
Für ein Ei g . . .	0,39	0,18	0,21	0,31	0,14	0,17	0,07	0,04	0,03

Auch *Inosit* wurde von J. NEEDHAM[1] in Eiern von Schwarzen und Weißen Leghornhühnern nachgewiesen. Auf Grund der Beobachtung, daß Einspritzung von Glucose in das befruchtete unbebrütete Ei eine erhebliche Zunahme des Inositgehaltes bei der folgenden Entwicklung verursachte, betrachtet NEEDHAM die Glucose als normalen Ausgangsstoff bei der biologischen Inositbildung.

4. Osmotische Konzentrations- und Gefrierpunktsunterschiede zwischen Eidotter und Eiklar.

K. BIALASZEWICZ[2] hat wohl zuerst, schon vor dem Jahre 1912 den auffallenden Gefrierpunktsunterschied zwischen Dotter und Eiklar beobachtet. So fand er mit seinem allerdings ungenau kalibrierten Thermometer[3]:

Gefrierpunkt des Blutes der Henne . . . . —0,635⁰
Brei aus kleineren, sehr jungen Eiern . . . . . —0,632⁰
Blut einer anderen Henne (Weiße Wyandotte) . —0,640⁰
Größtes Ovarialei. . . . . —0,613⁰
Dotter eines Eies aus der mittleren Partie des
Eileiters. . . . . —0,585⁰

Hiernach zeigen also junge, noch im Wachsen befindliche Eianlagen den osmotischen Druck des Mutterblutes. Im Eileiter nimmt der osmotische Druck ab und zwar nach BIALASZEWICZ solange, bis die elastisch gespannte Dotterhaut das Gleichgewicht einstellt.

Die folgende Tabelle enthält die von verschiedenen Untersuchern an abgelegten Eiern gefundenen, ziemlich übereinstimmenden Gefrierpunkte von Eidotter und Eiklar (s. Tab. S. 103).

H. P. HALE und W. HARDY[4] setzen über 24 Stunden alte Eier in einem Metallgefäß Kältetemperaturen aus und stellten Eisbildungen im Eidotter bei —0,58⁰ fest, Tautemperatur bei —0,56⁰ und daraus den Gefrierpunkt bei —0,57⁰. In ähnlicher Weise wurde der Gefrierpunkt für die dünne und dicke Eiklarschicht zwischen 0,41 und 42⁰ gefunden.

Als Mittelwert berechnet sich aus den Bestimmungen an Hühnereiern eine Gefrierpunktdifferenz zwischen Eidotter und Eiklar von *0,139⁰*. Dieser Differenz würde ein Unterschied im osmotischen Druck von nicht weniger als

$$\frac{0,139}{1,85} \times 22,4 = 1,68 \text{ at}$$

entsprechen. Wie schon A. D. GREENLEE[5] gezeigt hat, wandert infolge dieser Druckdifferenz beim Aufbewahren des Eies Wasser aus dem Weißei in das Gelbe des Eies.

Da aber weiter die äußerst zarte Dotterhaut keineswegs imstande ist einen osmotischen Druck von obiger Stärke auszuhalten ohne zu platzen, bleibt nur die Möglichkeit einer Annahme, daß entweder besondere, durch biologische Kräfte getragene Energieumsetzungen in der Dotterhaut sich auswirken, oder daß der Unterschied nur ein scheinbarer ist, daß mit anderen Worten die Gefrierpunktsmethode in diesem Falle den osmotischen Druck unrichtig angibt.

STRAUB und HOOGERDUYN nehmen ständige. chemische Umsetzungen im lebenden Vogelei an, die nach ihrer Berechnung genügend Energie für die Aufrechterhaltung dieses Konzentrationsunterschiedes liefern können. Als energieliefernder Stoff wird dabei der Glucosegehalt des Eiklars durch Verbrennung mit dem Sauerstoff der Luft angesehen. In Übereinstimmung hiermit finden STRAUB

[1] NEEDHAM, J.: Biochem. J. 1924, **18**, 1371. — [2] BIALASZEWICZ, K.: Arch. Entwicklungsmech. 1912, **34**, 48. — [3] Das Thermometer zeigte für eine 1proz. Natriumchloridlösung den Gefrierpunkt von —0,640⁰ statt wie erwartet 0,589⁰. — [4] HALE, H. P. und W. HARDY: Proc. Roy. Soc. London, Ser. B. 1933, **112**, 473; C. 1933, II, 1445. — [5] GREENLEE, A. D.: J. amer. Chem. Soc. 1912, **34**, 539.

Gefrierpunkt und osmotischer Druck von Eidotter und Eiklar.

Lfde. Nr.	Nähere Angaben	Zeit der Untersuchung	Gefrierpunkt von		Entsprechend Osmotischer Druck		Untersucht von
			Eidotter Grade	Eiklar Grade	Eidotter Atm.	Eiklar Atm.	
1.	Hühnerei	1912	—0,564	—0,485	6,83	5,87	K. Bialaszewicz[1]
2.	Ei von Weißem Leghorn, Junghenne . .	1928	—0,580	—0,453	7,02	5,48	
3.	desgl., ältere Henne.	1928	—0,601	—0,442	7,28	5,35	
4.	Ei von Wyandottehenne desgl. von	1928	—0,576	—0,428	6,97	5,18	F. E. Rice
5.	Barred Plymouth-Rock	1928	—0,602	—0,436	7,29	5,28	und D. L. Young[2]
6.	desgl., von Rotem Rhode Island . .	1928	—0,575	—0,446	6,96	5,40	
7.	Hühnerei, 1 Tag alt. .	1929	—0,595	—0,460	7,20	5,59	
8.	Hühnerei mit 2 Dottern 1 Tag alt	1929	—0,575	—0,463	6,96	5,61	J. Straub
9.	desgl., 1 Tag alt . .	1929	—0,572	—0,466	6,92	5,40	und
10.	desgl. nach 21 Tagen im Eisschrank . .	1929	—	—0,435	—	5,27	M. J. J. Hoogerduyn[3]
11.	Eier aus dem Handel, einige Wochen alt .	1929	—0,559	—0,459	6,77	5,56	
12.	desgl..	1929	—0,557	—0,455	6,96	5,51	
13.	desgl..	1929	—0,546	—0,445	6,83	5,39	
14.	Hühnerei	1929	—0,570	—0,437	6,90	5,29	
15.	„	1929	—0,587	—0,437	7,11	5,29	P. F. Sharp und Ch. K. Powell[4]
16.	Markenei	1933	—0,613	—0,453	7,42	5,48	
17.	Markenei, vollfrisch. .	1933	—0,600	—0,458	7,26	5,55	
18.	desgl..	1933	—0,617	—0,445	7,47	5,38	
19.	Garantiert frisches Landei	1933	—0,585	—0,442	7,08	5,35	
20.	Garantiert vollfrisches Ei	1933	—0,606	—0,452	7,34	5,47	P. Weinstein[5]
21.	Markenei, vollfrisch. .	1933	—0,615	—0,450	7,45	5,45	
22.	Vollfrisches Ei, zwei bis drei Tage alt . . .	1933	—0,605	—0,465	7,33	5,63	
23.	Markenei	1933	—0,615	—0,450	7,43	5,45	
24.	Ei im frischen Zustande	1933	—0,606	—0,452	7,34	5,47	
25.	Nestfrisches Ei . . .	1933	—0,589	—0,449	7,13	5,44	
26.	Deutsches Frischei . .	1933	—0,586	—0,446	7,10	5,40	
27.	Ei von Leghorn, befruchtet, Nr. 1 . . .	1933	—0,550	—0,425	6,65	5,14	
28.	desgl., Nr. 2	1933	—0,545	—0,427	6,59	5,16	
29.	desgl., „ 3	1933	—0,545	—0,410	6,59	4,97	
30.	desgl. „	1933	—0,539	—0,415	6,53	5,02	
31.	Ei von Leghorn, unbebefruchtet, Nr. 1 . .	1933	—0,555	—0,455	6,71	5,51	J. M. Johlin[6]
32.	desgl., Nr. 2	1933	—0,555	—0,450	6,71	5,45	
33.	desgl., „ 3	1933	—0,560	—0,446	6,78	5,40	
34.	desgl., „ 4	1933	—0,556	—0,430	6,73	5,21	
35.	desgl., „ 5	1933	—0,575	—0,452	6,97	5,47	
	Mittelwerte:		**0,589**	**0450**	**7,13**	**5,45**	
36.	Vollfrisches Entenei. .	1933	—0,650	—0,452	7,87	5,47	

[1] Bialaszewicz, K.: Arch. Entwicklungsmech. 1912, **34**, 489. — [2] Rice, F. E. und D. L. Young: Poultry Science 1928, **7**, 116. Nach Needham. — [3] Straub, J. und M. J. J. Hoogerduyn: Rec. trav. chim. Pays.-Bas. 1929, **48**, 49. — [4] Sharp, P. F. und Ch. K. Powell: J. Ind. and. Engin Chem. 1930, **22**, 908. — [5] Weinstein, P.: Z. 1933, **66**, 48. — [6] Johlin, J. M.: J. gen. Physiol. 1933, **16**, 605.

und HOOGERDUYN in der besonders sorgfältig (mittels Pipetteneinstich in den Dotter) entnommenen Dottersubstanz *lebender* Eier keinen Zucker, dafür aber Lactat als Zwischenprodukt der Oxydation. Sie stellen weiter die Gefrierpunktsdepression aus folgenden Teildepressionen zusammen:

Gefrierpunktserniedrigung durch	Eidotter Grade	Eiklar Grade
Kalium-Ion	0,099	0,064
Natrium-Ion	0,159	0,045
Chlor-Ion	0,135	0,088
Lactat	0,060	0,000
Sonstige einwertige Anionen	0,063	0,021
Zucker	0,000	0,065
Unbekannte neutrale Stoffe .	0,084	0,177
Summe:	0,600	0,450

Diese Zahlen deuten auch an, daß die Dotterhaut für verschiedene Ionen *selektiv durchlässig* ist.

Die für die Theorie von STRAUB und HOOGERDUYN grundlegende Annahme, daß Eiklar als Energiequelle Zucker, dagegen Eidotter von ganz frischen Eiern keinen Zucker enthält, scheint durch Versuche von C. BIDAULT[1] und A. MONVOISIN[1] insofern bestätigt, als diese in ganz frischem Eidotter Zucker bis herab zu Spuren, bzw. 0%, fanden, Letzterer in gelagerten und Kühlhauseiern deutliche Mengen. Die Ergebnisse beider Forscher waren:

Art der Eier	Zuckergehalt von Eiklar g	Zuckergehalt von Eidotter g	Untersucht von
Frische Eier	0,22—0,46	Spuren bis 0,17	BIDAULT
desgl.	0,29—0,57	0,—0,35	
Gelagerte Eier	0,37	0,24	
Kühlhauseier nach 2 Monaten . .	0,41	0,22	MONVOISIN
„ „ 5½ Mcnaten .	0,41	0,22	
„ „ 6½ „	0,42	0,20	
„ „ 7 Monaten . .	0,44	0,24	

Nach weiteren Versuchen ermittelten STRAUB und C. M. DONCK[2] die Teildepression auf Grund eingehenderer Mineralstoffanalysen wie in folgender Tabelle angegeben ist. Bei Eidotter erhält man auf diese Weise, weil der organisch gebundene Phosphor sich in die Rechnung einschleicht, viel zu hohe Werte.

Eidotter.

Ionen	mg In 100 g Wasser	Gefrierpunktserniedrigung Grade	Geschätzte Konz. der Ionen für das Kompensationsserum	Entsprechende Gefrierpunktserniedrigung Grade
K'	237,7	0,105	6,08	0,105
Na' . .	104,7	0,079	4,55	0,079
Ca' . .	306,3	0,132	3,00	0,026
Mg'' . .	45,1	0,032	3,71	0,032
Cl' . . .	360,3	0,176	10,16	0,176
H_2PO_4' .	3618,8	0,645	7,18	0,124
Glucose	506,1	0,054	—	0,054
Summe:		1,223		0,596

STRAUB und DONCK schätzen daher das Kompensationsserum von Eidotter, indem sie Calcium- und Phosphationen nur soweit einsetzen, als nötig ist, um den richtigen Gefrierpunkt zu erhalten. Bei Schätzung der Konzentration der Ionen des Kompensationsserum von Weißei muß auf das *Donnangleichgewicht*, bedingt durch die Ladung des Albumins Rücksicht genommen und die Zahl der positiven Ionen in geringerer, der negativen in größerer Konzentration eingesetzt werden. So erhalten sie folgendes Bild:

Beim Altern der Eier fanden STRAUB und HOOGERDUYN eine allmähliche Abnahme des Gefrierpunktsunterschiedes, einen fast völligen Ausgleich beim Kalkei. Das gleiche bestätigt WEINSTEIN (vgl. auch S. 194).

Daß es sich um eine in der Dottermembran lokalisierte biologische Erscheinung[3] handeln müsse, suchten sie u.a. auch durch einen 20stündigen Dialysierversuch mit einer Pergamentmembran zu erweisen, der folgenden Ausgleich zeigte (s. Tab. S. 105 Mitte).

---

[1] Vgl. R. BAETSLÉ und CH. DE BRUYKER: Toezicht over Eieren. Ledeburg-Gent 1934, 114. — [2] STRAUB und C. M. DONCK: Chem. Weekbl. 1934, **31**, 461. — [3] Vgl. auch J. STRAUB: Membrangleichgewichte und Harmonien. Kolloid-Z. 1933, **64**, 72.

Eiklar.

Ionen	In 100 g Wasser mg	Entsprechende Gefrierpunktserniedrigung	Osmotisch wirksame Bestandteile in 100 g Wasser Milliäquivalente	Geschätzte Konz. der Ionen für das Kompensationsserum von Eiklar	Entsprechende Gefrierpunktserniedrigung. Grade
K·	164,4	0,073	4,21	3,59	0,062
Na·	162,1	0,122	7,05	6,00	0,104
Ca··	15,8	0,007	0,79	0,67	0,006
Mg··	18,2	0,013	1,50	1.28	0,011
Summe . .			13,55	11,54	
Cl′	178,3	0,087	5,03	6,07	0,105
HPO$_4''$	37,0	0,007	0,77	0,93	0,008
HCO$_3'$	570,8	0,061	3,76	4,54	0,078
Summe . .			9,56	11,54	
Glucose	229,5	0,065	—	—	0,061
Summe . .	—	0,435	—	—	0,435

Andererseits ließ sich zeigen, daß herauspräparierter Dotter, der durch Einbringen in mit Wasser verdünntes Eiklar hypotonisch (Gefrierpunkt 383°) gemacht war, in Berührung mit hypertonischem

Gefrierpunkt	Eidotter	Eiklar
Vor dem Versuch .	—0,600°	—0,441°
Nach dem Versuch .	—0,512° bis 0,522° (unscharf ablesbar)	—0,505°

Eiklar (—0,468°) seine eigene Hypertonie (gef. —0,515°) wieder herstellte.

Im Gegensatz hierzu steht die Auffassung von A. GROLLMAN[1], daß die Gefrierpunktsdifferenz zwischen Eidotter und Eiklar nur eine *scheinbare* sei und auf einer Verzögerung des Temperaturanstiegs der unterkühlten lecithinreichen Emulsion, wie sie der Dotter darstellt, bei der Messung mit dem BECKMANNschen Thermometer beruhe. — Doch haben sich die Zahlenbefunde GROLLMANS nach Angabe von O. MEYERHOF[2] als irrig erwiesen. J. M. JOHLIN[3] bestätigt, daß der Gefrierpunkt des Eidotters im befruchteten und unbefruchteten Zustand rd. 0,12 (0,100—0,135) niedriger ist als der des Eiklars. Seine Messungen an Mischungen von Eiklar und Dotter zeigten jedoch auch, daß das osmotische Gleichgewicht der beiden sich nur langsam einstellt. Er hält die Annahme einer besonderen vitalen Tätigkeit zur Aufrechterhaltung eines stationären Zustandes nicht für erforderlich.

Abstufung des osmotischen Druckes im Dotter. Die Gefrierpunktsmethode liefert einen Ausdruck für die *gesamte* osmotische Konzentration des Eidotters. Darüber, wie sich der Druck im Dotter selbst verteilt, sagt sie nichts aus. Ihr Nachteil, daß zur Ausführung der Prüfung ziemlich große Substanzmengen erforderlich sind, steht einer Prüfung einzelner Teile des Dotters entgegen. Für eine solche Prüfung eignet sich die *thermoelektrische Dampfdruckmethode* nach A. V. HILL[4], die Messungen an sehr kleinen Substanzmengen und bei Raumtemperatur, z. B. bei 20°, erlaubt, nicht nur beim Gefrierpunkt.

Bei dieser Methode erhält man die osmotische Konzentration [K] als g Natriumchlorid für 100 g Wasser. Daraus läßt sich die Gefrierpunktserniedrigung ($\varDelta$) unschwer berechnen, nach der Gleichung

$$\varDelta = 0,006 + 0,579\,[\mathrm{K}]\,.$$

Die Ergebnisse stimmen mit denen der Gefrierpunktsmethode ziemlich gut überein, wie folgende Gegenüberstellung von E. J. BALDES[5] für Gesamteidotter und Gesamteiweiß zeigt:

Bei Untersuchung einzelner Teile des Eidotters nach dieser Methode stellt nun BALDES merkwürdigerweise fest, daß die osmotische Konzentration nach dem Rande des Dotters zu immer geringer wird und an der Dotterhaut praktisch mit der osmotischen Konzentration des Eiklars übereinstimmt. Dies wurde besonders erwiesen:

Gegenstand	Dampfdruck % NaCl	Gefrierpunktsdifferenz berechnet aus Dampfdruck Grad	Gefrierpunktsdifferenz berechnet beobachtet Grade
Dotter . . .	0,984	0,576	0,565
Eiklar . . .	0,741	0,435	0,436

[1] GROLLMAN, A.: Biochem. Z. 1931, **238**, 408. — [2] MEYERHOF, O.: Biochem. Z. 1931, **242**, 244. — [3] JOHLIN, J. M.: J. gen. Physiol. 1933, **16**, 605. — [4] HILL, A. V.: Proc. Roy Soc. A. 1930, **127**. 9; C. 1930, II, 208. — [5] BALDES, E. J.: Proc. Roy Soc. B, 1934, **114**, 436.

1. Durch Gefrierenlassen des Dotters, Abtrennung und Untersuchung der äußeren Schichten.

2. Durch Entnahme und Untersuchung von Dotterteilchen aus der Außenschicht mit einer Pipette.

3. Durch Untersuchung des Teiles des Dotters, der nach Anstecken und Auslaufen des Dotters an der Membran haften blieb. Besonders bei der letztgenannten Ausführungsform entsprach der Dampfdruck bei dem der Membran anhaftenden Dotterrest nahezu dem Dampfdruck des Eiklars.

Eine Inanspruchnahme der Dotterhaut durch Konzentrationsunterschiede würde also vermieden.

Bei Versuchen mit Mischungen von Dotter und Eiklar trat eine Fällung noch unbekannter Natur auf, wodurch die osmotische Konzentration niedriger als berechnet gefunden wurde. — Nach einer Privatmitteilung von STRAUB

Gegenstand	Dampfdruck % NaCl	Gefrierpunktdifferenz Grad
Dotterrest . . .	0,774	0,454
Eiklar (Mittel) .	0,722	0,424

hat sich indes die stufenweise Zunahme des Gefrierpunktes im Eidotter nicht bestätigt.

5. Sonstige physikalisch-chemische Unterschiede zwischen Eidotter und Eiklar.

a) *Wasserstoffionenkonzentration vgl. S. 198*).

b) Der *Brechungsindex* bei 20° wurde von F. E. RIESE und D. L. YOUNG[1] für Dotter und Eiklar wie folgt gefunden:

Eier von	Brechungsindex von	
	Dotter	Eiklar
Weiße Leghorn, Junghenne (pullet) .	1,4175	1,3565
desgl. Henne (hen)	1,4188	1,3560
Weiße Wyandotten	1,4183	1,3546
Barred Plymouth Rock	1,4192	1,3550
Rote Rhode Island	1,4185	1,3568

Die wesentlich höhere Lichtbrechung des Dotters erklärt sich außer durch den Konzentrationsunterschied auch durch den Gehalt an stark lichtbrechendem Fett und Lecithin.

A. JANKE und L. JIRAK[2] erhielten für den Brechungsindex bei 17,5° für Dotter und Eiklar von ganz frischen Eiern folgende Zahlen:

Eier von	Brechungsindex bei 17,5° von	
	Dotter	Eiklar
Frischeier, ohne nähere Angaben . .	1,4221	1,3542
desgl.	1,4200	1,3572
desgl.	1,4202	1,3557
desgl.	1,4220	1,3590
desgl.	1,4229	1,3572
6 Frischeier vom Leghorn	1,4219	1,3554
6 Frischeier von Rhodeländern . . .	1,4217	1,3561

Einen wesentlich geringeren Brechungsindex als der Nahrungsdotter zeigte der *Bildungsdotter*, nämlich von 4 Eiern:

Brechungsindex des Nahrungsdotters . . 1,4214 1,4230 1,4235 1,4232

Brechungsindex des Bildungsdotters . . 1,4164 1,4165 1,4150 1,4122

c) Die *Dielektrizitätskonstante* beträgt nach R. FÜRTH[3] für

Hühnereidotter . . . . 60,0±2,0   Hühnereiklar . . . . . 68,0±1,0

Lecithin aus Eigelb . . 13,0±0,5   Cholesterin . . . . . . 5,4±0,2

6. Fermente des Eies.

Für die biologische Entwicklung und die Regelung der damit verbundenen chemischen Umsetzungen bedarf das Ei der Fermente (Enzyme). Diese haben

---

[1] RIESE, F. E. und D. L. YOUNG: Poultry Science 1928, **7**, 116. Nach NEEDHAM. — [2] JANKE, A. und L. JIRAK: Biochem. Z. 1934, **271**, 309. — [3] FÜRTH, R.: Ann. Phys. 1923 (4), **70**, 63.

nach J. WOHLGEMUTH[1] ihren Sitz vorwiegend im *Eidotter* und vermögen hier Proteine, Lecithin und Fett zu zerlegen. Worauf es aber beruht, daß die Fermente beim völlig frischen Ei bei gewöhnlicher Temperatur praktisch unwirksam sind, bedarf noch der Aufklärung.

Ein *diastatisches Ferment* haben J. MÜLLER und MASUYAMA[2] im Eigelb nachgewiesen, während O. STEPANEK[3] ein *glucolytisches* fand, das bei Abwesenheit von Sauerstoff alkoholische Gärung, bei Zutritt desselben Milchsäurebildung hervorruft. Auch V. DIAMARE[4] berichtet über ein mit Glycerin ausziehbares *amylolytisches* Ferment.

Nach T. KOGA[5] ist der Eidotter diastasereicher als das Eiklar und mit der Entwicklung nimmt die Diastase, die wie die menschliche Diastase durch Natriumchlorid, besonders aber durch Blutserum stark aktiviert wird, in beiden zu.

R. AMMON und E. SCHÜTTE[6] unterscheiden an Esterasen im Hühnerei eine Tributyrinase, eine einfache Esterase (Methylbutyrase), und eine Cholinesterase, die Acetylcholin verseift.

Im Gegensatz zu KOGA fanden sie bei einer Prüfung von Glycerinextrakt aus dem Gelbei eines unbebrüteten Eies auf Tributyrin eine deutliche Spaltung. Dabei wurde doppelt soviel Buttersäure in Freiheit gesetzt wie bei Einwirkung auf Methylbutyrat. Der Gesamtgehalt des Gelbeies betrug 240 Einheiten Tributyrinase und 125 Einheiten Esterase. — Demgegenüber ist der Gehalt des Eiklars an Lipase im Vergleich zu Eidotter sehr gering, und zwar wurden 24 Einheiten Tributyrinase und 3 Einheiten Esterase gefunden.

Durch Bebrütung unbefruchteter Eier wurde keine Änderung im Lipasegehalt verursacht. Dagegen nimmt bei Bebrütung befruchteter Eier die Menge der Lipasen erheblich zu, nämlich bis zum 15. Tage bei Gesamtesterase auf das 10fache, bei Cholinesterase auf das 8fache.

Von *proteinspaltenden* Fermenten sind im Eidotter ein autolytisches und ein ereptisches nachgewiesen worden. T. KOGA[7] fand im Eiklar eine Proteinnase, die in ihrer Wirkung der des Pankreas entsprach und ihr Wirkungsoptimum in alkalischer Lösung hatte. Nach A. K. BALLS und T. L. SWENSON[8] handelt es sich dabei um echtes Trypsin. Das Ferment befindet sich im festen Eiklar und gibt sich durch einen Abbau von dessen Gerüstsubstanz, des Mucins, zu erkennen. Dieser *Mucinabbau* hat dann eine allmähliche Verflüssigung des festen Eiklars zur Folge, wie wir sie bei länger aufbewahrten Eiern, z. B. bei Kühlhauseiern (vgl. S. 186) finden. Auch die Dottermembran wird durch dieses Ferment angegriffen und kann dadurch schließlich zum Zerreißen gebracht werden (vgl. S. 184).

Dieser Trypsinwirkung wirkt im Eiklar ein *Hemmungsstoff* entgegen, der von vielen Untersuchern beobachtet worden ist. S. G. HEDIN[9] und H. M. VERNON[10] nahmen als Träger dieser Antitrypsinwirkung das Albumin des Eiklars (vgl. S. 256) an, C. DELEZENNE und E. POZERSKI[11] ein besonderes Antitrypsin. J. S. HUGHES, H. M. SCOTT, und J. ANTELYES[12] erhielten bei Mischung des dicken Eiklars mit dem inneren dünnen eine Verminderung der proteolytischen Wirkung, mit dem äußeren meistens eine Erhöhung und schließen daraus, daß im Roheiklar frischer Eier die wirkungshemmende Substanz in der inneren dünnen Eiklarfraktion ihren Sitz hat.

Dipeptidase ließ sich nach AMMON und SCHÜTTE im Eidotter bebrüteter und unbebrüteter Eier nicht nachweisen.

Im Eidotter befinden sich ferner *Salicylase* und *Histozym*, die beide während der Bebrütung verschwinden, im Eiklar eine *Oxydase*, die aus Brenzcatechin, Adrenalin und Dioxyphenylalanin einen braunen Farbstoff bilden kann, aber Tyrosin nicht angreift und während der Bebrütung abnimmt.

---

[1] WOHLGEMUTH, J.: Z. physiol. Chem. 1905, **44**, 544. — [2] MÜLLER, J. und MASUYAMA: Z. Biol. (NF) 1900, **21**, 542. — [3] STEPANEK, O.: Zbl. Physiol. 1904, **18**, 188. — [4] DIAMARE, V.: Über die Zusammensetzung des Eies in Beziehung auf biologische Fragen. Nach C. 1910, I, 1732 und 1912, I, 272. — [5] KOGA, T.: Biochem. Z. 1923, **141**, 430. — [6] AMMON, R. und E. SCHÜTTE: Biochem. Z. 1935, **275**, 216; C. 1935, I, 2031. — [7] KOGA, T.: Biochem. Z. 1923, **141**, 430. — [8] BALLS, A. K. und T. L. SWENSON: Ind. Engin. Chem. 1934, **26**, 570. — [9] HEDIN, S. G.: Z. physiol. Chem. 1907, **52**, 412. — [10] VERNON, H. M.: J. Physiol. 1904, **31**, 346. — [11] DELEZENNE, C. und E. POZERSKI: Compt. rend. Soc. biol. 1903, **55**, 935. Nach BALLS. — [12] HUGHES, J. S., H. M. SCOTT und J. ANTELYES: J. Ind. Engin. Chem. Analyt. Ed. 1936, **8**, 310.

II. Bestandteile des Eidotters.
1. Allgemeine Zusammensetzung.

Die weitaus meisten Angaben des vorliegenden Schrifttums beziehen sich auf den gesamten *Eidotter*, d. h. den Teil des Eies, der nach mechanischer Abtrennung der Schale und des Eiklars zurückbleibt, um so reiner, je sorgfältiger diese Abtrennung durchgeführt wurde. Dieser Eidotter, auch *Eigelb* genannt, besteht in der Hauptsache aus dem sog. Nahrungsdotter des Eies, während der weiße Bildungsdotter nur einen kleinen Teil des Gesamtdotters ausmacht. Über die Stuktur und das spezifische Gewicht des Dotters vgl. S. 51.

Die Masse des Eidotters bildet eine dickflüssige, blaß- bis orangegelbe Emulsion von mildem Geschmack. Seine Hauptbestandteile sind neben Wasser, Eiweißstoffen, Fett, Lecithin, Cholesterin und der Eifarbstoff.

Im folgenden werden zunächst die Gehalte an Wasser, Stickstoffsubstanz, stickstofffreien Extraktstoffen und Asche zusammengestellt, die übrigen in Sonderabschnitten behandelt.

Der Eidotter der *Nesthocker* ist nach J. TARCHANOFF[1] um etwa 10—16% wasserreicher als der Dotter der Nestflüchter. Eine Ausnahme bilden die Kiebitzeier, die im Wassergehalt denen der Nestflüchter entsprechen. TARCHANOFF gibt folgende Zahlen an:

Vogelart	Zahl der Proben	Wasser %	Bemerkungen
Sperling . .	2	55,9—57,2	
Rabe	1	57,1	
Kornkrähe .	1	58,0	Nesthocker
Taube . . .	3	57,1—58,6	
Kiebitz . . .	3	48,9—52,5	Nesthocker (Ausnahme)
Huhn	4	47,2—51,8	Nestflüchter
Perlhuhn . .	1	48,7	

2. Proteinstoffe.
a) Die Stickstoffsubstanz des Eidotters,

die M. E. PENNINGTON[2] für 165 Eier von Plymouth-Rocks im Mittel zu 5,3% N bzw. 34,2% (N × 6,25) für 69 Eier von Leghorn-Hühnern zu 5,49% N bzw. 34,3% (N × 6,25) der Trockenmasse gefunden hat (vgl. auch S. 146), besteht, abgesehen vom Stickstoffgehalt des Lecithins, fast ausschließlich aus eigentlichen Eiweißstoffen, die wieder zum größten Teil koagulierbar sind. So entfallen in Prozent des Gesamtstickstoffs auf:

Stickstoff in Form von	%	Untersucht von
Koagulierbares Protein	94,6	J. COOK[3]
Nicht koagulierbares Protein . .	5,4	
Nicht koagulierbares Nichtprotein	2,6	G. W. PUCHER[4]
Gesamt-Ammoniak	8,0	A. AGGAZOTTI[5]
Gesamt-Amino	66,9	
Freier Amino	1,9	G. W. PUCHER[4]

L. C. MITCHELL[6] fand folgende Verteilung des Stickstoffs nach dem für die Bestimmung des gesamten, wasserlöslichen und Albuminstoffs in den Vereinigten Staaten vorgeschriebenen Untersuchungsgange[7]. In der Tabelle (S. 112) sind die Ergebnisse von MITCHELL auch mit dem Faktor 6,25 auf die entsprechende Proteinmenge umgerechnet.

Im Mittel entfallen bei dieser Untersuchungsmethode somit auf Rohalbumin etwa 6, auf sonstigen wasserlöslichen Stickstoff 13% des Gesamtstickstoffs.

M. A. RAKUSIN und G. PEKARSKAJA[8] nehmen an, daß die eigentlichen Proteine des Eidotters unter einer Schutzhülle von polypeptidartigen Körpern liegen, wodurch sie bei einer Behandlung mit Alkohol, Wasser und 1proz. Essigsäure unangegriffen bleiben. So fanden sie:

[1] TARCHANOFF, J.: Pflügers Arch. 1883, **31**, 361. — [2] PENNINGTON, M. E.: J. biol. Chem. 1920, **7**, 109. — [3] COOK, J.: U. S. Dep. of. Agric. Bureau of Chemistry. Bull. **115**, 1908. Nach NEEDHAM: Chemic. Embrycl. Cambridge 1931, S. 297. — [4] PUCHER, G. W.: Proc. Soc. Exp. Biol. and. Med. 1928 **25**, 72. Nach NEEDHAM. — [5] AGGAZOTTI, A.: Arch. Sci. Biol. 1919, **1**, 120. Nach NEEDHAM. — [6] MITCHELL, L. C.: J. Assoc. Offic. Agricult Chem. 1932, **15**, 310. — [7] Methods of Analysis. — [8] RAKUSIN, M. A. und G. PEKARSKAJA: Z. 1925, **49**, 39.

Zusammensetzung des Eidotters.

Lfde. Nr.	Nähere Bezeichnung und besondere Angaben Eidotter von	Zeit der Untersuchung	In der natürlichen Substanz					In der Trockensubstanz		Untersucht von
			Wasser %	Stickstoffsubstanz %	Fett(Ätherextrakt) %	Stickstofffreie Extraktstoffe %	Asche %	Stickstoffsubstanz %	Fett (Ätherextrakt) %	
1.	Hühnereier	1847	51,5	15,8	31,4	—	1,3	32,5	64,8	M. Gobley[1]
2.	desgl.	1859	53,8	17,5	28,8	—	0,5	37,8	62,2	W. Prout[2]
3.	desgl.	1868	47,2	15,6	36,2	—	1,0	29,6	68,6	J. Parke[3]
4.	desgl.	1878	50,8	16,1	30,5	0,9	1,6	32,8	62,1	J. König und C. Krauch[4]
5.	desgl.	1882	51,9	15,6	30,9	0,9	1,7	32,4	62,3	A. Stutzer[5]
6.	Mittel von 6 Eiern	1900	47,5	17,5	33,3	—	1,7	33,3	63,5	G. Lebbin[6]
7.	Eier von verschiedenen Hühnerrassen	1903	51,6	15,6	30,9	0,4	1,5	32,2	63,8	E. Carpiaux[7]
8.	Hühnerrasse: Rote Amerikaner	1909	48,4	17,2	32,9	0	1,6	33,3	63,8	J. T. Willard, R. H. Shaw, S. Hartzell und G. Hole[8]
9.	Plymouth Rocks	1909	48,7	17,8	32,0	0	1,6	34,7	62,4	
10.	Weißen Leghorn	1909	48,8	17,8	31,8	0	1,6	34,8	62,1	
11.	Weißen Wyandottes	1909	48,6	17,5	32,4	0	1,5	34,0	63,1	
12.	Weiße Leghorn, Mittel von 69 Eiern	1910	47,4	17,4	32,7	0,6	1,9	33,1	62,1	E. Pennington[9]
13.	Plymouth Rocks, Mittel von 165 Eiern	1910	47,8	16,8	32,7	0,9	1,8	32,1	62,7	
14.	Eigelb vom Sulmtaler	1916	46,1	19,5	31,6	0,6	1,4	36,1	58,7	O. von Czadek[10]
15.	desgl.	1916	46,7	17,5	33,0	1,4	1,4	32,8	61,9	
16.	Minorka	1916	48,6	16,2	32,5	1,2	1,5	31,5	63,2	
17.	desgl.	1916	44,9	18,0	33,9	1,6	1,5	32,7	61,5	
18.	Orpington	1916	49,7	16,2	30,3	2,0	1,8	32,2	60,3	
19.	desgl.	1916	47,4	17,2	32,6	1,3	1,5	32,5	61,9	
20.	Rhode Island	1916	50,9	16,4	30,1	0,9	1,6	33,5	61,4	
21.	desgl.	1916	50,3	16,4	29,6	1,9	1,8	33,0	59,6	
22.	Faverolles	1916	50,9	16,0	30,5	1,3	1,4	32,7	61,9	
23.	desgl.	1916	50,8	15,8	30,6	1,2	1,6	32,1	62,1	
24.	Italiener	1916	51,9	14,8	29,9	1,8	1,5	30,8	62,2	
25.	desgl.	1916	49,7	16,3	30,3	2,1	1,6	32,4	60,3	
26.	Rheinländer	1916	49,7	16,1	30,5	2,0	1,7	31,9	60,7	
27.	desgl.	1916	48,4	17,5	31,5	0,9	1,7	34,0	61,1	
28.	Wyandottes	1916	50,9	16,2	30,6	0,7	1,5	33,1	62,5	
29.	Hühnereier	1917	50,8	16,2	31,7	0,1	1,1	32,9	64,4	M. D. Iljin[11]
30.	desgl.	1921	47,1	15,5	33,3	2,1	2,0	29,3	62,9	R. H. A. Plimmer[12]
31.	Eigelb von 10 Eiern	1923	49,6	16,7	31,2	2,6	1,4	33,0	61,8	G. J. van Meurs[13]
32.	desgl. von 6 Eiern	1923	49,7	16,9	31,1	1,0	1,3	33,6	61,8	
33.	Hühnerei 1 Stunde nach dem Leben	1924	46,9	17,0	34,6			31,9	65,2	R. T. Thomson und J. Sorley[14]

Lfde. Nr.	Nähere Bezeichnung und Besondere Angaben Eidotter von	Zeit der Untersuchung	In der natürlichen Substanz					In der Trockensubstanz			Untersucht von
			Wasser %	Stickstoffsubstanz %	Fett (Ätherextrakt) %	Stickstofffreie Extraktstoffe %	Asche %	Stickstoffsubstanz %	Fett (Ätherextrakt) %	(Asche) %	
34.	Unbefruchtete, 2 Tage alte Eier von Schwarzen Wyandotten	1931	46,4	17,0	32,5		2,5	32,9	62,9	—	L. C. Mitchell[15]
35.	Mittel von 20 unbefruchteten, 2 Tage alten Eiern von Plymouth Rocks, Mittel von 12	1931	48,4	16,6	32,8		2,2	32,1	63,6	—	
36.	desgl. von Weißen Leghorn, Mittel von 24 Eiern	1931	48,5	17,2	32,7		1,6	33,3	63,4	—	
37.	desgl. von Weißen Leghorn befruchtet	1931	48,6	16,9	32,2		2,3	33,0	62,7	—	
38.	Mittel von 970 frischen Handelseiern	1931	49,5	16,7	31,9		1,9	32,3	63,2	—	
	Eier von Rhode Island-Hühner, Mittelwerte nach Fütterung mit Zusatz von:										
39.	20% Krabbenmehl	1932	48,6	16,8	29,9		4,9	32,6	58,1	—	H. W. Titus, Th. Byerly, N. R. Ellis[16]
40.	20% Trockenhefe	1932	47,5	16,5	31,8		4,2	31,5	60,5	—	
41.	20% Fleisch- und Fischmehl	1932	47,6	16,7	31,3		4,4	31,9	59,7	—	
42.	Nur Grundmischung	1932	48,3	16,2	30,7		4,8	31,4	59,3	—	
43.	desgl. Mais- und Fleischmehl bis zu 20%	1932	48,8	15,8	29,8		5,6	30,9	58,1	—	
44.	15% Trockenhefe	1932	48,8	16,2	29,1		5,9	31,6	56,8	—	
45.	15% autoklavierte Hefe	1932	47,4	16,6	30,9		5,1	31,6	58,7	—	
	Hühnereier Mittelwerte (45 Proben):		**49,0**	**16,7**	**31,6**	**1,2**	**1,5**	**32,6**	**61,8**	**3,0**	
46.	Entenei	1901	49,5	15,7	33,3	0,4	1,1	28,8	69,2	2,2	C. F. Langworthy[17]
47.	desgl.	1921	45,1	15,3	36,5	1,6	1,5	27,9	66,5	2,7	R. H. A. Plimmer[12]
48.	Dotter von 3 Enteneiern, Mittel	1927	43,7	18,4	35,0	1,5	1,4	32,7	62,2	2,4	J. S. Hepburn und A. B. Katz[18]
49.	Eier von Laufenten bei hoher Legetätigkeit	1935	43,7	16,8	38,3	—	1,3	31,5	71,8	2,4	A. K. Danilowa und W. A. Nefedjowa[22] [77]
50.	desgl. bei mittlerer Legetätigkeit	1935	46,5	16,0	36,4	—	1,1	29,9	68,1	2,1	
51.	desgl. bei niedriger Legetätigkeit	1935	50,4	15,1	33,5	—	1,0	30,3	67,6	2,0	
52.	Eier von Pekingenten bei hoher Legetätigkeit	1935	45,5	18,9	34,3	—	1,4	34,6	62,8	2,5	
53.	desgl. bei mittlerer Legetätigkeit	1935	46,0	18,4	34,4	—	1,2	34,1	63,8	2,2	
54.	desgl. bei niedriger Legetätigkeit	1935	46,6	17,8	34,6	—	1,0	33,4	64,7	1,9	
	Enteneier Mittelwerte (9 Proben):		**46,3**	**16,9**	**35,1**	**(1,2)**	**1,2**	**31,6**	**65,5**	**2,3**	
55.	Gänseei	1901	44,1	17,3	36,2	1,1	1,3	31,0	64,3	2,3	C. F. Langworthy[17]
56.	Dotter von 3 Gänseeiern, Mittel	1927	41,1	18,7	35,7	2,7	1,7	31,7	60,7	2,9	J. S. Hepburn und A. B. Katz[18]
	Gänseeier Mittelwerte (2 Proben):		**42,6**	**18,0**	**36,0**	**1,9**	**1,5**	**31,4**	**62,8**	**2,6**	
57.	*Taubenei.* Frühlingsseier (Legedatum): — Gewicht des Dotters in g 2,33	1912	57,0	10,9	(Lipoide) 7,9	2,3	2,1	25,4	(Lipoide) 18,3	4,9	
	desgl. 26. Mai		54,9	11,6	7,9	2,4	1,2	25,6	17,5	2,6	

Nr.		g	Jahr									
	Sommereier (Legedatum):											
59.	desgl. (3. Juli)	2,03	1912	55,2	11,9	8,6	1,7	0,9	26,6	19,2	1,9	O. Riddle[19]
60.	desgl. (5. „)	2,33	1912	55,8	11,4	7,9	1,7	0,8	25,9	17,8	1,9	
61.	desgl. (23. „)	2,42	1912	55,3	11,6	8,4	1,7	0,8	16,0	18,9	1,8	
62.	desgl. (25. „)	2.72	1916	55,6	12,9	9,1†	0,9	0,9	29,0	20,5	2,1	A. A. Spohn und O. Riddle[20]
	Taubeneier Mittelwerte (7 Proben):			55,7	11,9	29,5††	1,8	1,1	26,9	66,5††	2,5	
	Dotter sonstiger Vögel.											
63.	Truthuhn		1901	48,3	17,4	32,9	0,2	1,2	33,6	63,6	2,4	C. F. Langworthy[17]
64.	desgl., Mittel von 5 Eiern		1937	48,3	15,2	33,4	1,8 (Glucose = 0,27)	1,3	29,5	64,5	2,6	J. S. Hepburn u. P. R. Miraglia[21]
65.	Perlhuhn		1901	49,7	16,7	31,8	0,6	1,2	33,2	63,2	2,4	C. R. Langworthy[17]
66.	Dschungel-(Bankiva-)Huhn		1916	48,7	15,3	34,2*	1,0	0,8	29,8	66,6	1,6	A. A. Spohn und O. Riddle[20]
	Gelber und Weißer Dotter.					Neutral-fett	Phos-phatide			Neutral-fett	Phos-phatide	
67.	Gelber Dotter vom Huhn		1916	45,4	15,0	25,3	11,2	0,4	28,4	49,5	20,6	
68.	Weißer Dotter vom Huhn		1916	86,7	4,6	2,4	1,1	0,6	44,4	23,1	10,9	
	Verschiedene Entwicklungsstufen des Dotters,											A. A. Spohn und O. Riddle[20]
69.	Dotter aus dem Ovidukt	16,20	—	45,4	15,9	25,8	12,0	0,7	29,1	47,2	21,9	
70.	desgl.	12,82	—	47,0	14,5	27,5	10,2	0,4	27,2	51,9	19,2	
71.	Vom Ovarium, großer Dotter	9,72**	—	45,8	14,4	27,0	12,1	—	26,5	49,8	22,3	
72.	Erster Dotter vom 2. Ovarium	15,41	—	45,4	—	37,9		—	—	69,4		
73.	Zweiter Dotter vom 3. Ovarium	8,52	—	47,2	—	26,3	9,7	—	—	49,8	18,4	

† Außerdem 20,8% Neutralfett (in der Trockensubstanz 47,0%). — †† Aus der Differenz berechnet. — * Fett und Lipoide (24,0 und 10,2%). ** Nach abgetrennter Membran. Von diesen wogen 12 Stück bei ausgewachsenem Dotter 3,11 g und enthielten 88% Wasser.

[1] Gobley, M.: J. Pharm. Chim. 1847, 11, 409; 12, 5. Nach Needham. — [2] Prout, W.: Zbl. Agrik.-Chem. 1873, 4, 419. — [3] Parke, J.: Z. Chem. 1868, 157. — [4] König, J. und C. Krauch: Chem. menschl. Nahr.- u. Genußm. I, 99. — [5] Stutzer, A.: Repert. analyt. Chem. 1882, 116. — [6] Lebbin, G.: Z. öffentl. Chem. 1900, 6, 148. — [7] Carpiaux, E.: Das Hühnerei. Bull. de l'Inst. Chim. et Bakteriol. Gambloux 1903, Nr. 73, 39; C 1903, II, 58. — [8] Willard, J. T., R. H. Shaw, S. Hartzell und G. Hole: Kansas Agric. Exp. Sta. Bull., Nr. 159. Nach Needham. — [9] Pennington, E.: J. biol. Chem. 1910, 7, 109. — [10] Czadek, O.: Z. landw. Versuchsw., Österreich, 1916, 19, 440; Z. 1918, 36, 169. — [11] Iljin, M. D.: Z. Tierzücht. u. Züchtungsbiol. 1922, 14, 111. — [12] Plimmer, R. H. A.: War Office. Offic. Bull. London 1921. Nach Needham. — [13] Meurs, G. J. van: Rec. trav chim. Pays-Bas 1923, 42, 800; Z. 1924, 48, 456. — [14] Thomson, R. T. und J. Sorley: Analyst 1924, 49, 327. — [15] Mitchell, L. C.: J. Assoc. Offic. agricult. Chem. 1932, 15, 310. — [16] Titus, H. W., Th. Byerly und N. R. Ellis: J, Nutrition 1933, 6, 127. — [17] Langworthy, C. F.: U. S. Dep. of Agricult. Farmers Bull., Nr. 128. Nach Needham. — [18] Hepburn, J. S. und A. B. Katz: J. Frankl. Inst. 1927, 203, 835. — [19] Riddle, O.: Nach Needham vgl. Science N. S. 1912, 25, 462. — [20] Spohn, A. A. und O. Riddle: Amer. J. Physiol. 1916, 41, 397. — [21] Hepburn, J. S. und P. R. Miraglia: J. Frankl. Inst. 1937, 223, 375. — [22] Danilowa, A. K. und W. A. Nefedjowa: Biedermanns Zbl. B. Die Tierernährung 1935, 7, 532. Im Original weitere Angaben nach Legezeit und Größe der Eier geordnet.

Stickstoffverteilung im Eidotterprotein nach L. C. MITCHELL.

Lfde. Nr.	Eier	Stickstoff			Daraus berechnet an Protein					
			wasserlöslich		Im Eidotter			In der Trockensubstanz		
		Ge-samt	Ge-samt	Roh-albumin	Ge-samt-protein	Roh-albumin	Son-stiges wasser-lösliches Protein	Ge-samt-protein	Roh-albumin	Son-stiges wasser-lösliches Protein
		%	%	%	%	%	%	%	%	%
1.	12 Eier von Plymouth Rocks, 2 Tage alt, unbefruchtet . .	2,67	0,51	0,13	16,6	0,8	2,4	32,1	1,6	4,6
2.	20 Eier desgl. von Schwarzen Wyan-dotten	27,2	0,55	0,18	17,0	1,1	2,3	32,9	2,2	4,5
3.	24 Eier desgl. von weißen Leghorn .	2,75	0,55	0,20	17,2	1,2	2,2	33,3	2,4	4,2
4.	24 Eier desgl. be-fruchtet.	2,71	0,53	0,17	16,9	1,1	2,2	33,0	2,1	4,4
5.	970 frische Eier des Handels.	2,61	0,51	0,16	16,7	1,0	2,2	32,3	2,0	4,3
	Mittelwerte:	—	—	—	**16,9**	**1,0**	**2,3**	**32,7**	**2,1**	**4,4**

Art der Reaktion	Auszüge mit			
	Alkohol	Wasser	Essig-säure	Natron-lauge
Stickstoffreaktionen:				
Biuretreaktion	—	+	—	+
MILLONsche Reaktion. . . .	—	—	—	+
Xanthoproteinreaktion . . .	—	—	—	+
LIEBERMANNsche Reaktion .	—	—	—	+
ADAMKIEWICZsche Reaktion .	—	+	+	+
OSTROMYSLENSKIsche Reaktion	+	—	—	—
Zuckerreaktionen:				
MOLISCHsche Reaktion . . .	+	—	—	+
PETTENKOFERsche Reaktion	+	—	—	+

R. H. A. PLIMMER und J. L. ROSEDALE[1] erhielten durch Untersuchung des Hydrolysates von durch Trocknen und Ausziehen mit Alkohol und Äther erhaltenem Dotterprotein nach dem VAN SLYKEschen Verfahren einen schärferen Einblick in die Stickstoffverteilung. In Prozenten des Gesamtstickstoffes fanden sie:

Amid-N	Humin-N	Monoamino-Gruppe
9,0%	2,0%	62,1 (davon 1,6 an Nichtamino-N) %

Diamino-Gruppe

Gesamt	Arginin	Amino-N	Nichtamino-N	Histidin	Lysin
27,1%	14,5%	14,1%	13,1%	3,1%	9,4%

Hieraus berechnet auf wasser- und aschefreies Protein:

    Arginin 7,6   *Histidin* 1,4   *Lysin* 6,0%

Über den *Tryptophangehalt* des Eidotters vgl. S. 113—115.

Die Art der *Fütterung* scheint unter normalen Bedingungen die Zusammensetzung der Dotterproteine nicht erheblich zu beeinflussen. H. O. CALVERY und H. W. TITUS[2] fanden für das Gesamtdotterprotein nach Fütterung mit Weizen, Mais oder Sojabohnen (s. Tab. S. 113).

Ähnlich geringen Schwankungen unterlag auch die Zusammensetzung des aus dem Dotter bereiteten Vitellins (vgl. S. 115).

b) Einzelne Proteinstoffe. Die Wasserlöslichkeit eines Teils der Eidotterproteine deutet an, daß neben dem Hauptprotein des Eidotters, dem in reinem

---

[1] PLIMMER, R. H. A. und J. L. ROSEDALE: Biochem. J. 1925, **19**, 1015. — [2] CALVERY, H. O. und H. W. TITUS: J. biol. Chem. 1934, **105**, 683.

Wasser unlöslichen Vitellin noch ein zweites *wasserlösliches Protein,* wenn auch in kleineren Mengen, vorhanden sein muß, das man früher für ein Albumin gehalten hat. R. H. A. PLIMMER[1] hat in ihm jedoch einen besonderen Proteinstoff erkannt und *Livetin* genannt. Nach Versuchen von H. D. KAY und PH. G. MARSHALL[2] enthielt das Protein aus:

Hühnereidotter
Vitellin 78,4% Livetin 21,6%

Enteneidotter
Vitellin 79,0% Livetin 21,0%

Dotterprotein nach verschiedener Fütterung.

Bestandteil	Nach Fütterung mit		
	Weizen %	Mais %	Soja-bohnen %
Asche	4,30	4,04	4,23
Wasser	7,46	3,47	0,23
In dem aschen- und wasserfreien Protein:			
Gesamt-N	15,4	15,1	15,0
Amino-N . . . . . | in % des	79,2	79,9	78,1
Amino-N nach Amid-N { Gesamt-N	76,1	74,9	74,7
Amid-N	8,66	8,64	8,40
Gesamtschwefel (S)	1,22	1,18	1,15
Labiler Schwefel (S)	0,46	0,45	0,44
Tyrosin	5,46	5,67	5,09
Tryptophan	1,35	1,29	1,26
Cystin	1,56	1,56	1,51
Arginin (Van Slyke)	7,40	7,65	7,35
Arginin (Isolierung)	7,88	7,77	7,11
Histidin (Isolierung)	1,35	1,28	1,36
Lysin (Isolierung)	5,24	5,45	5,02

Ein Ei mittlerer Größe vom Huhn enthält demnach etwa 2,42 g Vitellin und 0,65 g Livetin.

Das Vitellin wird allgemein als *einheitlicher Körper* angesehen. Ob dies auch beim Livetin der Fall ist, bedarf noch weiterer Bestätigung, wenn auch der weitaus größte Teil des wasserlöslichen Dotterproteins wohl als Livetin anzusehen ist. F. H. JUKES und H. D. KAY[3] vermuten im Livetin aus dem Blut der Henne stammendes Serumglobulin im Gegensatz zum Vitellin, das sie als typisches Produkt des Ovariums ansehen.

α) *Vitellin.* Das Vitellin ist den Globulinen darin ähnlich, daß es im Wasser unlöslich, in verdünnter Neutralsalzlösung aber löslich ist. Es löst sich auch in etwa 0,1 proz. Salzsäure und wie die meisten Eiweißstoffe in sehr verdünnten Lösungen von Alkalien oder Alkalicarbonaten. Es ist aber kein Globulin, sondern ein *Nucleoalbumin* (HAMMARSTEN); denn bei der Pepsinverdauung liefert es ein Pseudonuclein. Nach Ausfällung aus salzhaltiger Lösung durch Verdünnung mit Wasser verändert sich das Vitellin allmählich und wird den Albuminaten ähnlich. Die Gerinnungstemperatur des Vitellins in Kochsalzlösung liegt bei 70—75°, bei schnellerem Erwärmen bei etwa 80°.

Zur *Darstellung des Vitellins* wird nach TH. B. OSBORNE und D. B. JONES[4] der Eidotter durch ein Koliertuch gepreßt, mit der gleichen Menge einer gesättigten Kochsalzlösung vermischt und die Mischung mit Äther geschüttelt, der geringe Mengen Alkohol enthält. Nach Entfernung des Fettes und Lecithins hierdurch wird die wässerige Lösung der Eiweißstoffe filtriert und die klare Lösung dialysiert, bis das Vitellin ausfällt. Durch Lösen in 10 proz. Kochsalzlösung und wiederholtes Dialysieren wird es gereinigt und schließlich mit einem Gemisch gleicher Teile aus Äther und absolutem Alkohol mehrere Tage stehen gelassen und dadurch vom Wasser befreit. Es bildet nach dem Trocknen über Schwefelsäure ein farbloses Pulver, das noch etwa 4—5% Asche enthält.

Die *Lichtbrechung* einer Vitellinlösung, z. B. in 1/50-N. Natronlauge ($n^{18} = 1,3335$) wird so beeinflußt, daß je 1 g gelöstes Vitellin nach T. BR. ROBERTSON[5] den Brechungsindex um 0,00130 erhöht.

Im ultravioletten Licht zeigt die Lösung des Vitellins in 1/25-N. Natronlauge nach L. MARCHLEWSKI und J. WIERZUCHOWSKA[6] eine *Absorptionsbande* bei $\lambda = 3441 - 2645$.

---

[1] PLIMMER, R. H. A.: J. Chem. Soc. London 1908, **93**, 1500. — [2] KAY, H. D. und PH. G. MARSHALL: Biochem. J. 1928, **22**, 1264. — [3] JUKES, F. H. und H. D. KAY: J. Nutrition 1932, **5**, 81. — [4] OSBORNE, TH. B. und D. B. JONES: Amer. J. Physiol. 1909, **24**, 153. — [5] ROBERTSON, T. BR.: J. biol. Chem. 1910, **7**, 359. — [6] MARCHLEWSKI, L. und J. WIERZUCHOWSKA: Bull. Inst. Acad. Polon. Scienc. Lettres, Serie A, **1928**, 471.

Die Elementarzusammensetzung des Vitellins wurde wie folgt gefunden:

Lfde. Nr.	Zeit der Untersuchung	Kohlenstoff %	Wasserstoff %	Stickstoff %	Schwefel %	Phosphor %	Sauerstoff %	Untersucht von
1.	1842	51,60	7,22	15,02	—	—	26,16	J. Dumas und A. Cahours[1]
2.	1846	52,26	7,25	15,06	1,17	—	25,43	J. Gobley[2]
3.	1867	—	—	—	1,0	—	—	Schwarzenbach[3]
4.	1899	48,01	6,35	15,94	0,88	0,33	—	A. Gross[4]
5.	1900	51,24	7,16	15,38	1,04	0,94	23,24	T. B. Osborne u. G. F. Campbell[5]
6.	1908	—	—	—	—	0,99	—	A. H. A. Plimmer[6]
7.	1932	—	—	16,00	1,01	0,98	—	H. O. Calvery und A. White[7]
8.	1934	—	—	16,00	16,1	0,90	—	H. O. Calvery und A. White[8]
Wahrscheinlichste Werte:		**51,24**	**7,16**	**16,07**	**0,97**	**—0,97** **0,97**	**23,59**	

Nach R. H. A. Plimmer und F. H. Scott[9] ist die Phosphorkomponente des Vitellins sehr lose gebunden und wird mit 1proz. wässeriger Natronlauge in 24 Stunden bei 37° vollständig als Phosphorsäure abgespalten. Vielleicht ist hierin der Grund zu suchen, daß die Angaben für den Phosphorgehalt des Vitellins stark (0—1,0%) schwanken. — Von den von Calvery und Titus in vier Proben gefundenen *Schwefelmengen* von 0,90—0,97% waren 0,32—0,34% labil gebunden (labiler Schwefel).

Die *Stickstoffverteilung* im Ovovitellin wurde von Plimmer wie folgt gefunden:

	Gesamt-N %	Amid-N %	Humin-N %	Diamino-N %	Monoamino-N %
In % der Trockensubstanz	15,29	0,84	0,25	3,84	10,26
In % des Gesamt-N	—	5,5	1,6	25,1	67,1

Calvery und Titus erhielten in % des Gesamt-N für:

Amino-N %	Amino-N nach Amid-N %	Amid-N %
75,0—80,2	71,9—77,3	12,8—13,4

Calvery und White fanden weiter: Saurer Melanin-N (0,47—0,51, Amid-N 9,19—9,25, Humin-N 1,02—1,45, Arginin-N 16,53—16,64, Histidin-N 1,50—1,76, Lysin-N 11,04—11,30, Cystin-N 1,23—1,26, Amino-N 55,00—55,50, Nichtamino-N des Phosphorwolframsäurefiltrats 2,62—3,34%.

Die Bausteine des Vitellins. Von verschiedenen Untersuchern wurden folgende Gehalte an Aminosäuren (in % der aschefreien Trockensubstanz) im Ovovitellin ermittelt (s. Tab. S. 115):

Daß Vitellin (ebenso wie Casein) kein Glykokoll enthält, bestätigen auch H. Luers und G. Nowak[10].

Ebenso wie Ovalbumin (vgl. S. 166) gibt Vitellin nach O. Riesser, A. Hansen und R. Nagel[11] *Acetaldehyd* ab, dessen Menge 1,60—1,69% der Trockenmasse betrug.

Die phosphor- und eisenhaltigen Kerne des Vitellins. P. A. Levene und C. Alsberg[12] stellten aus Vitellin die Paranucleinsäure, die *Avivitellinsäure*, her, indem sie die Lösung des Vitellins in verdünntem Ammoniak zwei Stunden stehen ließen, dann die Flüssigkeit unter Eiskühlung mit Essigsäure neutralisierten, konzentrierte Pikrinsäurelösung im Überschuß zusetzten, mit Essigsäure stark ansäuerten, filtrierten und das Filtrat mit dem mehrfachen Volumen Alkohol fällten. Der Niederschlag wurde abermals in Wasser gelöst,

[1] Dumas, J. und A. Cahours: Ann. de Chim. et de Phys. 1842, **6**, 422. Nach J. Needham: Chemic. Embryol. Cambridge 1931. — [2] Gobley, J.: J. Pharm. Chim. 1846, **9**, 81. Nach J. Needham: Chemic. Embryol. Cambridge 1931. — [3] Schwarzenbach: Liebigs Ann. Chem. u. Pharm. 1867, **144**, 64. Nach J. Needham: Chemic. Embryol. Cambridge 1931. — [4] Gross, A.: Zur Kenntnis des Ovovitellins. Diss. Straßburg 1899. — [5] Osborne, T. B. und G. F. Campbell: J. biol. Chem. 1910, **7**, 359. — [6] Plimmer, A. H. A.: J. Chem. Soc. 1908, **93**, 1500. — [7] Calvery, H. O. und A. White: J. biol. Chem. 1932, **94**, 635. — [8] Calvery, H. O. und A. White: J. biol. Chem. 1934, **105**, 683 (4 Proben). — [9] Plimmer, R. H. A. und F. H. Scott: Proc. Chem. Soc. 1908, **24**, 200. — [10] Luers, H. und G. Nowak: Biochem. Z. 1924, **154**, 310. — [11] Riesser, O., A. Hansen und R. Nagel: Z. physiol. Chem. 1931, **196**, 201. — [12] Levene, P. A. und C. Alsberg: Z. physiol. Chem. 1903, **31**, 543.

Bausteine des Vitellins.

Zeit der Untersuchung	Glykokoll %	Alanin %	Valin %	Leucin %	Prolin %	Asparaginsäure %	Glutaminsäure %	Untersucht von
1906	1,1	Spur	2,4	11,0	3,3	0,5	12,2	E. ABDERHALDEN u. A. HUNTER[1]
1906	Spur	0,16	—	3,30	4,—	0,60	1,00	P. A. LEVENE und L. C. ALSBERG[2]
1906	Spur	Spur	1,5	6,8	0,5	0,7	0,9	L. HUGOUNENQ[3]
1909	0	0,75	1,87	9,87	4,18	2,13	12,95	TH. B. OSBORNE und T. B. JONES[4]
Wahrscheinlichster Wert		**0,8**	**1,9**	**9,9**	**4,1**	**2,1**	**12,2**	

Zeit der Untersuchung	Serin %	Phenylalanin %	Tyrosin %	Tryptophan %	Cystin %	Arginin %	Histidin %	Lysin %	Ammoniak %	Untersucht von
1906	—	2,8	1,6	—	—	—	—	—	—	E. ABDERHALDEN und A. HUNTER[1]
1906	—	1,00	0,40	—	—	1,20	Spur	2,40	—	P. A. LEVENE und L. C. ALSBERG[2]
1906	0,5	0,7	2,0	—	—	1,0	2,2	1,2	1,17	L. HUGOUNENQ[3]
1909	—	2,54	3,37	Spur	—	7,46	1,90	4,81	1,25	TH. B. OSBORNE und T. B. JONES[4]
1924	—	—	—	2,42	0,83	—	—	—	—	D. B. JONES, C. E. F. GERSDORF und O. MOELLER[5]
1925	—	—	—	—	—	7,5	1,9	4,8	—	R. H. A. PLIMMER[6]
1932	—	—	5,01	1,24	1,19	7,77	1,22	5,38	—	H. O. CALVERY und A. WHITE[7]
1934	—	—	5,13	1,44	1,09	7,89	1,37	5,64	—	H. O. CALVERY und H. W. TITUS[8]
Wahrscheinlichster Wert:	**0,5**	**2,5**	**5,1**	**1,4**	**1,2**	**7,7**	**1,6**	**5,1**		

Essigsäure zugefügt und 5proz. salzsaurer Alkohol bis zur sauren Reaktion auf Kongorot zugefügt. Die erhaltene durch mehrmaliges Umfällen gereinigte Avivitellinsäure enthielt:

Kohlenstoff %	Wasserstoff %	Stickstoff %	Schwefel %	Phosphor %	Eisen %
32,31	5,58	13,13	0,327	9,88	0,57

Durch Verdauung des Ovovitellins mit Magensaft erhielt G. VON BUNGE[9] ein Pseudonuclein, das nach seiner Meinung in naher Beziehung zum Blutfarbstoff stehen sollte, und daher von ihm auch *Hämatogen* genannt worden ist. Die Elementarzusammensetzung war:

Kohlenstoff %	Wasserstoff %	Stickstoff %	Schwefel %	Phosphor %	Sauerstoff %	Eisen %
42,11	6,08	14,73	0,55	5,19	31,05	0,29

Die Zusammensetzung kann jedoch bei gleicher Darstellungsweise nicht unerheblich abweichen. So erhielten OSBORNE und CAMPBELL durch Pepsinverdauung des Ovovitellins ein Pseudonuclein mit einem zwischen 2,52—4,19% schwankenden Phosphorgehalt.

Ausgehend von dem Hämatogen BUNGES gelangten SWIGEL und TH. POSTERNAK[10] in ähnlicher Versuchsanordnung wie bei Casein zu *eigentümlichen Verdauungsprodukten* mit Trypsin. Während mit Alkohol ausgezogenes Eigelb nicht direkt von Trypsin angegriffen wird, kann man

[1] ABDERHALTEN, E. und A. HUNTER: Z. physiol. Chem. 1906, **48**, 505. — [2] LEVENE, P. A. und L. C. ALSBERG: J. biol. Chem. 1906, **2**, 127. — [3] HUGOUNENQ, L.: Compt. rend. 1906, **142**, 173. Ergebnisse in Prozenten des Vitellins. Hydrolyse mit verdünnter Schwefelsäure. — [4] OSBORNE TH. B. und T. B. JONES: Amer. J. Physiol. 1909, **24**, 153; Z. 1911, **22**, 527. — [5] JONES' D. B., C. E. F. GERSDORF und O. MOELLER: J. biol. Chem. 1924, **62**, 183. — [6] PLIMMER, R. H. A.: Biochem. J. 1925, **19**, 1019. — [7] CALVERY, H. O. und A. WHITE: J. biol. Chem. 1932, **94**, 635. — [8] CALVERY, H. O. und H. W. TITUS: J. biol. Chem. 1934, **105**, 683 (Mittel von 4 Proben). — [9] BUNGE, G. VON: Z. physiol. Chem. 1885, **9**, 49. — [10] SWIGEL und TH. POSTERNAK: Compt. rend. 1927, **184**, 909.

das Hämatogen Bunges durch wirksamen Pankreasauszug in sodaalkalischer Lösung schon in 48 Stunden abbauen.

Isoliert wurden drei *phosphorhaltige Polypeptide*, nämlich

1. *Ovotyrin* α. $C_{21}H_{43}O_{24}N_7P_4$.
2. *Ovotyrin* β. — Dieses enthält das Eisen des Eidotters und ist in zwei Anteile, einen eisenfreien und einen eisenhaltigen, die in der übrigen Zusammensetzung identisch sind, zerlegbar, nämlich in

    a) Ovotyrin β_1: $C_{24}H_{48}O_{26}N_8P_4$ und
    b) Ovotyrin β_2: $(C_{24}H_{48}O_{26}N_8P_4)_3Fe_2$.

3. *Ovotyrin* γ: $C_{46}H_{84}O_{40}N_{12}P_4$.

Die *Ovotyrine* sind weiße, in neutralen organischen Lösungsmitteln unlösliche, außer Ovotyrin β, in Wasser ziemlich leicht lösliche weiße Pulver. Ovotyrin wird in Gegenwart von Mineralsäure durch Kochsalz gefällt. Sämtliche Alkalisalze, ferner die Erdalkalisalze von Ovotyrin sind löslich, die übrigen Erdalkalisalze und alle Schwermetallsalze in Wasser unlöslich. Sämtliche Verbindungen drehen links und geben die Biuretreaktion, aber nicht die von Millon, Ovotyrin γ auch die von Molisch.

Die Anwesenheit von drei Hexonbasen mit insgesamt 9 Atomen N macht eine *Verdreifachung der Molekularformel* erforderlich. Ein quantitativer Versuch lieferte aus einem Molekül Ovotyrin β_1, also $C_{72}H_{144}N_{78}O_{24}P_{12}$: Phosphorsäure 12, Brenztraubensäure 1,4, Ammoniak 4,9, Arginin 0,62, Histidin 0,70, Lysin 0,75, Serin 7,9 Mol.

Das *Serin* wurde aus Wasser in hexagenalen Tafeln mit 1 Mol Krystallwasser und der Drehung $[\alpha]_D^{23} = -6{,}67°$ erhalten.

Das *Ammoniak* dürfte durch Desaminierung des Serins zu *Brenztraubensäure* entstanden, diese ihrerseits wieder zum großen Teil durch die kochende Mineralsäure zersetzt sein.

Ferner vermuten Swigel und Posternack in den Ovotyrinen noch eine stickstofffreie Säure, deren Nachweis aber bisher noch nicht gelang.

Ovotyrin β_2 löst sich in kalten Alkalien ohne Abscheidung von Eisenhydroxyd, welches aber beim Kochen schnell erscheint und auch durch sonstige Reaktionen leicht nachweisbar ist.

Die *Ovotyrine* sind als verschiedene *Abbaustufen des Ovovitellins* aufzufassen, das von Trypsin an verschiedenen, jedoch einander benachbarten Stellen gespalten wird. Einer weiteren Einwirkung des Trypsins widerstehen die Polypeptide.

Ovotyrin β ist auch teilweise im *Eidotter vorgebildet* und kann in Menge von 20% des Gesamtphosphors daraus durch 5proz. Sodalösung entzogen werden. Durch Erwärmen von frischem und geschlagenem Eigelb 10 Tage auf 38—40° kann sogar die Ausbeute verdoppelt werden. Der Eidotter muß demnach ein proteolytisches Ferment enthalten.

Eine Hydrolyse mit 25proz. Salzsäure oder 35proz. Schwefelsäure liefert nach Swigel und Posternak[1] aus Ovotyrin α, Ovotyrin β_1 und Ovotyrin β_2 in allen drei Fällen: Phosphorsäure, Brenztraubensäure, Ammoniak, Arginin, Histidin, Lysin und beträchtliche Mengen C-Serin.

Die Stickstoffbestimmung im Hydrolysat bezogen auf den Gesamtstickstoff ergab an

Bestandteil	Ovotyrin α %	Ovotyrin β_1 %	Ovotyrin β_2 %
Ammoniak-N .	23	19,5	20,5
Diamino-N .	38	34,7	34,6

J. H. Blackwood und G. M. Wishard[2] erhielten bei der Einwirkung von Trypsinkinase und Pepsin auf Lecitho-Vitellin in Trichloressigsäure teilweise unlösliche Stoffe. Bei der Einwirkung von Pepsin war die Menge an säurelöslichem Stickstoff größer als an säurelöslichem Phosphor.

Bei der Einwirkung von Trypsin war das Verhältnis von säurelöslichem Phosphor zu säurelöslichem Stickstoff von der Enzymkonzentration abhängig. Das Maximum der Hydrolyse war bei allen Konzentrationen bei insgesamt 80% des gesamten Stickstoffs und 70% der gesamten Phosphorsäure erreicht. Nach diesen Versuchen enthält das Vitellinmolekül mindestens zwei *verschiedene Phosphorkomplexe*, von denen der eine gegen Enzymwirkung sehr widerstandsfähig ist.

Alkalische Hydrolyse des Vitellins nach W. D. McFarlane[3]. Bei Behandlung des Vitellins mit 0,25 N-Natronlauge bei 37° entwickelt sich allmählich Ammoniak und der Nichtproteinstickstoff steigt an, ohne daß eine Zunahme an freien Aminogruppen eintritt. Nach 60 bis 70 Stunden ist die Hydrolyse beendet. Aus dem Hydrolysat fällt mit Trichloressigsäure oder auch bei Neutralisation mit Essigsäure ein Proteinstoff in Menge von etwa 50% des Gesamtproteins (als Stickstoff berechnet) aus, der aber weder Eisen noch Phosphor enthält. Das Filtrat liefert mit Bleiacetat einen Niederschlag, der etwa 20% des Nichtproteinstickstoffs,

[1] Swigel und Posternak: Compt. rend. 1927, **185**, 615. — [2] Blackwood, J., H. und G. M. Wishard: Biochem. J. 1934, **28**, 550; Z. 1937, **74**, 217. — [3] McFarlane, W. D.: Biochem. J. 1932, **26**, 1061.

das gesamte Eisen (0,046%) und wenigstens 25% des Kupfers (0,0033%), das im Vitellin vorhanden ist, enthält.

Daß Eisen und Kupfer organisch gebunden sind, folgt außer aus der Fällbarkeit mit Bleiessig auch daraus, daß das Filtrat von dem mit Schwefelwasserstoff zerlegten Bleiessigniederschlag zwar das Eisen und Kupfer enthält, aber weder mit Kaliumrhodanid noch mit diäthyldithiocarbaminsaurem Natrium eine Reaktion gibt.

Der durch Bleiessig gefällte Körper unterscheidet sich beträchtlich vom Hämatogen (vgl. S. 115) und ähnelt der Vitellinsäure von LEVENE und ALSBERG (vgl. S. 114), nur daß er mehr Eisen enthält. Entgegen NEEDHAM ist somit ein Teil des Eisens im Vitellin organisch gebunden, ein Teil scheint als kolloides Eisenhydroxyd vorzuliegen.

β) *Livetin.* Das von PLIMMER[1] im Eidotter entdeckte Pseudoglobulin *Livetin* (vgl. S. 113) wurde von H. D. KAY und PH. G. MARSHALL[2] in größerer Reinheit dargestellt. Diesen gelang es, den Phosphorgehalt bis zu 0,05% herabzudrücken.

Sie schieden aus dem sorgfältig vom Eiklar befreiten Dotter das Gesamtprotein in üblicher Weise durch halbe Sättigung der Lösung mit Ammoniumsulfat aus, lösten den Niederschlag in Wasser, setzten wieder Ammonsulfat bis zur Konzentration von 25% zu, filtrierten das Vitellin ab und fällten im Filtrat das Livetin durch abermalige halbe Sättigung mit Ammoniumsulfat.

Die *Reinigung* erfolgte durch doppeltes Umlösen und Umfällen, Ausziehen der Lipoide mit Alkohol und Äther bei —15° nach HEWITT[3], wobei Zugabe von Caprylalkohol die Extraktion besonders bei Enteneidotter erleichterte. Schließlich wurde bei pH = 5,0 dialysiert, wobei das Livetin völlig in Lösung blieb.

Eigenschaften des Livetins. Beim Kochen mit Wasser oder ganz verdünnter Essigsäure wird das Livetin koaguliert. Durch Halbsättigung seiner Lösung mit Ammoniumsulfat, Sättigung mit Magnesiumsulfat oder Natriumchlorid wird es (in 24 Stunden) vollständig abgeschieden. In der Kälte wird es durch drei Volumina Alkohol oder Aceton, durch Trichloressigsäure, Pikrinsäure, Wolframsäure und Sulfosalicylsäure, ferner durch Schwermetallsalze und kolloides Eisenhydroxyd niedergeschlagen.

Das Livetin zeigt die Biuret-, Xanthoprotein- und MILLONsche Reaktion, starke Glyoxylreaktion und schwache MOLISCHsche Reaktion. Die 4proz. Lösung gibt mit Natronlauge und Bleiacetat positive Schwefelreaktion, nach Hydrolyse mit Trypsin starke PAULYsche Reaktion und schwache auf Histidin nach TOTANI.

PLIMMER fand für Livetin folgende *Stickstoffverteilung*:

In % der Trockenmasse:

Gesamt-N %	Amid-N %	Humin-N %	Diamino-N %	Monoamino-N %
15,12	0,75	0,32	3,29	10,76%

KAY und MARSHALL geben weiter für Livetin an:

Asche %	Stickstoff %	Phosphor[4] %	Schwefel %	Tyrosin %	Tryptophan %	Cystin %
0,6	15,35	0,05	1,8	5,2	2,1	3,9%

Der Cystingehalt entspricht 1,05% Cystinschwefel. — In Parallelversuchen ergab Vitellin neben 5,0% Tyrosin nur 1,6% Tryptophan und 1,4% Cystin. T. H. JUCKES und H. D. KAY[5] finden nach der Arginasemethode 11,7% des Gesamtstickstoffs als Argininstickstoff, weiter an Cystin 2,3%. Der Histidinstickstoff betrug 2,11, der Lysinstickstoff über 5,92% des Gesamtstickstoffes. E. KOMM[6] hat in „Albumin" aus Eidotter 1,67% Tryptophan gefunden.

Das Mindestmolekulargewicht des Livetins, berechnet aus 1 P im Molekül geben KAY und MARSHALL zu 64 000 an. Weiter fanden sie: Optische Drehung: $[a]_{5461}^{20} = -55{,}5°$, isoelektrischer Punkt: pH = 4,8—5,0.

---

[1] PLIMMER: J. Chem. Soc. London 1908, **93**, 1500. — [2] KAY, H. D. und PH. G. MARSHALL: Biochem. J. 1928, **22**, 1264. — [3] HEWITT: Biochem. J. 1927, **21**, 216. — [4] Die reinsten Präparate enthielten auf 1 g N 3,13 mg P, der mit Alkohol-Äther nicht mehr auszuziehen war. — [5] JUKES, T. H. und H. D. KAY: J. biol. Chem. 1932, **98**, 783. — [6] KOMM, E.: Z. physiol. Chem. 1926, **156**, 204.

Nach H. J. Almquist und D. M. Greenberg[1] ist die optische Drehung des Livetins ebenso wie die des Albumins (vgl. S. 161) vom pH abhängig. Nur für pH zwischen 3,5—9,5 beträgt sie etwa —40°, um an beiden Seiten dieses Gebietes zu steigen. Der obige Wert von —55° würde einem pH von etwa 11,5 auf der alkalischen oder von 3,1 auf der sauren Seite entsprechen.

Die Erhöhung des Brechungsindexes in wäßriger Lösung im Quecksilberlicht betrug nach Kay und Marshall für je 1% Livetin 0,00190 bei 20°.

T. H. Jukes[2] hat die Aminosäuren des Livetins fraktioniert und dabei 87% des Gesamtstickstoffes in den Fraktionen wiedergefunden, 56% einwandfrei identifiziert. Im einzelnen waren seine Ergebnisse folgende:

| Stickstoff in Form von | Abscheidungsform | Bezogen auf den Gesamtstickstoff | | Bezogen auf das Protein mit 15,5% N |
		exakt bestimmt %	nichtexakt bestimmt %	%
Ammoniak	—	8,3	—	1,56
Histidin	Flavianat	1,62	—	0,93
Arginin	Flavianat	11,6	—	5,6
Lysin	Pikrat	6,15	—	5,0
Glutaminsäure	Hydrochlorid	4,18	—	6,8
Asparaginsäure	Kupfersalz	2,04	—	3,0
Hydroxyglutaminsäure . .	Silbersalz	Spur (?)	—·	—
Tyrosin	—	1,80	—	3,6[3]
In Wasser unlösliche Kupfersalze	—	—	10,1	—
Leucin	—	7,29	—	10,6
Phenylalanin	colorimetrisch	1,07	—	1,95
In Wasser lösliche, in Methylalkohol unlösliche Kupfersalze	—	—	19,7	—
Glykokollfraktion	—	—	3,01	—
Alanin	Milchsäure	6,3	—	6,2
In Methylalkohol lösliche Kupfersalze	—	—	17,7	—
Prolin	Pikrat und Cadmiumchlorid verbindung	1,71	—	2,2
Valin — + Isoleucinfraktion	—	—	7,18	9,8
Cystin	colorimetrisch[4]	2,64	—	3,5
Tryptophan	colorimetrisch[4]	1,11	—	1,26
Glucosamin	berechnet	0,4	—	6[5]

γ) *Drittes Eidotterprotein.* A. Orrú[1] verfolgte die elektrische Leitfähigkeit der Hühnereidotter bei steigender und fallender Temperatur. Dabei fand sie zunächst eine Zunahme der Leitfähigkeit bis zu etwa 70°, dann eine Abnahme in drei Stufen. Sie erklärt die erste Abnahme durch die Koagulation des Vitellins, die zweite durch die Koagulation des Livetins und führt die dritte auf Koagulation eines weiteren, chemisch noch nicht sicher nachgewiesenen Dotterproteins zurück.

3. Phosphatide [6].

a) Geschichtliche Entwicklung des Lecithinbegriffes.

Phosphorhaltige, fettähnliche Stoffe wurden bereits zu Anfang des vorigen Jahrhunderts von den französischen Forschern Fourcroy, Vauquelin, Couerbe und Frémy erwähnt. Als der eigentliche Begründer des *Lecithinbegriffs* kann aber M. Gobley gelten, der 1847 aus *Hühnereidotter* eine *phosphor- und stickstoffhaltige Substanz* in Menge von 8,426% des Eigelbs herstellte und fand, daß sie von weicher plastischer Konsistenz war, sich mit Wasser emulgieren ließ und in Alkohol und Äther löste; er spaltete sie in Fettsäuren und Glycerinphosphor-

[1] Almquist, H. J. und D. M. Greenberg: J. biol. Chem. 1934, **105**, 519. — [2] Jukes, T. H.: J. biol. Chem. 1933, **103**, 425. — [3] Die Methode von Folin-Marenzi lieferte 3,04% des Stickstoffes als Tyrosin-N, 6,1% des Proteins als Tyrosin. — [4] Nach Folin und Marenzi. — [4] Berechnet als Glucosaminodimannose. — [5] Orrú, A: A.tti R. Accad. naz. Lincei, Rend. 1935 (6), **22**, 458; C. 1936, II, 2151. — [6] Literatur: H. MacLean: Lecithin and allied Substances. The Lipins. London 1918.

säure. Diese Substanz nannte GOBLEY „Lecithin“, konnte sie aber noch nicht frei von Beimischungen, insbesondere von Fett erhalten und daher ihre genaue Zusammensetzung nicht angeben.

GOBLEYs Ansicht über die Konstitution des Lecithins wurde von O. LIEBREICH bestritten, der das Lecithin als ein Spaltungsprodukt des Protagons ansah, eine Ansicht, die sich aber bald als irrig herausstellte. LIEBREICH fand in den Spaltungsprodukten des Lecithins auch eine stickstoffhaltige Substanz, die er irrtümlich als „Neurin“ bezeichnete.

DIAKONOW gelang es 1867 einen geringeren Teil der lecithinartigen Substanz des Eidotters in gereinigtem Zustande zu gewinnen. Es ergab sich die Formel zu $C_{44}H_{90}NPO_9$ (also Distearolecithin). Bei der Verseifung wurden als einzige Spaltungsprodukte Glycerinphosphorsäure, Stearinsäure und Cholin gefunden.

STRECKER fand darauf, daß Lecithin mit gewissen Metallsalzen schwerlösliche Verbindungen eingeht; seine Auffassung, daß Lecithin eine *esterartige Verbindung* sei, wurde alsdann für die Auffassung der chemischen Konstitution grundlegend. STRECKER wies auch unter den Spaltungsprodukten *andere Fettsäuren*, unter diesen die Palmitinsäure und Ölsäure nach und gab die Formel des Lecithins zu $C_{42}H_{84}NPO_9$ (also Palmitooleolecithin) an. Letztere Formel galt lange als allgemeingültig und wird auch heute noch vorwiegend bei Berechnungen zugrunde gelegt (vgl. S. 126).

Während noch P. MAYER[1] aus seinen Werten für Phosphor und Stickstoff im Eilecithin und deren Verhältnis zueinander den Schluß gezogen hatte, daß Verunreinigungen des Lecithins nur aus Phosphatiden bestehen könnten, die chemisch den Charakter von Lecithin haben, hatten bereits M. WINTGEN und O. KELLER[2] auf die durchweg zu hoch gefundenen Stickstoffgehalte hingewiesen, was nur durch die Anwesenheit weiterer organischer Stickstoffverbindungen erklärt werden könnte. An Versuchen, die Cholinausbeute aus Lecithin quantitativ zu messen fand dann H. MACLEAN[3] neben Cholin einen *anderen stickstoffhaltigen Atomkomplex*, obwohl das geprüfte Lecithin die fast theoretischen Gehalte von 1,876% N und 3,95% P zeigte. G. TRIER[4] gewann aus Eigelblecithin nach Hydrolyse und Abscheidung der sonstigen Basen durch Behandlung mit Bleiessig, Quecksilberchlorid, alkoholischem Platinchlorid in dem schließlich bleibenden Rest nicht unbeträchtliche Mengen *Aminoäthylalkohol* (*Colamin*), der im Lecithin mittels der Hydroxylgruppe gebunden ist, wobei also die Aminogruppe frei bleibt. Bei der Fällung des Lecithins mit Cadmiumchlorid tritt nach TRIER eine Anreicherung des Colaminanteils im Filtrate ein, wie auch J. EPPLER[5] bestätigt. Da sich Colamin durch Methylierung in Cholin überführen läßt, ist die Ansicht von TRIER[6], daß sich in Tier und Pflanze zuerst Colaminlecithin bilde, das dann durch Methylierung in Cholinlecithin übergehe, nicht unwahrscheinlich.

H. MACLEAN[7] ermittelte, daß 66% des Stickstoffs aus Eigelbphosphatid in Form von Cholin isolierbar waren. Durch Anwendung eines quantitativen Trennungsverfahrens des Colamins vom Cholin kamen H. THIERFELDER und O. SCHULZE[8] dann zu der Vermutung, daß im Eigelblecithin noch ein weiterer Atomkomplex vorhanden sei, dessen Stickstoff wenigstens teilweise in Aminoform gebunden ist, eine Ansicht, die aber bisher noch nicht bestätigt worden ist.

P. A. LEVENE und C. J. WEST[9] stellten auch in einem Hydrolecithin, dessen Elementarzusammensetzung mit der Theorie im Einklang stand fest, daß 10—20% seines Stickstoffs in Form von Aminostickstoff vorlagen; es lieferte bei der Hydrolyse neben Cholin auch Aminoäthylalkohol. Heute gibt man der Colaminverbindung im Gegensatz zum eigentlichen Cholin-Lecithin die Bezeichnung Cephalin.

b) Eigenschaften und Konstitution.

Allgemeine Eigenschaften. In völlig reinem Zustande und bei genügend niedriger Temperatur (unter 0°) bilden die Eidotterphosphatide, im besonderen das Eidotterlecithin nach H. H. ESCHER[10] ein weißes *krystallinisches Pulver*, das aber außerordentlich hygroskopisch ist und bei höherer Temperatur oder durch Anziehung von Wasser bald zusammensintert und dann in eine anfangs weiße, bald gelb und braun werdende weiche klebrige Masse übergeht. ESCHER fand in einem krystallisierten Lecithin, dessen Stickstoff- und Phosphorgehalt scharf

---

[1] MAYER, P.: Biochem. Z. 1908, 8, 199. — [2] WINTGEN, M. und O. KELLER: Arch. Pharm. 1906, 244, 3. — [3] MACLEAN, H.: Z. physiol. Chem. 1908, 55, 360. — [4] TRIER, G.: Z. physiol. Chem. 1912, 76, 496; 1913, 86, 141. — [5] EPPLER, J.: Z. physiol. Chem. 1913, 87, 233. — [6] TRIER: Z. physiol. Chem. 1912, 80, 409. — [7] MACLEAN, H.: Z. physiol. Chem. 1919, 59, 223. — [8] THIERFELDER, H. und O. SCHULZE: Z. physiol. Chem. 1916, 96, 296. — [9] LEVENE, P. A. und C. J. WEST: J. Biol. Chem. 1917, 33, 111. — [10] ESCHER, H. H.: Helv. chim. Acta 1915, 8, 686.

auf den berechneten Wert stimmten, und das die Jodzahl 50, entsprechend 1,5 Doppelbindungen, besaß, den scharfen Schmelzpunkt 244—245°.

Die im Eidotter enthaltene, schlechthin als „*Eilecithin*" bezeichnete Substanz ist ein Gemisch verschiedener Phosphatide. Nach allgemeinen Angaben[1] bildet es eine wachsartige, knetbare, an der Luft sich durch Oxydation, besonders bei Gegenwart von Spuren von Eisen (O. WARBURG und O. MEYERHOF[2]) leicht zersetzende Masse, die in Alkohol, Äther, Chloroform, fetten Ölen und vielen andern organischen Lösungsmitteln löslich, aber in *Aceton* und *Essigester* in der Kälte größtenteils unlöslich ist. ESCHER fand im Eidotter kein in Aceton lösliches Phosphatid, doch können die Lecithinbegleitstoffe, wie Fett und Cholesterin, auch Zersetzungsprodukte, eine scheinbare Löslichkeit in Aceton zustande bringen. So hält nach ESCHER eine sehr cholesterinreiche Acetonlösung Phosphatid in Lösung und scheidet beim Erkalten eine homogene Masse aus, die mit wenig Wasser in Cholesterin und Phosphatid zerfällt. Auch nach H. MACLEAN[3] ist alles sog. acetonlösliche Lecithin der Literatur nur ein verunreinigtes Lecithin.

Die alkoholischen Lösungen des Lecithins liefern mit alkoholischer *Platinchlorid*- und *Cadmiumchloridlösung* Niederschläge.

Mit Wasser quillt das Eilecithin zunächst schleimig auf um dann kolloid in Lösung zu gehen. Dieses eigenartige Verhalten, auch *Myelinreaktion* genannt, geht so vor sich, daß zunächst ein Aufquellen mit Wasser, dann unter Schlierenbildung eine milchige Trübung eintritt. Auch das Cadmiumdoppelsalz zeigt nach P. BERGELL[4] dieses Verhalten, und zwar in charakteristischer Rosettenform.

Isoelektrischer Punkt des Lecithins. Da das im Dotter dem Lecithin stets beigemischte Cephalin (vgl. nachstehend!) einen Einfluß auf den isoelektrischen Punkt des ersteren ausübt, berechneten H. B. BULL und V. L. FRAMPTON[5] den isoelektrischen Punkt durch Extrapolation der Kurve für Aminostickstoff = O und fanden ihn so für Lecithin zu 6,4. — Beim Stehen wäßriger Lecithinsupensionen fällt der Wert.

Konstitution der Lecithine. Ihrer *Struktur* nach werden die Lecithine, insbesondere das Eidotterlecithin, als *Derivate der Glycerinphosphorsäure* aufgefaßt, die an ihren alkoholischen Hydroxylgruppen mit Fettsäuren verestert ist und am Phosphorsäurerest Cholin esterartig gebunden enthält, z. B. für Palmitooleolecithin:

$$CH_2 \cdot OOC \cdot C_{15}H_{31}$$
$$|$$
$$CH \cdot OOC \cdot C_{17}H_{33}$$
$$|$$
$$CH_2O - PO(OH) - O - CH_2 \cdot CH_2 \cdot N(CH_3)_3OH.$$

Beim *Cephalin* oder Colaminlecithin tritt an die Stelle des Cholinradikals $-CH_2 \cdot CH_2 \cdot N(CH_3)_3OH$ das des Aminoalkohols $-CH_2 \cdot CH_2 \cdot NH_2$. Die beiden Hydroxylgruppen im Lecithinmolekül neigen nicht zur Anhydridbildung, wie P. BERGELL[6] durch die Fähigkeit des Lecithins mit Säuren Salze zu bilden bewies.

Aus den vielen Variationsmöglichkeiten der Fettsäureradikale nach Sättigungsgrad und Molekülgröße, dazu noch nach ihrer Stellung in Molekül, läßt sich bereits die *verwickelte Zusammensetzung* natürlicher Lecithin-Cephalinmischungen, wie sie in dem aus Eigelb durch Extraktionsmethoden erhaltenen Rohphosphatid vorliegen, vermuten. Noch bunter wird das Bild aber dadurch, daß auch die Glycerinphosphorsäure in symmetrischer und unsymmetrischer Form auftreten kann.

---

[1] Vgl. BEILSTEIN, F.: Handb. organ. Chem. 3. Aufl., 1. Bd. S. 342, 1 Erg. Bd., S. 126. — [2] WARBURG, O. und O. MEYERHOF: Z. physiol. Chem. 1913, **85** 412. — [3] MAC-LEAN, H.: Biochem. Journ. 1914, **8**, 453. — [4] BERGELL, P.: Ber. Deutsch. Chem. Ges. 1900, **33**, 2584. — [5] BULL, H. B. und V. L. FRAMPTON: J. Amer. chem. Soc. 1936, **58**, 594; C. 1936, I, 4738. — [6] BERGELL, P.: Pharm.-Ztg. 1913, **58**, 1047.

So unterscheidet man entsprechend zwischen α- und β-Lecithin:

$$CH_2 \cdot OR$$
$$|$$
$$CH \cdot OR_1$$
$$|$$
$$CH_2 \cdot O \cdot PO(OH) - O \cdot C_2H_4 \cdot N(CH_3)_3 OH$$

a-Lecithin (unsymmetrisch)

$$CH_2OR$$
$$|$$
$$CHO \cdot PO(OH) - O \cdot C_2H_4 N(CH_3)_3 OH$$
$$|$$
$$CH_2OR_1$$

β-Lecithin (symmetrisch).

Von diesen enthält das α-Lecithin ein asymmetrisches Kohlenstoffatom, wodurch seine optische Aktivität gewährleistet wird. In der Tat konnte O. BAILLY[1] durch Überführung des aus Eilecithin dargestellten Calciumglycerophosphates, das sich als Calciumsalz eines Monoesters erwies, in das Natriumsalz die Vermutung von E. FOURNEAU und M. PIETTRE[2] bestätigen, daß das Eilecithin ein Gemisch der beiden Isomeren ist. Unter diesen herrscht das β-Lecithin vor; das α-Lecithin bildet nur etwa 25% der Gesamtmenge. Auch P. KARRER und P. BENZ[3] bestätigen, daß sich das Eilecithin größtenteils von der β-Glycerinphosphorsäure ableitet.

Entsprechend dem Gehalt an α-Lecithin zeigt das Eigelblecithin eine Rechtsdrehung, die P. A. LEVENE und C. J. WEST[4] in einem daraus bereiteten Hydrolecithin zu

$$(\alpha) = + 5 \cdot 2° \text{ bis } 5,4°$$

fanden.

B. SUZUKI und Y. YOKAYAMA[5] lösen aus einer Mischung der Cadmiumchloriddoppelsalze der α- und β-Lecithine die β-Verbindungen mit warmen Aceton heraus, während die α-Formen ungelöst bleiben. Die Lecithine können dann wieder aus der Acetonlösung als Cadmiumchlorid-Doppelsalze mit Äther abgeschieden werden. Als Fettsäurekomponenten so dargestellter α-Lecithine fand YOKAYAMA[6] Ölsäure, Clupanodonsäure und Isopalmitinsäure im Verhältnis 72:2:26, bei den β-Lecithinen nur Öl- und Isopalmitinsäure. U. NISHIMOTO[7] zerlegte nach einem besonderen Verfahren auch das Cephalingemisch aus Eigelb in die α- und β-Cephaline, wobei er als Fettsäurekomponenten Palmitin-, Öl- und Arachidonsäure fand.

Damit ist aber die Zusammensetzung der Lecithinfraktion des Eidotters noch nicht erschöpft. Die Auffindung von lecithinähnlichen Begleitstoffen wie *Sphingomyelin* und *Diphosphatiden* sowie Phosphatiden mit mehreren Stickstoffatomen (vgl. unten S. 125) ergänzen das Bild.

Für Sphingomyelin wird von E. KLENK[8] folgende Formel angegeben:

$$NH - OC \cdot R \qquad \text{Fettsäure}$$
$$|$$
$$CH_3 \cdot (CH_2)_{12} \cdot CH : CH \cdot CH \cdot CH \cdot CH_2O \qquad \text{Sphingosin}$$
$$|$$
$$O - P \diagdown \begin{matrix} OH \\ OH \\ O(CH_2)_2 N(CH_3)_3 OH \end{matrix} \qquad \text{Cholin.}$$

Die vorstehenden Überlegungen zeigen, daß man unter „Lecithin" noch viel weniger als unter „Fett" einen einheitlichen chemischen Stoff verstehen kann.

Unter diesen Umständen erhebt sich die Frage, ob es überhaupt zweckmäßig erscheint, die Bezeichnung „Lecithin" beizubehalten. W. KOCH[9] schlägt auf Grund der gleichen Erwägungen die Bezeichnung *Lecithane* oder lecithinähnliche Substanzen vor und versteht darunter wachsartige Stoffe, zu deren Aufbau Phosphorsäure, höhere gesättigte und ungesättigte Fettsäuren, stickstoffhaltige Gruppen und Glycerin beitragen. Wie jedoch die erwähnten Versuche von ESCHER gezeigt haben, ist die wachsartige Natur des Lecithins selbst nur eine Funktion der Temperatur bzw. eines geringen Wassergehaltes. — Uns scheint,

[1] BAILLY, O.: Compt. rend. 1915, **160**, 395. — [2] FOURNEAU, E. und M. PIETTRE: Bull. Soc. Chim. France 1912 (4), **11**, 805. — [3] KARRER, P. und P. BENZ: Helv. Chim. Acta 1927, **10**, 87. — [4] LEVENE, P. A. und C. J. WEST: J. biol. Chem. 1917, **33**, 111. —, [5] SUZUKI, B. und Y. YOKAYAMA: Proceed. Imp. Acad. Tokyo 1930, **6**, 341; C. 1931, II 3475. — [6] YOKAYAMA, Y.: Proc. Imp. Acad., Tokyo 1934, **10**, 582; C. 1935, I, 2382. — [7] NISHIMOTO, U.: Proc. Imp. Acad., Tokyo 1934, **10**, 578; C. 1935, I, 2382. — [8] KLENK, E.: Z. angew. Chem. 1934, **47**, 732. — [9] KOCH, W.: Z. physiol. Chem. 1903, **37**, 181.

daß die eingebürgerte Bezeichnung *Lecithin* doch wohl annehmbar ist, wenn man den Begriff weiter faßt und mit Koch definiert, d.h. der Bezeichnung der „Lecithane" gleichsetzt. Es bleibt dann ja unbenommen die einzelnen Lecithine als solche näher zu definieren, wie z.B. β-Oleopalmitocholinlecithin usw. — Die allgemeine Bezeichnung Lecithin deckt sich im wesentlichen auch mit der der *Phosphatide*, unter welchen man in der Klasse der alkohollöslichen fettartigen Stoffe (der „Lipoide") solche versteht, die Phosphor enthalten.

R. Rosenbaum[1] definiert *Phosphatide* als gemischte Ester der Phosphorsäure mit acidylierten Alkoholen oder Aminoalkoholen einerseits und mit Aminoalkoholen oder von ihnen ableitbaren quartären Basen andererseits. Variationen treten auf in den alkoholischen, den basischen und den Fettsäureresten. Nach der alkoholischen Komponente unterscheidet er Glycerin- und Sphingosinphosphatide. Erstere zerfallen in Cholinglycerin- und Colaminglycerinphosphatide. Als *Lecithine* bezeichnet er aus Gründen der wissenschaftlichen Systematik, der praktischen Übung und der Nomenklatur des Handels alle Glycerinphosphatide, zerfallend in Cholinlecithine und Colaminlecithine (Cephaline).

Bedeutung der Fettsäureradikale. Die Fettsäureradikale sind es, die die chemischen Eigenschaften des Lecithins, insbesondere seine Konsistenz, sein Aussehen, seine Löslichkeit, Haltbarkeit und Reaktionsfähigkeit, vorwiegend bedingen. Die gesättigten Phosphatide sind nach bisherigen Erfahrungen recht beständige chemische Verbindungen, die ungesättigten dagegen außerordentlich zersetzlich, um so mehr, je ungesättigter die Fettsäureradikale sind und je größer ihr Anteil im Lecithinmolekül ist. Die Aufspaltung des Lecithinmoleküls, wenigstens soweit die häufigere oxydative Zersetzung durch den Luftsauerstoff in Frage kommt, nimmt also ohne Zweifel von den ungesättigten Bindungen der Fettsäureradikale her ihren Ausgang.

Über die Art der am Bau des Lecithinmoleküls beteiligten Fettsäuren liegt eine Reihe von Beobachtungen vor, bei denen jedoch zu beachten ist, daß durchweg „gereinigte" Lecithine geprüft worden sind, also bestimmte schwerlösliche Fraktionen des Dotterlecithins.

Da die ungesättigten Lecithine bei allen Behandlungen eine größere Löslichkeit zeigen als die mehr gesättigten, bedeutet jede derartige Reinigung eine Anreicherung der gesättigten Anteile. H. Cousin[2] fand im Eierlecithin neben 28,5% Palmitin- und 14,2% Stearinsäure, 33% Ölsäure und 24% Linolsäure. Ein von C. Serono und A. Palozzi[3] durch Acetonfällung von Eigelbauszügen gewonnenes Lecithin erwies sich bei der Analyse fast nur aus Palmito- und Oleo-Lecithin zusammengesetzt. P. A. Levene und J. P. Rolf[4] fanden in einem cephalinfreien Lecithin aus Eigelb als ungesättigte Säure nur Ölsäure, ferner Stearinsäure und Palmitinsäure, wobei gesättigte und ungesättigte Säuren in äquimolekularem Verhältnis standen; die Untersuchung eines aus der Cadmiumchloridverbindung erhaltenen Dihydrolecithins bestätigte das Vorkommen mehrerer Lecithine im Eigelb. Nachdem bereits 1903 E. Laves[5] im Eigelb das Vorkommen einer Säure mit um etwa 20 höherem Molekulargewicht beobachtet hatte, fanden Levene und Rolf[6] neben Ölsäure und Linolsäure auch Arachidonsäure, dabei sehr schwankende Jodzahlen (30—54) bei Eiern verschiedener Herkunft. T. Hatakeyama[7] isolierte aus verseiftem, krystallisiertem Lecithin-Cadmiumchlorid mit Desoxycholsäure ein Choleinsäuregemisch, dessen Aufarbeitung zu Magarincholein-[8], Oleincholein-, Arachidoncholein- und wahrscheinlich Linolcholeinsäure führte.

Wie es scheint, ist der Gehalt des Hühnereilecithins an Menge und Art der ungesättigten Fettsäuren auch stark von Fütterungseinflüssen abhängig. Vgl. McCollum[9] und Mitarbeiter S. 40 und 141.

Ein Teil des Eigelblecithins enthält nur Fettsäuren der C_{18}-Reihe, wie aus Versuchen von F. Ritter[10] hervorgeht. Ritter stellte aus Eigelblecithin nach sorgfältiger Reinigung durch Hydrierung ein *Distearolecithin* her, das dann folgende Elementarzusammensetzung hatte.

---

[1] Rosenbaum, R.: Z. 1934, **67**, 258. — [2] Cousin, H.: J. Pharm. Chim. 1903, (6), **18**, 102; Z. 1904, **7**, 754. — [3] Serono, C. und A. Palozzi: Arch. Farmacol. Sperim. 1911, **11**, 533; Z. 1913, **26**, 358. — [4] Levene, P. A. und J. P. Rolf: J. Biol. Chem. 1921, **46**, 193. — [5] Laves, E.: Pharm. Ztg. 1903, 873. — [6] Levene, P. A. und J. P. Rolf: J. Biol. Chem. 1922, **51**, 507. — [7] Hatakeyama, T.: Z. physiol. Chem. 1930, **187**, 120. — [8] Unwahrscheinlich, weil Margarinesäure in tierischen Fetten nicht vorkommt, vielleicht eine Mischung von Palmitinsäure und Stearinsäure. — [9] McCollum, Halphin und Drescher: J. biol. Chem. 1913, **13**, 219. — [10] Ritter, F.: Ber. dtsch. chem. Ges. 1914, **47**, 530.

Es ist wohl wahrscheinlich, daß ein solches Distearolecithin in der Hauptsache aus einen natürlichen Dioleo- oder Oleostearolecithin entstanden ist.

Angabe	Kohlenstoff %	Wasserstoff %	Sauerstoff %	Phosphor %	Stickstoff %
Gefunden . .	65,25	11,39	3,86	1,87	17,63
Berechnet . .	65,37	11,23	3,84	1,74	17,82

Durch Synthese aus Distearin, Phosphorpentoxyd und Cholinsalz erhielten AD. GRÜN und R. LIMPÄCHER[1] ein *synthetisches Distearolecithin*, das in seinen Eigenschaften dem Distearolecithin von RITTER glich, natürlich jedoch inaktiv war.

c) Versuche zur Trennung und Abscheidung der einzelnen Eiphosphatide.

Versuche zur Auftrennung des Eilecithins in verschiedene Fraktionen mit dem Ziele der Abscheidung bestimmter chemisch reiner Phosphatide sind verschiedentlich angestellt worden[2]. Ihre Ergebnisse sind aber weniger an dem erreichten Erfolg als an der Schwierigkeit derartiger Versuche zu bemessen.

α) P. BERGELL[3] erhielt aus 150 Eidottern im Gewichte von 2,2 kg durch Ausziehen mit Alkohol, Fällung des Auszuges mit Cadmiumchlorid, Abkühlung auf —10° eine Abscheidung, die er nach Lösen in Chloroform mit Aceton ausfällte. Die Fraktion betrug 60—70 g, entsprechend 2,7—3,2% des Eidotters. Eine weitere Menge 20—30 g = 0,9—1,4% wurde auf ähnliche Weise aus dem bei —10° löslich bleibenden Anteil gewonnen. Die völlig cadmiumfreie Substanz enthielt 3,57% Phosphor, 1,74% Stickstoff und ließ sich pulvern. Bei 100° trat Zersetzung ein. Die Menge der festen Fettsäuren verhielt sich zur Menge Ölsäure wie 14:10. Das Filtrat von der Cadmiumchloridfällung enthielt noch 3,4% Phosphor im Rückstande; daraus wurde durch Abkühlung und Acetonfällung ein Lecithin isoliert, das ein mehr gelb gefärbtes hygroskopisches Präparat war, 3,9% Phosphor enthielt und bei der Barytspaltung nur geringe Mengen fester Säure neben viel Ölsäure lieferte. Die Ausbeute betrug 20 g = 0,9%. — Ein Versuch durch fraktionierte Fällung des Cadmiumsalzes ein nur palmitin- und stearinsäurehaltiges Lecithin zu erhalten, mißlang.

Bereits diese Versuche von BERGELL zeigten aber deutlich, daß durch Cadmiumchlorid eine *Fraktionierung in mehr gesättigte und mehr ungesättigte Phosphatide* eintritt, und daß ein großer Teil der letzteren nicht mit niedergeschlagen wird. P. A. LEVENE und C. J. WEST[4] gelangten auch durch Umkrystallisieren der aus Eieröl mit Cadmiumchlorid gefällten Lecithinverbindung aus einem Gemisch von Essigester und 80proz. Alkohol zu einem reinen Lecithin.

β) *Die Abscheidung von Lecithinfraktionen durch Aceton*, liegt einer Anzahl von Vorschlägen zugrunde und ist auch heute wohl das meistverwendete Verfahren aus Eigelb Lecithin darzustellen. So gewannen M. STERN und H. THIERFELDER[5] aus dem Ätherauszug des Eigelbs *drei Lecithinphosphatide*, von denen das eine von cephalinartiger Natur und schwerlöslich in Alkohol, das zweite ein Diphosphatid und schwerlöslich in Äther, das dritte ein eigentliches Lecithin und in beiden Lösungsmitteln leichtlöslich war.

Für die Darstellung wurden 887 g an der Luft getrocknetes Eigelb mit 1,5 l Äther mehrere Stunden geschüttelt und das Filtrat in Vakuum eingeengt. Das eingeengte Filtrat wurde mit Aceton gefällt und die Fällung mit Äther behandelt; durch so fortgesetzte folgeweise Behandlung der Masse mit Äther und Aceton wurde dann schließlich die „*weiße Substanz*" isoliert. Aus dieser „weißen Substanz" konnte durch weitere Aufarbeitung das in *Äther schwerlösliche Phosphatid* (aus 100 Eiern etwa 0,75 g) von weißer Farbe, leicht pulverisierbar und weniger hygroskopisch als die andern Phosphatide, gewonnen werden. Der Schmelzpunkt des in Nadeln krystallisierenden Körpers betrug 160—170°. Die Elementaranalyse ergab:

Kohlenstoff %	Wasserstoff %	Stickstoff %	Phosphor %	Jodzahl	N/P
68,13	12,14	2,77	3,22	34,3	1,9

Die gefundenen Werte entsprechen etwa den Formeln

$$C_{54} H_{111} N_2 PO_8 \quad \text{oder} \quad C_{54} H_{113} N_2 PO_8.$$

MAC LEAN glaubt in dem Phosphatid das gleichfalls in Nadeln krystallisierende Sphingomyelin wiederzuerkennen (vgl. S. 121). P. A. LEVENE[6] fand bei aus Eidotter gewonnenem Sphingomyelin ein gleiches mikroskopisches Aussehen wie von anderer Herkunft und folgende Elementarzusammensetzung:

---

[1] GRÜN, AD. und R. LIMPÄCHER: Ber. dtsch chem. Ges. 1926, **59**, 1350. — [2] Vgl. auch S. FRÄNKEL: Allgemeine Methoden zum Nachweis zur Darstellung und zur Bestimmung der Lipoide, einschließlich des Cholesterins, in tierischen Organismus in ABDERHALDENS Handbuch der biologischen Arbeitsmethoden. — [3] BERGELL, P.: Ber. Dtsch. Chem. Ges. 1900, **33**, 2548. — [4] LEVENE, P. A. und C. J. WEST: J. biol. Chem. 1918, **34**, 175. — [5] STERN, M. und H. THIERFELDER: Z. physiol. Chem. 1907, **53**, 370. — [6] LEVENE, P. A.: J. biol. Chem. 1916, **24**, 69.

Kohlenstoff %	Wasserstoff %	Stickstoff %	Phosphor %	N/P	$[\alpha]_D^{25}$
65,00	11,68	3,84	4,22	2,01	$+ 7,54^0$

Nach Hydrolyse mit 3proz. Schwefelsäure:

Gegenstand	Berechnet für $(C_{46}H_{95}N_2PO_7)$ %	Gefunden %
Sphingosin	35,56	33,70
Säuren	40,58	43,14

Das Sphingosin, reduziert zu Dihydrosphingosin, entsprach dessen Formel $C_{17}H_{37}NO_2$. Cholin wurde als Platinchloridsalz identifiziert.

Die *im Alkohol und Äther lösliche Substanz* bei den Versuchen von STERN und THIERFELDER zeigte orangegelbe Farbe und behielt auch nach völligem Trocknen im Vakuum ein etwas feuchtes Aussehen. Die alkoholische Lösung reagierte deutlich sauer und lieferte mit alkoholischer Bleiacetlösung einen Niederschlag. Dieses so dargestellte „Lecithin" zeigt im Vergleich zu einem von MacLEAN[1] nach dem gleichen Verfahren gewonnenen folgende Elementarzusammensetzung:

Kohlenstoff %	Wasserstoff %	Stickstoff %	Phosphor %	Jodzahl	N/P	Untersucht von
64,63	10,96	2,08	3,97	48,7	1,16	STERN und THIERFELDER
64,18	10,60	1,88	3,95	—	1,05	MacLEAN

C. SERONO und A. PALLOZZI[2] erhielten durch Acetonfällung ein fast nur aus Palmito- und Oleo-Lecithin zusammengesetztes Produkt.

Die *in Alkohol schwer lösliche Substanz* von STERN und THIERFELDER war ein hellgelbes, lockeres, ebenfalls stark hygroskopisches Pulver von folgender mittleren Zusammensetzung:

Kohlenstoff %	Wasserstoff %	Stickstoff %	Phosphor %	Chlor %	Calcium %	Jodzahl	N/P
65,66	11,54	1,37	3,96	0,31	1,03	70,4	0,77

Ein aus getrockneten Eiern auf gleiche Weise gewonnenes Präparat deckt sich in seiner Zusammensetzung mit Cephalinpräparaten von P. A. LEVENE und C. J. WEST[3]:

Kohlenstoff %	Wasserstoff %	Stickstoff %	Phosphor %	Glycerin %	Untersucht von
59,68	9,74	1,57	3,64	—	STERN und THIERFELDER
60,00	9,62	1,78	3,69	8,65	} P. A. LEVENE u. C. J. WEST
59,86	9,40	1,82	3,70	8,65	

Ein *Schema zur Auftrennung eines Gemisches von Phosphatiden und Cerebrosiden* aus Eidotter und anderen Rohstoffen hat H. MacLEAN[4] angegeben:

1. Extraktion der getrockneten Substanz mit Äther (bzw. Äther + Alkohol) und Filtration des Auszuges;

2. Fällung des Auszuges in ätherischer Lösung mit Aceton;

3. Extraktion der Fällung mit Alkohol.

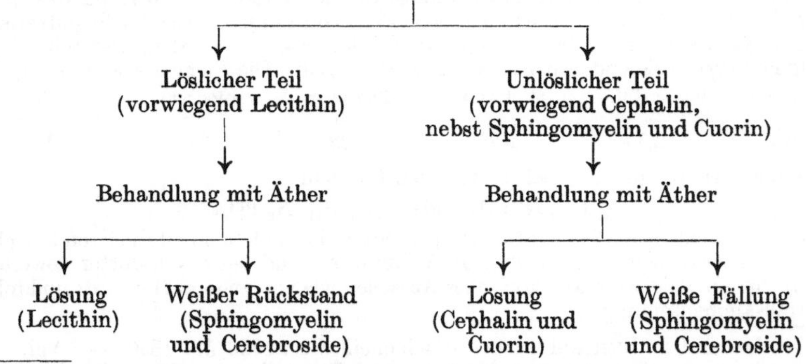

[1] MacLEAN: Z. physiol. Chem. 1909, **59**, 223. — [2] SERONO, C. und A. PALLOZZI: Arch. Farmacol. sperim. 1911, **11**, 553; C. 1911, II, 772. (vgl. S. 122). — [3] LEVENE, P. A. und C. J. WEST: J. biol. Chem. 1916, **24**, 111. — [4] MacLEAN, H.: Lecithin and allied Substanzes. The Lipins London 1918.

Die *Trocknung* des frischen Eidotters kann erfolgen
a) mit Luft;
b) mit Alkohol, der verdünnt kaum Lecithin löst;
c) mit Aceton, das etwas Lecithin löst;
d) mit wasserentziehenden Salzen, z.B. Natriumsulfat.

Bereitung von Lecithin nach MACLEAN. Das zweckmäßig mit Aceton getrocknete Eigelb wird in einer Schüttelmaschine 4—6 mal mit absolutem Alkohol ausgezogen. Hierbei empfiehlt sich eine Füllung der Extraktionsflasche mit Kohlendioxyd um eine Oxydation zu verhüten. Die Auszüge werden abdestilliert, am Schluß im Vakuum bei 40°.

Der Rückstand wird mit Äther aufgenommen und ohne Rücksicht auf das Unlösliche Aceton zu der Mischung gegeben. Die entstehende Fällung wird wieder mit Äther aufgenommen, nochmals mit Aceton ausgefällt und der Vorgang drei- bis viermal wiederholt. Dann werden Carnitin und anorganische Salze durch Emulgierung mit Wasser entfernt, das Lecithin mit Aceton wieder ausgeschieden und darauf in Äther aufgenommen. Vom Unlöslichen, bestehend aus unreinem Sphingomyelin, wird abgeschleudert.

Nach Verdampfen des Äthers behandelt man mit Alkohol, wobei Cephalin zurückbleibt. Die Lösung wird verdampft und liefert als Rückstand das Lecithin, allerdings noch mit Cephalin verunreinigt.

Aus der im Alkohol schwerlöslichen Substanz isolierte MACLEAN[1] durch Behandlung mit Alkohol bei 65—70% ein unlöslich bleibendes *Monoaminodiphosphatid*, das an Stickstoff 0,815, Phosphor 3,62 (P:N= 2:1) enthielt und später[2] nach dem Verfahren von A. ERLANDSEN[3] ein *Ovocuorin* von der Zusammensetzung:

Kohlenstoff %	Wasserstoff %	Stickstoff %	Phosphor %	Sauerstoff %	N/P
59,12	9,44	0,812	3,59	27,05	2,00

Einen weißen krystallinischen Körper, den er *Ovin* nannte, schied A. BARBIERI[4] in geringer Menge (aus 1000 Eiern 3 g) durch Extraktion mit Schwefelkohlenstoff, Behandlung des Auszuges mit Alkohol und Ausfällung des Rückstandes der alkoholischen Lösung nach Lösung in Äther mit Aceton ab. Das Ovin schmolz bei 180° und zeigte folgende Zusammensetzung:

Kohlenstoff %	Wasserstoff %	Stickstoff %	Phosphor %	Schwefel %	Sauerstoff %	N/P
64,80	11,30	3,66	1,35	0,40	18,49	5,9

Ein sehr brauchbares Trennungs- und Abscheidungsmittel für Phosphatide ist *Essigester* (C. A. FISCHER, J. HABERMANN und S. EHRENFELD[5]); auch hierbei tritt eine Fraktionierung in gesättigtere und ungesättigtere Anteile ein. Essigester eignet sich besonders gut zur Umkrystallisierung der gesättigteren Lecithine. Zur Abscheidung von Fetten und Ölen aus Lecithin wird Methylalkohol empfohlen, in dem diese fast unlöslich sind. Dabei bleiben aber Fettsäuren gelöst.

Der beste Weg zur Aufarbeitung der Lecithinfraktion scheint der von ESCHER (S. 247) angegebene zu sein.

γ) Ein *Triaminomonophosphatid* als in Äther unlösliche optisch inaktive, aus Alkohol in Nadeln krystallisierende Substanz insolierten S. FRÄNKEL und C. BOLAFFIO[6] aus dem alkoholischen Auszug aus Eidotter. Der *Neottin* genannte Körper war unlöslich in Äther, Petroläther, kaltem Alkohol und Aceton, löslich in siedendem Alkohol, kalt in Chloroform, Benzol, Toluol, Xylol und Tetrachlorkohlenstoff. Die Zusammensetzung des bei 91° schmelzenden Stoffes war:

Kohlenstoff %	Wasserstoff %	Stickstoff %	Phosphor %	Jodzahl
67,35	11,25	2,78	2,18	16,2

Durch Hydrolyse entstanden drei gesättigte Säuren, nämlich Cerebronsäure (?), Stearinsäure und (wahrscheinlich) Palmitinsäure. Nach MACLEAN ist das Neottin aber ebenso wie das sog. *Carnaubon* von E. K. DUNHAM und C. A. JACOBSON[7] eine Mischung von Sphingomyelin mit Cerebrosiden und bisweilen stickstoffhaltiger Verunreinigung. Die Cerebroside liefern bei der hydrolytischen Spaltung neben Sphingosin und einer Fettsäure (Cerebronsäure oder Lignocerinsäure) Galaktose. Vielleicht deutet die Auffindung von Spuren von Kohlen-

[1] MACLEAN : Z. physiol. Chem. 1908, **57**, 304. — [2] Biochem. J. 1909, **4**, 168. — [3] ERLANDSEN, A.: Z. physiol. Chem. 1907, **51**, 71. — [4] BARBIERI, A.: Compt. rend. 1907, **145**, 133. — [5] FISCHER, C. A., J. HABERMANN und S. EHRENFELD: DRP. 223 593. — [6] FRÄNKEL, S. und C. BOLAFFIO: Biochem. Z. 1908, **9**, 45. [7] DUNHAM, E. K. und C. A. JACOBSON: Z. physiol. Chem. 1910, **64**, 302.

hydraten im Eigelblecithin durch B. Rewald [1] auf das Vorkommen von Cerebrosiden auch im Eidotter hin.

d) Lecithingehalt des Eidotters.

Gehalt an Gesamtlecithin. Da keine Methode bekannt ist, das Lecithin bzw. die Phosphatide von ihren natürlichen Begleitstoffen quantitativ zu scheiden, kann der Gesamtgehalt an Lecithin nur auf indirektem Wege abgeleitet werden. Zweckmäßig ist es hierbei, den *Phosphorgehalt* oder den Gehalt an Phosphorsäure (P_2O_5) als den verhältnismäßig konstantesten Bestandteil der Berechnung zugrunde zu legen. Gewöhnlich pflegt man dabei die Lecithin- bzw. Phosphatidphosphorsäure [2], ermittelt durch Phosphorsäurebestimmung im alkoholischen Auszug, auf *Palmitooleolecithin* umzurechnen. Bei Lecithinarten mit höherer Jodzahl mag es ebenso zweckmäßig sein auf *Dioleolecithin* zu berechnen, zumal auch das stets das eigentliche Lecithin (Cholin-Lecithin) begleitende Colamin-Lecithin einen etwas anderen Berechnungsfaktor erfordern würde. Die folgende Übersicht über die wichtigsten theoretischen Kennzahlen dieser drei Körper zeigt indes, daß die Unterschiede verhältnismäßig klein sind.

Eigenschaft bzw. Kennzahl	Palmito-oleolecithin (Cholin-Lecithin)	Dioleolecithin (Cholin-Lecithin)	Palmito-oleocephalin (Colamin-Lecithin)[4]
Formel	$C_{42}H_{84}NO_9P$	$C_{44}H_{86}NO_9P$	$C_{39}H_{76}NO_8P$
Molekulargewicht	777,7	803,7	717,7
Gehalt an P	3,991	3,862	4,325
desgl. an P_2O_5	9,135	8,839	9,898
desgl. an N	1,801	1,743	1,952
Jodzahl	32,64	63,17	35,37
Verseifungszahl[3]	216,4	209,4	234,5
Umrechnungsfaktor für P	25,05	25,89	23,12
desgl. für P_2O_5	10,95	11,31	10,10

Am zweckmäßigsten erscheint es wohl, entsprechend dem überwiegenden bisherigen Gebrauch, die gefundene Lecithinphosphorsäure mit dem Faktor für Palmitooleolecithin auf Lecithin umzurechnen, also

$$\text{Lecithin} = 10{,}95 \times \text{Lecithin-}P_2O_5,$$

bzw.

$$\text{Lecithin} = 25{,}05 \times \text{Lecithin-}P.$$

Obwohl das Lecithin im Äther löslich ist, wird bei der Extraktion von Eidotter mit Äther allein nur ein Teil des vorhandenen Lecithins in Lösung gebracht, während Alkohol (auch Methylalkohol) alles Lecithin bereits in der Kälte herauslöst. Zur Erklärung der Erscheinung nimmt man Bindung eines Teiles des Lecithins an das Eiweiß des Dotters an und nennt diese Verbindung, die durch Alkohol zerlegt wird, *Lecithalbumin* (richtiger: Lecithovitellin!) oder *Lecithoprotein*.

H. M. Sell, A. G. Olsen und R. E. Kremers[5] stellten es dadurch her, daß sie frischen gesalzenen Eidotter dreimal mit einer Mischung von Hexan-Aceton (4:1), dann mit einer solchen (11,5:1), schließlich dreimal mit Hexan allein auszogen. Das Produkt enthielt im Mittel in der salzfreien Masse 20,1 % Lecithin. Ob es sich aber dabei wirklich um eine chemische Verbindung oder eine kolloide *Adsorption* des Lecithins an das Eiweiß handelt, ist bisher noch nicht eindeutig entschieden. Auch steht nicht fest, ob das „*freie*" (in Äther direkt

---

[1] Rewald, B.: Biochem. Z. 1929, **211**, 199.

[2] Rosenbusch, R.: Z. 1934, **67**, 258 empfiehlt die Bezeichnung „Lecithinphosphorsäure", stets durch „Phosphatidphosphorsäure" zu ersetzen. Dieser theoretisch begründeten Forderung steht jedoch der noch fast allgemein übliche Brauch, die alkohollösliche Phosphorsäure als Lecithinphosphorsäure zu bezeichnen, entgegen.

[3] Entsprechend einem angenommenen Verbrauch von 3 Mol. KOH für 1 Mol. Lecithin.
— [4] Levene, P. A. und C. J. West: J. biol. Chem. 1917, **33**, 111 berechnet für Colamin-Lecithin neben 66,17 % C, 10,57 % H, 4,17 % P und 1,88 % N, Werte die der Dioleoverbindung entsprechen. — [5] Sell, H. M., A. G. Olsen und R. E. Kremers: Ind. Engng. Chem. 1935, **27**, 1222.

Lecithingehalt von Hühnereidotter.

Lfde. Nr.	Art der Eier	Zeit der Untersuchung	Lecithin-P_2O_5 in Äther lösliche %	Lecithin-P_2O_5 gesamte %	Lecithin berechnet als Palmitooleolecithin in Äther lösliches %	Lecithin berechnet als Palmitooleolecithin gesamtes %	Untersucht von
1.	Hühnereier, frische	1899	0,478	0,823	5,2	9,0	A. Juckenack und R. Pasternack[1]
2.	desgl.	1904	0,306	0,923	3,4	10,1	
3.	Hühnerei, 60 g schwer	1904	—	0,993	—	10,9	
4.	desgl. 50,3 g schwer	1904	—	0,993	—	10,9	
5.	desgl. 55,9 g ,, ...	1904	—	0,955	—	10,5	H. Lührig[2]
6.	desgl. 49,3 g ,, ...	1904	—	0,990	—	10,8	
7.	desgl. 47,7 g ,, ...	1904	—	1,018	—	11,1	
8.	Hühnerei	1905	—	0,880	—	9,6	W. Koch und H. S. Woods[3]
9.	Hühnerei, Extraktion mit Alkohol	1906	—	0,802	—	8,8	
10.	desgl.	1906	—	0,820	—	9,0	
11.	Hühnerei, einmal mit Äther . . .	1906	0,641	0,880	7,0	9,6	
12.	,, einmal mit Alkohol .	1906	—	0,885	—	9,7	
13.	,, vergleichende Versuche	1906	—	0,869	—	9,5	
14.	,, mit Alkohol	1906	0,670	0,828	7,3	9,1	A. Manasse[4]
15.	,, mit Äther, Rest mit Alkohol . . .	1906	0,764	0,898	8,4	9,8	
	vergl. Versuche . . .	1906	0,771	0,892	8,5	9,8	
16.	,, mit Alkohol	1906	—	0,797	—	8,7	
17.	,, desgl.	1906	—	0,894	—	9,8	
18.	Hühnereier	1911	0,436	0,872	4,8	9,6	
19.	,, ...	1911	—	0,882	—	9,7	R. Cohn[5]
20.	,, ...	1911	0,381	0,892	4,2	9,8	
21.	,, ...	1911	0,425	0,896	4,7	9,8	
22.	,, Mittel von 10 Stück .	1923	—	0,78	—	8,6	G. J. van Meurs[6]
23.	,, von 6 Stück Mittel .	1923	—	0,85	—	9,3	
24.	,, frisch	1928	—	0,760	—	8,3	B. Rewald[7]
	Frisches Ei:						
25.	Gew. 56,87 g, Dottergew. 18,72 g	1932	—	0,965	—	10,5	
26.	,, 56,00 g, ,, 19,47 g	1932	—	0,951	—	10,4	
27.	,, 58,4 g, ,, 18,9 g	1932	—	1,032	—	11,3	
28.	,, 58,5 g, ,, 17,75 g	1932	—	1,013	—	11,1	
29.	,, 57,64 g, ,, 17,76 g	1932	—	1,037	—	11,4	
30.	,, 56,18 g, ,, 17,61 g	1932	—	0,918	—	10,1	A. Schrempf[8]
	12 Tage gelagerte Eier:						
31.	Gew. 58,00 g, Dottergew. 17,46 g	1932	—	1,100	—	12,1	
32.	,, 56,94 g, ,, 16,50 g	1932	—	0,972	—	10,6	
33.	,, 57,40 g, ,, 18,77 g	1932	—	1,073	—	11,8	
34.	,, 57,74 g, ,, 20,18 g	1932	—	0,986	—	10,8	
35.	,, 56,92 g, ,, 18,77 g	1932	—	1,030	—	11,3	
36.	,, 56,64 g, ,, 20,37 g	1932	—	1,000	—	11,0	
37.	Frischer Hühnereidotter	1932	—	1,04	—	11,4	J. Grossfeld u. G. Walter[9]
38.	Hühnereidotter, 1 Tag alt . . .	1934	—	1,102	—	10,1	J. Grossfeld u. J. Peter[10]
39.	desgl.	1934	—	0,982	—	9,0	
	Mittelwerte (39 Proben):		**0,541**	**0,932**	**5,9**	**10,2**	

[1] Juckenack, A. und R. Pasternack: Z. 1904, 8, 94. — [2] Lührig, H.: Z. 1904, 7, 141. — [3] Koch, W. und H. S. Woods: J. biol. Chem. 1905/6, 1, 203. — [4] Manasse, A.: Biochem. Z. 1906, 1, 246.

[5] Cohn, R.: Z. öffentl. Chem. 1911, 17, 203. — Die Extraktion mit Äther erfolgte durch Verreiben des ungetrockneten Eigelbs in der Kälte. — Die anschließende Behandlung mit kaltem Alkohol brachte dann fast alles Lecithin in Lösung.

[6] Meurs, G. J. van: Rec. trav. Chim. Pays-Bas 1923, 42, 800; Z. 1924, 48, 456. — Die

lösliche) und „*gebundene*" Lecithin von gleicher oder verschiedener Zusammensetzung sind. Für die Auffassung, daß nur eine kolloide Adsorption des Lecithins vorliegt, spricht vor allem, daß die Menge des „freien" Lecithins je nach den Versuchsbedingungen (Temperatur der Extraktion, Anwendung anderer Lösungsmittel) stark variiert.

Nach Versuchen von G. Vita und L. Bracaloni[1] ist Lecithin aus Eidotter auch in wasserhaltigem Alkohol noch beträchtlich löslich; so fanden sie für 1 g gelöstes Lecithin in 100 cm³ Lösung:

Alkohol in Vol.-% :	75,84	79,91	82,75	85,31	86,95	87,92	88,86	92,15
bei —15°	1,27	1,96	2,85	4,11	6,05	8,51	10,86	22,43
bei 0°	1,34	2,15	3,47	5,60	9,49	13,67	19,60	42,58
bei +15°	2,14	4,08	9,04	27,05	46,91	54,52	∞	∞

Weitere Angaben für —4° und +7° finden sich im Original.

Aus den Ergebnissen folgt als Optimum für die Trennung des Lecithins vom Eieröl eine Alkoholkonzentration zwischen 88—89% und eine Temperatur zwischen 7—15°.

E. Philippe und M. Henzi[4] fanden im Gesamteiinhalt von je zwei Hühnereiern:

Lfde. Nr.	Wasser-gehalt %	Ätherauszug %	Gesamt-P_2O_5 %	Lecithin-P_2O_5 %	Entsprech. Palmito-oleolecithin %
1.	71,0	8,42	0,442	0,290	3,18
2.	71,0	8,28	0,457	0,268	2,93
3.	71,0	9,28	0,507	0,293	3,21
4.	70,5	8,93	0,466	0,286	3,13
5.	72,5	8,12	0,457	0,268	2,93
6.	70,0	9,23	0,482	0,278	3,04
Mittel (1—6)	**71,0**	**8,71**	**0,468**	**0,280**	**3,07**

In *Hühnereidotter* wurden, abgesehen von einer älteren Angabe von J. Parke[2], der 10,7% Lecithin angibt, bisher folgende Lecithingehalte ermittelt[3] (s. Tab. S. 127).

Lecithingehalt sonstiger Eier.

Lfde. Nr.	Dotter aus	Zeit der Unter-suchung	Lecithin = P_2O_5 In Äther lösliche %	Ge-samte %	Lecithin berechnet als Palmio-oleolecithin In Äther lösliches %	Ge-samtes %	Untersucht von
	Enteneier:						
1.	Entenei von 69,0 g	1904	0,486	0,902	5,3	9,8	
2.	„ „ 63,0 g	1904	0,475	0,916	5,2	10,0	
3.	„ „ 66,5 g	1904	0,637	0,867	7,0	9,5	} H. Lührig[5]
4.	Enteneier, Mittelwert	1904	0,600	0,838	6,6	9,2	
5.	desgl.	1904	0,624	0,845	6,8	9,2	
6.	Entenei, 5 Tage alt	1934	0,910	—	—	8,3	J. Grossfeld
7.	desgl.	1934	0,913	—	—	8,3	u. J. Peter[6]
	Mittelwert (7 Proben):		**0,564**	**0,885**	**6,2**	**9,7**	

Ergebnisse wurden durch Extraktion mit absolutem Alkohol erhalten. 96proz. Alkohol lieferte 0,9J bzw. 0,91% Lecithin-P_2O_5. Van Meurs hält diese höheren Ergebnisse jedoch für unrichtig.

[7] Rewald, B.: Biochem. Z. 1928, **202**, 99. — [8] Schrempf, A.: Z. Volksernähr. u. Diätkost 1932, **7**, 6. — [9] Grossfeld, J. und G. Walter: Z. 1934, **67**, 510. — [10] Grossfeld, J. und J. Peter: Z. 1935, **69**, 16.

[1] Vita, G. und L. Bracaloni: J. Pharm. Chim. 1934 (8), **20** (126), 22. — [2] Parke, J.: Med. Chem. Unters. Berlin 1866. — [3] Nach Needham: Chemical Biologie, S. 298 wurden weiter folgende Lecithingehalte im Hühnereidotter gefunden: E. Laves 8, 9, Barro 9,2%. — [4] Philippe, E. und M. Henzi: Mitt. Lebensmittelunters. u. Hyg. 1936, **27**, 269. — [5] Lührig, H.: Z. 1904, **8**, 181. — [6] Grossfeld, J. und J. Peter: Z. 1935, **69**, 16.

Im Mittel enthält hiernach an Gesamtlecithin:

Gegenstand	Lecithin-P_2O_5			Lecithin		
	Gramm	Im Dotter %	In der Dottertrockenmasse %	Gramm	Im Dotter %	In der Dottertrockenmasse %
Ein Hühnerei	0,17	0,932	1,83	1,9	10,2	20,0
Ein Entenei	0,24	0,885	1,65	2,7	9,7	18,1

Der Lecithingehalt der Dottermasse ist also beim Entenei deutlich geringer als beim Hühnerei, dafür aber wegen des größeren Eigewichtes die absolute Menge Lecithin in e i n e m Ei beträchtlich größer.

Weiter gibt noch W. GLIKIN[1] folgende Werte für den Lecithingehalt an:

Ei von	Trockensubstanz %	Gesamtfettsäuren in % der Trockensubstanz	P_2O_5 in % der Fettsäuren	Lecithin in % der Fettsäuren	Lecithin in % der Trockenmasse
Taube (Dotter)	45,75	65,07	3,16	35,73	23,37
desgl.	45,63	62,89	3,88	38,42	24,16
Turteltaube (Dotter). .	47,95	44,06	4,10	46,65	20,55
Star (Ganzei)	—	28,26	5,67	64,44	18,21

Durch *Kochen und Braten* wird der Lecithingehalt nach B. REWALD[2] nicht wesentlich vermindert, sondern (durch Zersetzung anderer Stoffe ?) noch etwas erhöht gefunden. So erhielt REWALD, bezogen auf Frischeigelb im Roheigelb 8,42, in gekochtem Eigelb 8,62, in gebratenem Eigelb 9,02% Phosphatide.

Cholinlecithin. W. LINTZEL[3] ermittelte in dem petrolätherlöslichen Anteil des mit Alkohol und Petroläther aus Hühnereidotter erhaltenen Auszuges den Gehalt an Cholinlecithin auf Grund der Stickstoff- und Phosphorverteilung und fand, bezogen auf den frischen Dotter bei 19 Proben:

Art der Feststellung	Rohfett %	Petrolätherlöslicher P %	Entsprechend Phosphatide %	Petrolätherlöslicher N %	Davon Cholin-N %	Daraus berechnet an Lecithin %	Sonstige Phosphatide %
Mittel	32,7	0,300	7,6	0,183	0,079	4,0	3,6
Niedrigst . . .	30,5	0,271	6,8	0,144	0,074	3,5	2,7
Höchst	34,6	0,336	8,7	0,224	0,087	4,4	4,1

F. E. NOTTBOHM und F. MAYER[4] bestimmten in sechs Eidottern von Hühnereiern den Cholingehalt zu 0,958—1,160, im Mittel zu 1,074% Cholin. Zwei frische Enteneidotter lieferten 1,062 und 1,016 im Mittel 1,039% Cholin, also praktisch die gleiche Menge wie beim Hühnerei. Die Angabe von N. A. BARBIERI[5], daß *freies Cholin* im Eidotter auch nicht in Spuren enthalten ist, wurde von NOTTBOHM und MAYER bestätigt und dahin erweitert, daß praktisch alles Cholin in Form von Cholinlecithin vorliegt.

4. Farbstoffe.

Der Eidotterfarbstoff verleiht dem Dotter des Hühnereis seine charakteristische, schön gelbrote Farbe. Diese Farbe ist so eigenartig und auffällig, daß sie schon frühzeitig das Auge des Chemikers auf sich ziehen und zu Forschungen über sein Wesen, seinen Bau und seine Zusammensetzung anregen mußte.

---

[1] GLIKIN, W.: Biochem. Z. 1908, **7**, 286. — [2] REWALD, B.: Biochem. Z. 1928, **202**, 394. [3] LINTZEL, W.: Arch. Tiern. u. Tierzucht 1931, **7**, 42. — [4] NOTTBOHM, F. E. und F. MAYER: Z. 1933, **66**, 585. — [5] BARBIERI, N. A.: Gazz. chim. Ital. 1917, **47**, I, 1.

In der Erforschung des Eidotterfarbstoffes können wir zwei Abschnitte unterscheiden: Versuche zur Isolierung des einheitlich gedachten Dotterfarbstoffes und Zerlegung des Dotterfarbstoffes in seine Bestandteile.

Isolierung des Dotterfarbstoffes. Ebenso wie andere im Tierorganismus wie im Blutserum, Fettgewebe, Milchfett, in den Corpora lutea vorkommenden gelben, in Alkohol, Äther und Chloroform löslichen Farbstoffe hat man nach Thudichum auch den Dotterfarbstoff zu den *„Luteinen"* gerechnet. Luteine sind gegen Reduktions- und Oxydationsmittel sehr empfindliche, im Lichte, vor allem im ultravioletten Lichte rasch ausbleichende Farbstoffe. Lange bekannt ist auch das eigenartige *Verhalten des Dotterluteins gegen salpetrige Säure*, die es in alkoholischer Lösung über ein rasch verschwindendes Blau, das bei kleinen Farbstoffkonzentrationen leicht der Beobachtung entgeht, rasch entfärbt. Dagegen ist das Lutein gegen Alkali beständig und wird durch Verseifung an sich nicht zerstört.

Vergebliche Versuche, das Lutein aus Eidotter darzustellen, führten G. Städeler[1] immerhin zu der Erkenntnis, daß es sich um einen von Bilirubin verschiedenen Farbstoff handeln müsse. W. Kühne[2] beobachtete Krystalle, konnte aber den Farbstoff, den er *Ontochrin* oder Lecithochrin nannte, nicht stickstofffrei erhalten. Kühne unterschied ihn bereits sorgfältig von dem carotinähnlichen aus Corpus luteum und hat für beide die Absorptionsspektren in Alkohol, Äther und Schwefelkohlenstoff angegeben. Eine Übereinstimmung des Spektrums des Eidotterfarbstoffs mit dem einen der Xanthophylle hat zuerst C. A. Schunk[3] gefunden. R. Paladino[4] erhielt das Lutein wieder in gelben Nadeln krystallisiert, aber ebenso wie A. Barbieri[5] in unreiner Form.

Erst R. Willstätter und H. H. Escher[6] gelang die Isolierung des Luteins aus Hühnereidotter nach nachstehendem Verfahren:

Die Dotter von 6000 Hühnereiern (110 kg) wurden zerrührt und in Anteilen von je 6 kg mit je 7 Liter 95proz. Alkohol angeteigt. In der Zentrifuge wurde die koagulierte hellgelbe, käsige Masse von der fast farblos gebliebenen Alkoholschicht getrennt. Der Rückstand wurde mit Aceton ausgezogen. Insgesamt wurden 2 hl Acetonlösung erhalten und durch Stehenlassen geklärt.

Vom Acetonauszug wurden je 6 l mit etwa 0,5 l Petroläther (D 0,64—0,66) vermischt und mit dem dreifachen Volumen Wasser unter Vermeidung von Emulsionsbildung vorsichtig unterschichtet. Die wäßrig-acetonische Schicht wurde nach einem Tage abgelassen und der dunkelbraune, fettige Sirup aus dem Gefäß gespült. Aus diesem Sirup fielen beim Mischen mit der doppelten Menge Aceton wenig gefärbte Phosphatide aus. Die Pigmentlösung wurde davon abgegossen, durch Leinwand filtriert und vom Aceton durch erneutes Unterschichten mit Wasser wieder befreit. Das Aceton wurde durch dreimaliges Ansetzen und stundenlanges Stehenlassen mit Wasser gründlich herausgewaschen. In verdünnter petrolätherischer Lösung (nicht in konzentrierter, in der das Cholesterin störte) schieden sich jetzt schon einige kupferfarbige Krystalle ab. Die rotbraune Lösung wurde nun durch geglühtes Natriumsulfat filtriert und bei 30—35° im Vakuum auf 1/10 (2 l) eingeengt, bis der Sirup zu einem Krystallbrei von Cholesterin (250 g) erstarrte. Das tiefgefärbte Filtrat wurde mit 4 l Petroläther (Siedepunkt 30—50°) verdünnt und in den Eisschrank gestellt. Ein großer Teil des Luteins krystallisierte nun in einigen Tagen in Form eines hellroten Filzes von haarfeinen Nädelchen aus, die mit geringem Vakuum auf einem Koliertuch abgesogen wurden. Die Mutterlauge ergab, im Vakuum eingeengt, weitere Cholesterinausscheidungen und dann nach Verdünnen der Mutterlauge mit viel Petroläther und Aufstellen im Kälteraum noch einige kleinere Luteinkrystallisationen. Die Ausbeute an Rohprodukt betrug 4 g (= 0,004 % des Eidotters).

Zur Reinigung des Rohluteins, das besonders durch ein in Methanol leichter lösliches Wachs verunreinigt war, erfolgte zunächst durch wiederholtes Umkrystallisieren aus kochendem Methanol. Von dem so erhaltenen Produkt wurden dann 0,25 g am Rückfluß heiß in 240—270 cm³ Methanol gelöst und lieferten beim Abkühlen über Nacht 0,16 g, entsprechend etwa 0,0024 % der Dottermasse, prächtig dunkelbraunrote Krystalle mit blauem Oberflächenglanz, die aus bräunlichgelben, kompakten Prismen bestanden und nach 2—3maligen Umkrystallisieren einen konstanten Schmelzpunkt zeigten.

Eigenschaften. Die so erhaltenen Krystalle zeigten bei näherer Untersuchung folgende Eigenschaften:

---

[1] Städeler, G.: J. prakt. Chem. 1867, **100**, 148. — [2] Kühne, W.: Unters. physiol· Inst., Univ. Heidelberg 1878, **1**, 321; 1882, **4**, 169. — [3] Schunck, C. A.: Proc. Roy. Soc· 1903, **72**, 165. — [4] Paladino, R.: Biochem. Z. 1909, **17**, 356. — [5] Barbieri, A.: Compt. rend. 1912, **154**, 1726. — [6] Willstätter, R. und H. H. Escher: Z. physiol. Chem. 1911/12, **76**, 214.

Löslichkeit. Der Farbstoff löste sich sehr leicht in Chloroform, in Schwefelkohlenstoff in der Wärme ziemlich leicht, kalt viel schwerer, leichter in Benzol, in Äther auch schon in der Kälte ziemlich leicht. In Petroläther war er kalt so gut wie unlöslich, in siedendem Methanol ziemlich schwerlöslich (1:1000). — Von Carotin unterscheidet sich der Dotterfarbstoff durch die Verteilung zwischen Alkohol oder Methanol und Petroläther. Mischt man nämlich die alkoholische Lösung mit Petroläther und fügt dann Wasser bis zur beginnenden Schichtentrennung zu, so findet sich das Lutein größtenteils in der alkoholischen, das Carotin in der petrolätherischen Schicht.

Krystallisation. Außer aus Methanol, aus dem der Farbstoff 1 Mol Krystallalkohol aufnimmt, der über Phosphorpentoxyd erst in einigen Tagen abgegeben wird, krystallisiert er aus Schwefelkohlenstoff in Prismen, bei rascher Krystallisation in feurig ziegelroten Konglomeraten mikroskopischer Spieße.

Die Krystalle schmolzen scharf bei 192—193° (korr.) und unterschieden sich dadurch von dem Pflanzenfarbstoff Xanthophyll $C_{40}H_{56}O_2$, der bei 173,5—174,5° schmilzt[1]. An der Luft erwies sich der isolierte Farbstoff als autoxydabel, nach 40 Tagen hatte das Gewicht dabei um 23% zugenommen. — In Äther wurde Jod angelagert unter Bildung dunkelvioletter Spieße.

Farbwirkung. Die Farbe des Luteins in verdünnten Lösungen ist goldgelb, in Schwefelkohlenstoff mehr rot. Durch colorimetrischen Vergleich entsprach 1 Teil des Luteins etwa 0,08 Teilen Carotin. Das Absorptionsspektrum in Alkohol zeigte zwei Banden in der blauen und indigoblauen Zone außer der fast bei Beginn von Violett einsetzenden Endabsorption. In Schwefelkohlenstoff findet man zwei im Grün und Blau liegende Absorptionsbanden. Dazu kommt eine deutliche dritte Bande im Indigoblau. Dieses Spektrum fanden WILSTÄTTER und ESCHER vollkommen identisch mit dem von Xanthophyll, dagegen abweichend von Carotin.

L. LEWIN, A. MIETHE und E. STENGER[2] haben durch photographische Aufnahmen genaue Absorptionsspektren

Abb. 12. Absorptionsspektrum des Eigelbs in Ätherlösung nach LEWIN, MIETHE und STENGER.

des Eigelbs gefunden und dabei festgestellt, daß dieselben im Sinne der KUNDTschen Regel[3] geordnet sind.

Vorhandene Menge. Durch die Methode von A. TERÉNYI[4] (vgl. S. 355) ist es möglich den *Luteingehalt des Eidotters* verhältnismäßig einfach zu bestimmen. Nach diesen Versuchen betrug der Luteingehalt des Dotters von 6 Eiern:

Gegenstand	1	2	3	4	5	6	Mittel
Gewicht des geprüften Dotters . . . . . g	15,99	13,68	14,45	13,75	14,12	15,65	**14,61**
Luteingehalt des Dotters . . . . %	0,0093	0,00161	0,0169	0,0186	0,0153	0,0112	**0,0144**
Je Dotter . . . . mg	1,49	2,20	2,42	2,56	2,16	1,75	**2,10**

T. RADEFF[5] bestimmte den Farbstoffgehalt nach TERÉNYI in 102 Eiern aus dem Markt in Sofia und fand:

	Mittel	Schwankungen
Gehalt an Carotinoiden	13,41	3,7 —33,3 mg-%
Für 1 Ei	2,25	0,61— 5,97 mg

[1] Nach dem damaligen Stande der Forschung. Reines Xanthophyll schmilzt bei 193°. Vgl. unten S. 132. — [2] LEWIN, L., A. MIETHE und E. STENGER: Archiv Physiol. 1908, **124**, 585.

[3] Die KUNDTsche Regel heißt: Wenn ein farbloses Lösungsmittel ein größeres Brechungs- oder Dispensionsvermögen hat als ein anderes, so liegen die Absorptionsstreifen einer in den Medien gelösten Substanz bei Anwendung des ersten Mittels dem roten Ende des Spektrums näher als bei Benutzung des zweiten.

[4] TERÉNYI, A.: Z. 1931, **62**, 556. — [5] RADEFF, T.: Arch. Geflügelk. 1934, **219**, 215.

Zwischen Eigröße und Carotingehalt und zwischen Dottergewicht und Farbstoffkonzentration bestand keine Korrelation.

a) Aufteilung in Einzelfarbstoffe.

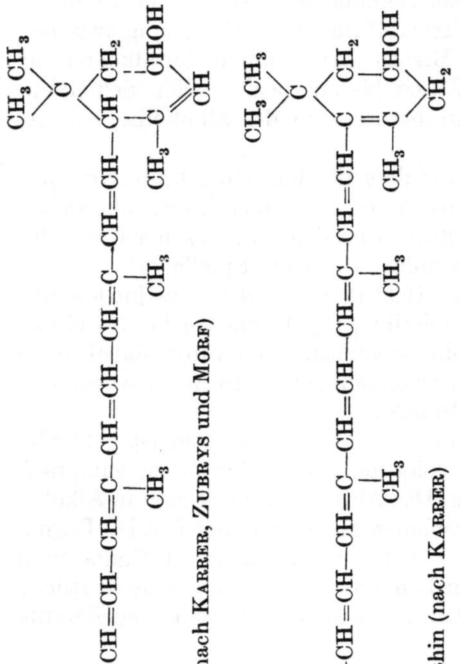

Lutein = Xanthophyll (nach KARRER, ZUBRYS und MORF)

Zeaxanthin (nach KARRER)

Entgegen der Annahme von WILLSTÄTTER und ESCHER haben nun weitere Forschungen gezeigt, daß der Eidotterfarbstoff nicht einheitlicher Natur ist. Nach R. KUHN, A. WINTERSTEIN und E. LEDERER[1] ist der Eidotterfarbstoff im wesentlichen ein Gemisch von *Xantophyll* mit dem Schmelzpunkt 193° und *Zeaxanthin* mit dem Schmelzpunkt 207°. Für das erstere, das überwiegt, schlagen sie die frühere Bezeichnung *Lutein* vor. Nach KARRER[2] und Mitarbeitern ist die Strukturformel von Lutein und Zeaxanthin nebenstehende.

Die schwierige Zerlegbarkeit der Dotterfarbstoffe in Lutein und Zeaxanthin beruht auf Isomorphie der Krystalle. Ein Gemisch beider zeigt keine Depression. Da man aber die Drehung des Zeaxanthins $(a)\frac{18}{Cd} = -55°$ kennt, kann man aus der Drehung eines Präparates aus Eidotter den Gehalt an beiden Isomeren berechnen.

Hiermit übereinstimmende Werte fanden KUHN und A. SMAKULA[3] durch spektrometrische Analyse, nämlich ein Verhältnis von 70% Lutein und 30% Zeaxanthin.

Nun sind aber nach Versuchen von H. v. EULER und E. KLUSSMANN[4] in Eidotter von tiefgelber Farbe noch $40\,\gamma$ *Carotin* und $9\,\gamma$ *Vitamin A* gefunden worden (vgl. S. 134), mithin 4,0 bzw. 0,9 mg-%. Bei dem oben beschriebenen Aufbereitungsverfahren von WILLSTÄTTER und ESCHER bleiben diese Stoffe bei der Krystallisation gelöst und werden dadurch vom Xanthophyll getrennt.

A. SMAKULA[5] gibt für die Absorptionsspektra der Farbstoffe Lutein, Zeaxanthin und α- und β-Carotin folgende Zahlen an (s. Tab. S. 133):

Die Größe $\varkappa$ berechnet sich nach der Gleichung

$$\varkappa = \frac{1}{cd} \log \mathrm{nat} \frac{I_0}{I} \text{ in } \mathrm{cm}^{-1},$$

---

[1] KUHN, R., A. WINTERSTEIN und E. LEDERER: Z. physiol. Chem. 1931, **8**, 47 — [2] Vgl. L. ZECHMEISTER: Carotinoide. Berlin 1934. — [3] KUHN, R. und A. SMAKULA: Z. physiol. Chem. 1931, **197**, 161. — [4] EULER, H. VON und E. KLUSSMANN: Z. physiol. Chem. 1933, **219**, 215. — [5] SMAKULA, A.: Z. angew. Chem. 1934, **47**, 657.

Farbstoff Lutein	Lösungsmittel Alkohol	Lage der Absorptionsbanden λ in mμ					Höhe der Absorptionsbanden $\varkappa \cdot 10^3$ in cm^{-1}				
		1	2	3	4	5	1	2	3	4	5
Lutein:	Alkohol	475	445	420	400	267	260	290	190	90	56
	Schwefelkohlenstoff . .	507	476	445	—	—	240	270	160	—	—
Zeaxanthin:	Alkohol	480	450	442	405	273	270	310	220	110	62
	Schwefelkohlenstoff . .	515	483	455	—	—	240	260	160	—	—
Carotin:	Hexan	475	445	420	395	270	305	335	230	100	60
	Schwefelkohlenstoff . .	506	475	450	—	—	260	270	195	—	—
Carotin:	Hexan	477	450	425	400	270	305	340	240	110	60
	Schwefelkohlenstoff . .	511	482	455	—	—	270	300	220	—	—

worin bedeuten

   c = Konzentration in Mol in Liter.
   d = Dicke der Küvette in cm;
   I_0 = auf die Küvette auffallende Lichtintensität;
   I = durchgelassene Lichtintensität.

Schließlich enthält nun der Eidotter in sehr geringer Menge noch einen weiteren Farbstoff anderer Art, das *Ovoflavin*.

Unter *Flavinen* verstehen R. KUHN, P. GYÖRGY und TH. WAGNER-JAUREGG[1] stickstoffhaltige wasserlösliche gelbe Farbstoffe, die mit dem Vitamin B_2 (vgl. S. 264) in naher Beziehung stehen. Nach KUHN, WAGNER-JAUREGG und H. KALTSCHMIT[2] ist anzunehmen, daß die in höheren Tieren angetroffenen Flavine direkt aus der Pflanze stammen und Früchte mit hohem Carotingehalt vielfach auch hohen Flavingehalt zeigen. Ein Ovoflavin wurde von ihnen[3] zuerst aus Eiklar dargestellt (vgl. S. 171).

Flavine werden nach KUHN[4] im Darm mit Phosphorsäure verestert und in dieser Form an Eiweiß gebunden. Der dabei entstehende Lactoflavin-Phosphorsäure-Eiweiß-Komplex besitzt die Eigenschaften eines Fermentes, das für den oxydativen Abbau der Kohlehydrate im tierischen Organismus und damit für den gesamten Kohlehydratstoffwechsel unerläßlich ist. Dieser Stoffwechsel findet nicht statt, wenn das gelbe Ferment nicht vorhanden ist. Der Tierkörper braucht also für den Stoffwechsel dieses Ferment, das er selbst nicht vollständig aus anderen Nahrungsbestandteilen aufzubauen vermag.

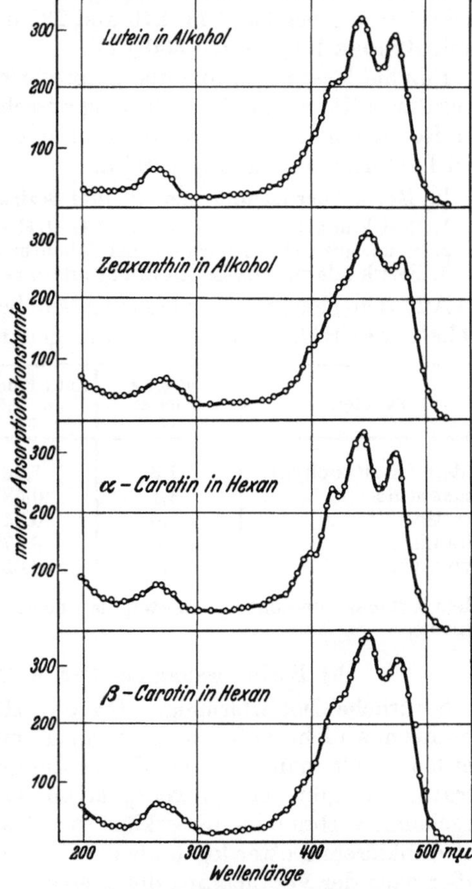

Ab. 13. Absorptionsspektra von Lutein, Zeaxanthin, α- und β-Carotin nach A. SMAKULA.

P. KARRER und K. SCHÖPP[5] erhielten aus Eidotter ein in langen, oft zu Büscheln vereinigten Nadeln krystallisierendes Ovoflavin vom Schmelzpunkt 284⁰, das sie zum Unterschied von Ovoflavin *e* aus Eiklar *Ovoflavin g* nennen, wenn auch noch unentschieden ist, ob nicht beide Körper identisch sind.

[1] KUHN, R., P. GYÖRGY und TH. WAGNER-JAUREGG: Ber. dtsch. chem. Ges. 1933, **66**, 317. — [2] KUHN, WAGNER-JAUREGG und H. KALTSCHMIT: Ber. dtsch. chem. Ges. 1934, **67**, 1452. — [3] KUHN, WAGNER-JAUREGG und KALTSCHMIT: Ber. dtsch. chem. Ges. 1933, **66**, 576. — [4] Vgl. Z. Volksernährung 1935, **10**, 287. — [5] KARRER, P. und K. SCHÖPP: Helv. chim. Acta 1934, **17**, 735.

Aus 1000 frischen Eiern wurden 15 mg des Flavins erhalten. Zur Darstellung wurden 20 kg Eigelb mit 45 l Alkohol verrührt und zum Sieden erhitzt. Nach weiteren Auskochen mit 20 l Alkohol wurde zur Abtrennung von Carotinoiden und Fetten mit Äther geschüttelt. Die weitere Aufarbeitung erfolgte nach bekannten Methoden unter Adsorption an Frankonit und Bleisulfidfällung. Zur Reinigung führt man die Flavine in Acetylderivate über und chromatographiert aus Benzollösung an Aluminiumhydroxyd. — Über Darstellung der Flavine (Lyochrome) vgl. auch P. ELLINGER und W. KOSCHARA[1].

Nach R. KUHN und TH. WAGNER-JAUREGG[2] liefert Ovoflavin wie Lactoflavin in Pyridinlösung mit Essigsäureanhydrid orangefarbige, chloroformlösliche Tetraacetylverbindungen, die bei 240° schmelzen und deren Gewichte keine Schmelzpunkterniedrigung zeigen.

Die Summenformel ist $C_{24}H_{28}N_4O_{10}$ oder $C_{25}H_{28}N_4O_{10}$. Die Absorptionsspektra liegen bei 445, 374, 276 und 222 mμ. Die Molekulargewichtsbestimmung nach BERGER-RAST ergab 500 ± 60.

Flavine lassen sich aus der Chloroformlösung nicht durch Natriumcarbonat, aber durch Natriumhydroxydlösung ausschütteln. Die Vitamin B_2-Wirkung bleibt bei Reinigung über das Acetat erhalten. Durch salpetrige Säure werden Ovo- und Lactoflavin nicht angegriffen.

Im Molekül der Lactoflavine sind drei Bezirke erkennbar:

1. Bezirk mit der Gruppe — NH · CO · NH —.
2. Sauerstoffreicher Bezirk der bei Belichtung abgespalten wird.
3. Bezirk mit zwei basischen Stickstoffatomen.

Aus den genannten Zahlenangaben berechnen sich etwa folgende mittleren Gehalte des Hühnereidotters an den genannten Farbstoffen:

Farbstoff	Auf 100 g Eidotter mg	Auf 1 Eidotter von 18,6 g mg
Lutein (Xanthophyll) .	7,3	1,36
Zeaxanthin	3,1	0,58
Carotin	4,0	0,74
Vitamin A	0,9	0,17
Ovoflavin	0,1	0,02

Nach O. VÖLKER[3] ist Lutein keineswegs in den Eiern aller Vogelarten das vorherrschende Pigment. So ist nach VÖLKER im Eidotter von Larus ridibundus und Ciconia ciconia in der Hauptmenge ein Farbstoff vorhanden, die in seinen Eigenschaften an *Astacin* erinnert.

Auch der gelbe Farbstoff des Gefieders, z.B. beim Wellensittich [Melopsittacus undulatus (SHAW)] ist nach VÖLKER[4] vom Dotterfarbstoff ganz verschieden.

b) Beeinflussung des Farbstoffgehaltes durch Fütterung.

Natürliche Dotterfärbung. Da die Henne den Dotterfarbstoff in ihrem Organismus nicht aufzubauen vermag, muß dieser durch Fütterung zugeführt werden. Hält man aus dem Futter die gelben und roten Farbstoffe einige Zeit heraus, oder gibt man zu wenig davon, so wird der Körpervorrat daran von der Legehenne verbraucht. So erklärt es sich auch, daß schlechte Legerinnen oft Eier mit dunklerem Dotter legen als gute. Denn die Farbe der Dotter richtet sich — außer nach der Veranlagung des Tieres — in der Hauptsache nach der Menge der im Futter aufgenommenen Farbstoffe und umgekehrt nach der Zahl der gelegten Eier.

L. S. PALMER[5] hat an Fütterungsversuchen mit xanthophyll- und carotinreichen bzw. xanthophyll- und carotinfreien Futter an Hennen festgestellt, daß die gelben Farbstoffe von Eidotter, Körperfett und Blutserum der Henne physiologisch wie chemisch mit der Xanthophyllen und Carotinen der Pflanze identisch sind, und daß die Henne im Gegensatz zur Kuh hauptsächlich Xanthophyll und nur wenig Carotin zur Pigmentierung von Körper- und

---

[1] ELLINGER, P. und W. KOSCHARA: Ber. dtsch. chem. Ges. 1933, **66**, 808. — [2] KUHN, R., und TH. WAGNER-JAUREGG: Ber. dtsch. chem. Ges. 1933, **66**, 1577. — [3] VÖLKER, O.: Z. Ornithol. 1934, **82**, 439. — [4] VÖLKER, O.: J. Ornithol. 1936, **84**, 618. — [5] PALMER, L. S.: J. biol. Chem. 1915, **23**, 261.

Eifett verwertet. In weiteren Versuchen prüften PALMER und H. L. KEMPSTER[1] den Einfluß der Fütterung auf Farbe von Eidotter, Blutplasma und Körperfett, sowie die Zahl der Eier in 28 Tagen.

Futter	Zahl der Eier	Farbe der Eidotter[2]		Farbe des Blutplasmas[3]		Farbe des Körperfettes[4]	
		gelb	rot	gelb	rot	gelb	rot
Grünfutter	15	47,0	4,5	10,0	1,2	3,5	0,2
Gelbmais	10	33,0	4,2	7,0	0,8	2,2	0,2
Rotmais	14	5,5	1,5	—	—	1,2	0,2

Die Versuche zeigen den günstigen Einfluß des Grünfutters an. Die folgenden eingehenderen Versuche der gleichen Autoren[5] mit einer größeren Anzahl von Futtermitteln bestätigen dies an weiteren Messungen mit dem Farbkreisel (von BRADLEY[6]):

Futter	Zahl der Eier	Farbmessung am							
		Rohdotter				hartgekochten Dotter			
		gelb %	orange %	grün %	weiß %	gelb %	orange %	grün %	weiß %
Carotinoidfrei	17	55	0	5	40	7,5	0	2,5	90,0
Grünfutter[7]	15	—	—	—	—	72,5	17,5	0	10,0
Gelbmais[7]	10	—	—	—	—	70,0	12,5	0	17,5
Rotmais[7]	14	60	10	5	20	37,5	0	0	62,5
Weizen	13	65	10	5	20	70,0	12,5	0	17,5
Kleberfutter	6	80	10	0	10	27,5	0	0	72,5
Haferflocken	9	65	10	5	20	27,5	0	2,5	70,0
Gerste	7	70	15	5	10	35,0	0	0	65,0
Baumwollsaatmehl . .	4	55	0	5	40	20,0	0	5,0	75,0
Hanfsamen	7	62	23	5	10	40,0	0	0	60,0
Rapssamen	8	65	5	0	30	20,0	0	5,0	75,0
Fleischbrocken	12	65	0	0	35	20,0	0	2,5	77,5
Blutmehl	10	60	0	0	40	12,5	0	2,5	85,0
Weizenkleie	10	60	0	5	35	20,0	0	2,5	77,5

Auch bei diesen Versuchen ist der Weißgehalt des gekochten Dotters bei Grünfutter am geringsten, sehr hoch bei Körperfutter, außer Weizen, und auch bei tierischem Futter, besonders auch bei Blutmehl. Die Henne vermag also auch den Blutfarbstoff anscheinend nicht in Lutein umzuwandeln.

S. L. PARKER, S. S. GOSSMAN und W. A. LIPPINCOTT[8] erhielten bei Zulage von Grünfutter einen Einfluß auf die Tiefe der Dotterfarbe, der dem Korrelationskoeffizienten $r = 0{,}51 \pm 0{,}10$ entsprach.

Durch Fütterung von Grünfutter (Silofutter) im Winter wird der Henne nach H. BAUR[9] erst die Möglichkeit gegeben die Legetätigkeit zu dieser außernatürlichen Zeit auszuüben, ohne daß der Gesundheitszustand des Tieres wesentlich darunter leidet. BAUR erhielt durch Silage, Krauskohl und Pferdemöhren eine tiefgelbe Dotterfarbe, die fast der bei Freiumlauf im Sommer entsprach, ohne daß Geruch und Geschmack beeinflußt wurden. Nach H. J. ALMQUIST[10] sollen aber auch durch übermäßige Grünfütterung sehr dunkle, selbst grüne Dotter

---

[1] PALMER und H. L. KEMPSTER: J. biol. Chem. 1919, **39**, 313. — [2] Farbeinheiten mit dem Lovibond-Tintometer, angesetzt im Winkel von 105° auf die Oberfläche der Dotter. — [3] Ätherextrakt von 5 cm³ des eingetrockneten Plasmas, auf 12,5 cm³ gebracht, 1 Zoll dicke Schicht, Messung im Winkel von 45° von der Horizontalen. — [4] 1 Zoll dicke Schicht des geschmolzenen Fettes. Winkel 45°. — [5] PALMER und KEMPSTER: J. biol. Chem. 1919, **39**, 331. — [6] Bradley color top. — [7] Vgl. oben. Die Messung war bei Rohdotter nach Grünfutter und Gelbmais wegen zu großer Farbtiefe mit dem Farbkreisel nicht mehr ausführbar. — [8] PARKER, S. L., S. S. GOSSMANN und W. A. LIPPINCOTT: Poultry Science 1926, **5**, 131. Nach ALMQUIST vgl. Anm. 10. — [9] BAUR, H.: Arch. Geflügelk. 1932, **6**, 49. — [10] ALMQUIST, H. J.: Agric. Experim. Stat. Berkeley, Bull. **561**.

entstehen können. — Bei normaler Fütterung ist im übrigen die Dotterfarbe nach J. A. HUNTER, A. VAN WAGENEN und G. O. HALL[1] von der Jahreszeit unabhängig.

Über fehlerhafte Beeinflussung der Dotterfarbe durch gewisse Futterstoffe vgl. S. 54.

Künstliche Beeinflussung der Dotterfarbe durch Farbstoffe. Die Beobachtung, daß der Dotterfarbstoff der Henne im Futter von außen her zugeführt wird, hat zu Versuchen geführt, die Dotterfarbe durch künstliche Zuführung von Farbstoffen über das Futter hervorzurufen oder zu verbessern[2].

O. VÖLKER[3] brachte durch carotinoidfreie Ernährung eine Anzahl Weißer Leghornhennen dazu Eier mit farblosem Dotter zu legen. Wurden die Hühner dann mit *Lutein* und *Zeaxanthin* gefüttert, so färbten sich die Dotter der abgelegten Eier bald gelb und besaßen nach etwa 2—3 Wochen eine schöne goldgelbe Farbe. Über eine gewisse Grenze hinaus, die für Lutein und Zeaxanthin ungefähr gleich war und 4,3 mg Farbstoff für 100 g frischen Dotter betrug, ließ sich durch erhöhte Gaben der Farbstoffe eine Farbstoffeinwanderung nicht erreichen. Dagegen ging Violaxanthin auch nach längerer Fütterung damit nicht in Spuren in den Dotter über, weil dieser Farbstoff offenbar im sauren Magensaft zerstört wird. Mit *β-Carotin* und *Lycopin* wurde nur eine ganz schwache Farbstoffzunahme erhalten, nach Analysen an Carotin etwa 0,32 mg auf 100 g Dotter entsprechend, an Lycopin nur Spuren.

Auch in Versuchen von J. S. HUGHES und L. F. PAYNE[4] wurde die bei der Trennung in der alkoholischen Phase enthaltene *Xanthophyllfraktion* des Eigelbs durch Erhöhung des Gehalts des Futters an Gelbmais gesteigert. Die Xanthophyllspeicherung im Dotter betrug 17,4—25,7% der in 10—40 g Gelbmais täglich zugeführten Xanthophylle. Die Speicherung von Carolin und Kryptoxanthin war bei täglicher Zufuhr von 1 mg in Form von Gelbmais, grüner Gerste und Alfalfa weniger regelmäßig.

Hiernach werden also vom Hennenorganismus nur *Xanthophylle von der Formel* $C_{40}H_{56}O_2$ als Pigmentbildner ausgenutzt, kaum Polyenkohlenwasserstoffe von der Formel $C_{40}H_{56}$ (β-Carotin und Lycopin) und nicht Xanthophylle von der Formel $C_{40}H_{56}O_4$ (Violaxanthin, Taraxanthin).

Weiter wird aber nach Versuchen von W. L. BROWN[5] auch *Paprikafarbstoff* von Hennen aufgenommen und bewirkt dabei Orangefärbung der Dotter. Der Paprikafarbstoff besteht neben Carotin aus Capsanthin, dem man die Formel $C_{35}H_{50}O_3$ oder $C_{36}H_{50}O_3$ beilegt. Als Zulage zu einem Grundfutter aus weißem Mais, Weizenschrot, Weizenkleie, Hundekuchen[6], Fleischabfällen, Magermilchpulver, Marmorpulver, Salz und Lebertran wurden mit steigenden Paprikazulagen folgende Dotterfärbungen[7] erzielt:

Art der Fütterung	Capsanthin in 100 g Futter	Prozentualer Anteil jeder Farbkomponente im Dotter			
		Gelb	Orange	Grün	Weiß
Unbekannte Markteier	0	60	40	0	0
Grundfutter	0	69	7	4	20
Grundfutter mit 0,27% Trockenpaprika .	0,22	48	43	0	9
Grundfutter mit 0,44% Trockenpaprika .	0,36	44	47	0	9
Grundfutter mit 0,55% Trockenpaprika .	0,45	33	59	0	8
Grundfutter mit 1,22% Trockenpaprika .	1,83	14	86	0	0
Grundfutter mit 3,33% Trockenpaprika .	2,74	8	92	0	0

Der Farbstoff begann im Dotter nach 48 Stunden aufzutreten und wurde darin über etwa das 6. gelegte Ei hin abgelagert. Zusatz von 0,35 mg Capsanthin in 100 g xanthophyllfreiem Futter erzeugte Eier von etwa gleicher Farbe wie bei Markteiern; nach 1,83—2,74 mg Capsanthin wurden die Dotter dunkelorange. Hennen mit hoher Legetätigkeit neigten zur Ablage von Eiern mit etwas schwächer gefärbtem Dotter. Die Haltbarkeit der mit Capsanthin gefärbten Eiern war nicht beeinträchtigt; einjährige Kühlhauslagerung hatte auch bei den Eiern mit tiefgefärbtem Dotter keine Verschlechterung in der Dotterfarbe oder im Aussehen des Eiklars hervorgerufen.

---

[1] HUNTER, J. A., A. VAN WAGENEN und G. O. HALL: Poultry Science 1936, **15**, 115.

[2] Nicht von allen Verbrauchern werden dunklere Dotter bevorzugt. Nach einer Umfrage in New York bei mehr als 10000 Verbrauchern zogen 33% derselben helle, 25% dunkle Dotter vor. Egg. and. Poultry Magaz. 1933; vgl. W. KEYSACH: Arch. Geflügelk. 1934, 8, 97.

[3] VÖLKER, O.: Z. Ornithol. 1934, **82**, 439. — [4] HUGHES, J. S. und L. F. PAYNE: Poultry Science 1937, **16**, 135; Z. 1937, **74**, 345. — [5] BROWN, W. L.: Georgia Experim. Stat. 1930, Bull. **160**; 1934, Bull. **183**. — [6] Red dog shorts. — [7] Bradley-Kreiseleinheiten.

Nach L. Benedek[1] ist in Anbaugebieten des Paprikas in Ungarn, so in Szeged und Kalocsa altbekannt, daß der Eidotter von Hühnern nach Fütterung mit Paprikaabfällen eine stark rote, selbst blutrote Färbung aufweist, je nach der Menge des gefressenen Paprikas. Benedek führte unter Anwendung des Luteinbestimmungsverfahrens von Terényi (vgl. S. 355) auf die erhaltenen Eidotter besondere Fütterungsversuche mit Paprika durch und fand so ein Ansteigen des Farbstoffgehaltes des Dotters in vier Wochen auf ein Vielfaches des Anfangswertes, z. B. von 8 auf 25 Farbstoffgrade. Benedek beobachtete bei den Einzelhennen ganz verschiedene Neigung zur Paprikafutteraufnahme, schwankend zwischen Ablehnung und Freßgier. Eine Schädigung der Tiere durch die Paprikaaufnahme ist bisher nicht bemerkt worden.

Da Capsanthin kein natürlicher Bestandteil des Dotterfarbstoffes von Hühnereiern ist, handelt es sich bei den nach Paprikafütterung erhaltenen Eiern bereits um *künstlich gefärbte* Eier.

Im Handel angebotene, vegetabilische Dotterfarben für Legehennen[2] scheinen ähnliche Farbstoffe oder Orellin (Bixin) $C_{25}H_{30}O_4$ zu enthalten.

Spratts Rot-Farbfutter enthält nach Völker[3] in der Hauptsache Capsanthin oder Capsanthinester.

Selbst durch *Teerfarbstoffe*, nämlich durch die fettlöslichen *Sudanfarbstoffe*, lassen sich, wie Versuche von J. Grossfeld und H. R. Kanitz[4] bestätigt haben, künstlich rotgefärbte Eidotter erzielen, wobei der Farbstoff, in Lebertran gelöst, verabreicht wird. Derartige Eidotter sind aber nichtgleichmäßig gefärbt, sondern zeigen ringförmige Farbstoffablagerungen.

Weitere Versuche von Grossfeld und Kanitz[5] mit vier Legehennen, die mit Sudan III gefüttert wurden, bewirkten eine Färbung des Körperfettes, nicht der Eidotter. Erst eine Zuführung von „Sudan Rot B, besonders rein", täglich je Henne 100 mg, führten neben starker Anfärbung des Körperfettes zu einer Ablagerung von 0,160—0,659 mg Farbstoff im Dotter je eines Eies.

Die *Farbstoffablagerung* erfolgte dabei, wenn der Farbstoff — in Erdnußöl gelöst — einmal am Tage zugefüttert wurde, merkwürdigerweise *in Form konzentrisch angeordneter Schalen,* die sich besonders schon beim Durchschneiden der Dotter der hartgekochten Eier zu erkennen gaben. Vgl. die Abbildungen des Originals. Diese schalenweise Ablagerung des Farbstoffs im Dotter gibt ein anschauliches Bild der Ausbildung des Dotters im Eierstock (vgl. S. 31). Eine derartige Versuchsanordnung kann zur Erforschung des Fettstoffwechsels des heranwachsenden Keimes benutzt werden.

Andere Teerfarbstoffe, z. B. Eosin in Eosinweizen, beeinflussen nach R. Fangauf und R. Deditius[6] die Dotterfarbe nicht.

5. Fett des Eidotters.
a) Kennzahlen.

Das Eieröl bildet ein durch den Luteingehalt goldgelb bis dunkelgelb gefärbtes Öl von mildem Geschmack, das beim Stehen an der Luft durch Ausbleichung heller wird. Bei gewöhnlicher Temperatur tritt reichliche Abscheidung fester Glyceride ein, deren nähere Natur noch auf Aufklärung harrt. Mono- und Diglyceride konnten C. Serono und A. Pallozzi[7] aus Eieröl nicht abscheiden.

Im Fett an *Enteneiern* ermittelte R. T. Thomson[8]:

Verseifungszahl	Jodzahl	Säurezahl	Reichert Meisselsche Zahl	Polenskesche Zahl
180,9	75,5	5,70	0,27	0,25

J. S. Hepburn und A. B. Katz[9]:

Verseifungszahl	Jodzahl (v. Hübl.)	Jodzahl (Hanus)	Brechungsindex bei 40°	Säurezahl	Hehnersche Zahl
205,1	70,8	77,3	1,4674	4,8	87,46

[1] Benedek, L.: Z. 1937, 74, 297. — [2] Vgl. O. Roemmele: Z. Fleisch- u. Milchhygiene 1935, 45, 225. — [3] Völker, O.: J. Ornithol. 1936, 84, 618. — [4] Grossfeld J. und H. R. Kanitz: Z. 1935, 69, 582. — [5] Grossfeld, J. und H. R. Kanitz: Z. 1937, 74, 471. — [6] Fangauf, R. und R. Deditius: Biedermanns Zbl. B. Tierernährung 1933, 5, 110. — [7] Serono, C. und A. Palozzi: Arch. Farmacol. sperim. 1911, 11, 553; C. 1911, II, 772. — [8] Thomson, R. T.: Analyst. 1924, 49, 327. — [9] Hepburn, J. S. und A. B. Katz: J. Franklin Inst. 1927, 203, 835.

Kennzahlen von Eidotterfett.

Art der Kennzahl	Zeit der Untersuchung	Eidotterfett	Eidotterfettsäuren	Bemerkungen	Untersucht von
Dichte D 15/4	1897	0,9144	—	—	M. Kitt[1]
Dichte D 15/4	1933	0,918	—	—	G. Vita und L. Bracaloni[2]
Dichte D 18/4	1933	0,916—0,917	—	Nebenprodukt der Lecithinfabrikation	A. Bernardi und M. A. Schwarz[3]
Dichte D 100/4	—	0,881	—	—	Späth[1]
Schmelzpunkt	—	—	36°	—	Späth[1]
,, ...	1897	—	36—39°	—	M. Kitt[1]
,, ...	1933	16—18°	36—38°	—	G. Vita und M. Bracaloni[2]
,, ...	1933	—	36—37°	—	A. Bernardi und M. A. Schwarz[3]
Erstarrungspunkt	1933	—5 bis —7°	—	—	A. Bernardi u. M. A. Schwarz[3]
,, ...	1933	16—17°	33—35°	—	G. Vita und L. Bracaloni[2]
Verseifungszahl	1896	186,0	—	—	P. Paladino und D. Losso[4]
,, ...	1897	190,2	194,0—195,8	—	M. Kitt[1]
,, ...	—	184,4—186,7	—	—	Späth[1]
,, ...	1903	191,2	—	—	Ulzer[1]
,, ...	1910	179,9 (173,4—191,1)	—	165 Eier von Plymouth Rocks	M. E. Pennington[5]
,, ...	1910	182,5 (171,9—194,9)	—	69 Eier von Leghorn	
,, ...	1911	198,9	—	—	C. Seroni und A. Pallozzi[6]
,, ...	1924	183,8	—	—	R. T. Thomson[7]
,, ...	1933	(216)	—	—	A. Bernardi u. M. A. Schwarz[3]
,, ...	1933	199,5—200,5	—	—	G. Vita und L. Bracaloni[2]
Säurezahl	1910	5,98 (5,2—6,7)	—	69 Eier von Leghorn	M. E. Pennington[5]
,, ...	1924	4,47	—	—	R. T. Thomson[7]
,, ...	1924	0,47	—	—	A. Bernardi u. M. A. Schwarz[3]
Brechungsindex bei 25° . .	—	1,4713	—	—	Späth[1]
,, ,, 25° . .	1918	1,4704	—	—	L. Mayer[8]
,, ,, 25° . .	1924	1,4670—1,4697	—	—	Th. Sudendorf und O. Penndorf[9]
,, ,, 25° . .	1933	1,4671	—	—	A. Bernardi u. M. A. Schwarz[3]
,, ,, 25° . .	1933	1,4660	—	—	G. Vita und L. Bracaloni[2]
,, ,, 40° . .	1910	1,4626 (1,4557—1,4664)	—	165 Eier von Plymouth-Rocks	M. E. Pennington[5]
,, ,, 40° . .	1924	1,4616—1,4634	—	—	Th. Sudendorf u. O. Penndorf[9]

Hehnersche Zahl	1897	95,16	—	—	M. Kitt[1]
" "	1910	76,10 (71,71—83,58)	—	165 Eier von Plymouth-Rocks	M. E. Pennington[5]
" "	1910	78,41 (73,41—83,63)	—	69 Eier von Leghorn	
" "	1933	93,8	—	—	A. Bernardi u. M. A. Schwarz[3]
Jodzahl	1896	81,4	—	—	P. Paladino und D. Losso[4]
"	1897	72,1	72,9—74,6	—	M. Kitt[1]
"	—	68,5	72,6	—	Späth[1]
"	1903	73,2	—	—	Ulzer[1]
"	1910	62,8 (60,3—66,8)	—	165 Eier von Plymouth-Rocks	M. E. Pennington[5]
"	1910	64,8 (64,1—66,7)	—	69 Eier von Leghorn	
"	1911	82,3	—	—	C. Serono und A. Pallozzi[6]
"	1924	74,7	—	Nach Wijs	R. T. Thomson[7]
"	1933	69,8—70,3	—	—	G. Vita und L. Bracaloni[2]
"	1933	81,4	—	—	A. Bernardi u. M. A. Schwarz[3]
Reichert-Meisslsche Zahl	—	0,66	—	—	Späth[1]
" "	1897	0,4	—	—	M. Kitt[1]
" "	1924	0,62	—	—	R. T. Thomson[7]
" "	1933	1,95	—	—	A. Bernardi u. M. A. Schwarz[3]
Polenskesche Zahl . . .	1924	0,28	—	—	R. T. Thomson[7]
" " . . .	1933	0,48	—	—	A. Bernardi u. M. A. Schwarz[2]
Acetylzahl	1911	3,82	—	—	C. Serono und A. Pallozzi[6]
Thermalzahl	1933	50°	—	H_2SO_4-Thermalzahl	A. Bernardi u. M. A. Schwarz[3]
Thermalzahl (v. Tortelli)	1933	67,0°	—	Im Thermooleometer	G. Vita und L. Bracaloni[2]
		Alkohol von 60%	**Alkohol von 99%**		
Alkohollöslichkeit { — 4°	1933	0,016	0,78	100 cm³ Alkohol lösen die angegebenen Mengen des Öles in g (vgl. S. 128)	G. Vita und L. Bracaloni[2]
+15°	1933	0,014	1,63		
+37°	1933	0,038	3,24		

[1] Nach R. Benedict und F. Ulzer: Analyse der Fette und Wachsarten, 4. Aufl. 1903, S. 710—711. — [2] Vita, G. und L. Bracaloni: J. Pharm. Chim. 1933 (8), 18, 104. — [3] Bernardi, A. und M. A. Schwarz: Ann. Chim. applic. 1933, 23, 290; Z. 1937. 74, 215. — [4] Paladino, P. und D. Losso: Analyst. 1896, 21, 161. Nach Needham. — [5] Pennington, M. E.: J. biol. Chem. 1910, 7, 109. — [6] Seroni, C. und A. Pallazzi: Arch. Farmacol sperim. 1911, 11, 533; C. 1911, II, 772. — [7] Thomson, R. T.: Analyst. 1924, 49, 327. — [8] Mayer, L.: Mitt. Lebensmittelunters. u. Hygiene 1918, 9, 135. — [9] Sudendorf, Th. und O. Penndorf: Z. 1924, 47, 46.

Für *Gänseeifett* fanden HEPBURN und KATZ [1]:

Verseifungszahl	Jodzahl (v. HÜBL.)	Jodzahl (HANUS)	Brechungsindex bei 40°	Säurezahl	HEHNERsche Zahl
199,2	63,3	63,0	1,4651	4,7	87,10

Im mit Petroläther ausgezogenen Fett von *Puteneiern* erhielten HEPBURN und P. R. MIRAGLIA [2]:

Verseifungszahl	Jodzahl (v. HÜBL.)	Brechungsindex bei 40°	Säurezahl	HEHNERsche Zahl	Lösliche Fettsäuren (als Buttersäure)	P_2O_5
184,7	65,8	1,4638	7,7	85,99	2,24%	0,43%

Für *Taubeneifett* war nach F. J. McCLURE und R. H. CARR [3] die Verseifungszahl 176, die Jodzahl 70,5.

Die bei Eieröl beobachteten *Schwankungen in den Kennzahlen* sind wohl in der Hauptsache durch die Menge des je nach Gewinnungsart beigemischten Lecithins und dessen Verhalten bei der Untersuchung bedingt. Hierauf deuten auch folgende Versuche von G. J. VAN MEURS [4] hin:

Art der Behandlung	Fett %	Brechungsindex bei 25°	Brechungsindex bei 40°	Verseifungszahl	Jodzahl
Versuchsreihe mit 10 Eiern:					
Ätherextrakt nach SOXHLET	31,2	1,4726	1,4660	—	70,2
Petrolaetherextrakt nach SOXHLET .	29,5	1,4723	1,4658	—	73,4
	33,4	1,4725	1,4674	—	73,0
Auskochung mit Äther	31,1	1,4720	1,4645	—	68,6
Auskochung mit Petroläther.	30,6	1,4680	1,4633	—	76,7
Auskochung mit Trichloräthylen . . .	35,5	1,4734	1,4679	—	68,1
Fett nach SMETHAM	31,2	—	—	—	—
desgl. nach Reinigung mit Petroläther	31,2	1,4685	1,4631	—	77,2
Versuchsreihe mit 6 Eiern:					
Ätherextrakt nach SOXHLET	31,1	1,4738	1,4680	200,5	74,6
Petrolätherextrakt nach SOXHLET . .	30,0	1,4725	1,4677	196,8	74,4
Auskochung mit Äther	30,7	1,4693	1,4657	198,0	71,4
Auskochung mit Petroläther	30,1	1,4696	1,4650	197,4	73,5
Fett nach SMETHAM	30,7	—	—	—	—
desgl. nach Reinigung mit Petroläther	30,7	1,4685	1,4632	202,3	76,2
Versuchsreihe mit Trockeneipulver:					
Ätherextrakt nach SOXHLET	34,9	1,4688	1,4621	176	78,0
Auskochung mit Äther	34,2	1,4693	1,4630	190	72,3
Fett nach SMETHAM	36,7	—	—	—	—
desgl. nach Reinigung mit Petroläther .	36,7	1,4712	1,4601	197	77,0

(Spaltenüberschrift: Eigenschaften des Eigelbfettes)

HEPBURN und MIRAGLIA [5] fanden durch vergleichende 16stündige Ausziehung von *Puteneiern* an Rohfett mit

Äther %	Petroläther %	Chloroform %	Tetrachlorkohlenstoff %	Benzin %	Schwefelkohlenstoff %	Äthylacetat %
12,29	14,98	13,70	14,79	13,44	13,46	13,88

Ein von uns durch Kochen mit Salzsäure abgeschiedenes und daher *lecithinfreies* Eieröl und die daraus durch Verseifung nach Abscheidung des Unverseifbaren erhaltenen Fettsäuren ergaben bei der Analyse folgende Kennzahlen und Bestandteile [6] (s.Tab. S. 141):

Das untersuchte Eieröl war aus frischen dänischen Eiern bereitet. Die Säurezahl von 56,1 zeigt an, daß eine erhebliche Menge von aus dem Lecithin stammenden Fettsäuren beigemischt ist, etwa ein Viertel des Eieröls entsprechend. Die hauptsächlichsten Fettsäuren, die das

[1] HEPBURN, J. S. und A. B, KATZ: J. Franklin Inst. 1927, **203**, 835. — [2] HEPBURN, J. S. und P. R. MIRAGLIA: J. Franklin Inst. 1937, **223**, 375. — [3] McCLURE, F. J. und R. H. CARR: Amer. J. Physiol. 1925, **74**, 70. — [4] VAN MEURS, G. J.: Rec. Trav. Chim. Pays-Bas 1923, **42**, 800. — [5] HEPBURN, J. S. und P. R. MIRAGLIA: J. Franklin Iust. 1937, **223**, 375. — [6] Vgl. **Z.** 1933, **65**, 311.

Eieröl bilden, sind *Ölsäure* und *Palmitinsäure*. Beim Stehen an der Luft wird das Eieröl, auch unter Bildung flüchtiger Säuren, rasch zersetzt.

F. Trost und B. Doro[1] ermittelten durch Vakuumdestillation der Ester folgendes Mengenverhältnis der Fettsäuren von Eieröl: Gesättigte Fettsäuren 40,65%, ungesättigte Fettsäuren 56,9%, Myristinsäure 2,05%, Palmitinsäure 29,27%, Stearinsäure 9,26%, Arachinsäure 0,07%, Palmitölsäure 12,26%, Ölsäure 34,55%, Linolsäure 10,09%.

b) Fütterungseinflüsse.

Die hohe Jodzahl des vorstehend besprochenen Eieröls in Verbindung mit den von anderen Untersuchern beobachteten großen Schwankungen in der Jodzahl von Eieröl überhaupt deutet auf die Möglichkeit von Fütterungseinflüssen hin, wie

Kennzahl oder Bestandteil	Im Eieröl	In den Fettsäuren
Verseifungszahl	188,4	207,7
Säurezahl	56,1	207,7
Esterzahl	132,3	0,0
Jodzahl	81,4	81,5
Rhodanzahl	57,0	62,2
Gesamtzahl der niederen Fettsäuren .	0,0	0,0
Buttersäurezahl (Halbmikro-)	0,0	0,0
Refraktometerzahl bei 40°	58,2	—
Brechungsindex bei 40° (berechnet) .	1,4647	—
	%	%
Gesamtfettsäuren (berechnet) . . .	90,68	100
Unverseifbares	5,07	—
Ungesättigte Fett- Ölsäure . .	40,1	44,2
säuren nach Kauf- Linolsäure	16,3	18,0
mann berechnet Linolensäure	2,97	3,2
Höhere gesättigte Fettsäuren (Permanganat-Verfahren)	31,4	34,6
Feste Fettsäuren (Bleisalz-Verfahren)	30,7	—
Isoölsäure (scheinbare)	1,3	—
Feste gesättigte Fettsäuren	29,4	32,4
Stearinsäure	2,0	2,2
Palmitinsäure	29,4	32,4
Niedere Fettsäuren (Buttersäure) . .	0,0	0,0
Mittlere Fettsäuren (Caprylsäure) . .	0,0	0,0

sie auch bei anderen Tierfetten bestehen. Daß solche Fütterungseinflüsse auch bei Eieröl tatsächlich vorhanden sind, zeigen folgende Untersuchungen:

V. Henriques und C. Hansen[2] fanden:

Ebenfalls nach Hanffütterung erhielten E. F. Terroine und P. Belin[3] die Jodzahl der Fettsäuren zu 111,1, also höher als Henriques und Hansen, deren Werte den Eindruck machen, als wenn durch Luftoxydation die Fettsäuren verändert worden sind. Nach Fütterung mit Kartoffeln und Mais finden Terroine und Belin die Jodzahl 98,1.

Jodzahl von	Futter:			
	Gerste	Erbsen	Reis	Hanf
Eieröl	76,2	82,1	74,4	120,9
Fettsäuren	72,5	70,8	66,9	(74,4)

E. V. McCollum, J. G. Halpin und A. H. Drescher[4] stellten nach lipoidfreier Futterration niedrige Jodzahlen fest:

Besonders anschaulich geht der Einfluß der Fütterung auf die Zusammensetzung des Eifettes aus Versuchen von E. M. Cruikshank[5] hervor.

Jodzahl von	Art des Futters	
	Lipoidfreie Ration (3 Monate)	Gewöhnliche Ration (2 Monate)
Eieröl	52,3 (50,0—54,4)	64,2 (63,2—65,5)
Fettsäuren	34,8 (34,0—35,2)	63,5 (63,1—63,7)

Bei ihren Versuchen wurden je 10—12 Eier 6—8 Wochen nach Beginn der Fütterung gesammelt. Das Öl wurde mit wasserfreien Äther ausgezogen, im Vakuum bei 100° getrocknet und bei —20° aufbewahrt. Die Fettsäuren wurden nach Abtrennung des Unverseifbaren dargestellt, und nach Twichell in der Ausführungsform nach Hilditch und Priestmann[6] in feste und flüssige Fettsäuren zerlegt.

Die Untersuchung erstreckte sich auf Futterfette und Eifette (s. Tab. S. 142):

---

[1] Trost, F. und B. Dovo: Ann. Chim. appl. 1937, **27**, 233. — [2] Henriques, V. und C. Hansen: Skand. Arch. Physiol. 1903, **14**, 390. Nach Needham. — [3] Terroine, E. F. und P. Belin: J. biol. Chem. 1912, **13**, 219. — [4] Terroine, E. F. und P. Belin: Bull. Soc. Chim. Biol. 1927, **9**, 12 u. 1074. — [5] Cruikshank, E. M.: Biochem. J. 1934, **28**, 786. — [6] Hilditch und Priestmann: Analyst 1931, **56**, 354.

Einfluß der Fütterung auf das Eidotterfett von Hühnereiern.

Gegenstand	Im Öl			In den Fettsäuren				In den flüssigen Fettsäuren			In den Fettsäuren			
	JZ %	VZ. %	Mol.-Gew.	Rhodan-zahl %	JZ. %	Mol.-Gew.	Feste Fettsäuren %	JZ %	Mol.-Gew.	Rhodan-Zahl %	Feste Fettsäuren %	Ölsäure ×	Linol-säure %	Linolen-säure %
Zusammensetzung des Futterfettes														
Hanföl	163,7	190,4	294,7	93,1	172,9	283,0	6,1	183,0	280,3	104,7	6,1	11,9	67,2	14,8
Leinöl	180,6	191,7	292,6	112,8	191,5	282,2	9,2	206,5	282,0	131,4	9,2	11,4	39,0	40,4
Palmöl	53,1	196,0	286,2	—	55,0	273,8	46,3	103,8	283,4	—	46,3	46,4	7,3	—
Hammelfett	44,5	196,3	285,8	—	46,1	277,0	51,0	89,2	276,0	—	46,8	46,8	2,2	—
Zusammensetzung der Dotterfettsäuren nach Fütterung mit: (Mol.-Gew. der festen Fettsäuren)														
Grundfutter			263,5	—	84,4	280,5	31,4	121,2	278,2	94,0	31,4	46,7	19,0	2,9
Fischmehl, freies Grundfutter			264,0	—	80,0	283,0	31,2	115,9	284,0	93,3	31,2	51,4	15,0	2,4
Grundfutter und Palmkernöl			266,4	—	80,5	280,3	30,3	115,0	278,8	92,3	30,3	51,9	16,1	1,7
Grundfutter und Palmöl			265,5	—	85,9	281,4	27,8	120,0	280,0	90,8	27,8	49,8	21,7	0,7
Grundfutter und Hammelfett			268,0	—	84,0	284,0	29,5	117,7	283,3	93,7	29,5	50,8	16,9	2,8
Grundfutter und Leinöl			265,7	—	123,1	281,8	23,9	161,3	283,4	111,2	23,9	33,8	24,9	17,4
Grundfutter und Hanföl			267,4	—	115,7	282,1	24,3	157,3	281,1	96,4	24,3	28,8	41,7	5,2
Hanfsamen			266,0	—	117,2	280,6	21,4	162,8	278,9	101,8	21,4	26,7	41,9	10,0

Bei Hanfsamenfütterung stieg die Jodzahl in 16 Tagen von 84,88 auf 123 bis 126 und blieb dann konstant.

Bemerkenswert ist auch, daß Palmkernöl das mittlere Molekulargewicht der Fettsäuren nicht herabsetzte.

Wie Th. P. Hilditch, E. Ch. Jones und A. J. Rhead[1] ermittelt haben, enthält Hühnerfett etwa 7—8 Mol.-% *Palmitoölsäure* $C_{16}H_{30}O_2$, von der F. Trost und B. Dovo[2] in den Fettsäuren von Eieröl 12,26% fanden. Vgl. S. 141.

c) Lecithingehalt.

Das mit organischen Lösungsmitteln durch einfache Extraktion am Eidotter ausgezogene Fett enthält stets erhebliche Mengen Phosphatide, erkennbar an dem starken Schäumen solcher Auszüge beim Verdampfen des Lösungsmittels. Nur das nach Aufschluß mit Salzsäure durch Trichloräthylen ausgezogene Eieröl war nach Versuchen von H. Popp[3] lecithinfrei. Von anderen Lösungsmitteln brachten Petroläther am wenigsten, Alkohol und Chloroform am meisten Lecithin mit dem Fett in Lösung (s.Tab. S.143).

d) Gehalt an Unverseifbarem.

Den Gehalt eines Eies an Unverseifbaren geben G. W. Ellis und

[1] Hilditch, Th. P., E. Ch. Jones und A.J.Rhead: Biochem. J. 1934, 28, 786. — [2] Trost, F. und B. Dovo: Ann. Chim. appl. 1937, 27, 233. — [3] Popp, H.: Z. 1925, 50, 137.

Lösungsmittel	Petroläther	Äther	Trichlor-äthylen	Chloroform	Alkohol	Trichlor-äthylennach
Dauer des Auszuges . . .	10 Std.	8—10 Std.	10 Min.	10 Std.	12 Std.	10 Min.
Ausgezogene Menge Fett %	26,7	27,2	27,5	30,7	34,8	26,5
Darin Phosphorsäure (P$_2$O$_5$) . . . . %	0,34	0,48	0,54	0,70	0,74	0
Entsprechend Lecithin . %	4,8	5,3	6,1	7,7	8,2	0

J. A. Gardner[1] für acht Eier im Mittel zu 0,369 g an Cholesterin zu 0,219 g
an. Nach diesen Versuchen würden auf das Unverseifbare im Mittel 73,2% Cholesterin entfallen. Höhere Ausbeuten daran liefert indes das Digitoninverfahren,
mit dem P. Berg und J. Angerhausen[2] im Eieröl aus Hühner- und Enteneiern,
gewonnen durch Extraktion des eingetrockneten Eidotters mit Äther, folgende
Mengen isolierten:

Art des Eigelbs	Un-verseifbares %	Cholesterin %	Sonstiges Unver-seifbares %	Bezogen auf das Unverseifbare Cholesterin %	Sonstiges %
Handelseigelb	3,37	3,00	0,37	89,1	10,9
Chinesisches Hühnereigelb	4,84	4,34	0,50	89,7	10,3
desgl.	4,96	4,44	0,52	89,5	10,5
Selbst ausgeschlagenes Eigelb. . . .	5,08	4,44	0,64	90,0	10,0
Chinesisches Enteneigelb	4,22	3,84	0,38	91,0	9,0
desgl.	4,22	3,94	0,28	93,3	6,7
Mittel:	**4,45**	**4,00**	**0,45**	**89,9**	**10,1**

Das Unverseifbare des Ätherauszuges aus Eidotter bestand somit zu 90% aus
Cholesterin. Das Cholesterin ist zum weitaus größten Teil als *freies Cholesterin*
vorhanden.

So fanden J. Tillmans, H. Riffart und A. Kühn[3] durch direkte Bestimmung:

Lfde. Nr.	Bezeichnung	Gewicht des Ei-dotters g	Eiklars g	Äther-extrakt des Eigelbs %	ohne Verseifung in 1 Ei-dotter mg	ohne Verseifung vom Äther-extrakt %	ohne Verseifung auf 16 g Eigelb mg	nach Verseifung in 1 Ei-dotter mg	nach Verseifung vom Äther-extrakt %
1.	Kalkei	16,46	37,6	28,2	238	5,17	232	263	5,66
2.	,, ...	19,80	32,8	30,8	350	5,74	283	364	5,96
3.	,, ...	21,20	30,9	30,1	296	4,64	230	292	4,56
4.	,, ...	18,59	30,7	27,5	245	4,78	211	223	4,36
5.	Frischei	16,80	35,0	29,1	244	4,98	232	235	4,80
6.	Frischer Eidotter, Mittel von								
7.	3 Eiern	14,33	—	28,0	249	6,21	278	—	—
	desgl.	20,33	—	27,8	258	4,57	203	—	—
8.	Trockeneigelbpulver	8=16g	—	26,6	240	5,64	240	—	—
	Mittelwerte:					**5,22**	**239**		

[1] Ellis, G. W. und J. A. Gardner: Proc. Roy. Soc. London 1909 (B), **81**, 129. —
[2] Berg, P. und J. Angerhausen: Z. 1915, **29**, 9. — [3] Tillmans, J., H. Riffart und A.
Kühn: Z. 1930, **60**, 361.

In neueren Versuchen ermittelten RIFFART und H. KELLER[1] folgende Cholesteringehalte:

Lfde. Nr.	Bezeichnung	Gewicht des Eidotters g	Cholesteringehalt			
			in 1 Eidotter		bezogen auf 16 g Eidotter	
			colori-metrisch mg	titri-metrisch mg	colori-metrisch mg	titrime-trisch mg
1.	Eigelbpulver (8 = 16 g Eigelb) .	8,0	242	234	240	240
		—	238	246	—	—
2.	Frischer Eidotter:					
	(Mittel von 8 Eiern)	16,21	251	241	248	238
			247	257	244	254
3.	Frischer Eidotter:					
	(Mittel von 3 Eiern)	18,34	270	262	236	229
		—	264	268	230	234
				Mittel:	**240**	**239**

Über die Untersuchungsmethoden vgl. S. 352.

Von anderen Forschern wird der Gehalt eines Eies an freiem und verestertem Cholesterin im Mittel angegeben:

Zeit der Unter-suchung	Freies Cholesterin % mg	Cholesterin in Esterform mg	Gesamt-cholesterin mg	Freies Cholesterin in % des gesamten Cholesterins	Untersucht von
1909	—	—	—	80,6	G. W. ELLIS u. J. A. GARDNER[2]
1915	215,9	24,2	240,1	89,9	J. H. MUELLER[3]
1923	173,0	54,2	227,2	76,8	S. J. THANNHAUSER und H. SCHABER[4]
1929	296	37	333	88,9 Mittelwert.	H. DAM[5]

Vielleicht sind diese Ergebnisse noch etwas zu niedrig, weil Cholesterindigitonid in Alkohol etwas löslich ist (H. DAM[6]).

Fütterungseinflüsse auf den Cholesteringehalt. DAM[5] bemerkte beim Füttern von täglich 3 g Cholesterylpalmitat an Legehühner ein Ansteigen des veresterten Anteils im Gesamt-Eicholesterin von 8 auf 16%, nach Aufhören der Fütterung wieder ein Fallen auf 12%. Dann stieg aber nach weiteren Gaben das Esterverhältnis nicht mehr. Daß das Ei-Cholesterin wirkliches Cholesterin ist, bestätigte A. BARBIERI[7] durch Bestimmung des Schmelzpunktes und Elementaranalyse; dabei fand er:

	Schmelz-punkt	Kohlenstoff %	Wasserstoff %
Berechnet für $C_{27}H_{45}OH$:	145°	$\begin{cases}83,44\\83,85\end{cases}$	$\begin{matrix}11,84\\12,00\end{matrix}$

Weitere Bestandteile des Unverseifbaren. S. FRÄNKEL und H. MATHIS[8] verseiften 2 kg Eieröl mit alkoholischer Kalilauge unter Durchleiten von Wasserstoffgas. Die Seifenlösung wurde nach Verdünnen mit Wasser und Neutralisieren mit Calciumchlorid im Überschuß ausgefällt. Die so entstehenden Kalkseifen wurden dann nach Auswaschen und Abpressen mit Aceton ausgezogen. Aus diesem Acetonauszug wurde das Cholesterin durch Krystallisation und schließlich mit Digitonin entfernt, worauf mehr als 10% des in Aceton löslichen Eieröls als *cholesterinfreies Unverseifbares* zurückblieben. Dieses bildete ein Öl, dessen Hauptmenge bei 192° (0,8 mm Druck) siedete und folgende Kennzahlen hatte:

Dichte bei 19°	Jodzahl (v. HÜBL)	α_D in 100 mm-Rohr
0,9556	142	0,5°

Das Öl färbte konz. Schwefelsäure gelb, in der Wärme rot, und gab bei der Cholesterinreaktion mit Chloroform und Schwefelsäure einen gelben

[1] RIFFART, H. und H. KELLER: Z. 1934, **68**, 114. — [2] ELLIS, G. W. und J. A. GARDNER: Proc. Roy. Soc., London 1909 (B), **81**, 129. — [3] MUELLER, J. H.: J. biol. Chem. 1915, **21**, 26. — [4] THANNHAUSER, S. J. und H. SCHABER: Z. physiol. Chem. 1923, **127**, 278. — [5] DAM, H.: Biochem. Z. 1929, **215**, 475. — [6] DAM, H.: Biochem. Z. 1928, **194**, 177. — C. BARBIERI A.: Compt. rend. 1907, **145**, 133. — [8] FRÄNKEL, S. und H. MATHIS: Helv. Chim. Acta 1930, **13**, 492.

Ring, nach Umschütteln Rotfärbung; nach Zusatz von Essigsäureanhydrid nahm die obere Schicht dunkelrote Färbung, die Schwefelsäure grüne Fluorescenz an. Mit Antimontrichlorid in Chloroform nach CARR und PRICE geprüft entstand Violettfärbung. Die TOLLENSsche Reaktion in Pyridin war positiv.

Der *Nachlauf des Öles* erstarrte teilweise. Aus wenig Äther mit der 20fachen Menge absolutem Alkohol wurden lange dünne Nadeln vom Schmelzpunkt 75°, $[\alpha]_D^{15} = -6{,}33°$ (in Äther, $c = 2{,}356$) erhalten, bestehend aus einem Kohlenwasserstoff, den FRÄNKEL und MATHIS *Yolken* nennen. Der Stoff gibt die ROSENHEIMsche Reaktion auf Vitamin A mit 90proz. Trichloressigsäure, die Reaktion von CARR und PRICE sowie die typische Cholesterinreaktion, ist aber nicht identisch mit Cholesterylen, wie auch durch krystallographischen Vergleich bestätigt wurde.

Das Öl vom Siedepunkt 192° (bei 0,8 mm Druck) war nicht einheitlich, aber durch Destillation nicht weiter zu trennen. Mit Brom in Eisessig wurde in geringer Menge eine Verbindung von der Zusammensetzung $C_{14}H_{25}O_2Br_2$ dargestellt, die aus Alkohol Krystalle vom Schmelzpunkt 108° bildete. Die Hauptmenge blieb aber ölig und zersetzte sich bei etwa 200° ohne im Hochvakuum zu destillieren.

C. SERONI und A. PALLOZZI[1] gewannen aus Eidotter ohne Verseifung eine acetonlösliche Verbindung, die sie *Lutein*[2] nannten. Die Substanz krystallisierte in Blättchen und Lamellen und war in Alkohol schwer, besser in Aceton, Chloroform und Schwefelkohlenstoff löslich. An der Luft trat mittels einer im Dotter enthaltenen Oxydase rasche Oxydation ein, wobei unter Gelb- und Rotfärbung freies Cholesterin und Fettsäuren abgespalten wurden.

Das Lutein erwies sich als schwer verseifbar. Die Aufarbeitung der Verseifungsprodukte, die aus Cholesterin (39,69%), Ölsäure (34,46%) und Palmitinsäure (9,32%) bestanden, läßt eine esterartige Verbindung aus Cholesterin und Fettsäuren vermuten. Glycerin wurde nicht nachgewiesen. — Synthetisch dargestellte Cholesterinester erwiesen sich aber als beständiger und weniger in Alkohol löslich.

Sonstige Bestandteile des Eidotters. C. NEUBERG[3] hat aus Eidotter *Glucosamin* abgespalten und als Norisozuckersäure identifiziert. *Purinbasen* hat G. MESERNITZKI[4] nachgewiesen.

III. Bestandteile des Eiklars.

1. Äußere Eigenschaften und allgemeine Zusammensetzung.

Das Eiklar, auch Weißei oder Eiweiß genannt, tritt dem Auge als schwach gelbliche, in einem feinen Netzwerk eingeschlossene Flüssigkeit entgegen. Durch die Membranstruktur erscheint diese als zähflüssig, ist aber in Wirklichkeit ziemlich dünnflüssig.

Das *spezifische Gewicht* von Roheiklar beträgt nach M. A. RAKUSIN[5] 1,0459 bis 1,0515 (vgl. S. 51), die spezifische Drehung fand er zu —38,6 bis —39,7°.

Wenn man von den Membranen, unter denen die Chalazen besonders auffallen, wegen ihrer geringen Substanzmenge absieht, bildet das Eiklar eine konzentrierte wäßrige Lösung von Proteinstoffen, unter denen das Albumin überwiegt und nach RAKUSIN und G. D. FLIEHER[6] bis zur Sättigung daran gelöst sein soll.

Fett, Lecithin, Cholesterin und Fettsäuren (Seifen) kommen im Eiklar höchstens in Spuren vor. J. TILLMANS, H. RIFFART und A. KÜHN[7] fanden für die Gesamteiklarmenge eines Eies nur 0,45—0,63 mg Cholesterin. Über den Farbstoff des Eiklars, das Ovoflavin, vgl. S. 171.

Die *allgemeine Zusammensetzung* des Eiklars geht aus folgenden Analysen hervor.

Dabei ist zu beachten, daß die höheren Werte für Fett in den älteren Analysen durch Unvollkommenheiten der Bestimmungsmethode bedingt sind. Fettbestimmung unter Aufschluß mit Salzsäure liefert für Eiklar in der Regel weniger als 0,05% Fett.

---

[1] SERONI, C. und A. PALLOZZI: Arch. Farmac. sperim. 1911, **11**, 553; C. 1911, II, 772. — [2] Nicht mit dem *Dotterfarbstoff Lutein* (S. 130) zu verwechseln! — [3] NEUBERG, C.: Ber. dtsch. chem. Ges. 1901, **34**, 3963. — [4] MESERNITZKI, G.: Biochem. Zbl. 1903, I, 739. — [5] RAKUSIN, M. A.: J. Russ. Phys.-Chem. Ges. 1915, **47**, 1050; C. 1916, I, 1032. — [6] RAKUSIN und G. D. FLIEHER: Chem. Ztg. 1923, **47**, 66. — [7] TILLMANS, J., H. RIFFART und A. KÜHN: Z. 1930, **60**, 370.

Lfde. Nr.	Nähere Bezeichnung und besondere Angaben	Zeit der Unter-suchung	In der natürlichen Substanz					In der Trocken-substanz		Untersucht von
			Wasser %	Stick-stoff-sub-stanz %	Fett (Äther-extrakt) %	Stick-stoff-freie Ex-trakt-stoffe %	Asche %	Stick-stoff-sub-stanz %	Fett (Äther-extrakt) %	
	Eiklar aus Hühnereiern									
1.	Hühnereiweiß von 3 Eiern	1850	86,7	12,3	—	0,48	0,76	92,5	—	C. G. Lehmann[1]
2.	desgl.	1878	86,4	12,2	0,2	0,7	0,7	93,2	1,8	J. König und C. Krauch[2]
3.	desgl.	1882	84,8	13,5	0,3	0,9	0,6	88,5	1,7	A. Stutzer[3]
4.	desgl. Mittel von 6 Eiern	1900	86,6	10,1	0,1	2,5	0,7	81,6	1,0	G. Lebbin[4]
5.	desgl. von Hühnerei, Gew. 567 g	1902	86,2	12,3	0,2	0,9	0,6	89,1	1,5	C. F. Langworthy[5]
6.	Hühnereiweiß, frisch	1903	86,7	11,2	0,5	0,9	0,5	84,4	3,5	M. Greshoff, J. Sack, J. J. van Eck und Q. Bosz[6]
7.	Hühnereiweiß, verschiedene Rassen, Mittel-wert	1903	86,2	12,0	0,6	0,3	0,9	87,2	4,2	E. Carpiaux[7]
8.	165 Plymouth Rocks	1910	88,0	10,6	0,0	0,7	0,6	88,2	0,2	E. Pennington[8]
9.	69 Leghorn	1910	87,7	10,50	0,0	1,2	0,6	88,4	0,2	E. Pennington[8]
10.	Sulmtaler	1916	85,9	12,4	0,1	0,7	0,9	88,3	0,5	
11.	desgl.	1916	85,9	11,9	0,1	1,2	0,9	84,5	0,4	
12.	Minorka	1916	85,9	12,3	0,1	1,3	0,8	86,9	0,6	
13.	desgl.	1916	84,9	12,4	0,1	1,8	1,8	81,9	0,6	
14.	Orpington	1916	82,7	15,0	0,3	1,1	0,9	86,5	1,8	
15.	desgl.	1916	86,0	12,4	0,1	0,7	0,9	88,9	0,5	
16.	Eiweiß von Eiern der Hühnerrasse — Rhode Island	1916	87,6	9,7	0,2	1,6	0,9	78,3	1,4	O. v. Czadek[9]
17.	desgl.	1916	88,0	10,0	0,3	0,9	0,8	83,6	2,4	
18.	Faverolles	1916	86,9	11,8	0,1	0,3	0,9	89,7	1,1	
19.	Faverolles	1916	86,8	10,7	0,1	1,4	1,0	80,7	0,7	
20.	Italiener	1916	86,2	11,4	0,2	1,3	0,9	82,6	1,3	
21.	desgl.	1916	86,5	11,3	0,1	1,2	0,8	83,9	0,8	
22.	Rheinländer	1916	83,5	14,1	0,3	1,3	0,9	84,9	1,6	
23.	desgl.	1916	82,8	14,7	0,5	1,0	1,0	85,3	3,1	
24.	Wyandottes	1916	83,2	13,8	0,3	1,9	0,7	81,9	2,5	
25.	Eiweiß aus Hühnereiern	1917	85,7	12,7	0,3	0,7	0,6	88,8	2,1	M. D. Iljin[10]
26.	Hühnereiweiß	1921	87,2	10,7	0,1	1,4	0,6	83,6	0,8	R. A. H. Plimmer[11]
27.	Eiweiß am Ei, 1 Std. nach dem Legen	1924	88,1	11,0	Spur	0,1	0,8	92,9	—	R. T. Thomson u. J. Sorley[12]

Nr.	Bezeichnung	Jahr								Quelle
28.	2 Tage alte Eier, unbefruchtet von Plymouth Rocks, 12 Stück	1931	87,3	11,3	0,0	1,4		88,8	0,1	L. C. Mitchell[13]
29.	2 Tage alte Eier, unbefruchtet von Schwarzen Wyandottes, 20 Stück	1931	88,1	10,1	0,0	1,7		85,4	0,2	
30.	2 Tage alte Eier, unbefruchtet von Weißen Leghorn, 24 Stück	1931	87,7	11,0	0,0	1,2		89,6	0,2	
31.	desgl., befruchtet von Weißem Leghorn, 24 Stück	1931	88,2	10,3	0,0	1,5		87,4	0,3	
32.	Frische Handelseier, 970 Stück	1931	87,8	10,8	0,0	1,4		88,2	0,3	
33.	Eier von Rhode Island-hühnern nach Fütterung von Krabbenmehl	1932	87,8	10,8		1,4		88,8	—	H. W. Titus, Th. Byerly und N. R. Ellis[14]
34.	Eier von Rhode Island-hühnern nach Fütterung von Trockenhefe	1932	87,3	11,3		1,4		88,7	—	
35.	Eier von Rhode Island-hühnern nach Fütterung von Fleischmehl, Fischmehl	1932	87,6	10,9		1,4		88,3	—	
36.	Eier von Rhode Island-hühnern nach Fütterung von Grundfutter	1932	87,8	10,7		1,5		87,9	—	
37.	Eier von Rhode Island-hühnern nach Fütterung von Maisschrot und Fleischmehl	1932	87,7	10,9		1,4		88,4	—	
38.	Eier von Rhode Island-hühnern nach Fütterung von desgl. und Trockenhefe	1932	88,3	10,4		1,3		88,5	—	
39.	Eier von Rhode Island-hühnern nach Fütterung von desgl. und Hefe	1932	88,1	10,5		1,4		88,7	—	
	Mittelwerte (39 Proben):		**86,6**	**11,6**	**(0,2)**	**0,8**	**0,8**	**86,4**	**(1,4)**	
	Eiklar aus Eiern anderer Vögel									
40.	Eiklar aus Entenei	1901	87,0	11,1	0,0	1,1	0,8	84,5	0,2	C. F. Langworthy[5]
41.	desgl.	1921	87,5	10,0	0,0	1,7	0,7	80,0	0,2	R. A. H. Plimmer[11]
42.	desgl.	1927	87,0	9,9	0,0	2,9	0,2	76,1	0,1	A. B. Katz[15]
43.	Eiklar von Laufenten bei hoher Legetätigkeit	1935	87,5	11,6	—	—	0,9	92,7	—	A. K. Danilowa und W. A. Nefedjowa[16]
44.	desgl. bei mittlerer Legetätigkeit	1935	87,7	11,4	—	—	0,9	92,7	—	
45.	desgl. bei niedriger Legetätigkeit	1935	87,8	11,3	—	—	0,9	92,6	—	
46.	Eiklar v. Pekingenten bei hoher Legetätigkeit	1935	89,0	11,1	—	—	0,9	(100,5)	—	
47.	desgl. bei mittlerer Legetätigkeit	1935	87,9	11,3	—	—	0,9	92,8	—	
48.	desgl. bei niedriger Legetätigkeit	1935	88,6	10,5	—	—	0,8	92,6	—	
	Entenei Mittelwerte		**87,8**	**10,9**	**—**	**0,5**	**0,8**	**89,2**	**—**	
49.	Eiklar aus Gänseei	1901	86,3	11,6	0,0	1,3	0,8	84,7	0,2	C. F. Langworthy[5]
50.	desgl.	1927	87,9	10,8	0,1	0,5	0,7	89,2	0,5	J. S. Hepburn und A. B.-Katz[13]
	Mittelwerte		**87,1**	**11,2**	**0,0**	**0,9**	**0,8**	**87,0**	**0,3**	
51.	Eiklar aus Truthuhnei	1901	86,7	11,5	0,0	1,0	0,8	86,5	0,3	C. F. Langworthy[5]
52.	desgl.	1937	88,2	11,4	0,1	(Glucose 0,43%)	0,5	82,6	0,4	J. S. Hepburn und P. R. Miraglia[17]
53.	desgl. aus Perlhuhnei	1901	86,6	11,6	0,0	1,0	0,8	86,5	0,3	C. F. Langworthy[5]

[1] Lehmann, C. G.: Physiol. Chemistry 2, 253. London 1853. Nach Needham. — [2] König, J. und C. Krauch: Vgl. J. König, Chem. I, 99. — [3] Stutzer, A.: Repertorium analyt. Chem. 1882, 166. — [4] Lebbin, G., Z. öffentl. chem. 1900, 6, 148. — [5] Langworthy, C. F.: U. S. Dep. Agric. Farmers Bull. 128, Washington 1901; Z. 1902, 5, 1125. — [6] Greshoff, M., J. Sack, J. J. van Eck und Q. Bosz: Chem.-Ztg. 1903, 27, 499; Z. 1909, 18, 483. — [7] Carpiaux, E.: Bull de l'Inst. Chim. Baktériol. Gembloux 1903 (Nr. 73), 39; C. 1903, II, 58. — [8] Pennington, E.: J. biol. Chem. 1919, 7, 109. — [9] Czadek, O. v.: Z. landw. Versuchsw. Österreichs 1916, 19, 440; Z. 1918, 36, 169. — [10] Iljin, M. D.: Z. Tierz. u. Züchtungsbiol. 1929, 14, 111. — [11] Plimmer, R. A. H.: Anal. Energ. Values Food. London 1921. Nach Needham. — [12] Thomson, R. T. und J. Sorley: Analyst. 1924, 49, 327. — [13] Mitchell, L. C.: J. Assoc. Offic. Agric. Chem. 1932, 15, 310. — [14] Titus, H. W., Th. Byerly und N. R. Ellis: J. Nutrition 1933, 6, 127. — [15] Hepburn, J. S. und A. B. Katz: Franklin-Inst. 1927, 203, 835. — [16] Danilowa, A. K. und W. A. Nefedjowa: Biedermanns Zbl. Abt. B. Tierernährung 1935, 7, 532. Im Original weiter Angaben nach Legemonat und Eigröße geordnet. — [17] Hepburn, J. S. und P. R. Miraglia: J. Franklin-Inst. 1937. 223. 375.

10*

Nach Untersuchungen von H. J. ALMQUIST und F. W. LORENZ[1] unterscheiden sich die verschiedenen *Schichten des Eiklars* (vgl. S. 50) anfangs mit ihrem Gehalt an Trockensubstanz. Wenn man aber den Mittelwert einer Mischung der äußeren und inneren Schicht berechnet, so entspricht dieser fast genau dem Trockensubstanzgehalt der mittleren oder festen Schicht. Nach einigen Tagen tritt ein völliger Ausgleich der Gehalte an Trockenmasse der einzelnen Schichten ein.

Gehalt der Eiklarschichten an Trockensubstanz für 1 Tag alte Eier.

Lfde. Nr.	Äußere Schicht %	Innere Schicht %	Mittlere Schicht %	Vereinigte äußere und innere Schicht berechnet %	gefunden %	Unterschied beider Schichten %	Unterschied bei Eiern von gleicher Henne nach 3 Tagen %	5 Tagen %
1.	10,80	11,90	11,50	11,34	11,35	1,10	0,50	0,30
2.	10,65	13,15	11,80	11,86	11,90	2,50	0,50	0,00
3.	11,65	13,45	12,65	12,68	12,55	1,80	0,75	0,40
4.[3]	11,20	11,25	11,20	11,21	11,23	0,00	0,00	0,05
5.	11,35	12,70	12,25	12,07	12,03	1,35	0,45	0,35
6.	10,20	11,40	10,95	10,87	10,80	1,20	0,20	0,10
7.	10,45	11,95	11,20	11,18	11,20	1,50	1,20	0,70
Mittel:	**10,90**	**12,25**	**11,65**	**11,60**	**11,58**	**1,35**	**0,51**	**0,27**

Der *Aschengehalt beider Schichten* erwies sich als praktisch konstant, wie folgende Tabelle anzeigt:

Lfde. Nummer	1	2	3	4	5	6	7	8[4]
Alter in Tagen	$^1/_6$	$^1/_6$	1	1	1	1	9	9
Aschegehalt:								
Schicht { äußere	0,74	0,81	0,86	0,73	0,74	0,81	0,79	0,82
innere	0,74	0,84	0,86	0,75	0,75	0,79	0,74	0,79
mittlere	0,74	0,85	0,86	0,75	0,76	0,82	0,75	0,79
Asche in Prozent der Trockensubstanz:								
Schicht { äußere	7,4	8,5	7,4	6,8	6,7	7,3	6,2	6,7
innere	6,0	6,9	6,6	6,1	6,0	6,7	5,8	6,3
mittlere	6,8	7,9	6,8	6,7	6,4	1,2	5,9	6,4

Schicht	Np	Dichte	Trockensubstanz %
Dotter anliegende Schicht .	1,3606	1,04685	15,82
mittlere flüssige Schicht .	1,3582	1,03690	13,72
mittlere dicke Schicht . .	1,3552	1,03457	12,85
äußere flüssige Schicht . .	1,3529	1,03149	10,70

A. L. ROMANOFF und R. A. SULLIVAN[2] (vgl. S. 50) schlossen aus der bei frischen Eiern zunehmenden Lichtbrechung der Eiklarschichten, die mit der Dichte und damit mit dem Trockensubstanzgehalt korrelierte, auf eine Zunahme der Trockensubstanz von außen nach innen. So fanden sie für Hühnereier (s. vorst. Tab.).

---

[1] ALMQUIST, H. J. und F. W. LORENZ: Poultry Science 1933, **12**, 83. — [2] ROMANOFF, A. L. und R. A. SULLIVAN: Ind. Engng. Chem. 1937, **29**, 117; vgl. auch ROMANOFF: Science 1929, **70**, 314.

[3] Bei Eiern dieser Henne war der Unterschied im Trockensubstanzgehalt der Schicht ausnahmsweise nicht vorhanden. Hieraus folgt, daß die Verteilung individuellen Einflüssen unterliegt.

[4] Das Ei war zur Verhinderung der Verdunstung mit Öl überzogen.

ALMQUIST, GIVENS und A. KLOSE[1] untersuchten die *Lichtdurchlässigkeit* bei Weißei und stellten eine Abhängigkeit von dem Gehalt an Mucin und dessen physikalischen Bedingungen, wie Temperatur und pH fest. In der Kälte drei Monate gelagerte Eier zeigen eine geringere Transparenz ihres Eiklars. — Über die Einflüsse einer Lagerung in Kohlendioxyd- und Ammoniakatmosphäre vgl. Original.

2. Chemisches Verhalten des gesamten Eiklars.

a) Koagulation.

Beim Erhitzen von natürlichem Eiklar oder seiner wäßrigen Lösungen tritt bei bestimmter Temperatur Trübung durch Gerinnung des gelösten Proteins ein, ein Vorgang, den man als Koagulation bezeichnet.

K. MICKO[2] fand für Lösungen von Eialbumin (getrocknetem Eiklar) folgende *Trübungspunkte*:

Eieralbumin	50proz. Sättigung mit Ammoniumsulfat		25proz. Sättigung mit Ammoniumsulfat	
	Temperatur der beginnenden Trübung Grad	Temperatur der Bildung eines feinflockigen Niederschlages Grad	Temperatur der beginnenden Trübung Grad	Temperatur der Bildung eines feinflockigen Niederschlages Grad
Ursprüngliches	68—69	71—72	68 —70	68,5—73
Einmal ausgesalzenes .	65—67	68—71	64,5—69	66 —71

Die Trübungstemperatur war etwas von der Konzentration (0,1—1,49 g Eiweiß in 100 cm³ Lösung) abhängig.

Die Koagulation des Eiklars und seiner Lösungen in Wasser tritt nur ein, wenn ein *genügender Säuregrad* vorhanden ist.

W. PAULI und M. A. OMAR[3] beobachteten, daß frisches Eiklar, im Vakuum bei 37° getrocknet, seine Hitzegerinnbarkeit verloren hatte. Es zeigte in 3,8proz. Lösung ein pH von 8,68, also deutlich alkalische Reaktion. Offensichtlich war bei der scharfen Trocknung ein Teil der Kohlensäure aus Bicarbonatbindung abgespalten und dadurch die pH-Verschiebung eingetreten. Nach Elektrodialyse lag für eine 1,23proz. Lösung des Eiklars pH bei 4,67, wodurch es nunmehr völlig hitzekoagulabel geworden war. — Bei Ovalbumin MERCK, das offenbar so schonend getrocknet wird, daß nur wenig Kohlensäure verloren geht, fanden PAULI und OMAR die Hitzekoagulierbarkeit erhalten.

Das *Wesen der Koagulation* besteht nach B. ROBERTSON[4] neben einer *Anhydridbildung* auch in einer Polymerisierung dieser Anhydride, etwa nach folgendem Schema:

$$HX \cdot OH + HXOH = HX \cdot XOH + H_2O.$$

Mit der Koagulation scheinen aber auch weitere chemische Umsetzungen sekundärer Art verbunden zu sein. J. DE REY-PAILHADE[5] verdünnte Eiklar mit der zehnfachen Menge Wasser und erhitzte Anteile davon unter Zusätzen von Essigsäure und Kochsalz gleichmäßig auf dem Wasserbade, wobei er in den Luftraum eines jeden Gefäßes ein Bleiacetatpapier hineinhängte. Das Ergebnis war folgendes:

Probe	A	B	C	D
Zusatz:	Ohne Zusatz	Kochsalz	Essigsäure	Kochsalz und Essigsäure
Aussehen des Bleipapiers:	starke Schwärzung		kaum verändert	
Aussehen des Filtrates	trübe		blank	
Mit Nitroprussidnatrium + NH₃	keine Färbung		deutliche Violettfärbung	

Die Erscheinungen werden so gedeutet, daß das nach DE REY-PAILHADE aus 4 R-SH-Ketten bestehende Eiweißmolekül in der Hitze Schwefelwasserstoff abspalten kann, nicht aber das daraus entstandene Eiweißprodukt.

---

[1] ALMQUIST, H. J., J. W. GIVENS und A. KLOSE: Ind. and Engin. Chem. 1934, **26**, 847. — [2] MICKO, K.: Z. 1911, **21**, 646. — [3] Kolloid-Z. 1934, **68**, 203. — [4] ROBERTSON, B.: Die physik. Chemie der Proteine, Dresden 1912. — [5] REY-PAILHADE, J. DE: Bull. Soc. Sciences med. et biol. de Montpellier et du Languedoc medit. 1927, **8**, 74; Z. 1931, **61**, 361.

Beim Erhitzen des unverdünnten Eiklars vom Hühnerei auf die Siedetemperatur des Wassers gerinnt es zu einer undurchsichtigen Gallerte, die im ultravioletten Licht eine gelbe Fluorescenz zeigt (M. HAITINGER und V. REICH[1]).

Wie jedoch bereits J. DAVY[2] 1863 beobachtet hat, verhalten sich Eier verschiedener Vögel bei der Hitzegerinnung des Eiklars verschieden. DAVY fand für:

Vogelei von	Konsistenz und Farbe des Koagulums	Koagulationspunkt umgerechnet in		Bemerkung
		Fahrenheit-Grade	Celsius-Grade	
Huhn	hartweiß	160	71	Nestflüchter
Taube	schön fest, bläulich	189	87	Nesthocker
Eichelhäher . .	weich, weiß durchscheinend	187	84	,,
Misteldrossel . .	weich, durchsichtig	188	87	,,
Star	fest, weiß	195	91	,,
Rotkehlchen . .	weich, weiß	187	86	,,
Braunelle . . .	schön fest, grünlich durchsichtig . .	168	76	,,
Zaunkönig . . .	weich, bläulich, durchsichtig . . .	—	—	,,

J. TARCHANOFF[3] unterscheidet ebenfalls das Eiklar von befiedert ausschlüpfenden (*Nestflüchtern*) von nackt ausschlüpfenden (*Nesthockern*) Vögeln. Bei letzteren (Uferschwalbe, Hänfling, Fink, Drossel, Kanarienvogel, Taube, Krähe, Nachtigall, Rotschwänzchen, Sperling) bleibt das Weißei beim Kochen durchsichtig. Bei Eiern der Nestflüchter (Huhn, Ente, Gans, Perlhuhn, Feldhuhn, Wiesenschnarre) wird das Weißei dabei undurchsichtig; nur das vom Kiebitzei bildet eine Ausnahme und bleibt durchsichtig. TARCHANOFF nimmt im durchsichtigbleibenden Weißei eine besondere Eiweißart an, die er „*Tataeiweiß*"[4] genannt hat.

Das Tataeiweiß fluoresciert nach TARCHANOFF[5], geronnen wie gelöst, viel stärker als eine Lösung von Hühnereiklar. Sein Wassergehalt ist erhöht, seine Drehung verringert. So ermittelte er für frische Eier in vergleichenden Versuchen:

Weißei von	Zahl der Proben	Wassergehalt %	Weißei von	Zahl der Proben	Wassergehalt %
Uferschwalben . .	4	88,6—80,0	Hühnern	—	85,5—87,6
Rabe	3	89,8—90,8	Perlhuhn	1	87,8
Kornkrähe	3	88,1—90,4	Wachtelkönigin .	2	87,5—88,0
Taube	8	88,0—90,0	Truthenne	1	87,8
Sperling	2	89,7—90,0	Ente	1	88,0
Nachtigall. . . .	1	89,1	Gans	1	87,6
Drossel	2	89,7—90,3			
Fink	1	89,4			
Kanarienvogel . . .	1	89,0			
Mittelwert für Nesthocker . .		**89,5**	Mittelwert für Nestflüchter .		**87,5**

Einem Trockensubstanzgehalt von 10,5 % bei Nesthockern steht also ein Gehalt von 12,5 %, also rd. 2 % mehr bei Nestflüchtern gegenüber. Bei vier Proben Kiebitzeiern betrug der Wassergehalt des Weißeies 87,3—88,1 %, also der Trockensubstanzgehalt 11,9—12,6 %. Der Kiebitz zeigt auch insofern eine gewisse Verwandtschaft mit den Nesthockern, als seine Brutzeit nur 16 Tage beträgt und die Jungen anfangs nur mit Flaum, nicht mit Federn, bedeckt sind.

Die spezifische Drehung betrug bei

	Tataeiweiß	Hühnereiweiß
$[\alpha]_D$	—34,1 bis —34,0°	—29,5 bis 30°

Hierauf kann aber nach S. 161 die Reaktion von Einfluß sein. Das Tataeiweiß zeigt nämlich stärkere *alkalische Reaktion*, etwa Natrium- oder Kaliumalbuminat entsprechend. Die Titrationsalkalität wurde indes von TARCHANOFF merkwürdigerweise geringer als beim Hühnereiweiß gefunden:

Weißei von	Rabe	Taube	Henne
Zahl der Proben	3	3	4
Verbrauch an KOH in Prozent der Trockensubstanz	4,5—5,3	4,2—5,4	6,8—7,5

[1] HAITINGER, M. und V. REICH: Fortschr. Landw. 1928, **3**, 433. — [2] Nach NEEDHAM. — [3] TARCHANOFF, J.: Pflügers Arch. 1883, **31**, 368. — [4] Nach einem 4jährigen Mädchen, namens Tata, die TARCHANOFF zuerst auf das unterschiedliche Verhalten aufmerksam gemacht hat, benannt. — [5] TARCHANOFF, J.: Arch. ges. Physiol. (Pflügers Arch.) 1884, **4**, 303.

Chemisches Verhalten des gesamten Eiklars.

Hiernach würde also das Hühnereiklar wesentlich stärker gepuffert sein müssen, was allerdings mit unseren heutigen exakteren physikalisch-chemischen Methoden noch zu bestätigen sein würde. — Nach Bebrütung wurde auch beim Tataeiweiß ähnlich wie beim Hühnerei (S. 63) eine starke Abnahme des Alkaliverbrauchs gefunden. — TARCHANOFF fand weiter, daß das Tateiweiß nach Koagulation schneller verdaut wird und auch schneller der Fäulnis anheimfällt. Nach Austrocknen bei 40° kann es ferner leichter wieder gelöst werden. — Das Tateiweiß ist von Hühnereiweiß *wesentlich* verschieden. Es läßt sich nach TARCHANOFF nicht etwa aus letzterem durch Alkalischmachen herstellen.

b) Stickstoffverteilung im Eiklar.

Durch einfache Auftrennung wurde folgende Proteinverteilung im Eiklar gefunden (s. Tab.).

Aus diesen Angaben berechnet sich an Protein mit dem Faktor 6,25 (s. Tab. S. 152):

Stickstoffverteilung des Weißeis nach dem Verfahren von VAN SLYKE ermittelten R. H. A. PLIMMER und J. L. ROSEDALE[1] in Prozent des Gesamtstickstoffes in folgender Höhe:

Amid-N	9,2%
Humin-N	2,0%
Diamino-N	22,1%
Davon Arginin-N	11,7%
Amino-N	13,1%
Nichtamino-N	8,9%
Histidin-N	0,2%
Lysin-N	10,1%
Monoamino-N	67,6%
Davon Amino-N	66,0%
Nichtamino-N	1,6%

[1] PLIMMER, R. H. A. und J. L. ROSEDALE: Biochem. J. 1925, 19, 1015.

Nr	Gegenstand	Zeit der Untersuchung	Gesamt %	Stickstoff in Form von				Untersucht von
				Wasserlöslich (Gesamt) %	Rohalbumin (koagulierbares Protein) %	Albumose-N %	Freier Amino-N %	
1.	Hühnereierweißei	1908	1,76	—	1,46	—	0,04	J. COOK[1]
2.	Eiklar von 165 Eiern von Plymouth Rocks, Mittel	1910	1,70	—	1,54	0,08	0,01	M. E. PENNINGTON[2]
3.	desgl. von 69 Eiern von Leghorn, Mittel	1910	1,68	—	1,54	0,04	0,01	M. E. PENNINGTON[2]
4.	Weißei vom Huhn	1913	2,13	—	1,82	—	—	H. W. BYWATERS[3]
5.	desgl.	1919	1,73	—	(Mit 40 proz. Alkohol)	—	0,02	A. AGGAZOTTI[4]
6.	desgl.	1928	—	—		—	0,03	G. W. PUCHER[5]
7.	2 Tage alte unbefruchtete Eier von: Plymouth Rocks, Mittel von 12 Stück	1932	1,80	1,68	1,45	—	—	L. C. MITCHELL[6]
8.	Schwarze Wyandotten, Mittel von 20 St.	1932	1,62	1,49	1,27	—	—	L. C. MITCHELL[6]
9.	2 Tage alte unbefruchtete Eier: Weiße Leghorn, Mittel von 24 Stück	1932	1,76	1,63	1,37	—	—	L. C. MITCHELL[6]
10.	desgl., aber befruchtet, Mittel von 24 St.	1932	1,65	1,56	1,35	—	—	L. C. MITCHELL[6]
11.	Frische, Handelseier, Mittel von 970 St.	1932	1,72	1,62	1,38	—	—	L. C. MITCHELL[6]
	Mittelwerte:		**1,76**	**1,60**	**1,46**	**0,06**	**0,02**	

[1] COOK, J.: U. S. Dep. Agric., Bureau of Chemistry. Bull. 1908, 115. Nach NEEDHAM. — [2] PENNINGTON, M. E.: J. biol. Chem. 1910, 7, 109. — [3] BYWATERS, H. W.: Biochem. Z. 1913, 55, 245. — [4] AGGAZOTTI, A.: Arch. Sci. Biol. 1919, 1, 120. Nach NEEDHAM. — [5] PUCHER, G. W.: Proc. Soc. Exp. Biol. and Med. 1928, 25, 72. Nach NEEDHAM. — [6] MITCHELL, L. C.: J. Ass. Offic. Agricult. Chem. 1932, 15, 310. —

Proteinverteilung im Eiklar.

Lfde. Nr.	Im Eiklar			In der Trockensubstanz[1]			Vom Gesamtprotein	
	Ge-samt-protein	Roh-albumin	Son-stiges Protein	Ge-samt-protein	Roh-albumin	Sonstiges wasserlösliches Protein	Roh-albumin	Sonstiges wasserlösliches Protein
	%	%	%	%	%	%	%	%
1.	11,0	9,1	—	79,4	65,9	—	83,0	—
2.	10,6	9,6	—	89,1	84,7	—	95,1	—
3.	10,3	9,6	—	89,1	83,2	—	93,3	—
4.	13,6	11,3	—	—	—	—	—	—
5.	10,9	—	—	—	—	—	—	—
6.	—	—	—	—	—	—	—	—
7.	11,3	9,1	1,5	88,8	71,5	11,8	81,3	13,4
8.	10,1	7,9	1,4	85,4	67,0	13,4	78,5	15,7
9.	11,0	8,6	1,6	89,6	69,8	14,3	78,0	16,0
10.	10,3	8,4	1,3	87,4	71,5	11,1	81,9	12,7
11.	10,8	8,6	1,5	88,2	70,4	14,3	79,8	16,2
Mittelwerte:	**11,0**	**9,1**	**1,5**	**87,1**	**73,0**	**13,0**	**83,8**	**14,8**

H. O. Calvery und H. W. Titus[2] erhielten für Eiklar nach Fütterung der Hennen mit Weizen, Mais oder Sojabohnen nahezu gleiche Stickstoffverteilung im Eiklar, nämlich bezogen auf aschefreie Trockensubstanz:

Gesamt-Stickstoff . . . . . 14,8 —15,0 %	Tyrosin . . . . 4,00—4,13%
Amino-N in % des Gesamt-N 78,5 —80,8 %	Tryptophan . . 1,35—1,49%
desgl. Amino-N nach Amid-N 76,1 —77,3 %	Cystin . . . . 1,95—2,16%
desgl. Amid-N . . . . . . 8,02— 8,49%	Arginin . . . . 4,90—5,60%
Gesamtschwefel . . . . . . 1,59— 1,68%	Histidin . . . . 1,28—1,44%
Labiler Schwefel . . . . . 0,71— 0,73%	Lysin . . . . . 4,90—5,60%

c) Abtrennung der Eiklarproteine.

Globulin und Mucin. Osborne und Campbell[3] schieden aus Eiklar durch Verdünnen mit Wasser einen Proteinanteil ab, den sie *Ovomucin* genannt haben, nach dem Trocknen eine gummiartige Masse, die sich in Salzwasser löste, in Menge von etwa 75% des Gesamteiklars. Der Körper enthält jedoch neben eigentlichem *Mucin* noch *Globulin.*

Versuche, die beiden Proteinstoffe zu trennen, wurden auch von L. Langstein[4] ausgeführt, der das mit halbgesättigter Ammoniumsulfatlösung abgeschiedene Proteingemisch durch Lösen in Kochsalzlösung und wiederholte Ausfällung mit Ammoniumsulfat zu erreichen versuchte. Auch schied er mit dem gleichen Volumen gesättigter Ammoniumacetatlösung aus Eiklar eine Fraktion in Höhe von zwei Drittel des Gesamtglobulins ab, die er *Euglobulin* genannt hat, das aber wohl auch noch als Mischung von Mucin mit Globulin anzusehen ist. E. Obermayer und F. Pick[5] wollen im Eiklar vier verschiedene Globuline gefunden haben. A. Gautier[6] berichtet auch über eine fibrinogenähnliche Substanz.

Mit Sicherheit werden heute in der vorliegenden Proteinfraktion jedenfalls mindestens *zwei Proteine* angenommen, das *Globulin* und das *Mucin.*

Zu ihrer Abscheidung und Trennung haben L. Hektoen und A. G. Cole[7] eine Vorschrift angegeben, nach der im wesentlichen auch M. Soerensen[8] wie folgt arbeitet:

100 cm³ des Eiklars ganz frischer Eier werden mit 100 cm³ gesättigter Ammoniumsulfatlösung gefällt und nach Stehen über Nacht zentrifugiert. Der ziemlich schleimige Niederschlag wird dreimal durch Verrühren und Zentrifugieren mit halbgesättigter Ammoniumsulfatlösung gewaschen. Dann wird der Niederschlag soweit möglich, unter mehrstündigen Stehen in 80 cm³ Wasser gelöst, wieder mit 80 cm³ gesättigter Ammoniumsulfatlösung unter Stehenlassen über Nacht, gefällt, zentrifugiert und wieder dreimal mit halbgesättigter Am-

---

[1] Calvery, H. O. und H. W. Titus: J. biol. Chem. 1934, **105**, 683. — [2] Soweit nicht angegeben auf Grund des mittleren Wassergehaltes des Weißeies (S. 147) berechnet. — [3] Osborne und Campbell: J. Amer. chem. Soc. 1899, **21**, 477; 1900, **22**, 422. — [4] Langstein, L.: Beiträge zur chem. Physiol. u. Pathol. 1902, **1**, 83. — [5] Obermayer, E. und F. Pick: Wiener klin. Rundschau 1902, Nr. 15. — [6] Gautier, A.: Compt. rend. 1902, **135**, 133. — [7] Hektoen, L. und A. G. Cole: J. infekt. Diseases 1928, **42**, 1; C. 1929, I, 2546. — [8] Soerensen, M.: Biochem. Z. 1934, **269**, 271.

moniumsulfatlösung gewaschen. Schließlich wird, um auch die letzten Reste etwa mitgerissenen Albumins zu entfernen, die genannte Lösung- und Fällungsbehandlung nochmals wiederholt.

Dann wird der Niederschlag durch Zusatz von 50 cm³ Wasser teilweise gelöst und am nächsten Tage vom ungelösten Rest abzentrifugiert, worauf man eine *Globulinlösung* erhält, die zwar opalesciert, aber keinen Niederschlag abscheidet.

Der *Mucinniederschlag* wird sieben bis achtmal durch Verrühren mit je 10 cm³ Wasser, dem 0,2 cm³ gesättigte Kaliumnatriumsulfatlösung zugesetzt sind, und Zentrifugieren gewaschen um alles Globulin zu entfernen. Das Mucin kann dann nach Zusatz von wenig 0,2 N-Natronlauge bis zur schwach alkalischen Reaktion in Wasser gelöst werden.

SOERENSEN fand so, bezogen auf das Gesamtprotein des Eiklars, an

Globulin 6,7%,   Mucin 1,9%.

E. McNALLY[1] bezeichnet in etwas einfacherer Arbeitsweise mit *Mucin* das in überschüssiger Essigsäure unlösliche, in Mineralsäure aber lösliche Protein mit einem Stickstoffgehalt von 12,9%. Er findet so im dicken Eiklar viel höhere Gehalte an Mucin als im dünnen, nämlich für mg Mucin in 100 g Eiklar:

Eiklar	Hühnereier	Taubeneier	Enteneier
Dickes Eiklar . .	94,5	192,4	263,6
Dünnes Eiklar .	10,4	40,5	46,5

Auf Prozente des Gesamtproteins umgerechnet, würden diesen Ergebnissen für dickes und dünnes Eiklar bei Hühnereiern etwa 8 bzw. 0,9% Mucin entsprechen. Dieser Befund deutet an, daß die Hauptaufgabe des Mucins im Eiklar die Aufrechterhaltung der eigenartigen Struktur desselben, der gallertigen Beschaffenheit sein dürfte.

Ovalbumin (krystallisiert). F. HOFMEISTER[3] hat als erster Ovalbuminkrystalle aus halbgesättigter Ammoniumsulfatlösung durch Verdunstenlassen derselben erhalten. Eine Verbesserung des Verfahrens durch F. G. HOPKINS und S. N. PINKUS[3] führte zu einer Ausbeuteerhöhung von mehr als 50% der Eiklarproteine. In Anlehnung an dieses Verfahren erhält L. LANGSTEIN[4] das Ovalbumin aus dem Filtrat der Ammonsulfatfällung des Globulins (vgl. oben!) durch Impfen mit vorrätigen, in Ammonsulfat aufgeschwemmten, Ovalbuminkrystallen. S. P. L. SOERENSEN und M. HÖYRUP[5] erhielten krystallisiertes Eieralbumin mittels einer Mischung von primärem und sekundärem Ammoniumphosphat, wobei die Krystalle im Aussehen mit den mit Ammonsulfat erhaltenen übereinstimmten.

Für eine schnelle *Darstellung von krystallisiertem Albumin* aus Hühnereiern kann folgende Ausgestaltung des HOFMEISTERschen Verfahrens von W. LA ROSA[6] gute Dienste leisten:

Das Eiklar von 24 frischen, höchstens 3 Wochen alten Eiern (vgl. S. 199) schlägt man zur Beseitigung der Membrane und gibt langsam unter weiterem Schlagen einen gleichen Raumteil gesättigter Ammoniumsulfatlösung hinzu. Nach 12—15stündigem Stehen zentrifugiert man das Globulin ab. Die überstehende Flüssigkeit, *die ganz klar sein muß* wird abgehebert. War die Flüssigkeit nicht klar, so wiederholt man das Stehenlassen und Zentrifugieren, bis man eine völlig klare Lösung erhält, und filtriert diese dann durch Papier. Man mißt das Volumen der Lösung und gibt unter ständigem Rühren solange 10proz. Essigsäure tropfenweise zu, bis die Lösung bei weiterer Zugabe durch Rühren nicht mehr klar wird. Dann gibt man noch 1 cm³ Essigsäure auf je 100 cm³ der Eialbuminlösung zu, wodurch der isoelektrische Punkt (pH = 4,8) erreicht wird. Es genügt dann, besonders nach Impfen mit Albuminkrystallen, gewöhnlich ein 24stündiges Stehenlassen um 100proz. Krystallisation des Albumins zu erreichen. Amorphe Ausscheidungen werden allmählich krystallinisch.

Von den Krystallen zentrifugiert man ab, löst in wenig Wasser, trennt vom Unlöslichen durch Zentrifugieren, gibt zur Lösung eine gesättigte Lösung von Ammonsulfat, bis ein bestehenbleibender Niederschlag auftritt, und weiter 3 cm³ für je 100 cm³ der Albuminlösung. Man impft wieder mit einigen Krystallen und läßt über Nacht stehen. Das Albumin ist jetzt praktisch rein und für die meisten Zwecke geeignet.

[1] McNALLY, E.: Proc. Soc. exp. Biol. Med. 1933, **30**, 1254. — [2] HOFMEISTER, F.: Z. physiol. Chem. 1890, **14**, 165; 1892, **16**, 187. — [3] PINKUS, S. N.: J. Physiol. 1898, **23**, 130; C. 1898, II, 436. — [4] LANGSTEIN, L.: Beitr. chem. Physiol. u. Pathol. 1902, **1**, 83. — [5] SOERENSEN, S. P. L. und M. HÖYRUP: Compt. rend. Lab. Carlsberg 1917, **12**, 164. — [6] LA ROSA, W.: Chemist-Analyst 1927, **16**, 3.

Wenn der Reinheitsgrad noch nicht genügt, wird nochmals in der gleichen Weise behandelt. Die letzten Spuren von Ammonsulfat lassen sich unter Konservierung durch Toluol leicht mittels Dialyse durch eine Kollodiummembran beseitigen. Um eine Verdünnung der Eiweißlösung dabei zu vermeiden empfiehlt sich Dialyse unter Druck, indem man den Kollodiumbeutel oben mit einem Quetschhahn verschließt. Dialysiert wird 6 Tage gegen Leitungswasser, dann 24 Stunden gegen destilliertes Wasser.

Conalbumin. Nach Auskrystallisation des Ovalbumins erhält man nach Entfernung der Salze und Säuren mittels Dialyse einen weiteren Albuminanteil durch Erwärmen der Lösung auf 50—60°, allerdings in koaguliertem, also denaturiertem, Zustande. Dieses nicht krystallisierende Albumin wird von LANGSTEIN in Übereinstimmung mit OSBORNE und CAMPBELL Conalbumin genannt.

M. SOERENSEN[1] versetzt etwa 200 cm³ des Filtrats von den Albuminkrystallen mit 20 cm³ einer Mischung gleicher Volumina normaler Essigsäure, normaler Natriumacetat- und gesättigter Kalium-Natriumsulfatlösung und scheidet das Conalbumin durch 20 Minuten Erwärmen auf dem kochenden Wasserbad aus. Der Niederschlag wird dann abfiltriert, auf dem Filter mit warmen Wasser salzfrei gewaschen, mit Alkohol und Äther behandelt und zuerst an der Luft, später im Vakuum, über Schwefelsäure bis zum konstanten Gewicht getrocknet.

Ein anderer Weg das Conalbumin vom Ovalbumin zu trennen besteht in der Koagulation des ersteren durch Schütteln, ein Vorgang, der zuerst von RAMSDEN (1894) beobachtet worden ist. H. WU und S. M. LING[2] untersuchten eingehend die Faktoren, die diese Erscheinung beherrschen und konnten dann[3] durch Schütteln Ovalbumin vollständig abscheiden, während Conalbumin gelöst blieb.

Eiklar aus einem frischen Ei wurde mit dem neunfachen Volumen Wasser verdünnt und auf je 100 cm³ der Mischung 0,6 cm³ 0,1 N-Salzsäure gegeben. Die Mischung wurde eine Minute kräftig geschüttelt und dann filtriert. Das Filtrat war völlig klar, leicht sauer gegen Methylrot und lieferte nach Neutralisation mit dem gleichen Volumen gesättigter Ammonsulfatlösung keine Fällung mehr. Es enthält das Conalbumin und das Ovomucoid.

Auf diese Weise wurde gefunden:

	Stickstoff in Form von		
Bezogen auf	Ovalbumin %	Conalbumin %	Mucoid %
Eiklar . .	1,34	0,161	0,211
Stickstoff .	78,3	9,4	12,3

Wenn man hier unter Ovalbumin die Summe von krystallisierbarem Ovalbumin, Globulin und Mucin versteht, entspricht die Ausbeute daran genau dem auf S. 155 angegebenen Betrage, praktisch ebenso die Menge Conalbumin und Ovomucoid.

Ovomucoid. Das Filtrat vom Conalbumin enthält noch ein weiteres, nicht koagulierendes Protein, das zuerst von R. NEUMEISTER[4] beobachtet und für ein Pseudopepton gehalten, dann von E. SALKOWSKI[5] und besonders eingehend von C. TH. MÖRNER[6] untersucht worden ist. Nach MÖRNER betrug der Gehalt des Eiklars der Hühnereier an Ovomucoid im Mittel von sieben Bestimmungen 1,5%, also etwa 11% der Trockenmasse oder rd. 13% des Eiklarproteins. Auch im Eiklar der Eier anderer Vogelarten fand MÖRNER beträchtliche Mengen Ovomucoid, nämlich bei 97 Arten im Mittel 1,61% des Eiklars mit von der Vogelart anscheinend unabhängigen Schwankungen (0,83—2,33%).

Man stellt das Ovomucoid dadurch dar, daß man die Eiweißlösung nach Ansäuern mit Essigsäure kocht und dann das albuminfreie Filtrat durch Sättigen mit Ammonsulfat oder besser nach mäßiger Einengung mit Alkohol (LA MILESI, LANGSTEIN[7]) ausfällt. Das so abgeschiedene Ovomucoid wird darauf durch Lösen in Wasser und erneutes Fällen mit Alkohol gereinigt.

Nach einem verbesserten Verfahren erhitzt J. NEEDHAM[8] zur Abscheidung des Ovumucoids das mit Eisessig solange versetzte Eiklar, bis Bromkresolpurpur grün gefärbt wird, eine Stunde in siedendem Wasser und gießt das Filtrat in die 10fache Menge von 97proz. Alkohol,

[1] SOERENSEN, M.: Biochem. Z. 1934, **269**, 271. — [2] WU, H. und S. M. LING: Chines. J. Physiol. 1927, **1**, 407. — [3] WU, H. und S. M. LING: Chines. J. Physiol. 1927, **1**, 431. — [4] NEUMEISTER, R.: Z. Biol. 1890, **27**, 309. — [5] SALKOWSKI, E.: Zbl. med. Wiss. 1893, 513. — [6] MÖRNER, C. TH.: Z. physiol. Chem. 1912, **80**, 430. — [7] LA MILESI, LANGSTEIN: Beitr. chem. Physiol. u. Pathol. 1903, **3**, 510. — [8] NEEDHAM, J.: Biochem. J. 1927, **21**, 733.

filtriert, löst in wenig Wasser, fällt nochmals und trocknet schließlich im Vakuum über Calciumchlorid.

Eine weitere Vorschrift zur Darstellung des Ovomucoids gibt M. SOERENSEN[1] an.

SOERENSEN erhielt aus Eiklar bezogen auf Gesamtprotein folgende *Ausbeuten an Einzelproteinen*:

1. Krystallisiertes Ovalbumin	69,7%
2. Ovomucoid	12,7%
3. Conalbumin	9,0%
4. Globulin	6,7%
5. Ovomucin	1,9%

Daß es sich bei diesen 5 Proteinstoffen um selbstständige chemische Stoffe handelt, beweist deren Prüfung mittels der Präzipitin-reaktion durch HEKTOEN und COLE[2]. Dabei erwiesen sich krystallisiertes Ovalbumin, Ovomucin und Ovomucoid auch völlig frei von anderen Proteinarten. Die Präparate von Ovoglobulin waren mit Ovomucin und etwas krystallisiertem Ovoalbumin verunreinigt. Das Antiserum gegen Ovalbumin, Ovoglubin, Ovomucin und Ovomucoid reagierte nicht mit Lösungen von Fibrinogen, Euglobulin oder Albumin aus dem Blutplasma des Huhns. Antiserum gegen das Gesamteiweiß reagiert mit Blutalbumin, nicht mit den andern Blutproteinen. Die Reaktion ist durch Conalbumin bedingt, das also immunnobiologisch und wahrscheinlich auch chemisch mit Blutalbumin identisch ist.

d) Besondere Zerlegungsmethoden.

Ein in Gemeinschaft mit A. VILA[3] ausgearbeitetes Verfahren, beruhend auf Acetonfällung, suchte M. PIETTRE[4] auch auf Eiklar anzuwenden: 105—115 cm³ Eiklar von vier frischen Eiern, verdünnt mit dem doppelten Volumen Wasser, wurden kräftig geschüttelt, filtriert, mit Äther ausgeschüttelt und mit Salzsäure gegen Lackmus neutralisiert. Von dem dabei ausfallenden *Globulinen* (I) wurde abgeschleudert. Zu der globulinfreien, auf etwa 0° abgekühlten Flüssigkeit wurde dann langsam kaltes Aceton, etwas weniger als das Volumen der Flüssigkeit gegeben. Hierdurch fällt ein feinkörniger Niederschlag in dicken Flocken aus der nun klar werdenden Lösung aus. Man nutscht ohne zu erwärmen ab, trocknet den Niederschlag ohne zu erhitzen an der Luft und wäscht ihn ein- oder zweimal mit trockenem Äther aus. Das ganze Filter wird dann für einige Stunden in eine kleine Menge Wasser gebracht, worauf man den Niederschlag leicht ablösen kann. Die goldgelbe Flüssigkeit enthält das *Ovalbumin*[5] das bei 52—53° zu koagulieren beginnt, bei 54—55° die Flüssigkeit ganz klar erscheinen läßt, um dann von neuem bei 61° einen flockigen Niederschlag zu liefern.

Durch weitere Zugabe einer neuen Menge Aceton zur abgekühlten Flüssigkeit scheidet sich eine weiße *globulinähnliche Substanz* (II) aus, die sich in verdünntem Alkali in äußerst viscoser Form löst, und erst bei starker Verdünnung leicht filtrierbar wird. Das Protein zeigt also im Verhalten mit dem oben erwähnten Ovomucin Ähnlichkeit.

Nach dem Abfiltrieren dieses Stoffes gewinnt man aus der Acetonlösung durch erneuten Acetonzusatz das *Glucoproteid (Ovomucoid)* des Eiklars als hellgelbe gummiartige, wasserlösliche Masse ohne Viscosität, selbst nicht in Gegenwart von Alkali.

Eigenartig sind aber die Ausbeuten nach diesem Verfahren, das an Globulin 1. Fällung 1,80, Globulin 2. Fällung 5,8, Ovalbumin 1,45, Ovoglucoproteid 1,4% lieferte. Hiernach müßten nämlich die Hauptmengen Ovalbumin in die 2. Globulinfällung gegangen sein.

M. RAKUSIN[6] zerlegte das Eialbumin durch Adsorption an Aluminiumhydroxyd in zwei Komponenten. Er fand für eine Eiweißlösung:

	Kennzahl	Vor der 1. Adsorption	Nach der 1. Adsorption	Nach der 2. Adsorption
Der in Lösung bleibende Anteil des Eiklars, 80,78% desselben mit der spezifischen Drehung $[\alpha]_D = -32,6°$, wird	Spez. Gewicht bei 15°. . . Drehungswinkel (50 mm) .	1,0172 —2,6°	1,0151 —1,8°	— —1,8°

also bei wiederholter Behandlung nicht adsorbiert. Der adsorbierte Anteil von 19,22% zeigte die Drehung $[\alpha]_D = -56,0°$. Die Versuche deuten auf eine Möglichkeit hin die Albumine des Eiklars durch einfache Behandlung mit Aluminiumhydroxyd von den anderen

---

[1] SOERENSEN, M.: Biochem. Z. 1934, **269**, 271.

[2] HEKTOEN und COLE: J. infekt. Diseases 1928, **42**, 1; C. 1929, I, 2546. — Im Gegensatz hierzu hatten H. D. DAKIN und H. H. DALE (Biochem. J. 1913, **13**, 248) in krystallisiertem Hühner- und Enteneialbumin noch zwei verschiedene Antigene festgestellt, von denen eines bei beiden identisch, das andere verschieden war.

[3] VILA, A.: Compt. rend. 1920, **170**, 1466. — [4] PIETTRE, M.: Compt. rend. 1924, **178**, 91. — [5] Anscheinend krystallisierbares Albumin + Conalbumin. — [6] RAKUSIN, M.: J. Russ. Physik. Chem. Ges. 1915, **47**, 1050; C. 1916, I, 1032.

3. Einzelne Eiweißstoffe des Eiklars.

a) Elementarzusammensetzung.

Lfde. Nr.	Eiweißstoff	Zeit der Unter-suchung	Kohlen-stoff %	Wasser-stoff %	Stickstoff %	Schwefel %	Sauerstoff %	Untersucht von
	Ovalbumin:							
1.	Ovalbumin	1899	52,18	6,91	15,67	1,70	23,54	
2.	Ovalbumin, krystallisiert	1899	52,85	6,92	15,66	1,57	23,0	
3.	desgl.	1899	52,33	6,90	15,77	1,64	23,36	
4.	desgl.	1899	51,72	6,90	15,26	1,96	24,16	
5.	desgl.	1899	52,60	7,02	15,54	1,61	23,23	TH. B. OSBORNE[1]
6.	desgl.	1899	52,61	6,94	15,76	1,61	23,08	
7.	desgl.	1899	52,33	6,93	15,40	1,78	23,56	
8.	desgl.	1899	51,44	6,88	15,20	1,91	24,57	
9.	desgl. Mittel von 6 Proben . .	1900	52,75	7,10	15,51	1,62	22,90	TH. B. OSBORNE und G. F. CAMPBELL[2]
10.	Ovalbumin	1902	52,90	7,11	15,80	—	—	A. WURTZ[3]
11.	desgl. krystallisiert	1903	52,46	7,19	15,29	1,34	23,72	L. LANGSTEIN[4]
12.	Ovalbumin	1909	52,50	7,20	15,30	1,30	—	H. W. BYWATERS[5]
	Ovalbumin, Mittelwert (1—12) .		**52,39**	**7,00**	**15,13**	**1,64**	**23,72**	
	Conalbumin:							
13.	Conalbumin (Mittel von 3 Verss.).	1900	52,25	6,99	16,11	1,70	22,95	TH. B. OSBORNE und G. F. CAMPBELL[2]
14.	Albumin, nicht krystallisiert. . .	1908	52,23	6,96	15,98	1,75	23,08	L. LANGSTEIN[4]
	Mittelwert (13—14) . . .		**52,24**	**6,98**	**16,04**	**1,73**	**23,01**	
	Globuline und Mucine:							
15.	Gesamt Ovoglobulin	1903	51,91	7,07	15,13	2,00	23,89	
16.	Lösliches Globulin	1903	51,43	7,04	15,16	1,66	24,71	L. LANGSTEIN[4]
17.	Euglobulin	1903	50,04	7,11	14,40	2,75	26,70	
18.	Ovomucin	1900	50,69	6,71	14,49	2,28	25,83	TH. B. OSBORNE und G. F. CAMPBELL[2]
19.	Mucin	1909	48,8	6,8	12,3	(0,8)	—	H. W. BYWATERS[3]
20.	Ovomucoid	1894	—	—	12,65	2,20	—	MÖRNER[3]
21.	desgl.	1897	48,85	6,92	12,46	2,22	29,55	ZANETTI[3]
22.	desgl.	1900	49,02	6,45	12,71	2,38	29,44	TH. OSBORNE und G. F. CAMPBELL[2]
23.	desgl.	1903	48,82	6,90	12,41	2,19	29,78	L. LANGSTEIN[4]
24.	desgl.	1909	48,8	6,9	12,4	2,2	29,7	H. W. BYWATERS[3]
	Mittelwert (20—24) . . .		**48,87**	**6,79**	**12,53**	**2,24**	**29,57**	

Sonstige Eiweißstoffe.

Lfde. Nr.	Eiweißstoff	Zeit der Unter-suchung	Kohlen-stoff %	Wasser-stoff %	Stickstoff %	Schwefel %	Sauerstoff %	Untersucht von
25.	Columbin des Taubeneies	1905	52,17	7,16	14,82	—	—	
26.	Anatin	1905	50,32	6,84	14,64	2,96	—	A. A. PANORMOW[5]
27.	Anatinin aus Enteneiern	1905	52,15	7,31	14,94	2,01	—	
28.	Ovalbumin des Truthenneneies .	1906	52,97	7,39	15,37	1,60	22,67	W. Worms[6]

[1] OSBORNE, TH. B.: J. Amer. Chem. Soc. 1899, **21**, 477. — [2] OSBORNE, TH. B. und G. F. CAMPBELL: J. Amer. Chem. Soc. 1900, **22**, 422. — [3] Nach NEEDHAM: Chem. Embryol. — [4] LANGSTEIN, L.: Beiträge z. chem. Physiol. und Pathol. 1902, **1**, 83. — [5] PANORMOW, A. A.: Z. russ. physikal. Chem. Ges. 1906, **37**, 915 u. 923; Biochem. Z. 1906/07, **5**, 171. — [6] WORMS, W.: Z. russ. physikal. Chem. Ges. 1906, **38**, 597; C. 1906, IV. 1509.

Proteinstoffen zu trennen. — Durch einfaches Zentrifugieren schieden bei diesen Versuchen weder Roheiklar noch eine 50proz. Lösung desselben einen Niederschlag ab.

Über die kolloide Form der im Eiklar vorliegenden Eiweißstoffe Ovalbumin, Ovoglobulin und Ovomucoid und die Strömungsdoppelbrechung ihrer Lösungen vgl. G. Boehm und R. Signer[1].

Besondere Proteinstoffe aus Vogeleiern. Durch fraktionierte Fällung mit Ammonsulfat isolierte A. A. Panormow[2] aus *Taubeneiern einen* Eiweißstoff *Columbin*, der nach seiner prozentischen Zusammensetzung und den übrigen Eigenschaften sich als sehr verschieden von den übrigen bekannten Albuminen erwies. Neben diesem kommt nach ihm im Taubenei ein weiteres Albumin das *Columbinin* vor. — Ebenfalls von Panormow[3] wurden im Entenei zwei Albumine, das mit wenig Ammonsulfat abscheidbare *Anatin* und das mit mehr Ammonsulfat ausfallende *Anatinin* festgestellt, von denen ersteres ein Drittel des Eiklars ausmacht. — Über ein krystallisierendes, von W. Worms[4] aufgefundenes Albumin aus Truthuhneiern vgl. auch S. 158.

Weitere Analysen des Ovalbumins wurden vor Osborne von F. Hofmeister, O. Hammarsten, Chittenden, Bolton, Bondzynski, Zoja sowie Hopkins ausgeführt[5].

H. O. Galvery und H. W. Titus[6] bestimmten den Stickstoff und Schwefelgehalt von Ovalbumin nach verschiedener Fütterung der Legehennen wie folgt:

Eiern nach Fütterung mit	Grundfutter %	Weizen %	Mais %	Sojabohnen %
Stickstoff	15,2	15,2	15,2	14,9
Schwefel	1,55	1,48	1,49	1,48

Das *Conalbumin* unterscheidet sich in der Elementarzusammensetzung außer durch leicht erhöhtem Stickstoffgehalt kaum von krystallisiertem Ovalbumin. Das *lösliche Globulin* weicht umgekehrt durch einen etwas niedrigeren Stickstoffgehalt ab. Beim *Ovomucin* ist der Stickstoffgehalt merklich, beim Ovomucoid noch weiter erniedrigt, bei beiden der Schwefelgehalt erheblich, auf über 2% erhöht. Entsprechend dem Gehalte an Kohlenhydraten ist bei Ovomucoid auch der Sauerstoffgehalt erhöht und der Kohlenstoffgehalt verringert. Im ganzen betrachtet sind die Unterschiede in der Elementarzusammensetzung der Weißeiproteine naturgemäß wie bei den meisten Proteinstoffen nur gering.

Einen besseren Einblick in ihren Bau gewährt erst ihre Aufteilung in die einzelnen Bausteine in Verbindung mit ihrem sonstigen chemischen und physikalisch-chemischen Verhalten, wie nun für die einzelnen Eiweißstoffe besprochen werden soll.

b) Besondere Eigenschaften und Aufbau.

Ovalbumin. Da dieser Eiweißstoff, der Hauptbestandteil des Weißeies, durch Krystallisation sehr rein erhalten werden kann, sind seine Eigenschaften und Bestandteile besonders eingehend untersucht worden. Hofmeister (vgl. S. 153) erhielt das Ovalbumin in krystallinischer Form und zwar zuerst in Gestalt von Kugeln oder Kugelaggregaten, später als feine Nädelchen.

Die zuerst erhaltenen Albuminkrystalle enthielten aber noch merkliche Mengen Mineralstoffe, so lieferten die verschiedenen Fraktionen von Th. B. Osborne[7] an Asche:

Durch Anwendung der Dialyse gegen eine Kollodiummembran ist es nach S. P. L. Soerensen und M. Höyrup[8] möglich, die letzten Elektro-	Fraktion	I	II	IIII	IV
	Versuch A. .	0,56	0,69	0,67	0,59
	Versuch B. .	0,87	0,65	0,67	0,40

[1] Boehm, G. und R. Signer: Helv. chim. Acta 1931, **14**, 1370. — [2] Panormow, A. A.: Z. russ. physikal. Ges. 1906, **37**, 915; Biochem. Zbl. 1906/7, 5, 171. — [3] Panormow, A. A.: Z. russ. physikal. Ges. 1906, **37**, 923; Biochem. Zbl. 1906/7, 5, 171. — [4] Worms, W.: Z. russ. physikal. Ges. 1906, **38**, 597; C. 1906, IV, 1509. — [5] Nach Osborne und Campbell, J. Amer. Chem. Soc. 1900, **22**, 440. — [6] Calvery, H. O. und H. W. Titus: J. biol. Chem. 1934, **105**, 685. — [7] Osborne, Th. B.: J. Amer. chem. Soc. 1899, **21**, 477. — [8] Soerensen, S. P. L. und M. Höyrup: Compt. rend. Carlsberg 1917, **12**, 12.

lytspuren aus dem Albumin zu beseitigen. In einem solchen, nach SOERENSEN und HÖYRUP dargestellten krystallisierten Ovalbumin fand H. O. CALVERY[1] neben 5,12—6,10, im Mittel 5,60% Wasser nur noch 0,11—0,23, im Mittel 0,17% Asche. Das Wasser scheint als Krystallwasser gebunden zu sein.

1. Molekulargewicht und Struktur. Die Krystallisierbarkeit des Ovalbumins und seine ziemlich gleichmäßig gefundene Elementarzusammensetzung lassen mit großer Wahrscheinlichkeit auf eine einheitliche chemische Verbindung schließen.

So hat für das Ovalbumin des Hühnereis OSBORNE die Formel $C_{696}H_{1125}N_{175}S_8O_{220}$, WORMS für das Ovalbumin des Truthenneneies (vgl. S. 156) die Formel $C_{258}H_{422}N_{63}S_3O_{83}$ berechnet. HOFMEISTER[2] hat für ersteres die Formel $C_{239}H_{386}N_{58}O_{78}$ angegeben, doch stützt sich diese anscheinend auf den von ihm zu niedrig gefundenen Schwefelgehalt. Den genannten Formeln würden folgende Molekulargewichte entsprechen:

Formel von	HOFMEISTER	OSBORNE	WORMS
Molekulargewicht . . .	4650	15703	5828

Derartige Zahlen deuten aber höchstens die untere Grenze des wirklichen Molekulargewichtes an.

Die wahre Molekülgröße läßt sich aus verschiedenen physikalisch-chemischen Beobachtungen erschließen:

F. VAN DER FEEN[3] kommt auf Grund des osmotischen Druckes einer Eiweißlösung auf ein Molekulargewicht von 26200. Ähnlich schließen S. P. L. SÖRENSEN, J. A. CHRISTIANSEN, M. HÖYRUP, S. GOLDSCHMIDT und S. PALITSCH[4] auf eine N-Atomzahl von 380 und damit auf ein Molekulargewicht des wasserfreien Albumins von etwa 34000. N. F. BURK und D. M. GREENBERG[5] finden aus dem osmotischen Druck von Eialbumin in Harnstofflösungen das Molekulargewicht 36000, etwa das gleiche in Wasser.

Auf Grund der Oberflächenspannung einer monomolekularen Schicht von krystallisiertem Eialbumin und bei Annahme, daß die Gestalt der Moleküle parallelepipedonartig ist, kommt P. LECOMTE DU NOÜY[6] zu dem Molekulargewicht von 30000.

Nach THE SVEDBERG und J. R. NICHOLS[7] liefert die Methode des Sedimentationsgleichgewichtes in reproduzierbarer Weise ein konstantes Molekulargewicht des gereinigten Eialbumins zu 34500 ±100. Im Eiklar selbst fand THE SVEDBERG wechselnde Werte mit 34500 als Höchstwert. Den gleichen Wert geben J. ERRERA und Y. HIRSHBERG[8] an.

R. O. HERZOG und H. KASSARNOWSKI[9] folgern aus dem Diffusionskoeffizienten eine Größenordnung von etwa 17000.

Nach J. W. MCBAIN, C. R. DAWSON und H. A. BARKER[10] ist die Diffusionsmethode zur Molekulargewichtsbestimmung bei isoelektrischen Kolloiden an Einfachheit, Schnelligkeit und Genauigkeit anderen überlegen. Der Diffusionskoeffizient wird von der Ladung der Kolloidteilchen beeinflußt, ein Effekt, der aber beim Eialbumin am isoelektrischen Punkt oder in Gegenwart puffernder Salze verschwindet. Nach dieser Methode finden MCBAIN, DAWSON und BARKER das Molekulargewicht des Eialbumins ebenfalls zu 34000.

Auf rein chemischem Wege lassen sich aus dem *Phosphorgehalte* des krystallisierten Eialbumins Schlüsse auf dessen Molekülgröße ziehen, wenn man annimmt, daß die gefundenen Phosphorgehalte einen wesentlichen Bestandteil des Albuminmoleküls, nicht etwa nur eine zufällige Beimischung bilden. Diese Vermutung von OSBORNE, der im krystallisierten Ovalbumin 0,112—0,131, im Mittel 0,122% Phosphor fand, sowie von G. WILLCOCK und W. B. HARDY[11], die 0,126—0,140, im Mittel 0,130% erhielten und daraus sowie aus dem Schwefelgehalt von 1,57% das Molekulargewicht zu 23800 berechneten, wurde in seiner Grundlage durch weitere Untersuchungen gestützt, wenn auch die Zahl für das Molekulargewicht sich als höher erwiesen hat.

[1] CALVERY, H. O.: J. biol. Chem. 1932, **94**, 613; C. 1932, I, 2475. — [2] HOFMEISTER: Z. physiol. Chem. 1898, **24**, 170. — [3] FEEN, F. VAN DEN: Chem. Weekbl. 1916, **13**, 410. — [4] SÖRENSEN, S. P. L., J. A. CHRISTIANSEN, M. HÖYRUP, S. GOLDSCHMIDT und S. PALITSCH: Compt. rend. Carlsberg 1917, **12**, 262. — [5] BURK, N. F. und D. M. GREENBERG: J. biol. Chem. 1930, **87**, 197. — [6] LECOMTE DU NOÜY: J. biol. Chem. 1925, **64**, 595. — [7] SVEDBERG, THE und J. B. NICHOLS: J. Amer. Chem. Soc. 1927, **48**, 3081; 1930, **52**, 5176; C. 1927, I, 1324; 1931, I, 792; Z. 1929, **57**, 251. Vgl. THE SVEDBERG in Nature 1931, **128**, 999. — [8] ERRERA, J. und R. HIRSHBERG: Biochem. J. 1933, **27**, 764. — [9] HERZOG, R. O. und H. KASSARNOWSKI: Biochem. Z. 1908, **11**, 172. — [10] MCBAIN, J. W., C. R. DAWSON und H. A. BARKER: J. Amer. Chem. Soc. 1934, **56**, 1021; C. 1934, II, 3490. — [11] WILLCOCK, G. und W. B. HARDY: Proc. Cambridge Philos. Soc. 1907, **14**, 119.

So berechnen E. J. Cohn, J. L. Hendry und A. M. Prentiss[1] für Eieralbumin eine Molekulargröße von mindestens 33800. Besonders eingehende Untersuchungen von M. Macheboeuf, M. Sörensen und S. P. L. Soerensen[2] ergaben wieder 0,111—0,123, im Mittel 0,117% Phosphor im Albumin oder 7,1—7,9, im Mittel 7,5 mg Phosphor in 1 g Albuminstickstoff. Ein Unterschied zwischen gesamtem koagulierbaren und durch Alkohol fällbaren Phosphor war nicht zu beobachten. Da der gefundene Phosphorgehalt aber für ein angenommenes Molekulargewicht des Albumins von 34 000 bei 1 Atom P auf 380 Atome N zu hoch ist, wurde versucht durch Fraktionierung den Phosphorgehalt des Albuminmoleküls herabzusetzen ohne die Krystallisationsfähigkeit zu vernichten. Dies gelang durch Elektrolyse nach Pauly mit zwei Kollodiummembranen, wobei das in das Anodenabteil übergegangene Eialbumin einen etwas höheren, das in der Mittelzelle verbliebene einen etwas niedrigeren Phosphorgehalt als das Ausgangsmaterial hatte.

Aus jahrelang im Eisschrank aufbewahrten Lösungen so dialysierten Eialbumins hatte sich ein Teil desselben in denaturiertem Zustande abgeschieden; der übrige, gut krystallisierende Teil hatte einen unter dem Normalen liegenden Phosphorgehalt von 4,7—6,7 mg P für 1 g Albumin-N. Jedenfalls deuten diese Versuche an, daß der phosphorhaltige Komplex sich nur schwer aus dem Eiweißmolekül entfernen läßt und daher wohl ein wesentlicher Bestandteil desselben sein muß. Neuerdings erhielt auch H. O. Calvery[3] für nach Soerensen und Höyrup dargestelltes, dann mit heißem Wasser koaguliertes und mit Alkohol und Äther getrocknetes krystallisiertes Albumin:

Wasser	Asche	Phosphor	Schwefel	Stickstoff	Auf 1 g N
5,60%	0,17%	0,097%	1,36%	15,12%	6,4 mg P

Auf Grund quantitativer Hydrolysen finden M. Bergmann und C. Niemann[4] das Molekulargewicht für Eialbumin zu 35 700 bei 288 Aminosäureresten.

Somit erscheint es wohl zulässig, für Eialbumin ein Molekulargewicht von 34 000—36 000 anzunehmen.

Das Äquivalentgewicht des Albumins. Das Äquivalentgewicht des Albumins versuchte L. J. Harris[5] zu bestimmen, indem er der Lösung Säure oder Alkali zusetzte und nach jedem Zusatz eine physikalische Konstante (Viscosität, Gesamtquellung, osmotischen Druck, Leitfähigkeit) ermittelte und dann gegen den zugesetzten Betrag an Säure oder Alkali abtrug. Die entstehende Kurve zeigte bei einem Äquivalent Säure oder Alkali ein Maximum. Für je 1 g Ovalbumin lag dieses bei etwa 8,5 cm² 0,1 N-Säure bzw. bei über 9 cm² 0,1 N-Alkali.

J. Errera und Y. Hirshberg[6] verfolgten die stöchiometrische Beziehung der Reaktion zwischen Eialbumin und Säure bzw. Base und berechneten die Grammäquivalente Protein, die 1 g-OH- bzw. H-Ion binden.

Die Disoziationskonstanten des Eialbumins waren

$$K_a = 3,6 \cdot 10^{-7} \qquad K_b = 2,8 \cdot 10^{-11}.$$

Die Zahl der freien Carboxylgruppen in Molekül betrug 10, die der freien Aminogruppen 1,9.

Trotz seines hohen Molekülgewichtes löst sich das nichtdenaturierte Eialbumin in Wasser zu einer *echten, nicht kolloiden Lösung.* Eine gesättigte wäßrige Lösung von dreimal umkrystallisiertem Ovalbumin, die ein pH von etwa 4,2 zeigte, ließ nach J. F. McClendon und H. J. Prendergast[7] im Ultramikroskop nur gelegentlich ein Submikron erkennen, nach Zusatz von Natronlauge bei pH = 4,8 (isoelektrischer Punkt) eine etwas größere Zahl, die McClendon und Prendergast als erste Anzeichen einer Fällung oder Denaturierung ansehen.

Die Form des Eiweißmoleküls stellt sich F. van der Feen[8] als aus einem Kern mit anliegenden Atomgruppen bestehend vor; letztere bilden etwa ein Viertel des ganzen Moleküls und enthalten weniger Stickstoff, aber viel mehr Mineralstoffe als der Kern. Diese oberflächlich anliegenden Atomgruppen verhindern das Zusammenstoßen der Eiweißmoleküle. Bei fortgesetzter Dialyse werden sie allmählich frei und beim Kochen ganz abgespalten.

Den *isoelektrischen Punkt* des Ovalbumins berechnen S. P. L. Sörensen,

[1] Cohn, E. J., J. L. Hendry und A. M. Prentiss: J. biol. Chem. 1925, **63**, 721. — [2] Macheboeuf, M., M. Sörensen und S. P. L. Sörensen: Compt. rend. Lab. Carlsberg 1927, **16**, Nr. 12, 1. — [3] Calvery, H. O.: J. biol. Chem. 1932, **94**, 613. — [4] Bergmann, M. und C. Niemann: J. biol. Chem. 1937, **118**, 301. — [5] Harris, L. J.: Proc. Roy. Soc. London 1925 (B), **97**, 364. — [6] Errera, J. und Y. Hirshberg: Biochem. J. 1933, **27**, 764. — [7] McClendon, J. F. und H. J. Prendergast: J. biol. Chem. 1919, **38**, 549. — [8] Feen, F. van der: Chem. Weekbl. 1916, **13**, 410.

M. Höyrup, J. Hempel und S. Palitsch[1] bei der Wasserstoffionenkonzentration von 15—16 mal 10^{-6}, im Mittel zu 15,74 mal 10^{-6}, entsprechend pH $= 4,80$—$4,82$, im Mittel 4,803. L. Reiner[2] findet ihn durch Elektrodialyse nach einer besonderen Methode zu pH $= 4,75$, also etwas mehr nach der sauren Seite zu. J. Errera und Y. Hirshberg (vgl. oben!) erhielten durch potentiometrische Messungen pH $= 4,75$.

K. Kondo und H. Iwamae[3] verfolgten die pH-Änderung konzentrierter Ammonsulfatlösung bei Zusatz von verdünnter Schwefelsäure bzw. Ammoniak zunächst für sich, dann bei einem Zusatz von 2% Albumin. Es zeigte sich, daß sich das Albumin mit beiden verband und die isoionische Reaktion von der Ammonsulfatkonzentration abhängig war. Wenn aber die Einflüsse der Salze und der Albumine völlig Null waren, entsprach die isoionische Reaktion des Albumins dem pH von $4,89 \pm 0,02$

2. Die Lichtbrechung des Ovalbumins in Abhängigkeit von der Temperatur läßt sich nach A. Herlitzka[4] durch eine Kurve und Formel wiedergeben. Für den Brechungsindex gilt die Gleichung

$$N_t = N_0 \,(1 + K_1 t - K_2 t^2 - K_3 t^3).$$

Beobachtet wurden nebenstehende Zahlen:

A. L. Romanoff und R. A. Sullivan[5] ermittelten den Brechungsindex der verschiedenen Eiklarschichten im Abberefraktometer bei Eiern verschiedener Vögel, wobei sie neben den S. 148 besprochenen noch eine vierte, dem Dotter anliegende Schicht (Chalaziferous layer) annehmen. So fanden sie ein Ansteigen der Brechung von außen nach innen.

Temperatur (t)	Lichtbrechung (N_t)	Temperatur (t)	Lichtbrechung (N_t)
0	1,737807	27,7	1,734572
15	1,736285	31,5	1,7333948
18,2	1,735900	39,5	1,732422
21,6	1,735459	43,1	1,7331631

Brechungsindex der Schichten des Eiklars bei 25°.

Vogelart	Zahl der Eier	Äußere flüssige Schicht	Mittlere dichte Schicht	Mittlere flüssige Schicht	Dotteranliegende Schicht
Huhn	717	1,3529	1,3552	1,3582	1,3606
Fasan	6	1,3560	1,3567	1,3575	1,3588
Wachtel	5	1,3568	1,3581	1,3590	1,3603
Truthuhn	5	1,3535	1,3561	1,3594	1,3628
Ente, Peking- . . .	4	1,3542	1,3557	1,3569	1,3612
Laufente	5	1,3665	1,3580	1,3598	1,3630
Mittelwert:		**1,3550**	**1,3566**	**1,3585**	**1,3611**

Der Brechungsindex variierte nach der Jahreszeit, er war am höchsten in der Brutzeit (Februar bis März); außerdem war er eine charakteristische Größe für das einzelne Tier.

Ferner besteht eine Beziehung zur Dichte und damit zur Trockensubstanz.

Eingehendere Untersuchungen über den Brechungsindex von Hühnereialbumin und seine Beziehung zur Viskosität in Ammonsulfatlösung in Abhängigkeit von pH stellten K. Kondo und H. Iwamae[6] an, auf die hier verwiesen sei.

Jahr	Spez. Drehung Grad	Beobachtet von
1894	—26,0 bis —42,54	Bondzynski und Zoja
1898	—26,1	Worms
1899	—28,42	Osborne
1900	—28,6 bis 30,8	Osborne und Campbell
1900	—30,7	Hopkins
1908	—30,3 bis 31,6	Willcock

[1] Sörensen, S. P. L., M. Höyrup, J. Hempel und S. Palitsch: Compt. rend. Carlsberg 1927, **16**, 1. — [2] Reiner, L.: Kolloid-Z. 1927, **40**, 123. — [3] Kondo, K. und H. Iwamae: J. agric. chem. Soc. Japan 1937, **13**, 60. — [4] Herlitzka, A.: Z. Chem. u. Ind. Kolloide 1910, **7**, 251. — [5] Romanoff, A. L. und R. A. Sullivan: Ind. Engng. Chem. 1937, **29**, 117. — [6] Kondo, K. und H. Iwamae: J. agric. chem. Soc. Japan. 1937, **13**, 59.

3. Optische Drehung des Ovalbumins. Die spezifische Drehung des Ovalbumins ist von verschiedenen Untersuchern abweichend gefunden worden. So geben nach E. G. Young[1] an (s. Tab. S. 160):

Für Albumin aus andern Vogeleiern fanden

Für Albumin aus Eiern von	Truthenne	Taube	Ente
Zeit der Untersuchung . .	1906	1905	1905
Spez. Drehung	—34,9	—36,33	—37,09
Beobachter	WORMS	PANORMOW	

YOUNG fand bei einem durch sorgfältige Krystallisation aus Ammoniumsulfat erhaltenen Ovalbumin

$$[\alpha]_D^{15} = -30{,}81^0.$$

Wurde die Abscheidung des Ovalbumins durch Koagulation beim isoelektrischen Punkt in einer Pufferlösung aus Essigsäure und Natriumacetat auf den Wasserbade ausgeführt, so wurde ein Albumin von höherer Drehung (—37,53°) erhalten. Bei Alkalizusatz trat zunächst immer ein starker Rückgang der Drehung auf, die aber später wieder zurückging und sich auf einen konstanten Wert einstellte. YOUNG schließt hieraus auf ein tautomeres Gleichgewicht der Art:

$$\mathrm{RCONH - R \rightleftarrows R - C\,(OH) = N - R}$$
Lactamform   Lactimform

Sehr eingehend wurde der *Einfluß der Reaktion* auf die spezifische Drehung von Ovalbumin von H. J. ALMQUIST und D. M. GREENBERG[2] untersucht.

Das nach SOERENSEN-LA ROSA (vgl. S. 153) bereitete, praktisch aschefreie Albumin zeigte beim pH der gereinigten Lösung

$$[\alpha]_D = -30{,}8^0.$$

Der Wert änderte sich wenig bei Zusatz von Natronlauge bis pH = 11,0. Zwischen pH = 11,0 — 12,6 erfolgte dann starker Anstieg bis auf —60,6°. Bei Zusatz von Säure erfolgte ein Anstieg in dem isoelektrischen Ge-

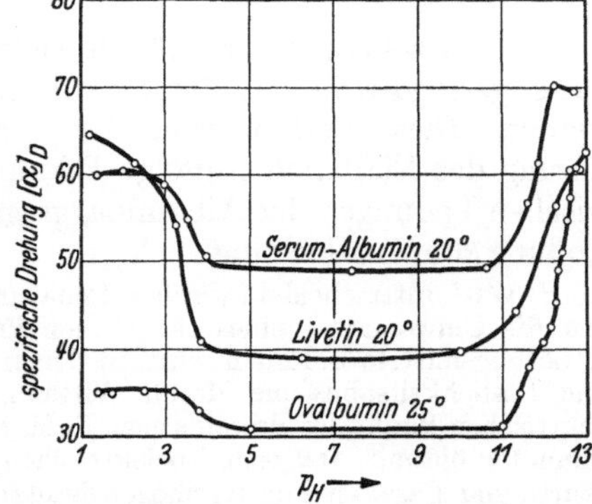

Abb. 14. Wirkung von pH auf die optische Drehung von Eiproteinen nach ALMQUIST und GREENBERG.

biet bis —35,1 bei pH = 3,15, konstant bleibend bis pH = 1,72. Somit ergab sich folgender Verlauf:

pH =	1,72	3,15	5,04	11,00	12,60
$[\alpha]_D^{22} =$	—35,1	—35,1	—30,8	—30,8	—60,6

Die vorstehende Zeichnung von ALMQUIST und GREENBERG[3] zeigt die Wirkung des pH auf die spezifische Drehung des Ovalbumins, sowie zum Vergleich des Livetins und Serumalbumins.

Für verschiedene Wellenlängen des Lichts $[\alpha]_\lambda^{20}$ fand L. F. HEWITT[4]

λ =	4359	5461	5780	6660	Å - Einheiten
$[\alpha]_\lambda^{20}$ des Ovalbumins	—83,9°	—44,5°	—38,3°	—27,5°	

4. *Lichtabsorption.*

Im *ultravioletten Licht* zeigt Ovalbumin nach L. MARCHLEWSKI und J. WIERZUCHOWSKA[5] eine breite Bande bei λ = 3109 — 2415.

5. Hitzegerinnung. Der *Gerinnungspunkt* des krystallisierten Ovalbumins liegt bei 64⁰ oder etwas höher. Hierdurch unterscheidet sich das Ovalbumin von dem etwas unter 60⁰ gerinnenden Conalbumin (vgl. S. 168). Für die Eiweißstoffe im natürlichen Eiklar in Ammonsulfatlösung wurden von MICKO (vgl. S. 149) etwas höhere Gerinnungspunkte beobachtet.

[1] YOUNG, E. G.: Proc. Roy. Soc., Lond. 1923 (B), **93**, 15. — [2] ALMQUIST, H. J. und D. M. GREENBERG: J. biol. Chem. 1931, **93**, 167. — [3] ALMQUIST und GREENBERG: J. biol. Chem. 1934, **105**, 520. — [4] HEWITT, L. F.: Biochem. J. 1927, **21**, (216. — [5] MARCHLEWSKI, L. und J. WIERZUCHOWSKA: Bull. Inst. Acad. Polon. Scienc. Lettres (A), 1928, 471; C. 1929, I, 1831.

Th. B. Osborne und G. F. Campbell[1] fanden für Ovalbumin als Koagulationstemperatur:

Ovalbumin-Konzentration	Gelöst in			
	Wasser		10 proz. Natriumchloridlösung	
	Trübung	Flockung	Trübung	Flockung
5 %	59°	64°	68°	71°
2,5 %	60°	64°	69°	71°
1,0 %	61°	67°	69°	71°
0,5 %	63°	keine Trübung, auch nicht beim Kochen		

Mit 2,5 proz. Ovalbuminlösung:

Stärke der Kochsalzlösung . . .	1,0%	3,0%	5,0%	10,0%
Auftreten einer Trübung . . .	61°	63°	65°	68°
Auftreten von Flocken	63°	65°	67°	70°

Die Hitzekoagulation von isoelektrischem, krystallisiertem Eialbumin kann durch geringe Konzentrationen von Säuren oder Basen (vgl. S. 149) aufgehoben werden. Diese Verhinderung der Koagulation beruht nach J. Loeb[2] auf Ionisierung des Eialbumins infolge Bildung von komplexen Proteinionen. Die elektrischen Ladungen der Albuminaggregate verhindern durch ihre gegenseitige Abstoßung die Ausflockung.

H. Wu[3] unterscheidet zwischen Denaturierung und Koagulation. *Denaturierung* ist nach Wu die Umwandlung eines natürlichen Proteins durch Säuren oder Alkalien, wodurch es in Lösungsmitteln unlöslich wird, in denen es vorher löslich war. *Koagulation* ist dagegen eine Löslichkeitsabnahme durch Wirkung von Alkohol, Erhitzen, Schütteln beim isoelektrischen Punkt des Proteins usw. B. M. Hendrix und P. S. Wharton[4] zeigten in Übereinstimmung hiermit, daß beim isoelektrischen Punkt auf 100° erhitztes Eialbumin ein anderes Säure- und Basenbindungsvermögen besitzt als bei $p_H = 7$ oder $p_H = 3$ erhitztes, die sich wieder ganz ähnlich verhielten.

Die *Antigenfähigkeit* des Ovalbumins wird nach Wu, C. Tenbroeck und Ch.-P. Li[5] durch Denaturation sehr vermindert, die ursprüngliche Spezifität von Albumin gestört und eine neue des denaturierten Albumins geschaffen.

Bei der Koagulation wird nach M. A. Rakusin und A. Rosenfeld[6] das Eiweiß nicht quantitativ gefällt sondern teilweise in eine *inkoagulable Modifikation*, das *β-Albumin* umgewandelt. Bei dieser Umwandlung wird eine geringe Zunahme der spezifischen Drehung (von —37,1° auf —39,65°) beobachtet. Nach H. R. Kruyt und J. R. de Jong[7] handelt es sich dabei jedoch um beginnende hydrolytische Zersetzung des Proteins.

Einen weiteren Einblick in den Hitzedenaturierungsvorgang beim Eialbumin gewährten Versuche von H. A. Barker[8] über das Verhalten der *optischen Drehung* dabei. Alle Messungen wurden mit einer praktisch salzfreien Stammlösung mit $p_H = 4,92$ bei 25° ausgeführt. Die Lösung zeigte für die grüne Quecksilberlinie von 5461,Å mit der alle Messungen ausgeführt wurden, eine spezifische Drehung von —37°. — Mit zunehmender Erhitzungsdauer nahm die Drehung der mit Natronlauge auf $p_H =$ etwa 7,4 gebrachten, etwa 3,4 proz. Lösung zuerst rasch, dann immer langsamer zu um einem Grenzwert von etwa —77°, zuzustreben, der beim Erhitzen auf 80 oder 85° nach etwa 10 Minuten fast erreicht war. Bei 70° war dies nach einer Stunde noch nicht annähernd der Fall. Durch 20 Minuten langes Erhitzen nahm die Drehung mit zunehmendem p_H (gemessen vor dem Erhitzen) ab, erreichte ein Minimum bei $p_H = 9$ bis 11 und stieg dann langsam wieder. Die spezifische Drehung nach der Denaturierung war stark linear von der Proteinkonzentration abhängig, nicht aber, wenn die Proteinkonzentration

[1] Osborne, Th. B. und G. F. Campbell: J. Amer. chem. Soc. 1900, **22**, 422. — [2] Loeb, J.: J. Gen. Physiol. 1922, **4**, 759. — [3] Wu, H.: Chinese J. Physiol. 1929, **3**, 1. Nach Hendrix und Wharton. — [4] Hendrix, B. M. und P. S. Wharton: J. biol. Chem. 1934, **105**, 633. — [5] Wu, C. Tenbroeck und Ch.-P. Li: Chin. J. Physiol. 1927, **1**, 277; C. 1937, II, 2204. — [6] Rakusin, M. A. und A. Rosenfeld: Z. 1925, **49**, 38. — [7] Kruyt: H. R. und J. G. de Jong. Kolloidchem., Beih. 1935, **40**, 55. — [8] Barker, H. A.: J. biol. Chem. 1933, **103**, 1.

erst nach der Denaturierung verändert wurde. Die Änderung des pH von Eialbumin durch die Denaturierung war maximal bei pH = 6 und 10, null bei pH = 8.

Um das *Lichtbrechungsvermögen* bei der Hitzedenaturierung zu verfolgen brachte BARKER[1] nach SOERENSEN und HÖYRUP hergestellte Eialbuminlösungen auf pH über 7,0 und denaturierte sie durch 5 Minuten langes Erwärmen auf 90—95°, wobei sie völlig klar blieben. Dann wurde mit dem Eintauchrefraktometer von ZEISS die spezifische Lichtbrechungserhöhung[2].

$$\alpha = \frac{\text{n-Lösung} \quad - \quad \text{n-Lösungsmittel}}{\text{Proteinkonzentration (g in 100 cm}^3\text{)}}$$

bestimmt und zunächst für natives Eialbumin bei pH-Werten zwischen 4,6—5,8 und für hitzedenaturiertes Eialbumin bei pH zwischen 6,9—7,4 (mit Korrekturen für den Natronlaugegehalt) unabhängig und identisch zu 0,00185 ± 0,00002 gefunden. Mit dem empfindlicheren Interferometer von ZEISS wurde aber eine Brechungsänderung durch die Denaturierung gefunden und zwar im Mittel für Δ n bei 18° für 1proz. Lösung zu $21{,}9 \cdot 10^{-6}$, woraus sich die Zunahme des molekularen Brechungsvermögen angenähert zu $\Delta M = 74{,}5$ für die Natriumlinie berechnen läßt, vorausgesetzt, daß sich natives und denaturiertes Eialbumin weder in ihrer Dichte noch in ihrem Molekulargewicht unterscheiden. BARKER erklärt die Lichtbrechungszunahme als eine innere chemische Strukturumwandlung des Proteinmoleküls.

Bei der *dilatometrischen Verfolgung* des Vorganges der Hitzedenaturierung wäßriger Eiweißlösungen erhielt F. HAUROWITZ[3] keine oder nur außerordentlich geringe Volumänderungen im Ausmaß von 0,01—0,07 cm³ auf je 100 g des trockenen Proteins. Danach scheint die Denaturierung weder eine Änderung der Hydratation noch eine Änderung des Gehaltes an freien sauren und basischen Gruppen und der Gesamtladung zu bewirken, sondern auf einer Sprengung der innermolekularen Anziehung zwischen positiven und negativen Atomgruppen und einer damit verbundenen Aufrichtung der im nativen Eiweiß gekrümmten und gespannten Peptidketten zu beruhen. Diese Lockerung des Eiweißmoleküls erleichtert die gegenseitige Polarisation der Moleküle und führt zur Verknüpfung der Eiweißmoleküle, zur Bildung großer Molkülaggregate, schließlich zur Flockung.

Denaturierung durch Bestrahlung. Nach Untersuchungen von J. H. CLARK[4] wird Eialbumin durch Ultraviolettbestrahlung denaturiert. Es zeigt dann eine geringere Löslichkeit in Wasser und fällt bei einem isoelektrischen Punkt mit etwas verschobenem pH bei Halbsättigung mit Ammoniumsulfat aus. Die Koagulation von Eialbuminlösungen durch Ultraviolettlicht beim isoelektrischen Punkt schließt nach CLARK drei Vorgänge ein: Zunächst erfolgt Lichtdenaturierung der Albuminmoleküle, dann eine Reaktion zwischen diesen so veränderten Molekülen und Wasser ähnlich wie bei der Hitzedenaturierung und schließlich Flockung in Form des Koagulums. Die Lichtdenaturierung ist monomolekular, temperaturunabhängig und erstreckt sich über einen weiten pH-Bereich. Die Reaktion zwischen denaturiertem Molekül und Wasser hat einen Temperaturkoeffizienten und erfolgt am schnellsten bei 40°.

L. E. ARNOW[5] fand, daß isoelektrische Lösungen von krystallisiertem Eieralbumin bei Bestrahlung mit α-Strahlen koagulieren. Die Proteinmoleküle verbrauchen den durch die Wirkung der α-Strahlen auf das Wasser entstandenen Sauerstoff, weniger den Wasserstoff. Der Gesamtstickstoffgehalt bleibt derselbe. Das pH von isoelektrischen Lösungen und ein darunter liegendes wird nur wenig verändert; höhere pH-Werte werden stark herabgesetzt. Die Ultraviolettabsorption wird bei isoelektrischen und stärker sauren Lösungen erhöht, bei stärker alkalischen vermindert. Die Koagulationstemperatur wird durch α-Strahlen beim pH des isoelektrischen Punktes herabgesetzt, bei niederem pH erhöht.

Lösungen von Ovalbumin in salzhaltigem 50proz. normalem Propylalkohol bilden nach BR. JIRGENSONS[6] *thixotrope Gallerten.* Durch Variierung der Alkohol- und Salzkonzentrationen, der Mischungstemperatur usw. erhielt JIRGENSONS eine große Anzahl von Übergangszuständen zwischen Ausflockung und Gelbildung.

6. Bausteine. Durch Aufarbeitung der Hydrolysate von Ovalbumin sind von verschiedenen Untersuchern folgende Bausteine des Ovalbuminmoleküls isoliert worden (s. Tab. S. 164):

VICKERY und SHORE geben an, daß ihren Zahlen für 1 Mol. Ovalbumin 3 Histidin-, 11 Arginin- und 12 Lysinreste entsprechen und erklären auch das Säure- und Basenbindungsvermögen des Ovalbumins wie anderer Proteinstoffe auf Grund ihres Gehaltes an dreiwertigen Aminosäuren (Aminodicarbonsäure und basische Kerne enthaltenden Aminosäuren).

---

[1] BARKER, H. A.: J. biol. Chem. 1934, **104**, 667. — [2] Specific refractive increment. — [3] HAUROWITZ, F.: Kolloid Z. 1935, **71**, 198 und 206; Z, 1937; **74**, 716. — [4] CLARK, J. H.: J. Gen. Physiol. 1936, **19**, 199; C. 1936, II, 1356. — [5] ARNOW, L. E.: J. biol. Chem. 1935, **110**, 43; C. 1935, II, 2679. — [6] JIRGENSONS, BR.: Kolloid-Z. 1936, **74**, 300; C. 1936, II, 3119.

Monoaminosäuren.

Lfde. Nr.	Zeit der Untersuchung	Alanin %	Valin %	Leucin %	Prolin %	Asparaginsäure %	Glutaminsäure %	Phenylalanin %	Tyrosin %	Untersucht von
1.	1905	2,1	—	6,1	2,3	1,5	8,0	4,4	1,1	E. Abderhalden und F. Pregel[1]
2.	1907	17,0 (Leucin)			0,5	—	8,8	—	1,3	P. A. Levene und W. A. Beatty[2]
3.	1907	8,4	—	15,2	1,1	1,7	3,5	5,2	1,0	L. Hugounenq und A. Morel[3]
4.	1909	7,9			1,5	—	3,2	5,8	2,4	Z. H. Skraup und F. Hummelberger[4]
5.	1909	2,2	2,5	10,7	3,6	2,2	9,1	5,1	1,8	D. B. Jones und C. S. Leavenworth[5]
6.	1932	—	—	—	4,2	6,1	14,0[6]	—	4,2	H. O. Calvery[6]

Diaminosäuren.

Lfde. Nr.	Zeit der Untersuchung	Histidin	Arginin	Lysin	Ammoniak	Untersucht von
1.	1906	—	±2,1	2,1	—	L. Hugounenq u. J. Galimard[7]
2.	1909	1,7	4,9	3,8	1,3	D. B. Jones und C. S. Leavenworth[5]
3.	1909	1,5	2,9	3,9	—	Z. H. Skraup u. F. Hummelberger[4]
4.	1909	0,7	2,4	3,2	—	J. M. Petrie[8]
5.	1932	(2,4)[10]	5,0	(6,4)[10]	1,4	H. O. Calvery[9]
6.	1932	1,4	5,3	5,0	—	H. B. Vickery und A. Shore[11]
7.	1932	1,3	5,3	4,7	—	H. B. Vickery und A. Shore[11]
8.	1932	1,5	5,6	4,8	—	H. B. Vickery und A. Shore[11]
9.	1934	1,5	5,8	4,7	—	H. O. Calvery u. H. W. Titus[12]
10.	1934	1,4	5,6	4,7	—	H. O. Calvery u. H. W. Titus[12]
11.	1934	1,5	5,3	4,8	—	H. O. Calvery u. H. W. Titus[12]
12.	1934	1,3	5,4	4,8	—	H. O. Calvery u. H. W. Titus[12]

Die verschiedenen Ergebnisse sind teils durch Unvollkommenheiten in der Auftrennungsmethode des Hydrolysates, teils auch durch die Art der Ausführung der Hydrolyse bedingt. So wurde von Hugounenq und Morel sowie von Skraup und Hummelberger die Aufspaltung durch Bariumhydroxyd, von den anderen Bearbeitern durch Säurehydrolyse bewirkt.

A. Shore, H. Wilson und G. Stueck[13] verfolgten die Geschwindigkeit der Ammoniakabspaltung aus Ovalbumin bei der Hydrolyse mit Salzsäure. Dabei ließen sich zwei verschiedene Reaktionen unterscheiden, von denen die eine mit mäßig großer Geschwindigkeit verläuft und je nach Temperatur (85—100°) und Salzsäurekonzentration (0,2—5 n) nach 10—40 Stunden beendet ist. Die andere Reaktion verläuft langsam und erreicht auch nach 200 Stunden noch keinen Endwert. Shore, Wilson und Stueck nehmen an, daß die erste Reaktion der Abspaltung der freien Aminosäuren entspricht und berechnen daraus für Ovalbumin 24 Aminogruppen im Molekül.

[1] Abderhalden, E. und F. Pregel: Z. physiol. Chem. 1905, **46**, 24. — [2] Levene, P. A. und W. A. Beatty: Biochem. Z. 1907, **4**, 305. — [3] Hugounenq, L. und A. Morel: Bull. Soc. chim Paris 1907 (4), **1**, 145. — [4] Skraup, F. H. und F. Hummelberger: Mh. Chem. 1909, **30**, 125. — [5] Jones, D. B. und C. S. Leavenworth: Amer. J. Physiol. 1909, **24**, 252. — Daneben 1,36% Hydroxyglutaminsäure. — [6] Calvery, H. O.: J. biol. Chem. 1932, **94**, 613. — [7] Hugounenq, L. und J. Galimard: Compt. rend. 1906, **143**, 242. — [8] Petrie, J. M.: J. Physiol. 1909, **39**, 341. — [9] Calvery, H. O.: J. biol. Chem. 1932, **94**, 613. — [10] Nach Vickery und Shore unrichtig! (vgl. Anm. 11). — [11] Vickery, H. O. und A. Shore: Biochem. J. 1932, **26**, 1101. — [12] Calvery, H. O. und H. W. Titus: J. biol. Chem. 1934, **105**, 685. — [13] Shore, A., H. Wilson und G. Stueck: J. biol. Chem. 1935, **112**, 407.

Durch den weiteren Ausbau der Bestimmungsmethoden für einzelne Aminosäuren, vor allem durch colorimetrische Messungen, ist es möglich geworden, die Aminosäuren vollständiger als durch Isolierung zu ermitteln.

So wurde gefunden:

Tryptophan.

Untersucht von	Tryptophan %	Untersucht von	Tryptophan %
O. Folin und J. M. Looney[1]	1,23	H. O. Calvery[6]	1,28
C. E. May und E. R. Rose[2]	1,11		1,38
E. Komm[3]	1,67	H. O. Calvery und H. W. Titus[7]	1,38
Y. Matsuyama und T. Mori[4]	2,25		1,49
D. B. Jones, C. E. F. Gersdorff und O. Moeller[5]	2,25		1,44

Tyrosin.

Untersucht von	Tyrosin %	Untersucht von	Tyrosin %
O. Folin und W. Denis[8]	5,0	O. Fürth und W. Fleischmann[9]	6,0
		G. Haas und W. Trautmann[10]	4,5

Haas und Trautmann[10] erhielten den vorstehenden Wert mit dem Phenolreagens; die Millonsche Probe lieferte 3,8%, die Bromadditionsmethode 6,0%.

Cystin.

Untersucht von	Cystin %	Untersucht von	Cystin %
D.B. Jones, C. E. F. Gersdorff und O. Moeller[5]	0,9	H. O. Calvery und H.W. Titus[7]	1,4
H. O. Calvery[6]	1,3		1,4
			1,4
			1,5

Nach diesen Ergebnissen kann man für Ovalbumin als Mittelwerte bzw. gesicherte Werte etwa folgende Gehalte an den genannten Aminosäuren ansetzen:

Gehalt des Ovalbumins an Aminosäuren

Alanin	2,2%	Tryptophan	1,4%
Valin	2,5 „	Cystin	1,4 „
Leucin	10,7 „	Histidin	1,4 „
Prolin	3,8 „	Arginin	5,4 „
Asparaginsäure	6,1 „	Lysin	4,8 „
Glutaminsäure	14,0 „	Ammoniak	1,4 „
Phenylalanin	5,4 „	Gesamtmenge	64,8%
Tyrosin	4,2 „	Nicht bestimmt	35,2%

Ovalbumin enthält anscheinend kein Glykokoll in sicher nachweisbarer Menge und nach Y. Okuda[11] nur wenig Cystein. Das Vorkommen von Serin ist zweifelhaft.

Von dem nach vorstehender Übersicht nicht bestimmten Anteil des Ovalbuminmoleküls wird ein erheblicher Teil durch eine reduzierende Substanz eingenommen, die man als *Glucosamin* ansieht.

[1] Folin, O. und J. M. Looney: J. biol. Chem. 1922, **51**, 433. — [2] May, C. E. und E. R. Rose: J. biol. Chem. 1922, **54**, 213. — [3] Komm, E.: Z. physiol. Chem. 1926, **156**, 202. — [4] Matsuyama, Y. und T. Mori: J. Soc. Chem. Japan 1923, **44**, 377. Nach Needham. — [5] Jones, D. B., C. E. F. Gersdorff und O. Moeller: J. biol. Chem. 1924, **62**, 183. — [6] Calvery, H. O.: J. biol. Chem. 1932, **94**, 613. — [7] Calvery, H. O. und H. W. Titus: J. biol. Chem. 1934, **105**, 685. — [8] Folin, O. und W. Denis: J. biol. Chem. 1912, **12**, 245. — [9] Fürth, O. und W. Fleischmann: Biochem. Z. 1922, **127**, 137. — [10] Haas, G. und W. Trautmann: Z. Chem. 1924, **62**, 183. — [11] Okuda, Y.: Proc. Imp. Acad. Tokyo 1926, **2**, 277; C. 1926, II, 2728.

Zwar gelang es nach älteren Berichten F. Blumenthal und P. Mayer[1] sowie C. Neuberg[2] nur Spuren, E. Abderhalden, P. Bergell und Th. Dörpinghaus[3] nur 0,25% Zucker zu isolieren, und L. Langstein[4] konnte die Gegenwart von Glucosamin im Ovalbumin nicht bestätigen. Diesen Befunden standen solche von J. Pavy[5], der 2,5—2,6%, J. Seemann[6], der 9%, von M. Langstein, der 10,5% fand, gegenüber. F. Hofmeister[7] schätzt die Menge der Kohlenhydrate im Ovalbumin sogar auf 15%. Als Erster hat wohl Krawkow[8] aus koaguliertem Ovalbumin ein optisch aktives Osazon erhalten, A. Eichholz[9] das der Glucose darin erkannt.

Genauere Bestimmung des Kohlenhydratgehaltes der Proteinstoffe gestatten wieder die neueren colorimetrischen Methoden. So fanden in Ovalbumin an Zucker:

Zeit der Untersuchung	Glucose %	Art der Methode	Untersucht von
1925	3,21—3,86	Hydrolyse mit Salzsäure, Dialyse	S. Izumi [10]
1929	3,7	Colorimetrisch	J. Tillmans und K. Philippi[11]

Mit Hilfe der Orcinmethode stellte M. Soerensen[12] in reinstem krystallisierten Ovalbumin 1,7% Zucker fest, der ausschließlich aus Mannose bestand:

Jedenfalls kann hiernach das Vorkommen von Zucker im Ovalbumin heute als gesichert gelten und die Vermutung, daß es sich um zufällige Beimischungen von Ovomucoid handelt, ist nach Izumi[13] unbegründet.

Welche physiologische Bedeutung dem Kohlenhydratgehalt des Ovalbumins und der andern Eiweißstoffe des Weißeies besonders des Ovomucoids, mit noch viel höherem Gehalt daran zukommt, ist noch nicht völlig aufgeklärt. L. Langstein[14] hat die Ansicht geäußert daß dem Glucosamin für das Wachstum des jungen Vogels dieselbe Bedeutung zukomme wie dem Milchzucker für das Wachstum der Säugetiere.

Abspaltung von Acetaldehyd. Nach O. Rieser, A. Hansen und R. Nagel[15] wird bei der alkalischen Spaltung von Eiweiß auch Acetaldehyd abgespalten, dessen Menge für ein Präparat[16] zu 1,5—1,7% der Trockenmasse ermittelt wurde.

Einen Überblick über die *Stickstoffverteilung* im Ovalbumin gewähren folgende Zahlen:

Stickstoffverteilung in % des Gesamt-Stickstoffs.

Amid-N (bzw. Ammoniak-N) %	Aminosäuren %	Basische Aminosäuren %	Huminstoffe %	Summe %	Untersucht von
8,64	68,21	21,27	1,87	99,99	Osborne und Jones (vgl. S. 113)
7,89	60,01	23,45	2,93	94,28	E. Cherbuliez und R. Wahl[17]

H. O. Calvery und H. W. Titus[18] fanden in Prozenten des Gesamtstickstoffs, der 14,9 bis 15,2% des Proteins betrug, an

Amino-Stickstoff %	Aminostickstoff nach Amidstickstoff %	Amidstickstoff %
77,9—79,3	75,9—77,4	8,71—8,80

[1] Blumenthal, F. und P. Mayer: Ber. dtsch. chem. Ges. 1899, **32**, 274. — [2] Neuberg, C.: Ber. dtsch. chem. Ges. 1901, **34**, 3963. — [3] Abderhalden, E., P. Bergell und Th. Dörpinghaus: Z. physiol. Chem. 1904, **41**, 530. — [4] Langstein, L.: Beitr. chem. Physiol. u. Pathol. 1905, **6**, 349; C. 1905, I, 1501. — [5] Pavy, J.: The Physiol. Carbohydrates. London 1907. Nach Needham. — [6] Seemann, J.: Diss. Marburg 1898; C. 1898, II, 1271. — [7] Hofmeister, F.: Z. physiol. Chem. 1898, **24**, 170. — [8] Krawkow: Pflügers Arch. 1897, **65**, 281; C. 1897, I, 163. — [9] Eichholz, A.: J. Physiol. 1898, **23**, 163. — [10] Izumi, S.: Z. physiol. Chem. 1925, **142**, 175. — [11] Tillmans, J. und K. Philippi: Biochem. Z. 1929, **215**, 36; C. 1930, I, 1662. — [12] Soerensen, M.: C. R. Trav. Lab. Carlsberg 1933, 19, Nr. 12; C. 1933, II, 931. — [13] Izumi: Biochem. Z. 1934, **269**, 271. Vgl. auch M. Soerensen und G. Haugaard: Compt. rend. Lab. Carlsberg 1933, **19**, Nr. 12. — [14] Langstein, L.: Beiträge zu chem. Physiol. und Pathol. 1903, **3**, 510. — [15] Rieser, O., A. Hansen und R. Nagel: Z. physiol. Chem. 1931, **196**, 200. — [16] Ovalbumin-Kahlbaum, vermutlich Gesamteiklar. — [17] Cherbuliez, E. und R. Wahl: Helv. chim. Acta 1925, **8**, 581. — [18] Calvery, H. O. und H. W. Titus: J. biol. Chem. 1934, **105**, 685.

Calvery[1] findet an Melanin-Stickstoff, unlöslich in Säure, 0,34%, an Humin Stickstoff, löslich in Säure, 0,92%.

7. *Fraktionierter Abbau von Eialbumin durch Enzyme* nach H. O. Calvery, E. Waldschmidt-Leitz und A. Schaffner [2].

Bei Anwendung der Methode von Waldschmidt-Leitz auf Eialbumin, Verfolgung der Spaltung durch Bestimmung des freigesetzten Aminostickstoffes nach van Slyke und durch Titration der freigewordenen Carboxylgruppen zeigte sich, daß die freigesetzten NH_2- und COOH-Gruppen im Verhältnis 1:1 standen und daß die Leistungen der einzelnen Enzyme einfache Verhältnisse zueinander aufwiesen.

Bezogen auf den freigewordenen Aminostickstoff, ausgedrückt in Prozenten des Gesamtstickstoffes ergaben sich folgende Leistungen der nacheinander angewendeten Enzyme:

1. Pepsin-Carboxypolypeptidase (oder Aminopolypeptidase) — Dipeptidase: 24 + 24 + 24%.
2. Pankreasproteinase-Carboxypolypeptidase (oder Aminopolypeptidase) — Dipeptidase: 24 + 36 + 12%.
3. Pepsin-Protaminase: 24 + 6%.
4. Pankreasproteinase. — Protaminase: 24 + 6%.

Der bei 1 und 2 erhaltene Endwert von 72% entspricht dem Endwert der Säurehydrolyse und stellt den gesamten in Form von Peptidbindung vorhandenen Aminostickstoff dar, soweit er nach der Methode von van Slyke der Messung zugänglich ist.

Nach Pepsin hatte Pankreasproteinase keine Wirkung mehr, ebensowenig Pepsin nach Pankreasproteinase. Aus den Versuchen 1—2 kann man schließen, daß bei der peptischen Hydrolyse hauptsächlich Tripeptide entstehen, während unter den durch Pankreasproteinase gebildeten Spaltstücken auch höhere Peptide anzutreffen sein dürften. Für die Hydrolyse durch Protaminase ist kennzeichnend, daß der durch Protaminase freiwerdende Aminostickstoff genau dem im Eialbumin enthaltenen α-Aminostickstoff der basischen Aminosäuren Arginin, Histidin und Lysin entspricht.

Während die Hydrolyse durch reine Pankreasproteinase nur bis zur Spaltung von ein Drittel der Polypeptidbindungen geht und nachfolgende Behandlung mit Pepsin keine weitere Hydrolyse bewirkt, konnte Calvery[3] zeigen, daß durch Papain-Cyanwasserstoff ein weiteres Drittel der Peptidbindungen hydrolysiert wird.

Aus dem Molekulargewicht des Albumins (von 34 000) und dem durchschnittlichen Molekulargewicht der Aminosäuren berechnet Calvery die Zahl der in einem Molekül Eialbumin enthaltenen Peptidbindungen zu 270.

8. Alkalische Hydrolyse von Ovalbumin. Bei Einwirkung warmer verdünnter Alkalien wird Eialbumin fast völlig gelöst. Beim Ansäuern scheidet sich aber ein Teil der Spaltungsprodukte wieder aus, ein anderer Teil bleibt in Lösung. C. Paal[4] nennt diese Produkte *Protalbinsäure* und *Lysalbinsäure*. Beide sind imstande mit Alkalien und Säuren Verbindungen einzugehen, doch überwiegt der saure Charakter.

Für die nach näher beschriebenem Verfahren dargestellten Stoffe gibt Paal folgende Zusammensetzung an:

Spaltstoff	C %	H %	N %	S %
Protalbinsäure	53,07—55,15	7,10—7,73	13,46—14,98	1,35
Lysalbinsäure	50,55—51,23	6,66—6,97	15,11—15,72	0,67

N. Gupta[5] fand für die genannten Säuren und das noch weiter abgebaute *Lysalbinpepton*:

Z. H. Skraup und F. Hummelberger[6] beobachteten folgende Verschiebungen in den *Spaltungsprodukten* gegenüber dem Ovalbumin selbst (s. S. 168!)

Spaltstoff	C %	H %	N %	S %
Protalbinsäure . .	55,4	7,2	14,3	2,4
Lysalbinsäure . . .	52,9	7,0	14,0	1,2
Lysalbinpepton . .	46,2	6,6	10,3	1,2

[1] Calvery: J. biol. Chem. 1932, 94, 613; C. 1932, I, 2475. — [2] Calvery, H. O., E. Waldschmidt-Leitz und A. Schaffner: Naturwiss. 1933, 21, 316. — [3] Calvery: J. biol. Chem. 1933, 102, 73. — [4] Paal, C.: Ber. dtsch. chem. Ges. 1902, 35, 2195. — [5] Gupta, N.: Monatshefte f. Chem. 1909, 30, 767. — [6] Skraup, Z. H. und F. Hummelberger: Monatshefte f. Chem. 1909, 30, 125.

Gegenstand	Alanin Valin Leucin %	Prolin %	Phenyl-alanin %	Glutamin-säure %	Tyrosin %	Histidin %	Arginin %	Lysin %
Eiweiß	7,9	1,5	5,8	3,2	2,4	1,5	2,9	3,9
Protalbinsäure . . .	14,7	2,0	12,0	1,8	3,4	2,3	2,9	3,3
Lysalbinsäure . . .	7,0	1,0	5,2	1,0	2,6	0,3	0,2	5,3
Pepton	3,2	0,3	2,4	1,6	1,1	0,6	0,3	4,0

In der Protalbinsäure reichern sich also die Monoaminosäuren auch Prolin, Phenylalanin, Tyrosin und Histidin an, während der Gehalt an Glutaminsäure und Lysin vermindert, der an Arginin durch die Wirkung des Alkalis größtenteils zerstört wird.

Über Verseifung des Ovalbumins mit verdünnter Schwefelsäure und verdünnter Natronlauge und die bei dieser *partiellen Hydrolyse* entstehenden Spaltstücke vgl. auch J. S. JAITSCHNIKOW[1].

Über *Oxydation* der Eiweißstoffe mit *Kaliumpermanganat* und Darstellung der Oxyprotsäure aus Eieralbumin vgl. ST. BONDZYNSKI und L. ZOJA[2], über Bromierung von Albumin F. G. HOPKINS und ST. N. PINKUS[3].

Conalbumin. Das bei der Krystallisation des Ovalbumins (S. 153) in Lösung bleibende Conalbumin enthält wegen der Unvollständigkeit dieser Krystallisation stets noch Reste des Ovalbumins. Eine bessere Darstellungsmethode ist bisher nicht bekannt geworden.

Das Conalbumin unterscheidet sich in der Zusammensetzung nur wenig von Ovalbumin, was S. GABRIEL[4] auf die Vermutung gebracht hat, daß im kolloiden Eiweiß, also im Conalbumin, ein Polymerisationsprodukt des krystallisierbaren Albumins vorliege. Mit gleicher Berechtigung könnte man dann auch annehmen, daß es die Muttersubstanz des Ovalbumins sei, die durch noch unbekannte Einflüsse in diese übergehen könne. Da auch die Elementarzusammensetzung von Conalbumin und Serumalbumin praktisch übereinstimmt, wäre so der Entstehungsweg des Ovalbumins angedeutet, doch kann es sich bei diesen Überlegungen vorerst nur um Vermutungen handeln. — Vom Serumalbumin unterscheidet sich übrigens das Conalbumin nach HAMMARSTEN durch die niedrigere spezifische Linksdrehung, die T. B. OSBORNE und G. F. CAMPBELL[5] zu $[a]_\alpha = -36$ bis —39° angeben; der Wert ist indes durch Beimischungen von Ovalbumin erklärbar. Der Koagulationspunkt des Conalbumins soll 4° niedriger als der des Ovalbumins liegen.

OSBORNE und CAMPBELL[6] fanden für Conalbumin:

Art des Mediums	Trübung	Abscheidung
10proz. Natriumchloridlösung . .	55°	60°
2,5proz. Natriumchloridlösung (für drei Fraktionen)	57° 52° 58°	58° 55° 59°

An basischen Aminosäuren erhielten OSBORNE und JONES im Conalbumin an Histidin 2,17%, Arginin 5,07%, Lysin 6,43%.

Nach L. LANGSTEIN[7] spaltet Conalbumin wie das krystallisierte Albumin mit Salzsäure Glucosamin ab. FOLIN und DENIS[8] ermittelten 4,9% Tryptophan. JONES, GERSDORF und MOELLER[8] weiter an Cystin 3,37, an Tryptophan 5,03%.

M. SOERENSEN[9] fand in Conalbumin einen etwas niedrigeren Stickstoffgehalt als angegeben ist, nämlich 14,8% N, ferner den Kohlenhydratgehalt zu 0,189 mg (3 Mannose + 1 Galaktose) auf 1 g N, entsprechend 2,8% bezogen auf das Protein.

---

[1] JAITSCHNIKOW, J. S.: J. Russ. phys. chem. Ges. 1930, **62**, 693; C. 1930, II, 2657. — [2] BONDZYNSKI, ST. und L. ZOJA: Z. physiol. Chem. 1894, **19**, 225. — [3] HOPKINS, F. G. und ST. N. PINKUS: Ber. dtsch. chem. Ges. 1898, **31**, 1311. — [4] GABRIEL, S.: Z. physiol. Chem. 1891, **15**, 456. — [5] OSBORNE, T. B. und G. F. CAMPBELL: Z. analyt. Chem. 1902, **41**, 25. — [6] OSBORNE und CAMPBELL: J. Amer. Chem. Soc. 1900, **22**, — [7] LANGSTEIN, L.: Beitr. chem. Physiol. u. Pathol. 1901, **1**, 83; C. 1901, II, 814. — [8] Nach NEEDHAM. — [9] SOERENSEN, M.: Biochem. Z. 1934, **269**, 271.

Ovoglobulin. Auch über der Zusammensetzung und Eigenschaften von Ovoglobulin sind bisher nur wenig Einzelheiten bekannt geworden.

Die Lösung des *Ovomucins* trübt sich bei 75° und wird bei 78° flockig.

Nach L. Marchlewski und J. Wierzuchowska[1] zeigt die Lösung des Eiglobulins Absorption in ultraviolettem Licht, eine Bande bei $\lambda = 2975-2407$.

Der *Arginingehalt* des Eiglobulins beträgt nach Komm 4,1%.

Da das Ovomucin bei der Präzipitinreaktion biologische Verwandtschaft mit dem Ovomucoid zeigt, vermutet K. Goodner[2] in ihm den Übergang dazu.

Den *Kohlenhydratgehalt* von Ovoglobulin und Ovomucin ermittelte M. Soerensen[3] wie folgt:

Protein	Gehalt an Kohlenhydraten		Zusammensetzung der Kohlenhydrate
	auf 1 mg N	in % des Proteins	
Globulin	0,255 mg	4,0	Mannose
Mucin	1,161 mg	14,9	Mannose + Galaktose (gleiche Teile)

Ovomucoid. Das Ovomucoid bildet einen peptonartigen Körper und wurde daher auch bei seiner Entdeckung durch Neumeister für ein Pepton oder eine Albumose gehalten. Seine Lösung wird weder durch Mineralsäuren noch durch organische Säuren (außer Phosphorwolframsäure und Gerbsäure) gefällt. Metallsalze geben keinen Niederschlag, Bleiessig erst bei Zugabe von Ammoniak. Natriumchlorid, Natriumsulfat und Magnesiumsulfat salzen auch bei Sättigung der Lösung nicht aus, Ammoniumsulfat erst, wenn es in mehr als halber Sättigung vorhanden ist. Nach Abdampfen zur Trockne löst sich der Abdampfrückstand in Wasser wieder auf.

Die Eigenschaften ermöglichen es das Ovomucid leicht frei von anderen Proteinstoffen zu erhalten. Immerhin findet man aber in Ovomucoidpräparaten gewöhnlich noch kleine Mengen Aschenbestandteile.

So erhielten R. H. A. Plimmer und J. L. Rosedale[4] für ein durch Ausfällung mit Alkohol erhaltenes Präparat folgende Zusammensetzung:

Wasser 7,74%, Asche 1,75%, Stickstoff 11,23%, Stickstoff in der aschefreien Trockenmasse 12,41%.

Eigenartig ist das verschiedene Verhalten der Ovomucoide verschiedener Vogelarten nach C. Th. Mörner[5] gegenüber dem *Percaglobulin* aus den Eiern des Barsches, das einige derselben fällt, andere nicht. Mit Ovomucoid bildet sich dabei nach Mörner eine Verbindung im Gewichtsverhältnis

Ovomucoid: Percaglobulin = 0,22:1.

Dieses Additionsprodukt, dessen Entstehung als Reaktion auf die beiden Komponenten benutzt werden kann, ist unlöslich in Wasser und in den meisten Salzlösungen, aber leichtlöslich in Säuren, Basen, Bariumsalz-, Glycerin- und Zuckerlösung.

Das *Molekulargewicht* des Ovomucoids schätzen

R. O. Herzog und H. Kassarnowski[6] aus dem Diffusionskoeffizienten auf etwa 30 000, während sie für Ovalbumin etwa 17 000 erhielten. Da letzterer Wert nach anderen Beobachtungen (vgl. S. 158) zu niedrig ist, müßte hiernach auch für Ovomucoid das Molekulargewicht noch höher liegen. Diese merkwürdige Feststellung bedarf einer Nachprüfung.

Die *Lichtbrechung* des Ovomucoids ist höher als beim Albumin und Vitellin (vgl. S. 160 und 113). Je 1% gelöstes Ovomucoid erhöht die Lichtbrechung nach T. B. Robertson[7] konstant um 0,00160.

---

[1] Marchlewski, L. und J. Wierzuchowska: Bull. Inst. Acad. Polon, Sciences Lettres (A), **1928**, 471. — [2] Goodner, K.: J. infect. Diseases 1925, **37**, 285; C. 1926, II, 1657. — [3] Soerensen, M.: Biochem. Z. 1934, **269**, 271. — [4] Plimmer, R. H. A. und J. L. Rosedale: Biochem. J. 1925, **19**, 1015. — [5] Mörner, C. Th.: Z. physiol. Chem. 1903/04, **40**, 429. — [6] Herzog, R. O. und H. Kassarnowski: Biochem. Z. 1908, **11**, 172. — [7] Robertson, T. B.: J. biol. Chem. 1910, **7**, 359.

Sehr stark ist auch die *Ablenkung* der Ebene *des polarisierten Lichtes* durch Ovomucoid nach links. MÖRNER fand für $[\alpha]_D^{18}$ —70,9°, OSBORNE und CAMPBELL geben für die Drehung —61,35°, M. PIETTRE[1] —62,78° an.

C. T. MÖRNER[2] fand auch für Ovomucoidpräparate aus anderen Vogeleiern starke Linksdrehungen, so für Ovomucoid aus

Eier von: Schellente (Clangula glaucion)[3]	Eiderente (Somateria mollissima)	Pelikan (Phalarocro- corax carbo)	Perlhuhn (Meleagris gallopavo)	Hauben-Steißfuß (Podiceps cristatus)
$(\alpha)_D = $ —88,2°	—72,7°	—74,3°	—74,0°	—67,1°

Die *Stickstoffverteilung* im Ovomucoid nach den Verfahren von VAN SLYKE ermittelten R. H. A. PLIMMER und J. L. ROSEDALE[4] wie folgt in Prozenten des Gesamtstickstoffs:

Amid-N	Humin-N	Diamino-N						Monoamino-N		
		Gesamt	Arginin	Amino	Nicht-amino	Histidin	Lysin	Gesamt	Amino	Nichtamino
11,9	1,7	22,7	10,9	15,3	7,4	—1,2	11,7	64,3	65,5	—1,4

Hieraus berechnet auf wasser- und aschefreies Protein:

Arginin 5,7;   Histidin 0;   Lysin 7,6%.

E. ABDERHALDEN[5] erhielt an Monoaminsäuren

Leucin 4,0, Prolin 2,4, Phenylalanin 4,0, Asparaginsäure 1,8, Glutaminsäure 2,0%, Tyrosin in Spuren.

Der Stickstoff- und Schwefelgehalt (vgl. auch S. 156) scheint bei verschiedenen Vogelarten etwas abzuweichen. C. T. MÖRNER[6] fand für Eier von:

Vogelart	Schellente %	Eiderente %	Perlhuhn %	Steißfuß %	Huhn %
Stickstoff . . .	13,12	13,21	12,41	11,40	12,47
Schwefel . . .	3,36	3,33	2,36	2,37	2,27

Der Schwefel liegt in Ovomucoid nicht esterartig gebunden vor. Um Chondroitin- oder Mucoitinschwefelsäure kann es sich, wie S. IZUMI[7] nachweist, wenigstens für die Hauptmenge des Schwefels, nicht handeln.

Nach P. A. LEVENE und J. LÓPEZ-SUÁREZ[8] soll im Ovomucoid wie in Magenschleimhaut und Serummucoid Mucoitinschwefelsäure vorkommen. Diese liefert als Spaltungsprodukte Schwefelsäure und Mucoitin, das bei weiterer Zerlegung Mucosin gibt. Dieses Mucosin liefert schließlich Glucuronsäure und Glucosamin.

Zuckergehalt. Das Ovomucoid reduziert FEHLINGsche Lösung und bei mäßiger Temperatur Quecksilber- und Wismutsalze, ferner ammoniakalische Silbernitratlösung. Der Grund hierfür liegt in einer anscheinend nur lose gebundenen Kohlenhydratgruppe, die durch Erhitzen mit verdünnter Salzsäure abgespalten werden kann. A. OSWALD[9] erhielt bereits nach einstündigem Erwärmen von Ovomucoid mit 3 proz. Salzsäure Glucosamin.

Angaben über die Höhe dieses Zuckergehaltes, der als *Glucosamin* angesehen wird, gehen sehr auseinander. So geben an:

	F. HOFMEISTER[10]	J. SEEMANN[11]	K. WILLANEN[12]	J. PAVY[13]	F. SAMUELY[14]
Jahr	1898	1898	1906	1907	1911
Glucosamin . .	15,0	34,9	19,5—22,3	21,7	29,4

[1] PIETTRE, M.: Compt. rend. 1924, **178**, 91. — [2] MÖRNER, C.T.: Z. physiol. Chem. 1912, **80**, 430. — [3] Heutige Bezeichnung: Bucephala clangula clangula. — [4] PLIMMER, R. H. A. und J. L. ROSEDALE: Biochem. J. 1925, **19**, 1019. — [5] ABDERHALDEN, E.: Z. physiol. Chem. 1905, **44**, 17. — [6] MÖRNER, C. T.: Z. physiol. Chem. 1912, **80**, 430. — [7] IZUMI, S.: Z. physiol. Chem. 1925, **142**, 175. — [8] LEVENE, P. A. und J. LOPEZ-SUÁREZ: J. biol. Chem. 1918, **36**, 105. — [9] OSWALD, A.: Z. physiol. Chem. 1910, **68**, 173. — [10] HOFMEISTER, F.: Z. physiol. Chem. 1897, **24**, 159. — [11] SEEMANN, J.: Diss. Marburg 1898; C. 1898, II, 1271. — [12] WILLANEN, K.: Biochem. Z. 1906, **1**, 109. — [13] PAVY, J.: The Physiology of the Carbohydrates. London 1907. Nach NEEDHAM. — [14] SAMUELY, F.: Biochem. Handlexikon 1911, **4**, 174. Nach NEEDHAM.

	C. Neuberg und O. Schewket[1]	H. Zeller[2]	S. Izumi[3]
Jahr	1912	1913	1925
Glucosamin . .	24,0	33,7	25,8—26,8

Nach Needham[4] sind diese mit Fehlingschre Lösung erhaltenen Zuckergehalte aber zu hoch, und zwar deshalb, weil das Eiweißhydrolysat auch andere reduzierende Stoffe enthält, die bei der Prüfung Zucker vortäuschen. Needham findet nach 4stündiger Hydrolyse des Ovomucoids mit 5proz. Salzsäure und Zuckerbestimmung in dem mit Phosphorwolframsäure geklärten Hydrolysat nach Hagedorn-Jensen im Mittel 11,5% Zucker (Glucosamin).

Mörner hat den Zucker aus Ovomucoid mit negativem Ergebnis auf Fructose und Pentosen geprüft und aus dem erhaltenen Phenylosazon und der Drehung auf Glucose geschlossen. F. Zuckerkandl und L. Messiner-Klebermass[5] ermittelten die Hälfte des gesamten Zuckers als Glucosamin und halten den daneben vorkommenden echten Zucker (etwa 10% des Ovomucoids) für *Mannose*. M. Soerensen[6] bestimmte die Kohlenhydratmenge im Ovomocoid zu 0,729 mg auf 1 mg N oder zu 9,21% des Proteins und ermittelte die Zusammensetzung der Kohlenhydrate zu 3 Mannose + 1 Galaktose. Der Stickstoffgehalt des aschefreien (Asche = 1,28%) Mucoids betrug 12,79%.

Y. Komori[7] hat durch Spaltung mit Bariumhydroxyd aus Ovomucoid ein *Acetylaminopolysaccharid* abgeschieden; ein aus Glucosamin und Mannose bestehendes Polysaccharid isolierten S. Fränkel und C. Jellinek[8] aus dem mit Bariumhydroxyd erhaltenen Aufschluß. Da dieses aus krystallisiertem Ovalbumin nur in Spuren (0,26%), aus dem Koagulum zu 1,9%, aus dem löslichen Ovomucoid aber zu 5,1% erhalten wurde, schließen P. A. Levene und T. Mori[9], daß Ovomucoid die Quelle dieses Kohlenhydrates sein muß. Levene und Mori erteilen dem Polysaccharid die ungefähre Formel $C_{18}H_{33}O_{15}N$. Es war leicht löslich in Wasser, unlöslich in Pyridin, Alkohol und Äther und zeigte die Drehung in

	Wasser (c = 2)	3proz. Salzsäure (c = 0,8)
$[\alpha]_D^{25}$	+31,0°	+30,4°

Die Reaktion gegen Lackmus war neutral. Bei völliger Hydrolyse mit konz. Salzsäure entstand Glucosamin und Laevulinsäure, bei der Hydrolyse mit 4proz. Salzsäure Mannose. Durch 20 Minuten lange Hydrolyse mit 10proz. Salzsäure bei 100° wurde ein schwach rechts drehendes Trisaccharid von der Formel $C_{18}H_{33}O_{15}N$ erhalten.

Nach weiteren Versuchen von Levene mit A. Rothen[10] wurde das *Molekulargewicht des Polysaccharids* zu etwa 2000, das des Trisaccharids zu etwa 500 ermittelt und festgestellt, daß das Polysaccharid aus 4 Glucosamin- und 8 Mannoseeinheiten aufgebaut sein muß. M. Soerensen nimmt an, daß das Polysaccharid aus 1 Mol. Glucosamin + 2 Mol. Mannose (bzw. Galaktose) aufgebaut ist, seine Menge sich also aus dem Zuckergehalt mit dem Faktor 1,4 berechnet.

Physiologische Bedeutung des Ovomucoids. Nach K. Willanen[11] ist Ovomucoid als Eiweißnährstoff aufzufassen. Die Kohlenhydratgruppe wird bei der Fäulnis und Pepsinverdauung abgespalten, nicht mit Trypsin und bei der Autolyse. Bei der Einführung in den Magen oder in das Unterhautbindegewebe wird Ovomucoid fast völlig oxydiert. Nach J. Needham[12] findet sich auch im Dotter und Dottersack ein Enzym, das Ovomucoid vom 5. Bebrütungstage ab hydrolysiert. Bei der Verwertung geht das Ovomucoid wahrscheinlich direkt in den Dotter, wo es hydrolysiert und dann von den Dotteradern aufgenommen wird.

4. Sonstige Bestandteile des Eiklars.

Eiklar enthält geringe Mengen eines gelben, zu den Flavinen gehörigen *Farbstoffes*, von R. Kuhn, P. György und Th. Wagner-Jauregg[13] *Ovoflavin* genannt. 30 kg getrocknetes Eiklar (= 10 000 Eier) enthalten nach ihren Versuchen mindestens 180 mg Ovoflavin, von dem 30 mg gewonnen werden können. Das Flavin ist zu 90—100% hochmolekular gebunden (H. v. Euler[14]).

[1] Neuberg, C. und O. Schewket: Biochem. Z. 1912, **44**, 491. — [2] Zeller, H.: Z. physiol. Chem. 1913, **86**, 85. — [3] Izumi, S.: Z. physiol. Chem. 1925, **142**, 175. — [4] Needham: Biochem. J. 1927, **21**, 733. — [5] Zuckerkandl, F. und L. Messiner-Klebermass: Biochem. Z. 1931, **236**, 19. — [6] Soerensen, M.: Biochem. Z. 1934, **269**, 271. — [7] Komori, Y.: J. Biochem. 1926, **6**, 1. — [8] Fränkel, S. und C. Jellinek: Biochem. Z. 1927, **185**, 392. — [9] Levene, P. A. und T. Mori: J. biol. Chem. 1929, **84**, 49. — [10] Rothen, A.: J. biol. Chem. 1929, **84**, 63. — [11] Willanen, K.: Biochem. Z. 1906, **1**, 108. — [12] Needham, J.: Biochem. J. 1927, **21**, 733. — [13] Kuhn, R., P. György und Th. Wagner-Jauregg: Ber. dtsch chem. Ges. 1933, **66**, 317. — [14] Euler, H. v., E. Adler und A. Schlötzer: Z. physiol. Chem. 1934, **226**, 88; Chem.-Ztg. 1937, **61**, 546.

Zusammensetzung von Eierschalen.

Lfde.Nr.	Eischale von Vogelart	Zeit der Untersuchung	Organische Substanz	Calcium berechnet als			Magnesium berechnet als			Phosphat berechnet als				Untersucht von
				$CaCO_3$ %	CaO %	Ca %	$MgCO_3$ %	MgO %	Mg %	$Ca(PO_4)_2$ %	P_2O_5 %	PO_4 %	P %	
1.	Huhn	1863	4,2	93,7	52,5	37,5	1,4	0,7	0,4	1,7	0,8	1,0	0,3	Wicke[1]
2.	,,	1901	4,2	94,5	53,0	37,8	1,3	0,6	0,4	0,8	0,4	0,5	0,2	C. F. Langworthy[2]
3.	,,	1903	5,5	93,0	52,1	37,2	—	—	—	1,0	0,4	0,6	0,2	E. Carpiaux[3]
4.	,,	1917	—	—	—	—	Kalium	0,3		0,9	0,4	0,6	0,2	P. A. Browning[4]
5.	Ente	1863	4,2	94,4	53,0	37,8	0,5	0,2	0,1	1,4	0,8	1,1	0,4	Wicke[1]
6.	,,	1901	4,3	95,2	53,3	38,2	0,5	0,2	0,1	0,8	0,4	0,5	0,2	C. F. Langworthy[2]
7.	Gans	1863	3,6	95,3	53,3	38,2	0,7	0,3	0,2	1,0	0,5	0,6	0,2	Wicke[1]
8.	,,	1901	3,5	95,8	53,7	38,4	0,7	0,3	0,2	0,5	0,2	0,3	0,1	C. F. Langworthy[2]
9.	Strauß	1856	3,3	97,4	54,6	39,0	—	—	—	—	—	—	—	Wicke[1]
10.	,,	1881	4,9	92,3	51,6	36,9	2,0	1,0	0,6	0,7	0,3	0,4	0,1	Balland
11.	,,	1923	1,1	96,2	53,9	38,6	2,1	1,0	0,6	0,4	0,2	0,3	0,1	Torrance[5]
12.	Ardea cinerea	1863	4,3	94,6	53,0	37,9	0,7	0,3	0,2	0,9	0,4	0,6	0,2	Wicke[1]
13.	Larus argentatus	1863	6,5	92,0	51,2	36,8	0,8	0,4	0,2	1,8	0,8	1,1	0,4	Wicke[1]
14.	Phasianus colchicus	1863	4,6	93,3	52,4	37,4	0,7	0,3	0,2	3,0	1,4	1,8	0,6	Wicke[1]
15.	Hühnerei, normale Schale	1933	1,79	97,2	54,5	38,9	1,6	0,8	0,5	0,26	0,12	0,16	0,05	H. J. Almquist und B. R. Burmester[6]
		1933	—	96,4	54,1	38,6	1,5	0,7	0,4	0,18	0,08	0,11	0,04	
		1933	—	97,4	54,6	39,0	1,6	0,8	0,5	0,18	0,08	0,11	0,04	
16.	desgl., glasige Schale	1933	2,38	95,5	53,5	38,3	1,5	0,7	0,4	0,14	0,07	0,09	0,03	
		1933	—	95,5	53,5	38,3	1,5	0,7	0,4	0,21	0,10	0,13	0,04	
		1933	—	95,2	53,3	38,2	1,6	0,7	0,4	0,13	0,06	0,08	0,03	

[1] Wicke: Liebigs Ann. 1863, 125, 78. — [2] Langworthy, C. F.: U. Sc. Dep. Agric. Farmers Bull. 128, Washington 1901; Z. 1902, 5, 1125. — [3] Carpiaux, E.: Bull. de lI'nst. Chim. et Bakteriol. Gembloux 1903, Nr. 73; C. 1903, II, 58. — [4] Browning, P. E.: J. Ind. Engin Chem. 1927, 9, 1043; C. 1918, I, 1178. — [5] Torrance: J. South African Chem. Inst. 1923, 6, 11; Chem. Abstr. 1923, 17, 2230. — [6] Almquist, H. J. und B. R. Burmester: Poultry Science 1934, 13, 116. Dazu $Al_2O_3 + Fe_2O_2$: 0,49; 0,51; 0,49 bzw. 0,46; 0,51; 0,47%.

Zur Darstellung wurde das getrocknete Weißei mit 80proz. Methylalkohol ausgezogen, aus der gelben, grün fluoreszierenden Lösung der Farbstoff in saurer Lösung an Fullererde absorbiert und das Adsorbat durch verdünntes Pyridin eluiert. Nach Wiederholung dieser Adsorption in neutraler Lösung wurde der Farbstoff mit Silbernitrat als braunrotes Silbersalz ausgefällt und dieses mit Schwefelwasserstoff zerlegt. Das Ovoflavin wurde dann, aus doppeltnormaler Essigsäure krystallisiert, in orange gefärbten, in Chloroform und Äther unlöslichen, in Wasser, Butyl- und Amylalkohol sowie Cyclohexanol löslichen Nadeln mit dem Zersetzungspunkt 265° erhalten. Die Analyse entspricht der Formel $C_{16}H_{20}O_6N_4$ oder $C_{17}H_{20}O_6N_4$. Bei der Hydrierung mit Palladiumoxyd wird 1 Mol., mit Platinoxyd mehr Wasserstoff aufgenommen. Ovoflavin wird bei 3 Minuten langem Kochen mit Normalnatronlauge unter Entfärbung zerstört, ist aber beständig gegen heiße 10proz. Schwefelsäure, Bromwasser, Salpetersäure, Wasserstoffsuperoxyd und salpetrige Säure. Zinkstaub in alkalischer Lösung oder Hydrosulfit reduzieren unter Entfärbung; die entfärbte Lösung wird durch Sauerstoff (Luft) wieder gefärbt.

Die maximalen molaren Extinktionskoeffizienten für Ovoflavin, entsprechend dem Molekulargewicht 360, in Wasser sind:

$$x = 2{,}11 \times 10^4 \qquad 1{,}75 \times 10^4 \qquad 8{,}5 \times 10^4$$
$$\lambda = 446 \text{ m}\mu \qquad\quad 366 \text{ m}\mu \qquad\quad 267 \text{ m}\mu$$

Das grüne Fluorescenzlicht erstreckt sich von 500 bis über 630 mμ.

Über die Beziehungen des Ovoflavins zum Vitamin B_2 vgl. S. 265.

Den Gehalt des Eiklars an *Milchsäure* ermittelten J. STRAUB und C. M. DONCK[1] nach FÜRTH-CHARNASS[2] zu 0,014%. Der gleiche Wert wurde für Kühlhauseier gefunden.

IV. Eischale und Eihäute.

1. Eischalen.

a) Allgemeine Zusammensetzung.

Die Eischale scheint bei verschiedenen Vögeln von ziemlich gleichmäßiger Zusammensetzung zu sein. Neben kleinen Mengen organischer Stoffe bestehen die Schalen überwiegend aus Calciumcarbonat, daneben kommen kleine Mengen Magnesiumcarbonat und Phosphate vor.

Der *Wassergehalt* der Eierschalen ist gering. Nach W. T. HOLST, H. J. ALMQUIST und F. W. LORENZ[3] bestehen Unterschiede im Wassergehalt von beim Durchleuchten der Eier gleichmäßig erscheinenden und ungleichmäßig fleckig durchscheinenden Schalen. So fanden sie für

Gleichmäßig durchscheinende Schalen	Fleckig durchscheinende Schalen
1,61 1,43 1,61 1,69 1,43 1,43 1,03	2,71 2,91 1,66 1,75 1,96 1,78 2,36 1,76
Mittel: 1,46 ± 0,05%.	Mittel: 2,11 ± 0,11%

Die Fleckigkeit beruht auf ungleichmäßiger Wasserverteilung in der Schale.

Die folgende Tabelle enthält die von verschiedenen Untersuchern gefundenen Zahlen für die Trockensubstanz der Schale, auch nach Umrechnung auf Oxyde und Elemente.

Die Aschenzusammensetzung von Hühnereierschalen von Weißen Leghornhühnern *nach verschiedenem Futter* ermittelten G. D. BUCKNER und J. H. MARTIN[4].

Die Hühner hatten teils Normalfutter (Nr. 1), teils Schrotmehl (Nr. 2), teils Schrotmehl mit Austernschalen (Nr. 3), teils Schrotmehl mit Kalkstein (Nr. 4) erhalten, ohne daß diese Zusätze die Schalenzusammensetzung wesentlich beeinflußten.

Die Ergebnisse waren (s. Tab. S. 174):

Der *Eisengehalt* der Eischale wurde von C. AUFSBERG[5] zu 0,0272% Fe_2O_3 gefunden und war durch Fütterung der Tiere mit Eisensalzen nicht beeinflußbar.

Die Eischale ist von außerordentlich hoher *mechanischer Festigkeit* (vgl. S. 47) und dient teilweise auch zur Deckung des Mineralstoffbedarfs des werdenden jungen Vogels bei der Bebrütung (vgl. S. 67).

[1] STRAUB, J. und C. M. DONCK: Chem. Weekbl. 1934, **31**, 459. — [2] FÜRTH-CHARNASS: Biochem. Z. 1910, **26**, 199. — [3] HOLST, W. T., H. J. ALMQUIST und F. W. LORENZ: Poultry Science 1932, **40**, 144. — [4] BUCKNER, G. D. und J. H. MARTIN: J. biol. Chem. 1920, **41**, 195. — [5] AUFSBERG, C.: Sächs. Landw.-Ztg. 1900, **22**, 409.

Aschezusammensetzung von Eierschalen nach verschiedener Fütterung.

Datum	Art der Fütterung	Aschengehalt der Schale %	In der Asche			Datum	Art der Fütterung	Aschengehalt der Schale	In der Asche		
			CaO %	MgO %	P_2O_5 %				CaO %	MgO %	P_2O_5 %
1. 12.	1	58,55	98,10	0,71	0,70	20. 5.	2	52,61	98,30	0,81	0,62
12. 2.	1	57,13	97,25	0,62	0,69		3	56,12	98,00	0,89	0,60
	2	55,47	97,65	0,62	0,51		4	56,11	97,60	0,93	0,97
	3	53,69	97,30	0,77	0,65	1. 6.	1	53,03	97,50	0,89	0,60
	4	54,53	98,05	0,61	0,74		2	55,14	97,20	1,03	0,86
8. 3.	1	54,25	97,40	0,74	0,59		3	60,46	98,15	0,80	0,90
	2	54,20	98,80	0,61	0,54		4	58,32	98,10	0,90	0,65
	3	55,41	98,45	0,63	0,40	Mittelwerte:		55,33	97,91	0,76	0,66
	4	55,28	98,40	0,54	0,73						
22. 3.	1	53,61	98,00	0,72	0,67						
	2	53,92	97,95	0,87	0,57						
	3	54,82	98,20	—	0,41						
	4	54,03	97,80	0,76	0,70						

Zusammen: **99,33%**

1 = Normalfutter.
2 = Schrotmehlzusatz.
3 = Schrotmehl- und Austernschalenzusatz.
4 = Schrotmehl- ul   nzusatz.

b) Farbstoffe.

Vorkommen und Aufbau. Nach den Untersuchunge   W. WICKE[1], H. C. SORBY[2], C. LIEBERMANN[3] und C. F. W. KRUCKENBE   ie H. WICKMANN[5] kommen in der Eischale der verschiedenen Vögel vers   rtig gefärbte Pigmente in Form farbiger Körperchen vor, die bei scha   roskopischer Prüfung erkannt werden können, was allerdings durch die   erten Kalkverbindungen erschwert ist. Nach WICKMANN sind alle Eiscl   ostoffhaltig, auch die weißen, bei denen dann der Farbstoff *von weißer F*

WICKE nimmt in bunten Eierschalen nur zwei, einen braunen und   en Farbstoff, an. SORBY hat mittels der Spektralanalyse sieben verschiedene Fa   nterschieden. LIEBERMANN hält wieder nur zwei, einen blaugrünen und einen ro'   ?arbstoff für vorliegend. KRUKENBERG hat diese Angaben weiter nachgeprüft.

Mit WICKMANN können folgende Farbstoffe als nachgewiesen gelt
1. *Rotbrauner Farbstoff.* Oorhodein von SORBY, weitverbreitet, v   s Fleckfarbe. so bei Krähe, Turmfalk, Nachtschwalbe, Buchfink und Schwarzplatte.   bisch besteht dieser Farbstoff aus kaum $1\,\mu$ großen Teilchen;
2. *Gelbbrauner Farbstoff*, gefunden im Eileiter des Feldhuhns, mo   ähnlich wie der vorige;
3. *Grüner Farbstoff*, Größe etwa $5—30\,\mu$, gefunden im Eileiter der
4. *Weißer Farbstoff*, dieser läßt sich in der Hühnereierschale in de   namentlich aber in den oberen Schichten der Kalkschale in Form unzähliger weiß   er Körnchen von kleinstem Ausmaß nachweisen. Neben den amorphen Gebilden ha   n aber auch Sphaeroide, Krystalle und Nadeln beobachtet und daraus auf das Vo   rerer weißer Farbstoffe geschlossen. Die weißen Teilchen kommen aber nicht nur   Eierschalen, sondern auch in bunten, wenn auch in geringerer Menge, vor.

Möglicherweise ist dieser weiße Farbstoff die Muttersubstanz für   Farbstoffe, die daraus durch chemische Umlagerungen entstehen (vgl. S. 35)   b ist dieser weiße Farbstoff auch der Träger der roten Fluorescenz im ultraviole   der frischen Eischale des Huhns, die für die Beurteilung der Eifrische (vgl. S. 1   leutung geworden ist. H. BIERRY und B. GOUZON[6] erhielten aus rein weißen E   in Extrakt, dessen Spektrum ein für Ooporphyrin charakteristisches Maximum] μ zeigte, sowie ein breites Band in Grün, das große Ähnlichkeit mit dem des H   yrins zeigte.

Auf Grund der roten Fluorescenz der Porphyrine im ultravioletten   . DERRIEN[7] Porphyrine in allen, auch in den scheinbar ungefärbten (weißen) Eiersc   n Schichten

[1] WICKE, W.: Liebigs Annal. 1863, **125**, 78. — [2] SORBY, H. C.: Proc. Zool. Soc., Lond. 1875, 351. — [3] LIEBERMANN, C.: Ber. dtsch. chem. Ges. 1878, 11, 606. — [4] KRUCKENBERG, C. F. W.: Die Farbstoffe der Vogeleierschalen. Würzburg 1883. — [5] WICKMANN, H.: Die Entstehung und Färbung der Vogeleier. Münster i. W. 1893. — [6] BIERRY, H. und B. GOUZON: Compt. rend. 1932, **194**, 653. — [7] DERRIEN, E.: Compt. rend. Soc. Biol. 1924, **91**, 634.

nachweisen können, im Eileiter einer Legehenne aber nur in dem Teil, der die Kalkschale bildet. C. J. van Ledden-Hulsebosch[1] erhält aus rotbraunen Eierschalen von Hühner- und Fasaneiern mit starker Schwefel- oder Salzsäure eine rot fluoreszierende Flüssigkeit, die alle Erscheinungen der Porphyrine zeigt.

5. **Andere Farbstoffe.** Sehr verbreitet ist ein *blauer* Farbstoff, den Sorby in zwei verschiedene Farbstoffe, nämlich Oocyan und sog. Banded Oocyan zerlegt. Doch steht nach Krukenberg nicht fest, ob es sich hierbei nicht um eine Behandlungsfolge gehandelt hat. Auch ein *hellgelber* (Yellow-Ooxanthin von Sorby, Oochlorin von Krukenberg) findet sich, namentlich in Schalen von Straußeneiern. Weiter wurde das rote Ooxanthin von Krukenberg und Wickmann bestätigt. Seltener ist ein *orangeroter* Farbstoff. Enteneier können gelegentlich in der Schale eine *schwarze Substanz* enthalten, deren Ursache aber entgegen der Annahme Sorbys nach Wickmann nicht auf Melanismus des Vogels beruht, da die Eier der großen schwarzen Ente gewöhnlich grün gefärbt sind. Auch eine bräunliche Farbe kommt bei Enteneiern vor und scheint mit der Rasse zusammenzuhängen. In der Eischale des Kasuars beobachtete D. Dinelli[2] neben einem ätherlöslichen grünen Farbstoff, der in kleiner Menge krystallinisch erhalten werden konnte, Vorliegen eines weiteren amorphen, in Wasser und verdünntem Alkali löslichen, in Methanol unlöslichen grünen Farbstoffs, den er für ein Chromoproteid hält.

Bei *Hühnereiern* ist die Eifarbe asiatischer Rassen beim Cochinchina-Huhn gelbbräunlich, beim Malaien-Huhn braunrötlich und beim Brahma-Huhn etwa zwischen beiden.

Einen tieferen Einblick in den Bau der Eifarbstoffe haben uns die Arbeiten von H. Fischer und F. Kögel[3] vermittelt. Nach diesen ist der von Sorby als *Oorhodein* bezeichnete Farbstoff als ein *Porphyrin* anzusehen. Es gelang, dieses Ooporphyrin als krystallisierten Dimethylester aus den Schalen von Möwen- und Kiebitzeiern zu isolieren. 150 g Kiebitzeierschalen lieferten 60 mg des Esters. Das Ooporphyrin bildet sich nach Fischer und Kögel beim Übergang von Blut- zum Gallenfarbstoff aus dem Hämin durch Abspaltung des komplexgebundenen Eisens. Die Formel des Ooporphyrins ist $C_{34}H_{32}N_4O_4$:

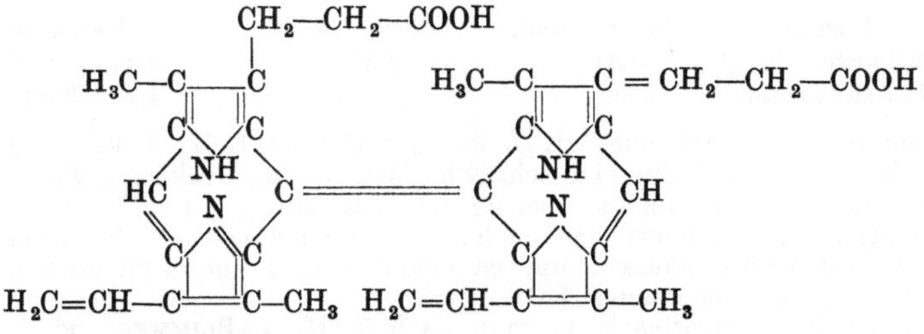

$$CH_2\!-\!CH_2\!-\!COOH$$

Ooporphyrin.

Abscheidung. Im natürlichen Zustande sind die Eifarbstoffe in Wasser und Alkohol unlöslich, können aber, wie schon Wicke bekannt war, mit verdünnter Salzsäure abgeschieden und dann teilweise in Alkohol gelöst werden. Sorby verfuhr ähnlich und stellte dann verschiedene Löslichkeit von Farbstoffanteilen fest, je nachdem er mit neutralem oder angesäuertem Alkohol behandelte. Dabei wurden aber die Farbstoffe teilweise auch von der Salzsäure stark angegriffen, während Behandlung der Schalen mit Essigsäure zur Entfernung des Kalks die Farbstoffe viel weniger leicht in Alkohol löslich werden ließ.

Nach Liebermann liegt der Farbstoff in der Eischale oft in mehreren Lagen übereinander, aus denen er sich beim Betupfen mit Salzsäure abscheidet. Spült man nun mit Alkohol nach, so entstehen schon verhältnismäßig stark gefärbte, zur spektroskopischen Prüfung geeignete Farbstofflösungen.

Fischer und Kögel[4] verfuhren zur *Darstellung von Eischalenfarbstoff* wie folgt:

20 g grobzerkleinerte Möveneierschalen wurden mit 35 cm³ gesättigter Lösung von Chlorwasserstoff in Methanol übergossen und dazu noch 65 cm³ Methanol gegeben. Die entstehende

---

[1] Ledden, C. J. van Hulsebosch: Pharm. Weekbl. 1927, **64** 325. — [2] Dinelli, D.: Atti R. Accad. naz. Lincei, Rend. 1935 (6), **22**, 464; C. 1936, II, 2151. — [3] Fischer, H. und F. Kögel: Z. physiol. Chem. 1923, **131**, 241; 1924, **138**, 262. — [4] Fischer und Kögel: Z. physiol. Chem. 1923, **131**, 249.

stark blaugrün gefärbte Lösung wurde nach 24 Stunden abgesogen und im Vakuum bei 35° eingedampft. Die Schalenrückstände wurden dann nochmals ausgezogen.

Der Rückstand der Farbstofflösung wurde mit Soda alkalisch gemacht, die hellbraune kalkhaltige Abscheidung abgezogen, bis zur neutralen Reaktion gewaschen und bei 50° getrocknet. Darauf extrahierte man in der Extraktionsröhre mit Chloroform, worauf die Farbstoffe mit dunkelvioletter Farbe mit im auffallenden Licht stark blutroter Fluorescenz in Lösung gingen. Der Farbstoff wurde, in Äther und Chloroform gelöst, spektroskopisch geprüft.

Die Chloroformlösung wurde nun eingedampft, in wenig Chloroform gelöst und mit Methanol in amorphen Flocken ausgefällt. Diese wurden nach Filtrieren und Trocknen in wenig Chloroform gelöst und mit siedendem Methanol versetzt. Alsbald krystallisierte der Ooporphyrinmethylester in zu Rosetten gruppierten Blättchen aus. Das Filtrat lieferte beim Eindampfen noch büschelförmig vereinigte prismatische Nadeln, die häufig in Garbenform auftraten.

Aus 300 g Möveneierschalen wurden 30 mg krystallisierter Ooporphyrindimethylester vom Schmelzpunkt 225—230° (unscharf) erhalten. Nach einer weiteren Untersuchung der genannten Forscher[1] lieferten 150 g Kiebitzeierschalen 60 mg der gleichen Verbindung mit dem Schmelzpunkt 222—225°.

2. Eihäute.

a) Allgemeine Zusammensetzung.

Die *Schalenhäute* der Eier und ebenso auch nach G. C. Heringa und S. H. van Kempe Valk[2] die Fibrillenstrukturen des Eiklars bestehen aus *Keratin*.

Die *Dotterhaut* soll nach Liebermann ebenfalls aus einem dem Keratin ähnlichen Albuminoid bestehen.

Der Menge nach betragen Schalenhäute und Schalenprotein nach H. J. Almquist und B. R. Burmester[3] allerdings nur einen kleinen Teil der Schale:

Bestandteil	Zahl der Versuche	Mittelwerte	Schwankungen
Eihäute	20	4,75%	3,41—7,95%
Schalenprotein .	54	1,98%	1,27—3,39%

Das Schalenprotein enthielt nach H. J. Almquist[4] etwa 16% Stickstoff, keinen lose gebundenen Schwefel und gab nur eine schwache Millonsche Reaktion. Es löste sich in warmer 0,5proz. Schwefelsäure und warmer 50proz. Essigsäure. Durch Pepsin wurde es in 0,1 n-Salzsäure bei 37° schnell gelöst. Hiernach ist das in die Kalkschale eingelagerte Protein verschieden von dem Membrankeratin und ist vielmehr als *Kollagen* anzusehen, nicht als Keratin, wie Nathusius[5] angenommen hatte.

Zur *Darstellung des Ovokeratins* kann man nach R. H. A. Plimmer und J. L. Rosedale[6] die mechanisch abgetrennten Eimembranen zuerst durch Abwaschen mit sehr verdünnter Natronlauge von löslichem Protein, dann mit verdünnter Salzsäure vom Calciumcarbonat befreien und schließlich mit Alkohol und Äther trocknen. Man erhält so aus einem Ei etwa 0,2 g Ovokeratin.

H. O. Calvery[8] behandelt die Schalen mit Pepsin-Salzsäure, Wasser, Alkohol und trocknet über Schwefelsäure im Vakuum.

Für verschiedene derartige Ovokeratinpräparate wird folgende *Elementarzusammensetzung* angegeben (s. Tab. S. 177).

Zur Darstellung des *Schalenproteins* entfernte Almquist aus den mit Salzlösung gründlich abgebürsteten Schalen den Kalk mit verdünnter Salzsäure, entfernte die Häute und wusch den Rückstand mehrmals mit Salzlösung und destilliertem Wasser unter Abschleudern ab. Der Rückstand wurde dann im Luftstrom bei 37° getrocknet.

M. A. Rakusin[7] erhielt aus Hühnereihäutchen durch Mazeration in Pepsinsalzsäure, verdünnter Natronlauge und verdünnter Essigsäure ein Ovokeratin als graugelbes Pulver, das in Lösung links drehte, alle Farbreaktionen der Proteine mit Ausnahme der Liebermannschen gab und 2,30% Schwefel enthielt.

[1] Fischer und Kögel: Z. physiol. Chem. 1924, **138**, 267. — [2] Heringa, G. C. und S. H. van Kempe Valk: Koninkl. Akad. Wetensch. Amsterdam, Proceedings 1930, **33**, 530. — [3] Almquist, H. J. und B. R. Burmester: Poultry Science 1934, **13**, Nr. 6. Sonderabdruck. — [4] Almquist, H. J.: Poultry Science 1934, **13**, Nr. 6. Sonderabdruck. — [5] Nathusius, W. V.: Z. wiss. Zool. 1868, **18**, 225. — [6] Plimmer, R. H. A. und J. L. Rosedale: Biochem. J. 1925, **19**, 1015. — [7] Calvery, H. O.: J. biol. Chem. 1933, **100**, 183. — [9] Rakusin, M. A.: J. Russ. Physiol. Chem. Ges. 1917, **49**, 159; C. 1923, III, 784.

Bezeichnung	Zeit der Untersuchung	Kohlenstoff %	Wasserstoff %	Stickstoff %	Schwefel %	Sauerstoff %	Untersucht von
Schalenmembran-Keratin .	1881	49,78	6,64	16,43	4,25	—	LINDWALL[1]
Keratin der Dottermembran	1888	46,21	7,55	12,20	3,60	30,42	
Chalazaprotein.	1888	48,26	8,07	—	—	—	
desgl.	1888	47,94	9,81	—	—	—	LIEBERMANN
Keratin der Schalenmembran	1888	50,95	7,24	vorhanden		—	
desgl.	1888	50,60	6,60	16,70	—	—	
Eischalenkeratin	1933	—	—	16,57	3,78	—	H. O. CALVERY[2]

Beim Erhitzen mit Kalilauge liefert das Ovokeratin nach HERINGA und VAN KEMPE-VALK eine orangerote Färbung unter Ammoniakabspaltung, bei anschließender Behandlung mit Salzsäure unter Gasentwicklung eine zähe Flüssigkeit, die mit wenig Bleiacetat eine schwarze Färbung liefert. Die Xanthoproteinreaktion war stark positiv. Beim starken Erhitzen trat Horngeruch auf.

Der Neigung von Keratingebilden *Arsen zu speichern* entspricht der Befund von G. BERTRAND[3], daß von den im Ei enthaltenen Arsenmengen ein erheblicher Teil in den Eihäuten gebunden ist (vgl. S. 97). So fand er:

Häute von	10	3	3	Eiern im
Gewicht von . . .	10	1,75	1,6	g
As_2O_3	5,5	1,0	5,0	γ
	0,055	0,057	0,313	mg-%,

während der Eidotter nur zwischen 0,003—0,016 mg-%, Eiklar 0,0007—0,0034 mg-%, Schalen 0,0036—0,0238 mg-% enthielten.

b) Stickstoffverteilung.

Die Stickstoffverteilung in der Eimembran finden R. H. A. PLIMMER J. L. ROSEDALE[4] nach dem Verfahren von VAN SLYKE im Mittel:

Stickstoffverteilung der Eimembran (% des Gesamt-N).

Amid-N	Humin-N	Diamino-N						Monoamino-N		
		Gesamt	Arginin	Amino	Nicht-amino	Histidin	Lysin-	Gesamt	Amino	Nicht amino
6,8	1,6	30,7	16,9	14,8	15,5	4,3	9,4	62,2	55,0	7,2

Daraus berechnet an Basen:

Arginin 8,6 % Histidin 2,2 % Lysin 6,9 %.

Z. STARY und J. ANDRATSCHKE[5] erhielten nach dem gleichen Verfahren an Ammoniak-N 3,51 %, Humin-N 2,73 %, Diamino- und Cystin-N 20,91 %, Monoamino-N 72,85 % des Gesamt-N. Die Ninhydrinreaktion war positiv, stark positiv die Dinitrobenzol- und Pikrinsäure- sowie die Tryptophanreaktion.

Durch direkte Abscheidungen haben E. ABDERHALDEN und E. EBSTEIN[6] aus Ovokeratin, bezogen auf die aschefreie Trockensubstanz erhalten an:
Glykokoll 3,9 %, Alanin 3,5 %, Valin 1,1 %, Leucin 7,4 %, Prolin 4,0 %, Glutaminsäure, 8,1 %, Asparaginsäure 1,1 %.
Serin war wahrscheinlich, Phenylalanin möglicherweise vorhanden.
H. O. CALVERY[7] findet nach neueren Methoden im Eischalenkeratin:

	%		%		%
Tyrosin	2,54	Asparaginsäure . .	3,38	Arginin	8,88
Prolin	3,83	Tryptophan	2,61	Histidin	0,86
Glutaminsäure . .	10,11	Cystin	12,67	Lysin	3,66

[1] Nach NEEDHAM. Chemical Embryologie, S. 258. — [3] CALVERY, H. O.: J. biol. Chem. 1933, **100**, 183. — [3] BERTRAND, G.: Bull. Soc. Chim. Paris 1903 (3), **29**, 790. — [4] PLIMMER, R. H. A. und J. L. ROSEDALE: Biochem. J. 1925, **19**, 1019. — [5] STARY, Z. und J. ANDRATSCHKE: Z. physiol. Chem. 1925, **148**, 83. — [6] ABDERHALDEN, E. und E. EBSTEIN: Z. physiol. Chem. 1906, **48**, 530. — [7] CALVERY, H. O.: J. biol. Chem. 1933, **100**, 183.

Da nach R. J. Block und H. B. Vickery[1] ein Keratin durch das Verhältnis Histidin : Lysin : Arginin = 1:4:12 gekennzeichnet ist, liegt im Eischalenkeratin, ebenso wie beim menschlichen Haar, der Schafwolle und dem Seidenfibrin, ein echtes Keratin vor. Der Cystingehalt kann im Keratin erheblichen Schwankungen unterliegen. So erhielten auch P. P. T. Sah und C. S. Chen[2] aus 50 g Eimembran von chinesischen Hühnereiern 5,26 g = 10,52% Cystin bei einem Schwefelgehalt von 2,83% (nach dem Natriumperoxydverfahren). Der Schwefel scheint danach ausschließlich als Cystin vorhanden zu sein.

C. Verhalten der Eier bei der Aufbewahrung[3].

Entsprechend seiner biologischen Bestimmung soll der Inhalt des Vogeleies dem Vogelembryo solange als Nahrung dienen, bis der junge Vogel voll ausgebildet die Eischale aufbricht und ins Freie ausschlüpft. Dem entspricht eine *natürliche Haltbarkeit* des Eies für die Dauer der Ansammlung des Geleges und für die Brutzeit, die allerdings infolge der höheren Bruttemperatur eine erhöhte Gefahr des Verderbens mit sich bringt.

Solange im befruchteten und noch nicht ausgebrüteten Ei der Keim noch lebend und entwicklungsfähig ist, bezeichnen wir das Ei als *Trinkei* oder *Frischei*. Das gleiche gilt für das unbefruchtete Ei, solange es in Beschaffenheit und Wohlgeschmack noch keine Alterungserscheinungen über diese Periode hinaus, die etwa 14 Tage beträgt, aufweist. Aber auch nachdem diese Periode vorüber ist, taugt das Ei noch für viele Zubereitungen und Verwendungsarten, solange es noch nicht dem eigentlichen Verderben, der Fäulnis oder Verschimmelung anheimgefallen ist. Das Ei ist dann aber nicht mehr als frisch, sondern als „gealtert" anzusehen. Bei diesem *Alterungsvorgang*[4] spielen wahrscheinlich die im Ei von Natur aus enthaltenen Enzyme die Hauptrolle.

Ganz anders wird das Bild, wenn Kleinwesen verschiedener Art, Bakterien, Pilze und Hefen in das Ei eindringen, sich darin entwickeln und den Zustand herbeiführen, den wir als das *Verderben* der Eier bezeichnen.

Um dieses Verderben zu verhindern oder wenigstens solange aufzuhalten, bis die Eier oder ihr Inhalt einer Verwertung als Lebensmittel zugeführt werden können hat man eine Reihe sinngemäßer Behandlungen und Maßnahmen erfunden, die man unter dem Begriff *Haltbarmachung* der Eier zusammenfassen kann.

I. Änderungen beim Altern der Eier.

Bei der Aufbewahrung frischer Eier treten bald Änderungen in der chemischen, kolloidchemischen und physikalischen Zusammensetzung ein, die wir in ihrer Gesamtheit als Altern der Eier bezeichnen können. Das Altern der Eier bedingt gleichzeitig eine fortschreitende Verminderung des Wohlgeschmacks und der Brauchbarkeit der Eier für den Genuß und für die Speisenzubereitung, was in einer wirtschaftlichen Minderbewertung alter Eier gegenüber frischen zum Ausdruck kommt.

Da auf diese Vorgänge äußere Einflüsse von oft entscheidender Bedeutung sind und sie, wie wir noch sehen werden, hemmen und auch beschleunigen können, gibt es keine feste Beziehung zwischen dem jeweiligen *zeitlichen Alter* eines Eies und seinem *Zustande*, in dem es sich befindet. Vielmehr bestehen nur Zusammenhänge in der Richtung, also korrelativer Art, die allerdings in vielen Fällen praktisch wertvolle Schlüsse erlauben.

---

[1] Block, R. J. und H. B. Vickery: J. biol. Chem. 1931, **93**, 105. — [2] Sah, P. P. T. und C. S. Chen: Sci. Rep. Nat. Tsing Hua Univ. Ser. A. 1933, **1**, 285; C. 1933, I, 2832.

[3] Kossowicz, A.: Die Zersetzung und Haltbarmachung der Eier. Wien 1913. — Beller, K., W. Wedemann und K. Priebe: Untersuchungen über den Einfluß der Kühlhauslagerung bei Hühnereiern. Beiheft zur Z. Fleisch- u. Milchhyg. Jg. 44, 1934. — Janke, A.: Das Hühnerei, seine Zersetzung und Haltbarmachung. Wiener milchwirtsch. Ber. 2. Bd. 1935.

[4] Vgl. J. Grossfeld: Dtsch. Apoth.-Ztg. 1935, **50**. 831.

Diese normalen Alterungsvorgänge sind scharf von den weiter unten besprochenen *Zersetzungen durch Mikroorganismen* zu unterscheiden und verlaufen im Gegensatz zu diesen in allen Fällen weit langsamer und weniger eingreifend.

1. Wasserverlust und spezifisches Gewicht.

Eine Erscheinung, die sofort nach dem Legen eines Eies einsetzt und dann bei seiner Aufbewahrung stetig fortschreitet, ist die Gewichtsabnahme des Eies, in der Hauptsache dadurch bedingt, daß Wasser aus dem Eiklar durch die Eiporen hindurch verdunstet. Man hat früher angenommen, daß diese Wasserverdunstung ziemlich gleichmäßig erfolge, und geglaubt in ihr ein Maß für das Eialter zu besitzen. Da bei dieser Wasserverdunstung sich das Eivolumen nicht ändern kann, weil es ja durch die starre Eischale gegeben ist, muß dabei der Quotient Gewicht/Volumen, also die *Dichte* oder das *spezifische Gewicht* des Eies dem Grade der Wasserverdunstung folgen, ihr proportional sein. Da das spezifische Gewicht der Eier im Vergleich zum stark schwankenden wirklichen Gewicht viel mehr konstant ist, ist gerade das spezifische Gewicht vorzugsweise zum Gradmesser des Eialters geworden.

Über die *Gewichtsabnahme* der Eier hat schon F. PRALL[1] eingehende Versuche angestellt und für Eier im unpräparierten Zustande gefunden:

Lfde. Nr.	Art der Behandlung	Zahl der Beobachtungen	Dauer des Versuches Tage	Mittleres Eigewicht g	Tägliche Gewichtsabnahme	
					Mittel %	Schwankungen %
1.	Eier im Keller aufbewahrt, auf dem Eierbrett mit der Spitze nach unten hin aufgestellt . .	23	185—294	50,3	0,0695	0,0474—0,0914
2.	Eier im Keller aufbewahrt, auf dem Eierbrett aufgestellt, jede Woche einmal umgekehrt	24	177—286	51,3	0,0753	0,0530—0,1040
3.	Eier im Eisschrank auf dem Eierbrett aufbewahrt	18	185—339	49,1	0,0470	0,0335—0,0602
4.	Eier im Kühlraum für Eier aufbewahrt	45	151—263	47,8	0,0369	0,0244—0,0594
5.	Eier im gewöhnlichen Kühlraum aufbewahrt	45	150—269	47,2	0,0726	0,0495—0,1355
6.	Eier in flacher Holzkiste in Häcksel eingebettet	21	191—301	47,4	0,0657	0,0500—0,1014
7.	Eier in flacher Holzkiste, in Sand eingebettet	18	198—311	50,6	0,0686	0,0538—0,1051

Bezieht man die täglichen Gewichtsabnahmen auf die Dichte, so erhält man folgende mittleren Abnahmen:

Versuchsreihe	1	2	3	4 .
Behandlung	Aufbewahrung im Keller	desgleichen bei wöchentlicher Umkehrung	Aufbewahrung im Eisschrank	Aufbewahrung im Eierkühlhaus
mittlere tägliche Abnahme der Dichte	0,0014	0,0015	0,0012	0,0008
Schwankungen	0,0009-0,0018	0,0010-0,0020	0,0007-0,0012	0,0005-0,0012

Versuchsreihe	5	6	7
Behandlung	Aufbewahrung im gewöhnlichen Kühlraum	Einbettung in Häcksel	Einbettung in Sand
mittlere tägliche Abnahme der Dichte	0,0015	0,0014	0,0017
Schwankungen	0,0010-0,0028	0,0010-0,0021	0,0011-0,0020

---

[1] PRALL, F.: **Z.** 1907, **14**, 445.

Tägliche Abnahme	Mittel g	Schwankungen g
des Gewichtes .	0,086	0,054 —0,167
der Dichte . . .	0,0017	0,0010—0,0034

A. Behre und K. Frerichs[1] fanden an 26 Eiern, die sie von März bis September vom Tage des Legens an beobachteten, eine tägliche Abnahme von ähnlicher Größenordnung (s. Tab.).

Tägliche Gewichtsabnahmezahlen von ähnlicher Größenordnung für im kühlen Raum aufbewahrte Eier erhielt auch M. D. Iljin[2], nämlich für kurze Lagerung (2—26 Tage) bei 45 Versuchen 0,04—0,27%, im Mittel 0,12%, für lange Lagerung (40—15 Tage) bei 19 Versuchen 0,10—0,24%, im Mittel 0,13%.

Ein *Einfluß der Jahreszeit* war nach Behre und Frerichs nicht festzustellen. Schon eine einfache Überlegung zeigt aber, daß verschiedene *äußere Umstände*, wie Art der Aufbewahrung, Temperatur, Luftbewegung, Luftfeuchtigkeit, Verschiedenheiten in Dicke und Porigkeit der Eischale von bedeutendem Einfluß sein müssen. So ist auch der Befund von E. Dinslage und O. Windhausen[3] zu erklären, nach dem zwei einzelne Eier Abnahmen des spezifischen Gewichts von 0,0005 und 0,0028 zeigten, je nachdem die Eier im feuchten Keller oder in der trocknen Laboratoriumsluft gelagert waren. Ähnlich fanden A. Schrempf und G. Weidlich[4], daß in den heißen Sommermonaten, wenn die mittlere Tagestemperatur 22—23° überschreitet, die Eier bei der Aufbewahrung eine übernormale Gewichtsabnahme aufweisen.

Aus einer Versuchsreihe von E. Philippe und M. Henzi[4], die 19 große italienische Eier mit dem mittleren Gewicht von 61,2 g vom 9. Januar bis zum 22. Mai in einem kühlen und trocknen Keller in einer großen Glasschale mit aufgeschliffenem Deckel in feuchter (formalinhaltiger) Atmosphäre aufbewahrten, berechnet sich der mittlere tägliche Gewichtsverlust zu nur 0,016%.

Nach F. M. Fronda und D. D. Clemente[5] ist bei gewöhnlicher Aufbewahrung die Beziehung zwischen Temperatur und Gewichtsabnahme größer als zwischen relativer Luftfeuchtigkeit (76,8—88,4%) und Gewichtsabnahme. Der tägliche Gewichtsverlust bei den Eiern im Gewichte von 36,4—44,9 g betrug 0,18%.

Nach A. D. Greenlee[6] soll der Wasserverlust der Eier in Abhängigkeit von der Temperatur nach der Gleichung verlaufen:

$$y^2 = (1{,}51\,t - 40{,}3)\,x,$$

worin y die Zahl der Lagerungstage, x den täglichen Gewichtsverlust in Gramm bedeuten.

Den *Einfluß der Temperatur* zeigen besonders deutlich Versuche von R. Hanne[7], der folgende tägliche Abnahmen an je drei Eiern ermittelte.

Art der Aufbewahrung	In der ersten Woche g	Später g
Bei Eisschranktemperatur (9°) . .	0,01—0,02	0,025—0,040
Im Brutschrank bei 22°	0,04—0,05	0,07 —0,08
desgl. bei 37°	0,05—0,09	
Bei Zimmertemperatur	0,01	0,03

Zwischen *Porenzahl in der Eierschale* und Gewichtsverlust des Eies fanden R. L. Bryant und P. F. Sharp[8] einen deutlichen Zusammenhang, nämlich den Korrelationsfaktor $+\,0{,}450 \pm 0{,}057$. Sonst ist der Bau der Schale (Fleckigkeit oder Gleichmäßigkeit) nach F. W. Holst, H. J. Almquist und F. W. Lorenz[9] auf die Wasserverdunstung nur von untergeordnetem Einfluß.

Bei der Ableitung des Abtrocknungsgrades aus der Dichte ist die Kenntnis der *Dichte frisch gelegter Eier* von ausschlaggebender Bedeutung. Hierfür werden angegeben:

[1] Behre, A. und K. Frerichs: Z. 1914, **27**, 38. — [2] Iljin, M. D.: Z. Tierzüchtg. u. Züchtungsbiol. 1929, **14**, 115. — [3] Dinslage, E. und O. Windhausen: Z. 1926, **52**, 288. — [4] Schrempf, A. und G. Weidlich: Z. 1933, **65**, 325. — [4] Philippe, E. und M. Henzi: Mitt. Lebensmittelunters. u. Hygiene 1936, **27**, 265. — [5] Fronda, F. M. und D. D. Clemente: Philippine Agric. 1936, **24**, 635. — [6] Greenlee, A. D.: J. Amer. Chem. Soc. 1911, **34**, 539. — [7] Hanne, R.: Arch. Hyg. 1928, **100**, 9. — [8] Bryant, R. L. und P. F. Sharp: J. agric. Res. 1934, **48**, 67. — [9] Holst, F. W., H. J. Almquist und F. W. Lorenz: Poultry Science 1932, **11**, 144.

Dichte frisch gelegte Hühnereier.

Lfde. Nr.	Zahl der Eier	Schwankungen	Mittel	Untersucht von
1.	Nicht angegeben	1,0784—1,0914	1,085	DRECHSLER[1]
2.	Nicht angegeben	1,078 —1,094	1,086	Schweizer Lebensmittelbuch (1917)
3.	411	1,0680—1,1003	1,085	A. BEHRE und K. FRERICHS[2]
4.	100	(1,057 —1,072)[3]	1,056	F. M. FRONDA u. D. D. CLEMENTE[4]
5.	Keine Angabe	(1,058 —1,072)[5]	1,066	F. M. FRONDA u. D. D. CLEMENTE[6]
6.	6 (Leghorn) . . .	1,070 —1,082	1,077	A. JANKE und L. JIRAK[7]
7.	6 (Rhodeländer) .	1,060 —1,074	1,066	
8.	11	1,055 —1,081	1,072	G. MÉSZAROS und F. MÜNCHBERG[8].
		Gesamtmittel = **1,074**		

Die Versuche von BEHRE und FRERICHS geben auch ein Bild von der Häufigkeit gewisser Eidichten bei frischen Eiern:

Die Eier stammten aus *einem* Stall und wogen zwischen 44,5—69,5 g. Zwischen den Dichten 1,0785—1,094 lagen somit 76,1% oder mehr als drei Viertel aller Eier.

Verteilung der Eidichten.

Spezifisches Gewicht	Anzahl der Eier	In % aller Eier
1,0680—1,0733	20	4,9
1,0733—1,0785	53	12,9
1,0785—1,0828	65	15,8
1,0828—1,0875	121	29,4
1,0875—1,0943	127	30,9
1,0943—1,1003	25	6,1

In sehr naher Beziehung zum spezifischen Gewicht der Eier steht das leichter zu ermittelnde *Eigewicht unter Wasser*, ausgedrückt in Gramm (vgl. S. 327). Es ist nämlich eine Funktion des spezifischen Gewichtes und der Eigröße, die wieder zum Eigewicht in enger Korrelation stehen muß. Hieraus geht hervor, daß dieses Eigewicht unter Wasser ganz analogen Abnahmen unterliegen muß wie das spezifische Gewicht. Fällt bei starker Austrocknung die Dichte des Eies unter 1, so ragt das Ei aus dem Wasser heraus, und sein Eigewicht unter Wasser ist daher negativ geworden.

Infolge des Auftriebs durch die Luftblase stellen sich Eier unter Wasser so, daß ihre Längsachse mit der Bodenfläche einen um so größeren Winkel bildet, je mehr ausgetrocknet, also je älter das Ei ist.

Bei 100 Los Baños Cantonese-Eiern, 24 Stunden nach der Ablage, fanden FRONDA und CLEMENTE[9] diesen Winkel zu 10,84±0,1810°, während der trocknen Jahreszeit aber deutlich kleiner (bis zu 6,7°) als in der nassen.

In *gewerblichen Kühlanlagen* für Eier sucht man der Wasserverdunstung, die zu einem Unansehnlichwerden des Eiinhaltes führen würde, durch Aufrechterhaltung einer möglichst hohen (aber durch die Gefahr der Schimmelbildung begrenzten) Luftfeuchtigkeit tunlichst entgegenzuwirken. Als geeignet hat sich dafür eine 80proz. Sättigung der Luft mit Wasserdampf erwiesen. Nach verschiedenen Versuchen betrug hierbei der Gewichtsverlust (s. Tab. S. 182 oben).

Nach RASMUSSON war die Austrocknung von der Luftbewegung insofern abhängig, als unter der Drucktrommel der Luftzuführung die Austrocknung höher war als unter der Saugtrommel und in der Mitte des Raumes niedriger als unter letzterer. Nach besonders sorgfältigen weiteren Versuchen von PENNINGTON bei konstant gehaltenen Luftfeuchtigkeitsgehalt von 80% betrug der Gewichtsverlust nur 0,38% im Monat und 2,68% in sieben Monaten.

---

[1] DRECHSLER: Z. für Fleisch- u. Milchhygiene 1906, **6**, 184. — [2] BEHRE, A. und K. FRERICHS: Z. 1914, **27**, 45. Der Mittelwert wurde von uns berechnet. — [3] Nach Philippine Agric. 1935, **24**, 49 (gemeinsame Versuche mit E. BASIO). Während der Brutzeit wurde das spezifische Gewicht bis herab zu 1,031 gefunden. — [4] FRONDA, F. M. und D. D. CLEMENTE: Philippine Agric. 1934, **23**, 187. Die Eier waren 24 Stunden alt und stammten von Los Baños Cantonese-Hühnern. — [5] Schwankungen der Monatsmittel. — [6] FRONDA, F. M. und D. D. CLEMENTE: Philippine Agric. 1936, **24**, 635. — [7] JANKE, A. und L. JIRAK: Biochem. Z. 1934, **271**, 309. — [8] MÉSZAROS, G. und F. MÜNCHBERG: Z. 1935, **70**, 156. — [9] Vgl. auch F. M. FRONDA, D. D. CLEMENTE und E. BASIO: Philippine Agric. 1935, **24**, 49.

Gewichtsverlust von Kühlhauseiern.

Nach Monaten	1	2	3	4	5	6	Untersucht von
Verlust in %	0,6	1	1	1,5	2	2,5	PENNINGTON u. HÖRNE[1]
desgl. . .	—	—	—	—	—	3—4,5	JENKINS[1]
desgl. . .	0,5—1	1—1,5	1,5—2	2—3	2—3,5	2,5—3,5	L. RASMUSSON[2]

Nach Monaten	7	8	9	10	11	12	Untersucht von
Verlust in %	3	4	—	—	—	—	PENNINGTON u. HÖRNE[1]
desgl. . .	—	—	4,5—6	—	—	—	JENKNIS[1]
desgl. . .	3—4	3—5	3—5	4—6	4—6	5—7	L. RASMUSSON[2]

K. BELLER und W. WEDEMANN[3] teilen folgenden Befund über Kühlhauseier bei acht Monate langer Lagerung mit:

Lfde. Nr.	Eiersorte	Anzahl der Eier	Mittleres Gewicht %	Art der Verpackung bei der Lagerung	Gewichtabnahme %
1.	Unsortierte braune Farmeier . .	180	54—58	Wellpappkarton in	5,9
2.	Unsortierte weiße Farmeier . .	180	50—56	durchbrochenen	7,6
3.	Halpaus-Bruteier	180	49—57	Holzkisten	6,9
4.	Dänische Eier	750	60—63	Originalkiste mit	5,4
5.	Rumänische Eier	750	41—48	Holzwolle	4,7
6.	Genossenschaftseier, unsortiert .	180	35—56		6,2
7.	Genossenschaftseier, braun . . .	90	53—57	wie bei 1—3	5,8
8.	Genossenschaftseier, weiß . . .	90	58—62		8,7
				Gesamtmittelwert . .	**6,5**

Die Austrocknung erläutern BELLER und WEDEMANN auch an Kurven, deren Verlauf bei frischen Farmeiern die stärkste Gewichtsabnahme anzeigt. Merkwürdig ist die deutlich geringere Gewichtsabnahme der braunen Eier, die auch in obiger Tabelle zum Ausdruck kommt.

Nach diesen Versuchen scheinen die Verschiedenheiten bei den Gewichtsänderungen bei normaler Kühlhauslagerung weniger in äußeren Einwirkungen als in der Beschaffenheit der Eier selbst gesucht werden zu müssen.

Bei einfacher Lagerung im Kühlschrank erhielten G. MÉSZÁROS und F. MÜNCHBERG[4] folgende Gewichtsabnahme und Änderungen:

Lagerdauer	Mittleres Gewicht von je 3 Eiern		Zusammensetzung in %			Verlust durch	
	Anfangs g	AmEnde des Versuchs g	Dotter	Eiklar	Schale	Lagern g	Aufschlagen g
3 Tage	57,46	57,13	32,3	55,3	11,8	0,33	0,82
15 Tage	54,61	53,96	35,2	52,5	1,1	0,65	0,14

Mittlerer Lagerungsverlust nach 3 Tagen: 0,57%; je Tag 0,19%,
     ,,   ,,   ,, 15 Tagen: 1,19%; ,, ,, 0,08%
Nach weiteren Versuchen (15 Tage):   1,80%; ,, ,, 0,13%.

Über den *Einfluß eines Ölüberzuges* auf die Austrocknung vgl. S. 221.

2. Morphologische Änderungen. Konsistenz und Farbe der Eibestandteile.
a) Luftblase.

Jeder Volumenänderung des Eiinhaltes entspricht bei der Starrheit der Eischale eine Änderung der Luftblase. Beim Legevorgang ist zunächst noch keine Luftblase vorhanden, die sich aber dann sofort in dem Maße ausbildet, wie die Abkühlung des Eis von der Körpertemperatur der Henne auf die Umgebungstem-

---

[1] Nach L. RASMUSSON. Vgl. folgende Anmerkg. — [2] RASMUSSON, L.: Z. Eis u. Kälte 1932, **25**, 1. — [3] BELLER, K. und W. WEDEMANN: Beiheft zur Z. Fleisch- u. Milchhyg. 1934, **44**, 3. — [4] MÉSZÁROS, G. und F. MÜNCHBERG: Z. 1935, **70**, 156.

peratur fortschreitet, wie sich beim Durchleuchten des Eies an dem Durchmesser und an der Höhe der Blase messen läßt.

H. J. Almquist[1] fand für die Größe der Luftblase im ganz frischen eben gelegten Ei von normaler Größe (2 Unzen = 56,7 g).

Bei	60° F (= 15,6° C)	30° F (= —1° C)
Durchmesser der Luftblase	1,49 cm	1,92 cm
Höhe der Luftblase	0,28 cm	0,36 cm.

F. M. Fronda, D. D. Clemente und E. Basio[2] finden in der trocknen Jahreszeit kleinere Luftblasen als in der nassen. Ihre Grenzwerte waren für Höhe 0,125—0,162, Durchmesser 1,267—1,382 cm, Höhe: Durchmesser 0,102—0,123.

Wenn beim Aufbewahren des Eies die Austrocknung des Eiinhaltes fortschreitet, wird die Größe der Luftblase immer mehr zunehmen. Beim Durchleuchten wird man daher sowohl in dem vergrößerten Durchmesser als auch in der Höhe der Blase ein Maß für den Austrocknungsgrad erhalten. Da die Luftblase mathematisch betrachtet einer Kalotte sehr nahekommt, wird in der ersten Zeit die Messung des Durchmessers das schärfste Maß für die Größenänderung des Luftraumes abgeben. Bei stärkeren Abtrocknungsgraden, wie sie für die praktische Beurteilung der Eifrische in Frage kommen, ist dann auch die leichter zu messende Höhe der Blase ein brauchbares Maß für ihre Größe. Ohne Zweifel bestehen zwischen dieser Durchmesser- und Höhenzunahme der Luftblase und zwischen dem spezifischen Gewicht bzw. Eigewicht unter Wasser sowie dem Volumen des Eiinhaltes und daher auch mit dem Eialter enge positive Korrelationen. Von diesen ist der Zusammenhang zwischen Höhe der Luftblase und Eialter heute als praktische Beurteilungsgrundlage von Handelseiern von großer Bedeutung. Insbesondere auch bei Kühlhauseiern wird meistens die Höhe der Luftblase als Maß für den Austrocknungsgrad zugrunde gelegt.

Beller und Wedemann prüften die Luftkammerhöhe von Kühlhauseiern sowohl vor der Einlagerung in das Kühlhaus als auch bei eingekühlten Eiern zu verschiedenen Zeiten, wobei sie folgende Mittel- und Grenzwerte erhielten:

Höhe der Luftblase von Kühlhauseiern.

Art der Eier	Datum der Beobachtung						
	1. 5. 32	7. 6. 32		5. 8. 32		6. 9. 32	
	Mittel mm	Mittel mm	Grenzen mm	Mittel mm	Grenzen mm	Mittel mm	Grenzen mm
Märkische Landeier . . .	3,5	4,0	3—5	5,3	2—6	5,2	4—7
Genossenschaftseier . . .	2,4	3,2	2—5	5,6	4—7	6,8	5—7,8
Farmei, braun	4,0	4,5	3—7	6,1	5—10	6,3	4—10
Farmei, weiß	3,5	4,4	3—5	5	2—5,6	7	5—9
Dänen	4,6	5,2	4—7,5	5,5	5—7	7,8	6—10
Rumänen	3,0	3,1	3—4,5	5,5	5—6	6	5—9
Halpaus	2,4	3,6	2—5	4,5	3—5	5,6	4,3—7

Art der Eier	Datum der Beobachtung					
	13. 10. 32		24. 11. 32		5. 1. 33	
	Mittel mm	Grenzen mm	Mittel mm	Grenzen mm	Mittel mm	Grenzen mm
Märkische Landeier . . .	6,1	3—8	6,1	4—9	7,1	5—10
Genossenschaftseier . . .	6,3	5—7	7,3	6—9	8,7	5—15
Farmei, braun	8,7	7—10	9	8—11	8,5	6—10
Farmei, weiß	7,8	5—15	7,7	5—11	7,7	6—10
Dänen	9	7—10,5	8,6	5—8	11—1	6—14
Rumänen	7,1	6—8	7,4	6—8	7,8	5—10
Halpaus	7,8	5—10	8,8	5—9,5	9,7	7—10

[1] Almquist, H. J.: Agric. Exper. Berkely, California, Bull. **561**. — [2] Fronda, F. M. D. D. Clemente und E. Basio: Philippine Agriculturist 1935, **24**, 49.

Wundram[1] stellte durch Prüfung zahlreicher Eier fest, daß die Luftkammer bei 4—7 Tage alten Eiern bei gewöhnlicher Lagerung 5 mm nicht überschreitet. Dagegen tritt nach Wundram durch Erschütterungen (Wagentransport) eine Unsicherheit durch scheinbare Luftkammervergrößerung, bestehend in Erweiterung des Luftkammerbereiches unter Abflachung ihrer Höhe ein. B. Grzimek[2] findet ähnlich, daß häufiges Aus- und Einpacken der Eier die Gewichtsabnahme zwar nicht beeinflußt, aber die Luftkammerzunahme merklich vergrößert.

F. M. Fronda und D. D. Clemente[3] haben 185 Eier ein Jahr lang im Laboratorium aufbewahrt und beobachtet. Dabei stieg die Höhe der Luftblase im Mittel von 0,142 auf 1,27, die Breite von 1,314 auf 3,432 cm, das Verhältnis beider (Luftblasenindex) von 0,108 auf 0,370, die Luftblase in % der Eihöhe von 2,78 auf 25,01, Luftblase in % des Eidurchmessers von 33,84 auf 90,14.

b) Dotter.

Außer der Vergrößerung der Luftblase zeigt die Durchleuchtung beim gealterten Ei eine immer deutlicher werdende Abzeichnung des Dotters, den *Dotterschatten*. Ein frisches Ei erscheint nach Durchtritt des Lichtes von der Eierlampe her klar, gleichmäßig hellgelb bis rötlich, ohne jeden Schatten. Beim Altern kommt dann allmählich der Dotter zum Vorschein, zunächst als undeutlicher Schatten mit unscharfen Rändern, dann als runder kugeliger, immer dunkler werdender Körper mit scharfen Umrissen.

Der Grund für diese Erscheinung liegt in einer Lageverschiebung des Dotters im Ei, die schließlich zu einer Anlagerung an die obere Wand der Eischale führen kann, wenn die Widerstandsfähigkeit der Eiklarstruktur durch Alterungsvorgänge nachgelassen hat. Daneben zeigt der Eidotter mit fortschreitender Lagerung am Rande bis etwa 1 mm Tiefe eine dunklere Farbe, die vielleicht auch den Dotterschatten etwas verschärft.

Nach R. Hanne[4] war bei noch nicht 24 Stunden alten Eiern keine Spur des Dotters zu erkennen, ein Schatten je nach Aufbewahrungstemperatur

bei 37°	Zimmertemperatur (rund 22°)	9°
frühestens nach 24 Stunden	nach 4—5 Tagen	nach 14 Tagen (sehr schwach).

Zum Teil ist das Unsichtbarbleiben des Dotters in frisch gelegten Eiern durch die Kohlendioxydtrübung des Eiklars bedingt (vgl. S. 51).

Ein Festsitzen des Dotters an der Schale, der schließlich infolge völligen Nachlassens der Elastizität der Aufbaustützen des Weißeis nach oben wandert und dann festklebt, zeigt entweder hohes Alter oder auch unsachgemäße Behandlung des Eies an. Der Zustand macht das Ei dann auch dadurch minderwertiger, daß beim Aufschlagen Eiklar und Eidotter leicht durcheinander laufen. Begünstigt wird die Wanderung des Dotters durch ein Dünnflüssigerwerden des Eiklars, und Bildung von Albumosen und Peptonen aus dem Mucin des Eiklars durch trypsinartige Enzyme (vgl. S. 186). Vor allem bei längere Zeit bei zu hoher Temperatur (über $+2°$) im Kühlhaus gelagerten Eiern beobachtet man diese Erscheinung, die durch richtige Einlagerung (Luftkammer, also stumpfes Ende, oben; Einhaltung der Temperatur von 0°) vermieden werden kann.

Weiterhin greifen die proteolytischen Enzyme bei längerem Lagern der Eier auch die *Dotterhaut* an und bewirken, daß diese bei älteren Eiern viel mehr *erschlafft* ist als bei frischen. Dies drückt sich in einer *Abplattung* des herauspräparierten *Dotters* auf einer flachen Unterlage aus. So fanden P. F. Sharp und Ch. K. Powell[5] das Verhältnis von Höhe/Durchmesser des Dotters bei 59 frischen Eiern zu 0,442—0,361. Ein Absinken auf 0,30 bei der Lagerung trat ein

bei	37°	25°	16°	7°	2°
in	3	8	23	15	> 100 Tagen.

[1] Wundram: Berlin. tierärztl. Wschr. **1936**, 49. — [2] Grzimek, B.: Versuche über Gewichtsverlust und Luftkammervergrößerungen von Eiern in handelsüblichen Packungen sowie über den Einfluß des Waschens von Eiern. Berlin 1936. — [3] Fronda, F. M. und D. D. Clemente: Philippine Agriculturist 1936, **25**, 191. — [4] Hanne, R.: Arch. Hyg. 1928, **100**, 9. — [5] Sharp, P. F. und Ch. K. Powell: Ind. and engin Chem. 1930, **22**, 908.

Bei 2° in 100 Tagen war die Verhältniszahl erst auf 0,34 gesunken. Bei Absinken auf 0,25 bricht der Dotter beim Aufschlagen gewöhnlich schon auf. Als Ursache der Schwächung der Dotterhaut nehmen SHARP und POWELL eine Dehnung durch in den Dotter diffundiertes Wasser an, wobei nach ihren Feststellungen die Trockenmasse von anfangs 52% auf 46—47% zurückging. Wahrscheinlicher ist aber, daß der Rückgang in der natürlichen Spannung der Dotterhaut durch strukturelle Umwandlungen infolge enzymatischen Angriffs verursacht wird.

Bei *Gefrierhauseiern* beobachteten auch BELLER und WEDEMANN eine Tendenz zur Abnahme des Quotienten Dotterhöhe/Dotterbreite nach SHARP und POWELL, doch waren die Schwankungen bei einzelnen Eiern derselben Sorte so groß, daß daraus feste Regeln nicht abgeleitet werden konnten.

Die Dotterhaut war bei den frischen Eiern im allgemeinen prall und glatt. Mit der Dauer der Lagerung wurde sie bei vielen Eiern etwas faltig, doch war dies keineswegs die Regel. Die Berührungsfläche des in eine Glasschale mit ebenem Boden gegebenen Dotters war im allgemeinen im frischen Zustand kleiner als bei gelagerten, was ebenfalls auf Erschlaffung der Dotterhaut beruht. Außerdem war eine geringere Festigkeit der Dotterhaut nach dem Lagern festzustellen.

Ähnliche Ergebnisse erhielten FRONDA und CLEMENTE für 100 frische Los Baños Cantonese-Eier. Bei diesen ziemlich kleinen Eiern mit dem mittleren Gewicht von 43,2 g betrug die mittlere Dotterhöhe 1,864, der mittlere Dotterdurchmesser 3,957 cm, der Dotterindex, 0,389—0,569 im Mittel 0,472[1]. Weitere Versuche von FRONDA und CLEMENTE mit E. BASIO[2] zu verschiedenen Jahreszeiten zeigten, daß der Index (0,452—0,488) davon nur wenig beeinflußt wurde.

Das *Volumen des Eidotters* wird durch Wasseraufnahme beim Altern des Eies immer größer im Verhältnis zum Volumen des Eiklars, wie sich nach A. JANKE und L. JIRAK[3] besonders gut beim Durchschneiden eines hartgekochten Eies erkennen läßt.

Wenn in Eiern infolge von Alterungsvorgängen oder durch unsachgemäße Behandlung (starkes Schütteln, Stoßen u. dgl.) die Dotterhaut gesprungen ist, so daß sich der Dotter mit dem Eiklar vermischen kann, spricht man bereits von sog. „*rotfaulen Eiern*", die zwar im Anfang noch genießbar sind, aber bald sauer und damit für den Genuß untauglich werden.

Nach O. MEZGER, H. JESSER und A. SCHREMPF[4] findet man diese rotfaulen Eier auch häufig bei regenbeschädigten Eiersendungen.

c) Eiklar.

Strukturänderungen. Mit dem Altern des Eies findet man in der kolloiden Struktur des festen Eiklars eine Änderung, die sich äußerlich in einer Zunahme des flüssigen Anteiles kundgibt. Nach H. J. ALMQUIST und F. W. LORENZ[5] handelt es sich hierbei um zweierlei Vorgänge, nämlich um eine Zerstörung der Faserstruktur einerseits und um einen Schrumpfungsvorgang, eine Synaeresis andererseits.

Nach HOLST und ALMQUIST[6] beruht die Änderung darauf, daß durch die Kohlensäureabgabe des Eies die aus Ovomucin bestehenden mikroskopisch nachweisbaren Stützfasern des festen Eiweißes Flüssigkeit an ihre Umgebung abgeben. So gibt ALMQUIST für den mittleren Gehalt an festen Eiklar in Prozenten des gesamten Weißei folgende Zahlen an:

Art der Eier	Zahl der Eier	Mittlerer Gehalt an festem Eiklar %	Mittlere Abweichung %
Frische Eier mit deutlichen Dotterschatten . .	178	57,55 ± 0,45	8,88
Frische Eier mit hellen Schatten	169	58,18 ± 0,46	8,83
Gelagerte Eier mit deutlichem Schatten. . . .	174	48,91 ± 0,53	10,41
Gelagerte Eier mit hellem Schatten	194	49,12 ± 0,49	10,10

[1] Philippine Agriculturist 1934, **23**, 187. — [2] BASIO, E.: Philippine Agriculturist 1935, **24**, 49. — [3] JANKE, A. und E. JIRAK: Biochem. Z. 1934, **271**, 312. — [4] MEZGER, O., H. JESSER und A. SCHREMPF: Dtsche. Nahrungsmittelrundschau **1932**, 107. — [5] ALMQUIST, H. J. und F. W. LORENZ: Nulaid New March 1932. Nach ALMQUIST: Agric. Experim. Station Berkeley Bull. **561**. — [6] Nach BELLER und WEDEMANN.

Beim Aufschlagen des Eies kommt diese Änderung auch in einem mehr wäßrigen Aussehen des älteren Eiinhaltes zum Ausdruck.

Nach A. K. BALLS und T. L. SWENSON[1] beruht das Schwinden des dicken Eiklars, wie es besonders bei Kühlhauseiern in Erscheinung tritt, auf allmählicher *Proteolyse des Mucins* als des Gerüstes des dicken Eiklars unter dem Einfluß von tryptischer Proteinase, die ihren Sitz im dicken Eiklar hat. Durch diesen Vorgang wird vorher von Mucin gebundenes Wasser frei, das dann das Eiklar wäßriger erscheinen läßt. BALLS und SWENSON konnten durch Einführung von Trypsin in frische Eier den für Kühlhauseier charakteristischen Zustand künstlich hervorrufen.

BELLER und WEDEMANN verfolgten an Kühlhauseiern das Verhältnis Dünnes Eiklar/ Dickes Eiklar vom Tage des Einkühlens an und erhielten dafür folgende Zahlen:

Verhältnis Dünnes Eiklar/Dickes Eiklar.

Art der Eier	Datum der Beobachtung						
	1. 5. 32 (frisch) %	7. 6. 32 %	4. 8. 32. %	6. 9. 32 %	13. 10. 32 %	24. 11. 32. %	5. 1. 33. %
Märkische Landeier . .	1,2	0,66	1,0	0,70	0,94	0,88	1,0
Genossenschaftseier . .	1,1	0,79	0,83	0,83	0,55	0,80	1,0
Farmei, braun	0,32	0,82	0,97	1,0	1,0	1,0	1,0
Farmei, weiß	0,68	0,75	1,0	1,0	1,0	1,10	1,25
Dänen	0,73	0,90	0,83	0,83	0,88	1,11	0,75
Rumänen	0,64	0,66	1,15	0,84	0,86	1,0	0,55
Halpaus	1,2	—	—	0,83	0,60	0,84	0,80
Mittel:	**0,84**	**0,75**	**0,96**	**0,86**	**0,83**	**0,98**	**0,91**

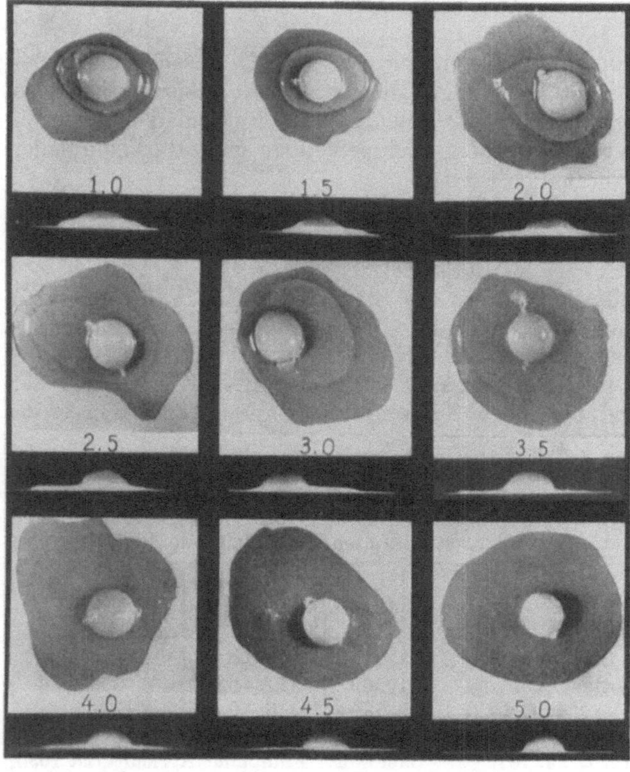

Abb. 15. Frisch gelegte Eier von Weißen Leghornjunghennen, bewertet nach der Skala von SHARP. Die Bilder entsprechen den Mindestanforderungen.

Hiernach unterliegt dieser Vorgang der Verflüssigung des Eiklars so großen individuellen Schwankungen, daß man aus dem Zustande des Eiklars auch bei Prüfung großer Eimengen — bei Kühlhauseiern — keine Schlüsse auf das Alter ziehen kann. H. J. ALMQUIST und F. W. LORENZ[2] finden hohe positive Korrelation ($r = +607$ bis 788) zwischen Gehalt an festem Eiklar bei gelagerten und frischen Eiern der gleichen Hennen.

---

[1] BALLS, A. K. und T. L. SWENSON: Ind. an Engin. Chem. 1934, **26**, 670. — [2] ALMQUIST, H. J. und F. W. LORENZ: Poultry Science 1935, **14**, 340.

Nach neuesten Erkenntnissen ist es nicht so sehr die Menge als die Beschaffenheit des dicken Eiklars, die die Qualität des Eies bestimmt. A. van Wagenen und H. S. Wilgus, jr.[1] fanden keine Korrelation zwischen diesen beiden Kennwerten. Diese Beschaffenheit läßt sich an aufgeschlagenen und auf eine flache Platte ausgegosse-nen Eiinhalten durch Augenschein erkennen, wie folgende Abbildung (von Sharp) zeigt. Je deutlicher das dicke Eiklar dabei von dem dünnen absticht und je weniger weit es ausfließt, um so besser ist das Ei.

V. Heiman und J. S. Carver[2] verstehen unter *Albuminindex* die Verhältniszahl zwischen Höhe und Breite des dicken Eiklars nach Aufschlagen des Eis. Die Messung erfolgt ähnlich wie beim Dotter nach Sharp (vgl. S.184). Im Mittel betrug dieser Index für

Eierqualität	*1*	*2*
Index	0,124	0,099
3	*4*	*5*
0,069	0,048	0,032

Von 1139 am Legetage untersuchten Eiern waren von der Eierqualität *1* 362, *2* 671, *3* 102, *4* 4 Eier. Der Korrelationsfaktor von 2091 Eiern zwischen Albuminindex und beobachteter Eiqualität betrug 0,932 ± 0,002. Bei frischen Eiern war der Index im Mittel 0,106.

Nach einer weiteren Untersuchung von V. Heiman und L. A. Wilhelm[3] wird die enge Beziehung des Albuminindex zur gefundenen Punktzahl des Eies bestätigt. Für den Dotterindex und den Gehalt an festem Eiklar finden Heiman und Wilhelm dagegen nur geringen Zusammenhang mit der Punktzahl oder miteinander, bei frischgelegten oder bei Eiern, die denselben Qualitätsrückgang erlitten haben.

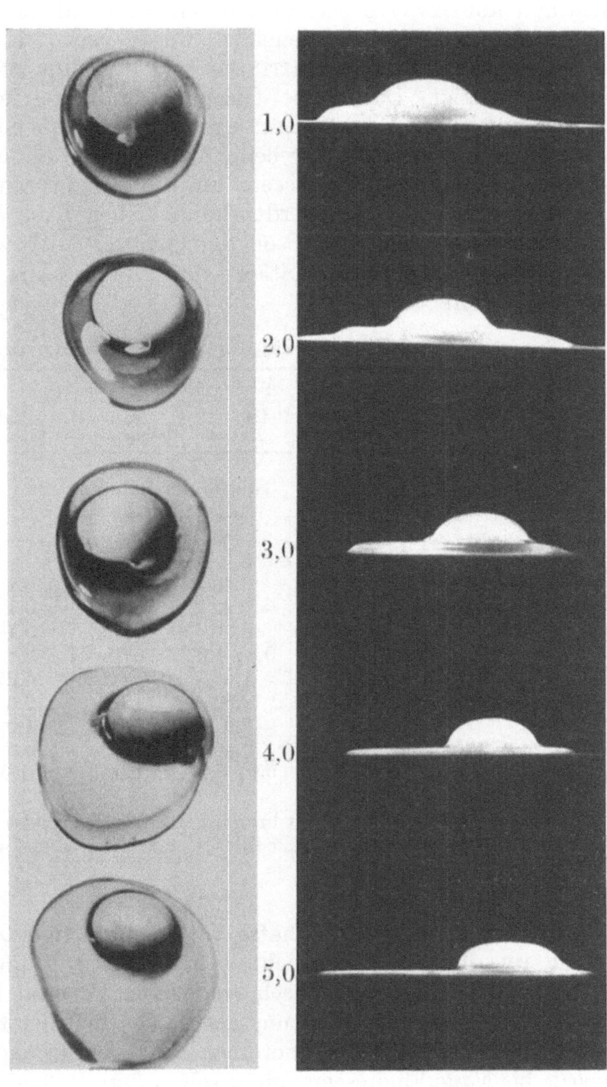

Abb. 16. Aufgeschlagene Eier verschiedener Gütegruppen. Links Zunahme der bedeckten Oberfläche, rechts Abnahme der Eiklarhöhe mit sinkender Güte. (Nach Heimann und Wilhelm).

F. M. Fronda und D. D. Clemente[4] beobachteten, daß das dicke Eiklar der in den heißen Monaten gelegten Eier schneller weich wurde als das der kalten.

Bei der Lagerung im Kühlschrank kommt es nach 8—9 Monaten bisweilen auch zu einer

---

[1] Wagenen, A.van und H. S. Wilgus jr.: J. Agric. Research. 1935, 51, 1129. — [2] Heiman, V. und J. S. Carver: Poultry Science 1936, 15, 141. — [3] Heiman, V. und L. A. Wilhelm: J. Agricult. Research 1937, 54, 551. — [4] Fronda, F. M. und D. D. Clemente: Philippine Agriculturist 1937, 25, 660.

Farbänderung des Eiklars in Gelb oder Hellgrün bis Rosa, wobei es eine opalisierende oder körnig-trübe Beschaffenheit annehmen und in konzentrische Ringe zerfallen kann. Die Chalazen werden gequollen perlmutterglänzend und ziehen sich dann zu dünneren mehr porzellanartigen Strängen zusammen. Auch die Schalenhaut wird fester und härter als sie bei frischen Eiern ist.

Fluorescenz im ultravioletten Licht. Die Beobachtung von HESSELINK, daß alte und konservierte Eier sich durch die bläuliche Fluorescenz des Eiklars im ultravioletten Licht unterscheiden, wurde von J. E. H. VAN WAEGENINGH und J. E. HEESTERMAN[1], M. HAITINGER und V. REICH[2], CL. ZÄCH[3] und J. J. DINGEMANS[4] bestätigt. Das Weißei frischer Eier fluoresciert fast gar nicht, nach VAN WAEGENINGH und HEESTERMANN nicht stärker als eine 0,25-, höchstens 0,5proz. Gelatinelösung, nimmt aber beim Aufbewahren allmählich eine immer kräftiger werdende blauweiße Fluorescenz an, die mit der einer Gelatinelösung von 0,25 bis zu 10,0% verglichen werden kann. Nach ZÄCH ist die Geschwindigkeit der Fluorescenzzunahme stark von der Art der Aufbewahrung der Eier abhängig. So betrug nach ihm die Stärke der Luminescenz, ausgedrückt in Gelatinekonzentration.

Luminescenzänderung von Eiern durch Altern.

Alter der Eier in Wochen	Art der Aufbewahrung				Nach VAN WAEGENINGH und HEESTERMANN
	In Luft im Zimmer	In Luft im Keller	In Wasserglas	In Kalkwasser	
	Stärke der Luminescenz				
0	0,1; 0,1	—	—	—	0,1; 0,1
1	0,25; 0,1	—	—	—	0,25; 0,1
2	0,25	0,1	—	—	0,25; 0,25
3	0,25	0,25	0,1	0,1	0,25; 0,25
5	0,5	0,25	0,1	0,1	0,5; 0,5
7	1,0; 1,0	0,5	0,5	0,1	1,0; 1,0; 2,5
9	2,5; 2,5	0,5; 1,0	0,25	0,1	10,0; 10,0
13	2,5	1,0	0,25; 0,25	0,25	10,0; 10,0
17	5,0	2,5	1,0	0,5	12,5; 12,5
21	5,0	5,0	0,5	1,0	12,5
25	5,0	2,5	0,5	0,5	—
29	5,0; 10,0	5,0; 5,0	1,0	0,5; 1,0	—

Nach HAITINGER und REICH luminesciert frisches Eiklar ferner nach Ausschütteln mit Äther gelb, altes mattweiß. Gekochtes Weißei fluoresciert gelb, der Dotter lebhafter gelb als gewöhnlich.

d) Schale.

Die beim frischen Ei lebhafte, satte, samtartige *Luminescenz* der äußeren Eischale im ultravioletten Licht läßt bald nach und zeigt dadurch an, daß die Eier nicht mehr vollfrisch sind. Der Farbton ist dabei nach G. GAGGERMEYER[5] weniger von Bedeutung als die Sattheit der Farbe. GAGGERMEYER fand neben überwiegend *roter* Fluorescenz auch bei weniger als 10 Tage alten Eiern *violette* bis *blaue* Fluorescenz nicht selten (vgl. S. 319). Auch im Tageslicht beobachtet man mit der Aufbewahrungszeit ein Hellerwerden der Eischale (FRONDA und CLEMENTE[6]).

WUNDRAM[7] gibt an, daß im ultravioletten Licht vollfrische weiße Eier stark rot, braune

[1] WAEGENINGH, J. E. H. VAN und J. E. HEESTERMAN: Chem. Weekbl. 1927, **24**, 622. — [2] HAITINGER, M. und V. REICH: Fortschr. Landwirtsch. 1928, **3**, 433. — [3] ZÄCH, CL.: Mitt. Lebensmittelunters. Hyg. 1929, **20**, 209. — [4] DINGEMANS, J. J.: Chem. Weekbl. 1931, **28**, 350. — [5] GAGGERMEYER, G.: Arch. Geflügelk. 1932, **6**, 105. — [6] FRONDA, F. M. und D. D. CLEMENTE: Philippine Agriculturist 1936, **25**, 191. — [7] WUNDRAM: Berlin. tierärztl. Wschr. **1936**, 49.

sehr stark sammetartig, alte weiße blau, alte braune mehr blauviolett aufleuchten und bestätigt Angaben van Oyens, daß weiße Kühlhauseier nach der Entnahme schön rot luminescierten, diese Eigenschaft aber bei Zimmertemperatur doppelt so schnell wie vollfrische Eier verlieren (vgl. auch M. Déribéré[1]).

Alkohol löst den luminescierenden Körper aus der Eischale nicht.

3. Änderungen im Geruch und Geschmack.

Die bekannteste Veränderung, die beim Altern des Eies vor sich geht, ist die Abnahme des Wohlgeschmacks, nach dem ja das Ei im Handel hauptsächlich bewertet wird. Es kommt allmählich zur Entwicklung eines „alten" Geschmackes, der vielfach auch als dumpf, heuig, bezeichnet wird. Besonders deutlich tritt dieser *Altgeschmack* beim weichgekochten Eidotter in Erscheinung.

Die chemische Natur dieses Altgeschmackes ist noch völlig unbekannt. Wahrscheinlich handelt es sich dabei um nur in winzig kleiner Menge entstehende Stoffe von stark ausgeprägtem Geschmack.

4. Hydrolytische Vorgänge.

Eine Reihe von Änderungen im alternden Ei ist auf die Tätigkeit der im Ei enthaltenen Enzyme zurückzuführen, die nicht nur morphologische (vgl. S. 185), sondern auch im höheren Maße chemische Veränderungen hervorbringen. Die wichtigsten dieser Veränderungen sind *hydrolytische Aufspaltungen* von Eibestandteilen in einfachere Stoffe. Auch bezüglich der Wirkung dieser von Natur aus im Ei enthaltenen Enzyme können wir noch wenig, wissen aber, daß diese Wirkung verschieden von der schnell verlaufenden Eizersetzung durch Bakterien, der *Eifäulnis*, zu beurteilen ist.

a) Zunahme des Ammoniakgehaltes.

Von Hydrolysenprodukten im alternden Ei ist wohl zuerst die Ammoniakzunahme beobachtet und zur Beurteilung vor allem von Kühlhauseiern verwertet worden. Daneben lassen sich aber auch eine Reihe anderer Spaltungsprodukte für diesen Zweck heranziehen, wie besonders neuere Untersuchungen ergeben haben.

Lindet und Husson[2] führen die Zunahme des Ammoniakgehaltes im Ei beim Lagern noch auf Bakterientätigkeit zurück. Bei Bestimmung des Ammoniaks mit Magnesia fanden sie, daß 100 g frischer Eiinhalt 6—14 mg, im Mittel 10 mg Ammoniak-Stickstoff[3] enthielten, der in sechs Wochen bei 28—30° auf 21—24 mg anstieg. Weiter fanden sie für

Befruchtete Eier lieferten dieselben Ergebnisse wie unbefruchtete.

Bei gekochten Eiern stieg der Ammoniakgehalt viel stärker, z. B. von 10 auf 107 mg, während ein Parallelversuch mit rohen Eiern 24 mg Ammoniakstickstoff lieferte.

Art der Eier	Eidotter Ammoniak-N mg	Weißei Ammoniak-N mg
Frische Eier . . .	16	6
Verdorbene Eier . .	30	15—22

In diesen Angaben ist auch der bei der Destillation aus anderen Verbindungen abgespaltene Ammoniakstickstoff enthalten. Durch mehr schonende Behandlung bei der Abtrennung des Ammoniaks, z. B. nach dem aerometrischen Verfahren von Folin, wie es heute meist in Anwendung ist, kommt man zu wesentlich kleineren Ammoniakgehalten. So fand Jenkins[4] den Ammoniakgehalt des Eiklars bei frischen Eiern zu 0,0012—0,0021%, nach acht Monaten im Kühlhaus zu 0,0030%

Eibestandteil	Frische Aprileier mg-%	Nach 10 Monaten im Kühlraum mg-%
Weißei . . .	0,3—0,5	0,3—0,5
Eidotter . .	2,8—3,4	5,6—6,5
Ganzei . . .	1,1—1,4	2,2—3,5

Als Entstehungsort dieses Ammoniakgehaltes sehen N. Hendrickson und G. C. Swan[5] in der Hauptsache den Dotter an. An Ammoniakstickstoff erhielten sie für (s. Tab. unten)

---

[1] Déribéré, M.: Ann. Hyg. publ. ind. sociale 1935 (N. S.), **13**, 666. — [2] Lindet und Husson: Annal. Falsific. 1917, **10**, 106. — [3] 1 mg Stickstoff entspricht 1,22 mg Ammoniak. — [4] Nach L. Rasmusson: Z. Eis- u. Kälteind. 1932, **25**, 1210, S. 5. — [5] Hendrickson, N. und G. C. Swan: J. Ind. and Engin. Chem. 1918, **10**, 614.

Bei einem weiteren Versuch, Aufbewahrung eben über dem Gefrierpunkt, erhielten sie für Ganzei:

Aufbewahrungsdauer, Monate	0	1	2	3	4	5	6	7	8	9
Ammoniakstickstoff mg-%	1,3	1,1	2,2	2,1	2,8	3,2	3,2	3,0	3,5	4,0

Bei flüssigem *Eiinhalt nach Einfrieren* wurde in 3—9 Monaten keine Ammoniakzunahme festgestellt.

H. L. LYTHGOE[1] verfolgte die Zunahme des Ammoniakgehaltes in einer großen Zahl kaltgelagerter Eier und fand:

Zunahme des Ammoniakgehaltes bei der Kühllagerung.

Zeit der Prüfung:	Oktober	November	Dezember	Januar	Februar
Zahl der Proben:	82	405	374	187	40
	Milligramm NH_3 in 100 g Eiinhalt				
Niedrigst	1,8	1,4	1,9	2,1	2,2
Mittel { des untersten Viertel	2,46	2,52	2,69	2,85	2,80
Gesamtmittel ...	2,73	2,90	3,03	3,08	3,29
des obersten Viertel	2,92	3,20	3,24	3,29	3,66
Höchst	3,8	4,3	4,2	4,3	4,3

Aus den Angaben von JENKINS und PENNINGTON[2] über Handelskonservierung von Eiern durch Kühlhauslagerung berechnet *Lythgoe* weiter folgende Mittelwerte für Ammoniak:

Art der Behandlung	Im Eiklar mg-%	Im Dotter mg-%
Frisches Ei	0—1,4	1,7—3,9
Ei von 10 Tagen (Juli)	2,1	7,0
Ei nach 4 Monaten im Kühlhaus .	0,8	3,8
Ei nach 7 Monaten im Kühlhaus .	0,6	4,6
Ei nach 8 Monaten im Kühlhaus .	0,5	4,9
Ei nach 13 Monaten im Kühlhaus	0,4	6,4
Kalkeier (7—8 Monate)	2,6	5,3

Monat

September	Oktober	November
2,50	2,72	2,83

Dezember	Januar	Februar	März
2,86	2,94	3,26	3,35

mg Ammoniak in 100 g Eiinhalt

W. H. REDFIELD[3] fand an Ammoniak für Eiklar und Eidotter folgende Beträge: (s. nebenst. Tab.)

A. MONVOISIN[4] erhielt folgende Ammoniakgehalte:

Ammoniakgehalt von Eiklar und Eidotter.

Art der Behandlung	Im Eiklar mg-%	Im Dotter mg-%
Ei von 8 Tagen (Dezember)	0,78	2,83
Ei von 1 Monat (Januar)	0,83	4,16
Kühlhausei 2 Monate	1,18	3,88
„ 5½ „	0,20	1,06
„ 6½ „	1,27	4,30
„ 7 „	1,27	4,30
„ 8 „	0,81	4,48
Schmutzei, 2 Monate im Kühlraum.	0,55	7,28
Ei 7 Monate im Kühlhaus, dann 20 Tage gelagert .	0,83	6,24
Ei 6 Monate im Kühlhaus, dann 1 Monat gelagert .	1,25	5,73
Ei 6 Monate im Kühlhaus, dann 2 Monate gelagert .	0,97	8,88
Ei 4 Monate im Kühlhaus, dann 3½ Monate gelagert	1,56	7,24

Der Grenzwert für die Brauchbarkeit eines Eies zum Weichkochen (Genußfähigkeit) liegt bei 4,5 mg Ammoniak für 100 g Eidotter.

Nach Versuchen von BELLER und WEDEMANN lieferte die Ammoniakbestimmung in Eidotter und Eiklar frischer und gelagerter Kühlhauseier nach der Methode von FOLIN zur Erkennung des Alters der Kühlhauseier keine verwertbaren Zahlen.

---

[1] LYTHGOE, H. L.: Ind. Engin. Chem. 1927, **19**, 922. — [2] JENKINS und PENNINGTON: U. S. Dept. Agr. Bull. 1919, **775**. — [3] U. S. Dept. Agric. Chem. Bull. **846**, 1920. Nach BAETSLÉ. — [4] MONVOISIN, A.: Revu. gén. Froid Ind. frig. 1926, **1**, 24. — Nach BAETSLÉ.

b) Zunahme löslicher Phosphorverbindungen.

Säurelösliche Phosphorsäure. Bei der Zersetzung des *Vitellins* wird anorganische Phosphorsäure, beim Zerfall der *Phosphorlipoide* Glycerinphosphorsäure und bei deren Zerfall anorganische Phosphorsäure frei. Die Summe beider bildet die in schwacher 0,2proz. Salzsäure lösliche Phosphorsäure.

Eine klare Scheidung von den organischen Kolloiden erreicht man dabei nach einem Vorschlage von J. GREENWALD[1] mittels Pikrinsäure nach einem von R. M. CHAPIN und W. C. POWIK[2] ausgearbeiteten, von L. PINE[3] verbesserten Verfahren.

PINE stellte folgende Gehalte an säurelöslicher Phosphorsäure fest:

Säurelösliche Phosphorsäure nach L. PINE.

Gegenstand	Zahl der Versuche	P_2O_5 in der natürlichen Substanz		P_2O_5 in der Trockensubstanz	
		Mittel mg-%	Schwankungen mg-%	Mittel mg-%	Schwankungen mg-%
A. Ganzei					
Ganz frische Eier, 1 Tag alt	5	22,0	20,9— 23,5	83,4	76,9— 95,5
Frische Markteier	20	22,6	19,3— 26,5	83,3	72,0— 93,6
Eier, deren Dotter an der Schale liegt, aber durch rasche Drehung noch gelöst werden kann	10	26,6	25,0— 28,8	94,2	89,6—102,5
Eier nach 11 Monaten im Kühlhaus	7	28,7	26,1— 31,9	100,5	91,2—112,9
Eier, deren Dotter an der Schale liegt und erst durch wiederholte Drehungen freigemacht werden kann	10	30,4	24,2— 35,3	101,2	88,2—114,8
Ungenießbare Eiinhalte mit an der Schale liegendem, durch Drehen nicht freiwerdendem Dotter	9	34,2	28,7— 46,4	108,0	97,8—127,5
Ungenießbare Eiinhalte, zersetzte gefrorene Eier mit Fäulnisgeruch	5	49,9	44,8— 54,6	164,0	151,4—177,5
Ungenießbare Eier, weißfaul	4	70,4	45,5— 92,6	224,6	123,6—295,2
Ungenießbare Eier, schwarzfaul	4	183,6	142,7—229,4	624,5	468,6—721,9
B. Eidotter					
Dotter von ganz frischen, 1 Tag alten Eiern	5	52,7	49,4— 58,1	100,5	93,9—111,9
Dotter von frischen Markteiern	20	53,2	44,8— 62,1	105,8	89,7—118,3
Dotter von Eiern, deren Dotter an der Schale liegt, aber durch rasches Drehen noch gelöst werden kann	10	53,7	47,6— 59,6	110,6	97,2—122,6
Dotter von Eiern, deren Dotter erst durch mehrmaliges Drehen von der Schale gelöst werden kann	8	54,5	50,8— 56,9	114,1	106,6—120,4
Dotter von Kühlhauseiern, 11 Monate lang gelagert	6	58,8	55,6— 66,4	127,2	117,7—141,2

Mineralphosphate im Eiklar. Nach K. EBLE, H. PFEIFFER und R. BRETSCHNEIDER[4] ist das *Weißei* ganz frischer, etwa 1—2 Wochen alter Hühnereier praktisch *frei von anorganischen Phosphaten,* die dann aber auftreten und sich bei der Reaktion mit Hydrochinon-Ammoniummolybdat (vgl. S. 335) an einer Blaufärbung zu erkennen geben. Wahrscheinlich handelt es sich hierbei nach EBLE, PFEIFFER und BRETSCHNEIDER um eine Diffusion der Phosphate aus dem Eidotter durch die Dotterhaut in das Weißei. Doch wäre auch an eine hydrolytische Abspaltung von Phosphorsäure aus den Phosphorproteinen des Eiklars zu denken.

---

[1] GREENWALD, J.: J. biol. Chem. 1913, **14**, 369. — [2] CHAPIN, R. M. und W. C. POWICK: J. biol. Chem. 1915, **20**, 97. — [3] PINE, L.: J. Ass. Offic. Agric. Chem. 1924, 8, 57. — [4] EBLE, K., PFEIFFER, H. und R. BRETSCHNEIDER: **Z.** 1933, **65**, 102.

Nach Versuchen von A. Janke und L. Jirak[1] ist die Zunahme des anorganischen Phosphors im Eiklar ferner von der Art der Aufbewahrung abhängig. So fanden sie für

6 Frischeier	6 Kühlhauseier (8½ Monate alt)	4 bei 7—19°, im Mittel bei 14° gelagerte Eier (8 Monate alt)
P in mg-% 0,04—0,10	1,00—1,25	3,45—6,45

Hiernach liegt gerade in dieser anorganischen Phosphorsäure im Eiklar heute eines der wichtigsten Kennzeichen alternder Eier.

Beller und Wedemann erhielten bei acht Monate alten Kühlhauseiern nur eine wenig stärkere Phosphorreaktion, die zur Unterscheidung nicht ausreichte. R. Baetslé und Ch. de Bruyker[2] halten die Prüfung zur Erkennung von bei gewöhnlicher Temperatur gelagerten Kalk- und Silicateiern für geeignet, während ein gut gekühltes und dann höchstens einen Monat lang bei Zimmertemperatur aufbewahrtes Ei sowie ein nach Lescardé stabilisiertes Ei keine erhöhten Mengen Mineralphosphat im Eiklar aufwiesen.

Auch T. Radeff[3] bestätigt die Angaben Ebles und findet in 1—2 Wochen älteren Eiern durchschnittlich 3—4-mal mehr anorganische Phosphate im Eiklar als in frischeren. Dabei erwies sich für das Auftreten dieser Phosphatverbindungen im Eiweiß ohne Bedeutung, ob die Eier an der Luft oder in Konservierungsflüssigkeiten gehalten wurden: (s. nebenst. Tab.)

Aufbewahrung im Zimmer			Aufbewahrung in Kalklösung oder Wasserglas		
Zahl der Eier	Tage	Anorgan. Phosphor mg in 100 g Eiklar (Mittelwert)	Zahl der Eier	Tage	Anorgan. Phosphor mg in 100 g Eiklar (Mittelwert)
Kalklösung					
20 . .	1	0,09	10 . .	90	0,80
10 . .	9	0,26	10 . .	114	0,88
10 . .	16	0,35	10 . .	149	1,00
Wasserglas					
10 . .	37	0,40	10 . .	90	1,13
10 . .	54	0,67	10 . .	115	1,30
10 . .	90	1,13	10 . .	147	1,25

c) Sonstige hydrolytische Vorgänge.

Aminosäuren. Durch die enzymatische Aufspaltung der Eiklarproteine entstehen neben Ammoniak vor allem Aminosäuren, die sich durch Formoltitration ermitteln lassen. Baetslé und de Bruyker[4] fanden so für 100 g Eiklar an fomoltitrierbaren Aminosäurenstickstoff: (s. nebenst. Tab.)

Verhältnismäßig hoch ist hiernach der Aminosäurengehalt der stabilisierten Eier, wobei vielleicht die Reaktion bei der Einkühlung in der Kohlendioxydatmosphäre einen Einfluß auf die Eiweißhydrolyse ausgeübt hat.

Phosphatide. Im *frischen, lebenden Ei* ist das Lecithin außerordentlich beständig. Fangauf[5] hat darauf hingewiesen, daß schon deshalb im frischen Ei ein Abbau des lebenswichtigen Lecithins nicht eintreten kann, weil das Ei ja mehrere Wochen brutfähig bleibt. Dieser Auffassung entsprechen auch direkte Lecithinbestimmungen im frischen und gelagerten Ei. So fand A. Schrempf[6] in je sechs frischen bzw. 12 Tage im Kühlschrank gelagerten Eiern:

Zunahme des Aminosäurenstickstoffs durch Alterung.

Art des Eies	Aminosäurenstickstoff mg
Frisches Ei	12,2—32,4
3 Wochen altes Ei	22,1—39,9
1 Monat altes Ei	28,9—49,4
2 Monate altes Ei	33,0—60,6
5 Monate gekühltes Ei . . .	24,2—39,6
Kühlhausei, nach 3 Wochen aufbewahrt	31,3—42,5
Kühlhausei, nach 1 Monat aufbewahrt .	34,8—64,5
Kalkei	38,9—57,1
Wasserglasei.	42,6—60,3
Stabilisiertes Ei	40,2—70,0

¹ Janke, A. und L. Jirak: Biochem. Z. 1934, **271**, 309. — ² Baetslé, R. und Ch. de Bruyker: Toezicht over Eieren Ledeberg/Gent 1934, S. 116. — ³ Radeff, T.: Z. Fleisch- u. Milchhygiene 1935, **45**, 363. — ⁴ Baetslé, R. und Ch. de Bruyker: Toezicht over Eieren. Ledeberg/Gent 1934. S. 109. — ⁵ Fangauf: Arch. Geflügelk. 1928, **2**, 380. — ⁶ Schrempf, A.: Z. Volksernährg. u. Diätk. 1932, **7**, 47.

	Frische Eier	Gelagerte Eier (12 Tage)
Lecithin-P_2O_5	0,951—1,073 %	0,972—1,100 %

W. LINTZEL[1] kommt ebenfalls zu dem Ergebnis, daß auch in vier Monate gelagerten Eiern wesentliche Veränderungen an Gesamtphosphatiden wie an eigentlichem (Cholin-) Lecithin nicht eingetreten sind. Das gleiche besagen Versuche von E. PHILIPPE und M. HENZI[2] bei etwa vier Monate lang aufbewahrten Eiern.

Bei *längerer Lagerung* sind natürlich Verluste an Lecithin möglich. L. MEYER[3] findet in frischem Eigelb 1,27%, in zwei Jahre altem 0,83% Lecithinphosphorsäure. Nach Versuchen von J. TILLMANS, H. RIFFART und A. KÜHN[4] scheint der Gehalt an freiem Lecithin im Kalkei und Kühlhausei etwas kleiner zu sein als im Frischei. Doch ist der Unterschied zu einer Unterscheidung der einzelnen Eiersorten voneinander zu gering. Gefunden wurde:

| Bezeichnung | Gewicht des Eidotters g | Gesamt-Lecithin-P_2O_5 mg | Freie Lecithin-P_2O_5 im Eidotter | | Lecithin-albumin-P_2O_5 im Eidotter mg |
			Menge mg	Von der Gesamt-Lecithin-P_2O_5 %	
Frischei	14,48	146,8	36,2	24,6	112,1
Trinkei	15,25	140,7	37,2	26,6	104,1
Eigelbpulver . . .	(8)	153,2	55,8	36,4	101,2
Kalkei 1927	22,41	174,8	28,8	16,5	144,2
Kalkei 1928	20,57	178,8	33,7	18,8	145,8
Kalkei 1929	15,91	147,2	31,3	21,3	108,1
Kühlhausei 1928 . .	19,29	159,4	16,5	10,5	145,3
Kühlhausei 1929 . .	16,53	145,4	25,9	17,8	123,7

Durch Verfolgung des Auftretens und der Zunahme der Glycerinphosphorsäure, läßt sich nach Versuchen von J. GROSSFELD und J. PETER[5] die hydrolytische Lecithinaufspaltung im Eidotter besonders scharf verfolgen. Die Glycerophosphate sind dabei durch Unlöslichkeit in Isopropylalkohol, Löslichkeit in Äthylalkohol gekennzeichnet, der andererseits Lecithin ebensogut wie Äthylalkohol löst. Der 100fache Quotient aus in Isopropylalkohol unlöslicher in wasserhaltigem Äthylalkohol nach bestimmter Vorschrift löslicher Phosphorsäure heißt *Zersetzungsquotient ZQ*. Theoretisch entspricht einem Eidotter mit unzersetztem Lecithin $ZQ = 0$, mit völlig zersetztem Lecithin $ZQ = 100$.

Während nun dieser Zersetzungsquotient bei Eizersetzung sehr schnell auf hohe Werte ansteigt, blieb er bei unverdorbenen, wenn auch alten, Eiern klein und überstieg nicht die Zahl 6. Der Korrelationsfaktor zwischen ZQ und Eialter, berechnet nach Prüfung von 46 Eiern, betrug nur

$$r = +0,25 \pm 0,09 \, .$$

Freie Fettsäuren und Fettkennzahlen. In ganz frischem Eidotter und nach längerer Aufbewahrung fanden R. T. THOMSON und J. SORLEY[6] an freier Säure, berechnet als Ölsäure

| Art des Eies | Im Eidotter Freie Säure % | Im Eidotterfett | |
		Freie Säure %	Entsprechend Säurezahl
1 Stunde nach dem Legen .	0,59	1,72	3,42
3 Monate nach dem Legen .	—	3,12	6,21
2 Jahre nach dem Legen .	—	5,15	10,25
Verdorbenes Knickei . . .	—	17,3	34,4

Wenn frische Eier aufgeschlagen aufbewahrt wurden, betrug nach einem Jahr die Menge der freien Fettsäuren 85,5% des Fettes.

---

[1] LINTZEL, W.: Arch. Tierernährg. u. Tierz. 1931, 7, 42. Vgl. auch E. MANGOLD: Arch. Geflügelk. 1931, 5, 286. — [2] PHILIPPE, E. und M. HENZI: Mitt. Lebensmittelunters. u. Hygiene 1936, 27, 269. — [3] MEYER, L.: Mitt. Lebensmittelunters. u. Hygiene 1918, 9, 135. — [4] TILLMANS, J., H. RIFFART und A. KÜHN: Z. 1930, 60, 361. — [5] GROSSFELD, J. und J. PETER: Z. 1935. — [6] THOMSON, R. T. und J. SORLEY: Analyst. 1924, 49, 327.

A. Monvoisin[1] extrahiert den getrockneten Eidotter mit Äther, löst den Auszug in neutralem Benzol[2] und titriert mit 0,05 N-alkohol. Natronlauge gegen Phenolphthalein als Indicator. Das Ergebnis drückt er aus in Milligramm Ölsäure für 1 g Fett. So wurde von Monvoisin und weiter von W. H. Redfield[3] gefunden:

Lfde. Nr.	Art des Eies	Ölsäuregehalt des Dotterfettes		Untersucht von
		mg in 1 g Fett	entsprechend Säurezahl	
1.	Frische Eier	21—27	4,2—5,4	A. Monvoisin
2.	1 Monat alte Eier	bis zu 36,5	bis zu 7,30	
3.	Kühlhauseier nach 8½ Monaten .	36,2—42,4	7,24—8,48	
4.	Kühlhauseier, 4 Monate im Kühlraum	21,5	4,30	W. H. Redfield
5.	desgl. 7 Monate im Kühlraum . .	24,1	4,82	
6.	desgl. 8 Monate im Kühlraum . .	25,6	5,12	
7.	desgl. 13 Monate im Kühlraum .	25,1	5,02	
8.	Kalkei, 8 Monate in Kalk . . .	35,7—41,4	7,14—8,28	

Geringeren Änderungen unterliegen Lichtbrechung und Jodzahl des Fettes. So ermittelte L. Meyer[4]:

Eigelb	Petrolätherauszug			Chloroformauszug		
	Lichtbrechung bei		Jodzahl	Lichtbrechung bei		Jodzahl
	25°	40°		25°	40°	
Frisch, im Verkehr . . .	67,5	60,0	74,5	69,5	63,5	76,5
Frisch, gekocht	66,5	58,0	72,0	65,5	58,5	72,3
Frisch, im Vakuum getrocknet	66,0	59,0	76,2	65,5	60,6	76,1
Etwa 2 Jahre alt	62,5	50,5	72,9	—	50,0	73,5
Mehrere Jahre alt . . .	70,0	61,4	77,2	71,9	64,3	79,1
Alt, mit Kochsalz konserviert	—	—	—	68,5	60,0	76,6

5. Konzentrationsverschiebungen.

Die großen Konzentrationsunterschiede zwischen Eidotter und Eiklar erfordern zur dauernden Aufrechterhaltung einen bedeutenden Energieaufwand, und es liegt nahe mit dem Altern des Eies auf eine Abnahme der biologischen Kräfte hierfür zu schließen. Dabei wird sich bald ein Konzentrationsausgleich einstellen, der in der Tat an verschiedenen Erscheinungen erkannt werden kann.

a) Gefrierpunktsdifferenz zwischen Eidotter und Eiklar.

Die Gefrierpunktsdifferenz zwischen Dotter und Weißei nimmt, wie schon Straub und Hoogerduyn (vgl. S. 104) beobachtet haben, beim Altern des Eies ab. Anschließend an diese Versuche hat P. Weinstein[5] die Gefrierpunktsdifferenz als praktisches Erkennungsmittel für die Eialterung in die Eieruntersuchung eingeführt.

Außer dem eigentlichen Gefrierpunkt verwendet Weinstein auch den nach Mischung mit Kochsalzlösung (0,9 g in 100 g Wasser) vorzugsweise im Verhältnis 2+1 (2 Teile Dotter + 1 Teil Kochsalzlösung) erhaltenen Gefrierpunkt. Diese Mischung, die den Gefrierpunkt des Weißeies praktisch nicht verändert, bietet bei Gelbei den Vorteil, daß die Bestimmung rascher ausführbar wird. Während bei Eigelb durch das langsamere Ansteigen des Quecksilberfadens zum Haltepunkt etwa 5—8 Minuten vergehen, dauert bei den Mischungen eine Bestimmung nur 2—3 Minuten.

Bei Malnehmung der Gefrierpunktsdifferenz mit 100 werden Trinkei und vollfrisches Ei an der Differenz von über 14, frisches Ei unter Mitberücksichtigung der Mischung 2+1 an einen Wert von über 10 erkannt.

---

[1] Nach Baetslé, S. 121. — [2] In der Quelle „krystallisierbare Benzine". — [3] Nach Baetslé. — [4] Meyer, L.: Mitt. Lebensmittelunters. u. Hygiene 1918, 9, 135. — [5] Weinstein, P.: Z. 1933, 66, 48.

Für Nichtkonservierte und Kühlhauseier fand WEINSTEIN folgende Werte:

Art der Eier	Gefrierpunkt von			Mischung mit Kochsalzlösungen 2 + 1		
	Eiklar	Eidotter	Differenz	Eiklar	Eidotter	Differenz
Markenei	45,3	61,3	16,0	48,4	55,8	10,4
Markenei, vollfrisch . . .	45,8	60,0	14,2	45,8	56,7	10,9
desgl.	44,5	61,7	17,2	44,5	55,5	11,0
Garantiert frisches Landei.	44,2	58,5	14,3	44,2	55,7	11,5
Garantiert vollfrisches Ei .	45,2	60,6	15,4	45,2	56,2	11,0
Markenei, vollfrisch . . .	45,0	61,5	16,5	45,0	56,4	11,4
Vollfrisches Ei, 2—3 Tage alt	46,5	60,5	14,0	46,5	56,5	10,0
Markenei	45,0	61,5	16,5	45,0	56,4	11,4
desgl. nach 3½ Wochen .	45,0	56,1	11,1	45,0	55,2	10,2
desgl. nach 7 Wochen . .	47,5	56,2	8,7	47,5	54,3	6,8
desgl. nach 10½ Wochen	48,15	55,3	7,2	48,1	54,6	6,5
Chinesisches Kühlhausei . .	47,9	53,8	5,9	47,9	53,5	5,6
desgl.	51,1	54,9	3,8	51,1	50,8	2,8
desgl.	51,8	54,9	3,1	51,8	51,8	2,1
Vollfrisches Entenei . . .	45,2	65,0	19,8	48,0	56,3	11,1
desgl.	—	—	—	44,7	55,8	11,1
desgl.	44,1	63,0	18,9	44,1	54,5	10,4

K. BRAUNSDORF und W. REIDEMEISTER[1] erhielten bei Eiern verschiedenen Alters folgende Gefrierpunkte von Weißei, Eidotter mit physiologer Kochsalzlösung (2 + 1) und Differenzzahl.

Eialter	Zahl der geprüften Eier	Gefrierpunkt von				Differenzzahl nach Weinstein	
		Weißei		Eidotter			
		Mittel	Schwankungen	Mittel	Schwankungen	Mittel	Schwankungen
2 Tage	2	45,5	45,0—46,0	56,6	56,0—57,2	11,1	11,0—11,2
5 Tage	5	44,3	43,0—46,0	56,7	56,5—58,5	12,4	10,5—14,0
6 Tage	5	45,2	44,3—46,0	56,1	55,0—57,5	10,9	9,0—13,0
2 Wochen . .	4	44,4	43,0—45,5	53,9	53,0—55,0	9,5	9,0—10,0
4 Wochen . .	6	46,1	45,5—47,0	54,6	54,0—55,0	8,5	7,0— 9,2
6 Wochen . .	4	46,8	45,0—48,5	54,1	53,0—55,0	7,3	6,5— 8,0
7 Wochen . .	4	48,1	45,7—50,0	53,6	50,5—55,8	5,5	4,0— 7,3
8 Wochen . .	2	49,8	49,5—50,0	55,0	55,0—56,0	5,7	5,0— 6,5
9 Wochen . .	4	49,2	48,5—50,2	54,4	52,0—56,0	5,2	3,5— 6,0
12 Wochen . .	3	54,2	51,0—56,0	57,0	56,0—57,5	2,8	1,5— 5,0
Kühlhauseier aus:							
Dänemark . . .	3	48,3	47,5—49,3	54,5	54,0—55,0	6,2	4,7— 7,0
Finnland . . .	3	49,8	49,5—50,5	54,8	54,0—55,3	5,0	3,5— 5,8
Argentinien . .	2	50,0	49,0—51,0	55,3	54,5—56,0	5,3	5,0— 5,5
Deutschland . .	4	48,6	47,0—50,0	53,7	53,0—54,8	5,1	4,0— 7,0
Holland	4	47,0	46,0—49,0	52,3	50,2—53,8	5,3	4,0— 7,2
Insgesamt.	16	48,5	46,0—51,0	53,9	50,2—56,0	5,3	3,5— 7,2

Über das Verhalten konservierter Eier vgl. auch S. 228 und 231.

b) Lichtbrechung.

Wegen der Konzentrationsverschiebungen zwischen Dotter und Weißei beim Lagern des Eies ändert sich auch die Differenz des Brechungsindexes beider.

---

[1] BRAUNSDORF, K. und W. REIDEMEISTER: Z. 1934, **68**, 59.

13*

Diese Änderung ist viel leichter zu verfolgen als die Gefrierpunktsdifferenz und daher nach A. Janke und L. Jirak[1] ein besonders bequemes Mittel zur Beurteilung des Eialters. — Anscheinend hat zuerst C. Bidault[2] den Brechungsindex zur Beurteilung des Eialters herangezogen.

Janke und Jirak nennen den 1000fachen Wert der Brechungsdifferenz (DK) die *Wertzahl* (*WZ*) des Eies:

$$WZ = 1000\ DZ;\quad DZ = (n_D)^D - (n_D)^K .$$

Noch einfacher ist die Beurteilung auf Grund des Brechungsindex des Dotters allein, für den Janke und Jirak als untere Grenze bei 17,5° 1,4200 angeben.

Für andere Temperaturen geben sie an:

Temperatur	15°	16°	18°	20°	22°	24°	26°
n_D	1,4204	1,4203	1,4199	1,4195	1,4190	1,4185	1,4182

Die 1000fache Abweichung hiervon nach unten[3] nennen sie *Alterungszahl* (*AZ*), also bei 17,5° entsprechend der Gleichung:

$$AZ = 1000\ (1,420 - [n_D]^D) .$$

Die Wertzahl ist außer von der Alterung des Eies auch von seiner Austrocknung abhängig, die ja hauptsächlich das Eiklar betrifft. Durch diese Austrocknung an sich — versuchsweise bewirkt durch 72stündige Einwirkung eines Vakuums — wird, wie folgende Zahlen dartun, die Alterungszahl nicht beeinflußt:

Eigewicht in g vor der Austrocknung	nach der Austrocknung	Gewichtsverlust %	$[n_D]^D$	$[n_D]^D$	WZ	AZ
63,3	61,3	3,1	1,4230	1,3591	63,9	0
53,8	50,4	6,3	1,4296	1,3596	61,8	0
58,9	53,6	9,0	1,4230	1,3618	61,2	0
58,0	50,9	12,2	1,4235	1,3632	60,3	0
54,0	45,5	15,7	1,4219	1,3668	55,1	0
53,7	42,5	20,8	1,4232	1,3689	54,3	0

Im Gegensatz hierzu kommt die Wasserzunahme des Dotters bei der Alterung in der Abnahme seines Brechungsindexes und damit in der Alterungszahl zum Ausdruck.

So erhielten Janke und Jirak für $8^1/_3$ Monate alte Kühlhauseier und bei 7—19° im Mittel bei 14° gelagerte 8 Monate alte Eier:

Kennzahl	Kühlhauseier 6 Stück	Gelagerte Eier 4 Stück
Brechungsindex des Dotters $[n_D]^D$	1,4152—1,4172	1,4123—1,4143
Brechungsindex des Eiklars $[n_D]^K$	1,3582—1,3721	1,3701—1,3741
Wertzahl (*WZ*)	45,1—57,0	39,4—44,1
Alterungszahl (*AZ*)........	2,8— 5,0	5,8— 7,7
Austrocknung in %	3,5—14,4	17,9—26,6

Demgegenüber wurde die Wertzahl bei frischen Eiern zu 62,8—67,9 die Alterungszahl zu 0 gefunden. Auch Wasserglaseier und Garantoleier weisen nach längerer Konservierung hohe Alterungszahlen auf (vgl. S. 228 und 231).

Die mittlere Änderung von Wertzahl und Alterungszahl im Vergleich zur Austrocknung zeigt folgende Übersicht. Die Mittelwerte wurden an je 2—6 Eiern erhalten (s. Tab. S. 197 oben).

<hr>

[1] Janke, A. und L. Jirak: Biochem. Z. 1934, **271**, 309. Vgl. Z. 1935, **69**, 439 u. Milk Plant Monthly 1934, **23**, 10, 34; C. 1935, **1**, 168. — [2] Bidault, C.: Rev. gén. Froid Ind. frigorif. 1928, **3**, 80. Nach Baetslé. — [3] Eine Abweichung nach oben wird mit 0 angegeben.

Für die einzelnen *Eiklarschichten* fanden A. ROMANOFF und R. A. SULLIVAN[1] in den ersten 20 Tagen nach der Eiablage ein Ansteigen des Brechungsindex in den äußersten drei Schichten, ein Fallen und Wiederansteigen in der innersten (vgl. S. 148).

Kennzahl	Eialter in Tagen					
	0 %	8 %	16 %	24 %	32 %	40 %
Eier von Leghornhühnern						
Wertzahl	66,5	63,6	61,3	58,0	59,7	57,5
Alterungszahl . .	0	0,7	2,4	3,9	2,6	3,9
Austrocknung . .	0	1,1	2,6	3,6	4,5	6,1
Eier von Rhodeländern						
Wertzahl	66,5	64,3	62,3	60,9	60,0	55,5
Alterungszahl . .	0	0	1,5	1,5	2,7	5,9
Austrocknung . .	0	1,1	2,4	3,1	3,5	4,2

c) Ausgleich des Wassergehaltes von Dotter und Eiklar.

Mit dem Altern des Eies diffundiert Wasser aus dem Eiklar in den Dotter, dessen Wassergehalt ansteigt, während der Wassergehalt des Weißeis durch diesen Vorgang und außerdem infolge der Verdunstung durch die Schale, abnimmt. Besonders kommt dies in dem Verhältnis

$$V = \frac{\text{Wassergehalt des Dotters}}{\text{Wassergehalt des Eiklars}}.$$

zum Ausdruck.

Aus von L. PINE[2] angegebenen Zahlen berechnen wir z.B. für Eier verschiedenen Alters:

Art der Eier	Im Mittel		
	Wassergehalt des		Verhältnis-zahl
	Dotters	Eiklar	
Ganz frische Eier, 1 Tag alt	47,56	73,57	0,647
Frische Markteier	50,69	72,87	0,696
Eier mit Dotter an der Schale, durch einmaliges Drehen zu lösen	51,44	71,74	0,717
Eier mit Dotter an der Schale, durch wiederholtes Drehen zu lösen	52,23	69,96	0,747
Kühlhauseier, nach 11 Monaten im Kühlhaus	53,74	71,45	0,751

Inwieweit diese Zahlen unter Berücksichtigung der natürlichen Streuungen praktisch zur Altersbeurteilung verwendet werden können, bedarf noch der Nachprüfung an einem größeren Material. Vor allem ist dabei auch zu prüfen, in welchem Maße der Fettgehalt des Dotters den Wassergehalt beeinflußt. Vielleicht gibt der Wassergehalt des fettfreien Dotters bzw. die Menge fettfreier Dottertrockenmasse ein schärferes Unterscheidungsmittel.

Die Verschiebungen im Wassergehalt von Dotter und Eiklar bedingen auch Änderungen in der Konzentration an Trockensubstanz, Chloriden, Phosphorsäure, Stickstoffverbindungen, Fett und Zucker sowie im Gewichtsverhältnis von Eiklar zu Dotter, wie L. C. MITCHELL[3] durch Untersuchung von im Kühlhaus und ohne Kühlung aufbewahrten Eiern zeigt. Die Änderungen sind jedoch praktisch nur durch Verschiebung des Trockensubstanzgehaltes bedingt und daher bei Berechnung auf Trockensubstanz nicht mehr nachweisbar.

d) Kaliumgehalt der Schale.

Merkwürdig ist das von P. F. SHARP[4] gefundene Abwandern des Kaliumgehaltes von der Eischalenoberfläche (vgl. S. 324), vermutlich infolge eines Diffusionsvorganges. Während man bei Kühlhauseiern nach 1—2monatiger Lagerung deutliche Kaliumspuren an der Eischale nachweisen kann, gelang dies SHARP nach 4—8 Monaten nicht mehr.

---

[1] ROMANOFF, A. und R. A. SULLIVAN: Ind. Engng. Chem. 1937, **29**, 117. — [2] PINE, L.: J. Offic. Agric. Chem. 1924, **8**, 57. — [3] MITCHELL, L. C.: J. Assoc. off. Agric. Chem. 1934, **17**, 506. — [4] SHARP, P. F.: Ind. Engng. Chem. 1932, **24**, 941.

e) Wasserstoffionenkonzentration.

Von Eidotter und Eiklar wurden folgende pH-Zahlen gefunden:

Lfde. Nr.	Eidotter pH	Eiklar pH	Untersucht von
1.	6,2—6,6	8,2—8,4	D. J. Healy und A. H. Peter[1]
2.	5,4—5,9	9,0—9,4	F. J. J. Buytendijk und M. W. Woerdemann[2]
3.	6,0	7,63	J. C. Baird und J. H. Prentice[3]
4.	6,3	7,9	S. E. Erikson und Mitarbeiter[4]

Nach Angaben der Genannten und außerdem von P. F. Sharp[5], Ch. Schweizer[6], G. Gaggermeier[7] u. a. nimmt die Wasserstoffionenkonzentration des Eiklars nach dem Legen ständig ab, wodurch der pH-Wert entsprechend ansteigt. Der Grund für die Abnahme des Säuregrades liegt im Entweichen von Kohlendioxyd. Fütterung und Haltung der Hennen sind auf das pH ohne Einfluß.

Nach Baird und Prentice wird in sieben Tagen der konstante Wert 9,0 erreicht. Nach Gaggermeier sind Eier mit pH unter 9,2 im allgemeinen nicht über, nach Schweizer mit pH = 9,4 und darüber mindestens acht Tage alt. Healy und Peter fanden den pH-Anstieg sowohl bei befruchteten, als auch bei unbefruchteten Eiern. Eisschranktemperatur (8°) verzögerte bei den Versuchen von Schweizer die Alkalitätszunahme gegenüber warmer Zimmertemperatur (28°) nur wenig.

Beller und Wedemann verfolgten die Reaktionsänderung des Eiinhaltes bei der Kühlhauslagerung. Die Reaktion des Eidotters war alkalisch gegen Lackmus, mit Chinhydron wurden pH-Werte zwischen 6,15—7,8 gefunden. Die pH-Zahl des Eiklars, gefunden mit den Farbindicatoren m-Nitrophenol und Phenolphthalein war anfangs 8,8 und stieg auf 8,8 bzw. 8,9—9,1 an. Mit der Wasserstoffelektrode oder Chinhydron wurde sie zwischen 7,8—8,8 gefunden. Bei einem pH-Wert über 9 (gegen Phenolphthalein) liegen nach Beller und Wedemann Eier vor, die älter als sechs Monate sind, wenn sie im Kühlhaus gehalten wurden.

Im Zusammenhange mit diesen Versuchen verfolgten Beller und Wedemann auch den *Widerstand* des im Kühlhaus alternden Eiklars *gegen den Durchgang des elektrischen Stromes* und stellten trotz gewisser Schwankungen eine deutliche Widerstandszunahme fest:

Elektrischer Widerstand von Eiklar aus Kühlhauseiern (in Ohm).

Eisorte	Datum				
	10. 8. 32	7. 9. 32	14. 10. 32	25. 11. 32	6. 1. 33
Halpaus-Bruteier	9,4	94	93	97,5	96,5
Dänen	87,5	95	94	94	95
Rumänen	90	98,5	94	102	101
Braune Farmeier	90	91	92	95	99,5
Weiße Farmeier.	92	94	95,5	98,5	100
Märkische Genossenschaftseier	90	100	—	96,5	97
Märkische Landeier	91	90	93	96,0	101

In einer *Kohlendioxydatmosphäre* steigt die Wasserstoffionenkonzentration des Eiklars wieder, wie schon Healy und Peter festgestellt haben. Sharp hat daher versucht die pH-Zunahme des Eiklars und damit die Gefahr des Verderbens durch Einbringen der Eier in eine Kohlendioxydatmosphäre zu hemmen. Es gelang ihm so ein pH von 7,6 im Eiklar aufrecht zu erhalten.

Aber auch bei einfacher Aufbewahrung der Eier tritt nach *längerer Zeit* wieder pH-Abnahme ein (Schweizer, Sharp und Ch. K. Powell[8]). Sharp und Powell vermuten einen

---

[1] Healy, D. J. und A. H. Peter: Amer. J. Physiol. 1925, **74**, 363. — [2] Buytendijk, F. J. J. und M. W. Woerdemann: Arch. Entwicklungsmech. 1927, **112**, 387. — [3] Baird, J. C. und J. H. Prentice: Analyst. 1930, **55**, 1712. — [4] Erikson, S. E., R. E. Boyden, J. H. Martin und W. M. Insko Jr: Kentucky Experim. Stat. Bull. 1932, **335**; Arch. Geflügelk. 1934, **8**, 55. — [5] Sharp, P. F.: Science 1929, **69**, 278. — [6] Schweizer, Ch.: Mitt. Lebensmittelunters. u. Hygiene 1929, **20**, 203. — [7] Gaggermeier, G.: Arch. Geflügelk. 1930, **4**, 469. — [8] Sharp und Ch. K. Powell: Ind. Engng. Chem. 1931, **23**, 196.

Einfluß des Kohlendioxyds auf den Bebrütungsvorgang. Bei Handelseiern kann man —
ganz abgesehen von Wasserglas- und Kalkeiern — nach längerer Zeit wieder gleiche pH-Werte
wie bei frischen Eiern finden (Schweizer[1]), so daß die pH-Bestimmung zur Altersermittlung
von Handelseiern ungeeignet ist. — Beim *Dotter* findet man gegenüber den erheblichen Änderungen der Reaktion des Eiklars eine nur sehr langsame Zunahme des Säuregrades.

6. Sonstige Vorgänge.

a) *Ausflockung mit Alkohol.* Ch. Schweizer[2] fand nach einer besonderen Arbeitsweise die
Ausflockung mit Alkohol bei frischen Eiern im allgemeinen größer als bei 8—14tägigen.

b) *Katalasegehalt.* Nach J. J. J. Dingemans[3] ist bei frischen Eiern der Katalasegehalt im
Mittel viel größer als bei Kühlhauseiern. Von 45 frischen Eiern betrug bei 80% die Katalasezahl über 3, von 26 Kühlhauseiern bei 90% unter 2,5, bei Kalkeiern meistens 0,5 oder weniger. — Ganz frisch gelegte und bis zu drei Tagen alte Eier zeigten aber ebenfalls eine niedrige
Katalasezahl.

c) *Zuckergehalt des Eiklars.* Dieser bleibt im sterilen Ei auch bei langer Lagerung im Kühlhaus (10 Monate, Pennington) unverändert. Eine Infektion des Eies mit Schimmelpilzen
oder Bakterien, die in erster Linie den Zucker als Nährstoff angreifen, bringt ihn bald zum
Verschwinden. So enthielt nach Versuchen von J. S. Hepburn und E. Q. St. John[4] fau-
lendes Eiklar keine freie Dextrose mehr.

d) *Krystallisierbarkeit des Ovalbumins.* Die alte Erfahrung, daß sich Albuminkrystalle nur
aus Eiklar von frischen Eiern erhalten lassen, wurde von C. Bidault und S. Blaignan[5] zur
Unterscheidung frischer und alter Eier verwendet. Baetslé und de Bruyker haben diese
Versuche nachgeprüft und gefunden, daß frische Eier bis zum Alter von 15 Tagen, Kühlhauseier bis zu etwa 6 Monaten sowie stabilisierte Eier noch krystallisierbares Ovalbumin enthielten.
Dagegen lieferte ein drei Wochen altes Ei nach Aufbewahrung im Zimmer bereits einen
amorphen Niederschlag.

Für die *Beurteilung des Alters oder der Genießbarkeit* von Eiern; besonders auch
von konservierten Eiern, kommen in der Hauptsache in Frage:

1. Dichte oder Eigewicht unter Wasser bzw. dessen Verhältnis zum Eigewicht (vgl. S. 179 u. 181).

2. Größe, insbesondere Höhe, der Luftblase und das Durchleuchtungsbild
(vgl. S. 182).

3. Luminescenz der Eischale im ultravioletten Licht (vgl. S. 188).

4. Geruch und Geschmack des Eiinhaltes (vgl. S. 189).

5. Strukturänderungen und Fluorescenz des Eiklars im ultravioletten Licht
(vgl. S. 185 u. 188).

6. Dotterhöhe bzw. Dotterindex und Eiklarindex (vgl. S. 184 u. 186).

7. Gehalt an anorganischen Phosphaten im Eiklar (vgl. S. 191).

8. Lichtbrechung sowie Wertzahl und Alterungszahl (vgl. S. 195).

9. Gefrierpunktsdifferenz zwischen Dotter und Eiklar (vgl. S. 194).

10. Ammoniakgehalt (vgl. S. 189).

II. Verderben durch Infektion mit Fremdkeimen.

Die näheren Ursachen des Verderbens der Eier, die Infektion durch fremde
Keime, die Art dieser Keime und der Verlauf des Verderbens sind Gegenstand
zahlreicher bakteriologischer und chemischer Untersuchungen gewesen, über die
Kossowicz im Zusammenhange berichtet hat.

1. Arten und Infektionswege der fremden Keime.

Für das *Eindringen der Keime* in das Ei sind zwei Möglichkeiten von besonderer
Bedeutung: Infizierung vor Ausbildung der Eischale vom Eileiter her und nach-
trägliches Eindringen der Keime durch die Poren der Eischale in das gelegte Ei.

---

[1] Schweizer: Mitt. Lebensmittelunters. u. Hygiene 1929, **20**, 312; 1932, **23**, 17. — [2] Schweizer, Ch.; Mitt. Lebensmittelunters. u. Hygiene 1932, **23**, 17. — [3] Dingemans, J. J. J.: Chem.
Weekbl. 1932, **29**, 138. — [4] Hepburn, J. S. u. E. Q. St. John: J. biol. Chem. 1921, **46**, XLVIII.
— [5] Bidault, C. und S. Blaignan: Compt. rend. Soc. Biol. 1927, **337**. Nach Baetslé.

Schon C. A. J. A. Oudemans[1] erwähnt die Möglichkeit einer *Infektion des Eies während seiner Ausbildung* in der Henne. U. Gayon fand auf der inneren Oberfläche des Eileiters frisch geschlachteter Hennen, auch noch in einer Entfernung von 10—15 cm von der Kloake, Bakterien und Schimmelsporen. Da nach praktischen Erfahrungen *unbefruchtete Eier* viel weniger zum Verderben neigen sollen als befruchtete, nimmt man vielfach an, daß die Bakterien und Schimmelsporen vor allem bei der Begattung in den Eileiter und dadurch in das Ei gelangen, wie ja auch sonstige Fremdkörper bisweilen auf diesem Wege in das Ei gelangen können. Auch die Unsitte des „Eierbefühlens" durch Hineinstecken des Fingers in den Eileiter der Henne zur Feststellung des Vorhandenseins eines Eies kann derartige Infektionen veranlassen (vgl. S. 53). K. Poppe[2] hält ebenso wie Gayon frisch gelegte Eier unbegatteter Tiere in der Regel für keimfrei, die Eier begatteter Tiere für keimhaltig. Dasselbe bestätigten Cao und Zimmermann[3], während bei Prüfungen von M. E. Pennington[4] von 57 Eiern nur sieben bakterienfrei waren. Auch P. B. Hadley und C. Caldwell[5] halten eine Infektion der Dotter schon im Eierstock für wahrscheinlich.

Indes scheint nach anderen Untersuchungen die Häufigkeit der Infektion des werdenden Eies vielfach überschätzt worden zu sein. Menini[6] und dann Kossowicz haben gezeigt, daß frische Eier in der Regel keimfrei sind, einerlei ob es sich um befruchtete oder unbefruchtete Eier handelt. Von 77 ganz frischen Eiern, die Kossowicz untersucht hat, waren nur zwei keimhaltig. O. Maurer[7] erhielt aus 18% frisch gelegter Eier Bakterien, die ein Wachstum bei Zimmertemperatur zeigten, in 8% Bakterien, die nur bei Bluttemperatur wuchsen. In den meisten Fällen (82%) war der Eidotter, selten das Eiklar infiziert. Rettger[8] zieht aus zahlreichen Untersuchungen den Schluß, daß der Inhalt frischer normaler Eier in der Regel steril ist.

Hadley, Ph. B. und D. W. Caldwell[5] prüften von 2520 Eiern von 65 Hühnern den Eidotter und fanden in 220 derselben (= 8,7%) Bakterien. Eiklar wurde 111mal geprüft und war immer keimfrei, während die zugehörigen Dotter 5mal (= 4,5%) Keime enthielten. Unbefruchtete Eier erwiesen sich nicht als keimärmer. Von 422 befruchteten Eiern enthielten 29 = 6,9% von 315 unbefruchteten 28 = 8,9% Keime. Zwischen Prozentsatz der Eiinfektion und dem Alter der Hühner oder der Jahreszeit bestand keine Korrelation. F. Andresen[9] fand Eier aus unsauberen Beständen in größerer Zahl bakterienhaltig als aus gepflegten Beständen. Eier aus hygienisch einwandfreien Beständen enthielten nur etwa zu 5% Bakterien. Auch J. Schrank[10] hat Weißei und Dotter von frischen normalen Hühnereiern stets frei von Mikroorganismen gefunden. A. Postolka[11] schließt aus dem Umstande, daß in mehreren Tausend Fällen von Eiverpilzung das stärkste Pilzwachstum stets an der Testacea angetroffen wurde, während der Dotter frei geblieben war, daß der intrauterinen Infektion des noch nicht beschalten Eies keine erhebliche Bedeutung zukomme.

Zimmermann nimmt an, daß Schimmelpilze in der Regel von außen durch die Schale eindringen, daß aber ihre Sporen und vor allem die Bakterien aus dem Eileiter stammen.

Als Hauptinfektionsweg ergibt sich damit die Keimdurchlässigkeit der Eischale. Bereits von F. de Réaumur[12] vermutet, wurde diese Ursache des Keimbefalls der Eier wohl zuerst von v. Wittich[13] versuchsmäßig erwiesen, als ihm die künstliche Infektion eines frisch gelegten Eies innerhalb von fünf Tagen durch die Schale hindurch gelang.

Weitere Bestätigung brachten dann die eingehenden Arbeiten von F. Mosler[14], U. Gayon[15], O. E. R. Zimmermann[16], J. Schrank[10], Zörkendörfer[17], Wilm[18], Piorkowski[19], Bucco[20],

[1] Oudemans, C. A. J. A.: Ann. scientif. l'Ecole norm. supér. 1875 (2), **4**, 205. — [2] Poppe, K.: Arb. Kaiserl.Gesundheitsamt 1910, **34**, 186. — [3] Nach Kossowicz. — [4] Pennington, M. E.: J. biol. Chem. 1909, **7**, 109. — [5] Hadley, P. B. und D. W. Caldwell: The bacterial infection of fresh eggs. Agric.Experim. Station of the Rhode Island State College Bull. **164**, 1916. — [6] Nach Kossowicz. — [7] Nach Priebe. — [8] Rettger: Z. Bakt. II.Abt. 1913/14, **39**, 610. — [9] Andresen, F.: Über das Vorkommen von Bakterien in Eiern. Diss. Berlin 1932. — [10] Schrank, J.: Wien med. Jb. 1888 (3), **84**, 303. — [11] Postolka, A.: Zbl. Bakteriol. II. Abt. 1916, **46**, 320. — [12] Réaumur, F. de: Ferchault Réaum. René Arch.: Art de faire éclore et d'élever en toute saison des oiseaux domestiques de toutes espèces. Paris 1740. Nach Kossowicz. — [13] von Wittich: Z. wiss. Zoologie 1851, 3, 213. — [14] Mosler, F. Virchows Arch. pathol. Ann. Physiol. 1864, 29, 510. — [15] Gayon, U.: Compt. rend. 1873, **77**, 214. — [16] Zimmermann, O. E. R.: Ber. Naturwiss. Ges. Chemnitz 1887, 3. — [17] Zörkendörfer: Arch. Hygiene 1893, **16**, 369. — [18] Wilm: Arch. Hygiene 1895, **23**, 145. — [19] Piorkowski: Arch. Hygiene 1895, **25**, 145. — [20] Bucco: Riforma medica 1899, 226.

R. Lange[1], L. Bryant und P. F. Sharp[2] und anderen. Nach Versuchen von Kossowicz[3] ist besonders *Proteus vulgaris* (Bacterium vulgare), eines der am häufigsten vorkommenden Fäulnisbakterien, imstande die Eischale zu durchdringen, und zwar auch unter Versuchsbedingungen, wie sie bei der Aufbewahrung der Eier im Haushalt, beim Transport und in Verkaufsräumen vorliegen. Die Durchlässigkeit der Schale für *Schimmelpilze* wird nach Versuchen von Kossowicz vor allem durch Feuchtigkeit und Wärme begünstigt. Bei durch Regen beschädigten Eiersendungen, z.B. in undicht gewordenen Eisenbahnwagen, kann sich nach O. Mezger, H. Jesser und A. Schrempf[4] das feuchte Packmaterial der Eier so erwärmen, daß die Eier sich gleichsam in einem Brutschrank befinden. Alte Eier werden von Bakterien und Pilzen leichter und schneller durchdrungen als frische und ganz frische, deren Schale gegen Eindringen von fremden Keimen außerordentlich widerstandsfähig ist. Wegen der abnehmenden Resistenz muß also die Schale beim Altern einer Veränderung unterliegen. Psychrophile Keime, die ein Eiverderben im Kühlhaus veranlassen können, finden sich, wie W. Wedemann und F. Moser[5] festgestellt haben, auch auf der Schale von sauberen Eiern, von wo sie aber bei ordnungsmäßiger Einlagerung im Kühlraum die Schale nicht durchdringen, obwohl sie neun Monate darauf lebensfähig bleiben.

Durch geeignete Versuchsanstellung gelang es Kossowicz auch *Hefen* (Saccharomyceten) durch die unverletzte Eischale zu bringen, allerdings unter von gewöhnlichen Aufbewahrungsverhältnissen abweichenden Bedingungen. Auch den Hefen nahestehende Pilze wie Monilia candida und Oidium lactis können die Eischale durchdringen. A. Brtník[6] fand, daß Eier aus hygienisch tadellosen Betrieben, sofern sie nicht bei der Lagerung und beim Transport eine Mißhandlung erfahren hatten, gegen das Eindringen von Schimmelpilzen außerordentlich widerstandsfähig waren und bis zu drei Monaten und darüber blieben. Doch waren unter ungünstigen Bedingungen auch ganz frische Markteier der Verpilzung zugänglich.

Einer besonders hohen Infektionsgefahr sind *mit Hühnerkot verschmutzte* Eier ausgesetzt. Entsprechend dem ungemein hohen Gehalt des Hühnerkotes an stark aktiven Keimen, die zudem im breiig feuchten Medium auf die Schale gelangen, ist nicht zu verwundern, wenn ein Teil desselben bald den Weg durch die Poren findet.

Diese bakterielle Beschädigung des Eies wird auch durch ein *Abwaschen, Abbürsten oder Abreiben des Kotes* nicht beseitigt, selbst nicht durch eine bisweilen üblich gewordene Behandlung mit dem *Sandstrahlgebläse* oder durch Abscheuern mit Schmirgelpapier, weil durch diese Mittel jene Keime nicht erreicht werden, die bereits Gelegenheit hatten die Schale zu durchdringen. Sogar ein Waschen mit desinfizierenden Flüssigkeiten hat nach Versuchen von R. L. Bryant[7] keinen merklichen Einfluß, weil auch diese die bereits durchgedrungenen auf der inneren Seite der Schale befindlichen Keime nicht mehr erreichen.

Diesen Tatsachen entspricht die *praktische Erfahrung*, daß verschmutzte oder verschmutzt gewesene und *wieder gereinigte Eier* besonders leicht und häufig dem Verderben anheimfallen. Solchen Eiern fehlt eine wichtige Eigenschaft des normalen Eies, eine gewisse Haltbarkeit. B. Grzimek[8] stellte an Handelseiern fest, daß gewaschene Eier in größerem Umfange verderben als ungewaschene, Schmutzeier weniger als gewaschene Schmutzeier. In der Fortschaffung des Zeichens der Verschlechterung durch das äußere Reinigen ohne die Infektion selbst zu beseitigen, liegt also offensichtlich der Tatbestand einer Verfälschung. Hierbei ist zu beachten, daß nicht das Waschen an sich die Eier verschlechtert. Es kann im Gegenteil die Eier vor dem Verderben retten, wenn es erfolgt, bevor die Keime durch die Schale gedrungen sind, und die Eier dann nachher sauber gehalten werden. Dabei ist es jedoch schwer zu erkennen, wann dieser kritische Zeitpunkt des Durchwanderns der Bakterien vorliegt. Wenn Verderben eintritt, so ist dies durch Bakterieninfektion aus dem vorher auf der Schale vorhandenen Schmutz bedingt (R. L. Bryant und P. F. Sharp[9]).

[1] Lange, R.: Arch. Hygiene 1907, **62**, 201. — [2] Bryant, L. und P. F. Sharp: J. agric. Res. 1934, **48**, 67. — [3] Kossowicz: Vgl. auch Mh. Landw. 1912; C. 1912, I, 1853. — [4] Mezger, O., H. Jesser und A. Schrempf: Dscht. Nahrungsmittelrdsch. **1932**, 107. — [5] Wedemann, W. und F. Moser: Z. Fleisch- u. Milchhygiene 1937, **47**, 219. — [6] Brtník, A.: Zbl. Bakteriol. II. Abt. 1916, **46**, 427. — [7] Bryant, R. L.: Cornell Univ. Thesis 1928. Nach Sharp. Vgl. Anmerkung 6. — [8] Grzimek, B.: Versuche über Gewichtsverlust und Luftkammervergrößerung von Eiern in handelsüblichen Packungen sowie über den Einfluß des Waschens von Eiern. Berlin 1936. — [9] Bryant, R. L. und P. F. Sharp: J. agric. Res. 1934, **48**, 67.

Durch geeignete Hühnerhaltung, Nestanlagen u. dgl. kann die Zahl der verschmutzten Eier nach P. F. Sharp[1] auf 3—6 % vermindert werden, wogegen A. van Wagenen[2] bei Eiern aus Strohnestern und bei Nestern ohne Nistmaterial 77 %, bei Eiern aus Strohnestern und Holzspänen 23,2 % verschmutzt fand.

verschmutzt	gewaschen	gescheuert	verschmutzt und dann gereinigt	
63	77	35	141	Stück
17,5	21,4	9,7	39,3	%

Von Eiern des New Yorker Marktes waren nach M. E. Pennington und H. C. Pierce[3] 12,58—13,40 % verschmutzt. J. C. Huttar[4] stellte den verschmutzten Anteil im Juni zu 9,8 %, im März zu 24,6 % fest. Nach der Untersuchung von Sharp waren von Handelseiern des offenen Marktes (359 Stück) (s. Tab. oben).

2. Abwehrkräfte des Eies gegen Fremdinfektion.

Daß die Eier bei der Aufbewahrung trotz der Durchlässigkeit der Schale für Keime verschiedener Art dennoch nicht sogleich der Verderbnis anheimfallen, sondern sich Wochen und Monate lang genießbar erhalten, wogegen sie nach dem Aufschlagen in kurzer Zeit verderben, ist auf die Struktur des den empfindlichen Dotter gleichsam wie ein Mantel umhüllenden Eiklars, vor allem aber auf seine keimtötenden Eigenschaften zurückzuführen. So konnte A. Donne[5] bei unversehrten Eiern bei monatelanger Beobachtung im Arbeitszimmer unter den großen Temperaturschwankungen des Sommers keine Entwicklung von Mikroorganismen im Ei feststellen, sehr bald aber bei mit Löchern versehenen Eiern und bei Eiern, deren Struktur durch Schütteln zerstört war.

Nach P. Laschtschenko[6] hält sich isoliertes Eiklar lange Zeit ohne Zeichen von Schimmel oder Fäulnis. Bacillus subtilis, B. anthrax, B. ramosus mycoides, B. Proteus Zopfii und Zenkeri starben im Eiklar ab. Andere Bakterienarten jedoch wie Proteus vulgaris, Pr. mirabilis, B. prodigiosus, B. fluorescens liquefaciens, B. coli commune u.a. gediehen im Eiklar gut. Wieder andere werden nur relativ schwach gehemmt.

Nach Kossowicz[7] besteht die abtötende Wirkung auch für die Sporen von Cladosporium herbarum und die Conidien von Aspergillus niger und Penicillium glaucum sowie für Weinhefe. Sie erstreckt sich aber nur auf kleine Mengen der Mikroorganismen, auf einzelne Zellen. Bei Einimpfung größerer Mengen kommt sie nicht mehr deutlich zum Ausdruck.

Die Lagerungsfähigkeit der Eier, also ihr Widerstand gegen Infektionen ist nach F. W. Holst und A. J. Almquist[8] in hohem Maße eine individuelle Eigenschaft der einzelnen Hennen und mit dem Alter der Henne nimmt nach Bushnell und Maurer[9] die Zahl der infizierten Eier zu, also die Schutzwirkung des Eiklars ab.

Die entwicklungshemmende Eigenschaft, auf die weiterhin auch R. Turro[10], K. Poppe[11] und K. Beller[12] hingewiesen haben, läßt sich nach K. Priebe[13] leicht dadurch zeigen, daß beim Ausstreichen des Weißei auf 10proz. Rinderblutagarplatten ein Bakterienwachstum nur an den Rändern der ausgestrichenen Eiweißmasse zu erkennen ist; an den Stellen, an denen das Weißei in dickerer Schicht aufgetragen wurde, wird das Bakterienwachstum sichtbar gehemmt.

[1] Sharp, P. F.: Ind. Engin. Chem. 1932, 24, 941. — [2] Wagenen, A. van: Cornell Univ. Dept. Poultry Husbandry Market Rev. 1930, 5, Nr. 38, 2. Nach Sharp. — [3] Pennington, M. E. und H. C. Pierce: U. S. Agr. Yearbook 1910, 461. Nach Sharp. — [4] Huttar, J. C.: Reliable Poultry J. 1928, 34, 804. Nach Sharp. — [5] Nach Kossowicz. — [6] Laschtschenxo, P.: Z. Hygiene u. Infektionskrankh. 1909, 64, 419; C. 1910, I, 465. — [7] Kossowicz: Mh. Landwirtsch. 1912; C. 1912, I, 1853. Neue tierärztl. Mschr. 1916, 3, 390; C. 1917, I, 421. — [8] Holst, F. W. und A. J. Almquist: Hilgardia 1931, 6, Arch. Geflügelk. 1932, 6, 122. — [9] Nach Andermann. — [10] Turro, R.: Zbl. Bakteriol. I. Abt. 1902, 32, 105. — [11] Poppe, K.: Arb. Kaiserl. Gesundh.-Amt 1910, 34, 186. — [12] Beller, K.: Arb. Kaiserl. Gesundh.-Amt 1926, 57, 462. — [13] Beller, K., W. Wedemann und K. Priebe: Untersuchungen über den Einfluß der Kühlhauslagerung bei Hühnereiern. Beiheft zur Z. Fleisch- u. Milchhygiene 1934, 44, 27.

Als Ursache der Keimtötung vermutet Laschtschenko im Eiklar proteolytische Enzyme von so großer Wirkung, daß diese erst bei verhältnismäßig starker Verdünnung mit Bouillon aufgehoben wurde (Unterschied von den Alexinen des Blutserums). Auch starke Verdünnung mit Wasser oder Kochsalzlösung schwächt sie nicht. Ein Erhitzen auf 55—60°, wobei das Eiklar unter Grünfärbung trüber wird, schwächt diese Enzyme nur wenig, erst ein Erhitzen auf 65—70° zerstört sie. Zusatz von Eidotter zum Weißei schwächt die Baktericidie sehr stark.

Wie P. F. Sharp und R. Whitaker[1] bemerken, muß aber auch schon die pH-Zunahme in einige Tage alten Eiern (vgl. S. 198) gewisse Keime, so B. coli, Pseudomonas pyocyaneus, Serratia marescens, Proteus vulgaris, Pseudomonas fluorescens, B. cereus, B. megatherium und B. mycoides abtöten, so daß deren Wachstum nur kurz nach dem Legen im Eiklar möglich ist, vgl. auch R. L. Bryant und P. F. Sharp[2]. Bei B. subtilis wirkte Eiklar auf vegetative Formen bei jeder Wasserstoffionenkonzentration ausgesprochen keimtötend, weniger auf die Sporen. Der Giftstoff wurde durch Erhitzen und Zusatz von Alkohol zerstört, war aber dialysierbar und wurde im Dialysat allmählich inaktiviert.

Bei *in Entwicklung befindlichen* Eiern scheint die natürliche Schutzkraft erhöht zu sein. V. Růžička[3] hat Embryonen aus befruchteten Eiern 14 Tage lang am Leben erhalten und in keinem Falle eine Infektion bemerkt, während unbefruchtete Eier unter gleichen Bedingungen meist schon zwischen dem 4.—7. Tag der Zersetzung durch Fäulniskeime anheimfielen.

3. Spezifische Erreger der Eifäulnis.

Das unterschiedliche Verhalten der verschiedenen Kleinwesen gegenüber den Abwehrmitteln des Eis, im besonderen auch des Eiklars, muß zu einer gewissen Auswahl solcher führen, die leichter und häufiger als andere das Verderben des Eiinhaltes verursachen. Aber auch trotz dieser Selektionswirkung ist die Zahl der in Eiern aufgefundenen Mikroorganismen noch außerordentlich groß.

Die sog. *stinkende Fäulnis* des Eies wird in der Regel durch Proteusarten (Proteus vulgaris, Proteus mirabilis) hervorgerufen. Artault[4] fand Proteuskeime in 60% der frischen und 100% der verdorbenen Eier, Bacillus subtilis und Bact. pyocyaneum nur in 1% der verdorbenen, M. aureus in 1—2% der älteren Eier. J. Schrank[5] erhielt durch Impfen frischer Eier mit dem Inhalte fauler stets stinkende Fäulnis mit Bildung von Schwefelwasserstoff. Aus den faulenden Eiern konnte er Arten von Bakterien isolieren, die Gelatinenährböden zu grüner Fluorescenz brachten. Eine derselben, zu Bacillus fluorescens putridus gehörig, erzeugte einen Geruch nach *Heringslake*, aber keine stinkende Fäulnis; sie war in allen untersuchten faulen Eiern vorhanden. Eine andere Art, anscheinend eine Abart von Proteus vulgaris, war ein ausgesprochener *Schwefelwasserstofferzeuger*. Der Dotter zersetzte sich bemerkenswerterweise durch diesen Fäulniserreger viel rascher als das Eiklar. Beide Bakterien erwiesen sich als streng aerob. Zörkendörfer[6] hat die Bakterien der faulen Eier in zwei Gruppen eingeteilt:

1. Die schwefelwasserstoffbildenden *Arten*.
2. Die einen grünen Farbstoff und Fluorescenz erzeugenden.

K. Poppe[7] fand in 54% der geprüften Eier Keime, davon Staphylokokken in 60—70, Streptokokken und Bazillen in 14—20% der Gesamtzahl der gefundenen Keime. M. E. Pennington[8] hat in 100 Eiinhalten 36 verschiedene Arten Bakterien isoliert, nämlich:

B. punctiformis	M. aerius	M. versicolor (Fluggei)
B. culicularis	M. aurantiacus	M. punctiformis
B. cinnnabareus	M. Danticii	M. lactis
B. Fluggei	M. fervidosus (Adametz)	M. Lustigii
B. fluorescens	M. alvei	M. rosettaceus (Zimmermann)
B. aurantiacus	M. tenacatis	Streptothrix chromogena
B. alcaligenes (Petruschky)	M. tetragenus	(Gasparinii)
B. siccus	M. candicans (Fluggei)	Str. aurantiacus
B. detrudens (Wright)	M. corbicularis (Ravenel)	Str. albido roasi dorica
B. ginglymus (Ravenel)	M. ovalis (Escherick)	Str. farcinic.
Bact. Mansfieldii	M. viticulosis (Fluggei)	Str. Israel Kruse
M. Cinnabareus	M. aerogenes (Miller)	Crenothrix polyphora (Cohn)
		Leptothrix hyalina (Migula)

[1] Sharp, P. F. und R. Whitaker: J. Bacteriol. 1927, 14, 17; C. 1928, II, 1398. — [2] Bryant, R. L. und P. F. Sharp: J. agric. Res. 1934, 8, 67. — [3] Růžička, V. Arch. Hygiene 1913, 77, 369. — [4] Artault: Recherches bactériologiques, mycologiques zoologiques et médicales sur l'oeuf du poule. Paris 1893. Nach Kossowicz. — [5] Schrank, J.. Wien. med. Jb. 1888, 84 (N. F. 3), 303. — [6] Zörkendörfer: Arch. Hyg. 1893, 16, 369. — [7] Poppe, K.: Arb. Kaiserl. Gesundheitsamt 1910, 34, 217. — [8] Pennington, M. E.: J. biol. Chem. 1910, 7, 131.

Eingehende Versuche von Kossowicz mit verschiedenen Bakterien unter variierten Versuchsbedingungen bestätigten eindeutig, daß *Proteus vulgaris* (Bacterium vulgare) der weitaus gefährlichste Fäulniserreger der Hühnereier ist, nicht nur dadurch, daß er selbst die Fäulnis hervorruft, sondern auch das Eindringen anderer Keime in das Ei begünstigt.

Ph. B. Hadley und D. W. Caldwell[1] fanden bei Untersuchung von 2520 Eiern 40 verschiedene Bakterienarten, 11 Kokken, 28 Stäbchen und ein Spirillum.

H. Baumgarten[2] züchtete aus 47 faulen Eiern folgende Bakterien:

B. proteus vulgare . .	8 mal = 17%		Staph. pyog. alb.. . .	5 mal = 11%
B. proteus mirabile . .	4 „ = 8,5%		B. fluorescens putid. .	2 „ = 4%
B. proteus Zuckeri . .	2 „ = 4%		Diplokokken	2 „ = 4%
B. coli commune . . .	10 „ = 21%		Kokken, IV. Art . . .	2 „ = 4%
B. subtilis	5 „ = 11%		Kokken, V. Art . . .	2 „ = 4%
Str. acidi lact.	5 „ = 11%		Micrococcus roseus . .	1 „ = 2%

A. Wahrmann[3] wies bei verdorbenen Markteiern in 71,81% Proteusarten, in 64,54% Bac. subtilis, in 42,72% Bac. coli, in 52,72% Bac. mesentericus, in 27,27% Bac. fluorescens, in 21,81% Sarcinen und 2,72% Staph. aureus nach.

Priebe fand auf sämtlichen Eischalen von 15 als frisch gekauften Eiern Miccoccus pyog. albus. M. pyog., aureus, M. sulfureus, M. florus., M. concentricus., M. rosettaceus., M. candicans, M. coronatus. Dabei war das Weißei in einem Falle mit M. candicans infiziert. 15 weitere frisch gelegte Eier enthielten sämtlich auf der Schale M. rosettaceus, M. concentricus, M. coronatus, M. candicans, M. sulfureus, M. flavus, M. aquatilis, M. pyogenes albus. Aus fünf der Eier wurde aus dem Inhalt je zweimal der M. candicans und M. rosettaceus herausgezüchtet, während im Dotter eines fünften Eies ein dem Ascccoccus Billrothii ähnlicher Coccus gefunden wurde.

A. Janke und L. Jirak[4] stellten in vollständig undurchsichtig gewordenen Eiern fest:

Nr.	Befund beim Öffnen	Erreger
1.	Dotter und Eiweiß vermengt, orange gefärbt, kein Schwefelwasserstoff, rotfaul	Kurzstäbchen (Fluorescenten)
2.	Dotter und Eiweiß vermengt, grün-schwarz verfärbt, Schwefelwasserstoffbildung, schwarzfaul	Stäbchenbakterien (Bact. vulgare)
3	Gasdruck im Innern (CO$_2$?), käsiger Geruch, käsige Zersetzung	Mikrokokken, anaerobe Sporenbilder

Psychrophile Keime. Für die Kühlhauslagerung von Eiern sind vor allem psychrophile Keime gefährlich. Nach W. Wedemann und F. Moser[5] können diese auch in frischgelegten, unverletzten Eiern enthalten sein, so daß man immer mit einem gewissen Prozentsatz verdorbener Eier rechnen muß. Wedemann und Moser finden diese Keime durchweg auch auf sauberen Eiern, ebenso im Hühnerkot. Künstlich aufgebrachte psychrophile Keime vermochten die unverletzte Schale nicht zu durchdringen, blieben aber bei 0,5—1° und 80% Luftfeuchtigkeit bis zu den beobachteten 9 Monaten lebensfähig.

Als Ursache des *Leuchtens von Soleiern* hat H. Molisch[6] das Bacterium phosphoreum nachgewiesen.

4. Vorkommen phathogener Keime.

Unter Umständen können Hühnereier auch durch pathogene Keime infiziert werden.

Selbst unbewegliche pathogene Erreger, wie Diplobac. capsulatus und Milzbrandbazillen

[1] Hadley, Ph. B. und D. W. Caldwell: State of the Rhode Island. State Coll. Bull. **164**, 1916.

[2] Baumgarten, H.: Untersuchungen über das Vorkommen von Bakterien in faulen Eiern sowie über die Durchlässigkeit der Schale gegenüber unbeweglichen pathogenen Erregern. Diss. Hannover 1919; Zbl. Bakteriol. 1929, 1213.

[3] Nach Priebe. — [4] Janke, A. und L. Jirak: Z. 1935, **69**, 436. — [5] Wedemann, W. und F. Moser: Z. Fleisch- u. Milchhyg. 1937, **47**, 219. — [6] Vgl. Zbl. Bakteriol., Abt., 1905, **14**, 528.

können nach BAUMGARTEN die Eischale durchdringen. Schon R. LANGE[1] hat beobachtet, daß *Colikeime* auch in frischen Stalleiern nach einem Tag in das Eiklar und nach 5—7 Tagen bis in den Dotter eindrangen. *Typhusbakterien*[2] legten diese Wege in zwei bzw. fünf Tagen zurück. Keime von *Paratyphus* waren in drei Tagen in den Dotter von Trinkeiern und alten Fleckeiern eingedrungen. Nach K. POPPE[3] blieben diese Keime auf der Oberfläche von Eiern zehn Tage, in Hühnerkot sogar 35 Tage, lebensfähig. Drei Stämme von *Bacillus enteritidis Gaertner* waren nach LANGE zuerst nicht, wohl aber nach mehrmaliger Tierpassage imstande, die Schale zu durchdringen. *Bacillus botulinus* wanderte in nichtdesinfizierte Trink- und Markteier nicht, aber merkwürdigerweise bei mit Alkohol, Äther und Sublimat desinfizierten nach vier bzw. neun Tagen in das Eiklar bzw. Eigelb. SACHS-MÜCKE[4] fand, daß Ruhrbazillen im Ei 17 Tage am Leben blieben und in 24 Stunden das Ei von einem Pol zum andern durchwanderten. Über die Lebensfähigkeit von Choleravibrionen im Ei berichteten WILMS[5] sowie R. ABEL und A. DRÄER[6], ferner DÖNITZ[7]. Einen zuerst von GAYON[8] aufgefundenen Bacillus, der eine alkoholische Gärung im Ei hervorrief und beim Menschen akuten *Darmkatarrh* erzeugte, hat R. J. WAGNER [9] eingehender beschrieben.

Rohes Hühnerei hat, eingeführt durch F. HUEPPE[10], vielfach als Nährboden zur Züchtung von Choleravibrionen gedient, weil sich das Ei wegen seines hohen Gehaltes an Schwefel besonders zur Schwefelwasserstoffbildung zu eignen schien. Da diese jedoch auch durch andere im Ei oft enthaltenen Keime eintritt, ist diese Verwendung heute nicht mehr gebräuchlich.

Die Erreger der Geflügelcholera sind in Eiern von mehreren Forschern gefunden worden. *Tuberkelbazillen* (Erreger der Geflügeltuberkulose) sind nach Untersuchungen von A. EBER[11] in Handelseiern selten. Von den 525 geprüften Eiern enthielten nur zwei durch Kultur und Tierversuch nachweisbare Tuberkeln. Neben diesen kommen in den Eiern säurefeste Stäbchen anderer Art in den Ausstrichpräparaten häufiger (bei Handelseiern in 1,71%, bei Stalleiern in 9,27% der Fälle) vor. Über das Vorkommen von Tuberkelbazillen in Eiern haben auch in den letzten Jahren wieder RICHTERS[12], W. RÄBIGER[13] und A. E. M. WHABY[14] berichtet. M. KLIMMER[15] gibt die Zahl der mit Tuberkelen infizierten Eier auf 3%, bei Handelseiern auf 10% bei Eiern tuberkulöser Hühner an. Dagegen stellt K. BELLER[16] fest, daß auf 1000 Handelseier nicht einmal ein verdächtiges zu erwarten ist, eine Ansicht, die auch H. ROUTMANN und A. SPIEGEL[17] bestätigen. Es sind eben hauptsächlich überalterte Hennen, die an Tuberkulose erkrankten, Tiere, die an sich eine geringe Legeleistung aufweisen.

P. R. TITTSLER, B. W. HEYWANG und T. B. CHARLES[18] beobachteten ein Vorkommen von *Salmonella pullorum*, dem Erreger der *weißen Ruhr* in Hühnereiern. Nach Eierstockinfizierung mit diesem Erreger legten nahezu sämtliche Hühner infizierte Eier, doch war der Prozentsatz daran im allgemeinen gering. Schon ALTMEIER[19] hatte vor einigen Jahren in 17 von 1121 Bruteiern aus verschiedenen Farmen, in denen teilweise Fälle von weißer Ruhr vorgekommen waren, B. pullorum festgestellt, in Bruteiern von infizierten Hennen zu 15,44%. Der Nachweis des B. pullorum im Dotter frischer Eier von infizierter oder gesunden Hühnern gelang ihm nicht.

Besonders groß ist die Infektionsgefahr durch pathogene Keime bei *Enteneiern*, wenn die Enten mit infiziertem Teichwasser in Berührung kommen. Vor allem beim Begattungsakt der Enten auf verschmutztem Wasser können leicht Krankheitskeime in den Eileiter und in das Ei gelangen (P. CARLES [20]). Über derartige Krankheitsübertragungen durch Enteneier ist verschiedentlich berichtet worden. Neuerdings wurden wieder verschiedene *Ruhrerkrankungen durch Enteneier* bekannt.

[1] LANGE, R.: Arch. Hyg. 1907, **62**, 201. — [2] Vgl. auch PIORKOWSKI: Arch. Hyg. 1895, **25**, 145. — [3] POPPE, K.: Arbb. Kaiserl. Gesundheitsamt 1910, **34**, 186. Dort auch ausführliche Literaturzusammenstellung über Vorkommen von Krankheitserregern im Ei. — [4] SACHS-MÜCXE: Arch. Hyg. 1907, **62**, 229; Z. 1911, **21**, 625. — [5] WILMS: Arch. Hyg. 1895, **23**, 145. — [6] ABEL, R. und A. DRÄER: Z. Hyg. 1895, **19**, 61. — [7] DÖNITZ: Z. Hyg. 1895, **20**, 31. — [8] GAYON: Compt. rend. 1873, 214. — [9] WAGNER, R. J.: Z. 1916, **31**, 233. — [10] HUEPPE, F.: Zbl. Bakteriol. 1888, **4**, 80. — [11] EBER, A.: Z. Fleisch- u. Milchhyg. 1932, **42**, 297. — [12] RICHTERS: Z. Veterinärkde. 1927, **29**, 16. — [13] RÄBIGER, W.: Z. Fleisch- u. Milchhyg. 1901, **11**, 115. — [14] WHABY, A. E. M.: Über das Vorkommen von Tuberkelbazillen in den Eiern tuberkulöser Hühner. Diss. Leipzig 1929. — [15] KLIMMER, M.: Münch. med. Wochenschr. 1931, **78**, 1212 und 2169. — [16] BELLER, K.: Arbb. Kaiserl. Gesundheitsamt 1926, **57**, 462; Arch. Geflügelkde. 1932, **6**, 97. — [17] ROUTMANN, H. und A. SPIEGEL: Z. Infektionskrankheiten usw. der Haustiere 1931, **40**, 64. — [18] TITTSLER, P. R., B. W. HEYWANG und T. B. CHARLES: Pennsylvania State Coll. Bull. **235**; Arch. Geflügelkde. 1930, **4**, 49. — [19] ALTMEIER, H.: Das Vorkommen von B. pullorum in Bruteiern. Diss. Hannover 1928. — [20] CARLES, P.: Annal. Falsific 1914, **7**, 443.

WILLFÜHR, FROMME und H. BRUNS[1] beobachteten 25 Gruppenerkrankungen an Nahrungsmittelvergiftung, die auf mit Enteritisbakterien behaftete Enteneier zurückgingen. Insgesamt erkrankten 143 Personen, von denen zwei starben. Bei sechs der Erkrankungen handelte es sich um holländische Kalk-Enteneier. Als Erreger wurden in 18 Gruppenfällen Enteritis-Breslau, in fünf Fällen Enteritis-Gärtner-Bazillen nachgewiesen. Von 81 Kalk-Enteneiern des deutschen Handels enthielten 31 Eier Colibazillen u. a. Auch E. FÜRTH und K. KLEIN stellten Gruppenerkrankungen durch Enteritidis-Breslau-Bakterien fest. Da sie diese Bazillen auch im Schleim des Eileiters einer Ente nachwiesen, bei frisch gelegten Eiern auch häufig auf der Schale, aber nicht im Eiinnern, scheinen die Bakterien die Schale durchwandern zu können. Bei einem weiteren Fall einer Lebensmittelinfektion durch Bacillus enteritidis Gärtner stammen die Bazillen ebenfalls aus einem Entenei. — Auch *Taubeneier* haben schon schwere Nahrungsmittelvergiftungen verursacht. Befürchtungen bei Hühnereiern sind aber unbegründet. Vgl. K. BELLER[2].

Nach M. LERCHE[3] kommen Breslau-Bakterien besonders bei Gänsen, Enten und Tauben, bei Enten auch Gärtnerbakterien vor. Die Lieblingssitze sind Gallenblase, Darm und Eierstock. Mit Kot an der Schale haftende Bakterien können monatelang am Leben bleiben. Ein Einlegen in Kalkwasser begünstigt das Eindringen der Bakterien in das Eiinnere. LERCHE empfiehlt als wirksamstes Verhütungsmittel durch Blut und Kotuntersuchungen die infizierten Tiere zu ermitteln und auszumerzen.

5. Pilzbefall von Eiern. Fleckeier.

Von der Eifäulnis durch Bakterien ist die Zersetzung durch *Schimmelpilze*, die gewöhnlich zur Entstehung der sog. Fleckeier führt, scharf zu unterscheiden. Wenn auch durch Mischinfektionen Fäulnis und Verpilzung oft Hand in Hand gehen können, so sind doch verpilzte Eier ohne eine Spur von Fäulnis häufig, faule Eier ohne Pilzentwicklung nicht selten. Das Weißei bildet durch seinen Gehalt an freien und gebundenen Kohlenhydraten einen guten Nährboden für Schimmelpilze, die sich wegen des besseren Luftzutritts gern unterhalb der Schale ansiedeln. Besonders gefährdet ist bei rälteren Eiern die Stelle, an der der aufgestiegene Dotter die Schalenhaut berührt, weil hier der Schutz durch das Eiklar ausgeschaltet ist.

Vorzugsweise erfolgt auch die Pilzbildung an Stellen, an denen die Eischale beschädigt ist, wie bei *Lichtsprung-Eiern,* wo man oft den Schimmel in der Richtung des Sprunges verfolgen kann. Aufbewahrung von Eiern in schimmelsporenhaltigen Verpackungsmaterial (Häcksel, Kleie, Getreide) begünstigt natürlich die Entstehung von Fleckeiern.

Bei beginnendem Fleckigwerden der Eier treten nach GAYON, DRECHSLER, ZIMMERMANN und anderen an der inneren Seite der Eischale kleine, etwa stecknadelkopfgroße Wärzchen auf, die oft dunkelgrün, gelblich, auch wohl gelbrot gefärbt sind, allmählich wachsen und wie Pfropfen in das Eiklar hineinragen. Die Fructifikationsformen entwickeln sich im Luftraum des Eies; während das dunkelgefärbte Mycel sich in der Nähe der Schale befindet, durchdringt das helle Mycel das ganze Ei bis zur Dotterhaut. Durch Luftmangel hört schließlich die weitere Entwicklung des Schimmels auf. Dann zerfällt der Dotter und bildet mit dem noch flüssig gebliebenen Rest des Eiklars eine braunrote Masse. In anderen Fällen wird der in eine wachsartige Masse umgewandelte Dotter durch das Pilzmycel an den oberen Teil der Schale angeheftet und dort festgehalten.

Fleckeier zeigen einen muffig-schimmeligen Geruch. Meistens erkennt man bei der Durchleuchtung die Pilzwucherungen als schwarze traubenartige Gebilde.

Arten der Eierschimmel. Während die älteren Forscher als Erreger der Fleckeier besondere spezifische Arten vermuteten und entsprechend benannten (Sporotrichum albuminis von MÄRKLIN, Chaetophora Wilbrandi von HOFFMANN, Periconia von SPRING) wissen wir heute, daß es sich um die auch sonst verbreiteten Schimmelpilze handelt.

---

[1] WILLFÜHR, FROMME und H. BRUNS: Veröff. a. d. Geb. d. Medizinalverw. 1933, **39**, 339. — [2] BELLER, K.: Reichs-Gesundheitsbl. 1935, **10**, 940. — [3] LERCHE, M.: Chem.-Ztg. 1937, **61**, 188.

Besonders die Untersuchungen von O. E. R. ZIMMERMANN[1], J. SCHRANK[2], A. OERTL[3], DRECHSLER[4], K. POPPE[5] und A. KOSSOWICZ[6] haben gezeigt, daß hauptsächlich *Penicillien* und *Aspergillen*, selten Mucorineen die Ursache der Fleckeier sind. Nach KOSSOWICZ kommen als wichtigste Erreger der Eierverschimmelung Penicillium *glaucum* und bei höherer Temperatur *Cladosporium herbarum* in Frage. In 37 fleckigen Eiern des Wiener Marktes stellte er in 22 Eiern Penicillium glaucum, in neun Cladosporium herbarum, in zwei Aspergillus glaucus und in je einem Phytophythora, Fusarium, Oidium lactis und Cephalothecium roseum fest.

Auch M. E. PENNINGTON[7] fand in Eiern braune, weiße und grüne Schimmel sowie Hefen. Nach W. OTTE[8] sind Dactylium oogenum *Mont*, das auf dem Eidotter schwarze runde Flecke bildet, also wohl vom Eileiter her in das Ei gelangen muß, und Torula ovicula, die man in der Kalkschale, in der Schalenhaut und auf dem Eiklar als schwarzgrüne Polster erkennt, wichtige Erreger der Fleckeier.

A. JANKE und L. JIRAK[9] geben an, daß an der Berührungsstelle der Dotterhaut mit der Eischalenhaut Infektion vor allen durch Pilze der Chladosporiumgruppe eintritt. So fanden sie an verschiedenen Durchleuchtungs- und Infektionstypen:

Lfd. Nr.	Typus	Durchleuchtungsbild	Befund beim Öffnen	Erreger
1.	Fleckeier	Schatten	Dotter aufgeschwommen	—
2.	desgl.	Diffuse Verdunklung	Dotter angelegt Häutchen grau verfärbt	—
3.	desgl.	Begrenzter dunkler Fleck	Dotter angelegt; Häutchen rötlich bis pupurrot verfärbt	Cephaloth. roseum, vielleicht Jugendstufe von Cladosporiumart
4.	desgl.	desgleichen	Dotter angelegt, Häutchen stark gequollen und grünschwarz verfärbt	Cladosporiumarten
5.	Luftblaseninfektion.	Luftblase verdunkelt	Innerhalb der Luftblase grüner, blaugrüner oder grauschwarzer Pilzrasen	Aspergillus Penicillium oder Mucorarten

Nach Infektionsversuchen von A. BRTNÍK[10] mit Mucor mucedo, M. stolonifer, Aspergillus niger, A. glaucus, Penicillium glaucum sowie P. brevicaule erwiesen sich Eier aus hygienisch einwandfreien Betrieben als außerordentlich widerstandsfähig und blieben es bis zu drei Monaten. Dagegen wurden Markteier leicht infiziert, wofür der Grund nach POSTOLKA vorwiegend in Unreinlichkeit am Legeorte zu suchen ist.

Da Schimmelpilze durch die Temperatur des Kühlhauses (0 bis —1°) nicht, sondern erst bei —6,7° merklich gehemmt werden, bilden diese die größten Schädlinge in den Kühlhäusern, während die Wirkung der Bakterien hier nur von untergeordneter Bedeutung ist.

6. Verderben der Eier durch Bebrütung.

Die bei der Bebrütung der Eier einsetzenden Änderungen und Umschichtungen bedingen, wenn der Entwicklungsvorgang durch Absterben des Keimes unterbrochen wird, ein beschleunigtes weiteres Verderben des Eiinhaltes durch Fäulnisvorgänge. Aus diesem Grunde sind auch die bei der Geflügelzucht abfallenden Bruteier mit Blutring od. dgl., die beim Bebrütungsvorgang ausgesondert werden, als verdorben anzusehen. Außerordentlich leicht verderblich sind auch Eier, die

[1] ZIMMERMANN, O. E. R.: 6. Bericht der Naturwissenschaftl. Ges. Chemnitz 1878, 3. — [2] SCHRANK, J.: Wiener med. Jahrb. 1888, Jahrg. **84**, N.F. 3, 303. — [3] OERTL, A.: Z. f. Nahrungsmittel, Hyg. u. Warenkunde 1895, 9, 173. — [4] DRECHSLER: Z. Fleisch- u. Milchhyg. 1896, **6**, 184. — [6] POPPE, K.: Arbb. Kaiserl. Gesundheitsamt 1910, **34**, 186. — [5] KOSSOWICZ, A.: Die Zersetzung und Haltbarmachung der Eier, Wiesbaden 1913. — [7] PENNINGTON, M. E.: J. biol. Chem. 1910, **7**, 109. — [8] OTTE, W.: Die Krankheiten des Geflügels. Berlin. — [2] JANKE, A. und L. JIRAK: Z. 1935, **69**, 436. — [10] BRTNÍK, A.: Zbl. Bakteriol. 1916, II, **46**, 427.

einige Tage angebrütet und sich als unbefruchtet erwiesen haben, weil dabei die Bruttemperatur die natürlichen Abwehrkräfte gegen Fremdkeime stark herabsetzt. K. WAGNER[1] fand in verdorbenen Bruteiern besondors häufig Bacterium pyocyaneum.

Abgesehen hiervon gelten aber auch angebrütete Eier mit Embryoentwicklung, auch wenn sie äußerlich keine Fäulniserscheinungen zeigen, im Hinblick auf die offensichtlichen morphologischen Änderungen des Eiinhaltes (vgl. S. 58) bei uns als *ekelerregend* und *verdorben*. Über die einzelnen morphologischen und chemischen Umsetzungen beim Bebrütungsvorgang vgl. S. 55 u. 62.

Da in befruchteten Eiern schon bei $+16°$ die Entwicklung des Foetus beginnen kann[2], findet man im Sommer bisweilen auch bereits in Eiern, die nicht von der Henne oder vom Brutofen bebrütet wurden, auf die Entwicklung hindeutende Veränderungen. Besonders bei einer Aufbewahrungstemperatur über $20°$ ist mit einer langsamen Entwicklung des Keimes zu rechnen, der dann abstirbt und das Ei leicht zum Verderben bringt.

Eine Bebrütung von 5 Stunden bei $35\text{—}43°$ erkennt ein geübter Eierdurchleuchter bei weißschaligen Eiern an der Vergrößerung des Keimfleckes. Der etwas dunkler gewordene Dotter ist durch das wäß ig gewordene Weißei näher an die Schale gerückt, und ein undeutlicher Ring um die Keimscheibe zu bemerken. In diesem Zustande ist das Ei allerdings noch genießbar.

Bei einem hellschaligen Ei zeigt sich schon bei der Durchleuchtung ein leicht geröteter Fleck im Dotterschatten, der *Hitzefleck*. Nach zwölfstündiger Bebrütung ist der Fleck bereits viel deutlicher. Nach dem Aufschlagen läßt das Ei um die weißliche Keimscheibe im Dotter einen etwas verfärbten Hof, einen abgeflachten Dotter und wäßriges Weißei erkennen. Blutringe entstehen, wenn ein Ei $24\text{—}72$ Stunden bebrütet wurde und der Keim dann abgetötet ist. Nach fünftägiger Bebrütung sieht man bereits den Embryo als feinen Punkt und deutliche Blutgefäße (vgl. S. 58).

Bruttag	Zahl der Versuche	Gefrierpunkt des Dotters	Gefrierpunkt des Eiklars	Gefrierpunktsdifferenz
0	7	—0,564	—0,458	0,106
2	3	—0,526	—0,442	0,084
4	3	—0,505	—0,447	0,058
6	4	—0,512	—0,438	0,074
8	1	—0,496	—0,444	0,052

Der *Ausgleich der Gefrierpunktsdifferenz* zwischen Dotter und Eiklar wird infolge der Bebrütung erst nach einigen Tagen deutlicher, wie schon K. BIALASZEWICZ[3] gefunden hat.

7. Fäulnisvorgang und Verschimmelung der Eier.

Das *Verderben der Eier durch Bakterien* verläuft ähnlich wie die Fleischfäulnis unter Bildung der bekannten zahlreichen Fäulnisprodukte, deren Art und Menge aber je nach Art der verursachenden Erreger und nach der Fäulnisstufe verschieden sein können. Nach einem Vorschlage von SCHRANK[4] kann man zwei Arten der Eifäulnis unterscheiden:

a) Schwefelwasserstoff-Fäulnis,

bei der Schwefelwasserstoff frei wird. Das Eiklar ist dabei anfangs weißlichgrau, trübe, aber dünnflüssig; später verfärbt es sich über Saftgrün-Dunkelgrün in Schwarzgrün. Der Dotter wird mißfarbig, oliven- bis schwarzgrün; schließlich wird der ganze Eiinhalt dickflüssig und färbt sich schwarzgrün. — Der am Geruch sich zu erkennen gebende *Schwefelwasserstoff* bildet jedoch nur einen kleinen Teil der Fäulnisgase, die hauptsächlich aus *Kohlendioxyd* neben wenig Wasserstoff bestehen. Die Gasentwicklung kann bisweilen so stürmisch verlaufen, daß es zum Platzen des Eies kommt. Die grüne *Verfärbung* der Eier beruht

---

[1] WAGNER, K.: B. T. W. 1929, **45**, 621. — [2] Vgl. L. RASMUSSON: Eis- u. Kälte-Ind. 1932, **25**, Heft 10, 3. — [3] BIALASZEWICZ, K.: Arch. Entwicklungsmechanik 1912, **34**, 489. — [4] SCHRANK: Wiener med. Jahrbücher 1888, 103; Hyg. Rundschau 1895, **5**, 1051.

auf einer Verbindung von Schwefelwasserstoff oder Methylmercaptan mit dem Eisen des Vitellins (M. Rubner)[1].

b) Käsige Zersetzung (Fäkalfäulnis).

Bei dieser tritt kein Schwefelwasserstoff auf. Die Zersetzung, wie sie z.B. durch B. Coli hervorgerufen wird, beginnt ähnlich wie bei der ersten Gruppe; doch tritt hier keine grüne, sondern eine lichtockergelbe Färbung ein. Dotter und Eiklar mischen sich bald und der anfangs dünnflüssige Inhalt verwandelt sich schließlich in eine dicke breiartige Masse, die Skatolgeruch annimmt. Zuweilen nimmt auch nur das Eiklar eine grünliche Fluorescenz an.

U. Gayon[2] fand als Produkte der Eierfäulnis Ammoniak (vgl. S. 189), Alkohol, Buttersäure, Trimethylamin, Tyrosin und Cholesterin. Buttersäure wird vor allem nach Befall der Eier mit Clostridium butyricum oder verwandten Arten gebildet.

Bei Eifäulnis durch B. coli comm. und B. staphylococcus wird nach T. Fujimi[3] das Histidin weit stärker angegriffen als das koagulierbare Protein selbst; er fand Histidin in Prozent des Anfangswertes nach

	1 Woche	4 Wochen
Berechnet aus Stickstoffgehalt der Histidinfraktion .	48,15%	22,55%
Colorimetrisch	22,80%	10,50%

Lysin und Arginin wurden von der Fäulnisdauer und Art der Bakterienentwicklung fast gar nicht beeinflußt.

Nach L. C. Mitchell[4] gibt es besondere Fäulniserreger, die mit Hilfe des Enzyms *Lecithinase* das Lecithin weitgehend abbauen. Er fand bei einem solchen Fäulnisvorgange ein Fallen der Lipoidphosphorsäure von 0,36 auf 0,02%. Die Erreger ließen sich überimpfen, waren aber durchaus nicht bei jeder gewöhnlichen Eifäulnis vorhanden. J. L. Perlmann[5] fand derartige Bakterien in Mayonnaise, die mit verdorbenem Eiinhalt bereitet war.

J. Grossfeld und J. Peter[6] beobachteten durch Verfolgung des Zersetzungsquotienten ZQ (vgl. S. 193) an aus dem Ei entnommenen Eiinhalt eine überaus rasche Aufspaltung des Lecithins, wenn die Proben bei Sommertemperatur aufbewahrt wurden.

So erhielten sie:

Gegenstand	Behandlungsweise	Zersetzungs-quotient	Ergebnis der Sinnenprüfung
Eidotter:	Aufbewahrung bei Zimmer-temperatur, frisch nach		
	1 Tag	0	Geruch normal, frisch, Konsitenz flüssig.
	desgl.	18,5	Konsistenz dicker, roch schwach nach Käse.
	desgl. nach 2 Tagen .	51,9	Konsistenz ganz dick, Geruch käsig.
	desgl. „ 4 „	67,0	⎫
	desgl. „ 5 „	69,1	⎬ Konstistenz fest, Geruch käsig.
	desgl. „ 6 „	75,4	⎭
Eiinhalt:	desgl. bei Zimmertem-peratur, frisch . . .	0,8	Geruch normal, frisch, Konsistenz normal
	desgl. nach 1 Tag . .	69,9	Konstistenz sahnig, Geruch noch fast normal.
	desgl. nach 2 Tagen .	75,9	Geruch schwach, sauer, käsig.
	desgl. „ 4 „	86,1	⎫
	desgl. „ 5 „	90,2	⎬ Konsistenz flüssig, Geruch käsig.
	desgl. „ 6 „	89,8	⎭
	desgl. „ 11 „	81,9	desgl. Schimmelbildung.

Schon nach einem Tage war die Erhöhung des Zersetzungsquotienten beträchtlich und unverkennbar, wenn die Sinnenprüfung noch keine Verdorbenheit erkennen ließ. In einem Tage ist der Zersetzungsquotient bei Eidotter auf 18,5, bei Eiinhalt sogar auf 69,9 gestiegen, somit sind im ersten Falle in dieser kurzen Zeit schon mehr als ein Sechstel, im zweiten Falle mehr als zwei Drittel des vorhandenen Lecithins zersetzt.

---

[1] Rubner, M.: Arch. Hyg. 1893, **16**, 369. — [2] Gayon, U.: Ann. scientif. de l'école norm. upér. 1875 (2) **4**, 205. — [3] Fujimi, T.: Arb. med. Univ. Okayama 1935, **4**, 572. — [4] Mitchell, L. C.: J. Assoc. Offic. Agricult. Chem. 1932, **15**, 282. — [5] Perlmann, J. L.: J. Assoc. Offic. Agricult. Chem. 1932, **15**, 466. — [6] Grossfeld, J. und J. Peter: Z. 1935, **69**, 16.

Daß diese Zersetzung durch Bakterientätigkeit und nicht etwa durch Alterungsvorgänge verursacht ist, wurde durch einen Versuch mit und ohne Borsäure als Konservierungsmittel erwiesen. Dieser Versuch ergab:

Zeit der Untersuchung	Eiinhalt aufbewahrt	
	ohne Borsäure-zusatz	mit Borsäure-zusatz
Bei Beginn der Untersuchung . .	1,7	1,6
Nach 3 Tagen	71,9	0[1]
Nach 7 Tagen	79,6	1,6

Wir sehen eindeutig bei dem konservierten Eiinhalt ein völliges Gleichbleiben des Quotienten, beim nicht konservierten einen starken Lecithinzerfall und demgemäß ein Steigen des Zersetzungsquotienten bis fast zu 80.

Nach den Versuchen kann auf Verdorbenheit eines Eiinhaltes geschlossen werden, wenn der Zersetzungsquotient etwa 6%, sicher, wenn er 10% überschreitet.

Neben der Umwandlung der Phosphatide in Glycerinphosphorsäure läuft bei der käsigen Eizersetzung ein Abbau der Glycerinphosphorsäure zu Phosphorsäure jedoch langsamer als der Phosphatidabbau.

So betrug die in Alkohol lösliche (Lecithin- + Glycerin-)Phosphorsäure:

Nach Tagen	0	1	2	4	5	6	11	
Eidotter . . .	0,982	0,964	0,767	0,767	0,743	0,716	—	%
Eiinhalt . . .	0,344	0,226	0,200	0,192	—	0,169	0,166	%

Weißfäule. Bei dieser hauptsächlich bei Kühlhauseiern, selten bei frischen Eiern vorkommenden Erscheinung[2] sind Dotter und Eiklar getrennt wie bei frischem Ei. Der Dotter ist aber stark beweglich und dringt beim Halten des Eies mit der Spitze nach oben bis in die Spitze vor. Beim Aufschlagen läuft das Eiklar wäßrig heraus und ist leicht säuerlich. Weißfaule Eier gehen leicht in rot- oder schwarzfaule über.

c) Schimmelbildung.

Verschimmelte Eier zeigen durchweg eine weniger weitgreifende Veränderung des Eiinhaltes als durch Fäulnis angegriffene. In den meisten Fällen bewirkt der Schimmelbefall — wenigstens zunächst im Innern zwischen Schale und Eihaut, wo also ein Luftzutritt möglich ist — olivgrüne oder schwarze mehr oder minder dicke Pilzkolonien, die seltener auch im Eiklar und am Dotter vorkommen können. Derart veränderte Eier bezeichnet man als *Fleckeier*, weil die Pilzkolonien bei der Durchleuchtung als Flecken erscheinen.

Nach D. E. ZIMMERMANN[3] ist die *Reaktion des Eiklars* solcher Eier meist alkalisch, manchmal schwach sauer, die *des Dotters* neutral oder schwach sauer, also gegenüber dem pilzfreien unverdorbenen Ei nur wenig verändert. Der oft aromatische oder schimmelige Geruch zeigt aber an, daß trotzdem Umsetzungen im Gange sind.

Über die Arten der Eischimmel vgl. S. 206.

Nach LERCHE[4] zählen zu den Fleckeiern auch alte Eier mit an die Schalenhaut *verklebtem Dotter.* Im Leuchtbild findet man dann an der Schalenwand einen blauroten Fleck und der Dotter ist als begrenzt beweglicher Schatten sichtbar. Selbst bei ruckartiger Bewegung löst sich der Dotter nicht, nach Öffnen des Eies erst unter Einreißen der Dotterhaut. Solche Eier zeigen in allen Fällen Abweichungen von der normalen Beschaffenheit, die in einer Verschiebung des Geruches und Geschmacks (alt→dumpfig→dumpfigschimmelig→faulig) oder Flockenbildung sowie Gerinnung des Eiklars, Breiigwerden des Dotters bestanden. Da sich diese Veränderungen bei der Durchleuchtung in ihrem Grade nicht erkennen lassen, betrachtet LERCHE solche mit festsitzendem Dotter stets als verdorben und genußuntauglich. — Bei mit Schimmelflecken behafteten Eiern fand LERCHE stets deutlich abweichenden Geruch und Geschmack sowie bakterielle Zersetzungen, die solche Eier genußuntauglich machen. Auch für Zubereitungen, insbesondere für Backwaren sind nach ihm Fleck- und Schimmeleier nicht mehr geeignet.

---

[1] Ungenau, wahrscheinlich infolge ungenügender Durchmischung. — [2] Vgl. Eier-Börse 1935, **26**, 315. — [3] ZIMMERMANN, D. E.: 6. Ber. Naturwissenschaftl. Gesellsch. Chemnitz 1878, 3. — [4] LERCHE: Z. Fleisch- u. Milchhygiene 1935, **45**, 361.

III. Eierkonservierung und Eierdauerwaren.

Da die *Eierproduktion der Legehennen*, wie S. 22 gezeigt wurde, im Frühjahr (März bis Mai) bei uns zu einer solchen Höhe ansteigt, daß eine sofortige völlige Verwertung des Eiertrages für die Ernährung kaum möglich ist, während der Tiefstand der Eierproduktion im Herbst und Frühwinter (Oktober bis Januar) eine außergewöhnliche Nachfrage nach Eiern und damit im freien Handel ein starkes Anziehen der Eierpreise bewirkt, hat das Bestreben den Eiweißüberschuß aus der Zeit der Fülle in die Zeit der Knappheit hinein brauchbar zu erhalten seit langer Zeit zu Haltbarmachungsversuchen für Eier, besonders für Haushaltzwecke, geführt.

Wenn es auch heute gelungen ist durch Züchtungsmaßnahmen sog. *winterlegende Hennen* zu halten, so ist es aber doch der hierdurch erzielte Eiertrag, gemessen an der Nachfrage in der Zeit der Eierknappheit immerhin noch so klein, daß die erhöhten Preise dadurch nur erst wenig beeinflußt werden.

Die Konservierung der Eier ist daher auch heute noch von großer ernährungswirtschaftlicher Bedeutung, zumal sie nicht nur zur Behebung der Eierknappheit im Herbst und Winter in beträchtlichem Maße beiträgt sondern auch durch das Angebot an konservierten Eiern eine Milderung der sonst für Erzeuger und Verbraucher unerträglich werdenden Preisspanne bewirkt. Auch die Konservierung der Eier im Haushalt seitens der Hausfrau wirkt sich im gleichen Sinne aus.

Die *Eikonservierung*, also die Erhaltung der Eignung des Eis als Lebensmittel, hat in technischer Hinsicht zwei Aufgaben zu erfüllen, einmal die Verhinderung der natürlichen Entwicklung des Eis zum Kücken, die sog. *Defertilisierung* oder *Entfruchtung* des Eies, dann aber die *Fernhaltung* oder Unschädlichmachung *von Verdorbenheitserregern*.

Bei unbefruchteten Eiern fällt die erste Aufgabe naturgemäß fort. Doch ist es nicht möglich am ungeöffneten Ei zu erkennen, ob es befruchtet oder nicht befruchtet ist. Weiterhin ist aber auch die Entfruchtung der befruchteten Eier leicht, schon durch einfache Aufbewahrung unterhalb der Bruttemperatur, zu erreichen. Schon in etwa 3—4 Wochen hört die Entwicklungsfähigkeit des Keims im Ei auf. Außerdem stirbt der Keim im befruchteten Ei bei Entzug von Sauerstoff, z.B. nach Überziehen der Eier mit luftdichten Überzügen, bei Einlegen in Flüssigkeiten, Einbringen in sauerstofffreie Gase oder durch starkes Abkühlen, Behandlungen, die bei der Eikonservierung üblich sind, bald ab.

Praktisch viel wichtiger ist daher die Fernhaltung der fremden, in der Regel durch die Schale eindringenden Keime, also die *Sterilisierung* der Eier. Das dabei mindestens zu erstrebende Ziel ist die Erhaltung der Eier vom Frühjahr bis zum Herbst und Winter, also für etwa 200—300 Tage.

Die hierfür gegebenen Vorschläge sind ungemein zahlreich und vielseitig, doch haben nur einige von ihnen sich so bewährt, daß sie im Eierhandel oder im Einzelhaushalt in größerem Maßstabe Anwendung finden.

Man kann die *Konservierungsverfahren* für die Nährstoffe im Ei in drei Gruppen einteilen:

1. *Keimfreihaltung der Eischale*, sei es durch Stärkung der natürlichen Abwehrkräfte des Eies gegen Fremdkeime, sei es durch antiseptische Mittel.

2. *Aufhebung der Lebensbedingungen* der Fremdkeime *im Eiinhalt* durch Kälte, Zumischung von Konservierungsmitteln, Austrocknung oder Darstellung besonderer Präparate aus Eiern.

3. Herstellung von Eiprodukten durch besonders geführte *Fermentationsvorgänge*.

1. Entkeimung der Eioberfläche.

Wie oben gezeigt, wurde das Verderben der Eier in den weitaus meisten Fällen durch Eindringen von Bakterien und Schimmelkeimen durch die Poren der Schale veranlaßt. Um diesen Vorgang zu verhindern, besitzen wir zwei Mittel:

14*

a) *Fernhaltung der Fremdkeime von der Schale* und Stärkung der natürlichen Abwehrkräfte des Eies.

b) *Desinfektion der Eischale* durch Konservierungsmittel.

a) Natürliche Abwehrkräfte.

Schon die Art des Futters, mit dem die Hühner gefüttert werden, ist nach PRALL[1] für die Haltbarkeit der Eier wie für den Wohlgeschmack derselben von Bedeutung. Nach R. STRAUCH[2] sind besonders im Juli und August gelegte Eier zur Konservierung geeignet, sie brauchen dann nur acht Monate, also bis März, konserviert zu werden, zu welchem Zeitpunkt der Eiermarkt wieder reichlich frische Eier liefert. Augusteier sollen nach F. PFENNINGS-TORFF[3] auch deswegen zum Konservieren mit Vorliebe verwendet werden, weil sie weniger häufig befruchtet sind. Verwendung nur unbefruchteter Eier zur Konservierung wird ebenfalls von J. SCHIESSLER[4] empfohlen, ist aber nach R. FANGAUF[5] ohne größere Bedeutung, weil erfahrungsgemäß auch viele befruchtete Eier mit bestem Erfolg konserviert werden. Die guten Erfahrungen, die man mit der Haltbarkeit der Augusteier gemacht hat, beruhen mit STRAUCH und SCHÄFER[6] wohl auf dem Zusammentreffen mit der Hauptgetreideernte, die den Hühnern reichliche Aufnahme von bestem Körnerfutter ermöglicht.

Auch PRALL hält die Jahreszeit für nebensächlich und die Art des Futters für ausschlaggebend. A. KOSSOWICZ[7] hat von vielen Seiten in Erfahrung gebracht, daß sich im Frühjahr eingelagerte Eier besser halten sollen als die aus der heißen Jahreszeit.

Eine *Verschmutzung der Eier* muß, da der Schmutz (Hühnerkot) reichliche Mengen von virulenten Keimen birgt, der Haltbarkeit, wie schon S. 201 gezeigt, sehr schädlich sein. Schon die Aufstellung der Legenester soll daher so sein, daß eine Verschmutzung verhindert wird, und die Eier sollen jeden Tag wenigstens zweimal eingesammelt werden. Verschmutzt gewesene und nachträglich durch Abwischen, Abreiben, Abscheuern und selbst mit desinfizierenden Flüssigkeiten gereinigte Eier sind zur Konservierung ungeeignet und werden am besten möglichst rasch verbraucht.

Die *Haltung des Geflügels*, sein freier Auslauf, Reinheit des Stalles, Licht und Luft darin sind wahrscheinlich nicht nur auf die Keimzahl der Eischale sondern auch auf die biologischen Abwehrkräfte gegen Fremdkeime von großem Einfluß.

Ältere, angebrütete oder *bereits* schwach verdorbene Eier sind natürlich für eine Konservierung völlig ungeeignet. Auch Eier mit Knicken und Sprüngen in der Schale, seien dieselben auch mit dem Auge kaum wahrnehmbar, fallen bei der Konservierung fast mit Sicherheit dem Verderben anheim.

Aufbewahrung der Eier in trockener Luft. Frische gesunde, nicht verschmutzte oder verschmutzt gewesene Eier lassen sich in trockner Luft bei Kellertemperatur (12—18°) nach eigenen Beobachtungen monatelang unverdorben und genießbar erhalten. Selbst bei Sommertemperatur (20—25°) halten sich einwandfreie Eier monatelang unverdorben.

PRALL fand 23 Eier, die er auf einem Eierbrett mit der Spitze nach unten von Ende Mai bis Mitte März bei 12—15° und einer relativen Luftfeuchtigkeit von 60—80% im Keller gehalten hatte, noch durchaus genießbar. Ein Parallelversuch, bei dem die Eier jede Woche einmal umgekehrt wurden, lieferte ungefähr die gleichen Ergebnisse.

Bei dieser Aufbewahrung in der freien Luft ist die *Austrocknung* der Eier jedoch eine recht beträchtliche, wodurch ihr Inhalt schließlich, obwohl unverdorben, äußerlich unansehnlich wird. Auch die auf das freiliegende Ei einwirkenden größeren *Temperaturschwankungen* tragen gewiß nicht zu seiner Haltbarkeit bei. Diese Umstände und vielleicht auch der Wunsch, weitere Keime aus der Luft möglichst auszuschließen mögen dazu beigetragen haben, die Eier in ver-

PRALL, F.: Z. 1907, **14**, 445. — [2] STRAUCH, R.: Das Hühnerei als Nahrungsmittel und die Konservierung der Eier. Bremen 1896. — [3] PFENNINGSTORFF, F.: Das Großgeflügel. Bd. 2 S. 226. — [4] SCHIESSLER, J.: Arch. Geflügelk. 1928, **2**, 245. — [5] FANGAUF, R.: Arch. Geflügelk. 1928, **2**, 380. — [6] SCHÄFER, W.: Die Aufbewahrung der land- und hauswirtschaftlichen Vorräte. Stuttgart E. ULMER. — [7] KOSSOWICZ, A.: Die Zersetzung und Haltbarmachung der Eier. Wiesbaden 1913.

schiedenes Einbettungsmaterial zu packen, das weiterhin den Eiern einen Schutz gegen Bruch der Schale gewähren soll.

Derartige indifferente *Einbettungsmittel* sind trockener Sand, Torfmull, Sägespäne, Getreidekörner, Leinsamen, Kleesamen, Strohhäcksel, auch Kleie, die aber beim Schimmeln ihrerseits Schimmelsporen auf die Eier übertragen kann.

Das gleiche gilt von Strohhäcksel, in dem die Eier leicht einen Geruch nach Häcksel, nach J. Vosseler[1] einen dumpfen Geruch, und Beigeschmack annehmen. Günstiger wird in dieser Hinsicht Holzwolle beurteilt, viel empfohlen ein Einwickeln in Papier, wobei aber auf Verwendung von Papier ohne Fremdgeruch zu achten ist, weil dieser sich leicht dem Eiinhalte mitteilen würde.

Wenn es sich um Aufbewahrung von nur einigen Wochen handelt, mag die Aufbewahrung der Eier in den genannten indifferenten Verpackungsmitteln nützlich sein, zumal die Eier dabei vor Bruch geschützt liegen. Besonders sog. ,,Korneier'', die zur Zeit der Kornernte gewonnen werden, pflegt man auf Bauernhöfen in dieser Weise einige Wochen oder Monate bis zum Gebrauch aufzubewahren.

Eine gewisse äußere Desinfektion ist bereits mit dem Einlegen der Eier in angefeuchteten Gips oder in Kochsalz verbunden. Noch bessere Wirkungen erzielt man mit Holzasche. Nach einem Versuch von Strauch waren nach acht Monaten von 20 Eiern in Holzasche noch 16 unverdorben. H. Swoboda[2] verwirft aber diese Konservierungsmethode, weil er dabei ein Eindringen von Kaliumcarbonat aus der Holzasche in das Ei und ein Auftreten von üblem Geruch und Geschmack sowie Braunfärbung des Eiklars bemerkt hat.

Eikonservierung durch Kälte. Da die Herabsetzung der Temperatur bei Eiern nicht nur das Wachstum der Bakterien und Schimmelpilze in weitem Maße vermindert sondern auch die natürlichen Abbauvorgänge durch die Enzyme im Ei selbst stark verzögert und zudem noch die Abtrocknung des Eiinnern aufhält, ohne daß Chemikalien oder Fremdstoffe mit dem Ei in Berührung zu kommen brauchen, hat sich die Eikonservierung durch Kälte, insbesondere die Kühlhauslagerung der Eier, heute zu dem am meisten, in größtem Maßstabe angewendeten und zweckmäßigsten Haltbarmachungsverfahren für Eier entwickelt.

Aber nicht allein durch diese im großen geübte Einkühlung auf etwa 0°, sondern auch bereits bei höher liegenden Temperaturen, wie sie etwa in einem gewöhnlichen Küchenschrank vorliegen, erzielt man wesentlich bessere Haltbarkeit der Eier als bei gewöhnlicher Zimmertemperatur.

Bei Vorhandensein eines Eiskellers lassen sich darin Eier nach K. Rupprecht[3] gut frisch halten, wenn man sie in Kästen aus Zinkblech so im Eiskeller aufstellt, daß die Kastenwand mit dem Eis in Berührung steht. So lassen sich in einem solchen Kasten von 2 m Höhe, 2 m Breite und 1 m Tiefe 22 800 Stück Eier unterbringen und viele Monate lang frisch erhalten.

Prall bewahrte Eier auf einem Eierbrett *im Eisschrank* bei einigen Graden über 0° teilweise über ein Jahr mit recht befriedigenden Ergebnissen auf. Der Zustand der Eier war besser als bei einfacher Aufbewahrung frei im Keller oder bei Einbettung in Häcksel oder Sand. An weiteren Versuchen zeigte sich aber deutlich, daß für die Haltbarkeit der richtige *Feuchtigkeitsgehalt* der Luft und die *Luftbewegung* zur Fortschaffung der Stoffwechselprodukte des Eiinhaltes sehr wichtig sind.

Der *Feuchtigkeitsgehalt der Luft* soll nach Prall 75—80%, nach de Loverdo[4] höchstens 78% der Sättigung betragen, damit die Eier noch Feuchtigkeit abgeben, aber vor zu starkem Eintrocknen geschützt sind. De Loverdo fand bei über 80° Luftfeuchtigkeit Schimmelbildung durch Aspergillus und Torula. Besonders bedenklich ist ein *Beschlagen* der Eier *mit Feuchtigkeit* wie es durch Luftfeuchtigkeitsschwankungen von mehr als 10% oder gar durch Zuströmen warmer Außenluft leicht eintreten kann. Um dies zu verhindern pflegt man die Zugänge zu den Eiern in den Kühlräumen möglichst wenig zu öffnen und schaltet durch Ab-

---

[1] Vosseler, J.: Der Pflanzer 1908, **4**, 129. Nach Kossowicz. — [2] Swoboda, H.: Öst. Chem.-Ztg. 1902, **5**, 483. — [3] Rupprecht, K.: Die Fabrikation von Albumin- und Eikonserven. Wien 1928, S. 58. Dort auch nähere Angaben über den Bau solcher Kästen. — [4] De Loverdo: Compt. rend. 1907, **144**, 41.

schließung der einzelnen Stockwerke eines Kühlhauses jede unnötige Luftzirkulation aus.

Im großen sind *zuerst in Nordamerika* Eier durch *Kühlhauslagerung* haltbar gemacht worden. Als Entdecker dieser Eierkonservierung wird der im Jahre 1913 im Alter von 86 Jahren verstorbene Franzose CH. TELLIER angesehen. Die Erfolge waren so gut, daß 1902 in den Vereinigten Staaten nach PRALL bereits 1000 Millionen Eier kalt gelagert wurden[1]. Unabhängig von diesen Versuchen wurden 1897—1898 in Neusüdwales[2] in dem Ackerbauministerium unterstellten Kühlhäusern Eier mit gutem Erfolge kalt gelagert.

Nach H. C. LYTHGOE[3] wurden in *Massachusetts* im Jahre 1926 218 Millionen Eier eingelagert. Der Höchstvorrat an Eiern in den Kühlhäusern betrug am 1. August 1926 für

Massachusetts	Vereinigte Staaten
133 Millionen	3544 Millionen Stück

Nur etwa 10% der gesamten Eierzeugung dienten dort zur Kältekonservierung. Von diesen wurden im Mittel der Jahre 1920—1924

eingelagert	bis 1. April	1. Mai	1. Juni	1. Juli
	5%	40%	83%	100%
entnommen	bis 1. August	1. September	1. Oktober	1. November
	2%	10%	22%	60%
	bis 1. Dezember	1. Januar	1. Februar	
	63%	82%	95%	

Verschiedentlich ist es gelungen Eier im Kühlraum selbst 17—18 Monate lang gut zu erhalten.

Heute wird der Anteil der Kühlhauseier am Gesamteierverbrauch in Amerika noch höher, auf etwa 16%, geschätzt[4]. Nach Literaturangaben[5] aus dem Jahre 1933 werden in New York etwa 75% aller zum Verbrauch gebrachten Eier durch die Kühlhäuser geführt.

In *Deutschland* scheinen die ersten Kühlhäuser für Eier in Hamburg eingerichtet worden zu sein.

Nach PRALL sollen in Deutschland 1904 100 Millionen Eier in Kühlräumen gelagert worden sein. ANDERMANN berichtet über Schätzungen, nach denen 1913 in Deutschland allein 30 000 m² Fläche mit gekühlten Eiern belegt waren. Da auf 1 m² Fläche an Kühlraum acht Kisten von 1440 Stück Eiern gehen, entsprechen obiger Fläche also 240 000 Kisten oder 345 Millionen Eier. Heute schätzt man den Anteil der Kühlhauseier am Gesamteierverbrauch[6] in Deutschland auf 10%.

Die Kosten einer mehrmonatigen Lagerung in einem großstädtischen Kühlhaus werden wie folgt angegeben[7]:

Kühlraummiete einschl. Ein- und Auslagerung für je 100 Eier   0,60—0,65 RM[8]
Lombardzinsen je 100 Eier . . . .   0,22 ,,

Gesamtkosten   0,82—0,85 RM

Da in solchen Eierkühlanlagen Temperatur und Feuchtigkeitsgehalt der Luft anders geregelt werden müssen als in Kühlräumen für andere Lebensmittel, dann aber auch, weil Eier leicht fremdartigen Geruch und Geschmack aus ihrer Umgebung annehmen, pflegt man Eierkühlräume ausschließlich für Eier zu benutzen. Die Kühlräume dürfen auch während oder kurz vor der Lagerung keinen Anstrich von Ölfarbe erhalten.

Die Eier können in ähnlichen Kisten eingelagert werden, wie sie auch zu ihrem Transport dienen. Das Holz der Kisten kann aus langsam gewachsenem gelagerten Fichtenholz bestehen. Doch ist dann darauf zu achten, daß die Kisten selbst oder das Verpackungsmaterial darin trocken und noch frei von fremden Geruch geblieben sind. Diese Kisten sollen zwischen den einzelnen Brettern möglichst breite Sparren haben. Sie werden so aufgestellt, daß sie von der Luft

---

[1] PRALL, F.: Dtsch. landw. Presse 1902, **29**, Handelsbeilage 54. — [2] Eis- u. Kälteind. 1900, **2**, 76. — [3] LYTHGOE, H. C.: Ind. Engng. Chem. 1927, **19**, 922. — [4] Vgl. Z. Volksernährg. u. Diätk. 1932, **7**, 254. — [5] Vgl. Eier-Börse 1933, **24**, 244. — [6] Vgl. A. WALTER und G. LICHTER: Ber. Landwirtsch. 58, Sonderheft, S. 24. — [7] Vgl. Eier-Börse 1933, **24**, 244. — [8] In der Quelle — anscheinend irrtümlich als Pfennig angegeben.

umspült und durchlüftet werden können. Die oberen Kisten müssen zur Vermeidung von Frostschäden in gewissen Abstand von den Kälteleitungen bleiben oder gegen diese durch eine Lage Papier oder Pappe geschützt werden. Meistens werden zur Kühlung halbe flache Exportkisten mit 720 Eiern in zwei Lagen benutzt, weil sich bei ihnen besonders gut der vorgeschriebene K-Stempel anbringen läßt, ohne daß die Eier verrückt werden müssen.

Nach L. Rasmusson[1] verwendet man heute Kisten, die aus einem Holzrahmen mit 5 cm hohen Holzfüßen und einer auf dem Boden befestigten Pappscheibe bestehen. In dieser befinden sich 100 Löcher zur Aufnahme der Eier in vertikaler Stellung mit dem stumpfen Ende nach oben. Statt der Pappscheibe werden auch Stahldrahtnetze mit so großen Maschen verwendet, daß dieselben ein Drittel des Eies aufnehmen. Eine solche Kiste hat die Länge 48,5 cm, Breite 48,5 cm, Höhe 7 cm. Die Kisten bestehen vorteilhaft aus 8 mm dicken Brettern aus Eschen- oder ersatzweise aus Tannenholz. Kiefernholz ist wegen der Geruchabgabe weniger geeignet. Aus dem gleichen Grunde wird das Innere der Kisten mit Kalk überstrichen. Derartige Kisten zeigen den besonderen Vorteil, daß man die Eier darin, ohne sie umpacken zu müssen, über einer mit elektrischen Lampen versehenen Holzkiste durchleuchten kann, wie es vor und nach der Einlagerung in Verbindung mit der Aussortierung der Eier erfolgt. Auf diese Weise wird das wiederholte Umpacken in Versandkiste, Durchleuchtungskiste, Aufbewahrungskiste und umgekehrt vermieden. Als Holzwolle eignet sich zur Verpackung nur solche aus Eschenholz.

Die zur Kaltlagerung bestimmten Eier sollen beste sortierte Ware, nicht über acht Tage alt sein und einen Luftraum von höchstens 3 mm Höhe zeigen. Die Eier müssen mindestens der Güteklasse I angehören. Braunschalige Eier (vgl. S. 182) sowie Korneier aus der Zeit der Getreideernte werden vorgezogen. Eier mit Blutflecken am Dotter sind besonders bedroht und daher für das Kühlhaus ungeeignet. Nach Priebe erwiesen sich bestehende Vorurteile gegen ausgesprochene Farmeier als berechtigt. Landeier waren im allgemeinen den Eiern überlegen, die aus einer Intensivhaltung der Legehühner hervorgegangen waren. Braunschalige Eier bieten nach ihm den Vorteil geringerer Wasserverdunstung aus dem Ei.

Die *Einkühlung des Gefrierraumes* bzw. der Eier auf die vorgeschriebene Tieftemperatur darf nur ganz allmählich erfolgen. Daher werden die Eier in einem Raum von $+5$ bis $+6°$, wo sie auch durchleuchtet werden, zunächst etwa einen Tag lang vorgekühlt. Die Kühltemperatur selbst muß möglichst konstant zwischen $0°$ und $-1°$ gehalten werden um die Gefahr des Gefrierens, das mit einem Platzen der Eier verbunden ist, zu verhüten. Nach de Loverdo beginnt das Gefrieren der Eier in der Schale bei $-1,5°$. Auch Temperaturschwankungen im Kühlraum sind schädlich und sollen in 24 Stunden höchstens $0,3°$ betragen.

Beim Herausnehmen aus dem Kühlraum werden die Eier in einem trockenen Vorraum des Kühlhauses vorgewärmt. Die Luft dieses Vorraums wird gewöhnlich so getrocknet, daß man sie unter ihren Taupunkt sich abkühlen läßt und nach Abscheidung der Feuchtigkeit wieder anwärmt. Die Zeit, die die Eier im Vorraum verweilen, wird zur Durchprüfung und gegebenenfalls zur Sortierung und Verpackung verwendet.

Verschiedentlich gemachte Vorschläge, die Eier während des Kühlens öfters umzudrehen, um das Hinziehen des Dotters nach dem oberen Schalenteil hin zu vermeiden, haben sich als unvorteilhaft erwiesen.

Die Technik der Kühlanlage für Eier ist eine ähnliche wie bei Kühlanlagen für andere Lebensmittel. Gewöhnlich wird die durch Expansion von flüssigem Ammoniak (auch Schwefeldioxyd oder Kohlendioxyd) gewonnene Kälte durch Salzsole in die Kühlkörper an den Decken der Kühlräume geleitet, wo sich dann die Luft abkühlt, nach unten sinkt und durch aufsteigende wärmere Luft ersetzt wird. Daß Temperatur und Feuchtigkeit in den einzelnen Kühlräumen genau den

---

[1] Rasmusson, L.: Z. Eis- u. Kälteind. 1932, **25**, Heft 10, 2.

Luftkammer und Gewichtsveränderung gekühlter und frischer Eier bei gewöhnlicher Temperatur.

Datum:	5.1.1933				28.4.1933				5.7.1933			
	gekühlt		frisch		gekühlt		frisch		gekühlt		frisch	
Art der Eier	Luftkammerhöhe mm	Eigewicht g	Luftkammerhöhe mm	Eigewicht g	Luftkammerhöhe mm	Eigewicht g	Luftkammerhöhe mm	Eigewicht g	Luftkammerhöhe mm	Eigewicht g	Luftkammerhöhe mm	Eigewicht g
Märkisches Landei	7,1	53,5	3,5	56,6	11,5	49,9	5,0	54,5	12,3	47,3	11,6	50,
Genossenschaftsei	8,7	54,1	2,4	55,2	10,7	50,7	4,0	53,2	13,6	40,1	12,8	51,3
Farmei, braun	8,5	61,0	6,0	55,0	10,8	57,2	5,5	54,2	10,6	56,3	10,5	51,5
Farmei, weiß	7,7	59,0	3,5	54,0	12,1	39,7	7,8	50,2	10,0	43,5	10,0	48,4
Dänen	11,1	56,3	4,6	54,0	12,7	54,2	6,0	51,8	15,2	47,5	13,8	49,5
Rumänen	7,8	46,2	5,0	42,0	14,1	44,4	7,1	40,6	13,5	36,5	13,6	38,7
Halpaus, Bruteier	11,0	52,0	3,5	54,0	11,0	50,4	7,0	49,3	11,0	48,1	9,0	44,5

Vorschriften entsprechen, wird durch besondere Fernregistriereinrichtungen laufend in einem besonderen Beobachtungsraum verfolgt und automatisch registriert.

Da in den Kühlhäusern oft schon Ende Mai kein Platz mehr für Eier ist, während die Hühner im Juni noch fast maximal legen, entsteht um diese Zeit leicht ein Überangebot an Eiern, das bisweilen zu einer Zurückhaltung der Eier in Kisten mit Holzwolle in einem kühlen Raum (Keller), um sie dann mehrere Wochen später zu höheren Preisen unter der irreführenden Bezeichnung „frische Eier" abzusetzen, Veranlassung gegeben hat (BAETSLÉ).

An weiterer Literatur über die Technik der Kaltlagerung von Eiern vgl. E. ZOLLIKOFER[1], C. SCHMITZ[2], R. NOURISSÉ[3], F. LESCARDÉ[4], M. E. PENNINGTON[5], LOVERDO[6], W. WILEY[7], L. RASMUSSON[8].

Die Genußfähigkeit bleibt beim Kühlhausei zunächst ausgezeichnet erhalten, auch die Farbtiefe des Dotters (H. J. ALMQUIST[9]) unverändert. Nach RASMUSSON lassen sich Eier in tadellosem Zustande von April bis März des folgenden Jahres aufbewahren, allerdings mit der Einschränkung, daß man sie zum Weichkochen und Braten nur etwa 6—8 Monate, dann nur mehr für Backzwecke verwenden kann. Ein älteres über sechs Monate altes Kühlhausei nimmt einen eigentümlichen alten, etwa an Erbsenmehl erinnernden, Geschmack an.

M. E. PENNINGTON[10] stellte bei 5—8 Monate in Kühlkammern mit geregelter Zufuhr *ozonisierter* Luft aufbewahrten Eiern bei der Geschmackprüfung eine höhere Bewertungszahl als bei gewöhnlichen Handelseiern fest. Diese Bewertungszahl betrug für ganz frische Eier 86,7, Handelseier 77,1, genannte Kühlhauseier 78,2, dagegen für Kühlhauseier ohne Ozoneinwirkung 72,0 und ohne Regelung der Luftfeuchtigkeit bei der Kühlung 55,4. Auch MONVOISIN[11] beschreibt den Geschmack von Kühlhauseiern.

Die gewöhnliche Lagerdauer beträgt bei Kühlhauseiern acht Monate, von Mai bis Januar.

[1] ZOLLIKOFER, E.: Hannov. Land- u. Forstwirtsch. Ztg. 1902, 244 und Landw. Wchbl. Schleswig-Holstein 1902, 425. — [2] SCHMITZ, C.: Eis- u. Kälteind. 1903, 5, 65 u. 82. — [3] NOURISSÉ, R.: Les divers procédés de conservation des oeufs Paris 1907. — [4] LESCARDÉ, F.: L'oeuf de poule, sa conservation par le froid. — [5] PENNINGTON, M. E.: Bericht über den 2. Internationalen Kältekongreß in Wien, 1910, 2, 596. — [6] LOVERDO: Compt. rend. 1907, 144, 41. — [7] WILEY, W.: U. S. Dep. Agric. Bur. Chem. Bull. 1908, 115. — [8] RASMUSSON, L.: Die Lebensmittel und ihre Aufbewahrung. Hannover 1931. M. u. H. SCHAPER. — [9] ALMQUIST, H. J.: Agric. Experim. Stat. Berkely. Bull. 561, 7. — [10] PENNINGTON, M. E.: Ice Refrig. 1932, 3, 39. Nach BAETSLÉ. — [11] MONVOISIN: Rev. gén. Froid 1926, 7, 13. Nach BAETSLÉ.

In besonderen Versuchen wurde die Haltbarkeit bei sehr langer Kühlhausbehandlung von RASMUSSON geprüft. Es wurde eine Mandel (15 Stück) Eier eingelagert. Von diesen wurde nach 1½ Jahren ein Ei aufgeschlagen und sein Inhalt als völlig normal befunden. Von den übrigen waren

<table>
<tr><td>nach 2 Jahren alle unverdorben</td><td>nach 4 Jahren 8 unverdorben</td></tr>
<tr><td>„ 3 „ 12 „</td><td>„ 5 „ 4 „</td></tr>
</table>

Haltbarkeit von Kühlhauseiern nach der Entnahme aus dem Kühlhaus. Die vielfach verbreitete Annahme, daß Kühlhauseier nach der Entnahme aus dem Kühlhaus einer stark verringerten Haltbarkeit unterliegen sollen, ist nach Versuchen von K. BELLER, W. WEDEMANN und K. PRIEBE[1] unrichtig. Wenn man auch natürlich von einem Kühlhausei nicht die gleiche Haltbarkeit wie von einem ganz frischen Ei verlangen kann, so ist es doch sicher einem Ei nach Aufbewahrung bei Zimmertemperatur von etwa gleicher Abtrocknungstufe mindestens gleich, wenn nicht überlegen, weil im Kühlhaus eine deutliche Abnahme der Keimzahl eintritt, anderseits aber die keimtötende Wirkung des Eiklars erhalten bleibt. Nur bei unsachgemäßer Behandlung, wenn etwa die Eier im Kühlraum oder bei der Herausnahme durch zu schnelle Anwärmung oder zu hohen Luftfeuchtigkeitsgehalt zum „Schwitzen" gebracht werden, ist eine Begünstigung des Bakterienwachstums und daneben auch ein Übergang von Geruchstoffen aus dem Verpackungsmaterial in das Ei zu befürchten.

BELLER, WEDEMANN und PRIEBE untersuchten auch den Verlauf der Austrocknung der Eier nach der Entnahme aus dem Kühlhaus und erhielten dafür folgendes Bild (s. Tab. S. 216).

Während der 16wöchigen Lagerung, wobei die Temperatur in Anpassung an Kleinverkaufsräume zwischen 5—20° und der Feuchtigkeitsgehalt zwischen 40—90% schwankte, verloren hiernach die Kühlhauseier durchschnittlich 9,32%, die frischen Eier 4,59% ihres Gewichtes. Dann folgte bei weiterer Lagerung eine Angleichung der Kühlhauseier mit 7,59%, an die frischen bzw. ursprünglich frisch gewesenen Eier mit 5,54%. Die Veränderung der Luftkammerhöhe geht nicht dem Gewichtsverlust parallel. So steht der geringeren Gewichtsabnahme der frischen Eier eine Zunahme der Luftkammerhöhe um durchschnittlich 1,9 mm und bei längerer Aufbewahrung sogar um 7,6 gegenüber, während bei den Kühlhauseiern in der gleichen Zeit und unter denselben Beobachtungsbedingungen eine Zunahme der Luftkammerhöhe von nur 3 mm bzw. 3,5 mm zu verzeichnen ist.

Über die *Zusammensetzung von Kühlhauseiern,* die sich vom frischen Ei durch die Abnahme des Trockensubstanzgehaltes des Dotters unterschieden, macht L. C. MITCHELL[2] ausführliche Angaben; die Eier wurden von Vorräten in verschiedenen Kühlhäusern Chicagos entnommen und umfaßten folgende Eier:

Nr.	Nähere Bezeichnung	Zahl der Eier in der Probe	Mittleres Gewicht g	Einlagerungstag	Herausnahmetag
1.	Minnesota-Eier.	17	55,1	2. 4. 1930	5. 1. 1931
2.	Missouri-Eier	21	56,1	13. 5. 1930	5. 1. 1931
3.	Jowa-Eier.	20	56,9	9. 4. 1930	8. 1. 1931
4.	Californische, in Öl getauchte Eier .	22	56,8	21. 3. 1930	8. 1. 1931
5.	South-Dakota-Eier	19	52,5	27. 6. 1930	14. 1. 1931
	Mittel		**55,5**		

Die Eier wurden am Tage nach der Entnahme analysiert (s. Tab. S. 218 und 219).

A. JANKE und L. JIRAK[3] untersuchten eine Flachkiste mit 1440 Stück ungarischen Eiern, die 8⅓ Monate im Kühlhaus gelagert hatten. Dabei wurde an Verlust gefunden durch

<table>
<tr><td>Infektion</td><td>Bruch</td><td>Abtrocknung</td><td>Gesamtverlust</td></tr>
<tr><td>1,3%</td><td>2,6%</td><td>5,6%</td><td>9,5%</td></tr>
</table>

---

[1] BELLER, K., W. WEDEMANN und K. PRIEBE: Beih. Z. Fleisch- u. Milchhygiene 1934, **44**, 1. — [2] MITCHELL, L. C.: J. Assoc. Off. Agric. Chem. 1932, **15**, 310. — [3] JANKE, A. und L. JIRAK: Z. 1935, **69**, 439.

Bestandteile der Eier.

Nr.	Dotter %	Eiklar %	Schale %	Verlust %	Im eßbaren Anteil Dotter %	Eiklar %
1.	37,07	50,75	11,11	1,07	57,79	42,21
2.	35,51	52,51	11,47	0,51	59,65	40,35
3.	34,48	52,24	11,35	1,93	60,24	39,76
4.	33,07	53,88	12,01	1,04	61,97	38,03
5.	35,71	53,26	11,03	0,00	59,86	40,14
Mittel(1—5):	**35,17**	**52,53**	**11,39**	**0,91**	**59,90**	**40,10**

Gehalt an Trockenmasse.

Gegenstand Nr.:	1 %	2 %	3 %	4 %	5 %	Mittel (1—5) %
Eidotter	46,12	46,86	47,23	46,11	46,37	46,54
Eiklar	13,23	13,17	13,64	12,93	13,41	13,28
Gesamter Inhalt(berechnet)	27,11	26,76	26,99	25,55	26,64	26,61

18 Eier wurden refraktometrisch (vgl. S. 196) näher untersucht; von diesen wiesen 14 frischen Geruch, zähes Eiklar und frischen Dotter auf; zwei zeigten leichtes Reißen der Dotterhaut, zwei weitere waren von schlechtem Geruch, Abweichungen, die vermutlich durch höheres Alter bei der Verpackung bedingt waren. Die refraktometrische Prüfung ergab im Mittel für die

14 normalen Eier:
Wertzahl 55,3 (52,3—58,0),   Alterungszahl 4,0 (2,3—5,1),
4 minderwertigen Eier:
Wertzahl 48,6—51,0,   Alterungszahl 8,1—10,9.

Im ganzen gesehen waren die acht Monate alten Kühlhauseier etwa wie 40 Tage bei mittlerer Temperatur gelagerte Farmeier zu bewerten.

Über den *Ammoniakgehalt* der Kühlhauseier vgl. S. 189, über ihren *Katalasegehalt* S. 199.

Durch *Frost* werden die Eier in ihrer Struktur wesentlich verändert. T. Moran[1] stellte bei Einwirkung von geringer Kälte bis —6° eine *Veränderung des Eidotters und Eiklars* fest. Nach dem Wiederauftauen bildet der Dotter eine zähe, teigige Masse, während das Eiklar in einen mehr flüssigen und einen mehr zähen Anteil zerlegt ist. Moran nimmt an, daß die Veränderung des Eigelbs durch eine Fällung des Lecithovitellins hervorgerufen wird (vgl. S. 126).

Bei stark überkühlten Eiern, z. B. bei —11°, wobei sie rasch ohne Bildung größere Eiskrystalle gefrieren, sind die Veränderungen wesentlich geringer.

Eierkonservierung durch entkeimende Gase. Stabilisierte Eier. Wenn auch bei dieser Art der Eierkonservierung bereits chemische Desinfektionsmittel verwendet werden und sie daher eigentlich zu dem folgenden Abschnitt gehört, so sei sie doch bereits hier im Anschluß an die Kühlhauskonservierung besprochen, weil die Behandlung der Eier auf ähnliche Weise erfolgt, und weil die Gase den Inhalt des Eies nur wenig verändern.

Schon im Jahre 1873 hat Calvert[2] ganze oder mit einer feinen Öffnung versehene Eier in eine Atmosphäre von Stickstoff, Wasserstoff oder Kohlendioxyd gebracht und gute Haltbarkeit gefunden. F. Lescardé[3] verbesserte 1908 die Methode durch Anwendung des Vakuums, indem er die Eier nach Evakuierung des Aufbewahrungsraumes unter Kohlendioxyd brachte und dann bei 0—2° hielt. So verband er die entwicklungshemmende Wirkung der Kälte mit der baktericiden der Kohlensäure.

Die nach Lescardé behandelten Eier, die im Eierhandel auch als „stabilisierte" Eier bezeichnet werden, sollen noch nach 10 Monaten in Aussehen und Beschaffenheit des Inhaltes von frisch gelegten Eiern nicht zu unterscheiden sein; ein Muffigwerden ist ausgeschlossen, und das Eiklar behält dabei seine helle Farbe.

---

[1] Moran, T.: Proc. Royal. Soc. 1925 (B), **98**, 436. — [2] Calvert: Nach A. Bencke: Pharm. Zbl. 1921, **62**, 345. — [3] Lescardé, F.: L'oeuf de poule, sa conservation par le froid. Paris 1908.

Zusammensetzung von Dotter, Eiklar und ...

Lfde. Nr.	Gegenstand	Stickstoff in Form von			Entsprechend Stickstoffsubstanz (N × 6,25)[1]			Fett nach Hydrolyse mit HCl	Glucose	P_2O_5	Chloride (als NaCl)
		Gesamt	Wasserlöslich		Gesamt	Wasserlöslich					
			Gesamt	Rohalbumin		Gesamt	Rohalbumin				
		%	%	%	%	%	%	%	%	%	%
1.	*Eidotter* in der natürlichen Substanz	2,37	0,64	0,30	14,8	4,0	1,9	28,95	0,13	1,22	0,27
2.		2,45	0,55	0,19	15,3	3,4	1,2	29,17	0,18	1,27	0,27
3.		2,39	0,58	0,23	14,9	3,6	1,4	29,90	0,21	1,25	0,29
4.		2,49	0,49	0,14	15,6	3,1	0,9	28,35	0,20	1,31	0,27
5.		2,43	0,51	0,16	15,2	3,2	1,0	28,85	0,21	1,26	0,28
	Mittelwert:	**2,43**	**0,55**	**0,20**	**15,2**	**3,4**	**1,3**	**29,04**	**0,19**	**1,26**	**0,28**
1.	*Eidotter*, in der Trockensubstanz	5,14	1,39	0,65	32,1	8,7	4,0	62,77	0,28	2,65	0,59
2.		5,23	1,17	0,41	32,7	7,3	2,6	62,25	0,38	2,71	0,58
3.		5,08	1,25	0,51	31,8	7,8	3,2	63,33	0,47	2,67	0,64
4.		5,40	1,06	0,30	33,8	6,6	1,9	61,48	0,43	2,84	0,59
5.		5,24	1,10	0,34	32,8	6,9	2,1	62,22	0,45	2,72	0,60
	Mittelwert:	**5,22**	**1,19**	**0,44**	**32,6**	**7,4**	**2,8**	**62,41**	**0,40**	**2,72**	**0,60**
1.	*Eiklar*, in der natürlichen Substanz	1,84	1,78	1,43	11,5	11,1	8,9	0,04	0,45	0,05	0,32
2.		1,80	1,73	1,48	11,3	10,8	9,3	0,03	0,39	0,05	0,32
3.		1,87	1,83	1,57	11,7	11,4	9,8	0,04	0,38	0,05	0,32
4.		1,77	1,67	1,47	11,1	10,4	9,2	0,03	0,41	0,05	0,30
5.		1,86	1,79	1,55	11,6	11,2	9,8	0,03	0,45	0,04	0,30
	Mittelwert:	**1,83**	**1,72**	**1,50**	**11,4**	**10,8**	**9,4**	**0,03**	**0,42**	**0,05**	**0,31**
1.	*Eiklar*, in der Trockensubstanz	13,91	13,45	10,81	86,9	84,1	67,6	0,30	3,40	0,38	2,41
2.		13,67	13,14	11,24	85,4	82,1	70,3	0,23	2,96	0,38	2,43
3.		13,71	13,42	11,41	85,7	83,9	71,3	0,29	2,79	0,37	2,34
4.		13,69	12,91	11,37	85,6	80,7	71,1	0,23	3,17	0,39	2,32
5.		13,87	13,35	11,56	86,7	83,4	72,3	0,22	3,36	0,30	2,24
	Mittelwert:	**13,77**	**13,25**	**11,30**	**86,1**	**82,8**	**70,6**	**0,25**	**3,14**	**0,36**	**2,35**
1.	*Ganzei*, in der natürlichen Substanz (berechnete Werte)	2,06	1,30	1,05	12,88	8,1	6,6	12,24	0,31	0,54	0,30
2.		2,06	1,25	0,96	12,88	7,8	6,0	11,79	0,31	0,54	0,30
3.		2,08	1,33	1,04	13,00	8,3	6,5	11,91	0,31	0,53	0,31
4.		2,04	1,22	0,96	12,75	7,6	6,0	10,89	0,33	0,53	0,29
5.		2,09	1,28	0,99	13,06	8,0	6,2	11,60	0,35	0,53	0,29
	Mittelwert:	**2,06**	**1,28**	**1,00**	**12,88**	**8,0**	**6,3**	**11,67**	**0,32**	**0,53**	**0,30**
1.	*Ganzei*, in der Trockensubstanz (berechnete Werte)	7,60	4,80	3,87	47,5	30,0	24,2	45,15	1,14	1,99	1,11
2.		7,70	4,67	3,59	48,1	29,2	22,4	44,06	1,16	2,02	1,12
3.		7,71	4,93	3,85	48,2	30,8	24,1	44,13	1,15	1,96	1,15
4.		7,98	4,77	3,76	49,4	29,8	23,5	42,23	1,29	2,07	1,14
5.		7,85	4,80	3,72	49,1	30,0	23,3	43,54	1,31	1,99	1,09
	Mittelwert:	**7,77**	**4,79**	**3,76**	**48,6**	**29,9**	**23,5**	**43,82**	**1,31**	**2,01**	**1,12**

[1] Im Original nicht angegeben, von uns umgerechnet.

Das Kohlendioxyd dringt durch die Schalenporen auch in das Ei und verhindert das Alkalischwerden des Eiklars, das ja auf Kohlensäureabgabe beruht.

Die Kohlensäurekonzentration in der Atmosphäre, die nötig ist, um das p_H des Eiklars auf dem Wert frischer Eier zu halten, nimmt mit sinkender Temperatur stark ab. So sind zur Aufrechterhaltung von $p_H = 7,6$ im Eiklar bei Zimmertemperatur etwa 10—12% bei 0° etwa 3% Kohlendioxyd erforderlich (P. F. SHARP)[1]. Über 60% Kohlendioxyd sind nach SHARP zwecklos.

T. MORAN[2] stellte Kühlhauslagerung mit verschiedenen Gehalten an Kohlendioxyd in der Atmosphäre an und ermittelte, daß sich so das p_H des Eiklars zwischen 9,5—6,5 einstellen läßt, ferner daß das p_H die Quellung der Bestandteile des Eiklars, besonders des Mucins und damit die Struktur und Qualität der Eier nach dem Lagern beherrscht.

Die erste Gaskonservierungsanlage für größere Eiermengen wurde nach Berichten von FREITAG[3] in Chelmsford (Grafschaft Essex in England) errichtet und faßt heute fünf Millionen Eier, Le Havre besitzt eine Anlage zur Einlagerung von acht Millionen Eiern.

Bei der technischen Durchführung des Verfahrens werden die frischen, 2—3 Tage alten Eier in kastenartige, sorgfältig abgedichtete verzinnte Blechbehälter eingesetzt. Diese Behälter nach LESCARDÉ enthalten, wie ANDERMANN mitteilt, sechs Lattengestelle für je 120 Eier, insgesamt also 720 derselben. Die Gestelle sind so angeordnet, daß eine ungehinderte freie Gaszirkulation im Kasten möglich ist. Nachdem die Eier eingefüllt sind, wird etwas Chlorcalcium in die Kästen gebracht um das Innere trocken zu halten, dann zugelötet und nur eine kleine 5 mm große Öffnung zum Einlassen und Absaugen der Gase gelassen. Dann kommen die Kästen in eine zylindrische, für 36 Blechkästen bemessene Trommel, die ebenfalls geschlossen wird.

Darauf wird evakuiert, Kohlensäure eingelassen und diese schließlich durch Stickstoff ersetzt, der durch Leiten von Luft über weißglühendes Kupfer erzeugt wurde. — Nach neueren Berichten werden die Blechbehälter evakuiert und anschließend direkt mit einem Gasgemisch aus 88% Kohlendioxyd und 12% Stickstoff gefüllt, und zwar so, daß im Behälter nach dem Verschließen ein kleiner Überdruck bleibt. Diese Behälter werden dann in den Kühlraum gebracht und lagern bei 0° bis zur Verwendung. Durch den völligen Abschluß von der Außenluft wird jedes Austrocknen des Eies verhindert, durch die Kälte und die Kohlensäure ein Aufkommen von Keimen unmöglich gemacht.

Die so konservierten Eier behalten nach FREITAG ihren vollen Genußwert und halten sich auch nach der Entnahme aus der Gasatmosphäre gegenüber gewöhnlichen Kühlhauseiern längere Zeit frisch, wie frisch gelegte Eier.

Nach Herausnahme aus dem Kühlraum bleiben die Behälter zum Temperaturausgleich 24 Stunden bei gewöhnlicher Temperatur stehen, wodurch ein Beschlagen der Eier mit Luftfeuchtigkeit ausgeschlossen wird. Der luftdichte Abschluß der Behälter verhindert weiterhin die Übertragung irgendwelcher fremder Gerüche aus dem Kühlraum auf das Ei.

Das Verfahren scheint besonders dort Erfolge zu versprechen, wo regelmäßig große Mengen ganz frischer Eier zur Verfügung stehen. Es erfordert aber größere Kapitalanlagen.

Eine auf ähnlicher Grundlage wie das LESCARDÉverfahren beruhende Behandlung wird nach R. PLANCK[4] wie folgt vorgenommen: Die Eier werden zunächst unter Vakuum gesetzt, dann in Mineralöl getaucht und schließlich in eine Kühlatmosphäre von Kohlendioxyd gebracht. Darin dringt etwas von dem Gase durch die Poren der Schale, während gleichzeitig eine kleine Menge Öl eindringt, sich ausbreitet und als dünne Haut die Innenwand der Schale bedeckt. Bei so behandelten Eiern betrug der Gewichtsverlust nach vier Monaten nur 1%.

Nach einem weiteren Verfahren von P. EVERAERT[5], nach dem in einer Anlage in Belgien 30 Millionen Eier behandelt werden, wird ein Feuchtigkeitsschutz für die Eier dadurch erreicht, daß ein Kühlrohr an der Außenseite des Autoklaven, der eine Million Eier faßt, in seiner Längsrichtung oberhalb der Mittelebene entlanggeführt wird. Dadurch wird die gegenüberliegende Autoklavenwand tiefer als die übrige Wand gekühlt und an dieser Stelle erfolgt dann die Ausscheidung der im Gasgemisch enthaltenen, aus den Eiern herrührenden Feuchtigkeit. So kann das mit Kohlensäure gesättigte Wasser nicht auf die Eischalen tropfen und diese

[1] SHARP, P. F.: Science 1929, **69**, 278. Am. Patent Nr. 1922 143. — [2] T. MORAN: J. Soc. Chem. Ind., Chem. u. Ind. 1937, **56**, Trans. 96. — [3] FREITAG: Z. Volksernähr. u. Diätk. 1932, **7**, 8. — [4] PLANCK, R.: Gesundh.-Ing. 1933, **35**, 413. Nach BAETSLÉ. — [5] Nach W. POHLMANN: Eier-Börse 1936, **5**, 21.

durch teilweise Lösung des Calciumcarbonats als Bicarbonat nach der Gleichung $CaCO_3 + H_2O + CO_2 = CaHCO_3$ aufrauhen.

Versuche von KOSSOWICZ über Konservierung von Eiern durch *andere Gase* wie Formaldehyd, Fluorwasserstoff und Schwefeldioxyd lieferten keine zufriedenstellenden Ergebnisse.

Entsprechend ihrer Behandlung enthalten die mit Kohlendioxyd haltbar gemachten Eier größere Mengen Gase, insbesondere Kohlendioxyd, worin sie frische Eier noch übertreffen. So fand KOHN-ABREST[1]:

Gase	Frisches Ei 3 Stunden nach dem Legen cm³	5 Monate aufbewahrtes Ei cm³	Stabilisiertes	
			Kalkei cm³	Ei cm³
Gesamte	48,7	15,9	35,5	59,8
Davon Kohlendioxyd . .	39,7	3,5	27,5	49,3
Gebundene Gase	27,9	5,2	29,0	45,0
Davon Kohlendioxyd . . .	25,3	3,3	27,8	44,5

b) Eierkonservierung durch Schalenüberzüge.

Da sowohl die unerwünschte Wasserabgabe (Austrocknung) und damit die Schrumpfung als auch das Eindringen der Fremdkeime durch die Poren in der Schale erfolgt, muß eine völlige Abdichtung dieser Poren die Haltbarkeit des Eies erhöhen. Derartige Überzüge erfüllen ihren Zweck natürlich nur, wenn sie die Eischale ohne Rißbildung abschließen und an das Ei keine Geruchs- und Geschmackstoffe abgeben.

Nicht bewährt hat sich ein Überziehen mit *Wasserglas*, das beim Eintrocknen rissig wird; ähnlich verhält sich auch das leicht abblätternde *Paraffin*, dessen Aufbringung außerdem viel Arbeit verursacht. Ungenügenden Zusammenhang zeigt weiter ein *Lehmanstrich* der Eier oder ein Überzug mit *Kalkwasser* bei nachheriger Behandlung mit Kohlensäure (Verfahren von R. HERTEL). Derartig behandelte Eier müssen nach STRAUCH zudem vor dem Kochen in Essigsäure oder Schwefelsäure von der Calciumcarbonatschicht befreit werden, damit sie nicht platzen.

Bewährt hat sich die Anbringung einer Schicht von *Vaseline* auf den Eiern. Bei den Versuchen von STRAUCH verdarb keines der so behandelten Eier. Auch R. BERGER[2] erhielt befriedigende Ergebnisse mit diesem Verfahren. Die Vaseline wird mittels eines Lappens aufgetragen. Ähnlich wie Vaseline wirkt ein Bestreichen mit einer *Speckschwarte*, das rasch ausgeführt werden kann, aber den Nachteil besitzt, daß das aufgetragene Fett mit der Zeit ranzig wird. Bei dem Versuch von STRAUCH hielten sich von den mit einer Speckschwarte behandelten Eiern 80% gut. In gleichem Sinne wirkt ein Einreiben der Eier mit *Bienenwachs* und Olivenöl oder Tränken mit einer Lösung von weißem Pech in 10 Teilen heißem Baumöl (50 Teilen).

Selbst ein *Eintauchen* des an einem Bindfaden hängenden Eies *in geschmolzenes Pech* ist vorgeschlagen worden.

L. H. ALMY, H. J. MACOMBER und J. S. HEPBURN[3] tauchen die Eier entweder 5 sec in 153° F (= 67° C) heißes Mineralöl, kühlen wenige Sekunden in Mineralöl von 33° F (= 0,5° C) wischen mit steriler Gaze ab und bewahren in einem Metallbehälter auf, oder sie tauchen 7 sec ein, kühlen wenige Sekunden in Öl von 24—30°, lassen ohne Abwischen abtropfen und bewahren im Karton mit Strohrand auf. Von Ölen lieferte Mineralöl mit dem Flammpunkt 365° F (= 185° C) die besten Ergebnisse, besonders wenn dem Öl noch Harze wie Guajak, Mastix, Spermaceti oder Bienenwachs zugesetzt waren. Der Wasserverlust für 12 Tage betrug dann nur 0,4% gegenüber 10% bei unbehandelten Eiern. Ähnliche Beobachtungen machten T. L. SWENSON und H. H. MOTTERN[4]. Während bei diesen unbehandelte Eier in 10 Tagen bei 37° etwa 13% ihres Gewichtes verloren, betrug der Verlust von mit einer 2proz. Lösung von Aluminiumseife in Öl behandelten Eiern bei 38° nur etwa 2%. Wenn die Eier mit dieser Lösung eine Minute bei 38° und 50 mm Druck eingetaucht und dann 10 Tage bei 37° gehalten wurden, trat nur 0,5% Austrocknung ein. Dabei war die Menge des in Äther löslichen Extraktes der Eihäute nur wenig größer als bei den unbehandelten. Nach dem Am. Patent Nr. 1888415[5] taucht man die in einem Vakuum befindlichen Eier in Mineralöl, evakuiert die Kammer und hebt die Eier aus der Flüssigkeit heraus. Dann wird das Vakuum durch Einleiten von Kohlendioxyd aufgehoben. HILTON, J. JONES und R. DU BOIS[6] überziehen die

---

KOHN-ABREST: Nach BAETSLÉ. [2] BERGER, R.: Z. Chem. und Ind. Kolloide 1910, **6**, 172. — [3] ALMY, L. H., H. J. MACOMBER und J. S. HEPBURN: Journ. Ind. and. Engin. 1922, **14**, 525. — [4] SWENSON, T. L. und H. H. MOTTERN: Science 1930, **72**, 98. — [5] Nach C. 1933, I, 143. — [6] Vgl. A. BENCKE: Pharm.-Zentralhalle 1921, **62**, 345.

Eier mit Aluminiumseife, gelöst in Gasolin, oder besser in dem geruchlosen *Pentan*. Unterhalb dieses Überzuges wird vorher durch kurzes (10 sec) Eintauchen der Eier in verdünnte Schwefelsäure eine Schutzhülle aus Calciumsulfat erzeugt. Eine weitere Einführung des Verfahrens dürfte an seinen hohen Kosten scheitern.

Das *Einfetten* hat sich auch besonders bei *Kühlhauseiern* zur Einschränkung der Austrocknung gut bewährt.

Der Hauptzweck der Ölüberziehung besteht ja darin, den Gewichtsverlust, die *Austrocknung* der Eier, aufzuhalten. In der Tat zeigen geölte Kühlhauseier eine viel geringere Austrocknung als nicht geölte. Der Ölfilm ist sogar weniger durchlässig für Wasserdampf als die festen, porenfreien Teile der Eischale.

So erklärt sich der Befund von H. J. ALMQUIST und R. R. BURMESTER[1], daß Eier mit glasigen Schalen nach dem Ölen leichter austrocknen als mit normalen Schalen:

Gegenstand	Geölte Eier mit	
	normalen Schalen %	glasigen Schalen %
Täglicher Gewichtsverlust, Mittel . .	0,0262±0,003 (0,009 —0,047)	0,111±0,0099 (0,049—0,161)

Während das Öl die Poren verschließt, wird es anscheinend von den glasigen Schalen weniger gut angenommen bzw. adsorbiert und kann dann die Wasserverdunstung nicht verhindern.

Ein Bestreichen der Eier mit Lack, Spirituslack, Schellack, Firnis, Leinöl, Kollodium ist versucht worden, hat sich aber wohl teils wegen des eigenartigen Geruches und Geschmacks, den einige dieser Stoffe dem Ei erteilten, teils auch wegen ungenügender Wirkung nicht eingebürgert. Auch Versuche mit *Kolophonium* und *Kautschuk* sind nur vereinzelt geblieben. H. J. N. KESSENER und N. L. SÖHNGEN[2] überziehen die Eier mit einer Lösung von Acetylcellulose in *Essigester*, wodurch die Schale fast unzerbrechlich wird.

Überzüge von *Eiweiß, Gelatine, Pflanzengummi, Dextrin* und *Stärke* können bei Feuchtwerden ihrerseits leicht in Zersetzung übergehen und damit geradezu Veranlassung zum Verderben des Eies sein. Diese Gefahr besteht auch bei der Eikonservierung durch kurzes (5 bis 15 sec) *Eintauchen in kochendes Wasser* oder Übergießen damit, wobei das Eiklar oberflächlich gerinnt (Verfahren von HANIKA[3]). Bei der Nachprüfung durch STRAUCH verdarben 50% der Eier, während PRALL besser Ergebnisse erhielt. Da die kurze Dauer des Erhitzens die Keimsporen kaum restlos abtöten kann und das koagulierte und an Fermentgehalt geschädigte Eiklar leichter einer Zersetzung anheimfällt als das rohe, ist der Ausfall dieser Eierkonservierung wohl von den kleineren oder größeren Keimgehalt des Eies und von dessen Aufbewahrungsbedingungen (Bildung einer trockenen Außenhaut) sowie von Zufälligkeiten abhängig und daher für den praktischen Gebrauch zu unsicher. Außerdem ist der Verlust an Eiklar durch die Gerinnung für manche Verwendungszwecke der Eier ein Fehler. — Ähnliches gilt von einem Einlegen der Eier in Spiritus während sechs Stunden, der dabei durch die Poren eindringt und die oberste Eiweißschicht zum Gerinnen bringt. Diese Behandlung hat auch noch den Nachteil durch den Verbrauch an Alkohol sehr kostspielig zu sein.

2. Chemische Desinfektionsmittel.

Man unterscheidet eine chemische Eikonservierung durch *Behandlung der Schale mit Desinfektionsmitteln* mit anschließender trockner Aufbewahrung der Eier von dem *Einlegen* der Eier *in desinfizierende Flüssigkeiten*.

a) Desinfektion der Eischale mit anschließender Trockenaufbewahrung.

Die schon von dem römischen Schriftsteller VARRO (geb. 126 n. Chr.) empfohlene *Einreibung* der Eier *mit* feingepulvertem *Kochsalz* oder ein dreistündiges Einlegen in Salzlösung hat sich nach STRAUCH als durchaus ungeeignet erwiesen, 70% der behandelten Eier verdarben. Mit *Alaunlösung* blieben nur 50% der Eier genießbar. Ähnlich ungünstig war das Ergebnis mit einer *Salicylsäurelösung*, noch schlechter, wenn außerdem *Glycerin* zugesetzt wurde. Bei Anwendung von *Borsäure mit Wasserglas* waren die Ergebnisse besser; es blieben 80% der Eier erhalten. Weiter wird empfohlen, Eier einige Sekunden in eine 20proz. Lösung von Benzoesäure in Alkohol einzutauchen. Beim Verdunsten des Alkohols bleibt dann ein feiner Überzug

---

[1] ALMQUIST, H. J. und R. R. BURMESTER: Poultry Science 1934, **13**, 116. — [2] KESSENER, H. J. N. und N. L. SÖHNGEN: DRP. 312 505; Z. 1921, **41**, 183. — [3] HANIKA: Wschr. landwirtsch. Ver. Bayern 1900, 957.

Lfde. Nr.	Art der Oberflächenbehandlung	Zahl der Eier	Dauer der Aufbewahrung Monate	Verlust durch		
				Abtrocknung %	Infektion %	Insgesamt %
1.	Acetylcellulose (mittels Spritzpistole)	19	6	11,7	12,0	23,7
2.	Oxyäthylcellulose (desgl.)	20	6	13,9	6,7	20,6
3.	Tylose-Primärfilm, mit Borsäurezusatz, dann Paraffinöl	12	6	5,8	0	5,8
4.	desgleichen unter Wenden der Eier	18	6	6,1	0	6,1
5.	wie 3 mit Vorbehandlung und Entkeimung der Eioberfläche mit Soda + Hypochlorid	12	6	3,5	3,4	6,9
6.	wie 4 mit Vorbehandlung und Entkeimung . . .	18	6	3,5	3,4	6,9
7.	Colloresin-Primärfilm, dann Paraffinöl	12	6	6,4	0	6,4
8.	desgl. unter Wenden der Eier	18	6	6,1	0	6,1
9.	wie 7 mit Vorbehandlung und Entkeimung . . .	12	6	7,9	3,4	10,4
10.	wie 8 unter Wenden der Eier	18	6	7,4	3,4	10,8
11.	Einreiben mit Thymolyvaseline, auf der Spitze stehend gelagert	25	6	2,7	40	42,7
12.	desgl. unter Wenden gelagert	24	6	2,9	16	18,9
13.	Porenverschluß durch Aluminiumseife	25	$7^1/_2$	8,6	8,0	16,1
14.	desgl. mit Wenden	25	$7^1/_2$	9,9	4,1	14,0
15.	wie 13, mit Vorbehandlung und Entkeimung . .	58	$7^1/_2$	9,9	10,3	20,2
16.	wie 15, statt liegend auf der Spitze gelagert . . .	6	$7^1/_2$	10,2	0	10,2
17.	wie 14 mit Vorbehandlung	55	$7^1/_2$	12,0	3,7	15,7
18.	Porenverschluß mit Kalkseifen (nach Vorbehandlung mit Formalin und Natriumsalicylat . . .	29	6	3,0	13,7	16,7
19.	desgl. mit Wenden	30	6	3,8	13,7	17,5
20.	Paraffinöl-Harz und Trichloräthylen nach Vorbehandlung mit Formalin, mit Wenden	58	6	9,0	20,3	29,3
21.	Harzoleinemulsion in Alkohol auf mit Tylose versehenen Eiern	12	6	6,6	6,7	13,3
22.	desgl., mit Wenden der Eier	18	6	6,8	6,7	13,5
23.	wie 21, mit Vorbehandlung der Eier	12	6	6,4	0	6,4
24.	wie 22, mit Vorbehandlung der Eier	18	6	7,5	0	7,5
25.	wie 21, statt mit Tylose mit Colloresinfilm . . .	12	6	9,4	0	9,4
26.	wie 22, desgl.	18	6	8,9	0	8,9
27.	wie 23, desgl.	30	6	8,2	7,1	15,3
28.	Wässerige Olein-Paraffinöl-Emulsion	56	6	5,7	39,2	44,9
29.	desgl., mit Wenden der Eier	41	6	6,3	50,0	56,3
30.	wie 28, mit Tylose-Primärfilm	12	6	2,1	6,7	8,8
31.	wie 29, desgl.	18	6	2,8	6,7	9,5
32.	wie 28, mit Colloresin-Primärfilm	12	6	3,0	6,7	9,7
33.	wie 29, desgl.	18	6	3,2	6,7	9,9
34.	Paraffinemulsion Ramasit K auf Tylose-Primärfilm	12	6	5,4	10,3	15,7
35.	desgl., mit Wenden.	17	6	5,2	10,3	15,5
36.	wie 34, auf Colloresin-Primärfilm.	12	6	5,6	10,3	15,9
37.	desgl., mit Wenden.	18	6	5,0	10,3	15,3
38.	Paste aus Paraffin in Paraffinöl und einem Emulgators unter Zusatz von Borsäure	60	$6^1/_3$	1,9	0	1,9

von Benzoesäure auf dem Ei und in den Poren. Das Verfahren wird besonders wirksam durch anschließende Aufbewahrung der Eier in einen geschlossenen Behälter. Er ist jedoch kostspielig durch den Verbrauch an Alkohol. A. ARNOUX[1] erreichte durch Umwicklung des Eies mit Stoffstreifen, die vorher in *Wasserglaslösung* getränkt wurden, besonders für auf dem Transport befindliche Eier, eine gute Konservierung verbunden mit mechanischem Schutz der Eier, während, wie S. 221 erwähnt, einfache Überziehung der Eier mit Wasserglas bei anschließender Trocknung versagt hat.

Weiter ist nach STRAUCH zur Konservierung der Eier ohne Erfolg *Präservesalz* (Natriumbisulfit)[2] vorgeschlagen worden. Ein Eintauchen der Eier in *Schwefelsäure* (C. REINHARD)[3]

---

[1] ARNOUX, A.: Compt. rend. 1917, **163**, 721. — [2] Von STRAUCH Konservesalz genannt. — [3] REINHARD, C.: DRP. 104 909.

hat neben einer desinfizierenden Wirkung ein Dichterwerden der Schale durch teilweise Umwandlung des Calciumcarbonats in Calciumsulfat zur Folge.

Eine gute Desinfektionswirkung auf die Schale übt *Kaliumpermanganatlösung* aus, wie sowohl STRAUCH als auch PRALL bestätigen. Bei den Versuchen von STRAUCH blieben 80% der Eier unverdorben. PRALL empfiehlt die Behandlung besonders bei unsauberen Eiern, während saubere Eier sich auch ohne sie ebensogut hielten. Weniger gute Ergebnisse erhielten nach KOSSOWICZ[1], BUJARD und VOSSELER mit dieser Behandlung. — Da die Schale durch das Permanganat eine dunkelbraune und braunfleckige Farbe annimmt, sind die damit behandelten Eier für den Verkauf wenig geeignet.

Durch Anwendung des Vakuums hat man versucht Schutzstoffe durch die Schalenporen auf die innere Eihaut zu bringen. Nach Behandeln der äußeren Schleimschicht der Schale durch verdünnte Salzsäure bringt man die Eier z.B. in flüssiges Paraffin von 40—50°, setzt sie kurzen Unterdruck und dann einem Überdruck von mehreren Atmosphären aus, der das Paraffin in die Schale hineintreibt. Derartig behandelte Eier sollen so keimdicht sein, daß man sie sogar in faulenden Flüssigkeiten aufbewahren kann.

Lfde. Nr.	Art der Oberflächenbehandlung	Zahl der Eier	Dauer der Aufbewahrung Monate	Abtrocknung %	Wertzahl	Alterungszahl
1.	Acetylcellulose	19	$7^1/_2$	13,7	46,9	8,4
2.	Oxyäthylcellulose	20	$7^1/_2$	16,9	44,7	8,4
3.	Tylose-Primärfilm, dann Paraffinöl	12	$7^1/_2$	6,9	49,8	9,6
4.	desgl., mit Wenden der Eier	18	$7^1/_2$	7,2	47,0	12,6
5.	wie 3, mit Vorbehandlung der Eier	12	$7^1/_2$	4,9	47,1	11,4
6.	wie 4, mit Vorbehandlung	18	$7^1/_2$	3,9	50,3	9,2
7.	Colloresin-Primärfilm, dann Paraffinöl	12	$7^1/_2$	8,0	49,1	9,3
8.	desgl., mit Wenden der Eier	18	$7^1/_2$	7,7	48,1	9,5
9.	wie 7, mit Vorbehandlung	12	$7^1/_2$	8,9	45,7	9,8
10.	wie 8, mit Wenden der Eier	18	$7^1/_2$	10,3	45,4	8,8
11.	Einreiben mit Thymolvaseline auf der Spitze stehend	25	$7^1/_3$	3,0	51,0	10,7
12.	desgl., unter Wenden gelagert	24	$7^1/_3$	2,8	51,2	10,3
13.	Porenverschluß durch Al-Seife	25	$7^1/_2$	10,2	44,3	10,8
14.	desgl., unter Wenden	25	$7^1/_2$	10,4	46,9	9,7
15.	wie 13 mit Vorbehandlung	58	$7^1/_2$	16,8	43,7	10,5
16.	desgl. statt liegend auf der Spitze gelagert	6	$7^1/_2$	13,1	42,9	11,4
17.	wie 14, mit Vorbehandlung	55	$7^1/_2$	12,7	34,4	18,8
18.	Porenverschluß mit Kalkseife nach Vorbehandlung	29	$8^1/_3$	7,2	48,3	10,2
19.	desgl., mit Wenden der Eier	30	$8^1/_3$	5,5	51,2	10,0
20.	Paraffinöl-Harz in Trichloräthylen nach Vorbehandlung, mit Wenden	58	$7^2/_3$	7,4	49,2	9,6
21.	Harzoleinemulsion in Alkohol auf Tylosefilm	12	$7^1/_3$	8,1	46,0	10,5
22.	desgl., mit Wenden der Eier	18	$7^1/_3$	10,2	44,3	11,3
23.	wie 21, mit Vorbehandlung der Eier	12	$7^1/_3$	8,5	48,6	7,9
24.	wie 22, mit Vorbehandlung	18	$7^1/_3$	10,4	48,8	7,6
25.	wie 21, mit Colloresinfilm	12	$7^1/_3$	11,3	43,8	9,1
26.	wie 22, desgl.	18	$7^1/_3$	11,0	46,9	8,1
27.	wie 23, desgl.	30	$7^1/_3$	10,7	50,4	6,1
28.	wäßriger Olein-Paraffinöl-Emulsion	56	$7^1/_2$	7,3	48,5	9,3
29.	desgl., mit Wenden der Eier	41	$7^1/_2$	6,8	48,8	10,6
30.	wie 28, mit Tylose-Primärfilm	12	$7^1/_2$	2,3	48,1	11,7
31.	wie 29, desgl.	18	$7^1/_2$	1,7	49,2	10,3
32.	wie 28, mit Colloresin-Primärfilm	12	$7^1/_2$	3,8	48,2	11,3
33.	wie 29, desgl.	18	$7^1/_2$	2,8	50,9	9,8
34.	Paraffinemulsion Ramasit K auf Tylose-Primärfilm	12	$7^1/_2$	6,3	46,6	10,6
35.	desgl., mit Wenden	17	$7^1/_2$	5,4	50,4	9,0
36.	wie 34, auf Colloresin-Primärfilm	12	$7^1/_2$	7,4	48,7	9,2
37.	desgl., mit Wenden	18	$7^1/_2$	5,0	49,3	9,2
38.	Paste aus Paraffin in Paraffinöl mit Emulgator und Borsäure	60	$6^1/_3$	1,9	55,2	7,0

[1] KOSSOWICZ, Z. angew. Chem. 1903, **16**, 1215. —

Daß die Überziehung von Eiern auch mit mehr oder weniger desinfizierenden Überzügen im wesentlichen auf einen Porenverschluß und eine dadurch bedingte Verlangsamung der Abtrocknung hinauskommt, zeigt auch eine Reihe von Versuchen von A. JANKE und L. JIRAK[2] mit neuzeitlichen Imprägnierungsmitteln, die wir in der folgenden Tabelle zusammenstellen. Die Aufbewahrung erfolgte bei im Mittel 14° (7—19°) (s. Tab. S. 223).

Die Prüfung der gleich behandelten Eier auf Qualitätsabnahme, ausgedrückt durch Abtrocknungsgrad, Wertzahl und Alterungszahl lieferte das folgende Bild (s. Tab. S. 224).

Hiernach wird die Austrocknung besonders vorteilhaft nach Versuch 38 verhindert und die verhältnismäßig beste Konservierung erreicht. Die Paste wurde aus 300 g Paraffin in 500 g Paraffinöl und 10—30 g eines Emulgators (Emulphor A) bereitet; in der auf 1000 g Gesamtgewicht fehlenden Wassermenge wurde das jeweils verwendete mikrobicide Mittel (Borsäure, Chloramin Heyden oder Nipagin) gelöst.

Mit dieser Paste beim Produzenten behandelte Eier von Leghorn- und Rhodeländer-Hühner zeigten auf der ersten Altersstufe folgende Änderungen:

Alter in Tagen	Zahl der Eier bei jeden Versuch	Farmeier der Rasse Leghorn			Farmeier der Rasse Rhodeländer		
		Abtrocknung in %	Wertzahl	Alterungszahl	Abtrocknung in %	Wertzahl	Alterungszahl
0	6	0	66,5	0	0	65,6	0
8	3	0,33	66,3	0	0,33	66,4	0
16	4	1,47	62,3	1,4	1,05	63,3	0
32	3	2,46	60,8	2,3	1,29	61,5	0,7
40	3	2,23	29,9	2,9	2,09	60,6	2,7

Die Austrocknung der Pasteneier betrug nur rund die Hälfte der unbehandelten Eier. Auch die Alterungszahl ist niedrig.

In einer weiteren Reihe wurden 49 Farmeier ohne Vorreinigung in einem Korb der Firma Eimag täglich um 180° gedreht. Weitere 60 Farmeier wurden mit Soda-Hypochloridlösung gereinigt und entkeimt und dann mit der 5% Borsäure enthaltenen Paste eingerieben. Das Aufbewahrungsergebnis war folgendes:

Alter in Monaten	Pasteneier			Unbehandelte Eier		
	Abtrocknung in %	Wertzahl	Alterungszahl	Abtrocknung in %	Wertzahl	Alterungszahl
1	1,2	61,1	2,0	0	62,8	0
4	7,3	55,5	5,4	0,6	60,2	3,6
5	14,8	49,1	(5,9)[1]	1,1	57,3	5,6
$6^1/_3$	20,5	47,5	(3,1)[1]	1,9	55,2	7,0

Auch mit Zusatz von 3% Chloramin-Heyden statt Borsäure wurde mit $7^1/_2$ Monate aufbewahrte Markteier eine gute Haltbarkeit erzielt. Die Eier waren voll genußfähig und zeigten die Wertzahl 52,7 die Alterungszahl 8,8.

b) Die Aufbewahrung der Eier in desinfizierenden Flüssigkeiten.

Die Aufbewahrung in Flüssigkeiten bietet den Vorteil, daß eine *Austrocknung* der Eier dabei völlig *vermieden* wird. Von den verschiedenen Flüssigkeiten, die vorgeschlagen wurden, haben nur Kalkwasser und *Wasserglaslösung* allgemeine Bedeutung erlangt.

Von sonstigen Vorschlägen seien folgende genannt: *Kochsalzlösung* ist nach STRAUCH ungeeignet, weil sie den Eiern einen stark salzigen Geschmack erteilt und den Eidotter hart werden läßt. Nur für gekochte Eier, sog. *Soleier*, ist ein Einlegen in Kochsalzlösung gebräuchlich. Über Konservierung von Eiern mit *Fluoriden* berichtet M. FRABOT[3]. Die Methode ist aber schon wegen der hohen Giftwirkung der Flußsäure ebensowenig geeignet wie die mit Kieselfluorwasserstoffsäure (Montanin). Nach PRALL gerieten die Eier in 1proz. Montaninlösung bald in Fäulnis, in 5proz. nahmen sie einen unangenehmen Beigeschmack an und das Eiklar wurde rötlich; ferner zersprangen die Eischalen beim Kochen. In 20proz. Montanin-

---

[1] Zur Beurteilung nicht mehr geeignet, weil infolge der Austrocknung wieder Konzentrationszunahme im Dotter eingetreten ist. — [2] JANKE, A. und L. JIRAK: Z. 1935. **69**, 434. [3] FRABOT, M.: Ann. chim. analyt. 1906, **11**, 330.

lösung wurden die Eischalen in drei Tagen weich. Auch ein Bepinseln der Eier mit 20proz. Montaninlösung versagte völlig.

Bei dem von F. Böckmann[1] empfohlenen Einlegen der Eier in *verdünntes Glycerin* (1:1) stellte Prall stets ein Eindringen von Glycerin in das Eiinnere fest. Die Eier nehmen einen *süßlichen Geschmack* an, waren aber für die Kuchenbäckerei auch nach 10 Monaten noch verwendbar. In einer Lösung von *Salicylsäure in verdünntem Alkohol* waren bei einem Versuch von Strauch in 6—8 Monaten 50% der Eier verdorben. A. Saussailow und W. Teletschenko[2] fanden, daß eine 5proz. *Wasserstoffsuperoxydlösung* sich zur Haltbarmachung der Eier gut eignete, doch war die Versuchsdauer anscheinend noch zu kurz. Die gleichen Untersucher hielten auch Eier 3—4 Wochen in einer Kaliumpermanganatlösung, wobei aber nicht nur die Schale sondern auch das Eiklar eine braune Färbung annahmen. Die Eier ließen sich dann noch weitere vier Wochen trocken aufbewahren ohne zu verderben. R. Berger[3] hielt Eier, die in 10proz. Seifenlösungen (ohne Zusatz von Füllmitteln oder Wasserglas, mit sehr geringem Sodaüberschuß) Mitte Juni bis Anfang Juli eingelegt wurden, bis Dezember gut und genießbar, obwohl die Raumtemperatur öfters 21° überschritt und in den ersten beiden Monaten im Durchschnitt 18° betrug. Mit Harzseife überzogene Eier hielten sich weniger gut, besser, wenn sie mit einer Mischung von Harzseife und Wasserglas überzogen waren.

Kalkwasser. Die *Konservierung durch Kalkwasser* ist bis zur Einrichtung der neuzeitlichen Eierkühlhäuser wohl die am häufigsten angewendete Konservierungsart für Eier gewesen. Das Verfahren ist sicher, einfach und mit verhältnismäßig wenig Kosten und Arbeit verbunden. Es hat aber hinsichtlich der Brauchbarkeit der Kalkeier den Nachteil, daß die Schale leicht brüchig wird und beim Kochen platzt; zudem sollen die Eier bisweilen einen laugenhaften Geschmack und eigenartigen Geruch annehmen, was aber Strauch bei seinen Versuchen, bei denen keines der eingelegten Eier verdarb, nicht bestätigen konnte. Ein Nachteil der Kalkeier ist auch, daß das Eiklar nicht mehr gut zum Schnee geschlagen werden kann.

Für die Ausführung des Verfahrens ist zunächst die *Bereitung der Kalklösung* erforderlich. Hierfür besteht eine große Anzahl von Vorschriften. Einige verwenden reine Kalklösung, andere fügen noch Kochsalz hinzu.

Die einfachste Arbeitsweise besteht darin, den gebrannten Kalk mit einem Überschuß von Wasser zu löschen und dann mit Wasser zu einer milchigen Flüssigkeit etwa von der Konsistenz des Rahmes zu verdünnen. Die Eier werden in diese Kalkbrühe gepackt und nur dafür gesorgt, daß die Flüssigkeit alle eingelegten Eier bedeckt. Es ist darauf zu achten, daß die Flüssigkeit nicht zu dick wird, da sonst die Eier am Boden durch Kalkabsetzungen eingekittet werden und dann beim Herausnehmen zerbrechen.

Nach einer andern Vorschrift werden nach Strauch für 100 Eier 3,5 kg frisch gebrannter Kalk, 12,5 g *Kochsalz* und 20 g *Weinsäure* empfohlen. Der Zusatz der Weinsäure, die natürlich schnell in unlösliches Calciumtartrat übergeht, ist hierbei nicht recht verständlich, angeblich soll sie durch Niederschlagung von Calciumtartrat die Eischale gegen Eindringen des Kalkes in das Eiinnere schützen. Eine weitere Vorschrift empfiehlt 1—2 kg gelöschten Kalk mit 20—25 l Wasser zu verrühren, vom Bodensatz abzugießen und eine Handvoll Kochsalz zuzusetzen. Oder es werden 4 Teile gelöschter Kalk mit 20 Teilen Wasser gemischt, eine Woche hindurch täglich umgerührt, am vierten oder fünften Tage mit einem Teil Kochsalz versetzt und dann so in die mit Eiern gefüllten Gefäße gegossen, daß die Flüssigkeit 3—5 cm über den Eiern steht.

J. Andermann[4] hat über die Konservierung *mit Kalk im großen Maßstab* wie sie in Rußland oder Galizien gepflegt wird, wo bis zu 100 000 Schock und mehr Eier auf einmal eingelegt worden sind, folgende Einzelheiten in Erfahrung gebracht:

In einem besonderen Behälter, der mit klarem Wasser gefüllt ist, werden auf 10 Teile Kalk 1 Teil Kochsalz geschüttet, durch häufiges Umrühren durchgemischt und dann 24 Stunden stehen gelassen. Das durch Absetzen sich klärende Kalkwasser wird abgeschöpft und so auf die Eier gegossen, daß es diese um einige Zentimeter überragt. Die kleineren Behälter werden dann einfach zugedeckt, besser aber luftdicht abgeschlossen. Fässer, große Bottiche, Zisternen und Bassins werden mit Mull belegt und darauf der Kalkteig in einer Stärke von 1—2 cm aufgestrichen. Zum Nachfüllen von Kalkwasser wird ein Loch freigelassen. Zur Erleichterung des Einlegens und Herausnehmens der Eier werden an den Innenwänden der vorteilhaft aus Beton gebauten Bassins, die gewöhnlich 1,5—2 m hoch und 2,5—3 m breit gebaut werden,

¹ Böckmann, F.: Neueste Erfindungen und Erfahrungen 1890, **17**, 196. — ²Nach Kossowicz. — ³ Berger, R.: Z. Chem. u. Ind. Kolloide 1910, **6**, 172. — ⁴ Andermann, J.: Das Hühnerei, Berlin.

Laufschienen in Abständen von 30—50 cm eingemauert, in die ein Brett eingeschoben werden kann. Das Fassungsvermögen beträgt für jedes Liter etwa 10 Eier. Zum Einlegen der Eier dienen Siebe mit Geflecht aus großen Maschen. In diese Siebe werden die Eier gelegt, das Ganze in Wasser getaucht und dann das Sieb umgedreht, worauf die herausfallenden Eier langsam zu Boden sinken. Bei der Arbeit werden die Finger durch Gummihandschuhe vor Verätzungen geschützt.

Auch das Entnehmen der Eier aus dem Kalkwasser erfolgt durch Ausschöpfen mit dem Sieb, wobei von Zeit zu Zeit die überstehende Flüssigkeit entsprechend der Entleerung des Behälters von den Eiern abgelassen wird. Die herausgenommenen Eier werden mit klarem Wasser gewässert, dann in mit Stroh ausgebetteten Kisten an der Luft liegen gelassen, bis sie abgetrocknet sind, aber nicht abgerieben.

Zum leichten Einlegen und Herausnehmen der Eier werden auch aus Weiden geflochtene, mit Harz imprägnierte Horden verwendet, die bis zu 300 Eiern fassen. Diese mit den Eiern gefüllten Horden werden in der Flüssigkeit übereinander gestellt und lassen sich dann leicht herausnehmen. Sie sollen die Zahl der Brucheier wesentlich vermindern.

Die Räume, in denen Eier mit Kalk konserviert oder aufbewahrt werden, dürfen keine gärenden Stoffe enthalten, weil die daraus frei werdende Kohlensäure die Kalklösung unwirksam machen kann.

Umstritten ist die *Zweckmäßigkeit des Kochsalzzusatzes* zu dem Kalkwasser. Es soll bei 6% Gehalt an NaCl die Diffusion des Kalkes durch die Eischale verhindern[1], und dadurch einen laugenhaften Geschmack des Kalkeises verhindern. Auch soll die Dichte der Lösung der des Eies dadurch angepaßt werden, so daß die Gefahr eines Knickens der aufeinanderliegenden Eier vermindert ist. Dabei ist jedoch mit folgender Umsetzung zu rechnen:

$$Ca(OH)_2 + NaCl \rightleftarrows Ca \diagup^{OH}_{Cl} + NaOH.$$

Das, wenn auch nur in kleiner Menge freiwerdende *Natriumhydroxyd* dürfte die Konservierungswirkung der Lauge vielleicht etwas erhöhen, was an sich unnötig ist, andererseits aber in das Ei eindringen und noch mehr als Kalkwasser allein Geruchs- und Geschmacksverschlechterungen des Eiinhaltes herbeiführen können. Der Zusatz wirkt, wie J. MILLER[2] ausführt, auch insofern schädlich, als Kochsalz die Bildung einer Schutzdecke aus Calciumcarbonat an der Oberfläche der Flüssigkeit stark beeinträchtigt und damit zu einer vorzeitigen Erschöpfung, besonders dünner Kalklösungen durch Kohlendioxyd aus der Luft Veranlassung geben kann.

Von anderen Abänderungen ist nach STRAUCH noch empfohlen worden, die Eier *mit Butter einzureiben*, wodurch die Durchtränkung der Eischale durch Kalkwasser verzögert und gleichzeitig eine Schutzschicht aus Kalkseife gebildet werden soll. Auch ein Einlegen der Eier in *Eisenvitriollösung und Kalkwasser* ist empfohlen worden.

Das viel gebrauchte Eierkonservierungsmittel *Garantol*, dessen Grundlage auf Untersuchungen von UTESCHER[3] beruhen soll, besteht nach A. BEYTHIEN[4] und E. DINSLAGE[5] aus unreinem, pulverisierten gelöschten Kalk,

Art der Behandlung	Gewicht des Eies vor und nach der Konservierung		Spezifisches Gewicht bei 15° vor und nach der Konservierung		Eiklar				Calciumoxyd		
	vor g	nach g	vor g	nach g	Gewicht g	Wasser-gehalt %	Asche %	Asche in der Trockensubstanz %	Im Eiklar %	In der Ei-klartrockensubstanz %	In der Asche des Eiklars %
Frisches, nicht konserviertes Ei	50,12	—	1,0751	—	33,54	86,55	0,490	3,64	0,009	0,066	1,83
24 Stunden in Kalkmilch	55,32	59,56	1,0764	1,0843	34,89	86,19	0,505	3,66	0,010	0,074	2,03
13 Monate in Kalkmilch	58,89	57,44	1,0754	1,0482	26,69	85,63	0,441	3,07	0,054	0,375	12,21
35 „ „ „	52,23	50,24	1,0703	1,0368	13,75	85,77	0,326	2,30	0,050	0,349	15,21
Gekalktes Marktei	—	44,41	—	1,467	17,61	86,08	0,660	4,68	0,047	0,352	8,25

---

[1] Vgl. HAGERS Handbuch der Pharm. Praxis 1902, 546. — [2] MILLER, J.: Analyst. 1927, **52**, 457. — [3] Vgl. die DRP. 75671, 119574 und 178343. — [4] BEYTHIEN, A.: Z. 1906, **12**, 468. — [5] DINSLAGE, E.: Pharm. Ztg. 1910, **55**, 971.

dem etwas *Ferrosulfat* zugesetzt worden ist, das aber bald in Eisenhydroxyd übergeht. Sie fanden darin:

Untersucher	CaO %	MgO %	$Fe_2O_3 + Al_2O_3$ %	SO_3 %	CO_2 %	SiO_2 %	Sand %	Wasser %	Äther-auszug %
Beythien . .	63,05	1,17	3,92	4,10	0,82	0,61	—	26,38	0,08
Dinslage . .	68,20	0,91	1,40	2,58	1,16	0,63	0,13	24,74	—

Auch M. Mansfeld[1] stellte fest, daß Garantol unreiner gelöschter Kalk mit ziemlich viel Unlöslichem, bestehend aus Sand, Gips, Eisenoxyd usw. ist.

Von diesem Garantol werden 100 g auf 10 l Wasser verwendet. Das den Paketen beigegebene, zum Verbinden der Gläser bestimmte *Anticarbonatpapier* war ein paraffiniertes, Papier. Statt dessen hat sich nach Prall ein Überschichten des Kalkwassers mit Olivenöl oder besser Paraffinöl bewährt.

Über den *Einfluß der Kalkmilch auf die Zusammensetzung* des Eies nach verschiedenlanger Einwirkung teilt J. Rözsenyi[2] folgende Zahlen mit (s. Tab. S. 127).

Über den *Rückgang der Lecithin-Phosphorsäure* im Kalkei vgl. S. 193.

Sehr rasch sinkt nach P. Weinstein[3] die Gefrierpunktsdifferenz zwischen Eidotter und Eiklar (vgl. S. 194) nach dem Einlegen in Kalk und Garantollösung. Bereits in vier Wochen lag der (100fache) Wert dieser Differenz beim Kalkei unter 10; er sank für ein Ei, in Garantol konserviert und dann an der Luft gelagert in acht Wochen auf 5,7.

K. Braunsdorf und W. Reidemeister[4] fanden für Garantol- und Kalkeier folgende Werte für Eigewicht unter Wasser, spez. Gewicht und Gefrierpunktsdifferenz zwischen Dotter mit physiol. Kochsalzlösung (2 + 1) und Weißei (100fache Werte):

Lfde. Nr.	Dauer und Art der Konservierung	Eigewicht g	Eigewicht unter Wasser g	Spez. Gewicht g	Gefrierpunkt von Weißei Celsiusgrade	Eidotter (2 + 1) Celsiusgrade	Gefrierpunkts-differenz Celsiusgrade
1.	4 Wochen in Garantol . .	50,5	5,0	1,110	46,0	55,0	9,0
2.		48,55	4,0	1,100	47,5	55,0	7,5
3.		44,25	4,2	1,105	45,5	55,3	9,8
	Mittel (1—3):	**47,8**	**4,4**	**1,105**	**46,3**	**55,1**	**8,8**
4.	8 Wochen in Garantol . .	52,8	5,2	1,109	47,0	54,0	7,0
5.		48,0	5,0	1,116	47,2	55,0	7,8
6.		49,9	5,0	1,111	45,6	55,0	9,4
	Mittel (4—6):	**50,2**	**5,1**	**1,112**	**46,6**	**54,7**	**8,1**
7.	12 Wochen in Garantol . .	53,2	5,2	1,108	49,0	56,0	7,0
8.		46,25	4,6	1,110	47,0	56,0	9,0
9.		43,9	4,15	1,104	47,5	53,3	5,8
	Mittel (7—9):	**47,8**	**4,7**	**1,107**	**47,8**	**55,1**	**7,3**
10.	Etwa $1^3/_4$ Jahr in Kalk . .	53,4	5,3	1,110	49,8	53,0	3,2
11.		59,35	5,3	1,098	49,8	52,2	2,4
12.		53,85	4,6	1,093	48,0	52,3	4,3
13.		60,35	6,0	1,110	49,5	51,0	1,5
	Mittel (10—13):	**56,7**	**5,2**	**1,103**	**49,3**	**52,1**	**2,8**

Bei Versuchen von A. Janke und L. Jirak[5] betrug die Austrocknung bei 5—10 Monate alten Garantoleiern 0%. An *anorganischem Phosphor* (vgl. S. 192) fanden sie im Weißei 1,95—2,5 mg-%.

[1] Mansfeld, M.: Ber. d. Unters.-Anst. des allgem. österr. Apotheker-Vereins 1913—1915, **26**; Z. 1916, **32**, 272. — [2] Rözsenyi, J.: Chem.-Ztg. 1904, **28**, 621. — [3] Weinstein, P.: Z. 1933, **66**, 48. — [4] Braunsdorf, K. und W. Reidemeister: Z. 1934, **68**, 59. — [5] Janke, A. und L. Jirak: Biochem. Z. 1934, **271**, 309.

JANKE und JIRAK[1] untersuchten weiter die Kalk- und Garantoleier auf ihre Beschaffenheit bzw. Frische nach der Konservierung. Die Kalkeier waren zum Teil mit *Ramasit K*, einem mit Wasser 1:5 emulgierten Paraffinpräparat der I. G. Farbenindustrie (die Garantoleier auch mit einer Wachslösung) behandelt.

Lfde. Nr.	Gegenstand	Art der Oberflächenbehandlung	Dauer der Konservierung Monate	Zahl der untersuchten Eier	Wertzahl	Alterungszahl
	A. *Kalkeier*.					
1.	Leghorneier . . .	keine	9	5	56,4	7,1
2.	desgl.	mit Ramasit K	9	6	54,0	8,1
3.	Eier verschiedener Hühnerrassen .	keine	8	3	53,8	7,6
4.	desgl.	mit Ramasit K	9	2	53,4	8,6
	B. *Garantoleier*.					
5.	Leghorneier . . .	keine	$9^1/_2$	5	52,9	8,8
6.	desgl.	mit Bienenwachs in alkoh.-äther. Lsg.	$9^1/_2$	5	49,1	12,9
7.	desgl.	keine	$10^1/_2$	—	49,3	12,2
8.	Rhodeländereier .	keine	$10^1/_2$	5	47,4	14,1
9.	desgl.	mit Bienenwachs in Benzin	$10^1/_2$	5	50,2	9,9

Bei den *Kalkeiern* hatte somit Ramasitbehandlung die Alterung nicht verlangsamt. Beim Öffnen der Eier war der Dotter meist flach und das Eiklar ohne Schichtenbildung. Der Geruch war nicht unangenehm, und das Eiklar ließ sich noch gut zu Schnee schlagen. Doch wiesen die Eier und Speisen daraus einen unangenehmen Kalkgeschmack auf.

Auch die *Garantoleier* wiesen diesen Geschmack auf, von 28 derselben außerdem zwei einen schlechten Geruch. Die Überziehung mit Bienenwachs wirkte, besonders in alkoholisch ätherischer Lösung aufgetragen, eher ungünstig.

Wasserglaslösung. Das Einlegen der Eier in Wasserglaslösung hat sich für kleinere Mengen gut bewährt. Das Verfahren ist für den Haushalt besonders deswegen geeignet, weil es einfach ausführbar ist, nur mäßige Kosten (etwas höhere als beim Einlegen in Kalkwasser) verursacht und die Eier vorzüglich konserviert. Besser als bei Kalkeiern läßt sich das Eiklar der Wasserglaseier zu Schnee schlagen. Nur beim Kochen der Eier ist, um ein Platzen zu verhindern, jedes Ei am stumpfen Pol mit einer starken Nadel vorsichtig anzubohren, weil durch das Wasserglas die Poren verkleben und die eingeschlossene Luft nicht entweichen lassen.

Für die Ausführung des Verfahrens verdünnt man die käufliche 33—35proz. Natronwasserglaslösung, die etwa die Dichte 1,34 besitzt, mit der 10fachen Menge — zweckmäßig abgekochten — Wassers und mischt gründlich durch. Mit dieser Mischung übergießt man in einem Steintopf die Eier, bis sie bedeckt sind, und bewahrt das Gefäß auf. Bei längerer Aufbewahrung erstarrt die Wasserglaslösung oft durch Kohlensäureaufnahme aus der Luft zu einer Gallerte, was aber der Haltbarkeit der Eier an sich keinen Abbruch tut, wenn man etwa entstandene Risse mit neuer Lösung nachfüllt.

STRAUCH erzielte mit der Wasserglaskonservierung die besten Ergebnisse. Nach achtmonatiger Aufbewahrung war ein aus den Eiern hergestelltes Rührei von solchem aus frischem Ei nicht zu unterscheiden. Auch VOSSELER, PRALL und BUJARD berichten über günstige Erfahrungen damit, die wir nach eigenen Beobachtungen ebenfalls bestätigen können. Nach A. BENCKE[2] hat man Eier in Wasserglas vier Jahre aufbewahrt, wobei nur das Eiklar eine rötliche Farbe annahm.

Für die *Auswahl der Eier* zur Wasserglaskonservierung gelten zunächst ähnliche Grundregeln wie für die Eierkonservierung überhaupt (vgl. S. 212). G. H. LAMSON[3] verlangt die Eier 24 Stunden nach dem Legen in Wasserglas einzulegen und vorwiegend im April, Mai und Anfang Juni gelegte Eier zu verwenden. Nach meinen Versuchen halten sich aber auch noch über acht Tage alte, sonst einwandfreie Eier bei der Wasserglaskonservierung.

---

[1] JANKE, A. und L. JIRAK: Z. 1935, **69**, 441. — [2] BENCKE, A.: Pharm. Zentralhalle 1921, **62**, 345. — [3] LAMSON, G. H.: Storrs Agric. Exper. Station. Bull. **67**, 269; Z. 1913, **26**, 358.

Einige ungünstige Erfahrungen mit Wasserglas mögen durch eine *unrichtige Zusammensetzung* des Konservierungsmittels bedingt gewesen sein. Zwar ist es gleichgültig, wie A. Hasterlik[1] zeigt, ob das Wasserglas aus Natriumsulfat und Kieselsäure durch Zusammenschmelzen mit Kohle oder aus Natriumcarbonat und Kieselsäure gewonnen wurde, nicht aber das *Verhältnis von Alkali zu Kieselsäure*. Beim Einlegen der Eier in Wasserglas mit zu hohem Alkaligehalt färbt sich das Eiklar nach J. M. Bartlett[2] gelb und geht dann in eine harte gelbbraune Gallerte über, wie auch H. Mohler und H. Büeler[3] bestätigen.

Bartlett erhielt mit einem Wasserglas, das 24,2% SiO_2 und 8,89% Na_2O enthielt, gute Ergebnisse, A. E. Evéquoz und E. P. Häussler[4], wenn das Wasserglas bei einem spezifischen Gewicht von 1,361 an SiO_2 36,07 an Na_2O 10,25% enthielt. G. Bucher[5] fordert, daß das Wasserglas sich der Zusammensetzung des Natriumtetrasilicates (mit 20,5% Na_2O) nähert und nur wenig Trisilicat (mit 25,6% Na_2O) enthält. Nach Hasterlik wird ein geeignetes Wasserglas beim Vermischen mit dem gleichen Gewichte Weingeist körnig, nicht schmierig gefällt und liefert ein nicht oder nur schwach alkalisch reagierendes Filtrat. Auch Mischungen von $1/3$ Kali- und $2/3$ Natronwasserglas werden zur Eikonservierung verwendet.

Ein solches Wasserglas dringt nach R. Berger[6] sowie nach R. Strohecker, R. Vaubel und K. Breitwieser[7] als Kolloid auch nicht durch die Eihaut und kann daher dem Eiinhalt nicht schaden. Der Kieselsäuregehalt der *Eischale* steigt aber nach Letzteren stark an:

Bestandteil	Dauer der Wasserglasbehandlung				
	Unbehandelt (3 Versuche)	6 Tage	12 Tage	18 Tage	24 Tage
In der Schale Wasser (%)	1,10—3,67	10,60	8,87	6,24	9,30
SiO_2 in der Trockensubstanz mg %	5,68—8,51	171,7	180,8	257,3	315,0

Andererseits ist die schwach alkalische Reaktion dieser Lösung zur Konservierung wohl notwendig, da sich nach Berger Eier in neutralisierter Wasserglaslösung als nicht haltbar erwiesen. C. Aufsberg[8] will die Eier durch Überziehen mit Magnesium- und Calciumcarbonat nach besonderer Behandlung gegen das Eindringen von Wasserglas schützen, Kossowicz durch Umhüllen mit Vaseline oder Schweinefett vor dem Einlegen, Mittel, die aber bei Verwendung von alkaliarmen Wasserglas überflüssig erscheinen.

E. Grenard[9] hat zur Konservierung von Eiern einen Aufguß von *Natriumsilicatlösung in verdünnter Säure*, gegebenenfalls unter Zusatz von Natriumphosphat und Zucker, vorgeschlagen. Der Aufguß erstarrt bald zu einer Gallerthülle. — Das Verfahren hat aber bisher keine praktische Anwendung gefunden.

Eine weitere Abänderung der Wasserglaskonservierung gibt J. Podhradský[10] an. Er legt die frischen Eier zunächst 14—21 Tage in Wasserglas (1:10) nimmt sie dann heraus, wäscht gut ab, trocknet und lagert die Eier in Eierversandschachteln 4—7 Monate im Keller. Bei dieser Behandlung blieben die Farbe der Eier und die Schaumbildungsfähigkeit fast unverändert; letztere war bedeutend größer als bei Kalkeiern. Die Haltbarkeit lag zwischen 90—98%.

In *vergleichenden Versuchen* über Eikonservierung mit Wasserglas, Garantol und Kalkwasser an insgesamt 122 000 Eiern fand R. Römer[11]:

	Mit Wasserglas	Garantol	Kalkwasser
Zahl der Eier	76 000	14 000	32 000
Konservierungsdauer . . .	April/Mai bis November/Januar	Mai bis Dezember	Mai/Juni bis November/Dezemb.
Verdorbene Eier	622 = 0,81%	4,25 = 3,03%	1938 = 6,06%
Knickeier	2396 = 3,15%	194 = 1,39%	269 = 0,84%
Gesamtabgang	3,96%	4,42%	6,90%

[1] Hasterlik, A.: Pharm. Zentralh. 1917, **58**, 265. — [2] Bartlett, J. M.: Chem.-Ztg. 1912, **36**, 1311. — [3] Mohler, H. und H. Büeler: Mitt. Lebensmittelunters. u. Hyg. 1931, **22**, 375. — [4] Evéquoz, A. E. und E. P. Häussler: Z. 1913, **25**, 96. — [5] Bucher, G.: Bayr. Ind. Gewerbeblatt 1917, **102**, 118. Nach Mohler und Büeler. — [6] Berger, R.: Z. Chem. u. Ind. Kolloide 1900, **6**, 172. — [7] Strohecker, R., R. Vaubel und K. Breitwieser: Z. 1935, **70**, 351. — [8] Aufsberg, C.: D.R.P. 128 501. — [9] Grenard, E.: Patentblatt 1906, **27**, 2057. — [10] Podhradský. J.: Arch. Geflügelk. 1928, **2**, 34. — [11] Römer, R.: Dtsche. landw. Geflügelztg. 1924, **27**, 555.

Die Verdorbenheitsprüfung erfolgte mittels Durchleuchtung. Trotz der auffällig hohen Zahl der Knickeier bei der Wasserglaskonservierung, die durch geeignete Maßnahmen (Verhinderung des Einkittens) vermeidbar erscheint, ist der Gesamtabgang bei der Wasserglaskonservierung noch am kleinsten und beträgt, bezogen auf eigentlich „verdorbene" Eier, nur einen Bruchteil des entsprechenden Anteils bei den anderen Behandlungsweisen.

Nach Befunden von M. KNORR und F. LIPPERT[1] werden durch Kalk, Garantol oder Wasserglas Keime von B. enteritidis BRESLAU und GÄRTNER auch nach fünf Wochen nicht sicher vernichtet; bei trocken infizierten Eiern wurde eine Stunde nach der Infizierung die Infektion in 6,5% der Fälle nicht mehr beseitigt.

Gefrierpunktsdifferenz bei Wasserglaseiern. Die hundertfache Gefrierpunktsdifferenz zwischen Eidotter und Eiklar fand P. WEINSTEIN[2] bei einem Wasserglasei acht Wochen nach dem Einlegen zu 6,5.

Die 100fache Gefrierpunktsdifferenz ferner auch das Eigewicht unter Wasser, das spezifische Gewicht und den Gefrierpunkt nach WEINSTEIN (vgl. S. 194) erhielten K. BRAUNSDORF und W. REIDEMEISTER[3] für Wasserglaseier wie folgt:

Gefrierpunktsdifferenz bei Wasserglaseiern.

Lfde. Nr.	Dauer der Konservierung	Eigewicht g	Eigewicht unter Wasser g	Spez. Gewicht	Gefrierpunkt (100 fach) Weißei	Gefrierpunkt (100 fach) Eidotter (2 + 1)	Gefrierpunktsdifferenz
1.	4 Wochen	53,4	5,2	1,108	46,7	55,0	8,3
2.	4 ,, ...	49,95	4,4	1,097	48,0	55,0	7,0
3.	4 ,, ...	45,55	4,25	1,103	48,2	55,0	6,8
	Mittel (1—3):	**49,6**	**4,6**	**1,103**	**47,6**	**55,0**	**7,4**
4.	8 Wochen	48,0	4,0	1,091	49,0	55,8	6,8
5.	8 ,, ...	45,7	3,8	1,091	48,0	55,5	7,5
6.	8 ,, ...	50,6	4,85	1,106	47,0	55,0	8,0
	Mittel (4—6):	**48,1**	**4,2**	**1,096**	**48,0**	**55,5**	**7,5**
7.	12 Wochen	46,85	4,0	1,093	47,2	53,5	6,3
8.	12 ,, ...	51,05	4,8	1,104	49,2	54,2	5,0
9.	12 ,, ...	45,95	4,3	1,103	48,2	54,0	5,8
10.	12 ,, ...	46,25	3,95	1,093	49,2	54,0	4,8
	Mittel (7—10):	**47,5**	**4,3**	**1,098**	**48,5**	**53,9**	**5,4**

An *Alterungskennzahlen* fanden A. JANKE[4] und L. JIRAK (vgl. S. 196) für 4—10 Monate alte Wasserglaseier:

Wertzahl	Alterungszahl	Anorganischer Phosphor des Eiklars[5] mg %	Austrocknung in %
50,9—57,6	6,2—12,1	3,10—5,50	0,0

In weiteren Versuchen reinigten JANKE und JIRAK[6] die Eier in einem Bade von 190 g Schmierseife, 75 g wasserhaltiger Soda in 2,5 l Wasser, brachten sie zur Entkeimung zehn Minuten in eine 1proz. Formaldehydlösung und trockneten an der Luft. Dann wurden die Eier in eine Wasserglaslösung von 10° Bé eingelegt und mit Paraffinöl überschichtet. Ein Teil der Eier war mit Vaseline oder Thymolvaseline eingerieben worden.

In einem zweiten Versuch wurden die Eier eine halbe Stunde mit 2,5proz. Sodalösung gereinigt, dann mit Wasser gewaschen und durch Einlegen in wässerige Benzoësäurelösung entkeimt.

---

[1] KNORR, M. und F. LIPPERT: Arch. Hyg. Bakteriol. 1936, **115**, 260; C. 1936, II, 205. — [2] WEINSTEIN, P.: Z. 1931, **66**, 48. — [3] BRAUNSDORF, K. und W. REIDE MEISTER: Z. 1934, **68**, 59. — [4] JANKE, A. und L. JIRAK: Biochem. Z. 1934, **271**, 309. — [5] Vielleicht durch übergetretene Kieselsäure etwas erhöht. — [6] JANKE und JIRAK: Z. 1935, **69**, 440.

Das Konservierungsergebnis war folgendes:

Lfde. Nr.	Oberflächenbehandlung	Zahl der untersuchten Eier	Dauer der Konservierung Monate	Wertzahl	Alterungszahl
	1. Versuch: Reihe I: Leghorneier.				
1.	Keine	4	11	51,1	10,4
2.	Mit Vaseline.	4	11	52,7	9,5
3.	„ Thymolvaseline . . .	4	11	51,3	10,7
	Reihe II: Rhodeländereier.				
4.	Keine	3	11	51,7	10,5
5.	Mit Vaseline	4	11	51,2	11,9
6.	„ Thymolvaseline . . .	4	$7^1/_3$	56,2	6,0
	2. Versuch: Reihe I: Leghorneier.				
7.	Keine	—	11	50,5	11,9
	Reihe II: Rhodeländereier.				
8.	Keine	—	10	54,2	8,8
9.	Mit Vaseline	—	10	54,4	8,6

Die hohen Alterungszahlen deuten auf starke Veränderungen im Eiinnern hin. Doch war mit Ausnahme eines verdorbenen Eies der Geschmack noch befriedigend. Bei hartgekochten Eiern störte rosa Verfärbung des Eiklars.

3. Dosenkonservierung von Eiern.

Diese neue Art der Eierkonservierung besteht in einer kombinierten Anwendung der Dosensterilisierung und dem Zusatze von Konservierungsmitteln. Das Verfahren wird nach H. Ohler[1] von der Firma Haley Canning Co. in Hillsboro in Oregon ausgeführt. Die Eier werden in der Dose mit Wasser übergossen, dem je Dose 1 g Benzoësäure, 30 g Kochsalz und 1 g Weinsäure zugesetzt sind. Dann wird 30 Minuten bei 85° erhitzt. Die so haltbargemachten Eier sollen besonders in Konditoreigewerbe zur Herstellung von Mürbeteig dienen.

4. Haltbarmachung des Inhaltes aufgeschlagener Eier.

Die durch die Zerbrechlichkeit der Eier bedingten Erschwernisse im Eierhandel, die damit verbundenen hohen Aufwendungen für Arbeitslöhne, Packmaterial und Transportkosten haben zu mancherlei Versuchen geführt die Inhalte der einzelnen Eier von den Schalen zu trennen und nach Vereinigung für sich in eine transportierbare und genügend haltbare Form zu bringen. Besonders für weite Transporte, wie für die Hinüberschaffung des in China vorhandenen starken Eierüberschusses in die Verbrauchsländer Europas und Amerikas ist eine befriedigende Lösung dieser Aufgabe von großer Bedeutung geworden. Zu überwinden waren dabei allerdings nicht geringe technische Schwierigkeiten. Diese sind dadurch bedingt, daß beim Öffnen des Eis zur Herausnahme seines Inhaltes die natürliche Anordnung der Teile und damit der natürliche Schutz gegen Infektion durch fremde Keime fast vernichtet wird. Insbesondere wird dann die ungemein empfindliche und leicht zersetzliche Dottermasse nicht mehr durch das schützende baktericide Eiklar umhüllt und muß baldigem Verderben anheimfallen, wenn diese Störungen nicht durch künstliche Mittel aufgehalten werden.

Die verschiedenen zur Haltbarmachung des von den Schalen getrennten Eiinhaltes dienenden technischen Maßnahmen und Behandlungen lassen sich in drei Gruppen einteilen:

---

[1] Ohler, H.: Dtsche. landw. Geflügelztg. 1932, **35**, 782.

1. Zusatz chemischer Konservierungsmittel. 2. Gefrierenlassen. 3. Trocknung.

Eine Hitzesterilisierung des Eiinhaltes, wie sie bei Fleisch und Milch von größter Bedeutung ist, etwa ein Einkochen in Konservendosen, hat sich bisher nicht eingebürgert. Eine solche Konservierung erscheint zwar an sich durchaus als möglich, kann aber notwendigerweise nur zu stark physikalisch veränderten, d.h. geronnenen Produkten führen, die, obwohl an Nährwert fast gleichwertig, äußerlich als minderwertig erscheinen und auch im Geschmack nicht dem beliebten weichgekochten sondern dem weniger geschätzten hartgekochten Ei entsprechen würden (vgl. oben). Über Dosensterilisierung ganzer Eier (vgl. S. 232).

a) Konservierung durch chemische Konservierungsmittel.

Um festzustellen, welche Konservierungsmittel überhaupt geeignet sind den Eiinhalt in einem für den Gebrauch geeigneten Zustand zu erhalten oder seinen Transport etwa in Fässern, sei es auch nur für die Trockeneiherstellung zu ermöglichen, hat G. EICHELBAUM[1] mit verschiedenen chemischen Stoffen folgendes gefunden:

Bei *Toluol* und *Chloroform* lassen sich Geruch und Geschmack danach aus dem Ei nicht wieder beseitigen. *Senföl* ruft starken Mercaptangeruch hervor und macht dadurch die Eimasse ungenießbar. *Salzsäure* verhindert auch bei 0,5% Zusatz noch nicht Fäulnis und Schimmelbildung, 0,65% *Essigsäure* schalten zwar die Fäulnis aus, bewirken aber starke Gerinnung und sauren Geschmack. Bei Zusatz von 1,75% *Natriumbenzoat* trat nach 8—9 Tagen Zersetzung und Fäulnis ein. 1—2% *Salicylsäure* schließen zwar Fäulnis aus, verändern aber Farbe und Geruch ungünstig. Von *Borsäure* ließen 1—2% bei zwölftägigem Verweilen im Brutschrank noch keine Fäulnis erkennen. Durch innerliche Eingabe von Urotropin (Hexamethyleutetramin an Hennen hat man in Amerika versucht die Haltbarkeit der von diesen dann gelegten Eiern zu erhöhen. Von H. HEUSER[2] wird bei gleichzeitigen Zuckerzusatz Natriumhypophosphit (0,1—0,25%) als nichtgiftiger (?) Konservierungszusatz vorgeschlagen.

Im Handel befindet sich hauptsächlich *flüssiges Eigelb*, das bei der Albumingewinnung (vgl. S. 244) aus frischen Eiern als Nebenprodukt abfällt. Besonders die aus China bei uns eingeführten Eigelbmengen sind in manchen Jahren beträchtliche gewesen. Nach Handelsnachrichten[3] wurde das flüssige Eigelb anfangs nur in der Gerberei und Handschuhlederindustrie verwendet. Es war hierzu mit Borsäure und Seesalz konserviert. In der Folgezeit nahm die *Margarineindustrie* große Mengen des flüssigen Eigelbs dem Handel ab, nachdem sich gezeigt hatte, daß die Margarine durch Zusatz von Eigelb die unangenehme Eigenschaft des sog. „Spratzens" in der Pfanne verliert und sich beim Erhitzen ähnlich wie Butter schön bräunen läßt. Der wirksame Stoff hierbei ist das *Lecithin*, wie denn auch heute der gleiche Effekt durch das wohlfeilere Sojabohnenlecithin erreicht wird.

Auch dieses flüssige Eigelb für Margarine war anfangs mit Kochsalz und Borsäure konserviert. Bald setzten jedoch in den verschiedenen Gebrauchsländern Gesetzesmaßnahmen gegen die *Verwendung der gesundheitlich bedenklichen Borsäure* bei einem so allgemein gebräuchlichen Nahrungsmittel, wie es die Margarine darstellt, ein, die zu einem Ersatz der Borsäure durch Benzoesäure und benzoesaures Natrium führten. Versuche das Kochsalz völlig auszuschalten gelangen nur mit Borsäure oder dem noch bedenklicheren[4] Zusatz von Kieselfluornatrium, mit dem das Eigelb versetzt und in verlöteten Blechkanistern nach Europa eingeführt wurde. Hier versuchte man dann durch Zusatz von Calciumchlorid die Flußsäure in unlösliches Calciumfluorid umzusetzen und damit unschädlich zu machen. In Deutschland ist diese Methode zur Eigelbkonservierung unstatthaft und neben Kochsalz für flüssiges Eigelb schlechthin nur ein Zusatz von 1% Benzoesäure oder 1,20% benzoesaurem Natrium oder 0,80% Ester (Paraoxybenzoesäureaethyl- und Propylester, auch in Form der Natriumverbindungen sowie in Mischungen untereinander) erlaubt (vgl. S. 292).

Bei der außerordentlich großen Nachfrage nach Speiseeigelb für die Margarineindustrie bildete sich ein weiterer Mißstand dadurch aus, daß der Handel auch von unzuverlässigen, einheimischen Erzeugern in China Waren aufnahm, was zu großen Preisunterschieden zwischen sog. Europäerware aus in China ansässigen Europahäusern und Chinesenproduktion

---

[1] EICHELBAUM, G.: Biochem.Z. 1916, **74**, 176. — [2] HEUSER, H.: Amer. Patent 1 900 444; C. 1933, I, 3379. — [3] Vgl. Dtsche. landw. Geflügelztg. 1932, **36**, 142.

[4] Fluorverbindungen bewirken nach M. C. SMITH (Amer. J. publ. Health 1935, **25**, 696) u.a. schon in sehr kleinen Mengen unheilbare Schädigungen des Zahnschmelzes. Mit Trinkwasser, das auch nur 1 mg Fluor im Liter enthielt, traten solche Schäden ein.

Zusammensetzung von flüssigem Eigelb des Handels.

Lfde. Nr.	Nähere Bezeichnung	Zeit der Unter-suchung	In der natürlichen Substanz					In der Trocken-substanz		Untersucht von
			Wasser %	Stickstoff-substanz %	Fett %	NaCl %	Asche %	Stickstoff-substanz %	Fett %	
1.	Speiseeigelb des Handels	1904	49,73	—	27,50	—	2,20	—	45,6	A. Juckenack und R. Pasternack[1]
2.	desgl.	1904	46,58	—	24,62	—	2,14	—	47,5	
3.	desgl.	1904	46,05	—	23,44	—	2,31	—	43,4	
4.	Eigelb für Margarinefabrikation mit Borsäure	1908	48,50	17,72	30,65 Chloro-form-auszug	3,44	—	34,4	59,5	A. Schoonjans[2]
5.	Gesalzenes Eigelb	1902	52,20	11,13	22,75	—	11,98	23,3	47,6	A. Reinsch und F. Bolm[3]
6.	Enteneier, gesalzene	1902	68,00	12,00	9,24	9,57	4,04	37,5	28,9	M. Greshoff, J. Sack und J. J. van Eck[4]

Gesamtphosphorsäure und Lecithinphosphorsäure in flüssigen Eikonserven.

Lfde. Nr.	Nähere Bezeichnung	Zeit der Unter-suchung	In der natürlichen Substanz					In der Trockensubstanz				Untersucht von
			Wasser %	Fett- %	Ge-samt-P_2O_5 %	Äther-lösliche P_2O_5 %	Al-kohol-lösliche P_2O_5 %	Fett %	Gesamt-P_2O_5 %	Leci-thin-P_2O_5 %	P_2O_5 al-kohol-löslich %	
1.	Speiseeigelb des Handels (enthält Bor-säure)	1904	49,73	27,50	1,32	0,351	0,801	54,7	2,62	0,698	1,593	A. Juckenack und R. Pasternack[1]
2.	desgl.	1904	46,58	24,65	1,29	0,283	0,843	52,8	2,77	0,608	1,809	
3.	desgl.	1904	46,05	23,44	1,22	0,242	0,782	50,9	2,65	0,535	1,697	
4.	Frischer Eiinhalt	1928	73,4	—	—	—	0,319	—	—	—	1,20	H. Kreis[5]

[1] Juckenack, A. und R. Pasternack: **Z.** 1904, **8**, 94.

[2] Schonjans, A.: Bull. Soc. Chim. Belg. 1928, **22**, 119; **Z.** 1911, **21**, 625. Die Probe enthielt ferner Natriumchlorid 0,38, Phosphorsäure (P_2O_5) 1,48, Borsäure 2,21%. Freies Ammoniak, Schwefelwasserstoff und Indol waren nicht nachweisbar. Das Fett zeigte Refraktiometerzahl bei 40° 58,3, Reichert-Meißelsche Zahl 2,19.

[3] Reinsch, A. und F. Bolm: Jahresber. chem. Untersuchungsamtes Altona 1902, S. 23. — [4] Greshoff, M., J. Sack und J. J. van Eck: Nach Analysen des Kolonial-Museums zu Haarlem. — [5] Kreis, H.: Jahresbericht über die Lebensmittelkontrolle in Kanton Basel-Stadt 1928; **Z.** 1929, **5**, 252. —

führte, denen dann starke Preisunterbietungen und in Verbindung damit qualitative Verschlechterung der Ware folgten. Als Bewertungsmittel dienten vielfach nur der Wasser- und Salzgehalt ohne Rücksicht auf Güte und Sauberkeit. Der schon in China einsetzenden Verschlechterung folgten weitere Streckungen und Verfälschungen in Europa. Als dann seitens der Majonnaisehersteller besonders helle und doch ölreiche Ware angefordert wurde, kam es auch zu Zusätzen von Pflanzenölen, auch von Eieröl, Pflanzenlecithin und Verdickungsmitteln.

Für bestimmte Zwecke pflegt man Eigelb noch auf andere Weise, allerdings nur in kleinem Maßstab, haltbar zu machen, so bei Eigelb für Eierlikör durch Zusatz von 5—8% Alkohol. Auch Glycerin ist zur Eigelbkonservierung benutzt worden.

Erhebliche Mengen flüssiges Eigelb verbraucht die Gerberei als Emulgierungs- und Fettungsmittel. Über die Vorzüge einer solchen Lederfettung mit Eigelb vgl. H. GARTENBERG[1], über die Zusammensetzung von solchem Eigelb: J. PAESSLER[2] und L. VIGNON und L. MEUNIER[3] (s. Tab. S. 234).

Die *Zusammensetzung* von zur Herstellung von flüssigem Ei und Gefrierei dienenden, *handelsmäßig aufgeschlagenen* Eiern stellten L. C. MITCHELL, S. ALFEND und F. J. McNAIL[4] an 74 Proben fest und fanden:

Gegenstand		In der natürlichen Substanz					In der Trockensubstanz			
		Trockensubstanz %	Fett %	Gesamt-Stickstoff %	Wasserlöslicher Stickstoff %	P_2O_5 %	Fett %	Gesamt-Stickstoff %	Wasserlöslicher Stickstoff %	P_2O_5 %
Weißei	Mittel	**12,34**	—	**1,74**	**1,63**	—	—	**14,12**	**13,23**	—
		11,7		1,5	1,5			13,4	12,7	
	Schwankungen	bis	—	bis	bis	—	—	bis	bis	—
		12,9		1,9	1,7			14,6	13,6	
Eidotter	Mittel	**45,87**	**28,04**	**2,51**	**0,60**	**1,24**	**61,13**	**5,47**	**1,30**	**2,71**
		43,4	26,1	2,4	0,5	1,1	59,8	5,2	1,1	2,6
	Schwankungen	bis	bis	bis	bis	bis	bis	bis	bis	bis
		48,1	29,5	2,6	0,7	1,3	62,4	5,8	1,5	2,8
Vollei	Mittel	**26,80**	**12,15**	**2,08**	**1,16**	**0,56**	**45,34**	**7,76**	**4,33**	**2,10**
		26,0	11,3	2,0	1,1	0,5	43,4	7,4	3,9	1,9
	Schwankungen	bis	bis	bis	bis	bis	bis	bis	bis	bis
		28,3	13,6	2,0	1,2	0,6	47,9	8,3	4,6	2,4

Die Abtrennung des Weißei vom Dotter und von der Schale ist in technischen Betrieben natürlich weniger vollkommen als bei sorgfältigen Versuchen im Laboratorium. So erklärt sich der verhältnismäßig niedrige Gehalt des Eidotters an Trockenmasse, bedingt durch das anhaftende Weißei. Auf Grund des Gehaltes von reinem Eidotter und reinem Weißei an Trockenmasse läßt sich aus dem gefundenen Wert nach der Mischungsregel der Anteil an Weißei berechnen. Man findet so etwa 13—14% Weißeizumischung.

Die flüssigen Eikonserven sind oft mit *Schimmelpilzen* und Bakterien durchsetzt. A. BRÜNING[5] wies in einer mit *Kochsalz* konservierten Eigelbdauerware neben zahlreichen Bakterien und einer Torulahefe die *Schimmelpilze* Penicillium glaucum, P. luteum, Mucor rhizopodiformis, Clonostachys candida und Spicaria nivea nach. H. POPP[6] fand in mit Kochsalz, Borsäure, Benzoesäure und deren Gemischen versetzten flüssigen Eigelbprodukten aus China ebenso wie in Eigelbpulver zahlreiche Keime, die höchsten Zahlen (bis zu 1 Million für 1 g) bei den mit 6% Kochsalz und 0,75% Natriumbenzoat konservierten Proben. Vorherrschend waren Bacillus racemosus, B. subtilis und Sarcina lutea und aurantia sowie einige Hefen; fast stets kam auch das Bacterium coli commune zur Entwicklung.

Auch die bei aus China eingeführtem Eigelb häufig, gewöhnlich nach etwa drei Monate

[1] GARTENBERG, H.: Cuir techn. 1928, **21**, 254. — [2] PAESSLER, J.: Dtsche. Gerber-Ztg. 1907, Nr. 306; Chem. Rev. der Fett- u. Harzind. 1908, **15**, 116. — [3] VIGNON, L. und L. MEUNIER: Collegium 1904, **325**; C. 1904, II, 1669. — [4] MITCHELL, L. C., S. ALFEND und F. J. McNAIL: J. Assoc. off. Agric. Chem. 1933, **16**, 247. — [5] BRÜNING, A.: Z. 1908, **15**, 414. — [6] POPP, H. Z. 1925, **50**, 139.

langer Aufbewahrung anzutreffende Gerinnung (Verdickung) ist, wie E. LAGRANGE[1] nachgewiesen hat, durch ein Kleinwesen, den *Bacillus sinicus* verursacht, der ebenso wie verwandte Arten neben einem Enzym Essigsäure und Buttersäure erzeugt. Das Enzym wird da es das Vitellin zum Gerinnen bringt, als *Vitellase* bezeichnet. Die Wirkung äußerte sich in physiologischer Salzlösung stärker als in destilliertem Wasser und wird durch höhere Konzentrationen von Schwermetallsalzen verhindert, durch Calciumsalze auch schon in solchen Konzentrationen gehemmt, bei denen Natriumsalze noch unschädlich sind.

K. J. DEMETER[2] erwähnt von KNORR beobachtete Nahrungsmittelvergiftungen durch die Suipestifergruppe nach Gebrauch von importiertem, chinesischem Eigelb.

Versuch	Eigelb 1. Güte % Ölsäure	Eigelb 2. Güte % Ölsäure
1. Versuch	6,5	12,2
2. Versuch, nach 6 Wochen . . .	7,4	13,2
3. Versuch, nach 6 Monaten . . .	11,2	15,9

Durch starke Wässerung *verfälschte flüssige Eierpräparate* beobachtete R. SCHMITT[3].

Für die *Zunahme der freien Fettsäuren im Fett*[4] des chinesischen Eigelbs fanden R. T. THOMSON und J. SORLEY[5]

b) Gefrierverfahren.

Gefrorener Eiinhalt wird nach L. OVSON[6] bereits seit mehreren Jahren von Bäckereien, bedeutenderen Speisehäusern und Nahrungsmittelfabriken in größeren Mengen verbraucht. Im Jahre 1927 verarbeiteten die Vereinigten Staaten bereits über 80 Millionen lbs. davon.

Im Handel kennt man sowohl eingefrorenes Ganzei als auch gefrorenes Eigelb und Weißei getrennt.

Zur *Herstellung des Gefriereis* werden die Eier zunächst 12—24 Stunden bei —1° vorgekühlt, wodurch das Eiklar fester und seine spätere Trennung vom Dotter erleichtert wird. Die Eier werden dann in einem besonderen Zerbrechraum über einer scharfen Messerklinge geöffnet.

Für eine Trennung vom Dotter und Weißei benutzt man einen gleitenden Trennapparat, der aus einem Aufnahmegefäß von der ungefähren Größe eines Dotters und einem scharfrandigen Ring besteht, eben weit genug um über den Dotter zu passen. Der Ring kann hoch und niedrig gestellt werden; in letzterem Falle schneidet er das Weißei von dem im Gefäß liegenden Dotter. Das Eiklar fällt dann in eine kleine Glasschale, und das Dottergefäß entleert sich durch Umkippen in eine andere Schale. Ein Arbeiter vermag auf diese Weise täglich 6000 Eier ohne und 4000 mit Trennung in Dotter und Weißei zu entleeren.

Die Eiinhalte gehen noch über Siebe und Mischvorrichtungen, wo durch Schüttelvorrichtungen die dünne Dotterhaut geöffnet wird, in Versandgefäße aus Blech, die 5,10 oder 20 kg fassen und nach Zulöten 36—72 Stunden bei —18 bis —21° eingefroren werden. Der ganze Vorgang vom Aufbrechen des Eies bis zur Einlagerung in den Gefrierraum beansprucht nur etwa 8 Minuten. Dauergelagert und vermischt wird das Gefrierei bei etwa —6 bis —8°.

Auch bei dem Gefriereigelb, das aus China zu uns kommt, wird das flüssige Eigelb in paraffinierte Blechdosen (Kanister aus Zinkblech) eingefüllt und dann in Kühlräume bei —12° eingefroren. Diese Temperatur muß zur Verhütung eines Verderbens auch bei dem Transport ununterbrochen eingehalten werden.

Während man Eiklar durch fachgerechtes Gefrierenlassen und Wiederauftauen in anscheinend unverändertem Zustande wiedererhalten kann, ändert sich nach O. M. URBAIN und J. N. MILLER[7] der *Eidotter* dabei durch eine *Koagulation des Lecithins* (Lecithalbumins), die aber durch Zusatz von 10% Glucose oder Fructose, nicht durch Saccharose, verhindert wird. Auch die wäßrige oder klebrige Beschaffenheit des Eigelbs beim Auftauen ist durch Gefrierenlassen mit Glucose oder Fructose, weniger gut mit Saccharose, zu vermeiden. N. GRAY[8] homogenisiert den Eiinhalt mit einem Gemisch von Gelatine 0,25% (in Lösung), Weinstein 0,5%,

---

[1] LAGRANGE, E.: Ann. Inst. Pasteur. 1926, **40**, 242. — [2] DEMETER, K. J.: Dtsch. Nahrungsm.-Rdsch. **1932**, 123 Anm. 1. — [3] SCHMITT, R.: Z. 1917, **34**, 406. — [4] Im Original steht: Im Eigelb; doch sind weitere Angaben in der Arbeit I uf das Eigelbfett bezogen. — [5] THOMSON, R. T. und J. SORLEY: Analyst. 1924, **49**, 327. — [6] OVSON, L.: Dtsche. landw. Geflügelztg. 1932, **35**, 781. — [7] URBAIN, O. M. und J. N. MILLER: and. Engin. Chem. 1930, **32**, 355. — [8] GRAY, N.: Am. Patent 1915 526; C. 1933, II, 1802.

Ammoniumcarbonat 0,5%, Zuckersirup 3% und läßt dann gefrieren. Zur Vermeidung von Gärung oder bakterieller Zersetzung der aufgetauten Massen sind Glucose oder Fructose viel wirkamer als Saccharose.

Nach A. W. Thomas und J. Bailey[1] ist die bei Auftauen von Gefrierei sich einstellende Gelatinierung eine Funktion der mechanischen Behandlung vor dem Gefrieren; kolloidgemahlene Proben zeigten praktisch keine Gallertbildung. In Abwesenheit von Salz oder Zucker ist der Gelatinierungsgrad um so größer, je höher der Gehalt an Trockenmasse und Ätherextrakt ist. Kochsalz, Rohrzucker und Traubenzucker als Zusatz setzt den Gelatinierungsgrad mit gleicher Wirkung in äquimolekularem Verhältnis herab. — Der höchste Gelatinierungsgrad wird nach 60—120 Tagen bei —21 bis —18° erreicht.

Bei *Großherstellung von Gefrierei* in China bestehen mancherlei Infektionsmöglichkeiten, die sich in einem Bakterienreichtum nach dem Auftauen äußern. H. Popp[2] stellte bei mehreren Proben von Gefrierei in Kanistern *Keimzahlen* zwischen 500 und 1000 für je 1 g fest; die *Art der Keime* war die gleiche wie bei den anderen Eikonserven. Nach dem Auftauen stieg die Keimzahl so schnell an, daß die Ware schon innerhalb zwei Tagen nicht mehr verwendbar war.

Die *Zusammensetzung von Eiinhalt* zur Herstellung von Gefrierei ermittelten Thomas und Bailey[1] in 50 Proben von je 1000—2000 Eiern, dabei fanden sie:

	Trockenmasse %	Ätherextrakt %	pH
Eiinhalt . .	26,0—27,8	10,4—11,6	7,17—7,54

In weiteren 10 Proben ergab eine genauere Untersuchung, aus der wir die angeschlossenen Mittelwerte berechnet haben:

pH %	Gesamt-Trockenmasse %	Äther-extrakt %	Lipoide %	Lipoid-P %	Gesamt-P %	$100\,\dfrac{\text{Lipoid P}}{\text{Gesamt P}}$ %
7,41	26,95	10,42	12,89	0,152	0,220	69,0
7,48	26,75	10,78	12,89	0,151	0,224	67,4
7,47	26,98	11,02	13,13	0,151	0,225	67,1
7,22	27,48	11,12	13,62	0,161	0,238	67,6
7,29	27,14	10,86	13,24	0,152	0,230	66,1
7,29	27,13	10,82	13,32	0,151	0,228	68,0
7,38	27,34	11,09	13,38	0,156	0,232	67,5
7,30	27,17	11,05	13,37	0,151	0,228	68,0
7,38	27,32	10,97	13,06	0,155	0,231	67,2
7,47	27,57	11,50	13,78	0,160	0,236	67,8
7,37	**27,18**	**10,69**	**13,27**	**0,155**	**0,229**	**67,6**

c) Haltbarmachung des Eiinhaltes durch Trocknung.

Über die Herstellung von Eipulver durch Austrocknung des Eiinhaltes berichtet bereits Strauch, der solche Eipräparate (Eiweißkrystall, Eiweißpulver, Eialbuminkrystalle, Eialbuminpulver, Eigelbflocken, Eigelbkörner usw.) auch noch nach zweijährigem Aufbewahren in vollkommen gebrauchsfähigem Zustande fand und ihren Wert, namentlich für Reisezwecke, hervorgehoben hat. Die Trockenpräparate wurden aus einheimischen Eiern, z.B. in einer Passauer Fabrik, hergestellt. Die so in Dauerware übergeführte Eiermenge war aber damals noch recht gering. Ein bekanntes Präparat dieser Art war das *Ovopur*, ein anderes Eitrockenpulver wurde von der Fabrik G. A. Kramer & Co. in München durch Eintrocknen des Eiinhaltes unterhalb der Gerinnungstemperatur und Vermahlung zu einem feinen Pulver erhalten. — C. von Noorden[3] bewahrte ein solches Pulver zwei Jahre bei Zimmertemperatur auf ohne eine Abnahme des Wohlgeschmacks feststellen zu können.

Größere wirtschaftliche Bedeutung gewann die Eitrocknung, als sich, besonders in Europa und Amerika, ein steigender Bedarf an Speiseeigelb einstellte, der am besten aus der ausgedehnten Eierzeugung *Chinas* mit seinen niedrigen *Eierpreisen*[4] zu decken war, wenn es gelang, die Eiinhalte in unverdorbener Form trotz des langen schwierigen Transportweges an die Verbrauchsplätze zu bringen. Diese

---

[1] Thomas, A. W. und I. Bailey: Ind. and Engin. Chem. 1933, **25**, 669. — [2] Popp, H.: Z. 1925, **50**, 141. — [3] C. von Noorden und H. Salomon: Handb. Ernährungslehre I, 248. — [4] Ein Hühnerei kostete 1925 in China etwa 2 Pfg.

Aufgabe hat sich am besten in Form des Trockeneies auf Grund seiner hohen Konzentration und Haltbarkeit lösen lassen.

Seitdem kommen Trockeneiprodukte fast ausschließlich aus China, wo die Technik der Eitrocknung einen großen Aufschwung genommen hat. In den letzten Jahren allerdings ist auch dem Trockeneigelb wie dem flüssigen Hühnereigelb im Sojalecithin ein wichtiger Konkurrent entstanden. Doch bestehen Nachfrage und Bedarf an Eialbumin für technische Zwecke unverändert fort, so daß Eigelb hier in großen Mengen, wenigstens als Nebenprodukt anfällt.

Da das *Eialbumin* einem besonderen Reinigungsverfahren unterworfen wird, sei dasselbe bei den Eipräparaten weiter unten besprochen, während wir uns hier mit Trockenvollei und Trockeneigelb befassen wollen.

Technik der Trockeneiherstellung. Die älteste Methode der Trockeneigewinnung bedient sich der *Hordentrocknung in Trockenkammern* bei 45—50⁰. Dabei erhält man ein etwas grobkörniges und wegen seiner geringeren Löslichkeit nur für bestimmte Zwecke, so zur Herstellung von Gebäcken, Eierteigwaren usw., bei denen es durch Knetmaschinen gründlich mit dem Teig vermischt werden kann, geeignetes Produkt. Dieses Trockeneigelb, auch ,,*native*" Ware genannt, da es meist in einheimischen (chinesischen) Betrieben gewonnen wird, hat sich als brauchbares und ziemlich haltbares Trockenei erwiesen. Weniger bewährt hat sich das in Sprühtrocknern dargestellte sog. ,,*Spray*"-*Eigelb*. Nach M. WINCKEL[1] sind vor 1914 eingerichtete Zerstäubungstrockner zum größten Teile wieder stillgelegt worden, weil sie den Nachteil haben, daß die zugeführte Luft, insbesondere Preßluft, sehr leicht Oxydation und Ranzigkeit des Fettes und mehr wohl noch des reichlich vorhandenen Lecithins verursachen. Bei *Vakuumtrocknern*, die noch den Vorteil besitzen, daß die Trocknung bei sehr niedriger Temperatur erfolgt, wird die Luft bei der Trocknung naturgemäß ferngehalten und ebenfalls die Zerkleinerung nicht so weit getrieben, wie es der Haltbarkeit des Pulvers schädlich ist.

Eine mittlere *Aufbereitungsanlage* für Eier trocknet nach WINCKEL täglich (in 20 Stunden) etwa 150 000 Eier, entsprechend 100—120 Pikuls[2], in der Stunde also annähernd 150 kg Eigelb und 300 kg Eiklar. Da die Eier auch in China hauptsächlich im Frühjahr anfallen, sind solche Eiertrocknungsanlagen zweckmäßig mit Konservierungsvorrichtungen versehen. Nach K. RUPRECHT[3] kommen hierfür hauptsächlich Aufbewahrung im Eiskeller, dann aber auch die sonstigen besprochenen Konservierungsverfahren in Frage.

Für die Konservierung bestimmte Eier pflegt man auch wohl in besonderen *Bürstanlagen* oberflächlich zu reinigen. Eine solche Bürstanlage besteht aus einer sich drehenden kreisrunden Scheibe, die mit Bürsten in Form einer Kugelschale besetzt ist, vor der ein dünner kräftiger Wasserstrahl auf die Bürstenscheibe trifft. Mit der Vorrichtung ist es möglich, in etwa zwei Sekunden das Ei völlig von außen zu reinigen.

Die Verarbeitung der Eier beginnt verschiedentlich noch in der *Eiersortiermaschine*, in welcher die faulen Eier dadurch abgeschieden werden, daß man sie aus einem Trichter in ein Gefäß mit einer 6—8 proz. Kochsalzlösung tauchen läßt und die faulen Eier oben mechanisch abschaufelt. — Sicherer erfolgt die Auslese der unbrauchbaren Eier mittels des Durchleuchtungsapparates. — Geübte Kulis sollen sogar durch einfaches Befühlen die guten von den schlechten Eiern unterscheiden können.

Für das Aufschlagen der Eier haben sich *Klopfeinrichtungen* und Klopfgeräte nicht bewährt, weil die Größe der Eier zu verschieden ist, und häufig eine Verunreinigung des im Handel für wertvoll geltenden Eiklars mit Dottermasse, von der schon eine Spur schädlich ist, eintritt. Für die Herstellung von Trockenvollei sollen solche Klopfvorrichtungen allerdings verwertbar sein. Bei Handarbeit vermag ein Arbeiter täglich etwa 1000 Eier zu öffnen. Nach RUPRECHT erhält jeder Arbeiter einen Korb mit den zu öffnenden Eiern und je ein Gefäß zur Aufnahme des Eiklars und Dotters. Die Eischalen werden in ein gemeinschaftliches Gefäß geworfen. Ein kleines Gefäß dient weiter zur Aufnahme von Eiinhalten, deren Trennung in Eiklar und Dotter zufällig nicht gelungen ist, ein weiteres zur Aufnahme verdorbener Eiinhalte.

Das Eiklar wird nun nach S. 245 auf Albumin verarbeitet, während das Eigelb nach dem Sieben direkt in die Trockner geht. Das gleiche ist mit dem gesamten Eiinhalt der Fall, wenn Trockenvollei hergestellt werden soll.

---

[1] WINCKEL, M.: Chem.-Ztg. 1925, **49**, 229. — [2] 1 Pikul = 60,4 kg. — [3] RUPRECHT, K.: Die Fabrikation von Albumin und Eierkonserven. Wien und Leipzig: A. HARTLEBENS Verlag 1928.

Zusammensetzung von Trockeneipulver

Lfde. Nr.	Nähere Bezeichnung	Zeit der Untersuchung	In der natürlichen Substanz					In der Trockensubstanz		Untersucht von
			Wasser %	Stickstoffsubstanz %	Fett %	Stickstofffreie Extraktstoffe %	Asche %	Stickstoffsubstanz %	Fett %	
	I. Ganzeipulver.									
1.	Eierpulver	1909	5,78	48,09	35,90	7,07	3,20	51,1	38,0	M. POPP[1]
2.	Trocken-Ganzei-Asia	1913	—	—	46,18	—	—	—	—	} E. BARTHELMES[2]
3.	Trocken-Ganzei-Vitorum	1913	—	—	38,88	—	—	—	—	
4.	Ganzeipulver	1917	5,55	43,20	43,00 (Leci-thin)	4,68	3,57	45,7 ·	45,5	H. KREIS[3]
5.	Hühnereipulver	1918	8,99	41,55	20,56	—	3,58	45,7	—	L. GARNIER[4]
6.	Volleipulver des Handels	1924	6,33	40,90	41,61	7,14	4,02	43,7	44,4	} TH. SUDENDORF und
7.	desgl. Mittel von 22 Proben	1924	5,39	42,45	39,88	8,57	3,71	44,9	42,2	} O. PENNDORF[5]
	Mittelwerte (1—7):		6,4	43,2	40,9	5,8	3,6	46,1	43,7	
	II. Eiweißpulver.									
8.	Bergs krystallisiertes Eiweiß	1888	13,40	73,60	0,30	8,60	4,10	84,99	0,35	C. E. HELBIG[6]
9.	Eiweiß, Dauerware	1904	11,65	73,20	0,30	8,65	82,50	· 6,20	0,34	J. KÖNIG[7]
10.	Tataeiweißpulver[8] nach TARCHA-NOFF	1888	9,90	72,80	0,30	8,70	8,30	80,00	0,33	C. E. HELBIG[6]
	Mittelwert (8—10):		12,6	73,4	0,3	8,5	5,2	83,8	0,35	
	III. Eigelbpulver.									
11.	Dauerware aus Eigelb	1904	5,88	33,32	51,54	5,73	3,53	35,40	54,73	J. KÖNIG[7]
12.	Getrocknetes Eigelb	1900	4,94	36,67	52,48	2,77	3,14	38,57	55,21	} A. BEYTHIEN und L. WATERS[2]
13.	desgl.	1905	4,03	37,06	51,71	3,83	3,27	38,62	53,89	
14.	Eierpräparat mit 1,43% in der Borsäuremasse	1905	6,52	34,16	53,87	1,75	3,70	36,55	57,62	} H. KREIS[3]
15.	Trockeneigelb	1917	3,81	32,16	56,32	3,11	3,60	33,4	58,6	
	Mittelwert	—	5,0	35,1	53,2	2,8	3,4	36,9	56,0	

[1] POPP, M.: Chem.-Ztg. 1909, **33**, 647. — [2] BARTHELMES, E.: Bericht der Untersuchungsanstalt Offenburg 1913, **4**,; **Z.** 1915, **29**, 446. — [3] KREIS, H.: Bericht über die Lebensmittelkontrolle in Kanton Basel-Stadt 1917, 17; **Z.** 1918, **36**, 170. — [4] GARNIER, L.: J. Pharm. Chim. 1918 (7), **18**, 353. — [5] SUDENDORF, TH. und O. PENNDORF: **Z.** 1924, **47**, 40. — [6] HELBIG, C. E.: Arch. Hygiene 1888, 8, 475. — [7] KÖNIG, J.: Chem. menschl. Nahrungsm. und Genußm. 1904, II, 578. — [8] Das Tateiweiß wird nach dem DRP. 42 462 durch Behandeln des natürlichen Eiklars mit Alkalilauge hergestellt und bildet eine glasige, vollkommen durchsichtige Masse, die in Wasser bedeutend aufquillt (vgl. auch S. 150). — [9] Außerdem an Lecithin-P_2O_5 1,68%. —

Gesamt-Phosphorsäure und Lecithinphosphorsäure in Trockeneipräparaten.

Lfde Nr.	Nähere Bezeichnung	Zeit der Unter-suchung	In der natürlichen Substanz				In der Trockensubstanz			Untersucht von
			Wasser %	Fett %	Gesamt-P_2O_5 %	Lecithin-P_2O_5 %	Fett %	Gesamt-P_2O_5 %	Lecithin-P_2O_5 %	
	I. Trockenvollei:									
1.	Eipulver aus Steiermark . . .	1901	6,14	36,69	1,75	1,20	39,08	1,86	1,28	
2.	desgl. aus Amerika	1900	7,13	37,02	1,82	1,01	39,83	1,96	(1,09)	
3.	desgl. aus Süddeutschland . .	1901	9,73	36,74	1,81	1,22	40,66	2,00	1,35	M. Wintgen[1]
4.	desgl. aus Süddeutschland . .	1902	7,40	31,49	1,57	1,06	34,0	1,70	1,14	
5.	desgl. unbekannter Herkunft .	1903	7,65	33,87	1,64	1,19	36,60	1,78	1,29	
6.	Trocken-Ganzei Asia	1913	—	46,18	2,11	1,36	—	—	—	E. Barthelmes[2]
7.	desgl. Vitorum	1913	—	38,88	1,71	1,16	—	—	—	
8.	Trockenvollei	1928	5,1	—	—	1,17	—	—	1,27	H. Kreis[3]
9.	Trockenei Colovo	1911	7,1	—	—	1,25	—	—	1,36	R. Cohn[4]
	Mittelwerte	—	**7,2**	**38,0**	**1,77**	**1,22**	**40,9**	**1,91**	**1,31**	
	II. Trockeneigelb:									
10.	Getrocknetes Eigelb	1900	4,94	52,48	2,57	1,61	55,21	2,70	1,69	
11.	desgl.	1905	4,03	51,71	2,48	1,57	53,89	2,59	1,64	A. Beythien und L. Waters[5]
12.	Eierpräparat mit 1,43 Borsäure in der Trockenmasse	1905	6,52	53,87	2,31	1,50	57,82	2,47	1,60	
13.	Eigelbkonserven aus Süddeutsch-land	1901	5,56	—	—	1,67	53,46	—	1,77	M. Wintgen
14.	Trockeneigelb Nootbar	1913	—	56,00	2,53	1,66	—	—	—	E. Barthelmes[2]
	Mittelwerte . . .	—	**5,3**	**53,5**	**2,47**	**1,60**	**56,5**	**2,61**	**1,68**	

[1] Wintgen, M.: Z. 1904, 8, 529. Vgl. weiter S. 247. — [2] Barthelmes, E.: Bericht der Untersuchungsanstalt Offenburg 1913, 4; Z. 1915, 29, 446. — [3] Kreis, H.: Jahresbericht über Lebensmittelkontrolle im Kanton Basel-Stadt 1928; Z. 1929, 57, 252. — [4] Cohn, R.: Z. öff. Chem. 1911, 17, 203. — [5] Beythien, A. und L. Waters: Z. 1906, 11, 272. — Die Zahlen für das Eierpräparat werden auf die borsäurefreie Substanz umgerechnet. Die Fette zeigten Jodzahlen zwischen 70,25—74, 45.

Bezogen auf Trockensubstanz erhielten R. Viollier[1] folgende Zusammensetzung von Trockeneiprodukten:

Lfde. Nr.	Gegenstand	Stickstoff-substanz %	Fett %	Asche %	Rest %	Lecithin-P_2O_4 %
1.	Trockenvollei, selbst hergestellt 1918	49,90	40,82	3,66	5,62	1,29
2.	desgl. Handelsware.	51,90	36,94	3,86	7,30	1,23
3.	desgl. Handelsware 1918 . .	45,74	45,53	3,78	4,95	1,44
4.	desgl. Handelsware 1922 . .	45,70	43,60	3,57	7,13	1,32
5.	desgl.	47,60	44,00	3,98	4,42	1,37
6.	desgl..	46,40	44,80	4,00	4,80	1,36
	Mittel (1—6)	**47,87**	**42,61**	**3,81**	**5,71**	**1,34**
7.	Trockeneiklar	86,26	0,83	5,92	6,99	—
8.	desgl.	86,90	0,55	4,22	8,33	0,008
9.	desgl., selbst hergestellt aus Landeiern	86,10	0,67	6,10	7,23	—
10.	desgl., selbst hergest. aus jugoslawischen Eiern	87,00	0,20	5,72	7,08	—
	Mittel (7—10)	**86,57**	**0,56**	**5,46**	**7,41**	—
11.	Trockeneigelb	32,10	59,20	3,58	5,16	1,83
12.	desgl.	31,50	60,10	3,63	4,77	—
13.	desgl.	33,40	58,50	3,74	4,36	1,75
14.	desgl.	35,40	56,80	3,73	4,07	1,75
15.	desgl.	32,30	60,20	3,33	4,17	1,87
16.	desgl.	32,20	61,70	3,08	3,02	1,89
17.	Trockeneigelb, selbst hergestellt aus Landeiern	34,50	61,10	2,99	0,91	1,80
18.	Trockeneigelb, selbst hergestellt aus jugoslawischen Eiern . .	33,00	62,30	3,25	1,45	1,85
	Mittel (11—18)	**33,05**	**60,05**	**3,42**	**3,48**	**1,82**

Weitere Angaben von Viollier beziehen sich auf mit Trockeneigelb verfälschtes bzw. irreführend bezeichnetes Vollei, erkennbar an zu hohem Fettgehalt und zu niedrigem Gehalt an Stickstoffsubstanz, wofür Viollier als Grenzwerte 46% bzw. 47% angibt. Auch ein zu hoher Gehalt an Lecithinphosphorsäure kann eine solche Verfälschung bekräftigen. — Das Vorkommen derartiger Täuschungen erklärt sich aus dem höheren Handelswert des Eiklars bzw. Trockeneiklars gegenüber dem Trockeneigelb (vgl. S. 238).

Veränderungen von Trockenei bei der Aufbewahrung. Infolge ihres hohen Gehaltes an Fett und Lecithin sind Eipulver, insbesondere Trockeneigelb, bei unsachgemäßer Aufbewahrung leicht der *Verdorbenheit* zugänglich. Einmal ist das Eieröl an sich ein leichtzersetzliches Öl, dann liegt es in der Pulverform des Trockeneies mit einer so großen Oberfläche der Luft preisgegeben, daß leicht Oxydationsvorgänge einsetzen können.

In erhöhtem Maße ist das durch Sprühtrocknen erhaltene Eipulver zersetzlich. Spuren von Eisen oder Kupfer aus den Trockenapparaten können auch bei Eidotterfett die Oxydation katalytisch stark beschleunigen. Außerdem scheint der natürliche Enzymgehalt des Eidotters seiner Zersetzung förderlich zu sein. Die bakteriellen Zersetzungen werden durch den Nährstoffreichtum des Eidotters besonders dann begünstigt, wenn ein gewisser Feuchtigkeitsgehalt das Lecithin zur Quellung bringt und damit die Dottermasse zu einem ausgezeichneten Nährboden für Kleinwesen macht. Wenn, wie es beim chinesischen Trockenei oft der Fall ist, der Keimgehalt schon von der Herstellung her ein hoher ist, ist besonders

---

[1] Viollier, R.: Mitt. Lebensmittelunters. u. Hygiene 1937, **28**, 23.

Lfd. Nr.	Gegenstand, Herkunft	Zeit des Einganges	Zeit der 1. Untersuchung	Zeit der 2. Untersuchung	In der Trockensubstanz				Des Ätherextraktes	
					Wassergehalt %	Gesamt-P_2O_5	Lecithin-P_2O_5	Äther-extrakt	Säure-grad	Jodzahl nach v. HÜBL
1.	Volleipulver, Steiermark	Dezember 1930	Januar 1901	—	6,14	1,86	1,28	39,08	25,60	73,2
				Juli 1904	5,20	1,89	1,23	34,63	38,64	74,8
2.	desgl. Amerika	Oktober 1900	November 1900	—	7,13	1,96	(1,09)	39,83	13,59	74,2
				Juli 1904	5,48	1,92	1,23	37,28	42,20	73,2[1]
3.	desgl. Süddeutschland	Oktober 1901	Oktober 1901	—	9,73	2,00	1,35	40,66	87,60	74,4
				August 1904	8,10	2,05	1,30	36,73	135[3]	61,8
4.	desgl.	Juli 1902	Juli 1902	—	8,19	1,70	1,14	34,00	23,50	70,05
				August 1904	7,40	1,75	1,09	33,39	111,60	69,2
5.	desgl. Herkunft unbekannt	Juli 1903	Juli 1903	—	7,65	1,78	1,29	36,60	27,70	73,9
	desgl., aus Hamburg angeboten			August 1904	6,60	1,83	1,19	37,90	34,10	73,6
6.	Trockeneigelb[4], Süddeutschland	Oktober 1901	Oktober 1901	—	5,56	(2,24)[2]	1,77	53,46	24,05	75,2
				August 1904	4,05	2,56	1,69	52,28	80,00	68,9

[1] Eine in einem Leinensäckchen aufbewahrte Probe hatte 1901 im Juli die Jodzahl 69,7. — [2] Der Geruch war talgig, unangenehm. — [3] Die Bestimmung war in der ohne Alkalizusatz hergestellten Asche erfolgt. — [4] Der Geruch der Konserve war unangenehm. —

schnelles Verderben, auch schon bei an sich sachgemäßer Aufbewahrung zu befürchten.

Über die beim Altern eintretende Veränderung der Eipulver stellte M. WINTGEN[1] einige sich besonders auf den *Lecithingehalt* und Säuregrad des Fettes sowie dessen Jodzahl erstreckende Versuche an, die nebenstehende Tabelle wiedergibt:

Nach diesen Versuchen ist der Rückgang an *Lecithinphosphorsäure* auch bei 2- bis 3jähriger Lagerung nur gering geblieben. In ähnlicher Weise beobachteten auch J. TILLMANS, H. RIFFART und A. KÜHN[2], daß bei normaler Aufbewahrung von Trockeneigelbpulver nur eine kleine Abnahme an Lecithinphosphorsäure eintritt, daß aber eine feuchte Aufbewahrung beträchtliche Lecithinverluste verursacht. Der *Cholesteringehalt* wird nach ihren Versuchen durch die Aufbewahrung nicht beeinflußt.

Ihre Ergebnisse waren (s. Tab. S. 243 oben).

Über den Gehalt des Trockeneies an *freiem* Lecithin vgl. auch S. 193.

Ein gutes Maß für den Zersetzungsgrad, auch von Trockenei (Volleipulver, Trockeneigelb), besitzen wir in dessen *Gehalt an freien Fettsäuren*, zweckmäßig ausgedrückt in *Säuregraden* nach *Koettstorfer* bezogen auf das Eipulver. So fanden TH. SUDENDORF und O. PENNDORF[3] in selbstbereitetem Eipulver aus frischen Eiern die Säuregrade 13,5—18,0, im Mittel 15,4. Für Volleipulver des Handels ergab ein Vergleich des Säuregrades folgendes (s. Tab. S. 243).

Man erkennt aus den Versuchen, daß bei einem Säuregrad von 40 auch der Geschmack der Eipulver nicht mehr einwandfrei ist.

Zu demselben Ergebnis kommt A. SCHMID[4]. Diesem Säuregrad des Eipulvers entspricht ein *Säuregrad des Eieröls* (Ätherextrakt) von etwa 60—70. Bei frischem, selbst angefertigten Eipulver fanden SUDENDORF und PENNDORF diesen zu 9,4—13,0, im Mittel zu 10,7. H. DU-

[1] WINTGEN, M.: Z. 1904, 8, 529. — [2] TILLMANS, J., H. RIFFART und A. KÜHN: Z. 1930, 60, 361. — [3] SUDENDORF, TH. und O. PENNDORF: Z. 1924, 47, 40. — [4] SCHMID, A.: Mitt. Lebensmittelunters. und Hygiene 1925, 16, 137.

Tag der Untersuchung	Wasser %	Cholesterin in der Trockenmasse %	Lecithin-P_2O_5 in der Trockenmasse %	Ätherextrakt %
8. 6. 1928	4,3	3,13	2,09	55,6
3. 9. 1928	4,3	3,11	2,00	55,3
22. 10. 1928	4,1	3,15	1,95	56,4
30. 1. 1929	4,0	3,08	1,92	55,2
13. 3. 1929	4,0	3,01	1,99	55,3
3. 7. 1929	4,0	3,10	1,91	55,1

Bestandteil	1	2	3	4
	Art der Aufbewahrung: (1 Monat)			
	10 g in verschlossenen Glasgefäß + 1 cm³ Wasser bei Zimmertemperatur %	10 g ebenso aber mit 2 cm³ Wasser %	Rest von 1 mit 8 cm³ Wasser bei Zimmertemperatur %	Rest von 2 ebenso %
Wasser	13,1	19,0	16,8	23,5
Lecithin-P_2O_5 . . .	1,703	1,760	1,552	1,054

Geschmack	Säuregrad im Eipulver %	Säuregrad im Ätherextrakt %	Geschmack	Säuregrad im Eipulver %	Säuregrad im Ätherextrakt %
Nicht auffällig	19,0	—	Bitter, kratzend	52,0	—
Peptonartig	19,0	—	Bitter, schwach ranzig .	75,0	96,4
Etwas strenge, bitter, ranzig	29,0	—	Kratzend, schwach bitter	58,2	109,4
Angenehm mild	34,0	39,1	Kratzend	65,5	119,9
Etwas bitter.	35,5	—	Kratzend, schwach ranzig	65,5	102,8
Bitter, kratzend	40,2	—	Bitter, kratzend	74,5	122,2
Kratzend, ranzig.	74,7	—	Ranzig, bitter	75,0	129,6
Bitter, kratzend	45,5	78,8	Kratzend, ranzig	79,5	—
Kratzend, säuerlich . . .	45,6	—	Ranzig, kratzend	82,5	149,1
Bitter, kratzend	47,0	—	Bitter, kratzend	85,5	145,3
Schwach ranzig, kratzend .	48,0	—	Ranzig, kratzend, bitter .	87,5	146,0

DUMARTHERAY[1] gibt für das aus frischen Eikonserven durch Ausziehen mit Äther erhaltene Öl die Säuregrade 7,37—14,5 an. Beim Altern nahm der Säuregrad zu, ohne daß zunächst im Geruch oder Geschmack eine Veränderung zu erkennen war. Erst bei Erreichung des Säuregrades 70 des Ätherauszuges war das Verderben auch am Geruch zu erkennen. Die Zeitdauer, in welcher dieser Punkt erreicht wird, kann sehr großen Schwankungen unterliegen.

Gehalt an Bakterien und Verunreinigungen. Relativ niedrige Keimzahlen (400—3000 Kolonien für 1 g) fand H. POPP[2] bei Eipulver nach dem Walzentrockenverfahren oder beim sog. Spray-Eigelb, während beim Krauseverfahren auffallenderweise Zahlen bis zu 150 000 beobachtet wurden; doch waren die Keimzahlen bei einigen Proben von dieser Ware auch von ähnlicher Größenordnung wie bei den anderen Produkten. G. G. DE BORD[3] konnte in getrocknetem guten Eipulver bis zu 350, in schlechtem bzw. faulem bis zu 2 400 000 lebensfähige Bakterien nachweisen. Die *Art der Trocknung* ist wesentlich von Einfluß, so erhöhte die Vakuum-Trommeltrocknung in guten Eiern die Zahl der Keime auf 45 000. Im Dotter wurden stets mehr Keime gefunden als im Eiklar.

Der Eidotter scheint auch beim Erhitzen eine Schutzwirkung auf die Keime auszuüben. R. LANGE[4] gibt an, daß diese bei 100° erst in acht Minuten abgetötet werden.

---

[1] DUMARTHERAY, H.: Mitt. Lebensmittelunters. und Hygiene 1924, **15**, 70. — [2] POPP, H.: Z. 1925, **50**, 139. — [3] BORD, G. G. DE: J. Agric. Res. 1925, **31**, 155. — [4] LANGE, R.: Arch. Hygiene 1907, **62**, 201; Z. 1911, **21**, 625.

Als *Verunreinigung*, wohl infolge sehr unsauberer Herstellungsweise, fand F. HUNDES-HAGEN[1] in einer größeren Sendung von chinesischem Eigelb abgestorbene, teils schwarze, teils grünblau metallisch glänzende *Käfer*, Puppen und Gliederteile, ferner eine Anzahl toter Hauswanzen.

Als *Beimischungen* und *Verfälschungen* von Eipulver und Trockeneigelb wurden Zusätze von Mehl, Stärke, Zucker, Pflanzenfett, Eiweiß (Casein) oder Magermilchpulver gefunden. Auch eine künstliche Auffärbung solcher Gemische mit Teerfarbstoffen wurde beobachtet. Auch mehr oder weniger *entöltes Trockenei- oder Eigelbpulver* sind beobachtet worden. So berichtet A. E. WILLIAMS[2] über Herstellung entölter Eierprodukte mit weniger als 1% Öl-gehalt, die durch Extraktion mit Äther oder Benzin hergestellt und meist mit Stärke ver-mischt werden. — Über die Verfälschung von Trockenvollei mit Trockeneigelb vgl. S. 241.

Manche *Ersatzmittel für Eier*, wie sie in Zeiten der Eierknappheit aufgetaucht waren, sind vorwiegend aus pflanzlichen und tierischen Eiweißstoffen anderer Art, Magermilchpulver, Mehl und gelbem Farbstoff, einige auch unter Zusatz von Trockenei zusammengesetzt. Die auflockernde Eigenschaft des Eies wird dabei gewöhnlich durch Zusatz von Backpulver oder ähnlichen Triebmitteln nachgeahmt. Eine ausführliche Übersicht über solche Erzeugnisse, wie sie in der Notzeit der Kriegsjahre im Handel waren, hat E. GERBER[3] gegeben. Heute sind Ersatzmittel dieser Art nur noch selten anzutreffen.

d) Besondere Präparate aus Eiern.

Durch mechanische und chemische Aufarbeitung gewinnt man aus dem Ei-inhalt verschiedene Produkte, die für Ernährungs- und technische Zwecke nicht geringe Bedeutung erlangt haben. So gewinnt man aus dem Eiklar durch beson-dere Reinigungsverfahren mit anschließender Trocknung das *Albumin*, aus dem Eidotter das *Lecithin* und als Nebenprodukt das *Cholesterin*, die hier ebenso wie das technische *Eieröl* besprochen werden sollen.

Albumin. Das Eialbumin dient zunächst dem Menschen als *Nahrungsmittel*, so vor allem in seinem natürlichen Zustande im Ei selbst, in kleinen Mengen auch nach Verarbeitung zu Nährmitteln, diätetischen Mitteln und Arzneimitteln. Dann ist seine Verwendung als *Hilfsmittel bei der Speisezubereitung* wie zur Bereitung von „Eierschnee" als Lockerungsmittel für Zuckerbackwaren, zum Glänzendmachen von Gebäcken, als Kaffeeglasurmasse, von einiger Wichtigkeit. Schließlich nimmt die Technik die größten Mengen Eialbumin als Klärmittel (z. B. für Wein), Steifungs- und Klebemittel in der Papier-, Leder- und Pelzbearbeitung zum Ver-dicken von Farbstoffen und Anstrichfarben, für Sonderkitte, Klebstoffe, Polituren und als Fixier- bzw. Beizmittel in der Färberei auf. Ein Eialbumin von besonderer Güte ist zur Erzeugung des Photo-Albuminpapiers unentbehrlich.

Wegen dieser vielen Verwendungsmöglichkeiten, in denen das Eialbumin nur teilweise durch das dunkelgefärbte Blutalbumin ersetzbar ist, ist die Nachfrage nach Eialbumin im Handel beträchtlich und sein Preis wesentlich höher als der des Eidotters, obwohl eine solche Bewertung auf Grund des Nährwertes von Ei-klar und Eidotter im Vergleich zueinander sicher nicht gerechtfertigt erscheint.

Im Handel wird Eialbumin fast nur als *Trockenpulver* gehandelt. Es besteht praktisch aus den *gesamten* löslichen Eiweißstoffen des Eiklars (einschließlich Globulin und Glykoproteid). Doch ist das Handelsprodukt wegen der Schwan-kungen in der Zusammensetzung der Rohstoffe und der verschiedenen Ver-arbeitung nicht ganz einheitlich. Auch die Anforderungen sind je nach Ver-wendungszweig verschieden.

Zur *Reindarstellung* von Albumin im kleinen kann man sich entweder die Dialyse oder auch der Abscheidung mit Ammoniumsulfat bedienen. Ein anderes Verfahren[1] ist folgen-des: Man schlägt das Eiklar von frischen Eiern zu Schnee, läßt diesen Schnee an einem kühlen Orte wieder zerfließen und filtriert von den Zellhäuten ab. Zu der Lösung fügt man solange eine Lösung von Bleiacetat hinzu als noch ein Niederschlag entsteht, sammelt diesen auf einem Filter, wäscht erschöpfend mit Wasser aus und schwemmt dann in Wasser auf. Durch die

[1] HUNDESHAGEN, F.: Z. angew. Chem. 1927, **40**, 974. — [2] WILLIAMS, A. E.: Chem. Trade J. 1932, **90**, 353. — [4] GERBER, E.: **Z.** 1916, **31**, 45.

Aufschwemmung leitet man einige Stunden gasförmige Kohlensäure, wodurch das Blei bis auf Spuren ausgefällt wird. Um diese Spuren noch zu beseitigen leitet man Schwefelwasserstoff ein, wodurch die Lösung eine bräunliche Färbung von kolloid verteiltem Schwefelblei annimmt. Nun erhitzt man vorsichtig soweit, bis man die Ausscheidung einiger Flocken von geronnenem Eiweiß wahrnimmt. Diese umhüllen das Schwefelblei, so daß man davon abfiltrieren kann. Die klare Eiweißlösung wird dann im Vakuum bei etwa 60° eingedampft und das Albumin in Form eines farblosen, völlig durchsichtigen Körpers erhalten.

Die *Großherstellung des Eialbumins*[1], die vielfach noch in chinesischen Betrieben erfolgt, geht von dem Eiklar aus, wie es nach Öffnung der Eier und Abtrennung der Dotter (vgl. S. 235) anfällt. Die Weiterverarbeitung geht über folgende Stufen:

Die Trennung von den Zellhäuten. Das gesammelte Eiklar wird auf einen zylinderförmigen, an der Unterseite mit engmaschigem Siebstoff überspannten Rahmen gegossen, unter dem ein Gefäß zur Aufnahme der Eiweißlösung angebracht ist. Hierbei fließt ein Teil der Albuminlösung bereits durch den Druck der eigenen Schwere des Eiklars aus, den weiteren Teil sucht man durch Drücken und Reiben mit einer nicht allzu steifen Bürste aus den dadurch zerreißenden Zellen zum Abfluß zu bringen. Hierbei wird eine Schaumbildung sorgfältig vermieden, damit etwa zurückbleibende kleine Luftbläschen in Albumin nicht ein Trübwerden des Endproduktes veranlassen.

Auch Apparate zur Zerschneidung der Zellhäute, um ein Ausfließen der Eiweißlösung zu erreichen, sind in Gebrauch.

Das Klären der Eiweißlösung. Bei der Entfernung der Zellhäute durch Siebe bleiben immer kleine Stücke der Zellhäute in der Eiweißlösung suspendiert, die man durch Absitzenlassen in zylinderförmigen Blechgefäßen von 40 cm Durchmesser und 1 m Höhe während 30—36 Stunden in einem kühlen Raum zu Boden sinken läßt und dann die klare Lösung abzieht. Dieser Vorgang wird auch wohl als „Gärung" bezeichnet. Besonders gute Klärung erhält man, wenn man 5—6 Tage unter Kühlung mit Eis sedimentieren läßt. — Von besonderer Wichtigkeit bei dieser Vorbereitung des Eiklars ist nach A. K. BALLS und T. L. SWENSON[2] die *Verflüssigung des dickflüssigen Anteils*, die sie schneller als bisher durch Enzymzusatz, nämlich *durch Trypsin* (vgl. S. 107 und 186) erreichen. Bei einem Verhältnis von 1 Teil getrocknetem Trypsin (bereitet nach FAIRCHILD) zu 15000 Teilen dickem Eiklar wird bei 5° gute Verflüssigung ohne Bakterienbefall erreicht. Das so homogenisierte und dann getrocknete Erzeugnis besteht auch die „Schnee-" und „Backprobe" gut. Dieser künstlich eingeleitete tryptische Abbau zur Verflüssigung kommt durch das Antitrypsin des Eiklars (vgl. S. 107) von selbst zum Stillstand. Ähnlich wie beim frischen Eiklar bleibt der Zucker erhalten, während er sonst bei der Verflüssigung mit Eigenproteinasen fast völlig verschwindet. Bei Eiklar aus älteren Eiern oder bei mit Dotterresten verunreinigtem Eiklar werden auch *Essigsäure* und *Terpentinöl* als Klärmittel verwendet, die für diesen Zweck, um eine Verunreinigung des Produktes zu verhindern, von großer Reinheit sein müssen. Die Essigsäure soll die Suspension der Zellhautreste in der Flüssigkeit zerstören, das Terpentinöl die Dottermasse aufnehmen. Auf 100 Liter rohes Eiklar verwendet man etwa 150—250 g jedes der beiden Klärmittel, die man unter Umrühren in einem dünnen Strahle einfließen läßt. Dann überläßt man die Masse 24 Stunden der Ruhe, wodurch die unlöslichen Stoffe wieder zu Boden sinken und das Terpentinöl sich zu einer Schicht an der Oberfläche ansammelt. Die in der Lösung verbleibende Essigsäure wird schließlich mit Ammoniak neutralisiert.

Kleinere Mengen Eiklar kann man auch so klären, daß man sie in einem Glasgefäß bis zum beginnenden Ausflocken erwärmt und dann die Ausscheidung sich absetzen läßt. Weiter verwendet man für den Zweck Tannin (auf 1 hl Eiweiß 50—100 g) in 5 proz. wäßriger Lösung.

Um das lange Stehenlassen der Eiklarlösungen, das in der warmen Jahreszeit die Gefahr eines Verderbens einschließt, zu umgehen, hat man mit Erfolg auch Klärung *durch Filtration* zu erreichen versucht, wobei sich nach RUPRECHT der auch in der Weinkellereiwirtschaft bewährte VOLLMARsche Filtrierapparat sowie Cellulosefilter als besonders geeignet erwiesen haben.

Das *Eintrocknen (Eindampfen) der Eiweißlösung.* Die völlig geklärte Eiweißlösung gelangt nun in die Trockenapparate. Meistens werden hierzu Luft-Trockenschränke von etwa 3 m Höhe verwendet, die durch besondere Maximal-Alarmthermometer eine Überschreitung der Temperatur von 52°, also die Gefahr einer Gerinnung des Albumins anzeigen. Das beste Produkt wird bei einer Trocknungstemperatur von 40—45° erhalten. Die Dauer einer Trocknung beträgt etwa 30—32 Stunden. Als *Trockengefäß* werden meist Schalen aus hochpoliertem Zinkblech verwendet, besser aber sind solche aus Glas, zur Verminderung der Zerbrechlichkeit

---

[1] Vgl. RUPRECHT, K.: Die Fabrikation von Albumin und Eikonserven. Leipzig und Wien 1928. Ferner M. WINCKEL, Chem. Ztg. 1925, **49**, 229. — [2] BALLS, A. K. und T. L. SWENSON: Food. Res. 1936, **1**, 319; Z. 1937, **74**, 83.

mit Zinkeinfassung versehen, weil das trockene Albumin von Glas leichter abblättert[1]. Die Behälter haben bei 15—20 cm Breite und 2 cm Tiefe eine Länge von etwa 30—40 cm.

Gegen Ende des Eindampfens fängt die Albuminschicht an sich zusammenzuziehen und an den Rändern loszublättern. Nach völliger Trocknung blättert das Albumin ganz ab und wird dann aus der Trockenkammer entfernt.

Das so erhaltene Albumin hat die Gestalt farbloser oder ganz schwach gelblicher Blätter, die fast völlig durchsichtig sein müssen. In Wasser sollen sie sich nach vorheriger starker Quellung völlig klar, nicht opalisierend (ungenügende Klärung, zu starke Trocknungstemperatur) lösen.

Die *Ausbeute* an Albumin richtet sich nach der Sorgfalt beim Öffnen der Eier und bezogen auf die Zahl der Eier natürlich auch nach der Größe derselben. Im Durchschnitt werden 1 kg trockenes Albumin von etwa 230—290 Stück Eiern geliefert.

Für die Trocknung des Albumins haben sich auch Vakuumapparate, insbesondere Vakuumtrockenschränke bewährt, weil bei diesen die Trocknung sehr rasch und bei niedriger Temperatur erfolgt. Man erhält so Albumin von ausgezeichneter Beschaffenheit in Form großer Blätter. Wenn es nicht auf diese Form ankommt, sind *Vakuumtrockentrommeln* oder *Zerstäubungstrockner* von wesentlich größerer Leistung. Da aber das Albumin in Pulverform noch nicht als handelsübliche Ware gilt, hat sich die Einrichtung derartiger Anlagen bisher weniger eingeführt.

Lecithin. Das Lecithin spielt als hochwertiges, konzentriertes *Nährmittel*, mehr aber noch als *Emulgierungsmittel* und zur *Verhinderung des Spratzens* besonders *in der Margarineherstellung* (vgl. S. 233) eine große Rolle. Wenn auch heute hierfür das bei der Gewinnung von Sojabohnenöl als Nebenprodukt in großen Mengen abfallende *Sojalecithin* in zunehmendem Maße verwendet wird, so ist doch wieder zu berücksichtigen, daß auch das Eigelb bei der Fabrikation von Eialbumin als Nebenprodukt erhalten wird. Es ist daher durchaus möglich, daß auch das Eigelb als Rohstoff für die Lecithingewinnung in Zukunft wieder eine Bedeutung erlangen kann, die es früher als hauptsächlicher Rohstoff für technische Lecithingewinnung inne hatte. Auch sind Eigenschaften und Zusammensetzung des Eilecithins andere als die des Sojalecithins (vgl. S. 365).

Zur fabrikmäßigen *Darstellung des Lecithins* aus Eidotter sucht man es durch geeignete Anwendung von Lösungs- und Fällungsmitteln von seinen natürlichen Begleitstoffen zu trennen, dabei aber um ein Verderben des *im freien Zustande* sehr labilen Eilecithins zu vermeiden, Luft und Wärme möglichst auszuschließen, also eine *Vereinfachung des Arbeitsganges anzustreben* und durch Anwendung von *Vakuum* und *Kälte* die Zersetzung aufzuhalten. Als Lösungsmittel für Lecithin dienen, wie bei der Abscheidung und Auftrennung von Phosphatidgemischen im Laboratorium (vgl. S. 123), vor allem Alkohol (Äthyl- und Methylalkohol), als Abscheidungsmittel Aceton und Essigester.

Sehr einfach ist das Verfahren von C. A. FISCHER, J. HABERMANN und ST. EHRENFELD[2], bei dem Trockeneigelb *in der Kälte* zunächst mit Essigester ausgezogen wird; dadurch gehen Eieröl und Cholesterin neben dem Eigelbfarbstoff in Lösung. Anschließend wird in der Hitze mit Essigester ausgezogen und eine Lösung erhalten, die beim Erkalten das Lecithin ausscheidet. Der Niederschlag wird dann abfiltriert, nötigenfalls nochmals aus Essigester umkrystallisiert und im Vakuum getrocknet.

Ähnlich wie Essigester wird auch *Aceton* zweckmäßig in Verbindung mit einer Alkoholextraktion des Lecithins verwendet. So verreibt C. BARRO[3] das Eigelb mit gewaschenem und ausgeglühtem Bimsstein und trocknet im Vakuum bei einer Temperatur unter 50°. Das getrocknete Pulver wird kalt mit Aceton bis zum farblosen Ablauf ausgezogen, darauf dreimal kalt mit 95proz. Alkohol behandelt. Beim Verdampfen der alkoholischen Lösung bleibt das

---

[1] Zinkkästen werden zur Beförderung des Losblätterns wohl schwach geölt. Dies hat aber zur Folge, daß kleine Mengen Öl in das Albumin gelangen, was für manche Zwecke, z.B. für photographische Zwecke, unzulässig ist.

[2] FISCHER, C. A., J. HABERMANN und ST. EHRENFELD: DRP. Nr. 233593; C. 1910, II, 427.
— [3] BARRO, C.: Giorn. Farm. Chim. 1926, **75**, 59. —

Rohlecithin zurück. Zur Entfernung etwaiger Fettspuren wird es nochmals mit Aceton ausgezogen und der Rückstand im Vakuum über Schwefelsäure getrocknet. Die Ausbeute bei einem Versuch betrug 9,16% und das Produkt enthielt 94,7% Reinlecithin ($P_2O_5 \times 10,95$).

J. SONOL[1] trocknet das Eigelb durch Behandeln mit Aceton. Zum Rückstand fügt er zweimal in Zeitintervallen von 12—24 Stunden bei 50° absoluten Alkohol zu und läßt den Auszug einen Tag bei 0° stehen. Darauf wird der Alkohol im Vakuum abdestilliert. Der Rückstand wird mit Äther aufgenommen und dann mit Aceton das Lecithin ausgefällt. — SONOL gibt auch eine Aufzählung der sonstigen Verfahren zur Gewinnung von Lecithin.

Das nach diesen Verfahren erhaltene Lecithin bildet eine hell bis dunkelgelbe wachsartige Masse, die schon nach wenigen Tagen merklich dunkler wird und ranzig zu riechen beginnt. Wie aber H. H. ESCHER[2] gezeigt hat, ist reines Eilecithin weiß und bei niedriger Temperatur pulverisierbar und auch krystallisierbar. Nach dem nachstehend beschriebenen Verfahren, das hauptsächlich durch *Anwendung starker Kälte* gekennzeichnet ist, erhält man ein *schneeweißes* hygroskopisches *Pulver*, das aber schon bei Handwärme weich und klebrig wird, von schwach süßlichem Geruch und Geschmack und dabei völlig neutral ist, sowie im Gegensatz zu anderen Lecithinpräparaten keine Hämolyse verursacht.

1. Stufe: Zur Darstellung dieses Lecithins werden 5—10 kg Eidotter[3] vorsichtig entwässert und dann sämtliche Phosphatide zusammen mit allen anderen Fetten und fettähnlichen Stoffen *mit Alkohol und Chloroform* so vollständig *ausgezogen*, daß der

[1] SONOL, J.: Rev. Fac. Ciencias quim. La Plata 1927, **4**, Nr. 2, 95. — [2] ESCHER, H. H.: Helv. chim. acta. 1925, **8**, 686. — [3] Oder Ochsenhirn.

Eigelblecithin des Handels.

Lfde. Nr.	Nähere Angaben	Zeit der Untersuchung	Löslichkeit	Stickstoff %	Phosphor %	Molares Verhältnis P : N = 1 : %	Untersucht von
1.	Handelslecithin aus Eigelb	1906	—	2,25	3,49	1,43	
2.	desgl. gereinigt	1906	—	2,37	3,78	1,42	M. WINTGEN u. O. KELLER[1]
3.	desgl. selbsthergestelltes	1906	—	2,51	3,57	1,56	
4.	dasselbe aus der ätherischen Lösung	1906	—	2,50	3,69	1,50	
5.	Lecithol „Riedel"	1910	Bodensatz in Alkohol, in Äther langsam klar löslich	2,13	3,51	1,34	
6.	Ovolecithin „Merck"	1910	Klar löslich	2,10	3,54	1,32	
7.	Agfa-Lecithin	1910	Mit Alkohol und besonders mit Äther-Bodensatz	1,98	3,55	1,24	J. NERKING[2]
8.	Lecithin „Kahlbaum"	1910	Mit Äther und kalten Alkohol reichlicher Bodensatz	1,75	2,97	1,31	
9.	Ovolecithin „Billon"	1910	Völlig löslich	1,88	3,94	1,06	
10.	Lecithin „Merk", dunkel	1913	Völlig löslich	1,80	3,5—3,7	1,14—1,08	E. MERCK[3]

[1] WINTGEN, W. und O. KELLER: Arch. Pharm. 1906, **244**, 3. — [2] NERKING, J.: Hyg. Rundschau 1910, **20**, 116; Z. 1911, **21**, 568. — [3] MERCK, E.: Bull. Chim. Farm. 1913, **52**, 750; Z. 1914, I, 171. Die Jodzahl der beiden Proben betrug 60—65 bzw. 69,05. Die helle Farbe, die ein Zeichen der Frische sein kann, ist in vorliegendem Falle einem verdorbenen Präparat eigentümlich.

Rückstand nichts mehr abgibt. Zerkleinerung, Entwässerung und Extraktion sollen in 2—6 Stunden beendet sein.

2. Stufe. Der Auszug wird nun eingeengt und dann *durch Aceton ausgefällt*. Die Phosphatide bilden damit schwerlösliche Additionsprodukte mit etwa ein Drittel ihres Gewichtes an Aceton und fallen als butterartige Knollen zu Boden[1]; Lecithinkrystalle treten hier noch nicht auf. Durch mehrmaliges Umfällen und gehöriges Auskneten mit Aceton werden die Nichtphosphatide bis auf Spuren entfernt.

3. Stufe. Das *Rohlecithin wird* nun *von den* anhaftenden *Lösungsmitteln befreit* und zu späterer Verwendung in Glasgefäße eingeschlossen.

4. Stufe. Nun werden die eigentlichen *Lecithine* von den andern Phosphatiden *mit Alkohol getrennt*. Aus 1 kg Gesamtphosphatid wird mit 5 l absolutem Alkohol zunächst bei Zimmertemperatur ein schwerlöslicher Anteil abgetrennt, dann ein zweiter bei 0°. Beide entsprechen etwa einer *Cephalin und Sphingomyelinfraktion*[2]. Das auch bei 35° noch im Alkohol Gelöstbleibende enthält etwa 75 % der Gesamtphosphatide, darunter das Lecithin. Nach sorgfältiger Befreiung vom Alkohol wird der Rückstand in wasserfreiem Äther gelöst und nun durch Anwendung tagelang annähernd konstant gehaltener Kälte[3] bis zu —35° wieder in Fraktionen zerlegt.

In der auf etwa —30° gekühlten sorgfältig wasserfrei gehaltenen ätherischen Lösung tritt nach 12—24 Stunden ein *schneeweißer krystallinischer Bodenschlamm* auf, der an der Luft oder bei 0° augenblicklich in eine feuchte Gallerte zerfließt. Durch wiederholtes Umkrystallisieren bei immer weniger tiefen Temperaturen und durch nochmalige Abtrennung der im Alkohol schwerlöslichen Stoffe in einem Raume, dessen Temperatur unter 0° liegt, wird schließlich ein *Brei* von *schneeweißem, millimetergroßen Krystallen* erhalten, die in der Luft des Kälteraumes etwas beständiger waren, sich aber infolge Wasseranziehung nur mit größter Mühe unter dem Mikroskop beobachten ließen. Bei Zimmertemperatur zeigten sie auch nach scharfem Trocknen im verschlossenem Glase ein Sintern. Aus den Mutterlaugen lassen sich weitere krystallisierende Präparate, aber mit höheren Jodzahlen, isolieren.

Eigelb-Lecithin des Handels. Das käufliche *Eigelblecithin* ist oft infolge unzweckmäßiger Herstellung oder durch Zersetzungen beim Lagern mehr oder weniger unlöslich geworden bzw. verunreinigt.

Die Untersuchung einiger Proben hat ergeben:

Den *Cholingehalt* von zwei Lecithinpräparaten aus Eidotter fanden G. KLEIN und H. LINSER[4] zu 13,35—13,50 %, während Palmitooleolecithin 15,56 % erfordert. Ein Teil des Cholins lag in freier Form vor, z. B. im Lecithin-Merck etwa ein Viertel der Gesamtmenge.

Die Forderung von R. COHN[5], daß ein gutes Lecithin möglichst cholesterinfrei sein soll, ist nach Versuchen von H. MATTHES und G. BRAUSE[6] bei den meisten Präparaten durchaus nicht erfüllt. Bei elf Proben Eierlecithin fanden sie einen Cholesteringehalt von 0,22—3,38 % der Trockenmasse. Ein nach BERGELL mit der Cadmiumchloridmethode bereitetes Präparat hatte noch 0,44 % Cholesterin. Ähnlich enthielten auch Pflanzenlecithine 0,70—1,75 % Phytosterin.

| Versuch | Äther | Lecithin-Phosphorsäure löslich in | | | Entsprechend Stearooleolecithin |
| | | dann in kaltem Alkohol | dann in heißem Alkohol | Gesamt- | |
	%	%	%	%	%
1	0,33	1,96	0,03	2,32	26,3
2	0,49	1,78	0,02	2,29	26,0
3	—	2,58	0,02	2,60	29,5
4	—	2,71	0,02	2,73	31,0
5	—	2,77	0,04	2,81	32,0
6	0,29	1,71	0,04	2,04	23,2

In *Lecithinalbumin* des Handels fand R. COHN[7] an mit Äther und kaltem Alkohol abspaltbarer sowie an Gesamt-Lecithinphosphorsäure (s. nebenstehende Tab.).

Das Eieröl wird technisch aus dem bei der Albuminfabrikation abfallenden Eigelb nach STEUDEL[8] so gewonnen, daß man dieses zunächst durch Erhitzen im Wasserbade in eine

---

[1] Verdorbene oder abgebaute Phosphatide sind in Aceton mehr oder weniger löslich. —
[2] Vgl. S. 121 und H. MACLEAN: Lecithin and allied substanzes. London 1918.
[3] Zur Erzeugung der Kälte bewährte sich die kleine Kältemaschine „Autofrigor" in Verbindung mit einem 2×2×1 m großen Kälte-Thermostat, der drei mit einer 20 cm dicken Kapokschicht isolierte Kammern enthielt. Mittels eines gefrierenden Zwischenmediums ließ sich in jede Kammer eine 5 Literflasche auf beliebig zwischen —10 und 35° liegende wochenlang fast konstante Temperaturen abkühlen.
[4] KLEIN, G. und H. LINSER: Biochem. Z. 1932, **250**, 237. — [5] COHN, R.: Z. öffentl. Chem. 1913, **19**, 59. — [6] MATTHES, H. und G. BRAUSE: Arch. Pharm. 1927, **265**, 708. — [7] COHN, R.: Z. öffentl. Chem. 1911, **17**, 203. — [8] STEUDEL: Vgl. C. WINTER, Z. Fleisch- u. Milchhyg. 1930, **40**, 520.

bröckelige·Masse verwandelt und dann zwischen erwärmten Platten abpreßt. Das Öl wird dann warm filtriert.

Nach A. E. WILLIAM[1] stellt man Eieröl auch durch *Extraktion* von Eipulver *mit Benzin* her und verwendet es nach Reinigung mit 3% aktiver Kohle für Salbengrundlagen und auch für die Seifenherstellung. Es enthält etwa 4—5% *Cholesterin* (vgl. S. 143), das daraus gewonnen werden kann. Das Cholesterin wird seit kurzem viel zu Haarwuchsmitteln verarbeitet. Über die weitere Zusammensetzung des Eieröls vgl. S. 138.

Eierprodukte durch besondere Fermentationsvorgänge. Eigenartige Erzeugnisse aus Eiern werden *in China* vor allem aus *Enteneiern* aber auch aus Hühnereiern durch besondere *Fermentationsverfahren* hergestellt, die in gewisser Hinsicht mit unserer Käsebereitung aus Milch verglichen werden können. Diese so konservierten Eier werden in China sehr gern, vorwiegend als Nachspeise genossen.

Nach JUN HANZAWA[2] unterscheidet man in den Provinzen Tschekiang (Kasching fu) und Kiangssu (Sssonkong fu und Sseutseu fu) drei verschiedene Arten solcher Eikonserven:

1. *Pidan*. Hierbei werden die frischen Eier, mit einem Gemisch von roter Erde, Kalk und Wasser bedeckt, 5—6 Monate einer Fermentation überlassen. Man genießt Pidan ungekocht, mit oder ohne Soja und Zucker.

2. *Hueidan*. Man legt die Eier in eine Mischung von roter Erde, Kochsalz und Wasser und erhält nach 20 Tagen das Ei in eßbarer Beschaffenheit, wobei der Dotter gelbrot wird, — Hueidan wird gekocht mit Soja und Zucker gegessen.

3. *Dsaudan*. Die Eier werden in einen Topf mit Preßkuchen eingelegt und nach 5—6 Monaten gegessen.

Von diesen Eikonserven ist *Pidan* die wichtigste. Das fabrikmäßig angewendete Herstellungsverfahren wird von HANZAWA und ausführlicher von K. BLUNT und CHI CHE WANG[3] beschrieben:

Sorgfältig gereinigte Enteneier (etwa 1000 Stück) werden mit einer aus $1\frac{1}{3}$ Pfund starkem schwarzem Tee, 9 Pfund Kalk und $4\frac{1}{2}$ Pfund Kochsalz sowie 1 Bushel frisch gebrannter Holzasche bestehenden durch Stehen über Nacht erkalteten Paste überzogen und 5 Monate in einem mit Papier verschlossenen Topf beiseite gestellt. Dann werden sie noch mit Reisspelzen bedeckt und sind so mit einer gut ¼ Zoll dicken Umhüllung marktfertig. Bei weiterer Aufbewahrung nehmen sie noch an Güte zu, wobei der zunächst unangenehme Geschmack nach Kalk verschwindet.

Nach E. Tso[4] kann auf Grund von Angaben des Chinese Economic Bulletin zur *Bereitung von Pidan* aus 1000 Enteneiern auch eine Paste von 5 Unzen reiner Soda, 25 Unzen Strohasche und etwas weniger als 4 Unzen Kochsalz mit ungefähr 20 Unzen kochendem Wasser gemischt und mit 40 Unzen gelöschtem Kalk verrührt verwendet werden. Die Eier werden dann mit dieser Paste eingerieben und mit Reisstreu in irdene Gefäße verpackt, die oben mit nassem Lehm verschlossen werden. Nach einem Monat haben diese Eier den gewünschten Geschmack und einen bestimmten Koagulationsgrad angenommen.

Auch nach einem Schnellverfahren läßt sich nach S. C. LIEN[5] Pidan gewinnen. LIEN gibt in ein weites Glas mit Schraubdeckel 20 g Natriumhydroxyd, 50 g Kochsalz, 400 cm³ Wasser und eine Abkochung von 3 g Tee in 100 cm³ Wasser, dazu je einen Tropfen Pfefferminz- und Citronenöl. In diese Mischung kommen zehn gewaschene Hühner- oder Enteneier und bleiben im Sommer eine, im Winter zwei Wochen darin, worauf der Pidan genossen werden kann.

Die *allgemeine Beschaffenheit* von Pidan ist nach BLUNT und WANG sehr verschieden von der frischer Eier. Die etwas dunkle Schale hat an der Innenseite zahlreiche dunkelgrüne Fleckchen. Eiklar und Dotter sind koaguliert, ersteres mehr oder weniger kaffeebraun, letzterer grünlichgrau mit grauen konzentrischen Ringen von verschiedener Schattierung. Diese eigenartige Färbung verschwindet an der Luft allmählich. Im koagulierten Eiweiß, besonders in der Nähe der Dotterhaut, findet man oft tyrosinförmige Krystalle, in China „Sunghua Pidan" (Sunghua = Kiefernadel) genannt. — Eine Probe des nach LIEN hergestellten Pidans bestand aus gleichmäßig dunkelolivgefärbtem Eiklar im Gallertzustand und weichem, breiigem Dotter.

---

[1] WILLIAM, A. E.: Chem. Trade J. 1932, **90**, 353. — [2] HANZAWA, JUN: Zbl. Bakteriol., II. Abt. 1913, **36**, 418. — [3] BLUNT, K. und CHI CHE WANG: J. Biol. Chem. 1916, **28**, 125. — [4] Tso, E.: Biochem. J. 1926, **20**, 17. — [5] Privatmitteilung.

Der *Geschmack* von Pidan ist *charakteristisch, der Geruch etwas ammoniakalisch*, nicht nach Schwefelwasserstoff, der auch mit Bleipapier nicht nachzuweisen ist. In China wird Pidan wegen seiner leichten Verdaulichkeit und seines breiigen Zustandes als Speise für Magenkranke geschätzt, zumal auch durch die schwach alkalische Reaktion die Magensäure abgestumpft wird.

Die Beschaffenheit des Eiinnern erinnert in mancher Hinsicht an mit alkalischen Flüssigkeiten, z.B. mit alkalisiertem Wasserglas (vgl. S. 230) konservierte Eier. Dabei spielt aber auch die Tätigkeit von Bakterien eine Rolle. HANZAWA isolierte aus *Pidan* fünf Arten von Bakterien, mit denen er frische Eier impfte, sie einige Monate in Wasserglas brachte und dadurch eine in Farbe und Konsistenz ähnliche Konserve wie Pidan erhielt. Auch die Eienzyme dürften bei der Entstehung von Pidan eine Rolle spielen.

BLUNT und WANG ermittelten die Verteilung der Hauptbestandteile von Pidan gegenüber frischen Enteneiern wie folgt:

Hauptbestandteile von Pidan.

Gegenstand	Ganzes Ei g	Schale g	Eiklar g	Ei-dotter g	Verlust g	Schale %	Eiklar %	Ei-dotter %	Verlust %
Pidan 1	58,24	8,18	17,79	31,87	0,39	14,1	30,6	54,7	0,6
„ 2	64,76	9,29	15,13	39,70	0,64	15,0	23,2	60,9	0,9
„ 3	52,10	7,85	12,09	31,73	0,44	14,4	23,4	61,3	0,9
„ 4	65,50	8,89	19,92	36,75	0,12	13,6	30,4	55,8	0,2
Frisches Entenei 1 . .	67,7	7,7	36,0	24,0	—	11,4	53,2	35,4	—
„ „ 2 . .	68,1	7,2	36,5	24,4	—	10,6	53,6	35,8	—

Der gefundene Verlust beim Öffnen der Eier ist vorwiegend auf Wasser mit Spuren von Ammoniak zu beziehen.

Die *allgemeine Zusammensetzung von Dotter und Eiklar* war

Zusammensetzung von Pidan.

Gegenstand	Wasser %	Stickstoff %	Stickstoff-substanz (N × 6,25) %	Äther-extrakt %	Säuregrad des Äther-extraktes als Ölsäure %	Asche %	Alkalität der Asche als NaOH %
Dotter, Mittelwert	54,5	2,24	14,0	21,0	7,6	4,07	1,77
Schwankungen	49,57–58,25	2,14–2,33	13,4–14,6	17,6–23,7	69,7–9,0	4,06–4,08	1,74–1,79
Eiklar, Mittelwert .	69,79	3,21	20,1	—	—	3,03	1,21
Schwankungen	69,56–70,02	3,20–3,21	20,0–20,1	—	—	2,93–3,13	1,21–1,21

Verteilung des Stickstoffes.

Gegenstand	Gesamtstickstoff	Koagulierbarer Stickstoff	Nicht koagulierbarer Stickstoff[1]	Flüchtiger Stickstoff	Aminostickstoff[2]
Dotter	2,24	1,91	0,40	0,06	0,180
	2,14—2,33	1,79—2,04	0,33—0,42	0,06—0,07	0,179—0,182
Eiklar	3,14	2,69	0,50	0,09	0,302
	3,06—3,21	2,50—2,89	0,44—0,59	0,07—0,12	0,299—0,303

Der Gehalt an *Gesamt- und Lecithinphosphorsäure zeigte* in Pidan einen starken Rückgang, so wurde im Dotter gefunden:

---

[1] Daß die Summe koagulierbarer + nichtkoagulierbarer Stickstoff hier etwas höher als der gesamte Stickstoff gefunden ist, dürfte durch die Unvollkommenheit der Analyse bedingt sein.

[2] Nach VAN SLYKE bestimmt.

Gegenstand	Gesamt-P_2O_5		Lecithin-P_2O_5	
	%	g für 1 Ei	%	g für 1 Ei
Dotter von Pidan	0,77	0,169	0,39	0,086
desgl. in der Trockenmasse . .	1,53	—	0,76	—
Zum Vergleich nach S. 91 und 128:				
Enteneidotter	1,26	0,349	0,885	0,251
desgl. Trockenmasse	2,34	—	1,65	—

Nach Tso[1] ist im Pidan der Gehalt des Enteneis an Vitamin B völlig zerstört, dagegen der an Vitamin A oder Vitamin D wenig oder nicht beeinflußt.

Bei der Pidanbereitung geht also zunächst ein großer Teil des Wassergehaltes aus dem Eiklar in den Dotter, ein weiterer Teil wird nach außen hin abgegeben. Asche und Alkalität werden wie beim in Alkali konservierten Ei erhöht. Der Ätherextrakt ist erniedrigt, sein Säuregrad hoch. Gesamt- und Lecithinphosphorsäure sind erniedrigt. Der nicht koagulierbare Stickstoff und ganz besonders der Ammoniakgehalt sind ebenso wie der Gehalt an Aminosäuren erhöht. Alles dieses deutet auf eine starke *Aufspaltung* der Eiproteine und Phosphatide hin.

Nach H. D. GIBBS, F. AGCAOILI und G. R. SHILLING[2] ist die beschriebene Art der Herstellung von Eikonserven auch auf den Philippinen gebräuchlich.

Eine andere Art der Eikonservierung der Chinesen besteht nach ANDERMANN[3] darin, daß die Eier gekocht noch heiß in Lehm gehüllt werden. Dabei sollen die Eier ihren Geruch und ihre Wohlbekömmlichkeit behalten und sogar durch eine Art Nachreife besser werden als im frischen Zustande. Bei der Aufbewahrung wird aber das Weiße schwarz und das Gelbe grün. Diese schwarzgrünen Eier verwenden die Chinesen in kleingewiegtem Zustande zu allen Arten von Fleischspeisen und Saucen. Solche konservierten Eier gelten nach langer Aufbewahrung in China als hohe Delikatesse[4].

Bakteriologische Untersuchungen über die fermentierten Eier der Chinesen stellten H. DOLD und LIMEILING[5] an. Die Eier waren über ein Jahr, die meisten über zwei Jahre, einige über drei Jahre alt. Die Schale war unbeschädigt, der Inhalt fest, wie gekocht, bräunlich-grünlich gefärbt. Der Unterschied zwischen Eiweiß und Dotter in der Farbe war verwischt. Keines der Eier war steril. Es bestand aber keine Beziehung zwischen Alter der Eier und Bakteriengehalt. Am häufigsten wurden die sporentragenden, obligat oder fakultativ anärob wachsenden Arten angetroffen. Die weitaus überwiegende Mehrzahl der gefundenen Keime betraf nichtpathogene oder obligatpathogene Bakterien. Daneben fanden sich aber auch pathogene Organismen wie Rauschbrand-, Milzbrand- und Tetanusbazillen.

Balut. Ein eigenartiges Nahrungsmittel der Philippinen aus Eiern ist nach F. O. SANTOS und N. RIDLAOAN[6] Balut, bestehend aus 14 Tage (Balut mamatoeng) oder 17—18 Tage (Balut sa puti) *angebrüteten* und dann hart gekochten Eiern.

Auch die Kruboys in Westafrika und die Neger in Britisch-Zentralafrika verzehren die Eier erst im voll bebrüteten Zustande, wenn das Ei „voll mit Fleisch" ist (JOHNSTON[7]). In Annam gelten bebrütete Eier ebenfalls als hoher Genuß (FINLAYSON)[7].

---

[1] Tso: Biochem. J. 1926, **20**, 17. — [2] GIBBS, H. D., F. AGCAOILI und G. R. SHILLING: Philipp. J. Sc. Sekt. A. 1912, **7**, 390. Nach BLUNT und WANG. — [3] ANDERMANN, J.: Das Hühnerei.

[4] ANDERMANN berichtet darüber noch folgendes: „Als Li-Hung Tschang seine große Auslandsreise machte, führten seine Köche unter dem großen Vorrat von chinesischen Speisen und Delikatessen auch chinesische Eier in konserviertem Zustande mit, die nach Li-Hung-Tschangs eigener Erklärung vielleicht 50 Jahre älter als er selbst waren. — Der Verwaltungsrat der Zoologischen Gesellschaft für Irland hielt im Januar 1910 in Dublin ein Frühstück ab, auf dem als besondere Delikatesse einige Eier serviert wurden, die ein Sir Charles Ball aus China mitgebracht hatte und die vor etwa 40 Jahren gelegt worden waren. Trotzdem es bekannt ist, daß derartige alte Eier eine geschätzte Leckerei der Chinesen sind, so konnten doch nur wenige Mitglieder des Verwaltungsrates sich entschließen, den chinesischen Geschmack auf die Probe zu stellen. Jene aber, die es kühn wagten, erklärten, daß die Eier „excellent" seien, wenn auch verschieden im Geschmack von einem gewöhnlichen, frisch gelegten Ei. Das Innere war zu einer Art Gelee von ganz delikatem Geschmack geronnen."

[5] DOLD, H. und LIMEILING: Arch. Hyg. 1915, **85**, 300. — [6] SANTOS, F. O. und N. RIDLAOAN: Philipp. Agric. 1931, **19**, 659.

[7] Nach HASTERLIK: Z. Fleisch- u. Milchhyg. 1916, **27**, 84. — Der Kaiser von Annam schenkte der Crawfurschen Gesandtschaft als besonderes Festgeschenk und Willkommensgruß zwei Schüsseln vollbebrüteter Eier mit bereits geflügelten Kücken.

D. Verdaulichkeit. Nährwert und Genußwert von Eiern.

I. Allgemeiner Nährwert.

In der Literatur, besonders in der älteren, findet man bisweilen die Ansicht ausgesprochen, daß Eier, insbesondere Hühnereier, zu den sog. Luxusnahrungsmitteln zu rechnen seien. Diese Ansicht stützt sich auf die frühere Lehre, daß es bei der Ernährung hauptsächlich darauf ankomme, dem Organismus eine gewisse Mindestmenge an Calorien neben Eiweißstoffen zuzuführen, und daß von eiweißreicheren Lebensmitteln nur jene wertvoll seien, die in größeren Mengen genossen zu werden pflegen.

Da ein Ei 6—7 im Mittel etwa 6,5 g Eiweißstoffe enthält, müßte man also folgern, daß es z.B. nur etwa folgenden Mengen anderer Lebensmittel entsprechen würde:

Kuhmilch	Vollfettkäse (Emmentaler)	Rindfleisch	Erbsen	Weizenbrot
g	g	g	g	g
200	25	35	25	100

Noch ungünstiger wird der Vergleich für das Ei, wenn man die Wärmewerte zugrunde legt, die bei der Verbrennung frei werden. Man findet dann die in einem Eiinhalt von etwa 50 g enthaltenen Reinnalorien zu rd. 80 Einheiten, die gleiche Menge in

Kuhmilch	Vollfettkäse (Emmentaler)	Rindfleisch	Erbsen	Weizenbrot
g	g	g	g	g
135	20	50	30	32

Wenn man demgegenüber berücksichtigt, daß bei einem in beliebiger Menge als Massenware produzierbaren Nahrungsmittel, wie es das Ei unzweifelhaft ist, der *Kaufpreis* einen zwar etwas schwankenden, aber der Größenordnung nach doch zuverlässigeren Wertmesser bildet und diesen Wertmesser nun auf das Ei anwendet, so kommt man zu einer ganz anderen Wertbeurteilung.

Für einen Stichtag (29. August 1933) kostete z.B. im Berliner Kleinhandel ein frisches Ei mittlerer Größe 11 Rpf. Für den gleichen Preis erhielt man

Kuhmilch	Vollfettkäse (Emmentaler)	Rindfleisch	Erbsen	Weizenbrot
g	g	g	g	g
460	46	65	230	200

Die Unrichtigkeit einer Bewertung des Hühnereies nur auf Grund des Eiweiß- oder Caloriengehaltes kann wohl kaum deutlicher vor Augen geführt werden als durch einen solchen Vergleich. Und der oft das Richtige treffende Volksinstinkt, wie er auch im Preise eines Massenlebensmittels zum Ausdruck kommt, zeigt auch hier, daß im Hühnerei andere Werte schlummern müssen, als eine schematische Summierung der Rohnährstoffe anzeigt.

Auf Grund *biologischer Überlegungen* kommt man zu einem ähnlichen Ergebnis. Ist doch das normale Hühnerei nichts anderes als eine Aufstapelung hochwertigster Nährstoffe, die beim Brutvorgang restlos mobilisiert, unter geringsten Verlusten zum Organismus des jungen Vogels aufgebaut werden und so ein Wunderwerk vollbringen, wie es schon einen ARISTOTELES in seinen Bann zog, und das seitdem unsere größten Forscher zu staunender Bewunderung gezwungen hat. Dabei enthält das Ei alles für seine Aufgabe Nötige, die Hauptnährstoffe, auch seltenere Elemente, Aufbaustoffe, Wärmespender und Vitamine in schönster Harmonie. Wenn die Zusammensetzung dieser Nährstoffe eine so vollkommene ist, daß sie den ganzen Aufbau des Vogelorganismus zustande bringt, so liegt der Schluß nahe, daß die Eibestandteile auch dem Menschen ein überaus wertvolles Nahrungsmittel darstellen müssen. Sind doch die Ab- und Aufbauvorgänge im bebrüteten Hühnerei in chemischer Hinsicht ganz ähnliche, wie wir sie bei den Verdauungsvorgängen und im Stoffwechsel wiederfinden. So lohnt es sich, auf die wertbestimmenden Faktoren des Hühnereies als Nahrungsmittel, die noch durch seine besonderen Gebrauchswerteigenschaften erhöht sind, etwas näher einzugehen.

In der Tat sind es beim Ei das Zusammenfallen der fast vollkommenen Verdaulichkeit seiner Bestandteile mit dem hohen Gehalt der in ihm enthaltenen Proteinstoffe an lebenswichtigen Bausteinen, sein bedeutender Vitamingehalt und sein ausgezeichneter Wohlgeschmack, wie er besonders beim frischen Ei empfunden wird, die ihm seine bevorzugte Stellung in der menschlichen Ernährung und in der Küche einräumen, Vorzüge, die noch durch vielseitige Verwendbarkeit und im Vergleich zu anderen eiweißreichen Nahrungsmitteln, wie Milch und Fleisch, verhältnismäßig große Haltbarkeit erhöht werden. Das Vogelei bildet gerade das Nahrungsmittel, bei dem die *Konzentration an hochwertigsten Nährstoffen* der verschiedensten Art einen bei anderen Nahrungsmitteln unerreichten Grad erreicht hat. Ganz besonders gilt dies vom meist verwendeten Hühnerei, falls es von sauber gehaltenen und richtig ernährten Hühnern stammt.

Vorzugsweise als *Zusatz für Speisenzubereitung* erfreut sich das Ei großer Beliebtheit. Man kann wohl annehmen, daß der Hauptanteil des Eierverbrauchs in Deutschland auf Eier als Zusatz zu anderen Lebensmitteln entfallen wird.

1. Ausnutzung und Verdaulichkeit.

a) Eiinhalt.

Der Nährwert des Hühnereies beruht zunächst auf der *Ausnutzbarkeit* und *Verdaulichkeit* seiner Bestandteile. Wenn wir von der Schale absehen, die von Menschen nicht mitgegessen zu werden pflegt, finden wir für die *Ausnutzung* des *Eiinhaltes* folgende Angaben:

Lfd. Nr.	Art der Darreichung und Versuchsanordnung	Zeit der Versuche	Ausnützung durch Abzug des Verlustes im Kot an				Untersucht von
			Trockensubstanz %	Stickstoffsubstanz %	Fett (Ätherauszug) %	Aschenbestandteile %	
1.	Ohne Angaben	1842	—	98,0	—	—	C. G. Lehmann[1]
2.	42 hartgekochte Eier an zwei Tagen	1899	94,8	97,1	95,0	81,6	M. Rubner[2]
3.	22 gekochte Eier mit 1178,8 g Inhalt an zwei Tagen	1901	95,0	97,6	95,8	70,4	G. Lebbin[3]
4.	16 gekochte Eier an zwei Tagen .	1908	—	96,2	93,7	—	A. Aufrecht und F. Simon[4]
5.	16 rohe Eier an zwei Tagen . . .	1908	—	96,9	95,9	—	
6.	Fleisch mit gleichem Stickstoffgehalt, Vergleichsperiode . . .	1908	—	94,8	85,6	—	

Bemerkenswert ist die überlegene Verdaulichkeit des Eies gegenüber Fleisch. Die Versuche von Aufrecht und Simon beziehen sich auf gemischte Kost, bei der neben Kaffee 200 g, Zucker 30 g, Weißbrot 200 g, Butter 25 g, Schweineschmalz 25 g, Reissuppe 150 g, Apfelkompott 50 g, gesottenen Kartoffeln 100 g täglich acht große Eier, entsprechend 415 g Eisubstanz aufgenommen wurden. So dürfte sich auch die hohe Verdaulichkeit der rohen Eisubstanz im Vergleich zu den Ergebnissen anderer Untersucher (vgl. S. 269 und 271) erklären.

Als Ausdruck der Verdaulichkeit hat H. Moser[5] auf Grund der ϑ-Werte, die wieder der Pufferungskapazität entsprechen, nach P. Hirsch die spezifische Verdaulichkeit $\varkappa$ eingeführt. Diese wird erhalten, indem man die ϑ-Werte durch die Calorienzahl von 1 g Nahrungsmittel

[1] Lehmann, C. G.: J. prakt. Chem. 1842, **27**, 259. — [2] Rubner, M.: Z. Biologie 1897, **15**, 115; vgl. ebendort 1880, **16**, 119.; 1897, **36**, 56. — [3] Lebbin, G.: Therapeut. Monatshefte 1901, **15**, 552. — [4] Aufrecht, A. und F. Simon: Dtsche. med. Wochenschr. 1908, **34**, 2308. — [5] Moser, H.: Z. 1933, **65**, 257.

dividiert, und steht in Beziehung zur Menge Verdauungsflüssigkeit, die zur Überführung einer Calorie der Nahrungsmittel in resorbierbare Form erforderlich ist. Für Weißei und Eidotter gibt MOSER folgende Zahlen für ϑ und $\varkappa$ an:

Gegenstand	Ausgangs- stufe	Sekretionsarbeit des Magens		Belastung des Darmes für die Verdauungs- arbeit		Gesamtleistung von Magen + Darm	
	Stufe A:	A—2,5		2,5—7,5		A—2,5—7,5	
		ϑ	$\varkappa$	ϑ	$\varkappa$	ϑ	$\varkappa$
Weißei	8,96	0,138	0,234	0,129	0,218	0,267	0,452
Eidotter	6,02	0,210	0,060	0,244	0,070	0,454	0,130

Daß beim Eidotter den hohen ϑ-Werten nur kleine $\varkappa$-Werte entsprechen, ist durch den wesentlich höheren Caloriengehalt des Dotters gegenüber dem Eiklar bedingt. Die ϑ-Werte bei der Sekretionsarbeit des Magens sind wie MOSER zeigt, gleichzeitig ein Ausdruck für den Sättigungswert, der also beim Dotter mehr als 50% höher ist als beim Eiklar.

Die *Zubereitungsform* scheint auf die Verdaulichkeit der Eier von großem Einfluß zu sein.

Nach R. J. MILLER und Mitarbeitern[1] bedingen Eier geringere Magensekretion und verlassen den Magen rascher als Fleisch. Die Aciditätswerte, die im Mittel 120 betragen, waren bei Eiern 80, bei Rindfleisch 184.

Enten und Truthuhneier werden fast genau so gut verdaut wie Hühnereier, konservierte Eier wie frische. Koaguliertes Tataeiweiß (vgl. S. 150) aus Eiern von Nesthockern unterliegt nach TARCHANOFF durch künstlichen Magensaft einer etwa 8—10mal so raschen Verdauung wie Hühnereiweiß.

Eine Eierzulage (3% des Calorienwertes, 2,25% der Trockensubstanz) zu einer an sich schon ausreichenden Kost, die 37,5% der Gesamtcalorien an Cerealien und 15% an Gemüse enthielt, führt, wie M. S. ROSE und E. L. McCOLLUM[2] an Ratten feststellten, zu einem besseren Wachstum vom 28. Lebenstage an; vorher war kein Unterschied zu bemerken. Auch die Zahl der befruchteten Weibchen wurde erhöht und die Lactation gefördert. Die günstige Wirkung war unabhängig vom Hämoglobingehalt des Blutes, der mehr den Einflüssen des Alters als der Kost unterlag.

b) Eiklar. Einfluß der Koagulation.

Koaguliertes Eiklar wird schon im Magen rasch und völlig peptonisiert. Während von vielen Verbrauchern das gekochte, insbesondere das hartgekochte Ei für schwerer verdaulich gehalten wird, was auch AUFRECHT und SIMON annehmen, deuten aber verschiedene Beobachtungen auf eine schlechtere Ausnützung des rohen Eiklars hin, wogegen beim Dotter, wie wir noch sehen werden, das Umgekehrte der Fall zu sein scheint. Bei am Hunde vorgenommenen Versuchen wurde von verschiedenen Forschern eine recht schlechte Ausnutzbarkeit des rohen Eiklars festgestellt.

Bei Versuchen von F. STEINITZ[3] verursachte angesäuertes, im Vakuum eingedampftes Hühnereiweiß beim Hunde Erbrechen schaumiger, unverdautes Eiweiß enthaltender Massen und Entleerung eines stark diarrhöischen Kotes. Das gleiche war mit dem Präparat Protogen der Höchster Farbwerke der Fall. E. S. LONDON und A. TH. SULIMA[4] gaben an, daß vom Magen anscheinend rohes Eiweiß nicht resorbiert wird. Während sie in den aus einer Ileumkanüle gewonnenen Verdauungsprodukten von koaguliertem Hühnereiweiß nur 0,3% wiederfanden, enthielt die Entleerung eines Pylorus-Fistelhundes nach rohem Eiklar noch 88%, eines Ileumfistelhundes noch 73% koagulierbares Eiweiß. Durch den ganzen Darm vom

---

[1] MILLER, R. J., H. L. FOWLER, O. BERGHEIM, M. E. REHFUSS und PH. B. HAWK: Amer. J. Physiol. 1919, 49, 254; Z. 1920, III, 852. — [2] ROSE, M. S. und E. L. McCOLLUM: J. biol. Chem. 1928, 78, 549. — [3] STEINITZ, F.: Pflügers Arch. 1898, 72, 96. — [4] LONDON, E. S. und A. TH. SULIMA: Z. physiol. Chem. 1905, 46, 209.

Pylorus bis zum Coecum wurde nur etwa 12% der Nahrungssubstanz resorbiert.— Beim Menschen liegen die Verhältnisse ähnlich wie beim Hunde.

Der Unterschied zwischen rohem und koaguliertem Eiklar wird dadurch verschärft, daß auch die Trypsinverdauung im Darm nach S. ROSENBERG und G. OPPENHEIMER [1] versagen kann, wenn das Eiklar vorher nicht mit Pepsinalzsäure genügend angedaut war. E. W. COHN und A. WHITE [2] haben durch Versuche ebenfalls dargelegt, daß rohes Eiklar durch Pepsin nicht gespalten wird, durch Trypsin nur wenig, wogegen vorausgehende Hitzebehandlung die Hydrolyse durch Trypsin erhöht; auch die Wirkung von Pepsin und Trypsin nacheinander hing direkt von der Dauer der vorangehenden Wärmebehandlung ab.

W. FALTA [3] fand bei normaler Magensekretion eine Ausnützung des in Menge von 80 g der täglichen Grundkost zugefügten Eiklars von 90—95%, daß dagegen bei Störung der Magenverdauung besonders bei Verminderung der Salzsäureproduktion mit oder ohne gleichzeitige Störung der Pepsinproduktion unter Umständen bis zu 48% der Ausnutzung entgehen. Bei Patienten mit einer Magen und Dünndarm verbindenden Fistel mit Anacidität und Apepsie sowie vermehrter Motilität erschienen sogar 86% des Stickstoffs von rohem Eiklar wieder im Kot, wogegen andere Eiweißstoffe und koaguliertes Ovalbumin gut ausgenützt wurden. Nach weiteren Versuchen am Menschen hat FALTA [4] für koaguliertes reines Ovalbumin eine Resorption von 87,5%, für genuines Ovalbumin nur von 70% beim Menschen, 80% beim Hunde festgestellt.

W. G. BATEMANN [5] betont ebenfalls die *schlechte Verdaulichkeit* des rohen Eiklars von Hühner- und Enteneiern. In größeren Mengen in den Magen eingeführt verursachte es Diarrhöe bei Hunden, Ratten, Kaninchen und auch beim Menschen. Die Faeces enthielten unverändertes Albumin mit der Koagulationstemperatur 68—73°.

So betrug die Ausnutzung für

Wurde rohes Eiklar einige Tage hintereinander genossen, so hörte allerdings die Diarrhöe auf und die Ausnutzung wurde besser.

Art des Eiklars	Hund 1 %	Hund 2 %
Gekochtes Eiklar.	89,6—91,2	90,0
Rohes Eiklar	51,0—62,2	58,5
Gekochtes Eiklar.	88,5	89,8

Ein vorzüglich verdauliches Nahrungsmittel wurde das Eiweiß bei den Versuchen BATEMANS dann durch *Hitzekoagulation*. Ähnlich wie Hitzekoagulation wirkte eine Ausfällung mit Alkohol, Chloroform oder Äther, Behandlung mit verdünnten Säuren und Alkalien, auch teilweise Vorverdauung mit Pepsin und Umwandlung in Alkalialbuminat, kurz eine Denaturierung des Albumins.

Um diese *Umwandlung des Eiklars in* gut verdauliches Eiweiß zu erreichen ist ein starkes *Erhitzen* durchaus unnötig. PH. FRANK [6] hat Proben von Hühnereiklar auf 40, 50, 60, 70, 80, 90 und 100° erhitzt und dann 5 Minuten lang auf 100° gehalten. Darauf wurde die auf 40° vorerhitzte Probe am schnellsten verdaut, noch schneller aber eine Probe, die zuerst auf 70° dann aber nur auf 75° erhitzt worden war. Die *Dauer des Kochens* ist auf die Verdaulichkeit des Eiklars ohne Einfluß. E. G. YOUNG und J. G. MACDONALD [7] erhitzten Eiklar verschiedene Zeit, nämlich 2—30 Minuten auf 100° und erhielten dann (bei gleicher Dauer der Pepsinverdauung) unveränderte Abbaumengen.

Die Schwerverdaulichkeit des rohen Eiklars gegenüber dem gekochten ist durch den *physikalischen Zustand* der in ihm enthaltenen Proteinstoffe nicht zu erklären. Die leichte *Vermischbarkeit* mit den Verdauungssäften müßte sie gerade leicht angreifbar machen. Auch die Arbeitsbelastung des Magens ist beim rohen Eiklar geringer als beim gekochten. Die *Verweildauer* im Magen ist bei beiden nicht wesentlich verschieden, sie betrug nach Versuchen von PENTZOLDT [8] bei

---

[1] ROSENBERG, S. und G. OPPENHEIMER: Beih. chem. Physiol. u. Pathol. 1904, **5**, 412; C. 1904, II, 251. Vgl. auch C. OPPENHEIMER und H. ARON: Beih. chem. Physiol. u. Pathol. 1904, **4**, 279. —
[2] COHN, E. W. und A. WHITE: J. biol. Chem. 1935, **109**, 169; C. 1935, II, 1733. —
[3] FALTA, W.: Verh. Ges. Deutsch. Ntf. u. Ärzte 1905, II, 2, 40; C. 1906, IV, 1447. — [4] FALTA, W.: Dtsches. Arch. klim. med. 1906, **86**, 517. — [5] BATEMANN, W. G.: J. biol. Chem. 1916, **26**, 263. — [6] FRANK, PH.: J. biol. Chem. 1911, **9**, 463. — [7] YOUNG, E. G. und J. G. MACDONALD: Trans. Roy. Soc. Canada 1927 (3), **21**, 385. — [8] Vgl. A. BICKEL: Z. Volksern. 1935, **10**, 260.

100 g Ei, drei Minuten im siedenden Wasser . . . . . 105 Min.
     desgl. roh . . . . 135 „
     desgl. hartgekocht . . . . 180 „

In der Annahme der *Ursache* der Verdauungshemmung bei rohem Eiklar hat J. König sich der Ansicht von A. Bickel angeschlossen, daß gekochtes Eiklar ein stärkerer Säurelockerer als das rohe sei. Aussichtsreicher ist es für dieses eigenartige Verhalten des Eiklars eine Erklärung entweder in seiner starken serologischen Differenzierung oder in besonderen Abwehrfermenten zu suchen. Beide würden eine Abschwächung der Verdauungshemmung durch das Erhitzen erklären können.

Bezüglich des *serologischen Verhaltens* stellten A. Besredka und J. Broufenbrenner[1] bei Meerschweinchen nach subkutaner Einverleibung von nativen Hühnereiweiß nach 12 bis 20 Tagen aktive, mehrere Monate dauernde *Anaphylaxie* fest, mit erhitztem zwar ebenfalls noch, aber in viel geringerem Grade. Auch passive Anaphylaxie mit dem Serum sensibilisierter Kaninchen ließ sich erzeugen, sie dauerte aber nur 14 Tage. Die gegen natives Eiweiß sensibilisierten Meerschweinchen erlagen bei intravenöser und subduraler Einverleibung von 0,02—0,002 cm³ nativem Eiweiß in wenigen Augenblicken dem anaphylaktischen Schock, waren indes gegen erhitztes Eiweiß unempfindlich. Dagegen reagierten die Meerschweinchen sehr stark auf letzteres, wenn sie damit sensibilisiert waren.

Antifermente als Hemmungsursache beim Verdauungsabbau des rohen Hühnereiklars nehmen Ch. G. L. Wolf und E. Österberg[2] an. Bateman nimmt, wenn nicht die chemische Beschaffenheit des Albumins die Ursache ist, als Ferment ein „*Antitrypsin*" an, das sich dann in der Albuminfraktion befinden muß. Doch ist nach Oppenheimer und Aron hierdurch die Resistenz von genuinem Albumin nicht hinreichend zu erklären und damit wohl das *Ovalbumin selbst* als der schwerverdauliche Bestandteil des Eiklars anzusehen.

Wie es nach den Bobachtungen scheint, ist also eine *normale Verdauungstätigkeit des Magens* imstande, entweder dieses Ferment zu inaktivieren oder das Eiweiß selbst genügend zu denaturieren, um die Störung bei der Trypsinverdauung auszuschalten. Erst bei einem teilweisen oder völligen Versagen der Magenfunktion treten die Verdauungsstörungen ein.

Auch die *Pepsinverdauung* selbst ist in ihrem Verlaufe bei rohem und koaguliertem Albumin *verschieden*. So erhielt A. Blanchetière[3] nach seinem Verfahren[4] folgende Mengen Diacipiperazin:

Bebrütung mit Pepsin Tage	Für 100 Teile Stickstoff erhalten als Piperazin bei	
	Rohprotein Teile	koaguliertem Protein Teile
1	37,5	11,2
5	29,4	13,9
10	28,2	15,6
17	22,8	18,0
24	21,4	18,0
31	19,9	25,2
38	19,9	25,2
54	19,9	27,0
68	19,9	27,0
82	19,9	27,0

Wider Erwarten wird also das koagulierte Albumin viel langsamer vom Pepsin angegriffen als das rohe. Jedenfalls zeigen aber diese Ergebnisse, daß bei der Koagulation des Eialbumins eine nicht unerhebliche Umlagerung des chemischen Aufbaues des Albuminmoleküls und ein verändertes Verhalten Verdauungsenzymen gegenüber eingetreten sein muß.

Eigenartig ist nach F. Sabalitschka[5], daß koaguliertes Eiklar von ganz frischen Eiern von Pepsin etwas schwerer angegriffen wird als von älteren. Verwendet man bei dem Versuch zur Bestimmung der Wirksamkeit des Pepsins nach dem Deutschen Arzneibuch das Eiklar von einem gekochtem ganz frischen Ei, so wird es bei den vorgeschriebenen bestimmten Versuchsbedingungen von einer Pepsinlösung in drei Stunden nicht vollkommen gelöst. Diese Lösung des gekochten Eiklars durch Pepsin gelingt aber, wenn das Ei 5—8 Tage alt geworden ist. In den ersten Tagen nach dem Legen muß also eine noch unbekannte Änderung mit dem Hühnereiklar eintreten, die wahrscheinlich auch die Verdaulichkeit des Eiklars bei der Verdauung im Magen beeinflußt.

---

[1] Besredka, A. und J. Broufenbrenner: Annal. Inst. Pasteur 1911, **25**, 392; Z. 1913, **25**, 296. — [2] Wolf, Ch. G. L. und E. Österberg: Biochem. Z. 1912, **40**, 234. — [3] Blanchetière, A.: Compt. rend. 1927, **185**, 1321. — [4] Bull. Soc. chim. 1927 (4), **41**, 101. — [5] Sabalitschka, F.: Privatmitteilung.

c) Eidotter.

Verdaulichkeit des Dotterproteins. Nach Versuchen von BATEMAN wird beim Hunde das Protein des Eidotters roh ebensogut ausgenutzt wie im gekochten Zustande. H. FALTA fand für koaguliertes Ovovitellin fast die gleiche Ausnutzung (86%) wie für koaguliertes Ovalbumin (87,5%). Beim Fütterungsversuch mit Roheigelb am Hunde bisweilen auftretende Störungen führt BATEMAN auf den dem Hunde nicht zuträglichen hohen Fettgehalt zurück. Beim Menschen verschiedentlich beobachtete Schwerverdaulichkeit von hartgekochtem Eigelb dürfte oft auch durch ungenügende Zerkleinerung beim Kauakt bedingt sein.

Lecithin. Das Lecithin des Eidotters wird bei Verdauungsversuchen etwas weniger gut ausgenutzt gefunden als das Fett.

So fand LEBBIN eine Ausnutzung von

B. REWALD[1] stellte bei Verfütterung pflanzlicher Phosphatide (Sojaphosphatid) in großen Mengen (täglich 30 g Lecithin) während sechs Monate an Hunde ebenfalls eine Ausnutzung von 85,5—95,5% im Mittel 90% fest. Es ist aber nicht sicher ent-

	Lecithin		Neutralfett	
	Un-ausgenutzt %	Ausgenutzt %	Un-ausgenutzt %	Ausgenutzt %
	8,97	91,03	2,00	98,00

schieden, ob die im Kot gefundenen Phosphatide Reste des in der Nahrung zugeführten Lecithins sind, oder ob es sich vielmehr um abgestoßene Darmepithelien, Bestandteile der Verdauungssekrete des Darmes oder Bakterienprodukte handelt.

Von der Pepsinsalzsäure des Magens wird Lecithin nicht, wenig von der Magenlipase gespalten. Seine Zerlegung in Glycerinphosphorsäure, Fettsäuren und Cholin (bzw. Colamin) erfolgt erst durch die *Lipase des Darms*, besonders des Steapsins des Pankreas (C. SCHUMOFF-SIMANOWSKI und N. SIEBER[2]). Die Wirkung des Steapsins ist spezifischer Art; denn P. MAYER[3] gelang es aus durch Erhitzen von gewöhnlichem Rechtslecithin in Alkohol auf 90—100° inaktiviertem Lecithin durch Behandlung mit Steapsin ein linksdrehendes Produkt zu erhalten, indem das rechtsdrehende abgebrochen wurde. Pflanzliche Fermente, wie solche aus Ricinussamen, spalten Lecithin ebenso wie Fett, nicht aber die Serolipase des Blutes, die man so von anderen Fermenten unterscheiden kann. Die Glycerinphosphorsäure im Darm wird nach P. GROSSER und J. HUSLER[4] durch ein von der Darmwand zusammen mit Erepsin abgeschiedenes Ferment, die Glycerophosphatase, weiter in Phosphorsäure und Glycerin gespalten. Das Ferment ist auch in den Nierenzellen enthalten, wo es wahrscheinlich zum Abbau der in der Darmwand nicht zerlegten Reste der Glycerinphosphorsäure dient. Pankreas, Muskel und Blut enthalten das Ferment nicht, Leber und Milz nur in Spuren.

Das Freiwerden der großen Mengen *freier Phosphorsäure* nach Zufuhr von Phosphatiden, also auch von Eidotter, könnte die *Gefahr einer Übersäuerung* des Organismus eintreten lassen. Die erwähnten Versuche von REWALD mit nicht weniger als 5400 g Lecithin in sechs Monaten an Hunden haben diese Befürchtung jedoch durchaus nicht bestätigt.

Merkwürdig ist auch, daß die beim Eigenuß freiwerdenden großen Mengen *Cholin* beschwerdenfrei resorbiert werden, deren direkte Zuführung zu einer Vergiftung hinreichen würde. Nach G. MODRAKOWSKI[6] ist die Wirkung des Cholins bereits mit 0,6 mg für 1 kg Körpergewicht des Tieres deutlich erkennbar. Auf welche Weise diese Entgiftung des Cholins nach Eigenuß vor sich geht, ist noch nicht bekannt. Ein Teil des Cholins wird in den Geweben abgelagert. Durch die Tätigkeit mancher Darmbakterien soll sich aus Cholin ferner das stärker giftige Neurin bilden können.

---

[1] REWALD, B.: Biochem. Z. 1928, **198**, 103. — [2] SCHUMOFF-SIMANOWSKI, C. und N. SIEBER: Z. physiol. Chem. 1906, **46**, 50. — [3] MAYER, P.: Biochem. Z. 1906, **1**, 39. Nach MCLEAN. — [4] GROSSER, P. und J. HUSLER: Z. Biochem. 1912, **39**, 1. — [5] Vgl. R. KOBERT: Lehrbuch der Intoxikationen, II, 1232. Stuttgart 1906. — [6] MODRAKOWSKI, G.: Z. physiol. Chem. 1906, **46**, 50.

Wenn die Ansicht von D. Danielopolu und R. Brauner[1], daß der wirksame Bestandteil von Leberauszug, der auf die blutbildenden Organe wirkt, Cholin ist, würde Genuß von Eidotter besonders bei Anaemien von Wert sein. Diese Fragen bedürfen noch der Klärung.

Abgesehen von dieser Zerlegung des Lecithins in seine Bausteine hat seine Zufuhr aber auch eine Erhöhung des Phosphatidspiegels (des alkohollöslichen Phosphors) des Blutes, sei es infolge von Neusynthese, sei es dadurch, daß kleine Phosphatidmengen die Darmwand passieren, zur Folge. Immer handelt es sich hierbei aber nur um einen kleinen Bruchteil der zugeführten Mengen. Bei dem Vorgange werden nur kleine Mengen Neutralfett gebildet. F. Eichholtz[2] fand:

Hund	Gewicht kg	Menge des verfütterten Lecithins g	g Lecithin in 100 ccm Blut				mg Fett in 100 ccm Blut			
			vorher	nach 2 Std.	nach 4 Std.	nach 6 Std.	vorher	nach 2 Std.	nach 4 Std.	nach 6 Std.
1	2,5	40,6	0,27	0,34	0,38	0,31	0,60	0,60	0,63	0,63
2	2,7	40,6	0,38	0,42	0,40	0,39	0,54	0,60	0,66	0,63
3	3,1	40,6	0,29	0,35	0,37	0,33	0,69	0,75	0,72	0,72

Über die calorigene Wirkung des Lecithins vgl. D. E. Gregg[3]. Nach seinen Versuchen scheint Lecithin im Zwischenstoffwechsel der Fette keine besondere Rolle zu spielen.

Rewald[4] stellte nach reicher Lecithinfütterung bei Hunden eine starke *Speicherung* desselben, besonders in Gehirn, Nieren und Leber fest.

Der *Einfluß* von Lecithin bzw. von Eidotter *auf andere Verdauungsfermente* wurde nicht ganz einheitlich gefunden. Nach Versuchen von S. Küttner[5] begünstigt Lecithin in kleinerer Menge die Magensaftverdauung von Eiweiß (Casein), also die Pepsinwirkung. Das Lecithin scheint dabei besonders dann zur Geltung zu kommen, wenn für die Verdauung ungünstige Bedingungen entstanden sind, wie man sie bei durch Stehen abgeschwächtem Magensaft bemerkt. Bei der pankreatischen Verdauung von Casein wirkte Lecithin bei einem bestimmten Verhältnis zwischen Verdauungsobjekt und verdauender Kraft förderlich, in größerer Konzentration hemmend (J. Neumann[6]). Auf Amylase (Leberdiastase) zeigten nach E. Centami[7] mit Äther erhaltene Eidotterauszüge stark beschleunigende Wirkung, die auch durch Kochen der Auszüge nicht vernichtet wurde. H. Lapidus[8] erhielt mit Handelslecithin hemmende Wirkung auf Ptyalin und Pankreasdiastase, fördernde, wenn das Serum vorher mit Äther behandelt war. Nach E. Starkenstein[9], ferner nach E. F. Terroine[10] hat Lecithin keinen Einfluß auf die Diastasewirkung, auch nach D. Minami[11] sind Lipoide für die Diastasewirkung vollständig überflüssig.

Nach K. Dragendorf[12] haben Eilecithin wie Gehirnlecithine die *Fähigkeit, Toxine zu binden*, Alkaloide zu entgiften. Auch findet am isolierten lebensfrischen Eilecithin Sauerstoffaufnahme und -abgabe, also gewissermaßen ein Atmungsvorgang statt (Bergell). Bei der parenteralen Anwendung läßt sich Eilecithin an Zuverlässigkeit nicht durch Pflanzenlecithin ersetzen. Als Kräftigungsmittel wirken nach Dragendorff bereits sehr kleine Mengen Eilecithin.

Eieröl und Cholesterin. Wie bereits oben erwähnt wird das Neutralfett des Eies zu 98 % verdaut. Daß der Ätherextrakt nach S. 253 etwas weniger verdaulich erscheint, dürfte durch seinen Lecithinanteil bedingt sein. Eigenartig ist der von S. J. Levites[13] bestätigte Befund von Volhard sowie von London und Wersilowa, daß Eidotterfett im Eidotter verabreicht, *schon im Magen* tiefgehend *gespalten* wird, während andere Fette dabei nur eine ganz geringe Verseifung erleiden.

[1] Danielopolu, D. und R. Brauner: Nederl. Tijdschr. Geneeskunde 1937, **81**, 273. — [2] Eichholtz, F.: Biochem. Z. 1924, **144**, 66. — [3] Gregg, D. E.: Amer. J. Physiol. 1932, **100**, 597; Z. 1937, **74**, 55. — [4] Rewald, B.: Biochem. Z. 1928, **198**, 103. — [5] Küttner, S.: Z. physiol. Chem. 1907, **50**, 472. — [6] Neumann, J.: Berl. klin. Wschr. 1908, 2066. Nach MacLean: Lecithin and allied Substanzes. London 1918. — [7] Centami, E.: Biochem. Z. 1910, **29**, 389. — [8] Lapidus, H.: Biochem. Z. 1910, **30**, 39. — [9] Starkenstein, E.: Biochem. Z. 1911, **33**, 423. — [10] Terroine, E. F.: Biochem. Z. 1911, **53**, 355. — [11] Minami, D.: Biochem. Z. 1912, **39**, 355. — [12] Dragendorf, K.: Chem.-Ztg. 1933, **57**, 493. — [13] Levites, S. J.: Biochem. Z. 1909, **20**, 220.

Levites fand an Hunden mit Darmfistel:

Fettart	Zeit in Stunden	Menge des verabreichten Fettes g	Reaktion der Entleerung	Fettgehalt der Entleerung g	Freie Fettsäuren im Fett %
Eidotterfett	1	10	alkalisch	1,22	32,03
„	2	10	„	0,25	93,11
„	2	20	„	6,04	52,73
„	4	20	„	2,15	60,35
Olivenöl	2	15	sauer	8,34	4,51
„	4	15	„	3,13	4,40
Mohnöl	3	25	„	10,40	3,15

Ähnlich wie letztere Öle verhielten sich auch Mandelöl und Triolein.

Das *Cholesterin* wird nach Versuchen von J. H. Mueller[1] an Hunden aus dem Darmtraktus leicht durch den Chylus resorbiert. Bei Fütterung von freiem Cholesterin wird dabei ein Teil verestert; bei Fütterung von nur verestertem Cholesterin wird ein Teil desselben gespalten. Bei *fortgesetzter Fütterung großer Cholesteringaben* steigt die Cholesterinausscheidung, doch ist nach J. H. Page und W. Menschik[2] die Bilanz stets negativ. Cholesterin wird nach ihren Versuchen in allen Organen, außer im Gehirn, gespeichert. Daß aber auch nicht unbeträchtliche Cholesterinmengen im Organismus zerstört werden, geht aus den Cholesterinbestimmungen in dem ganzen Tiere am Ende des Versuchs hervor.

Wenn auch das Cholesterin dem Organismus wohl nur durch die Nahrung zugeführt wird, so ist bei dem reichen Vorkommen des Cholesterins und Phytosterins, aus dem es wahrscheinlich durch Umlagerung im Organismus gebildet werden kann, ein Cholesterinmangel kaum zu erwarten. Ob eine übermäßige Zufuhr von Cholesterin sich irgendwie schädlich auswirken kann, ist noch ganz unbekannt.

d) Übersicht über die Nährstoffmengen.

Wenn wir nun einerseits die Mittelwerte der Ausnutzbarkeit der Rohnährstoffe wie folgt einsetzen:

Stickstoffsubstanz %	Fett %	Kohlenhydrate %	Asche %
97,2	95,1	98	76

andererseits die von uns berechneten Mittelwerte für Eier, Eibestandteile und Eiprodukte heranziehen, finden wir nach der von J. König angegebenen Berechnungsweise die folgenden Nährwertgehalte.

Dabei ist angenommen, daß 1 g Protein 4842 cal, Fett 9300 cal, Kohlenhydrat 3900 cal liefert.

2. Qualitative Hochwertigkeit der Eibestandteile.

Allein nach seinem Gehalt an verdaulichen Nährstoffen betrachtet könnte man versucht sein, die Bedeutung des Eies für die Ernährung in Anbetracht der verhältnismäßig kleineren Mengen, die davon genossen zu werden pflegen, für unbedeutend zu halten. Diese Auffassung würde aber übersehen, daß das Ei weiterhin besonders ausgezeichnet ist durch:

a) Hochwertigkeit seiner Proteinstoffe, b) hohen Vitamingehalt, c) Gehalt an sonstigen, der Menge nach kleinen, aber ernährungswichtigen Bestandteilen.

a) Proteinstoffe.

Die *natürliche Aufgabe des Eiinhaltes*, die ausschließliche Nahrung des wachsenden Vogelembryos in seiner ersten Entwicklung zu sein, läßt schon eine Voll-

---

[1] Mueller, J. H.: J. biol. Chem. 1915, **22**, 1. — [2] Page, J. H. und W. Menschik: J. biol. Chem. 1932, **97**, 359.

Nährwert von Eiern, Eibestandteilen und Eiprodukten.

| Gegenstand | Rohnährstoffe | | | | | Ausnutzbare Nährstoffe | | | Calorien (rohe) in 1 kg Substanz | Reincalorien in 1 kg Substanz | Ausnutzbare Preiswerteinheiten in 1 kg[1] |
	Wasser %	Stickstoffsubstanz %	Fett %	Kohlenhydrate %	Asche %	Stickstoffsubstanz %	Fett %	Kohlenhydrate %	Cal.	Cal.	
Hühnerei, Inhalt	73,2	13,4	11,4	0,9	1,1	13,0	10,8	0,9	1744	1668	1265
desgl. Dotter	49,0	16,7	31,6	1,2	1,5	16,2	30,1	1,2	3795	3631	1910
desgl. Eiklar	86,6	11,6	0,2	0,8	0,8	11,3	0,2	0,8	620	605	916
Entenei, Inhalt	69,8	13,0	14,8	1,4	1,0	12,6	14,1	1,4	2061	1967	1304
Gänseei, desgl.	69,8	13,9	13,9	1,3	1,1	13,5	13,2	1,3	2017	1932	1327
Kiebitzei, desgl.	74,7	10,8	11,2	2,4	0,9	10,5	10,6	2,3	1659	1584	1075
Truthuhnei, desgl.	73,7	13,4	11,2	0,8	0,9	13,0	10,6	0,8	1722	1646	1260
Perlhuhnei, desgl.	72,8	13,5	12,0	0,8	0,9	13,1	11,4	0,8	1800	1725	1284

[1] $= 8 \times$ Protein $+ 2 \times$ Fett $+$ Kohlenhydrate.

wertigkeit der Eiproteine, wenigstens aber eines der vorhandenen erwarten. Die Versuche von T. B. Osborne, L. B. Mendel und E. L. Ferry[1], von R. Berg[2] sowie von E. B. Hart und E. V. McCollum[3] haben dann gezeigt, daß beide Hauptproteine, das Ovalbumin und das Ovovitellin, dem Bedürfnis des wachsenden Tieres genügen. Osborne, Mendel und Ferry erhielten die höchsten Gewichtszunahmen mit Ovovitellin und etwa gleiche mit Casein und Ovalbumin. Hart und McCollum beobachteten an Schweinen bei Ergänzung des Grundfutters mit Eidotter normale Reproduktion und normales Wachstum.

W. Falta und C. T. Noeggerath[4] haben bereits früher die Hochwertigkeit des Ovalbumins daran erkannt, daß es sich als doppelt solange (94 gegen 53 Tage) ausnutzbar erwies wie andere Proteinstoffe. Nach S. Baglioni[5] bewirkte *Ovalbumin* bei Ratten Gewichtszunahme, während durch Zein und Gliadin das Gewicht zurückging. Dieser Rückgang war aber schon durch kleine Zulagen von Eiprotein zu vermeiden. Weizenprotein wird auch nach Osborne, Mendel, nach R. H. A. Plimmer[6] sowie nach H. H. Mitchell und G. G. Carman[7] durch Eiprotein vervollständigt.

Drückt man nach Mitchell[8] die biologische Wertigkeit durch den Anteil des absorbierten Stickstoffs (Stickstoffeinnahme minus Fäkel-N, soweit aus der Nahrung stammend) aus, so war diese Wertigkeit nach Mitchell und Carman in zwei Versuchsreihen mit 5 bzw. 4 Ratten:

Reihe	Weizenration %	Eiration %	Schweinefleischration %
I	62—66	92—98	62—77
II	64—72	90—93	73—88

Nach diesen Versuchen übertrifft das Protein des gekochten Gesamteies im biologischen Wert jedes andere Protein und sogar noch die Milch (mit 85%), der dann gleich das Eiklar für sich allein (mit 83%) folgt.

---

[1] Osborne, T. B., L. B. Mendel und E. L. Ferry: Z. physiol. Chem. 1912, **80**, 307. — [2] Berg, R.: Die Vitamine. Leipzig 1927. — [3] Hart, E. B. und E. V. McCollum: J. biol. Chem. 1914, **19**, 373. — [4] Falta, W. und C. T. Noeggerath: Beitr. chem. Physiol. u. Pathol. 1905, **7**, 313; C. 1906, I, 254. — [5] Baglioni, S.: Atti. R. Accad dei Lincei Roma 1913 (5), **22**, II, 721; C. 1914, I, 100. — [6] Plimmer, R. H. A.: J. Soc. Chem. Ind. 1921, **40**, R. 227. — [7] Mitchell, H. H. und G. G. Carman: J. biol. Chem. 1920, **60**, 613. — [8] Mitchell: J. biol. Chem. 1924, **58**, 873.

Die Hochwertigkeit der Eiproteine [1] beruht auf dem *hohen Gehalt an physiologisch wertvollen Aminosäuren* besonders an Tyrosin, Tryptophan, Cystin, Histidin und Lysin. Nach den Zusammenstellungen und Berechnungen in Abschnitt B (S. 68) können wir auf folgende Gehalte schließen (s. nebenstehende Tab.):

Hiernach berechnen sich für ein Hühnerei im Mittel etwa:

Protein	Tyrosin %	Tryptophan %	Cystin %	Histidin %	Lysin %
Vitellin	5,1	1,4	1,2	1,6	5,1
Livetin	3,6	1,3	3,5	0,9	5,0
Ovalbumin . .	4,2	1,4	1,4	1,5	4,8
Weißeiprotein .	4,1	1,4	2,1	1,4	5,3
Casein	5,4	1,6	0,3	2,5	8,4

Aminosäure:	Tyrosin mg	Tryptophan mg	Cystin mg	Histidin mg	Lysin mg
In 1 Eiinhalt:	310	100	130	100	350

H. O. CALVERY [2] ermittelte den *Lysinstickstoff* des durch Alkoholextraktion gereinigten Eiproteins (Eiinhaltes) zu 7,04%, woraus sich 4,1% Lysin berechnen würden. Ferner fand CALVERY für ein frisches Ei an Tryptophan 116—119, Cystin 217, Cystein 19 mg. — A. LEROY [3] hält bei Futtermitteln Lysin für den wichtigsten Eiweißbaustein. In gewisser Weise wird dies auch für die menschliche Nahrung zutreffen.

C. E. MAY und E. R. ROSE [4] fanden den *Tryptophangehalt* im Eidotter höher als im Weißei, nämlich für Ovovitellin 1,74, Ovalbumin 1,11% Tryptophan.

T. IDE [5] unterscheidet zwischen *freiem und Gesamttryptophan* (s. nebenstehende Tab.):

Y. SENDJU [6] gibt für die gesamten Eiproteine 2,14% Tryptophan neben 7,36% Lysin und 2,56% Cystin an.

Tryptophan	Gesamt-eiinhalt	Weißei	Dotter
Freies, % der Substanz	0,359	0,310	0,437
Gesamt-, % des Proteins	2,74	2,83	2,51

Von J. TILLMANS und Mitarbeitern [7] wurden folgende Mengen *Tryptophan und Tyrosin* im Hühnereiprotein gefunden (s. nebenst. Tab.):

Protein aus	Tryptophan in %		Tyrosin in % nach TILLMANS, HIRSCH und STOPPEL
	Nach TILLMANS und ALT	Nach TILLMANS, HIRSCH und STOPPEL	
Weißei .	1,24	1,26	4,95
Eidotter	1,30	2,15	3,65

b) Vitaminwirkung.

Während das Eiklar, außer dem Ovoflavin (vgl. S. 171), nur wenig Vitamine enthält, ist der Dotter des normalen Hühnereies reich an den fettlöslichen Vitaminen A und D. Außerdem enthält der Eidotter bedeutende Mengen von wasserlöslichem Vitamin B, ebenfalls ein Ovoflavin (vgl. S. 133), aber kein antiskorbutisches Vitamin C (Ascorbinsäure). Über die Feststellung der einzelnen Vitamine berichten folgende Angaben:

Vitamin A. W. STEPP [8] hatte gefunden, daß Zugabe von Lipoidfraktionen aus Eidotter zu mit Alkohol ausgezogenen Hundekuchen bei weißen Mäusen eine lebensverlängernde Wirkung ausübte. Diese Wirkung trat schon mit Acetonextrakt ein, war jedoch bei einer Mischung des Acetonauszuges mit dem anschließend erhaltenen Alkoholauszug verstärkt. Wachstumsfördernde Eigenschaften des Eidotters waren schon vorher von E. V. McCOLLUM und M. DAVIS [9] festgestellt worden. Nach J. C. MURPHY und D. B. JONES [10] genügte die tägliche Beifütterung von 0,50—0,75 g frischem Ganzei (also entsprechend 0,18—0,26 g Eidotter) neben anderer. Vitamin-A-freier Nahrung für eine normale Weiterentwicklung junger

[1] Vgl. auch C. RÖSE und R. BERG: Münch. med. Wschr. 1918, **65**, 1011. — [2] CALVERY, H. O.: J. biol. Chem. 1930, **87**, 691. — [3] LEROY, A.: C. R. hlbd. Léances Acad. Agric. France 1937, **23**, 67. — [4] MAY, C. E. und E. R. ROSE: J. bilo. Chem. 1922, **54**, 213. — [5] IDE, T.: Wiener med. Wschr. 1921, **71**, 1365—1369. Nach NEEDHAM. — [6] SENDJU, Y.: J. Biochem. 1925, **5**, 391; C. 1926, I, 3164 und J. Biochem. 1927, **7**, 175. — [7] BOEMER, JUCKE- NACK u. TILLMANS: Handbuch der Lebensmittelchem. Bd. I S. 238. — [8] STEPP, W.: Z. Biol. 1916, **66**, 365. — [9] McCOLLUM, E. V. und M. DAVIS: J. biol. Chem. 1913, **15**, 167. — [10] MURPHY, J. C. und D. B. JONES: J. agric. Research. 1924, **29**, 253. —

Ratten, kleinere Mengen nicht. Doch reichten zur Heilung fortgeschrittener Xerophthalmie bereits 0,25 g Eisubstanz (entsprechend 0,09 g Eidotter) aus.

Die *Erforschung der Stoffe mit Vitamin A-Wirkung* hat in der letzten Zeit bedeutende Fortschritte gemacht. Nach N. Brockmann[1], der einen Überblick über diese Forschungen gibt, ist hierbei besonders der Befund von H. v. Euler und P. Karrer[2] fruchtbar geworden, daß reines *Carotin* in Tagesgaben von 5—10 γ A-Vitaminwirkung besitzt. Von Xanthophyllen ist diese nach R. Kuhn und C. Grundmann[3] nur bei dem aus Mais isolierten Kryptoxanthin bei einer Tagesgabe von 5 γ erwiesen. Da aus dem optisch inaktiven β-Carotin durch das Carotinaseferment der Leber zwei Moleküle Vitamin-A entstehen können, ist dieses doppelt so wirksam wie α- und γ-Carotin, wie auch in Fütterungsversuchen von A. Scheunert und Schieblich[4] bestätigt wurde, die an Ratten die kleinste tägliche Dosis des β-Carotins zu 2,5, die des α-Carotins zu 5 γ fanden. Vgl. auch v. Vitez[5].

Die verdoppelte Bruttoformel des Vitamins A unterscheidet sich von der des Carotins um $2\,H_2O$:

$$2 \text{ mal } C_{20}H_{30}O - 2\,H_2O = C_{40}H_{56}$$

Vitamin A   Carotin

Die *VitaminA-Formel* hat P. Karrer[4] wie folgt aufgestellt:

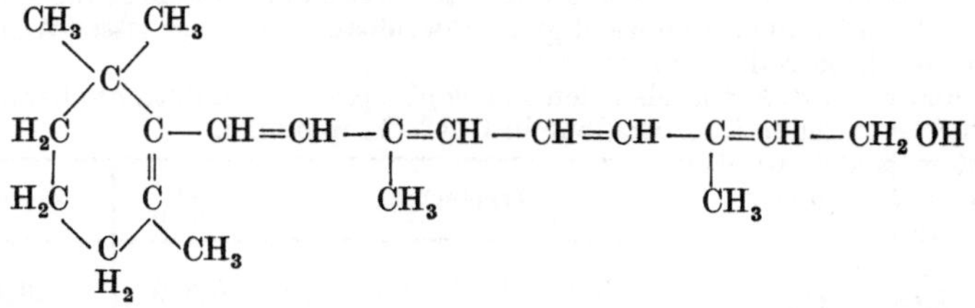

$$\begin{array}{c}
CH_3 \quad CH_3 \\
\diagdown C \diagup \\
H_2C \qquad C-CH=CH-C=CH-CH=CH-C=CH-CH_2\,OH \\
\; \| \qquad\qquad |\qquad\qquad\qquad\qquad | \\
H_2C \quad\; C \qquad\qquad CH_3 \qquad\qquad\qquad CH_3 \\
\diagdown C \diagup\diagdown CH_3 \\
H_2
\end{array}$$

Als internationale Einheit von Vitamin A-Präparaten gilt 0,001 mg (nach besonderen Vorschriften gereinigtes) Standardcarotin.

Mangelnde Vitamin A-Zufuhr äußert sich nach von Euler[6] in degenerativer Veränderung aller Schleimhäute, wobei das epitheliale Gewebe teils zu wuchern teils zu verhornen beginnt. Zuerst treten solche Erscheinungen im empfindlichen Genitalsystem (Vaginalschleimhaut, Hoden) später am Auge und im Verdauungstraktus auf. Damit verbunden sind allgemeine Resistenzverminderung gegen Infektionen, Störungen im Zahnwachstum, starke Steinbildung im Urogenitalsystem, Nerven- und Sehstörungen (Nachtblindheit). — Bei starker Überdosierung führt Vitamin A bei der Ratte unter Gewichtsverlust und Haarausfall an der Schnauze zum Tode. — Carotin läßt sich wegen seiner geringen Löslichkeit in Öl nicht überdosieren.

Das Vitamin A scheint in seiner physiologischen Wirkung an einer zentralen Stelle anzugreifen.

Die *Quelle für das Vitamin A* ist *im Futter* zu suchen. Beim Fehlen des Vitamins darin wurde nach J. Hoet[7] bei Tauben die Eiablage vermindert oder die Entwicklung der Jungen geschädigt, abgesehen von den weiter eintretenden Krankheitserscheinungen. Dagegen bewirkte ein Zusatz von 2% Lebertran zum Futter nach R. M. Bethke, D. C. Kennard und H. L. Sassaman[8] bei Hühnern einen fünffach erhöhten Gehalt des Eidotter an fettlöslichem Vitamin. Auch Beigabe von Grünfutter (Alfalfa) erhöhte den Vitamin-A-Gehalt. In gleicher Weise war der Vitamingehalt erhöht, wenn die Tiere nicht eingesperrt, sondern ins Freie gelassen wurden.

G. E. Bearse und M. W. Millre[9] nennen 500 *Sherman-Munsel*-Einheiten Vitamin A auf 500 g Futter ausreichend für maximale Schlüpffähigkeit der Eier.

---

[1] Brockmann, N.: Z. angew. Chem. 1934, **47**, 523. — [2] Euler, H. v. und P. Karrer: Helv. chim. Acta 1928, **12**, 278. — [3] Kuhn, R. und C. Grundmann: Ber. Dtsche. Chem. Ges. 1934, **67**, 339. — [4] Nach Brockmann. — [5] Vitez: v.: Z. 1935, **70**, 258. — [6] Euler, H. von: Ergebn. d. Physiol. 1932, **34**, 360. Nach Brockmann. — [7] Hoet, J.: Biochem. J. 1924, **18**, 412; C. 1924, II, 1818. — [8] Bethke, R. M., D. C. Kennard und H. L. Sassaman: J. biol. Chem. 1927, **72**, 695. — [9] Bearse, G. E. und M. W. Miller: Poultry Science 1937, **16**, 39.

E. M. Cruickshank und Th. Moore [1] untersuchten die Wirkung der Zufuhr großer Mengen von Vitamin A auf den Vitamin A-Gehalt des Hühnereies. Durch Zulage von 10% Lebertran zu einer A-armen Nahrung wurde der A-Gehalt der Eier verdoppelt, ohne daß indes eine Nachwirkung eintrat. Bei Zufuhr von etwa 5 Millionen A-Einheiten in 12 Tagen durch ein A-Konzentrat wurde der Gehalt der Eier verfünffacht, jedoch nicht die ganze zugeführte A-Menge resorbiert. Unter diesen Versuchsbedingungen betrug die in die Eier übergegangene A-Menge nur 2 bzw. 0,2% der verfütterten Menge. In der Leber der Tiere fanden sich große A-Mengen, im Mittel 8700 bzw. 11000 Einheiten für 1 g, in der Niere waren viel kleinere Mengen und in den übrigen untersuchten Organen nur Spuren von Vitamin A enthalten.

Beifütterung von D-Vitamin hat, wie G. M. DeVaney, H. W. Titus und R. B. Nestler [2] noch besonders feststellten, natürlich keine Steigerung des A-Vitamins im Ei zur Folge.

Längere Aufbewahrung bei niederer Temperatur ist nach D. B. Jones [3] entgegen Angaben von J. A. Manville [4] auf den Vitamin-A-Gehalt kaum von Einfluß. Selbst nach neunjähriger Aufbewahrung im gefrorenen Zustande heilten 0,25 g Eisubstanz die Xerophthalmie von Ratten ebenso wirksam wie solche von frischen Eiern, selbst 0,1 g zeigt noch merkliche Besserung, brachte die Gewichtsabnahmen zum Aufhören und führte schließlich sogar zu Gewichtsanstieg.

Bei Zersetzungen der Eier sind aber auch *Vitaminabnahmen* zu erwarten. Doch enthält *Pidan* (vgl. S. 251) nach E. Tso [5] noch den ursprünglichen Gehalt an Vitamin A. Auch Handelslecithin aus Eigelb enthält nach F. Eichholtz [6] noch Vitamin A. Phosphatide an sich zeigen keine wachstumsfördernden Eigenschaften (H. Steudel) [7].

Die nahe Beziehung des Vitamin A zu den Carotinoiden hat vielfach zur Annahme geführt, daß Dotterfarbe und Vitamin-A-Gehalt einander in etwa parallel gehen. Das ist aber durchaus nicht immer der Fall. Auch sehr blasser Eidotter kann reichlich Vitamin A, das ja an sich farblos ist, enthalten. Der Hauptanteil des Dotterfarbstoffes steht zum Vitamin A in keiner Beziehung. Nur das in geringen Mengen vorhandene Carotin wirkt als Provitamin.

Kline [8] hat aus Spinat gewonnenes Carotin mit Erfolg als Vitamin A-Quelle für Kücken benutzt; Xanthophylle eigneten sich dafür nicht.

v. Euler und E. Klussmann [9] stellten aus dem Unverseifbaren des Ätherauszuges von Eiern eine Fraktion mit den Spektralbanden 345 und 375 mμ dar. Nach Zusatz von Antimonchlorid ähnelte das Spektrum stark dem eines Gemisches von 30% Zeaxanthin und 70% Xanthophyll mit hochgereinigtem Vitamin A (Banden bei 584—585 und 622—625 mμ).

Nach weiteren Versuchen von E. Virginin und Klussmann [10] scheint der Vogelorganismus imstande zu sein sein Xanthophyll in ein Provitamin A oder wahrscheinlicher in ein vom Carotinvitamin verschiedenes Wachstumsvitamin überzuführen. Später fanden v. Euler und Klussmann [11] in 1 g Eidotter 9 γ Vitamin A, ferner im Eidotter von tiefgelber Farbe 40 γ Carotin.

Die Bestimmung des Vitamins A erfolgte durch Vergleich der Intensität der Absorptionsbande 620 mμ nach Zusatz von Antimontrichlorid mit der mit reinen Vitamin-A-Präparaten erhaltenen.

A. E. Gillam und J. M. Heilbron [12] gelang es bei Eidotter durch Trennung des Carotins vom Xanthophyll durch Phasenversuch und folgende Adsorption des letzteren an Calciumcarbonat *Vitamin A frei von Carotinoiden* zu erhalten und seine Gegenwart durch die Antimontrichloridblauprobe sowie die charakte-

[1] Cruickshank, E. M. und Th. Moore: Biochem. J. 1937, **31**, 179; Z. 1937, **74**, 344. — [2] DeVaney, G. M., H. W. Titus und R. B. Nestler: J. Agric. Res. 1935, **50**, 853; C. 1936, I, 461. — [3] Jones, D. B.: Amer. J. Physiol. 1925, **71**, 265. — [4] Manville, J. A.: Amer. J. Hyg. 1926, **6**, 238. — [5] Tso, E.: Proc. Soc. exp. Biol. and med. 1925, **22**, 263. — [6] Eichholtz, F.: Biochem. Z. 1924, **144**, 70. — [7] Steudel, H.: Z. physiol. Chem. 1927, **170**, 13. — [8] Kline: J. biol. Chem. 1921, **46**, 558. — [9] Euler, H. v. und E. Klussmann: Z. physiol. Chem. 1932, **208**, 50. — [10] Virgin, E. und Klussmann: Z. physiol. Chem. 1932, **213**, 16. — [11] Euler, v. und Klussmann: Z. physiol. Chem. 1933, **219**, 215; C. 1933, II 2555. — [12] Gillam, A. E. und J. M. Heilbron: Biochem. J. 1935, **29**, 1064.

ristische Absorptionsbande bei 328 mμ nachzuweisen. Die Carotinoide der Petrol-
ätherphase wurden weiter untersucht und erwiesen sich als aus Kryptoxanthin
und β-Carotin bestehend.

Durch *Fütterung von Hühnern* mit maisreichem Futter ließ sich der Kryptoxanthingehalt
der Eidotter erhöhen, wenn auch der Gehalt an diesem vitamin-A-aktiven Carotinoid im
Dotter noch sehr klein blieb.

Versuch	1	2	3	4	
Futter	Viel Mais	Gras	kein Gras	Gras	
Zahl der Eier	60	17	24	24	
Gesamt-Carotinoide	2,0	4,2	4,4	11,0	
Kryptoxanthin	0,19	0,14			mg auf 100 g
Carotin	0,015	0,02	0,013	0,17	Eidotter
Vitamin A (etwa)	0,05	0,10			
Kryptoxanthin von den Gesamt-Carotinoiden	9,5 %	3,3 %	—	—	

Vitamin B. Der Eidotter ist nach H. Chick und E. M. Hume[1] sowie
H. Steenbock[2] eine gute Quelle für antineuritisches Vitamin. Schon E. A.
Cooper[3] hat gefunden, daß bei der Polyneuritis der Taube von Eidotter 3 g die
Lähmungserscheinungen, 10 g den Gewichtsverlust verhindern, und daß die Wirkung nicht an Lecithin, sondern an einen ätherunlöslichen Körper gebunden ist.
R. Hoagland und A. R. Lee[4] fanden in Hühnereiern nur eine geringe Menge
antineuritisches Vitamin. Nach Th. B. Osborne und L. B. Mendel[5] entspricht
ein Hühnerei an Vitamin B etwa 150 cm³ Kuhmilch, wonach der Dotter also fast
fünfmal so vitaminreich ist wie Milch; zur Deckung des Vitaminbedarfs einer
100 g-Ratte waren wenigstens 1,5 g frischer Dotter erforderlich. Nach den gleichen Forschern war ein aus dem Dotter hartgesottener Eier durch Ausziehen mit
Wasser, Ausschleudern, Filtrieren und Eintrocknen im Vakuum in Ausbeute von
1,5 % des Dotters erhaltener Extrakt so hochwertig, daß eine Tagesgabe zwischen
0,033 und 0,066 g den täglichen Bedarf einer wachsenden Ratte von 100 g Gewicht an Vitamin B deckte.

Gekochtes *Eiklar* erwies sich nach G. R. Cowgill[6] als sehr arm an Vitamin B,
selbst bei einem Gehalt von 25 % in der Nahrung.

Bei sieben Minuten Kochen der Eier wird nach Hoagland und Lee ein kleiner
Teil des antineuritischen Vitamins zerstört, völlig vernichtet ist es nach Tso im
Pidan (vgl. S. 251).

Nach K. Szymánska[7] löst Wasser nur etwa zwei Fünftel des im Eidotter enthaltenen
Vitamin B. Der Rückstand der den Rest enthalten müßte, war inaktiv. Völlige Aktivität
trat wieder ein, wenn man beide vereinigte. Das Wachstums-B-Vitamin muß hiernach aus
zwei chemisch und physiologisch verschiedenen Komponenten (Covitaminen), ähnlich wie bei
Hefe (G. Z. Williams und R. C. Lewis)[8], bestehen. Szymánska schlägt für den Faktor im
Extrakt die Bezeichnung Co-Vitamin B, für den Rückstand Co-Vitamin b vor.

Das Wachstumsvitamin G oder B$_2$[9] ist nach Versuchen von R. M. Bethke
und W. Wilder[10] in ganz frischen Eiern zu etwa 75 % mehr als antineuritisches
Vitamin enthalten. Fütterung mit vitaminreichen Futtermitteln erhöhte die

---

[1] Chick, H. und E. M. Hume: J. Roy. Army med. Corp. 1917, **29**, 121. — [2] Steenbock,
H.: J. biol. Chem. 1917, 29, Proc. XXVII. — [3] Cooper, E. A.: Biochem. J. 1913, **7**, 268.
— [4] Hoagland, R. und A. R. Lee: J. agric. Res. 1924, **28**, 461. — [5] Osborne, Th. B. und
L. B. Mendel: J. Amer. med. Assos. 1923, **80**, 302. — [6] Cowgill, G. R.: Amer. J. Physiol.
1927, **79**, 341. — [7] Szymánska, K.: Prace Matemat. Poz. Tow. Przyjac. Nauk 1931 (B),
6, 31; Chem. Zbl. 1932, II, 2676; vgl. ebendort 1933, II, 2287. — [8] Williams, G. Z. und
R. C. Lewis: J. biol. Chem. 1930, **89**, 275. — [9] Entgegen früherer Annahme nicht das
Antipellagravitamin, das die Bezeichnung B$_6$ trägt, vgl. auch C. A. Elvejem und C. J. Koehn
(J. biol. Chem. 1935, **108**. 709; C. 1935, I, 3563). — [10] Bethke, R. M. und W. Wilder:
Ohio State Bull. 1931, **470**, 184; Arch. Geflügelkde. 1931, **5**, 398. —

Menge nicht. Nach H. CHICK, A. M. COPPING und M. H. ROSCOE[1] ist das Vitamin auch im Eiklar reichlich enthalten. Nach R. KUHN, P. GYÖRGY und TH. WAGNER-JAUREGG[2] besitzt das *Ovoflavin,* der Farbstoff des Eiklars diese Vitamin B_2 Wirkung.

H. v. EULER, P. KARRER, E. ADLER und M. MALMBERG[3] geben an, daß die Vitamin B_2 Wirksamkeit von Lactoflavin, Ovoflavin und Hepaflavin sowie von Flavin aus Gras quantitativ übereinstimmen. KUHN[4] gibt folgende *Formel für Lactoflavin* an:

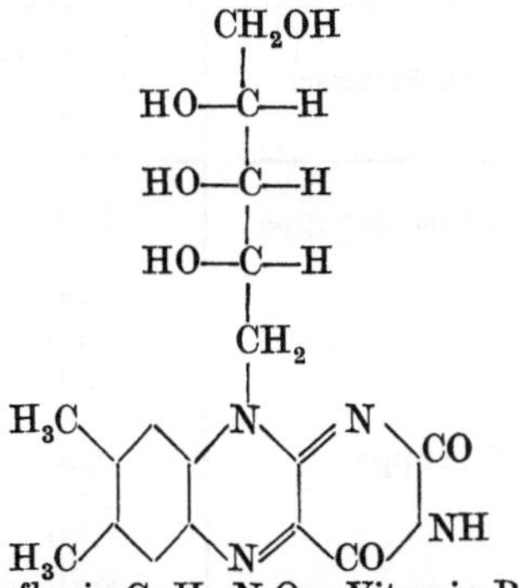

Die Diskrepanz zwischen Vitamin B_2-Wirksamkeit und Flavin bei einigen Nahrungsmitteln erklärten sie dadurch, daß entweder nur ein Teil dieser Flavine Wachstumswirkung besitzt oder daß bei einigen Stoffen, wie bei Eiklar, ein Mangel an einem Ergänzungsfaktor besteht.

Einfluß der Fütterung auf den Gehalt an Vitamin B_1 und B_2 (G). Eidotter nach Fütterung mit einer Diät mit angemessenem Vitamin B-Komplex enthalten nach Versuchen von N. R. ELLIS, D. MILLER, H. W. TITUS und TH. C. BYERLY[6] mehr Vitamin B als Vitamin G, während das Gesamtei weniger Vitamin B als Vitamin G aufwies. Eier nach Grunddiät aus Mais, Fleischmehl, Mineralstoffen und Lebertran enthielten ein Drittel bis einhalb mehr Vitamin B als nach derselben Grunddiät mit Reiskleie oder Reispolierabfällen oder nach Normaldiät aus gemahlenen Weizenkörnern und Mühlenabfall mit oder ohne Proteinergänzungen. Die Schwan-

$$\text{Lactoflavin } C_{17}H_{20}N_4O_6 \cdot \text{Vitamin } B_2 \cdot$$
(6,7-Dimethyl-9-d-riboflavin, 6,7-Dimethyl-9[d-ribityl]-iso-alloxazin)

kungen im Vitamin B_2 (G)-Gehalt waren weniger ausgesprochen. 2 cm³ Ei bewirkten wöchentliches Rattenwachstum von 3,8—7,9 g; in einigen Fällen war der Vitamin B-Gehalt größer als der an Vitamin G. Der Vitamin A-Gehalt blieb bei Zufütterung von Lebertran auf hohem Stand, auch bei an Vitamin-B-armer Grunddiät mit Mangel an gelben, Vitamin A gewöhnlich begleitenden Pigmenten.

Nach weiteren Arbeiten von BETHKE, RECORD und WILDER[7] ist bei Eiern von Hühnern mit normaler Nahrung Vitamin B_1 nur im Eidotter, Vitamin B_2 (G) dagegen in Eiklar und Eidotter enthalten. Durch Zulagen von Magermilchpulver, Trockenmolke, autoklavierter Hefe, Trockenleber und gewissen Fischmehlen zum Futter wurde der Vitamin G-Gehalt der Eier erhöht.

γ) *Vitamin C. Antiskorbutisches Vitamin* ist nach übereinstimmenden Angaben von S. M. HAUGE und C. W. CARRICK[8] sowie von J. E. DOUGHERTY[9] weder im Eidotter noch im Eiklar durch Fütterungsversuche nachzuweisen. Das gleiche Ergebnis hatten schon früher A. F. HESS und L. J. UNGER[10] erhalten.

Vitamin D. Bei schon rachitischen Ratten konnte A. F. HESS[11] nach Zugabe von 0,5—1,0 g Eidotter nach 8 Tagen Kalkeinlagerungen nachweisen. Auch bei Kindern wird Eidotter in seinen Heilwert nur von Lebertran übertroffen. Zum Schutze von Ratten gegen Rachitis genügen nach HESS und M. WEINSTOCK[12] bei phosphorarmer Kost täglich 0,05 cm³ Eidotter, bei calciumarmer Kost war die Wirkung weniger günstig (0,15 cm³ subcutan). Das Unverseifbare wirkt entsprechend dem Ausgangsmaterial. Durch 20 Minuten langes Kochen des Eies leidet die Wirkung des Dotters nicht merklich, wohl aber durch Trocknen und trocknes Lagern.

---

[1] CHICK, H., A. M. COPPING und M. H. ROSCOE: Biochem. J. 1930, **24**, 1748. — [2] KUHN, R., P. GYÖRGY und TH. WAGNER-JAUREGG: Ber. Dtsch. Chem. Ges. 1933, **66**, 576. — [3] EULER, H. v., P. KARRER, E. ADLER und M. MALMBERG: Helvet. chim. Acta 1934, **71**, 1157. — [4] KUHN, R.: Z. angew. Chem. 1936, **49**, 6. — [6] ELLIS, N. R., D. MILLER, H. W. TITUS und TH. C. BYERLY: J. Nutrition 1933, **6**, 243. — [7] BETHKE, R. M., P. R RECORD und M. F. WILDER: J. Nutrition 1936, **12**, 309; C. 1936, II, 3439. — [8] HAUGE, S. M. und C. W. CARRICK: J. biol. Chem. 1925, **64**, 111. — [9] DOUGHERTY, J. E.: Amer. J. Physiol. 1926, **76**, 265. — [10] HESS, A. F. und L. J. UNGER: J. biol. Chem. 1918, **35**, 479. — [11] HESS, A. F.: Proc. Soc. exp. Biol. and Med. 1923, **20**, 369; C. 1924, I, 1559. — [12] HESS, A. F. und M. WEINSTOCK: Proc. Soc. exp. Biol. and Med. 1924, **21**, 441; C. 1925, I, 1622.

So bemerkte J. A. Manville[1] bei kaltgelagerten Eiern mehr als 75%, bei mit Wasserglas konservierten Eiern 50%, bei Kühlhauseiern weniger als 50% Verlust. Nach E. Tso[2] kommt Eidotter in der Fähigkeit die Assimilation von Calcium zu fördern dem Lebertran sehr nahe.

Der Gehalt der Eier an antirachitischen Vitamin hängt, wie S. Hughes, L. F. Payne. R. W. Titus und J. M. Moore[3] angeben, stark von der Bestrahlung der Hennen mit ultraviolettem Licht ab, besonders wenn ihr Futter vitaminarm ist. Zufütterung von Lebertran wirkte ebenso wie direkte Sonnenstrahlung. R. M. Bethke, D. C. Kennard und H. L. Sassaman[4] fanden eine zehnfache Erhöhung der antirachitischen Wirkung von Eiern, wenn die Hühner bei gleicher Grundkost ins Freie gelassen wurden, eine fünffache mit Lebertran, keine mit Alfalfaheu.

Die Ergebnisse im einzelnen waren (s. nebenstehende Tab.).

Art der Fütterung	Dotterzusatz auf 1 kg Futter	Mittlerer Aschengehalt der Femurknochen	Metaphysenweite mm
Grundfuttergruppe.	1,00	29,79	etwa 2
	2,00	34,71	1,5—2,0
	3,00	36,13	1,5
	5,00	37,98	1,0—1,5
	7,00	43,64	etwa 0,5
Alfalfagruppe . . .	0,50	30,89	2
	1,00	32,47	1,5—2,0
	2,00	34,01	1,5—2,0
	3,00	36,85	1,0—1,5
	5,00	38,33	etwa 1,0
Lebertrangruppe. .	0,50	27,02	etwa 2
	1,00	33,08	1,5—2,0
	2,00	40,91	0,5—1,0
	3,00	43,61	etwa 0,5
	5,00	47,69	normal
Auslaufgruppe . . .	0,50	36,25	1,0—1,5
	1,00	40,53	0,5—1,0
	2,00	48,06	normal
	3,00	48,91	,,
	5,00	57,10	,,

G. H. Maughan und E. Maughan[5] fanden den Eidotter *ultraviolettbestrahlter Hennen* wesentlich wirksamer an Vitamin D als den unbestrahlter. 10% von ersteren waren ebenso wirksam wie 0,5% Lebertran. Eigelb von Hennen mit Sonnenbestrahlung enthielt indes noch ausreichend Vitamin zur Heilung von Rachitis. Manville fand Wintereier vitaminärmer als Sommereier. Offenbar handelt es sich bei diesen Versuchen um den günstigen Einfluß des Tageslichtes, im besonderen des Sommertages, auf die Bildung des Vitamins D.

Bei *Fütterung von Vitamin D* an Hennen läßt sich der Vitamin D-Gehalt der Eier auf ein Vielfaches steigern, doch geht nur ein sehr kleiner Teil der verabreichten Menge in die Eier über. Bei Versuchen von F. G. McDonald und O. N. Massengale[6] besaß Eidotteröl von Hühnern bei einen Futter mit 2% Lebertran einen Vitamin D-Koeffizienten von 0,7, das Eidotteröl von Hühnern, die 6 Wochen die 10 000fache Menge Vitamin D in Form von bestrahlten Ergosterin erhielten, den Koeffizienten 130. R. Schönheimer und H. Dam[7] gaben von sechs italienischen Legehühnern drei eine Zulage von 50 mg Ergosterin. Dadurch stieg der Ergosteringehalt der Eier um 0,05%, also um nur 0,15 mg im Dotter. Von den verfütterten Ergosterin gelangte nur der 4000. Teil zur Ablagerung. Es scheint also, daß das Ergosterin (bestrahlt oder unbestrahlt) im Ei nur bis zu einer gewissen Höhe gespeichert werden kann.

Nach G. M. DeVaney, H. E. Musell und H. W. Titus[8] stieg die D-Speicherung mit der

[1] Manville, J. A.: Amer. J. Hyg. 1926, 6, 238. — [2] Tso, E.: Proc. Soc. exp. Biol. and Med. 1925, 21, 410; C. 1925, I, 692. — [3] Hughes, S., L. F. Payne, R. W. Titus und J. M. Moore: J. biol. Chem. 1925, 66, 595; Z. 1930, 60, 449.

[4] Bethke, R. M., D. C. Kennard und H. L. Sassaman: J. biol. Chem. 1927, 72, 695. Vgl. auch Bethke, P. R. Record, O. H.·M. Wilder und C. H. Kick: Poultry Science 1936, 15, 336; ferner R. R. Murphy, J. E. Hunter und H. C. Knaudel (ebendort 1936, 15, 284), die nachwiesen, daß Vitamine D über das Ei von Hennen auf deren Kücken übergeführt wird und bei diesen noch im Alter von 1—4 Wochen nachgewiesen werden kann.

[5] Maughan, G. H. und E. Maughan: Science 1933, 77, 198. — [6] McDonald, F. G. und O. N. Massengale: J. biol. Chem. 1932, 99, 79. — [7] Schönheimer, R. und H. Dam: Z. physiol. Chem. 1932, 211, 241. — [8] de Vaney, G. M., H. E. Musell und H. W. Titus: Poultry Science 1936, 15, 149; C. 1936, I, 4321.

Höhe der Zugabe. Bei 2—4% Lebertran oder Viosterol 5 D wurden etwa 2% der Zugabe im Eidotter gespeichert, bei höheren Gaben relativ weniger.

Auch nach Versuchen von N. B. Guerrant, E. Kohler, J. E. Hunter und R. R. Murphy[1] hängt die antirachitische Wirksamkeit des Eigelbs von der Menge der dem Huhne zugeführten D-haltigen Produkte ab, und das Maß der Überführung ist begrenzt. Bei einen Gehalt der Nahrung von 0,25% verstärktem Lebertran enthielt 1 g Eigelb 0,5 Steenbock-Einheiten (ein ganzes Eigelb etwa 7,5) Vitamin D. Es scheint, daß die Überführung relativ größer ist, wenn mehr Eier erzeugt werden. Bei den gewählten Konzentrationen scheint der in Lebertran enthaltene antirachitische Faktor weitgehender aus der Nahrung in das Eigelb übergeführt zu werden als derjenige von Viosterol.

Einmal im Ei abgelagert, ist der *antirachitische Faktor sehr beständig.* Auch durch achtmonatige Lagerung in Kalkwasser oder Wasserglas geht er nicht wesentlich zurück, auch nicht bei der Zubereitung des Eies durch Hartkochen (E. Lesné und R. Clément[2]). Daher sind auch im Handel erhältliche Trockeneipulver entsprechend vitamin-D-haltig.

Auch H. D. Branion, T. G. H. Drake und F. F. Tisdall[3] prüften den Einfluß einer Vitamin-D-Zufütterung auf den Vitamin-D-Gehalt von Eiern. Durch Lebertran oder Viosterolzugabe zum Futter konnte der Vitamin-D-Gehalt der Eier erhöht werden und zwar von 4 auf 30—18 000 Einheiten je nach der Höhe der Vitaminzuführung. Belichtung der Hennen durch Sonne oder Ultraviolettbestrahlung hatte nur wenig Einfluß.

Bei *Markteiern* schwankte nach ihren Angaben der Vitamin-D-Gehalt während des Jahres nur wenig zwischen 7,5—10 Einheiten, so daß etwa fünf Eidotter einem Teelöffel an Standardlebertran entsprechen.

10 Monate dauernde Kühlhauslagerung bewirkte keinen Verlust an Vitamin D.

Vitamin E. Das Fortpflanzungsvitamin, bei dessen Mangel nach Evans Sterilität eintritt, ist im Eidotter ebenfalls reichlich und zwar im Unverseifbaren vorhanden[4]. Da dies Vitamin hitzebeständig ist, kommt es auch im gekochten Ei noch voll zur Geltung. — Vielleicht hängt der Vitamin-E-Gehalt des Eies mit der bekannten Einschätzung des Eies und der Lecithinpräparate als geschlechtliches Kräftigungsmittel zusammen. — Nach Caspary[5] sollen es allerdings vornehmlich die im Weißei enthaltenen Hormone sein, die diese Wirkung hervorrufen.

Über die Bedeutung des Vitamin E für die Fortpflanzung des Huhnes vgl. S. 22.

Sonstige Vitamine und Hormone. Hühnereidotter enthält nach H. Dam[6] auch merkliche Mengen *antihämorrhagisches Vitamin* und zwar im leichtlöslichen, nichtsterinartigen Anteil der Unverseifbaren.

Dieses Vitamin hat eine gewisse chemische Ähnlichkeit mit Vitamin E, das jedoch keinen Schutz gegen Hämorrhagie gewährt. Der Faktor wird *Vitamin K* genannt.

Durch Zufuhr von Eigelb trat nach E. Schiff und C. Hirschberger[7] regelmäßig eine rasch einsetzende starke Thrombocytose ein. Nach neueren Feststellungen handelt es sich aber nicht um eine A-Wirkung, sondern um die eines bisher unbekannten Faktors (fettlöslicher *T-Faktor*). Von den Vitaminfaktoren wirkt in der gleichen Richtung, aber schwächer, Lactoflavin.

Bios. Eidotter ist nach F. Kögl verhältnismäßig reich an der Bioskomponente *Biotin,* das nach F. A. F. C. Went als Phytohormon der Zellteilung anzusprechen ist. Allerdings gelang es Kögl erst nach 3,1 millionenfacher Konzentration des Eidotters Biotin in Krystallform zu gewinnen. — Biotin enthält Stickstoff, ist aber frei von Schwefel und Phosphor.

Insulinartiger Stoff im Eidotter. Nach Y. Shikinami[9] kommt ein insulinartiger Stoff nur im Eidotter, nicht im Eiklar vor. Er gewann aus 150—300 g Eidotter ungefähr 0,02 g des Stoffes, der bei Kaninchen hypoglykämische Krämpfe auslöste. Der Stoff wird durch einstündiges Erhitzen auf 110° vernichtet, ist aber sonst ziemlich beständig. — Auch Fischeier

---

[1] Guerrant N. B., E. Kohler, J. E. Hunter und R. R. Murphy: J. Nutrition 1935, **10**, 167. — [2] Lesné, E. und R. Clément: Compt. rend. Soc. Biol. Filiales Ass. 1933, **107**, 1533. — [3] Branion, H. D., T. G. H. Drake und F. F. Tisdall: Canad. med. Ass. J. 1935, **32**, 9. — [4] Vgl. H. M. Evans und G. O. Burr: Proceed. National Acad. Sciences, Washington 1925, **11**, 334. Nach Handbuch Lebensmittelchem. I S. 864. — [5] Nach Grzimek. — [6] Dam, H.: Biochem. J. 1935, **29**, 1273. — [7] Schiff, E. und C. Hirschberger: Jb. Kinderheilk. 1936 (3), **96**, 181; C. 1936, I, 4175. — [8] Kögl, F.: Ber. dtsch. chem. Ges. 1935, A, **68**, 16. — [9] Shikinami, Y.: Tohoku J. exp. med. 1928, **10**, 1; C 1929, II, 1020.

enthielten einen gleichartigen Stoff. G. HOLLAND, K. HINSBERG, G. KOHLS und V. NICKEL[9] beobachteten nach Verabfolgung von 10 Hühnereidottern beim nüchternen Menchen im Laufe von 4—5 Stunden eine Blutzuckersenkung von im Mittel 30 mg-%. Der wirksame Stoff läßt sich mit Benzol unter bestimmten Bedingungen ausziehen und ist in der in Aceton unlöslichen Lecithinfraktion enthalten. Die Stärke der blutzuckersenkenden Wirkung der Fraktion ist stark vom Grade der Ungesättigkeit der gebundenen ungesättigten Säuren abhängig. Mit sinkender Jodzahl fiel die biologische Wirksamkeit.

L. UTKIN und R. TOPSTEIN [2] isolierten aus dem Lecithin des Eidotters ein *blutdrucksenkendes Phosphatid*. Der Stoff ist gegenüber hydrolytischer Einwirkung von Säure beständiger als andere Bestandteile des Lecithins und kann dadurch abgetrennt werden. Die physiologische Wirkung ist cholinähnlich. UTKIN und TOPSTEIN vermuten in dem Phosphatid die Muttersubstanz des von P. MARFORI, G. DE NITO und G. AURISICCHIO [3]beschriebenen *Lymphdrüsenhormons* (*Lymphoganglins*), für das nach Isolierung als Chlorhydrat folgende Formel angegeben wurde.

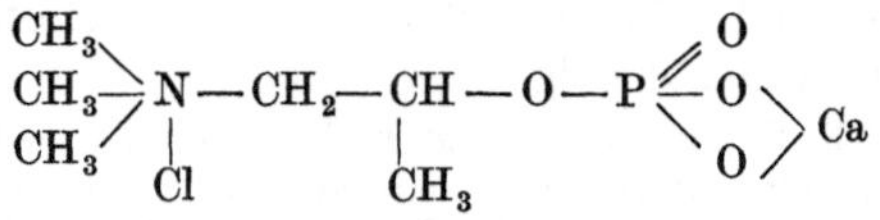

$$\begin{matrix} CH_3 \\ CH_3 \\ CH_3 \end{matrix} \!\!>\!\! N\!-\!CH_2\!-\!\underset{\underset{CH_3}{|}}{CH}\!-\!O\!-\!P\!\!<\!\!\overset{\displaystyle O}{\underset{\displaystyle O}{O}}\!\!>\!\!Ca \qquad \underset{Cl}{|}$$

β-methylcholinphosphorsaures Calcium

c) Sonstige diätische Wirkungen.

Der hohe Lecithin- bzw. Phosphatidgehalt des Eidotters, wie er bei keinem anderen Nahrungsmittel erreicht wird, macht das Ei in Verbindung mit dem phosphorhaltigen Vitellin in erster Linie zu einem *phosphorreichen* Nahrungsmittel. Reichlicher Eigenuß bedeutet daher starke Phosphatzufuhr, die wieder einen günstigen Einfluß auf das Nervensystem und den Kohlehydratumsatz, insbesondere die Anhäufung des Leberglykogens, ausübt (J. ABELIN [4]).

Weiter ist der hohe Gehalt des Eidotters *an organisch gebundenem Eisen* bemerkenswert, der außer von Blut kaum von einem anderen Nahrungsmittel übertroffen wird.

W. C. SHERMAN, C. A. ELVEHJEM und E. B. HART [5] untersuchten die Bedeutung des Eidotters als Lieferanten für Eisen und Kupfer zur Haemoglobinbildung und fanden, daß das Dottereisen beinahe zu 100% für die Haemoglobinbildung verwendbar ist. Weder durch Kochen des Eis noch durch Kochen und Ausziehen mit Äther wurde hieran etwas geändert. Notwendig ist dabei aber auch die Gegenwart einer genügenden Menge Kupfer. Denn Tierversuche mit Eidotter als Eisenquelle zusammen mit 0,05 mg zugesetztem Kupfer lieferten nur unvollständige, mit 1 mg Kupfer dagegen normale Haemoglobinbildung. Die verminderte Wirksamkeit mit zu wenig Kupfer beruht wahrscheinlich auf dessen Ausscheidung als Kupfersulfid im Darm, jedenfalls nicht auf Unbrauchbarkeit des Eisens im Eidotter.

Wenn es also auf die Zufuhr hochwertiger Eiweißstoffe, reichlicher Mengen Phosphorverbindungen und von Eisen ankommt, sind Eier und Eierspeisen am Platze. Das gilt für Kinder, Geistesarbeiter, Mütter und Alternde mit geschwächtem Stoffwechsel. Säuglingen kann etwa vom neunten Monat ab Ei im gekochten Zustande gegeben werden (E. LESNÉ[6]). Da aber bei Mangel an pflanzlicher Kost leicht Verstopfungen eintreten, empfiehlt es sich die Eierdiät entsprechend zu ergänzen. Rohe Eier bewirken allerdings, wie S. 256 und S. 271 erwähnt, in manchen Fällen Durchfall.

Der Vorwurf, daß Eier bei der Ernährung der Greise verstopfend wirken sollen, wird von VON NOORDEN und SALOMON[7] nicht bestätigt, sondern vielmehr ein Gepaartgehen hoher Altersrüstigkeit mit reichlichem Eigenuß gefunden.

----

[1] HOLLAND, G., K. HINSBERG, G. KOHLS und V. NICKEL: Z. ges. exp. med. 1934, **93**, 62; C. 1934, I, 2444. — [2] UTKIN, L. und R. TOPSTEIN: Biochem. Z. 1934, **272**, 36; C. 1934, II, 3135. — [3] MARFORI, P., G. DE NITO und G. AURISICCHIO: Biochem. Z. 1934, **270**, 219; C. 1934, II, 1943. — [4] ABELIN, J.: Klin. Wsch. 1925, **4**, 1732. — [5] SHERMAN, W. C., C. A. ELVEHJEM und E. B. HARDT: J. biol. Chem. 1934, **10**, 289; Z. 1937, **74**, 216. — [6] LESNÉ, E.: Bull. Acad. Méd.(3) **108** (96), 1597; C 1933, I, 2329. — [7] VON NOORDEN und SALOMON: Handb. Ernährungsl. I. Bd. S. 246.

Der hohe Gehalt des Eies an wertvollsten Nährstoffen in konzentrierter Form erklärt auch seine ausgedehnte Verwendung in der Krankenkost. K. Stolte[1] führt Kindern bei schweren Infektionskrankheiten (Diphtherie und Scharlach) mit gutem Erfolge die accessorischen Nährstoffe in Form von Eidotter zu.

Hiergegen wendet R. Berg[2] allerdings ein, daß bei Fieber die Zufuhr von konzentriertem Eiweiß unzweckmäßig, der Überschuß an Säurebildnern schädlich und der geringe Gehalt des Eies an Wachstumsstoffen ein Mangel sei.

Bei bestimmten Krankheiten kann das Ei von besonderer diätetischer Bedeutung werden. Dies gilt zunächst für die Diabetikerkost, in der das Ei durch seinen sehr geringen Gehalt an Kohlenhydraten die Grundlage bilden kann. Diesen Vorzug teilt das Ei mit der Fleischkost, der es aber darin überlegen ist, daß es Extraktivstoffe, wie Kreatin, Kratinin, Purinbasen, nur in ganz untergeordneter Menge enthält. Es kann daher bei *harnsaurer Diathese* und (gekocht, nicht roh) auch bei *Nierenerkrankungen*, sofern Reizstoffe ausgeschlossen werden müssen, nützlich sein. In einigen Fällen kann nach von Noorden auch *sein Mangel an Glutin* (z.B. bei oxalsaurer Diathese) verwertet werden.

Über *Gesundheitsschädigungen* durch Eier vgl. S. 270.

3. Anschlagswert roher und gekochter Eier.

E. Friedberger und A. Abraham[3] messen dem *Roheidotter* gegenüber dem gekochten einen wesentlich *höheren Anschlagswert*, nachweisbar an der stärkeren Gewichtszunahme der Versuchstiere (Ratten) zu. Bei Verfütterung von rohen, bzw. 30 Minuten auf 110°[4] erhitzten Eiern an acht Ratten eines Wurfes wurde z.B. folgendes Bild erhalten:

Fütterung mit Rohdotter			Fütterung mit erhitztem Dotter		
Geschlecht	Anfangs-gewicht g	Gewichts-zunahme in 60 Tagen g	Geschlecht	Anfangs-gewicht g	Gewichts-zunahme in 60 Tagen g
Weiblich . . .	50	130	Männlich . . .	48	83
Männlich. . . .	42	150	Weiblich . . .	39	87
Weiblich . . .	43	149	Männlich . . .	43	58
Männlich. . . .	41	132	Weiblich . . .	44	75
Mittel . . **140**			Mittel . . **76**		

Aus in Kurven wiedergegebenen Versuchen von v. Grävenitz[5] berechnen Friedberger und Abraham folgende durchschnittliche Körpergewichtszunahme:

Im Gegensatz hierzu ergaben Versuche von F. Stenquist[6], daß rohe *Eiernahrung* in hohem Grade minderwertig ist. Die damit gefütterten Tiere blieben schon nach etwa 20 Tagen im Wachstum zurück, und die Tiere mit gekochtem Futter erreichten mit weniger Nahrung ein kräftigeres Wachstum. Die Zunahme bei dem Versuch mit jungen weißen und grauen Ratten betrug:

Versuchsreihe Zeitdauer der Fütterung (Tage)	I 50	II 120	III 50	IV 50
Gewichtszunahme in %				
Eidotter, roh . . .	135	201	160	287
Eidotter, gekocht .	97	155	91	258

Nahrung	Anfangs-gewicht	Zunahme in Prozenten nach Tagen					
		15	30	45	60	75	90
30 g Hartei .	31	113	248	325	423	494	552
30 g Rohei .	32	97	197	200	165	159	134

---

[1] Stolte, K.: Dtsch. med. Wschr. 1922, **48**, 1036. — [2] Berg, R.: Vitamine, S. 263. — [3] Friedberger, E. und A. Abraham: Dtsch. med. Wschr. 1927, **53**, 1507; 1928, **54**, 2092; 1929, **55**, 396. Z. Volksernährg. u. Diätk. 1929, **4**, 182; Z. ges. exp. Med. 1930, **72**, 490. — [4] Damit die Temperatur von 100° den Dotter erreichte, was beim Erhitzen im Wasserbad nicht der Fall war. — [5] v. Grävenitz: Mschr. Kinderheilk. 1927, **37**, 36. — [6] Stenquist, F.: Dtsch. med. Wschr. 1928, **54**, 1920.

A. Scheunert und E. Wagner[1] fanden an jungen wachsenden Ratten keinen Unterschied zwischen Rohdotter und gekochtem Dotter.

Derartige Abweichungen erklären Friedberger und Abraham so, daß der Anschlagswert überdeckt sein kann, nämlich:

a) Dadurch, daß *ausschließliche Einahrung* für wachsende Ratten in qualitativer und quantitativer Hinsicht *ungenügend* ist. Zusatz kleinerer Mengen von Kohlehydraten oder Fett verlängerten die Lebensdauer der Tiere beträchtlich.

b) Durch die *Giftigkeit des Eiklars* (vgl. S. 271). Die mit erhitztem Eiklar gefütterten Tiere erreichten eine längere Lebensdauer. Durch Dialyse blieb die Giftigkeit des Eiklars unvermindert. Die Schädlichkeit einer Volleifütterung wird durch Erhitzen der Eier, 20 Minuten auf 100°, bedeutend herabgesetzt.

Der Dotter erwies sich sowohl ungekocht als auch 30 Minuten auf 120° erhitzt selbst bei ein Jahr lang dauernder ausschließlicher Fütterung als nicht schädlich; er wirkte sogar heilend auf Störungen nach Eiklarfütterung.

Diese Befunde bedürfen noch weiterer Nachprüfungen. Im Falle einer Bestätigung würde also der Eigenuß in der Form, bei der das Eiklar durch Erhitzen koaguliert, der Dotter aber noch nicht geschädigt ist, somit in Form des *weichgekochten Eies*, am zuträglichsten sein.

4. Gesundheitsschädigungen durch Eigenuß.

Gesundheitsschädigungen durch Eigenuß können auf dreierlei Weise eintreten, nämlich

a) durch *unzweckmäßige Anwendungsform* der Einahrung — b) durch die *Giftwirkung des rohen Eiklars* — c) *durch Genuß verdorbener* oder infizierter *Eier.*

a) Unzweckmäßige Anwendung der Einahrung.

Bei manchen Menschen wirken Eier *abnorm stark sättigend.* Nach C. von Noorden und H. Salomon[2] sind es die gleichen, die auch leicht eine *Abneigung* gegen dieses wertvolle Nahrungsmittel annehmen. Auch die angeblich *verstopfende Wirkung* scheint sehr individuell zu sein. Besonders auch *bei Kindern* in den ersten 18 Monaten beobachtet man hier und dort derartige ungünstige Wirkungen der Eifütterung, wenn auch durchaus nicht in so ausgedehntem Maße, wie verschiedentlich angenommen wird. Bei derartigen Abneigungen gegen das Ei ist natürlich Vorsicht bei seiner Anwendung angebracht. Auch bei gewissen Leberstörungen ist nach Lesné[3] Eigenuß nicht angezeigt.

Bei gewissen Krankheitszuständen können weiter die an sich wertvolle hohe *Nährstoffkonzentration* schädlich wirken und der große Säureüberschuß, die beim Abbau des Lecithins und Vitellins *freiwerdenden Phosphorsäuremengen,* Reizungen so z. B. in den Nieren hervorrufen. Unter gewissen Umständen, namentlich bei Bestrahlung mit ultraviolettem Licht, vermag nach T. Gordonoff, St. Zurukzoglu und O. Mundel[4] Cholesterin bei Kaninchen Gefäßsklerose hervorzurufen. Ob diese experimentelle Sklerose aber mit der bekannten Alterserscheinung beim Menschen identisch ist, steht noch dahin, insbesondere aber auch, ob einfacher Verzehr von Eiern in mäßiger Menge hierauf von Einfluß ist. Derartige Störungen dürften in der Regel nur *bei ausschließlichem oder übermäßigem Eigenuß* im Verhältnis zur geschwächten Körperfunktion eine gewisse Rolle spielen.

G. R. Cowgill[5] beobachtete bei Fütterung großer Mengen von koaguliertem Eiklar an Hunde (über 35% des Futters) Entstehung von fauligem Stuhl. F. Steinitz[6] fand, daß koaguliertes und dann getrocknetes Hühnereiklar auch im gemahlenen Zustande in größeren Mengen (40 g täglich) vom Hunde schlecht vertragen wurde und größtenteils unverdaut wieder abging.

Auch *Überempfindlichkeit gegen Eier* kommt vor. F. Teuschner[7] behandelte eine Patientin, die nach Genuß von wöchentlich etwa 42 Eiern an hartnäckigem Schnupfen, asthmaähnlichem Husten und Nesselausschlag erkrankt war. Die Überempfindlichkeit be-

---

[1] Scheunert, A. und E. Wagner: Dtsch. med. Wschr. 1929, **55**, 395. — [2] Noorden, C. von und H. Salomon: Handbuch Erhährungslehre I S. 249. — [3] Lesné: Bull. Acad. Méd. (3), **108**, (96) 1597; C. 1933, I, 2329. — [4] Gordonoff, T., St. Zurukzogln und O. Mundel: Ann. d'Hygiène 1935. Neue Reihe **13**, 540. — [5] Cowgill, G. R.: Amer. J. Physiol. 1927, **79**, 341. — [6] Steinitz, F.: Arch. ges. Physiol. 1898, **72**, 96. — [7] Teuschner, F.: Umsch. 1935, **39**, 589.

stand nicht nur gegen Weißei, sondern auch gegen Eidotter. Heilung erfolgte nach Aussetzung des Genusses der Eier und anderer tierischer Eiweißstoffe, wie Fleisch und Milch.

Auch VON NOORDEN berichtet weiter über Vorkommen von „Idiosynkrasien" nach Rohei, die selbst zu Exanthemen und Fieber führen können und betrachtet sie als Zeichen anaphylaktischen Verhaltens gegenüber dem körperfremden Eiweiß.

b) Spezifische Giftwirkung des rohen Eiklars.

Aus den S. 269 beschriebenen Versuchen ist bereits zu erkennen, daß das *rohe Eiklar* nicht nur, wie bereits S. 256 dargelegt ist, schlecht ausgenutzt wird, sondern auch ausgesprochene Giftwirkungen, bestehend in Verdauungsstörungen, zeigt. Diese sind von F. MAIGNON[1] bei der weißen Ratte eingehender untersucht worden. Eine *ausschließliche Ernährung mit rohem Eiklar* vermag diese weder bei Gewichtskonstanz noch am Leben zu erhalten. Die Ratten starben schnell an akuter Vergiftung des Zentralnervensystems im Mai und Oktober, dagegen an langsamer Auszehrung im August und Januar. Bei der akuten Vergiftung tritt Coma auf, nach MAIGNON infolge Anhäufung von Peptiden, nicht von Acidose (BERG).

Die stärkere Giftwirkung des Ovalbumins gegenüber anderen Proteinen ergibt sich auch aus der mittleren Dauer des Überlebens:

bei . . .	Ovalbumin	Fibrin	Casein	Fleischpulver
	8	21	41	19 Tage

Die drei letzten Proteine verursachten den Tod durch Erschöpfung, nicht durch chronische Vergiftung. Bei Eiereiweiß stellt sich auch keine Fettleber ein, wohl bei Casein und Fibrin.

Auch der *Hund* magert mit Eiweiß ab.

M. A. BOAS-FIXSEN[2] beobachtete eine Verminderung des Nährwertes beim Trocknen von aus rohem Eiklar gewonnenen Ovalbumin, Ovoglobulin, Gesamtalbumin und Ovomucoid, die sie auf Bildung eines Giftstoffes nichteiweißähnlicher Natur zurückführt. Als Schutzstoffe gegen dieses Gift vermutet sie eine mit dem Vitamin-B-Komplex nahe verwandte Substanz.

Durch *Zusatz von Fetten oder Stärke zur Nahrung* erreichte MAIGNON eine Verringerung der Giftwirkung, besonders durch erstere und führt diese auf eine Mitwirkung derselben (Glycerin und Fettsäuren) beim synthetischen Wiederaufbau der Eiweißmolekel zurück. Dabei kann die Rolle des Glycerins auch von den Alkoholfunktionen der Zucker übernommen werden.

Auch FRIEDBERGER und ABRAHAM (vgl. S. 269) führen Gewichtsabnahme und die schweren trophischen Störungen bei Ratten (Haarausfall, Blepharitis, Priapismus) nach Volleifütterungen von längerer Dauer auf die Giftigkeit des Eiklars zurück.

Am Menschen hat CL. BERNARD[3] nach reichlichen Genuß von Roheiklar Auftreten von Albumin im Harn beobachtet. Auch VON NOORDEN sah unter drei Versuchen einmal 12 Stunden nach Genuß von 10 rohen Eiern Albuminurie auftreten, die aber bis zum nächsten Morgen abgeklungen war. Die Erscheinung wurde von VON NOORDEN als Reizzustand der Nieren durch Überschwemmung mit Eiweißabbauprodukten gedeutet. Es kann sich aber auch um eine Säurereizung infolge des physiologischen Säureüberschusses des Eidotters (S. 270) gehandelt haben.

c) Gesundheitsschädigungen durch verdorbene Eier.

Gesundheitsschädigungen durch in *Fäulnis* übergegangene Eier sind deshalb selten, weil solche Eier im Aussehen und Geruch des Inhaltes einen starken Widerwillen erzeugen. Eher denkbar sind Gesundheitsschädigungen durch Eier mit Pilzbefall, die sog. *Fleckeier.* Doch liegen auch darüber bisher einwandfreie Beobachtungen kaum vor.

---

[1] MAIGNON, F.: Compt. rend. 1918, **166**, 919. — [2] BOAS-FIXSEN, M. A.: Biochem. J. 1927, **21**, 712; 1931, **25**, 596; C. 1928, I, 219; 1932, I, 832. — [3] Nach VON NOORDEN und SALOMON: Handbuch Ernährungslehre S. 245.

Über die *gesundheitliche Beurteilung der Fleckeier* haben GAFFKY und ABEL der Kgl. Preußischen Deputation für das Medizinalwesen ein Gutachten erstattet[1], wonach Fleckeier zwar ausnahmslos als verdorben anzusehen sind, daß aber Gesundheitsschädigungen bisher nicht beobachtet wurden, wenn sie auch zweifellos möglich sind. Jedenfalls sind aber nach diesen Gutachten die von Pilzwucherungen durchsetzten Teile ungenießbar (vgl. auch S. 206).

Ebenso wie beim Fleisch in beginnender Fäulnis können auch Eier bei beginnender Verdorbenheit besonders dann zu gesundheitlichen Schädigungen Veranlassung geben, wenn durch Verarbeitung zu anderen Lebensmitteln, Zusatz zu Schlagrahm, Eiskrem usw. ihr Zustand verdeckt wird. Je nach Pathogenität oder Virulenz der Fäulniserreger oder ihrer Begleiter kann es so zu Schädigungen kommen. Indes sind derartige Infektionen im Verhältnis zu den gewaltigen Eiermengen, die zur Ernährung des Menschen dienen, nur äußerst selten, viel weniger oft als bei Fleisch, beobachtet worden ist.

W. M. SCOTT[2] beschreibt einige solcher auf Bakterieninfektion (durch B. aertryke) beruhende Fälle. Es gelang ihm Eier durch Eintauchen in eine Kultur des Bacillus zu infizieren, besonders dann, wenn die Eier nach der Behandlung noch eine Zeitlang feucht gehalten wurden. Deshalb ist bei *Enteneiern*, die oft in feuchte Umgebung abgelegt werden, die Gefahr größer als bei Hühnereiern, zumal die Exkremente der Enten nach Fütterung mit B. aertryke oder B. enteritidis wochenlang die Bazillen in großer Menge enthielten. Auch P. CARLES[3] weist auf eine solche Gesundheitsschädigung hin.

Daß auch weitere Seuchenerreger, so von *Cholera, Typhus* usw. durch Zufälligkeiten den Eiinhalt infizieren können, wurde bereits S. 204 erwähnt. Diese Gefahr ist aber auch nur von untergeordneter Bedeutung. E. F. WILLS[4] hat in den Tropen beobachtet, daß Stechmücken (Mosquitos) die Eier anstachen und dadurch zu Verderben brachten; er hält so auch eine Infektion für möglich. Größer ist die S. 205 behandelte Gefahr der *Ruhrübertragung* durch rohe Enteneier.

Hierbei ist noch zu beachten, daß auch im *weichgekochten Ei die Erhitzungstemperatur* zur sicheren Abtötung der Keime *nicht ausreicht* (vgl. S. 276). Verdächtige Eier sind daher nur hartgekocht genießbar.

II. Verwendung bei der Speisenzubereitung.

1. Allgemeine Vorzüge.

Die Beliebtheit der Verwendung von Eiern in der Küche und bei der gewerblichen Herstellung von Nahrungsmitteln, wie wir sie z. B. in der Bäckerei und Speiseeisfabrikation wiederfinden, hat ihren Grund weniger in dem hohen Nährwert der Eibestandteile als in seinem *Wohlgeschmack*, seiner Bekömmlichkeit, seiner vielseitigen *küchen- und backtechnischen Verwendbarkeit* und im Verhältnis zu anderen eiweißreichen Nahrungsmitteln wie Fleisch und Milch großen Haltbarkeit und dem durch die Schale bedingten natürlichen *Schutz* des Eiinhaltes *gegen Verschmutzungen*. Dazu kommt, daß der Eidotter den Speisen seine schöne gelbe Dotterfarbe mitteilt und dadurch zum Genuß einladet. Der Vorteil dieser Vereinigung wertvoller Speiseeigenschaften im Ei ist so beträchtlich, daß es kaum möglich ist auf andere Weise ausreichenden Ersatz dafür zu schaffen, wie uns sehr eindringlich die Kriegs- und Nachkriegszeit vor Augen geführt hat.

Sehr wertvoll ist aber, daß neben diesen Vorzügen auch der *Nährwert* des Eies gerade in seiner küchenmäßigen Verwendung als *Zusatz zu anderen Speisen* zur Geltung kommt. Hierbei handelt es sich nicht nur um eine Ergänzung der Nährwerte von anderem Rohstoff und Eizusatz mit dem Erfolg einer besseren Ausnutzung, sondern infolge der außerordentlich *auflockernden und emulgierenden* Wirkung von Eiklar und Eidotter um eine wesentliche Vergrößerung der Angriffsfläche für die Verdauungssäfte und somit um eine Erhöhung der Gesamtver-

---

[1] Vgl. Z. Unters. Nahrungs- u. Genußm. Beilage: Gesetze u. Verordn. 1910, **2**, 299. — [2] SCOTT, W. M.: Brit. med. J. **1930**, II, 56. — [3] CARLES, P.: Ann. Fasific. 1914, **7**, 443; C. 1915, II, 1304. — [4] WILLS, E. F.: Brit. med. J. **1930**, II, 200.

daulichkeit und Bekömmlichkeit der Speise, wenn diese zweckmäßig zubereitet ist. Die feine Verteilung der Bestandteile untereinander steht auch im Zusammenhang mit dem *Wohlgeschmack* der Eierspeisen.

Diese besonderen Vorzüge des Eiinhaltes beruhen auf folgenden Grundlagen:

a) Schlagbarkeit des Eiklars.

Das Schlagen des Eiklars zu einem feinen Schaum, zum sog. „*Eierschnee*", ist bedingt durch die starke Herabsetzung der Oberflächenspannung durch das kolloid gelöste Eiweiß. Durch die mechanische Behandlung, das Schlagen, gelingt es leicht Luft in feinen Bläschen im Eiklar zu verteilen, wobei die Luftbläschen durch die dünnen Eiklarfilme mit den darin polar gerichteten Eiweißmolekülen stabilisiert werden.

Nach eingehenden Untersuchungen von M. A. BARMORE[1] liegt in den Eiweißschäumen eine Adsorption des Stabilisierungsmittels Albumin an die Grenzfläche Flüssigkeit/Luft vor, wobei dieser adsorbierte Film koaguliert, dadurch fester wird und den Schaum versteift und stabilisiert. Die Schaumstabilität ist direkt proportional zur Viscosität des flüssigen Mediums. die Schaumschicht umgekehrt proportional zur Viscosität, also die Stabilität des Schaumes umgekehrt zur Schaumdichte. Das Schlagen reißt die Faserstruktur des Weißeies unter Verminderung seiner Viscosität in der gleichen Zeit auf, in der der Schaum gebildet wird.

Die Menge des bei der Schaumbildung an der Grenzfläche Flüssigkeit/Luft konzentrierten und unlöslich werdenden Proteins ist nach BARMORE ungefähr proportional zur Dichte oder Oberflächengröße des Schaumes. Weder Calciumhydroxyd, Natronlauge und Natriumsulfit noch Wärmebehandlung haben sichtbare Wirkung auf Schäume. Säure dagegen und saure Salze erhöhen die Schaumstabilität beträchtlich, vermutlich durch Einwirkung auf das in der Grenzfläche Flüssigkeit/Luft konzentrierte Protein. Dabei wirkte Kaliumbitartrat günstiger als Essigsäure und Citronensäure. Setzt man im ersten Teil der Schlagperiode Kaliumbitartrat zu und neutralisiert es dann im letzten Teil mit Natronlauge, so wird die Stabilisierungswirkung der Säure kaum beeinflußt.

BARMORE prüfte auch noch den Einfluß der Höhenlage des Versuchsortes auf die Schaumeigenschaften und fand sie ohne Wirkung.

Über die Schlagbarkeit von Weißei sind weiter von J. C. ST. JOHN und J. H. FLOR[2], von P. N. PETER und R. W. BELL[3], M. J. BAILEY[4], sowie von W. C. HENRY und A. D. BARBOUR[5] Versuche angestellt worden. Letztere arbeiteten mit einer mechanischen, elektrisch angetriebenen Schlagvorrichtung und maßen das entstehende Schneevolumen und dessen Festigkeit. Als beste Temperatur erwies sich 20°. Das größte Volumen wurde bei mittlerer Geschwindigkeit des Schlagapparates erreicht. Von den Bestandteilen des Eiklars ließ sich das dünne Eiklar anfangs besser schlagen als die festere Fraktion, lieferte aber dafür Schnee von lockerer Beschaffenheit. Eierschnee aus frischen Eiern ist viel weniger beständig als aus Kühlhausei und wird es immer weniger bei Fortsetzung des Schlagens. Gefrieren und Wiederauftauen hatten nur wenig Einfluß. Zusatz von Wasser bis zu 40 Vol.-% erhöht das Schneevolumen ohne der Festigkeit erheblich zu schaden, der Schaum ist aber dann großporiger. Mit abnehmender Wasserstoffionenkonzentration, besonders bei pH = 10, besteht Neigung zur Volumenzunahme, die Stabilität ist unter pH = 8 und oberhalb pH = 10 erhöht, außer bei pH = 5,47, das völligen Bruch des Schaumes bewirkte. — Bei den Versuchen von BAILEY zeigte dickes Eiklar höhere Schaumfähigkeit als dünnes, unbehandeltes höhere als durch Zusätze auf pH = 5, 6, 7 oder 9,5 gebrachtes. Ungefrorenes und aufgetautes Eiklar zeigten keinen Unterschied.

Die eigenartige *Wirkung von Fett als Schaumunterdrücker* erklären A. LEVITON und A. LEIGHTON[6] an Milch durch das Bestreben von Fetten (und Lipoiden) sich über reinem Wasser auszubreiten. Nun kann man vergleichsweise eine Substanz, die sich über einer dünnen Flüssigkeitsschicht ausbreiten will mit einem Bruch in einer Seifenblase vergleichen, mit dem Unterschied, daß bei der sich ausbreitenden Substanz ein dünner Film derselben zurückbleibt, allerdings von so geringer Stabilität, daß er sehr rasch verschwindet.

---

[1] BARMORE, M. A.: Agric. Exp. Stat. Fort Collins, Colorado. Techn. Bull. 1934, 9. — [2] JOHN, J. C. ST. und J. H. FLOR: Poultry Science 1931, **10**, 71. — [3] PETER, P. N. und R. W. BELL: Ind. Eng. Chem. 1930, **22**, 1124. — [4] BAILEY, M. J.: Ind. Enging. Chem. 1935 **27**, 973. — [5] HENRY, W. C. und A. D. BARBOUR: Ind. Enging. Chem. 1933, **25**, 1054. — [6] LEVITON, A. und A. LEIGHTON: J. D. Dairy Science 1935, **18**, 105.

Dieser Erklärung, nach der auch kleinste Spuren von Öl schon ein Zerbrechen des Schaumes herbeiführen müßten steht aber bei Eiweißschäumen noch der Befund von HENRY und BARBOUR[1] entgegen, daß Zusätze von Öl bis zu 0,2% die Stabilität des Produktes nicht beeinflussen. Mit 0,5% tritt deutliches Umbrechen ein, und bei 1% Ölzusatz fällt die Struktur der Masse völlig zusammen.

Bei Eiklaremulsionen ist besonders wichtig, daß auch *Eifett*, bzw. Zumischung von Eidotter, zerstörend auf Eiweißschaum wirkt. Anscheinend wird diese Wirkung durch das vorhandene Lecithin erhöht. Doch senkte nach BAILEY Olivenöl die Schaumfähigkeit mehr als die gleiche Fettmenge in Form von Eidotter.

Über die *Schlagbarkeit von getrocknetem Eialbumin* stellten H. Y. CHANG und M. S. HSIEH[2] Untersuchungen an. Frisches Weißei wurde vier Tage bei 21° vergoren, dann bis zur Konzentration von 0,01% mit Alkohol versetzt, durch ein 40-Maschensieb filtriert, 0,1% Ammoniak zugegeben und dann 24 Stunden bei 65° getrocknet. Das Produkt wurde in der 10fachen Menge Wasser gelöst, und 60 cm³ der Lösung wurden unter bestimmten Bedingungen mittels Schlagvorrichtung mit elektrischem Antrieb geschlagen. Gemessen wurde die Volumzunahme, ausgedrückt in Prozent, dann das Schlagvolumen sofort (V_b) und nach drei Stunden (V_a). Die Stabilität des Schlagvolumens kommt so durch 100 V_b/V_a zum Ausdruck.

So wurde gefunden, daß das Schaumvolumen mit der Heftigkeit des Schlagens und der Zeitdauer zu-, die Stabilität aber abnahm. Wasserzusatz hatte nur geringe Wirkung auf das Schlagvolumen. Zusatz von Ammoniak erhöhte etwas das Volumen, verminderte aber die Stabilität. Die Gärdauer hatte sowohl die Schlagbarkeit als auch die Güte des Produktes erheblich beeinflußt; das beste Ergebnis wurde mit viertägiger Gärdauer erhalten.

Durch rasche Zumischung von Eiklarschnee zu Kuchenteig gelingt es große *Luftmengen in feiner Verteilung* einzuführen, weil die kleinen Bläschen auch in Mischung mit den Teigkolloiden noch einige Zeit beständig bleiben. Wird nun die Mischung, der Teig, erhitzt, gebacken, so dehnt sich die eingeschlossene Luft aus und bewirkt die bekannte schwammartige *Lockerung des Gebäckes*, wie man sie auf andere Weise auch durch Hefe oder Backpulver hervorrufen kann. Dabei zeigt aber das Eiklar den besonderen Vorzug, daß es in der Backhitze gerinnt und feste Wände bildet, und somit das Gebäck stabilisiert. Auf diese Weise lassen sich mit Eiklar noch Triebwirkungen in zucker- und fettreichen Feinbackwaren erzielen, in denen Hefe und Backpulver versagen. — Von dem sich beim Schlagen zu Schnee ähnlich verhaltenden Blutalbumin unterscheidet sich das Eiklar vorteilhaft durch seine Farblosigkeit, die in dem blendenden Weiß des Eierschnees zum Ausdruck kommt.

Neuerdings werden geeignete Ersatzstoffe für Eiklar aus anderen Rohstoffen, insbesondere für die Trockenbäckerei verwendet. J. SCHORMÜLLER[3] berichtete über Fischeiweiß für diesen Zweck. B. MONAGHAN-WATTS[4] gewann aus mit Lösungsmitteln ausgezogenem Sojabohnenmehl durch 20 Minuten Erhitzen auf 130° bei 45 mm Quecksilberdruck ein entbittertes Pulver, das bei der Eierschneebereitung Eiklarpulver ersetzen konnte.

b) Emulgierwirkung des Eidotters.

Wie das Eiklar die Oberflächenspannung zwischen Wasser und Luft vermindert, so gleicht das im Eidotter reichlich vorhandene *Lecithin* den Gegensatz, die Spannung, zwischen Wasser und Fett weitgehend aus. Entsprechend seiner Löslichkeit in wäßrigen Flüssigkeiten und Fetten und Ölen wirkt das Lecithin als ausgezeichnetes Schutzkolloid für fettarme und fettreiche Emulsionen, wobei es durch das im Eidotter gleichzeitig vorhandene Lecithinalbumin bzw. Vitellin noch in hohem Maße unterstützt wird.

Wie in der Milch ist das nicht-polare Ende des Lecithinmoleküls auf das Fett, der Cholinphosphorsäurerest auf das vorhandene Eiweiß hin gerichtet, so daß gleichsam eine Brücke zwischen dem Fett und dem Stabilisator der Emulsion durch das Lecithin geschlagen ist. Der Eidotter wird damit zu einem ausgezeich-

---

[1] HENRY, W. C. und A. D. BARBOUR: Ind. Enging. Chem. 1933, 25, 1054. — [2] CHANG, H. Y. und M. S. HSIEH: J. Chinese 1934, 2, 117. — [3] SCHORMÜLLER, J.: Z. 1937, 74, 1. — [4] MONAGHAN-WATTS, B.: Ind. Engng. Chem. 1937, 29, 1009.

neten *Bindemittel* für Emulsionen. H. M. Sell, A. G. Olsen und R. E. Kremers[1] fanden bei der praktischen Mayonnaisebereitung, daß die emulgierende Wirkung sich auf das *Lecithoprotein* stützt. Zusatz von Lecithin oder Cephalin allein verminderte sogar die Stabilität.

Die ausgezeichnete Emulgierwirkung des Eidotters hat weiter zur Folge, daß auch beim Genuß die schmeckenden Stoffe in großer Oberfläche an die Geschmacksnerven gelangen und dadurch in einer *Ausprägung des Geschmackes* einerseits der betreffenden Speise an sich, dann aber auch des Eies selbst zum Ausdruck kommen. Nun ist das Ei bekanntlich an sich von hohem *Wohlgeschmack*, solange es frisch ist und nicht schon durch Altern gelitten hat, also weder muffig noch „heuig" geworden ist. Derartige Mängel im Geschmack treten nun gerade wieder beim Ei aus den besagten Gründen besonders deutlich in Erscheinung[2].

Aber auch *feinere*, nicht auf Alterung beruhende *Geschmacksunterschiede* werden selbst im Frischei noch erkannt. So ist es wieder der Gehalt des Eidotters an Phosphatiden, deren Eigenschaften und Wirkungen auf die Geschmacksnerven vor allem durch die *Art der Fettsäureradikale* bedingt werden. Da das Futter der Hühner hierauf von großem Einfluß sein wird, ist es verständlich, wie auch ganz frische Trinkeier im Geschmack variieren können. Nach einer *Fütterung von Fischabfällen* mit hohem Gehalt an Tranfettsäuren oder von dumpfem Getreide läßt sich natürlich nicht der Wohlgeschmack erzielen, wie er frischen Eiern nach gesundem Körnerfutter mit reichlicher Kohlenhydratzufuhr nachgerühmt wird. Verfütterung von fettarmen Fischmehlen soll nach N. Hansson[3] nicht von ungünstigem Einfluß auf den Geschmack sein.

Nach praktischen Erfahrungen[4] sind auf den Geschmack des Eies Herkunft und Art der Aufbewahrung von Einfluß, Hühnerrasse und Farbe der Schale im allgemeinen nicht von Einfluß. Nur das Ei des Zwerghuhns gilt als besonders zartschmeckend. Von großem Einfluß ist der Dotter. Bei nicht natürlichen Lebensbedingungen der Tiere ist der Dotter blasser und von weniger gutem Aroma. Bei rein weißschaligen Eiern ist der Dotter stets etwas blasser, ohne daß der Wohlgeschmack leidet. Am besten schmeckten Eier von Hennen, die einen sehr großen oder unbeschränkten Auslauf haben.

Viel Schnittlauchfütterung soll wie Fischmehl tranige Eier erzeugen. Nach Grzimek sind Geschmacksanklänge an das Futter nach Fütterung von Fischmehl, Maikäfern, Zwiebeln, Stoppelrüben und Raps beobachtet, aber meist übertrieben worden. E. M. Cruickshank[5] fand nach Fütterung mit leinölhaltigem Futter einen unangenehmen, besonders beim weichgekochten Ei hervortretenden Geschmack (vgl. auch S. 277). Fremdartige Geruchsstoffe (Citrone, Käse, Teer, Rauch usw.) dringen sehr leicht durch die Eiporen und erteilen, im Dotter fixiert, dem Ei einen unerwünschten Fremdgeschmack. Besonders dunkeldotterige Eier sollen gegen solchen Fremdgeschmack empfindlich sein.

2. Küchenwert anderer Hausgeflügeleier.

Über den Küchenwert anderer Hausgeflügeleier hat A. Wulf[6] eine Zusammenstellung gemacht, aus der folgendes entnommen sei:

Im *Entenei* gerinnt das *Eiklar* beim Kochen nicht zu der gleichen Festigkeit wie das vom Hühnerei, sondern bleibt immer etwas durchsichtiger und ist auch vermöge seiner Struktur zäher. Das Verhältnis des Dotters zum Gesamtgewicht ist meist etwas höher als bei den Eiern großrassiger Hühner, aber kleiner als bei

---

[1] Sell, H. M., A. G. Olsen und R. E. Kremers: Ind. Enging. Chem. 1935, **27**, 1222.

[2] Ähnlich ist der Wohlgeschmack von Buttermilch sowie der schlechte Geschmack sog. Schmirgelmilch vorwiegend mit dem Phosphatidanteil verbunden. Vgl. hierzu L. M. Thurston und J. L. Barnhardt. J. Dairy Science 1935, **18**, 131.

[3] Hansson, N.: Z. Tierzücht. u. Züchtungsbiol. 1928, **13**, Heft 2; Arch. Geflügelk. 1929, **3**, 50. — [4] Vgl. Eierbörse 1933, **24**, 410. — [5] Cruickshank, E. M.: Biochem. J. 1934, **28**, 965. — [6] Wulf, A.: Privatmitteilung.

Zwerghühnern (bis zu 46%)[1]. *Der Geschmack* ist wieder *stark von der Fütterung abhängig*, indes bei Farm-Enten von dem der Eier gleich ernährter Hühner kaum zu unterscheiden. Bei vorwiegender Verwendung von Fischmehl und Garnelen als Fleischfutter scheint aber der „fischelnde" Geschmack beim Entenei mehr hervorzutreten. Außerdem ist bemerkenswert, daß der Enteneidotter nach reichlichem Verzehr von Kaulquappen im späten Frühjahre blutrot, nach Verzehr von Eicheln, die von Enten besonders nach Aufweichung in Wasser gern genommen werden, dunkelgrün bis schwarz gefärbt sein kann. — Die meisten Enteneier werden wohl für Backzwecke Verwendung finden.

Gänseeier kommen infolge Züchtung viellegender Gänserassen in neuerer Zeit öfter in die Küche als früher. In Struktur von Eiklar und Dotter sind Gänseeier ähnlich wie Hühnereier zu bewerten, wenn auch von gröberem Bau. Indes steht die Größe eines Gänseeis dem Verzehr in Form des weich gekochten Eies oder als Spiegelei, das bei der Herstellung eines starken Fettzusatzes bedarf, durch eine Person im Wege. Die beste Verwertungsform des Gänseeies besteht daher in einer Zubereitung von Rührei oder Eierkuchen daraus.

Die Eier des *Perlhuhns* gelten als besonders wohlschmeckend, was einerseits in ihrer Kleinheit begründet sein kann, da kleine Eier immer feiner als große erscheinen. Dann aber werden Perlhühner fast nie in beschränkten Räumen gehalten, so daß sie das dargereichte Futter durch eigene Suche im Garten und auf der Weide ergänzen können. Schließlich gewinnt das Perlhuhnei durch seine hübsche Färbung und Form.

Bei *Truthühnern* liegen die Fütterungsverhältnisse ähnlich, nur sind die Eier entsprechend größer, so daß sie ähnlich wie Gänseeier zu verwerten sind. *Pfaueneier* unterscheiden sich von denen der Puten weder im Aussehen noch im Geschmack wesentlich. Bei *Taubeneiern*, die vereinzelt in die Küche gelangen und dann gewöhnlich als Suppeneinlage verwendet werden, bleibt beim Kochen das Eiklar durchsichtig und auch der Dotter wird nicht recht hart.

Straußeneier, die in Straußenfarmen anfallen, sollen im Geschmack etwa dem Entenei entsprechen. Da ein mittleres Straußenei rd. 1,5 kg wiegt, beträgt sein Inhalt also etwa soviel wie der von 25 Hühnereiern.

3. Eierspeisen als Nahrungsmittel.

a) Zubereitung des Eies durch Erhitzen.

Im rohen Zustande werden Eier für sich nur selten genossen, was vielleicht mit dem verdauungswidrigen Verhalten des Eiklars S. 271 zusammenhängt. Die einfachste Zubereitungsform ist die des *gekochten Eies*. Dies wird gewöhnlich dadurch erhalten, daß man Wasser zum Sieden bringt und dann das Ei vorsichtig hineinlegt. Bei einer Erhitzungsdauer von 3—5 Minuten (je nach Größe des Hühnereis) erhält man ein *weichgekochtes* (kernweiches), in 10—15 Minuten ein *hartgekochtes* Ei. Der Unterschied beruht darauf, daß die langsam von außen nach innen fortschreitende Temperaturerhöhung im ersten Falle nur das Eiklar koaguliert und den Dotter nicht erreicht, im anderen Falle auch den Dotter auf die Gerinnungstemperatur des Vitellins bringt.

VON NOORDEN empfiehlt, die Eier bei 80° und zwar in um 25% verlängerter Kochdauer gar zu machen. Als besondere Bereitungsweise, besonders auch für die als Delikatessen geltenden *Kiebitz-* und *Möweneier*, gibt er folgende an: Man läßt das Ei zunächst 10 Minuten in Wasser von 60° liegen, worauf man es zwei Minuten in Wasser von 80° hält. Durch die langsame Temperaturzunahme erhält man ein geschmeidiges zartes Gerinnungsprodukt des Eiklars. — Das Verfahren ist auch für *Enteneier* geeignet.

Die beim Kochen und Braten im Ei entstehenden Temperaturen verfolgten genau H. ILSHÖFER und CHR. MÜLLER[2]. In einem 3—5 Minuten lang gekochten Ei stieg die Temperatur im Mittelpunkt des Dotters bei Hühnereiern auf 28—47°,

---

[1] Vgl. hierzu auch S. 68. — [2] ILSHÖFER, H. und CHR. MÜLLER: Arch. Hygiene 1935, **114**, 341; Z. Fleisch- u. Milchhygiene 1936, **46**, 345.

bei Enteneiern auf 25—39°, beim Liegen in Zimmerluft dann auf 66—72 bzw. 61—67°. Bei 8—10 Minuten langem Kochen wurden bei Hühnereiern 81° und 83° erreicht. Beim Spiegelei wurden ½ cm unter der Mitte der Dotteroberfläche beim Hühnerei 63,5°, beim Entenei 54° gemessen.

Das *hartgekochte Ei* gilt als weniger schmackhaft, was bei der Gerinnung des Dotterproteins, also dem Übergang des Sols in ein weniger lösliches Gel von dem bekannten mehligen Geschmack verständlich ist. Auch die vielfach behauptete schlechtere Verdaulichkeit des hartgekochten Eies dürfte mit der Abnahme des Dispersionsgrades zusammenhängen, vielleicht aber auch zum Anschlagswert (vgl. S. 269) in Beziehung stehen. Besonders nach schlechtem Zerkauen verursachen Brocken hartgekochter, ohne Zusatz genossener Eier leicht ein Gefühl der Völle im Magen und beanspruchen nach VON NOORDEN größere Magenacidität; nach ihnen eignet sich das hartgekochte Ei aus dem gleichen Grunde wegen des starken Salzsäure-Bindungsvermögens aber auch gut bei Hyperacidität und Hypersekretion. Eine besondere Anwendungsform des hartgekochten Eies ist die als *Solei*, wobei das Ei nach dem Kochen längere Zeit in Salzwasser aufbewahrt wird. Weiter wird das hartgekochte Ei nach Zerschneiden in Mischung mit andern Speisen, wodurch seine Ausnutzung und Verdaulichkeit verbessert wird, gern als *Brotbelag* und zur *Verzierung* von Salaten u. dgl. verwendet.

Das *weichgekochte Ei* gibt den charakteristischen Wohlgeschmack des frischen Eies in feinster Abstufung wieder. Deswegen eignen sich für diese Zubereitungsform auch nur ganz frische, höchstens drei Wochen alte Eier, sog. *Trinkeier*. Auch kommt beim weichgekochten Ei ein etwaiger Fütterungseinfluß am deutlichsten im Geschmack zum Ausdruck. Das weichgekochte Ei bewirkt weit weniger Sättigungs- und Druckgefühl im Magen und kann daher in größeren Mengen genossen werden, als das hartgekochte. Da bei ihm in zweckmäßigster Weise die verdauungswidrigen Bestandteile des Eiklars durch Koagulation inaktiviert, dagegen der Dotter noch gewissermaßen „roh" geblieben ist, ist hier auch die beste Auswirkung des Anschlagwertes des Dotters zu erwarten.

Beim *Kochvorgange* erfahren die *Gewichtsverhältnisse* des Eies nur eine sehr unwesentliche Änderung, so daß man schon verschiedentlich den Kochvorgang zur bequemeren analytischen Trennung der Eibestandteile benutzt hat (vgl. S. 330). Der Eiinhalt zeigt beim Kochen kaum einen Verlust, weil das vom Rande her gerinnende Eiklar eine wirksame Schutzschicht gegen Auslaugung durch das Kochwasser bildet. LEBBIN[1] fand, daß unter 22 Eiern ein Ei im Gewicht ganz unverändert blieb. Von den übrigen zeigten drei Eier eine geringe Gewichtsabnahme, die übrigen aber eine schwache Gewichtszunahme; im Mittel ergab sich:

<table>
<tr><td rowspan="4">Die geringe Gewichtszunahme des Eis beim Kochen kann nur darauf beruhen, daß Luft aus dem Ei ausgetrieben wird und dafür Wasser eindringt.</td><td colspan="2">Gewicht des Eies</td><td>Gewichts-
zunahme</td><td colspan="2">Gewicht der Schale</td></tr>
<tr><td>vor</td><td>nach</td><td></td><td>Absolute
Menge</td><td>In Prozenten
des ganzen Eies</td></tr>
<tr><td colspan="2">dem Kochen</td><td></td><td></td><td></td></tr>
<tr><td>g</td><td>g</td><td>g</td><td>g</td><td>%</td></tr>
<tr><td>53,45</td><td>53,90</td><td>0,45</td><td>5,16</td><td>10,45</td></tr>
</table>

Nach G. MÉSZÁROS und F. MÜNCHBERG[2] tritt ein gewisser Gewichtsverlust ein, wenn die gekochten Eier an der Luft gekühlt werden. Erfolgt dagegen die Abkühlung in Wasser, so ist kein Gewichtsverlust sondern eher eine leichte Gewichtszunahme zu bemerken. Der Gewichtsverlust ist im wesentlichen durch Wasserabgabe aus dem Eiklar zu erklären; von Salzen werden nur kleine Mengen abgegeben. Der Gewichtsverlust steigt mit der Kochdauer an, z.B. wie folgt:

Kochdauer	1	2	3	4 Minuten
Kochverlust . . .	0,12	0,20	0,66	1,00 g
	0,2	0,3	1,3	1,9 %

---

[1] LEBBIN: Therapeut. Mh. 1901, **15**, 552. — [2] MÉSZÁROS, G. und F. MÜNCHBERG: Z. 1935, **70**, 156.

Bei den folgenden Versuchen wurden die Eier 10 Minuten gekocht:

| Behandlung der Eier | Anzahl der Eier | Zusammensetzung | | | | | Kochverluste |
| | | des ganzen Eies | | | des Eiinhaltes | | |
		Dotter %	Eiklar %	Schale %	Dotter %	Eiklar %	%
Roh	11	33,7	54,8	11,6	38,1	61,9	—
	6	30,3	58,1	11,6	34,3	65,7	—
Gekocht an der Luft gekühlt	21	31,4	56,8	10,0	36,4	63,6	1,8
	10	30,0	56,5	11,0	34,7	65,3	2,5
	10	30,7	56,0	11,3	35,4	64,6	2,0
Gekocht und in Wasser gekühlt	8	34,4	55,0	10,7	38,5	61,5	(0,1) } Gewichts-
	7	32,7	57,4	10,6	36,3	63,7	(0,7) } zu-
	9	31,6	57,2	10,9	35,6	64,4	(0,4) } nahme
Roh } 15 Tage im	3	35,2	52,5	11,1	40,1	59,9	—
Gekocht } Eisschrank gelagert	3	34,4	51,6	10,2	40,1	59,9	2,1

Die beim hartgekochten Ei *an der Dotteroberfläche* zu beobachtende *grünliche Verfärbung* ist kein Zeichen von Verdorbenheit sondern beruht darauf, daß das Eiklar beim Erhitzen Spuren von Schwefelwasserstoff abspaltet, sie sich mit dem Eisen aus der Dotteroberfläche zu *Schwefeleisen* vereinigen. Mit dem Alter der Eier wird die Erscheinung allerdings etwas deutlicher.

b) Zubereitung durch Braten im Fett.

Das Braten des Eiinhaltes erfolgt entweder unter Erhaltung des Dotters als *Spiegelei* oder Setzei oder aber unter Durchmischung des Inhaltes zu *Rührei*. Beide unterscheiden sich der Zusammensetzung nach vom gekochten Ei durch *Aufnahme des zum* Braten dienenden *Fettes*, das naturgemäß in größerer Menge in das Rührei eingeführt wird.

Beim Spiegelei sucht man durch vorsichtiges Erhitzen eine Koagulation des Eiklars unter tunlichster Weicherhaltung des Dotters zu erreichen. Nach von NOORDEN geschieht dies am sichersten durch Erhitzen in der angefetteten Pfanne über heißem Dampf. Auf diese Weise entspricht das Spiegelei in seiner Bekömmlichkeit etwa dem weichgekochten Ei. Durch schnelleres Erhitzen in der Pfanne oder über Speck und Schinken nach englischer Art bilden sich reichliche Mengen von würzig schmeckenden *Röstprodukten*, die aber bei der Krankenernährung zu Reizungen des Magens führen können, und von harten schwerverdaulichen Krusten.

Beim *Rührei* wird durch geschicktes Rühren die Bildung derartiger harter Teilchen vermieden. Das Rührei ist am bekömmlichsten, wenn die Zubereitung durch Erhitzen gerade zur Koagulation des *Eiklars* geführt, das Dotterprotein aber noch möglichst weich gelassen hat.

Nach von NOORDEN erfolgt dies auch wieder am sichersten über heißem Dampf oder siedendem Wasser, und man erhält die lockersten Gerinnsel, wenn man nur den Dotter verarbeitet. Doch kommt es von diesen besonderen Fällen der Zubereitung, von Krankenkost abgesehen, für gewöhnlich auch wieder auf Hervorrufung des typischen Bratgeschmackes an, der höhere Temperaturen erfordert. Auch dann führt der Bratvorgang im Rührei noch zu einer für normale Verdauungsorgane leichtverdaulichen wohlschmeckenden Speise.

Dem Rührei wird bei der Herstellung vielfach auch Milch und zur Streckung Mehl zugefügt. Dadurch werden Produkte erhalten, die chemisch den Übergang zu Eierbackwaren bilden.

c) Zubereitung mit wässerigen Flüssigkeiten.

Beim sog. *verlorenen* Ei wird der Eiinhalt in siedendem Wasser unter etwas Essigzusatz erhitzt, wobei die Eiproteine koagulieren. Ähnlich ist der Genuß des Eies, vornehmlich des Eidotters, nach Verrühren mit *Fleischbrühe*. Der Nährwert solcher Produkte setzt sich aus dem der Komponenten zusammen, ist aber durch die eintretende starke Verteilung vielleicht noch erhöht.

Auch der sog. *Eierweinbrand* oder *Eierlikör* ist nichts anderes als eine Mischung von Weinbrand bzw. Likör mit Eidotter, aber von den vorigen Zubereitungen außer durch seinen Zucker- und Alkoholgehalt (etwa 20%) dadurch unterschieden, daß hier der Eigehalt wesentlich höhergehalten wird. Bei gutem Eierweinbrand erwartet man einen Zusatz von mindestens 15 Eidottern auf 1 Liter Weinbrand (A. JUCKENACK).

d) Eierteigwaren und Eierbackwaren.

Der Zusatz von Eisubstanz zu Teig- und Backwaren bezweckt in erster Linie den *Wohlgeschmack* nach Eiern, insbesondere nach Eidotter zu verleihen. Gleichzeitig tritt die *Färbekraft* des Dotters dabei in Erscheinung. Dabei ist das *Lutein* des Dotters nicht ein Farbstoff schlechthin, sondern steht mit der Güte des Eies in Beziehung. Die natürliche Färbung der Eierteigwaren und Backwaren ist somit nicht allein ein auch vom Verbraucher leicht erkennbares Kennzeichen des Eigehaltes, sondern selbst ein wertbestimmender Stoff von erheblicher Bedeutung. Hieraus folgt, daß ein Ersatz des Eierfarbstoffes, etwa durch Teerfarbstoffe oder andere natürliche Farbstoffe, eine wesentliche Verschlechterung der betreffenden Nahrungsmittel sein muß.

Der *Nährwert* der Teig- und Backwaren mit Eiern entspricht im allgemeinen der Summe der Nährwerte der Bestandteile. Der Eizusatz in genügender Höhe bedeutet eine sehr günstige Ergänzung des kohlehydratreichen Mehles und des etwa zugesetzten Zuckers durch die hochwertigen Eiweißstoffe des Eies, das Eilecithin und die Eivitamine.

Eierteigwaren werden als *Suppeneinlagen* oder als besondere Speise, etwa nach Anrichtung mit Butter, Käse und Gewürze als Makkaroni, auch wohl in Verbindung mit Fleisch (Schinken) verwendet.

Von Backwaren mit Eiern wird zunächst der sog. *Eierpfannkuchen* aus einem aus Mehl, Milch und Eiern angerührten dünnen Teig in der Pfanne gebacken. Der Eierpfannkuchen wirkt wie jedes Fettgebäck stark sättigend und gilt vielfach als schwerverdaulich, was außer in dem Fettgehalt auch in der wenig porösen Struktur des Gebäckes seinen Grund haben kann. Ähnliches gilt auch von der Bekömmlichkeit des einfachen *Eierkuchens, der Omelette*. Besser verdaulich ist die *Schaumomelette*, bei der das Eiklar zu Schnee geschlagen mit dem schaumig gequirlten Eigelb vermischt und dann unter Zucker und Butterzusatz verbacken wird. So entsteht ein äußerst poröses Gebäck, das dann mit Füllungen verschiedener Art, vorwiegend mit Obstmus, serviert wird. *Die schaumige Struktur* bedingt rasche Durchdringung des Gebäckes durch den Magensaft und damit eine beschleunigte Verdauung.

Die *Gebäcklockerung durch Eierschnee* findet weiter bei der Herstellung von kuchenartigem Kleingebäck und Torten vielseitigste Anwendung, auf die hier im einzelnen nicht eingegangen werden kann; in allen diesen Fällen wird die Verdaulichkeit der Produkte durch die starke Oberflächenvergrößerung bedeutend verbessert. Hierin gehören auch die *Aufläufe*, die besonders in der Krankenküche von großem Wert sind.

F. B. KING, H. P. MORRIS und E. F. WHITEMANN[1] suchten — allerdings noch ohne Erfolg — nach einer Beziehung zwischen Beschaffenheit des Eiinhaltes und seine Lockerungsfähigkeit bei Kuchengebäck.

e) Eierspeisen mit kleineren Eigehalten.

Bei den *Mayonnaisen* dient das Lecithoprotein des Eidotters (vgl. S. 126) als Schutzkolloid zur Aufrechterhaltung der Emulsion aus viel Öl mit wenig wäßriger

---

[1] KING, F. B., H. P. MORRIS und F. F. WHITEMANN: Cereal Chem. 1936, **13**, 37; C. 1936, I, 3766.

Phase. Man erhält diese Mayonnaise durch Einlaufenlassen von Öl in eine Mischung von Eidotter mit Fleischbrühe und Essig unter kräftigem Schlagen und Rühren. Die Mayonnaise dient ihrerseits wieder zur Anrichtung verschiedener Salate (Fleischsalat, Heringsalat, Kartoffelsalat).

Nach einer Literaturangabe[1] erhält man z. B. nach folgender Vorschrift eine gute Mayonnaise:

Zutat	In % der Mayonnaise	Zutat	In % der Mayonnaise
Eidotter . .	8,06	Essig . . .	7,17
Salz	1,01	Wasser . .	7,17
Zucker . . .	1,79	Öl	73,78
Senf	1,12		

Öl- und Eigehalt sollen 78% betragen. Bei Verwendung von Gefrierei soll der Wassergehalt um 2% vermindert und dafür der Eigelbgehalt um 2% erhöht werden.

Bei der Mayonnaisezubereitung wird die etwas zu weiche Konsistenz von frischem Eidotter, bedingt durch den Gehalt an freiem Wasser, nach L. B. KILGORE[2] durch Zusatz von Salz (5—7% der Ausgangsmischung) verbessert. Gefriereidotter bildet nach dem Auftauen an sich eine Paste von richtiger Konsistenz. Der Essigzusatz soll höchstens die Hälfte der Ölmenge betragen.

Oberhalb eines gewissen Mindestdottergehaltes von etwa 5—9% beruhen nach KILGORE Unterschiede im Charakter einer Mayonnaise auf der Herstellungsart, nicht auf dem Dottergehalt. Dabei genügen von frischem Dotter kleinere Mengen als von gefrorenem. Zur Herstellung von Mayonnaise mit niedrigem Eigehalt geht man beim Emulgieren zweckmäßig von etwas fertiger Mayonnaise aus.

Sog. *Tunken* werden durch Verrühren von Eidotter mit Kochwasser von Gemüsen, besonders Spargel, auch wohl von Fleischbrühe unter allmählichem Erhitzen erhalten. Ähnliche, unter Würzung mit Vanille bereitete süße Zubereitungen sind die *Cremespeisen*, zu denen auch nach Gefrieren das *Eierspeiseeis* zu zählen ist.

Beim sog. *Panieren* von Fleischstücken, Fisch u.dgl. dient das Ei als Bindemittel für das Paniermehl und zur Erzielung einer wohlschmeckenden Kruste in Verbindung damit.
Über weitere Eigerichte vgl. Z. Volksernähr. u. Diätk. 1932, 7, 259.

E. Deutsche Geflügel- und Eierwirtschaft.

I. Statistische Angaben[3].

1. Deutsche Eierproduktion.

Die Entwicklung des *Geflügelbestandes des Deutschen Reiches*[4] in den letzten Jahren, beruhend auf den Ergebnissen der jährlich am 2. Dezember stattfindenden Zählungen, äußert sich in folgenden Zahlen (s. Tab. S. 281).

Im Mittel der Jahre 1921—1935 entfallen somit in Prozent des Geflügelbestandes auf Hühner 89,2%, Enten 3,3%, Gänse 6,8%.

Von dem gesamten deutschen Hühnerbestande wurden im Jahre 1925 in Betrieben von:

0,05—5 ha	5—20 ha	20—50 ha	50—100 ha	100—200 ha	200 ha und darüber
51,2%	32,1%	11,2%	2,5%	1,1%	1,7%

gehalten[5], also 83,3% in Klein- und Mittelbetrieben bis zu 20 ha. Die *Träger der Hühnerzucht* sind *in Deutschland* vorwiegend die bäuerlichen Klein- und Mittelbetriebe. Das Wassergeflügel ist etwas mehr in den größeren Betrieben vertreten.

---

[1] Canning Age 1935, 16, 328. — [2] KILGORE, L. B.: Food. Ind. 1935, 7, 229. — [3] Literatur: WALTER, A. und G. LICHTER: Die deutsche Eierstandardisierung, Ber. Landw. 58. Sonderheft. Berlin 1932.
[4] Damaliges Reichsgebiet ohne Saargebiet. — Vgl. Jahrbücher für Statistik und Vierteljahreshefte zur Statistik des Deutschen Reiches, ferner F. WALTER: Deutsche landw. Geflügelztg. 1929, 32, 395.
[5] Vgl. G. RUDOLPH: Z. Volksernähr. Diätkde. 1932, 7, 150. —

Geflügelbestand des Deutschen Reiches.

Jahr	Be-völkerung in Millionen	Geflügelbestand in Millionen Stück	Geflügelbestand auf den Kopf der Bevölkerung Stück	Davon Hühner[1] in Millionen Stück	Davon Hühner[1] auf den Kopf der Bevölkerung Stück	Enten in Millionen Stück	Gänse in Millionen Stück
1912	66,4	71,19	1,08	63,97	0,96	2,09	5,85
1921	61,8	67,77	1,10	60,17	0,97	2,02	5,58
1922	61,3	65,20	1,06	58,14	0,95	1,67	5,39
1924	62,1	71,17	1,15	63,67	1,03	2,07	5,96
1925	62,4	71,50	1,15	64,12	1,03	2,04	5,34
1926	62,9	75,70	1,20	67,80	1,08	2,41	5,49
1927	63,2	79,42	1,26	71,35	1,13	2,56	5,50
1928	63,6	84,51	1,33	76,00	1,19	2,85	5,66
1929	63,9	92,15	1,44	83,27	1,33	3,22	5,56
1930	64,3	98,23	1,51	88,10	1,37	3,88	6,25
1931	65,4	93,45	1,43	84,22	1,29	3,54	5,69
1932	65,7	93,43	1,42	84,23	1,28	3,52	5,79
1933	66,0	96,90	1,47	87,37	1,32	3,39	6,14
1934	66,4	94,42	1,42	85,85	1,29	2,73	5,84
1935	66,9	94,14	1,41	86,08	1,29	2,59	5,47

Für das Jahr 1933 werden folgende Zahlen angegeben[2]:

Größenklassen der Betriebs-flächen	Zahl der Betriebe	Zahl der Hennen	Betriebe mit Hühnerhaltung Von den Betrieben hielten Hennen insgesamt 1—50	51—100	101 u. mehr	Zahl der Betriebe mit Gänsehaltung
0,51— 2 ha	651 189	7 132 276	641 475	2 870	2189	139 518
2— 5 „	720 078	10 052 649	710 939	4 467	1777	179 708
5— 20 „	1 030 900	22 710 052	997 127	26 588	4840	378 405
20—100 „	308 847	12 466 058	250 123	48 456	9730	143 438
100 u. darüber	22 211	1 739 971	10 540	7 994	3 647	11 011
Zusammen:	2 733 225	54 101 106	2 610 204	90 384	22 183	852 080

Hier entfallen auf Betriebe bis zu 20 ha 75,3% des Hennenbestandes.

Bei der Abschätzung der Höhe der Eierproduktion kann von der *Zahl der Legehennen* ausgegangen werden, die für die letzten Jahre wie folgt gezählt worden ist:

Jahr	1927	1928	1929	1930	1931	1932	1933	1934
	Millionen							
Hühnerbestand	71,4	76,0	83,3	88,1	84,2	84,2	87,4	85,3
Legehennen	61,4	62,8	66,5	69,9	68,0	68,3	63,1	57,8
In Prozent des Hühnerbestandes .	86,1	82,6	79,8	79,4	80,7	81,0	72,2	67,8

Die Zahl der Legehennen betrug somit im Mittel etwa 80% des Hühnerbestandes. Die durchschnittliche *Legeleistung einer Henne* ist von Jahr zu Jahr gestiegen, nämlich nach H. VON DER DECKE[3]:

Für Jahr:	1924	1925	1926	1927	1928	1929	1930	1931	1932	1933	1934
auf Stück:	80	82	84	86	89	90	90	90	90	90	90

Auch nach RUDOLPH wird die durchschnittliche Eierproduktion einer Legehenne auf 90 Eier geschätzt. P. GROSS[4] schätzt die innerdeutsche Eierzeugung auf 90—95 Eier je Henne. Wenn man berücksichtigt, daß die Hühnerzüchter in

---

[1] Hähne, Hühner und Kücken ohne Trut- und Perlhühner. — [2] Statist. Jahrbuch des Deutschen Reiches 1934, 89. — [3] DECKE, H. VON DER: Landw. Geflügelztg. 1935, **26**, 392. — [4] GROSS, P.: Der deutsche Eiermarkt. Berlin: P. Parey 1935.

den letzten Jahren auf eine möglichste Steigerung des Eiertrages hinarbeiten, dürfte es zulässig sein, die Zahlen von VON DER DECKE für die betreffenden Jahre einzusetzen. Dann würde sich der gesamte Eiertrag für Deutschland berechnen:

Jahr	1927	1928	1929	1930	1931	1932	1933	1934
Leistung je Henne	86	89	90	90	90	90	90	90
Gesamteierertrag	5,4	5,6	6,0	6,3	6,1	6,1	5,8	5,2

Bezogen auf den Wert der landwirtschaftlichen Erzeugung nimmt die Geflügel- und Eierproduktion gegenüber Großvieh nur einen kleinen Teil ein, so nach WALTER und LICHTER:

Geschätzter Wert der landwirtschaftlichen Erzeugung. Bruttowert unter Abzug des „produktiven" Eigenverbrauchs in der Landwirtschaft in Millionen Mark.

Wert der Erzeugung	Wirtschaftsjahr			
	1924/25	1925/26	1926/27	1927/28
Gesamtwert der landwirtschaftlichen Erzeugung	11 291	12 270	12 605	13 212
Geflügel und Eier in % von Gesamterzeugung	6,4	6,5	5,6	5,7

Die Zahlen lassen zunächst erkennen, in welch hohem Maße die heimische Eierzeugung im Vergleich zur Gesamterzeugung im Hinblick auf die Erfolge in andern Ländern noch steigerungsfähig ist. Die Eiversorgung hängt sehr eng mit der *Beschaffung von Futtermitteln* zusammen, die Deutschland in den letzten Jahren nach W. BAUER[1] nur durch hohe Einfuhr beschafft werden konnten. BAUER rechnet mit einem starken Ansteigen des Eierverbrauchs, wenn es die Kaufkraft der städtischen Bevölkerung zuläßt.

Im Jahre 1937 gab es nach der Korrespondenz BRAMMER im ganzen Deutschen Reichsgebiet 4383 *Eierkennzeichnungsstellen*, die teils von Genossenschaften (740), teils vom Handel

Eierpreise in Berlin 1913—1935 in Pfennigen.

Jahr	Ende Januar	Ende März	Ende Mai	Ende Juli	Ende September	Ende November
1913	6,4— 7,5	5,4— 6,2	5,6— 6,3	6,3— 6,7	7,3— 7,8	8,7— 9,3
1914	8,5— 9,5	5,8—6,7	6,2— 6,8	8,3— 8,8	9,1—10,0	13,2—13,4
1915	9,7—10,2	10,8—11,3	12,8—18,5	15,5—16,5	14,7—15,3	30,0—30,2
1916	15,8—21,3	15,0	16,0	19,9—21,6	22,0—25,0	25,4
1917	22,3	18,0—20,0	20,0—26,0	34,0	39,0	30,2
1918	27,0—28,0	30,0	30,0—31,0	39,5	40,0—50,0	34,8
1919	35,0	30,0	40,0	30,0	25,4	23,9
1920	10,1—10,4	10,0—12,0	11,0	17,5	12,9—13,1	6,4
1921	13,3	8,0— 9,0	8,0— 9,0	9,8	6,7	7,1
1922	9,7	6,0— 6,5	6,0— 6,5	5,9	5,1— 5,2	3,9
1923	3,8— 4,3	6,0— 6,3	5,6— 6,0	5,8	6,0—10,0	27,0—32,0
1924	16,0—18,0	10,5—11,5	9,5—11,0	9,5	11,0—12,0	14,0—17,0
1925	9,0—12,0	7,5— 9,0	7,0— 9,0	11,5—1,20	11,5—13,0	12,0—13,0
1926	10,5—14,0	8,0— 9,0	8,0— 9,5	8,5—10,0	9,2—12,2	12,0—14,5
1927	12,0—14,5	8,5— 9,0	8,5— 8,0	9,5—10,5	10,5—12,0	13,0—15,0
1928	16,5—17,5	8,2— 9,2	7,2— 8,0	8,5— 9,7	10,7—11,5	13,0—14,5
1929	12,5—13,5	11,5—12,5	8,2—10,5	10,0—11,5	10,0—13,0	12,5—14,5
1930	10,0—10,5	7,2— 8,0	7,5— 9,0	8,0— 9,0	10,5—12,5	12,0—14,0
1931	8,7— 9,5	6,7— 7,5	5,5— 6,7	6,0— 6,5	7,5— 9,5	8,2—11,0
1932	5,5— 7,7	5,0— 5,5	4,2— 6,5	4,5— 5,7	5,7— 6,5	7,0— 8,5
1933	7,0— 7,2	6,5— 7,5	6,0— 6,5	5,7	7,5	9,5
1934	9	7,3— 7,5	7,0— 7,5	6,3	8,3	9,8—10,2
1935	9,8—10,2	7,3— 7,5	7,0— 7,5	8,3— 8,5	10,0	10,0
1936	10,0	8,3	8,3	—	—	—

[1] BAUER, W.: Z. angew. Chem. 1934, **47**, 326. —

(706), zum meisten größten Teil aber von Einzelerzeugern (2937) betrieben wurden. Für Hühnerhalter mit nur wenig Hühnern werden die Eier von Aufkäufern gesammelt um sie der Kennzeichnungsstelle anzudienen. Erst Hühnerhalter mit einem Legehennenbestand von etwa 400 Stück erhalten auf Antrag die Genehmigung zum Selbststandardisieren (vgl. S. 301).

Die weitaus weitesten (23%) Kennzeichnungsstellen befinden sich im Rheinland, der zweitgrößte Teil (10,7%) in Westfalen, die wenigsten (1,3%) in Mecklenburg.

Die Gesamtmenge der im Jahre 1936 durch die Kennzeichnungsstelle gelaufenen Eier betrug rund 1,5 Milliarden Stück, gegenüber 1,3 Milliarden im Jahre 1935. Die erfaßte Menge betrug rund ¼ aller in Deutschland erzeugten Eier.

Die starken *Preisschwankungen für Hühnereier* während der Kriegs- und Nachkriegsjahre bis heute zeigt nebenstehende Übersicht[1] (s. Tab. S. 282).

Die starken jährlichen Preisschwankungen im Eierhandel, die, abgesehen von den Nachteilen der Preisschwankungen für den Verbraucher, insbesondere auch zur Folge hatten, daß der deutsche Hühnerhalter für den Hauptteil seiner Erzeugung in den Zeiten der Eierschwemme einen Preis erhielt, der ihm bei weitem nicht die Erzeugungskosten deckte, wurden, wie die Tabelle erkennen läßt, für die letzten Jahre mit Erfolg durch wirtschaftliche Maßnahmen bedeutend vermindert[2].

Diese Schwankungen beruhen, abgesehen von den Veränderungen in der Kaufkraft und von den Schwankungen im ausländischen Angebot auch sehr stark auf Veränderungen in den Witterungsverhältnissen in den einzelnen Jahren.

Über die Art dieser Neuregelung vgl. auch weiter unten S. 294.

2. Ausländische Eierproduktion und Welthandel mit Eiern.

a) Allgemeiner Überblick.

In andern Ländern ist die Eierproduktion vielfach fortgeschrittener, sowohl hinsichtlich der Zahl der Hühner als auch der Legeleistung der Einzelhennen. So entfielen auf je 10 Einwohner an Hühnern in

Deutschland . 13	Belgien . . . 29	Vereinigte Staaten 37	Irland 60
Polen 17	Holland . . . 31	Kanada 56	Dänemark . . . 61

Dazu betrug die durchschnittliche Legeleistung einer Henne in Deutschland 90 Stück, England 100 Stück, Dänemark und Holland 150—160 Stück.

Ein Bild vom *Eierhandel anderer Länder*[3] vermittelt folgende Übersicht (Mengen in 1000 t) (s. Tab. S. 284):

Nach einer Zusammenstellung von WALTER und LICHTER hat vor allem die nordwesteuropäische Ländergruppe, in der Holland die Führung besitzt, in den Jahren 1909—1930 den Ausfuhrüberschuß mehr als versechsfacht, während für Großbritannien und Deutschland die Eiereinfuhr eher zu- als abgenommen hatte. Beide Länder haben in diesen Jahren rd. 70% der Eierüberschüsse sämtlicher anderen Länder aufgenommen.

Im *auswärtigen Handel* Deutschlands kommt der Eierhandel mit den anderen Ländern[4] in folgenden Zahlen zum Ausdruck (s. Tab. S. 284).

Weiter wurden im Jahre 1937 eingeführt aus Estland 1206, Finnland 2603, Irischem Freistaat 2251, Schweden 1211, Türkei 1477 Tonnen Eier.

Die meisten Eier wurden somit aus den Niederlanden nach Deutschland eingeführt. So betrug der prozentuale Anteil (s. Tab. S. 284 unten).

Die Eiereinfuhr in Form von Trockeneiprodukten und ausgeschlagenen gefrorenen Eiern wird auf rd. 1 Milliarde Eier geschätzt[5].

---

[1] Zusammengestellt nach Angaben in öer „Eier-Börse", Berlin. Die Angaben sind auf Goldpfennig bezogen. — [2] Nach Z. Volksernähr. 1934, 9, 89. — [3] Nach Stat. Jb. Deutsch. Reich 1932, 105; 1934, 142; 1936, 151. — [4] Nach dem Stat. Jb. Dtsche. Reich 1927—1936. — [5] Vgl. TEUHAEFF: Z. Volksernähr. 1932, 7, 149.

Land	Jahr							
	1928	1929	1930	1931	1932	1933	1934	1935
Einfuhr:								
Deutsches Reich	179	168	160	143	143	84	76	65
Großbritannien	190	178	190	181	140	129	131	139
Frankreich	10	15	14	31	13	12	9	11
Italien	18	16	23	25	35	9	8	5
Österreich	17	14	18	17	11	9	7	5
Schweiz	12	12	14	16	17	15	15	14
Spanien	33	30	27	23	23	38	35	33
Japan	11	7	6	8	—	—	—	—
Argentinien	—	—	10	6	1	0	—	—
Vereinigte Staaten von Amerika	—	—	13	6	2	1	—	—
Ausfuhr:								
Frankreich	41	26	21	7	1	0	—	—
Italien	12	10	9	9	4	1	—	—
Irischer Freistaat	36	35	44	33	27	24	24	21
Belgien und Luxemburg	43	44	32	35	37	20	14	11
Bulgarien	11	13	19	22	19	16	15	13
Dänemark	51	51	56	63	72	64	68	64
Jugoslawien	25	22	30	26	16	18	12	12
Niederlande	76	82	85	86	80	57	64	62
Polen—Danzig	55	53	55	48	37	24	21	23
Rußland	96	44	10	20	7	2	1	0
Ungarn	9	7	13	12	6	12	10	8
Französisch Marokko	8	12	10	—	9	10	10	10
China	37	36	37	37	21	21	19	18
Türkei	12	11	18	24	25	18	10	6
Austral. Bund	—	—	—	—	7	12	14	13

Land (Tonnen)	Jahr					
	1925	1928	1930	1932	1933	1935
Gesamt	143 268	178 841	160 218	143 306	83 884	64 649
Einfuhr aus:						
Niederlande	25 752	42 369	46 850	53 608	31 689	22 180
Bulgarien	7 109	9 703	17 841	11 415	5 189	8 536
Rumänien	8 501	7 755	17 145	15 021	5 872	1 724
Belgien	1 641	14 181[1]	12 419	16 284	4 331	2 786[1]
Rußland	17 324	52 257	11 114	5 463	972	—
Jugoslawien	12 857	7 723	8 557	3 028	4 162	3 002
Polen	20 170	7 586	8 576	1 840	3 045	—
Dänemark	10 322	14 078	8 436	20 862	14 513	14 878
Ungarn	6 788	4 503	6 902	1 205	2 513	1 992
Italien	20 831	8 490	6 083	2 155	404	—
China	965	1 714	4 615	1 584	950	—
Tschechoslowakei	1 804	1 573	1 832	—	—	—
Österreich	4 029	1 540	1 452	—	—	—
Ausfuhr	1 096	452	115	64	27	24

Jahr	Nieder-lande %	Bulgarien %	Belgien %	Rußland %	Rumänien %	Jugoslawien %	Polen %	Dänemark %	Sonstige Länder %
1931	29,3	11,1	10,7	7,8	6,9	6,0	5,4	5,3	17,5
1933	37,8	6,2	5,2	1,2	7,0	5,0	3,6	17,3	16,7
1935	34,3	13,2	4,3	—	2,7	4,6	—	23,0	17,9

[1] Einschließlich Luxemburg.

Von RUDOLPH wird die Eiereinfuhr für

	1927	1928	1929	1930	1931
zu	2,70	2,95	2,75	2,64	2,33 Milliarden Stück

angegeben. Hiernach berechnen sich auf je eine Tonne

| 16,6 | 16,5 | 16,4 | 16,5 Tausend Stück. |

Oder es wog je 1 Ei

| 60,3 | 60,7 | 61,6 | 60,8 g. |

Da die Ausfuhr an Eiern vernachlässigbar klein ist, findet man den *jährlichen Eierverbrauch* in Deutschland aus den angegebenen Zahlen:

	Selbsterzeugung	Einfuhr	Insgesamt	Auf den Kopf der Bevölkerung
1931	6,1	+ 2,3	= 8,5 Milliarden Stück	133 Stück.

Von diesem Betrage wurden also nur rd. 72% aus der inländischen Erzeugung gedeckt.

Nach dem Wochenbericht des Instituts für Konjunkturforschung (nach WALTER und LICHTER) wurden noch etwas niedrigere Zahlen berechnet, nämlich für:

Jahr	Gesamt-verbrauch in Milliarden Stück	Verbrauch je Kopf der Bevölkerung	Einheimische Erzeugung in Milliarden Stück	Einfuhr-überschuß (ein-schließlich Ei-präparate) in Milliarden Stück	Anteil der Eigenerzeugung am Gesamt-verbrauch %
1913 (altes Reichsgebiet)	7,04	105	4,34	2,70	62
1925	6,32	102	3,78	2,54	60
1926	6,63	105	4,18	2,45	63
1927	7,37	117	4,51	2,86	61
1928	7,86	123	4,73	3,13	60
1929	8,00	125	5,01	2,99	63
1930	8,42	129	5,53	2,89	66
1931	7,85	121	5,36	2,49	68

H. VON DER DECKE[1] gibt den Inlandsanteil für 1932 zu 71, 1933 zu 80, 1934 zu 81% an.

Der Eierverbrauch steht in enger Beziehung zur Einkommensentwicklung[2]. So betrug nach Untersuchung des Statistischen Reichsamtes für eine Vollperson

| bei einem Einkommen von . . . . . | 800 | 1000—1200 | 1500 RM. |
| der Eierverbrauch je Kopf und Jahr | 78 | 147 | 227 Stück. |

W. ZIEGELMAYER[3] berechnet für die Kost des Schwerarbeiters täglich 0,75, des Landarbeiters 0,70 Ei je Vollperson. Dem entsprechen jährlich 274 bzw. 256 Eier.

P. GROSS[4] nimmt auf dem Lande einen um 20% höheren Eierverbrauch als in der Stadt an. Der Eierverbrauch in den Städten muß also noch niedriger sein, als dem Gesamtdurchschnitt entspricht.

Dagegen verbrauchten nach einer Angabe verschiedener Länder[5] vergleichsweise an Eiern je Einwohner:

---

[1] DECKE, H. VON DER: Eier-Börse 1935, **26**, 392. — [2] Vgl. Eier-Börse 1933, **24**, 229. — [3] W. ZIEGELMAYER: Zeitschr. Volksernährung 1937, **12**, 205. — [4] GROSS, P.: Der deutsche Eiermarkt. Berlin: P. Parey. — [5] Nach Eier-Börse 1935, **26**, 615.

Land	Eier- verbrauch je Kopf u. Jahr	Land	Eier- verbrauch je Kopf u. Jahr	Land	Eier- verbrauch je Kopf u. Jahr
Kanada	340	Deutschland .	118	Ungarn	69
Irland	266	Norwegen . . .	106	Estland	60
VereinigteStaaten	250	Rumänien . . .	97	Lettland	60
Belgien	212	Spanien	96	Jugoslavien . .	56
Niederlande . .	200	Tschechoslowakei	94	Litauen	54
Großbritannien .	143	Österreich . . .	86	Finnland . . .	21
Dänemark . . .	143	Bulgarien . . .	86		
Schweiz	129	Polen	72		

Die *jahreszeitliche Verteilung* des in- und ausländischen Eierangebotes am deutschen Markt ist aus folgender schematischen Darstellung[1] ersichtlich. Das Sinken des Angebots im Winter und die dadurch bedingte Preiserhöhung hat einerseits zu Bestrebungen geführt die Erzeugung von Wintereiern zu steigern, was bisher nur in begrenztem Maße, in Deutschland mit am wenigsten, gelungen ist, andererseits dieHaltbarmachungsmaßnahmen, so in erster Linie die Einlagerung der Eierüberschüsse der anderen Monate in Kühlhäuser in stärkerem Maße in Anwendung zu bringen. WALTER und LICHTER schätzen als Mindestwerte für den Verbrauch an Kühlhauseiern in Deutschland:

Abb. 17. Die jahreszeitliche Verteilung von in- und ausländischem Eierangebot am deutschen Markt.

Art der Behandlung	1930	1931
In deutschen Kühlhäusern eingelagert	etwa 282 Mill.	etwa 226 Mill.
Aus Holland eingeführt	„ 50 „	„ 53 „
Aus andern Ländern eingeführt . . .	„ 123 „	„ 145 „
Insgesamt:	„ 455 Mill.	424 Mill.

Legt man das Marktangebot von 4,6—5,1 Milliarden Stück zugrunde, so beträgt der Anteil der Kühlhauseier etwa 8—10%. Vgl. auch P. GROSS[2].

b) Einzelne Länder.

In den meisten europäischen Ländern liegen die Verhältnisse bei der Eierproduktion mehr oder weniger ähnlich wie in Deutschland. Der Eierhandel dieser Länder ist durch die vorstehenden Übersichten bereits berücksichtigt. Von eigener Art ist die Eierproduktion Chinas, die hier daher zunächst ausführlicher besprochen sei.

China. In China ist für das Jahr 1933 der Hennenbestand auf 350 Millionen Stück und daraus die Eierproduktion zu 26 Milliarden Stück geschätzt[3] worden, also die durchschnittliche Legeleistung einer Henne auf nur 70 Stück, entsprechend einer noch ziemlich planlosen und unwirtschaftlichen Hühnerhaltung.

---

[1] Nach Eierbörse 1934, **25**, 37. — [2] GROSS, P.: Der deutsche Eiermarkt. Berlin: P. Parey. — [3] Nach Eier-Börse 1934, **25**, 5.

Die Ausfuhr an Eiern geht hauptsächlich auf die benachbarten asiatischen Märkte. Die Frischeiversendung betrug nur 15% der Gesamtausfuhr von 600 Millionen Stück. Salzeier in Mengen von 14 Millionen Stück gehen fast nur an die Malayenstaaten Straits, Japan, Hongkong und an die Philippinen.

An Bedeutung gewinnt die Herstellung von Eierprodukten in China nach modernsten Grundsätzen. Die größten Eierproduktionsfabriken sind die englische International Export Co. und die französische Compagnie Olivier, die eine Tageskapazität von je 3000 Piculs bei einer täglichen Verarbeitung von zwei Millionen Trinkeiern mit einer Belegschaft von 2000 Arbeitern besitzen. 45% der Ausfuhr von Eiprodukten kommen allein auf eingefrorenes Material, 20% auf Trockenpräparate, 1% auf mit Borsäure und Glycerin konservierte Erzeugnisse.

Nach weiteren Berichten[1] liegen die Hauptproduktionsgegenden für Eier in China an Yangtse und Yellow Rivers. Hier liegen die großen Hühnerfarmen. Der Eierhandel ist bei den Züchtern allerdings nur Nebengeschäft und erstreckt sich über das ganze Land.

Eierkonservierungsverfahren wurden in China im Jahre 1901 zuerst durch deutsche Kaufleute eingeführt. Seit dieser Zeit entstanden an vielen Plätzen des Landes Eierverarbeitungsfabriken, die anfangs sehr gute Geschäfte machten. Die größte dieser Fabriken war die Internationale Export-Co. Die erste chinesische Eierverarbeitungsfabrik entstand 1909 unter der Firma „Yuan-Wen-chung", 1919 waren etwa 100 solcher vorhanden. Dann kam ein starker Rückgang der Nachfrage nach chinesischen Eiprodukten. Von den heutigen zehn großen und führenden Eierfabriken Chinas ist die bedeutendste die „China Egg Produce Co." in Shanghai und Tsingtau mit einem Kapital von 2 Mill. Dollar. Ihre durchschnittliche Jahresleistung erreicht etwa 20 000 t Gefriereierzeugnisse, die Verpackung ihrer Frischeier 100 000 Kisten, ihre Umsätze 8—12 Mill. Dollar im Jahr.

Die Hauptsammel- und Verteilungszentren für Eier in China sind Shanghai, Tsingtau, Tientsin und Hankow. Eine Eigentümlichkeit Chinas ist, daß die Herbst-Wintereier dort wegen des besseren Futters besser sind als Sommereier. Die besten Eier kommen aus den Yangtseprovinzen, die Shantung-Eier pflegen kleiner zu sein.

Die Sammellager zahlen beim Aufkauf meistens 2—3 Cents für das Ei an die Bauern. Über die Bedeutung der chinesischen Eierausfuhr, die über ein halbes Jahrhundert alt ist, berichten folgende Ausfuhrzahlen[2] (s. Tab. oben).

Hierbei ist zu bemerken, daß Chinas Außenhandel in den letztgenannten Jahren allgemein erheblich zurückgegangen ist.

Die *Hauptabnehmer der chinesischen Eiererzeugnisse* sind die Vereinigten Staaten, Deutschland, Japan und Frankreich, wie folgende Zahlen dartun (s. nebenst. Tab.).

Jahr	Wert des Gesamtexports von Eiern und Eiprodukten in Hk. Taels	Prozent vom China-Export
1915	8 426 286	15
1918	11 053 215	10
1921	24 697 199	8
1924	31 523 164	6
1927	33 526 302	9
1930	51 160 972	3
1931	37 757 544	4
1932	28 406 915	3
1933 (6 Monate)	15 139 063	3

Bestimmungsland	(Werte in 1000 Hk. Taels)		
	1930	1931	1932
Großbritannien . .	23 512	19 847	15 775
USA.	5 386	3 274	2 343
Deutschland . .	4 580	3 274	2 343
Japan	1 649	2 924	258
Frankreich	3 117	2 215	1 513
Holland	1 665	1 975	1 092
Belgien - Luxemburg	721	774	935
Italien	525	227	272
Spanien	87	200	129
Dänemark	149	151	177
Schweden	7	6	2
Norwegen	22	14	9
Im ganzen einschl. übrige Länder	51 161	37 758	28 409

---

[1] Eier-Börse 1934, **25**, 419. — [2] 100 Haikwan-Taels entsprechen 111,4 Shanghai-Taels, 1 Shanghai-Tael = 34,024 g Feinsilber. Hieraus berechnet sich (für August 1934) 1 Haikwan-Tael = 2,3809 sh = 1,48 RM.

Chinas *Frischeierausfuhr* ist seit 1924 zurückgegangen. Sie betrug:

Jahr	1000 Eier	1000 Hk. Taels
1924	930 662	9713
1926	739 993	8227
1928	612 544	7319
1930	602 311	8985
1931	594 361	6929
1932	341 797	3771

Hiernach sind also je 1000 Eier im Durchschnitt zum Preise von 1,8 Haikwan-Tael entsprechend 17,4 Reichsmark ausgeführt worden.

Chinas *Ausfuhr an Trockenei* nach den Hauptbestimmungsländern war, ausgedrückt in je 1000 Hk.-Taels, für die Jahre 1930—1932 folgende:

Bestimmungsland	Trockeneiweißausfuhr			Trockeneigelbausfuhr		
	1930	1931	1932	1930	1931	1932
Vereinigte Staaten von Amerika .	1532	1209	1724	2234	1506	533
Großbritannien	1058	1471	1610	146	197	138
Deutschland	798	536	565	621	822	577
Japan	673	81	75	—	—	—
Holland.	418	381	363	308	546	158
Frankreich	255	341	539	233	432	212
Insgesamt einschl. übrige Länder	5117	4393	5412	4463	3817	1920

An getrocknetem *Ganzei* führte Großbritannien 1932 für 363 158 Hk.-Taels ein, Deutschland für 37 037 Taels bei einer Gesamtausfuhr von 437 916 Hk.-Taels.

Chinas Ausfuhr an *nassen und gefrorenen Eierprodukten* wird für die Jahre 1931 und 1932 angegeben:

Bestimmungsland	Eiweiß		Dotter		Ganzei	
	1931	1932	1931	1932	1931	1932
Großbritannien	1035	774	1525	592	13 843	11 057
Deutschland	188	143	918	1275	284	535
Frankreich	434	276	475	351	525	131
Vereinigte Staaten von Amerika .	—	—	106	80	60	—
Holland.	—	—	640	419	274	113
Italien	—	—	132	195	48	—
Insgesamt einschl. übrige Länder .	1712	1225	4218	3403	15 511	12 020

Wie die Zahlen erkennen lassen, bildet das nasse und gefrorene Ganzei heute den wichtigsten Anteil an Chinas Eierausfuhr. Das Ansteigen des Prozentsatzes daran, gegen früher ausgedrückt im Gesamtwert von Chinas Eierausfuhr, gibt sich in folgenden Zahlen zu erkennen:

Jahr:	1924	1930	1931	1932
Anteil:	15,20	42,80	41,40	42,30 %

Die Entwicklung des chinesischen Ausfuhrhandels für Eier in den folgenden Jahren stieß auf bedeutende Hindernisse, bedingt teils durch die Weltkrise, teils auch durch Einfuhrbeschränkungen in den wichtigsten Einfuhrländern. Dazu kommen noch bedeutende Exportabgaben auf Eierzeugnisse in China selbst.

Der Eieraußenhandel der Vereinigten Staaten Amerikas kommt in folgenden Zahlen für 1933 und 1934[1] zum Ausdruck (s. Tab. S. 289).

Wir ersehen aus diesen Zahlen eine überwiegende Einfuhr von getrocknetem Eigelb, dagegen eine starke und zunehmende Ausfuhr von Eiern in der Schale.

Von anderen amerikanischen Ländern betrug die Geflügelzucht in *Kanada*[2]:

---

[1] Nach Eier-Börse 1935, **26**, 214. — [2] Eier-Börse 1935, **26**, 196.

Gegenstand	1933		1934	
Einfuhr:	Dutzend	Dollar	Dutzend	Dollar
Eier in der Schale	250 820	34 136	196 843	36 581
	Pounds		Pounds	
Eier getrocknet	16 885	4 076	1 131	429
desgl. flüssig.	101 152	8 607	60 781	5 112
Eigelb, getrocknet	2 540 468	187 878	2 319 967	186 886
desgl. flüssig.	344 986	23 469	393 222	30 102
Eiweiß getrocknet	660 590	283 027	402 531	184 221
Ausfuhr:	Dutzend		Dutzend	
Eier in der Schale	1 866 402	384 094	1 927 703	465 770
	Pounds		Pounds	
Eier, Eigelb usw. getrocknet	49 146	6 930	78 863	12 987

Uruguay führte an Trinkeiern 1933 30,12, 1934 38,99
Millionen, an Kühleiern 1933
0,93 Millionen aus[1].

In **England**[2] betrug die
durchschnittliche Legeleistung
des Huhns im Jahre 1925

Geflügel	1932 Millionen	1933 Millionen	1934 Millionen
Hühner	59,84	54,94	54,43
Truthühner	2,48	2,58	2,64
Gänse	0,95	0,96	0,94
Enten	0,81	0,84	0,78
Gesamtbestand . .	64,08	59,32	59,80

rd. 100 Eier, wobei unter 12 reifen Tieren durchschnittlich 11 Legehennen angenommen werden. Für 1930/31 werden auf 20 reife Hühner 19 Legehennen
und damit der Eiertrag auf 120 Stück je Huhn geschätzt. Für Enteneier war die
Produktion 1925 auf 65, 1930/31 auf 70 Eier je reifes legefähiges Tier geschätzt.
Die folgende Tabelle zeigt das Anwachsen der Eierproduktion für die Jahre
1924—1935:

Jahr (Juni bis Mai)	Hühnereier (in Millionen Stück)	Enteneier (in Millionen Stück)	Zusammen (in Millionen Stück)
1924/25	1422	71	1493
1925/26	1563	69	1632
1926/27	1732	69	1801
1927/28	1951	70	2021
1928/29	2135	67	2202
1929/30	2297	62	2359
1930/31	2564	63	2627
1932/33	2803	67	2870
1933/34	3024	68	3092
1934/35	3154	64	3218

Hollands Eierausfuhr[3] in den ersten sechs
Monaten 1931—1935 wird wie folgt angegeben (s. nebenstehende Tab.):

Belgiens Eierausfuhr[4] betrug:

Jahr	1930	1931	1932	1933	1934
Anzahl .	515	573	622	331	238 Mill. Stück
Wert . .	418	389	286	144	101 Mill. Frank

Jahr	Menge in Tonnen	Wert in 1000 Gulden
1931	48 745	28 600
1932	49 566	19 257
1933	31 613	11 800
1934	37 610	14 085
1935	38 715	12 669

1934 gingen davon 65 Millionen Stück nach Deutschland.

Demgegenüber ist **die russische Eierausfuhr**[4] heute bedeutungslos geworden. Sie betrug

Jahr	1909—1913	1929	1930	1931	1932	1933	1934
	76,4	24,0	3,7	6,0	1,6	0,2	0,3 Mill. Rubel.

[1] Eier-Börse 1935, **26**, 343. — [2] Bulletin mensuel de statique agricole et commerce 1935,
Juniheft: nach Eier-Börse 1935, **26**, 395. — [3] Nach Eier-Börse 1935, **26**, 477. — [4] Eier-Börse
1935, **26**, 411; 1935, **26**, 180.

Großfeld, Eierkunde.

19

Umgekehrt zeigt wieder die **türkische Eierproduktion und Eierausfuhr** steigende Tendenz. So betragen die auf den türkischen Eisenbahnen verfrachteten Eiermengen

1925	1928	1930	1932	1933
2635	4495	5808	9473	11 851 Tonnen.

Die zunehmende Ausfuhr drückt sich in folgenden Zahlen aus:

Jahr	1927	1928	1930	1931	1932
Menge . . .	11 506	11 523	17 778	24 540	27 753 Tonnen
Wert	5 434	6 040	8 226	10 357	8 056 türk. Pfund.

Über *Bulgariens Eierausfuhr* für 1932/33 vgl. Eier-Börse 1935, **26**, 228; über die Lage der *spanischen* Hühnerzucht und Eierproduktion ebendort 212; über *Ungarns* Eierproduktion ebendort 1936, **27**, 53.

Finnland ist als Exportgebiet von Eiern dafür charakteristisch, daß es erst in den allerletzten Jahren eine Ausfuhr nachweisen kann, und daß dann allerdings die Steigerung der Ausfuhr in ganz starkem Tempo zugenommen hat. Noch im Jahre 1928 ist von einem Eierexport überhaupt keine Rede. Dann aber ist ein mächtiger Anstieg unverkennbar:

Finnlands Eierausfuhr in Mill. Fmk. von 1929 bis 1933.

9912 . . 1; 1930 . . 6; 1931 . . 26; 1932 . . 88; 1933 . . 133 Mill. Fmk.

Bei dieser Aufstellung ist noch zu berücksichtigen, daß während der letztgenannten Jahre die Preise auf dem Weltmarkte stark zurückgegangen waren, daß die mengenmäßige Ausfuhr daher offenbar noch stärker angestiegen war.

Estlands eierwirtschaftlicher Aufstieg äußert sich in folgenden Zahlen[1]:

Jahr	Anzahl der Hühner über 6 Monate in Millionen	Eier in Millionen
1924 . . .	0,52	50,78
1925 . . .	0,59	57,89
1926 . . .	0,66	64,53
1927 . . .	0,69	66,45
1928 . . .	0,73	70,77
1929 . . .	0,85	83,62
1930 . . .	0,88	92,35
1931 . . .	0,94	86,78
1932 . . .	1,00	98,26
1933 . . .	1,01	99,17

Sonstige Länder. Einige Naturvölker betrachten das Ei als ungenießbar[2]. So betrachtet der westafrikanische Neger das Eieressen wie das Milchtrinken als eine schmutzige Gewohnheit. Bei den Magunpo am Albert-Njansa werden weder Hühner noch Eier gegessen. In Ostafrika sieht man fast niemals Eier auf dem Markte, da der Neger wie der Araber einen Ekel vor ihnen hat. Bei manchen afrikanischen Naturvölkern unterliegen die Eier einem strengen Speiseverbot. Im allgemeinen sind das Gebiete eines mehr oder minder intensiven Hackbaues, in dem das Huhn allgemein verbreitet ist und sich einer gewissen Pflege durch den Menschen erfreut. Der Afrikaforscher VOGEL ist dem Vorurteil gegen das Verzehren von Eiern zum Opfer gefallen. Auch die Kaffern essen keine Eier, ebenso nicht die Betschuanen und Basuto.

Aber auch viele asiatische Völker verschmähen den Genuß von Eiern, so die Bewohner Tonkins, Tibets und anderer indischer Gebiete. Das gleiche wird von den Belutschen, den Khassias in Assam, den Sopreks im Süden von Formosa, den Negritos auf Luzon, den Ainos auf Jesso berichtet.

Die Siusi in Nordbrasilien halten viele europäische Hühner, essen aber weder diese noch ihre Eier. Die Khassias benutzen die Eier nur zum Wahrsagen, indem sie dieselben auf den Boden werfen und aus der entstehenden Form die Ereignisse zu deuten suchen.

Weitere Verächter des Eiergenusses sind Bewohner der Südsee, so die Barriai in West-Neupommern, die Bewohner der Karolineninseln, die der Ebnogruppe im Marschall-Archipel und die sonst an europäische Sitten gewöhnten Samoaner. Auch den Eskimos mancher Gegenden soll das Essen von Eiern verboten sein.

Ein geschlossenes geographisches Gebiet, in welchem das Eierverbot besteht, findet man nur in Afrika, sonst handelt es sich um kleinere Gebiete innerhalb enger Grenzen.

---

[1] Nach Eier-Börse 1935, **26**, 180. — [2] Vgl. A. HASTERLIK: Z. Fleisch- u. Milchhyg. 1916, **27**, 65. Ferner F. KLEINICKEL in E. MAYERHOFER und C. PIRQUET: Lexikon der Ernährungskunde. Wien 1923.

II. Beurteilung von Eiern und Eizubereitungen nach der Rechtslage[1].

1. Lebensmittelgesetz.

Eier und Eizubereitungen, soweit sie dazu bestimmt sind in unverändertem oder zubereitetem oder verarbeitetem Zustande vom Menschen gegessen und getrunken zu werden, unterliegen den Vorschriften des Lebensmittelgesetzes vom 5. Juli 1927.

Von besonderer Bedeutung sind hierbei folgende Einzelbestimmungen dieses Gesetzes[2]:

§ 3. 1.a) Es ist verboten Lebensmittel für andere derart zu gewinnen, herzustellen, zuzubereiten, zu verpacken, aufzubewahren oder zu befördern, daß ihr Genuß die menschliche Gesundheit zu schädigen geeignet ist.

§ 4. Es ist verboten,

1. zum Zwecke der Täuschung in Handel und Verkehr Lebensmittel nachzumachen oder zu verfälschen;

2. verdorbene, nachgemachte oder verfälschte Lebensmittel ohne ausreichende Kenntlichmachung anzubieten, feilzuhalten, zu verkaufen oder sonst in den Verkehr zu bringen; auch bei Kenntlichmachung gilt das Verbot, soweit sich dies aus den auf Grund des § 5 Nr. 5 getroffenen Festsetzungen ergibt;

3. Lebensmittel unter irreführender Bezeichnung, Angabe oder Aufmachung anzubieten, zum Verkaufe vorrätig zu halten, feilzuhalten, zu verkaufen oder sonst in den Verkehr zu bringen. Dies gilt auch, wenn die irreführende Bezeichnung, Angabe oder Aufmachung sich bezieht auf die Herkunft der Lebensmittel, die Zeit ihrer Herstellung, ihre Menge, ihr Gewicht oder auf sonstige Umstände, die für die Bewertung mitbestimmend sind.

§ 5. Der Reichsminister des Innern kann gemeinsam mit dem Reichsminister für Ernährung und Landwirtschaft

1. zum Schutze der Gesundheit für den Verkehr mit Lebensmitteln und Bedarfsgegenständen Verordnungen zur Durchführung der Verbote des § 3 erlassen;

2. die Herstellung und den Vertrieb bestimmter Lebenmittel von einer Genehmigung abhängig machen;

3. verbieten, daß Gegenstände oder Stoffe, die bei der Gewinnung, Herstellung oder Zubereitung von Lebensmitteln nicht verwendet werden dürfen, für diese Zwecke hergestellt, angeboten, feilgehalten, verkauft oder sonst in den Verkehr gebracht werden, auch wenn die Verwendung nur für den eigenen Bedarf des Abnehmers erfolgen soll;

4. für bestimmte Lebensmittel vorschreiben,

a) daß sie nur in Packungen oder Behältnissen von bestimmter Art oder nur in bestimmten Einheiten abgegeben werden dürfen;

b) daß an den Vorratsgefäßen oder sonstigen Behältnissen, in denen sie feilgehalten oder zum Verkaufe vorrätig gehalten werden, der Inhalt angegeben wird;

c) daß auf den Packungen oder Behältnissen, in denen sie abgegeben werden, oder auf den Lebensmitteln selbst Angaben über die Herkunft, die Zeit der Herstellung, den Hersteller oder Händler und über den Inhalt anzubringen sind;

5. Begriffsbestimmungen für die einzelnen Lebensmittel aufstellen, Vorschriften über ihre Herstellung, Zubereitung, Zusammensetzung und Bezeichnung erlassen sowie festsetzen, unter welchen Voraussetzungen Lebensmittel als verdorben, nachgemacht oder verfälscht unter die Verbote des § 4 fallen, sowie welche Bezeichnungen, Angaben oder Aufmachungen als irreführend diesen Verboten unterliegen;

6. Vorschriften erlassen gegen die Einfuhr von Lebensmitteln, die den Vorschriften dieses Gesetzes oder den auf Grund dieses Gesetzes erlassenen Vorschriften nicht entsprechen;

7. Vorschriften über das Verfahren bei der zur Durchführung dieses Gesetzes erforderlichen Untersuchung von Lebensmitteln und Bedarfsgegenständen erlassen.

Die weiteren Bestimmungen des Gesetzes regeln die Beaufsichtigung des Verkehrs (§ 6), Sachverständige als selbständige Kontrollorgane (§ 7), Mitwirkung der zu Kontrollierenden (§ 8), Verschwiegenheitspflicht der Kontrollorgane (§ 9), Landesrechtliche Zuständigkeit (§ 10), Strafbestimmungen (§§ 11—19), Rechts- und Verwaltungsvorschriften, Ausnahmen, Einfuhr (§§ 20—21), Aufhebung bisheriger Bestimmungen (§ 22). Bezüglich der Einzelheiten vgl. auch H. HOLTHÖFER und A. JUCKENACK: Lebensmittelgesetz. Kommentar. Berlin 1933

Auf Grund dieses Lebensmittelgesetzes sind daher Eier und Eizubereitungen·

---

[1] Vgl. hierzu Handb. Lebensmittelchem. Bd. III 636. — [2] In der Fassung vom 17. Januar 1936. RGBl. 1936 I. 17.

auf Abweichung von der normalen Beschaffenheit nach folgenden Gesichtspunkten zu beurteilen:

a) *Gesundheitsschädlichkeit.* Ein Ei kann durch Zersetzungsvorgänge, Entstehung von Fäulnisgiften gesundheitsschädlich werden, ebenso durch Aufnahme von Krankheitserregern für den Menschen. Das gleiche gilt für Eierzubereitungen und Eierdauerwaren, die auch weiter noch durch Aufnahme von Giften und Zusatz gesundheitsschädlicher Konservierungsmittel der Gefahr unterliegen, selbst gesundheitsschädlich zu werden.

b) *Verdorbenheit.* Ein Lebensmittel verdirbt, wenn es durch natürliche oder willkürliche Einflüsse nachteilige Veränderungen erleidet, die seine Brauchbarkeit als Lebensmittel wesentlich beeinträchtigen oder ausschließen. Bei Eiern liegt diese Veränderung insbesondere bei schwarz- und rotfaulen sowie bei verschimmelten Eiern (Fleckeiern) vor. Die gleichen Vorgänge bringen Eierdauerwaren und Eizubereitungen zum Verderben.

Besonders leicht verderblich ist der aus dem Ei entnommene Eidotter. Nach dem Entwurf einer Verordnung über Konservierungsmittel auf Grund des § 5 des Lebensmittelgesetzes[1] sind daher außer Kochsalz als Konservierungsmittel für flüssiges Eigelb noch besonders auf 100 g desselben 1000 mg Benzoesäure oder 12000 mg benzoesaures Natrium oder 800 mg Para-Oxybenzoesäureäthyl- und -propylester zugelassen.

c) *Verfälschungen* und *Nachmachungen* sind bei den Eiern selbst im Vergleich zu anderen Lebensmitteln selten, weil die Hineinbringung von Fremdstoffen in das Ei oder die Entziehung von Wertstoffen daraus zum Zwecke der Täuschung durch die Zerbrechlichkeit der Schale behindert wird. Als eine solche Verfälschung des Eies ist die *künstliche Anfärbung des Dotters* mit künstlichen Farbstoffen anzusehen (vgl. S. 137), auch dann, wenn diese Einführung des Farbstoffes auf dem Futterwege erfolgt (H. Holthöfer[2]). Solche Eier dürfen nur unter ausdrücklicher Kenntlichmachung der künstlichen Färbung angeboten, feilgehalten, verkauft oder sonst in den Verkehr gebracht werden.

Häufiger verfälscht werden *Eierdauerwaren* und *Eizubereitungen.* Bei den flüssigen Eierdauerwaren kommen so Zusätze von Wasser und Farbstoffen, bei den Eipulvern vorzüglich stärkehaltige Zusätze und Farbstoffe in Frage. Bei Eizubereitungen muß der Eigehalt ein so hoher sein, daß der Nähr- und Genußwert dadurch wesentlich beeinflußt wird. Wie groß diese Menge tatsächlich ist, wird in einigen Verordnungen auf Grund des Lebensmittelgesetzes bestimmt:

Eierteigwaren sollen nach der Verordnung über Teigwaren vom 12. November 1934 so hergestellt sein, daß auf 1 kg Weizengrieß oder Weizenmehl mindestens 3[3] Hühnereier — frisch oder konserviert — im Gewicht von durchschnittlich nicht weniger als 45 g oder drei Hühnereidotter im Gewicht von durchschnittlich nicht weniger als je 16 g oder entsprechende Mengen Eidauerwaren verwendet werden. Auch entsprechende Mengen von Enten- und Gänseeiern sind zulässig. Verboten sind künstliche Färbung und Zusatz von Lecithin.

Bei Angabe oder Aufmachung von im Haushalt hergestellten Teigwaren müssen mindestens 5 Eiinhalte auf 1 kg Weizengrieß oder Weizenmehl verwendet sein.

Cremeis (Eiercremeis) soll mindestens 270 g Vollei oder 100 g Eidotter auf 1 Liter Milch enthalten. Verordnung über Speiseeis vom 15. Juli 1933.

Bei anderen Eierzubereitungen wird die Höhe des Eigehaltes durch Handelsgebräuche bestimmt. So enthält *Eierweinbrand* und *Eierlikör* nach einem Beschluß des Bundes deutscher Nahrungsmittelfabrikanten und Händler vom 22. und 23. November 1928 mindestens 240 g Eigelb im Liter, wobei zur Verhinderung einer Entmischung kleine Mengen Eiklar Verwendung finden dürfen.

Bei *Nährzwieback* verlangt der Verein Deutscher Lebensmittelchemiker als Leitsatz (1929) auf 100 kg Mehl neben 10 kg Butter mindestens 10 kg Eier, der Bund deutscher Nah-

---

[1] Vgl. auch G. Riess: Gesetze und Verordnungen 1927, **19, 33.** — [2] Holthöfer, H.: Dtsch. Nahrungsm.-Rdsch. **1935,** 105.

[3] Nach einem Runderlaß des Reichs- und Preußischen Ministers des Innern vom 21. Dezember 1935 (RMinBl. inn. Verw. **1936,** 15) *vorübergehend* auf 2½ Hühnereier oder Hühnereidotter ermäßigt.

rungsmittelfabrikanten und Händler die Hälfte dieser Menge, nämlich mindestens je 5 kg Butter und Eier.

d) *Irreführende Bezeichnungen.* Diese bilden bei Eiern die häufigsten Verstöße gegen das Lebensmittelgesetz. So wird u. a. versucht an Stelle frischer Eier alte Eier, konservierte Eier, insbesondere Kühlhauseier, an Stelle von Hühnereiern, Enteneier usw. in den Verkehr zu bringen. Zum Zwecke der Täuschung werden vorgeschriebene Kennzeichnungen unterlassen oder Stempelaufdrucke (vgl. S. 295) beseitigt.

Um Täuschungen und irreführende Angaben bei *Eipulver* zu unterbinden bestimmt die Verordnung über die *äußere Kennzeichnung von Lebensmitteln* (Lebensmittel-Kennzeichnungsverordnung) vom 8. Mai 1935, daß Eipulver (Volleipulver, Eidotterpulver) und ihre Ersatzmittel der Kennzeichnungspflicht unterliegen. Die Kennzeichnung hat der Hersteller oder derjenige anzubringen, der das Lebensmittel aus dem Zoll-Ausland einführt. Anzugeben ist bei Volleipulver der Inhalt nach Gewicht zur Zeit der Füllung, sowie wieviel Eier im Gewicht von je 45 g bei Eidotterpulver, wieviel Eidotter im Gewicht von je 16 g der Inhalt der Packung entspricht.

Auf Grund des § 5 Nrn. 4, 6 des Lebensmittelgesetzes wurde vom Reichsminister des Innern und vom Reichsminister für Ernährung und Landwirtschaft am 24. Juli 1936 folgende Verordnung[1] erlassen:

Verordnung über Enteneier.

§ 1. (1) Enteneier dürfen nur dann zum Verkauf vorrätig gehalten, feilgehalten, verkauft oder sonst in den Verkehr gebracht werden, wenn sie die deutlich lesbare, in unverwischbarer, kochechter, nicht gesundheitsschädlicher Farbe angebrachte Aufschrift

> **Entenei!**
> **Kochen!**

tragen. Die Kennzeichnung muß in ovaler Umrandung mit lateinischen Buchstaben von mindestens 3 mm Höhe aufgedruckt sein.

(2) An den Behältnissen, in denen Enteneier feilgehalten werden, muß an einer gut sichtbaren Stelle auf einem mindestens 20 cm langen und 15 cm breiten Schilde die deutlich lesbare Aufschrift

> **Enteneier!**
> Vor dem Gebrauch mindestens 8 Minuten
> kochen oder in Backofenhitze durchbacken!

angebracht sein.

§ 2. (1) Bei der Einfuhr in das Zollinland müssen Enteneier, die zum Verkauf bestimmt sind, die nach § 1 Abs. 1 erforderliche Kennzeichnung tragen.

(2) Sind sie nicht gekennzeichnet, so dürfen sie nur auf ein Zollager unter amtlichem Verschluß gebracht werden. Auf diesem kann die Kennzeichnung vorgenommen werden. Überführung vom Zollager in den Verkehr des Zollinlandes steht der Einfuhr in das Zollinland (Abs. 1) gleich.

§ 3. In den Geschäftsräumen und Verkaufsständen, in denen Enteneier feilgehalten werden, ist an gut sichtbarer Stelle in der Nähe der feilgehaltenen Enteneier ein mindestens 24 mal 30 cm großes Schild anzubringen, das die deutlich lesbare Aufschrift trägt:

> Enteneier dürfen zur Verhütung von Gesundheitsschädigungen nicht roh oder weichgekocht verzehrt, oder zur Herstellung von Puddings, Mayonnaise, Rührei, Setzei, Pfannkuchen usw. verwendet werden. Sie müssen vor dem Genuß mindestens 8 Minuten gekocht oder beim Kuchenbacken in Backofenhitze völlig durchgebacken werden.

§ 4. Diese Verordnung tritt am 1. September 1936 in Kraft.

---

[1] RGBl. I, 1936, I, 630. — Vgl. hierzu Rundschreiben des Reichsministers des Innern — II 3323/2. 2. — an die Landesregierungen über Lebensmittelvergiftungen nach dem Genuß von Enteneiern vom 12. März 1934. Gesetze und Verordnungen betr. Lebensmittel 1934, **26, 40.**

2. Eierverordnung.

a) Handelssorten von Eiern.

Nach der Verordnung über Handelsklassen für Hühnereier und über die Kennzeichnung von Hühnereiern (Eierverordnung) vom 17. März 1932[1] werden im Handel folgende Eiersorten unterschieden:

Gesetzliche Handelsklassen,

Vollfrische Eier. Gütegruppe G 1.

Anforderungen an die Beschaffenheit.

Mindestgewicht nach folgenden Gewichtsgruppen:

Klasse	Sonderklasse	Große Eier	Mittel-große Eier	Gewöhn-liche Eier	Kleine Eier
Zeichen	S	A	B	C	D
Gewicht des einzelnen Eis in g . .	65 und darüber	65—60	60—55	55—50	50—45
Durchschnittsgewicht des Eies der Packung in g	mindestens 66	62—63	57—58	52—53	47—48

Schale: Normal, sauber, unverletzt, ungewaschen.

Luftkammer: Nicht über 5 mm; unbeweglich.

Eiklar: Durchsichtig und fest.

Dotter: Nur schattenhaft sichtbar ohne deutliche Umrißlinie, muß beim Drehen des Eies in zentraler Lage verharren.

Keim: Nicht sichtbar entwickelt.

Geruch: Frei von schlechtem oder fremdem Geruch.

Frische Eier: Gütegruppe G 2.

Anforderungen an die Beschaffenheit wie bei vollfrischen Eiern mit folgenden Milderungen:

Luftkammer: Nicht über 10 mm, aber unbeweglich.

Dotter: Darf sich beim Drehen des Eies nicht weit von der zentralen Lage entfernen.

Kühlhauseier. Als Kühlhauseier sind Eier anzusehen, die in Räumen (Kühlhäusern, Kühlschiffen usw. eingelagert worden sind, deren Temperatur künstlich unter 8° C gehalten ist. Kühlwaggons gelten nicht als Räume im Sinne dieser Bestimmung. Andererseits gelten aber als Kühlhauseier auch Eier, die mit Gas in Verbindung mit Kühllagerung behandelt worden sind.

Konservierte Eier. Als konservierte Eier sind solche anzusehen, die mit chemischen Mitteln (Kalk, Wasserglas usw.) oder auf andere Weise haltbar gemacht worden sind, soweit sie nicht als Kühlhauseier zu beurteilen sind.

Sonstige Eier. Hierunter fallen: Eier anderer Geflügelarten und Hühnereier unter 45 g Gewicht.

Beschädigte, aber noch genießbare wie äußerlich angeschmutzte, Knick- und Brucheier.

Als *Lebensmittel ungeeignete* und *verdorbene Eier* wie Eier mit Blutflecken und Blutringen, Eier mit fleckiger Schale (Fleckeier) rotfaule und schwarzfaule Eier sowie angebrütete Eier.

---

[1] RGBl. I, 1932, 146. Vgl. S. 298.

b) Kennzeichnung der Eiersorten[1].

Eier der gesetzlichen Handelsklassen. Für im Inland erzeugte, unter der Bezeichnung einer der gesetzlichen Handelsklassen angebotenen oder gehandelten Eier darf zur Kennzeichnung der Handelsklasse nur das *aus einem Kreise von mindestens 12 mm Durchmesser gebildete Zeichen*, in dem das Wort „Deutsch" in Buchstaben von mindestens 2 mm Höhe und der die *Gewichtsgruppe bezeichnende Buchstabe* enthalten sein muß (vgl. *obige Abbildung*, Mitte) verwendet werden.

Die Kennzeichnung muß, wenn sie in der Zeit vom 15. März bis 31. August vorgenommen wird, in *schwarzer*, für die Zeit zwischen 1. September bis 14. März in *roter* unabwischbarer, kochechter, nicht gesundheitsschädlicher *Farbe* in deutlich lesbarem Aufdruck erfolgen.

An jeder *Großpackung* müssen ferner *zwei* mit gleicher Kontrollnummer versehene *Banderolen*, an jeder Kleinpackung *eine* Banderole angebracht sein. Die von der Reichsstelle für Eier zu beziehenden Banderolen sind bei der *Gütegruppe* G. 1 von weißer, bei G. 2 von blauer *Farbe*. Die Banderolen müssen wie folgende Abbildung des Musters (s. Muster 2 S. 296) zeigt, in der Mitte die Abbildung eines stilisierten Reichsadlers, an der linken Seite oben die Aufschrift „Deutsche Eier", unten die genaue Anschrift des zur Kennzeichnung berechtigten (Absenders), auf der rechten Seite oben die Güte- und Gewichtsgruppe, unten die Kontrollnummer und die Angabe des Packtages in deutlicher, unverwischbarer Anschrift tragen. Die Banderolen müssen so angebracht sein, daß sie beim erstmaligen Öffnen der Packungen zerstört werden.

[1] Nach G. Wundram und F. Schönberg: Tierärztliche Lebensmittelüberwachung. Berlin 1937.

I. Eier der gesetzlichen Handelsklassen.

a) Inlandseier:

G 1 = vollfrisch   G 2 = frisch

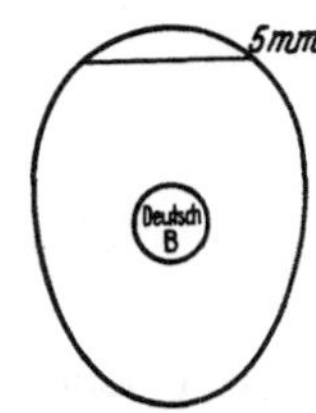

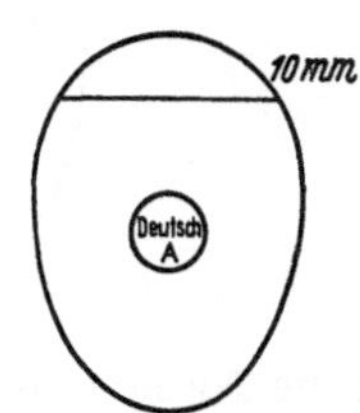

b) Auslandseier:

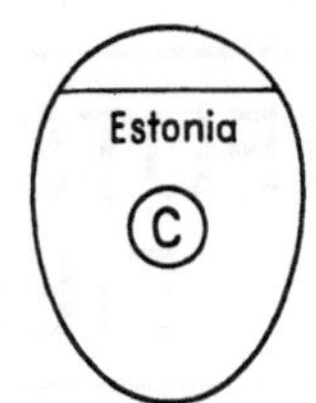

Abb. 18 a u. b

II. Kühlhauseier:

§ 14 u. § 16: Gleichseitiges Dreieck, 15 mm Seitenlänge.

Einlagerung in Kühlhäusern, Kühlschiffen usw., *nicht* in Kühlwaggons, *unter* 8° C (§ 3, 2).

a) Inland: b) Ausland:

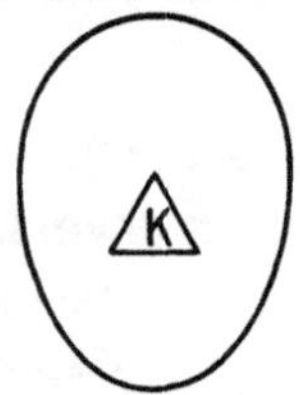

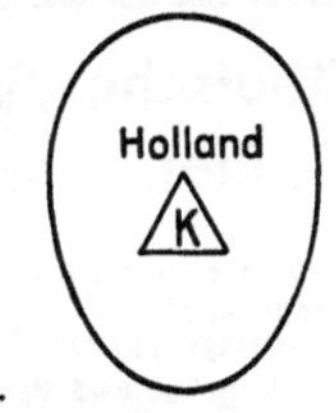

Abb. 19 a u. b.

Stempelabdruck stets schwarz, spätestens vor Auslagerung anzubringen.

III. Konservierte Eier:

a) Inland: b) Ausland:

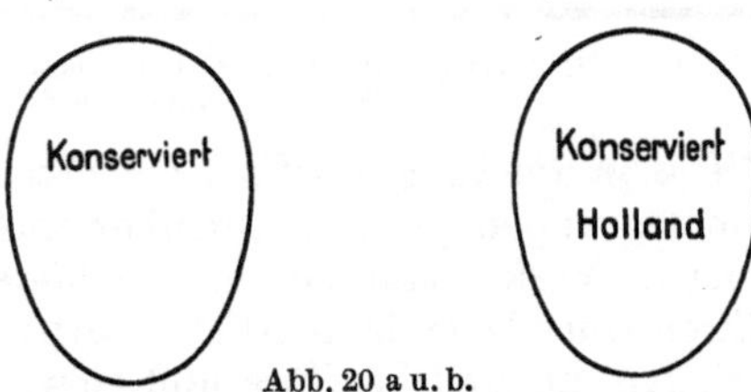

Abb. 20 a u. b.

Stempelabdruck stets schwarz. Andere Aufdrucke, wie „conserved, praeserved, sterilisiert", sind unzulässig.

IV. Aussortierte Eier (nur Inland):
Stempelfarbe wie unter A I.

Abb. 21

In jede Packung ist ferner obenauf ein *Kontrollzettel* zu legen, der an der linken Seite das runde Zeichen und die gleiche Kontrollnummer wie die zur Abfertigung benutzte Banderole, die genaue Angabe der Güte- und Gewichtsgruppe der in der Packung enthaltenen Eier, in der Mitte den Aufdruck „Kontrollzettel", die vollständige Anschrift des zur Kennzeichnung Berechtigten die Namen der Personen, von denen die Eier durchleuchtet und verpackt worden sind, sowie die Angabe des Packtages deutlich lesbar tragen muß.

Muster 2 zu § 7 Abs. 1.

Abb. 22. Muster 2 aus dem Reichsgesetzblatt.
Maße: Großpackung 42 cm lang, 14 cm breit,
Kleinpackung 21 cm lang, 7 cm breit.

Muster 3 zu § 7 Abs. 2.

Abb. 23. Zulässig nur Großpackungen von Handelsklasseneiern zu 500, 360, 180 Stück;
Kleinpackungen zu 60, 12 oder 6 Stück (§ 11).

Nicht in Packungen befindliche Eier sind nach den verschiedenen Güte- und Gewichtsgruppen getrennt aufzubewahren und zum Verkauf anzubieten. Außerdem ist im Verkaufsraume durch Schilder, die an den Behältnissen der Eier oder auf ihren Unterlagen in deutlich sichtbarer Weise angebracht sind, zum Ausdruck zu bringen, um welche Güte und Gewichtsgruppe es sich handelt. Die Schilder müssen mindestens 20 cm lang und 15 cm breit sein und in Buchstaben von mindestens 1,5 cm Höhe die ungekürzte Bezeichnung der Güte- und Gewichtsgruppen enthalten.

Muster für Beschilderung der Eier[1].

Gütegruppe: **G 1 Vollfrische Eier** Gewichtsgruppe: **S Sonderklasse**	Gütegruppe: **G 2 Frische Eier** Gewichtsgruppe: **S Sonderklasse**	**Kühlhauseier**
Gütegruppe: **G 1 Vollfrische Eier** Gewichtsgruppe: **A Große Eier**	Gütegruppe: **G 2 Frische Eier** Gewichtsgruppe: **A Große Eier**	**Konservierte Eier**
Gütegruppe: **G 1 Vollfrische Eier** Gewichtsgruppe: **B Mittelgroße Eier**	Gütegruppe: **G 2 Frische Eier** Gewichtsgruppe: **B Mittelgroße Eier**	**Aussortierte Eier**
Gütegruppe: **G 1 Vollfrische Eier** Gewichtsgruppe: **C Gewöhnliche Eier**	Gütegruppe: **G 2 Frische Eier** Gewichtsgruppe: **C Gewöhnliche Eier**	**Keine Gewähr für gesetzliche Handelsklassen**
Gütegruppe: **G 1 Vollfrische Eier** Gewichtsgruppe: **D Kleine Eier**	Gütegruppe: **G 2 Frische Eier** Gewichtsgruppe: **D Kleine Eier**	**Eier Stück........Pfg.**

Mindestschildgröße 15 × 20 cm, Buchstabengröße 1,5 cm

Kühlhauseier. *Jedes einzelne Ei* muß mit einem deutlich erkennbaren *Zeichen in schwarzer, unabwischbarer*, kochechter, nicht gesundheitsschädlicher *Farbe* versehen sein, das die Form eines *gleichseitigen Dreiecks* mit mindestens 15 mm Seitenlänge hat und in der Mitte ein großes lateinisches K trägt (vgl. Abbildung 19, links S. 295).

Bei *Packungen* muß auf den Stirnseiten der Packung das Wort „Kühlhauseier" in schwarzen Blockbuchstaben von mindestens 3 cm Höhe eingebrannt oder dauerhaft eingepreßt sein.

Für *nicht in Packung gehandelte* Kühlhauseier ist im Verkaufsraume durch mindestens 20 × 15 cm große *Schilder*, die an den Behältnissen der Eier oder auf ihren Unterlagen in deutlich sichtbarer Weise angebracht sind, zum Ausdruck zu bringen, daß es sich um Kühlhauseier handelt. Die Schilder müssen in mindestens 1,5 cm hohen Buchstaben das Wort „Kühlhauseier" tragen.

Konservierte Eier. *Jedes einzelne Ei* muß den *Aufdruck* „konserviert" in schwarzer, unabwischbarer, kochechter, nicht gesundheitsschädlicher Farbe in lateinischen Buchstaben von mindestens 2 cm Höhe tragen (vgl. Abb. 20, S. 295).

Bei Packungen müssen auf den *Stirnseiten der Packung* die Worte „konservierte Eier" in schwarzen *Blockbuchstaben* von mindestens 3 cm Höhe eingebrannt oder dauerhaft eingepreßt sein.

Für *nicht in Packungen gehandelte konservierte Eier* ist im Verkaufsraum durch 30 × 20 cm große Schilder an den Behältnissen der Eier oder auf ihren Unterlagen zum Ausdruck zu bringen, daß es sich um konservierte Eier handelt. Die Schilder

---

[1] Nach WUNDRAM und SCHÖNBERG. Vgl. S. 295.

müssen in wenigstens 3 cm hohen Buchstaben die Worte „Konservierte Eier" tragen.

Auslandseier[1]. Die in das Zollinland eingeführten Eier, soweit sie für Genußzwecke bestimmt sind, müssen ebenso wie die Packungen als Kennzeichnung in lateinischen Buchstaben den *Namen des Ursprungslandes* tragen, z. B.:

Land	Kennzeichnung	Land	Kennzeichnung
Belgien	Belgica	Holland . . .	Holland
Bulgarien . . .	Bulgaria	Italien . . .	Italia
Dänemark . .	Danish	Litauen . . .	Lithuania
Estland . . .	Estonia	Rußland . . .	USSR
Finnland . . .	Finland	Spanien . . .	Espania
Frankreich . .	France	Schweiz . . .	Suisse
Griechenland .	Grèce	Uruguay . .	Uruguay

Diese Kennzeichnung muß auf den einzelnen Eiern in unabwischbarer, kochechter, nicht gesundheitsschädlicher Farbe in Buchstaben von mindestens 2 mm Höhe angebracht, bei Kisten in Buchstaben von mindestens 3 cm Höhe eingebrannt oder dauerhaft eingepreßt, bei anderen Packungen in Buchstaben von mindestens 3 cm Höhe aufgedruckt sein.

Für *eingeführte Eier der gesetzlichen Handelsklassen* ist ebenfalls ein kreisrundes Zeichen von 12 cm Durchmesser zu verwenden, das in der Mitte den die Gewichtsgruppe bezeichnenden Buchstaben enthält.

Die Kennzeichnung muß bei *Kühlhauseiern* und *konservierten Eiern* in schwarzer Farbe, bei andern Eiern in der Zeit vom 15. März bis 31. August in schwarzer, in der Zeit vom 1. September bis 15. März in roter Farbe angebracht sein. Maßgebend ist der nachgewiesene Absendetag.

Kennzeichnungsverbote. Jede *weitere Kennzeichnung* außer der vorgeschriebenen, ist außer für die als Bruteier bezeichneten Eier *verboten*.

Dagegen ist *zulässig* eine auf der Packung angebrachte *Firmen-* und *Gewichtsbezeichnung*, sowie

die Anbringung von Kenn-Nummern zu Kontrollzwecken,

bei im Inland erzeugten Eiern, soweit sie nicht unter der Bezeichnung einer der gesetzlichen Handelsklassen gehandelt werden, die Angabe des Namens und Wohnortes des Erzeugers in rechteckiger Umrahmung.

Bei eingeführten Eiern, die nach den gesetzlichen Bestimmungen des Ursprungslandes vorgeschriebene oder zugelassene Kontrollmarke.

Literatur: WALTER, A. und G. LICHTER: Die deutsche Eierstandardisierung. (Erläuterung der Verordnung über Handelsklassen für Hühnereier und über die Kennzeichnung von Hühnereiern — Eierverordnung vom 17. März 1932.) Herausgegeben im Reichsministerium für Ernährung und Landwirtschaft.

c) Wortlaut der deutschen Eierverordnung vom 17. März 1932 — RGBl. I. 146.

Unter Berücksichtigung der späteren Änderungen vom 17. Mai 1933 (RGBl. 1933. I. 273) und vom 8. Juni 1934 (RGBl. 1934. I. 479).

Verordnung über Handelsklassen für Hühnereier und über die Kennzeichnung von Hühnereiern (Eierverordnung). Vom 17. März 1932.

(In der Fassung vom 17. Mai 1933, 8. Juni 1934 und vom 17. April 1935.)

Auf Grund der Verordnung des Reichspräsidenten zur Sicherung von Wirtschaft und Finanzen vom 1. Dezember 1930, Achter Teil Kapitel V (RGBl. I S. 517, 602) und des Gesetzes über Zolländerungen vom 15. April 1930 Art. 5 VIII (RGBl. I S. 131) wird hiermit nach Zustimmung des Reichsrats verordnet:

---

[1] Zu *Handelsklassen-Eiern* werden Auslandseier erst, nachdem sie von einer *deutschen*, amtlich zugelassenen Stelle bearbeitet und gezeichnet sind.

1. Abschnitt.
Gesetzliche Handelsklassen für Hühnereier.

§ 1.

Für Hühnereier werden die nachstehenden gesetzlichen Handelsklassen gebildet:

Gütegruppe Gewichtsgruppe: G 1 (Vollfrische Eier): S (Sonderklasse) — A (Große Eier) — B (Mittelgroße Eier) — C (Gewöhnliche Eier) — D Kleine Eier). — G 2 (Frische Eier): S (Sonderklasse) — A (Große Eier) — B (Mittelgroße Eier) — C (Gewöhnliche Eier) — D (Kleine Eier).

§ 2.

(1) Für die einzelnen Gütegruppen werden folgende Mindestanforderungen in bezug auf die Beschaffenheit der Eier festgelegt:

Beschaffenheit

Gütegruppe	der Schale	der Luftkammer	des Eiweißes	des Dotters	des Keimes	Geruch
G 1 Vollfrische Eier	normal, sauber, unverletzt, ungewaschen	nicht, über 5 mm unbeweglich	durchsichtig und fest	nur schattenhaft sichtbar, ohne deutliche Umrißlinie; muß beim Drehen des Eies in zentraler Lage verharren	nicht sichtbar entwickelt	frei von schlechtem oder fremdem Geruch
G 2 Frische Eier	normal, sauber, unverletzt	nicht über 10 mm, unbeweglich	durchsichtig und fest	nur schattenhaft sichtbar, ohne deutliche Umrißlinie; darf sich beim Drehen des Eies nicht weit von der zentralen Lage entfernen	nicht sichtbar entwickelt	frei von schlechtem oder fremdem Geruch

(2) Für die einzelnen Gewichtsgruppen werden folgende Mindestgewichte vorgeschrieben:

Bei Großpackungen zu je 500, 360 und 180 Eiern dürfen bis zu 5 vom Hundert der Eier einzeln das Gewicht der nächst niedrigen Gewichtsgruppe haben, wenn dabei das für die Gewichtsgruppe vorgeschriebene Durchschnittsgewicht der Eier in der Packung nicht unterschritten wird.

Gewichtsgruppe	Gewicht des einzelnen Eies (auch in der Packung) in g	Durchschnittsgewicht (Reingewicht) der Eier in der Packung in g
S (Sonderklasse) . . .	65 und darüber	mindestens 66
A (Große Eier)	unter 65 bis 60	62/63
B (Mittelgroße Eier) .	,, 60 ,, 55	57/58
C (Gewöhnliche Eier) .	,, 55 ,, 50	52/53
D (Kleine Eier)	,, 50 ,, 45	47/48

Als Eier gesetzlicher Handelsklassen dürfen nicht angeboten, zum Verkauf vorrätig gehalten, feilgehalten, verkauft oder sonst in den Verkehr gebracht werden:

1. Eier anderer Geflügelarten sowie Hühnereier unter 45 g Gewicht;

2. Kühlhauseier. Als Kühlhauseier sind Eier anzusehen, die in Räumen (Kühlhäusern Kühlschiffen usw.) eingelagert worden sind, deren Temperatur künstlich unter 8° C gehalten ist. Kühlwaggons sind nicht als Räume im Sinne dieser Bestimmung anzusehen. Als Kühlhauseier im Sinne dieser Verordnung gelten auch Eier, die mit Gas in Verbindung mit Kühllagerung behandelt worden sind;

3. konservierte Eier. Als konservierte Eier sind Eier anzusehen, die mit chemischen Mitteln (Kalk, Wasserglas usw.) oder auf andere Weise haltbar gemacht worden sind, soweit sie nicht nach Nr. 2 als Kühlhauseier anzusehen sind;

4. Schmutz-, Knick- und Brucheier;

5. Eier mit Blutflecken oder Blutringen;

6. Eier mit fleckiger Schale (Schimmel);

7. verdorbene, insbesondere rotfaule oder schwarzfaule Eier;

8. angebrütete Eier.

2. Abschnitt.
Kennzeichnung der Eier der gesetzlichen Handelsklassen:
§ 5.

(1) Eier dürfen unter der Bezeichnung einer der gesetzlichen Handelsklassen nur angeboten, zum Verkauf vorrätig gehalten, feilgehalten, verkauft oder sonst in den Verkehr gebracht werden, wenn das einzelne Ei gemäß § 6 und die Verpackung gemäß § 7 gekennzeichnet sind.

(2) Werden Eier unter der Bezeichnung gesetzlicher Handelsklassen nicht in Packungen angeboten, zum Verkauf vorrätig gehalten, feilgehalten, verkauft oder sonst in den Verkehr gebracht, so sind die nach Abs. 1 gekennzeichneten Eier nach den verschiedenen Güte- und Gewichtsgruppen (§ 1) getrennt aufzubewahren und zum Verkauf anzubieten. Außerdem ist im Verkaufsraume durch Schilder, die an den Behältnissen der Eier oder auf ihren Unterlagen in deutlich sichtbarer Weise angebracht sind, zum Ausdruck zu bringen, um welche Güte- und Gewichtsgruppe es sich handelt. Die Schilder müssen mindestens 20 cm lang und 15 cm breit sein und in Buchstaben von mindestens 1,5 cm Höhe die ungekürzte Bezeichnung der im § 1 festgelegten Güte- und Gewichtsgruppen enthalten.

(3) Werden Eier, die als Eier gesetzlicher Handelsklassen nach Abs. 1 gekennzeichnet sind, nicht unter der Bezeichnung gesetzlicher Handelsklassen angeboten, zum Verkauf vorrätig gehalten, feilgehalten, verkauft oder sonst in den Verkehr gebracht, so ist im Verkaufsraum durch Schilder, die an den Behältnissen der Eier oder auf ihren Unterlagen in deutlich sichtbarer Weise angebracht sind, zum Ausdruck zu bringen, daß die Eier nicht als Eier gesetzlicher Handelsklassen gelten sollen. Die Schilder, die den im Abs. 2 Satz 3 vorgeschriebenen Größen entsprechen müssen, haben die Worte „Keine Gewähr für gesetzliche Handelsklassen" zu enthalten.

(1) Zur Kennzeichnung von im Inland erzeugten Eiern im Sinne des § 5 Abs. 1 darf nur das im Muster 1 der Anlage abgebildete Zeichen[1] verwandt werden. Es besteht aus einem Kreise mit einem Durchmesser von mindestens 12 mm, in dem das Wort „Deutsch" in Buchstaben von mindestens 2 mm Höhe und der die Gewichtsgruppe bezeichnete Buchstabe (§ 1) enthalten sein muß. Zur Kennzeichnung von in das Zollinland eingeführten Eiern im Sinne des § 5 Abs. 1 ist — unbeschadet der Bestimmung des § 16 — ein kreisrundes Zeichen von mindestens 12 mm Durchmesser zu verwenden, das in der Mitte den die Gewichtsgruppe (§ 1) bezeichnenden Buchstaben enthält.

(2) Die Kennzeichnung muß, wenn sie in der Zeit vom 15. März bis 31. August vorgenommen wird, in schwarzer, wenn sie in der Zeit vom 1. September bis 14. März vorgenommen wird, in roter, unabwischbarer, kochechter, nicht gesundheitsschädlicher Farbe in deutlich lesbarem Aufdruck erfolgen.

§ 7.

(1) Sofern im Inland erzeugte Eier unter der Bezeichnung einer der gesetzlichen Handelsklassen in geschlossenen Packungen angeboten, zum Verkaufe vorrätig gehalten, feilgehalten, verkauft oder sonst in den Verkehr gebracht werden, müssen an jeder Großpackung zwei mit gleicher Kontrollnummer versehene Banderolen, an jeder Kleinpackung eine Banderole angebracht sein.

Die Banderolen müssen in der Mitte die Abbildung eines stilisierten Reichsadlers tragen (Muster 2 der Anlage)[2]. Die Banderolen müssen ferner an der linken Seite oben die Anschrift „Deutsche Eier", unten die genaue Anschrift des zur Kennzeichnung Berechtigten (Absenders), auf der rechten Seite oben die Güte- und Gewichtsgruppe (§ 1), unten die Kontrollnummer und die Angabe des Packtages in deutlicher, unverwischbarer Aufschrift tragen. Die Grundfarbe der Banderolen ist

für Gütegruppe . . G 1 = weiß,   für Gütegruppe . . G 2 = blau.

(2) Die Banderolen müssen von dem zur Kennzeichnung Berechtigten (§ 8) so angebracht werden, daß sie beim erstmaligen Öffnen der Packungen zerstört werden.

(3) In jede Packung ist obenauf ein Kontrollzettel zu legen, der an der linken Seite das in Abs. 1 näher beschriebene Zeichen und die gleiche Kontrollnummer wie die zur Abfertigung benutzte Banderole, die genaue Angabe der Güte- und Gewichtsgruppe der in der Packung erhaltenen Eier, in der Mitte den Aufdruck „Kontrollzettel", die vollständige Anschrift des zur Kennzeichnung Berechtigten, die Namen der Personen, von denen die Eier durchleuchtet und verpackt worden sind, sowie die Angabe des Packtages deutlich lesbar tragen muß (Muster 3 der Anlage)[3].

(4) Die zur Kennzeichnung Berechtigten haben die Banderolen und Kontrollzettel von der Reichsstelle für Eier zu den vom Reichsminister für Ernährung und Landwirtschaft festgesetzten Preisen zu beziehen.

---

[1] vgl. Abb. 18 S. 295. — [2] Vgl. Abb. 22 S. 296. — [3] Vgl. Abb. 23, S. 296.

(5) Die Anbringung dieser Kennzeichnung auf Packungen von in das Zollinland eingeführten Eiern ist verboten.

§ 8.

Zur Anbringung einer Kennzeichnung im Sinne des § 5 Abs. 1 auf Eiern oder Packungen von Eiern ist nur berechtigt, wer vom Reichsnährstand die schriftliche Genehmigung nach Maßgabe der §§ 9, 10, 11 erhalten hat.

§ 9.

Die Genehmigung im Sinne des § 8 darf nur erteilt werden:

1. Einzelerzeugern mit einem Bestande von mindestens 400 Legehennen,

2. solchen Genossenschaften und anderen Zusammenschlüssen von Erzeugern sowie solchen Eierhandelsfirmen und Verbrauchergenossenschaften, die Gewähr für eine einwandfreie Durchführung der Kennzeichnung bieten.

Unterhalten Genossenschaften oder andere Zusammenschlüsse von Erzeugern, Eierhandelsfirmen oder Verbrauchergenossenschaften mehrere Betriebe für die Verpackung von Eiern („Packstellen"), so ist für jede Packstelle eine besondere Genehmigung erforderlich,

(3) für in das Zollinland eingeführte Eier an Handelsfirmen, die im Jahre vor Stellung des Antrags auf Erteilung der Genehmigung nachweislich mindestens zwei Millionen Stück Eier in das Zollinland eingeführt haben.

§ 10.

(1) Der Antragsteller muß ferner alle für die Lieferung einwandfreier Eier erforderlichen Einrichtungen besitzen und die Gewähr dafür bieten, daß jeder Mißbrauch der zur Kennzeichnung bestimmten Geräte ausgeschlossen ist.

(2) Zu den erforderlichen Einrichtungen gehören insbesondere:

1. Einrichtungen zum Einzeldurchleuchten der Eier vor einer künstlichen starken Lichtquelle,

2. Einrichtungen zum Sortieren nach Gewicht,

3. Einrichtungen zur Feststellung der Luftkammerhöhe der Eier,

4. Tafeln mit Durchleuchtungsbildern und mit Angabe der im § 2 für die einzelnen Handelsklassen festgelegten Mindestanforderungen. Die Tafeln sind zu den vom Reichsminister für Ernährung und Landwirtschaft festgesetzten Preisen von der Reichsstelle für Eier zu beziehen. Sie müssen in jedem Betrieb in genügender Anzahl vorhanden und so angebracht sein, daß alle bei der Durchleuchtung und Sortierung Beschäftigten sie von ihrem Arbeitsplatz aus sehen können.

§ 11.

Vor Erteilung der Genehmigung hat sich der Antragsteller schriftlich zu verpflichten:

1. zum Durchleuchten, Sortieren und Verpacken der Eier nur solche Personen zu verwenden, die die erforderlichen Kenntnisse besitzen,

2. sofern es sich um Genossenschaften oder andere Zusammenschlüsse von Erzeugern, um Eierhandelsfirmen oder Verbrauchergenossenschaften im Sinne des § 9 Nr. 2 handelt, dafür Sorge zu tragen, daß die Eier mindestens einmal in der Woche von den regelmäßig liefernden Erzeugern an die dafür bestimmten Sammelstellen geliefert oder von der Sammelstelle bei den Erzeugern abgeholt werden,

3. jedes für den Verkauf bestimmte Ei innerhalb zweier aufeinanderfolgender Werktage vor dem Weiterversande sorgfältig zu prüfen und einzeln zu durchleuchten,

4. zur Verpackung von im Inland erzeugten Eiern, die unter der Bezeichnung gesetzlicher Handelsklassen angeboten, zum Verkauf vorrätig gehalten, feilgehalten, verkauft oder sonst in den Verkehr gebracht werden, nach dem 31. März 1933 nur Großpackungen zu je 500, 360 oder 180 Stück oder Kleinpackungen zu je 60, 12 oder 6 Stück zu verwenden und in einer Packung nur Eier der gleichen Güte- und Gewichtsgruppe (§ 1) zu verpacken,

5. sich einer regelmäßigen Kontrolle zu unterwerfen,

6. im Falle des Widerrufs der Genehmigung (§ 12) die zur Kennzeichnung bestimmten Gegenstände (Stempel und Banderolen) der vom Reichsnährstand bestimmten Stelle unverzüglich und ohne Entschädigung abzuliefern,

7. sofern er Einzelerzeuger im Sinne des § 9 Nr. 1 ist, nur die in seinem eigenen Betriebe erzeugten Eier zu kennzeichnen,

8. auf Verlangen des Reichsnährstandes Eier auch für andere zu kennzeichnen,

9. die für die Genehmigung und Überwachung vom Reichsnährstand festgesetzten Gebühren zu entrichten.

§ 12.

(1) Die Genehmigung zur Kennzeichnung von Eiern im Sinne des § 8 kann widerrufen werden, insbesondere wenn sich nachträglich Umstände ergeben, die zur Zeit des Widerrufs

eine Versagung rechtfertigen würden oder wenn der Berechtigte eine der ihm auferlegten Verpflichtungen nicht erfüllt oder gegen die zur Regelung des Eiermarktes erlassenen Vorschriften verstößt.

(2) Eine erneute Genehmigung darf erst nach Ablauf von mindestens einem Jahre nach erfolgtem Widerruf erteilt werden.

§ 13.

(1) Die Einhaltung der in den §§ 6, 7, 9 bis 11 enthaltenen Vorschriften überwacht der Reichsnährstand.

(3) Der Reichsnährstand hat bei der Ausübung der ihm im Abs. 1 sowie der ihm sonst in dieser Verordnung übertragenen Befugnisse den Weisungen des Reichsministers für Ernährung und Landwirtschaft Folge zu leisten.

3. Abschnitt.

Sonstige Kennzeichnung von Hühnereiern.

§ 14.

(1) Wer Eier in Kühlräumen (§ 3 Nr. 2) einlagert, hat

1. jedes einzelne Ei mit einem deutlich erkennbaren Zeichen in schwarzer, unabwischbarer, kochechter, nicht gesundheitsschädlicher Farbe zu versehen, das die Form eines gleichseitigen Dreiecks mit mindestens 15 mm Seitenlänge hat und in der Mitte ein großes lateinisches K trägt (Muster 4 der Anlage);

2. auf den Stirnseiten der Packung das Wort „Kühlhauseier" in schwarzen Blockbuchstaben von mindestens 3 cm Höhe einzubrennen oder dauerhaft einzupressen. Die Kennzeichnung ist spätestens vor der Auslagerung anzubringen.

(2) Werden Kühlhauseier nicht in Packungen für Genußzwecke angeboten, zum Verkauf vorrätig gehalten, feilgehalten, verkauft oder sonst in den Verkehr gebracht, so ist in dem Verkaufsraume durch Schilder, die an den Behältnissen der Eier oder auf ihren Unterlagen in deutlich sichtbarer Weise angebracht sind, zum Ausdruck zu bringen, daß es sich um Kühlhauseier handelt. Die Schilder müssen mindestens 20 cm lang und 15 cm breit sein und in Buchstaben von mindestens 1,5 cm Höhe das Wort „Kühlhauseier" enthalten.

§ 15.

(1) Konservierte Eier (§ 3 Nr. 3) dürfen für Genußzwecke nur angeboten, zum Verkauf vorrätig gehalten, freigehalten, verkauft oder sonst in den Verkehr gebracht werden, wenn

1. jedes einzelne Ei den Aufdruck „Konserviert" in schwarzer, unabwischbarer, kochechter, nicht gesundheitsschädlicher Farbe in lateinischen Buchstaben von mindestens 2 mm Höhe trägt;

2. auf den Stirnseiten der Packung die Worte „Konservierte Eier" in schwarzen Blockbuchstaben von mindestens 3 cm Höhe eingebrannt oder dauerhaft eingepreßt sind.

(2) Werden konservierte Eier nicht in Packungen für Genußzwecke angeboten, zum Verkauf vorrätig gehalten, feilgehalten, verkauft oder sonst in den Verkehr gebracht, so ist in dem Verkaufsraume durch Schilder, die an den Behältnissen der Eier oder auf ihren Unterlagen in deutlich sichtbarer Weise angebracht sind, zum Ausdruck zu bringen, daß es sich um konservierte Eier handelt. Die Schilder müssen mindestens 20 cm lang und 15 cm breit sein und in Buchstaben von mindestens 1,5 cm Höhe die Worte „Konservierte Eier" enthalten.

§ 16.

(1) Bei der Einfuhr in das Zollinland müssen Eier, die dazu bestimmt sind, für Genußzwecke angeboten, zum Verkauf vorrätig gehalten, feilgehalten, verkauft oder sonst in den Verkehr gebracht zu werden, ebenso wie die Packungen, in denen sie enthalten sind, eine Kennzeichnung tragen, die in lateinischen Buchstaben den Namen des Ursprungslandes deutlich erkennbar enthält. Diese Kennzeichnung muß auf den einzelnen Eiern in unabwischbarer, kochechter nicht gesundheitsschädlicher Farbe in Buchstaben von mindestens 2 mm Höhe angebracht, bei Kisten in Buchstaben von mindestens 3 cm Höhe eingebrannt oder dauerhaft eingepreßt, bei anderen Packungen in Buchstaben von mindestens 3 cm Höhe aufgedruckt sein. Die Bestimmungen der §§ 14, 15 bleiben unberührt.

(2) Die Kennzeichnung gemäß Abs. 1 muß bei Kühlhauseiern (§ 3 Nr. 2) und bei konservierten Eiern (§ 3 Nr. 3) in schwarzer Farbe, bei andern Eiern in der Zeit vom 15. März bis 31. August in schwarzer, in der Zeit vom 1. September bis 14. März in roter Farbe angebracht sein. Eier, die nachweislich vor Beginn dieser Zeitabschnitte zum Versande gebracht worden sind, können mit der Farbe gekennzeichnet werden, die für den Zeitabschnitt des Absendetages gilt.

(3) Eier oder deren Packungen, die nicht bei der Einfuhr nach Abs. 1, 2 gekennzeichnet sind, dürfen, sofern sie nicht zum persönlichen Verbrauche durch den Einführenden oder den Empfänger bestimmt sind, nur auf ein Zollager unter amtlichem Mitverschlusse verbracht werden. Die Kennzeichnung gemäß Abs. 1 und 2 kann auf dem Zollager bewirkt werden. Überführung von dem Zollager in den Verkehr des Zollinlandes steht der Einfuhr in das Zollgebiet (Abs. 1) gleich.

(4) In das Zollinland eingeführte Eier dürfen für Genußzwecke nur angeboten, zum Verkauf vorrätig gehalten, feilgehalten, verkauft oder sonst in den Verkehr gebracht werden, wenn sie und die Packungen, in denen sie enthalten sind, nach den Bestimmungen in Abs. 1, 2 gekennzeichnet sind und keine Kennzeichnung tragen, die nach § 17 verboten ist.

§ 16a.

Der Reichsnährstand wird ermächtigt, vorzuschreiben, inwieweit Eier, die keine in dieser Verordnung vorgesehene Kennzeichnung tragen, als „aussortiert" gekennzeichnet werden müssen. Die §§ 2, 3, 5 und 7 der Verordnung über die Regelung des Eiermarktes vom 21. Dezember 1933 (Reichsgesetzbl. I S. 1103) in der Fassung der Verordnung vom 10. April 1934 (Reichsgesetzbl. I S. 303) gelten entsprechend.

§ 17.

(1) Soweit nicht gemäß den vorstehenden Bestimmungen (§§ 5 bis 8, 14 bis 16a) eine Kennzeichnung von Eiern oder von Packungen von Eiern vorgeschrieben ist, ist jede Kennzeichnung von Eiern oder von Packungen von Eiern mit Ausnahme der als Bruteier bezeichneten Eier verboten, als Kennzeichnung gilt auch die Anbringung von Schildern an den Behältnissen der Eier oder auf ihren Unterlagen.

(2) Zulässig ist lediglich eine auf der Packung angebrachte Firmen- und Gewichtsbezeichnung, das Warenzeichen der Firmen sowie auf dem einzelnen Ei oder auf der Packung

1. die Anbringung von Kenn-Nummern zu Kontrollzwecken;

2. bei im Inland erzeugten Eiern, die nicht unter der Bezeichnung einer der gesetzlichen Handelsklassen angeboten, zum Verkauf vorrätig gehalten, feilgehalten, verkauft oder sonst in den Verkehr gebracht werden, die Angabe des Namens und Wohnortes des Erzeugers in rechteckiger Umrahmung;

3. bei Eiern, die in das Zollinland eingeführt werden, außerdem die nach den gesetzlichen Bestimmungen des Ursprungslandes vorgeschriebene oder zugelassene Kontrollmarke.

4. Abschnitt.

Straf- und Schlußbestimmungen.

§ 18.

(1) Mit Gefängnis bis zu drei Monaten und mit Geldstrafe oder mit einer dieser Strafen wird bestraft, wer vorsätzlich

1. als Eier gesetzlicher Handelsklassen Kühlhauseier, konservierte Eier, verdorbene Eier oder Eier, die nicht Hühnereier sind, anbietet, zum Verkauf vorrätig hält, feilhält, verkauft oder sonst in den Verkehr bringt;

2. Eier unter der Bezeichnung einer der gesetzlichen Handelsklassen anbietet, zum Verkauf vorrätig hält, feilhält, verkauft oder sonst in den Verkehr bringt, ohne daß das einzelne Ei gemäß § 6 oder bei im Inland erzeugten Eiern die Packungen gemäß § 7 gekennzeichnet sind;

3. nichtverpackte Eier unter der Bezeichnung einer der gesetzlichen Handelsklassen anbietet zum Verkaufe vorrätig hält, feilhält, verkauft oder sonst in den Verkehr bringt und hierbei einer der Bestimmungen im § 5 Abs. 2 und 3 zuwiderhandelt;

4. eine Kennzeichnung im Sinne des § 5 Abs. 1 auf Eiern oder Packungen von Eiern anbringt ohne hierzu berechtigt zu sein (§§ 8, 12);

5. auf Packungen von in das Zollinland eingeführten Eiern die Kennzeichnung anbringt, die nach § 7 für Packungen im Inland erzeugter Eier vorgeschrieben ist;

6. Kühlhauseier nicht den Vorschriften des § 14, Abs. 1 entsprechend kennzeichnet oder ohne die dort vorgeschriebene Kennzeichnung für Genußzwecke anbietet, zum Verkauf vorrätig hält, feilhält, verkauft oder sonst in den Verkehr bringt;

7. nichtverpackte Kühlhauseier für Genußzwecke anbietet, zum Verkauf vorrätig hält, feilhält, verkauft oder sonst in den Verkehr bringt, ohne in dem Verkaufsraume die nach § 14 Abs. 2 vorgeschriebenen Schilder in deutlich sichtbarer Weise anzubringen;

8. konservierte Eier ohne die nach § 15 Abs. 1 vorgeschriebene Kennzeichnung für Genußzwecke anbietet, zum Verkaufe vorrätig hält, feilhält, verkauft oder sonst in den Verkehr bringt;

9. nichtverpackte konservierte Eier für Genußzwecke anbietet, zum Verkauf vorrätig

hält, feilhält, verkauft oder sonst in den Verkehr bringt, ohne in dem Verkaufsraume die nach § 15 Abs. 2 vorgeschriebenen Schilder in deutlich sichtbarer Weise anzubringen;

10. Eier, die dazu bestimmt sind, für Genußzwecke angeboten, zum Verkauf vorrätig gehalten, feilgehalten, verkauft oder sonst in den Verkehr gebracht zu werden, in das Zollinland eingeführt oder in das Zollinland eingeführte Eier für Genußzwecke anbietet, zum Verkauf vorrätig hält, feilhält, verkauft oder sonst in den Verkehr bringt, wenn die Eier oder die Packungen, in denen sie enthalten sind, nicht die nach § 16 Abs. 1, 2 vorgeschriebene Kennzeichnung tragen, oder wenn sie eine Kennzeichnung tragen, die nach § 17 verboten ist;

11. Eier oder Packungen von Eiern mit einer Kennzeichnung versieht, die nach § 17 Abs. 1 Satz 1 verboten ist oder mit einer solchen Kennzeichnung versehen anbietet, zum Verkauf vorrätig hält, feilhält oder sonst in den Verkehr bringt;

12. den vom Reichsnährstand auf Grund des § 16a erlassenen Vorschriften zuwiderhandelt.

(2) Ist die Zuwiderhandlung fahrlässig begangen, so tritt Geldstrafe bis zu 150 Reichsmark ein.

<h3 style="text-align:center">§ 19.</h3>

(1) Neben der Strafe ist in den Fällen des § 18 Nr. 4, 6, 8, 10, 11 bei vorsätzlicher Begehung auf Entziehung der Gegenstände zu erkennen, auf die sich die Zuwiderhandlung bezieht, auch wenn die Gegenstände dem Verurteilten nicht gehören.

(2) Kann keine bestimmte Person verfolgt oder verurteilt werden, so kann auf die Einziehung selbstständig erkannt werden, wenn im übrigen die Voraussetzungen hierfür vorliegen.

<h3 style="text-align:center">§ 20.</h3>

(1) Solchen Genossenschaften und anderen Zusammenschlüssen von Erzeugern sowie solchen Eierhandelsfirmen und Verbrauchergenossenschaften, die nachweislich im Jahre vor Stellung des Antrags auf Erteilung der Genehmigung eine Menge von mindestens 2 Millionen Stück deutscher Eier erfaßt haben und bei denen anzunehmen ist, daß sie in Zukunft auf Grund einer satzungsmäßigen Lieferpflicht oder laufender schriftlicher Lieferverträge mit Erzeugern jährlich die gleiche Menge erfassen werden, kann abweichend von der Bestimmung des § 9 Nr. 2 Abs. 1 die Genehmigung zur Kennzeichnung von Eiern im Sinne des § 8 für die Dauer eines Jahres dann erteilt werden, wenn der Antrag auf Erteilung der Genehmigung spätestens bis zum 1. Oktober 1932 bei dem zuständigen Überwachungsausschusse gestellt wird.

(2) Solchen Packstellen, die nachweislich im Jahre vor Stellung des Antrages auf Erteilung der Genehmigung eine Menge von mindestens 150 000 Stück deutscher Eier erfaßt haben und bei denen anzunehmen ist, daß sie in Zukunft auf Grund einer satzungsmäßigen Lieferpflicht oder laufender schriftlicher Lieferungsverträge mit Erzeugern jährlich die gleiche Menge erfassen werden, kann abweichend von der Bestimmung des § 9 Nr. 2 Abs. 2 die Genehmigung zur Kennzeichnung von Eiern im Sinne des § 8 für die Dauer eines Jahres erteilt werden, wenn der Antrag auf Erteilung der Genehmigung spätestens bis zum 1. Oktober 1932 bei dem zuständigen Überwachungsausschusse gestellt wird.

(3) Die Bestimmungen des § 12 finden entsprechende Anwendung.

<h3 style="text-align:center">§ 21.</h3>

Diese Verordnung tritt mit Ausnahme des § 17, des § 18 Nr. 10, soweit er sich auf § 17 bezieht, und des § 18 Nr. 11 vier Wochen nach dem Tage der Verkündung in Kraft. § 17, § 18 Nr. 10, soweit er sich auf § 17 bezieht, und § 18 Nr. 11 treten am 1. Oktober 1932 in Kraft.

<h3 style="text-align:center">d) Sonstige gesetzliche Vorschriften.</h3>

Anordnung über die Kennzeichnung von Eiern, die nicht Eier gesetzlicher Handelsklassen sind[1]. Vom 16. Juni 1934.

Auf Grund des § 16a der Eierversorgung vom 17. März 1932 in der Fassung der Verordnung vom 8. Juni 1934 (RGBl. I S. 479) in Verbindung mit § 7 der Verordnung über die Regelung des Eiermarktes vom 21. Dezember 1933 (RGBl. I S. 1103) wird angeordnet:

<h3 style="text-align:center">§ 1.</h3>

Eier deutscher Erzeugung, die den in § 2 der Eierverordnung genannten Mindestanforderungen an Eier gesetzlicher Handelsklassen nicht entsprechen, dürfen für Genußzwecke nur angeboten, zum Verkauf vorrätig gehalten, feilgehalten, verkauft oder sonst in den Verkehr gebracht werden, wenn sie nach Maßgabe der §§ 2 und 3 als „aussortiert" gekennzeichnet sind.

---

[1] Reichsanzeiger Nr. 147 vom 27. Juni 1934.

§ 2.

(1) Die Kennzeichnung „aussortiert" ist in den nach § 8 der Eierverordnung zugelassenen Kennzeichnungsstellen in der Weise anzubringen, daß

1. jedes einzelne Ei den Aufdruck „aussortiert" in lateinischen Buchstaben von mindestens 2 mm Höhe trägt;

2. auf den Stirnseiten der Packung die Worte „Aussortierte Eier" in schwarzen Blockbuchstaben von mindestens 3 cm Höhe angebracht sind.

(2) Die Kennzeichnung nach Abs. 1 Nr. 1 muß, wenn sie in der Zeit vom 15. März bis 31. August vorgenommen wird, in schwarzer, wenn sie in der Zeit vom 1. September bis 14. März vorgenommen wird, in roter, unabwischbarer, kochechter, nicht gesundheitsschädlicher Farbe in deutlich lesbarem Aufdruck erfolgen.

§ 3.

Wenn Eier, die nach § 1 als aussortiert zu kennzeichnen sind, nicht in Packungen für Genußzwecke angeboten, zum Verkauf vorrätig gehalten, feilgehalten, verkauft oder sonst in den Verkehr gebracht werden, so ist in dem Verkaufsraum durch Schilder, die an den Behältnissen der Eier oder auf ihren Unterlagen in deutlich sichtbarer Weise angebracht sind, zum Ausdruck zu bringen, daß es sich um aussortierte Eier handelt. Die Schilder müssen mindestens 20 cm lang und 15 cm breit sein und in Buchstaben von mindestens 1,5 cm Höhe die Worte „Aussortierte Eier" enthalten.

§ 4.

1) Die Vorschriften in den §§ 1 bis 3 gelten nicht für

    a) Kühlhauseier,

    b) konservierte Eier,

    c) Eier mit fleckiger Schale (Schimmel),

    d) verdorbene, insbesondere rotfaule oder schwarzfaule Eier,

    e) angebrütete Eier.

(2) Diese Vorschriften finden ferner keine Anwendung, soweit nach § 3 der Zweiten Anordnung zur Regelung des Eiermarktes vom 9. Mai 1934 (Deutscher Reichsanzeiger Nr. 107) Ausnahmen von der Kennzeichnungspflicht zugelassen sind.

§ 5.

Zuwiderhandlungen gegen die vorstehenden Anordnungen werden nach Maßgabe des § 18 Nr. 12 der Eierverordnung strafrechtlich verfolgt.

§ 6.

Diese Anordnung tritt am 1. August 1934 in Kraft.

Verordnung über die Prüfung von Hühnereiern bei der Einfuhr [1].
Vom 3. August 1935.

Zweite Anordnung des Reichskommissars für die Vieh-, Milch- und Fettwirtschaft als Beauftragten des Reichsministers für Ernährung und Landwirtschaft zur Regelung des Eiermarktes [1].
Vom 9. Mai 1934.

Auszug aus § 3:

(1) Alle Hühnereier, die in den Verkehr gebracht werden, müssen durch denjenigen, der sie vom Hühnerhalter erwirbt, der Kennzeichnung zugeführt werden. Ausgenommen sind Eier, die vom Hühnerhalter unmittelbar an den Verbraucher abgegeben werden. Als Verbraucher gilt, wer Eier zum persönlichen Genuß oder zur Verwendung im eigenen Haushalt bezieht. Als Verbraucher mit eigenem Haushalt gelten auch Krankenhäuser, Erziehungsanstalten, Wohlfahrtsanstalten und ähnliche Anstalten; Gast- und Schankwirtschaften, Hotels und ähnliche Betriebe gelten nicht als Verbraucher, soweit nicht der Bezirksbeauftragte Ausnahmen zuläßt.

(2) Die Bezirksbeauftragten können mit meiner Zustimmung Ausnahmen von der Kennzeichnungspflicht zulassen.

Von sämtlichen Bezirksbeauftragten sind auf Weisung des oben genannten Reichskommissars Anordnungen folgenden Wortlautes ergangen:

[1] Reichsgesetzbl. 1935. I. 1120. Gesetze und Verordnungen betr. Lebensmittel 1935, **27**, 51.

Anweisung der Hauptvereinigung der deutschen Eierwirtschaft.
Vom 15. Februar 1935[1].

Die Hauptvereinigung der deutschen Eierwirtschaft hat die Eierverwertungsverbände angewiesen, nachfolgende Anordnung zu erlassen.

§ 1.

(1) Der Kennzeichnung sind nur noch zuzuführen Eier, die von einem anderen als dem Erzeuger zum Zwecke der Abgabe an den Wiederverkäufer großhandelsmäßig verpackt in den Verkehr gebracht werden. Als großhandelsmäßig verpackt gelten Eier, die in Kisten oder in anderer, im Großhandel üblicher Verpackung verpackt sind. Eier, die in anderer als in vorgenannter Weise in den Verkehr gebracht werden, sind von der Kennzeichnungspflicht ausgenommen.

(2) Gast- und Schankwirtschaften, Hotels und ähnliche Betriebe gelten nicht als Wiederverkäufer.

§ 2.

Die Anordnung tritt am 15. Februar 1935 in Kraft.

Gesetz über den Verkehr mit Eiern vom 20. Dezember 1933 (RGBl. 1933 I 1094 bis 1095) **und Durchführungsverordnung dazu vom 21. Dezember 1933** (RGBl. 1933 I 1104—1106).

Das Gesetz und die Durchführungsverordnung dazu betreffen Errichtung einer Reichsstelle für Eier und deren Einschaltung in den Verkehr mit einheimischen und aus dem Auslande eingeführten Eier. Bezüglich der einzelnen (handelstechnischen) Vorschriften sei auf das Gesetz[3] verwiesen. (Vgl. dazu auch die Verordnung vom 17. April 1935 [RGBl. I S. 570]).

Zweite Verordnung über die Regelung des Eiermarktes.
Vom 3. Mai 1934.
(RGBl. 1934 I S. 355—364).

Die Verordnung betrifft die Gründung von Eierverwertungsverbänden und der Hauptvereinigung der deutschen Eierwirtschaft.

Verordnung über den Zusammenschluß der deutschen Eierwirtschaft[4].
Vom 22. November 1935.

Verordnung über Verbraucherhöchstpreise für Hühner- und Enteneier[5].
Vom 29. Juli 1937.

Über ausländische Gesetzgebung betr. Eier vgl. Handbuch der Lebensmittelchemie Bd. III, S. 651.

III. Technische Hilfsmittel der deutschen Eierwirtschaft.

Der Handel mit Eiern gesetzlicher Handelsklassen setzt eine Reihe von Einrichtungen voraus um die in der Verordnung festgesetzten Bedingungen und Vorschriften einzuhalten, die in folgendem kurz besprochen werden sollen.

Nach § 10 der Eierverordnungen müssen in einer Eierkennzeichnungsstelle die folgenden Einrichtungen vorhanden sein.

1. Einrichtung zum Durchleuchten der Eier

mittels einer künstlichen starken *Lichtquelle*. Die hier in Frage kommenden Vorrichtungen und Apparate werden S. 320 besprochen. Wichtig ist aber auch die allgemeine *Beschaffenheit des Raumes*, in dem diese Eierprüfung erfolgt und die Eignung des ausführenden Personals.

---

[1] Deutscher Reichsanzeiger, Nr. 107. — [2] Aus Urkundenblatt Nr. 12 des Reichsnährstandes. — [3] Abdruck befindet sich auch in Gesetze und Verordnungen sowie Gerichtsentscheidungen betr. Lebensmittel 1935. **27**, 30. — [4] RGBl. 1935 I 1355; Gesetze und Verordnungen 1935, **27**, 76. — Vgl. hierzu H. Ertel: Unsere Lebens mittel in der Marktordnung nach dem Stand vom 1. Oktober 1935. Berlin 1935. — [5] Reichsgesetzbl. 1937. I. 871; Gesetze und Verordnungen 1937, **29**, 137. —

Nach B. Grzimek[1] muß der Raum, der die Kennzeichnungsstelle beherbergt, vor allem kühl sein. Die Temperatur darf auch im Sommer 20° nicht übersteigen. Kellerräume von genügender Größe sind besonders geeignet.

Vom *Personal* sind neben dem verantwortlichen Leiter die *Leuchter* wichtig, die zweckmäßig auf Grund praktischer Prüfungen ausgewählt werden und deren Tätigkeit einer laufenden Kontrolle unterliegen soll.

Unterschiede in der Eignung von Männern und Frauen für die Ausführung der Eierdurchleuchtung bestehen nach Grzimek nicht.

Die wöchentliche Leistung eines Leuchters wurde zwischen 16—63 Kisten mit je 360 Eiern in der Woche gefunden.

2. Einrichtungen zum Sortieren nach Gewicht.

Das sicherste Mittel zur Sortierung der Eier nach Gewicht bildet die *Auswägung des einzelnen Eies*, wofür sich die S. 310 besprochene Eierwaage mit Gegengewicht in Wasser zur Schwingungsdämpfung vielfach eingeführt hat.

Für Sortierung von Eiern im großen Maßstab hat man verschiedene Arten von Eiersortiermaschinen mit Hand und Kraftbetrieb gebaut, die je nach Art und

Abb. 24. Eiersortiermaschine Benhil.

Größe etwa zwischen 2000—10000 Eier in der Stunde sortieren. Die Sortierung beruht darauf, daß die Eier über eine schiefe Ebene herabrollen und dabei über Klappen laufen, die bei einem bestimmten Eigewicht nach unten nachgeben und das Ei in ein bestimmtes Fach gleiten lassen.

Bei den *Benhil-Maschinen* der Maschinenfabrik Benz & Hilgers in Düsseldorf, die mit elektrischen Motoren angetrieben werden, rollen die Eier nicht über Klappenweg sondern kommen auf eine Hubvorrichtung die sie weiter trägt und auf Waagen legt.

Bei den ebenfalls elektrisch angetriebenen „*Wardenburgia*"-*Maschinen* rollen die Eier zunächst eine schräge Ebene auf mehreren parallelen Bahnen herab, werden dann aber, damit der Schwung nicht die Wägung beeinflußt, vor jeder Waage selbstständig angehalten und wieder freigelassen.

Weitere Eiersortiermaschinen sind die *Westfalia-Maschine*, die *Schmitz-Maschine* von Paul Schmitz in Brake i. O. und die *Jogeha-Eiersortiermaschine* von Joh. Gerh. Harms in Bad Zwischenahn i. O.

3. Sonstige Einrichtungen.

a) Einrichtungen zur *Messung der Luftkammerhöhe* werden S. 321 besprochen.

b) *Stempeleinrichtungen*. Die beste Stempelung ist die Handstempelung. Doch ist auch damit in praktischen Betrieben ein restlos vollständiger Abdruck

---

[1] Grzimek, B.: Das Eierbuch. Berlin 1934.

z.B. des Deutschstempels in allen Fällen nicht zu erwarten. Bei der Mehrzahl der Eier muß es aber der Fall sein.

Gut bewährt haben sich ganz aus Schwammgummi bestehende Stempel.

Die Handstempelung erfolgt am besten in den vollen Kisten auf das stumpfe Ende der Eier.

Die von Zeit zu Zeit notwendige Reinigung der Stempel wird mit Spiritus vorgenommen. Ungereinigte Stempel werden hart und können Springen der Eischale veranlassen.

Die meisten Eiersortiermaschinen enthalten selbsttätige Stempelvorrichtungen, die aber bisher weniger exakt arbeiten als Handstempel.

Nach § 6 der Eierverordnung muß die Stempelfarbe unabwischbar, kochecht und nicht gesundheitsschädlich sein. Besonders für Kühlhaus-, konservierte und aussortierte Eier ist das „unabwischbar" zur Verhinderung einer betrügerischen Entfernung der Stempelabdrücke wichtig. Dieser Bedingung entsprachen nach Untersuchungen des Staatlichen Veterinär-untersuchungsamtes in Berlin Pelikan-Spezial-Stempelfarben, die zu einer Entfernung ein drei bis fünf Minuten langes Verreiben mit Salzsäure erforderten.

c) *Verpackungs- und Versandmaterial.* An Kisten für Eier unterscheidet man *Dauerkisten* (*Patentkisten*), die meist 500 Eier durch Wände aus Pappe geschieden fassen, und sog. „*verlorene Kisten*" für durchweg einmalige Verwendung, meist mit Mittelwand und 360 Eier fassend. Über die genauen Maße dieser Kisten vgl. B. GRZIMEK: Das Eierbuch.

Auslandseier werden meist in sog. *Exportpackungen* gehandelt, in besonders widerstandsfähigen Kisten, von denen die $^1/_1$-Kiste 1440 Eier enthält.

In diesen Kisten liegen die Eier in vier flachen Lagen zwischen Schichten von Holzwolle oder Stroh. Noch häufiger sind ½-Kisten mit nur zwei Flachlagen Eier in Gebrauch, in denen die Eier nebeneinander mit den Spitzen den Längswänden der Kisten zugekehrt liegen. Bei diesen Kisten lassen sich aber auch nachträgliche Stempelungen vornehmen, ohne daß die Eier herausgezogen zu werden brauchen, indem man die Kisten durch Fortnehmen der Bretter an der oberen bzw. unteren Flachseite öffnet. Weiter enthalten solche Export-kisten doppelte Mittelwände und lassen sich hier durch Durchsägen leicht ohne Umpacken der Eier in zwei Kisten von je 360 Eier zerlegen.

Als Verschluß der Kisten hat sich nach dem Zunageln ein Überziehen mit Eisenband besonders bewährt.

Die für die Kisten vorgeschriebenen *Banderolen* müssen so angebracht sein, daß sie beim erstmaligen Öffnen der Packung zerstört werden. Für diesen Zweck müssen die Banderolen geklebt, nicht geheftet oder genagelt sein.

Für *Eierkleinpackungen* haben sich Papierkartons bewährt, bei deren Beschrif-tung, ebenso wie bei der Beschriftung der Eierkisten, die Vorschriften der Eier-verordnung zu beachten sind.

Der *Wagentransport*, vor allem bei noch nicht fachgemäß verpackten Eiern, soll nur auf gut gefederten Wagen erfolgen. Kastenwagen sind ungeeignet. Die Kisten sollen nie unmittelbar auf dem Wagen stehen, sondern durch ein Bund Stroh oder besser einen mit Stroh nicht zu prall gefüllten Sack von dem Wagen-boden getrennt sein.

F. Untersuchung von Eiern und Eiprodukten[1].

I. Die Untersuchung am ungeöffneten Ei.

1. Äußere Gestalt.

Die Untersuchung des Eies beginnt mit der Feststellung der äußerlich ohne Öffnung bzw. Zertrümmerung der Eischale erkennbaren Merkmale und Eigen-schaften. Die nächste Aufgabe ist die Feststellung von *Form, Größe und Gewicht.* Wie bereits S. 43 ausgeführt, entspricht die Gestalt eines normalen Hühnereies[2] dem

---

[1] Vgl. auch C. F. VAN OYEN: Méthodes empiriques et scientifiques dans le controle des oeufs. Annexes au Bulletin de l'Institut International du froid 1934. — [2] Die von SZIELASKO beschriebenen, sehr selten, bei andern Vögeln, vorkommenden Eiformen mit hyperbolischer Spitze sind hier nicht berücksichtigt.

von einem um die Längsachse rotierenden CARTESIUSschen Oval umschlossenen Hohlkörper, dessen Form und Größe durch die Lage der beiden Brennpunkte und die Funktion von zwei Brennstrahlen gemäß der Gleichung

$$S_1 + m S_2 = C$$

gegeben ist (vgl. S. 44). Da aber die Bestimmung der Lage der Brennpunkte praktische Schwierigkeiten bereitet, ist es ebenso zweckmäßig die Eikurve, den Längsschnitt des Eies durch den größten Längsdurchmesser, den größten Querdurchmesser und die Lage des Schnittpunktes beider bzw. dessen Entfernung vom spitzen und stumpfen Ende auszudrücken.

Praktisch kann diese Aufgabe zunächst auf photographischem Wege gelöst werden, indem man von dem betreffenden Ei genau senkrecht zur Längsachse, also in der Seitenansicht, eine seitenscharfe Aufnahme (zweckmäßig in natürlicher Größe) macht unter Kontrolle durch Ausmessung des Längsdurchmessers des Ovals auf der Mattscheibe an dem Ei selbst.

In dem erhaltenem Bilde läßt sich nun nach SZIE-LASKO der größte Längendurchmesser wie folgt konstruieren: Man ziehe in ziemlicher Entfernung voneinander je zwei Parallelen, etwa AB und CD bzw. FG und HJ nach der Zeichnung. Dann halbiere man alle vier Parallelen, wodurch man die Punkte L, M, N und P erhält; verbindet man nun L mit M und N mit P, so schneiden sich beide Verbindungslinien in einem Punkte Q, der auf dem Längendurchmesser liegt. Nun beschreibt man mit möglichst großer Zirkelspannung um Q einen Kreis der die Eikurve in R und S schneiden möge. Verbindet man nun R mit S und halbiert, so hat man im Halbierungspunkt einen zweiten Punkt auf dem Längendurchmesser, den man mit Q verbindet und dann nach beiden Richtungen hin bis zur Eikurve verlängert.

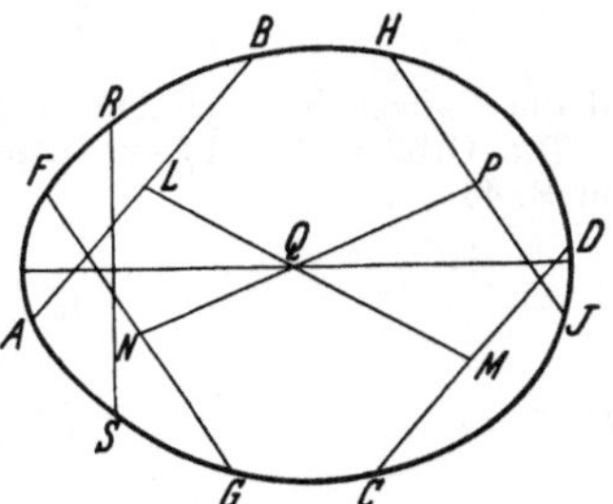

Abb. 25. Genaue Ausmessung der Eikurve.

Zieht man nun parallele Linien zu dem Längendurchmesser, so wird man je eine finden, die die Eikurve oben oder unten in zwei bestimmten Punkten berührt. Die Verbindungslinie dieser beiden Punkte ist der größte Querdurchmesser. Der Schnittpunkt derselben mit dem Längsdurchmesser liefert die leicht auszumessende Größe der Teilstücke.

Man kann auch für den vorliegenden Zweck ausreichend zunächst nach Augenschein den Längendurchmesser ziehen, dazu wie vorhin die beiden parallelen Tangenten und in den beiden Schnittpunkten des Längendurchmessers die Senkrechten errichten. So entsteht ein Rechteck, das die Eikurve umschließt. Verbindet man die oberen und unteren Berührungspunkte der Tangenten miteinander, so teilt der Schnittpunkt mit dem Längendurchmesser diesen in die gesuchten Teilstücke. — Mit einfachen Hilfsmitteln kann die Aufgabe weiter so gelöst werden, daß man nach Augenschein auf dem Ei die beiden Endpunkte (A und B) markiert und mit einem Zirkel ihre Entfernungen (AC und

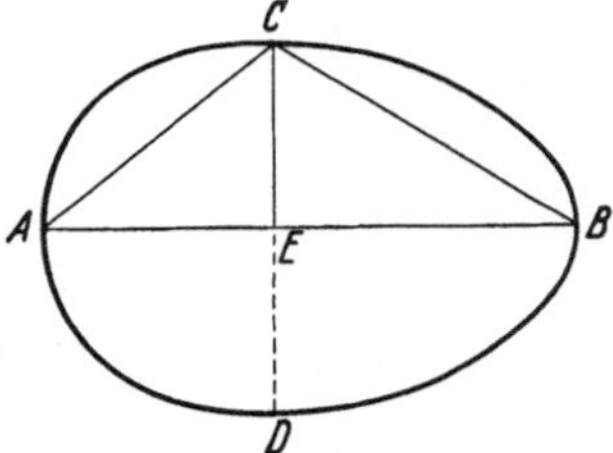

Abb. 26. Einfache Ausmessung der Eikurve.

BC) von einem in gleicher Ebene liegenden seitlichen Scheitelpunkt (C) ausmißt. Man erhält so das Dreieck ABC, indem man von C aus auf A die Senkrechte CE fällt und damit die Entfernungen A und B findet.

Diese Konstruktion gewinnt noch an Sicherheit, wenn man die Ausmessungen in verschiedenen Ebenen wiederholt und dann die Mittelwerte aus den einzelnen Bestimmungen berechnet.

Schließlich lassen sich die für die Kennzeichnung der Eiform erforderlichen Größen: Längendurchmesser, Querdurchmesser und Schnittpunkte beider auch in einfachster Weise und hinreichend genau mit einer Schublehre ermitteln, mit der man zunächst den Längendurchmesser mißt, dann den größten Querdurchmesser an dem längs gelegten Ei und dabei gleichzeitig die Lage des Berührungspunktes markiert. Erleichtert wird diese Arbeit durch eine Schublehre, die sowohl auf den beiden Meßbacken wie auf dem Meßrücken einen Maßstab trägt.

Die so erhaltenen Größen sind nun für eine weitere mathematische Auswertung zunächst wenig geeignet. Hierzu bedarf es einer Ermittlung der Grundelemente der Eikurve, nämlich der Kenntnis der Lage der Brennpunkte und der Größen m und c. Wie SZIELASKO gezeigt hat, ist die Berechnung dieser Größen aus den obigen Meßergebnissen möglich.

Zur Benutzung der Ablesungstabellen von SZIELASKO bildet man aus den Meßergebnissen am Ei zunächst die beiden Quotienten:

$$\frac{L}{B} = \frac{\text{Längsdurchmesser}}{\text{Querdurchmesser}}$$

und

$$\frac{a}{b} = \frac{\text{größerer Abschnitt}}{\text{kleinerer Abschnitt}}$$

auf der Längsachse, gebildet durch den Schnittpunkt der Querachse.

Die Größen C und f erhält man dann durch Umwandlung der Gleichungen (I) und (IV) von S. 44.

I $$\qquad L = \frac{2\,C}{1 + m}$$

Ia $$\qquad C = {}^1/_2\, L\,(1 + m)$$

II $$\qquad \frac{mg - f}{1 + m} = \frac{a - b}{2}$$

IIa $$\qquad f = mg - \tfrac{1}{2}\,(1 + m)\,(a - b),$$

wobei man die Zahlen für m und g aus den Tabellen S. 311 und 312 abliest und einsetzt [1].

Wünscht man die Entfernung der beiden Brennpunkte von den Polen zu erfahren, so bildet man dafür die beiden Differenzen $(a—g)$ und $(b—f)$.

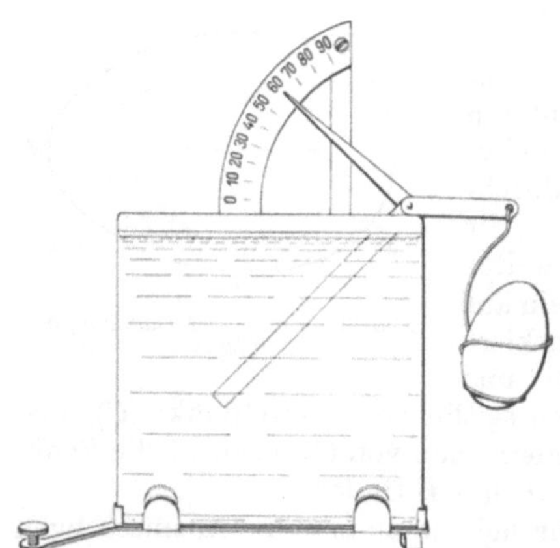

Auf diese Weise kann man sich auf zwei Tabellen, eine für m und eine für g, beschränken, aus denen für bestimmte Beträge von $\frac{L}{B}$ und $\frac{a}{b}$ die gesuchten Zahlen für m und g abgelesen werden können.

Die Angaben der Tabelle beziehen sich auf $L = 100$ mm als Maßstab. Für ein Ei mit einem anderen Längendurchmesser L müßten die Zahlen für die Strecken (nicht für m!) also mit dem Faktor $\frac{L^1}{100}$ multipliziert werden. So würde sich für eine Eilänge von 50 mm z. B. der Faktor 0,50 ergeben.

Alle diese Feststellungen haben nur Wert bei *normal geformten* Eiern.

Eier von *monströser Form*, wie sie seltener zur Beobachtung gelangen, werden zweckmäßig soweit möglich auf gleicher Grundlage vermessen und ihre Abweichung dann im einzelnen beschrieben.

Abb. 27. Eierwaage mit Gegengewicht in Wasser.

Das *Gewicht des Eies* ermittelt man direkt auf einer Waage, die eine Empfind-

---

[1] Die Tabellen sind nur bis L:B = 1,70 wiedergegeben. In der Arbeit von GROSSFELD und SEIWERT (**Z. 1934, 67,** 241) sind Werte für m und g bis zu L:B = 1,90 angegeben.

Berechnung des Symmetriekoeffizienten m.

$\frac{a}{b}$	$\frac{L}{B}=1{,}10$	1,15	1,20	1,25	1,30	1,35	1,40	1,45	1,50	1,55	1,60	1,65	1,70
1,00	1,000	1,000	1,000	1,000	1,000	1,000	1,000	1,000	1,000	1,000	1,000	1,000	1,000
1,02	0,800	0,893	0,930	0,947	0,957	0,961	0,970	0,975	0,980	0,984	0,986	0,989	0,990
1,04	0,600	0,775	0,862	0,896	0,917	0,928	0,940	0,950	0,960	0,965	0,972	0,976	0,979
1,06	0,450	0,680	0,790	0,845	0,874	0,898	0,914	0,928	0,940	0,949	0,956	0,963	0,967
1,08	0,360	0,575	0,720	0,796	0,835	0,867	0,888	0,904	0,920	0,931	0,941	0,947	0,954
1,10	0,310	0,458	0,660	0,748	0,800	0,835	0,865	0,885	0,900	0,914	0,925	0,934	0,941
1,12	0,240	0,438	0,600	0,701	0,767	0,808	0,840	0,866	0,883	0,897	0,910	0,921	0,930
1,14	(0,188)	0,384	0,540	0,642	0,730	0,780	0,820	0,847	0,866	0,883	0,895	0,908	0,918
1,16	—	0,346	0,500	0,611	0,683	0,750	0,796	0,828	0,852	0,870	0,884	0,896	0,906
1,18	—	(0,269)	0,450	0,571	0,662	0,716	0,771	0,808	0,835	0,857	0,871	0,886	0,896
1,20	—	(0,234)	0,410	0,535	0,629	0,693	0,747	0,798	0,819	0,842	0,860	0,875	0,886
1,22	—	(0,200)	0,375	0,499	0,600	0,663	0,721	0,766	0,800	0,827	0,846	0,864	0,878
1,24	—	—	(0,344)	0,463	0,562	0,638	0,698	0,744	0,784	0,811	0,834	0,853	0,870
1,26	—	—	(0,312)	(0,431)	0,536	0,613	0,673	0,723	0,762	0,796	0,820	0,844	0,860
1,28	—	—	(0,278)	(0,400)	0,512	0,587	0,650	0,697	0,745	0,781	0,808	0,832	0,850
1,30	—	—	(0,250)	(0,370)	0,475	0,563	0,630	0,682	0,727	0,763	0,795	0,822	0,843
1,32	—	—	(0,225)	(0,345)	(0,450)	0,536	0,610	0,663	0,710	0,748	0,783	0,812	0,833
1,34	—	—	(0,200)	(0,349)	(0,415)	0,513	0,588	0,645	0,694	0,734	0,770	0,801	0,825
1,36	—	—	—	(0,296)	(0,391)	(0,488)	0,576	0,630	0,676	0,720	0,755	0,790	0,816
1,38	—	—	—	(0,268)	(0,368)	(0,464)	0,543	0,612	0,666	0,705	0,745	0,778	0,806
1,40	—	—	—	(0,247)	(0,349)	(0,439)	(0,522)	0,596	0,648	0,692	0,733	0,766	0,796
1,42	—	—	—	(0,229)	(0,324)	(0,414)	(0,500)	(0,575)	0,633	0,677	0,720	0,755	0,788
1,44	—	—	—	—	(0,300)	(0,393)	(0,480)	(0,557)	0,620	0,664	0,707	0,745	0,776
1,46	—	—	—	—	(0,285)	(0,374)	(0,460)	(0,538)	0,605	0,652	0,695	0,735	0,766
1,48	—	—	—	—	(0,267)	(0,355)	(0,436)	(0,520)	(0,590)	0,640	0,683	0,724	0,756
1,50	—	—	—	—	(0,250)	(0,337)	(0,417)	(0,503)	(0,575)	(0,629)	0,671	0,713	0,747
1,52	—	—	—	—	(0,234)	(0,322)	(0,396)	(0,483)	(0,560)	(0,616)	0,661	0,702	0,738
1,54	—	—	—	—	—	(0,305)	(0,380)	(0,465)	(0,545)	(0,606)	(0,652)	0,690	0,730

Berechnung des größeren Abschnittes g der Brennlinie in % der Eilänge.

$\frac{a}{b}$	$\frac{L}{B}=1{,}10$	1,15	1,20	1,25	1,30	1,35	1,40	1,45	1,50	1,55	1,60	1,65	1,70
1,00	20,8	24,7	27,7	30,0	32,0	33,6	35,0	36,2	37,3	38,2	39,0	39,8	40,4
1,02	23,6	26,5	29,3	31,3	33,2	34,8	36,0	37,2	38,2	39,0	39,8	40,6	41,1
1,04	27,4	28,9	30,8	32,7	34,4	35,9	37,1	38,1	39,1	39,9	40,7	41,4	42,0
1,06	31,6	31,4	32,6	34,1	35,6	36,9	38,1	39,1	40,0	40,8	41,5	42,1	42,7
1,08	36,8	34,3	34,5	35,4	36,9	37,9	39,0	40,0	40,9	41,7	42,4	43,0	43,6
1,10	42,1	37,7	36,6	36,9	38,1	39,0	40,0	40,9	41,9	42,6	43,3	44,0	44,4
1,12	48,4	41,3	38,8	38,6	39,2	40,1	41,0	41,8	42,7	43,5	44,2	44,8	45,2
1,14	(55,4)	45,0	41,6	40,4	40,6	41,3	42,0	42,9	43,6	44,4	45,1	45,7	46,2
1,16	—	48,5	43,9	42,3	42,3	42,4	43,1	43,9	44,5	45,3	45,9	46,4	46,9
1,18	—	(52,6)	46,6	44,2	43,4	43,7	44,2	45,0	45,4	46,1	46,7	47,2	47,7
1,20	—	(56,7)	49,3	46,1	45,0	45,2	45,4	46,0	46,2	47,0	47,5	47,9	48,4
1,22	—	(61,9)	52,2	48,3	46,5	46,6	46,9	47,1	47,1	47,9	48,3	48,7	49,0
1,24	—	(67,1)	(55,5)	50,7	48,5	48,0	48,1	48,2	48,1	48,8	49,1	49,4	49,6
1,26	—	—	(59,5)	53,2	50,5	49,7	49,4	49,3	49,1	49,7	49,9	50,1	50,3
1,28	—	—	(63,8)	56,1	51,9	51,3	50,6	50,4	50,1	50,5	50,6	50,8	51,0
1,30	—	—	(67,9)	(59,2)	54,4	52,5	51,9	51,5	51,1	51,4	51,3	51,5	51,6
1,32	—	—	(72,7)	(62,2)	56,7	54,2	53,2	52,7	52,0	52,2	52,1	52,1	52,3
1,34	—	—	(76,1)	(65,4)	(59,5)	56,9	54,5	53,8	52,9	53,1	52,8	52,8	53,0
1,36	—	—	—	(68,8)	(62,2)	(58,0)	55,9	54,9	53,9	54,0	53,5	53,5	53,6
1,38	—	—	—	(72,7)	(64,7)	(60,1)	51,4	56,1	54,9	54,9	54,3	54,2	54,2
1,40	—	—	—	(76,4)	(67,3)	(62,1)	(58,9)	57,3	55,9	55,7	55,1	54,8	54,8
1,42	—	—	—	(80,4)	(70,6)	(64,5)	(60,6)	(58,6)	56,9	56,7	55,9	55,5	55,4
1,44	—	—	—	—	(74,3)	(66,7)	(62,5)	(60,0)	58,0	57,5	56,7	56,2	56,0
1,46	—	—	—	—	(77,1)	(69,3)	(64,4)	(61,2)	59,2	58,3	57,5	56,9	56,6
1,48	—	—	—	—	(80,6)	(72,0)	(66,4)	(62,7)	(60,3)	59,1	58,3	57,6	57,2
1,50	—	—	—	—	(83,8)	(74,7)	(68,6)	(64,3)	(61,6)	(60,0)	59,1	58,5	58,0
1,52	—	—	—	—	(87,3)	(77,3)	(70,9)	(66,0)	(62,7)	(61,0)	59,9	59,2	58,6
1,54	—	—	—	—	—	(80,2)	(73,0)	(67,8)	(64,1)	(61,9)	(60,7)	60,0	59,2

lichkeit von etwa $\pm$ 0,1 g besitzt. In vielen Fällen ist auch eine *Briefwaage* mit einer schalenförmigen Aufnahmevorrichtung für das Ei zur Feststellung des Eigewichtes ausreichend. Sehr zweckmäßig ist eine Eierwaage mit Gegengewicht in Wasser zur Schwingungsdämpfung.

2. Eivolumen und Eioberfläche.

Wie die Gestalt, so ist auch das *Volumen* der Hühnereier in den bisherigen Untersuchungen weniger beachtet worden. Die weitaus meisten Angaben der Literatur beziehen sich vielmehr auf das Eigewicht und dessen Funktion mit dem Volumen: die Dichte oder das spezifische Gewicht. Sowohl Gewicht als auch spezifisches Gewicht bilden aber beim Ei keine konstante Größe, sondern nehmen infolge der Wasserverdunstung ständig ab. Dagegen bleibt das Eivolumen ebenso wie die Eigestalt bis zum Zerbrechen des Eies konstant.

Daß das Volumen des Eies trotz seiner offensichtlichen Überlegenheit gegenüber dem unbeständigen Eigewicht bei der Beurteilung bisher so wenig beachtet wurde, dürfte seinen Hauptgrund darin haben, daß es als schwierig zu ermitteln galt.

Wie aber J. GROSSFELD und H. SEIWERT[1] gezeigt haben, beruht diese Annahme auf einem Irrtum. Vielmehr stehen drei verschiedene, unschwer ausführbare Methoden für diesen Zweck zur Verfügung.

a) Direkte Ausmessung.

Zur direkten Messung eignet sich ein sog. *„Eipyknometer"* oder *„Eivolumenometer"* (vgl. Abb. 28 und 29).

Dieses besteht aus einem zylindrischen, sich nach oben zu einer Röhre verengenden Glasgefäß, dessen Boden durch eine angeschliffene, aufschraubbare Glasplatte abgeschlossen ist. Die Platte wird zweckmäßig leicht eingefettet. Die obere Glasröhre trägt an einer Stelle eine Marke. Die Messung erfolgt so, daß man zunächst den Inhalt des Pyknometers ausmißt, indem man nach Aufschrauben der Glasplatte aus einer Bürette bis zur Marke Wasser einlaufen läßt und die dazu verbrauchte Wassermenge W_0 abliest. Bringt man nun in das inzwischen

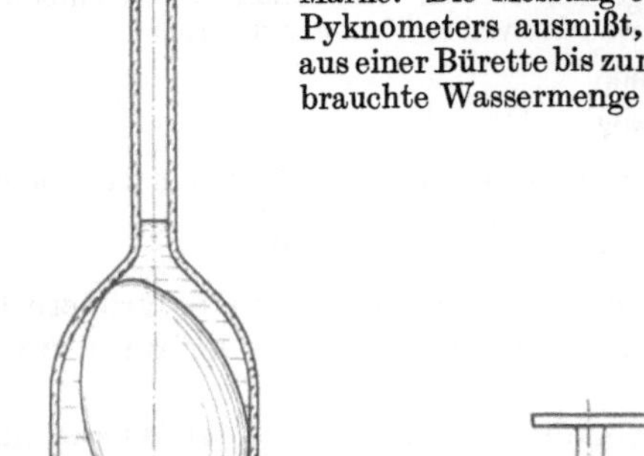

Abb. 28. Eivolumenometer nach J. GROSSFELD.

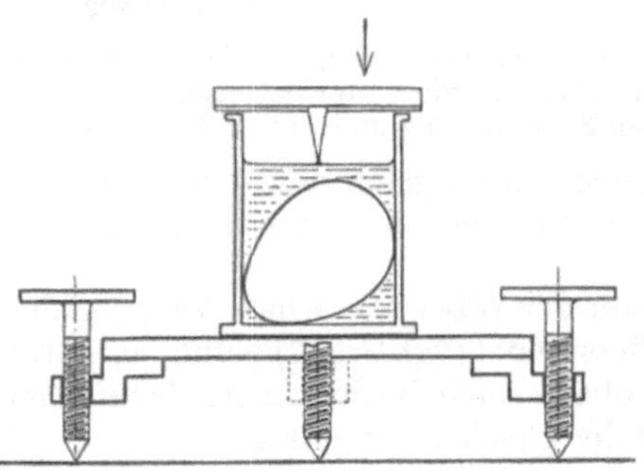

Abb. 29. Eivolumenometer nach L. W. JIRAK.

geleerte und getrocknete Pyknometer das zu untersuchende Ei und läßt wieder Wasser W bis zur Marke einfließen, so wird man soviel Wasser weniger gebrauchen, als dem Eivolumen entspricht: Eivolumen $= W_0 - W$. Dieses Pyknometer ist außer für Eier auch zur Messung des Volumens beliebiger, in Wasser unlöslicher Körper geeignet.

L. W. JIRAK[2] führt die Messung des Eivolumens in einem Glaszylinder von 48 mm lichter Weite aus, wobei als Markenträger ein Querbalken aus Winkeleisen diente, der in der Mitte mit einem nadelförmig zugespitzten Dorn versehen war. Um ein Eindringen von Wasser in die Eiporen zu verhindern, wurden die Eier vorher mit einen sehr dünnen Ölfilm versehen. Auf diese Weise war es möglich den Rauminhalt des Eies sehr genau zu ermitteln.

[1] GROSSFELD, J. und H. SEIWERT: Z. 1934, **67**, 241. — [2] JIRAK, L. W.: Z. 1935, **69**, 431.

b) Indirekte Volumenmessung.

Zur indirekten Volumenbestimmung benutzen wir das *Prinzip des Archimedes*, nach dem ein Körper beim Eintauchen in Wasser soviel von seinem Luftgewicht verliert, als dem Gewicht des verdrängten Wassers entspricht. Verwendet man Wasser von 4°, so ist dieses Gewicht des Wassers auch gleich dem Volumen; bei Wasser von anderer Temperatur kann das Volumen des Wassers aus dem Gewicht umgerechnet werden.

Zur praktischen Ausführung bringt man an dieser Waage ein geeignetes Drahtkörbchen (vgl. Abb. 30) aus Messingdraht zur Aufnahme des Eies an und stellt bei einer gewissen Reiterbelastung Gleichgewicht her. Die Reiterbelastung muß, damit man hinreichenden Spielraum behält, ziemlich hoch liegen, weshalb die Waage zu dieser Einstellung noch eine am Draht befindliche Metallkugel erhält, deren Gewicht so gewählt ist, daß die Reiterbelastung in der Gleichgewichtslage etwa 8—9 g beträgt. Zweckmäßig verwendet man dabei Reiter im Gewichte von 10, 1, 0,1 und 0,01 g.

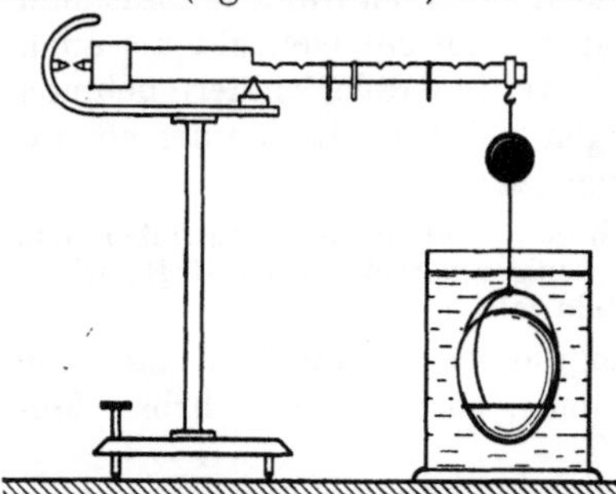

Abb. 30. Indirekte Bestimmung des Eivolumens.

Beispiel: Bei unseren Versuchen stellte sich die Waage mit dem in Wasser eingetauchten leeren Drahtkörbchen mit 8,59 g Reiterbelastung in Gleichgewicht. Wurde nun ein Ei im Gewichte von 48,73 g aufgelegt, so betrug die Belastung nach Einstellung des Gleichgewichts 4,32 g, mithin das

Eigewicht unter Wasser: 8,59 — 4,32 =   4,27 g
Gewichtsabnahme des Eies: 48,73 — 4,27 = 44,46 g.

Temperaturkorrektur: Nun hatte im vorliegenden Beispiel das Wasser eine Temperatur von 21°, also eine Dichte von 0,99802. Mithin war das wahre Volumen des Eies:

$$V = 44{,}46\ \frac{1{,}00\,000}{0{,}99\,802} = 44{,}55\ \text{cm}^3.$$

Für diese letztere, etwas lästige Umrechnung aus dem Gewicht in Gramm in das Volumen in Kubikzentimeter, wurde später nebenstehende Hilfstabelle verwendet.

Im obigen Falle für 45 g und 21° ist $V = 44{,}46 + 0{,}09 = 44{,}55$ cm³.

Im allgemeinen ist nach dem indirekten Verfahren leichter eine größere Genauigkeit zu erreichen, weil dabei Meß- und Ablesungsfehler an der Bürette wegfallen.

Außer mit der WESTPHALschen Waage kann das Eigewicht unter Wasser auch mit der Eierspindel (vgl. S. 327) gefunden werden. Die Berechnung ist dann ganz analog wie oben. Auch die dort angegebene Berechnung des spezifischen Gewichts beruht auf der gleichen Grundlage.

c) Berechnung aus Länge und Dicke.

Die Berechnung des Eivolumens aus Länge, Dicke und Symmetriekoeffizient erscheint mathematisch lösbar, hat aber eine praktische brauchbare Lösung bisher nicht gefunden.

An Hand von variationsstatistischen Feststellungen an 113 Eiern fanden GROSSFELD und SEIWERT, daß man das Eivolumen in ziemlicher Annäherung erhält, wenn man das Ei einfach als Ellipsoid betrachtet und dann nach der Ellipsoidformel

$$V = \frac{4}{3}\,\pi\,\frac{L}{2}\left(\frac{B}{2}\right)^2 = \frac{1}{6}\,\pi\,L\,B^2 = 0{,}524\,L\,B^2$$

berechnet.

Berechneten sie nämlich den Korrelationsfaktor zwischen den Abweichungen und den m-Werten, so fanden sie

$$r = + 0,14 \pm 0,06.$$

Da somit eine wesentliche Korrelation zwischen Symmetrie und Eivolumen nicht vorliegt, ist das Eivolumen, berechnet aus Eilänge und Eidicke, von dem Symmetriefaktor praktisch unabhängig. Bei gleicher Länge und gleicher Dicke hat also ein Ei praktisch den gleichen Inhalt, einerlei ob das Ei an der Gestalt einem reinen Ellipsoid entspricht, oder ob es zu einer Ausbildung eines spitzen oder stumpfen Endes gekommen ist. Damit können wir die Zahl m vernachlässigen.

Nun lieferte aber der Mittelwert aus 113 Berechnungen ein Eivolumen von 53,2 cm³, während die direkte Messung 52,7 cm³ ergeben hatte, also ein kleineres Volumen. Die Abweichung von 0,5 cm³. kann durch Meßfehler erklärt werden. So ist zu beachten, daß mit den Backen der Schublehre die oberen Kuppen der Erhebungen auf der Eioberfläche berührt und die Täler einfach zum Eivolumen gemessen werden, während bei der direkten Messung die Täler mit Wasser ausgefüllt sind.

Umrechnung des Wassergewichtes auf das Volumen.

Gewicht des verdrängten Wassers g	Temperatur des Wassers							
	18°	19°	20°	21°	22°	23°	24°	25°
	Zu addierende Dezimalen							
45	06	07	08	09	10	11	12	13
46	06	07	08	09	10	12	12	13
47	06	07	08	09	10	11	12	13
48	07	07	09	09	11	12	13	14
49	07	08	09	10	11	12	13	14
50	07	08	09	10	11	12	13	15
51	07	08	09	10	11	12	14	15
52	07	08	10	10	11	13	14	15
53	07	08	10	11	12	13	14	16
54	07	08	10	11	12	13	14	16
55	08	09	10	11	12	13	15	16
56	08	09	10	11	12	13	15	16
57	08	09	11	11	13	14	15	17
58	08	09	11	11	13	14	16	17
59	08	09	11	12	13	14	16	17
60	08	09	11	12	13	15	16	18
61	08	10	11	12	13	15	16	18
62	09	10	11	12	14	15	17	18
63	09	10	12	12	14	15	17	18
64	09	10	12	13	14	16	17	19
65	09	10	12	13	14	16	17	19
66	09	10	12	13	15	16	18	19
67	09	10	12	13	15	16	18	20
68	09	11	13	14	15	17	18	20
69	10	11	13	14	15	17	18	20

Man kann diese kleine Abweichung für die Praxis ausschalten, indem man den obigen Ausdruck mit dem Quotienten $\dfrac{52,7}{53,2}$ multipliziert und erhält dann die empirische Berechnungsformel für das Volumen des Eikörpers:

$$V = 0,524 \; \frac{52,7}{53,2} \; L \, B^2 = 0,519 \; L \, B^2.$$

Für die praktische Brauchbarkeit dieser Formel ist das *Ausmaß der Streuungen* gegenüber dem direkt bestimmten Volumen von großer Wichtigkeit. Wir berechnen daher den mittleren Fehler des mit der Formel erhaltenen Eivolumens.

Es gilt $\varepsilon = \sqrt{\dfrac{S}{n-1}}$ worin S die Anweichung der einzelnen Fehlerquadrate bedeutet.

Wir erhalten $\varepsilon = \sqrt{\dfrac{37,46}{113-1}} = \pm 0,52$.

Die Einzelberechnung ist also mit einem mittleren Fehler von $\pm 0,52$ cm³ im Endergebnis behaftet. Nach der allgemeinen Fehlertheorie wird dieses Fehler mit der Zahl der Beobachtungen vermindert nach der Gleichung $E = \dfrac{\varepsilon}{\sqrt{n}}$, so für die Untersuchung von je 10 Eiern:

$$E = \frac{\varepsilon}{\sqrt{10}} = \pm \frac{0,52}{3,16} = \pm 0,16 \text{ cm}^3.$$

L. W. Jirak[1] stellte ähnliche Versuche an und erhielt als mittleren Umrechnungsfaktor an 12 Eiern 0,516 sowie die mittlere Streuung zu $\pm 0,8$ cm³.

Zur einfachen Ablesung des wahrscheinlichsten Eivolumens an Eidicke B und Eilänge dient die folgende Tabelle.

---

[1] Jirak, L. W.: Z. 1935, **69**, 431.

Untersuchung von Eiern und Eiprodukten.

Berechnung des Eivolumens in cm³ aus Eidicke und Eilänge.

Eidicke B in mm	Eilänge (L) in mm																Je 0,1 mm Eilänge entsprechen cm³
	51	52	53	54	55	56	57	58	59	60	61	62	63	64	65	66	
38,0	38,2	38,9	39,7	40,5	41,2	42,0	42,7	43,5	44,2	45,0	45,7	46,5	47,2	48,0	48,7	49,4	0,07
38,1	38,4	39,2	39,9	40,7	41,4	42,2	43,0	43,7	44,5	45,2	46,0	46,7	47,5	48,2	49,0	49,7	0,08
38,2	38,6	39,4	40,1	40,9	41,7	42,4	43,2	43,9	44,7	45,4	46,2	47,0	47,7	48,5	49,2	50,0	0,08
38,3	38,8	39,6	40,4	41,1	41,9	42,6	43,4	44,2	44,9	45,7	46,5	47,2	48,0	48,7	49,5	50,3	0,08
38,4	39,0	39,8	40,6	41,3	42,1	42,9	43,6	44,4	45,2	45,9	46,7	47,5	48,2	49,0	49,8	50,5	0,08
38,5	39,2	40,0	40,8	41,5	42,3	43,1	43,8	44,6	45,4	46,2	46,9	47,7	48,5	49,2	50,0	50,8	0,08
38,6	39,4	40,2	41,0	41,8	42,5	43,3	44,1	44,8	45,6	46,4	47,2	47,9	48,7	49,5	50,3	51,0	0,08
38,7	39,6	40,4	41,2	42,0	42,8	43,5	44,3	45,1	45,9	46,7	47,4	48,2	49,0	49,8	50,6	51,3	0,08
38,8	39,8	40,6	41,4	42,2	43,0	43,7	44,5	45,3	46,1	46,9	47,7	48,4	49,2	50,0	50,8	51,6	0,08
38,9	40,1	40,8	41,6	42,4	43,2	44,0	44,8	45,5	46,3	47,1	47,9	48,7	49,5	50,3	51,0	51,8	0,08
39,0	40,3	41,0	41,8	42,6	43,4	44,2	45,0	45,8	46,6	47,4	48,1	48,9	49,7	50,5	51,3	52,1	0,08
39,1	40,5	41,3	42,1	42,8	43,6	44,4	45,2	46,0	46,8	47,6	48,4	49,2	50,0	50,7	51,5	52,3	0,08
39,2	40,7	41,5	42,3	43,1	43,9	44,7	45,5	46,3	47,1	47,9	48,7	49,5	50,3	51,0	51,8	52,6	0,08
39,3	40,9	41,7	42,5	43,3	44,1	44,9	45,7	46,5	47,3	48,1	48,9	49,7	50,5	51,3	52,1	52,9	0,08
39,4	41,1	41,9	42,7	43,5	44,3	45,1	45,9	46,7	47,5	48,3	49,2	50,0	50,8	51,6	52,4	53,2	0,08
39,5	41,3	42,1	42,9	43,7	44,5	45,3	46,2	47,0	47,8	48,6	49,4	50,2	51,0	51,8	52,6	53,4	0,08
39,6	41,5	42,3	43,1	43,9	44,8	45,6	46,4	47,2	48,0	49,0	49,6	50,4	51,3	52,1	52,9	53,7	0,08
39,7	41,7	42,5	43,4	44,2	45,0	45,8	46,6	47,5	48,3	49,1	49,9	50,7	51,6	52,4	53,2	54,0	0,08
39,8	41,9	42,8	43,6	44,4	45,2	46,0	46,9	47,7	48,5	49,3	50,1	51,0	51,8	52,6	53,4	54,2	0,08
39,9	42,1	43,0	43,8	44,6	45,5	46,3	47,1	47,9	48,8	49,6	50,4	51,2	52,1	52,9	53,7	54,6	0,08
40,0	42,4	43,2	44,0	44,9	45,7	46,5	47,3	48,2	49,0	49,8	50,7	51,5	52,3	53,2	54,0	54,8	0,08
40,1	42,6	43,4	44,2	45,1	45,9	46,7	47,6	48,4	49,3	50,1	50,9	51,8	52,6	53,4	54,3	55,1	0,08
40,2	42,8	43,6	44,5	45,3	46,1	47,0	47,8	48,7	49,5	50,3	51,2	52,0	52,9	53,7	54,5	55,4	0,08
40,3	43,0	43,8	44,7	45,5	46,4	47,2	48,0	48,9	49,7	50,6	51,4	52,2	53,1	53,9	54,8	55,6	0,08
40,4	43,2	44,1	44,9	45,8	46,6	47,5	48,3	49,2	50,0	50,9	51,7	52,6	53,4	54,3	55,1	56,0	0,08
40,5	43,4	44,3	45,1	46,0	46,8	47,7	48,5	49,4	50,2	51,1	51,9	52,8	53,6	54,5	55,3	56,2	0,09
40,6	43,6	44,5	45,4	46,2	47,1	47,9	48,8	49,6	50,5	51,3	52,2	53,1	53,9	54,8	55,6	56,5	0,09
40,7	43,9	44,7	45,6	46,4	47,3	48,1	49,0	49,9	50,7	51,6	52,4	53,3	54,2	55,0	55,9	56,7	0,09
40,8	44,1	44,9	45,8	46,7	57,5	48,4	49,3	50,1	51,0	51,8	52,7	53,6	54,4	55,3	56,2	57,0	0,09
40,9	44,3	45,1	46,0	46,9	47,8	48,6	49,5	50,4	51,2	52,1	53,0	53,8	54,7	55,6	56,5	57,3	0,09
41,0	44,5	45,4	46,2	47,1	48,0	48,9	49,7	50,6	51,5	52,3	53,2	54,1	54,9	55,8	56,7	57,6	0,09
41,1	44,7	45,6	46,5	47,4	48,2	49,1	50,0	50,9	51,7	52,6	53,5	54,4	55,2	56,1	57,0	57,9	0,09
41,2	44,9	45,8	46,7	47,6	48,5	49,3	50,2	51,1	52,0	52,9	53,7	54,6	55,5	56,4	57,3	58,1	0,09
41,3	45,2	46,0	46,9	47,8	48,7	49,6	50,5	51,3	52,2	53,1	54,0	54,9	55,8	56,7	57,5	58,4	0,09
41,4	45,4	46,3	47,1	48,0	48,9	49,8	50,7	51,5	52,4	53,4	54,3	55,2	56,1	57,0	57,8	58,7	0,09
41,5	45,6	46,5	47,4	48,3	49,2	50,1	51,0	51,8	52,7	53,6	54,5	55,4	56,3	57,2	58,1	59,0	0,09
41,6	45,8	46,7	47,6	48,5	49,4	50,3	51,2	52,1	53,0	53,9	54,8	55,7	56,6	57,5	58,4	59,3	0,09
41,7	46,0	46,9	47,8	48,7	49,6	50,5	51,4	52,3	53,2	54,1	55,0	55,9	56,9	57,8	58,7	59,6	0,09
41,8	46,3	47,2	48,1	49,0	49,9	50,8	51,7	52,6	53,5	54,4	55,3	56,2	57,2	58,1	59,0	59,9	0,09
41,9	46,5	47,4	48,3	49,2	50,1	51,0	51,9	52,8	53,8	54,7	55,6	56,5	57,4	58,3	59,2	60,1	0,09
42,0	46,7	47,6	48,5	49,4	50,4	51,3	52,2	53,1	54,0	54,9	55,9	56,8	57,7	58,6	59,5	60,4	0,09
42,1	46,9	47,8	48,8	49,7	50,6	51,5	52,4	53,4	54,3	55,2	56,1	57,0	58,0	58,9	59,8	60,7	0,09
42,2	47,1	48,1	49,0	49,9	50,8	51,8	52,7	53,6	54,5	55,5	56,4	57,3	58,2	59,2	60,1	61,0	0,09
42,3	47,4	48,3	49,2	50,2	51,1	52,0	52,9	53,8	54,8	55,7	56,7	57,6	58,5	59,5	60,4	61,3	0,09
42,4	47,6	48,5	49,5	50,4	51,3	52,2	53,2	54,1	55,0	56,0	56,9	57,8	58,8	59,7	60,6	61,5	0,09
42,5	47,8	48,7	49,7	50,6	51,6	52,5	53,4	54,4	55,3	56,3	57,2	58,1	59,1	60,0	60,9	61,9	0,09
42,6	48,0	49,0	49,9	50,9	51,8	52,8	53,7	54,6	55,6	56,5	57,5	58,4	59,3	60,3	61,2	62,2	0,09
42,7	48,3	49,2	50,2	51,1	52,0	53,0	53,9	54,9	55,8	56,8	57,7	58,7	59,6	60,6	61,5	62,5	0,09
42,8	48,5	49,4	50,4	51,3	52,3	53,2	54,2	55,1	56,1	57,0	58,0	59,0	59,9	60,9	61,8	62,8	0,10
42,9	48,7	49,7	50,6	51,6	52,5	53,5	54,4	55,4	56,4	57,3	58,3	59,2	60,2	61,1	62,1	63,0	0,10
43,0	48,9	49,9	50,9	51,8	52,8	53,7	54,7	55,7	56,6	57,6	58,5	59,5	60,5	61,4	62,4	63,3	0,10
43,1	49,2	50,1	51,1	52,1	53,0	54,0	55,0	55,9	56,9	57,8	58,8	59,8	60,7	61,7	62,7	63,7	0,10
43,2	49,4	50,4	51,3	52,3	53,3	54,3	55,2	56,2	57,2	58,1	59,1	60,1	61,0	62,0	63,0	64,0	0,10
43,3	49,6	50,6	51,6	52,5	53,5	54,5	55,5	56,4	57,4	58,4	59,4	60,3	61,3	62,3	63,3	64,2	0,10
43,4	49,9	50,8	51,8	52,8	53,8	54,8	55,7	56,7	57,7	58,7	59,6	60,6	61,6	62,6	63,6	64,5	0,10

Eidicke B in mm	Eilänge (L) in mm																Je 0,1 mm Eilänge entsprechen cm³
	51	52	53	54	55	56	57	58	59	60	61	62	63	64	65	66	
43,5	50,1	51,1	52,1	53,0	54,0	55,0	56,0	57,0	57,9	58,9	59,9	60,9	61,9	62,9	63,9	64,8	0,10
43,6	50,3	51,3	52,3	53,3	54,3	55,3	56,3	57,3	58,2	59,2	60,2	61,2	62,2	63,2	64,2	65,1	0,10
43,7	50,6	51,5	52,5	53,5	54,5	55,5	56,5	57,5	58,5	59,5	60,5	61,4	62,4	63,4	64,4	65,4	0,10
43,8	50,8	51,8	52,8	53,8	54,8	55,8	56,8	57,8	58,8	59,8	60,8	61,8	62,8	63,8	64,8	65,8	0,10
43,9	51,0	52,0	53,0	54,0	55,0	56,0	57,0	58,0	59,0	60,0	61,0	62,0	63,0	64,0	65,0	66,0	0,10
44,0	51,2	52,2	53,2	54,3	55,3	56,3	57,3	58,3	59,3	60,3	61,3	62,3	63,3	64,3	65,3	66,3	0,10
44,1	51,5	52,5	53,5	54,5	55,5	56,5	57,5	58,5	59,6	60,6	61,6	62,6	63,6	64,6	65,6	66,6	0,10
44,2	51,7	52,7	53,7	54,8	55,8	56,8	57,8	58,8	59,8	60,8	61,8	62,9	63,9	64,9	65,9	66,9	0,10
44,3	51,9	53,0	54,0	55,0	56,0	57,0	58,1	59,1	60,1	61,1	62,1	63,2	64,2	65,2	66,2	67,2	0,10
44,4	52,2	53,2	54,2	55,2	56,2	57,3	58,3	59,3	60,4	61,4	62,4	63,4	64,5	65,5	66,5	67,5	0,10
44,5	52,4	53,4	54,5	55,5	56,5	57,5	58,6	59,6	60,6	61,7	62,7	63,7	64,8	65,8	66,8	67,9	0,10
44,6	52,6	53,7	54,7	55,7	56,8	57,8	58,8	60,0	60,9	61,9	63,0	64,0	65,0	66,1	67,1	68,1	0,10
44,7	52,9	53,9	55,0	56,0	57,0	58,1	59,1	60,1	61,2	61,2	64,3	64,3	65,4	66,4	67,4	68,4	0,10
44,8	53,1	54,2	55,2	56,2	57,3	58,3	59,4	60,4	61,5	62,5	63,5	64,6	65,6	66,7	67,7	68,7	0,10
44,9	53,4	54,4	55,5	56,5	57,5	58,6	59,6	60,7	61,7	62,8	63,8	64,8	65,9	67,0	68,0	69,0	0,10
45,0	53,6	54,7	55,7	56,8	57,8	58,9	59,9	61,0	62,0	63,1	64,1	65,2	66,2	67,3	68,3	69,3	0,11
54,1	53,8	54,9	56,0	57,0	58,1	59,1	60,2	61,3	62,3	63,4	64,4	65,5	66,6	67,6	68,7	69,7	0,11
45,2	54,1	55,1	56,2	57,3	58,3	59,4	60,4	61,5	62,6	63,6	64,7	65,7	66,8	67,9	68,9	70,0	0,11
45,3	54,3	55,4	56,5	57,5	58,6	59,6	60,7	61,8	62,8	63,9	65,0	66,0	67,1	68,2	69,2	70,3	0,11
45,4	54,6	55,6	56,7	57,8	58,9	59,9	61,0	62,1	63,1	64,2	65,3	66,3	67,4	68,5	69,5	70,7	0,11
45,5	54,8	55,9	56,9	58,0	59,1	60,2	61,2	62,3	63,4	64,5	65,5	66,6	67,7	68,8	69,8	70,9	0,11
45,6	55,0	56,1	57,2	58,3	59,4	60,4	61,5	62,6	63,7	64,8	65,8	66,9	68,0	69,1	70,2	71,2	0,11
45,7	55,3	56,4	57,4	58,5	59,6	60,7	61,8	62,9	64,0	65,0	66,1	67,2	68,3	69,4	70,5	71,5	0,11
45,8	55,5	56,6	57,7	58,8	59,9	61,0	62,1	63,2	64,2	65,3	66,4	67,5	68,6	69,7	70,8	71,9	0,11
45,9	55,8	56,9	57,9	59,0	60,1	61,2	62,3	63,4	64,5	65,6	66,7	67,8	68,9	70,0	71,1	72,1	0,11
46,0	56,0	57,1	58,2	59,3	60,4	61,5	62,6	63,7	64,8	65,9	67,0	58,1	69,2	70,3	71,4	72,4	0,11
46,1	56,3	57,4	58,5	59,6	60,7	61,8	62,9	64,0	65,1	66,2	67,3	68,4	69,5	70,6	71,7	72,8	0,11
46,2	56,5	57,6	58,7	59,8	60,9	62,0	63,1	64,2	65,4	66,5	67,6	68,7	69,8	70,9	72,0	73,1	0,11
46,3	56,7	57,9	59,0	60,1	61,2	62,3	63,4	64,5	65,6	66,7	67,9	69,0	70,1	71,2	72,3	73,4	0,11
46,4	57,0	58,1	59,2	60,3	61,5	62,6	63,7	64,8	65,9	67,1	68,2	69,3	70,4	71,5	72,7	73,8	0,11
46,5	57,2	58,4	59,5	60,6	61,7	62,8	64,0	65,1	66,2	67,3	68,4	69,6	70,7	71,8	72,9	74,1	0,11
46,6	57,4	58,6	59,7	60,9	62,0	63,1	64,2	65,4	66,5	67,6	68,8	69,9	71,0	72,1	73,3	74,4	0,11
46,7	57,7	58,9	60,0	61,1	62,3	63,4	64,5	65,6	66,8	67,9	69,0	70,2	71,3	72,4	73,6	74,7	0,11
46,8	58,0	59,1	60,2	61,4	62,5	63,7	64,8	65,9	67,1	68,2	69,3	70,5	71,6	72,8	73,9	75,0	0,11
46,9	58,2	59,4	60,5	61,6	62,8	63,9	65,1	66,2	67,3	68,4	69,6	70,8	71,9	73,0	74,2	75,3	0,11

Ausrechnungsbeispiel: An einem Hühnerei seien gemessen: Länge $L = 59,4$ mm Dicke $B = 41,3$ mm.

Wir entnehmen aus der Tabelle für $B = 41,3$ und $L = 59,0$:   52,2

Durch Interpolation $4 \times 0,09 = 0,36$, rd. 0,4 . . . . +0,4

Berechneter Volumeninhalt des Eies: 52,6 cm³.

Zur *Berechnung der Eioberfläche*, die praktisch der von der Eischale eingenommenen Fläche gleicht, haben H. EDIN, T. HELLEDAY und A. ANDERSSON[1] eine ebenfalls auf variationsstatistischer Grundlage beruhende Methode entwickelt und eine Tabelle aufgestellt, aus der für ein beliebiges Ei die Oberfläche aus der Eilänge und den Verhältniszahlen L/B und a/b berechnet werden kann.

EDIN, HELLEDAY und ANDERSSON berechnen aus den am zu untersuchenden Ei gemessenen Werten für L/B und a/b zunächst die Oberfläche eines 200 mm langen Eies unter Benutzung folgender Hilfstabelle, wobei die Zwischenwerte durch Interpolation gefunden werden:

[1] EDIN, H., T. HELLEDAY und A. ANDERSSON: Z, 1937, 73, 313.

Oberfläche eiförmiger Körper in Quadratzentimeter, deren Symmetrieachse 200 mm lang ist, für verschiedene Kombinationen von $\frac{L}{B}$- und $\frac{a}{b}$-Werten.

$\frac{L}{B}$	$\frac{a}{b}$		$\frac{L}{B}$	$\frac{a}{b}$		$\frac{L}{B}$	$\frac{a}{b}$		$\frac{L}{B}$	$\frac{a}{b}$	
	1,0	1,5		1,0	1,5		1,0	1,5		1,0	1,5
1,20	990	969	1,33	870	840	1,46	777	739	1,59	701	660
1,21	980	958	1,34	861	831	1,47	770	733	1,60	696	654
1,22	970	947	1,35	854	822	1,48	764	726	1,61	691	649
1,23	960	936	1,36	847	813	1,49	758	720	1,62	686	643
1,24	951	925	1,37	839	805	1,50	753	713	1,63	681	638
1,25	941	915	1,38	831	796	1,51	747	707	1,64	677	632
1,26	933	905	1,39	824	789	1,52	742	701	1,65	671	627
1,27	923	896	1,40	817	781	1,53	736	695	1,66	666	622
1,28	914	884	1,41	810	774	1,54	730	689	1,67	661	617
1,29	905	875	1,42	803	766	1,55	724	683	1,68	656	611
1,30	896	866	1,43	797	760	1,56	718	676	1,69	651	607
1,31	887	857	1,44	790	753	1,57	712	671	1,70	647	603
1,32	879	848	1,45	784	746	1,58	707	666			

Die Oberfläche F_l eines Eies, dessen Länge l mm ist, erhält man dann durch folgende Formel

$$F_l = F_{200} \left(\frac{l}{200}\right)^2.$$

F_{200} ist der in Quadratzentimeter angegebene Flächenwert des 200 mm langen Eies, das dieselbe Gestalt $\left(\frac{L}{B}\text{-}\frac{a}{b}\text{-Wert}\right)$ hat wie das zugehörige, l mm lange Ei. Zur Erleichterung der Rechenarbeiten sind die Werte für $\left(\frac{l}{200}\right)^2$ ausgerechnet und in folgender Tabelle zusammengestellt.

l mm	$\left(\frac{l}{200}\right)^2$	l mm	$\left(\frac{l}{200}\right)^2$	l mm	$\left(\frac{l}{200}\right)^2$	l mm	$\left(\frac{l}{200}\right)^2$
45	0,0506	52	0,0676	59	0,0870	66	0,1089
46	0,0529	53	0,0702	60	0,0900	67	0,1122
47	0,0552	54	0,0729	61	0,0930	68	0,1156
48	0,0576	55	0,0756	62	0,0961	69	0,1190
49	0,0600	56	0,0784	63	0,0922	70	0,1225
50	0,0625	57	0,0812	64	0,1024		
51	0,0650	58	0,0841	65	0,1056		

Beispiel: Ermittelung der Oberfläche eines 59 mm langen Eies, für welches $\frac{a}{b} = 1,25$, $\frac{L}{B} = 1,31$ ist. Aus der obenstehenden Tabelle finden wir durch Interpolierung der nächststehenden Werte, daß die Fläche, F_{200}, des 200 mm langen Eies von gleicher Gestalt

$$\left(\frac{a}{b} = 1,25, \quad \frac{L}{B} = 1,31\right) = 887 - \frac{0,25\,(887 - 857)}{0,50} = 872 \text{ qcm}$$

ist, aus der vorstehenden Tabelle, daß der Wert $\left(\frac{l}{200}\right)^2$ für $l = 59$ mm gleich 0,087 ist. Man erhält also

$$F_{59} = 872 \cdot 0,087 = 75,9 \text{ qcm}.$$

3. Eifarbe im Tageslicht und ultravioletten Licht.

Die *Eifarbe im Tageslicht* gibt sich dem unbewaffneten Auge als zwischen weiß und braungelb bis braun liegend unschwer zu erkennen. So wichtig diese Eifarbe für die Auswertung von Züchtungsergebnissen sein kann, so unwesentlich scheint eine genaue Festlegung der Farbe für die Bewertung des Eies als Nahrungsmittel zu sein. Es genügt daher in den meisten Fällen eine kurze Angabe des ungefähren Farbtones. Alte Eier zeigen oft einen bläulichen toten Schein als Zeichen beginnender Verdorbenheit.

Wichtiger ist schon die Feststellung etwa vorliegender *Ungleichmäßigkeiten*, Schrammen u. dgl., die auf unerlaubte Behandlungen (Entfernung von Schmutzflecken oder Stempelaufdrucken) hinweisen, ferner einer *Rauheit* oder eines *Glanzes* an der Oberfläche, die Eikonservierung mit Kalk oder Abreiben mit Fett andeuten können.

Auch zur Unterscheidung der Hühnereier von anderen Geflügeleiern, z. B. von Enteneiern, die eine glattere Schale besitzen, ist diese Prüfung von Wert. Dagegen ist nach BRAUNSDORF und W. REIDEMEISTER[1] der Glanz der Eischale zur Beurteilung der Eifrische ungeeignet. Sie fanden schon bei vollfrischen ungewaschenen Eiern wiederholt ein stumpfes Aussehen, sowohl bei braun- wie bei weißschaligen. Kühlhauseier besaßen teils eine stumpfe, teils eine glänzende Schale. Auch das Abwaschen war auf den Glanz ohne Einfluß. — Sog. *Strohflecke* oder *Regenflecke* können anzeigen, daß Eier auf dem Transporte in feucht gewordener und wieder getrockneter Verpackung gelegen haben.

Weiter prüft man an der Eioberfläche im Tageslicht nötigenfalls unter Benutzung einer Lupe auf Porengröße (Kalkei, Wasserglasei) und stellt Auflagerungen von Schmutz, Strohteilchen, Eimasse, Schimmelpilzen, Kalk, Kieselsäure, Reste von Stempelfarbe usw. fest. Etwa vorhandene *Risse* und *Knicke* werden durch Ableuchtung oder durch die Klang- und Klapperprobe gefunden.

Bei *Frosteiern* sieht man charakteristische zarte Risse und Sprünge der Schale und Schalenhaut. Nach dem Auftauen fließt das Weißei aus diesen Rissen heraus.

Im *ultravioletten Licht* zeigt die Eischalenoberfläche frischer Eier eine schöne sattrote Luminescenz (vgl. S. 188) von je nach Hühnerrasse verschiedener hell- bis dunkelroter Tönung, bei braunschaligen Eiern etwas dunkler, die beim Altern der Eier abnimmt; durch Sonnenlicht sowie Alkali wird sie zerstört, durch Kochen nur wenig beeinflußt. Beim Kalkei ist sie in ein blasses Rotviolett übergegangen. Die Fluorescenz kann auch bei der gleichen Rasse, bei gleichem Alter und bei gleicher Fütterung verschieden sein.

Die auf Grund dieser Luminescenz von verschiedenen Forschern versuchte *Frischeerkennung* wird von ZÄCH für unsicher gehalten, ist aber nach WEHNER[2] in gewisser Hinsicht doch gut verwertbar. Nach seinen Versuchen sind frische Eier bis zum Alter von drei Wochen leicht und sicher von älteren zu unterscheiden, solche von drei Wochen bis zu $3\frac{1}{2}$ Monaten nicht sicher charakterisiert, solche über vier Monate wieder sicher zu erkennen. G. GAGGERMEIER[3] hat diese Befunde an 2500 Eiern nachgeprüft und gefunden, daß frische Eier etwa bis zum 10. Tage an ihrer *satten dunkelrot bis hellrot* leuchtenden Fluorescenz zu erkennen sind. Dieser Fluorescenz mischt sich aber sehr bald schon ein mehr oder weniger starker *violetter* Farbton bei, der häufig schon in den ersten Stunden nach der Eiablage erkennbar ist. Auch ein rein violetter bis beinahe blauer Farbton zeigte sich bei manchen Eiern und hielt bis zum 40. Tage an. Je älter die Eier wurden, desto mehr nahm die Stärke der Eigenleuchtkraft ab, der Farbton wurde stumpf. Eine deutliche Abschwächung war bereits nach dem 30. bis 40. Tage zu erkennen. *Leuchtend rot fluorescierende Eier* sind jedenfalls nach GAGGERMEIER nicht älter als zehn Tage; besonders ein *samtartiger Glanz* ist charakteristisch.

K. BRAUNSDORF und W. REIDEMEISTER[4] beobachteten, daß von sechzig vollfrischen Eiern zwei Tage nach dem Legen nur 53% die für die Frische bezeichnende purpurrote Farbe besaßen. Dabei ging diese Farbe bei einigen Eiern bereits nach drei Wochen in Rot über, bei andern aber erst nach 8—9 Wochen, so daß im Gegensatz zu GAGGERMEIER leuchtend purpurrot fluorescierende Eier wesentlich älter als zehn Tage sein können. — Bei Konserveneiern erschien die Farbe schwach rötlich oder bläulich, bei Kühlhauseiern sehr verschiedenartig wie stark rot, verschieden stark blauviolett und auch schwach bläulich. — Nach

---

[1] BRAUNSDORF und W. REIDEMEISTER: Z. 1934, **68**, 59. — [2] WEHNER: Dtsche. landw. Geflügelztg. — [3] GAGGERMEIER, G.: Arch. Geflügelkde. 1932, **6**, 105. — [4] BRAUNSDORF und W. REIDEMEISTER: Z. 1934, **68**, 59.

J. Straub, G. A. van Stijgeren und W. J. Kabos[1], die an 50 Eiern die Änderung von Woche zu Woche verfolgten, verläuft die Luminescenz der Schale bei einzelnen Eiern recht verschieden. Sie hielt sich bei einigen Eiern bis 14 Tage purpurrot. Die rote Farbe war bei einigen Eiern 8 Wochen haltbar, bei anderen ging sie in wenigen Wochen in blau oder farblos über.

Nach Baetslé[2] beruht die Änderung der Eischalenluminescenz im ultravioletten Licht hauptsächlich auf einer *Ausbleichung* durch das Tageslicht. So fluorescierte ein vollfrisches Ei, wenn es sechs Stunden in der Sonne gelegen hatte, blau, ein Ei von sechs Monaten, in einem dunklen Stabilisationsautoklaven aufbewahrt, rot.

Eine *künstliche Reinigung* der Eier von Schmutz oder Stempelaufdrucken (vgl. S. 295) kann sich in einer Abnahme der Fluorescenz bemerkbar machen, zumal auch die Schmutzstellen an sich in ihrer Eigenleuchtkraft geschwächt sind. Die künstlich gereinigten Eier verraten sich unter der Analysenquarzlampe an ihrem eigentümlich gesprenkelten Aussehen, das nach Gaggermeier als sicherer Beweis für eine vorangegangene Reinigung eines stark verschmutzten Eies gelten kann. Nach Braunsdorf und Reidemeister ist auch die Stärke der Verschmutzung von Einfluß. Kotflecken hinterlassen oft schon mit bloßem Auge erkennbare Flecke, die gelb fluorescieren.

Rauhschalige Eier zeigen an den Unebenheiten eine gelbliche Fluorescenz, die aber das übrige Bild nicht beeinflußt. *Polierte Eier* geben durch Spiegelwirkung das bläuliche Bild der Filterscheibe wieder, das sich beim Drehen des Eies verschiebt.

Angebrütete Eier zeigen nach neuntägiger Bebrütung nur noch schwache Fluorescenz.

Eine von M. Schönwetter[3] versuchte Unterscheidung der *Eier verschiedener Vogelarten* an ihrem Aussehen im ultravioletten Licht führte nicht zu eindeutigen Ergebnissen.

4. Durchleuchten der Eier.

Für die Ausführung dieser außerordentlich wichtigen und im Eierhandel allgemein gebräuchlichen Prüfung, auch *Schierprobe* oder *Klärprobe* genannt, dienen Vorrichtungen, die alle die gleiche Grundlage haben, nämlich daß das im Dunkeln befindliche Auge des Beobachters ungestört durch fremdes Licht von dem durch das Ei hindurchfallenden Lichtstrahl getroffen wird und damit das Aussehen des Ei-innern mehr oder weniger deutlich erkennt. Zwar ist die Eischale ähnlich einer Milchglasscheibe nur *durchscheinend,* so daß der Eiinhalt nur verschwommen im Durchleuchtungsbilde erscheint; ein klares Bild wird nicht erhalten. Doch sind die Umrisse von Luftblase, Dotter und gegebenenfalls vorhandenen Pilzwucherungen genügend deutlich um vom geübten Auge erkannt werden zu können. Der Umstand, daß die Ausführung der Probe außerordentlich schnell erfolgen kann und das Ei in keiner Weise beschädigt, erklärt, warum die Schierprobe zur wichtigsten Untersuchungsmethode im Eierhandel geworden ist. Auch für die Beurteilung der Entwicklung im auszubrütenden Ei ist sie von großem Werte. — Dunkelbraungefärbte Eier sind schwer zu durchleuchten.

Für die *Ausführung der Durchleuchtung* sind die verschiedensten Hilfsmittel in Vorschlag gebracht worden. In einfachster Weise, z. B. bei der Marktkontrolle, findet man oft schon etwa vorhandene gröbere Abweichungen, wenn man das Ei in die hohle Hand nimmt und, fest an das Auge gedrückt, gegen das Licht hält. Wirksamer ist eine *Röhre aus schwarzem Papier,* in die man das Ei steckt und dann in der Durchsicht nach dem Licht zu beobachtet. Für die Prüfung im Laboratorium (in einem abgedunkelten Raum) eignen sich gut *Kästen,* die im Innern *eine elektrische Glühlampe enthalten* und deren Deckel mehrere kreisförmige Ausschnitte zur Aufnahme der Eier trägt. Durch Abdecken der nicht benötigten Ausschnitte durch Pappscheiben lassen sich diese Kästen auch zur Prüfung einzelner Eier herrichten.

---

[1] Straub, J., G. A. van Stijgeren und W. J. Kabos: Chem. Weekbl. 1937, **34**, 730. —
[2] Baetslé, R. und Ch. de Bruyker: Toezicht over Eiern. Ledeberg-Gent 1934. —
[3] Schönwetter, M.: J. Ornithol. 1932, **80**, 521.

Im *Eierhandel* hat man die früher gebräuchlichen durch eine Petroleumlampe beleuchteten *Eierspiegel* heute ebenfalls durch *elektrische Schierlampen* ersetzt, von denen es zahlreiche Ausführungsformen, auch solche mit Meßvorrichtungen, z.B. für die Größe der Luftblase gibt.

Die *Ovolux-Lampe* ist so konstruiert, daß das im Brennpunkt eines Ellipsoids erzeugte Licht auf die im anderen Brennpunkt befindliche Luftblase fällt und dadurch ihre Umrisse besonders deutlich erkennen läßt.

Die optische Einrichtung der Lampe besteht in der Hauptsache aus einem elliptisch gekrümmten Reflektor. In dem einen Brennpunkt befindet sich die Lichtquelle und in dem anderen Brennpunkt das zu untersuchende Ei. Hierdurch wird fast die gesamte Strahlung der Lichtquelle in das Ei geworfen. Vor dem Ei befindet sich weiterhin ein blaugrünes Filterglas, das ausschließlich diejenigen Strahlen hindurchläßt, die einer besonders starken Absorption innerhalb der Eiflüssigkeit unterworfen sind. Diese Eiflüssigkeit hat ein grünlich gelbes Aussehen. Sie

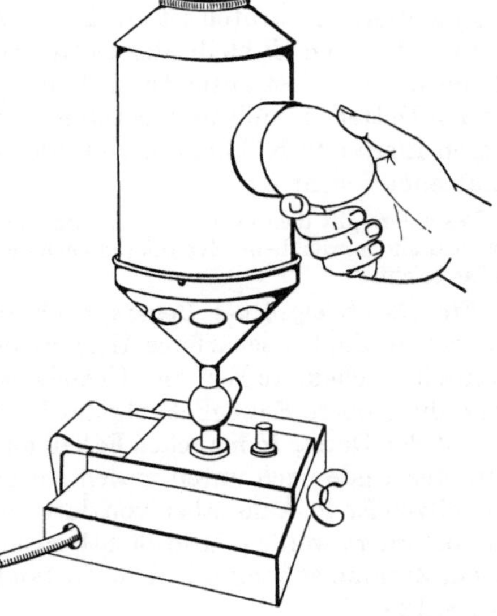

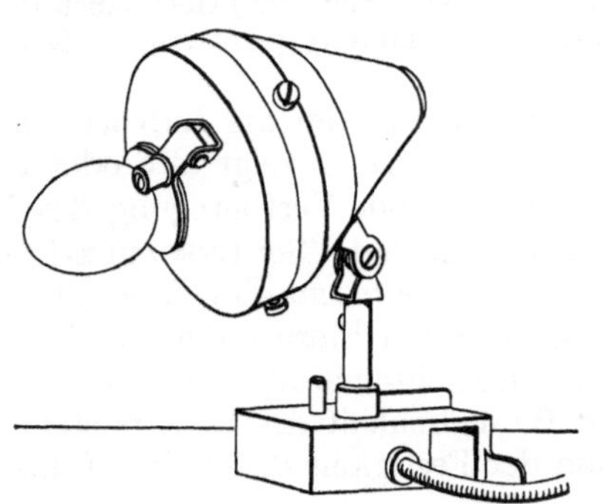

Abb. 31. Ovoluxlampe.

Abb. 32. Eiersonne von J. ANDERMANN.

absorbiert also aus der auffallenden weißen Gesamtstrahlung Licht, das einem gewissen Wellenlängenbereich angehört. Die Luftkammer dagegen läßt die in sie eindringende Lichtmenge ungeschwächt hindurch. Fallen nun in die Luftkammer in der Hauptsache nur solche Strahlen ein, die dem oben gekennzeichneten Wellenlängenbereich angehören, so werden diese Strahlen zwar die Luftkammer ungehindert durchlaufen, aber dann in der Flüssigkeit fast vollständig absorbiert werden. Zwischen Luftkammer und Eiflüssigkeit entsteht also auf diese Weise ein starker Kontrast.

Eine andere Eierdurchleuchtungslampe ist die „Eier-Sonne" von J. ANDERMANN[1].

Man beobachtet bei Beleuchtung von unten her das Ei zunächst in senkrechter Stellung die Spitze nach unten oder bei Verwendung der

Abb 33. Vorrichtung zur Messung der Luftblase.

Ovoluxlampe so, daß die Lichtwirkung mit der Eiachse parallel geht, dann auch in anderen Stellungen.

Neuerdings, besonders im Eiergroßhandel oder bei Kühlhausanlagen für Eier, sind die zur Lagerung der Eier dienenden Kisten oder Einsätze dafür auch so gebaut, daß man die gesamte Lage der Eier über eine Lampe halten und durchprüfen kann. Au diese Weise wird das Arbeitslöhne erfordernde Umpacken der einzelnen Eier vermieden.

Die Beobachtungen erstrecken sich nun auf folgende Feststellungen[2]:

a) Luftblase. Ihre Höhe und Breite kann man mittels eines Meßstabes oder eine Schublehre ausmessen und in Millimetern angeben. Die Ovoluxlampe besitzt

---

[1] ANDERMANN, J.: Zu beziehen von Dipl.-Ing. JOSEF ANGERMANN, Berlin W 62, Budapester Str. 30. — [2] Vgl. auch H. J. ALMQUIST: Agric. Exp. Stat. Berkeley Bull. 561.

für diesen Zweck eine besondere Meßvorrichtung. Einfache Luftkammermesser von vorstehender Form aus Celluloid werden ebenfalls viel benutzt.

In manchen Fällen, wenn die Luftkammer schwer zu erkennen ist (vgl. unten), empfiehlt es sich, ihre Grenze festzustellen, die als dunkler Rand auf den Schalenhäuten erscheint.

Bei ganz frischen Eiern erscheint die Luftkammer als dunkles kleines Käppchen oder Krönchen, mit dem Alter heller werdend. Nach etwa 10—20 Tagen ist sie besonders bei dunklen oder gefleckten Schalen schwer zu erkennen, indem sie mit dem übrigen Ei gleichfarbig wird. Bei älteren Eiern nimmt ihre Erkennbarkeit durch fortschreitendes Hellerwerden wieder mehr zu.

b) Dotter. Zu achten ist auf Form, Lage, Schärfe seiner Umrisse und Farbe.

Beim frischen Ei bleibt der Dotter beim Drehen des Eies in der Mitte und erscheint dadurch fast unsichtbar. Beim ganz frischen Ei ist es das wolkige Eiklar, das den Dotter umhüllt und dadurch dem Blick verschwinden läßt. Aber auch bei älteren Eiern und Kühlhauseiern findet man den Dotter wie beim frischen Ei nur schattenhaft sichtbar.

Besonders gilt dies auch für mit Kohlendioxyd stabilisierte Eier, die jedoch einen losen Dotter besitzen, weil beim Evakuieren nach dem LESCARDÉ-Verfahren (vgl. S. 218) das Eiklargerüst bricht.

Ein *Durchsteigen des Dotters* nach oben (Annäherung an die Luftblase und dadurch bedingtes schärferes Hervortreten seines Schattens) zeigt alte oder mechanisch beschädigte Eier an. Ursache ist die zunehmende Verflüssigung des Eiklars, die größere Beweglichkeit des Dotters zur Folge hat. Bei LESCARDÉ-Eiern scheint der Dotter in manchen Fällen an die Schale geheftet zu sein. Bei mit dem stumpfen Ende nach unten in den Autoklaven gesetzten Eiern bleibt der Dotter am spitzen Ende, kann aber von dort durch einen leichten Stoß wieder in das Eiklar befördert werden. Die Sichtbarkeit und Beweglichkeit des Dotters steht in engem Zusammenhang mit dem Zustande und der Festigkeit des dicken Eiklars. Vgl. S. 185.

Auch die *Dotterfarbe* läßt sich beim Durchleuchten weißer Eier bereits mit ziemlicher Wahrscheinlichkeit erkennen, wenn auch natürlich nicht so sicher wie nach Öffnung des frischen oder gekochten Eies.

Gefleckte Dotter findet man oft in gelagerten Eiern. Sie entstehen nach ALMQUIST durch Eindringen von Eiklar in die Dottermasse und teilweise Vermischung damit. An der Schale festgeklebte Dotter sind unbeweglich und nur von einer Seite aus zu erkennen. Bei Eiern mit unbeweglichen Dottern (sog. Läufern) ist gewöhnlich der Mantel aus dem dicken Eiklar zerrissen, z. B. durch Stöße beim Transport.

c) Vorliegen von Flecken. Bei Fleckeiern (Pilzfleckeiern) liegen die Flecken meist unter der Schale, seltener am Dotter.

Bei sog. *Coccidienfleckeiern* erscheint nach K. BORCHMANN[1] das Eiklar bei der Durchleuchtung mit hellgrauen bis hellgelben, leicht zu übersehenden stecknadelkopfgroßen Flecken durchsetzt, die sich beim Kochen rostgelb oder braun verfärben. Ob diese Fleckchen aber tatsächlich von Coccidium avium s. tenellum herrühren, steht noch nicht fest. Graseier zeigen beim Durchleuchten eine bräunlichgraue Farbe.

Sogenannte *Heueier* die in feuchtem dumpfigem Heu oder anderm Material verpackt, dessen Geruch angenommen haben, zeigen nur einen starken Schatten der nach zweimaligem Umdrehen verschwindet. *Faulige Eier* zeigen mit zunehmender Zersetzung und Trübung eine abnehmende Lichtdurchlässigkeit und werden schließlich völlig undurchsichtig. Bei dem am häufigsten vorkommenden sog. rotfaulen Ei ist nach KÄSTNER[2] der gesamte Eiinhalt schmutzig gelbrot bis rötlichbraun verfärbt und schleierartig bis wolkig getrübt. Der Dotter nicht mehr zu erkennen. Die Luftblase folgt wie eine Wasserblase jeder Bewegung des Eies.

---

[1] BORCHMANN, K.: Z. Fleisch- u. Milchhyg. 1907, **17**, 54. — [2] KÄSTNER: Anleitung zur Eierprüfung. Berlin 1928.

Blutringe deuten an, daß ein Ei (24—72 Stunden) bebrütet und der Keim
dann abgestorben ist

d) Prüfung auf Bebrüten. Befruchtete und bebrütete Eier lassen bereits nach
fünf Stunden einen sog. *Hitzefleck*, einen leicht geröteten Fleck im Dotterschatten,
etwa vom fünften Tage ab die roten Blutäderchen später auch das Herz des
Embryos erkennen (vgl. Abb. 34). Schließlich wird das Ei beim Bebrüten undurchsichtig.

Das Bild erinnert im gewissen Grade an die Gestalt einer Spinne mit aus-
gebreiteten Beinen. Ein dunkler Fleck (Embryo) ohne Adern und ein sog. Blutring, zu dem sich die Adern zusammengeschlossen haben, bedeuten, daß der Keim
abgestorben ist. Vgl. die folgende Zeichnung von FANGAUF[1]:

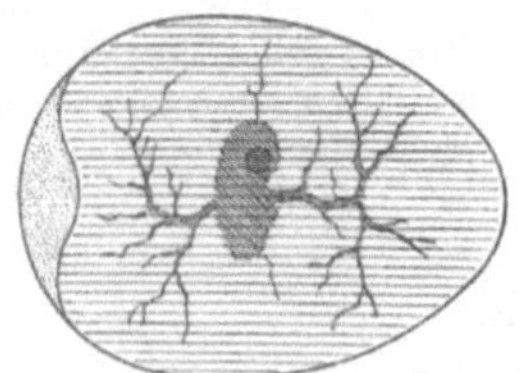 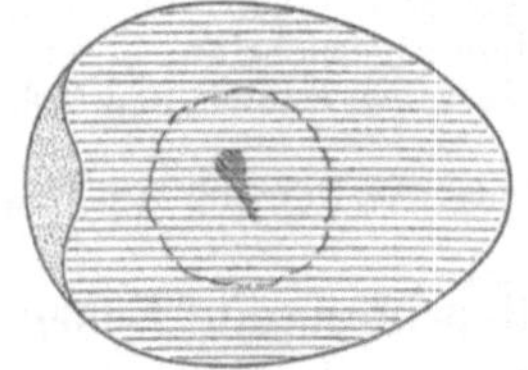 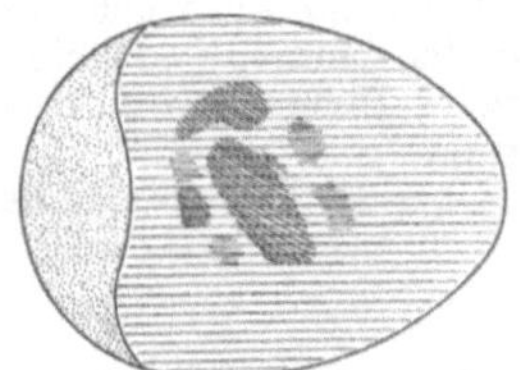

Abb. 34. Befruchtetes Ei am 6.—7. Tage.   Abb. 35. Ei mit abgestorbenem Keim und „Blutring“.   Abb. 36. Ei mit abgestorbenem Keim am 14. Tage.

Nach O. HEINROTH[2] läßt sich bei den meisten weißen Vogeleiern nach zwei Bebrütungstagen durch Schieren eine Vergrößerung der Keimscheibe (vgl. S. 57) und damit auch der
Befruchtung erkennen.

e) Lichtsprungeier, Sehr wichtig bei der Durchleuchtung ist die Aussonderung
von Eiern mit feinen Brüchen in der Schale die erst bei durchfallenden Licht in
Form feiner heller Linien hervortreten, sich oft bei leichten Druck auf die Schale
verbreitern und dann wieder verengern. Sind die Sprünge größer, so ist oft die
Luftkammer beweglich (Läufer) und stark vergrößert. Auch in Form kleiner heller
Sternchen treten Lichtsprünge auf. — Lichtsprungeier sind an sich nicht verdorben. Da sie aber leicht weiter zerbrechen, beim Kochen aufplatzen und zu
rascheren Verderben neigen, ist ihr Gebrauchswert ähnlich wie bei Knickeiern
verringert. — Verschieden vom Lichtsprung sind sog. Eihaltersprünge die im
Eileiter der Henne entstehen und dort wieder überklebt sind. Diese Eier gelten
als normale Eier.

Zur Festhaltung des Befundes mit der Durchleuchtungslampe empfiehlt sich in manchen
Fällen eine *photographische Festhaltung* des Bildes. — A. LE ROY[3] benutzt hierzu eine Anordnung, um gleichzeitig von sechs Eiern ein Bild zu erhalten, das eine objektive Wiedergabe
z. B. von der Größe und Form des Luftraumes zeigt. Die Vorrichtung besteht aus einem pris-
matischen Hohlkasten, dessen eine Wand eine Metallplatte mit ovalen Fenstern bildet, in die
die Eier mit dem stumpfen Ende nach der Mitte zu eingekittet werden. In der Mitte des Kastens
befindet sich das Objektiv und am anderen Ende die Kassette zur Aufnahme der Platte. Die
Ungleichheit der Schalendicke gleicht LE ROY durch Eintauchen der Eier in mit Salzsäure
angesäuertes Wasser oder Auflegen opaker Hüllen aus.

Statt dieser Vorrichtung kann das Durchleuchtungsbild der Eier natürlich auch mit einer
gewöhnlichen photographischen Kamera in geeigneter Anordnung aufgenommen werden.
Man verwendet nach BAETSLÉ zweckmäßig panchromatische Platten, z. B. der Marke „Ilford“,
mit der er die besten Ergebnisse erhielt.

5. Schüttelprobe.

Ein bisweilen zur Prüfung der Eier empfohlenes Schütteln, wobei ein fühlbares Scheppern
eine vergrößerte Luftblase und damit ein höheres Eialter anzeigt, ist im allgemeinen nicht zu

---

[1] FANGAUF: Dtsch. landw. Geflügelztg. 1925, **28**, 338. — [2] HEINROTH, O.: J. Ornithol.
1922, **70**, 172. — [3] ROY, A. LE: Compt. rend. 1917, **165**, 1026.

empfehlen, weil dadurch Störungen in der Anordnung der Teile des Eiinhaltes zueinander, selbst ein Zerreißen der Dotterhaut eintreten kann, und weil die Vergrößerung der Luftblase viel einfacher und zuverlässiger bei der Durchleuchtung *erkannt* wird, die Schüttelprobe also überflüssig ist.

Als Verfeinerung der Schüttelprobe ist die *Messung der Viscosität* des Eiinhaltes am ungeöffneten Ei *mit dem Torsionspendel* nach H. L. WILCKE[1] anzusehen. Gemessen wird dabei die Dämpfungszeit in Sekunden und daraus die Konstante K berechnet:

$$K = \frac{2\,I\,(0{,}329)}{P}\left(\frac{1}{N_1} - \frac{1}{N}\right).$$

Hierin bedeuten I das Trägheitsmoment des leeren Pendels, P die Periode des leeren Pendels, N die Zahl der Schwingungen bis zur Dämpfung des leeren Pendels, N_1 die bei Beschickung mit einem Ei.

K ist ein Ausdruck für die gesamte innere Viscosität des Eis, nicht etwa für einen Einzelbestandteil und steigt mit dem Eigewicht an. K ist ein charakteristischer Wert für die einzelne Henne. Die Korrelation zwischen K und dem Volumen des dicken Eiklars war nur gering.

Über die Einzelheiten der Versuchsausführung vgl. Original.

6. Kälteprüfung auf Leben im Ei.

Hierbei berührt man mit der Zunge nacheinander die beiden Enden des Eies. Das lebende Ei fühlt sich an der Spitze kalt, am stumpfen Ende warm an. Konservierte und alte sowie faule Eier sind an beiden Enden kalt. — Mit dieser Prüfung verbindet man zweckmäßig auch die Feststellung, ob die Eioberfläche einen *fremden Geruch oder Geschmack* (nach Petroleum, Terpentinöl, Seife, Käse, Südfrüchten usw.) aufweist.

7. Prüfung auf Schmutzbeseitigung.

P. F. SHARP[2] benutzt das *Vorkommen von Spuren Kaliumsalzen und Chloriden* auf frischen unbehandelten Eiern (vgl. S. 197) zum Nachweis einer erfolgten Reinigung, nach folgender Vorschrift:

a) Herstellung des Auszuges. Die Eier werden seitlich auf flache Eierbecher gelegt und für die Probe nach b) oder c) ein Tropfen Wasser auf eine reine und ungefärbte Stelle der Oberfläche jedes Eies gebracht. Der Tropfen bleibt hier fünf Minuten ungestört liegen. Nun dreht man das Ei so, daß der Tropfen unterhalb des Eies hängt und berührt damit die Oberfläche eines Objektträgers, dann bewegt man das Ei 25 mal schnell auf und ab in Form einer tupfenden Bewegung. Den dann auf dem Objektträger zurückbleibenden Teil des Tropfens benutzt man zur Prüfung.

b) Prüfung mit Silbernitrat. Zu dem Tropfen auf dem Objektträger gibt man einen Tropfen 0,1 N-Silbernitratlösung und mischt mit einem dünnen Draht. Ein ungewaschenes Ei liefert dabei eine flockige Fällung, ein gewaschenes keine oder eine sehr schwache, nur im auffallenden Licht bei etwa 50facher Vergrößerung unter dem Mikroskop nachweisbare Trübung, wenn zum Abwaschen der Eier ein chloridhaltiges Waschwasser verwendet war. Beim ungewaschenen Ei entspricht die Fällung etwa einen Tropfen 0,005 N Kochsalzlösung. Der Niederschlag wird aber vom ungewaschenen Ei (wohl durch Beimischung organischer Stoffe) viel schneller braun als der mit Kochsalz.

c) Prüfung auf Kaliumsalze. Das zu dieser Prüfung dienende *Reagens* wird durch Mischen von 20 g Kobaltnitrat (kryst.)[3], 25 g Natriumnitrit, 65 cm³ Wasser und 10 cm³ Eisessig bereitet. Nach Aufhören der Gasentwicklung wird die Lösung zum Sieden erhitzt, 24 Stunden erkalten gelassen, auf 150 cm³ aufgefüllt und filtriert. Das Reagens ist nach SHARP höchstens ein Monat haltbar[4].

Ein Tropfen des Schalenauszuges wird mit einem Tropfen Reagens mittels eines Glasstabes vermischt (verrieben) und liefert nach etwa fünf Minuten spätestens nach 20 Minuten gelbe Trübung, wenn das Ei nicht gewaschen war.

[1] WILCKE, H. L.: Agric. Exp. Stat. Jowa State College of Agric. and mechanic Arts. Res. Bull. Nr. **194**. — [2] SHARP, P. F.: Ind and Engin Chem. 1932, **24**, 941. — [3] CO(NO₃)₂ · 6 H₂O.
[4] In eigenen Versuchen stellten wir bei Aufbewahrung im Dunkeln vielmonatige Haltbarkeit des Reagens fest. — Zur *Prüfung auf Brauchbarkeit* eignet sich 1/500 normale Kaliumchloridlösung, von der ein Tropfen, mit einem Tropfen Reagens verrührt, eine starke Kaliumreaktion liefern muß.

Diese *Kaliumreaktion* wird weit *weniger gestört* als die auf Chloride (z. B. durch Waschen der Eier, mit Chloriden, Jodiden, Natriumphosphat, Natriumbicarbonat, Natriumcarbonat, Salzsäure und Eiklar enthaltenden Flüssigkeiten), nämlich nur, wenn die Behandlung mit Kaliumsalzlösung erfolgt war.

Die Methode wurde auch von uns nachgeprüft; dabei wurde gefunden, daß frische Farmeier sämtlich eine deutliche Kaliumreaktion an der Oberfläche lieferten. Durch fünf Minuten Bewegen der Eier in Wasser wurde das Kalium entweder ganz von der Oberfläche entfernt oder seine Menge auf Spuren (weniger als ein Zehntel des Anfangswertes) verringert.

Eine *Behandlung* der Eier *mit Albumin* erkennt SHARP an der Färbung des Auszuges mit MILLONS Reagens, *Behandlung mit Seifenlösung* beim Befühlen der Eier.

d) Erkennung abgescheuerter Eier. Eine erfolgte trockne Reinigung der Eier, etwa mit Scheuerpapier, Putzwolle aus Stahl[1] oder Sandstrahlgebläse, erkennt SHARP durch Anfärbung mit Teerfarbstoffen. Man taucht die Eier zunächst 4—5 Sekunden in Wasser und dann 30 Sekunden in eine 0,1 proz. wässerige Lösung von Rosanilin-Hydrochlorid, wodurch der ungescheuerte Teil sich rot färbt. — Durch eine Minute langes Eintauchen des Eies in eine 2 proz. Natrium-bisulfitlösung kann die Färbung wieder beseitigt werden.

e) Stempelentfernung. Besonders zur Unkenntlichmachung von Kühlhaus-eiern um sie in betrügerischer Absicht zu verkaufen, sind Stempelentfernungen öfters beobachtet worden. Diese Behandlung erfolgt entweder mechanisch durch Abscheuern oder Abreiben oder auch durch chemische Mittel insbesondere durch Betupfen mit Säuren. Über ihren Nachweis ergaben Versuche von K. BRAUNS-DORF[2] folgendes: In einem Falle leuchteten die ehemaligen Stempelstellen im Ultraviolettlicht mattweiß und traten nach einstündiger Färbung mit Fuchsin-lösung deutlich hervor. In anderen Fällen war die Stempelentfernung als matt-weißer, im Ultraviolettlicht schmutzigroter bis blauer Fleck oder noch an Spuren orangeleuchtender Stempelfarbe zu erkennen. Bisweilen führte Fuchsin-färbung in Verbindung mit der Quarzlampe zur Erkennung.

Nach Angaben von H. MOHLER und J. HARTNAGEL[3] beobachtet man das verdächtige Ei zunächst unter der Quarzlampe, wo es, wenn keine mechanische oder chemische Behandlung vorliegt, homogen fluoresciert, wobei allerdings einzelne Punkte älterer Eier intensiver aufleuchten können. Wurde das Ei be-handelt, so heben sich einzelne Stellen ab, deren Umsäumung bei mechanischer Einwirkung zerfranzt (Kratzspuren), bei chemischer Einwirkung zusammen-hängend ist und nicht selten die Richtung des Abfließens der Säure bei der Stempelentfernung erkennen läßt. Untersucht man nun diese Stellen mit der Lupe, so findet man vielfach noch Überreste von Stempelfarben.

Zum *Nachweis der Säurebehandlung* betupfen MOHLER und HARTNAGEL die Eieroberfläche weiter mit Thybromollösung[4] und spülen nach fünf Minuten ab. Dabei bleiben die mit Säure behandelten Stellen weiß, die anderen Stellen blau. Zur Prüfung des Eioberhäutchens wird das Ei dann eine Stunde in Fuchsin-lösung[5] eingetaucht, wobei der Farbstoff nur auf das mit dem Finger abreibbare Eioberhäutchen aufzieht und oberhäutchenfreie Stellen nicht anfärbt. Bei noch-maliger Betrachtung unter der Quarzlampe werden Stempelrückstände durch das Fuchsin bisweilen zu intensivem Leuchten gebracht.

---

[1] Neuerdings wird auch Aluminiumputzwolle dafür empfohlen. — [2] BRAUNSDORF, K.: Z. 1934, **67**, 451. — [3] MOHLER, H. und J. HARTNAGEL: Mitt. Lebensmittelunters. Hyg. 1934, **25**, 265. — [4] 50 cm³ der Thybromollösung nach GERBER + 1000 cm³ 68 proz. Alkohol. — [5] 1 cm³ gesättigte alkoholische Fuchsinlösung + 5 cm³ Eiessig + 1000 cm³ Wasser.

Die seltener vorkommende Entfernung des Stempels vom Ei durch Alkohol (Spiritus) die praktisch bei sog. alkoholfesten Stempelfarben nur schwierig gelingt, kann an der Beschädigung des Eioberhäutchens und unter der Quarzlampe nachgewiesen werden.

8. Prüfung auf fremdartige Überzüge, Fettüberzug, Wasserglas, Kalk.

a) Einen *Ölüberzug* erkennt J. R. NICHOLLS[1] daran, daß sich das Ei beim Übergießen mit Wasser von 40° im Becherglas nicht benetzt. Selbst mit 95proz. Alkohol tritt eine solche Benetzung nicht ein, sondern der Alkohol haftet dann in Tropfenform an der Eischale. SHARP taucht die Spitze des Eis eine Sekunde lang in Äther und prüft dann im hellen Licht, am Rande des mit Äther behandelten Teiles auf einen Ölring. — Die Ölung der Eier dient nach SHARP oft dazu eine erfolgte Behandlung im Sandstrahlgebläse zu verdecken.

b) *Wasserglas und Kalk.* NICHOLLS übergießt das Ei mit Wasser von 40°, gießt das Wasser ab, fügt 2 cm³ einer Lösung von 2 g Ammoniummolybdat und 40 cm³ normaler Schwefelsäure in 100 cm³ hinzu und vergleicht die Färbung nach 15 Minuten mit einer solchen, die durch Zusatz von 0,07proz. Pikrinsäurelösung zu der gleichen Wassermenge entsteht. Werden hierzu nicht mehr als 0,2 cm³ der Pikrinsäurelösung verbraucht, so ist die Kieselsäuremenge normal. J. J. J. DINGEMANS[2] bürstet die Eier in destilliertem Wasser mit einer Metallbürste ab und prüft die Lösung mit Phenolphthalein zunächst auf Alkali (Wasserglas, Calciumhydroxyd), dann nach Einengen auf Kalksalze und Kieselsäure. J. E. HEESTERMAN[3] läßt die Eier 1—2 Stunden mit 50—100 cm³ Wasser stehen und weist die von Wasserglaseiern abgegebene *Kieselsäure* im Auszuge durch fünf Tropfen 10proz. Ammoniummolybdatlösung unter Zugabe von zwei Tropfen 8-N. Salzsäure an der entstehenden Gelbfärbung nach, die mit vier Tropfen alkalischer Zinnschlorürlösung in Dunkelblau übergeht[4]. — Nach Entfernung des Wassers übergießt man die Eier dann mit einer *Fuchsinlösung* (vgl. vorige Seite!) und gießt nach einer Stunde ab; frische Eier (und Kühlhauseier) zeigen beim leichten Reiben mit dem Finger Eiweißhäutchen sowie Gasbläschen zwischen Häutchen und Kalkschale. Bei *Kalkeiern* fehlt das Eiweißhäutchen der Schale, die dabei auch mit Fuchsin keine Anfärbung zeigt.

Die *Prüfung der Kalkabgabe an Wasser ist* nach HEESTERMAN keine sichere Probe auf Kalkeier, da sie auch bei frischen Eiern bisweilen positiv ausfällt. Anderseits besteht nach BAETSLÉ ein alter Brauch darin Kalkeier mit saurer Buttermilch oder Essig abzuwaschen, um ihnen das Aussehen frischer Eier zu geben.

9. Spezifisches Gewicht des Eies und Auftrieb und Wasser.

Das spezifische Gewicht des Eies wird in der Hauptsache durch die *Größe der Luftblase* im Ei beeinflußt und kann daher das Ergebnis der Durchleuchtungsprobe in wertvoller Weise ergänzen. Ebenso wie der Luftblasendurchmesser und die Luftblasenhöhe steht es bei an der Luft aufbewahrten Eiern *zum Alter* der Eier *in positiver Korrelation* und ist insofern für die Beurteilung noch geeigneter, als es von dem *Rauminhalt* der Luftblase direkt beeinflußt wird.

Das spezifische Gewicht eines Eies ergibt sich am einfachsten und exaktesten durch Division seines Gewichtes durch das (S. 313) ermittelte Volumen. Vor Kenntnis der dort beschriebenen Methoden war man auf *indirekte Methoden* angewiesen, von denen hier einige beschrieben seien:

---

[1] NICHOLLS, J. R.: Analyst. 1931, **56**, 383. — [2] DINGEMANS, J. J. J.: Chem. Weekbl. 1931, **28**, 350. — [3] HEESTERMAN, J. E.: Chem. Weekbl. 1932, **29**, 134.
[4] BRAUNSDORF, K. und W. REIDEMEISTER: Z. 1934, **68**, 59 fanden bei der Probe auch bei Garantoleiern nach zwei- bis dreimonatiger Konservierung eine ganz schwache gelbe Färbung.

Zuerst hat man für den Zweck *Salzlösungen* von verschiedenen Konzentrationen und Dichten verwendet und festzustellen versucht, in welchen das Ei sich gerade schwebend erhält. Nach SCHMORL[1] kann man auch ein Becherglas mit 50 cm³ Tetrachlorkohlenstoff beschicken, das Ei hineinlegen und solange *Ligroin* zutropfen lassen, bis das Ei gerade untersinkt, worauf sich dann die Dichte des Eies aus dem Mischungsverhältnis der beiden Flüssigkeiten berechnen oder auch in der Flüssigkeit selbst etwa mit der WESTPHALschen Waage direkt messen läßt.

Einfacher und nicht minder genau ist die Ableitung der Dichte des Eies aus seinem *Auftrieb in Wasser*, der wieder der Differenz aus Eigewicht in Luft und Eigewicht unter Wasser entspricht. Wird der Auftrieb des Eies nach einiger Lagerung gleich seinem Gewicht, so schwebt das Ei in Wasser und sein Eigewicht unter Wasser wird zu null. Zur Bestimmung dieser letzten Größe, die wir in Gramm ausdrücken, kann die hydrostatische Waage in Verbindung mit einem geeigneten Aufnahmebehälter für das Ei dienen. Erheblich einfacher und praktisch ausreichend wird aber diese Prüfung mit der sog. *Eierspindel* nach J. GROSSFELD[2] vorgenommen.

Diese besteht aus einem Schwimmer mit Stiel und einem darunter befindlichen Drahtkörbchen zur Aufnahme des Eies. Taucht man diese Spindel nach Beschickung mit dem zu prüfenden Ei in kaltes[3] in einem genügend hohen Zylinder befindliches Wasser, so sinkt die Spindel mehr oder weniger tief ein, bis sie bei einer bestimmten Stelle der Skala schweben bleibt und hier die Ablesung des Eigewichtes unter Wasser gestattet.

Dieses Eigewicht unter Wasser (Gw) setzt sich zusammen aus dem Gewicht des Eies (G), vermindert um die dem Eivolumen entsprechenden Wassermenge, die aber wieder gleich dem Eigewicht, dividiert durch Dichte (D) des Eies ist, also

$$Gw = G - \frac{G}{D} .$$

Nach Ausrechnung:

$$D = \frac{G}{G - Gw} .$$

Beispiel: Es sei das Gewicht eines Eies zu 55,40 g, sein Eigewicht unter Wasser zu 3,42 g gefunden. Dann ist die Dichte des Eies

$$D = \frac{55,40}{55,40 - 3,42} = \frac{55,40}{51,98} = 1,0658 .$$

Abb. 37.
Eierspindel
nach Großfeld.

Statt des spezifischen Gewichts kann auch die Zahl für·das Eigewicht unter Wasser selbst zur Kennzeichnung der Austrocknung des Eies dienen, noch besser, weil unabhängig von der Eigröße, die *Verhältniszahl V* aus dem hundertfachen Eigewicht unter Wasser und dem Eigewicht:

$$V = 100 \frac{Gw}{G} .$$

Diese Größe V steht ebenso wie das spezifische Gewicht oder die Größe des Luftraumes, die bei der Handelsbeurteilung der Eier zugrunde gelegt wird, in enger Korrelation zum Eialter, *wenn das Ei unter normalen Verhältnissen aufbewahrt worden ist.*

Für mittlere Verhältnisse entsprechen sich Eialter und Verhältniszahl etwa wie folgt:

Eialter in Wochen:	0	1	2	3	4	5	6	7	8
V	8,0	6,9	5,8	4,8	3,6	2,6	1,4	0,2	—1,0

---

[1] SCHMORL: Die Volksernährung 1929, **4**, 85. — [2] GROSSFELD, J.: Vgl. **Z.** 1916, **32**, 209. — [3] Theoretisch in Wasser von 4°-Abweichung von dieser Temperatur bewirken aber nur unwesentliche Fehler.

Diese Zahlen sind auf Grund der Literaturangaben berechnet, nach denen das spezifische Gewicht der frischen Eier im Mittel 1,086 beträgt und beim Aufbewahren täglich im Mittel um 0,0017—0,0018 abnehmen soll. Da diese Änderung aber von der Art *der Aufbewahrung*, in erster Linie von der Häufigkeit des Luftwechsels dann auch von Luftbewegung, Temperatur, Feuchtigkeit, Schalendicke u. a. abhängig ist, und auch die Dichte der frischen Eier nicht ganz konstant ist (vgl. S. 181), kommt ihnen nur die Bedeutung einer angenäherten Abschätzung[2] zu. Besonders die auf ein höheres Eialter bezogenen Zahlen sind am unsichersten. Auch empfiehlt es sich stets diese Prüfung nicht nur an einzelnen wenigen Eiern sondern an einer größeren Anzahl derselben vorzunehmen.

So unsicher diese Prüfung zur Feststellung des Eialters selbst ist, so wertvoll kann sie zur Entscheidung der Frage sein, ob ein vorliegendes Ei *noch als frisches Ei* angesehen werden kann. Eier mit einer Verhältniszahl V unter 6,0 dürften meistens, unter 4,0 nur in den seltensten Fällen noch als „frische Eier" oder Trinkeier anzusehen sein. Eine Verhältniszahl unter 1,5 zeigt in der Regel, unter Null wohl stets, alte Eier an.

Umgekehrt ist natürlich der Schluß, daß ein Ei mit hohem spezifischen Gewicht, hohem Eigewicht unter Wasser und hoher Verhältniszahl frisch sein muß, aus den genannten Gründen nicht zulässig. Auch in *Flüssigkeiten aufbewahrte Eier* (Kalkeier, Wasserglaseier), bei denen eine Austrocknung nicht eintreten kann, sind natürlich für die vorstehende Prüfung ebenso wie für die Ableitung des Alters aus der Luftblase ungeeignet.

Auf der Tatsache, daß die Luftblase am stumpfen Ende des Eies festliegt und bei Vergrößerung das Ei in Salzlösung bestimmter Konzentration ($D = 1{,}027$) mehr oder weniger auf die Spitze stellt, beruht der Eierprüfer von REINHARDT der sich aber für die praktische Altersermittlung als ungeeignet erwiesen hat.

10. Prüfung der Eischale auf Festigkeit.

Im Eierhandel ist das Ei gewissen mechanischen Beanspruchungen ausgesetzt, die einen Bruch des Eies zur Folge haben können, wenn die Beanspruchungen zu große sind, aber auch, wenn die Eischale anormal schwach gebaut ist. Die Prüfung der Festigkeit der Eischale am einfachsten durch Druck vom stumpfen Ende auf das spitze hat daher besonders, Bedeutung. Sie erfolgt z. B. nach SCHRÖDER[3] mittels eines besonderen Druckmessers, in dem durch Herunterschrauben einer Kurbel ein gleichmäßiger Druck vom stumpfen nach dem spitzen Ende zu ausgeübt wird. Der zum Zerbrechen einer Eischale nötige Druck liegt nach SCHRÖDER zwischen 5—150 kg.

Eine andere Anordnung zur Bestimmung der Bruchfestigkeit von Eiern haben H. EDIN, T. HELLEDAY und A. ANDERSSON[4] wie folgt beschrieben:

a) Apparat für die Bestimmung der Bruchfestigkeit.

Der Apparat besteht aus einem Halter für Fixierung des Eies während der Belastungsversuche und einer für Anbringung der Last angebrachten Hebelwaage.

Der Eihalter. An einer dreieckigen 15 mm dicken hölzernen Scheibe sind durch Pflöckung

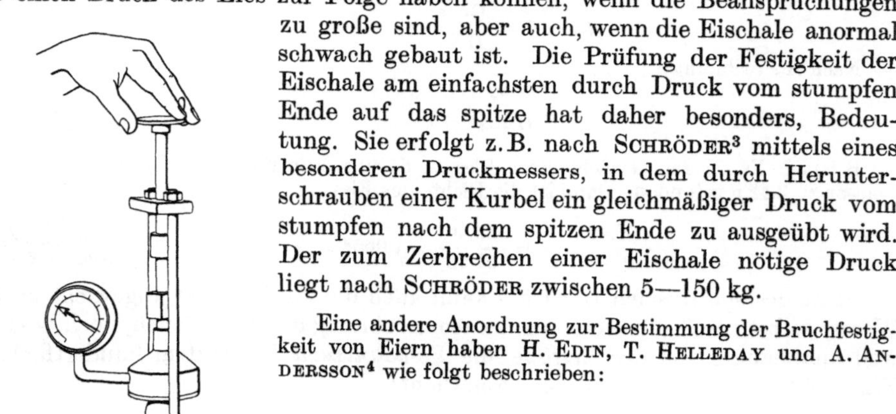

Abb. 38. Apparat zur Prüfung der Bruchfestigkeit der Eischale nach SCHRÖDER.

[1] Vgl. auch SCHUMACHER: Z. 1907, **13**, 751. — [2] Vgl. E. DINSLAGE: Z. 1926, **52**, 288; 1927, **53**, 278. GROSSFELD, J.: Z. 1927, **53**, 276. — [3] Nach GRZIMEK. — [4] EDIN, H., T. HELLEDAY und A. ANDERSSON: Z. 1937, **73**, 313.

drei hölzerne Stäbchen (Durchmesser 27 mm, Höhe 40 mm) senkrecht zu der Scheibe in solcher Lage angebracht worden, daß die Verbindungslinien ihrer Mittelpunkte ein gleichseitiges Dreieck bilden, dessen Seite 102 mm beträgt. Jedes Stäbchen ist an dem freien Ende mit drei Schienen versehen, deren jede einen Ring aus Gummidraht trägt, welcher um jedes Stäbchen so herumgeschlagen ist, daß die nach innen gewendeten Teile der Drähte ein gleichseitiges Dreieck bilden, dessen Seite 53 mm beträgt. In dem Mittelpunkt dieses Dreieckes ist aus der hölzernen Scheibe eine ganz flache Vertiefung herausgedrechselt. Dieser gerade gegenüber, an der unteren Seite der Scheibe ist eine Messinghülse angeschraubt, die mit einem Metallstab fest verbunden ist. Der Stab wird in ein entsprechendes dreifüßiges Stativ eingeführt, das mit einer Schraube versehen ist, durch die der Stab senkrecht vorgeschoben werden und die Halterebene in der gewünschten Höhenlage befestigt werden kann. Das Ei wird mit dem spitzen Ende nach unten bis zum Boden in das von den Gummidrähten gebildete Dreieck, das als Halter dient, eingeschoben, wo es leicht in der richtigen Lage befestigt werden kann.

Der Apparat zur Anbringung der Last. An dem Waagebalken einer 10 kg-Hebelwaage ist die eine Schale durch einen Blechzylinder von 8 l Inhalt ersetzt, die andere Schale durch ein aus Messing hergestelltes Gegengewicht. Dieses besteht aus einer 9 mm dicken, kreisförmigen Scheibe, deren Durchmesser 161 mm mißt, und einem 75 cm langen und 50 mm dicken massiven Zylinder, der in der Mitte der unteren Seite der Scheibe angelötet ist. Von dem Umfange der Scheibe gehen drei symmetrisch angebrachte Ketten aus, die mit einem Haken verbunden sind, welcher in die für die Waagschale bestimmte Öse eingehakt ist. Die freie Fläche des Zylinders ist nicht ganz eben. In ihrem Mittelpunkt ist eine ganz flache Vertiefung eingedrechselt, die der an der Bodenscheibe des Eihalters angebrachten entspricht und die wie diese den Zweck hat, Verschiebungen in der Lage der Achse des Eies während der Belastung entgegenzuwirken. Als Träger der Scheibe den an ihr angelöteten Zylinder durchlassend, ist ein Dreifuß unter dem Balken der Waage so angebracht, daß die Mitte des Dreifußes senkrecht unter den Aufhängungspunkt der Scheibe kommt. Die Länge der von der Scheibe ausgehenden Ketten ist so bemessen, daß die Unterfläche der Scheibe, wenn die Waage im Gleichgewicht ist, waagerecht liegt und ein paar Millimeter über der Oberfläche des Dreifußes schwebt, was eine Art Arretierung ergibt, um einer Zerquetschung des Eies vorzubeugen.

b) Ausführung der Bruchfestigkeitsbestimmung.

Das auf dem Waagebalken aufgehängte Gefäß wird mit Wasser gefüllt. Ein weitlöcheriges Glasrohr wird durch ein an der Seite der Waage angebrachtes Gestell so befestigt, daß es in dem Gefäß bis auf ein paar Zentimeter über dem Boden hinabreicht. Jetzt wird Wasser durch den mit einer Klemme versehenen Schlauch, der als der längere Schenkel eines Hebers dient, von dem Gefäß bis zum Eintreten des Gleichgewichtes gesogen, worauf die Klemme geschlossen wird. Der Eihalter mit dem darin genau eingepaßten und unmittelbar vorher — zur Auffindung etwaiger Risse — durchgeleuchteten Ei wird unter den Messingzylinder des Gegengewichtes eingeführt und seitlich und senkrecht so justiert, daß der stumpfe Pol des Eies gerade das Zentrum der Zylinderfläche streift. Die Klemme wird dann wieder geöffnet und Wasser ausgelassen, bis die Kuppe des Eies mit einem, von dem Stoß der Messingscheibe gegen den Dreifuß verursachten, klirrenden Laut bricht; dann wird die Klemme geschlossen und werden Gewichte auf dem Deckel des Gefäßes bis zur Wiederherstellung des Gleichgewichtes gelegt. Die Summe dieser Gewichte ist es, die hier als die *Bruchfestigkeit* bezeichnet ist.

II. Untersuchung des Eiinhaltes.

1. Öffnen des Eies und Feststellung der Anteile an Dotter und Eiklar.

Nach völligem Abschluß der Untersuchung der Eioberfläche öffnet man das Ei und zwar gewöhnlich durch kurzes Aufschlagen auf eine harte, senkrecht zur Eiachse liegende Kante, oder feststehende Messerschneide, wobei die Schale in die bekannten beiden napfförmigen Teile zerbricht. Man versucht dann durch wiederholtes Umkippen des Dotters von dem einen Schalennapf in den andern das Eiklar möglichst abfließen zu lassen. Eine *völlige Trennung* gelingt auf diese Weise jedoch nicht.

G. Mészaros und F. Münchberg[1] fanden an auf Wasserverdunstung aus dem Eiklar zurückgeführten Aufschlagverlusten 0,26—1,50 g, die sie zum Gewichte des Eiklars hinzuzählen.

----

[1] Mészaros, G. und F. Münchberg: Z. 1935, **70**, 156.

Genauer ist folgender *Arbeitsgang*:

Man wiegt zunächst das Gesamtei; dann schlägt man das Ei wie vorstehend auf, wobei jedoch darauf zu achten ist, daß von der Eischale keine Stückchen verloren gehen. Nun befreit man durch das wiederholte Umkippen den *Dotter* möglichst vom anhaftenden Eiklar, das man für sich auffängt, und kippt ihn schließlich auf eine gewogene Glasschale (Petrischale). Hier tupft man die letzten Reste des Eiklars mit einem weichen Lappen oder Fließpapier sorgfältig ab, entfernt die Chalazen durch Abschneiden mit der Scheere und bringt den Dotter um Wasserverdunstung auszuschließen unverzüglich zur Wägung. Nach einer anderen Angabe schlägt man das Ei in einen Glastrichter, wobei sich das Eiklar abtrennt und durchläuft, der Dotter aber zurückbleibt. Man kann den Dotter auf einem Stück Fließpapier kurze Zeit hin- und herrollen lassen, wobei das Papier die letzten Reste des Eiklars aufsaugt. Dann schneidet man die Chalazen ab und wägt den Dotter in eine Schale. Dann werden die Teile der *Schale* gesammelt, durch Auswischen von Eiklar gereinigt und ebenfalls gewogen. Das Gewicht des *Eiklars* erhält man indirekt durch Abziehen der Summe (Dotter + Schale) vom Eigewicht.

Auf diese Weise findet man die Gewichte der gesamten Eibestandteile ohne wesentliche Mengen Eisubstanz zu verlieren. Das Verfahren ist natürlich bei Eiern mit ausgelaufenem Dotter nicht mehr anwendbar. Bei alten Eiern mit nur geschwächter Dottermembran scheitert die Ausführung leicht daran, daß die Dotterhaut beim Herauspräparieren des Dotters reißt.

In solchen Fällen ist die Feststellung des Verteilungsverhältnisses *am hartgekochten Ei* vorzuziehen. Nach MÉSZAROS und MÜNCHBERG empfiehlt es sich dabei die Eier nach zehn Minuten langem Kochen in Wasser abzukühlen, wodurch auch gleichzeitig ein leichteres Ablösen der Schale erreicht wird. Die Gewichtsmengen werden auf das ungekochte Ei bezogen. Nach bisher vorliegenden Beobachtungen scheint es, daß das Verteilungsverhältnis durch den Kochvorgang nicht erheblich verändert wird (vgl. S. 277); doch ist natürlich mit dem Kochen eine Gerinnung der Eiweißstoffe und jedenfalls auch eine Diffusion der Elektrolyte und sonstigen echt gelösten Stoffe verbunden, worauf bei der eingehenden Prüfung von Eiklar und Eidotter Rücksicht zu nehmen ist. Bei Untersuchungsergebnissen ist somit die Art der Auftrennung des Eies stets anzugeben.

Im Falle Eiklar und Dotter als Ganzes betrachtet werden sollen, gießt man den Inhalt des Eies auf eine ebene Fläche und findet so bei frischen Eiern, wie sich der Dotter in einem mehr ovalen Mantel von dickflüssigem Eiweiß eingebettet befindet, während das dünne Eiweiß weiter ausfließt. Vgl. die Abbildungen 15 S. 186 und 16, S. 187.

Besonders vorsichtig und behutsam ist die Öffnung des Eies nach folgender Methode von R. BAETSLÉ[1]. Man bringt am stumpfen Ende bei der Luftkammer eine kleine Öffnung in der Schale an, entfernt dann vorsichtig in kleinen Stückchen einen Teil der Schale um das innere Blatt der Schalenhaut sichtbar zu machen. So kann man die Tiefe der Luftkammer nachweisen. Indem man jetzt die innere Haut vorsichtig einreißt kann man sich auch über die Stelle unterrichten, wo sich der Dotter befindet. Dann macht man die Öffnung der Schale vorsichtig größer und entleert den Eiinhalt ohne zu schütteln auf einen Teller, wobei die verschiedenen Schichten des Eiklars und die Dotterhaut unverletzt bleiben.

2. Prüfung der Frische des Eiinhaltes.

Da der Eiinhalt, besonders der Dotter, außerhalb des Eies sehr schnell in Zersetzung übergeht, muß die Prüfung auf Frische unverzüglich nach Öffnung des Eies jedenfalls am gleichen Tage erfolgen.

a) Sinnenprüfung,

Diese erstreckt sich auf Geruch, Aussehen, Farbe und Konsistenz des Eiinhaltes und seiner Teile.

Geruch. *Alte*, noch nicht faulige Eier geben sich durch einen dumpfen, heuigen, faule Eier durch einen fauligen und an Schwefelwasserstoff erinnernden, öfters wohl durch einen käsigen (nach Buttersäure) Geruch zu erkennen, besonders bei rotfaulen Eiern. Wenn das Ei in der Nähe starkriechender Stoffe

---

[1] BAETSLÉ, R. und CH. DE BRUYKER: Toezicht over Eieren. Ledeberg-Gent 1934.

(Seife, Teer u. a.) gelagert hat, können auch solche Geruchsstoffe am Eiinhalt bisweilen noch erkannt werden.

Aussehen des Dotters. Bei der Durchmusterung der Eiinhalte ist zunächst auf Form, Lagerung und Beschaffenheit des Dotters zu achten. Bei frischen Eiern bildet er eine pralle, zentral gehaltene, von noch ziemlich fester Haut umschlossene, beim Ausgießen des Eiinhaltes sich mehr oder weniger abflachende Kugel, deren Abtrennung vom Eiklar noch verhältnismäßig leicht gelingt. Die *Prallheit* bzw. die Höhe des auspräparierten Dotters gibt ein Maß für die Güte des Eies (vgl. S. 184). Ein *rotfaules Ei* zeigt durcheinander gelaufenen, zuerst dünnflüssigen, später oft breiigen Inhalt. Die *Farbe* des Dotters läßt oft Schlüsse auf Fütterung und Lebensweise der Hühner zu. Bei *angebrüteten* Eiern können Keim- und Aderbildungen bemerkt werden. Auch Vorliegen, Größe und *Aussehen der Keimscheibe* (vgl. S. 57), die normal etwa Linsengröße hat, zeigen an, ob das Ei befruchtet oder unbefruchtet oder schon angekeimt ist.

Beim Öffnen eines befruchteten Eies, das nur fünf Stunden in einer Brutmaschine verweilt hat, kann man nach BAETSLÉ und DE BRUYKER bereits die Bildung von Ringen um den Keim feststellen. Der Dotter ist platt und das Eiklar wässerig. Nach zwölfstündiger Bebrütung sind die Ringe um den Dotter deutlicher, das Eiklar noch wässeriger und hell gefärbt. Nach fünf Tagen bemerkt man auf dem Dotter eine kreiförmige Schicht mit Blutadern, die den Keim umgeben; der Dotter ist derart weich, daß er sofort zerbricht und das Eiklar sehr wässerig. Letzteres findet man auch bei schlecht befruchteten Eiern mit abgestorbenem Keim. — Bei unbefruchteten, aber bebrüteten Eiern ist nach 5—6 Tagen der Dotter runzelig, platt, zerbrechlich das Eiklars gleichmäßig wässerig und hell gefärbt. Der Geruch aber normal. Bei derartigen zwölf Tage bebrüteten Eiern sind Dotter und Eiklar, gewöhnlich vermischt.

Aussehen des Eiklars. Bei einem frischen, normalen Ei ist das Eiweiß hell und klar, nicht wolkig getrübt. Seine Konsistenz gleich der einer dicken in Wasser wenig löslichen Gallerte. Das feste (dicke) Eiklar ist deutlich von dem dünnen zu unterscheiden. Je älter das Ei um so undeutlicher wird der Unterschied und um so größer die vom Eiinhalt eines aufgeschlagenen Eies auf eine Platte eingenommenen Fläche (vgl. S. 186). Zerstört man das Gerüst im dicken Eiklar durch mechanische Bearbeitung (Schlagen) so löst sich das Eiklar leicht in Wasser unter Zurücklassung der Faserteilchen. *Gefroren* gewesene Eier zeigen infolge Zerstörung des Gerüstes ebenfalls ein wässeriges Eiklar von in der Regel zwar normalem Geruch aber leerem, wenig angenehmen Geschmack. Mit dem Alter des Eis wird das Eiklar mehr flüssig und oft auch dunkler, mehr grünlich verfärbt. Sein Geruch und Geschmack werden dann dumpfig, heuig. — Weiter zu achten ist vor allem auf etwa vorhandene organische Gebilde (Pilzentwicklungen, Gallertbildungen).

Die *Schaumfähigkeit des Eiklars* wird mit einer einheitlich arbeitenden mechanischen Schlagvorrichtung im praktischen Versuch gemessen, die Schaumbeständigkeit durch Beobachtung des Schaumvolumens nach Stehen im gegen Verdunstung geschützten Raum. Einzelheiten gibt M. J. BAILEY[1] an.

Schale und Schalenhäute. Hier ist besonders auf beim Aufschlagen der Eier in Erscheinung tretendes, gefärbtes und ungefärbtes, *Schimmelmycel* sowie *Verklebung des Dotters* mit der Schale zu achten, weiter auf Größe und Inhalt der Luftkammer, die z. B. beim Kalkei mit wässeriger Flüssigkeit gefüllt sein kann.

b) Eingehendere Prüfungen.

Gesamtinhalt. 1. *Ammoniakgehalt.* Die Bestimmung des Ammoniakgehaltes bei Eiern erfolgt nach FOLIN indem man durch 25 g Substanz bei Gegenwart von Alkali Luft leitet, das Ammoniak daraus in 1/100 n-Schwefelsäure absorbiert und

---

[1] BAILEY, M. J.: Ind and engin. Chem. 1935, **27**, 973.

der Säureüberschuß gegen Methylrot zurücktitriert. Das Ergebnis wird in mg NH_3 für 100 g Substanz (Dotter oder Eiklar) ausgedrückt.

Da das Ergebnis von der durchgeleiteten Luftmenge etwas beeinflußt wird, empfiehlt es sich nach besonderer Vorschrift zu arbeiten, etwa wie sie von A. W. Thomas und M. A. van Hauwaert[1] wie folgt beschrieben ist:

Der Apparat besteht aus einem Durchleitungszylinder mit dem zu untersuchenden Stoff einer Verbindung zur Luftdurchleitung, einem Luftfilter, einer Klemme zur Regelung des Luftstromes, zwei Waschflaschen mit 35proz. Schwefelsäure und einem Druckregler.

Zur Ausführung des Versuches mißt man genau 10 cm³ 0,02 n-Schwefelsäure in die Vorlage und verdünnt diese mit 50 cm³ Wasser. Nun gibt man 1 g Natriumfluorid in den Luftdurchleitungszylinder, verrührt mit 25 g Eiinhalt (bzw. Eidotter oder Eiklar), fügt 55 cm³ destilliertes Wasser, 50 cm³ 95proz. Äthylalkohol und 1 cm³ Kerosin hinzu. Dazu gibt man 20 cm³ 5proz. Kaliumcarbonatlösung zu und treibt 1200 Liter Luft in fünf Stunden (stündlich also 240 Liter) durch Mischung und Vorlage. Hiernach titriert man den Säureüberschuß in der Vorlage mit 0,02 n-Natronlauge mittels einer auf 0,01 cm³ genauen Mikrobürette zurück. Bei der Berechnung des gebundenen Ammoniaks entspricht je 1 cm³ 0,02 n-Säure 0,341 mg NH_3. — Die Reinheit der Reagenzien wird durch einen besonderen, doppelt ausgeführten Leerversuch kontrolliert. Über die Einzelheiten der Versuchsordnung vgl. das Original. Die Genauigkeit der Bestimmungen erreicht $\pm 2\%$ des Ergebnisses.

Eine wesentlich einfachere Methode zur Ammoniakbestimmung geben A. I. Burstein und F. S. Frum[2] für Milch an. Die Arbeitsweise besteht darin, daß man durch Schütteln mit *Natriumpermutit* das Ammoniak quantitativ daran adsorbiert. Dann löst man das gebildete Produkt in Natronlauge und prüft diese Lösung colorimetrisch mit Nesslers Reagens. — Über die Anwendung der Methode auf Eier liegen jedoch noch keine Erfahrungen vor.

S. Bandemer und Ph. S. Schaible[3] beschreiben ein Verfahren ohne Äration unter Verwendung einer aus Petrischalen geschliffenen Zelle nach Cornway und Byrne.

2. *Gefrierpunktsdifferenz zwischen Eidotter und Eiklar.* Zur Abtrennung von Eidotter und Eiklar für die Gefrierpunktsbestimmung schüttet P. Weinstein[4] das vorsichtig angeschlagene Ei auf ein Tellerchen und hebt den Dotter vorsichtig mit einem Eßlöffel heraus, wobei das Eiklar sich abschälend vom Dotter abläuft. Alsdann wird das Eigelb auf eine Schicht von doppeltem Filtrierpapier gebracht und zum völligen Abfließen des restlichen Eiklars einige Minuten darauf belassen. Die Chalazen kann man mit dem Messer abschneiden.

Zur *Gefrierpunktsbestimmung* benötigt Weinstein etwa 4—6 Eier und führt die Bestimmung in 40—50 g Substanz aus. Als Rührer benutzt er, da sich infolge Erstarrens des Eieröls bei 8—9° eine steife Mischung bildet, einen starren Glasrührer statt der sich verbiegenden Platinöse. Durchgerührt wird nicht bis zum Haltepunkt, sondern etwa 0,1—0,2° vorher abgebrochen. Ein Vorkühlen des Eigelbs unter eine Temperatur von $+10°$ unterbleibt. Wie bei Milch wird eine molekulare Gefrierpunktserniedrigung von Wasser zu 1,90 zugrunde gelegt, auf die auch die Spezialthermometer nach Weinstein[5] geeicht sind. Zur Verdünnung des Eidotters, z.B. im Verhältnis 2 Gewichtsteile Eidotter $+$ 1 Gewichtsteil Kochsalzlösung dient eine Lösung von 0,9 g Natriumchlorid $+$ 100 g Wasser.

K. Braunsdorf und W. Reidemeister[6] verwenden immer die letztgenannte Verdünnung um die Prüfung an einem einzelnen Eidotter ausführen zu können.

3. *Brechungswert und Brechungsdifferenz nach* A. Janke *und* L. Jirak.[7] Das Ei wird in üblicher Weise nach Hausfrauenart geöffnet und das Eiklar abgegossen. Es wird durch wiederholtes Aufsaugen in eine Pipette mit feiner Spitze homogenisiert, wodurch es dünnflüssiger wird. Mit der gleichen Pipette wird nun ein Tropfen Eiklar auf das Prisma des Abbeschen Refraktometers gebracht und bei Zimmertemperatur die Lichtbrechung abgelesen. Anschließend werden die Prismen mit einem feuchten Wattebausch gereinigt und völlig getrocknet.

Nun wird die Dotterkugel mittels eines nicht zu fein ausgezogenen Glasrohrs in der Nähe der Hagelschnurbefestigung (Nährdotter) angestochen, der Dotter eingesogen und unter gleichzeitigem Durchmischen auf das Prisma aufgetragen. Auch hier erfolgt das Ablesen bei Zimmertemperatur.

[1] Thomas, A. W. und M. A. van Hauwaert: Ind. and. engin. Chem. Analyt. Ed. 1934, **6**, 338. — [2] Burstein, A. I. und F. S. Frum: **Z.** 1935, **69**, 421. — [3] Bandemer, S. und Ph. S. Schaible: J. Engng. Chem. Analytical Ed. 1936, **8**, 210. — [4] Weinstein, P.: **Z.** 1933, **66**, 48. — [5] Zu beziehen von Dr. Trilling Nachf. Bochum, Weiherstr. 21. — [6] Braunsdorf, K. und W. Reidemeister: **Z.** 1934, **68**, 59. — [7] Janke, A. und L. Jirak: Biochem. Z. 1934 *271*, 309.

Zur *Berechnung der Alterungszahl* nach S. 196 sind je nach Versuchstemperatur folgende unteren Brechungswerte des Normaldotters zu verwenden:

Eidotter. 1. *Farbe und Gestalt.* Die Feststellung der Dotterfarbe wird am besten durch Vergleich mit dem OSTWALDschen Farbenkreisel ermittelt und angegeben. Ausdrücke wie gelbrot, rotgelb, orange, goldgelb, schwefelgelb u. a. sind weniger bestimmt. Genauer, wenn auch umständlicher ist ein Vergleich mit bestimmten Farblösungen oder Mischungen davon. Besondere Farbfächer werden von W. KUPSCH[1] beschrieben.

Temperatur	Brechungswert $[n_D]^D$
15°	1,4204
16°	1,4203
17,5°	1,4200
18°	1,4199
20°	1,4195
22°	1,4190
24°	1,4185
26°	1,4182

Von diesen entsprechen dem OSTWALDschen Farbensystem:

Stufe ...	1	2	3	4	5	6	7	8	9	10
OSTWALD .	1,75	2	2,25	2,50	2,75	3	3,25	3,50	3,75	4

Sorgfältig zu beachten sind *Farbenverschiedenheiten* an verschiedenen Dotterstellen, die gegebenenfalls einen Verdacht auf zeitweilige Fütterung der Legehennen mit Kunstfarbstoffen zwecks Dotterfärbung stützen können.

Die Dotterfarbe wird durch die Dotterhaut etwas verändert.

Messung der Dotterhöhe. Hierzu kann der nach 1. herauspräparierte Dotter verwendet werden. Schärfer ist das Verfahren von P. F. SHARP und CH. K. POWELL[2], das wie folgt ausgeführt wird:

Die zu prüfenden Eier werden zunächst zur Verhinderung einer Wasserverdunstung mit einer dünnen Ölhaut überzogen und dann drei Stunden bei 25° gehalten. Darauf werden sie aus einer Petrischale aufgeschlagen und der größte Teil des Eiklars durch eine Pipette, der Rest durch Abtupfen mit einem weichen Lappen entfernt. Dann wird der Dotter auf eine Glasplatte gebracht, fünf Minuten unter Bedeckung gehalten und anschließend mit einem Schraubenmikrometer, dessen berührende Teile mit Petroleum eingepinselt sind, der Durchmesser in zwei aufeinander senkrechten Richtungen ausgemessen.

Die Höhe wird mittels eines Dreifußes mit verschraubbarer Linse und Millimeterskala festgestellt; zu dem Zweck wird der Dotter unter die Linse gebracht und diese bis zur Berührung gesenkt. Das bei frischen Eiern zwischen 0,44—0,36 liegende Verhältnis von Höhe zu Durchmesser sinkt allmählich (vgl. S. 184), aber in Abhängigkeit von der Art der Aufbewahrung. Ein Sinken der Zahl auf 0,25 und darunter geht meistens mit einem Aufbrechen des Dotters beim Aufschlagen parallel.

2. *Lecithinzersetzung.* Der Nachweis der Lecithinzersetzung kann durch Prüfung auf in Äthylalkohol lösliche, in Isopropylalkohol unlösliche Zerfallsprodukte des Lecithins, nämlich durch Ermittlung des *Zersetzungsquotienten* von J. GROSSFELD und J. PETER[3] erfolgen. Diese arbeiten wie folgt:

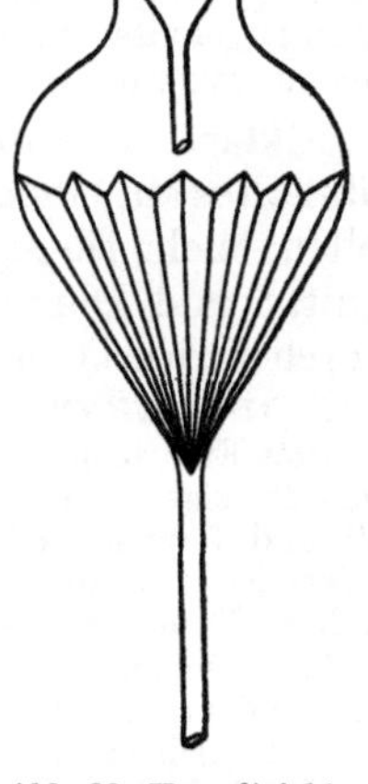

Abb. 39. Kapseltrichter nach GROSSFELD.

In einem 100 cm³-Meßkolben wird etwa 1 g Eidotter (oder 2 g Eiinhalt) abgewogen, mit 8 cm³ Wasser durchgeschüttelt, dann in kleinen Anteilen nach und nach mit 70 cm³ 95proz. Alkohol versetzt und auf dem Wasserbade an einem Rückflußkühler 15 Minuten im Sieden gehalten. Dann wird abgenommen, noch warm mit Benzol bis etwa zur Marke aufgefüllt und auf Zimmertemperatur abkühlen gelassen. Nun wird nochmals genau auf die Marke eingestellt, umgeschüttelt und nach Zufügung einer Messerspitze voll gereinigter Kieselgur in einem Kapseltrichter durch ein trocknes Faltenfilter filtriert. Vom Filtrat werden die ersten Anteile verworfen, dann 50 cm³ in einem 50 cm³-Meßkölbchen aufgefangen und unter Nachspülen mit etwas Alkohol in eine Platinschale übergeführt. Dann erfolgt die Phosphorsäurebestimmung wie S. 339, wobei die Hälfte der Reagenzienmengen (2,5 cm³ Magnesiumacetat-

---

[1] KUPSCH, W.: Arch. Geflügelk. 1934, **8**, 111. Die Farbfächer sind von W. PFENNIGSTORFF, Berlin W 57 zum Preise von 3 RM zu beziehen. — [2] SHARP, P. F. und CH. K. POWELL: Ind. Engng. Chem. 1930, **22**, 908. — [3] GROSSFELD, J. und J. PETER: Z. 1935, **69**, 16.

lösung 5 cm³ Ammoniummolydatlösung usw.) genügen. — In sinngemäß gleicher Versuchsanordnung wird in einem zweiten Versuch 1 g Eidotter (oder 2 g Eiinhalt) mit 5 cm³ Wasser durchgemischt und dann mit 50 cm³ Isopropylalkohol 15 Minuten am Rückfluß gekocht, mit Benzol aufgefüllt und wie beim ersten Versuch mit Äthylalkohol weiter verfahren.

Das Ergebnis des zweiten Versuches wird in Prozente des Ergebnisses des ersten Versuches ausgedrückt. Dieser Betrag, von 100% abgezogen, ist der Zersetzungsquotient ZQ, der dann nach S. 193 auszuwerten ist.

Da der Lecithinzerfall bei Eidotter außerhalb des Eies bei Zimmertemperatur gerade im Anfange sehr schnell fortschreitet, empfiehlt es sich die zu prüfenden Proben unverzüglich mit dem betreffenden Alkohol anzusetzen und am Rückfluß zu erhitzen. Hierdurch wird der Zerfall sofort unterbrochen.

3. *Sonstige Prüfungen.* Die Bestimmung des *Säuregrades* des Dotters erfolgt wie bei Eiprodukten S. 358. Über die Beziehung des Säuregrades zum Eialter vgl. an der gleichen Stelle.

Zur Bestimmung der *säurelöslichen Phosphorsäure* (der anorganischen + Glycerin-Phosphorsäure) werden nach L. PINE[1] in Abänderung einer Vorschrift von R. M. CHAPIN und W. C. POWICK[2] 25 g Dotter (oder 50 g Eiinhalt) mit 200 cm³ 0,25proz. Salzsäure (1 cm³ konz. Salzsäure in 200 cm³ Wasser[3]) und 8 g Pikrinsäure (nach I. GREENWALD[4]) heftig und häufig wiederholt (wenigstens alle 10 Minuten) eine Stunde lang geschüttelt. Dann filtriert man durch ein Faltenfilter von 24 cm³ für Ganzei bzw. 18,5 cm (für Dotter) schnell (höchstens ¾ Stunden) und bestimmt in 125—150 cm³ des Filtrats die Phosphorsäure. PINE verwendet hierzu Mineralisierung mit Salpeter-Schwefelsäure. Es dürfte aber auch das S. 339 beschriebene Verfahren nicht minder geeignet sein.

Eine Abänderung dieser Vorschrift von PINE haben J. FITELSON und I. A. GAINES[5] angegeben: Diese scheiden die Eimischung mit Hilfe der Zentrifuge, ändern die Säuregemischveraschung etwas ab und ermitteln die Phosphorsäure schließlich volumetrisch. Da die so erhaltenen Ergebnisse mit denen nach PINE aber praktisch übereinstimmen, sei auf diese Methode hier nur verwiesen.

Eiklar. 1. *Sinnenprüfung.* Nach Aufbrechen des Eies und Ausgießen des Eiinhaltes auf einen Teller ist das Eiklar frischer Eier dick und homogen mit einem hellen, mehr flüssigen Rand. (Vgl. Abb. 15, S. 186 und 16, S. 187). Die Homogenität und Durchsichtigkeit sind am besten beim Auffangen in einem Proberöhrchen zu erkennen. Zur Unterscheidung verschiedener Eiersorten geben BAETSLÉ und DE BRUYKER folgende Kennzeichen an:

Alte Eier zeigen deutlich zwei Schichten, eine klebrige dicke um den Dotter und eine mehr flüssige um diese herum. Die blaßgelbe Farbe des Eiklars wird mit dem Alter strohgelb und dann sogar leicht rosa. Im Reagensrohr findet man oft Eiweißklümpchen. — Beim *Kalkei* ist das Eiklar gleichmäßig flüssig, bisweilen etwas rötlich. — *Kühlhauseier* zeigen ähnliche Erscheinungen wie alte Eier. — Bei *stabilisierten* Eiern ist das Eiklar etwas dunkler als bei frischen. Gegenüber dem gewöhnlichen Kühlhausei ist die dicke Schicht nicht so breit und unterscheidet sich weniger von der flüssigen, die den Hauptteil des Eiklars bildet. Die dicke Schicht ist sehr klebrig und fest an den Dotter geheftet.

Hagelschnüre. Beim frischen Ei sind die Hagelschnüre weiß und haben ein schleimiges Aussehen. Bei älteren Eiern, auch Kalkeiern, lassen sie sich schwer vom Eiklar unterscheiden. Dagegen haben die gekühlten und stabilisierten Eier nach BAETSLÉ und DE BRUYKER sehr weiße Hagelschnüre, selbst von perlmutterartigem Aussehen. Sie sind zusammengeschrumpft und haben die Form ziemlich dünner Stränge angenommen, was sich sehr gut beim Packen mit einer Zange feststellen läßt. Auch die Schalenhäute sind beim Kühlhaus- und stabilisierten Ei weniger elastisch, härter und spröde.

2. Die *Fluorescenz des Eiklars* im filtrierten ultravioletten Licht (vgl. S. 188) wird nach J. E. HEESTERMAN[6] zweckmäßig mit einer Skala von 0,05—10,0proz. Gelatinelösungen verglichen.

[1] PINE, L.: J. Ass. Offic. Agric. Chem. 1924, **8**, 57. — [2] CHAPIN, R. M. und W. C. POWICK: Analyst 1925, **49**, 327; C. 1925, I, 176.

[3] Der Einfluß der Salzsäurekonzentration auf das Ergebnis ist nur gering, auch der der Pikrinsäuremenge. Bezüglich der Zeit der Einwirkung wurden für 30 und 60 Minuten gleiche, bei längerer Dauer höhere Ergebnisse erhalten.

[4] GREENWALD, I.: J. biol. Chem. 1913, **14**, 369. — [5] FITELSON, J. und I. A. GAINES: J. Ass. Offic. Agric. Chem. 1931, **14**, 558. — [6] HEESTERMAN, J. E.: Chem. Weekbl. 1927, **24**, 622.

3. *Die Feststellung des pH-Wertes* kann nach CH. SCHWEIZER[1] vorgenommen werden. Von Indicatoren bewährte sich nach Versuchen von BAETSLÉ und DE BRUYKER besonders Thymolblau auch in alkoholischer Lösung, von der man 1—2 Tropfen dem Eiklar zufügt. Eiklar von Kalk- und Wasserglaseiern färbt sich dabei schmutzig gelb, das von anderen Eiern grünschwarz.

4. Der nach I. RÖZSÉNYI[2] zur *Erkennung von Kalkeiern* (vgl. S. 227) dienende Kalkgehalt des Eiklars wird wie üblich in der Asche gefunden. Auch auf die mit Alkohol bei Eiklar von Kalkeiern von CH. SCHWEIZER[3] beobachteten stärkeren Flockungen (vgl. S. 119) sei hier verwiesen.

5. Die *Bestimmung des Trockensubstanzgehaltes* von Eiklar wird direkt durch Verdampfung und Wägung oder indirekt auf Grund des spezifischen Gewichtes und des Brechungsindexes ausgeführt. Nach Versuchen von H. J. ALMQUIST, F. W. LORENZ und B. R. BURMESTER[4] besteht zwischen Brechungsindex, Trockenmasse und spezifischem Gewicht von Eiklar gradlinige Beziehung, die durch folgende Zahlen gegeben ist:

Durch arithmetische oder graphische Interpolation lassen sich die übrigen Werte hieraus ableiten.

Brechungsindex N_D^{25}	Trockensubstanz %	Spez. Gewicht $D\frac{25}{25}$
1,3520	10,55	1,0312
1,3600	14,55	1,0442

6. Die *Bestimmung des festen und flüssigen Anteils* im Eiklar erfolgt nach W. F. HOLST und H. J. ALMQUIST[5] dadurch, daß man das Eiklar auf ein 14-Maschen-Drahtsieb[6] gießt und den durchlaufenden flüssigen Anteil in einen Meßzylinder auffängt. Vgl. auch S. 50.

7. *Zur Prüfung auf anorganische Phosphate* als Erkennungsmittel der Eialterung verfahren K. EBLE, H. PFEIFFER und R. BRETSCHNEIDER[7] wie folgt:

2 cm^3 Weißei und 8 cm^3 frisch destilliertes Wasser werden mit 5 cm^3 Hydrochinonlösung (20 g Hydrochinon in Wasser unter Zusatz von 1 cm^3 konz. Schwefelsäure gelöst) sowie 5 cm^3 Ammoniummolybdatlösung (25 g Ammoniummolybdat kalt in 500 cm^3 phosphorfreier Normalschwefelsäure) gelöst. Nach fünf Minuten gibt man 25 cm^3 einer Mischung von 1000 cm^3 20proz. Natriumcarbonatlösung, 250 cm^3 destilliertem Wasser und 37,5 g Natriumsulfit hinzu. Sämtliche Lösungen sind durch Blindversuch auf Freisein von Phosphor zu prüfen und müssen in braunen Gläsern aufbewahrt werden.

Bei Eiern bis zu einem Alter von 1—2 Wochen tritt keine oder nur eine schwach grüne Färbung auf, bei älteren eine blaugrüne bis stark blaue.

Statt des Weißeis selbst eignet sich nach weiteren Versuchen von EBLE und PFEIFFER[8] besonders das *Dialysat* aus Weißei. Mineralphosphatwerte unter 1,5 mg in 100 g Eiklar zeigen vollfrische Eier an.

A. JANKE und L. JIRAK[9] verwenden folgende Lösungen:

1. Molybdansäurelösung. 50 g reines Ammoniummolybdat werden bei Zimmertemperatur in 1000 cm^3 phosphorfreier normaler Schwefelsäure gelöst. Beim Mischen mit der folgenden Hydrochinonlösung darf keine Färbung eintreten.

2. Hydrochinonlösung. 20 g Hydrochinon werden in 1000 cm^3 Wasser gelöst, dem 1 cm^3 konz. Schwefelsäure zugesetzt ist. Die Lösung ist gut verschlossen aufzubewahren.

3. Carbonat-Sulfitmischung. 75 g Natriumsulfit werden in 500 cm^3 Wasser gelöst und zu 2000 einer 20proz. Lösung von (wasserfreien) Natriumcarbonat zugefügt. — Die Lösung ist in filtriertem Zustande in gut verschlossenem Gefäß etwa 14 Tage haltbar.

Die *Phosphatbestimmung* führen JANKE und JIRAK wie folgt aus:

In einen 100 cm^3-Meßkolben bringt man genau 2 cm^3 Eiklar das durch wiederholtes Aufziehen in der Pipette homogenisiert wurde, fügt 20 cm^3 Wasser, 5 cm^3 Molybdänlösung und

[1] SCHWEIZER, CH.: Mitt. Lebensmittelunters. u. Hygiene 1929, **20**, 203, 3,12; 1932, **23**, 17. Vgl. auch G. GAGGERMAIER: Arch. f. Geflügelk. 1931, **4**, 469. — [2] RÖSZENYI, I.: Chem.-Ztg. 1904, **28**, 621. — [3] SCHWEIZER, CH.:Mitt. Lebensmittelunters. u. Hygiene 1932, **23**, 26. — [4] ALMQUIST, H. J., F. W. LORENZ und B. R. BURMESTER: Ind. Engng. Chem. Analyt. Ed. 1922, **4**, 305. — [5] HOLST, W. F. und H. J. ALMQUIST: Hilgardia 1931, **6**, 49. — [6] Ein 14-Maschensieb (14 mesh—screen = 14 Maschen auf 1 engl. Zoll) enthält 5,51 Maschen auf 1 cm einer mit lichten Maschenweite von 1,168 mm. — [7] EBLE, K., H. PFEIFFER und R. BRETSCHNEIDER: Z. 1933, **65**, 102. — [8] EBLE und FEIFFER:P Z. 1935, **69**, 228. — [9] JANKE, A. und L. JIRAK: Biochem. Z. 1934, **271**, 309.

5 cm³ Hydrochinonlösung hinzu. Nach Verlauf von 25 Minuten werden 25 cm³ Carbonat-Sulfitlösung zugesetzt, worauf man zur Marke auffüllt und kräftig durchmischt. Nach zehn Minuten wird innerhalb 30 Minuten photometriert, zweckmäßig in Küvetten von 30 mm Schichtdicke bei Vorschaltung des strengen Filters (S. 61) gegen destilliertes Wasser. Der Zusammenhang der am *Pulfrich*-Photometer abgelesenen i-Werte mit den in der Lösung sich vorfindenden mg P in 100 cm³ (mg-%) wird durch nebenstehende Eichkurve wiedergegeben. Die Trommelablesung $i = 10$ entspricht einer Konzentration von 10 mg-%.

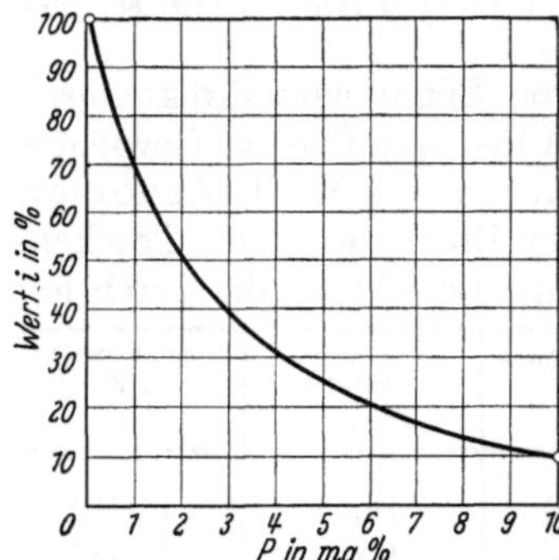

Abb. 40. Eichkurve für den Phosphat-Nachweis im Eiklar mittels des Pulfrich-Photometers. (Nach JANKE und JIRAK.)

J. STRAUB, G. A. VAN STIJGEREN und W. J. KABOS[1] beobachteten neuerdings bei einigen Eiern nur ein geringes Ansteigen des Phosphatgehaltes des Eiklar, bei einigen sogar nach 9 Wochen noch keine oder eine sehr schwache Phosphatreaktion.

8. Krystallisationsversuch des Ovalbumins.

Versuche, das Eialter an der Krystallisation des Ovalbumins zu erkennen, wurden zuerst von CH. BIDAULT und S. BLAIGNAN[2] ausgeführt. R. BAETSLÉ und CH. DE BRUYKER[3] haben die Versuche nachgeprüft und die Befunde bestätigt gefunden. Nach ihren Angaben liefern bis 10 Tage alte Eier regelmäßig Krystalle, vom 11.—20. Tage unregelmäßig, über 20 Tage hinaus nicht mehr. Von Kühlhauseiern erhält man die Albuminkrystalle noch nach achtmonatiger Einkühlung, unregelmäßig nach 8—11 Monaten und nach 11 Monaten nicht mehr. Ebenso verhalten sich stabilisierte Eier.

Zur Ausführung des Versuches wird das Eiklar möglichst gut gemischt, wiederholt zerschnitten und dann mit etwa dem gleichen Volumen Wasser verdünnt. Die dabei entstehende Globulintrübung wird durch einige Tropfen Natriumchloridlösung beseitigt. Man neutralisiert dann genau durch Zusatz einiger Tropfen 10proz. Essigsäure. Nach Durchlauf durch ein Stückchen Leinen fängt man alles in einem graduierten Proberöhrchen auf und fügt ein gleiches Volumen gesättigter Ammoniumsulfatlösung zu und schüttelt um die Ausscheidung des Ovoglobulinniederschlages, von dem man dann abfiltriert, zu beschleunigen.

Zum Filtrat gibt man vorsichtig tropfenweise 10proz. Essigsäure, bis der gebildete Niederschlag von Ovalbumin sich beim Schütteln nicht mehr löst; dann fügt man noch 1 cm³ der Essigsäurelösung auf je 10 cm³ Flüssigkeit hinzu. Der zunächst entstehende Niederschlag ist sehr voluminös und amorph; die Krystalle erscheinen nicht sofort, ihre Bildung, die durch die Reaktion (mit dem Optimum bei pH = 4,8) und eine Temperatur in der Nähe von 20° begünstigt wird, beginnt bisweilen einige Stunden nachher, gewöhnlich aber erst vom zweiten bis zum sechsten Tag an, selten später. Zwischen Schnelligkeit des Auftretens der Krystalle und Alter des Eies besteht allerdings kein Zusammenhang.

Man untersucht die Krystalle unter dem Mikroskop bei starker Vergrößerung. Haltbare Präparate erhält man durch Einbringen einzelner Tropfen der Krystallsuspension in eine 1proz. Quecksilberchloridlösung, worin die Krystalle unlöslich werden. BAETSLÉ und DE BRUYKER beobachteten folgenden Ausfall der Probe:

a) Frisches Ei   = Krystallisation,
b) Ei von 15 Tagen   = desgl.
c) Ei von 3 Wochen   = amorpher Niederschlag,
d) Ei von einem Monat   = desgl.
e) Ei von 2 Monaten   = desgl.
f) 6 Monate gekühltes Ei   = Krystallisation,
g) 6 Monate gekühltes, dann 3 Wochen aufbewahrtes Ei = amorpher Niederschlag,
h) 4½ Monate gekühltes und 6 Wochen aufbewahrtes Ei = desgl.
i) Kalkei   = desgl.
j) Wasserglasei   = desgl.
k) stabilisiertes Ei, 8 Tage nach Entnahme aus dem Autoklaven   = Krystallisation.

---

[1] STRAUB, C., G. A. VAN SLIJGEREN und W. J. KABOS: Chem. Weekbl. 1937, **34**, 730. — [2] BIDAULT, CH. und S. BLAIGNAN: Compt. rend. Soc. Biol. 1927, **96**, 837. — [3] BAETSLÉ, R. und CH. DE BRUYKER: Toezicht over Eieren. Ledeberg-Gent 1934.

Eischale. Die Eischale ist bei einem normalen Ei auf der Innenseite rein-weiß, ebenso die Schalenhaut.

J. R. NICHOLLS[1] prüft die *Schalen* nach Entfernung der Schalenhäute auf *Porosität*, indem er in einer besonderen Vorrichtung mittels Quecksilberdrucks von 0,5 at eine *Methylenblaulösung* aufpreßt. Normale Eier lassen diese Lösung inner-halb 5 sec durchtreten, nicht *Wasserglas-* und *Kalkeier*. Weitere Teilchen der Schale werden in der Siedehitze 5 sec mit 0,1 proz. Methylenblaulösung gefärbt und dann gewaschen. Dabei färben sich Schalen normaler Eier blaßblau oder grünlichblau, solche von *Wasserglaseiern* außen tief indigoblau. Im gleichen Ver-such färbt Congorotlösung normale Eierschalen hell orangerot, solche von Wasser-glas und Kalkeiern blaß fleischfarbig. Auch Alizarin-Natrium liefert Farbunter-schiede. — Für den gleichen Zweck der Porositätsmessung der Eischale hat A. L. ROMANOFF[2] einen Apparat zur Messung von durch die Schale gepreßten Gasen konstruiert.

Die *Dicke* der Eischale wird mit einem Mikrometer gemessen.

Thybromolprobe. Bei Eintauchen eines mit Kalk oder Wasserglas konservierten Eies in Thybromollösung bildet sich nach K. EBLE, H. PFEIFFER und R. BRET-SCHNEIDER[3] ein an den Rändern blauer, nach wenigen Sekunden ganz in Blau übergehender Fleck. Bei frischen Eiern ist dieser nur gleichmäßig gelb bis gelb-grün. Bei Abspülen des Flecks mit Wasser von pH = 7,4 nach fünf Minuten An-färbung zeigen nicht konservierte Eier einen stark blauen Fleck; bei Kalkeiern geht die Farbe durch Abwaschen in Hellblau bei Wasserglaseiern in Farblos über. Die Innenwand nichtkonservierter Eier zeigt nach der Behandlung dunkelblaue Flecke, Kalk- und Wasserglaseier infolge von Porenverschluß nicht.

Bei der Thybromolprobe fanden K. BRAUNSDORF und W. REIDEMEISTER[4] jedoch ver-schiedentlich Abweichungen, so auch bei vollfrischen nicht konservierten Eiern Blaufärbungen und nach dem Waschen ein ähnliches Verhalten wie bei Kalk- und Wasserglaseiern. Auch ist die Durchlässigkeit der Eierschale von Natur aus sehr verschieden (vgl. S. 47) je nach Struktur der Schale.

Über die *Berechnung der Eischalenfläche* vgl. S. 317.

3. Kochversuch.

Der Kochversuch kann zur *Geschmackprüfung* des Eies wertvolle Dienste leisten, weil das Ei in seiner *weichgekochten* Form Geschmacksabweichungen besonders scharf erkennen läßt. Weiter lassen sich am *hartgekochten* Ei die Ausmessungen der Luftkammer, die Lage des Dotters und auch gewisse Kennzeichen des Eiklars leicht erkennen. Schließlich eignet sich das Kochen des Eies unter besonderen Vorsichtsmaßregeln nach FANGAUF[5] hervorragend zur Untersuchung von ange-brüteten Eiern, weil durch das Kochen eine gewisse örtliche Fixierung der Teile des in der Entwicklung befindlichen Eies eintritt.

a) Der einfache Kochversuch erfolgt in üblicher Weise, indem man das Ei vor-sichtig, zweckmäßig in einem größeren Becherglase, in zum Sieden erhitztes Wasser legt und das Wasser dann je nach Größe des Eies etwa 4—5 Minuten im Sieden hält. Besser noch ist es die Eier nicht direkt in siedendes Wasser zu bringen sondern so in kaltes Wasser zu hängen, daß sie den Boden nicht berühren und dann das Wasser zum Kochen zu bringen. Beim Kochen nimmt man den Topf vom Feuer und läßt die Eier im Wasser liegen. Sofern man hartgekochte Eier verlangt, läßt man sie eine halbe Stunde in dem heißen Wasser. Abgekühlt wird anschlie-

---

[1] NICHOLLS, J. R.: Analyst 1931, **56**, 383. — [2] ROMANOFF, A. L.: Science 1933, 77, 393. — [3] EBLE, K., H. PFEIFFER und R. BRETSCHNEIDER: Z. 1933, **65**, 100. — [4] BRAUNS-DORF, K. und W. REIDEMEISTER: Z. 1934, **68**, 59. — [5] FANGAUF: Dtsche. landw. Ge-flügelztg. 1924, **27**, 485.

ßend durch Einlegen in kaltes Wasser. Hierbei beobachtet man das Verhalten des Eies besonders in der ersten Zeit des Kochvorganges:

α) Ein *Platzen des Eies* tritt außer bei mechanisch beschädigter Eischale leicht bei Kalk- und Wasserglaseiern ein. Dabei gelangt dann gewöhnlich ein Teil des Eiklars in das Kochwasser, wo es zu einem Gelgebilde erstarrt. Während aber bei Knickeiern die Sprünge zufällig verlaufen, gehen sie bei Wasserglas und Kalkeiern meistens in gerader Linie vom spitzen zum stumpfen Ende, sobald die Temperatur über 70° steigt. Nach Beendigung des Kochens gießt man das Kochwasser ab und läßt das Ei durch Einlegen in kaltes Wasser rasch abkühlen. Nun öffnet man vorsichtig das Ei, entfernt die Schale und nimmt am Inhalt die

β) *Sinnenprüfung* vor. Hierbei sind zunächst wieder Aussehen, Farbe und Änderung der Bestandteile zueinander sowie die Größe der Luftblase zu beachten. Dann prüft man Eiklar und Dotter durch Geruch und Geschmack und auf etwaige sichtbare Abweichungen.

Die empfindlichste Kostprobe wird nach BAETSLÉ und DE BRUYKER so ausgeführt, daß man das Ei nach Einlegen für drei Minuten in kochendes Wasser in einen Eierbecher mit dem stumpfen Ende nach oben setzt, rasch etwas von der Schale abnimmt, bis in den Dotter hineinstößt und etwas davon kostet, solange das Ei noch warm ist. — Der Geschmack des Eiklars ist weniger kennzeichnend.

Bezüglich der Altersbeurteilung auf Grund des Kochversuches haben FILAUDEAU und VITOUX[1] angegeben, daß sich das hartgekochte Ei leicht von der Schale befreien lasse, von milchartiger Farbe, gut homogen und federnd sei. Ein aufbewahrtes hartgekochtes Ei lasse sich schwer schälen und das Eiklar sei nicht fest und wenig federnd, dabei bisweilen in zwei oder drei Schichten geschieden. Auch nach LESCARDÉ aufbewahrte Eier könne man schwer schälen und zeigten eine charakteristische Erscheinung: Unter dem Einflusse der Luftleere, der die Eier unterworfen wurden, scheidet sich die Schalenhaut von der Schale und in der sehr kleinen Luftkammer findet man einen Tropfen Wasser, der entweder durch das Kochen oder durch Dialyse hineingelangt ist. Das Eiklar sei noch fest und von fast normalem Aussehen, aber schon in konzentrische Schichten geteilt. — Dagegen hat MONVOISIN[2] keine Unterschiede zwischen hartgekochten, frischen und Kühlhauseiern beim Schälen gefunden und auch keine konzentrischen Schichten. Dagegen zeigten nach ihm hartgekochte Eier zwei Besonderheiten: Bei Aufbewahrung in senkrechter Haltung mit dem spitzen Ende nach unten kommt der aufsteigende Dotter mit der Luftkammerhaut in Berührung, die dadurch eingebeult wird und eine kleine Bucht von etwa 2 mm in der Höhlung der Luftkammer bildet, wobei der Dotter aber noch mit einer dünnen Schicht Eiklar bedeckt bleibt. Die zweite Besonderheit ist, daß der Dotter einen etwa 1 mm dicken äußersten Rand von dunklerer Farbe als der übrige Teil erhält.

Wichtig ist auch die Größe der Luftblase, ihre Lage und die des Dotters.

b) Der **Kochversuch nach FANGAUF.** Dieser, besonders zur Feststellung der Entwicklungsstufe angebrüteter Eier nützliche Versuch ist dadurch gekennzeichnet, daß man das Ei in genau der gleichen Lage, in der man es einige Zeit hat liegen lassen, in kochendes Wasser bringt und auch hier noch ein Drehen verhindert. Man erreicht dieses dadurch, daß man es in der unveränderten Lage in einem Mullsäckchen in kochendem Wasser aufhängt. So läßt man das Ei ganz hart kochen und schneidet es dann von oben nach unten durch. Auf diese Weise erhält man die S. 60 wiedergegebenen Bilder.

4. Chemische Zusammensetzung.

a) Allgemeine Zusammensetzung.

Die Untersuchung des Eiinhaltes erfolgt im allgemeinen ähnlich wie beim Fleisch nach den in den Lehrbüchern der Lebensmittelchemie beschriebenen Methoden. Nur für die folgenden Feststellungen wurden besondere Vorschriften angegeben.

Gesamttrockenrückstand. R. HERTWIG und L. H. BAILEY[3] verwenden hierzu runde Aluminiumschalen von 55 mm Durchmesser und 15 mm Höhe mit dicht

[1] FILAUDEAU und VITOUX: Annal. Falsific 1925, **18**, 575. Nach BAETSLÉ. — [2] MONVOISIN: La Revue générale du Froid 1926, **7**, 28. Nach BAESTLÉ. — [3] HERTWIG, R. und L. H. BAILEY: J. Assoc. offic. agricult. Chem. 1925, **8**, 451.

an die Innenseite angepreßten Deckeln. Man wiegt soviel ein, als etwa 2 g Trockenmasse entspricht, also vom flüssigen Ei etwa 5 g der durchgemischten Masse, trocknet diese auf dem siedenden Wasserbade eine halbe Stunde vor und dann drei Stunden bei 112—117° im mit Ventilation versehenen Trockenschrank, bedeckt die Schale, läßt im Exsikkator erkalten und wägt. — Bei Trockenei (2 g) unterbleibt die Vortrocknung auf dem Wasserbade, und es genügt eine einstündige Trocknung im Trockenschrank. Nach J. C. PALMER[1] liefert diese Schnelltrocknungsmethode praktisch die gleichen Ergebnisse wie die Vakuummethode, die bei 98—100° bis zum konstanten Gewicht (in etwa fünf Stunden) ausgeführt wird.

Auch das Destillationsverfahren ist für die Wasserbestimmung im Eiinhalt gut geeignet.

Mineralstoffe. Wegen des hohen *Phosphor- und Schwefelgehaltes* des Eiinhaltes, im besonderen des Eidotters, liefert die *direkte Veraschung* eine Asche, die nur die Kationen praktisch vollständig enthält. Vorhandene *Chloride* werden unter Verflüchtigung von Chlorwasserstoff zerlegt, *Sulfate* teilweise unter Schwefelsäureverlust zersetzt, *Phosphate* teils verflüchtigt, teils in Pyrophosphate umgewandelt. Diese Verluste können praktisch vermieden werden durch:

1. *Veraschung mit Magnesiumacetat.* Man vermischt 5—10 g des Eiinhaltes bzw. Eidotters in einer Platinschale mit 5 cm³ einer Lösung von 50 g Magnesiumacetat, nötigenfalls unter Zusatz von Essigsäure, zu 100 cm³ gelöst, trocknet auf dem Wasserbade, anschließend bei 110° ein und verascht in üblicher Weise. Die Veraschung verläuft viel leichter und rascher als bei gewöhnlicher Verbrennung. Von der schließlich erhaltenen Asche wird das Gewicht des in einem besonderen Versuche mit dem verwendeten Magnesiumacetat gefundenen Magnesiumoxyds (Asche) abgezogen. — Bei *pulverförmigen Stoffen*, z.B. Trockeneipulver empfiehlt sich eine Durchmischung mit *alkoholischer* Magnesiumacetatlösung, die eine besonders gute Benetzung der Teilchen gewährleistet.

Die so erhaltene Asche eignet sich zur *Prüfung auf alle Bestandteile außer auf Sulfate- (Schwefel), Magnesium und Chloride.* Der Schwefelgehalt des Eies wird bei dieser Veraschungsart nur teilweise gebunden und mit einer Verflüchtigung von Chloriden ist ebenfalls zu rechnen. Für eine Prüfung auf Magnesium stört der Zusatz des Magnesiumsalzes.

2. *Veraschung mit Calciumacetat* oder — weniger gut — mit Ätzkalk nach M. MONHAUPT[2], weil man dabei den Zusatz weniger genau abmessen kann. Die Ausführung des Versuches geschieht analog wie bei der Magnesiumacetatveraschung und bietet ähnliche Vorteile und Nachteile. In der Calciumasche kann auch das *Magnesium* in der Magnesiumasche das *Calcium* bestimmt werden. Doch ist es im allgemeinen zweckmäßig auf diese beiden Kationen im besonderen Versuch in der ohne Zusatz hergestellten Asche zu prüfen um von Spuren von Verunreinigungen ganz unabhängig zu sein.

3. *Gesamtphosphorsäure.* Sehr geeignet ist die Magnesiumasche für die häufig verlangte Bestimmung der Gesamtphosphorsäure, die dann in einem besonderen Versuch ausgeführt wird.

Man bringt etwa 2 g des flüssigen (1 g des getrockneten) Eigelbs oder Eiinhaltes in eine Platinschale, verrührt innig mit 5 cm³ einer etwa 50proz. Magnesiumacetatlösung, wobei man zur besseren Durchmischung 10 cm³ Alkohol zugeben kann. Man spritzt dann das Rührstäbchen mit etwas Alkohol ab, wischt mit einem kleinen Wattebausch trocken, gibt diesen ebenfalls in die Schale und bringt auf dem Wasserbade zur Trockne. Man trocknet bei 110° oder höher weiter und verascht, wobei man schließlich unter kräftigen Glühen die Asche in der mit einer Nickelplatte bedeckten Schale völlig weiß brennt.

Die Asche löst man in 25 cm³ verdünnter Salpetersäure (Dichte 1,2) filtriert in ein Becherglas und wäscht mit Wasser bis zu einer Filtratmenge von etwa 120 cm³ nach. Dazu gibt man 40 cm³ einer Lösung von 500 g Ammonnitrat im Liter, mischt, erhitzt zum Sieden, nimmt das Becherglas von der Flamme und fügt unter Umschwenken 10 cm³ einer 10proz. Ammoniummolybdatlösung hinzu, die man tunlichst in die Mitte der Flüssigkeit laufen läßt, dann schwenkt man um und läßt etwa drei Stunden oder bis zum folgenden Tage stehen. — Alsdann filtriert man durch einen nach Trocknen gewogenen Porzellanfiltertiefel (A2), wäscht den Niederschlag mit einer verdünnten angesäuerten Ammonnitratlösung (50 g Ammonnitrat

---

[1] PALMER, J.C.: J. Assoc. offic. agricult. Chem. 1926, **9**, 354. — [2] MONHAUPT, M.: Chem.-Ztg. 1930, **54**, 697.

und 40 cm³ Salpetersäure, D. 1,2, im Liter) aus. Der Tiegel wird bei 100° getrocknet und anschließend über einem voll gestellten Pilzbrenner, dessen Flämmchen aber noch 2 cm³ vom Tiegelboden entfernt sind, schwach geglüht, bis der Niederschlag über Gelbrot in eine gleichmäßige blauschwarze Masse übergegangen ist. Das gleiche erreicht man durch 5—10 Minuten Erhitzen bei 550° im elektrischen Ofen. Dann läßt man erkalten und wägt. Vom Gewichte des Niederschlages zieht man das in einem Leerversuch mit dem Reagenzien in gleicher Weise erhaltene ab.

Der geglühte Niederschlag entspricht nach Woy[1] der Zusammensetzung $P_2O_5 \cdot 24\,MoO_3$ (Mol.-Gew. 3598)[2] und liefert mit dem Faktor 0,03949 die entsprechende Menge Phosphorsäure (P_2O_5).

Eine Methode zur Bestimmung der Phosphorsäure im Kjeldahlaufschluß mittels Selens nach dem Verfahren von Lorenz geben K. Täufel, H. Thaler und K. Starke[3] an.

4. *Schwefel.* Nach Versuchen von J. Grossfeld und G. Walter[4] eignet sich hierfür am besten ein Aufschluß mit der Kalisalpeterschmelze im Silbertigel nach folgender Abänderung des Verfahrens von Liebig:

In einem geräumigen Silbertiegel von 6 cm Höhe und 6 cm oberem Durchmesser werden 16 g Kaliumhydroxyd mit 4 g Kaliumnitrat und 2 cm³ Wasser über einem kleingestellten Spiritusbrenner gerade geschmolzen. Der Silbertiegel befindet sich zweckmäßig in einem kreisförmigen Ausschnitt einer Scheibe Asbestpappe, die ihrerseits wieder mittels Draht auf einem Eisenring so befestigt ist, daß beim Umrühren des Tiegelinhaltes keine Gefahr des Umfallens eintritt. Nach Erkalten der Schmelze gibt man darauf aus einem Abwägeschiffchen etwa 1 g der zu untersuchenden Substanz und erwärmt vorsichtig wieder zum Schmelzen. Sobald dies eingetreten ist, entfernt man die Flamme und rührt die Substanz mit einem 2 mm dicken, an einem Holzgriff befestigten Silberdraht in die Schmelze ein. Dann wird mit kleiner Flamme ganz vorsichtig weiter erhitzt, bis schließlich eine klare helle Schmelze entstanden ist. Dieser Aufschluß vollzieht sich besonders bei fettreichen Stoffen (Eigelb) anfangs unter beträchtlichem Schäumen, das aber bei genügend kleingestellter Flamme nicht zu einem Überschäumen führt und bei fortschreitender Reaktion immer mehr abnimmt; nur gegen Ende der Oxydation tritt noch ein kurzes kräftigeres Schäumen auf, worauf der Tiegelinhalt zu einer klaren Schmelze zusammenfällt. Die Schmelze wird nach Erkalten in heißem Wasser gelöst und die Lösung in ein Becherglas gespült. Man säuert allmählich unter Bedecken mit einem Uhrglase mit etwa 40 cm³ 25proz. Salzsäure an, kocht die entweichende salpetrige Säure aus und neutralisiert dann gegen Phenolphthalein.

Hierauf fügt man wieder etwa 1 cm³ Salzsäure hinzu, worauf die Lösung gegen Kongopapier sauer reagieren muß (Tüpfelprobe) mischt gut durch, erhitzt vorsichtig unter Hinzustellen eines Siedestäbchens zum Sieden und fällt siedenheiß, anfangs tropfenweise, die Schwefelsäure mit 20 cm³ 10proz. Bariumchloridlösung aus. Wegen der hohen Salzkonzentration neigt die Flüssigkeit zum Siedeverzug. Man läßt einige Stunden stehen und filtriert durch einen gewogenen Porzellantiegel (A 1 oder A 2) oder auch einen Goochtiegel mit Asbestkieselgurfilter und wägt nach dem Trocknen bei 130° oder nach schwachem Glühen. Das Gewicht des Niederschlages, mal 0,1373, liefert den Gehalt der eingewogenen Substanz an Schwefel (S).

In einem blinden Versuch prüft man auf Schwefelgehalt der Reagenzien und zieht das Ergebnis von dem des Hauptversuchs ab.

5. *Chloride.* Zur Bestimmung der Chloride benutzt man — unter Vermeidung einer Veraschung — zweckmäßig einen durch geeignete Klär- und Enteiweißungsmethoden gereinigten wäßrigen Auszug. Als solche Klärmethoden kommen besonders Erhitzen nach Ansäuern mit Salpetersäure oder Essigsäure, Ausfällung mit Phosphorwolframsäure, Behandlung mit Kaliumferrocyanid und Zinkacetat in Frage.

Mit letzteren kann man z. B. wie folgt verfahren: 10 g Eiinhalt werden mit etwa 150 cm³ Wasser verrührt, die Eiweißstoffe durch Erhitzen im kochenden Wasserbad koaguliert, dann

[1] Woy: Chem.-Ztg. 1897, **21**, 441 u. 569.

[2] Wahrscheinlich sind in dem Niederschlag neben niederen Oxyden (Blaufärbung) Spuren von Molybdäntrioxyd vorhanden, die auch bei stärkerem Glühen als Sublimatkrystalle im Tiegel erscheinen. Beide Abweichungen kompensieren sich aber, so daß der Rückstand praktisch genau obiger Zusammensetzung entspricht. Nach W. Fresenius und L. Grünhut: (Z. analyt. Chem. 1911, **50**, 90) kann die relative Genauigkeit der Phosphorsäurebestimmung nach Woy auf ±0,1 bis 0,2 % angesetzt werden.

[3] Täufel, K., H. Thaler und K. Starke: Z. angew. Chem. 1935, **18**, 191. — [4] Grossfeld, J. und G. Walter: Z. 1934, **67**, 510.

die Mischung nacheinander mit je 5 cm³ Kaliumferrocyanid (150 g/Liter) und Zinkacetat (300 g/Liter) vermischt, auf 200 cm³ aufgefüllt und filtriert. Vom Filtrat titriert man dann z. B. 100 cm³ (= 5 g), am genauesten nach VOLHARD. — Bei den in Frage kommenden kleineren Chloridmengen ist die Reinheit der Reagenzien durch einen Blindversuch besonders zu kontrollieren.

6. *Mikrojodbestimmung.* H. J. ALMQUIST und J. W. GIVENS[1] empfehlen folgende Vorschrift: Der flüssige Inhalt einer bestimmten Anzahl Eier wird mit dem gleichen Volumen 95proz. Alkohol und für je ein Ei mit 10 g Kaliumhydroxyd 16—24 Stunden am Rückfluß gekocht. Der einem Ei entsprechende Anteil der Flüssigkeit wird in einer 500 cm³-Nickelschale auf einer Heizplatte verdampft und im Muffelofen vier Stunden bei 600° verascht. Die Asche wird mit 50 cm³ heißem Wasser ausgezogen, filtriert und das Filtrat mit 6-normaler Schwefelsäure gegen Methylrot neutralisiert. Nach Zusatz von fünf Tropfen der Säure und von Bromwasser bis zur bleibenden starkgelben Farbe wird der Bromüberschuß fortgekocht, die Lösung auf dem siedenden Wasserbade eingedampft, von ausfallenden Krystallen getrennt und im Schütteltrichter nach Zugabe von einem Kaliumjodidkrystall fünfmal mit je 1 cm³ Tetrachlorkohlenstoff ausgeschüttelt. Die Auszüge werden colorimetrisch mit bekannten Lösungen von Jod in Tetrachlorkohlenstoff verglichen. Das Ergebnis eines Blindversuches wird am Schluß abgezogen. Da gemäß der Gleichung

$$HJO_3 + 5\,HJ = 3\,H_2O + 3\,J_2$$

je 1 ursprünglichen Jod 6 Teile Jod bei der Bestimmung entsprechen, wird das Ergebnis durch 6 geteilt. — Von organischen und anorganischen Jodzusätzen verschiedener Art wurden 95—102 % wiedergefunden.

7. *Kalium und Natrium nach* J. GROSSFELD *und* G. WALTER[2]. 15 g lufttrockenes Eigelb oder 3 g lufttrockenes Weißei werden mit 20 cm³ Alkohol und 5 cm³ Bariumacetatlösung (aus 32 g Bariumhydroxyd durch Lösen in Essigsäure und Auffüllen auf 100 cm³) zur Trockne verdampft und unter schwachem Glühen verascht. Die Asche wird mit 10 cm³ 25proz. Salzsäure abgeraucht und dann in einem Lufttrockenschrank unter Bedecken mit einem Uhrglas eine Stunde auf 120° erhitzt. Darauf wird mit Wasser aufgenommen und filtriert. Das Filtrat wird in einen Meßkolben von 125 cm³ Inhalt gebracht, mit 30 cm³ gesättigtem Barytwasser versetzt, zur Marke aufgefüllt und durch ein trocknes Filter filtriert. 100 cm³ des Filtrats werden in einem Erlenmeyer-Kolben mit genau 50 cm³ 4proz. Ammoniumoxalatlösung vermischt, die Mischung nach Verkorken bis zum folgenden Tage stehen gelassen und durch ein trockenes Filter filtriert.

Von diesem Filtrat werden 125 cm³ in eine gewogene Schale gegeben, mit 5 cm³ Salzsäure angesäuert, zur Trockne verdampft und die Ammoniumsalze vorsichtig abgeraucht. Der Rückstand, der aus Kaliumchlorid, Natriumchlorid und Spuren von Bariumchlorid besteht, wird in Wasser gelöst und die Lösung auf 150 cm³ aufgefüllt.

Hiervon dienen 100 cm³, entsprechend =

$$15 \times \frac{100}{125} \times \frac{125}{150} \times \frac{100}{150} = 6{,}667 \text{ g Eigelb (lufttrocken)}$$

$$3 \times \frac{100}{125} \times \frac{125}{150} \times \frac{100}{150} = 1{,}333 \text{ g Weißei (lufttrocken)}$$

zur Kaliumbestimmung nach dem Perchloratverfahren.

Vom Rest der Lösung werden bei Eigelb 40 cm³, bei Weißei 25 cm³, entsprechend

$$15 \times \frac{100}{125} \times \frac{125}{150} \times \frac{40}{150} = 2{,}667 \text{ g Eigelb (lufttrocken)}$$

$$3 \times \frac{100}{125} \times \frac{125}{150} \times \frac{25}{150} = 0{,}333 \text{ g Weißei (lufttrocken)}$$

auf etwa 1 cm³ eingedampft. Darin bestimmt man das Natrium mit Uranylacetatreagens nach H. H. BARBER und J. M. KOLTHOFF[3].

Bereitung des Reagens. Man löst in zwei Ansätzen unter Erwärmen:

A. Uranylacetat (mit 2 H_2O) 10 g, 30proz. Essigsäure 6 g, Wasser 50 g.

B. Zinkacetat (mit 3 H_2O) 30 g, 30proz. Essigsäure 3 g, Wasser 50 g.

Dann mischt man die beiden Lösungen miteinander, läßt 24 Stunden stehen und filtriert. Das Reagens ist, in Flaschen aus Jenaer Glas aufbewahrt, haltbar.

Zu der zu prüfenden Lösung[4] fügt man 10 cm³ des Reagens und mischt sorgfältig. Dann läßt man mindestens 30 Minuten stehen und filtriert durch einen Porzellan- oder Glasfiltertiegel. Nach scharfem Absaugen wäscht man 5—6 mal mit je 2 cm³ Reagens und saugt nach jeder

---

[1] ALMQUIST, H. J. und J. W. GIVENS: J. eng. chem. Analyt. Edition 1933, **5**, 254. — [2] GROSSFELD, J. und G. WALTER: Z. 1934, **67**, 523. — [3] BARBER, H. H. und J. M. KOLTHOFF: J. Amer. chem. Soc. 1928, **50**, 1625. — [4] Mit höchstens 8 mg Na.

Auswaschung ab. Dann verdrängt man das Reagens durch fünfmaliges Auswaschen mit 95proz. Alkohol, der mit dem Niederschlag gesättigt ist[1]. Schließlich entfernt man den Alkohol mit Äther. Dann wird der Tiegel abgewischt und nach 10 Minuten (oder länger) Stehen im Waagenkasten gewogen. Das Gewicht des Niederschlages, mal 0,01495, liefert die entsprechende Menge Natrium. Das Ergebnis wird um das eines Leerversuches vermindert.

Falls nur das Natrium bestimmt werden soll, kann man auch einfacher die Phosphate nach KOLTHOFF mit Magnesiamixtur beseitigen. So wurde von GROSSFELD und WALTER mit Eigelb wie folgt verfahren:

Es wurden etwa 5 g des luftgetrockneten Pulvers mit 20 cm³ alkoholischer Magnesiumacetatlösung eingetrocknet und bei schwacher Rotglut verascht. Von einem völligen Verbrennen der letzten Kohlereste wurde zur Vermeidung von Natriumverlusten abgesehen. Die Asche wurde in 4 cm³ 25proz. Salzsäure heiß gelöst und die Lösung dann nach Erkalten mit 10 cm³ Ammoniak unter Umrühren vermischt. Der entstehende Niederschlag schließt vorhandene Phosphorsäure als Ammoniummagnesiumphosphat ein. Nach einigen Stehen wurde davon abfiltriert und mit verdünntem Ammoniak ausgewaschen[2]. Filtrat und Waschwässer wurden vereinigt und auf etwa 5 cm³ oder weniger eingedampft. Dazu wurden 50 cm³ Uranreagens gegeben, die entstehende Fällung mehrere Stunden stehen gelassen und dann durch Glasfiltertiegel (10 G3) filtriert, mehrmals mit dem Reagens, dann mit (mit dem Niederschlag gesättigtem) Alkohol und schließlich mit Äther ausgewaschen. Um Störungen durch mit Alkohol ausfallendes Ammoniumchlorid auszuschließen, ist es nötig, zunächst öfters mit dem Reagens auszuwaschen und nach jeder Waschung scharf abzusaugen. Der Niederschlag wird nach Abdunsten des Äthers gewogen und das Gewicht des auf gleiche Weise erhaltenen Niederschlages aus einen Leerversuch abgezogen. Die Berechnung auf Natrium (Na) erfolgt wie oben mit dem Faktor 0,01495.

Fettgehalt. Die einfache Extraktion des getrockneten Eidotters mit Fettlösungsmitteln liefert wegen der wechselnden Mengen des mit in Lösung gehenden Lecithins je nach Art des Lösungsmittels verschiedene Ausbeuten an Rohfett.

So fand F. JEAN[3] in Eidotter:

Lösungsmittel	Äther %	Petroläther %	Schwefelkohlenstoff %	Tetrachlorkohlenstoff %	Chloroform %
Fett.	50,83	48,24	50,45	50,30	57,66

Bei Anwendung der Lösungsmittel nacheinander lieferte eine Probe frisches Eigelb mit

Lösungsmittel	Petroläther %	Äther %	Chloroform %	Alkohol %	Zusammen %
Fett.	27,33	1,05	1,37	1,32	30,97

G. J. VAN MEURS[4] fand in drei Versuchen (vgl. S. 140) an Fett aus Eigelb

Gegenstand	Auszug nach Soxhlet mit			Auskochung mit			Fett nach SMETHAM %	Desgl. nach Reinigung mit Petroläther %
	Petroläther %	Äther %	Trichloräthylen %	Petroläther %	Äther %	Trichloräthylen %		
10 Eier . . .	29,5	31,2	33,4	30,6	31,1	35,5	31,2	31,2
6 Eier . . .	30,0	31,1	—	30,1	30,7	—	30,7	30,7
Eipulver . .	—	34,9	—	—	34,2	—	36,7	36,7

H. POPP[5] (vgl. S. 343) bestimmte bei Extraktionsversuchen mit verschiedenen Lösungsmitteln auch die Menge des mitgelösten, im Fett mitgewogenen Lecithins. Bei Abzug dieser Lecithinwerte vom Gesamtfett erhält man bei Petroläther, Äther und Trichloräthylen nahezu

---

[1] Reiner Alkohol löst bei 22° je cm³ etwa 0,5 mg des Niederschlages, eine in vielen Fällen zu vernachlässigende Menge.

[2] Das Auswaschen kann durch Auffüllen auf ein bestimmtes Volumen und Verarbeiten eines Teiles des Filtrats vermieden werden. Diese, besonders bei Gegenwart größerer Mengen Natrium zweckmäßige Abänderung hat noch den Vorteil, daß das anschließend einzudampfende Filtrat nicht verdünnt wird.

[3] JEAN, F.: Ann. Chim. anal. appl. 1903, **8**, 51; C. 1903, I, 176. — [4] MEURS, G. J. VAN: Rec. Trav. chim. Pays-Bas 1923, **42**, 800. — [5] POPP, H.: Z. 1925, **50**, 135.

übereinstimmende Fettwerte, die aber bei Chloroform etwas, bei Alkohol beträchtlich, höher liegen. Alkohol und Chloroform scheinen also außer Fett und Lecithin noch weitere Bestandteile herauszulösen. Der nach Aufschluß mit Salzsäure erhaltene Fettwert muß natürlich höher sein, weil er auch die bei der Zerlegung des Lecithins freiwerdenden Fettsäuren umfaßt. Die Ergebnisse von POPP und die daraus berechneten Restfettwerte zeigt folgende Tabelle:

Lösungsmittel	Dauer des Auszuges Stunden	Aus-gezogene Menge Fett %	Darin alkohol-lösliche Phos-phorsäure (P_2O_5) %	Ent-sprechend Lecithin %	Fett minus Lecithin %
Petroläther	10	26,8	0,41	4,6	22,2
Petroläther von 70—75° Siedep. .	10	26,5	0,45	5,0	21,5 ⎱ 21,9
Äther	8—10	27,2	0,48	5,3	21,9
Chloroform	10	30,7	0,70	7,7	23,0
Alkohol	12	34,8	0,74	8,2	26,6
Trichloräthylen, direkt	Minuten 10	21,8	—	—	—
desgl. nach Trocknung des Eigelbs	10	27,5	0,54	6,1	21,4
desgl. nach Aufschluß mit Salz-säure	10	26,5	0	0	26,5

Hiernach wird also mit Petroläther und Äther etwas mehr als die Hälfte des vorhandenen Lecithins, mit Chloroform der größte Teil, etwas weniger mit Trichloräthylen ausgezogen. Nur der mit Trichloräthylen aus dem mit Salzsäure aufgeschlossenen Eigelb erhaltene Auszug war lecithinfrei.

Auch J. G. PARKER und M. PAUL[1] beobachteten mit Petroläther, Chloroform und Tetrachlorkohlenstoff verschiedene Fettausbeuten. Bei diesen Unterschieden scheint aber auch der Wassergehalt der Substanz eine Rolle zu spielen. R. T. THOMSON und J. SORLEY[2] erhielten nämlich bei sorgfältig getrockneter Substanz mit Petroläther, Äther und Chloroform gleiche Fettausbeuten.

F. KÜHL[3] bestimmt den Fettgehalt in Eigelb nach dem Verfahren von GOTTLIEB-ROESE, indem er nacheinander mit 10 cm³ lauwarmem Wasser, 1 cm³ Ammoniak, 10 cm³ Alkohol, 25 cm³ Petroläther und 25 cm³ Äther behandelt. — Dieses Verfahren wird zwar gut vergleichbare Ergebnisse, aber ebenfalls kein lecithinfreies Fett liefern. Ähnliches gilt von dem Vorschlage von TH. SUDENDORF[4] 2,5 g lufttrocknes Eipulver mit 5 cm³ 96proz. Alkohol zu schütteln und dann mit Äther-Petroläther nach besonderer Vorschrift erschöpfend auszuwaschen. Auch T. COCKBURN und M. Mc F. LOVE[5] empfehlen das Verfahren von GOTTLIEB-RÖSE, mit dem sie bei mit Glycerin konservierten Eidotter praktisch gleiche Ergebnisse wie durch Extraktion mit Chloroform erhielten. So fanden sie an Fett:

mit Chloroform. 25,45 24,50 23,95%
mit GOTTLIEB-ROESE . . . 25,12 24,29 23,61%

Ein *praktisch lecithinfreies Neutralfett* kann man aus Eigelb gewinnen, indem man dieses zunächst mit Äther auszieht, den Äther abdestilliert und das zurückbleibende Eieröl nach W. FRESENIUS und L. GRÜNHUT[6] mehrmals mit Alkohol ausschüttelt. — Wegen einer gewissen Löslichkeit des Fettes in Alkohol ist dieses Verfahren aber eher für eine Abtrennung des Lecithins, wofür es auch vorgeschlagen ist, als für die Bestimmung des Fettes geeignet. Bei nur wenigen (2) Ausschüttelungen bleibt ein Teil des Lecithins in Fett gelöst und muß dann auf besondere Weise aus dem Phosphorgehalt der Auszüge berechnet werden.

Ein völlig *lecithinfreies* Fett, in quantitativer Ausbeute, das zudem den eigentlichen Fettbestandteil des Lecithins, die Fettsäuren, umfaßt, wird nur erhalten, wenn das Eigelb bzw. der Eiinhalt zunächst durch *Hydrolyse mit Salzsäure* aufgeschlossen und dann das freigewordene Fett mit einem Fettlösungsmittel, das zweckmäßig möglichst wasserunlöslich sein soll, aufgenommen wird. POPP empfiehlt hierzu das von J. GROSSFELD[7] für Käse angegebene Verfahren mit Trichloräthylen. Aber auch Äther-Petroläther, wie in der nachstehend weiter beschriebenen, wenn auch etwas umständlicheren, dem Verfahren von SCHMIDT-

[1] PARKER, J. G. und M. PAUL: Collegium 1910, 53; Z. 1911, 22, 739. — [2] THOMSON, R. T. und J. SORLEY: Analyst. 1924, 49, 327. — [3] KÜHL, F.: Collegium 1923, 56. — [4] SUDENDORF, TH.: Pharm. Zentralhalle 1923, 64, 467. — [5] COCKBURN, T. und M. Mc F. LOVE: Analyst. 1927, 52, 143. — [6] FRESENIUS, W. und L. GRÜNHUT: Z. analyt. Chem. 1911, 50, 90. — [7] GROSSFELD, J.: Anleitung, S. 17.

Bondzynski nachgebildeten Vorschrift der amerikanischen Chemiker[1] ist verwendbar.

1. *Fettbestimmung mit Trichloräthylen.* Um eine unnötige Spaltung des empfindlichen Eifettes zu vermeiden empfiehlt es sich, den Aufschluß mit Salzsäure unter 100° vorteilhaft beim Siedepunkt des Trichloräthylens zu bewirken, indem man einfach Aufschluß und Kochung miteinander verbindet, wie folgt:

In einem Stehkolben von 300 cm³ Inhalt wiegt man 10 g des zu prüfenden Eigelbs und fügt dazu mittels einer Tauchpipette oder eines auf Ausfluß geeichten 100 cm³-Kölbchens 100 cm³ Trichloräthylen und dann 20 cm³ konz. Salzsäure (D. 1. 19.). Hierauf verbindet man unverzüglich durch einen Kautschukstopfen mit einem Kugel-Schlangenkühler nach Bömer, bringt die Mischung zum lebhaften Sieden und hält solange darin, bis alles Protein gelöst ist. Nach dem Erkalten trennt man die Fettlösung mit der Umfüllvorrichtung nach Grossfeld [2] ab, filtriert sie im Kapseltrichter [3] durch ein mit Kieselguhr beschicktes Faltenfilter, mißt vom Filtrat 25 cm³ in einem Pyknometer oder Meßkölbchen ab und führt diese Menge unter Nachspülen mit reinem Trichloräthylen in einen, mit einigen Körnchen Bimssteingries beschickten und gewogenen 100 cm³-Erlenmeyerkolben über. Man destilliert über einem Drahtnetz ab, trocknet das Fett im waagerecht liegenden Kolben bei 105—110° etwa zwei Stunden und entnimmt den Fettgehalt unter Einsetzung der Fettdichte 0,91 der Fettabelle[4].

2. *Fettbestimmung mit Äther-Petroläther[5].* Bei *flüssigen Eiinhalt* werden 3 g der gut durchgemischten Probe in einem 50 cm³-Becherglas mit 10 cm³ konz. Salzsäure gemischt und unter öfterem Umrühren 15—20 Minuten bzw. bis zur Entstehung einer klaren Lösung in einem Wasserbad von 75—80° gehalten, worauf man 10 cm³ 95proz. Alkohol zufügt und erkalten läßt. — Von *Trockeneipulver* wiegt man 2 g der gut gemischten Probe ab, feuchtet unter Umrühren mit 2 cm³ 95proz. Alkohol gleichmäßig an, gibt 10 cm³ 25proz. Salzsäure zu, mischt gut durch, bringt in das Wasserbad von 75—80° hydrolysiert wie oben, fügt 10 cm³ 96proz. Alkohol zu und läßt erkalten.

Nur führt man die Mischung in einen Fettextraktionsapparat nach Röhrig oder Mojonnier[6] über, spült das Becherglas in drei Anteilen mit 25 cm³ Äther aus, bringt diesen in die Extraktionsröhre und schüttelt um. Dazu gibt man 25 cm³ abdestillierten Petroläther vom Siedepunkt unter 60° und mischt wieder. Man läßt stehen, bis die Ätherschicht praktisch klar geworden ist. Darauf läßt man die Fettlösung soweit wie möglich ablaufen, filtriert durch einen Wattepfropfen im Stiel eines Trichters, der so fest gestopft ist, daß der Äther eben noch gut durchlaufen kann, in einen gewogenen Becherkolben von 125 cm³, der Porzellanstückchen enthält. Den Rückstand in der Röhre zieht man noch zweimal mit je 15 cm³ Äther in Petroläther in gleicher Weise aus, filtriert die Auszüge zu dem zuerst erhaltenen, wäscht schließlich den Auslauf des Ansatzes, den Trichter und das Ende des Trichterstiles mit wenig der Äther-Petroläthermischung ab und verdampft die vereinigten Auszüge zunächst vorsichtig auf einem Dampfbad. Sodann trocknet man das Fett im Wassertrockenschrank etwa 90 Minuten (bis zum konstanten Gewicht) läßt erkalten, wägt und zieht vom Gewicht das Ergebnis eines Blindversuches mit den Reagenzien ab.

3. Mit *Petroläther* nach J. Grossfeld und W. Hoth[7]. Das für Fettbestimmung in Käse ausgearbeitete und durch besondere Einfachheit ausgezeichnete Verfahren beruht, wie das unter 1 genannte, auf Anwendung einer konstanten Menge Lösungsmittel. Es eignet sich besonders auch für Eidotter.

Arbeitsvorschrift. 5 g Eidotter werden zweckmäßig auf etwas fettfreier Aluminiumfolie abgewogen und in ein 100 cm³-Stehköbchen gebracht. Dazu gibt man 10 cm³ konz. Salzsäure (oder 70proz. Schwefelsäure) worauf sich die Aluminiumfolie unter Wasserstoffentwicklung auflöst. Nun erhitzt man auf einer Heizplatte mit aufgesetzten Trichterchen vorsichtig, bis sich der Eidotter bis auf das Fett gelöst hat, und dann noch 5—10 Minuten weiter, wobei ein Eindampfen der Säuremischung tunlichst zu vermeiden ist.

Nach dem Erkalten fügt man 10 cm³ 95proz. Alkohol hinzu, schwenkt um, läßt genau 50 cm³ Benzin vom Siedepunkt 60—70° zufließen und verschließt sofort mit einem dichten Korkstopfen; nun schüttelt man in der Hand eine halbe Minute kräftig durch und läßt zur Schichtentrennung ruhig stehen. Von der klar gewordenen Fettlösung pipettiert man 25 cm³ ab, und bringt sie in ein gewogenes 100 cm³-Erlenmeyer-Kölbchen und destilliert das Benzin

---

[1] Schmidt-Bondzynski: Methodes of Analyst. 1930, S. 246. — [2] Grossfeld, J.: Vgl. Anm. 4. — [3] Vgl. S. 333. — [4] Vgl. J. Grossfeld: Anleitung zur Unters. d. Lebensmittel. Berlin 1927. — [5] Vgl. Methods of Analysis. 5. Aufl. 1935. S. 299. — [6] Besser nach Eichloff und Grimmer: Milchw. Zbl. 1910, **6**, 114. — [7] Grossfeld, J. und W. Hoth: Z. 1935, **69**, 30.

aus einem Wasserbade ab, den Rückstand trocknet man eine Stunde im Trockenschrank bei 105° und wägt nach dem Erkalten. Der Wägungsrückstand liefert den Fettgehalt nach der Fettabelle[1] ebenso wie beim Trichloräthylenverfahren (S. 344). Bei anderer Eiwaage als 5 g rechnet man das Ergebnis auf 5 g Eiwaage um.

Zum Abpipettieren der Fettlösung dient nebenstehende Vorrichtung, wobei die Füllung der Pipette durch Hineinblasen in das gebogene Glasrohr erfolgt. Auch zum Einmessen der 50 cm³ Benzin kann man eine ähnliche Vorrichtung oder noch einfacher eine Eintauchpipette von 50 cm³ benutzen.

Zuckerbestimmung. Zur Bestimmung des Zuckergehaltes, z. B. im Eiklar, empfiehlt sich eine vorherige Abscheidung der Proteinstoffe, zweckmäßig durch Hitzekoagulation in schwach essigsaurer Lösung bei nachfolgender Klärung mit Kaliumferrocyanid und Zinkacetat, wie oben bei der Chloridbestimmung (S. 340) beschrieben ist. Zur Entfernung des Zinküberschusses sammelt man einen Teil des Filtrates, etwa 50 cm³, gibt diese in ein 100 cm³-Körbchen, fügt 1 cm³ gesättigte Natriumphosphatlösung, einen Tropfen 1 proz. Phenolphthaleinlösung und dann aus einer Bürette 0,1 n-Natronlauge, bis eben eine schwache Rotfärbung eintritt. Nun füllt man zur Marke auf, bestimmt in einem Teil des Filtrates den Zuckergehalt mit FEHLINGscher Lösung und berechnet ihn als Glucose.

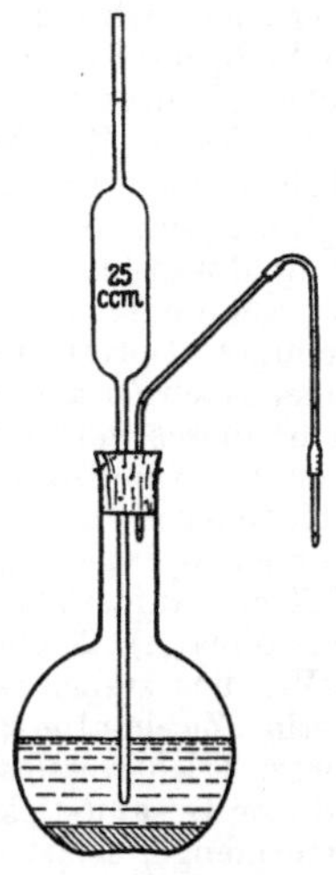

Abb. 41. Vorrichtung zur Fettbestimmung nach GROSSFELD und HOTH.

b) Besondere Bestandteile.

Einzelne Proteinstoffe. Die Untersuchung der Eiproteine erfolgte nach den allgemeinen Untersuchungsmethoden; nur für einzelne Proteinstoffe und Proteinfraktionen des Eies gelten besondere Vorschriften, die nachstehend beschrieben werden. Die *präparative* Darstellung und Trennung der Proteinstoffe wurde bereits S. 113, 117, 152 beschrieben; dieselben können natürlich auch zur angenäherten analytischen Trennung verwendet werden. Für genauere Bestimmungen werden folgende Verfahren vorgeschlagen:

1. *Wasserlösliches Protein*[2]. Von *flüssigem Eiinhalt* werden 10 g der gut gemischten Probe in einem 250 cm³-Meßkolben mit 150 cm³ Wasser geschüttelt. Dazu kommen für jedes Gramm Eisubstanz 5 cm³ 0,01 n-Essigsäure. Dann wird mit Wasser zur Marke aufgefüllt, umgeschüttelt und unter Bedecken des Trichters mit einem Uhrglase durch ein 18,5 cm-Faltenfilter filtriert. Trübe durchlaufendes Filtrat wird bis zum Klarwerden auf das Filter zurückgegossen. 50 cm³ des klaren Filtrates werden nach KJELDAHL verbrannt und wie üblich das wasserlösliche Protein berechnet.

Von *Trockenei* bringt man 1—5 g (Weißei 1 g, Ganzei 3 g, Eidotter 5 g) in eine Zentrifugierflasche von ¼ Liter Inhalt[3], fügt 50 cm³ Petroläther zu, mischt, dekantiert die Fettlösung und wiederholt diese Behandlung. Dann legt man die Flanke hin, rollt gelegentlich hin und her, bis der Rückstand trocken geworden ist und reibt den Trockenrückstand mit einem abgeplatteten Glasstab auf. Darauf gibt man 100 cm³ Wasser zu, mischt, fügt 5 cm³ 0,01 n-Essigsäure für je 1 g Eisubstanz zu und bringt genau auf 200 cm³, schwenkt um, läßt 2 Stunden unter zeitweiligem Umschütteln stehen, zentrifugiert, filtriert und bestimmt wieder in 50 cm³ den wasserlöslichen Stickstoff.

2. *Vitellin.* Ein gewogener Teil (5—10 g) des gemischten Eidotters wird mit 10 proz. Kochsalzlösung[4] vermischt und wiederholt mit Äther verrieben. Die vom Fett befreite Lösung wird entweder dialysiert oder in das 10—20 fache Volumen Wasser gegossen. Der hierdurch

---

[1] Vgl. GROSSFELD: Anleitung S. 338, Tab. 4. — Die Tabelle bezieht sich auf 10 g Einwaage und 100 cm³ Lösungsmittel, folgerichtig also auch auf 5 g Einwaage in 50 cm³ Lösungsmittel wie in unserem Falle.

[2] Methods of Analysis 4. Aufl. 1935, S. 245. Vgl. auch R. HERTWIG: J. Assoc. Offic. Agricult. Chem. 1926, **9**, 348. — [3] „8-ounce nursing bottle", entsprechend also eigentlich 226,8 g Inhalt. In Deutschland als „Kindermilchflaschen" von Schott u. Gen. hergestellt und in Drogerien und Apotheken zu kaufen. — [4] Kochsalzlösung löst das Protein besser als Wasser.

entstehende Rückstand bzw. Niederschlag wird in verdünnter Salzsäure gelöst und die vorstehende Behandlung zwecks Reinigung wiederholt. Zuletzt behandelt man den Rückstand um das Lecithin zu entfernen mit heißem Alkohol, sammelt ihn entweder auf einem gewogenen Filter oder verbrennt ihn noch feucht nach KJELDAHL. Zur *Umrechnung* des Stickstoffes auf Vitellin benutzt man den allgemeinen Faktor 6,25, da das Vitellin nach S. 114 fast genau 16% Stickstoff enthält.

    3. *Livetin.* Zur Bestimmung dieses von PLIMMER[1] (vgl. S. 113) aufgefundenen wasserlöslichen Dotterproteins wird der Eidotter nach H. D. KAY und PH. G. MARSHALL[2] zunächst sorgfältig vom Albumin befreit, indem man ihn drei- bis viermal mit 0,90proz. Kochsalzlösung abwäscht, die Chalazen abschneidet, den Dotter auf einem Baumwolltuch vorsichtig rollt, wenn nötig nochmals mit der Kochsalzlösung behandelt und abtrocknen läßt. Den so gereinigten Dotter bringt man in einen 50 cm³-Zylinder und entfernt die Dotterhaut mit der Zange. Nach Zusatz des gleichen Volumens 8proz. Natriumchloridlösung wird durchgemischt, 20 cm³ dieses verdünnten Eigelbs werden in einem graduierten Tropftrichter mit 40 cm³ Äther + 2,5 cm³ Alkohol geschüttelt und nach Abtrennung der Proteinstoffe (die bei Entenei durch Zugabe von etwas Caprylalkohol bedeutend erleichtert wird) noch dreimal mit 20—25 cm³ Äther nachgewaschen. Nach Entfernung des Äthers wird mit 4proz. Natriumchloridlösung auf 20 cm³ aufgefüllt. Zweimal je 5 cm³ dieser Lösung dienen zur Bestimmung des Gesamtstickstoffes (A). 20 cm³ werden mit Wasser auf 200 cm³ verdünnt, über Nacht zur Abscheidung des Vitellins stehen gelassen und dann filtriert. Das Filtrat enthält beinahe ausschließlich Livetin. Zweimal je 20 cm³ davon dienen zur Stickstoffbestimmung (B), 80 cm³ werden mit 25proz. Trichloressigsäurelösung versetzt und nach 15 Minuten filtriert. In 40 cm³-Filtrat wird der Gesamtstickstoff (C) bestimmt. — Bezieht man nun A, B und C auf die gleiche Dottermenge, so ist

$$\text{Livetin} \;\;= B - C,$$
$$\text{Vitellin} \;\;= A - B.$$

Phoshatide und Lecithine. Eine quantitative Abscheidung der Phosphatide aus Eidotter, insbesondere ihre Trennung vom Eieröl, ist bisher nicht gelungen. Die für diesen Zweck vorgeschlagenen und gebräuchlichen *Lösungsmittel* wie Methyl- und Äthylalkohol lösen auch nicht unbeträchtliche Mengen Fett, Fettsäuren und Cholesterin. Die *Fällungsmittel* des Lecithins, wie Aceton, Essigester, Methylacetat, Cadmiumchlorid fällen zwar die Hauptmenge der Phosphatide des Eidotters, werden aber durch gleichzeitig vorhandenes Eieröl in ihrer Wirkung stark geschwächt und lassen dann noch beträchtliche Anteile, insbesondere die stärker ungesättigten, in Lösung, um so mehr, je mehr Fett zugegen ist. So wertvoll also diese Trennungsmittel in geeigneter Anwendung bei der präparativen Aufarbeitung der Phosphatidgemische werden können, so wenig sind sie zur Bestimmung der Gesamtmenge der Phosphatide geeignet.

    Zur analytischen Bestimmung ist man somit gezwungen den Phosphatid- bzw. Lecithingehalt indirekt aus einem seiner charakteristischen Bestandteile abzuleiten. Hierfür ist nun wegen seiner verhältnismäßig größeren Konstanz der *Phosphorgehalt* besonders geeignet, der dann gewöhnlich als Phosphorsäure (P_2O_5) berechnet und als *Lecithin-Phosphorsäure* zum Ausdruck gebracht wird. — *Zur Unterscheidung* der einzelnen *Phosphatide* können darauf die weiteren Bestandteile des Moleküls, insbesondere die *Art der Basen und der Fettsäuren*, dienen.

    1. *Lecithin-Phosphorsäure.* Obwohl das Lecithin und die es im Eidotter begleitenden Phosphatide in Mischung miteinander in den üblichen Fettlösungsmitteln wie Petroläther, Äther, Chloroform, Trichloräthylen und Benzol, wenigstens in der Wärme löslich sind, gelingt es damit nicht aus Eidotter die Gesamtmenge der vorhandenen Phosphatide auszuziehen, weil die natürliche Bindung eines Teiles des Lecithins an Vitellin zu dem sog. „Lecithinalbumin" (vgl. S. 126) nicht völlig gelöst wird. Hierzu bedarf es vielmehr einer *Behandlung mit Alkohol*, der aber dann auch sehr leicht, schon in der Kälte, wie folgende Versuche von R. COHN[3] gezeigt haben, diese Spaltung hervorruft:

---

[1] PLIMMER: J. chem. Soc., London 1908, **93**, 1500 (vgl. S. 117). — [1] KAY, H. D. und PH. G. MARSHALL: Biochem. J. 1928, **22**, 1264. — [3] COHN, R.: Z. öffentl. Chem. 1911, **17**, 203.

Nr. des Versuches	Art der Behandlung	Äther	Lecithin-P$_2$O$_5$ löslich in		Gesamt-menge
			kaltem Alkohol	Anschlie-ßend in heißem Alkohol	
		%	%	%	%

I. Versuche mit Eidotter aus frischen Ei, nicht getrocknet.

1.	Kalte Extraktion	0,463	0,428	0,008	0,872
2.	Gleiche Probe, direkt mit Alkohol	—	0,868	0,007	0,875
3.	Neue Probe	—	0,874	0,008	0,882
4.	Neue Probe	0,381	0,511	Spuren	0,892
5.	Dieselbe Probe, mit Gips verrieben und drei Stunden bei 103° getrocknet	—	0,854	0,007	0,861
6.	Neue Probe	0,425	0,462	0,009	0,896
7.	Dieselbe Probe, sofort mit heißem Alkohol .	—	—	—	0,893

II. Versuche mit Trockeneipulver Colovo.

8.	Kalte Extraktion.	0,608	0,633	0,009	1,250
9.	vier Stunden auf 103° erhitzt	0,442	0,795	0,014	1,251
10.	zwei Stunden auf 130° erhitzt	0,356	0,833	0,011	1,220

Durch *kalten* Alkohol gelingt es somit bereits das Lecithin zu etwa 99% in Lösung zu bringen. Weiter zeigen die Versuche Nr. 9 und 10, daß ein Erhitzen bei 103° die Lecithinausbeute nicht, selbst ein zweistündiges Erhitzen auf 130° sie nur wenig (2,4%) verringert.

In den älteren Vorschriften zur Bestimmung der Lecithinphosphorsäure wurde zur Entfernung des Fettes zuerst mit Äther, dann mit Alkohol ausgezogen und in den vereinigten Auszügen die Phosphorsäure bestimmt. Aber bereits A. JUCKENACK[1] schlägt für sein Verfahren für Eierteigwaren ausschließlich Extraktion mit Alkohol, allerdings bei sehr langer Extraktionsdauer von 10 bis 12 Stunden, vor.

Auch C. MASSATSCH[2] betont, daß zur Bestimmung des Lecithingehaltes im Eidotter eine Alkoholextration genügt. Bei solchen mehrstündigen Extraktionen mit Alkohol im Extraktionsapparat entsteht indes die Gefahr, daß neben Lecithin auch Spuren anderer organischer oder selbst anorganischer Phosphorverbindungen dem Lecithin sich beimischen können, wenn nicht für eine völlige *Abhaltung von Wasser*, Sorge getragen wird. So erhielt G. J. VAN MEURS[3] bei Anwendung von 96proz. Alkohol zur Extraktion, statt nach Vorschrift von absolutem Alkohol, wesentlich höhere Ergebnisse:

Gegenstand	Eigelb I	Eigelb I	Volleipulver %
Lecithin-P$_2$O$_5$	0,91 gegen 0,78	0,91 gegen 0,85	1,012 gegen 0,935

Man kann in solchen Fällen nun die Auszüge durch Verdampfen des Alkohols und *Aufnehmen* des Rückstandes mit *Chloroform* reinigen. Besser aber umgeht man die Gefahr einer Verunreinigung des Auszuges durch Extraktion der sorgfältig getrockneten Substanz *mit wasserfreiem* Alkohol, wobei in einem Extraktionsapparat mit stetigem Ablauf (z.B. nach BESSON) eine Extraktionszeit von drei Stunden[4] genügt, wenn man für genügend feine Verteilung des Extraktionsgutes sorgt. Phosphate werden durch absoluten Alkohol nicht gelöst (A. MANASSE[5]).

Bei *Gegenwart* von viel *Fett*, wie beim Eidotter, scheidet sich dieses aus der alkoholischen Lösung aus, wenn der Sättigungspunkt überschritten wird, und gibt dadurch bisweilen zu heftigem Stoßen Anlaß. Bei einer Arbeitsweise von B. REWALD[6], der z.B. Kakaoprodukte mit einer *Benzol-Alkoholmischung* (4:1) auszieht,

---

[1] JUCKENACK, A.: Z. 1900, **3**, 1. — [2] MASSATSCH, C.: Allgem. Öl- u. Fettztg. 1930, **27**, 431. — [3] MEURS, G. J. VAN: Rec. trav. chim. Pays-Bas 1923, **42**, 800. — [4] Vgl. J. TILLMANS, H. RIFFART und A. KÜHN: Z. 1930, **60**, 377. — [5] MANASSE, A.: Biochem. Z. 1906, **1**, 246. — [6] REWALD, B.: Chem.-Ztg. 1931, **55**, 393; vgl. Allgem. Öl- u. Fettzgt. 1930, **27**, 431.

kann eine solche Fettausscheidung nicht eintreten. Außerdem werden so von REWALD auch gewisse in Alkohol lösliche, in Pflanzen vorkommende, alkoholschwerlösliche Phosphatide mit in Lösung gebracht. Bei Eidotter ist dieser Umstand von geringerer Bedeutung als vielleicht der, daß der Benzolzusatz auch die Verunreinigung mit wasserlöslichen Stoffen zurückdrängen muß.

Nach Versuchen von J. GROSSFELD und G. WALTER[1] ist das Ergebnis mit 95 proz. Alkohol nur wenig höher als das mit absolutem, der wieder praktisch gleiche Werte lieferte wie Propyl-, Isopropyl- und Methylalkohol sowie eine Mischung von Benzol mit Alkohol. So fanden GROSSFELD und WALTER an vergleichenden Versuchen mit Eidotter bei dreistündiger Extraktion mit je 100 cm³ Lösungsmittel:

Ver-such	Lösungsmittel	Einwaage	Lecithin-P_2O_5		
			in der luft-trockenen Substanz %	in der Trocken-substanz %	im frischen Dotter %
1.	Alkohol, absoluter.	0,6526	1,98	2,04	1,03
2.	Alkohol, 95 proz.	0,4994	2,22	2,29	1,16
3.	80 cm Benzol + 20 cm³ Alkohol (95 proz.)	0,5446	2,06	2,12	1,07
4.	i-Propylalkohol	0,5287	2,02	2,08	1,05
5.	Metylalkohol	0,5404	1,95	2,01	1,02
6.	n-Propylalkohol	0,5198	2,00	2,06	1,04

Die Mischung Nr. 3 (nach REWALD) hat den Vorteil einer möglichst hohen Alkoholersparnis, da sie nur ein Fünftel an Alkohol enthält. Sie löst Fett vollständig auf und liefert daher einen klaren Auszug ohne Fettausscheidung. Dafür erfordert aber das Abdampfen der unangenehm riechenden und gesundheitsschädlichen Benzoldämpfe die Anwendung eines Abzuges. Versuch Nr. 5 vollzieht sich wegen des niedrigen Siedepunktes des Methylalkohols bei niedrigster Temperatur und liefert eine alkoholische Lösung, aus der sich die größte Menge Fett ausscheidet und aus der durch Verdampfen das Lecithin am reinsten erhalten werden kann. n-Propyl und i-Propylalkohol stehen in ihrem Verhalten zwischen Äthylalkohol und der Benzol-Alkoholmischung. Besonders n-Propylalkohol, dessen Siedepunkt von 96,5° eine sichere Abspaltung und Lösung des Lecithins gewährleistet, bietet noch den Vorteil auf dem Wasserbade nicht so heftig zu sieden, wodurch Spritzverluste leichter vermieden werden. Man kann für die Lecithinextraktion auch technischen, nicht völlig reinen Propylalkohol verwenden, sofern er frei von Phosphor ist, was ein Blindversuch leicht anzeigt. Isopropylalkohol löst weiter nur das eigentliche Phosphatid, nicht sein Zersetzungsprodukt Glycerinphosphorsäure (vgl. S. 193).

Die obigen Versuche von COHN lassen vermuten, daß die Abtrennung des Lecithins aber auch möglich ist, wenn man von der *ungetrockneten Substanz* ausgehend diese nur einige Male mit dem Lösungsmittel in Berührung bringt. So verrührt W. LINTZEL[2] den mit Fließpapier vom anhaftenden Eiklar befreiten Dotter zur Entwässerung in 50 cm³ absolutem Alkohol. Der Niederschlag wurde dann abfiltriert, zweimal in heißem Alkohol suspendiert und ausgezogen. Nach dem Trocknen wurde mit Petroläther erschöpfend ausgezogen. Die gesammelten alkoholischen und ätherischen Auszüge wurden zur Trockene eingedampft und mit Petroläther aufgenommen.

Von allen diesen Vorschlägen scheint aber der einfachste der einer dreistündigen Extraktion des getrockneten Eidotterpulvers im Extraktionsapparat nach BESSON oder in dem von uns [3] angegebenen Apparat mit absolutem Alkohol, Propyl- oder Isopropylalkohol oder gegebenenfalls zur Vermeidung einer Fettabscheidung [4] mit Alkohol unser Zusatz von Benzol zu sein.

Die *Bestimmung der Phosphorsäure* in dem erhaltenen Phosphatidauszug erfolgt am bequemsten nach dem S. 339 beschriebenen Magnesiumacetatverfahren. Zu

[1] GROSSFELD, J. und G. WALTER: Z. 1934, **67**, 515. — [2] LINTZEL, W.: Arch. Tierernähr. u. Tierzucht 1931, **7**, 42. — [3] Vgl. Z. 1929, **58**, 227. — [4] Wozu bereits ein Zusatz von etwa 10% Benzol genügt.

diesem Zwecke führt man den Auszug unter Nachspülen mit heißem Alkohol in eine Platinschale über, fügt 5 cm³ der Magnesiumacetatlösung (50 g in 100 cm³) hinzu, trocknet ein und verascht. Die weitere Behandlung geschieht in genau gleicher Weise wie S. 339 beschrieben wurde.

Statt dieser trockenen Veraschung wird zur Bestimmung der Lecithinphosphorsäure vielfach auch die *Säuregemischveraschung* angewendet, die eine Verwendung der Platinschale umgeht und besonders bei kleinen Phosphatidmengen sehr genaue Ergebnisse liefern kann.

Nach J. TILLMANS, H. RIFFART und A. KÜHN[1] ist es vorteilhaft, kleine Phosphorsäuremengen nach *Mineralisierung mit Schwefelsäure + Wasserstoffsuperoxyd* in Form des hochmolekularen *Strychninphosphorsäuremolybdats* zur Wägung zu bringen.

TILLMANS, RIFFART und KÜHN empfehlen folgende

Arbeitsvorschrift: Den Extraktionsrückstand mit einem Phosphorsäuregehalt zwischen 2—16 mg P_2O_5 (entsprechend 0,2—1,6 g (Eidotter) versetzt man in einem Glaskolben aus widerstandsfähigem Glase (Extraktionskolben) mit 15 cm³ Perhydrol-MERCK[2] und 5—10 cm³ konz. Schwefelsäure, verschließt mit einem Trichter und erhitzt die Mischung auf dem Drahtnetz unter dem Abzug, zuerst langsam bis zur beginnenden Braunfärbung. Nach kurzem Stehen gibt man unter weiterem Erhitzen vorsichtig 2—3 cm³ neues Perhydrol hinzu, indem man den Kolben neigt oder den Zusatz mittels Tropftrichters einfließen läßt. Man fährt mit dieser Behandlung unter allmählicher Wärmesteigerung solange fort, bis sich die Flüssigkeit auch nach längerem starken Erhitzen nicht mehr bräunt. Nach völligem Erkalten bringt man die Lösung durch Verdünnen mit Wasser im Meßkolben auf ein Gesamtvolumen von 100 cm³. 25 cm³ dieser Lösung werden alsdann in einem Becherglase unter Zusatz von einem Tropfen Methylorangelösung mit Ammoniak neutralisiert. Das Volumen wird auf 60 cm³ gebracht und die erkaltete Lösung unter Umschütteln mit 20 cm³ des Fällungsreagens versetzt. Dieses Reagens stellt man kurz vor Gebrauch durch Eingießen von 5 cm³ 1,5proz. Strychninnitratlösung in Wasser in 15 cm³ Molybdän-Salpetersäure[3] (bereitet durch Auflösen von 33,33 g Ammoniummolybdat mit Wasser auf 100 cm³ und Eingießen dieser Lösung unter Umschütteln in 300 cm³ einer verdünnten Salpetersäure, die man durch Mischung von 200 cm³ Salpetersäure vom spez. Gewicht 1,40 und 100 cm³ Wasser erhält) her. Der augenblicklich entstehende Niederschlag setzt sich sehr rasch ab und kann bereits nach 15—20 Minuten langem Stehen, während welcher Zeit man öfters umschwenkt, durch einen gewogenen Porzellanfiltertiegel filtriert werden. Das Überspülen und Auswaschen des Niederschlages erfolgt zunächst mit 25 cm³ eisgekühltem, auf das Fünffache mit Wasser verdünnten Fällungsreagens, hierauf noch solange mit eisgekühltem Wasser, bis das Waschwasser Lackmus nicht mehr rötet. Schließlich wird der Tiegel im Trockenschrank bei etwa 100° bis zur Gewichtskonstanz getrocknet und gewogen. Aus dem Gewicht des Niederschlages ergibt sich mit dem Faktor 0,0256 (oder durch Division durch 39) die in 25 cm³ der Säurelösung, mit dem Faktor 0,1026 die in 100 cm³ derselben, also in der angewendeten Extraktmenge enthaltene Lecithinphosphorsäure (P_2O_5).

Ein *colorimetrisches Verfahren* zur Bestimmung der Lecithinphosphorsäure mit Molybdänblaulösung empfiehlt u. a. P. STADLER[4].

2. *Lecithin neben Cephalin (Cholin neben Aminoäthylalkohol)*. Seit der Auffindung des sog. *Colaminlecithins* durch TRIER (vgl. S. 119), das sich mit dem aus Hirnsubstanz darstellbaren *Cephalin* seiner Struktur nach als identisch erwiesen hat, ist die genaue analytische Bestimmung beider Komponenten bzw. Stoffklassen nebeneinander von Bedeutung geworden. Die lange bekannte Abtrennung des Cephalins auf Grund seiner Schwerlöslichkeit in kaltem Alkohol ist bei weitem nicht quantitativ durchführbar. Viel schärfer ist auch hier die indirekte Analyse auf Grund der Bestimmung des Cholins neben Aminoäthylalkohol.

D. H. BRAUNS und J. A. MACLAUGHLIN[5] haben zu dem Zwecke das durch saure Hydrolyse erhaltene Cholin als Chloroplatinat gefällt, aber nicht rein erhalten sondern das mitausgefällte

---

[1] TILLMANS, J., H. RIFFART und A. KÜHN: Z. 1930, **60**, 374. — [2] Ein Perhydrol anderer Herkunft lieferte mit dem Molybdänreagens Niederschläge. — [3] Dieses Reagens ist nur begrenzt haltbar und nur solange verwendbar, als noch keine Ausscheidung von Molybdänsäure eingetreten ist. — [4] P. STADLER: Zeitschr. analyt. Chem. 1937, **109**, 168. — [5] BRAUNS, D. H. und J. A. MACLAUGHLIN: J. Americ. chem. Soc. 1920, **42**, 2238; C. 1921, IV, 172.

Colamin ebenso wie dessen Hauptmenge im Filtrat aus dem Aminostickstoff nach VAN SLYKE abgeleitet. Bei Versuchen, den Aminostickstoff nach VAN SLYKE direkt in den Phosphatiden zu ermitteln erhielten H. RUDY und J. H. PAGE[1] immer um 10—12% zu hohe Ergebnisse ohne den Grund dafür aufklären zu können.

Doch bereitet anderseits die Spaltung des Lecithins mit Salzsäure nach H. MACLEAN[2] keine Schwierigkeiten bei folgender Arbeitsweise: Etwa 1 g Substanz wird mit verdünnter Salzsäure (10 cm³ konz. Salzsäure + 90 cm³ Wasser) 2—5 Stunden gekocht, die Lösung nach Stehen in der Kälte von den Fettsäuren abfiltriert, der Filterrückstand gründlich mit Wasser ausgekocht und das gesamte Filtrat auf dem Wasserbade zur Trockne gebracht.

Bei der Aufspaltung des Lecithins durch Alkalien z.B. mit methylalkoholischer Bariumhydroxydlösung treten nach G. KLEIN und H. LINSER[3] bereits Verluste durch Abspaltung von Trimethylamin aus Cholin ein.

Ein Verfahren von W. LINTZEL und S. FOMIN[4] zur quantitativen Bestimmung von Cholin neben Colamin beruht auf Oxydation mit Kaliumpermanganat in alkalischer Lösung[5], wobei das Cholin quantitativ in Trimethylamin, das Colamin in Ammoniak übergeht. Die Messung beider Basen erfolgt dann auf Grund ihres verschiedenen Verhaltens gegen Formaldehyd, das in alkalischer Lösung das Ammoniak bindet, während das Trimethylamin mit Luft z.B. in 1/50 n-Schwefelsäure übergetrieben und titriert werden kann.

Das Verfahren ist so scharf, daß es sich auch für eine Mikroausführung vorzüglich eignet. Für eine solche geben W. LINTZEL und G. MONASTERIO[6] folgende Arbeitsvorschrift an:

20—50 mg Phosphatide werden in einem Reagierzylinder mit 2 cm³ 10proz. alkoholischer Kalilauge versetzt, der Zylinder verschlossen und eine Stunde im Wasserbade von 70° gehalten. Nach Beendigung der Verseifung werden 2 cm³ verdünnte Salzsäure (konzentrierte Salzsäure und Wasser 1:1) und Wasser bis zum Volumen von 12 cm³ zugesetzt und mit etwa 10 cm³ Petroläther kräftig durchgeschüttelt. Nach Einstellung der scharfen Trennungslinie beider Phasen auf 12 cm³ werden mit der Pipette von der unteren 10 cm³ entnommen und zur Bestimmung des Cholins verwendet. Hierzu dient der nebenstehende Apparat.

Der Vakuumkolben A wird mit 10 cm³ Kjeldahl-Natronlauge und der Cholinlösung beschickt. Der 24 cm lange und 4 cm weite Zylinder B enthält eine gekühlte Mischung von 5 cm³ Kjeldahl-Lauge und 10 cm³ 35proz. Formaldehydlösung. Er steht in einer Schale mit Eis und muß an den Innen-

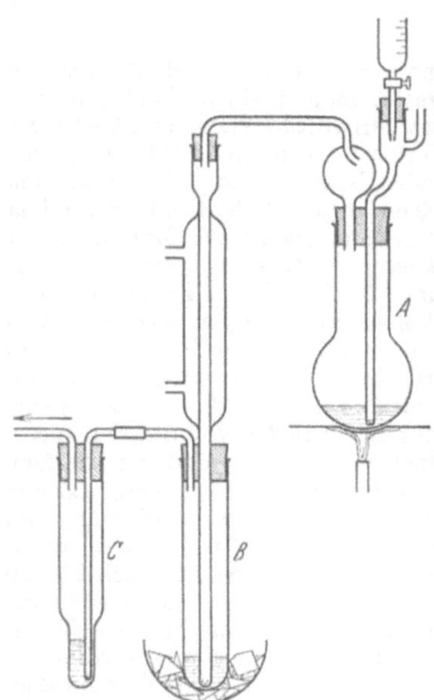

Abb. 42. Apparat zur Cholinbestimmung nach LINTZEL und MONASTERIO.

wänden ebenso wie das zu dem Zylinder C führende Rohr trocken sein. Dieser Zylinder, der unten verjüngt ist, enthält 5 cm³ 1/50 n-Schwefelsäure und einige Tropfen Phenolphthaleinlösung. Das abführende Rohr steht mit einer Wasserstrahlpumpe in Verbindung, die so stark läuft, wie es das Schäumen der Vorlage im Kolben C ohne Gefahr des Verspritzens zuläßt. Der Kolben A wird nun zum schwachen Sieden erhitzt, worauf zunächst der Alkohol aus der wäßrigen Verseifungsflüssigkeit herausdampft. Wenn nach Aussehen des Kondensates im Kühler die Hauptmenge des Alkohols übergegangen ist, wird aus dem Tropftrichter über dem Kolben A erst äußerst langsam, dann rascher 0,5proz. Kaliumpermanganatlösung zugetropft. Die Lösung im Kolben darf keine grüne Färbung zeigen, solange die Oxydation im Gang ist, sondern muß braun bleiben. Erst bei Beendigung der Oxydation nach etwa 15 Minuten tritt auch bei einige Minuten fortgesetztem Erhitzen bleibende Grünfärbung ein. Nun wird die Verbindung zwischen dem Tropfenfänger und dem Kühler geöffnet und der Zylinder B durch das Kühlrohr mit weiteren 10 cm³ Kjeldahl-Lauge beschickt. Dann wird die Eiskühlung entfernt, so daß sich der Zylinder auf Zimmertemperatur langsam erwärmen kann. Ein stärkeres Erwärmen ist aber wegen der Kondensatbildung an den Wänden und im Über-

[1] RUDY, H. und J. H. PAGE: Z. physiol. Chem. 1930, **193**, 251. 452. — [2] MACLEAN, H.: Z. physiol. Chem. 1909, **59**, 223; C. 1909, I, 1591. — [3] KLEIN G. und H. LINSER: Biochem. Z. 1932, **250**, 220. Dort auch Literaturzusammenstellung über das Vorkommen von Cholin in Pflanzen. — [4] LINTZEL, W. und S. FOMIN: Biochem. Z. 1931, **238**, 438. — [5] In schwefelsaurer Lösung entsteht mit Permanganat fast quantitativ *Betain*. — [6] LINTZEL, W. und G. MONASTERIO: Biochem. Z. 1931, **241**, 273.

leitungsrohr, die dann Trimethylamin zurückhalten, zu vermeiden. Die Durchlüftung des Apparates wird nach Abschaltung des Kolbens A noch eine Stunde fortgesetzt, wodurch alles Trimethylamin in die vorgelegte Schwefelsäure übergeht, während das Ammoniak durch die Formaldehydlösung zurückgehalten wird.

Die Titration des Trimethylamins nehmen LINTZEL und MONASTERIO auf indirektem Wege mit 1/50 n-, mittels Bariumhydroxyd von Kohlensäure befreiter Trimethylaminlösung vor, indem sie einmal eine genau 1/50 n-Schwefelsäure (5 cm³ davon + 5 cm³ Wasser) und im Vergleich dazu die Vorlage (5 cm³ + 5 cm³ Wasser zum Nachspülen des Rohres) titrieren und zwar gegen Phenolphthalein als Indicator um vorsichtshalber etwaige mitübergegangene Spuren von Ammoniak nicht mitzumessen. Von der Differenz beider Titration entspricht 1 cm³ 1/50 n-Lösung 0,28 mg N bzw. Trimethyl- und Cholin-N, ein Ergebnis, das aber noch, weil nicht die Gesamtmenge verarbeitet worden ist, dem Faktor 12/10 malzunehmen ist.

Auch durch einfaches Erhitzen mit konzentrierter Kalilauge läßt sich aus Cholin das Trimethylamin abspalten, allerdings erst bei höherer Temperatur. G. KLEIN und H. LINSER[1] nehmen diese Aufspaltung bei 140—150° in einem Silberkolben vor und wenden sie auch auf Cholinbestimmung in Lecithinpräparaten an. Das Trimethylamin wird bei diesen Versuchen überdestilliert und in 0,1 n- oder 0,01 n-Säure aufgefangen. Vom Titrationsergebnis wird der Betrag für das colorimetrisch ermittelte Ammoniak abgezogen. — Bei Verarbeitung genügend großer Substanzmengen wird auch das bei der Oxydation mit Kaliummanganat nach dem vorstehenden Verfahren von LINTZEL und MONASTERIO bzw. KLEIN und LINSER erhaltene Ammoniak-Trimethylamindestillat mittels salpetriger Säure nach F. OKOLOFF[2] aufgearbeitet werden können.

Sehr einfach erscheint ein Vorschlag von H. RUDY und J. H. PAYE[3], das Cephalin nach A. GRÜN und R. LIMPÄCHER[4] in ätherisch-alkoholischer oder noch besser in wasserfreier benzolisch-alkoholischer Lösung als *einbasische Säure* gegen Phenolphthalein mit absolut-alkoholischer Kalilauge zu titrieren, wobei Lecithin infolge innerer Absättigung neutral reagiert. Das Verfahren ist aber nur auf reine, säurefreie Präparate anwendbar, wie man sie durch Umfällung aus geeigneten Lösungsmitteln (Alkohol, Aceton) erhält, wobei indes immer ein Teil der Phosphatide in Lösung bleibt (vgl. S. 120). Gegenwart von Wasser stört bei dieser Titration.

Eine weitere Möglichkeit zur Bestimmung des Cholins besteht ferner in seiner direkten Abscheidung als Enneajodid. Dieses von W. ROMAN stammende, von F. E. NOTTBOHM und F. MEYER[5] übernommene Verfahren hat sich nach den gleichen Bearbeitern[6] zur Lecithinbestimmung als geeignet erwiesen. Das Verfahren erfordert aber eine Vorbehandlung zur Zerstörung der Begleitstoffe, die NOTTBOHM und MEYER durch Erhitzen mit Salzsäure im Autoklaven erreichen, in folgender Ausführung:

Etwa 2 g flüssiges oder 1 g trockenes Eigelb werden mit 10 cm Salzsäure (D. 1,124) und 50 cm³ Wasser bei 4,5 atü aufgeschlossen und die abgeschiedenen Fettsäuren gründlich mit heißem Wasser ausgewaschen. Nach dem Aufkochen mit reiner Tierkohle (D.A.B.6.) wird auf ein Volumen von 20—50 cm³ eingeengt. Diese Cholinlösung reicht für eine Doppelbestimmung nach W. ROMAN[7]. Man bringt die Hälfte der Lösung in ein starkwandiges Zentrifugenröhrchen von 30 cm³ Inhalt, kühlt in Eis, versetzt mit 5 cm³ starker Jodlösung[8] und läßt nach Umrühren mit einem Glasstab etwa 15 Minuten in Eiswasser stehen. Der alsbald sich zeigende Niederschlag wird zentrifugiert, wobei er sich am Boden zusammenballt. Die überstehende Flüssigkeit gießt man rasch durch den Asbestbelag eines verkürzten ALLIHNschen Röhrchens und befreit die Fällung von anhängender Jodlösung durch Auswaschen mit etwa 10 cm³ Eiswasser in kleinen Anteilen. Das Enneajodid wird in warmem Alkohol gelöst, mit Wasser auf etwa 500 cm³ aufgefüllt und mit 0,1 n-Thiosulfatlösung titriert. 1 cm³ dieser Lösung entspricht 1,335 mg Cholin.

3. *Übrige Komponenten der Eidotterphosphatide.* Die Prüfung der *Fettsäuren* erfolgt in bekannter Weise. Aus dem abgetrennten Lecithin können die Fettsäuren durch Hydrolyse mit Salzsäure wie bei der Fettbestimmung in Eigelb beschrieben ist, abgetrennt werden. Nach H. H. ESCHER[9] eignet sich zum quantitativen *Abbau des Lecithins* vor allem die HALLERsche Alkoholyse mit Chlorwasserstoffgas, wie sie auch FOURNEAU und PIETTRE[10] mit Vorteil verwendeten. Jedenfalls ist diese Behandlung praktisch vorteilhafter als die früher gebräuchliche Bariumhydroxydverseifung.

[1] KLEIN, G. und H. LINSER: Biochem. Z. 1932, **250**, 220. — [2] OKOLOFF, F.: Z. 1932, **63**, 143. — [3] RUDY, H. und J. H. PAYE: Z. physiol. Chem. 1930, **193**, 251. — [4] GRÜN, A. und R. LIMPÄCHER: Ber. dtsch. chem. Ges. 1927, **60**, 151. — [5] NOTTBOHM, F. E. und F. MEYER: Z. 1932, **63**, 620. — [6] NOTTBOHM, F. E. und F. MEYER: Z. 1933, **65**, 55; **66**, 585 und Chem.-Ztg. 1932, **56**, 881. — [7] ROMAN, W.: Biochem. Z. 1930, **219**, 218. — [8] 157 g Jod und 200 g Kaliumjodid im l. 0,3 ccm davon reichen für 1 ccm Cholinlösung, die 5 mg Cholin enthält. — [9] ESCHER, H. H.: Helvet. chim. Acta. 1925, **8**, 686. — [10] FOURNEAU und PIETTRE: Bull. Soc. chim. France 1912 (4), **11**, 805.

Unverseifbares und Cholesterin. Da das Cholesterin im Eidotter teilweise in veresterter Form (vgl. S. 144) vorhanden ist, muß zu seiner Bestimmung eine vorherige Verseifung vorgenommen werden, so daß man diese Bestimmung zweckmäßig mit der des Gesamtunverseifbaren im Eieröl verbindet. Um alles Cholesterin in Lösung zu bringen, scheint es, da nach H. MATTHES und G. BRAUSE[1] Lecithin aus Eidotter stets noch wechselnde Mengen Cholesterin einschließt, nötig zu sein mit Alkohol und einem Fettlösungsmittel, z.B. Äther, einen Auszug herzustellen, der auch das Lecithin enthält. Nach Angaben von H. THAYSEN[2] und H. DAM[3] können ferner durch Trocknen des Rohstoffes bei 100° deutliche Verluste an Cholesterin, nach DAM bis zu 16,4%, eintreten. Auch bei mehrstündigem Erhitzen der Seifenlösung oder der Seife auf 100° und darüber traten Cholesterinverluste ein. Da diese bei Luftzutritt am höchsten waren, dürfte es sich dabei um Oxydationsvorgänge handeln. DAM empfiehlt daher zur Cholesterinbestimmung ein Trocknen bei 50° und Ausschließung der Luft bei der Verseifung. J. FEX[4] fand keine Verluste beim Erhitzen, aber unter Umständen eine Spaltung von Cholesterinestern bei der Lufttrocknung.

Statt das Eieröl mit dem Cholesterin zunächst durch besondere Extraktion zu isolieren kann auch die Verseifung direkt in der Substanz, also hier im Eidotter, vorgenommen werden. So isoliert DAM das *freie Cholesterin* durch Zusetzen von 5 cm³ Alkohol zu 1,5—2,0 g Dotter, Umrühren, einige Minuten Erwärmen auf dem Wasserbad und Auswaschen mit 100 cm³ Äther in kleinen Anteilen, worauf im koagulierten Protein kein Cholesterin mehr nachzuweisen war, das *Gesamtcholesterin* jedoch durch Verseifung von 1,5 g Dotter mit 3 cm³ 60proz. Kalilauge auf dem Wasserbad. So geeignet diese Behandlung zur Bestimmung des Cholesterins nach dem Digitonidverfahren sein mag, so ist doch für die Abtrennung des Gesamtunverseifbaren eine vorherige Abtrennung der ätherunlöslichen Stoffe vorzuziehen.

Auch die *Verseifung der Cholesterinester* scheint bisweilen schwierig zu verlaufen. THAYSEN hält im allgemeinen eine 8—12stündige Verseifung mit Natriumalkoholat für nötig, nur für einzelne Ester eine kürzere Dauer. DAM fand den ganzen Ester in 2—3 Stunden gespalten. Andere Forscher verlangen wesentlich kürzere Verseifungsdauer. Dies hat, abgesehen von der Zeitersparnis, den Vorteil geringerer Oxydationsmöglichkeit für das Cholesterin.

1. *Bestimmung des Unverseifbaren und des Cholesterins nach* P. BERG *und* J. ANGER-HAUSEN[5]. Aus dem mit Sand eingetrockneten Eidotter werden zunächst durch erschöpfendes Ausziehen mit Äther[6] die ätherlöslichen Bestandteile, das Eieröl, gewonnen. 5 g davon werden verseift und aus der Seife das Unverseifbare nach der Fleischbeschauvorschrift mit Äther ausgezogen. Die Ausschüttelung mit Äther wird aber sechsmal ausgeführt. Die Auszüge werden in der für einen aus 100 g Fett erhaltenen Rückstand vorgesehenen Weise nochmals verseift, das Unverseifbare wieder mit Äther abgetrennt und schließlich zur Wägung gebracht.

Das gewogene Unverseifbare wird nun nach WINDAUS mit der dreifachen Menge an Digitonin ausgefällt. Zu diesem Zwecke berechnet man die erforderliche Menge 1proz. absolutalkoholischer Digitoninlösung, löst das Unverseifbare in der gleichen Menge absoluten Alkohols, fügt die Digitoninlösung hinzu, erhitzt zum Kochen und versetzt dann noch mit dem zehnten Teil der Gesamtflüssigkeit an Wasser. Das Diditonid fällt sofort in Flocken aus. Die Mischung bleibt noch einige Zeit in der Wärme stehen, wird dann auf Zimmertemperatur erkalten gelassen und schließlich mit Eis gekühlt. Dann werden die Digitonide abfiltriert und mit Alkohol[7] nachgewaschen. Das Filtrat und die Waschwässer werden nochmals nach Einmengen auf ½ bis ⅓ mit 10—20 cm³ Digitoninlösung und 1—2 cm³ Wasser auf Reste von fällbaren Sterinen geprüft[8]. Die abfiltrierten Digitonide werden nun weiter mit Äther gereinigt und für den Zweck nach Durchstoßung des Filters in einen Kolben gespritzt und mit Äther aufgeschlämmt. Nach einigem Stehen in der Wärme und darauffolgendem Abkühlen mittels Eis wird die Ätherlösung abfiltriert und werden die Digitonide mit Äther nachgewaschen, getrocknet und gewogen. Das Digitonid ergibt mit dem Faktor 0,2431 das Cholesterin.

2. *Sehr große Mengen von Eieröl* verseifen S. FRÄNKEL und H. MATHIS[9] mit alkoholischer Kalilauge (800 g KOH in 800 cm³ Wasser und 800 cm³ Alkohol für 2 kg Öl) bei 100° im Wasserstoffstrom. Die Seifenlösung gießen sie dann in die zehnfache Menge Wasser, erwärmen bis zur Lösung, setzen Salzsäure bis zur eben beginnenden Abscheidung eines Niederschlages hinzu und fällen die Fettsäuren mit Calciumchloridlösung im Überschuß. Die Kalkseifen reißen das Unverseifbare mit und werden nach dem Trocknen durch Extraktion mit Aceton,

---

[1] MATTHES, H. und G. BRAUSE: Arch. Pharm. 1927, **526**, 708. — [2] THAYSEN, H.: Biochem. Z. 1914, **62**, 89. — [3] DAM, H.: Biochem. Z. 1929, **215**, 468. — [4] FEX, J.: Biochem. Z. 1920, **104**, 82; Z. 1920, III, 159. — [5] BERG, P. und J. ANGER-HAUSEN: Z. 1914, **28**, 145; 1915, **29**, 9. — [6] Besser nach Vorbehandlung mit Alkohol (vgl. S. 365). — [7] Da Cholesterindigitonid in Alkohol etwas löslich ist (DAM), empfiehlt es sich, den Alkohol vorher mit dem Digitonid zu sättigen. — [8] Erst nach Abkühlen dieser Lösung auftretende Trübungen rühren, wie leicht zu erweisen ist, nicht von Digitoniden her. — [9] FRÄNKEL, S. und H. MATHIS: Helv. chim. Acta 1930, **13**, 492.

zuerst in der Kälte, dann mit siedendem Aceton abgetrennt. Aus dem Auszuge kann das Cholesterin zunächst durch Auskrystallisation, der Rest durch Digitonin entfernt und damit das sterinfreie Unverseifbare erhalten werden.

3. *Mikromethoden.* Sehr kleine Mengen von Cholesterin, wenn es nicht auf die Bestimmung des Gesamtunverseifbaren ankommt, lassen sich in sehr eleganter Weise nach dem Verfahren von A. von Szent-Györgyi[1] in der Ausführungsform von J. Tillmans, H. Riffart und A. Kühn[2] bestimmen, wobei insbesondere der Verbrauch an Digitonin sehr klein bleibt. Es beruht auf Oxydation des Digitonids mittels Chromsäure und Schwefelsäure.

Eine Vereinfachung und Verbesserung dieser Methode sowie eine colorimetrische Ausführungsweise beschreiben Riffart und H. Keller[3] wie folgt:

Das zu prüfende Eigelb wird mit Seesand auf dem Wasserbade getrocknet, dann im Soxhletapparat mit Äther sechs Stunden ausgezogen und der Ätherrückstand bei 100° getrocknet und gewogen. Von diesem Rückstand wird je eine bestimmte Menge teils in Aceton, teils in Essigester gelöst, auf ein bestimmtes Volumen aufgefüllt und auf titrimetrischem und colorimetrischem Wege das Cholesterin bestimmt.

I. Titrimetrische Cholesterinbestimmung.

Lösungen und Chemikalien. 1. 0,5proz. Lösung von Digitonin Merck in 80proz. Alkohol.

2. Chromschwefelsäure, die durch Lösung von 10 g Kaliumbichromat in 1 Liter konz. Schwefelsäure hergestellt und vom unlöslichen Rest durch Dekantieren getrennt wird.

2. 0,1 n-Natriumthiosulfatlösung, 10proz. Jodkaliumlösung und 1proz. Stärkelösung.

4. Äther, Aceton, Chloroform, absoluter Alkohol und doppelt destilliertes Wasser, sämtlich vollkommen rein und filtriert.

Die Filtration des Digitonidniederschlags wird in einem Filterröhrchen mit Glasfilter vorgenommen, dessen Boden noch mit einer dünnen Asbestschicht bedeckt wird. Das Röhrchen ist luftdicht von einem Dampfmantel umgeben, durch den aus einem Kolben Wasserdampf geleitet werden kann. Die zur Oxydation benötigten Jodzahlkolben sowie das Filtrat werden vorher sorgfältig mit Chromschwefelsäure gereinigt.

Ausführung der Bestimmung. 2 cm³ der Lösung des Cholesterins in Aceton, die höchstens 2 mg Cholesterin enthält[4], werden in einem 100 cm³ Becherglas mit 4 cm³ der Digitoninlösung versetzt und auf dem Wasserbad zur Trockne eingedampft, wobei das Cholesterin als Digitonid gefällt wird. Nach dem Durchblasen von Luft wird der Rückstand mit 100 cm³ Wasser aufgenommen, vorsichtig zum Sieden erhitzt und einige Minuten bei dieser Temperatur gehalten, um das überschüssige Digitonin in dem heißen Wasser vollkommen zu lösen. Hierbei rufen vorhandene Kolloide ein schwer filtrierbares Sol hervor, ein Zustand, der aber durch Zusatz von 20 cm³ Aceton sofort aufgehoben wird. Der Niederschlag wird nun quantitativ durch fünfmalige Behandlung mit je 1,5 cm³ folgender Flüssigkeiten ausgewaschen: Zweimal mit Äther, zweimal mit Chloroform und wieder dreimal mit Äther, wobei durch langsames Absaugen auch die an den Wänden haftenden Niederschlagsteilchen auf das Filter hinabgespült werden.

Nach diesen Waschungen wird das Filter von dem Filtrationskolben auf den Oxydations-

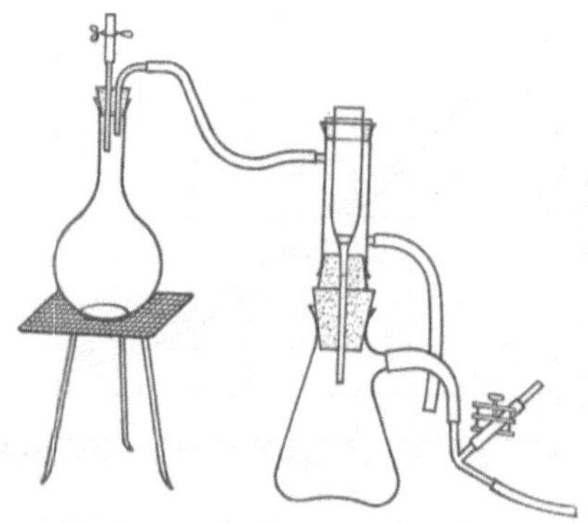

Abb. 43. Vorrichtung zur Cholesterinbestimmung nach Tillmans, Riffart und Kühn.

kolben gesetzt und durch den Dampfmantel Wasserdampf geleitet. Nach einigen Minuten gibt man im ganzen 20 cm³ absol. Alkohol in kleinen Anteilen in das erwärmte Filterröhrchen, wodurch der Niederschlag gelöst wird und in den Kolben gelangt. Ein zu starkes Sieden wird dabei durch schnelleres Saugen vermieden. Durch Einstellen des Kolbens in ein siedendes Wasserbad verjagt man darauf den Alkohol, wobei man zweckmäßig die letzten Anteile durch Einleiten von Kohlendioxyd entfernt.

---

[1] Szent-Györgyi, A. von: Biochem. Z. 1923, **136**, 107. — [2] Tillmans, J., H. Riffart und A. Kühn: Z. 1930, **60**, 365. — [3] Riffart und H. Keller: Z. 1934, **68**, 114. — [4] Also etwa bis zu 125 mg frischem Eidotter entsprechend.

Den Rückstand versetzt man mit 10—20 cm³ Chromschwefelsäure und beendet die Oxydation durch einstündiges Erhitzen im siedenden Wasserbade. Nach dem Abkühlen werden für je 10 cm³ der angewendeten Chromschwefelsäure 100 cm³ doppeltdestilliertes Wasser und nach dem nochmaligen Erkalten 5 cm³ 10proz. Jodkaliumlösung zugefügt. Das ausgeschiedene Jod wird mit 0,1 n-Thiosulfatlösung titriert, wobei man erst gegen Ende der Titration 2 cm³ der 1proz. Stärkelösung als Indicator zusetzt. Im blinden Versuch stellt man den Jodverbrauch von 10 cm³ der angewendeten Chromschwefelsäure fest. Die Differenz der beiden Werte liefert mit dem Faktor 0,115[1] die Cholesterinmenge in Milligramm.

In *vereinfachter Ausführungsform* des vorstehenden Verfahrens nimmt H. KLUGE[2] die Ausfällung des Cholesterins in einem mit Chromschwefelsäure vorher gesäuberten Zentrifugengläschen von etwa 5 cm³ Inhalt vor, das in der Höhe von 1,5 cm³ an der Wandung eine Marke aufweist:

Die zu bestimmende Cholesterinmenge, die nicht mehr als 2 mg betragen soll, wird in 2 cm³ Aceton gelöst im Zentrifugengläschen mit 1 cm³ 2proz. Lösung von Digitonin MERCK in 80proz. Alkohol versetzt und ¼ Stunde vorsichtig auf dem Wasserbade erwärmt. Hierauf wird die Flüssigkeit mit dem Wasserstrahlgebläse bis zur Marke (1,5 cm³) abgeblasen. Das Röhrchen bleibt dann noch ¼ Stunde stehen, worauf der Niederschlag in einer Zentrifuge mit folgenden Flüssigkeiten von je 1,5 cm³ nachgewaschen wird: siebenmal mit Äther, einmal mit Aceton, einmal mit kaltem Wasser, achtmal mit warmem Wasser.

Darauf gibt man das Gläschen in einen trockenen Jodzahlkolben und fügt 10 bzw. 20 cm³ Chromschwefelsäure hinzu und läßt eine Stunde stehen. Der Kolben wird nun ¼ Stunde lang auf offenem, siedendem Wasserbad erhitzt. Nach Abkühlen auf Zimmertemperatur (eine Stunde oder länger) fügt man für je 10 cm³ Chromschwefelsäure 100 cm³ Wasser hinzu. Nach Zusatz von 10 cm³ 5proz. Kaliumjodidlösung wird dann mit 0,1 n-Natriumthiosulfat wie oben titriert. Als Indicator verwendet man auf je 10 cm³ Chromschwefelsäure 10 Tropfen Stärkelösung. Der gesamte Jodverbrauch wird wie oben mit 10 cm³ der Chromschwefelsäure, verdünnt mit 100 cm³ Wasser, ermittelt.

II. Colorimetrische Cholesterinbestimmung.

Der zu untersuchende Auszug mit bis zu 4 mg Cholesterin (bis zu 0,25 g Eidotter entsprechend) wird durch gelindes Erwärmen in 10 cm³ Essigester gelöst und nach dem Filtrieren durch Nachwaschen damit auf 20 cm³ gebracht.

Nun mischt man in einem mit Glasstopfen versehenen Reagensglase 9 cm³ Essigester mit 4 cm³ Essigsäureanhydrid, gibt 0,8 cm³ konz. Schwefelsäure zu und kühlt nach dem

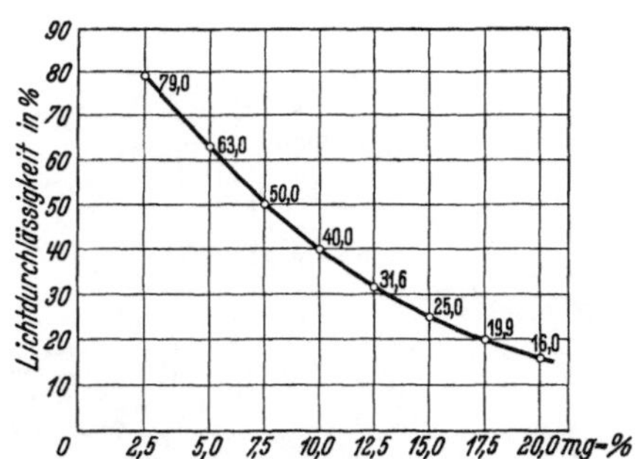

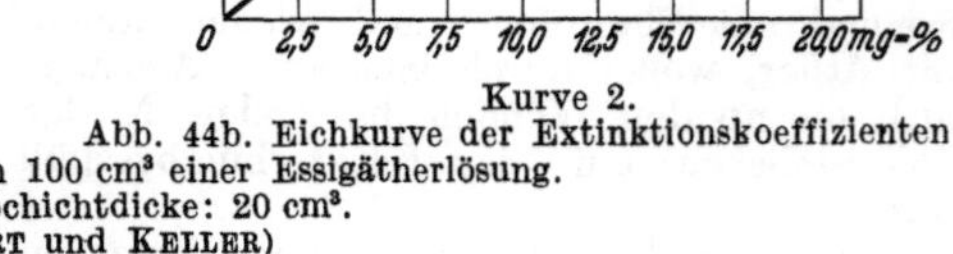

Kurve 1.
Kurve 2.

Abb. 44a. Eichkurve der direkten Ablesewerte   Abb. 44b. Eichkurve der Extinktionskoeffizienten
für den Cholesteringehalt in 100 cm³ einer Essigätherlösung.
Filter: S 61 — Schichtdicke: 20 cm³.
(Nach: RIFFART und KELLER)

Umschütteln 10 Minuten durch Einstellen in Wasser von 20°. Gleichzeitig werden in einen zweitem Glase 13 cm³ Essigester mit 0,8 cm³ konz. Schwefelsäure gemischt und ebenfalls gekühlt. In beide Gläser gibt man darauf je 1 cm³ der Cholesterinlösung, schüttelt gut durch und kühlt wieder 5 Minuten bei 20°. Die beiden Lösungen werden nun in die Glasküvetten eingefüllt und in den Strahlengang des Stufenphotometers eingeschaltet. Als Farbfilter wird S. 61 verwendet.

---

[1] 1 mg Cholesterin entsprach im Mittel 8,68 cm³ 0,1 n-Thiosulfatlösung, mithin 1 cm³ derselben = 0,115 mg Cholesterin. — [2] KLUGE, H.: **Z.** 1935, **69**, 11.

Da der Höchstwert der Farbstärke nach verschiedenen Zeitpausen (15—60 Minuten) eintritt, ist der Höhepunkt durch wiederholte Messung in Abständen von etwa 10 Minuten zu bestimmen. Der Extinktionskoeffizient nach LAMBERT-BEERS Gesetz, bezogen auf Schichtdicke von 10 mm, beträgt 0,151. Zur Ablesung des Cholesteringehalts in 100 cm³ einer Essigesterlösung aus den Ablesewerten sowie aus den Extinktionskoeffizienten dienen folgende Eichkurven:

Dotterfarbstoff. Da eine quantitative Abscheidung des Dotterfarbstoffes aus dem Eidotter bisher nicht gelungen ist, kann seine Menge nur auf colorimetrischem Wege gefunden werden. Eine Arbeitsweise hierfür, bei der als Vergleichsflüssigkeit Kaliumbichromatlösung dient, hat A. TERÉNYI[1] angegeben. Diese ist zunächst natürlich nur bei Abwesenheit fremder gelber Farbstoffe anwendbar. Doch kann man bei Gegenwart solcher (etwa in Eiprodukten) den Eifarbstoff gegebenenfalls durch salpetrige Säure ausbleichen und aus dem Farbwert vor und nach dieser Behandlung die Menge des Luteins indirekt ableiten.

Da das Lutein sehr lichtempfindlich ist, bedarf die Herstellung seiner Lösung zum colorimetrischen Vergleich besonderer Sorgfalt. Auch ist nach TERÉNYI die Menge des Luteins der Färbung, verglichen mit Kaliumbichromat, nicht proportional, sondern steigt bei 3,8 γ im Kubikzentimeter zu einem Maximum an. Hierdurch wird zur Ablesung der Farbstoffmenge eine Tabelle erforderlich.

1. *Bestimmung des Luteins nach* TERÉNYI. Von dem von Eiklar und Keim abgetrennten Dotter werden nach gründlicher Mischung 1—2 g in eine trockene Pulverflasche von 50 cm³ Inhalt hineingewogen und in zwei bis drei Anteilen 30 cm³ Lösungsmittel, bestehend aus Alkohol, Äther und Petroläther (1:1:1) hinzugegeben. Der Dotter wird mit den Lösungsmittelanteilen mit einem kleinen Glasstabe unter Vermeidung von Klumpenbildung gut durchgemischt. Die entstehende Lösung wird nach viertel- bis halbstündigem Stehen in einen 50 cm³-Meßkolben filtriert, das Filter drei- bis viermal mit dem Lösungsmittel ausgewaschen und das Filtrat auf 50 cm³ aufgefüllt und *sofort* colorimetrisch geprüft.

Für die colorimetrische Prüfung empfiehlt es sich die Kaliumbichromatlösungen von den nachstehend mitgeteilten Konzentrationen zum ständigen Gebrauch anzufertigen. Dazu werden diese Lösungen in Mengen von 6—8 cm³ in numerierten Reagenzröhren aus farblosem Glase von gleichem Durchmesser (etwa 13 mm) eingeschmolzen.

Von dem Dotterauszuge werden 6 cm³ in ein Reagenzrohr von demselben Durchmesser gegeben, die Vergleichung immer mit der dunkelfarbigsten Kaliumbichromatlösung begonnen und dann mit der helleren fortgesetzt. Zwischen aufeinanderfolgenden Gliedern liegende Farbstärken werden abgeschätzt. Der abgelesene Wert in γ Lutein, mal 0,05, ergibt den Luteingehalt der Einwaage in mg und kann dann auf das Gesamtgewicht des Dotters umgerechnet werden.

$K_2Cr_2O_7$ γ/cm³	Lutein γ/cm³	Färbungsvermögen des Luteins verglichen mit $K_2Cr_2O_7$
1000	13,0	76,9fach
950	12,3	77,2 „
900	11,4	78,9 „
850	10,3	82,5 „
800	9,0	88,9 „
750	7,8	96,2 „
700	7,0	100,0 „
650	6,2	104,8 „
600	5,7	105,3 „
550	5,2	105,8 „
500	4,7	106,4 „
475	4,7	108,0 „
450	4,1	110,0 „
425	3,8	111,8 „
400	3,6	111,1 „
375	3,4	110,3 „
350	3,3	106,1 „
325	3,1	104,8 „
300	2,9	103,4 „
275	2,75	100,0 „
250	2,6	96,2 „
225	2,4	93,8 „
200	2,2	90,9 „
175	1,9	92,1 „
150	1,7	88,2 „
125	1,45	86,2 „
100	1,2	83,3 „

Eine länger dauernde Extraktion des Luteins führt zu Verlusten an dem Farbstoff, wie folgende Tabelle zeigt:

---

[1] TERÉNYI, A.: **Z.** 1931, **62**, 566.

Dauer des Extrahierens	Lutein	In einem Dotter gefundenes Lutein	Luteinverlust
Stunden	%	mg	%
¼	0,0158	2,23	—
½	0,0154	2,17	2,6
1	0,0152	2,14	3,9
24	0,0137	1,92	12,7

Ein Trocknen des Dotters an der Luft bei 35—40° hatte 50% Luteinverlust zur Folge.

2. *Prüfung auf künstliche Farbstoffe.* Für diese Prüfung behandelt man einen Teil der Dottermasse mit Alkohol-Äther und versetzt den entstehenden Auszug mit je einem Tropfen einer 10proz. Natriumnitritlösung und 25proz. Salzsäure, wodurch der natürliche Eifarbstoff ausgebleicht wird. Eine verbleibende deutliche Gelb- oder Rotfärbung zeigt also künstliche Färbung an.

J. Grossfeld und H. R. Kanitz[1] ziehen den Dotter eines Eis mit 10 cm² Alkohol und der notwendigen Menge Äther in einem Extraktionsapparat mit Durchlauf aus und fügen zu 5 cm³ des Auszuges 1 cm³ 5proz. Natriumnitritlösung und schütteln nach Zusatz einiger Tropfen 25proz. Salzsäure. Hierdurch bleichen die natürlichen Dotterfarbstoffe aus, während vorhandener Teerfarbstoff zurückbleibt. — Zur *Ausfärbung* des künstlichen fettlöslichen Farbstoffs auf Wolle wurde das Fett verseift, der Farbstoff mit Petroläther ausgeschüttelt, der natürliche Farbstoff mit salpetriger Säure zerstört und der Petroläther abdestilliert. Der Rückstand wurde in Alkohol aufgenommen, das Cholesterin größtenteils durch Abkühlen in Eis abgeschieden, dann die Lösung in Wasser gegossen und längere Zeit mit einem Wollfaden bei Gegenwart von Weinsäure erwärmt. Da der ausfallende Cholesterinrest noch einen Teil des Farbstoffes mitnimmt, gelingt die Ausfärbung nur langsam und unvollkommen.

III. Mykologische Untersuchung[2].

1. Mikroskopische Prüfung. Diese ist besonders bei Eiern mit offensichtlicher Veränderung angezeigt. Bei Fleckeiern werden von den etwa innen zwischen Schale und Eihaut befindlichen, dunkel verfärbten Pilzwucherungen ungefärbte Deckglaspräparate angelegt, die zeigen, ob Fadenpilze, Hefen oder Bakterien vorliegen. Von Fadenpilzen ist in manchen Fällen die Art an den Conidienträgern zu erkennen. Für eine mikroskopische Prüfung von *Eiklar* und *Eidotter* legt man Ausstrichpräparate an, fixiert diese durch Einlegen in Spiritus und färbt mit Methylenblau.

2. Kulturelle Untersuchung. a) Zur Bestimmung auf der *Eischale* vorhandener Keime reibt man die Eier mit sterilen Instrumenten und steriler Watte in 0,8proz. Kochsalzlösung ab und gießt mit dem Waschwasser in der üblichen Weise Gelatine- und Agarplatten.

b) Zur Untersuchung des *Eiinhaltes* auf Keime reinigt man die gegebenenfalls nach a) abgewischten Eier mit Bürste und Seifenwasser, legt sie ¼ Stunde in eine 0,1proz. Sublimatlösung und bürstet sie mit dieser nochmals ab. Dann spült man das Ei mit sterilem Wasser ausgiebig ab, übergießt es nacheinander mit Alkohol und Äther und läßt es trocknen.

J. Eyre[3] wäscht das Ei zur äußeren Entkeimung zunächst gut in fließendem Wasser ab, taucht dann 10 Minuten in eine 0,2proz. Quecksilberchloridlösung, dann in rektifizierten Alkohol, anschließend 5 Minuten in ein Ätherbad und läßt den Äther in einem sterilen Gefäß verdunsten.

Ein sehr gutes Entkeimungsmittel für die Eioberfläche ist nach Janke und Jirak[4] auch Soda-Hypochloritlösung.

---

[1] Grossfeld, J. und H. R. Kanitz: Z. 1935, **69**, 582.

[2] Nach A. Spiekermann: J. König: Chem. menschl. Nahrungs- u. Genußmittel, III, **2**, 180—183. — Vgl. auch W. Gaehtgens in Abderhaldens Handb. physiol. Chem., Abt. IV, Teil 8, S. 1548.

[3] Eyre, J.: Rev. gén. froid Ind. frigorif. 1922, **4**, 132. Nach Baetslé. — [4] Janke und Jirak: Z. 1935, **69**, 451.

Das so an der Oberfläche entkeimte Ei bricht man in der Mittellinie durch Aufschlagen auf den Rand einer sterilen Petrischale auf, fängt Eiklar und Dotter getrennt auf und überträgt mittels Pipetten von beiden in Bouillon- oder verflüssigte Agarröhren und legt Platten an.

Gegen das *Eindringen von Luftkeimen* sicherer wird das Verfahren, wenn man das in oben beschriebener Weise desinfizierte und getrocknete Ei an beiden Polen mit einer sterilen Nadel ansticht (faule Eier zeigen hierbei ein sog. „Knallen"), die eine Polöffnung auf den Hals eines Kölbchens mit steriler Bouillon setzt und in diese einen größeren Teil des Eiklars sich entleeren läßt. Ist das ganze Eiklar entleert, so sticht man den Dotter mit einer sterilen Nadel an, setzt das Ei mit der andern Polöffnung auf ein zweites Kölbchen und läßt in diese eine große Menge Dotter hineinlaufen. Man mischt Bouillon und Eiklar bzw. Dotter in den Kölbchen bis zur Homogenität, legt mit einem Teil Platten an, läßt den andern, durch einen sterilen Wattepfropfen gut verschlossen, 24 Stunden im Brutschrank stehen um vereinzelte Keime zur Anreicherung zu bringen und gießt wieder Platten.

3. Prüfung auf einzelne Keimarten. Diese Prüfung erfolgt nach den Regeln der bakteriologischen Untersuchung, bezüglich der auf die Lehrbücher der Bakteriologie[1] verwiesen werden muß.

4. Beurteilung von Eiern nach dem mikrobiologischen Befund. Eier, die äußerlich oder innerlich mit für den Menschen *pathogenen Bakterien* infiziert sind, sind als gesundheitsschädlich vom Verkehr auszuschließen.

Sie können allenfalls in vollständig durchkochtem Zustande Verwendung finden, aber nur dann, wenn es sich um nichtsporenbildende Keime handelt.

b) Die Anwesenheit *einzelner saprophytischer* Bakterienkeime im Innern der Eier ist, sofern keine wahrnehmbare stoffliche Zersetzung oder offensichtliche Veränderung eingetreten ist, für den Verzehr unbedenklich.

Eier, in denen sich *saprophytische Pilze und Bakterien reichlich vermehrt haben,* und die offensichtliche Veränderungen zeigen, sind als verdorben anzusehen. Hierin gehören auch die Fleckeier (vgl. S. 206).

IV. Untersuchung von Eiprodukten.[2]
1. Eigelb und Gesamteiinhalt.

Eigelb und Gesamteiinhalt werden vorwiegend aus China eingeführt und zwar entweder in *flüssiger,* mit Konservierungsmitteln haltbar gemachter *Form* oder als *Gefrierei* und schließlich als Trockenpulver. Alle diese Produkte können bei unsachgemäßer Behandlung oder zu hohem Alter *Zersetzungen* erleiden (vgl. S. 208), die den häufigsten Beanstandungsgrund bilden. Weiter unterliegt die Art und Menge der verwendeten *Konservierungsmittel* den für diese geltenden Regelungen. Schließlich sind als Verfälschung auch fremdartige *Beimischungen,* wie Streckung mit Wasser, Mehl, fremden Proteinstoffen u.a. oder irreführende Bezeichnungen beobachtet worden. Die Prüfung hat sich daher in der Hauptsache auf diese drei Punkte zu erstrecken.

Für die Probenahme entnehmen W. S. GUTHMANN und W. L. TERRE[3] drei Anteile aus dem oberen, mittleren und untersten Teil des Fasses.

a) Verdorbenheit. Diese erfolgt zunächst durch die

α) Sinnenprüfung. Hierbei ist auf äußeres Aussehen, gegebenenfalls Bildung von Klümpchen, ranzigen oder fauligen Geruch und strengen, besonders aber bitterem Geschmack als Zeichen eingetretener Verdorbenheit zu achten.

---

[1] Vgl. z. B. M. KLIMMER, 3. Bd. von A. BEYTHIEN, C. HARTWICH und M. KLIMMER: Handb. Nahrungsmittelunters. Leipzig 1920. — GAETHGENS, W.: Handb. biolog. Arbeitsmeth. von E. ABDERHALDEN, Abt. IV, Teil 8, Heft 6. Berlin 1925. — KÖNIG, J.: Chem. menschl. Nahrungs- u. Genußm. III, 1, 694 und III, 2, 181. —

[2] Ein großer Teil des eingeführten, meist mit Borsäure konservierten flüssigen chinesischen Eigelb dient in der Gerberei als Weichhaltungs- und Fettungsmittel. Die daran zu stellenden bakteriologischen Anforderungen sind natürlich weniger hohe als an Speiseeigelb. Über die Untersuchung von Eigelb für Gerbereizwecke vgl. M. AUERBACH: Coll **1931,** 396.

[3] GUTHMANN, W. S. und W. L. TERRE: Ind. Engng. Chem. Analyt. Edit. 1936, **8,** 377.

β) **Säuregrad.** Neben der Bestimmung der *löslichen Phosphorsäure* (vgl. S. 191) gehört der Säuregrad nach Angaben von H. I. Macomber[1] zu den wichtigsten Erkennungsmitteln der Verdorbenheit von Eiprodukten.

Macomber zieht den durch Vakuumtrocknung bei höchstens 55° erhaltenen Trockenrückstand (vgl. S. 338) von 2 g Eipulver mit wasserfreien Äther aus, trocknet den Auszug wieder im Vakuum, löst in 50 cm³ Benzol, titriert die freie Säure mit 0,05 n-Natriumäthylatlösung in absolutem Alkohol[2] bis zum Umschlag in Orange und drückt das Ergebnis in 0,05 n-Lösung für je 1 g Ätherextrakt aus. Flüssiges Ei wird auf besondere Weise in einer Bleischale eingetrocknet und dann ähnlich behandelt.

A. Schmid[3] erwärmt 1—2 g Substanz mit 30—60 cm³ neutralisiertem phenolphthaleinhaltigen Gemisch gleicher Teile Alkohol-Äther und titriert mit soviel Normallauge, bis die Rotfärbung ½ Minute bestehen bleibt.

Th. Sudendorf und O. Penndorf[4] bestimmten in Trockeneipulver den Gesamtsäuregrad nach Köttstorfer, den sie dann mit dem des Ätherauszuges verglichen. Sie stellen dabei fest daß letzterer den Hauptanteil am Säuregrad hat, daß aber die Summe der getrennt bestimmten Säuregrade sich nicht mit dem Gesamtsäuregrad deckt, sondern niedriger ist. Da jedoch nach ihren Befunden der Gesamtsäuregrad dem des Ätherextraktes ziemlich parallel geht, legen sie ersteren der Beurteilung zugrunde und finden, daß Trockenei mit mehr als 40 Säuregraden auch nach der Sinnenprüfung nicht mehr als einwandfrei anzusehen ist. Zu dem gleichen Ergebnis kommt A. Schmid[5]. Einen ähnlichen Grenzwert, nämlich für den Säuregrad *des Fettes* die Zahl 70, gibt H. Dumartheray[6] an, vgl. auch S. 242).

H. Popp[7] zieht zur Ermittlung der freien Fettsäure 5 g Eipulver mit neutralem Alkoholäther eine Stunde kalt aus, filtriert, wäscht aus und titriert die Lösung mit Alkaliblau als Indicator mit 0,1 n-Lauge auf Rot. Bei ganz frischen Trocken- und flüssigen Eiprodukten liegen die Säuregrade zwischen 4—11 g Ölsäure für 100 g Fett. Entsprechend also 14,2 bis 39,0 Säuregraden. Als Zulassungsgrenze sieht Popp 18% Ölsäure entsprechend 63,8 Säuregrade, bezogen auf das Fett, an.

γ) **Säurelösliche Phosphorsäure.** Bestimmungsmethode und Grenzwerte wurden S. 191 beschrieben.

δ) **Löslichkeit in Wasser.** Die Löslichkeit von flüssigem Eigelb prüft man, indem man in ein Becherglas mit etwa 200 cm³ Wasser einige Gramm des Eigelbs einfließen läßt. Dabei soll sich das Eigelb leicht in Form einer Emulsion verteilen. Geringwertige Produkte lagern sich als zusammengeballte Klumpen am Boden ab.

Für die Löslichkeit von Trockenvollei empfehlen Th. Sudendorf und O. Penndorf[8] folgende *Schwimmprobe*:

Man verteilt auf der Oberfläche eines mit kaltem Wasser gefüllten Becherglases von 50 cm³ Fassungsvermögen etwa 0,5 g des zu prüfenden nicht zusammengeballten Trockenvollei recht behutsam und beobachtet sein Verhalten anfangs besonders aufmerksam und später in immer größer werdenden Zwischenräumen. Bei Erzeugnissen besonderer Güte und Frische setzt fast augenblicklich spontan eine Teillösung ein, die durch milchige Schlierenbildung sichtbar wird, nach einiger Zeit in eine gleichmäßige Opalescenz und nach Verlauf von etwa 24 Stunden in eine milchige Trübung übergeht, wobei sich aus dem an der Oberfläche verbleibenden Teile eine gleichmäßige Emulsion bildet. Bei weniger guten und älteren Proben fallen diese Erscheinungen mehr oder weniger fort. Dafür sinkt anfangs ein Teil der Eipulver, ohne irgendwelche Lösungserscheinungen zu zeigen, zu Boden; erst nach Verlauf von 4 bis 5 Tagen tritt eine Trübung des bis dahin klar bleibenden Wassers ein. Die an der Oberfläche und am Boden verbleibenden größten Teile des angewendeten Pulvers sind nur aufgequollen ohne Bildung einer Emulsion.

ε) **Sonstige Prüfungen.** Der Lecithingehalt ist ein sehr unsicheres Zeichen der Güte von Eiprodukten, weil die Lecithinzersetzung stark von der Art des Zersetzungserregers und dessen Fähigkeit, lecithinspaltende Enzyme zu bilden, abhängig ist (vgl. S. 192). Dagegen wird die Feststellung des Zersetzungsquo-

---

[1] Macomber, H. I.: J. Assoc. agric. Chem. 1927, **10**, 411. Vgl. S. 242 und Z. 1930, **60**, 448. — [2] Erhalten durch Lösung von etwa 1 cm³ Natrium in 800 cm³ absolutem Alkohol, Einstellung gegen 0,1 n-Salzsäure. — [3] Schmid, A.: Mitt. Lebensmittelunters. u. Hygiene 1925, **16**, 137. — [4] Sudendorf, Th. und O. Penndorf: Z. 1924, **47**, 40. — [5] Schmid, A.: Mitt. Lebensmittelunters. u. Hygiene 1925, **16**, 137. — [6] Dumartheray, H.: Mitt. Lebensmittelunters. u. Hygiene 1924, **15**, 70. — [7] Popp, H.: Z. 1925, **50**, 138. — [8] Sudendorf, Th. und O. Penndorf: Z. 1924, **47**, 48.

tienten *ZQ* nach S. 193 in vielen Fällen einen Ausdruck für den Zersetzungsgrad liefern.

b) Konservierungsmittel. α) *Natriumchlorid.* Da beim Veraschen des Eidotters erhebliche Mengen Natriumchlorid verloren gehen, empfiehlt es sich, die Kochsalzbestimmung in der direkten wäßrigen Lösung des Eidotters nach Ausfällung der Proteinstoffe durch Hitzekoagulation bei anschließender Klärung mit Kaliumferrocyanid und Zinkacetat genau wie beim natürlichen Eidotter (S. 340) vorzunehmen. Doch kann hier wegen des größeren in Frage kommenden Salzgehaltes die Einwaage auf wenige Gramm vermindert werden. — Die Ausscheidung des Proteins kann auch mit Phosphorwolframsäure vorgenommen werden, etwa nach folgender Vorschrift[1]:

4 g Eigelb werden im 200 cm³-Kolben mit 100 cm³ Wasser zwei Minuten schwach gekocht. Man läßt völlig erkalten, füllt mit Wasser auf etwa 150 cm³ auf, gibt 20 cm³ Salpetersäure (D. 1.15) und nach dem Umschwenken 6 cm³ 4proz. Phosphorwolframsäure hinzu, füllt auf, schüttelt um und filtriert. In 50 cm³ Filtrates = 1 g Eigelb wird der Chloridgehalt nach VOLHARD mit Rhodanlösung titriert.

Zur Berechnung eines Kochsalzzusatzes ist der natürliche Chloridgehalt des Eidotters (vgl. S. 93) in Höhe von etwa 0,18 % abzuziehen.

β) Borsäure. Der Nachweis und die Bestimmung der Borsäure erfolgen am sichersten in der unter Alkalizusatz hergestellten schwach geglühten Asche.

Als *Vorprobe ohne Veraschung* eignet sich für Eiprodukte auch folgende:

In ein Reagenzrohr gibt man etwa 2—3 g der zu prüfenden Substanz, fügt 5—10 cm³ Alkohol oder Methylalkohol und etwa 5 cm³ konz. Schwefelsäure zu, mischt mit einem Glasstab und erhitzt die Mischung vorsichtig zum Sieden. Darauf zündet man die entweichenden Alkoholdämpfe an und beobachtet die Flammenfärbung. Ein grüner Saum der Flamme zeigt Borsäure an.

Für die *Prüfung der Asche* empfehlen sich folgende empfindlicheren Methoden[2]:

1. *Nachweis mit Curcuminpapier.* 5 g des Eidotters werden nach Zusatz von einigen Tropfen Phenolphthaleinlösung mit 0,1 n-Natronlauge schwach alkalisch gemacht. eingetrocknet und über einem Pilzbrenner verkohlt. Die Kohle wird mit wenig Wasser aufgenommen, mit 25proz. Salzsäure schwach angesäuert und auf ein Papierfilter gebracht. Vom Filtrat befeuchtet man einen 8 cm³ langen und 1 cm³ breiten Streifen Curcumapapier bis zur halben Länge durch und trocknet auf einem Uhrglase bei etwa 60—70°. Tritt hierbei an dem befeuchteten Teil des Papiers eine rötliche oder orangerote Färbung auf, die bei Betupfen mit einer 2proz. Natriumcarbonatlösung einen blauen Fleck liefert, so ist die Gegenwart von Borsäure erwiesen.

2. *Bestimmung mit Mannit.* Nach A. S. DODD[3] verursacht der im Fett vorhandene Glyceringehalt beim Veraschen erhebliche Borsäureverluste. Um diese zu vermeiden, verfährt man so daß man 10 g des mit Natronlauge alkalisch gemachten Eiproduktes nach Trocknen mit Petroläther verreibt und die Fettlösung nacheinander mit 5 cm³ Normalnatronlauge und 5 cm³ Wasser auswäscht, diese Auszüge wieder dem Rückstande zufügt und nun vorsichtig verascht. Die Asche wird mit wenig Wasser und etwa 0,5 cm³ 25proz. Salzsäure angerieben und mit 15 cm³ Wasser zwei Minuten auf dem Wasserbad erwärmt. Nun wird filtriert und mit wenig Wasser nachgewaschen. Das Filtrat wird nun nach I. M. KOLTHOFF[4] mit 0,1 n-Lauge gegen Dimethylgelb neutralisiert, ein Überschuß von Natriumcitrat (5—10 cm³ 40proz. Lösung) zugesetzt und nach Zusatz von Phenolphthalein zunächst die Phosphorsäure bis zur mindestens drei Minuten bleibenden Rotfärbung (Na_2HPO_4) titriert. Darauf setzt man reinen Mannit in solcher Menge hinzu, daß die Lösung nach der Titration mindestens 10% davon enthält, titriert mit 0,1 n-Natronlauge, bis die Flüssigkeit zwei Minuten deutlich gerötet bleibt, läßt 10—20 Minuten stehen und titriert die etwa wieder entfärbte Lösung nach. Je 1 cm³ 0,1 n-Lauge entspricht 6,18 mg H_3PO_3 oder 3,48 mg B_2O_3.

γ) Benzoesäure (Salicylsäure, Derivate und Homologe der Benzoesäure). Nach J. GROSSFELD[5] eignet sich zur Beseitigung der störenden Stoffe besonders die Klärung *Kaliumferrocyanid und Zinksulfat* etwa nach folgender Vorschrift:

[1] Vgl. Z. 1930, **59**, 315.— [2] Vgl. J. GROSSFELD: Anleitung zur Untersuchung der Lebensmittel. Berlin 1927. — [3] DODD, A. S.: Analyst 1930, **53**, 23. — [4] KOLTHOFF, I. M.: Chem. Weekbl. 1922, **19**, 449. — [5] GROSSFELD, J.: Z. 1927, **53**, 467.

Man verrührt 20 g Eigelb mit etwa 1 g Calciumcarbonat um etwa vorhandene freie Säuren zu binden, schwemmt dann in etwa 175 cm³ Wasser auf und führt die Mischung in einen 200 cm³-Kolben über, den man anschließend 10—15 Minuten im siedenden Wasserbade erhitzt und dann erkalten läßt. Zu dieser Lösung gibt man 1 cm³ Kaliumferrocyanidlösung (150 g des Salzes im Liter) schüttelt um, mischt mit 1 cm³ Zinksulfatlösung (300 g des Salzes im Liter), füllt bis zur Marke auf und filtriert.

Vom klaren Filtrat bringt man einen Teil[1], etwa 100 cm³ (= 10 g Eigelb) in einen Schüttel-trichter, säuert mit 1 cm³ verdünnter Schwefelsäure (1 + 3) an und schüttelt einmal mit 100, dann noch zweimal mit 50 cm³ Äther aus, reinigt die Ätherlösung durch Schütteln mit wenig (1—2 cm³) Wasser und destilliert ab oder läßt in einer Schale das Lösungsmittel verdunsten.

Bei Gegenwart von Benzoesäure (oder Homologen und Derivaten sowie von Salicylsäure) bleibt hierbei ein Rückstand, der dann, etwa nach Trocknung über Schwefelsäure und Wä-gung, wie unten weiter identifiziert wird.

E. Waltzinger[2] erreichte die Abscheidung der Proteinstoffe aus 10 g Eigelb in 400 cm³ Wasser durch Ausfällung mit 42 cm³ Fehlingscher Lösung und 16 cm³ Normallauge und an-schließender Gerinnung bei 80—90°, worauf er nach Erkalten auf 500 cm³ auffüllt. Vom Fil-trat werden dann 250 cm³ (= 5 g Eigelb) mit Lauge alkalisch gemacht, auf 20 cm³ eingedampft, vom Kupferoxyd abfiltriert und die Benzoesäure in üblicher Weise mit Äther-Petroläther aus-geschüttelt. — Bei der großen Schwerlöslichkeit des Kupferbenzoates tritt bei dieser Arbeits-weise u. U. die Gefahr ein, daß sich Kupferbenzoat abscheiden und der Bestimmung entgehen kann, allerdings nur bei großen Mengen Benzoesäure.

Ein auf Extraktion des mit Salzsäure und Gips verriebenen Eigelbs mit Äther, Über-führung der Benzoesäure in das Natriumsalz mit Soda, Entfernung des Fettes mit Äther, Ausfällung der Fettsäuren mit Kalkwasser und Ausschüttelung der anschließend durch Säure wieder freigemachten Benzoesäure mit Äther beruhendes Verfahren hat Th. Grethe[3] mitge-teilt.

J. Froidevaux[4] scheidet zum Nachweis der Salicylsäure durch Erhitzen mit verdünnter Natronlauge zunächst das Fett ab, fällt dann die wäßrige Lösung mit Phosphorwolframsäure aus und entzieht dem Filtrat die Salicylsäure durch Ausschütteln mit Äther, um sie mit Eisen-chlorid nachzuweisen.

Zur *Identifizierung* der abgeschiedenen *Benzoesäure und Salicylsäure* dienen folgende Proben:

1. *Prüfung mit Eisenchlorid.* Man löst ein Körnchen des Rückstandes unter Zusatz eines Tropfens 10 proz. Natriumacetatlösung in einem Tropfen Wasser und fügt einen Tropfen Eisen-chloridlösung hinzu. Auftreten einer rötlichgelben Abscheidung zeigt Benzoesäure an, Violett-färbung Salicylsäure.

Farbreaktion nach Grossfeld. Dieser *Farbreaktion liegt* die Überführung der Benzoesäure in p-diaci-dihydrodinitrobenzoesaures Ammonium (R. Kapeller-Adler[5]) zugrunde, das braunrot gefärbt ist.

$$\text{H}_4\text{NO—O—N} = \underset{\text{}}{\bigcirc} = \text{N—O—ONH}_4 \qquad (\text{COONH}_4)$$

Zur Ausführung der Reaktion erhitzt man im Reagenzglase einige Milligramm der mit Äther ausgeschüttelten Substanz mit 0,1 g Kaliumnitrat und 1 cm³ konz. Schwefelsäure 20 Minuten im siedenden Wasserbad. Nach Abkühlen verdünnt man mit 2 cm³ Wasser und macht nach abermaligem Abkühlen mit 10 cm³ 15proz. Ammoniak stark ammoniakalisch. Dann gibt man 2 cm³ einer Lösung von 2 g Hydroxylaminchlorhydrat in 100 cm³ Wasser zu und mischt. Bei Gegenwart von Benzoesäure tritt allmählich schöne Rotfärbung ein. — F. Weiss[6] führt die Reaktion als Ringreaktion aus und erhält bei Benzoesäure einen roten bei p-Chlorbenzoesäure einen grünen Farbring: 2—3 mg Substanz werden mit 0,25 cm Schwefelsäure und einigen Kryställchen Kaliumnitrat 20 Minuten im siedenden Wasserbade erwärmt. Dann werden je 2 cm³ Wasser und Ammoniak unter Umschwenken zugefügt und etwa 1 cm³ einer 2proz. Lösung von Hydroxylaminchlorhydrat sorgfältig darüber geschichtet Bei Gegenwart von Chlorbenzoesäure tritt sofort oder in einigen Minuten eine grüne Farb-zone ein.

---

[1] Durch Eindampfen auf ein kleines Volumen, etwa 10 cm³, lassen sich Verluste bei der Ausschüttelung noch weiter herabsetzen. — [2] Waltzinger, E.: Chem.-Ztg. 1926, **50**, 949. — [3] Grethe, Th.: Z. 1925, **49**, 51. — [4] Froidevaux, J.: J. Pharm. Chem. 1914 (7), 9, 18. — [5] Kapeller-Adler, R.: Biochem. Z. 1932, **252**, 185. — [6] Weiss, F.: Z. 1934, **67**, 84.

2. *Bestimmung der Benzoesäure.* Die vorstehend beschriebene Farbreaktion eignet sich auch zur genauen Bestimmung der Benzoesäure. Arbeitsvorschriften dafür wurden von GROSSFELD[1] sowie von H. RIFFART und H. KELLER[2] unter Verwendung des Stufenphotometers von ZEISS angegeben, auf die hier verwiesen sei. Letztere[3] geben auch eine Methode zur Bestimmung der Salicylsäure an.

Für die Erkennung und Bestimmung von p-Oxybenzoesäure und ihren Estern vgl. F. WEISS[4] sowie H. HOSTETTLER[5].

d) *Glycerin.* Zur Bestimmung von Glycerin werden nach T. COCKBURN und M. Mc F. LOVE[6] 10 g Eigelb mit Wasser bei 45° zu einer dünnen Paste verrieben. Darauf wird dialysiertes Eisensol tropfenweise zugesetzt, bis die Proteine gefällt sind, im ganzen ungefähr 5 cm³. Die Lösung wird darauf filtriert und Filtrat und Waschwasser werden auf 250 cm³ gebracht. 100 cm³ der Lösung werden bis zur Sirupdicke eingedampft und das Glycerin nach dem Acetinverfahren bestimmt. Zur angenäherten Bestimmung können auch 100 cm³ des Filtrates nach dem Ausschütteln mit 10 cm³ Äther und Waschen der Ätherlösung zur Trockne eingedampft, im Wasserdampftrockenschrank eine Stunde getrocknet und gewogen werden. Das so erhaltene Ergebnis ist ungefähr um 1% zu hoch.

Einfach erscheint auch der Vorschlag von K. Ho und T. H. CHENG[7], die wie folgt verfahren:

Der für die Wasserbestimmung getrocknete Eidotter wird im SOXHLET-Apparat 12 bis 14 Stunden mit vorher über Kaliumhydroxyd destillierten Aceton ausgezogen, wobei Öl und Fett + Glycerin in Lösung gehen, und der Auszug gewogen. Dann wird die Mischung in 150 cm³ Petroläther gelöst und im Scheidetrichter das Glycerin mit Wasser entzogen. Der Rückstand vom Petroläther wird gewogen und das Glycerin aus der Differenz gefunden. Das Ergebnis war im Mittel nur um +0,24% höher als berechnet —. Das Fett kann, in neutralem Benzol gelöst zur Titration der Säurezahl mit Natriumäthylat dienen.

W. S. GUTHMANN und W. L. TERRE[8] empfehlen zur Glycerinbestimmung das für Fleisch gebräuchliche A.O.A.C.-Verfahren.

c) Fremdartige Beimischungen. Außer dem Zusatz von Wasser und stärkehaltigen Stoffen kommen Verfälschungen mit fremdartigen Proteinstoffen, fremden Fetten, Pflanzenlecithin u.a. vor, die je nach den besonderen Eigenschaften der Zusatzmittel nachzuweisen sind. Auch Verfälschungen durch Eiinhalt anderer Vogeleier zu Hühnereizubereitungen und Zusatz von Trockenei zu flüssigem wurden beobachtet.

Zum Nachweis derartiger Verfälschungen kann man sich folgender Prüfungen bedienen:

α) Nachweis des Wasserzusatzes erfolgt durch Bestimmung der Trockensubstanz (vgl. S. 338). M. J. BAILEY[9] empfiehlt hierfür den mit dem Abbe-Refraktometer bei 25° ermittelten *Brechungsindex n* und gibt folgende Formeln für Ganzei oder Eigelb an:

Nr.	Art des Eiprodukts	Zahl der Proben	Berechnungsformel der Trockenmasse S	Abweichung (Standardderivation)
1	Ganzei „U. S. Extras".	77	$S = 497{,}0\,n - 658{,}29$	±0,30
2	Ganzei „U. S. Standards" . . .	69	$S = 439{,}9\,n - 579{,}49$	±0,31
3	Handelseigelb.	64	$S = 503{,}1\,n - 663{,}15$	±0,59
4	Trockeneigelb.	52	$S = 542{,}4\,n - 718{,}19$	±0,45
3+4	Handelseigelb und Trockeneigelb	116	$S = 565{,}4\,n - 750{,}76$	±0,55

β) Stärkemehl und stärkehaltige Stoffe werden an ihrer Blaufärbung mit Jod erkannt. Handelt es sich um unverkleisterte Stärkemehle, so ist es bisweilen möglich diese auf Grund ihrer Schwere von einer Eigelbsuspension mittels der Zentrifuge zu trennen. So gelang COMTE[10] die Trennung von Maisstärke aus damit verfälschtem Trockeneipulver durch leichtes Zentrifugieren der in einem

[1] GROSSFELD, J. Z:. 1927, **53**, 480. — [2] RIFFART, H. und H. KELLER: **Z.** 1934, **68**, 122. — [3] Z. 1934, **68**, 126. — [4] WEISS, F.: **Z.** 1930, **59**, 472. — [5] HOSTETTLER, H.: Mitt. Lebensmittelunters. u. Hygiene 1933, **24**, 247. — [6] LOVE, M. Mc. F.: Analyst. 1927, **52**, 140. — [7] Ho, K. und T. H. CHENG: J. Chin. Chem. Soc. 1933, **1**, 199. — [8] W. S. GUTHMANN und W. L. TERRE: Ind. and Engng. Chem. Analyt. Edit. 1936, **8**, 377. — [9] BAILEY, M. J.: Ind. Engng. Chem. Analyt. Ed. 1935, **7**, 385. — [10] COMTE: Ann. Falsific. 1929, **22**, 600.

Gemisch von 15 cm³ Tetrachlorkohlenstoff + 5 cm³ Äther aufgeschwemmten Mischung.

γ) **Fremdartige Proteinstoffe** können in einigen Fällen durch mikroskopische Untersuchung erkannt werden, z.B. *Walzenmilchpulver*, in anderen nicht. Nach CHR. HOHENEGGER[1] kann auch der Zusatz von *Trockeneipulver* zu flüssigem Ei erkannt werden, wenn man das Präparat auf einem Objektträger eintrocknen läßt und dann die zurückbleibenden Häutchen im Mikroskop betrachtet. Dabei bildet reines flüssiges Ei die vom Zentrum ausgehenden gradlinigverlaufenden radialen Strahlen der Abb. I, das mit Wasser aufgeschlämmte Trockenei eine amorphe einheitliche Masse ohne charakteristische Merkmale (Abb. II), während bei der Mischung beider eine netzartige, etwa mit der Nervatur eines Blattes vergleichbare Verzweigung der radialen Strahlen (Abb. III) beobachtet wird, die durch nicht völlig kolloid gelöste Teilchen des Trockeneis veranlaßt ist.

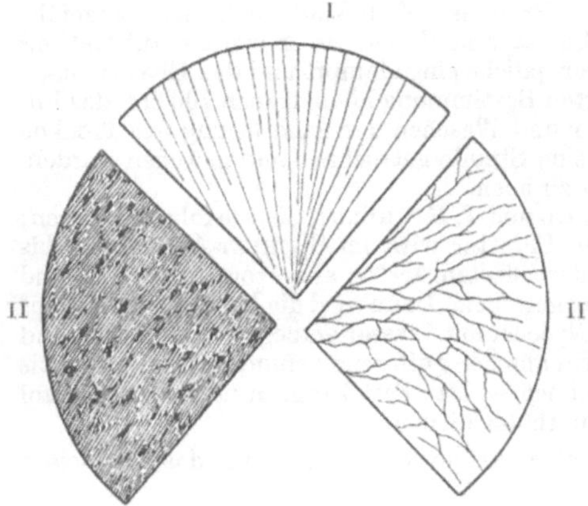

Abb. 45. Schematische Darstellung der Trocknungsformen von Trockenei (nach HOHENEGGED).

Bei Verdacht auf gelöste fremdartige Eiweißstoffe empfiehlt sich deren Nachweis mit der *Präcipitinreaktion*. Zur Unterscheidung von Hühner- und Enteneiweiß benutzte N. WATERMANN[2] Blutsera von Kaninchen, welche durch Einspritzen mit Hühner-

Berechnungsformeln für Eigehalt. Auf Grund der Mischungsregel hat F. A. VORHES[3] nach den Analysen von MITCHELL[4] eine ganze Reihe von Formeln zur Berechnung der Zusammensetzung von Eiinhaltsgemischen ausgerechnet.

Nennt man nach ihm:
N = Gesamt-Stickstoff,
W = Wasserlöslichen Stickstoff,
P = Gesamt-P_2O_3,
so findet man Eidotter in %:

$$= 48{,}39\,N \quad - \quad 51{,}51\,W \tag{Ia}$$
$$= 75{,}69\,P \quad - \quad 1{,}802\,N \tag{Ib}$$
$$= 72{,}97\,P \quad - \quad 1{,}849\,W \tag{Ic}$$
$$= 29{,}10\,(N+P) - 31{,}71\,W \tag{Id}$$
$$= 72{,}29\,P \tag{Ie}$$

Weißei in %:
$$= 77{,}98\,W \quad - \quad 15{,}19\,N \tag{IIa}$$
$$= 60{,}80\,N \quad - 114{,}59\,P \tag{IIb}$$
$$= 62{,}39\,W \quad - \quad 22{,}91\,P \tag{IIc}$$
$$= 71{,}76\,W \quad - \quad 9{,}134\,(N+P) \tag{IId}$$
$$= 58{,}07\,N \quad - 109{,}44\,P \tag{IIe}$$

Gesamtei in %:
$$= 33{,}20\,N \quad + \quad 26{,}47\,W \tag{IIIa}$$
$$= 59{,}00\,N \quad - \quad 38{,}90\,P \tag{IIIb}$$
$$= 60{,}54\,W \quad + \quad 50{,}06\,P \tag{IIIc}$$
$$= 19{,}96\,(N+P) + 40{,}05\,W \tag{IIId}$$
$$= 58{,}07\,N \quad - \quad 37{,}16\,P \tag{IIIe}$$

Weißei in % der Eikomponente:

$$= \frac{77{,}98\,W \quad - \quad 15{,}19\,N}{33{,}20\,N \quad - \quad 26{,}47\,W} \times 100 \tag{IVa}$$
$$= \frac{60{,}80\,N \quad - 114{,}59\,P}{59{,}00\,N \quad - \quad 38{,}90\,P} \times 100 \tag{IVb}$$
$$= \frac{62{,}39\,W \quad - \quad 22{,}91\,P}{60{,}54\,W \quad + \quad 50{,}06\,P} \times 100 \tag{IVc}$$
$$= \frac{71{,}76\,W \quad - \quad 9{,}134}{19{,}96\,(N+P) + 40{,}05\,W}\,(N+P) \times 100 \tag{IVd}$$
$$= \frac{57{,}07\,N \quad - 109{,}44\,P}{58{,}07\,N \quad - \quad 37{,}16\,P} \times 100 \tag{IVe}$$

[1] HOHENEGGER, CHR.: Z. 1923, **46**, 91. — [2] WATERMANN, N.: Chem. Weekbl. 1914, **11**, 120. — [3] VORHES, F. A.: I. Assoc. Offic. Agric. Chem. 1933, **16**, 113. — [4] MITCHELL: J. Assoc, Offic. Agric. Chem. 1932, **15**, 310; vgl. S. 73, 92, 100, 110, 147.

bzw. Enteneiweiß (6—8 cm³ Eiweißlösung dreimal interperitoneal, einmal subcutan nach je 7—8 Tagen) dagegen immunisiert worden waren, und konnte so eine Fälschung von Hühner- und Enteneiweiß leicht nachweisen und durch Ermittlung des Titers der beiden Sera und deren Spezifitätsgrenzen auch die ungefähre Menge des Zusatzes abschätzen. Über Untersuchungen mit Hühnereigelb-Antiserum vgl. H. SENG[1].

Über die Fehlergrenzen dieser Formeln macht VORHES ausführliche Angaben.

Auch J. GROSSFELD und G. WALTER[2] teilen einige Berechnungsformeln für den Gehalt an Eidotter aus der Lecithin- und Gesamt-Phosphorsäure mit, nämlich zur Umrechnung auf Eigehalt folgende Faktoren:

Gegenstand	Eidotter	Trockeneigelb (wasserfrei)	Eiinhalt	Trockenei (wasserfrei)
Berechnung aus Gesamt-P_2O_5 . .	70	36	189	50
Berechnung aus Lecithin-P_2O_5 . .	99	50	277	73
Ferner gilt für $\dfrac{\text{Gesamt-}P_2O_5}{\text{Lecithin }P_2O_5} =$	1,41	—	1,47	—

A. W. THOMAS und M. I. BALLEY[3] finden das Verhältnis von Lipoid-P : Gesamt-P bei Eiinhalt zu 66,1—69,0 im Mittel zu 67,7, also den reziproken Wert

$$\frac{\text{Gesamt-P}}{\text{Lipoid-P}} = 1,48.$$

Ermittlung des Eidotter- bzw. Eiklargehaltes in Mischungen beider.

Zur Ermittlung des Gehaltes an Eidotter kann der Fett- und Cholesteringehalt bei unzersetzten Produkten auch der Lecithinphosphorsäuregehalt verwendet werden. Dabei entsprechen nach den S. 110, 127 und vorstehend angegebenen Mittelwerten

1% Fett	3,16% Eidotter,	1,61%	Dottertrockenmasse
1% Cholesterin . . .	67% „	34%	„
1% Lecithin	99% „	50%	„

W. S. ARNOLD[4] geht zur Feststellung des Weißeis in Eitrockenprodukten davon aus, daß der Proteingehalt der Trockenmasse beträgt bei:

Vollei	Weißei	Gelbei
50,5	89,0	31,5%

und daß von der Trockensubstanz des Gesamteis 33% auf das Weißei entfallen.

Hieraus berechnet er bei gefundenem Proteingehalt P:

$$\text{Weißeitrockensubstanz im Trockenei} = 33 - \frac{50,5 - P}{0,575}.$$

Diese Berechnung hat sich nach ARNOLD bei der Untersuchung von Handelsprodukten von bekannter Zusammensetzung bewährt.

2. Untersuchung sonstiger Eiprodukte.

a) Albumin. Bei der hohen Bewertung des Albumins im Handel unterliegt es vielfachen Fälschungen. So hat man als Zusätze Dextrin, Tragant, Gummiarabicum, Casein und Gelatine nachgewiesen.

Für manche Zwecke ist ferner die Löslichkeit des Albumins von großer Bedeutung und eine teilweise Koagulation oder ein Zusatz von unlöslichem Albumin eine Verfälschung. Für Albuminlösungen kommen Zusätze von Wasser als Verfälschungsmittel in Frage. Bei der Untersuchung von Albumin empfiehlt sich die Vornahme folgender Prüfungen:

α) Sinnenprüfung. Das gewöhnlich in Blättchen gehandelte Albumin soll bei völliger Farblosigkeit und Durchsichtigkeit hohen Glanz zeigen und keinen abweichenden Geruch und Geschmack aufweisen.

[1] SENG, H.: Z. Immunitätsf. u. experim. Therapie I, 1913, **20**, 355; Z. 1917, **33**, 214. — [3] GROSSFELD, J. und G. WALTER: Z. 1934. **67**, 510. — [2] THOMAS, A. W. und M. J. BAILEY: Ind. Engng. Chem. 1933, **25**, 669 — [4] ARNOLD, W. S.: Maryland Acad. Sciences Bull. 1923, **3**, 9; C. 1023, II, 485.

β) **Protein.** Die *Bestimmung des Stickstoffs* bzw. *Proteins* zeigt Zusätze *nichtprotein-artiger Natur* (Dextrin, Tragant, Gummiarabicum u.a.) an. Eine wesentliche Unterschreitung des Stickstoffgehaltes von etwa 15% der Trockenmasse kann als Beweis für eine solche Verfälschung gelten.

Für den *Nachweis von Leim* kann man die Menge des nicht *koagulierbaren* Stickstoffs ermitteln, der bei reinem Eiklar höchstens etwa 20% der Trockenmasse beträgt.

Casein gibt sich beim Ansäuern der verdünnten Lösung mit Säuren in der Kälte zu erkennen.

Fibrin[1] liefert beim fünf Minuten langen Kochen von 0,1 g Albumin in 10 cm³ 30proz. Essigsäure einen unlöslichen Rückstand, Albumin dagegen eine klare Lösung, die bei Zufügung von 20 cm³ Wasser oder verdünntem Alkohol nicht trübe wird.

γ) **Prüfung mit Jodlösung**[1]. Man gibt zu einer Lösung von 1 g Albumin in 50 cm³ Wasser 20 cm³ 0,1 n-Jodlösung, läßt drei Tage stehen und titriert den Jodüberschuß zurück, wobei der Verbrauch am Jod durch das Albumin zwischen 6,5—11,0 cm³ 0,1 n-Lösung liegen soll.

δ) **Unlösliche Bestandteile.** Man löst 1 g Albumin in 50 cm³ Wasser, saugt die Lösung durch einen Glasfiltertiegel und wägt den Rückstand.

ε) **Untersuchung von Albuminlösungen.** M. A. RAKUSIN und G. D. FLIEHER[2] geben für verdünnte Lösungen von Eiklar folgende Dichten an:

Albumin %	Dichte bei 17°	Albumin %	Dichte bei 17°	Albumin %	Dichte bei 17°
0,5	1,00143	5,0	1,01341	11,0	1,02923
1,0	1,00283	6,0	1,01634	12,0	1,03176
1,5	1,00432	7,0	1,01884	13,0	1,03432
2,0	1,00562	8,0	1,02150	15,0	1,03942
3,0	1,00835	9,0	1,02410	15,35	1,04028
4,0	1,01085	1,0	1,02666	—	—

Albuminlösungen bei 17,5° nach WITZ (1867)[2]:

Albumin %	Spez. Gewicht	Albumin %	Spez. Gewicht	Albumin %	Spez. Gewicht
1	1,0026	15	1,0384	45	1,1204
2	1,0054	20	1,0515	50	1,1352
3	1,0078	25	1,0644	55	1,1511
5	1,0130	30	1,0780	—	—
10	1,0261	40	1,1058	—	—

b) Eieröl. Die Untersuchung des Eieröls folgt den in der Fettanalyse üblichen Methoden.

Zur *Bestimmung des Lecithins* kann dieses durch Ausschüttung mit Alkohol nach W. FRESENIUS und L. GRÜNHUT[4] abgeschieden werden:

Etwa 50 g Öl werden in einem 200 cm³-Meßzylinder abgewogen, dann fügt man 100 cm³ absoluten Alkohol zu, verstopft den Zylinder und schüttelt auf einer Schüttelmaschine aus. Nach längerem Stehenlassen bei Zimmertemperatur tritt völlige Klärung der Schichten ein, worauf man an der Teilung des Zylinders das Volumen der unteren öligen (0_1) und der oberen alkoholischen (a_1) Schicht abliest. Von letzterer entnimmt man mittels Pipette verlustlos 75 cm³ zur ersten Phosphorsäurebestimmung (p_1), spritzt die entleerte Pipette außen und innen mit absolutem Alkohol in den Meßzylinder ab und ergänzt sodann den Inhalt des letzteren mit absolutem Alkohol bis zum alten Gesamtvolumen. Man schüttelt wieder um und liest nach erforderlicher Ruhe bei Zimmertemperatur das Volumen der Ölschicht (0_2) und der alkoholischen Schicht (a_2) ab und entnimmt abermals 75 cm³ zur zweiten Phosphorsäurebestimmung (p_2) nach der Molybdänmethode.

Der Lecithingehalt (Lecithinphosphorsäure) berechnet sich dann nach der Formel:

$$x = \frac{p_1^2\, a_1\, 0_1 + p_1\, p_2\, (0_1\, a_2 - 0_2\, a_1)}{v\,(p_1\, 0_1 - p_2\, 0_2)}$$

[1] Nach A. BEYTHIEN: Handb. Nahrungsmittelunters. Bd. I, 160. Leipzig 1914. — [2] RAKUSIN, M.A. und G. D. FLIEHER: Chem.-Ztg. 1923, **47**, 66. — [3] Vgl. Chem.-Kalender 1929, 303. — [4] FRESENIUS, W. und GRÜNHUT: Z. analyt. Chem: 1441 **50**, 90.

c) Lecithinpräparate. α) Löslichkeit. Man behandelt eine abgewogene Menge (etwa 1 g) des Präparates nacheinander in der Wärme mit absolutem Alkohol und mehrmals mit Chloroform, bis das Filtrat farblos ist und keine gelösten Stoffe mehr enthält. Der Auszug wird abdestilliert, der Rückstand mit Chloroform aufgenommen, nötigenfalls nochmals filtriert, mit Chloroform nachgewaschen und das Filtrat in einem gewogenen Kölbchen abdestilliert, der Rückstand bei 100° getrocknet und gewogen.

β) Lecithingehalt. Man stellt nach α einen Auszug in Chloroform her, verdampft diesen in einer Platinschale unter Zusatz von Magnesiumacetat, verascht, bestimmt die Phosphorsäure und berechnet daraus mit dem Faktor 10,95 das Lecithin als Palmitooleolecithin.

γ) Bestimmung des Cholesteringehaltes und Nachweis von Pflanzenphosphatiden. Nach H. MATTHES und G. BRAUSE[1] enthielten Handelslecithine aus Pflanzen etwa 0,70—1,75% Phytosterin, tierische Handelslecithine nur Cholesterin (0,22—3,38%). Auf Grund des Schmelzpunktes des Sterinacetats nach A. BÖMER ist es so wie bei Fetten leicht möglich die Gegenwart von Phytosterin und damit von Pflanzenphosphatiden zu erkennen.

MATTHES und BRAUSE empfehlen folgende Vorschrift: Etwa 2,0—2,5 g Lecithin werden in 15 cm³ 96proz. Alkohol durch Erwärmen gelöst, mit einer Lösung von 1 g Kaliumhydroxyd in 10 cm³ 96proz. Alkohol über kleiner Flamme eingekocht, mit 10 cm³ Alkohol aufgenommen und nochmals eingekocht. Der Rückstand wird, in Wasser gelöst mit insgesamt 50 cm³ Wasser in einen Scheidetrichter gespült und mit 10 cm³ Alkohol versetzt. Nach Erkalten wird mit 50 cm³ Äther und darauf noch zweimal mit je 25 cm³ Äther ausgeschüttelt. Die vereinigten Auszüge werden zuerst mit einer Mischung von 10 cm³ Wasser und 3 cm³ normaler Salzsäure und schließlich mit einer Mischung von 7 cm³ Wasser, 1 cm³ normaler Kalilauge, 2 cm³ Alkohol und einigen Tropfen Phenolphthalein geschüttelt. Nach Stehen über Nacht wird der Äther von der alkalischen Flüssigkeit abgetrennt und im Wasserbad abdestilliert.

Der getrocknete Rückstand wird in 5 cm³ 96proz. Alkohol gelöst und mit einer wässerigen Lösung von 0,2 g Digitonin in 20 cm³ 96proz. Alkohol versetzt. Nach mindestens 15 Minuten in einem Wasserbad von 60—70° wird mit 25 cm³ Chloroform versetzt und das Digitonin in Lösung zu halten, dann durch einen angewärmten Jenaer Glastiegel unter schwachen Saugen filtriert. Das Filtrat darf mit Digitonin keinen Niederschlag mehr geben. Der Niederschlag wird je dreimal mit Chloroform und Äther gewaschen, 10 Minuten bei 100° getrocknet, nochmals mit Äther gewaschen, getrocknet und gewogen. Aus dem Wägungsrückstand erhält man mit dem Faktor 0,2431 die entsprechende Menge Cholesterin + Phytosterin.

Die Digitonide werden sodann zum Nachweise von Pflanzenlecithine in Essigsäureanhydrid gelöst und wie bei der Phytosterinacetatprobe bei Fetten weiter behandelt.

δ) Nach F. E. NOTTBOHM und F. MAYER[2] unterscheiden sich Pflanzenlecithine vom Eigelblecithin auch in ihrer sonstigen Zusammensetzung insbesondere durch ihren niedrigeren Gehalt an Cholin. Als Ausdruck für das Verhältnis von Gesamtphosphatid zu Cholinlecithin schlagen sie die Bezeichnung Phosphatid-Lecithinzahl kurz P.L.-Zahl vor, die sie bei Eigelblecithin von Hühnern zu rd. 1,4 von Enten zu rd. 1,5 angeben. Bei Lecithinpräparaten aus Pflanzen wurden diese P.L.-Zahl von ihnen zu 3,3—4,4 gefunden.

---

[1] MATTHES, H. und G. BRAUSE: Arch. Pharm. 1927, **265**, 708.— [2] NOTTBOHM, F. E. und F. MAYER: Z. 1933, **66**, 21 und 585.

Sachverzeichnis.